国家科学技术学术著作出版基金资助出版

陆地生态系统碳-氮-水耦合循环

Coupling Cycles of Carbon, Nitrogen, and Water in Terrestrial Ecosystems

于贵瑞 等著

U0193790

高等教育出版社·北京

内容简介

本书综合论述生态学和生态系统生态学的概念及其科学研究领域，生态系统碳－氮－水耦合循环的科学问题及耦合过程的物理学、化学和生物学基础，构筑陆地生态系统碳－氮－水耦合循环及环境影响科学研究的理论体系。重点讨论以植被－大气、土壤－大气和根系－土壤三个界面为核心的土壤－植物－大气系统碳、氮、水交换的生物物理学过程，典型生态系统碳－氮－水耦合循环的生物化学过程，制约生态系统碳－氮－水循环耦合关系的生态系统生态学机制，制约流域尺度生态系统碳、氮、水循环的水文生态学机制以及制约碳－氮－水循环耦联关系空间变异的生物地理生态学机制。在此基础上，还介绍生源要素的生态化学计量学理论、生态学代谢理论、生态系统结构与功能平衡理论及其应用，进而概述全球变化及其对陆地生态系统碳－氮－水耦合循环的影响和生态系统适应机制，深入讨论气候变暖、降水格局变化、二氧化碳浓度升高、大气氮沉降等全球变化因素对生态系统碳－氮－水耦合循环的影响及其适应的生态学基础。

图书在版编目（CIP）数据

陆地生态系统碳-氮-水耦合循环／于贵瑞等著．－－北京：高等教育出版社，2022.6

ISBN 978-7-04-057354-1

Ⅰ．①陆… Ⅱ．①于… Ⅲ．①陆地－生态系－研究 Ⅳ．① P9

中国版本图书馆 CIP 数据核字（2021）第 239471 号

策划编辑 关 焱	责任编辑 殷 鸽 关 焱	封面设计 杨立新		版式设计 杜微言
插图绘制 黄云燕	责任校对 吕红颖	责任印制 赵义民		

出版发行	高等教育出版社	咨询电话	400-810-0598
社　　址	北京市西城区德外大街 4 号	网　　址	http://www.hep.edu.cn
邮政编码	100120		http://www.hep.com.cn
印　　刷	北京中科印刷有限公司	网上订购	http://www.hepmall.com.cn
开　　本	889 mm×1194 mm 1/16		http://www.hepmall.com
印　　张	33.25		http://www.hepmall.cn
字　　数	990 千字	版　　次	2022 年 6 月 第 1 版
插　　页	2	印　　次	2022 年 6 月 第 1 次印刷
购书热线	010-58581118	定　　价	198.00 元

本书如有缺页、倒页、脱页等质量问题，请到所购图书销售部门联系调换

版权所有　侵权必究

物 料 号　57354-00

审 图 号　GS(2021)1936 号

LUDI SHENGTAI XITONG TAN DAN SHUI OUHE XUNHUAN

资 助 项 目

国家自然科学基金委员会基础科学中心项目：生态系统对全球变化的响应 (31988102) (2020—2024 年)

国家自然科学基金委员会重大项目：我国主要陆地生态系统对全球变化的响应与适应性样带研究 (30590380)(2006—2010 年)

国家重点基础研究发展计划（973 计划）项目：中国陆地生态系统碳-氮-水通量的相互关系及其环境影响机制 (2010CB833500) (2010—2014 年)

国家自然科学基金委员会重大项目：森林生态系统碳-氮-水耦合循环过程的生物调控机制 (31290220)(2013—2017 年)

国家自然科学基金委员会重大国际合作项目：北半球陆地生态系统碳循环及关键地表过程对气候变化的响应和适应 (31420103917)(2015—2019 年)

本书作者名单
（按姓氏笔画排序）

于贵瑞	于海丽	王秋凤	王瑞丽	方华军
田 静	朱先进	朱剑兴	刘聪聪	杨 萌
张心昱	张 尧	张添佑	张维康	陈 智
郑 涵	赵 宁	贾彦龙	徐兴良	徐志伟
高 扬	唐玉倩	盛文萍	韩 朗	滕嘉玲

主要作者简介

于贵瑞 1959年生于大连,1993年获沈阳农业大学博士学位,1997年获日本千叶大学博士学位。自1984年起历任沈阳农业大学助教、讲师和副教授,日本千叶大学副教授等职。1999年入选中国科学院首批"引进国外杰出人才计划",2002年获国家自然科学基金委员会杰出青年科学基金项目资助。2019年当选中国科学院院士。2021年当选发展中国家科学院院士。

历任中国科学院地理科学与资源研究所研究员、副所长,中国科学院特聘研究员,中国科学院大学岗位教授,科技部国家生态系统观测研究网络(CNERN)综合中心主任,中国科学院中国生态系统研究网络(CERN)综合研究中心主任,中国科学院生态系统网络观测与模拟重点实验室主任,CERN科学委员会副主任,中国陆地生态系统通量观测研究网络(ChinaFLUX)理事长,亚洲通量网副主席、主席,中国生态学学会和中国青藏高原研究会副理事长等职务。担任《应用生态学报》主编,《生态学报》《中国科学数据》、*Journal of Resources and Ecology* 等多个学术刊物副主编或编委。

长期服务于CERN及CNERN,主要从事生态系统生态学、自然地理与全球变化交叉领域科学研究。近年来的重要科技贡献包括:以CERN为基础平台创建ChinaFLUX,设计我国陆地生态系统能量和物质交换通量网络的观测技术系统,组织碳、氮、水通量及循环过程联网观测,积累国家尺度原始科学数据。以生态过程认知与地理格局评估相融合的学术理念,系统研究中国陆地生态系统碳储量/通量的动态变化和空间分布规律,定量认证中国陆地碳汇功能及增汇潜力。开拓陆地生态系统碳-氮-水耦合循环过程研究前沿领域,开展陆地碳收支和生产力、实际蒸散发及大气氮沉降的网络化动态监测,系统研究陆地生态系统碳、氮、水通量的时空格局及其对全球变化响应,揭示资源利用效率及植被功能性状时空变异的生态地理学机制。

作为首席科学家及项目负责人,主持完成国家973计划项目、国家重点研发计划项目、国家自然科学基金委员会重大项目和重大国际合作项目、中国科学院重大项目及战略性先导科技专项等科学研究。获国家科学技术进步一等奖1项(2012)、国家科学技术进步二等奖2项(2010,2011)、环境保护科学技术一等奖1项(2008),广东省自然科学一等奖1项(2018)。授权发明专利7项。已在国内外学术期刊发表学术论文600余篇,其中在 *Nature Geoscience*、*PNAS*、*Trends in Ecology and Evolution*、*Global Change Biology*、*Functional Ecology*、*Agricultural and Forest Meteorology* 等国际学术期刊发表SCI论文340余篇。出版《中国陆地生态系统空间化信息研究图集——气候要素分卷》《全球变化与陆地生态系统碳循环和碳蓄积》《陆地生态系统通量观测的原理与方法》《中国陆地生态系统碳通量观测技术及时空变化特征》《植物光合、蒸腾与水分利用的生理生态学》《中国生态系统碳收支及碳汇功能——理论基础与综合评估》等学术专著10余部。

序　一

　　微观生物学和宏观生物学双轮驱动的生命科学是现代自然科学发展的引擎之一。生物学家不仅需要从微观视角认知生物个体的生命本质，还需要通过宏观途径认知地球生物多样性形成、维持和环境保护的理论与措施。以分子生物学为基础的微观生物学在分子、细胞、组织、器官、个体和种群等水平上探索生物个体的生命本质、维持机理及疾病防治原理与技术等方面，取得了快速进步。与此同时，以生态系统生态学为代表的宏观生物学也在生态系统、地理群区、地球生物圈层级上对生物多样性形成、维持和环境保护理论开展了卓有成效的研究。

　　生态系统概念的提出，极大地丰富和发展了起源于生物学领域的生态学的科学内涵、研究对象及服务领域。生态系统作为自然生物和人类社会的栖息地、自然资源及环境条件，维持着地球生命系统及人类社会的可持续发展。对生态系统与环境变化及人类活动的互馈关系的科学认知已成为解决区域及全球生物、生态、资源、环境方面重大问题的知识源泉，现代生态学丰富的研究成果奠定了应对全球环境变化、保护生物多样性及维持区域和全球可持续发展的科学基础。

　　全球气候变化、生物多样性丧失、生态系统退化、生物环境污染、生产资源枯竭等重大资源环境问题是生态系统生态学研究的重点。然而这些问题无一不与生态系统的能量流动以及碳、氮、水等物质循环密切关联。因此，陆地生态系统碳、氮、水循环及其耦合关系研究自然而然地成为近年来的学术前沿，理解陆地生态系统碳-氮-水耦合循环过程的物理学、化学和生物学机理，构筑陆地生态系统碳-氮-水耦合循环及环境影响的理论体系，成为生态系统科学研究的重大生态学理论问题。十分高兴地看到于贵瑞院士领导的研究团队近二十年来在该领域开拓性探索所取得的重大进展，也十分欣慰地看到本领域首部关于陆地生态系统碳-氮-水耦合循环及环境影响的理论性学术专著出版，这实为一件值得庆幸的学界大事。

　　该专著重点讨论了生态系统碳-氮-水耦合循环过程、环境影响的理论及其生态基础。在诸多方面实现了生态学理论知识的原始创新，将为监测与评估生态系统状态变化、发现与理解生态系统响应机制、认知与描述生态系统演变规律、预测与预警生态系统演化趋势等方面提供理论指导。

中国科学院院士

序　二

　　人类社会的生存发展高度依赖于生态系统服务，包括人类生产、生活所需的环境条件、物质产品、自然资源，以及传承人类文明的各种文化和遗产的自然载体等。近百年来人类对自然生态系统的过度开发利用加速生态系统退化，导致生物多样性减少、自然资源枯竭、气候变化加剧、生态系统服务能力下降等区域性和全球性的重大资源、环境和生态问题，威胁着人类社会可持续发展。学术界、政府和社会公众都不约而同地对生态学及生态系统科学研究寄予无限期望，期盼生态学家能为解决这些重大资源和环境问题给出明晰的系统性的治理方案，这既是生态学发展面临的历史机遇，更是生态学家所面临的巨大挑战。

　　陆地生态系统的能量流动和水循环、碳循环以及氮磷营养循环是由一系列生物、物理、化学过程组合所构成的生物地球化学循环系统，并且通过生态过程相互反馈，或者通过生物、物理和化学过程或机制彼此联系和耦合。这些多层次表达、多功能外溢、多过程耦合的生态学机制是研究生态系统组分、结构、过程、功能及服务状态及其时空演变的科学基础，也是科学评估生态系统的资源环境功效及生态产品和生态服务功能的理论依据。

　　近二十年来，于贵瑞院士领导的研究团队，以继承发展中国生态系统研究网络(CERN)事业为使命，基于CERN的生态站布局，创建中国陆地生态系统通量观测研究网络(ChinaFLUX)，设计ChinaFLUX的综合观测技术系统，组织开展碳、氮、水通量及循环过程联网观测，积累台站和国家尺度原始科学数据，开拓陆地生态系统碳-氮-水耦合循环过程研究前沿领域。该团队在陆地碳收支和生产力、实际蒸散发及大气沉降的网络化动态监测，陆地生态系统碳、氮、水通量的时空格局及其对全球变化响应，自然资源利用效率及植被功能性状时空变异的生态地理学等方面取得重要进展。这部学术专著，是对陆地生态系统碳-氮-水耦合循环过程前沿探索理论成果的系统总结，作为本领域的首部理论性学术著作，对推动生态系统科学发展具有重要意义。

　　该专著重点讨论陆地生态系统碳-氮-水耦合循环的生物物理学过程、生物化学过程、生态系统生态学机制、水文生态学机制以及生物地理生态学机制，包含很多生态学知识的原始创新及理论突破，将为监测与评估生态系统状态变化、认知与刻画生态系统演变规律、预测与预警生态系统变化趋势提供理论与方法指导。该书的出版将极大推动我国陆地生态系统生态过程耦合及环境效应研究。

中国科学院院士

序　三

近年来，生态系统科学、地球关键带科学及地球系统科学的相互融合，正在成为生物学、地学、人文及社会经济学交叉的前沿领域，也代表着新时代地球表层学科的多学科整合发展方向。生态系统生态学或生态系统科学是研究生态系统的组分与组分、组分与系统以及系统与环境三方面的生态关系、相互作用机制及生物物理化学机理的新兴科学，被认定为人类应对全球气候变化、维护生物多样性、遏制生态系统退化、治理环境污染、缓解自然资源枯竭等一系列重大资源环境问题，维持人类生存和社会经济可持续发展的重要知识和智慧源泉。

近二十年来，于贵瑞院士领导的研究团队致力于发展中国生态系统观测研究网络事业，创建中国陆地生态系统通量观测研究网络（ChinaFLUX），组织开展生态系统碳、氮、水通量及循环过程联网观测研究，在陆地生态系统碳储量/通量的动态变化和空间分布规律，陆地生态系统碳、氮、水循环及其耦合过程机制，植被功能性状和自然资源利用效率生态地理学机制等前沿领域取得系统性的研究进展。这次出版的学术专著，作为团队研究成果的一部分，系统总结陆地生态系统碳-氮-水耦合循环过程研究领域的理论思考，将在推动生态系统科学发展方面发挥重要作用。

该专著在讨论陆地生态系统碳-氮-水耦合循环的生物物理学、生物化学、生态系统生态学、水文生态学及生物地理生态学等过程机制基础上，系统性地论述生态学和生态系统生态学发展，生态系统科学研究的理论方法，生态系统结构功能、系统构建演变、状态运维及调控管理等方面的科学原理，很多学术思想都是原创性的理论突破，将为生态系统状态变化、生态系统演变规律、生态系统调控管理的科学研究提供理论基础，为区域生态环境治理、生态系统保护和利用提供科学指导。可以认为，该专著的出版是生物学、生态学与地球系统科学交叉融合及学术理论突破的重要成果，值得庆贺。

郭正堂

中国科学院院士

前　　言

　　生态系统(ecosystem)是地球表层的重要组成,是生物圈、大气圈、水圈、岩石圈、土壤圈和人类社会相互作用的自然地理单元。生态系统不仅是人类生存和生活的栖息地,也是食物、能源、纤维、药材、空气和水的供给者,人类生产活动的土地、气候、生物、水资源的供给者,还是自然资源(气候、栖息地、生物、淡水)再生产和人类生存环境(光照、温度、水分、氧气、盐度、酸碱度)的调节系统,以及人类生活和生产活动排放的垃圾和污染物质的净化系统。地球表面形形色色的生态系统都具有其特定的组分(component)、结构(structure)、过程(process)和功能(function),为生物个体和种群,或人的个体、种族及人类世界的生存、生活、生产和生计及社会经济发展提供多种多样的生态服务(service),发挥其不可替代的福祉供给(supply)和资源环境功效(efficiency)。

　　人类社会的生存发展高度依赖于生态系统提供的各类服务。从人类生存的栖息地和环境条件、生活的必需物质到人类的生产和社会经济活动需要的各种自然资源、修身养性的场所和环境(自然景观、旅游地、休闲地)以及传承人类文明的各种文化和遗产(古迹、图腾、书籍、艺术)的载体等,无一不强烈地依存、依赖或依附于丰富多样的自然生态系统及部分人为有序管理的生态系统。当前人类社会对自然生态系统的过度开发和利用已经并正在加速生态系统退化,导致全球气候变化、生物多样性丧失、自然资源枯竭、生活环境污染、生态关系失衡等威胁人类社会可持续发展的区域性或全球性的重大资源、环境和生态问题。学术界、政府和社会公众都不约而同地对生态学及生态系统科学研究寄予无限期望,期盼生态学家能为解决这些重大资源和环境问题给出明晰的生态系统途径及系统性的生态治理方案,这既是生态学发展面临的历史机遇,更是生态学家所面临的前所未有的巨大挑战。

　　英语中"ecology"一词是恩斯特·海克尔(Ernst Haeckel)在1866年出版的《普通生物形态学》中首次使用①,翻译自希腊文"Oikologie"[oikos(房屋、住所、栖息地)+logos(研究)]。日本学者三好学于1895年将"Biologie"翻译为日文的"生態学",之后由武汉大学植物学先驱张珽介绍到中国,成为现代汉语体系中的"生态学"这一专用的学术用语。传统汉语的"生态"包含显露美好的姿态、生动的意态以及生物生理特性和生活习性等含义。因此现代汉语中的"生态"其实是传统汉语的"生态"与英文"ecology"词义的再融合,有其更加广泛的内涵及语义,并且在近年的社会实践应用中,汉语中的"生态"和"生态学"概念内涵极其丰富,概念的外延也极其模糊,并分化出众多自然科学、社会科学及其交叉领域的分支学科。

　　生态系统概念的提出和发展,极大地丰富和发展了起源于生物学领域的生态学的内涵、研究对象及服务领域。生态系统(ecosystem)是与物理学系统(physical system)相对应的术语,是生态学系统(ecological system)的简化,该系统不仅包含生命有机体的属性和机制,而且包含非生物环境的物理和化学属性及特征。

　　生态系统可以被抽象地概括为由生产者(植物)、消费者(动物)、分解者(微生物)的生物组分及无机环境要素构成的生态学概念系统,组分之间、组分与系统、系统与环境相互作用、相互依存,系统通过物理学、化学和生物学过程及规则实现或制约系统中的种群和群落组织构建、生态系统构件(组分)的组装构筑、生物与环境相互作用、系统结构和功能状态维持以及系统的动态演变。但是,地球表层的自然生态系统是分布在一定地理空间(经度、纬度、海拔)范围内的生物群落与非生物环境构成的实体的生态学系统,具有特定的组成、结构、功能、服务和功效等系统属性、特征和状态,是植物、动物和微生物等生物组分与其环境之间

---

① 当时为德文"Oecologie",1876年成为"ecology"。

相互作用、相互依存的动态变化的自然复合体(也有人将其称为超级生命有机体)。生态系统与生态圈(eco-sphere)和生物地理群落(biogeocoenosis)是相同概念,还与生物学领域的生物群落(biotic community)、地球系统科学的生物圈(biosphere)、地理学的地球表层系统(earth surface system)概念相似或重合,但是这些概念在科学内涵及外延方面还存在着不同学科视角的差别。

自然界特定地理空间的生态系统的属性状态、过程机理和关联机制的格局和模式可以通过物理和化学原理来表达,也可以利用数学模型来描述。生态系统结构的构筑、功能的维持和状态的演变不仅包含生命有机体(或超级生命有机体)的生物学特性和作用机制,而且包含非生物环境的物理和化学过程和机理。由此可见,特定地理空间的生态系统既是依据生物学、生态学规则和系统科学原理所组织和构筑的自组织生物群落或生物地理群落,也是遵循物理和化学机理所组装和构造的能量流动、物质循环和信息交换的多维功能系统(multi-dimensional functional system)。生态系统状态的动态变化是系统生物自组织机制和环境影响双重驱动的系统动力学演变过程(evolution process of system dynamics),而生态系统属性及状态的地理变异和空间格局则是生物系统适应进化、环境过滤、群落构建等生态过程协同作用的结果,是气候和地质等因素空间格局塑造生态系统属性空间格局的生物地理学(biogeography)或生态地理学(ecogeography)的空间分异过程。

虽然现代汉语中的"生态""生态系统"和"生态学"概念被不断地扩张或泛化,但是"生态学"的核心含义依然是研究生物(个体、种群、群落、生态系统、生物圈)的生存(生活、生衍)状态,以及生物与生物之间、生物与环境之间的相互联系、相互作用机制的科学。生态系统生态学(ecosystem ecology)或生态系统科学(ecosystem science)的核心含义则是研究生态系统的组分与结构、过程与功能、服务与功效状态,以及生态系统的组分与组分、组分与系统、系统与自然和人文环境的相互联系、相互作用等生态学关系及机制的科学。生态系统科学重点研究生态系统组成、结构、过程、功能、服务、功效等基本属性(特性和特征),状态演变、过程机理及关联机制的格局和模式等科学问题,其最基本的科学命题包括:如何认知和协调资源环境系统-生态系统-社会经济系统的相互作用关系及其物理学、化学和生物学过程机理关系?如何使人类赖以生存的生态系统持续稳定地提供安全优质的食物、淡水等生态服务,实现气候、生物等自然资源再生、栖息地和环境的净化等生态功能?如何有效地发挥减缓气候变化、维持生物多样性、缓冲和净化环境污染、保障资源与环境安全的资源环境功效?

面对目前资源环境领域最具有挑战意义的科学难题,如何通过生态系统科学研究动态监测和评估生态系统状态变化,发现和理解生态系统对环境变化的响应及机制,认知和描述生态系统演变规律及过程机理,预测和预警生态系统演化及资源环境效应,实验和示范生态系统持续利用和优化管理模式等,都是生态系统科学必须承担的使命。

生态系统的各种组分依据生物学、物理学、化学和系统科学原理,维持生态系统的生态学关系和生态过程,组织和构造生态系统结构。生态系统结构决定生态系统功能,产生生态系统服务,发挥生态系统功效。生态系统过程模式和规模决定着生态系统功能及提供服务的类型、质量和水平。生态学过程(ecological process)包括生物群落更新及扩散、群落的种间关系、生态系统的物质循环、能量流动及信息传递,是认知生态系统组分、结构、功能、服务状态、生态系统动态演变及空间分布的理论基础,是联系生态系统与人类福祉、资源和环境安全,以及理解生物圈、大气圈、水圈、岩石圈、土壤圈和人类社会相互作用关系及其机理的科学基础。然而,生态系统过程是一个复杂的、相互耦联的互馈系统。

陆地生态系统的能量流动、水循环、碳循环以及氮磷营养循环及其生物系统与所在环境的相互作用关系,包含在一系列生物、物理、化学过程组合所构成的生物地球化学循环系统中,并且通过各种物质循环之间的生态学关系相互制约,或者通过生物、物理和化学的耦合过程或机制彼此联系。这种多层次表达、多功能外溢、多过程耦合的生态学过程系统,决定着生态系统的生产力形成与群落状态、生态系统的结构及机能、生态系统演变与稳定性维持等基本属性及状态,决定着生态系统的资源环境调节和生态产品供给服务的综合能力。

陆地生态系统的碳循环、氮循环和水循环是相互作用、相互反馈的生物化学及生物物理过程耦合体系

（coupling system）。生态系统的碳-氮-水耦合循环机制或关系包括：基于生物化学反应过程的联偶（coupling），基于生物物理过程的联动（gang），基于生物学过程的连接（linkage），基于系统生态学机制的耦联（conjugation）以及基于生态地理学机制的关联（nexus）等。具体表现为：生物化学和生物地球化学过程中的生命元素间的化学反应及生物代谢过程的连锁反应，气体和溶质流中的多种化合物质群族的联合运动，生物组织和有机体生长过程、物质分配、生物质累积的生物学制约机制，生态系统的有机和无机物质库之间的储存、流动及交换的生态学制约关系，水分和养分资源地理格局对生态系统生产力和碳、氮固持格局的限制，气候和土壤自然资源要素供给、利用和分配的相互约束等。

陆地生态系统碳-氮-水耦合循环机制及环境影响不仅是生态系统科学研究的重要领域，是认识生态系统的能量、营养、水分循环及其耦合关系的系统生态学核心理论问题，也是多学科交叉融合的知识体系。开展陆地生态系统碳-氮-水耦合循环研究对于阐明生态系统能量流动，水分和养分循环机制，环境驱动和生物调控生态系统的物理、化学和生物学机制，进而揭示陆地生态系统生产力、水资源有效供给和养分平衡的维持机制等都具有重要意义。与此同时，还可为典型及区域生态系统管理、区域自然资源管理、区域可持续发展提供科学依据。但是迄今的大多数研究仅关注陆地生态系统碳循环、氮循环、水循环等单个过程及其循环过程的某个环节，而对碳-氮-水耦合循环过程机理、环境响应机制、生物调控和适应机制以及耦合过程和机制的动态演变和空间变异规律的研究还十分有限，不仅没有建立起一个可以用于引导陆地生态系统碳-氮-水耦合循环机制及环境影响综合研究的逻辑框架和基础理论体系，更没有形成一个基于"多尺度-多界面-多过程-多途径"理念的整合生态学研究的方法论和技术体系。

本书的主要目的是在综合论述生态系统组分和结构、过程和功能、服务和功效等基本属性及状态，系统组装及构建，系统运行和维持，动态演变和空间变异的生物、物理和化学原理，基本生态关系、主要过程机制及其普适模式的基础上，系统梳理陆地生态系统碳-氮-水耦合循环及环境影响的基础理论问题，归纳并构建陆地生态系统碳-氮-水耦合循环研究的科学问题、研究内容及相互关系的逻辑框架，以奠定认知生态系统碳-氮-水耦合循环的生物学、物理或化学过程以及系统生态学、系统动力学和生态地理学方面的理论基础。本书重点讨论以植被-大气、土壤-大气和根系-土壤三个界面的碳、氮、水交换为核心的土壤-植物-大气系统碳-氮-水耦合循环的生物物理过程，生态系统碳-氮-水耦合循环的生物化学过程，制约生态系统碳-氮-水循环耦合关系的生态系统生态学机制以及制约生态系统碳-氮-水循环耦联关系空间变异的生物地理生态学机制，进而论述陆地生态系统碳-氮-水耦合循环对全球环境变化的响应和适应性的理论机制及研究进展。

本书的撰写起因于国家自然科学基金委员会重大项目"我国主要陆地生态系统对全球变化的响应与适应性样带研究"（2006—2010年）、国家973计划项目"中国陆地生态系统碳-氮-水通量的相互关系及其环境影响机制"（2010—2014年）和国家自然科学基金委员会重大项目"森林生态系统碳-氮-水耦合循环过程的生物调控机制"（2013—2017年）的科研工作。这三个项目的立项及研究工作都基于对本书中相关理论问题的科学思考，因此可以说，本书也是对这三个研究项目涉及的相关科学问题的理论研究成果的系统性总结。

然而，撰写本书的真正动因来自总结多年来科学研究和教学工作所产生的对生态系统科学的理解和体会的强烈欲望。笔者在该研究领域已经出版了《陆地生态系统通量观测的原理与方法》（于贵瑞、孙晓敏等著，2006年第一版，2018年第二版，高等教育出版社）、《植物光合、蒸腾与水分利用的生理生态学》（于贵瑞、王秋凤等著，2010年，科学出版社）和《人类活动与生态系统变化的前沿科学问题》（于贵瑞等著，2009年，高等教育出版社），系统论述了陆地生态系统碳、氮、水通量的观测研究理论和方法，生态系统碳-水耦合循环机理以及生态系统变化科学前沿等理论和技术问题。本书作为前三部拙著的续篇，自2011年便开始构思和撰写初稿，但是撰写工作时断时续，迟迟未能完成预期任务。自2017年开始，有幸得到本书的合作者及学生的大力协助，几易其稿才终于完成。特此，对各位合作者及学生的协助表示衷心感谢，也对资助该领域科学研究工作的国家自然科学基金委员会和国家科学技术部致以诚挚的谢意。

本书第1—3章为概论，综合论述生态学与生态系统科学的概念和研究领域，生态系统碳-氮-水耦合循环的科学问题、理论框架以及生物化学和生物物理过程体系。第4—8章系统论述调控陆地生态系统碳-氮-水耦合循环过程的植物生态学机制、微生物生理生态学机制、生态系统生态学机制、流域水文生态学机制和空间变异生物地理学机制。第 9—11 章介绍生源要素的生态化学计量学理论、生态学代谢理论、生态系统结构与功能平衡理论及其在陆地生态系统碳-氮-水耦合循环研究中的应用。第 12—16 章在概述全球变化及陆地生态系统碳-氮-水耦合循环过程的影响及适应的理论基础上,分别讨论全球变暖、降水格局变化、CO_2 浓度升高、大气氮沉降对生态系统碳-氮-水耦合循环的影响机制。

当前,生态学和生态系统科学研究正在走向一个新的历史时期,呈现出明显的新时代特征。学界和社会期待通过生态系统研究早日实现对生态系统状态变化的监测、区域生态问题的诊断、影响因素的归因、生态质量的评估、动态变化的预测以及生态灾害的预警,期待生态系统科学研究能为解决区域乃至全球的重大资源环境问题探索出新理论和技术途径,为区域生态环境综合治理和人与自然和谐的生命共同体构建提供共性关键技术和综合技术方案。为此,发展基于生态学大理论、大数据及大尺度研究方法,以"多尺度观测、多方法印证、多过程融合、跨尺度认知和跨尺度模拟"为特征的整合生态学研究,深入认识生态系统属性和状态、动态演变和空间变异、环境影响和人为调控的生态学机制必将成为未来发展的新方向,期望本书的出版能为开拓生态系统科学前沿领域有所帮助。由于笔者的学识和学科背景限制,以及时间仓促,笔误或错误之处在所难免,敬请读者批评指正。

于贵瑞

2020 年 12 月于北京

目　　录

第1章
生态学与生态系统科学概念及研究领域

　　生态学是研究生物的生存状态、生物与生物之间关系以及生物与环境之间关系的学科,也可以简化理解为研究生物与环境关系的生物学分支学科。生物学领域的生态学是以认识生物或生命系统的普适性生物学规律为主线,重点研究生物生存和发展的过程与机理。这些研究成果可直接服务于植物、动物、微生物等生物资源利用与管理以及生物多样性保护等应用领域。

　　生态学也是环境科学的一个重要组成部分,主要研究不同等级的生物系统与环境的互馈关系,以及环境保护和管理的生物学机制、途径和技术,也被称为环境生物学。生态学作为地球系统科学的重要组成部分,其主要研究内容包括生物圈和全球生命系统的演变规律和机理,生态系统的生物群落、食物链、生产力、能量流动和物质循环及其与环境变化和人类社会活动的相互作用关系,生态系统和外部生物圈、全球生命系统与资源环境及地球系统各圈层的相互作用关系,维持生态环境与人类社会持续和谐发展的生态学机制和技术途径。

　　生态系统概念将经典生态学或者基础生态学研究扩展到了生态系统生态学或者生态系统科学的新阶段。生物学和地学及环境科学领域的研究都在强调认识自然界的整体性和系统性的同时,基于各学科视角提出了许多与生态系统相似的科学概念或学说,但是目前被学术界广泛认同的是英国生态学家阿瑟·乔治·坦斯利(Arthur George Tansley)于1935年提出的生态系统概念,并在相关科学研究中得到不断发展,用于认知生态系统与资源环境及人类社会的互馈关系。然而,我国古代汉语和现代汉语中的"生态"有其固定的词义,这种东方汉语与西方科学术语的交融,加上我国生态环境保护以及生态文明建设的社会实践,正在不断地丰富生态、生态学及生态系统的科学内涵,同时这些概念也被一些学科不断地泛化或异化应用。

　　人类对生态学和生态系统概念、理论及知识的理解,有助于认识和解决生物多样性、气候变化和社会经济发展等重大资源环境问题,可为陆地生态系统碳-氮-水耦合循环研究提供科学思想、基本理论以及方法学基础。本章将系统地讨论相关概念的含义和外延、基本科学问题、主要研究领域和前沿科学问题,概述生态学及生态系统科学研究的方法论和技术体系,提出发展"多尺度观测、多方法印证、多过程融合、跨尺度认知和跨尺度模拟"的整合生态学研究,以及开展区域、流域、大陆及全球尺度的宏系统生态学研究的重要性及广阔的应用前景。

本章执笔:于贵瑞,王秋凤,韩朗

1.1 引言

陆地生态系统碳循环（carbon cycle）、氮循环（nitrogen cycle）和水循环（water cycle）是通过一系列的生物和化学过程耦合在一起的生物地球化学循环，这三个循环之间彼此联系、相互制约。整合研究陆地生态系统碳、氮、水循环及其耦合关系是揭示生态系统生产力形成机制以及生态系统结构和功能维持机制、探讨生态系统永续供给优良生态环境和生态产品等服务的理论基础，是生态系统生态学（ecosystem ecology）、全球变化生态学（global change ecology）及社会可持续发展生态学（society sustainable development ecology）等新兴交叉学科研究的前沿领域。陆地生态系统碳、氮、水循环及其耦合关系是生态系统生态学研究的重要组成部分，相关的科学研究思想、理论和方法需要我们理解生态学和生态系统生态学概念，更需要全面而深入地了解相关学科的背景、科技需求以及研究技术的变革。

生态学（ecology）是研究生物与环境关系的科学，是探讨自然界多样性的生态学现象（ecological phenomenon）及其生态学过程（ecological process）的状态、演变和控制机理的生物学分支科学。但是在现实的科学研究中，学者从不同的视角给出了生态学的不同定义：例如，研究生物与周围环境相互关系及机理的科学（Haeckel，1866）；研究生物（包括动物和植物）怎样生活和它们为什么按照自己的生活方式而生活的科学（Elton，1927）；研究有机体的分布和多度的科学（Andrewartha and Birch，1954）；研究生态系统的结构与功能的科学（Odum，1953）；综合研究有机体、物理环境与人类社会的科学（Odum，1971）；等等。由此可见，生态学作为生物学的一个分支学科，在不断地与地理学、大气科学、资源环境科学和社会经济学交叉融合的过程中创立了丰富多彩的科学概念及研究领域，使得它在自然科学体系中的作用越来越大，学术地位越来越高。生态系统（ecosystem）概念的诞生将经典生态学（classical ecology）或者基础生态学（basic ecology）研究扩展到了生态系统生态学的新阶段，其科学思想、理论、方法、技术及其研究成果被广泛地渗透和应用于其他学科，应用于解决资源利用、环境保护、区域发展和社会治理体系的建设之中。

本章作为全书的序章，期望能构建陆地生态系统

的碳、氮、水循环及其耦合循环理论体系框架，奠定其科学思想、核心概念、基本理论和方法学基础。为此，本章将系统地讨论生态、生态学、生态系统及生态系统生态学的基本概念、核心含义和外延，综合探讨生态系统科学研究的基本问题和使命、重要研究领域及前沿科学问题，并且概要地介绍生态系统科学研究的方法论和技术体系。

1.2 生态学与生态系统基本概念及发展

1.2.1 生态学的概念

生态学是研究生物的生存状态、生物与生物之间关系以及生物与环境之间关系的学科，是生物学的一个重要分支学科，其研究范围包括个体、种群、群落、生态系统、生物群区以及全球生物圈等，也涵盖了物种形成、形态性状、组织构造、遗传进化、发育繁殖、响应适应与自然环境互作关系等生命现象及过程系统。生态学也是环境科学的一个重要组成成分，主要研究不同等级的生物系统与环境的互馈关系，以及环境保护和管理的生物学机制、途径和技术，也被称为环境生物学（environmental biology）。生态学还是地球系统科学的重要组成部分，主要研究生物圈和全球生命系统的演变规律和机理，生态系统的生物群落、食物链、生产力、能量流动和物质循环及其与环境变化和人类社会活动的相互作用关系，也可以称为生态系统或生物圈科学（biosphere science）。地球系统科学框架下的生态学研究重点是地球表层不同类型生态系统、不同等级的生物圈及全球生命系统与其资源环境以及地球系统各圈层之间的相互作用关系，探讨维持生态环境与人类社会持续和谐发展的生态学机制、环境管理技术途径及优化模式。该领域不但具有自然科学范畴的科学价值，也是与人类的生存、生活、生产和生计密切相关的自然科学与人文科学的交叉领域。

生态系统和生物圈是人类的家园，人类的生活、生产活动在不断地消耗自然资源，破坏自然环境。特别是进入 20 世纪以后，由于全球人口急剧增长，工业快速发展，人类利用和改造自然的能力持续性增强且不断取得阶跃性突破，使得自然生态系统和生物圈遭到了前所未有的人类活动冲击，人类家园受到了难以评估的破坏或损伤。保护自然资源和环境、保持生态

系统和生物圈的生态平衡、维持社会持续发展成为刻不容缓的任务,也为生态学研究附加了新的科技使命,这就需要近代生态学研究不断地与社会经济科学融合,其中很多研究领域已超越了生物学、环境科学和地球系统科学等自然科学范围,形成了许多生态学与社会经济等人文科学交叉融合的分支学科,可称为人文经济生态学(humanistic economic ecology)。

1.2.2　生态学起源及发展

生态学一词来源于希腊文"Oikologie(Ökologie)",是 1865 年由赖特(Reiter)合并两个希腊字"oikos"(房屋、住所、栖息地)和"logos"(研究)构成的。1866 年,恩斯特·海克尔(Ernst Haeckel)在他的著作《普通生物形态学》(*General Morphology of Organisms*)中首次将"Oikologie"译成英语的"ecology"①,并定义为"研究动物与其有机及无机环境之间相互关系的科学,特别是动物与其他生物之间的有益和有害关系"。1895 年,原日本东京帝国大学学者三好学首次把 Biologie 翻译为日文的"生態学"(阳含熙,1989)。20 世纪 30 年代,武汉大学植物学先驱张珽教授首次将日文中的"生態学"引入我国,并编写了我国第一部植物生态学著作(阳含熙,1989;周凌云,1984)。此后生态学作为一个学术名词在我国现代汉语体系中被直接应用。

海克尔对 ecology 的定义揭开了生态学发展的序幕,但是生态学的快速发展则是在 1935 年英国植物学家和生态学家阿瑟·乔治·坦斯利(Arthur George Tansley)提出生态系统概念之后。1942 年,美国的年轻学者林德曼(Lindeman)在对赛达伯格湖生态系统的详细考察中提出了生态金字塔的能量转换"十分之一定律"(Lindeman,1942)。之后,生态学才逐渐成为一门有自己的研究对象和任务、研究方法比较完整和独立的学科。

不同学科的学者对生态学的核心含义赋予了不同的解读。例如,有些博物学家认为,生态学与普通博物学不同,具有定量的和动态的特点,他们把生态学视为博物学的理论科学。持生理学观点的生态学家则认为,生态学是普通生理学的分支,它与一般器官系统生理学不同,侧重于在生物整体(或个体)水平上探讨生命过程与环境条件的关系。而从事植物群落和动物行为研究的学者分别把生态学理解为生物群落科学及在环境条件影响下的植物和动物行为科学,侧重生物进化观点的学者则把生态学解释为研究环境与生物进化关系的科学。

生态系统概念把生物与环境的关系归纳为物质流动及能量交换。20 世纪 70 年代以来,进一步将其概括为物质流、能量流和信息流,还引入了系统论、控制论、信息论的概念和方法,促进了生态学理论的发展。在 20 世纪 60 年代,就已形成了系统生态学(systems ecology),进而成为系统生物学(systems biology)的一个分支学科。如今的生态学研究,紧密地与人类生存发展相联系,诞生了众多热点研究问题和研究领域,如地球生命系统进化与演变、生物多样性维持与保护、全球气候变化及应对、区域生态系统管理与恢复重建以及全球社会经济可持续发展等。

如前所述,"eco-"(生态)源于古希腊文中的"oikos",其原意是指"家"或"家庭"(home)、"房屋"或"住宅"(house)、"住所"或"栖息地"(place to live)等。因此,ecology 的直接词意可以理解为关于"生物的家庭生活""生物住所"或"生物栖息地"的科学。由此可以理解为"居家的学问"(即家及其住所的学问),或者引申为"家庭及其居住环境的学问"(即生物种群及其栖息环境的学问)。

科学发展的历史已经证明,对一个正处在快速发展过程中的学科,给出一个严密的、得到广泛共识的定义是十分困难的。这是因为不同学者的学科背景及学术视角差异必然会导致对学科的研究对象、基本理论、基本概念及方法论理解的分歧。更重要的是,一个新兴学科的定义不仅会随着相关科学的发展及技术进步而与时俱进,也一定会在不断地与相邻学科交叉融合过程中产生学科分化,但是其科学的核心概念、科学思想及研究对象或内容都会不断地传承及强化。就生态学的研究对象而言,普遍认同的核心对象为:生物的生存状态、生物与其他生物(有机环境)之间的关系、生物与无机环境之间的关系。

生态学概念诞生于生物学的发展过程之中,成熟于动物生理学(animal physiology)、植物生理学(plant physiology)、生物地理学(biogeography)、生物群落学(biocenology)、人口论(malthusianism)和生物进化论(biological evolutionism)等领域科学研究的学术争论和方法学的进步。其中成为生态学概念源泉的三部代表性著作为:政治经济学奠基人马尔萨斯(Malthus)

---

① 原著为德文版,最初译为德文"Oecologie",1876 年成为"ecology"。

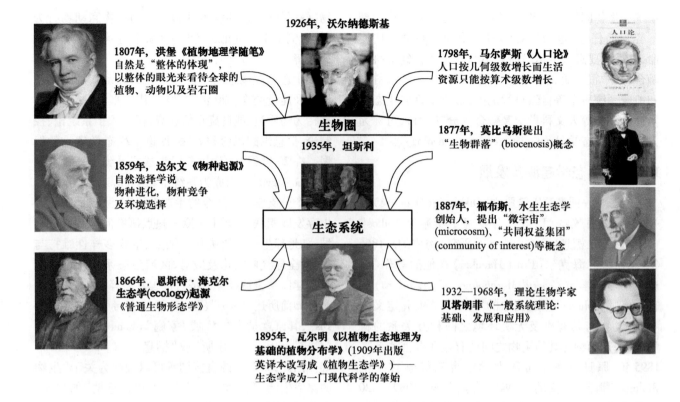

图 1.1　生态学与生态系统概念的由来及代表性学术思想

的《人口论》（*An Essay on the Principle of Population*）（1798），植物地理学奠基人洪堡（Humboldt）的《植物地理学随笔》（*Essay on the Geography of Plants*）（1807），生物进化论的奠基人达尔文（Darwin）的《物种起源》（*The Origin of Species*）（1859）（图 1.1）。生态学与系统论的融合推动了生态系统概念的产生，它与生物学领域的生物群落、地理学的生物地理群落及地球系统科学的生物圈或生态圈概念高度相同，共同奠定了现代生态学和生态系统生态学的理论基础。

马尔萨斯在《人口论》中提出了"人口按几何级数增长而生活资源只能按算术级数增长"的认知。洪堡在《植物地理学随笔》中已经表达了"自然是整体的体现，应以整体的眼光来看待全球的植物、动物以及岩石圈"的生态学思想。达尔文在《物种起源》中提出了生物进化论学说，摧毁了唯心主义的"神造论"以及"物种不变论"。达尔文是有史以来最伟大的生物学家和生态学家，受马尔萨斯的《人口论》的启发，他与华莱士一道提出了自然选择学说（图1.2），他不仅关注生物的起源和进化，还奠定了现代生态学的基础。达尔文强调生物进化是生物与环境交互作用的结果，是物种竞争和自然选择的产物，这

引起了人们对生物与环境关系的重视，成为生态学核心思想的源泉之一。

生物学领域的动物生理学、植物生理学和生物群

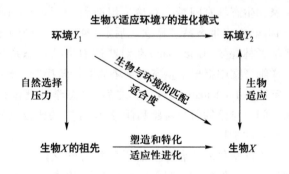

图 1.2　生物进化论与自然选择学说

任何环境和种群中的个体都不是完全相同的，总有一些个体比其他个体生存和繁殖得更好，并留下更多的后代，导致种群遗传特征的逐渐改变，由此通过自然选择发生生物适应环境的进化。适应性进化表现为生物特性与生存环境的匹配，但是生物特性不是为了适应现在的环境而设计的，而是经受过去环境影响的自然选择而被塑造的结果。图中的生物 X 的进化历程是生物 X 与环境 Y 交互作用的产物，生活在环境 Y_1 条件下的生物 X 的祖先，通过塑造和特化进化成适应环境 Y_2 的生物。

落学以及地理学领域的生物地理群落发展是生态学思想的另一源泉。其中影响最大的是莫比乌斯(Mobius)和福布斯(Forbes)著作中提出的生物群落与自然环境相互联系的整体性概念(Odum,1981),也有人将这种概念称为生物群落与自然环境相互联系的"生命有机体"或"超级生命有机体"。

1.2.3　生态系统概念及生态系统生态学的起源与发展

生态系统概念是由英国植物学家和生态学家阿瑟·乔治·坦斯利通过对生物群落(biotic community)概念的深度思考而顿悟出来的,他受丹麦植物学家尤金纽斯·瓦尔明(Eugenius Warming)的影响,于1935年首次提出并定义了生态系统(Tansley,1935)(图1.1)。坦斯利提出并定义的生态系统概念强调了生物群落中的生物有机体之间以及生物与无机成分、有机成分之间的能量流动和物质交换的重要性,强调了生物与环境之间的相互联系及其整体性。他认为,"生态系统是一个'系统的整体',这个系统不仅包括有机复合体,而且包括形成环境的整个物理因子的复合体"①,这种系统是自然界的基本单位,它们有各种大小和种类,生物群落演替是生态系统动态的重要体现。

早在20世纪20年代,英国生态学家埃尔顿(Elton)等就倡导生物群落研究(Elton,1927)。1916年,美国植物学家弗雷德里克·爱德华·克莱门茨(Frederic Edward Clements)提出了群落演替理论(principle of community succession):系统论述了群落演替过程的初期(initiation)、选择(selecting)、持续(continuing)和终止(terminating)四个阶段特征;总结了开始于裸地上的原生演替(primary succession)和受到极度破坏后开始的次生演替(secondary succession)的过程及特征,讨论了开始于水浸状态的水生演替(hydrach succession)和干旱阶段的旱生演替(xeric succession)群落变化规律;提出了一个地区的全部演替都汇聚于一个稳定成熟群落(即顶极群落,climax community)的"气候顶极群落演替理论"(principle of climatic climax succession)。1939年,坦斯利又发展了"群落演替多元顶极理论"(polyclimax theory);1953

年,美国植物学家罗伯特·哈丁·惠特克(Robert Harding Whittaker)提出了"顶极-格局假说"(climax-pattern hypothesis)。在这些研究中都贯穿着"生物群落与生存环境相互联系"的整体性思想,其成果奠定了生态系统概念和生态系统生态学的科学基础。

系统思想及系统论无疑是生态系统概念及其发展的重要思想来源(图1.1)。系统思想源远流长,但作为一门科学的系统论是由美籍奥地利人、理论生物学家贝塔朗菲(Bertalanffy)创立的。他在1932年发表的《抗体系统论》中提出了系统论思想。1937年提出了"一般系统论原理",奠定了系统论的理论基础(论文《关于一般系统论》到1945年才公开发表)。贝塔朗菲1968年发表的专著《一般系统理论:基础、发展和应用》(*General System Theory: Foundations, Development, Applications*)被公认为这门学科的代表作。

基于系统论思维的生物系统与环境关系科学研究推动了生态系统生态学的理论发展。早在生态系统概念提出之前,埃尔顿从动物食性以及其他生物捕食关系角度就说明了动物在群落中的地位(即生态位,niche),他认为每一种动物是食物链中的一环,在食物链中的物质将从一种生物向另一种生物转移,这种营养结构概念已经奠定了生态系统物质循环的基本框架(Elton,1927)。林德曼通过对湖泊生态系统的深入研究,揭示了营养物质移动规律,创建了营养动态模型,成为生态系统能量动态研究的奠基者(Lindeman,1942)。并且他以科学观测和实验数据论证了能量沿着食物链流动的顺序及耗散规律,提出了著名的"十分之一定律",标志着生态学从定性走向定量研究的新阶段。奥德姆(Odum)在生态系统的研究中,提出了大小不同的系统组织层次谱系(Odum,1969),进一步把生态系统概念系统化,并极大地丰富了生态系统生态学的科学内涵。他将生物与环境的整体论观点和系统论方法引入生态学之中,认为"生态学是研究生命有机体与它们的生物和非生物环境之间关系的科学"②(Odum,1971);他还以"能流"为主线,将包括人类在内的整个自然环境均纳入生态系统组分,这对生态学向解决人类社会生存与发展问题扩张产生了深远影响。为此,他的著作《生态学基础》(*Fundamentals of Ecology*)出版后,被誉为史无前

---

① 原文为 Ecosystem is the whole system, ……including not only the organism-complex, but also the whole complex of physical factors forming what we call the environment.

② 原文为 Ecology may be more simply defined as the relationship between living organisms and their abiotic and biotic environment.

例的生态科学教学参考书,促进了生态学研究从传统向现代的时代性转型。

20世纪中叶的一些生态学家不约而同地倡导"生物多样性导致稳定性"的观点,形成了分别以麦克阿瑟(MacArthur)和奥德姆为首的两大生态学派。其中麦克阿瑟为进化生态学派的代表,侧重于研究较小等级的生态学系统(个体、种群、群落)的组分、结构及演变,物种进化,种群间互作关系及生物多样性维持等基本生态学问题,主要使用简单的数学模型,并且利用实验室和野外自然观察作为模型和理论发展的基础。奥德姆是系统生态学派的代表,侧重于较大等级的生态学系统(生态系统、景观、生物圈)结构、功能及演变的系统动力学机制研究,更加重视对生态系统过程的观测和实验,往往采用非常复杂的数学模型来描述生态系统的过程及行为。同一时代的戈利在对弃耕地营养结构及能量流的研究中,较深入地揭示了"生态系统能流的渠道是食物链,而且能量沿着各营养阶层流动并逐渐减少"的生态学规律(Golley, 1961, 1993)。里克莱夫斯在 Ecology 一书中绘制了生态系统中的物质循环和能量流动基本模式,形象地表明了生态系统的生物与非生物成分间相互作用和相互依赖关系(Ricklefs, 1973)。此外,因为"ecology"与"economics"来自同一词根,故也有学者认为生态学又是"研究大自然经济学的科学"(the body of knowledge concerning the economy of nature)。

地球科学和地理学对生物群落的研究为生态学诞生和发展提供了另一个不同的视角(图1.1)。1926年,地球化学和生物地球化学的创始人、苏联科学家弗拉基米尔·沃尔纳德斯基(Vladimir Vernadsky)出版了著名的 The Biosphere,他从地球系统科学家的视角为如何看待地球生物群落提供了一个新的认知角度,推动了"生物圈"(biosphere)概念的发展。1944年,苏联地植物学家苏卡切夫(Sucachev)从地理学角度提出了生物地理群落(biogeocoenosis)概念,他把生物群落当作一个自然地理单元,认为地球表面上的任何一个地段都是由动物、植物、微生物与其地理环境组成的功能单元。

生态系统和生态系统生态学不仅被生物学领域所接受,也逐渐得到地球系统科学、社会学和经济学等领域学者的赞赏、应用和发展。这是因为20世纪60年代以来,资源环境、区域及全球可持续发展问题的出现使得社会经济科学家关注生态学,生态学逐渐成为公共政策和决策的重要依据,甚至人们将生态学

思想和原理作为解决资源环境问题的"高贵的分析武器和一种新的哲学概念或世界观",并通过以下五个标志性事件将生态学和生态系统研究带入了黄金发展时期。

事件之一是《寂静的春天》震撼了社会民众,产生了生态研究可助力解决环境问题的社会期待。1962年,《寂静的春天》在美国问世,它是人类首次关注环境问题的著作,警告人类可能将会面临一个没有鸟、蜜蜂和蝴蝶的世界。书中那惊世骇俗的关于农药危害人类环境的预言,不仅受到与之利害攸关的生产和经济部门的猛烈抨击,也强烈震撼了广大社会民众,同时也开启了全世界环境保护事业,带动了污染防治的环境生态学的发展。

事件之二是起始于20世纪60年代的一系列生态学国际计划的推动。自20世纪60年代后期的国际生物学计划(International Biological Programme, IBP)开始,部分生态学家就开始研究区域及全球生态系统功能和生物多样性,70年代的"人与生物圈计划"(Man and Biosphere Program, MAB)、80年代的"国际地圈-生物圈计划"、后来的千年生态系统评估(Millennium Ecosystem Assessment, MA)以及生物多样性和生态系统服务政府间科学政策平台(The Intergovernmental Science-Policy Platform on Biodiversity and Ecosystem Services, IPBES)等都将大尺度的生态学研究与全球气候变化、人类活动变化及生物多样性和生态系统功能紧密联系。

事件之三是《增长的极限》对社会发展模式的警告。1972年,环境保护的先驱组织、著名的罗马俱乐部发表了震惊世界的研究报告——《增长的极限》,报告提出了人口爆炸、粮食生产的限制、不可再生资源的消耗、工业化及环境污染五个基本问题,给人类社会的传统发展模式敲响了第一声警钟。由此推动了后来的《人类环境宣言》(1972)、《我们共同的未来》(1987)、《里约宣言》和《21世纪议程》(1992)、《我们希望的未来》(2012)和《2030年可持续发展议程》(2015)等世界性的环境保护研究的发展。生态学研究也在解决资源限制和生态环境退化问题中不断进步,形成了可持续发展生态学这一新兴领域。

事件之四是20世纪50—60年代,应对全球气候变化挑战的全球变化科学研究拉开了生态学与地球科学整合发展的序幕。1957年 Roger Revelle 指出,人类正在进行一项不可重复的实验,即增加大气圈二氧化碳(CO_2)浓度的实验,这将会带来潜在的、严重

的、未知的后果（Revelle and Suess，1957）。1960 年 Keeling 指出，大气 CO_2 浓度不仅增加，其浓度变化还是有规律的波动，可能是温带地区植物的光合作用的季节变化造成的（Keeling，1960）。应对全球气候变化的科学研究一直在争议中开展，直到 20 世纪末期，联合国政府间气候变化专门委员会（Intergovernmental Panel on Climate Change，IPCC）评估报告出版及《联合国气候变化框架公约》（UNFCCC）通过，这些研究才被学术界及社会认同，并使得全球变化科学成为众多科学发展的引领者，助推了作为生态系统科学研究新领域的全球变化生态学的发展。

事件之五是我国政府将生态文明建设提升为治国理念，融入经济建设、政治建设、文化建设、社会建设之中。建设生态文明是中华民族永续发展的千年大计，要求人们像对待生命一样对待生态环境，统筹山水田湖草系统治理，实行最严格的生态环境保护制度，采用绿色发展方式和生活方式，坚定走生产发展、生活富裕、生态良好的文明发展道路，建设美丽中国，为人民创造良好的生产生活环境，为全球生态安全做出贡献。

1.2.4 汉语体系中"生态"的词义及演变

现代汉语中"生态"是起源于英文的"eco-"、经日文翻译而来的外来专业性学术用语，但是现在普通汉语中使用的"生态"和"生态学"一词是极具扩张力的词汇，如今的生态学已经渗透到自然、经济和人文科学的各个领域，"生态"一词所涉及的范畴也越来越广，人们还常常用"生态"来定义许多美好的事物，将健康的、美的、和谐的事物冠以"生态"来修饰。这一词义演变及扩张不仅是因为不同文化及学科背景的人对"生态"的定义和理解的差异，更重要的是因为在我国汉语体系中的"生""态"及"生态"有其原始的独立的词汇含义，人们在日常的词汇运用过程中就会依据对汉字的"生"和"态"字义的理解，在"由字造词和由词构语"以及"语句简化和词汇缩写"等过程中不断演变其含义和用法。

在生物学、生态学及环境科学等自然科学范围使用的"生态"通常是生态学、生态学的、生态系统的代名词，也是生态学系统（ecological system）、生态环境（ecological environment）、生态与环境（ecology and environment）等术语的简化。但是在自然科学、经济学、社会学和人文科学等领域所使用的"生态"词义十分广泛，包括汉语中的"生"和"态"两个汉字的字义组合，"生态"和"环境"词义的泛化，以及对英文中的"eco-"和"-logy"原义理解的差异而导致的语言学演变结果（图 1.3）。

汉字"生"的本义是草木从土里生长出来（滋长），主要是指生活、生存、生长、生育、生衍、生产以及生物、生命、生理、生机等，也是这些词汇的简称，可划分为生物、生命和生理（图 1.3a）。汉字"态"的本义为形状、样、姿态、姿势和状态等，主要是形态、体态、物态、心态、神态、事态、情态、时态、静态、动态、常态、变态等，也是这些词汇的简称，可按样态划分为象、候、时、势、力、理（图 1.3b）。

"生态"具有多种含义，其直接词义一般指生物的生活状态。生活是指生物生存过程中各项活动的总和，即生物为了生存和发展而进行的各种生命活动及行为，包括生物的生存、生长、生育、生衍等本能性

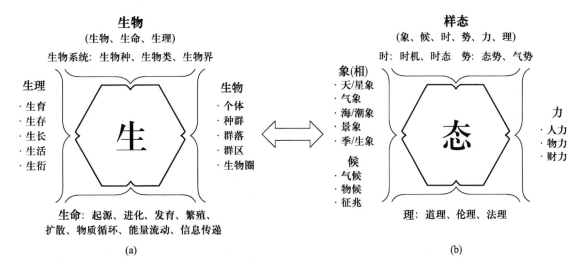

图 1.3　现代汉字中"生态"的词义及扩展

的生命活动,应对环境的生理响应和适应及个体行为等。由此可见,"生态"可以理解为生物在一定的自然环境下的生存和发展状态,也指生物的生理特性和生活习性。例如,秦牧在《艺海拾贝·虾趣》中提到:"我曾经把一只虾养活了一个多月,观察过虾的生态。"同时,"生态"作为生态学、生态系统、生态学系统、生态环境等术语的简略词,主要是指生物与生物、生物与环境之间的关系及状态,以及这种生态关系的和谐状态或平衡状态,关系形成的机理及机制等。

"生态"的文学词义之一是显露美好的姿态。例如,南朝梁简文帝《筝赋》:"丹荑成叶,翠阴如黛。佳人采掇,动容生态。"《东周列国志》第十七回:"(息妫)目如秋水,脸似桃花,长短适中,举动生态,目中未见其二。"词义之二是表现生动的意态。例如,唐朝杜甫《晓发公安》:"邻鸡野哭如昨日,物色生态能几时。"明朝刘基《解语花·咏柳》:"依依旖旎,袅袅娟娟,生态真无比。"

现代汉语的"生态",不仅包含了传统词义,而且依据生态学定义"研究生物的生存状态及其与有机和无机环境关系的学科",将"生"和"态"或者"生物""状态"及"环境"的含义或对象外延,再做各种组合而形成"生态"及"生态学"概念的泛化应用。

1.2.4.1 生物概念的外延及其在生物科学领域的扩展应用

生态的原义是指生物的生活状态,即生物个体在特定环境下的生存和发展状态,也指生物的生理特性和生活习性(生物生理生态学)。然而人们对生物及其生活的理解不同,就自然地形成了基于不同生物概念的学科分化和扩展。生物(又称生命体或有机体)是有生命的个体。有机体(organism)是具有生命个体的统称,泛指一切有生命的、能实现全部生命活动的生物个体,包括病毒、原核生物、真核原生生物、植物、动物和人类等。生命系统(life system)是自然系统的最高级形式,是指能独立地与其所处的环境进行物质、信息交换及能量流动,并在此基础上实现内部的有序性发展与繁殖的系统。由大到小依次为生物圈、生态系统、群落、种群、个体、(消化、呼吸、循环等)系统、器官、组织、细胞。

生物最重要和本质的特征在于进行新陈代谢及遗传。生物的新陈代谢包括合成代谢(anabolism)以及分解代谢(catabolism)这两个相反的过程,是生命现象的基础。生物的生理是生物生命活动(生存、生活、生育、生长、生衍、生产和行为)和各个器官的机能;而生物的生命则是生物体所表现出来的自身繁殖、生长发育、新陈代谢、遗传变异以及对刺激产生的反应等复合现象。

在生物学及生态学发展的过程中,人们通常把具体的生物个体(或有机体)概念外延到生物群体、物种种群、植被群落、生物圈、地球生命系统;将生物个体的生活状态、生理特征和生活习性外延到生物的生命活动及生理过程;将传统的植物、动物、微生物扩展到人体、人群、族群、社会、国家及地球人类种群。此外,也通常按生物特征将生态学应用于以生物生产为主的各类产业,如农业(作物、农田)、林业(林木、森林)、畜牧业(禽、畜)、水产业(鱼类)和工业(微生物)。

1.2.4.2 生物环境概念的外延及其在地理科学领域的扩展应用

经典的生物环境概念是影响生物生存、生活及繁衍的各种自然因素及条件的总和,由生态系统和环境系统中的各个"元素"共同组成。生态学中的"eco-"的直接词义是指"生物栖息地",因此,生物环境可以理解为生物个体、种群以及群落生命活动必需的栖息地、温度、湿度、盐度、酸碱度等环境条件以及生长需要的能量(辐射)、水、营养、O_2、CO_2等资源(图 1.4)的供给数量和质量,也统称为自然资源环境。

自然资源环境是指与生物和人类密切相关、影响生物和人类生存发展的各种自然力量或作用及现象的总和。当代环境泛指维持和影响生物的生活、生育、生存和繁衍以及人类的生存、生活和生产的有机和无机环境的综合,包括自然环境、经济环境和社会文化环境。在自然地理学中,环境是指生物和人类生存的空间以及其中可以直接或间接影响人类生活和发展的各种自然因素,通常把这些构成自然环境总体的因素划分为大气圈、水圈、生物圈、土圈和岩石圈五个圈层,人类生活的自然环境要素又分为大气环境、水环境、土壤环境、地质环境和生物环境等。

自然环境包括具有一定生态关系构成的生态环境(ecological environment)和仅由非生物因素组成的无机自然环境(inorganic natural environment)。人们通常所说的生态环境是"由生态关系构成的环境系统"的简称,是在特定的地理空间,一定生态关系构成的自然环境系统,主要包括水、土、生物以及气候等环境条件和可利用的资源。现代生态学在其生物概念不断扩展的同时,其环境的概念、范畴及研究对象也

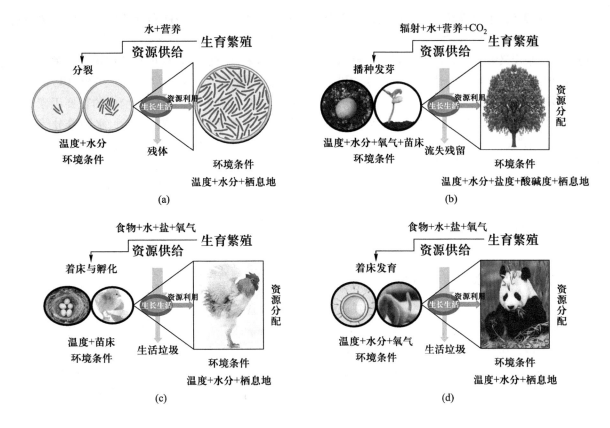

图 1.4　微生物(a)、植物(b)、卵生动物(c)及胎生动物(d)的生命活动及其对环境条件和
资源的需求及资源分配

微生物、植物、卵生动物及胎生动物的生命活动和生育繁殖对环境条件的要求及资源需求各有不同,随着生物进化水平的升高,其
生活史越来越复杂,对环境和资源要素的需求也随之增加。生物界需要的环境条件主要包括苗床、光照(强度、时长、周期)、温度、
水分(湿度)、氧气(氧化还原电位)、盐度和酸碱度(pH 值)等,生物生育繁殖需求的资源要素包括栖息地、能量(辐射)、淡水、营养
(食物)和生命元素等,环境条件的适宜度、资源供给数量和有效性共同决定着生物的生长、生理和繁育活性。

在不断扩展,推动着生态学在地理科学和地球系统科学领域的扩展应用:在环境概念方面,由自然环境外延到经济环境、社会文化环境、政治环境、军事环境、地理环境、区域环境、全球环境;在环境要素方面,由水、土、气、生扩展到水圈、岩石圈、土壤圈、大气圈、生物圈;在资源对象方面,由水土资源环境扩展到气候资源环境、生物资源环境、自然灾害环境等。

1.2.4.3　生态关系和机制概念的外延及其在社会经济领域的泛化应用

经典生态学(classical ecology)或者基础生态学(basic ecology)研究的核心是生物与生物、生物与环境之间的相互联系、相互作用机理或机制以及生态关系的状态。这些生态关系(ecological relationship)和生态学机制(ecological mechanism)可以外延到自然生态规律,即生物和人类的生活、生育、生存和繁衍等

生命活动适应自然环境的准则、理念、智慧、策略及技术。生态学研究甚至将这些应用于产业、社会、经济发展,进而泛化为各种社会经济科学的分支学科。例如,用"生态"来定义社会、经济、政治、文化等事业的发展方式(如生态文明、生态产业、生态经济、生态文化);用"生态"来定义产业生产方式及其产品(如生态农业、生态工业、生态旅游、生态食品、生态家园、生态景观、生态产品);用"生态"来定义人的生活和消费方式、行为规范和社会道德(如生态旅行、生态伦理、生态道德);用"生态"来代表生态环境、资源环境、自然环境(如生态保护、生态治理、生态文明建设)。

1.2.4.4　生态词义的扩展及其在社会文化领域的泛化应用

古代汉语中的"生态"指显露美好的姿态,表现生动的意态,以及表达原始的、不成熟、未煮熟、不常见、

不熟练、未炼制、鲜活、生硬等状态。基于这种词义及文化含义的"生态"也在社会和文化领域被泛化应用。例如,用"生态"来定义许多美好的、健康的、美丽的、和谐的事物(如生态家园、生态宜居、生态产业);用"生态"来定义事物或系统发展的景象、活力、和谐状态以及环境条件(如经济生态、政治生态、文化生态、社会生态、军事生态);用"生态"代表自然的、传统的、原始的事物和产品(如生态文化、生态农业、生态食品)。

1.3 生态系统概念及应用

1.3.1 生态系统概念的核心内涵

生态系统概念的提出将经典生态学或者基础生态学研究扩展到了生态系统生态学(ecosystem ecology)的新阶段。生物学和地学领域在强调认识自然界的整体性和系统性的历史时期,不约而同地提出了许多关于整体性和系统性的学说和术语,用来表达生物与资源环境的相互作用关系。其中影响最大的两个概念是英国生态学家坦斯利提出的生态系统和苏联地植物学家苏卡切夫提出的生物地理群落,这两个概念在1965年的哥本哈根会议上被看作同义语,并且得到学术界的广泛认可,其中生态系统这一概念更加广泛地被自然科学和社会科学的不同学科接受和应用。

基于生态系统概念的科学研究重点关注"生态系统结构和功能及其与环境关系"方面的基本科学问题,整合生物学、物理、化学和系统科学的相关理论,开展生态系统组分、结构、功能关系及过程机制研究,将生态学研究推向了生物学-地学-系统科学交叉融合的新阶段。生态系统的科学内涵及思想得到了生物学、地理学、资源环境科学以及人文科学领域的广泛认同,在对地球表层的森林、草地、灌丛、荒漠、农田、湿地以及海洋等生态系统开展深入研究的同时,也向景观、区域、流域及全球生物圈生态系统扩展,还不断在地学、资源、环境、经济、社会等学科领域得到应用。

任何一个生态系统都是由生物群落和物理环境两大部分组成。生物群落是构成生态系统精密有序结构和使其充满活力的关键因素,各种生物在生态系统的生命舞台上扮演着不同的角色,构成具有精密合理结构的生物系统,有序地生存、生长、发育、繁殖和进化。自然界的微生物、植物、卵生动物及胎生动物

的生命活动对环境条件和资源供给的依赖关系有所不同(图1.4),但是综合来看,阳光、氧气、CO_2、水、植物营养素(无机盐)是物理环境中最重要的因素。生物残体(如落叶、秸秆、动物和微生物尸体)及其分解产生的有机物质也是物理环境中的重要因素。物理环境除了给生物活动提供能量、水和养分等资源之外,还为生物提供其生命活动所需的温度、湿度、氧气、盐度、酸碱度等环境条件,以及定居、繁殖和扩散需要的栖息地(土壤、水体、物体)和媒质(如流水、风、媒介生物)。

生态系统中的生物系统由生产者(producer)、消费者(consumer)和分解者(decomposer)组成。生产者的主体是绿色植物,以及一些能够进行光合作用的菌类。这些生物能直接吸收太阳能和利用无机营养成分合成构造有机体的各种有机物质,称为自养生物(autotroph)。消费者是直接或间接地以生产者所制造的有机物作为食物和能源的生物,以动物为主,按其取食的对象可以分为几个等级:植食动物(一级消费者)、肉食动物(二级消费者或三级消费者)、寄生生物和腐食动物等。杂食动物既是一级消费者,又是次级消费者。分解者是指所有能把有机物分解为简单无机物的生物,它们主要是各种细菌和部分真菌。消费者和分解者都不能直接利用太阳能和物理环境中的无机营养元素,称为异养生物(heterotroph)。值得特别指出的是,物理环境、生产者和分解者是生态系统缺一不可的组成部分,而消费者却是可有可无的组分。

在现代自然科学体系构建过程中,形成了抽象的数学、物理、化学三大基础学科,同时也诞生了以研究对象命名的天文、地理和生命三大应用学科(图1.5)。在此后的科学发展过程中,人们开始利用数学、物理和化学理论,研究无机物质的化学成分、化学变化或物体的物理属性、物体运动、相变和形变,进而依据物质及物体之间的相互作用关系,逐渐发展成认知物理学关系的系统论(system theory)及系统科学(system science)。

系统(system)一词来源于古希腊语,是由部分构成整体的意思。通常把系统定义为若干要素以一定的结构形式联结构成的具有某种功能的有机整体,其中包括系统、要素、结构和功能四个概念,表明要素与要素、要素与系统、系统与环境三方面的关系。

系统思想和系统论的诞生及发展主要基于人们对机械的无机体(物理体)之间的相互作用关系的科学认识,所以人们将无机体(物理体)基于物理原理联系构

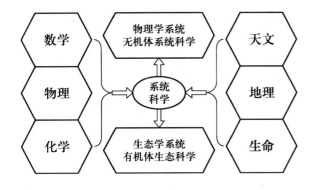

图 1.5 现代自然科学体系中的两个系统

现代自然科学是以数学、物理和化学三大基础学科，以及天文、地理和生命三大应用学科为骨架构建的学科体系，进而在此基础上发展诞生了认知物质和物体及事物相互关系的系统科学。系统科学的研究对象包括基于物理学原理构成的无机体系统（称为物理学系统）和基于生态学原理组织构筑的生命有机体系统（称为生态学系统），生态系统是生态学系统的简化表达，是与物理学系统相对应的系统科学研究对象系统。

成的系统定义为物理学系统（physical system），利用物理学系统理论人们可以认知自然界物理学系统运行机理，也可以人为设计和操控各种机械系统。

在自然科学还没有发展的古代，人们对五光十色、绚丽多彩的生物迷惑不解，他们往往认为生命与无生命物质截然不同，并且认为生命不服从于无生命物质的运动规律。因此把自然界的物质明确地分为有机物质（organic substance）［或有机物（organic matter）］和无机物质（inorganic substance）［或无机物（inorganic matter）］，也将自然界的物体明确地划分为具有生命的有机物体（organic object）［或有机体（organism）］和没有生命的无机物体（inorganic object）［或无机体（inorganic body）］。当人们将系统论的思想应用于有机物质或有机体（生物体/生命体）系统时，就诞生了生态学系统（ecological system）或生物学系统（biological system）的概念。

生态学系统可以理解为"具有生命特征的有机体通过生态关系（生物相关作用关系）联系在一起的系统"。直到 20 世纪 40 年代，生物学吸收了数学、物理和化学的成就，才逐渐认识到生命也是物质的一种运动形态。生命的基本单位是细胞，它是由蛋白质、核酸、脂质等生物大分子组成的物质系统，而生命现象则是这一复杂系统中的物质、能量和信息三个量的综合运动与传递的表现。

生态系统是生态学系统的简化表达，是与物理学

系统相对应的科学术语，该系统不仅具有生命有机体的属性和作用机制（有人将其称为超级生命有机体），还具有非生物环境的物理和化学属性及特征。抽象的概念性生态学系统是一个由生产者、消费者和分解者构成的生物系统，以及生物组分与环境之间互馈作用及相互依存的动态复合体。而具体分布在地球表面的大小不一、结构各异、形形色色的生态系统则是在特定的地理空间（经度、纬度、海拔）范围内由生物群落与非生物环境构成的，具有特定组成（组分）、结构（构造）、功能（机能）和生态服务的生态学系统。

生态学系统概念的提出是生物学和系统科学的一次大融合，由此诞生的生态系统科学（ecological system science）（简称为生态系统生态学，ecosystem ecology）则成为与物理学系统科学（physical system science）相对等的系统科学两翼之一（图 1.5）。生态学系统概念架起了抽象的数学、物理和化学与研究对象为实体的天文学、地理学和生物学之间的桥梁，奠定了连接物理、化学和生物学过程、横跨自然科学和社会科学来理解自然生命系统的科学基础，为研究自然生命系统的组分、结构、功能和秩序，以及认识、保护、利用和改造自然系统提供科学概念及逻辑框架，它还将传统概念下的生态学研究带到真实而具体的物理世界，使得生态学理论和方法可以在特定地理空间的生态环境保护、利用与管理实践中得到应用。

生态系统的生命有机体不仅遵循着维续生命的生物学原理，生息不止地完成各自的生命周期；也遵循着生物系统持续生繁的生态学法则而实现物种进化、种间竞争共生和互作互馈、群落演化和演替。生态系统不仅是构成地球系统的重要组成部分，也是地球系统的能量流、物质流和信息流的重要环节，因此生态系统还必须遵循着地球系统科学规律，不断地与其生存的岩石圈、土壤圈、水圈和大气圈进行能量流动、物质和信息交换。

分布在地球表面的任何生态系统都是地球岩石圈、土壤圈、大气圈、水圈、生物圈的组成部分，都具有其特定的生物学、地理学、环境学、经济学和人文科学功能，为人类发展和环境维持提供特定的生态服务，是人类生存、生活、生产和生计所依赖的栖息地，是人类生活消费的食物、能量、纤维、药材、水等资源的供给源，更是人类生存所需的温度、湿度、氧气、盐度、酸碱度等自然环境条件的稳定调节器，还是人类生活和生产活动排放垃圾的接纳地和分解还原者，也是防御人为活动排放的污染物毒害的缓冲器和净化系统。

1.3.2 生态系统概念在不同学科的应用

生态系统概念的广泛应用,不仅把以生物生存发展状态、生物与生物关系及生物与环境关系为研究核心的生态学推向了以生物种群(群落)与其栖息地物理、化学和生物环境之间相互作用为研究核心的生态系统生态学或者系统生态学的新阶段,同时也促进了生物学、地学与系统科学及社会科学的交叉融合,开启人们利用系统论的思维和方法来认知生物系统、生命系统及环境与人类社会互馈关系的整合生态学(integrative ecology)研究新纪元。

生态系统的时空尺度扩展更为研究不同时间尺度的生物(生命)系统演化以及不同空间尺度的生物地理格局提供新的概念体系和理论框架,为人类认识和解决日益突出的生物多样性、气候系统变化和社会经济发展等重大资源环境问题奠定理论基础。基于生态系统概念的生态系统生态学、景观生态学、区域(流域)生态学及全球变化生态学正是结合不同时间和空间尺度的资源环境问题而发展起来的生物学、地球系统科学和社会经济学的交叉学科,在解决不同时空尺度的区域资源、环境和生态学问题中做出重要贡献,并且这些学科在生态系统利用与保护、生物资源利用和多样性维持、减缓和适应全球变化、维持区域和全球可持续发展等应用研究中得到不断发展和完善。

生物学家理解的生态系统是生物有机体及群落与其栖息地的物理环境构成的生物(生命)系统,也称为生物地理群落。一个完整的自然生态系统中的生命有机体包括物质的生产者、消费者和分解者,其物理环境包括系统内的岩石、土壤、水和大气等环境条件和资源要素。

地球系统科学家视野下的生态系统是具有三维(经度、纬度和海拔)物理空间的地理单元或自然景观,通常称为地球生物圈(earth's biosphere, global biosphere),近年来提出的地球关键带(earth's critical zone)是对地球生物圈概念的进一步拓展。地球生物圈或关键带作为地球系统的一个重要组成部分,与岩石圈、土壤圈、水圈和大气圈之间通过能量传输、物质循环和信息交换而相互作用、协同变化和演变。生态系统与各圈层之间的生物化学循环或者生物物理作用共同决定着生物圈与其他圈层间的相互影响和反馈作用。

社会经济学家和资源环境科学家则认为生态系统可以持续为人类社会提供生活产品、生态服务、生产资源和生存环境。生态系统不仅可以为人类生存和发展提供生活产品、生态服务和栖息地等福祉,还可以通过生态系统能量和物质循环机能维持生物多样性、稳定气候、涵养水源、净化环境,为人类提供可再生自然资源及健康环境。人作为自然生态系统的利用者和干扰者,其利用、破坏和保护等行为将对生态系统产生深刻影响;同时人作为人工和半人工生态系统的管理者,不仅通过对生态系统的利用和管理获取需要的产品,还需要在利用中维持生态系统可持续性、生产力稳定性及环境健康。与此同时,人作为自然-社会-经济复合生态系统的重要组成部分,人类活动也必须遵循生态系统的自然法则,维持人与自然资源环境的和谐共存以及生态系统的生态平衡。

生态系统概念也被人文领域的社会科学及公众泛化应用,通常把人类的社会与自然环境、经济环境和社会文化环境构成的系统也定义为生态系统,例如常见的人类生态系统、社会生态系统、政治生态系统、军事生态系统、科学研究生态系统等。

综合生物学、地球系统科学、社会经济和资源环境科学领域对生态系统的理解,我们可以将生态系统的普适性概念概括为:生态系统是由生物(或生物种群或生物群落)(包括植物、动物、微生物和人)与其栖居的自然环境(包括大气、水、岩石、土壤以及其他生物)构成的自然、半自然或人工系统,是各个组成部分(组分或构件)相互依赖、相互作用,并按照生物物理和生物化学机制组织在一起的生态学系统。

1.3.3 国际科学计划推动生态系统科学研究的发展

经典生态学作为生物科学的一个分支经过了长期的孕育和发展过程,而生态系统生态学自诞生以来就不断致力于解决制约社会发展的重大资源环境问题。20世纪50年代开始的酸雨等环境问题导致了环境生态学兴起,推动了生态系统定位观测研究。20世纪60年代以来,许多生态学领域的国际研究计划均把研究焦点放在生态系统尺度上,如国际生物学计划(IBP)的重点研究主题便是全球主要生态系统(包括陆地、淡水、海洋等)结构、功能和生物生产力;人与生物圈计划(MAB)研究重点是人类活动与生物圈的关系;国际地圈-生物圈计划(IGBP)更加重视理解控制地球系统的物理、化学和生物学作用过程以及人类活动对这些基本过程的影响(图1.6)。

20世纪90年代以来,生态学研究走向面对可持续发展(sustainable development)问题的时代,以生态

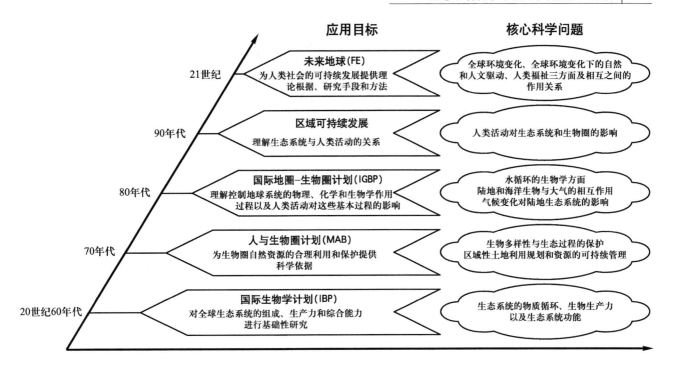

图 1.6 国际科学计划推动的生态系统生态学的发展

20 世纪 60 年代以来,人类社会经济的快速发展造成了全球资源、生态、环境方面的众多问题,开始严重威胁人类的持续发展,国际科技界组织开展了一系列大型研究计划。随着研究计划的不断升级,其研究领域也在不断扩展,关注的科学问题也不断深入和综合。

系统为基础的生态系统与人类活动关系成为研究热点。1990 年在日本举行的第五届国际生态学大会上,戈利做了"生态系统概念的发展——对序的探讨"的学术报告,强调应加强人类活动对生态系统和生物圈影响的研究,之后该领域有一大批重要的学术著作相继问世。

20 世纪 90 年代中后期,全球气候变化、生物多样性丧失、资源环境危机和可持续发展问题日益加剧,地球系统科学家和社会经济科学家开始高度关注生态学,促进了生态学-资源环境科学-地理学-大气科学-社会科学不断而快速地融合,将生态系统科学研究推进到了一个多学科交叉的前沿领域,其研究成果逐渐成为解决区域及全球资源环境管理问题,协调人与自然、资源环境关系等公共政策和决策的重要科学依据。

1.4 生态系统科学与相关学科的交叉融合

生态系统概念与生物学的生物群落、地理学的生物地理群落概念相同,而且与地球系统科学的生物圈(有人将其称为生态圈)、地球表层系统及地球关键带概念相似,其研究对象的物理学空间也大致重合。但是细致体会,这些科学概念的内涵及外延还是存在学科视角的差异。此外,人们在论述生态系统问题时,其论述的对象有时是被抽象定义的生态系统,有时则是具体的特定生态系统。抽象定义的生态系统是指生物组分及其与环境之间相互作用、相互依存、动态变化的物理、化学和生物学复合系统(compound system)。特定生态系统是指在一定地理空间(经度、纬度、海拔)范围内的生物群落与非生物环境构成的,具有特定的系统组分结构和功能及其生态学过程和模式,也具有特定的系统构造和运行、稳定性维持及系统状态演变规律的生物地理群落单元(biogeocoenosis unit)。

生态系统科学作为生物学与地球系统和资源环境科学交叉的一个新兴学科,其科学目标、研究思路和技术、关注的科学问题都在与时俱进,展现出无限的生命力,在与生命科学、地球系统科学、大气科学、资源环境科学以及社会经济科学的不断交叉融合历程中,不仅将其学术思想广泛地渗透到了相关学科之中,也从相关学科中不断地汲取营养,发展出了众多生态学及生态系统科学的分支学科(图 1.7)。

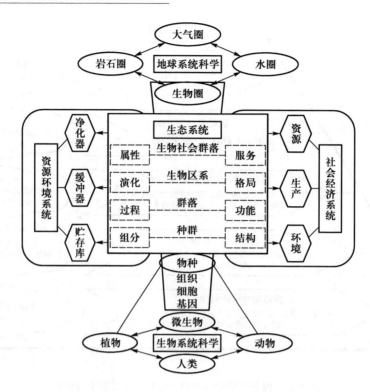

图 1.7 生态系统科学与相关学科的关系

迄今的生态学核心理论及研究对象主要包含五类领域方向。第一类是以地球生物圈的生命系统为对象,理解宏观生命系统及生物过程演变与环境格局的关系,重点研究地球的生命起源、物种形成、系统演化及地理分布等基本科学问题。第二类是以植物、动物及微生物有机体与环境的相互关系为核心,观察和认知自然界各种生物的生活史、生长发育及生殖繁育等生活习性、行为特征、生理过程及环境影响等。第三类是以自然界不同区域的各类植物群落(或动物种群)为研究对象,以生物种群和群落与栖息地环境的相互作用关系为核心科学问题,研究不同类型生物地理群落的种间关系、群落结构、生态功能、群落构建及其稳定性、大尺度的生物有机体的分布和多度、生物多样性及其环境影响。第四类是以地球表层的森林、草地、灌丛、荒漠、农田、湿地以及海洋等生态系统为对象,整合生物学、物理、化学和系统科学相关理论,研究生态系统组分-结构-功能的关系和过程机制及其与环境的关系,并且还在向景观、区域、流域及全球生物圈生态系统扩展。第五类将生态学研究重点放在生物圈-人类社会-自然资源环境的相互作用关系上,重点认知"人与人类社会""人与生态系统""人与自然环境""生态系统与自然资源环境系统"等基本

关系,致力于解决制约人类社会可持续发展的重大资源、环境和生态问题,为构建"人与自然和谐共生"的社会秩序、经济发展模式、生态环境治理方略等提供理论指导、知识智慧和综合方案。

1.4.1 生态系统科学与生命科学的融合

地球上现存的生物有 200 万~450 万种,已经灭绝的种类至少有 1500 万种。从南极到北极,从高山到深海,从冰雪覆盖的冻原到高温的矿泉,都有生物存在。它们具有多种多样的形态结构,变化万千的生活方式。现代的生物学研究成果表明,尽管生物世界存在惊人的多样性,但所有的生物都有共同的物质基础,遵循共同的特征、属性和规律。

生物学是起源较早的自然科学,被定义为研究生命现象和生物活动规律的科学,主要研究生物的结构、功能、发生和发展的规律。根据研究对象可以分为动物学、植物学、微生物学等;根据研究内容可分为分类学、解剖学、生理学、遗传学、生态学等。这些分支学科在各个不同层次上研究生物种类、结构、功能、行为、发育、起源和进化以及生物与周围环境的关系。20 世纪 40 年代以来,生物学吸收了数学、物理和化学等学科的成就,逐渐发展成一门精确的、定量的、深入

到分子层次的科学。

生物生理学（biophysiology）重点研究生物机能，而生态学重点研究生物与生物之间以及生物与环境之间的关系。生理学与生态学交叉形成的生理生态学（physiological ecology），重点关注生物对环境适应性的生理机制，主要研究温度、湿度等气候因子对动植物的生长、发育、生殖、存活的影响，对植物的光合作用、水分代谢、营养生理的影响，对动物的体温调节、渗透压调节的影响，在极端或胁迫环境条件下动植物的生理适应、行为适应，以及生物能量学等。

生物物理学（biophysics）和生物化学（biochemistry）是生理生态学及生态学的基础生物学分支。生物物理学是用物理概念和方法研究生物的结构和功能、生命活动的物理和物理化学过程，旨在阐明生物在一定的空间、时间内有关物质、能量与信息的运动规律，主要研究一些重要的生命现象，如光合作用的瞬间捕捉光能反应、生物膜的结构及作用机制、生物大分子晶体结构、量子生物学以及生物控制论等。生物化学是运用化学的理论和方法研究生命物质的学科，主要研究生物的化学组成、生物体分子结构与功能、物质代谢与调节以及遗传信息传递的分子基础与调控规律。

生命科学（life science）已经发展为包含现代生物学众多分支学科的庞大知识体系，其科学目标是认知生物世界的多样性及所有生物共同的物质基础、特征和属性、遵循的共同规律。这些共同的特征、属性和规律包括：生物化学的同一性、多层次的结构模式、稳态、生命的连续性、个体发育、进化与适应、生态系统中的相互关系等。

分析生命科学及其各个分支学科的研究方式和关注对象可以发现，现代生命科学是基于生物的"同一性"及知识的"普适性"理念，关注生物的生命之"源"、生存和繁育之"理"，或者是生物个体的生命维持之"法"。生命科学的"生物"大多是抽象的和概念性的生物或生物群体。在研究生命起源、生物结构、生长发育、进化适应以及生育繁育等基础性生命现象和过程时，生命科学的兴趣是认知所有生物共同的物质基础、特征、属性和规律，这就会在有意和无意之中将不同类型的生物物种、个体、种群假设为同一个概念或工作框架下的"生物对象"。

生命科学中的传统生物学研究关注的是具体的生物个体或种群的生命维持原理及技术，典型的代表是作物学、花卉学、林学、畜牧学和生物医学等，其中生物医学的最高追求是求得延长寿命或者长生不老

之"法"及健康维持之"术"。近年来的保护生物学则是以具体的物种或群体为研究对象，研究特定种群（特别是濒危物种和种群）的保护和繁殖。与此相似的还有人类健康生物学，是以特定地区的社会群体为对象开展环境健康研究。

生态学作为生物学的分支学科所关注的是生物有机体的生活、行为和繁衍之"智慧"，即所谓生活之"道"、繁衍之"法"，是生物种群和群落适应环境变化、永续生存和发展的机制和法则。过去的所谓个体生态学研究内容大致与生理生态学相当，从个体水平研究生物适应环境的生态学机理（图1.8）。近代的生理生态学，一方面向分子生态学、化学生态学、生物化学生态学和生物物理生态学等更微观的方向发展，而另一方面也加强了对种群、群落以及生态系统的研究，不断地将个体生理生态学知识与种群生态学、群落生态学进行整合。

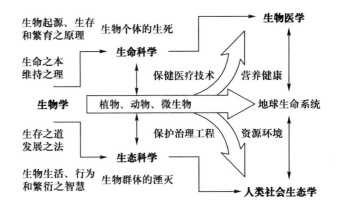

图1.8　生态学与生物学及生命科学的逻辑关系
生命科学是研究生命现象和生物活动规律的科学，其最顶层应用学科为健康生物学和生物医学，以研究维持生物个体的健康和生命技术为核心使命。生态科学则是生物学发展的另一方向，其最顶层学科是人类社会生态学。

生态学作为生物环境科学的分支可以称为环境生物学（environmental biology），主要研究资源环境利用和保护的生物学机制及技术，同时也将生物的概念扩大到植被、生物圈及人类，更多地关注地球系统和人类社会经济系统框架下的人类个体和全体的生存、生活、生产、生计及发展的生态学原理及技术途径。

1.4.2　生态系统科学与地球科学的融合

地学（geoscience）是以人类生活的地球为研究对象的众多学科的统称，通常包括地理学、地质学、海洋

学、大气物理学、古生物学等。地球系统科学（earth system science）研究组成地球系统的大气圈、水圈、地圈（岩石圈、地幔、地核）和生物圈（包括人类）之间相互联系、相互作用的机制，以及地球系统变化的规律和知识体系。地球系统科学以全球性、统一性的整体观、系统观和多时空尺度，研究地球系统的整体行为，使得人类能更好地认识自身赖以生存的环境，更有效地防止和控制可能突发的灾害。地球系统科学研究的空间范围从地心到地球外层空间，时间尺度从几百年到几百万年，在现代技术尤其是空间技术和大型计算机的支持下，致力于对地球的整体探索，实现大跨度的学科交叉渗透，并以与生命科学、化学、物理学、数学、信息科学以及社会科学的紧密结合为发展趋势。

生物地球化学（biogeochemistry）是地球化学的重要分支，是与生态系统科学结合最为紧密的学科。生物地球化学一词首先由维尔纳斯基在1902年提出，但作为分支学科，在20世纪20年代才基本形成。生物是地球演化的巨大地质营力，地球上几乎所有重大现象和过程都离不开生物地球化学作用，例如大气圈的形成与耗损、土壤圈的形成与退化、水资源的变化和水污染、全球变暖与环境变化等。生物地球化学重点研究生物圈中各种化学物质的来源、存在数量和状态、生物活动的特性、污染物的生物地球化学循环及迁移转化规律、环境中化学物质对生物体和人类健康的影响等问题。它对农业土壤改良、环境污染防治、地方病治疗等方面都有重要意义。近年来，围绕全球变化问题，生命元素及各种化合物在生物圈、水圈、大气圈、岩石圈、土壤圈之间的迁移和转化成为研究重点。生物地球化学循环的核心是生物圈在生物有机体参与下发生的地球化学过程。

生物地理学（biogeography）是研究生物的地理分布以及相关的各种问题的科学，主要研究生物圈及其组成成分在地球表层的分布特点和规律、形成和演变以及与环境条件的关系。生物地理学于19世纪早期产生并迅速发展，其分支学科主要有植物地理学和动物地理学。历史生物地理学（historical biogeography）、生态生物地理学（ecological biogeography）、古生态学（paleoecology）、栽培生物地理学（cultivation biogeography）和理论生物地理学（theoretical biogeography）等也是生物地理学的分支学科。洪堡被誉为植物地理学的创始人，华莱士用自然选择和演化的理论，综合了动物地理学的基本概念和原理，提出著名的"华莱士线"。达尔文的物种形成和生物演化理论、板块构造、海底扩张理论的兴起和魏格纳大陆漂移说的复活均促进了生物地理学的发展。麦克阿瑟和威尔逊的岛屿生物地理学平衡理论说明岛屿生物群落的平衡点与拓殖和灭绝速度的关系。

全球变化科学（global change science）的理论基础是地球系统科学，它把地球的大气圈、水圈、岩石圈和生物圈作为一个整体，研究地球系统的过去、现在和未来的变化规律以及控制这些变化的原因和机制，从而建立全球变化预测的科学基础，并为地球系统的管理提供科学依据。研究问题主要集中在全球大气化学与生物圈的相互作用，全球生物地球化学过程对气候的影响，全球水文循环过程的生物学特征，气候、大气成分变化和土地利用类型变化对陆地生态系统的结构和功能的影响及其反馈，全球变化历史及影响因素等。

人类自出现以来，一直十分关心赖以生存和发展的地球的状况，从而萌生出各种地学概念，生态学与地学的交叉和融合也是生态学发展的必然趋势。近30年来，该领域发展迅速，成为推动地球系统科学的核心力量，发展了地生态学（geoecology）、地理生态学（geographical ecology）、第四纪生态学（Quaternary ecology）、古生态学（paleoecology）、区域生态学（regional ecology）、全球变化生态学（global change ecology）、陆地生态学（terrestrial ecology）、海洋生态学（marine ecology）以及水文生态学（hydroecology）等分支。

1.4.3 生态系统科学与大气科学的融合

大气圈与生物圈之间的物质交换、能量流动及其相互作用关系不仅是生态学研究的重点内容，也是大气科学关注的领域。地球大气中的氧气是人类赖以生存的物质基础，氧气的出现及其含量的变化，同地球的形成过程和生物演化过程密切相关。大气中的水汽随着大气温度发生相变，成云致雨，成为淡水的主要来源。水的相变和水文循环过程不仅把大气圈与水圈、岩石圈、生物圈紧密地联系在一起，而且对大气运动的能量转换和变化有重要影响。大气中的 CO_2 含量受植物光合作用和呼吸作用、动物呼吸作用、含碳物质的燃烧以及海水对 CO_2 的吸收作用等影响会发生改变。由于人类活动的影响，大气中甲烷、N_2O 等温室气体的含量也迅速增加，对大气温度产生重要影响。大气中臭氧的含量很少，然而大气臭氧层能大量吸收太阳紫外辐射中对生命有害的部分，对人类起着十分重要的保护作用。上述地球大气组成成分的变化都会对生态系统的组分结构、功能状态、过程和变化等产生影响。

生态学与大气科学的交叉融合为大气科学相关学科的发展提供新的视角，特别是与研究大气中物理现象、物理过程及变化规律的气象学（meteorology），研究气候特征、形成、分布和演变规律的气候学（climatology），研究大气组成和大气化学过程的大气化学（atmospheric chemistry），研究生命有机体与气象条件相互影响和相互作用关系的生物气象学（biometeorology）以及全球气候变化科学的交叉融合更为活跃，同时，也不断地推动生态学的发展，如生物地球化学生态学、生物地理生态学、全球变化生态学。近年来，生态学与全球气候变化科学交叉的全球变化生态学成为热点领域，生态系统的碳、氮、水循环及其对气候变化的响应与适应便是其中一个重要的研究内容。

1.4.4　生态系统科学与资源环境科学的融合

生物的生存、生长和繁育需要适宜的环境条件和必要的资源供给。资源环境科学（resource and environment science）是以高效和可持续开发利用自然资源、有效保护生态环境为目标，从生态学观点出发，将资源的合理利用和环境保护运用到生产和环境建设领域的综合性学科。

广义的资源环境科学是研究人类生存的环境条件及资源的利用、保护以及质量改善的科学。这里的环境是以人类为主体的外部世界，即人类赖以生存和发展的物质条件的综合体，包括自然环境和社会环境。自然环境是直接或间接影响到人类的一切自然形成的物质及能量的总体。资源（resource）是指一国或一定地区内拥有的物力、财力、人力等各种物质要素的总称，分为自然资源和社会资源两大类：前者包括阳光、空气、水、土地、森林、草原、动物、矿藏等；后者包括人力资源、信息资源以及经过劳动创造的各种物质财富等。

利用生态学的原理和方法研究资源与环境问题是生态学与资源环境科学融合研究的主要特点，成为应用生态学（applied ecology）开拓发展的主要领域。发展快速的分支学科有资源生态学（resource ecology）、环境生态学（environmental ecology）、污染生态学（pollution ecology）、健康生态学（health ecology）及恢复生态学（restoration ecology）。

1.4.5　生态系统科学与社会经济及人文科学的融合

社会学（sociology）是系统研究社会行为与人类群体的学科。经济学（economics）是研究人类经济活动规律以及价值的创造、转化、实现的经济发展规律的科学，可分为政治经济学和科学经济学。人文科学（humanities）是文学、历史、哲学、艺术等各门学科和知识的总称。生态学思想和理论也得到了社会学、经济学及人文科学的重视，应用到相关领域，发展出社会生态学（social ecology）、政治生态学（political ecology）、组织生态学（organizational ecology）、文化生态学（cultural ecology）、人口生态学（population ecology）和人类生态学（human ecology）等交叉学科。这些学科虽然泛化了生态学及生态系统概念的本意，将生态学的自然科学属性异化为人文科学的范畴，但是它们为促进社会进步及经济可持续发展注入了新的理念和哲学思想。

生态文明（ecological civilization）概念是生态学与社会经济及人文科学交叉融合的新概念，已经成为我国社会发展及治国理政的理念和思想体系的重要组成部分。文明是人类文化发展的成果，是人类社会进步的象征和标志，是历史沉淀下来的人类改造世界的物质和精神成果的总和。文明也是使人类脱离野蛮状态的所有社会行为和自然行为构成的集合，这些集合包括家族观念、宗教观念、工具、语言、文字、信仰、法律、城邦和国家等要素。各种文明要素在时间和地域上分布不均匀，产生了显而易见的区域文明体系，如部分西方文明、阿拉伯文明、东方文明、古印度文明，以及由多个文明交汇融合形成的俄罗斯文明、土耳其文明、大洋文明和东南亚文明等。

生态文明是人类文明的一种形态，是对传统文明形态特别是工业文明进行深刻反思的成果，是人类社会发展理念、道路和模式创新的理论概括，是人类文明形态和文化伦理形态的重大进步。在漫长的人类历史长河中，生态文明是继原始文明、农业文明、工业文明之后的又一文明阶段，核心含义是人类遵循人-自然-社会和谐发展规律，走持续繁荣、和谐公平的发展道路，其基本内容包括生态意识文明、生态制度文明和生态行为文明。

生态文明建设以人与自然、人与人、人与社会的和谐共生关系为基本准则，以维持社会经济的良性循环、全面发展、持续繁荣为基本宗旨，并将其贯穿于经济建设、政治建设、文化建设、社会建设全过程。生态文明建设是把自然生态纳入人类可以改造的范围之内,有效开展生态环境建设,既要创造更多物质财富和精神财富以满足人民日益增长的美好生活需要,也要提供更多优质生态产品以满足人民日益增长的优美生态环境需要。当前的生态文明建设的主要任务是推进绿色发展,着力解决突出的环境问题,加大生态系统保护力度,改革生态环境监管体制。

1.4.6　生态学及生态系统科学学科体系

当代生态学已经发展成为具有独特理论、研究对象及方法论的综合学科体系。其生物概念已经从传统的生物有机体(生命体)扩展到宏观生命系统、生物有机体系统、生态系统、区域及地球生物圈等层级的生态学系统。传统生态学是"研究生物与环境关系的科学",可以基于这个定义及学科范畴,将生态学扩展为"研究生态学系统的结构、功能及其与环境关系的科学",也可延伸为"研究自然界中的宏观生命系统(或生物系统)的结构、功能和秩序的科学",其核心是研究宏观生命系统与环境的关系(关系模式、互作机理)及其演变过程和调控原理,为人类认识、保护、利用和改造自然,维持自然生命系统健康和稳定,人类社会与自然和谐共存提供科学基础,为应对区域和全球环境挑战提供生态学理论、途径和治理方案。

由此可见,我们可以将生态学广义地定义为:研究生态学系统的结构与功能状态、形成机制及其与环境系统的相互作用关系与调控技术的科学。这样就可以按照生态学的研究对象归纳出5个具有独立的理论基础和方法论体系的分支学科(图1.9)。

(1)生命过程系统生态学(life process system ecology):以生物有机体的生物特征、生命现象、生理过程、生理机能及生物进化等生命活动集合构成的生命特征系统(life characteristic system)或生命过程系统(life process system)(统称为宏观生命系统)为对象,研究其状态、演变规律与机制,以及生命系统与有机和无机环境之间的相互作用关系。重点关注地球生命起源、物种形成、生物进化、行为生理、生长发育、繁殖扩散等现象或过程及其与环境的关系等宏观生命系统生态学问题。主要包括以分子生物学为理论基础的发育进化生态学、生物生理生态学及生物调控生态学等分支学科。

(2)生物系统生态学(biological system ecology):以生物圈的生物有机体为基本单元集聚形成的生物集群、种群及群落等生物圈生物学系统(biological system)为对象,以生物种群和群落与栖息地环境的相互作用关系为核心科学问题,研究不同类型生物地理群落的种间关系、群落结构、生态功能、群落构建及

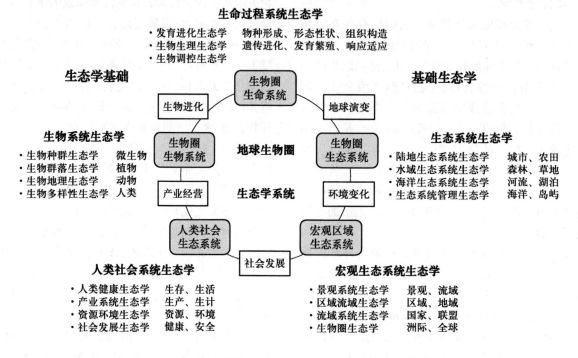

图1.9　基于生态学系统科学概念的当代生态学及相关联的学科体系

稳定性、大尺度的生物有机体或物种分布和多度、生物多样性及其环境影响。可以理解为研究生物群体、种群及群落的生存与发展的生物生态学,主要包括以不同类型的生物生长、发育和繁殖生物学为理论基础的生物种群生态学、生物群落生态学、生物地理生态学及生物多样性生态学等分支学科。

(3) 生态系统生态学(ecosystem ecology):以特定地理空间范围内的生物群落与非生物环境构成的生态系统为研究对象,研究分布在地球表面上的各种类型和空间尺度的生态系统结构、过程、功能状态与演替,及其与自然环境和人类福祉之间的相互作用关系、调控和管理原理。主要包括以系统生态学为理论基础的陆地生态系统生态学、海洋生态系统生态学、水域生态系统生态学和生态系统管理生态学四大领域。其中陆地又包括城市、农田、森林、草地、湿地、沙漠等生态系统。

(4) 宏观生态系统生态学(macro ecosystem ecology):以从特定流域、地貌单元到区域或流域甚至大陆及全球范围,由多种类型生态系统嵌合构成的宏系统(macrosystem)或区域系统为研究对象,研究分布在地球表层的自然地貌区、自然水系、社会经济区、洲际大陆、次大陆和海洋及全球生物圈等宏观系统的状态与演替,及其与自然环境和人类福祉之间的相互作用关系,可以理解为以自然宏观生态系统为研究对象的

宏系统生态学。

(5) 人类社会系统生态学(human society system ecology):以包括人类在内的区域或全球生物圈-人类社会系统(biosphere-human society system)为对象,重点研究特定区域、国家或全球的人类社会经济可持续发展的重大资源、环境和生态问题,以及人类社会经济发展状态及其与自然资源环境和人类活动之间的相互作用关系。以解决人类社会可持续发展重大问题为应用目标,包括可持续发展生态学(sustainable development ecology)和人类社会生态学(human society ecology)。前者包括人类健康、产业系统和资源环境三种生态学,应对全球变化、保护生物多样性、管理生态环境、维持生态安全等宏观生态学问题;后者可以泛化地包括社会发展生态学、经济生态学、政治生态学等自然科学与人文科学交叉领域。

此外,关于生态学学科体系的逻辑结构描绘极其复杂,这里从生态学知识体系及其实践应用领域的视角,将当代应用生态学的分支学科归纳为生物多样性保护生态学、全球变化生态学、产业经营生态学、资源环境管理生态学及区域可持续发展生态学 5 个二级应用学科(图 1.10)。这 5 个二级学科分别以生物进化、地球演变、产业经营、环境变化及社会发展为基础,在不同的时间和空间尺度上开展综合研究。它们

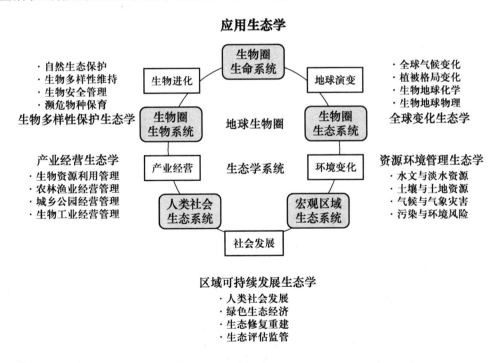

图 1.10　基于生态学系统科学概念的当代生态学应用研究学科体系

不仅具有各自独立的应用目标,也具有独立的理论基础和方法论体系。

(1)生物多样性保护生态学(biodiversity conservation ecology),全称为生物圈生物多样性保护生态学(biosphere biodiversity conservation ecology),又称保育生态学(conservation ecology),主要以生物个体或种群为研究对象,关注自然生态保护、生物多样性维持、生物安全管理、濒危物种保育等生态学问题。

(2)全球变化生态学(global change ecology),全称为地球环境变化生态学(earth environmental change ecology),又称(全球)环境变化生态学(global environmental change ecology),是以气候变化主导的地球环境系统变化对生态系统的影响以及生态系统对全球变化的响应与适应为主要研究方向,关注全球气候变化、植被格局变化、生物地球化学、生物地球物理等生态学问题。

(3)产业经营生态学(industrial management ecology),全称为产业经济经营生态学(industrial economy management ecology),是以产业经营为目标,研究生物资源利用管理、农林渔业经营管理、城乡公园经营管理和生物工业经营管理等科学问题。

(4)资源环境管理生态学(resource and environment management ecology),重点关注区域系统的水文与淡水资源、土壤与土地资源、气候与气象灾害、污染与环境风险等资源环境管理方面的科学问题。

(5)区域可持续发展生态学(regional sustainable development ecology),以区域及全球可持续发展为目标,主要围绕人类社会发展、绿色生态经济、生态修复重建、生态评估监管开展综合研究。

1.5 生态系统科学的基本问题与主要研究领域

1.5.1 生态系统科学研究的基础生态学问题与科学体系

生态系统是地球表层的重要组成部分,是生物圈、大气圈、水圈、岩石圈、土壤圈和人类社会相互作用的自然地理单元。地球表面形形色色的生态系统为人类个体或群体(民族)的生存、生活、生产、生计及全球人类生存、繁衍和发展提供多种多样的生态服务。生态系统不仅是人类种群生存和生活所需的栖息地、食物、能源、纤维、药材、空气和淡水的供给者,也是自然资源再生产和人类生存环境调节的系统,以及人类生活生产垃圾的污染净化系统。也就是说,人类的生存发展需要拥有可以永续利用的丰产、美丽的栖息地(图1.11)。

近年来,人们不仅将自然生态系统看作人类赖以生存的持续供给生态服务、自然再生产及垃圾净化的天然基地,也看作减缓气候变化、维持生物多样性、缓冲和净化环境污染、保障资源与环境安全的天然屏障,还把保护自然生态系统看作人类文明的组成部分与延续人类文明的保障。因此,如何合理地利用、保护和管理生态系统,维持良好的自然环境,保障人类

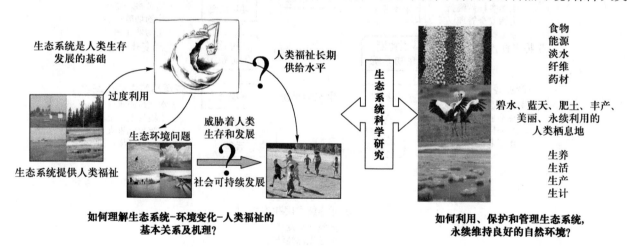

图1.11 生态系统科学研究的使命及基本科学问题

生态系统是人类赖以生存的栖息地及资源、环境和生态安全的屏障,生态系统科学的根本使命和永恒主题是基于生态系统-环境变化-人类福祉的基本关系及机理,合理利用、保护和管理生态系统,为人类永续发展维持良好的自然生态环境。

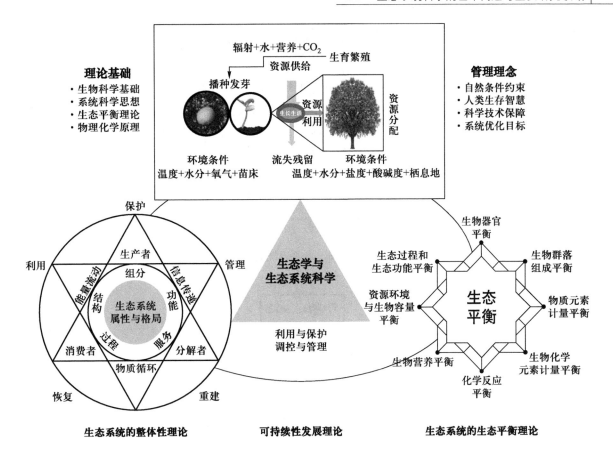

图 1.12　生态系统科学的知识体系及生态系统保护利用的生态学原理和管理理念

社会的永续繁荣,促进人类文明的延续与发展,已经成为生态系统科学研究必须承担的科技使命,其基本任务就是深入理解生态系统-环境变化-人类福祉的基本关系及其调控机理(图 1.11)。

生态系统的利用与保护是生态系统经营管理的两个方面,现代人类社会及活动几乎已经扩展到了地球每个地域,纯天然的无人区、不受干扰的"世外桃源"所剩无几,"人类与自然共存、利用中保护、保护中利用"必然成为人类社会永续繁荣的发展理念和生存智慧。自然生态系统是一种具有特定结构和功能的自组织系统,它通过各种生物、物理和化学过程相互作用,实现系统组装、结构优化、适应调整及动态演变。现今存在于地球表面的丰富多样的生态系统几乎都是在地球环境变化和人类活动共同影响下的产物,而且可以预见,人类活动对生态系统影响的广度和强度将会越来越大。因此,尊重自然规律及生态系统科学知识体系的生态系统管理也就可能成为实现"人类与自然共存"的必然选择。

生态系统科学的知识来源于生物科学基础、系统科学思想、生态平衡理论及物理化学原理。合理的生态系统保护利用必须综合认知生物繁衍与资源环境约束、生态系统生态学及生态系统平衡三大生态学原理,建立基于自然条件约束、挖掘人类生存智慧、运用现代科学技术潜力、实现系统整体优化目标的科学管理理念,设计管理技术体系和综合解决方案(图1.12)。

自然界的生态系统是在相对稳定的特定资源和环境条件下,依据生物学和生态学规则组织和构建的生物学系统,也是依据物理学和化学机理组装和构造的生态学系统。自然生态系统都具有特定的系统组分(或组成)、结构(或构造)、功能(或机能)及服务(或功效),包括实现系统构筑(构建或组装)、运维和发展的生物、物理和化学过程(统称为生态过程),表征系统的属性(或特性)及状态的性状,以及解释生态学机制(或机理)的模式(或格局)(图1.13)。

特定地理空间的生态系统都具有其特定的起源、组分、结构、功能及服务等生态学属性。这些属性的形成及状态维持需要依靠生态系统的各种生物、物理

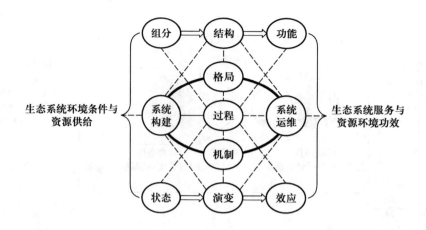

图1.13 生态系统的概念体系及逻辑关系的理论框架

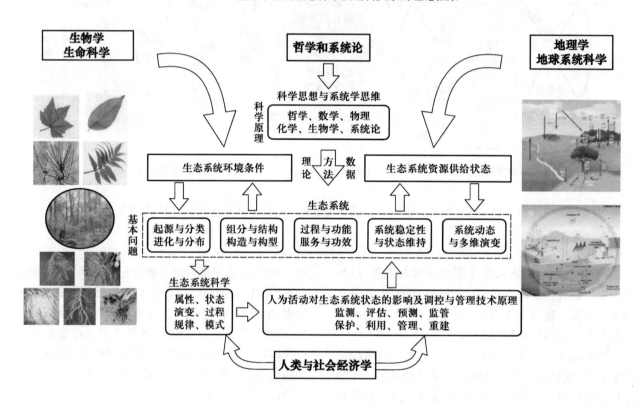

图1.14 生态系统科学研究的基本科学问题及科学体系的逻辑关系

或化学过程实现,而这些过程都具有相对稳定的模式、机理或机制。在生态系统的构筑、维持和演变过程中,它不仅受生命有机体的生物学机制制约,也必须遵守非生物环境的物理和化学机制。也就是说,无论全自然、半自然还是人工生态系统都必须遵循自然生态系统的稳态维持和动态演变的规律或法则及生态学机理或机制。

生态系统科学研究的基本科学问题主要包括自然生态系统的起源、分布、组成、结构、功能、服务及状态等方面的生态学属性、生态学过程、环境影响(environmental impact)、调控机理或机制(regulation and control mechanism)、动态变化(dynamic variation)和空间格局模式(spatial pattern)等(图1.14)。然而,现代地球的大多生态系统都不同程度地受到人为活动的影响,被人类破坏,需要研究人为活动对生态系统的光照、温度、水分、氧气、盐度、pH值和栖息地的影响以及调控和管理技术原理,开发生态系统监测、评估、预测和监管的理论方法,研究生态系统的保护、利用、管理和重建等应用理论及设计方案(图 1.14)。

由此可见,生态系统的起源与分布、组成与结构构筑、功能与服务形成、稳态与状态维持、变化与多维演变以及人为调控管理构成生态系统科学的研究对象,生态学的属性与状态、演变与过程、规律与模式则是对研究对象的科学认识和理论知识表述,而人为活动对生态系统状态的影响、调控和管理技术原理,生态系统监测、评估、预测和监管,以及保护、利用、管理和重建则是对生态系统科学的应用,由此形成生态系统科学研究的科学体系(图 1.14)。

生态系统过程研究是认知生态系统起源、分布、组分、结构、功能和服务演变规律、系统构筑、状态维持、多维演变机制和模式的基本途径。生态系统服务是生态系统功能向人类社会的输出,而生态系统过程决定生态系统运转的方式和程序,生态系统过程模式和规模决定着生态系统功能及提供服务的类型、质量和水平。生态系统过程包括:种群生长、发育和繁殖,群落构建和演替,食物链网络,生物迁移或迁徙,生态系统的能量流动,水循环,营养循环和土壤发育等,这些过程具有各自的运行机制,同时又彼此关联和相互影响,导致生态系统过程研究的复杂性。

生态系统过程研究的复杂性及难度来源于不同过程之间的耦联(coupling)、嵌套(nesting)、反馈(feedback)、正负效应的冲突(conflict)和生态学权衡(ecological tradeoff),也来源于生物对资源的竞争(competition)和对环境的适应(adaptation),以及生物间的互利共生(mutualism)和协同进化(coevolution)等。纵然生态学已历经了百余年的发展,但迄今人们对生态系统的认知水平还十分有限,对生态系统过程机制的理解任重而道远。

生态学研究通常是通过设立一系列的假设,对研究问题进行简化,通过观察、实验、模拟等技术途径来认知、认证和论述科学问题,进而演绎、推论和预测自然界的普适现象、规律和机制。然而迄今的生态系统科学研究还大多停留在发现生态学现象、描述生态系统属性、总结动态变化和空间变异规律等方面,基于系统科学开展生态系统过程机制和模式的"多尺度观测、多方法印证、多过程融合、跨尺度认知和跨尺度模拟"的整合生态学研究还十分匮乏。

地球系统进入新的人类世(Anthropocene)以来,全球变化和人类干扰强烈地影响着生态系统组分、结构、功能和服务及其动态演变和空间格局,影响着生态系统的结构构筑、状态维持、多维演变的生态学过程。认识经济全球化、全球环境变化和人为活动的多重因素驱动下的生态系统变化规律及过程机制是新时代生态系统科学研究的重要任务,也是应对气候变化、遏制生态系统退化、防治环境污染、构建人与自然共生系统的重大科技需求,是探索自然-人文-社会-经济和谐发展的人类自救方略的科技使命。

1.5.2 生态系统科学研究的基本科学问题与主要领域

1.5.2.1 生态系统科学研究的基本问题

全球气候变化、生物多样性减少、生态系统退化与社会可持续发展受限是当前生态系统生态学面临的最大挑战。因此,生物系统演化与生物多样性维持机制、生态系统演化与气候变化的互馈机制、生态系统功能与区域发展的互馈机制以及生态系统状态与生态环境治理技术体系是当前生态系统科学的前沿性重大科学问题。生态系统科学要回应社会的期待,解决区域性及全球性重大资源环境危机问题,就必须不断地审视和认知自然-社会-经济复合生态系统中的资源环境系统-生态系统-社会经济系统的基本关系及其演变规律和变化机制(图 1.15)。

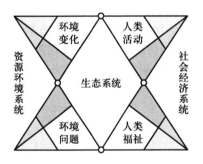

图 1.15 资源环境系统-生态系统-
社会经济系统的基本关系
资源环境的变化会影响生态系统的功能,进而影响生态系统为社会经济系统提供的生态系统服务。人类活动也会影响生态系统的结构和功能,进而造成一系列的资源环境问题。

认知资源环境系统-生态系统-社会经济系统的基本关系是生态系统研究的永恒主题,其中所包含的最基本的科学问题包括以下四个方面。

(1)生态系统与资源环境及人类福祉的基本关系是什么?人类如何才能维持社会经济持续发展?

热点性科学问题是:生态系统如何支持人类社会的可持续发展? 人类如何合理利用生态系统和自然资源? 人类如何维持生态系统服务供给的可持续性?

(2)生态系统与环境变化及生命系统的基本关系是什么? 人类如何利用和保护全球生物资源? 热点性科学问题是:生态系统如何维持地球生命系统演化及健康? 生态系统与全球变化的相互关系是什么? 其对人类福祉有何影响?

(3)人类社会如何应对全球环境变化? 生态系统与全球环境变化及地球系统的基本关系是什么? 热点性科学问题是:全球环境变化如何影响生态系统,进而影响人类福祉? 生态系统变化如何反馈影响地球环境系统(气候变化)?

(4)人类社会如何保护和管理生态系统? 如何认知生态系统动态变化-空间格局-人为调控的基本关系? 热点性科学问题是:全球环境变化和人类活动如何共同驱动生态系统的时空变化? 生态保护和管理的科学原理及关键技术有哪些?

1.5.2.2 生态系统科学研究的基础生态学问题

生态系统科学研究的领域和内容十分丰富,并且还在不断拓展。早期的生态系统科学研究主要以空间上均质的各类生态系统为对象,重点研究生态系统的生物组分、结构及种群动态变化,食物链和营养级间的能量流动和转换,生态系统水和碳氮磷等营养物质循环,生态系统演替与稳定性,生态系统过程与结构和功能的关系,自然和人为活动对生态系统的影响和调控机制等生态学基本问题。这类科学问题的研究是对植物或动物生态学、群落生态学等经典生态学研究对象的延伸及其与系统科学和地理学的融合,属于经典生态系统生态学的研究范畴。

经典的生态系统生态学是以具有一定地理空间和物理构造的生态系统作为对象,采用系统科学的思想、原理和方法,研究以下五个领域的基础生态学问题(图 1.16)。

第一,生态系统基础生态学问题,研究以各类生态系统的生物组分与结构、系统构造与机能、生态过程与机能为核心的食物网结构、能量流动、物质循环、信息传递、种群构建等基础生态学问题,以及生态系统构建、状态维持、稳定性和动态演变的物理、化学和生物学过程体系。这些基础科学问题构成经典生态系统生态学研究的核心。

第二,生态系统动力学问题,研究生态系统的起源与演化、组分、结构或构造、过程和机能状态的变化规律、系统稳定性及演变机制,人类活动、环境变化和地球系统演变对生态系统的影响与反馈等,重点关注生态系统演替、系统变化趋势、资源环境效应及生态环境风险等问题的状态、归因、预测和预估。当前的研究重点是全球环境变化生态学,包括全球气候变化、土地利用变化及资源环境变化的生态学。

第三,生物或生态地理生态学问题,重点研究生态系统分类、地理空间分布(格局)规律与地理分异机制,研究生态系统的组分、结构、过程、功能和服务

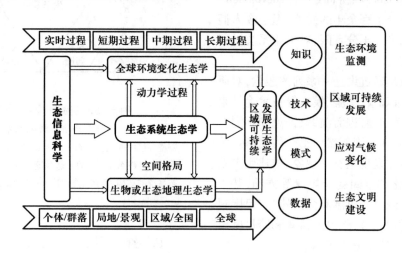

图 1.16 生态系统科学的基础生态学问题及主要研究方向

生态系统科学在不同的时间和空间尺度上研究生态系统基础生态学(生态系统生态学)、生态系统动力学(全球环境变化生态学)、生物或生态地理生态学、生态系统管理(区域可持续发展生态学)的科学问题,但是必须以生态信息科学技术为支撑,通过知识、技术、模式和数据,服务于生态环境监测评估、区域可持续发展、应对气候变化及生态文明建设。

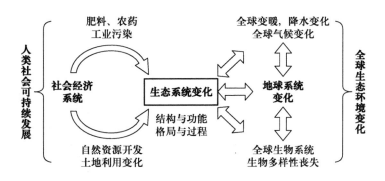

图 1.17 生态系统科学研究的科学问题

全球气候变化、生物多样性丧失、生态系统退化和社会可持续发展是当前生态系统科学研究中最具挑战意义的前沿性重大科学问题，
需要深入理解生态系统变化、社会经济系统及地球系统变化，寻求解决问题的途径和方法。

等属性的地理空间格局、空间变异规律及其影响因素，以及生物地理学机制。

第四，生态系统管理科学问题，主要研究生态系统与人类福祉关系、生态系统退化与恢复技术、区域资源环境管理与可持续发展等人为活动影响与调控生态系统的生态学原理及管理技术，也可以称为区域可持续发展生态学。

第五，生态信息科学技术问题，以生态信息采集、传输-集成分析、共享服务等技术为主要研究内容，重点研究生态系统监测、质量评估、动态模拟、科学预测和生态灾害预警等理论与方法，是信息科学与生物信息和地理信息科学的交叉领域。

1.5.2.3 生态系统科学研究的区域性重大资源环境问题

生态系统的过度开发和利用严重地破坏了资源环境系统-生态系统-社会经济系统的生态平衡关系，导致一系列的资源环境问题，威胁着人类的生存与发展。

自 20 世纪 90 年代以来，全球气候变化、生物多样性减少、生态系统退化和社会可持续发展受限四大问题日益突出，已上升为区域性及全球性的重大资源环境危机，使得社会经济学家开始高度关注生态学理论和思想，期待着生态学能为解决这些区域性重大问题提供公共政策和决策的科学依据和系统解决方案。因此，生态系统科学研究也成为 IPCC、Future Earth、IPBES 等重大科学研究计划的主题之一。这些区域性的重大资源环境问题的科学研究与地理学、资源环境科学和社会经济学有很多交叉和重叠，这也促进了生态学研究与资源环境科学、地理学、大气科学及社会科学的交叉融合，为生态学研究走向服务社会发展

架起一座桥梁（图 1.17）。

近年来，生态系统科学在重视基础性和应用基础性科学研究的同时，更重视解决维持生物多样性、应对全球变化以及保障区域可持续发展等的应用性、区域性及全球尺度的科学问题，认知和探索自然生态系统利用与保护、人工和半人工生态系统调控与管理、受损生态系统修复或重建的技术原理和优化模式研究，以及生态系统状态监测、功能评估、质量评价、趋势预测和灾害预警等应用技术和理论方法研究。

生态系统科学研究的核心科学任务是认知生态系统与气候系统、生物系统及社会经济系统的相互作用关系及其物理、化学和生物学过程机理。当前的重点研究领域包括：①生物系统演化与生物多样性维持机制；②生态系统演化与气候变化的互馈机制；③生态系统功能与区域发展的互馈机制；④生态系统状态和质量控制理论及生态环境治理技术体系；⑤生态系统变化的监测评估和预测预警等。关注重点研究领域将有助于生态系统科学研究更好地服务于《联合国气候变化框架公约》《联合国防治荒漠化公约》《生物多样性公约》和 IPBES 等国际生态环境治理方面的公约或计划的规则制定、联合行动、共同履约和国际监管。

1.5.2.4 生态系统科学发展的新趋势

经典生态学研究是以生物的生存状态和生物与其栖息地环境之间的相互作用关系为研究对象，而经典的生态系统生态学则是以生态系统结构、功能、格局及过程为研究对象，关注生态系统各组分及其与无机环境要素之间的相互关系以及生态系统与人类福祉之间的相互作用关系方面的科学问题（图 1.18）。

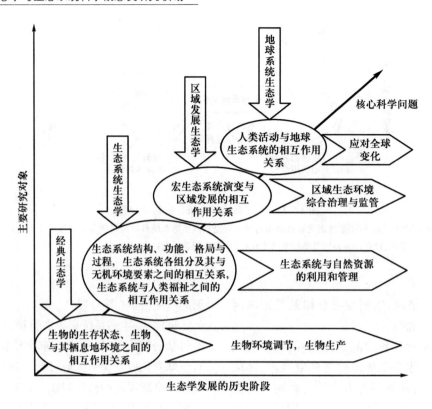

图 1.18　生态系统科学研究的历史阶段

20 世纪的生态系统生态学研究取得了一些重要科技进展,其中有关生态系统的概念、理论及方法推动了近代生物学和生态学的发展。例如,生态系统整体性概念已经成为现代生物学、地学和社会科学普遍接受的科学思想;生态系统途径成为区域资源管理和可持续发展的理论基础;生态系统结构与功能、过程与格局的相互依赖以及协调统一的思想成为资源利用保护及社会经济系统管理的指导原则;人类活动与生态系统变化之间的基本关系、生态系统变化和演替、稳定性和可持续性等机制奠定了区域生态环境保护的理论基础,为人类适应和减缓全球变化、设计可持续生物圈提供科学观和方法论;生态系统过程的多层级边界、多尺度特征和转换概念已发展成为地球系统科学研究的基本思路,生态系统动态监测、联网观测、联网实验为地球系统科学研究提供新的思路、方法和科学数据资源。

现代生态学的科学体系及关注的科学问题还在不断地快速发展,尤其是以生态系统生态学为基础的宏观生态研究更加活跃,其中以宏生态系统演变与区域发展的相互作用关系为核心内容的区域发展生态学正在致力于解决不同层级的区域资源利用、生态保护和环境治理重大问题;以人类活动与地球生态系统的相互作用关系为核心的地球系统生态学致力于解决全球气候变化、全球生物多样性保护及全球可持续发展等重大问题(图 1.18)。

近年来,生态系统科学研究的思维、目的、尺度和科技任务都在发生新变化,逐渐清晰地走向应用生态系统原理和技术途径、合理利用与保护各类生态系统、科学管理区域资源环境并促进区域及全球可持续发展的发展方向,呈现出以下几个鲜明的新趋势。

(1)服务社会经济可持续发展成为生态系统科学研究的新使命

全球变化和人类活动不断加剧导致生态系统退化、生物圈资源供给能力降低、人类生存环境恶化,成为制约人类社会生活、生存和生计及持续发展的瓶颈因素。社会和学术界强烈期待着生态系统科学研究能及时发现、系统解决区域和全球可持续发展中的重大资源环境问题,为全球生物多样性维持、应对全球气候变化、区域资源管理和可持续发展提供科学知识、数据支撑及系统解决方案,以保障人类社会的食物安全、资源安全、生态安全和环境安全,这就要求生态学家能够动态监测陆地生态系统的状态,科学认知

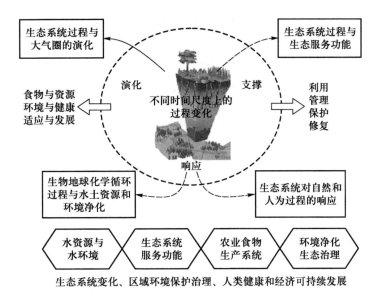

图 1.19　可持续发展生态学的科学问题及科技使命

陆地生态系统的过程机制,定量评估陆地生态系统的响应,预测陆地生态系统的变化趋势。

针对这种强烈的应用需求,迫切需要开展不同空间尺度的可持续发展生态学研究,需要生态系统科学研究以地球表层的生态系统(也称地球关键带)为对象,以生态系统与大气圈、土壤圈、生物圈和人类活动的相互关系为科学问题,关注人类社会的食物与资源、环境与健康、适应与发展等可持续发展问题,致力于解决人类在利用、管理、保护和修复生态系统等过程中面临的食物生产、水土资源、环境净化及区域综合治理等科技问题(图 1.19)。

(2)大尺度宏生态系统成为生态系统科学的一个新空间尺度

区域或流域生态系统是区域生态保护与利用、管理和生态治理的有效尺度。最近几年,学术界开始关注区域可持续发展问题,期望生态系统科学能为解决制约区域发展的重大资源环境问题做出贡献,一个以区域尺度的宏生态系统演变与区域发展的相互关系为核心的新兴研究领域正在孕育和诞生,有人称之为"区域生态学",也有人称之为"大生态学"(big ecology)、"宏生态学"(macroecology)、"宏系统生态学"(macrosystem ecology)及"全球生态学"(global ecology)等,按照生态学的分支学科命名规则,应该称之为"宏生态系统生态学"(macro-ecosystem ecology)或者"区域可持续发展生态学"(regional sustainable development ecology)。

区域或流域等大、中尺度的生态系统既是地球系统的自然地理单元,大多呈现为一个独特的"山水林田湖草及人类社会的生命共同体",也是特定的民族聚集区、社会经济区及国家或州省的行政管辖区域。该尺度的宏生态系统是典型的自然-经济-社会复合生态系统,有其独特的资源、环境和生态学问题,也是政府发展经济和治理生态环境的工作尺度。该尺度的核心生态学问题包括:生物圈与环境系统协同演变,系统宏观结构及组分间的耦联关系,系统整体性与社会经济发展的互馈关系。当前的区域生态环境治理需要从以往的"水、土、气、生"的土木工程、生物工程和景观工程基础上转向基于生态系统途径的综合治理,然后发展到综合利用多种工具的宏生态系统途径,真正意义上实现"山水林田湖草与人类社会的生命共同体"综合管理,自然-经济-社会复合生态系统优化调控,实现由以往的生态要素治理的"治标"向区域综合治理的"治本"转变(图 1.20)。

(3)整合生态学研究成为 21 世纪生态系统研究的前沿领域

21 世纪以前,地学与生态学研究已经对小尺度、孤立的科学现象和变化规律有了较为深刻的认识,积累了大量的观测和实验数据。"21 世纪的生物学"和"21 世纪的生态学"正朝着多尺度、多过程、多学科、多途径综合集成的方向发展,实现以现代信息科学为支撑、可以多尺度转换和科学预测的新目标。

过去几十年,生态系统科学研究集中在全球变化

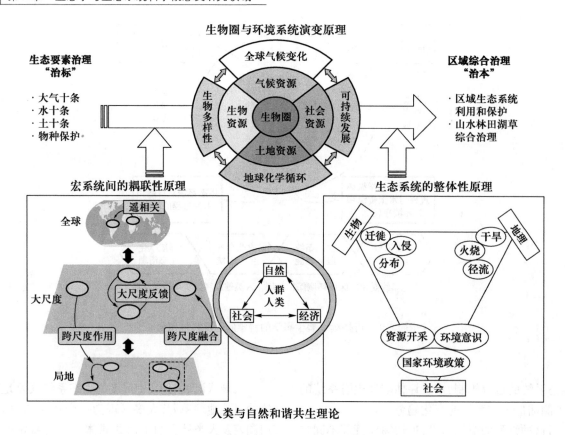

图 1.20　大尺度宏生态系统生态学研究的基本原理及解决区域资源环境问题和生态治理的新思路

背景下生态系统的生物地球化学循环,动植物对全球变化的响应与适应,退化生态系统的恢复与重建,生态系统功能、服务与健康,生物多样性和生态系统管理等研究领域,在生态系统碳、氮、水循环及其耦合循环的关键过程、生态系统生产力、植被物候、生物多样性维持、生态系统稳定性、脆弱性、适应性和承载力等方面也取得了重大进展。

近年来,人们开始将特定地理空间的生态系统看作构成地球表面自然景观的基本单元,并将其比喻为地球生物圈的"细胞",使其逐渐成为生物学和地学交叉研究的空间尺度,进而在探索解决区域性或全球尺度的重大问题的实践中,将生态系统的研究尺度从特定地理单元逐渐扩展到景观、流域、区域、洲际乃至全球尺度。这个发展过程推动生态学研究从对生态规律的认知走向对生态系统的调控和管理,从科学发现、机理认识走向服务于经济、社会发展和国家利益的目标,从定性走向定量,从系统模拟走向科学预测,从典型生态系统走向区域及地球生态系统的综合集成。同时,科学研究的方法论开始强调多尺度、多过程、多学科、多途径的整合分析以及生态系统联网观

测、控制实验和模型模拟综合应用,促进跨尺度的生态过程机理、观测数据和模型的融合以及自然科学与人文科学相结合(于贵瑞,2009)。可以预见,未来的生态系统科学研究必将进入一个整合生态学研究的新阶段,这种对多层级结构、多生态过程、多研究途径及多学科知识的整合可能会诞生生态系统的新思想、新理论和新方法(于振良等,2016)。

大尺度的区域生态系统是多层级结构、跨时空尺度的自然地理系统,系统的各层级的动态行为所涉及的时间尺度包括秒、小时、日、年,再到几十年甚至几百年;各种现象所涉及的空间尺度由几平方米的局地到几平方千米的生物群系(生态系统)、江河流域、生态气候区、洲际大陆及全球;所涉及的生物学或生态学系统包括生物个体及其生物化学过程系统、典型生物群落与生态系统、自然景观和区域地球关键带生态系统、重要流域或区域宏生态系统、大陆与全球生物圈等。

区域及全球尺度生态系统的物质循环、能量流动、信息交换及生物控制等生态过程都是高度复杂的非线性系统,具有多要素调控、多过程耦合、多尺度演绎的特征,并且区域尺度的生态系统往往多种多样、

五彩缤纷,它们具有景观异质性、地理分异性及结构和功能多样性等特征。因此,以往的针对单一过程、在短期和小尺度上的生态学研究成果虽然极大地提高了对生物种间相互作用(例如宿主和寄生生物之间或者猎物与捕食者之间)、种群动态、食物网动态以及典型生态系统物质循环、能量流动、信息交换及其对环境的响应和适应等方面的认识,但这些分散研究成果很难被上推(upscaling)到区域及更大尺度;传统的对各种单一过程及层级的孤立研究所获得的知识也很难直接应用于研究由多种过程耦合、多层级关联关系构建并自然存在的生态系统的整体行为、运维机制及系统预测。

传统的生态学各分支学科都只是生态系统以及大尺度宏观生态学研究的一个组成部分,目前所获得的大部分生态学知识也只是对典型生态系统和宏生态系统的某个组分、某个构件、某个层级或者某一过程的认知。由此可见,整合不同时间尺度、空间尺度和等级(层次)尺度的生态学,整合生态系统的不同组分、不同生态过程的研究,发展"多尺度观测、多方法印证、多过程融合、跨尺度认知和跨尺度模拟"的方法学体系,必将成为解决诸多区域生态系统及宏观生态学问题的必然选择(图 1.21)。

(4)生态学与相关学科的融合成为促进生态系统科学发展的新途径

新时期的生态系统科学研究不仅包含了传统生态学的基本问题,还更加重视生态系统空间格局变化及资源环境效应,不同层次和不同区域生态系统之间的相互作用关系,以生态系统为核心的生物圈与岩石圈、土壤圈、大气圈、水圈以及社会经济系统之间的相互作用与反馈关系,生态系统稳态与非稳态变化,生态系统可持续性及影响因素,生态系统结构和功能状态评估、变化趋势的科学预测以及生态灾害和突变事件的预警等问题。这种生态系统科学的对象、时空尺度及科学问题的扩展,必然促进生态系统科学与地球系统科学、地理学及人文科学相融合,从学科交叉中获得理论、方法和技术突破。并且现代的大尺度和区域生态学研究也必将把生态系统科学研究带入一个发展生态学大理论、采用科学大数据、组织学科大交叉、科学家大协作及社会公众广泛参与的新时代。

迄今,很多生态学领域的科学研究工作已转化为科学问题和数据驱动,而非理论驱动。生态学家与物理学家在思考问题的方式上有很大的差异,生态学家习惯从观察现象开始,进而针对现象研究其成因、过程与机制,而不像物理学家那样,从众多现象中概括

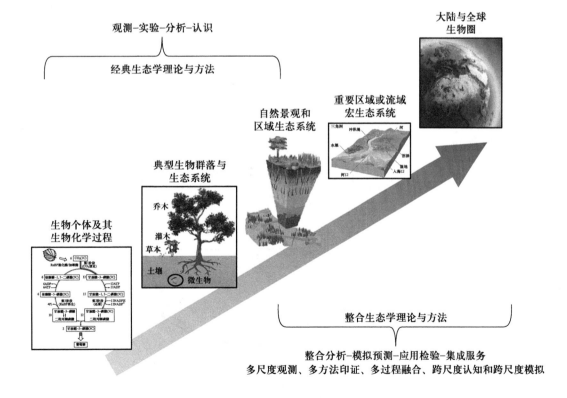

图 1.21　生态系统科学研究的多时空尺度及其方法论体系

总结出一般性规律,然后基于这个规律给出科学假设和预测,继而通过观测、实验和模拟进行检验。生态学家采用这种研究方式的理由往往是生态学系统的复杂性(complexity)、不定性(contingency)和变异性(variability)都高出物理学系统很多,因而不可能存在或很难找到像物理学那样具体化的并普遍成立的定律和预测性理论。

尽管如此,生态学家还是为建立一般性的生态学理论付出了艰苦的努力,例如生态位/中性理论(Hubbell,2001)、最大熵理论(Harte,2011)、生态化学计量学理论(Sterner and Elser,2002)以及代谢生态学理论(Sibly et al.,2012)等都是相对成功的探索,具有发展成生态学大理论框架的潜能。生态学理论源泉是生物学、物理和化学,而生态系统理论主要来自系统论、信息论及地球化学、地理学、气候学和地球系统科学等基础科学。新时期的生态系统科学更加关注生物圈与岩石圈、土壤圈、大气圈、水圈以及社会经济系统之间的相互作用和多系统之间的互馈关系,这就需要生态系统科学研究不断地与各种自然科学融合,同时还需要深度地与地球系统和人文社会科学融合。

(5)天-地-空立体观测和网络化实验及过程模拟技术进步有可能带来生态系统科学重大突破

大尺度区域生态系统科学研究的任务是为生物资源改良与保育、生态系统管理、粮食生产、自然资源合理利用、环境保护以及应对全球变化等提供可靠的动态监测数据、坚实的科学基础和适用的科学技术及管理政策,保障区域和国家的食物安全、资源安全、环境安全。大尺度区域生态系统科学正在成为生态系统科学研究的前沿领域之一。

长期、大尺度、高密度生态要素及生态系统结构和功能科学数据的匮乏一直是制约生态系统理论、定量分析及科学预测的瓶颈。十多年来,生态系统观测和实验网络发展迅速,卫星和航空遥感观测的密度和能力,特别是无人机观测、相机观测系统以及物联网技术和能力建设开始出现革命性的重大突破,高密度、大尺度、网络化的生态数据采集已经进入一个快速发展的新阶段。与此同时,全球规模的生态学野外控制实验装置、大型环境要素控制的物理模拟实验装置等基础设施建设速度在加快,计算机的数据储存、远程传输和模拟计算能力也正在以几何级数快速提升。

在科学大数据、大型物理模拟和数字模拟系统支撑下的生态系统科学研究将实现重大理论和关键技术的突破,为利用和保护全球和区域生态系统、减缓与适应全球环境变化、维持全球生物多样性、推动区域和全球资源环境管理、促进全球社会经济的可持续发展提供科技支撑。由此可见,以生态系统联网观测、联网控制实验、天-地-空立体观测和模型模拟为主要技术手段,致力于定量评估和科学预测生态系统变化及资源环境效应,模拟分析地球系统-生态系统-人文经济系统相互作用关系的新时代即将到来(图1.22)。

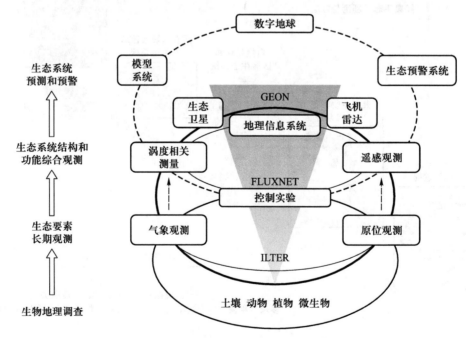

图 1.22　生态系统观测实验技术体系的变革与未来发展的构想
当前的技术体系正在由以往的生物资源调查和生态要素观测向生态系统观测和生态功能预测方向变革。

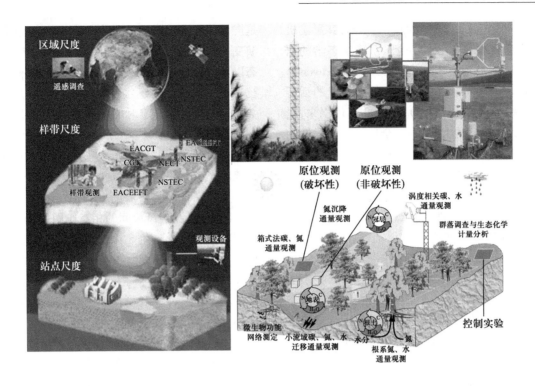

图 1.23 中国陆地生态系统通量观测研究网络(ChinaFLUX)的天-地-空立体观测和实验体系
在国家尺度上形成站点定位观测-样带专项观测-全国区域观测体系,在典型生态系统尺度上构建能量、碳氮水交换通量、土壤温室气体和生物化学循环、植物生理生态、群落微气象要素和植被结构的立体系统观测和控制实验体系。

现代的生态系统观测实验技术已经开始由传统的水、土、气、生的生态要素观测向生态系统的整体构象和生态功能观测转变,以涡度相关、无人机照相、卫星对地观测、激光和雷达探测等技术为代表的生态系统整体观测技术的进步及应用为直接获取生态系统植被结构和物候变化、生态系统的能量平衡、蒸腾蒸发和水循环、群落光合作用与碳循环、生态系统的生物量等状态参数及其变化,以及外来干扰和生态系统受损状态等提供了实用技术,综合应用这些技术、涵盖全球不同区域的天-地-空立体观测和实验体系也正在建设和完善之中(图 1.23)。

1.5.3 生态系统科学研究的学术前沿与热点领域

生态系统科学研究可以按照生态系统分类划分为陆地生态系统、海洋生态系统和陆地水域生态系统三个研究领域,如果从产业应用视角,通常划分为农田、森林、草地、湿地、荒漠、湖泊、海湾等研究领域。科学家的兴趣、科学问题导向及应用需求促进了生态系统科学的发展。目前,生态系统科学研究针对生物多样性、全球变化、资源环境管理和区域可持续发展等区域和全球生态环境问题,形成以下几个前沿性和热点研究领域。

1.5.3.1 生物种群、群落结构与生物多样性维持机制

生物群落是指生存在一个特定生态系统或自然生境中的多个种群的聚集,它既是生态系统的组分和结构单元,又是能量流动和物质传递与转化的基本功能单元。生物群落概念强调生态系统中的各种生物是在有规律的组合方式下共存的,而不是独自、分散和随机地存在。生态学家围绕不同地区和不同生境下的生物群落结构(植物、动物和微生物等)、群落构建机制及其生态功能开展了大量研究,并且致力于阐述生物种群和群落结构与生态系统的物质生产、养分循环和能量流动及生态系统功能和服务供给能力之间的联系。

生物多样性维持既是生态学研究的应用目标,也是生态系统生态学的重要研究领域。扰动是影响生物多样性与生态系统稳定性关系的重要因子,主要包括非正常的外力干扰和环境因子时间异质性影响的波动性干扰两大类。这两类不同的干扰对生物多样

性与生态系统稳定性关系造成的影响不同,其影响机制和定量描述也是过去几十年生态系统生态学的研究重点。生物多样性与生态系统功能(biodiversity and ecosystem functioning,BEF)既是一个古老的话题也是一个新的研究热点。自20世纪90年代以来,受全球变化和人为干扰的共同影响,全球生物多样性的快速降低令人担忧,这使得生物多样性与生态系统功能的关系问题再次成为生态系统生态学讨论的重点。国内外以草地和森林生态系统为对象,开展了多种多样、不同规模的生物多样性与生态系统功能关系的野外控制实验(简称BEF实验)。

在该领域的研究中,以植物多样性与生态系统生产力稳定性关系的研究最为深入,也有少部分控制实验研究土壤微生物多样性、微生物和动物群落结构与土壤碳氮磷循环和养分周转等过程的关系。土壤细菌、真菌和小型动物是土壤生物群落的重要组成部分,很多微生物与植物形成共生系统,它们与大部分的生态系统功能具有密切联系,尤其在植物凋落物和土壤有机质分解、营养元素循环、矿物质的氧化还原和土壤物理结构维持等方面。但因为土壤自身的复杂性以及土壤生物培养技术和分类知识、种群结构和功能测定技术手段等方面的限制,早期的研究主要采用增加或减少某种群或群落的物种丰富度的方法来探讨其对土壤生态系统功能的影响,关于土壤的生物多样性与生态系统功能的研究还亟待加强。

1.5.3.2 生态系统结构和功能属性动态变化和空间变异机制

生态系统结构决定生态系统功能,生态系统过程塑造生态系统结构和格局。环境变化与结构和过程相互作用,驱动着生态系统动态变化,并在区域上塑造出具有地理分布规律的生态系统功能格局。生态系统结构、过程和功能的变化主要分为时间变异(年际变化、长期变化、演替)、局地尺度的空间变异(组分、斑块和景观异质性)及大尺度地理空间格局。

生态系统过程的年际变化和长期变化对生态系统结构和功能的影响广泛,干扰是造成生态系统结构和功能在时间尺度上波动的主要原因,其中人类活动的干扰加剧了生态系统过程的时间波动。干扰对生态系统动态变化的影响取决于干扰的类型、程度、频率、时间和强度。生态系统过程的演替表现为生态系统的局部变化以及干扰后的生态系统演替。在时间尺度上,干扰影响生态系统结构和组成的直接后果就

是产生原生演替和次生演替。目前对生态系统功能演变的研究热点集中在碳平衡、营养循环、营养级动态以及水分与能量交换等方面。当前我们对生态系统动态过程的理解还主要基于较短时间尺度的监测数据,只能利用特定时间尺度的监测结果或者方法(稳定同位素技术、模型模拟和情景类比等)去推测关注的时间尺度的生态系统变化,因此对中长期生态系统动态变化机制的认识和推演能力还十分有限。

生态系统空间格局的变异性主要强调景观尺度的空间异质性、各斑块间的相互作用以及生态系统行为和功能的差异。生态系统内部和系统间的空间异质性是引起区域尺度生态系统功能变异的关键因素。造成这种空间异质性的主要原因是地貌特征、环境因素波动、干扰、种群和群落过程演变。地貌特征决定的环境因子状态的空间变化以及自然和人为干扰是决定生态系统空间变化的基础,人类活动的影响逐渐成为主导空间异质性的重要因素。

生态系统属性的大尺度地理空间格局是由气候、地形、地貌及土壤等环境要素的地理格局共同塑造的,是生物系统进化、生物对资源环境长期适应以及群落构建的结果。生态系统属性包括生物组分、群落结构、系统机能、资源环境功能、生态服务等自然属性,也包括自然干扰和人类活动的影响、土地利用类型的转化和集约化管理等社会属性,还包括生产效率、生态效应、生命周期、稳定性等一些抽象的生态学概念属性。现阶段对生态系统属性的大尺度地理格局研究多集中于生态系统结构和过程与生态功能之间关系的分析方面,关于生态系统各种属性之间的耦联关系、系统演变机制以及尺度效应等问题的研究还有待深入。

1.5.3.3 生物地球化学循环与生物环境控制机制

生态系统的生物地球化学循环可以简单地描述为各种生源要素在土壤、植物、大气和凋落物中的迁移与转化过程,从更完整的角度还应考虑动物和微生物的利用与调控作用。在实际的应用研究中,人们通常将其简称为养分循环、矿物质循环或生命元素循环等。生态系统的各生物组分及环境中的化学元素大多是以化合物形式存在,化合物在生态系统的生物组分和环境系统之间迁移和转化,各种化学元素只有以化合物形态才会在生命系统中发挥作用,因此,元素之间存在广泛的耦合关系。

陆地生态系统碳循环、氮循环和水循环是全球变化科学研究中三个最为重要的物质循环,而陆地生态系统碳-氮-水耦合循环及其生物调控机制则是全球变化生态学研究的前沿性科学问题。陆地生态系统通过植物和土壤微生物的生理活动和物质代谢过程,将植物、动物、微生物、植物凋落物、动植物分泌物、土壤有机质以及大气和土壤等无机环境系统的碳、氮、水循环有机联结起来,形成了极其复杂的连环式生物物理和生物化学耦合过程关系网络,因此,碳、氮、水三大循环之间是相互制约的。植被-大气、根系-土壤以及土壤-大气三个界面进行着活跃的碳、氮、水交换,植物叶片气孔行为、根系结构和土壤微生物功能群网络结构是调控陆地生态系统碳-氮-水耦合循环的三个关键环节。从生物化学的角度来看,生态系统中的碳-氮耦合循环是由一系列生物参与的氧化还原反应过程所构成的网络系统,不同微生物功能群落通过对不同基质的竞争利用以及氧化-还原化学反应关系制约着不同形态碳、氮物质的循环通量,进而决定着土壤-大气系统的碳、氮气体通量平衡关系。

典型生态系统和主要区域的碳源汇功能及其对全球变化的响应和反馈是生物地球化学循环研究的热点。近10年来,我国学者在陆地碳汇格局及其形成机制、我国森林的全球碳汇贡献以及全球变化对陆地生态系统碳汇功能的影响等方面取得了重要进展。他们基于中国陆地生态系统通量观测研究网络(Chinese Flux Observation and Research Network,ChinaFLUX)对不同类型典型生态系统碳、氮、水通量及循环过程的观测数据,整合分析了各类生态系统的碳、氮、水通量动态变化及变异机制和中国、亚洲及全球尺度的碳源汇功能及空间格局形成机制。近年来,生态化学计量学理论得到快速发展,为我们认识生态系统多种元素的耦合循环提供有效工具和技术途径,为探讨陆地生态系统生产力对环境变化的响应与适应提供科学知识,今后还需要加强多元素生物地球化学循环耦合机制、生物调控机制以及全球变化(如气候变化、氮沉降、酸化等)和极端事件的影响等方面的整合研究。

1.5.3.4　生态系统对全球变化的响应与适应机制

全球变化(global change)是指由自然和人文因素引起的全球尺度地球系统及各个圈层的结构和功能的变化,主要包括大气成分变化、气候变化、土地利用和土地覆盖变化、生物多样性丧失、植被与生态系统退化、海洋酸化及海平面上升等。近30年来,生态系统生态学围绕气候变化的生态学后果、生物对气候变化的响应和适应、生物地球化学过程对全球变化的响应和反馈以及减缓和适应全球变化的适应性管理等问题开展了广泛的研究。一些在全球规模上实施的大型科学研究计划在推动全球变化生态学研究方面起着至关重要的示范作用,如国际地圈-生物圈计划(IGBP)、世界气候研究计划(World Climate Research Program,WCRP)、国际生物多样性计划(DIVERSITAS)、全球碳计划(Global Carbon Project,GCP)、美国全球变化研究计划(U.S. Global Change Research Program,USGCRP)以及欧洲的碳循环研究项目(CarboEurope)和氮循环研究项目(NitroEurope)等。

以气候变暖、降水格局变化、CO_2富集以及氮沉降增加为主的全球变化对生物物候、植物多样性、生态系统过程、生态系统生产力及碳固定功能产生了深刻影响。过去几十年来,科学家采用长期观测与野外调查(如通量观测、样带研究)、大型野外控制实验、生态系统过程模型、遥感反演等技术手段重点开展了气候变暖、降水格局变化、CO_2富集、氮沉降增加以及土地利用变化对生态系统的影响及适应机制研究。整体来看,以草地和森林生态系统研究较多,并且以单因子环境变化研究较为深入,而多因子交互作用的研究较少,研究结果系统性理论的概括不足,很多方面还存在着很大的不确定性,尤其是在生态系统对多种环境因子交互作用的短期响应与长期适应规律方面的研究还有待深入。

1.6　生态系统科学研究的途径和主要方法

生态系统科学研究的深入和进步依赖于科学观察、科学观测、科学实验、数值模拟和数据分析技术的变革。20世纪中后期以来,分子标记技术、稳定同位素技术、便携式移动观测仪器、网络化生态系统长期定位观测、航空和卫星遥感观测技术、地理信息系统、全球导航卫星系统、大型控制实验以及无人机航空观测等科技进步,不断提升我们对生态系统组分和整体的观察、观测和认知能力,不断提高生态系统观测的时空分辨率,延长和扩展生态系统观测的时间和空间尺度。

1.6.1 生态学观察与观测

17世纪近代自然科学发展的早期,生物学研究方法同物理学研究方法大不相同。物理学研究的是物体可测量的性质,即时间、运动和质量,它把数学应用于研究物理现象,研究这些物理量之间存在的相互关系,并用演绎法推算出这些关系的后果。而生物学研究则是以考察不同生物之间的区别以及那些不可测量的性质为重点,用描述方法来记录这些性质,再用归纳法将这些不同性质的生物归并成不同的类群。18世纪,新大陆的开拓和许多探险家的活动使得生物学记录的物种数增长了几倍、几十倍,以林奈为代表的生物学家将搜集的物种进行鉴别和整理,发明了生物分类系统。

18世纪下半叶,比较学的方法被应用于生物学研究,科学家力求从物种之间的类似性中找到生物的结构模式、原型甚至某种共同的结构单元,更深刻地揭示动物和植物结构方面的统一性,开始触及各个不同类型生物的起源问题。19世纪中叶,达尔文的进化论确立后,生物学的比较研究进入动态历史的比较时期,人们认识到,现存的任何一个物种以及生物的任何一种形态都是长期进化的产物,需要从历史发展的角度去考察和比较研究。

生物学观察是生态学信息获取的主要手段,观察区域和规模、速度和精度无疑是制约科学发展的重要因素。随着观察技术和工具的进步,从依靠人类目视的观察逐渐发展成利用工具、仪器的连续观测或自动观测,观测的内容和范围不断扩展,观测频率不断提高,时间长度不断延长,对生态学现象、过程及影响因素的观测能力快速增强。生物观测技术、显微技术、成像技术和标记技术的每一次革命都带来了生物学和生态学研究的重大进步。现代的分子标记技术、稳定同位素技术、野外观察和观测技术、野外长期定位与联网观测技术以及航空和卫星遥感观测技术的快速发展正推动着生态学研究走向新阶段。

1.6.1.1 分子标记技术

分子标记技术被引入生态学领域,引发了一场宏观生物学研究的技术革命。1992年,*Molecular Ecology*的创刊标志着分子生态学作为一门学科得到了普遍认可,促成了分子生物学、种群遗传学、进化和基因组学的交叉融合,以及分子进化理论、种群遗传学理论和数据分析方法体系的建立和完善。伴随分

子变异和谱系关系分析技术的突破,20世纪90年代以来的生物系统进化和生物地理进化研究空前兴盛,21世纪以来开始的大规模高通量测序技术正在快速提升生态学家描述和认知微生物世界的能力。

1.6.1.2 稳定同位素技术

稳定同位素技术具有示踪、整合和指示等多项功能,以及检测快速和结果准确等特点。应用稳定同位素技术所得到的信息大大加深了我们对自然环境下生物及其所处生态系统对全球变化的响应与反馈等方面的认识,极大地拓展了生态学研究和应用的发展空间,越来越显示出广阔的应用前景。利用稳定同位素可以研究生态系统中的生命元素循环及其与环境的关系,以及不同时间和空间尺度上的生态过程及其机制,揭示生态系统结构和功能变化规律。稳定同位素技术还可用于诊断病人的代谢变化及其原因,估测农作物施肥的最佳配方和时间,研究动植物对环境胁迫的反应及相互关系,追踪污染物的来源与去向,推断古气候和古生态过程,甚至还可用来了解农、林产品的组成成分和原产地等。

1.6.1.3 野外观察和观测技术

生态学研究的观察和观测技术进步促进了生态学发展。随着各种类型的便携式移动观测仪器、数码相机、红外成像和激光雷达技术的出现,传统的室内离体分析可以转变为野外现场和活体测定,促进了植物、动物和微生物的生理生态学和行为生态学发展。例如,数码相机、红外成像和激光雷达技术的出现改变了传统的观察手段和对象;光合作用及蒸散发测定系统的应用实现了对叶片光合速率、蒸腾速率、气孔导度和胞间CO_2浓度等生理指标以及叶片周围微环境的测定。

1.6.1.4 野外长期定位与联网观测技术

开展不同区域不同类型生态系统的长期定位观测被认为是生态系统科学研究的重要途径。生态系统长期定位观测网络的建设对生态系统生态学发展起到了巨大的推动作用,对认识生态系统长期变化做出重要贡献。20世纪70年代建立的国际生物学计划(IBP)主要研究生物圈的结构和功能,在宏观系统生态学建立和发展过程中起到了重要的作用。

野外长期定位观测仪器的研制极大地推动了生态系统生态学发展,实现众多的生物和环境要素短期

离散的测定向长期连续的自动观测的转变;以涡度相关技术为代表的生态系统碳、氮、水和能量通量观测技术的突破,实现对生态系统功能变化的直接测定。国际通量观测研究网络(FLUXNET)[包括欧洲通量观测研究网络(EUROFLUX)、美洲通量观测研究网络(AmeriFlux)、亚洲通量观测研究网络(AsiaFlux)和中国陆地生态系统通量观测研究网络(ChinaFLUX)]的建立促进生态系统碳、氮、水和能量等过程的观测,碳、水能量交换过程机理研究与生态系统模型模拟的结合为复杂景观生态过程的尺度外推、解决更大尺度的生态学问题提供科学数据和技术途径,极大地提高了我们对生态系统的理解和认知能力,促进生态系统生态学的蓬勃发展。近年来发展起来的稳定同位素红外光谱技术使得大气中碳、氮、水的稳定同位素丰度及通量的连续观测成为可能。

区域尺度的联网观测成为获取大尺度生态信息的重要平台,自1980年开始,美国、南极洲以及加勒比地区和太平洋岛屿26个地点先后开展长期生态观测研究,构建了长期生态学研究网络(Long-Term Ecological Research, LTER)。之后,英国环境变化网络(Environmental Change Network, ECN)、中国生态系统研究网络(Chinese Ecosystem Research Network, CERN)与LTER共同发起建立了国际长期生态学研究(ILTER),初步形成了东亚/太平洋、欧洲、非洲、北美洲、中南美洲五个区域性的生态研究网络。

在1988年中国生态系统研究网络(CERN)建立之后,中国森林生态系统研究网络(Chinese Forest Ecosystem Research Network, CFERN)、中国陆地生态系统通量观测研究网络(ChinaFLUX)等相继建成,目前许多典型生态系统研究已经积累了10~30年的监测数据。现阶段的生态系统网络观测在规范化和自动化的多要素观测基础上,应用高清摄像技术、高分辨率遥感技术以及实时传输技术,进一步提升了生态系统联网观测的信息化和现代化水平。

1.6.1.5 航空和卫星遥感观测技术

遥感(RS)、地理信息系统(GIS)以及全球导航卫星系统(GNSS)技术的发展为生态系统科学研究提供了强大的技术支撑,极大促进了生态系统格局及其对全球变化影响的研究。卫星遥感植被指数是卫星遥感数据中最具明确意义的指数之一,通过红外与近红外波段的组合表达植被信息状态,可应用于不同的时间和空间分辨率的植被类型调查、生产力评估、植被

结构监测、野生珍稀动植物的调查研究及生物多样性分析与评价等方面。这些技术解决了传统生态调查方法调查周期长、野外劳动强度大的问题,特别是对一些高、寒、人迹罕至地带的调查更具有应用价值。

天-地-空立体观测体系及区域和全球规模的观测网络为研究大尺度生态格局变化提供了理想的观测研究平台,特别是近年来的无人机航空技术的发展为空间化的生态系统信息获取提供了新手段。这些不同技术手段的观测资料助力生态学研究,实现从点到面、从定性到定量、从单项到综合的突破,使我们可以从空间开展大范围观测,定量分析陆地生态系统变化。

当前的天-地-空立体观测体系正朝系统化、网络化、智能化和数据可视化等方面发展,被广泛用于生态学现象发现、生态系统状态和功能评估及相关机制的空间尺度推绎,其应用领域还会越来越广泛,研究内容也越来越丰富,涉及碳循环、营养物质循环、污染物循环、水分与能量流动、环境因子变化过程及生物过程。同时,研究尺度也在不断变化,由宏观尺度向中、微观区域尺度以及多尺度融合转变。

1.6.2 生态学实验和野外控制实验

生物学和生态学实验是生态学研究的基本方法之一,其技术手段是控制生物或生态系统环境条件,或者采用合理的实验设计改变生物系统的结构或状态,进而观察、测定生物性状和生理生态过程的变化,以增强对生命现象、过程机制、变化规律的认识。生态学实验是从传统的生物学实验演变而来,随着生态学研究兴趣的增强以及控制实验技术进步而不断发展,总体而言,其发展经历了由简单到复杂、由室内到野外、由短期到长期、由单点到联网的多维度跨越。

1.6.2.1 生物生理生态学实验

生物生理生态学实验是微生物学、植物学、动物学及其应用领域农学、畜牧、医学等的常用技术手段。在生物学领域的生理生态学实验主要是为了认知生物生理、发育、繁殖等过程的机制,生物对环境条件的要求和响应机制,特定生命现象及过程发生和存续的条件及发育规律等,从而开展试管实验、培养箱实验、温室实验等,实验研究的对象包括细胞、组织、器官、个体和群体等。在植物学、生态学和农学的研究中,最常用的是组织培养、生长箱及温室环境控制实验,其主要任务是研究植物光合、呼吸、养分吸收、资源利

用、抗逆生理、环境适应及环境调控等科学问题。这些生理生态学实验为理解生物的生命现象、生物习性和环境控制提供科学依据,同时也是实验生态学的重要组成部分和方法学基础。

1.6.2.2 生态学实验和环境要素控制实验

观察、观测和描述方法是生态学研究的主要技术途径,但是为了更好地观察自然发生的现象,以及考察生物对各种影响因素的反应及引起的效应,必须采用室内或野外的控制实验方法。控制实验方法是人为地干预、控制所研究的对象,并通过这种干预和控制所造成的效应来研究对象的某种属性。19世纪物理学和化学实验方法及技术的成熟为生物学实验奠定了坚实基础。生态学实验是从种子发芽及个体生长发育的环境影响开始的,在动植物营养、作物栽培的水肥管理的研究中不断得到应用和发展,近年来在生态系统尺度生态过程的科学研究中得到广泛应用,特别是在全球变化对生态系统影响的研究中发挥重要作用。

1.6.2.3 生态系统网络的野外控制实验

自然条件下的野外实验是研究生态系统变化的主要方法之一,在很大程度上丰富了我们对环境变化影响陆地生态系统的过程的认识,并能为模型模拟和预测提供必需的、关键的参数估计、模型验证和校正数据。20世纪80年代末期以来,围绕生态系统结构与功能以及生态系统对全球变化的响应与适应这些科学命题,生态学家广泛开展了针对温度升高、降水变化、氮沉降增加、CO_2 富集、物种多样性改变以及其他环境要素(如 UV-B、O_3 等)变化的控制实验研究。

基于生态网络的野外控制实验设计理念是依托自然环境梯度或人为将环境要素设置为若干等级,模拟研究未来环境变化对生态系统过程和功能的影响,伴随多过程的深度测定,揭示生态系统对环境变化的响应与适应机制。自然环境梯度实验主要有水平陆地样带置换实验和山地海拔垂直带位移实验,比较有代表性的是北美"巨型完整土块"交互置换控制实验和长期跨区域分解实验。在人为操控实验方面,增温、降水控制、氮沉降模拟等方面的技术日益成熟,多因子交互关系的研究也正在成为研究重点。20世纪90年代以来,大型环境控制实验设施(controlled environmental facility,CEF)把生态系统机制研究扩展到大型生物群落(如森林)和整个生态系统水平。

1.6.3 生态数据整合分析及模型模拟

生态数据整合分析及模型模拟是生态学研究的重要方法。迄今为止,人们还无法在地区和全球尺度上通过观测和野外控制实验等手段直接和全面地获取生态系统变化的信息,整合分析区域调查、定位观测、控制实验和卫星遥感等多源数据,以及计算机模拟分析大尺度生态系统结构和功能动态变化是重要的技术途径。尽管模型的构建、参数化和检验依旧困难重重,模型的输出结果常常遭受质疑,但仍然在评价过去、当前和预测未来条件下生态系统的动态变化中起到不可替代的作用。在 IBP、IGBP 等国际计划的推动下,从20世纪70年代起,模型的开发和运用都得到了迅速发展,形成统计模型、机理模型和动态植被模型三大类模型。

目前主要的生态过程机理模型都是基于个体或小尺度、短时期的生理生态实验建立的,但是由于个体、生态系统、生物圈之间并不是简单的线性关系,将个体尺度的观测结果上推到生态系统和生物圈尺度必然会产生很大不确定性。同时,生态过程及其主控因子在不同时间尺度上差异也很大,而模型进行了大大的简化。面对如此复杂、多尺度的生态系统,如何及时、有效地评估生态系统对全球变化的响应既是一个挑战,更是一个机遇。

生态大数据的时代已经到来,数据驱动的生态学研究已经成为一种新的科研范式,正在发挥着重要作用。大数据关联分析、深度学习、智能计算等现代信息技术已经开始展现出极大的应用潜力,将传统的生态学知识和过程机理模型与现代的大数据融合,已经成为生态系统科学研究中必须解决的技术难题,也是新时代的一种推动生态系统科学研究走向定量化、科学评估和诊断以及预测和预警的潜在而可能有效的技术途径。

参考文献

周凌云. 1984. 纪念张珽教授诞辰一百周年. 生物学通报,19 (6):61-62.

阳含熙. 1989. 生态学的过去、现在和未来. 自然资源学报,4 (4):355-361.

于贵瑞. 2009. 人类活动与生态系统变化的前沿科学问题. 北京:高等教育出版社,1-543.

于振良,葛剑平,于贵瑞,等. 2016. 生态学的现状与发展趋势. 北京：高等教育出版社，1-785.

Andrewartha HG, Birch LC. 1954. *Distribution and Abundance of Animal Populations*. Chicago：University of Chicago Press, 1-254.

Bertalanffy LV. 1968. *General System Theory：Foundations, Development, Applications*. New York：George Braziller Inc., 1-289.

Carson R. 1962. *Silent Spring*. Boston：Houghton Mifflin Company.

Darwin C. 1859. *On the Origin of Species*. Oxford：Oxford University Press, 1-432.

Elton CS. 1927. *Animal Ecology*. New York：Macmillan Co., 1-782.

Golley F. 1961. Energy values of ecological materials. *Ecology*, 42(3)：581-584.

Golley F. 1993. *A History of the Ecosystem Concepts in Ecology：More than the Sum of the Parts*. New Haven：Yale University Press, 1-254.

Haeckel E. 1866. *Generelle Morphologie der Organismen*. Berlin：Georg Reimer, 1-282.

Harte J. 2011. *Maximum Entropy and Ecology：A Theory of Abundance, Distribution, and Energetics*. Oxford：Oxford University Press, 1-274.

Hubbell SP. 2001. *The Unified Neutral Theory of Biodiversity and Biogeography*. New Jersey：Princeton University Press, 1-375.

Humboldt AV, Bonpland A. 1807. *Essay on the Geography of Plants*. Translated by Jackson ST, Romanowski S. 2009. Chicago：University of Chicago Press, 1-296.

Lindeman RL. 1942. The trophic-dynamic aspects of ecology. *Ecology*, 23(4)：399-417.

Malthus TR. 1798. *An Essay on the Principle of Population*. London：J. Johnson, 1-92.

Keeling CD. 1960. The concentration and isotopic abundances of carbon dioxide in the atmosphere. *Tellus*, 12(2)：200-203.

Odum EP. 1953. *Fundamentals of Ecology*. Philadelphia：W. B. Saunders Co., 1-384.

Odum EP. 1969. The strategy of ecosystem development. *Science*, 164(3877)：262-270.

Odum EP. 1971. *Fundamentals of Ecology* (3rd ed). Philadelphia：W. B. Saunders Co., 1-574.

Odum EP. 孙儒泳，钱国桢，林浩然，等译. 1981. 生态学基础. 北京：人民教育出版社, 1-606.

Revelle R, Suess HE. 1957. Carbon dioxide exchange between the atmosphere and ocean and the question of an increase of atmospheric CO_2 during the past decades. *Tellus*, 9：18-27.

Ricklefs RE. 1973. *Ecology*. Newton：Chiron Press, 1-861.

Sibly RM, Brown JH, Kodric-Brown A. 2012. *Metabolic Ecology：A Scaling Approach*. New Jersey：John Wiley & Sons, Ltd., 1-375.

Sterner RW, Elser JJ. 2002. *Ecological Stoichiometry：The Biology of Elements from Molecules to the Biosphere*. Princeton：Princeton University Press, 1-584.

Tansley AG. 1935. The use and abuse of vegetational concepts and terms. *Ecology*, 16(3)：284-307.

Vernadsky VI. 1926. *The Biosphere*. New York：Copernicus Books, 1-192.

第2章

陆地生态系统碳-氮-水耦合循环的科学问题及理论框架

　　陆地生态系统碳循环、氮循环和水循环是生态系统生态学及全球变化科学研究长期关注的三大物质循环。自然界中的生态系统碳循环、氮循环和水循环是相互联动、不可分割的耦合体系,然而以往的大多数研究仅仅停留在陆地生态系统碳循环、氮循环和水循环的单个过程,对陆地生态系统碳-氮-水耦合循环的关系、动态和空间变异规律,以及耦合过程的生物学、生理学和生物化学机制的认知还十分有限。开展生态系统碳-氮-水耦合循环研究对于阐明生态系统能量、水分和养分循环的相互作用、环境因素驱动及生物调控机制,进而揭示陆地生态系统生产力、水资源有效供给和养分平衡的维持机制都具有重要意义,还可为典型生态系统及区域生态系统的自然资源管理和可持续发展提供科学依据。

　　随着科技进步和观测研究手段的不断发展,陆地生态系统碳循环、氮循环和水循环的研究已经进入碳-氮-水耦合循环集成研究的新阶段。部分研究对生态系统碳-氮-水耦合循环过程及生物调控机制,生态系统碳、氮、水通量组分平衡关系及环境影响机制,生态系统碳-氮-水耦合循环关键过程对全球变化的响应和适应等科学问题进行了讨论,也对生态系统碳-氮-水耦合循环的生理生态学机制、生态系统生态学机制及生物地理学机制展开了初步探索。然而,由于陆地生态系统的碳-氮-水耦合循环过程十分复杂,加上全球变化和人类活动的强烈影响,以及研究方法和科学数据的限制,人们对陆地生态系统碳-氮-水耦合循环的生物物理学、生理生态学、生态系统生态学和生物地理学机制还缺乏系统性总结和理论概括。

　　本章从陆地生态系统的起源与分布和生物与资源环境的基本关系入手,从生态系统的系统性、整体性、动态性、地带性、复杂性、稳定性的视角,论述陆地生态系统及其碳、氮、水循环的层级性、自然性、开放性、适应性和脆弱性等基本特性,阐述人类活动和全球变化与陆地生态系统碳、氮、水循环的互馈关系。进而综合论述陆地生态系统碳-氮-水耦合循环研究的理论和实践意义,提出该研究领域的基本科学问题以及碳、氮、水循环生物与环境控制机制的逻辑框架。同时,重点阐述植被-大气、土壤-大气和根系-土壤三个界面上碳、氮、水交换的生物物理过程,典型生态系统碳-氮-水耦合循环的生物化学过程,制约典型生态系统碳、氮、水循环耦合关系的系统生态学机制,以及制约生态系统碳、氮、水循环空间格局和耦联关系的生物地理生态学机制。

本章执笔:于贵瑞,王秋凤,韩朗

2.1 引言

陆地生态系统碳循环、氮循环和水循环是生态系统生态学和全球变化科学研究长期关注的三大物质循环,围绕陆地生态系统的碳、氮、水循环单个过程及其生物学机理开展的研究工作已有很多,认识也比较清楚(Yu et al., 2008a, 2013)。

在陆地生态系统碳循环研究方面,通过开展森林和草地清查(刘国华等, 2000; 黄耀等, 2010)、碳通量及碳循环过程(于贵瑞等, 2011b)、碳储量和通量格局的评价方法(于贵瑞等, 2006b; 于贵瑞等, 2011a, 2011b)、生态工程等人为措施的增汇效益(于贵瑞等, 2018)等重要领域的研究工作,已经初步定量评估了我国区域典型生态系统的碳源/汇强度(Yu et al., 2013; Lu et al., 2018; Tang et al., 2018)、季节变化和年际变异(Yu et al., 2008b)、过去 30 年我国区域碳汇变化状况以及未来 50~100 年固碳潜力的变化趋势(Fang and Wang, 2001; Piao et al., 2009; He et al., 2019)。部分研究已经分析了植被-大气界面的碳、氮、水交换通量的季节和年际变异特征,揭示碳、氮、水交换通量对气候要素变化的响应规律,阐明生态系统资源利用效率的时空变异和控制因子,并探讨大气氮沉降、温度和降水变化对生态系统碳循环过程的影响等(于贵瑞等, 2011a, 2011c)。

陆地生态系统氮循环研究主要集中在植被和土壤氮储量清查(Yang et al., 2007; 林金石等, 2009)、大气氮沉降通量监测与评价(Liu et al., 2013; Jia et al., 2014)、土壤含氮气体(N_2O、NO、NH_3)通量监测与评价(Zheng et al., 2008; Liu et al., 2010)、典型流域地表径流氮流失通量平衡计算与模拟(Zhu et al., 2009; Zhou et al., 2012)、地表水和地下水硝酸盐污染物的来源与区分(Fang et al., 2011)、土壤氮转化过程的深度解析和相关功能微生物群落动态(He et al., 2007; Zhang et al., 2012; Zhu et al., 2013)以及氮沉降/施氮对典型生态系统碳、氮循环过程和生态系统功能的影响(Mo et al., 2008; Fang et al., 2012; Fang et al., 2014)等诸多方面。这些研究基本统一了土壤氮转化和界面氮通量的观测方法和技术规范(Zheng et al., 2008; Zhang et al., 2009, 2011),初步明确我国区域植被和土壤氮储量分布格局与主控因子(Yang et al., 2007),深入探讨典型生态系统的氮持留能力与微生物驱动机制(Zhang et al., 2011, 2013; Chen et al., 2012),定量评价大气氮沉降/施氮对典型陆地生态系统碳固定和土壤酸化的影响(Guo et al., 2010; Tian et al., 2011)。

陆地生态系统水循环研究主要集中在土壤-植物-大气连续体(soil-plant-atmosphere continuum, SPAC)水分吸收和能量交换通量监测、区域水量平衡计算、典型生态系统水循环过程和区域水文特征评价以及全球变化对区域和流域水资源及生态环境的影响等诸多方面(陆桂华和何海, 2006)。在叶片、根系、冠层等水平上,重点利用稳定性氢、氧同位素技术探讨植物利用水分的来源与分配规律(Wen et al., 2010; Xiao et al., 2012)以及水汽通量的拆分(Wen et al., 2012)。在 SPAC 水平上,探讨植物根系形态和水分吸收动力学之间的关系,利用构建的土壤水分承载力模型进行典型区域植被恢复和水资源管理评价(Shao and Horton, 1998, 2000; Hu et al., 2009; Wang et al., 2010)。在生态系统水平上,主要通过降水控制实验(改变降水量、降水频率和分布格局)评价降水变化对生态系统碳、氮、水循环过程和生态系统功能的影响,为生态系统过程模型的构建与完善提供理论支持和数据验证(Yang et al., 2011)。在区域水平上,定量评价我国区域几十年的降水、蒸散等水通量的年际变异和空间格局(Yuan et al., 2010)。上述研究在生态系统水循环过程机理、水量平衡计算、水资源评价、水资源管理和保护等方面取得了一些阶段性的研究进展,获得大量的基础研究数据(张凡和李长生, 2010)。

目前,涉及陆地生态系统碳、氮、水循环之间的耦合关系及其时间和空间分异规律以及植物和土壤微生物的调控机制等的研究积累还十分有限,难以支撑对全球变化(温度、降水和氮沉降等)影响生态系统生产力和碳源/汇功能的预测分析(于贵瑞等, 2011b)。此外,迄今的研究工作未能明晰地辨识陆地生态系统碳-氮-水耦合循环的关键环节及内涵,也未能清晰地揭示生态系统碳、氮、水循环之间的耦合关系与植物、土壤微生物功能群网络结构之间的理论联系(于贵瑞等, 2013)。因此,开展陆地生态系统碳-氮-水耦合循环过程、生物调控及其对环境变化的响应机制的理论探讨,不仅可以提升全球变化与生态系统碳循环研究的整体认识水平,更重要的是可以为应对全球变化与全球尺度的碳循环调控及温室气体源/汇管理提供科学依据,也是改善生态系统管理和保障生态安全的迫切需要。

本章在综合论述陆地生态系统的起源与分布、生物与资源和环境系统的基本关系、生态系统及其碳、氮、水循环的基本特性等问题的基础上,讨论陆地生态系统碳-氮-水耦合循环研究理论和实践意义;进而分析陆地生态系统碳-氮-水耦合循环的关键过程,提出该研究领域的基本科学问题,并重点探讨植被-大气、土壤-大气和根系-土壤三个界面上碳、氮、水交换的生物物理过程,典型生态系统碳-氮-水耦合循环的关键生物化学过程,制约典型生态系统碳、氮、水循环耦合关系的系统生态学机制,以及制约生态系统碳、氮、水循环空间格局和耦合关系的生物地理生态学机制。以此构建陆地生态系统碳-氮-水耦合循环过程机制的逻辑框架、研究思路和方法论体系。

2.2 陆地生态系统及其碳、氮、水循环基本特性

2.2.1 陆地生态系统的起源与分布

2.2.1.1 地球系统及生物演变

地球形成于 46 亿年前,经历了漫长的地质年代,地球大陆从 2.25 亿年前的盘古大陆(泛大陆)分裂为 1.35 亿年前的劳亚古陆和冈瓦纳古陆;随后进一步分裂和漂移,形成 6500 万年前的亚欧板块、非洲板块、大洋洲板块、美洲板块、印度洋板块和南极洲板块,最终形成现代的大陆分布格局。

地球上的生物随着地球的形成和演变而发展演化。研究者认为,地球最早的生命诞生于约 36 亿年前。在太古宙时期,地球上出现了菌类和蓝绿藻类;在距今 24 亿~6 亿年的元古代,地球的大部分仍然被海洋覆盖,到了晚期地球上才出现了大片陆地,以及海生藻类和海洋无脊椎动物。距今 6 亿~2.5 亿年的古生代,海洋中诞生了几千种动物,海洋无脊椎动物空前繁盛。之后出现了鱼形动物,鱼类大批繁殖;两栖类动物出现,北半球陆地上出现了蕨类植物。距今 2.5 亿~0.7 亿年的中生代是爬行动物时代,诞生了原始的哺乳动物和鸟类,蕨类植物日趋衰落,而被裸子植物所取代。

新生代是地球演变历史上最新的一个阶段,距今只有 7000 万年左右。当时的地球面貌已同现在的状况基本相似。新生代时被子植物大发展,各种食草、食肉的哺乳动物空前繁盛。自然界生物的大发展最终导致了人类的出现,古猿逐渐演化成现代人。这一时期的绝大多数动、植物也与现代地球的生物种类相似,后来只有很少的新动物和植物种类产生。

地球的生命起源与演化是世界十大科学之谜之一,了解地球上的生命演化历程、生物多样性演变及其与地质事件和环境变化的关系,无疑是理解地球生物、生态系统和人类自身的由来、生存状态和演变规律以及未来演化方向的重要途径(即地质学"以古论今"的科学思维方法)。地质学、古生物学及古生态学的研究解释了在地球地质历史中曾经存在过的地球环境与生物多样性和生态系统突变之间的关系,论证了地质事件导致的环境剧烈波动诱发五次地球生物大灭绝事件并改变地球生物多样性的事实、特征及成因(表 2.1)。

生物灭绝(species extinction)又叫生物绝种,地球生物大灭绝(mass extinction of life on earth)是指大规模的生物集群灭绝。生物大灭绝的标志为整科、整目甚至整纲的生物在短时间内彻底消失(或仅有极少数存留下来);而且无论生物在生态系统中的生态位如何,都难逃劫难,很多生物类群同时灭绝。但是,在历次生物大灭绝事件中,总会有一些类群幸免于难,还有一些生物类群也从此诞生,或开始繁盛。这种所谓的"物竞天择、适者生存"规则,驱动了地球生命系统演化、生物进化及生态系统演变。

漫长的地球生命系统演化过程不单单是动物和植物的生死轮回过程,也是无数物种由诞生到灭绝的过程。笼统而言,大规模的生物集群灭绝有一定的周期性,大约每 6200 万年就会发生一次。集群灭绝事件对动物影响最大,而陆生植物的集群灭绝不像动物那样显著。根据化石考证的古生物学和古生态学研究表明,在过去的地球演变过程中,至少发生过 5 次生物大灭绝(表 2.1)和若干次小型的生物灭绝事件。

为再现古代的生物多样性及其演变历程,Fan 等(2020)收集大量地层剖面和化石记录,从中遴选 3112 个地层剖面、11268 个海洋化石物种的 26 万条化石数据,重建了古生代(5.4 亿~2.4 亿年前,相当于寒武纪至三叠纪早期)的海洋生物多样性变化曲线,揭示地质历史中全球生物多样性演化与环境要素变化(碳、氧、锶同位素,沉积物质总量,大气 CO_2 含量)的关系。重建的生物多样性变化曲线更加准确地再现了地质历史中的奥陶纪大灭绝、泥盆纪中期到晚期多样性下降、晚石炭纪-早二叠纪生物多样性事件和二叠纪大灭绝,以及奥陶纪生物大辐射、志留纪早期辐射等精细过程(Fan et al., 2020)。

表 2.1 5 次地球生物大灭绝事件及其时期、事件及成因

生物大灭绝事件	时期、事件及成因
第一次地球生物大灭绝(奥陶纪大灭绝)	• 时间:奥陶纪末期,4.46 亿年前至 4.44 亿年前的 200 万年间 • 事件:地球上的第一次大规模生物灭绝,大约 85% 的物种灭绝,约 27% 的科与 57% 的属灭绝 • 原因:古生物学家认为是由全球气候变冷造成的。地球正经历安第斯-撒哈拉冰河时期,大片冰川使洋流和大气环流变冷,全球温度下降,海平面下降,沿海生物圈被严重破坏
第二次地球生物大灭绝(泥盆纪大灭绝)	• 时间:泥盆纪晚期,3.75 亿年前至 3.60 亿年前的 1500 万年间 • 事件:海洋生物遭受灭顶之灾。有多个生物灭绝高峰期,全球 82% 的海洋物种灭绝,浅海珊瑚几乎全部灭绝,深海珊瑚也部分灭绝 • 原因:地球进入卡鲁冰河时期导致全球变冷和彗星撞击地球假说;陆生植物大量繁育,发达的根系加速陆地岩石风化,造成水系富营养化,导致海底缺氧,使海洋物种灭绝的假说
第三次地球生物大灭绝(二叠纪大灭绝)	• 时间:二叠纪末期,2.5 亿年前的二叠纪至三叠纪过渡时期的短短 6 万年间 • 事件:突发性的地球上最大规模物种灭绝事件。全球共约 57% 的科、83% 的属、96% 的海洋物种与 70% 陆生物种灭绝 • 原因:大规模火山活动导致地表大量温室气体释放和快速的温室效应。生物大灭绝初期的地球温度是 25 ℃,生物大灭绝结束时的地球温度升至 33 ℃,几万年间温度升高 8 ℃,说明当时地球经历了一段全球范围的高温期,温度升高,气候干旱,森林野火燃烧,CO_2 浓度升高,海洋生物因缺氧而大批死亡
第四次地球生物大灭绝(三叠纪大灭绝)	• 时间:三叠纪晚期,2.08 亿年前的三叠纪至侏罗纪过渡时期的不足 1 万年间 • 事件:生物大灭绝重创爬行类动物。影响遍及陆地与海洋,导致全球约 23% 的科与 48% 的属的生物灭绝 • 原因:至今未有定论。最常见的观点是陨石撞击地球。还有观点认为,大规模火山爆发,喷涌大量岩浆和气体,改变了气候条件并且海洋酸化,造成海洋及陆地生物灭绝
第五次地球生物大灭绝(白垩纪大灭绝或恐龙大灭绝)	• 时间:6500 万年前的白垩纪末期 • 事件:三叠纪晚期以来统治地球的恐龙整体灭绝。全球约 17% 的科、50% 的属和 75% 的物种灭绝 • 原因:有气候变迁、地磁变化、酸雨、被子植物中毒等假说。但被普遍认可的是"陨石撞击"学说。希克苏鲁伯撞击事件引发了大规模海啸、地震与火山爆发,撞击产生的碎片和灰尘造成全球性风暴,长时期遮蔽阳光,妨碍植物光合作用,造成生态系统瓦解

数据分析表明,2.5 亿年前发生的最大规模生物灭绝事件与当时的全球气候快速升温密切相关,发生在 4.9 亿~4.7 亿年前和 3.4 亿~3 亿年前的两次重要生物大辐射事件,也均与当时的全球气候逐渐变冷同步,大气 CO_2 含量与生物多样性之间存在着相似的长期变化模式(Fan et al., 2020)。这为深刻理解重大生物事件的驱动机制,认识当今地球生物多样性以及人类面临的第六次生物大灭绝与全球气候变化之间的关系具有重要启示意义。

当今地球上存在的生命系统是在第五次地球生物大灭绝之后的生物辐射过程中通过气候变化、地质活动、生物进化的相互作用逐渐形成的。目前地球生态系统的空间格局主要是新生代的古近纪和新近纪、第四纪的自然变化和人类活动共同作用的产物。

新生代(Cenozoic Era)约开始于 6700 万年前并延续至今,是地球历史上最新的一个地质时代。新生代包括古近纪(古新世、始新世、渐新世)、新近纪(中新世、上新世)和第四纪(更新世、全新世)。随着恐龙灭绝、中生代结束,新生代开始,新生代的地球面貌逐渐接近现代,以哺乳动物和被子植物的高度繁盛为特征,植被带分化日趋明显,哺乳动物、鸟类、骨鱼和昆虫共同统治了地球。新生代生物界逐渐呈现了现代的面貌,故称为新生代(即现代生物时代)。

古近纪一直延续到 2500 万年前,那时的陆地植被以森林为主,大地上分布着一类巨大的食肉鸟类

（不飞鸟），海洋生物则以巨大的有孔虫为主。很多现存的哺乳动物祖先也可以追溯到这个时期（如始祖马、始祖象等）。新近纪时，海洋中大型的有孔虫已经灭绝，六射珊瑚大量发展，形成大型珊瑚礁。陆地上则开始出现大草原，习惯以禾草为食的新型食草动物开始繁盛，陆地面貌更加接近如今的状态。新近纪时的动物种类是历史上最多的，各种犀牛和古象等在这时达到全盛，森林中还有各种古猿。

第四纪（Quaternary Period）开始于 200 万或 300 万年前，直到现在。2016 年，学者将 1945 年开始的地质时期确定为人类世（Anthropocene），这就意味着全新世的结束（Water et al., 2016）。更新世是全球范围出现冰川作用的时期（又称为"冰川时代"），冰期和间冰期不断交替导致气候寒冷和温暖时期交替；而在无冰川地区，则出现潮湿时期（洪积期）和干旱时期（间洪积期）交替（因此更新世又称"洪积世"）。更新世的动植物受冰川和洪积作用的影响巨大，现今许多动物和植物的地理分布现象皆源于这种影响。大约在一万年前的最后一次冰川消退之后，地球就进入了全新世（或称"冰后期"，又称"冲积世"），人类也进入农业文明时期，对自然的影响日趋扩大，特别是自人类进入工业文明以后，更是强烈地改变了整个地球的面貌，人类活动造成的生物灭绝和生态系统破坏日益剧烈。

在新生代开始时，中生代的爬行动物大部分灭绝，繁盛的裸子植物迅速衰退，取而代之的是哺乳动物大发展、被子植物极度繁盛。因此，新生代也被称为哺乳动物时代或被子植物时代。哺乳动物适应各种生态环境，进一步演化为许多门类。到了新近纪的后期，南方古猿中的一支进化成能人，经过直立人和智人，诞生了最高等的动物即人类（hominid）（图 2.1）。

生物进化论的观点认为，人类是生物进化的产物，现代人和现代类人猿两者有着共同的祖先。理论上的人类起源过程可分为古猿、亦人亦猿、能制造工具的人三个大的阶段，而最后一个阶段又分为猿人和智人两大时期。达尔文在他的《人类起源与性选择》（1871）中认为，非洲是人类的摇篮。但是海格尔在《自然创造史》（1863）中则主张人类起源于南亚，他还绘制了现今各人种从南亚中心向外迁移的途径。此外，关于人类的起源，还有起源于中亚、北亚以及欧洲等不同假说（Weidenreich, 1939, 1943; Wolpoff et al., 1984）。

虽然关于原始人类、智人及现代人起源于亚洲、非洲或其他什么地区还处在学术争议之中，但是，在人类进入农业文明过程中，最早诞生了世界四大人类文明的两河流域、尼罗河流域、恒河流域及黄河流域则是不争的事实（Marr, 2012）。代表这四大古代文明的古国分别是古巴比伦、古埃及、古印度和中国（Marr, 2012）。

人类社会自 19 世纪进入工业革命以后，人类对生物资源的肆意开发使地球生命维持系统遭到了无情的蚕食，生物多样性受到有史以来最为严重的威胁，地球又开始进入一次生物大灭绝时期，被称为由人类活动引起的第六次地球生物大灭绝（Barnosky et al., 2011）。例如，据科学家估计，在没有人类干扰的情况下，过去 2 亿年中全球平均每 100 年大约有 90 种脊椎动物灭绝，平均每 27 年有 1 种高等植物灭绝。而现实中，人类干扰使鸟类和哺乳动物灭绝的速度提高了 100~1000 倍。1600 年以来，有记录的高等动物和植物已灭绝 724 种，而绝大多数物种在人类还不知道的时候就已经灭绝。近 400 年间，动植物生活的栖息地面积缩小了 90%，全世界灭绝的哺乳动物共 58 种，大约每 7 年灭绝 1 种（这个速度较正常化石记录高 7~70 倍）。在 20 世纪的 100 年中，全世界灭绝的

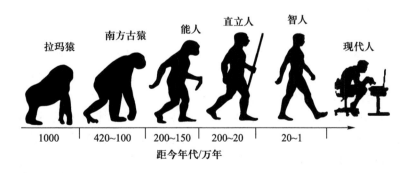

图 2.1 从古猿到现代人的人类起源、进化历程及社会文明的演化
自旧石器时代开始，人类由群居狩猎文明到农耕文明，于 16 世纪初进入工业文明社会。

哺乳动物共 23 种,大约每 4 年灭绝 1 种(这个速度较正常化石记录高 13~135 倍)。

"地球不属于人类,而人类属于地球"。我们也可以推测,"人类起源于生物进化,也会伴随生物大灭绝而消亡"。那么,现在的地球是否已经处在第六次地球生物大灭绝的序幕之中? 最终伴随着数以百万计的动植物物种灭绝,人类是否也会自我消亡? 这是一个值得人类深刻思考的问题。

2.2.1.2 地球生态系统的诞生与演变

地球生态系统自诞生后,经历了从原始生态系统进化为初级生态系统,再演变为现今的次级生态系统,又随着人类的出现逐渐诞生了人工生态系统和人工智能生态系统的漫长演变过程。

在 45 亿~30 亿年前,随着地球生命的诞生,地球上出现了原始生态系统。它是由原始异养生物、原始海洋、原始大气和太阳辐射构成的还原性自然生态系统。这种生态系统可能是多源的,可能在不同的海域形成。大冰期的影响使得大部分原始生态系统被毁灭,只有局部原始生态系统因所处的特殊地理位置和生态环境而得以保存。

30 亿~20 亿年前地球上产生了绿色藻类,标志着自养生物的出现,原始生态系统演化为具有自养和异养生物的生态系统。大气中氧的含量增加,形成氧化性的大气,原始生态系统发展成为初级生态系统。在阳光下海水温度有所升高,长期淋溶作用使得海水的无机盐增加,后期出现了原始动物,生态系统由生产者(植物)、消费者(动物)和分解者(微生物)组成,奠定了生态系统演化的基本格局。

20 亿~200 万年前,氧化大气圈形成,多细胞真核生物产生。在 4 亿年前左右,大气圈的氧气含量达到了现代水平(20%),臭氧层出现。陆地生态系统形成具有液相、固相和气相三种界面的多样化的生态环境。被子植物和哺乳动物迅速形成和发展,成为生态系统的主要生物成分,生态系统由初级生态系统发展成次级生态系统。

随着人类的出现,人类活动开始对生态系统产生日益增强的影响,导致地球生物圈发生了根本性变化。人类对生态系统的影响是从将天然生态系统作为栖息地和采集食物、纤维、药材等生物资源开始的;随着人类种群发展和居住空间(领地)的扩大,人类对自然生态系统的利用和干扰程度不断增强。自农耕畜牧文明诞生以来,大量的自然生态系统被转变为农田、牧场和鱼塘,人类采用原始农牧业技术管理这些农牧渔业的生产土地(半自然的生态系统)。自工业文明诞生以来,人类开始以工业生产方式和技术高强度地干扰和利用生态系统(人工管理的生态系统),甚至人为改造和构建人工生态系统(如公园、植物工厂、人工牧场)。随着现代科技的快速进步,构建人工智能生态系统(如智能温室生态系统、生物生产工厂生态系统、太空生态系统)已经成为新的发展态势。

2.2.1.3 地球生态系统的分类

对生态系统进行分类是一个十分复杂的问题,不同学者具有不同的视角。按照生态系统分布、环境条件及生物群落组分特征,可以分为陆地生态系统(细分为农田、草地、森林、湿地和荒漠生态系统)、内陆水域生态系统(细分为湖泊、河流和人工水体生态系统)和海洋生态系统(细分为海岸带、近海大陆架、远洋以及岛屿、海湾、红树林、珊瑚礁等生态系统)。按照生态系统空间尺度,可分为典型生态系统、景观生态系统、流域生态系统、区域生态系统和全球生态系统。按照生态系统的生物种群类别,可分为植物生态系统、动物生态系统、微生物生态系统和人类生态系统。此外,按照人类活动影响程度,可分为自然生态系统、半自然生态系统、人工经营生态系统和人工控制生态系统。按照生态系统与外界物质和能量交换状况,又可分为开放系统、半封闭系统和隔离系统。

2.2.1.4 地球自然生态系统的地理分布

地球上的自然生态系统分为陆地生态系统和海洋生态系统两大类。陆地生态系统分布具有纬向地带性和经向地带性。纬向地带性是指沿着纬度方向植被呈现有规律性的更替,主要受温度条件影响,如北半球的热带雨林、亚热带常绿阔叶林、温带阔叶林、寒温带针叶林、寒带冻原和极地荒漠。经向地带性是以水分条件为主导因素,植被分布由沿海向内陆发生更替。例如我国温带地区,自东向西植被分布为温带阔叶林、温带草原和温带荒漠。经向地带性在东欧平原表现最为明显。植被的分布还具有沿海拔梯度的变化规律,称为垂直地带性。海洋植物区系的地理分布也服从地带性规律。海洋生物群落分成潮间带或沿岸带、浅海带或亚沿岸带、半深海带和大洋带。

2.2.2 陆地生态系统的生物与资源环境系统的基本关系

2.2.2.1 陆地生态系统的生物与资源环境系统

陆地生态系统是由生物、资源要素和环境条件构成的具有特定结构和功能的复合体(图 2.2)。生物包括生态系统的生产者、消费者和分解者,即植物、动物、细菌、真菌、病毒等。资源要素(resource element)可分为生物资源要素和非生物资源要素,非生物资源要素主要包括栖息地、光能、热量、水源、养分等。环境条件(environmental condition)是指影响活体生物功能的非生物环境,包括光(强度、长度、周期)、温度(界限、周期)、氧气、空气相对湿度、土壤湿度、pH 值、盐度、污染物浓度等。生态系统生物的生存、生活和生产需要适宜的环境条件和必需的资源供给。这种环境条件对生物需求的适宜程度以及资源供给对资源需求的满足程度是陆地生态系统的生物与资源环境系统基本关系的生态学基础。

2.2.2.2 环境条件及其对生物活力的影响

环境条件是维持生物活力的必要条件,在某些最佳环境要素水平或浓度条件下,生物呈现出最强活力,而在较低或较高的水平或浓度条件下,生物活力会呈现减弱状态。从生物进化的角度,活力是指个体能够繁殖后代的多少(繁育能力);从生理的角度,活力是指酶活性、呼吸速率、生长速率等(生理功能)。

一般情况下,生物有机体存活的条件范围要比其生长或繁殖条件更为宽泛。生物所独有的生物学特性称为生物特性(biological characteristics)。生物适应环境的表现称为生态适应性(ecological adaptability),生物的生物特性与其生态适应性是在长期进化过程中发展形成的。通常用生物适宜度(biological suitability)来反映生物对环境条件的适应程度。

生物对环境条件的适应性是普遍存在的现象。在复杂多样的环境中,生物也表现出了多种多样的变化,可能是形态特征的变化,也可能是生活方式的变化。生物对环境条件的适应性主要是生物在生长过程中受到各种环境因素影响导致的。随着环境条件

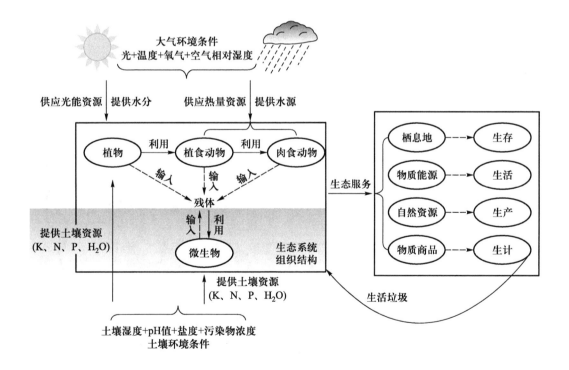

图 2.2 生态系统资源要素和环境条件组成与生态系统功能

资源环境系统由资源要素与环境条件构成,资源要素是生态系统功能实现的资源供给,环境条件是生态系统生物的生存条件。生态系统生物需要在适宜的环境条件下获得必要的资源供给,维持生物系统物质生产、生长发育、生殖繁衍,建构生态系统结构,发挥生态系统功能,为人类提供用于生存、生活、生产和生计等方面的生态服务。

的不断变化,生物的形态、结构和生理生化等特征也会发生相应的变化,以更加适应环境,因而生物会针对环境条件改变做出适应性进化。

2.2.2.3 生物的资源要素与资源利用

资源(resource)被定义为生物生长和繁殖所消耗的一切生物和非生物要素,包括种质、能源、水源、营养和栖息空间等。自然资源的供给量往往是有限的,资源消耗也就意味着资源储量或供给量的减少。自养生物(autotroph)所需的资源因其生物类型而不同,绿色植物(光合成生物)的资源包括太阳辐射、CO_2、水和矿物质,古菌等(化能合成生物)的资源包括甲烷、铵离子、硫酸氢和亚铁类物质等。异养生物(heterotroph)中,腐生生物(细菌、真菌、腐食动物)、肉食动物(捕食者)、植食动物和寄生生物的资源主要是指食物资源,包括自养生物体、生物的某些部位、残留物或分泌物等。

生态系统生物和各种资源特点虽然不同,但各种生物对资源的利用具有相似性。生物对资源利用(resource utilization)的本质特征是,生物在生长和繁

殖过程中吸收、消耗所需的资源,并将其转换成生物体的组成物质,在生长发育过程中不断积累和储存,生物遗传信息决定的生活史控制着个体或群体资源利用与消费的动态,依据生态系统演替法则,完成原生或次生演替的动态过程。生态系统的资源利用依赖生产者植物的光合作用、根系吸收获取水分和养分以及利用无机资源,同化形成初级有机物质和有机能源,再通过食物链的不同等级消费者的转换生产出形形色色的有机物质(图2.3)。

生态系统中的每种植物都需要多种不同种类的资源才能完成其各自的生活史,每种资源需要通过相互独立的吸收机制来获得。而且生态系统物质同化和资源利用与有机物质分解还原是两个伴生的过程,在每一个等级的物质生产过程中都伴随着生物自身的呼吸消耗及其排泄物的分解还原,这是生态系统的自我环境净化和资源循环再生机能的自然玄机(图2.3)。

2.2.2.4 生物生衍的资源需求与消耗

生态系统中的生物生活、生长、发育与繁殖是生物生衍生活史的基本过程,需要持续不断的资源供给

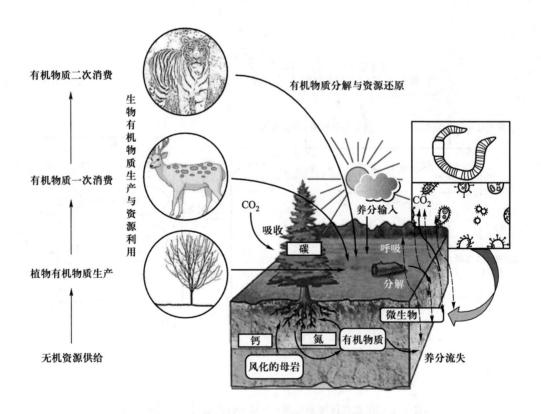

图 2.3 生态系统的复杂资源-消费食物链(网)及转化利用与分解归还

无机物质经过光合同化作用形成有机物质,再通过食物链(网)的转换,生产出不同类型有机物质,最后再经过分解者的有机物质分解过程还原、归还到无机环境系统之中。

予以维持。生物的资源需求（resource demand）是指生物为了完成其物质代谢等生理活动、维持生长与繁殖等所需的资源要素要求。生态系统发展和演变的资源需求主要是其生产者、消费者和分解者为了生长、繁殖和维持基本代谢所需要的资源。因此，生态系统资源需求包括生物合成代谢和生物分解代谢两种类型。

生态系统的生物合成代谢（anabolism）又称为同化作用（assimilation）或生物合成（biosynthesis），是将无机生命元素、小的前体物质或构件分子（如氨基酸和核苷酸）合成较大的生物大分子（如蛋白质和核酸）的过程，是生物生长和繁殖的重要前提。生物合成代谢中一个最重要的生态过程就是绿色植物光合作用，这是整个生态系统有机物质和能量输入的初始，决定着生态系统的组分、结构和功能。自然环境中的太阳辐射、水分、养分是支持生态系统绿色植物光合作用的主要资源，植物群落的物质生产对这些资源总量和供给强度的需求代表了生态系统对无机资源的需求。在特定自然环境条件下，这些资源的自然禀赋、有效性和供给状态决定了生产者的生长发育活力和第一性生产力，进而它们被用于植物、动物和微生物的生命维持和繁殖。

生态系统的生物分解代谢（catabolism）是生物将体内的大分子转化为小分子并释放出能量的过程。呼吸作用（respiration）是生物分解代谢中最为重要的过程，是所有植物、动物和微生物生命活动中都具有的生物化学过程。这是因为所有生物的生命活动均需要消耗能量，这些能量来自生物体内的糖类、脂类和蛋白质等储存的化学能。另一方面，生物分解代谢，特别是分解者的分解过程，是将生态系统中的复杂有机物逐渐降解为有机单体和矿物质的过程，通过物质还原形成生产者新的营养来源，这一过程的活性往往决定着生态系统养分资源的供给水平。

无论生物合成代谢还是分解代谢的资源需求都可以表征为一定生产力或代谢水平下的总资源量，也可以表征为生产单位有机物质或经济产品的资源消耗量。在某个生产水平下的生态系统生产者、消费者或者分解者对资源需求的总量被称为资源需求量（resource demand quantity），单位时间单位面积的生物需求的资源数量被称为资源需求强度（resource demand intensity），形成单位生产力所需要消耗的资源量被称为资源需求系数（resource demand coefficient）。

资源需求系数是植物生理和生态学研究中常用来度量资源需求特征和资源限制的生物学、生物化学和生态学特征参数，具有较强的稳定性或保守性。资源需求系数的稳定性（保守性）维持机制取决于生物体碳、氮、磷等生命元素化学计量特征的内稳性、生物器官平衡、异速生长和营养代谢平衡等基本生物学特征。我们可以推测，生态系统不同生物组分（有机物质库）的生命元素化学计量特征的内稳性必然会决定资源需求系数的稳定性，进而控制生态系统生产力以及物质和能量在食物链（网）传递过程的耦联关系，决定生态系统的碳、氮、磷循环的耦合关系。

2.2.2.5 植物物质生产的资源利用与利用效率

植物物质生产是生态系统的基本功能，绿色植物利用资源生产有机物质的能力称为生物生产力。所关注的生物水平（组织、个体、群落、生态系统等）不同，可以定义不同概念的生态系统生物生产力。较为常用的有：①叶绿体的光合作用量子产量（quantum yield of photosynthesis）；②植物叶片的光合速率（photosynthetic rate）；③植被总初级生产力（gross primary productivity, GPP）和植被净初级生产力（net primary productivity, NPP）；④净生态系统生产力（net ecosystem productivity, NEP）；⑤生物群区净生产力（net biome productivity, NBP）。生物需求的各种资源是由生物个体的栖息地或生态系统的环境系统供给的。自然环境系统可以向生态系统中的生产者、消费者或者分解者提供的资源数量被称为资源供给量（resource supply）或资源自然禀赋（natural endowment of resource），单位时间单位面积可供给的资源数量被称为资源供给强度（resource supply intensity）或资源供给速率（resource supply rate）。

自然条件下环境系统的资源供给状态和供给能力受资源供给者自身的状态和环境条件的综合影响。资源供给量只有一部分可以被有效地用于植物生产，成为资源的有效供给水平。与此同时，生物生长需要的资源是各种各样的，而环境中的各种资源供给总量和资源有效性差异很大，因而生物生长常常会受到资源供给能力的限制，特别是相对短缺型资源的限制，这些资源即所谓的限制性资源（limited resource）。

生态系统的资源利用与生产过程是在"资源—生产者—消费者—产品"相互作用网络中的投入与产出的过程，也是利用与消耗的物质和能量的重组与生物

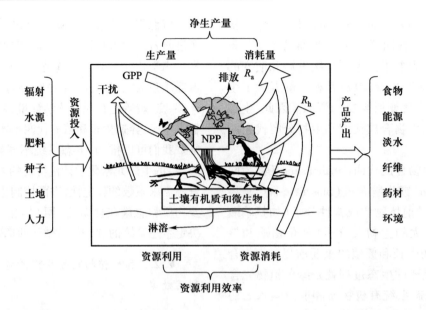

图 2.4 生态系统的"资源—生产者—消费者—产品"相互作用网络及投入与产出的关系

生态系统资源利用与消耗是一个物质生产的资源投入和产品产出过程,自然环境系统向生态系统中的生产者提供资源要素,形成生态系统输出的产品。但是在这一过程中,只有一部分资源被用于植物生产,形成净生产量(生产力),而另一部分将伴随生物过程而被消耗,或在一些资源流失过程中被浪费。

转化的过程(图 2.4)。资源利用率(resource utilization rate, RUR)和资源利用效率(resource utilization efficiency, RUE)是表征生态系统资源利用特征的两个重要概念,被广泛地研究和应用(详见第 6 章第 6.6 节)。

近年来的生态系统研究中,特别是在大尺度生态学研究中,对光能利用效率(light use efficiency, LUE)、碳利用效率(carbon use efficiency, CUE)、水分利用效率(water use efficiency, WUE)、氮利用效率(nitrogen use efficiency, NUE)和磷利用效率(phosphorus use efficiency, PUE)等给予了很多关注。研究工作多是将它们作为生态系统物质循环、资源利用以及生源要素耦合关系的特征参数,围绕这些参数的保守性和时空变异规律及其控制机制展开。当然,针对不同资源要素、生物等级或水平及研究领域,采用的物理学和生物学定义会有较大的差异。但是必须注意的是,这些利用效率的计算方法不同,其生理生态学意义可能会截然不同。

2.2.3 陆地生态系统及其碳、氮、水循环的基本特性

生态系统通过生物与生物及生物与环境之间的生态关系相联系,通过生物生长繁殖、群落演替更新、

能量流动、物质循环、信息交换等基本生态过程协同运行,形成特定结构和机能,表现为特有的生态服务及资源环境效应(图 2.5)。

生态系统组分、结构、功能(机能)、服务、功效以及生态效应等方面的属性和状态(简称为性状)是描述和定量表达生态系统状态及其变化和地理空间格局的特征参数,也是人们关注的生态系统质量和生态资产的科学度量,指示了生态系统演变、退化或恢复的状态、程度和阶段。生态系统生物学、物理学和化

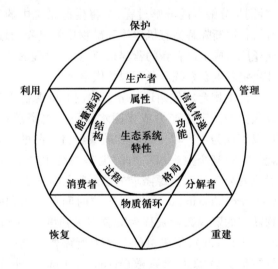

图 2.5 生态系统的概念及基本特性

学过程研究是认识生态系统演变与格局变异或模式规律与机制的科学基础。生态系统的碳、氮、水循环是生态系统基础的物质循环,也是生态系统利用与调控管理的对象和关键生态过程。

生态系统的利用、保护、管理、恢复和重建是人类活动管理和干预生态系统的主要方式,但是人类如何实施这些措施,是否能取得预期的效果,如何权衡各种措施、技术及模式在经营学、经济学和生态学方面的正负效应,取决于我们是否遵循生态系统的自然发展规律,取决于我们对自然生态系统及碳、氮、水循环基本特性的认知。

系统性和整体性是生态系统的根本特性。生态系统与其他物理学系统相同,是由众多的要素所组成的,是一个具有特定的形态学、组织学、构造学结构以及生物学、物理学、化学和社会经济学功能的有机整体。生态系统结构不是各个要素的机械组合或简单相加,生态系统的整体功能也不是各要素的功能总和,而是它们在孤立状态下所没有的,通过基于生态学原理的系统组装、相互作用和自组织性运维所形成的特定性质或功能属性。

生态系统不仅具有常见自然系统共有的开放性、自组织性、时序性、复杂性、整体性、关联性、等级结构和动态平衡等基本特性,同时由于生态系统是以生物系统为主体,必然有其独特的生态系统结构的层级性,功能的自然性与应用性,能量流动、物质循环和信息交换过程的开放性,生物对环境演变的适应性,状态的稳定性和脆弱性,空间格局的地带性和变异性等特性。

2.2.3.1 生物组分和结构的层级性及时空尺度

生态系统的生物组分和结构可以从组织学、形态学和构造学等方面认知和刻画。组织学的生态系统结构是指生产者、消费者和分解者的组织方式和相互关系,通常从物种组成、食物链和食物网、物种共生和竞争、协同进化和适应演替、环境过滤和群落构建等方面来描述。形态学的生态系统结构是指在三维空间上的生态系统要素和组分的空间分布,例如植被的地上和地下的冠层结构,资源和环境要素的水平和空间分布等。构造学的生态系统结构是指生态系统的各个构件系统组装的物理学和生物学逻辑关系和组装方式。

生态系统的生物组分和结构具有层级性和时空尺度,生态系统的植物层级可以划分为组织、器官、个体、群体、种群和群落。研究生物不同层级生态学行为和生态过程时,需要在与其相匹配的空间和时间尺度上来认知。时间尺度主要包括实时、日、季节、年、短期、中期及长期等,相应的空间尺度包括个体、群落、典型生态系统、景观生态系统、区域宏生态系统以及全球生物圈(图 2.6)。

2.2.3.2 生态系统功能的自然性与应用性及生态服务

生态系统功能(ecosystem function)可以从生物学、物理学、化学和社会经济学等方面认知和刻画。生物学视角的生态系统功能是指维持生物个体、群体及群落生长和繁殖机能,维持地球生命系统的多样性及生物资源增值,进而为人类提供食物、能源、纤维、

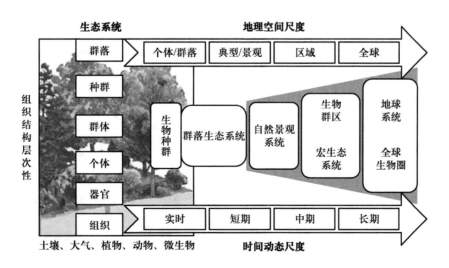

图 2.6　生态系统的层级性及时间和空间尺度

木材和药材等供给服务。物理学和化学视角的生态系统功能是指维持地球系统的岩石圈、土壤圈、大气圈、水圈相互作用的物理学和生物地球化学循环过程,提供自然资源再生、环境净化、气候调节的支持和调节服务。社会经济学视角的生态系统功能是指资源供给、生活环境维持及生物生产为自然-社会-经济复合生态系统健康发展提供资源、美学和经济效益的生态服务。

生态系统与物理学系统和物质化学系统的最大区别为生态系统存在于自然气候和地理环境之中,其生物和资源环境要素的状态及变化主要受自然的大气圈、岩石圈、土壤圈、水圈与生物圈相互作用规律及机制的制约。虽然现今人类改造自然的能力已显著提升,已经可以设计和管理一些人工生态系统(如植物工厂、人工养殖场、集约化农田等),也在资源利用和保护过程中对自然生态系统施加不同方向和程度的影响和干扰,但其系统的整体行为依然以自然属性为主(图2.7)。

不同地理单元的生态系统是不同国度或种族的栖息地和领地,是水、土、气、生等自然资源的载体,人类总是采用不同方式在不同程度地利用生态系统,这就使生态系统具有了不同程度的应用性。人类总是通过不同的生活和生产活动来获取生态系统可能提供的直接生态服务(物质生产、生活环境),享用着生态系统在资源再生和环境维持方面提供的间接服务,这体现为生态系统的经济价值、社会效益以及领地和资源的权益属性。

自工业革命以来,人类对生态系统应用价值的开发利用能力快速提高,强度也越来越大,导致对生态系统前所未有的破坏。这些大规模破坏活动包括森林采伐对植被的破坏、物种入侵和大规模捕杀对食物链与食物网的破坏、污染物质排放对环境的污染等。直到20世纪60年代之后,人们才开始认识到生态系统保护、恢复与重建的重要性。

2.2.3.3 能量流动、物质循环和信息交换过程的开放性与资源环境效应

地球上形形色色的生态系统都存在于特定的自然地理环境之中。这些具体的、具有特定结构和功能的生态系统都必然与外界环境发生着物质、能量和信息的交换,表现为生态系统能量流动、物质循环和信息交换过程的开放性(图2.8)。正是这种生态过程的开放性使得生态系统功能被外溢为对人类生存发展有用的生态供给服务(物质生产、生活环境)和资源环境效应(资源再生、环境净化、宜居环境维持);也正是这种过程的开放性才使得人类有可能通过各种生态要素及环境调节措施调控生态系统的能量流动、物质循环和信息交换的生态过程及生态关系,实现对生态系统的过程管理。这种人为的物质和能量的投入和外溢生态服务效果就构成了生态系统管理的投入-产出关系。

生态系统能量流动、物质循环和信息交换过程开放性的外溢效应将表现为生态系统与外部相互作用导致的资源环境效应。例如,作为这种开放的外溢效应的温室气体排放,污染物排放,土地资源的开发利用,生物能、水和营养物质的输出,不仅直接改变着生态系统状态,导致生态系统质量的退化,还与全球气候变化、生物多样性及社会可持续发展等全球资源环境问题密切相关。

生态系统的外部条件和内部各因子之间具有复杂的相互作用,自然和人为因素影响或干预生态系统导致的生态系统结构、过程、格局的改变,不仅直接影

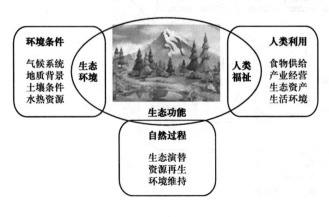

图2.7　生态系统的自然性与应用性

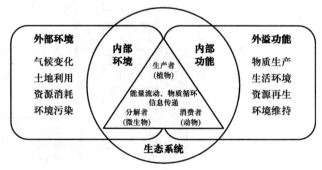

图2.8　生态系统的开放性与资源环境效应

响生态系统外溢服务,而且其本质是通过对生态系统的生物组分、物理构造的影响,以及对能量流动、物质循环和信息交换过程直接干预而引起生态系统自身的改变。

2.2.3.4 生物遗传和生理生态特征的保守性和适应性与生态系统演替

生态系统中的生物遗传和群落演替、生物系统对环境变化的响应和适应是普遍的生态学现象,也是驱动生物进化和生态系统演变的重要机制。驱动生态系统演替的要素既可能来自生态系统内部,也可能来自系统的外部环境,或是两者的综合作用,它们共同构成了对生态系统的胁迫,驱动生态系统动态变化,导致生态服务和环境变化。

生物的适应性(adaptability)是指生物体与环境表现相适合的现象,是通过生物的遗传组成赋予的某种生物生存潜力。适应性是长期自然选择的结果,而短时间的应激性响应也是生物适应环境的一种表现形式。生物对环境的适应既有普遍性,又有相对性、滞后性、有限性。

为了适应环境变化,生物和群落演替有其固有的生态过程及保守性机制。这种保守性来自生物的遗传和生物生理生态特征的稳定性。生态系统中的两个相互作用的物种在进化过程中发展形成的相互适

应的遗传进化被称为协同进化(coevolution)。协同进化可以理解为一种生物进化机制,即不同物种相互影响的共同演化,也可以理解为是一种生物进化的结果。众多物种与物种间的互惠共生和协同进化关系促进了生物群落的稳定性,还可以促进一些寄生关系和猎物-捕食关系的形成,它们在维持生态系统稳定性方面发挥着重要作用。也有人将生物与环境的互馈影响看作生物与环境的协同进化,虽然这种提法不够严格,但在一些生态系统中的确存在这种关系。

2.2.3.5 生态系统状态的稳定性、脆弱性与承载力

生态系统在内部生物系统动力学机制和外部驱动力的共同作用下发生动态演变或状态变化,强烈的人为活动及突发性环境变化可能会导致生态系统退化或崩溃等环境问题,影响其对人类社会福祉的供给能力(图2.9)。生态系统是一个半开放的动态系统,对于环境胁迫具有一定的稳定性和承载力。

环境胁迫(environmental stress)是驱动生态系统演变的外部动力,指环境因素接近或超过有机体、种群或群落的一个或多个忍耐极限时造成的胁迫作用,可分为急性环境胁迫和慢性环境胁迫。急性环境胁迫通常被称为干扰(interference),包括地震、火山爆发、飓风、洪水、农业开垦等。慢性环境胁迫主要有干

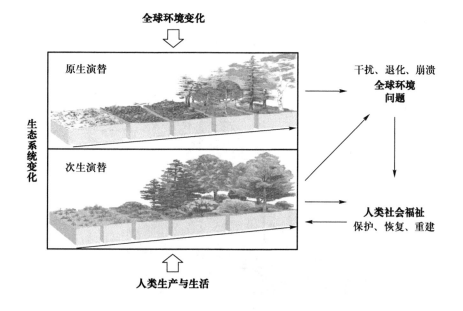

图 2.9　生态系统变化与全球环境问题和人类社会福祉的关系

生态系统在长时间尺度上主要表现为生态系统演替,不同演替阶段的生态系统呈现为阶段性的相对稳定状态。人类的生活和生产活动已经成为干扰生态系统的重要外部胁迫,人类的保护、恢复和重建可以辅助生态系统功能状态维持,使其可持续地为人类提供丰富的社会福祉。

旱胁迫、淹水胁迫、低温胁迫、高温胁迫、盐碱胁迫、酸雨胁迫、重金属胁迫等。生态系统稳定性(ecosystem stability)是指生态系统所具有的维持或恢复系统结构和功能相对稳定状态的能力,生态系统稳定性的内在原因是生态系统自组织性和自我调节机制。

生态系统承载力(ecosystem carrying capacity)是指生态系统抵抗干扰(胁迫)的自我维持与自我调节能力,以及资源供给与环境子系统容纳能力(简称供容能力),前者是指生态系统的弹性大小,后者则分别指资源和环境的承载能力大小。生态系统脆弱性(ecosystem vulnerability)是生态系统的固有属性,是生态系统在特定时空尺度相对于外界干扰所具有的敏感反应和自我恢复能力。生态系统脆弱性与敏感性概念相近,两者的定义中有部分重叠,敏感性是脆弱性密不可分的组成部分,脆弱性是敏感性和自我恢复能力叠加的结果。

生态系统稳定性表示在受到环境胁迫时的生态系统抗干扰能力(即抵抗力稳定性)和群落受到干扰后恢复到原平衡态的能力(即恢复力稳定性)。生态系统稳定性不仅与生态系统的组分、结构、功能和进化特征有关,而且与外界干扰的强度和特征有关,是一个比较复杂的概念。抵抗力稳定性(resistance stability)与生态系统自我调节能力正相关。抵抗力稳定性强的生态系统有较强的自我调节能力,生态平衡不易被打破。恢复力稳定性(resilience stability)与生态系统的自我调节能力的关系是微妙的,过于复杂的生态系统其恢复力稳定性并不高,而自我调节能力过低

的生态系统几乎没有恢复力稳定性,且抵抗力稳定性也很低,只有调节能力适中的生态系统有较高的恢复力稳定性。

生态系统自我调节能力(self-adjustment ability of ecosystem)是指生态系统在受到环境胁迫时保持自身稳定的能力。一般而言,成分多样、能量流动和物质循环途径复杂的生态系统的自我调节机制完善,自我调节能力也强。负反馈调节(negative feedback)是生态系统自我调节的基础,它是在生态系统中普遍存在的一种抑制性调节机制。正反馈调节(positive feedback)是一种促进性调节机制,它能打破生态系统的稳定性。通常情况下,正反馈调节作用小于负反馈调节,但在特定条件下,二者的主次关系也会发生转化。

2.2.3.6　生态系统的地带性和变异性及地理空间格局

自然环境各要素在地表沿着一定方向递变的规律被称为地带性,包括纬度地带性、经度地带性和垂直地带性(图 2.10)。纬度地带性和经度地带性统称为水平地带性。自然地理现象在地球上的分布具有沿着纬线方向南北更替的条带状规律性,称为纬度地带性。地球的形态、自转及黄赤交角导致太阳辐射能在地表不均匀分布,从赤道向两极呈带状递减,使气温、降水、蒸发、风向、风化作用、成土过程以及土壤和植被等一系列自然地理要素有规律地变化。经度地带性是指在同一纬度带中,自然地理现象呈东西方向更替的规律性。经度地带性的产生受海陆分布和山

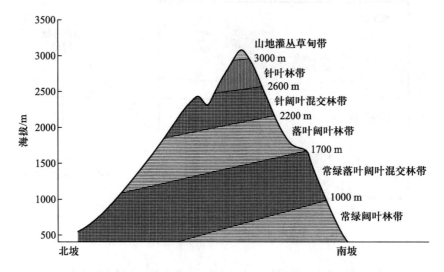

图 2.10　生态系统的海拔格局与垂直地带性(FRA, 2012;马明哲等,2017)
纬度、经度和海拔高度是地理空间三个基本信息,自然环境要素具有沿着纬线、经线及海拔梯度方向的地理分布规律,使得地球表层的自然生态系统分布呈现随经纬格局变化的水平地带性以及随海拔高度变化的垂直地带性。

脉的南北走向影响,大气湿度、降水等水的因素所引起的自然地理特征的东西差异最为明显。

受气候随海拔梯度的变化影响,生物、土壤等也相应地呈现为垂直地带性。这种垂直地带性也称山地垂直自然带,在高山地区,从山麓到山顶,温度、湿度和降水随着高度的增加而变化,又称垂直带。

陆地生态系统及其碳、氮、水循环的地理空间格局是通过自然选择、资源竞争、隔离和扩散、进化和灭绝以及群落构建、生态演替和人为改造等过程塑造的生物群落与自然环境协调的结果,在相对稳定的气候背景下,生态系统及其碳、氮、水循环也呈现相对稳定的地理格局,形成了地带性的生态系统结构和功能模式系谱,表现为纬度地带性、经度地带性和垂直地带性(图2.10)。

2.3 人类活动和全球变化与陆地生态系统碳、氮、水循环的关系

2.3.1 人类活动的概念及内容

人类活动是人类为了生存发展和提升生活水平,不断进行的一系列不同规模和不同类型的工业、农业和旅游等活动。人类活动已成为影响地球的巨大营力,迅速而剧烈地改变着自然界。人类对土地的开垦、水土的搬运和堆积速度已逐渐接近于自然地质作用,对生物圈和生态系统的干扰和改造有时也超过了自然生物的作用规模,对地球环境产生了重大影响,反过来又影响到自身的福祉。

近几百年来,人类社会非理性超速发展,已经使人类活动成为影响地球上各圈层自然环境稳定的主导负面因子。过去50年间,人类活动对地球生态系统造成了巨大压力,导致地球森林和草原植被退化或消亡、生物多样性减退、水土流失及污染加剧、气候变暖和臭氧层破坏。人类活动的这些作用深刻地影响地球系统碳、氮、水的自然循环,在一些区域或者局地,人类活动对陆地生态系统碳、氮、水循环的影响或者调控已远远地超越自然生物地球化学循环的控制作用。

最初人类活动影响气候主要表现在改变陆面的粗糙度、反射率和水热平衡等方面,从而引起局部地区的气候变化,也是人为调节小气候特别是生产生活小气候的措施。随着人类社会的发展,其影响的广度和深度日益增加,人类活动对大尺度及全球气候的影响就日益重要。

人类各种各样的生产和生活活动对气候和环境的影响是复杂的,主要有四条影响途径。第一是改变陆地下垫面性质,第二是向大气中排放温室气体改变大气中的某些成分(CO_2和尘埃),第三是向大气中直接释放热量,第四是直接向环境中排放污染物。这些影响的效果互不相同,却又互相影响和互相制约。早期的人类活动主要是为了适应自然而生存,其破坏自然的能力很弱,会在很小的范围内对自然生态系统产生影响,最多也只能引起局地小气候改变。但是自工业革命以来,在快速工业化、城市化和全球化的过程中,高强度的土地开垦、城市和交通系统建设快速地改变土地利用和土地覆被结构,自然森林、草地和湿地快速消失。与此同时,生产和生活大量燃烧煤和石油,排放的CO_2等温室气体导致全球变暖、冰川融化、海平面上升;排放的SO_2和氮氧化物形成酸雨;排放的氯氟烃气体破坏高空臭氧层,造成南极臭氧洞和全球臭氧层减薄;排放的有毒化学物质和生活垃圾也使人类聚居的城市和乡村的大气、土壤和水体被严重污染,对人类生存构成直接的威胁。

2.3.2 全球变化的概念及内容

全球变化是指由于自然和人为因素造成的全球性的环境变化,包括大气组成变化、气候变化以及由人口、经济、技术和社会的压力引起的土地利用的变化。

全球环境变化是20世纪80年代以来国际学术界关注的热点问题之一。在过去相当长的一段时间内,全球环境变化仅指全球气候变化,包括全球变暖或温室效应、海平面升高和臭氧层耗散等。近年来随着科学研究的深入,全球环境变化已不仅仅被局限在全球气候变化方面,它还包括地球环境中所有自然和人为因素引起的大规模、具有全球影响的资源环境问题及其相互作用(Rycroft,1997)。

1990年美国的《全球环境变化研究议案》将全球环境变化定义为:全球环境(包括地质、气候、海洋、水资源、自然灾害、大气化学、生态系统和土地生产力)系统中能改变地球承载生命能力的变化。也有将全球环境变化定义为由人类活动引起的组成地球生命支撑系统的生物物理过程和生态系统在大尺度水平上的变化。

由此可见,广义的全球变化(global change)是指全球环境变化(global environmental change),可以理解为由人类活动和自然过程相互交织、互馈影响、协

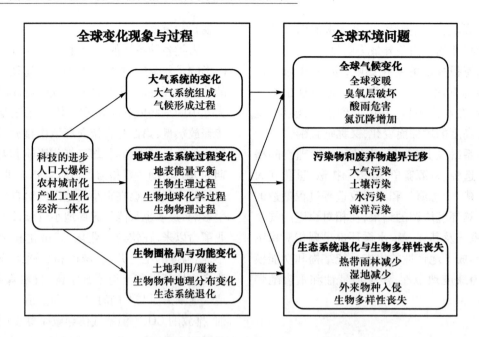

图 2.11 全球变化与全球环境问题的概念(于贵瑞,2003)

全球变化包括大气系统、地球生态系统过程以及生物圈格局与功能方面的趋势性变化,这种变化将会造成全球规模的气候变化、污染物和废弃物越界迁移、生态系统退化与生物多样性丧失等全球环境问题。但是在全球环境治理层面,全球环境变化主要是指人类活动直接造成或间接影响的全球环境变化现象,全球环境问题主要指需要全球协同治理的资源和生态环境问题。

同驱动的地球系统的陆地、海洋与大气的生物、物理和化学变化,即自然和人类活动双重影响下的地球生物圈、大气圈、岩石圈、土壤圈及水圈的自然过程及其相互作用关系的变化,及由此导致的一系列影响地球生物和人类发展的各种全球规模资源环境问题(于贵瑞,2003)。

这种广义的全球变化概念不仅包括大气系统温室气体成分、气溶胶(臭氧)及气候形成过程变化导致的全球气候系统变暖、大气臭氧层破坏、紫外线辐射增加、酸雨危害等气候系统变化及其造成的大气降水及水系统和气象灾害系统变化,还包括污染物质的大规模暴露和大尺度迁移导致的全球及区域性的环境质量损伤(如酸雨危害、陆地水体和海水酸化)及环境污染(如土壤、陆地水体、海洋污染),以及地球生态系统的能量流动、水和生物地球化学循环变化、土地利用/覆盖格局改变、生物入侵和灭绝等导致的全球规模生态系统退化(荒漠化、森林退化)和生物多样性丧失(图 2.11)。

2.3.3 全球生态系统碳、氮、水平衡

地球上的各种元素都处在不停的循环运动过程之中,这种全球、区域或者局地尺度的化学元素循环运动被称为地球化学循环(geochemical cycle),是指地球系统各种元素在不同物理和化学条件下自发的和周期性的化学变化过程,包括了无机化学循环、有机化学循环和生物化学循环。地球化学循环的总体趋势不是简单的重复,也不是完全可逆的,而是具有演化意义的方向性。地球的无机化学循环导致地球物质的有机进化,而地球的有机化学循环使地球产生生命,进而地球的生物化学循环导致生物进化、生命系统演变乃至人类的诞生。

全球生态系统的碳、氮、水循环是地球系统的生物化学循环的重要组成部分,受到人类活动的强烈影响。人类的生产活动在地球化学循环中具有非常重要的作用,它加速有机和无机化学循环的进程,扩大化学循环的规模,加速化学循环的速率。特别是人类活动可能破坏大气圈 CO_2 平衡、氧平衡和水平衡,造成酸雨现象、地球大气温室效应、地球臭氧层被破坏。图 2.12—图 2.14 分别展示全球尺度的水、碳、氮循环模式、主要过程速率、平衡关系及主要储存库的物质周转周期。

基于图 2.12,全球水储量方程为(单位:10^3 km^3)

海洋(1335040)+冰川(26350)+河流湖泊(178)+

地下水(15300)+土壤水(122)+永冻土(22)+

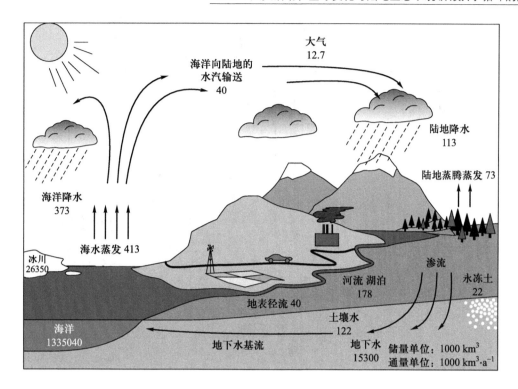

图 2.12　全球尺度的水循环模式、主要过程速率和平衡关系（Trenberth et al., 2007）
箭头及箭头上的数字表示水通量，其他数字表示水储量。

大气（12.7）＝全球水储量（1377024.7）　（2.1）
全球水通量平衡方程为（单位：10^3 km³ · a⁻¹）
　　海洋降水（373）＋陆地降水（113）
　　＝海水蒸发（413）＋陆地蒸腾蒸发（73）
　　　　　　　　　　　　　　　　　　　（2.2）
　　全球陆地水通量平衡方程为（单位：10^3 km³ · a⁻¹）
　　陆地降水（113）＝陆地蒸腾蒸发（73）
　　　　　　　　　　　　＋地表径流（40）　（2.3）

水循环周期是水资源研究的一个重要参数。如果一个水体的循环周期短、更新速度快，其水资源的利用率就高。它决定着淡水补充量和水体的自净能力。全球水量约为 13.8 亿 km³，平均每年只有 57.7 万 km³ 的水参与循环，按此计算，全部水量参与循环一次约需要 2400 年。更新周期较快的大气水和河流水是人们的主要淡水资源。大气中总含水量约 $1.27×10^5$ 亿 m³，而全球年降水总量约 $4.86×10^6$ 亿 m³，由此可推算出大气中的水汽平均每年转化成降水约 45 次，也就是说，大气中的水汽平均每 8 天多循环更新一次。全球河流总储水量约 $2.12×10^4$ 亿 m³，而河流年径流量为 $4.7×10^5$ 亿 m³，全球的河水每年转化为径流约 22 次，即河水平均每 16 天多更新一次。

基于图 2.13，全球碳储量方程为（单位：Pg C）
　　陆地碳储量（4652～6690）＋大气碳储量（589）
　　＋海洋碳储量（40453）
　　＝全球碳储量（45694～47732）　　　　（2.4）
其中，
陆地碳储量（4652～6690）＝
陆地植被碳储量（450～650）＋土壤碳储量（1500～2400）＋化石燃料碳储量（1002～1940）＋永冻土碳储量（约 1700）　　　　　　　　　　　　　　　（2.5）
海洋碳储量（40453）＝表层海洋碳储量（900）＋中部-深层海洋碳储量（37100）＋海底表面沉积碳储量（1750）＋海洋生物碳储量（3）＋未溶解的有机碳储量（700）　　　　　　（2.6）
　　全球碳通量平衡方程为（单位：Pg C · a⁻¹）
　　化石燃料燃烧（7.8）＋土地利用方式改变（1.1）
　　＝CO_2 年均增量（4）＋陆地净通量（2.6）
　　＋海洋净通量（2.3）　　　　　　　　（2.7）
其中，全球陆地碳通量平衡方程为（单位：Pg C · a⁻¹）
陆地总光合作用（14.1）＋大气 CO_2 增长（源于陆地）
　　（6.3）≈陆地总呼吸作用（11.6）
　　＋化石燃料燃烧（7.8）＋土地利用方式改变（1.1）
　　　　　　　　　　　　　　　　　　　　（2.8）

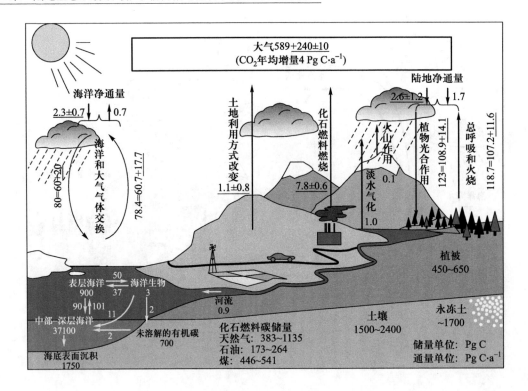

图 2.13   全球尺度的碳循环模式、主要过程速率和平衡关系(IPCC,AR5)
图中的数字表示碳储量或年度碳交换通量。下划线标出的数字表示 2000—2009 年平均每年人为活动造成的碳通量;其他数字表示在工业时代(大约为 1750 年)之前估计的碳储量和碳通量。

基于图 2.14,全球氮储量方程为(单位:Tg N)

溶于海水中的氮储量($6.6×10^5$)+海洋生物氮储量(300)+海底沉积物和岩石氮储量($4×10^8$)+植物群系氮储量(4000)+土壤氮储量(10^5)+高层大气中的氮储量($3.9×10^9$)

≈全球氮储量($4.3×10^9$)   (2.9)

工业革命之后,人类社会快速发展,加快了地球表层系统各种环境的变化,这些变化正在改变全球、区域以及各类典型生态系统的水、碳、氮等物质的生物地球化学循环模式、规模、速率和周期,进而导致全球气候、植被系统、资源系统及环境条件的改变,造成人类社会共同关注的全球环境变化及重大资源环境问题。

全球变化导致的全球变暖、降水格局改变、氮沉降增加和极端气候事件等,深刻影响着生态系统的碳、氮、水循环,改变着生态系统原有的循环模式,使人类面临前所未有的资源、环境和发展的挑战。如何保证地球成为适合人类生存并持续发展的生命支持系统,是当前亟待解决的根本问题。而科学、全面地认识地球生态系统过程发生的各种变化,是确定科学对策的关键。

2.3.4 全球变化和人类活动与陆地生态系统碳、氮、水循环的互馈关系

全球变化和人类活动与陆地生态系统的碳、氮、水循环存在相互影响、相互作用的互馈关系(图 2.15)。全球尺度的碳、氮、水循环和能量流动是全球变化的重要驱动因素之一,它们与全球变化之间具有极其复杂的反馈作用。陆地生态系统不仅是大气圈-生物圈-岩石圈-水圈或者陆地-海洋-大气系统中最为重要且活跃的组成部分,而且陆地生态系统过程是联系土壤圈、生物圈和大气圈的重要过程。随着工农业的发展、化石燃料的燃烧、农业化肥的使用和土地利用格局的改变,原本被封存于岩石圈和陆地生态系统中的有机和无机碳被活化,造成大气中 CO_2 浓度增加(Solomon,2007;于贵瑞等,2011c)。与此同时,工业固氮使大量的惰性氮被活化,间接地造成了大气中的 NH_x、NO_y 等气体含量增加,增加了大气含氮气体的温室效应(Galloway et al.,2008),增强气候变暖;反过来,大气氮沉降和气候变暖又会通过影响生态系统的 NPP 和异养呼吸而影响植被碳库和土壤碳库状态。

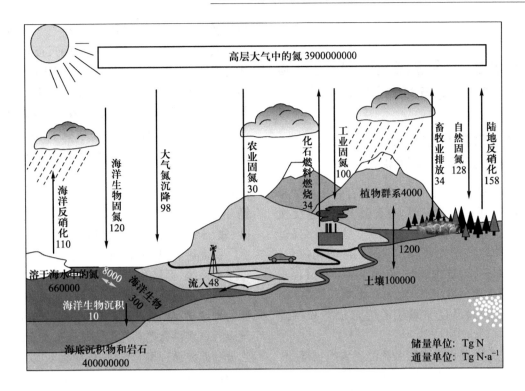

图 2.14 全球尺度的氮循环模式、主要过程速率和平衡关系（IPCC，AR5）
箭头及箭头上的数字表示氮通量，其他数字表示氮储量。

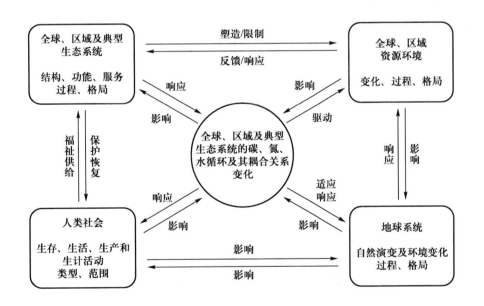

图 2.15 全球变化和人类活动与陆地生态系统碳、氮、水循环的互馈关系

生态系统的碳、氮、水循环和能量流动与全球变化具有多种多样、机制复杂的相互作用关系，不仅表现为全球变化因素（温度升高、CO_2 浓度增加、降水格局变化、大气物质沉降等）对碳、氮、水循环的影响，也表现为生态系统碳、氮、水循环过程对气候变化的反馈作用，以及人为生态系统管理对生态系统与气候变化关系的调节。

2.4 陆地生态系统碳-氮-水耦合循环研究意义与基本科学问题

2.4.1 陆地生态系统碳-氮-水耦合循环研究的理论和实践意义

生态系统是联系大气圈、水圈、岩石圈、土壤圈和生物圈的纽带,通过能量流动、物质循环和信息交换将各圈层紧密地联系成一个地球表层生态系统,通过光合与呼吸、降水与蒸发、径流与渗漏、淋溶与风化、物质供给与归还等地球物理学、化学及生物学过程实现地球各圈层之间的相互作用、相互影响和反馈(图2.16),维持地球表层生态系统的稳定状态和持续发展。

陆地生态系统是地球表层系统的重要组成部分,主要包括农田、森林、草地、湿地、荒漠、城市、湖泊等各种类型,约占地球表面积的1/3。陆地生态系统的能量流动和物质循环不仅影响地球系统及生态环境演变,而且与人类社会的生产、生存和发展息息相关。

地球表层各种类型的陆地生态系统都可以从生态系统的结构与功能、模式与过程、响应与演化的视角定量描述其属性状态,从种群构建、物质循环、能量流动、信息传递等生态过程方面来概括生态系统维持和演变的生物学、物理学、化学以及人为调控的生态

机制及生态学理论。尽管陆地生态系统的能量流动和物质循环各种过程发生的时间尺度(生理过程、生物过程、生态过程和地质过程)、空间尺度(器官、个体、群落、生态系统、景观、区域及全球生态系统)以及垂直空间位置(熔岩、土壤、地表、生物群落、大气)各不相同,但它们都是以某种物理学、化学、生物学过程,时时刻刻地与大气圈、生物圈(包括人类)、水圈、土壤圈及岩石圈相互作用,并以某种生态学机理或机制相互联系,构成不同类型生态系统能量流动和物质循环的基本模式,制约或者驱动着陆地生态系统的碳、氮、水循环过程及它们之间的耦合关系。

由此可见,从土壤-植物-大气连续体(SPAC)、典型生态系统、区域和全球四个尺度上认识陆地生态系统碳、氮、水循环及其耦合过程或耦联关系都具有重要的理论与实践意义。在理论方面,研究陆地生态系统碳-氮-水耦合循环有助于阐明生态系统能量流动、水分和养分循环耦合作用,环境驱动以及生物调控机制,有助于揭示陆地生态系统生产力、水资源有效供给和养分平衡的维持机制。在实践方面,研究生态系统碳-氮-水耦合循环可以为典型生态系统及区域生态系统自然资源管理和区域可持续发展提供科学依据。

关于陆地生态系统生物群落调控碳-氮-水耦合循环的关键过程及其生物学机制已开展了一些研究工作,然而由于观测研究手段和技术的限制,迄今的研究工作大多只能假设各个过程为相对独立的生物

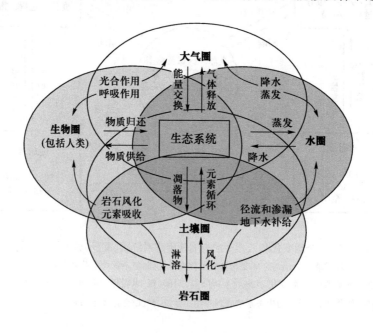

图 2.16 生态系统能量流动和物质循环的基本模式及其与大气圈、水圈、岩石圈、土壤圈和生物圈(包括人类)相互作用

学、物理学或化学过程,其研究结果和科学认识具有较大的局限性(于贵瑞等,2013)。因此,充分利用现代的研究技术手段,开展碳–氮–水耦合循环过程的综合研究,整合分析植物叶片冠层、根系和土壤微生物功能群网络生物学过程及其生态系统生态学机制,综合理解调控碳–氮–水耦合循环的生物物理过程、生物化学过程以及生物–物理–化学过程的协同作用机制,不仅有助于我们科学地认识生态系统的能量–营养–水分循环三者的相互制约关系,并可发展生态化学计量学理论、资源利用理论和生态系统物质代谢理论等生态系统生态学基本理论,更能推动植物冠层生物学、植物根系冠层生物学和土壤微生物功能群网络生物学向更深层次发展和应用。

典型陆地生态系统的碳循环、氮循环和水循环既是生态系统最为重要的三种物质循环,又是生态系统能量传输、养分循环和水分运移的载体。生态系统的物质和能量输入与输出是耦联生态系统与环境系统关系的重要方式(于贵瑞等,2013)。能量是生态系统的动力,是地球系统一切生命活动的能源基础。太阳能通过光合作用被固定到陆地生态系统中,随后沿食物链在生态系统中流动,从一个营养级传递到下个营养级,其中绝大部分碳最终通过生态系统呼吸而耗散(Mackenzie,2003),小部分随着径流以有机物(DOC)形式输出生态系统,仅有很小一部分以有机物的形式被蓄积在生态系统各个碳库之中,成为生态系统净初级生产力(李博等,2000)。也就是说,陆地生态系统的能量固定过程也是陆地生态系统初级生产力的形成过程,并且该过程也只有在碳、氮等元素的物质循环和水循环的参与下才能完成。因此,生态系统净初级生产力的高低直接决定了太阳能固定的多寡,决定着生态系统物质循环的规模和速率;相反,净初级生产力又受到碳、氮、水等物质的供给水平和参与程度的制约。

陆地生态系统生产力受到光、水和营养物质等因素限制。一定条件下,单一因素可能成为限制生态系统生产力的最重要因素,然而该因素离最适值有多远以及和其他限制因素之间的平衡关系,也影响着生态系统的生产力。陆地生态系统碳–氮–水耦合循环过程及其生物调控与环境响应,直接决定着生态系统生产力的水平和服务状态,决定着生态系统与环境系统的互作关系。生态系统管理和自然资源管理的目标是要获取可持续、最大化的生态功能(价值)输出,其重要技术途径就是通过合理调控生态系统碳循环、氮

循环、水循环过程及其相互关系,维持生态系统生产力、水资源有效供给和养分平衡(于贵瑞等,2013)。

陆地生态系统的碳循环、氮循环和水循环通过地理格局的资源供给与需求的计量平衡关系,资源利用与转化效率的生物制约关系以及生物学、物理学和化学过程的耦合机制而相互依赖、相互制约、联动循环,协同决定着生态系统的结构和功能状态,决定着生态系统可能提供生物质生产、资源更新、环境净化以及生物圈生命维持等生态服务的能力和强度(图2.17)。由此可见,探讨生态系统碳–氮–水循环耦联关系的生物地理学机制、生理生态学机制及关键生物物理学和生物化学过程,是了解陆地表层各圈层相互作用的关键,有助于增强对区域尺度生态系统内部亚系统间耦合的生态学过程的理解,有助于了解区域环境的变化规律,不仅可以直接为维持陆地生态系统较高的生产力提供技术原理,也可以为区域尺度的生态系统和自然资源管理以及区域可持续发展提供科学依据,为自然和社会资源的区域优化配置、区域内经济合作等重大战略问题提供科学支持。

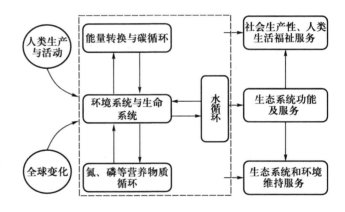

图2.17 陆地生态系统能量转换、营养物质循环、水循环与碳–氮–水耦合循环的相互关系及实践意义

全球变化对人类社会的威胁已经引起社会各界的关注,应对全球变化已成为全人类的职责和义务。可是,应对全球变化需要我们辨识全球变化的事实,认知全球变化的成因,准确预测未来的变化趋势,精确评估全球变化的影响。生态系统与全球变化具有复杂的正负反馈关系,这些复杂的影响和反馈作用是通过生态系统与大气之间的能量转换及碳、氮、水等物质交换实现的,这些物质和能量的交换或转换通量则是生态系统碳–氮–水耦合循环输送的结果。因此,

陆地、海洋和大气系统之间的碳-氮-水耦合循环一直是全球变化科学的核心领域,是分析全球变化成因、降低全球变化预测的不确定性、评估全球变化对人类生存环境和社会可持续发展的影响的关键科技问题(陈泮勤,2004)。

全球变化是以全球气候变化为主要代表的全球环境变化,主要表现为大气 CO_2 浓度增加、温度升高、降水格局变化和大气氮沉降增加,这些因素正在强烈改变着陆地生态系统的碳汇强度及分布格局(Piao et al., 2009;Lu et al., 2011),也深刻地影响着陆地生态系统的碳、氮、水循环(Tian et al., 2011)。所以,只有深入研究陆地生态系统碳-氮-水耦合循环过程及其调控机制,才能深入理解陆地生态系统对全球变化的响应和适应规律,准确评估陆地生态系统的固碳速率和潜力,降低其不确定性,提高对陆地生态系统增汇/减排的评估精度。

2.4.2 陆地生态系统碳-氮-水耦合循环研究的基本科学问题

2.4.2.1 研究内容与核心科学问题

全球气候变化和人类活动扰动强烈影响地球生态系统及资源环境系统,各种全球变化因素影响生态系统的作用方式、影响强度和时效不同。根据气候变化影响的时间长度和扰动强度,可以分为短期波动、长期趋势和极端干扰三种模式。短期波动是指在短期内环境要素围绕其平衡状态上下波动的现象;长期趋势是指环境要素长时间内稳定持续或波动增加/减少的现象;极端干扰是指环境要素发生强烈变化的现象。

陆地生态系统碳-氮-水耦合循环的本质是生物系统之间链式的生命元素生物化学过程网络运行与维持,生物和资源环境要素协同决定着这种生命元素生物化学过程网络的行为,并决定着陆地生态系统碳-氮-水循环耦合关系。陆地生态系统的生物学过程是控制碳-氮-水耦合循环及其对全球变化响应与适应的关键生态学机制,这些生物学过程包括叶片冠层的生物学过程、根系冠层的生物学过程、土壤微生物功能群网络的生物学过程、生态系统的生物学过程以及生物地理学过程(于贵瑞等,2013)。

陆地生态系统碳-氮-水耦合循环及其对全球变化的响应与适应是十分复杂的科学问题体系,其研究领域十分广泛。但是其基本科学问题可以概括为:

①陆地生态系统碳、氮、水循环及其耦合过程的生物物理学和生物化学机制;②全球变化影响生态系统所导致的资源、环境和社会经济效应;③生物及生态系统过程影响和适应全球变化的物理学、化学和生物学机制。

陆地生态系统在受到外界环境条件变化及干扰时会有不同的响应模式,生物系统会通过改变生物生理、生物地球化学和生物地理过程调节生物性状特征、遗传特性、空间格局,从而响应和适应环境变化,以满足生物资源环境需求,维持其生命特征和物种繁衍。与环境的短期波动、长期趋势和极端干扰三种模式相对应,生态系统对环境变化的响应和适应模式也会做出短期响应、长期适应和突变转型三种反应。短期响应是指在环境要素短期波动扰动下,生态系统通过改变生物性状特征来最大限度地获取资源和维持物种的繁衍。长期适应是指在环境要素长期趋势影响下,生态系统通过调节物种的功能性状、生理过程、遗传特性、空间格局等方式适应环境变化,其生态系统的类型并不发生变化。突变转型是指生态系统在自然或人为灾害摧毁性干扰下通过改变物种数量和物种性状来维持物种的繁衍,从而应对灾害事件的发生。

在全球变化的科学研究框架内关注的主要全球变化因素包括大气辐射、气温、降水、 CO_2 浓度、氮磷沉降及污染物质等,与此相对应,人们关注的全球变化对陆地生态系统的影响也可以概括为以下六种效应:①太阳辐射改变的光调节效应(light regulation effect);②气温升高的温室效应(greenhouse effect);③降水变化的灌溉与排水效应(irrigation and drainage effect);④ CO_2 浓度升高的施肥效应(CO_2 fertilization effect);⑤大气氮、磷沉降的施肥效应(NP fertilization effect);⑥污染物富集及酸化的生态毒害效应(ecotoxicological effect)(图2.18)。

全面理解陆地生态系统的"链式生命元素生物化学过程网络维持及环境影响机制",需要回答以下重要科学问题:植物叶片冠层的能量捕获,水-碳交换的调控作用及其适应性进化,植物根系冠层的水-氮-磷吸收、通量平衡调控及其适应性进化,土壤微生物功能群网络结构及其与碳-氮耦合循环之间关系,生态系统的生物群落构建法则以及地理空间格局机制对碳-氮-水循环耦合关系的制约等。这些问题的核心内涵可以概括为:碳-氮-水耦合循环生物控制过程及其对环境变化的短期响应和长期适应机制。具体回

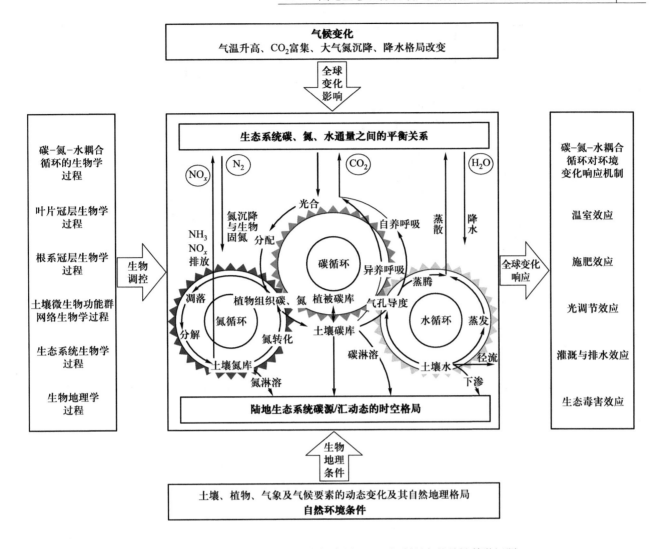

图 2.18 陆地生态系统碳-氮-水耦合循环过程机制研究的关键科学问题

答:①生态系统碳-氮-水耦合循环的关键过程及其相互关系;②植物叶片冠层、根系冠层和土壤微生物功能群网络对碳-氮-水耦合循环的关键过程的调控机制;③生态系统碳-氮-水循环耦合关系和生物控制过程对环境变化的短期响应和长期适应(图2.18)。

2.4.2.2 关键过程及其生物调控机制

陆地生态系统的碳循环、氮循环和水循环通过土壤-植物-大气连续体(SPAC)一系列的能量转化、物质循环和水分传输过程紧密地耦联在一起,制约着土壤、植物与大气系统之间的碳、氮、水交换通量及三者间的平衡关系,这些复杂过程构成了生物参与的氧化还原化学反应网络系统,主要作用包括叶片冠层生物学过程、根系冠层生物学过程、土壤微生物功能群网络生物学过程、生态系统生物学过程和生物地理学过

程对陆地生态系统的碳、氮、水循环的调控(图2.19)。

研究表明,叶片冠层吸收 CO_2 和蒸腾水分是通过叶片组织内部的生物化学反应来调控,且受到叶片气孔开合大小的控制;叶绿体内的光合碳代谢与 NO_2^- 同化都消耗来自光合碳同化和电子传递链的有机碳和能量,形成能量竞争;植被叶片冠层 C∶N 值显著影响核酮糖-1,5-双磷酸羧化酶(Rubisco)的含量,进而影响叶片冠层 CO_2 固定和能量转化(于贵瑞等,2010)。植物光合作用所需的氮依赖于植物根系冠层对氮的吸收和运输,而这些过程都需要消耗植被光合作用所提供的能量。土壤缺水会引起叶片氮含量减少与植物叶片光合速率及活性的降低,促使植物地下部分得到较多的碳,导致根冠比增加。可利用性氮量增加会使 CO_2 同化速率增加,但氮过量会降低同化

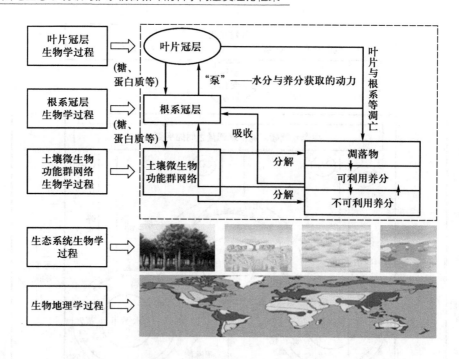

图 2.19　陆地生态系统碳-氮-水耦合循环生物调控的关键过程

叶片冠层、根系冠层、土壤微生物功能群网络的生物学过程是直接控制碳-氮-水耦合循环的关键生物物理学及生物化学过程,生态系统生物学过程和生物地理学过程则是驱动和制约碳、氮、水循环及其耦合关系的动力学和生物地理学机制及规则。

速率,可能是因为氮同化能力增强,与碳同化竞争 ATP 和 NADPH,也可能是向碳同化提供碳架构成的能力降低(于贵瑞等,2010)。C:N 值还影响着碳的分配,当叶片实际的 C:N 值大于最合适的 C:N 值时,更多的碳将被分配给根系(任书杰等,2006)。

　　生物对陆地生态系统碳-氮-水耦合循环的调控过程包含叶片冠层的能量捕获、光合碳固定和植物的自养呼吸、植物根系冠层的养分吸收、凋落物归还分解和根系周转、土壤微生物功能群网络对不同底物的竞争利用、土壤氧化-还原化学等关键过程。然而,目前我们还并不完全清楚碳-氮-水耦合循环中上述过程之间的相互作用关系。所以,陆地生态系统碳-氮-水耦合循环的关键过程及其生物调控机制是生态系统碳-氮-水耦合循环研究的基本科学问题之一,需要揭示各种不同的生物过程是如何调控碳-氮-水耦合循环及其平衡关系的。其核心科学问题是:生物系统之间的链式生物化学过程如何决定和调控陆地生态系统碳、氮、水循环的耦合关系? 而目前迫切需要解答以下问题:制约生态系统碳-氮-水耦合循环的关键过程(阀门式的过程)有哪些? 这些关键过程间的相互关系如何? 它们是怎样联系的? 如何维持这些过程(功能强度)之间的平衡关系? 此外,还需要关注

生态系统生态学过程和生物地理格局生态过程如何在生态系统和区域尺度上制约碳、氮和水循环以及三个循环通量之间的平衡关系。

2.4.2.3　计量平衡关系及其环境影响机制

　　制约生态系统碳-氮-水耦合循环通量平衡关系的主要过程包括:气孔行为制约叶片的光合和蒸腾作用;根系对土壤水分和养分的吸收;土壤水分条件和降水对土壤蒸发、呼吸、气体排放的影响;植物体内碳、水之间的生化反应和植物体内水分循环对碳水化合物的运输作用;氮对植物的光合作用、有机碳的分解、同化产物在植物器官中的分配的影响;生态系统对全球变化的响应等。

　　生态化学计量学(ecological stoichiometry)原理表明,生态系统中生物有机体的碳、氮、磷等生源要素的化学计量关系有较强的内稳性(homeostasis)(Sterner and Elser,2002)。植物可能通过内稳态机制维持 C:N 值的动态平衡,使得有机体中碳、氮维持一定的比例关系(Hessen et al.,2004)。陆地生态系统中的土壤、微生物、凋落物等组分的碳、氮含量也存在一定比例关系,例如全球尺度的土壤和微生物体中碳氮摩尔比存在很强的保守性(conservation),分别为 183:12

和 60：7（Cleveland and Liptzin,2007）；森林生态系统中叶片的碳氮摩尔比为 1212：28,凋落物为 3004：45（McGroddy et al., 2004;任书杰等,2012）。这一特性导致了生态系统光合作用的生物质生产和碳固定过程对氮和磷等生源要素以及水分等资源要素的利用效率也具有相当程度的保守性（Yu et al., 2008a；Yuan and Chen,2009;Han et al., 2011）,具体体现在不同类型植物或不同区域典型生态系统生产单位质量的生物质（或固定单位质量的碳）的水分需求系数（water demand coefficient, WDC）、氮和磷等营养元素的需求系数（nutrient demand coefficient, NDC）、水分利用效率（WUE）和氮利用效率（NUE）等都表现出相对的稳定性。

相反也有研究表明,在生物与环境的协同演化过程中,生物环境对有机体元素比值的影响很大,在不同的地质、气候和生物等因素影响下,有机体也会通过消耗和释放不同于环境元素比值的元素,对其周围环境元素的比值产生影响（Schimel,2003）。例如,海洋中有机体的元素组成和环境中的无机养分比值之间存在显著的一致性（即 Redfield 比值）（Redfield,1958）,后来发现在陆地生态系统中也是如此（Chapin et al., 2011）。由此可见,生态系统碳-氮-水耦合循环通量的计量平衡关系及其环境影响机制成为生态系统碳-氮-水耦合循环研究的基本科学问题之一,其核心问题是:生物系统各组分的化学计量关系及其内稳性如何制约生态系统碳-氮-水耦合循环通量间的计量平衡关系? 重点在于认知生命元素生态化学计量平衡关系的内稳性及变异规律和机制,生态系统碳、氮、水循环的计量平衡关系的保守性及变异机制,理解生态系统的化学计量平衡及其内稳性与碳、氮、水循环通量之间平衡的内在联系,以及生物生长的限制性养分元素对碳、氮、水循环速度和平衡关系的影响（图 2.20）。

2.4.2.4 调控陆地生态系统碳源/汇时空格局的机制

陆地生态系统的碳、氮和水循环的动态过程是相互制约的,并且在大的地理空间尺度上,生态系统的碳、氮和水循环的空间格局也具有耦联关系（于贵瑞等,2013）。其根本原因是受气候要素地理格局制约的植被具有明显的动态演替过程和地理空间格局规律,而水分的限制和氮的供应水平也具有明显的季节和年际变化以及区域差异,这就导致生态系统碳、氮、水循环及其耦合关系具有特定的时间动态和地理空

间分布规律。其结果是直接影响或制约陆地生态系统的生产力、植被和土壤的呼吸、植被和土壤碳储量的动态变化和地理空间差异,最终决定陆地生态系统碳源/汇的时间和空间格局。

鉴于陆地生态系统的碳、氮和水循环的动态过程相互制约的事实,生态化学计量平衡理论认为,生态系统不同碳库的化学计量关系具有稳定的比例关系,所以伴随着生态系统碳固定和生物量蓄积过程的变化,其消耗的水分以及吸收的氮也应该随之同步发生变化（Zhan et al., 2013）。同样,处于不同气候带的生态系统的碳、氮和水循环速率和周期的空间格局也具有高度关联性。此外,驱动生态系统的碳、氮和水循环速率和周期动态变化的直接因素是气候节律（Schimel et al., 1997）,而影响其空间分布的直接因素是气候要素的空间格局（Thornton et al., 2009）。由此可以推论,受这种生态系统碳-氮-水循环内在耦联机制的制约,由气候要素动态节律和空间格局驱动的生态系统碳-氮-水耦合循环是调控植被-大气、土壤-大气的碳及相关温室气体交换通量的时空变化,影响生态系统的碳源/汇功能时空格局的重要生态学原理之一。

研究生态系统碳-氮-水耦合循环调控陆地生态系统碳源/汇时空格局机制的核心问题是认识生态系统碳-氮-水耦合循环及其环境响应的动力学和生物地理学机制,其关键问题是分析陆地生态系统碳、氮、水循环过程相互制约关系,认识陆地生态系统的碳、氮、水循环空间格局耦联关系,以及气候要素动态节律和空间格局驱动碳-氮-水耦合循环及其耦联关系的生态学机制。

2.4.2.5 生物过程对全球变化的响应和适应

全球变化的基本事实包括温室气体浓度升高、温度上升、外源性氮磷沉降增加、降水格局变化等,生态系统不仅会对环境变化做出短期的响应,更重要的是会对全球变化产生适应性的变化。例如,CO_2 浓度升高对植被光合作用具有短时间的激发效应,但随着时间的延长,光合作用的增加速率有下降的趋势,即所谓的"光合下调"现象。CO_2 浓度升高会导致叶片的气孔导度显著下降（Bunce,2001）,一些植物的根冠比增加（于贵瑞等,2010）。随着温度的升高,植被会关闭气孔,使得叶肉细胞的胞间 CO_2 浓度升高,从而提高叶片的水分利用效率（Niu et al., 2011）。同时,为避免受高温损伤,植物释放较低的异戊二烯以调整生

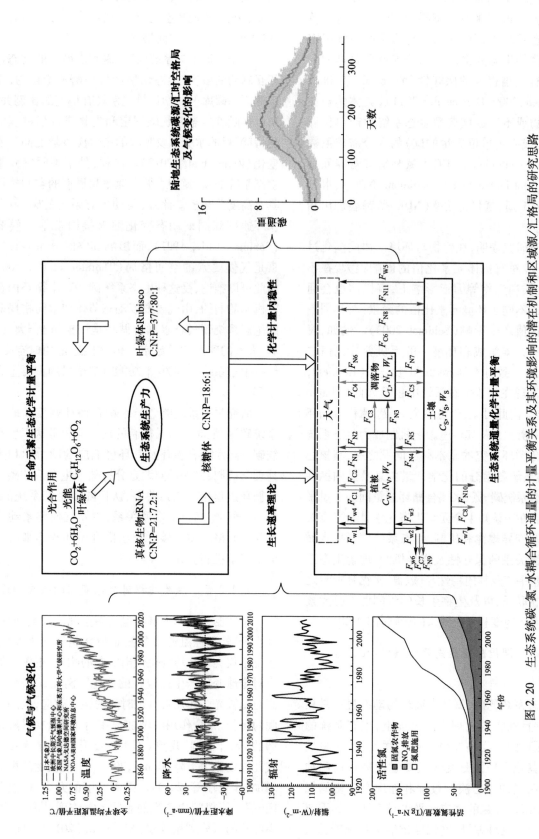

图 2.20　生态系统碳–氮–水耦合循环通量的计量平衡关系及其环境影响的潜在机制和区域源/汇格局的研究思路　*F*，通量；下标 C, N, W 分别表示碳、氮、水；数字表示大气–植被–土壤界面上的不同过程。生物体的化学计量内稳性及其变化约束生态系统碳、氮、水循环通量平衡和生态系统碳元素化学计量平衡关系，数字表示生命元素生态化学计量平衡关系的不同过程。结合生物、土壤、气候及其变化因素空间分布的地理学区域分异机制，可能实现对生态系统碳源/汇时空格局的精细模拟评估。

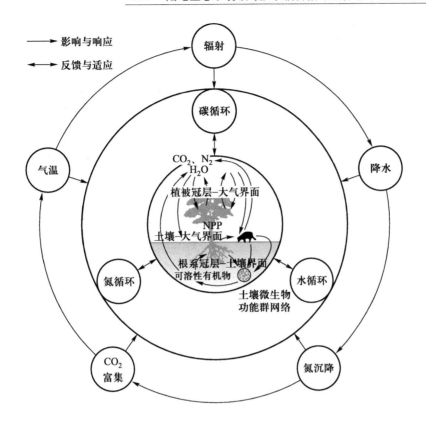

图 2.21 影响陆地生态系统碳−氮−水耦合循环的环境要素及生物控制过程对全球变化的响应和适应模式
辐射、气温、降水、CO_2富集、氮沉降的变化是全球变化的五个最重要的因素,它们不仅单独影响生态系统的碳、氮及水循环,而且通过这些要素之间交互作用共同影响碳−氮−水耦合循环。

化合成速率。在植物受到干旱胁迫时,植被通过调节气孔大小、产生植物体应激蛋白、改变气体交换过程等适应缺水状况(Wan et al., 2009)。在干旱胁迫条件下生长的植物在复水后产生的补偿与快速生长效应反映出植物对水分变化的适应机制(Niu et al., 2008)。

生态系统碳−氮−水耦合循环的生物控制过程对全球变化的响应和适应过程包括植物叶片冠层的能量捕获,水−碳交换的调控作用及其适应性进化,植物根系冠层的水−氮−磷吸收、通量平衡调控及其适应性进化,以及土壤微生物功能群网络结构与碳−氮耦合循环之间的关系等(图 2.21),其核心问题是"生物控制过程对环境变化的短期响应和长期适应以及通量平衡调控及其适应性进化"。需要具体回答:生态系统碳−氮−水耦合循环的关键过程及其相互关系;植物叶片冠层、根系冠层和土壤微生物功能群网络对碳−氮−水耦合循环的关键过程的调控机制;生态系统碳、氮、水循环耦合关系是否会因环境变化;生物控制过程对环境变化的短期响应和长期适应。

2.5 陆地生态系统碳−氮−水耦合循环生物与环境控制机制的逻辑框架

2.5.1 碳−氮−水耦合循环生物与环境控制机制的逻辑框架

陆地生态系统碳、氮、水循环耦合关系整合研究是生态系统与全球变化科学研究的前沿领域。陆地生态系统碳、氮和水循环通过复杂的生理生态学和生物地球化学等机制耦合在一起,受多个关键性生物、物理和化学过程的调节和控制,受全球变化和生物地理条件的共同影响。陆地生态系统碳−氮−水耦合循环过程研究包括以下四个关键科学问题:①生态系统碳−氮−水耦合循环的关键过程及其生物调控机制;②生态系统碳、氮、水通量组分的相互平衡关系及其影响机制;③生态系统碳−氮−水耦合循环调控陆地碳源/汇时空格局机制;④生态系统碳−氮−水耦合循环

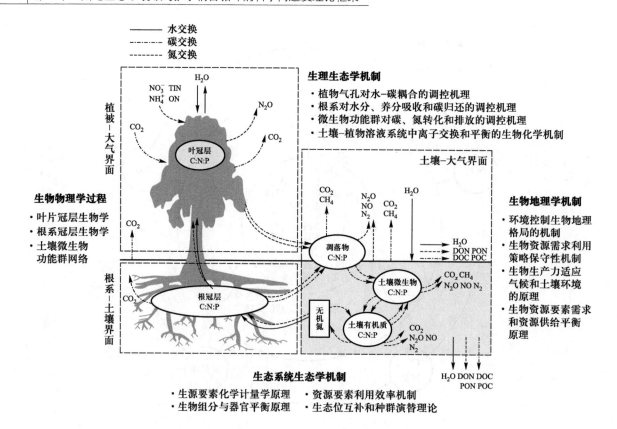

图 2.22 不同尺度陆地生态系统碳-氮-水耦合循环研究的关键过程与驱动机制(于贵瑞等,2013)

过程对全球变化的响应和适应。

在不同时空尺度下,陆地生态系统碳-氮-水耦合循环研究对象和应用目标有较大的差异,对碳-氮-水耦合循环内涵的理解也就各不相同。陆地生态系统碳-氮-水耦合循环机制研究的逻辑框架如图 2.22 所示,包括:①碳、氮、水在植被-大气、土壤-大气和根系-土壤三个界面上交换通量的生物物理学过程;②生物调控生态系统碳-氮-水耦合循环过程的生理生态学机制;③制约典型生态系统碳、氮、水循环耦合关系的生态系统生态学机制;④制约大尺度碳、氮、水循环空间格局耦联关系规律的生物地理学机制。

2.5.2 碳-氮-水耦合循环过程及生物物理学机制

陆地生态系统光合作用生产和呼吸消耗过程是生态系统碳固定和积累的关键过程,可是该过程的实现必须伴随着蒸腾蒸发的水分消耗及氮、磷、钾等营养物质的吸收。陆地生态系统的碳、氮、水交换主要发生在植被-大气、土壤-大气和根系-土壤界面上,其中,植物气孔行为控制的植被冠层光合-蒸腾作用与氮代谢耦

合过程,根系冠层行为控制的植物水分和养分吸收与能量消耗的耦合过程,微生物功能群网络控制的土壤有机物分解和排放、形态转换和有效化,以及储存-利用-损失的碳、氮耦合过程是最为重要的生态系统碳-氮-水耦合循环的生物调节过程,其过程行为及环境响应是制约生态系统碳-氮-水耦合循环及其环境响应特征的生理生态学基础。

陆地生态系统碳、氮和水循环及其交换通量是在植被-大气、土壤-大气和根系-土壤三个界面发生的,研究这些通量及其相互关系是认识生物圈与大气圈和水圈相互作用的基础,也是全球变化生态学研究的核心命题,研究三大界面的碳、氮、水和能量交换通量的变化特征、过程机制及定量表达一直是其主要的研究任务。

植被-大气、土壤-大气和根系-土壤三个界面上碳、氮和水交换的关键过程包括:植被-大气界面的碳、水和能量收支平衡,土壤-大气界面的温室气体(CO_2、CH_4、N_2O)收支平衡,根系-土壤界面的水分和养分收支平衡;碳、氮、水在各种库之间的源/汇关系,各种气体在边界层内的传输和扩散过程以及各种溶质在传导

组织中的传输过程等。这些过程大多属于生态系统物质运移的生物物理学过程,是调节土壤-植物-大气系统碳-氮-水耦合循环的关键机制和基础理论。

植被-大气界面的碳、水交换过程主要是通过植物的光合作用和蒸腾作用实现的,而两者又共同受植物气孔行为所控制,形成光合作用-气孔行为-蒸腾作用之间相互作用与反馈的生物物理学过程(Yu et al.,2001)。水分利用效率常被用来揭示该环节上的水、碳通量耦合特征及其变化(Yu et al.,2008a;Hu et al.,2008),但是水分利用效率不仅受环境因素影响,同时也受植被类型和群落结构所制约(Yu et al.,2008a)。发生在根系-土壤界面的植物养分吸收过程需要消耗一定数量的有机碳提供选择吸收养分的驱动力,并且植物的养分吸收和输送等过程必须以水分的渗透、扩散及其溶质流动和长距离运输等生物物理学过程为介导(Yu et al.,2003,2004),而营养物质的利用和转化更需要通过连环式的生物化学代谢过程才能完成(王建林等,2008)。土壤-大气界面多种碳、氮温室气体的排放或吸收主要是土壤微生物参与的,该界面内的碳-氮耦合循环过程则是由一系列微生物参与的氧化还原反应完成的,不同类型的微生物功能群对基质的竞争与利用导致不同碳、氮气体之间排放或吸收通量表现出多种形式的耦联关系(Acton and Baggs,2011)。

2.5.3 生物调控生态系统碳-氮-水耦合循环的生物化学过程及其生理生态学机制

陆地生态系统碳-氮-水耦合循环主要是由植物叶片冠层系统、根系冠层系统、土壤微生物功能群网络系统以及土壤-根系-茎秆-叶片的有机和无机溶液系统连环控制的。研究这些生物调控的生物化学过程机制一直是植物生理生态学的重要任务,也是认识生态系统的能量、养分和水分代谢与循环的核心命题。生态系统尺度上研究这些生物化学过程的机制与定量表达是认知生态系统结构与功能、构建过程机制模型的迫切需求,人们特别希望了解植物的叶片冠层系统、根系冠层系统、土壤微生物功能群网络系统的结构和功能的改变如何制约生态系统的碳、氮、水循环,如何影响碳、氮、水在生物圈与大气圈和水圈之间的交换通量,从而为研究生态系统对全球变化的反馈作用提供科学依据。

生态系统的碳-氮-水耦合循环是通过植物叶片冠层、根系冠层、土壤微生物功能群网络等的生理活动和物质代谢过程将植物、动物和微生物生命体,植物凋落物,动植物分泌物,土壤有机质以及大气和土壤等无机环境系统的能量转化、物质循环和水分传输过程联结在一起,形成一个极其复杂的连环式的生物化学耦合过程关系网络系统。这个网络不同位点的各个生物化学过程都必须遵循各自生理生态学机制而运转,共同驱动着生态系统的碳、氮和水循环;其中许多节点上的生物化学过程是碳-水耦合、碳-氮耦合或者碳-氮-水耦合的,这些节点正是控制生态系统碳-氮-水耦合循环的关键过程。

生物系统调控碳-氮-水耦合循环生物化学过程的运转,控制生态系统碳-氮-水耦合循环的整体行为。其中包括四个生理生态学机制:①植物气孔行为调控光合作用和蒸腾作用碳-水通量平衡关系的生理生态学机制;②根系冠层生物学过程控制植物根系-土壤界面的养分和水分吸收及碳分配的生理生态学机制;③土壤微生物功能群网络调节土壤有机物分解和形态转化的碳、氮气体释放的生物地球化学过程机制;④土壤-植物溶液系统中的运输、离子平衡与介质间交换的生物化学过程机制。这些复杂的生物化学和生理过程机制构成生物系统调控生态系统碳-氮-水耦合循环的生理生态学理论基础。充分利用现代的观测研究技术手段,开展碳-氮-水耦合循环过程综合研究,整合分析植物叶片冠层生物学过程、根系冠层生物学过程以及微生物功能群网络生物学过程机制及其相互关系,综合理解调控生态系统碳-氮-水耦合循环的生物物理过程、生物物理化学过程以及生物-物理-化学过程的协同作用机制,不仅有助于我们科学地认识生态系统的能量、营养、水分循环三者的相互制约关系,而且有助于发展生态化学计量学理论、资源利用理论和生态系统物质代谢理论等生态系统生态学基本理论。

2.5.4 陆地生态系统碳、氮、水循环的耦合关系及其生态系统生态学机制

陆地生态系统碳、氮、水循环过程及其耦合关系是生物调控响应或适应环境变化过程的反映,生物系统通过控制自身功能性状和代谢过程适应和响应环境变化,在生态系统中主要表现为植物通过调整冠层、根系及自身代谢消耗过程,土壤微生物通过调控分解和合成过程适应和响应环境变化。植物和土壤微生物调控生态系统碳、氮、水循环过程及其耦合关系三个重要的生物学机制为:光合、蒸腾、营养代谢及

其耦合关系对环境变化的响应和适应机制,水分和养分吸收、利用和分配及其耦合关系对环境的响应和适应机制,土壤碳氮分解、转换和有效利用及其耦合关系对环境的响应和适应机制。

研究生态系统碳收支、水分平衡和养分循环以及结构和功能是生态系统与全球变化生态学以及生态系统格局与生态服务研究的核心任务。在生态系统尺度上研究碳-氮-水耦合循环问题更多地关注与这些循环相关的生态系统生产力、温室气体源/汇功能、水源涵养和水土保持等生态系统服务供给能力及其变化,关注各种服务功能之间的权衡和协同关系。虽然碳、氮、水循环是通过连环式的生物化学耦合过程网络的运转来实现,但是生态系统尺度的碳、氮、水循环及三者的相互制约关系是由生态系统生态学的基本原理、机制和规则共同制约,决定着各种生态系统服务之间的权衡或协同等生态计量平衡关系。这些相互关联的基本原理、机制和规则构成制约生态系统碳-氮-水耦合循环生态系统生态学的理论基础。

陆地生态系统的碳-氮-水耦合循环过程决定着碳、氮和水三个通量的耦合关系,其中最为重要的是生态系统生产力与碳供给和水分消耗的耦联关系,通常可以用生态系统水分利用效率(WUE)、氮利用效率(NUE)或其倒数、光合作用物质生产的水分需求系数(WDC)和营养元素的需求系数(NDC)来定量描述。以 WUE 和 NUE 为基础还可以扩展出许多表征碳-氮、碳-水、氮-水、碳-氮-水等不同组合的耦合关系。关于土壤微生物功能群控制的温室气体排放通量的耦合关系可以用 CO_2、CH_4 和 N_2O 通量之间回归曲线的斜率表征:协同关系(斜率大于零)、消长关系(斜率小于零)和随机关系(斜率等于零)。

碳、氮、水循环耦合关系的保守性,即生态系统水分利用效率、氮利用效率趋于稳定常数的事实已经在一些生态系统的研究中得到证实(Yu et al., 2008a; Zhan et al., 2013),在不同类型之间的变异性以及受环境因素的影响也已有很多报道(Yu et al., 2013)。究竟哪些生态系统生态学的基本原理、机制和规则在制约着生态系统尺度的碳、氮、水循环及三者的耦联关系,现有的研究还难以给出明确的结论,但是我们推测,生态系统有机组分的生源要素化学计量学、资源要素需求系数和资源要素利用效率的保守性可能是几个重要的生态学原理,也与生物种群生态位互补和演替理论息息相关。关于陆地生态系统碳、氮、水循环的生态系统生态学研究已取得了重要进展。然

而,由于观测技术和科学数据的限制,迄今大多数研究只能假设生态系统的碳、氮、水循环是相互独立的生物学、物理学或化学过程,再假设其中的两个不变,或者将其中的两个作为给定的环境条件来研究碳、氮、水中某个循环过程机制及动态变化,研究结果和科学认识具有较大的局限性。因此,充分利用现代的观测研究技术,开展生态系统碳-氮-水耦合循环过程的整合研究,综合理解调控生态系统碳-氮-水耦合循环的生物物理过程、生物物理化学过程以及生态系统生态学机制是一个前瞻性的研究方向。

2.5.5 区域尺度陆地生态系统碳、氮、水循环的耦联关系及其生物地理生态学机制

区域碳-氮-水耦合循环过程是生态、水文和气候相互作用的耦合过程,生态过程是连接土壤和大气物质能量交换的纽带,大气和土壤环境条件与资源要素时空配置对生物生理生态过程起决定性作用。在区域尺度上解析碳-氮-水耦合循环及时空变异应重点关注以下三个生态学机制:土壤-植物-大气系统的植物生理生态学机制,生态系统碳-氮-水耦合循环的生物地球化学机制,区域碳-氮-水耦联关系分异的生物地理学机制。

在区域和全球尺度上,降水量及其时空格局的变化以及大气氮沉降量的时空格局对陆地生态系统生产力和碳汇功能时空格局的影响,是两个重大科学命题,也是全球变化科学的热点研究领域。这两个问题的本质是如何认识陆地生态系统碳、氮、水循环的耦联关系及其在区域和全球尺度上的地理空间分异规律和生物地理生态学机制。也就是说在区域尺度上,生态系统碳-氮-水耦合循环研究的主要目的是回答不同区域生态系统碳、氮、水通量具有怎样的平衡关系,其中一个重要的视角是将氮和水作为生态系统支持服务或者限制性资源来评价其如何影响生态系统生产力和碳汇功能。

生态系统的植被生产力会受到自然资源供给能力的限制,植物光合作用中的碳固定必定耦联着水资源消耗以及含氮养分的吸收,这种区域性和全球性的植被光合作用物质生产对水资源和氮资源的需求具有特定的区域分异规律,而自然界的水资源和氮资源也具有明显的区域分异格局。陆地生态系统可以通过系统进化和群落演替来适应气候、水分和土壤营养状况,进而形成碳、氮、水循环耦联关系的空间格局规

律。生态系统的水分利用效率(WUE)和氮利用效率(NUE)是表征区域或全球尺度上碳、氮、水循环耦联关系的重要指标(Luo et al., 2004;Hu et al., 2008)。

很多研究都表明,虽然区域或全球尺度上生态系统水分利用效率和氮利用效率的空间格局具有一定程度的变异规律,但是总体来看,还是表现出较强的保守性。关于制约区域或全球尺度陆地生态系统碳、氮、水循环耦联关系区域格局的保守性、变异规律和机制的研究还很少见,我们可以推测其主要机制应该包括生态系统生物的资源需求和资源利用格局与环境的资源供给格局的平衡原理,同时它还与基于自然选择-生物适应-协同进化理论的生物区系空间格局形成机制等密切相关。正是这些生物地理生态学机制调控着区域和全球尺度陆地生态系统碳收支、水收支和氮收支通量的空间格局和耦合关系。

2.6 我国陆地生态系统碳-氮-水耦合循环及环境变化适应性研究

2.6.1 我国的碳、氮、水循环与全球变化生态学研究概要

全球变化深刻影响着生态系统生产力和碳源/汇功能,是科技界必须高度关注的科学问题。生态系统碳、氮和水循环是生态系统生态学和全球变化科学研究长期关注的三大物质循环,它们是全球、区域及典型生态系统的能量流动和养分循环的表征。然而,自然界的生态系统碳循环、氮循环和水循环是相互联动、不可分割的耦合循环体系,受多个关键性生物-物理-化学过程的调节和控制。自 2000 年以来,我国就在生态系统碳-氮-水耦合循环方面开展了多项研究工作(图 2.23),启动了由国家自然科学基金委员会、科学技术部、中国科学院资助的多项研究项目。这些项目推动了生态系统碳、氮、水循环研究由以往的各自独立研究向三者耦合循环整合研究转变,成为国际同行关注的学科热点。

在 973 计划项目"中国陆地生态系统碳-氮-水通量的相互关系及其环境影响机制"和国家自然科学基金委员会重大项目"森林生态系统碳-氮-水耦合循环过程的生物调控机制"支持下,采用全球变化关键区位和关键带的设计理念,以 ChinaFLUX(45 个观测站)为基础平台,进一步完善了中国草地样带(Chinese Grassland Transect, CGT)、中国东部南北样带(North-South Transect of Eastern China, NSTEC)和中国东北样带(Northeast China Transect, NECT),组织了 8 个关键区位的地带性生态系统的碳、氮、水通量的系统观测,并以东北温带森林、南方亚热带森林、内

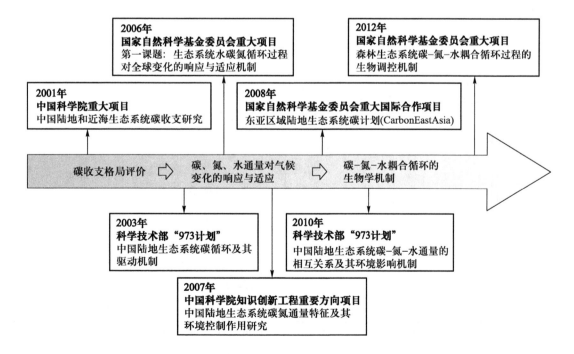

图 2.23 自 2000 年以来我国生态系统碳-氮-水耦合循环研究工作的发展历程

蒙古温带草原和青藏寒温带草原为关键区域开展了生态系统碳、氮、水循环关键过程对全球变化的响应与适应控制实验,还在温带和亚热带两个气候区的代表性自然森林生态系统(长白山和鼎湖山)构建了多界面、多过程的碳、氮、水循环通量,同位素通量和多种温室气体通量的协同观测系统以及多因子野外控制实验系统。

2.6.2 陆地生态系统碳、氮、水循环研究的尺度问题

尺度是生态学中的一个基本概念,早已引起了广泛关注。通常意义上的尺度是指研究对象或现象在空间上或时间上的量度(即空间尺度和时间尺度),还可以指研究对象或过程的时间或空间维度、用于信息收集和处理的时间或空间单位、由时间或空间范围决定的一种格局变化等(吕一河和傅伯杰,2001)。但是生态学家对尺度仍有很多争论,生态学家从不同出发点和角度对尺度概念进行表述,并且各自的侧重点也不尽相同。总体来讲,尺度问题的存在源于地球表层自然界的等级组织和复杂性。尺度又可分为测量尺度和本征(intrinsic)尺度。测量尺度用来测量过程和格局,是人类的一种感知尺度;本征尺度是自然现象固有而独立于人类控制之外的。测量尺度相当于研究手段,隶属方法论范畴,而本征尺度则是研究对象的自然尺度。探讨尺度问题的根本目的在于通过

适宜的测量尺度来揭示和把握本征尺度中的规律性。要准确把握尺度概念还要清楚通常意义的时空尺度与组织尺度或功能尺度的区别和联系。所谓组织尺度和功能尺度是生态学的组织层次(如个体、种群、群落、生态系统、景观)以及在自然等级系统中所处的位置(类似于常用的种群尺度、群落尺度等)(邬建国,2000)。通常应用中的尺度是抽象的、精确的;而组织尺度和功能尺度存在于等级系统之中,以等级理论为基础,在自然等级结构中的位置是相对明确的,但是其时空维度是模糊的。这也正是尺度区别于等级理论中具体的等级或组织层次之所在。尽管组织尺度和功能尺度不等同于通常意义上的时空尺度,但是它们可以通过某些特定的时空尺度来刻画(Peterson and Parker,1998)。生态学研究中的尺度问题之所以被人关注,是因为在实际的科学研究中采用的观测方法和认知能力与实际需求的尺度不匹配。例如随着技术的发展,遥感、涡度相关法等现代技术已经应用于生态学并逐渐发展成熟,但这种研究尺度主要集中在中观尺度甚至宏观尺度上,而野外调查、控制实验和培养实验主要集中在分子、细胞、器官、个体水平等微观尺度和中观尺度上(图2.24),因此需要研究者高度重视科学观测和科学认知与研究对象的尺度匹配性,在尺度不匹配的情况下,就必须通过所谓的尺度转换,正确地开展跨越不同尺度的辨识、推断、预测或推绎,包括尺度上推(scaling-up)和尺度下推(scaling-down),可以通

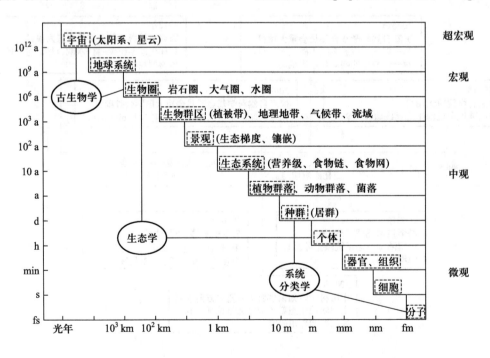

图2.24 生态系统研究中的尺度及其分类体系

过控制模型的粒度和幅度来实现。

实际上,跨越多个尺度的科学研究中的尺度转换是非常复杂的问题。虽然科学家已经意识到在尺度转换中科学假设的重要性,但在目前的很多研究中还是无意识地默认了以下四个有待商榷的假设:①时间尺度的动态积分假设;②空间尺度的面积积分假设;③跨尺度行为的相似性假设;④各种生态过程的独立性假设。这四个被默认的假设是目前尺度扩展研究中所依据的认识论基础。然而,虽然这些假设有其合理性,但是在很多情景下也未必一定成立,甚至成为生态学尺度转换研究的误区。需要强调的是,在相关的科学研究过程中,应当更注重生态过程之间的多过程耦合联动、多过程间的相互作用、环境因子之间的相互作用,需要建立起一个"多尺度观测、多方法印证、多过程融合、跨尺度认知和跨尺度模拟"的研究方法体系(于贵瑞和于秀波,2014)。对于陆地生态系统碳、氮、水循环及其耦合关系的研究而言,各种观测和模拟模型与其适宜的研究对象时间和空间尺度的匹配关系如图 2.25 所示,可以用作实践工作中的参考。

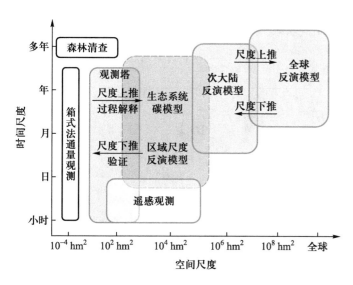

图 2.25 各种碳收支观测和评估方法适宜的空间和时间尺度

2.6.3 中国陆地生态系统通量观测研究网络与全球变化陆地样带研究

研究陆地生态系统碳、氮、水循环及通量的主要方法是基于网络的通量观测。基于涡度相关法和箱式法的碳、氮、水循环通量过程数据,对于定量评价自然条件下的陆地生态系统的碳收支状况,揭示不同时间尺度上陆地生态系统碳收支及其主要分量的影响因子和

影响机理,验证模拟结果,确定模型参数和推动模型的发展具有重要科学价值(于贵瑞和孙晓敏,2008)。通量观测的优点在于可以准确地连续观测各种生态系统的地表碳、水和能量通量,最近的技术发展也使得 CH_4、N_2O 等痕量温室气体观测技术已臻成熟,为开展生态系统和冠层尺度生态和生理学研究提供了技术。

卫星遥感和无人机等航空遥感观测技术与涡度相关法和箱式法通量观测相结合是实现网络化立体观测的有效途径。通过遥感技术提取生态系统碳循环有关参数(如植被类型、叶面积指数、生物量、反照率等),再与模型(如光能利用率模型)相结合,可以直接或间接估算碳通量,进而评估人类活动和环境变化对碳、氮、水循环及通量的影响。遥感技术的优点是覆盖面积大,空间代表性强,能监测人类活动对生态系统扰动的范围和强度。因此融合基于地面网络的通量观测及遥感数据,再与模型相结合,是发展陆地生态系统碳、氮、水循环研究方法体系的重要方向。

国际通量观测研究网络(FLUXNET)的概念是在国际地圈-生物圈计划(IGBP)中首次被提出来的,后来国际科学委员会在 1995 年的 La Thuile 通量研讨会上正式讨论了成立 FLUXNET 的设想。此次会议还促进了全球范围内更多通量观测站的建立和区域通量观测研究网络的形成,欧洲通量观测研究网络和美洲通量观测研究网络分别于 1996 年和 1997 年成立。随着全球对地观测卫星(EOS/Terra)的加入,1998年,美国国家航空航天局(NASA)决定以验证 EOS 产品为目的成立 FLUXNET。目前,FLUXNET 由北美洲、亚洲、欧洲、非洲、大洋洲以及墨西哥、日本、加拿大、韩国和中国等 13 个主要区域或国家网络和一些专项研究计划共同参与,已经形成了遍布全球的通量观测研究网络(图 2.26)。

样带途径在全球变化研究中具有重要的作用,有助于在空间尺度上分析生态系统结构、过程和功能与驱动因子间的相互关系。样带是联系站点与区域的桥梁,是不同时空尺度耦合转换的媒介。样带研究的思想是以空间格局代替时间演替系列,提高工作效率,缩短认识科学问题的时间。IGBP 期间,利用陆地样带研究全球变化问题的方法得到快速发展,在全球确定了 15 条样带(图 2.27),将以往的分散观测和实验研究整合成一个综合性观测研究体系。中国东北样带和中国东部南北样带分别是沿着降水及土地利用(森林-草地)梯度和温度梯度建立的 IGBP 样带体系的重要组成部分。

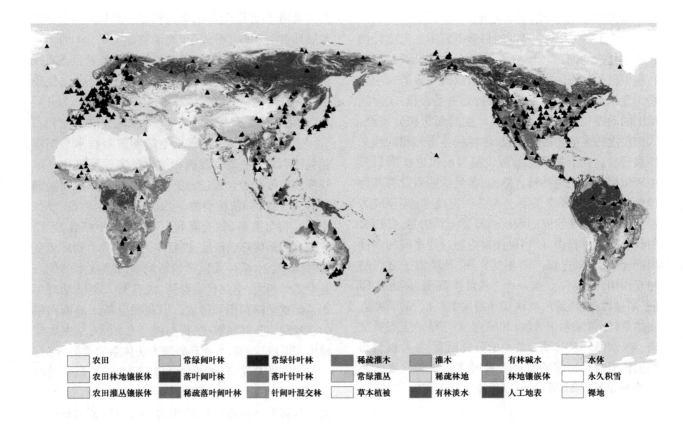

农田	常绿阔叶林	常绿针叶林	稀疏灌木	灌木	有林碱水	水体
农田林地镶嵌体	落叶阔叶林	落叶针叶林	常绿灌丛	稀疏林地	林地镶嵌体	永久积雪
农田灌丛镶嵌体	稀疏落叶阔叶林	针阔叶混交林	草本植被	有林淡水	人工地表	裸地

图 2.26 FLUXNET 站点分布图(参见书末彩插)

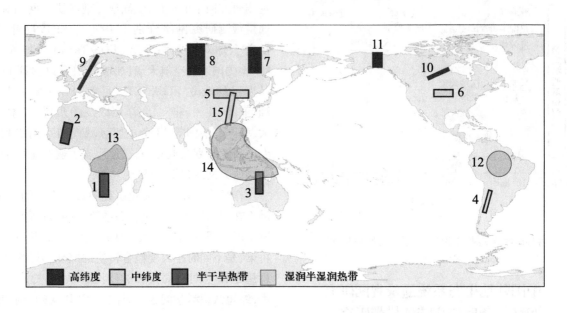

图 2.27 IGBP 陆地样带(Canadell et al., 2002)(参见书末彩插)

1,卡拉哈里样带;2,萨瓦纳长期样带;3,北澳大利亚热带样带;4,阿根廷样带;5,中国东北样带;6,北美洲中纬样带;7,西伯利亚远东样带;8,西西伯利亚样带;9,欧洲样带;10,北美洲北部森林案例样带;11,阿拉斯加纬向梯度样带;12,亚马孙样带;13,姆博林地样带;14,亚洲东南样带;15,中国东部南北样带。

中国陆地生态系统通量观测研究网络(ChinaFLUX)是以中国生态系统研究网络(CERN)为依托,在中国科学院知识创新工程和国家973计划的资助下于2002年创建的。ChinaFLUX的建设参照了国际通量观测研究网络的标准,各台站采用统一的观测设备、规范化的观测项目和观测方法,兼顾生态系统的完整性和区域的代表性,以及研究工作的创新性和前瞻性(图2.28)。ChinaFLUX建设的四个基本任务是建立观测实验网络、积累科学数据、解决科学问题、服务国家需求,围绕碳、氮、水循环及耦合过程机制,碳、氮、水通量动态变化和环境影响及动力学机制和碳、氮、水通量空间变异及地理格局的生态学机制三个核心科学问题,为国家应对全球变化和维持区域发展提供科学知识及数据支撑(图2.28)。

ChinaFLUX采用与陆地样带研究整合发展的思路,依据欧亚大陆森林和草地的地理分布特征,结合我国区域气候带区划,在原有的中国东北样带(NECT)和中国东部南北样带(NSTEC)基础上,提出中国草地样带(CGT)、欧亚大陆东缘森林样带(Euro-Asian Continental Eastern Edge Forest Transect, EA-CEEFT)和欧亚大陆草地样带(Euro-Asian Continental Grassland Transect, EACGT)的新概念(于贵瑞等,2006a),构造亚洲区域全球变化科学研究的样带体系,提出将欧亚大陆陆地样带研究与观测站空间布局整合的ChinaFLUX设计理念,形成东亚区域陆地生态系统碳计划(CarbonEastAsia)国际合作的基础平台(图2.29),填补亚洲季风区的通量观测研究空白,提升ChinaFLUX综合平台功能。ChinaFLUX的顶层设计兼顾生态系统的完整性和区域的代表性,关注陆地生态系统碳、水和能量通量评价,碳、水通量的季节变化、年际变化、地理空间格局和生态学机制,还开展生态系统碳-氮-水耦合循环机制前沿性科学问题研究(图2.29)。

ChinaFLUX以观测站点与全球变化陆地样带整合的设计理念,构建站点-样带-区域碳通量多尺度综合观测技术体系,奠定国家尺度通量观测网络的基本构架,成为我国生态系统通量观测-全球变化陆地样带-生态过程实验相融合的野外科学研究平台,为开展生态系统碳、氮、水通量动态变化和地理空间格局规律及其环境控制生态学机制综合研究提供技术支撑。

ChinaFLUX最早(2006年)还提出气候变化关键区位地带性生态系统的概念,将ChinaFLUX与中国草地样带(CGT)、中国东部南北样带(NSTEC)和中国东北样带(NECT)整合,构建中国全球变化响应和适应性观测实验研究网络平台(ChinaFLUX-RAEN),实现定位观测-控制实验-样带分析的技术途径的整合,系统开展生态系统碳循环及其关键过程对全球变化(如增温、降水、氮沉降方面)的响应与适应综合研究,开拓区域生态系统与全球变化生态学研究前沿领域。

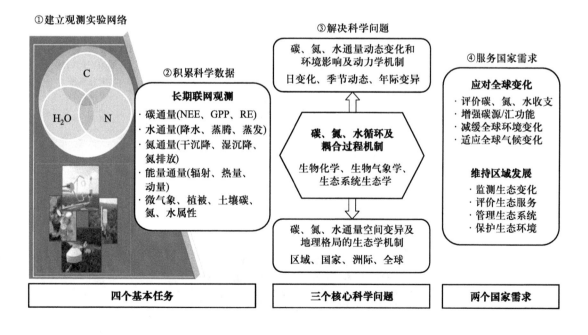

图2.28　中国陆地生态系统通量观测研究网络(ChinaFLUX)的建设目标及科技使命

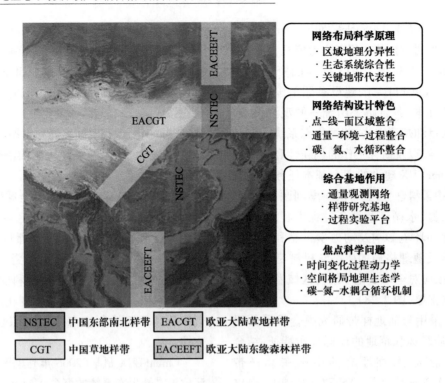

网络布局科学原理
· 区域地理分异性
· 生态系统综合性
· 关键地带代表性

网络结构设计特色
· 点-线-面区域整合
· 通量-环境-过程整合
· 碳、氮、水循环整合

综合基地作用
· 通量观测网络
· 样带研究基地
· 过程实验平台

焦点科学问题
· 时间变化过程动力学
· 空间格局地理生态学
· 碳-氮-水耦合循环机制

| NSTEC | 中国东部南北样带 | EACGT | 欧亚大陆草地样带 |
| CGT | 中国草地样带 | EACEEFT | 欧亚大陆东缘森林样带 |

图 2.29　ChinaFLUX 的设计理念、结构和功能特色及学科布局

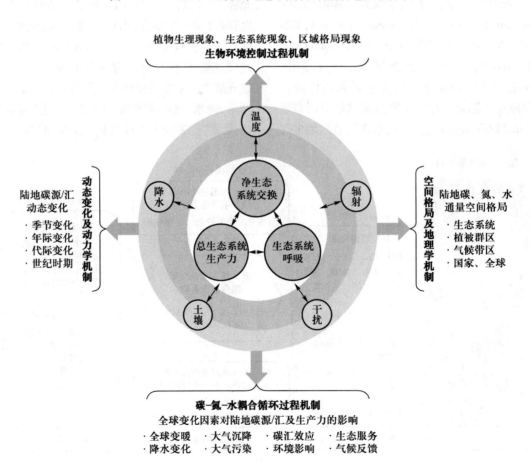

植物生理现象、生态系统现象、区域格局现象
生物环境控制过程机制

动态变化及动力学机制

陆地碳源/汇动态变化
· 季节变化
· 年际变化
· 代际变化
· 世纪时期

温度

降水　　辐射

净生态系统交换

总生态系统生产力　生态系统呼吸

土壤　　干扰

空间格局及地理学机制

陆地碳、氮、水通量空间格局
· 生态系统
· 植被群区
· 气候带区
· 国家、全球

碳-氮-水耦合循环过程机制
全球变化因素对陆地碳源/汇及生产力的影响
· 全球变暖　· 大气沉降　· 碳汇效应　· 生态服务
· 降水变化　· 大气污染　· 环境影响　· 气候反馈

图 2.30　ChinaFLUX 科学研究的重点领域及科学问题(于贵瑞等,2018)

ChinaFLUX 以 ChinaFLUX-RAEN 的基础设施为依托,整合构建野外综合观测-控制实验-数据整合分析-过程遥感模型模拟四位一体的科学研究网络,发展地带性生态系统综合观测和实验研究技术系统。现有的观测实验研究网络平台不仅拥有先进的野外观测基础设施、控制实验样地系统、数据整合分析工具和模型模拟系统,还具有丰富的科学数据资源和专业化的科技队伍,成为我国开展碳、氮、水通量区域评估,碳、氮、水通量的相互作用关系及环境影响研究和碳-氮-水耦合循环的生物调控机制研究的科技资源共享平台。

ChinaFLUX 持续近 20 年的观测,获取了涵盖全国范围的观测数据,围绕碳、氮、水通量的生物环境控制过程机制、动态变化及动力学机制、空间格局及地理学机制和碳-氮-水耦合循环过程机制四个研究方向开展综合研究,在陆地生态系统碳、水和能量通量评价,碳、水通量的季节变化、年际变化和地理空间格局的生态学机制,中国陆地生态系统碳汇功能及演变,蒸腾蒸发通量和大气氮沉降通量的时空格局以及水分利用效率和氮沉降生态环境效应研究等方面取得了突破性进展(Yu et al., 2016),为陆地生态系统与全球变化科学领域和国际合作做出了重要贡献(图2.30)。

参考文献

陈泮勤. 2004. 地球系统碳循环. 北京:科学出版社, 1-585.

黄耀, 孙文娟, 张稳, 等. 2010. 中国草地碳收支研究与展望. 第四纪研究, 30(3):456-465.

李博, 杨持, 林鹏. 2000. 生态学. 北京:高等教育出版社, 1-416.

林金石, 史学正, 于东升, 等. 2009. 基于区域和亚类水平的中国水稻土氮储量空间分异格局研究. 土壤学报, 46(4):586-593.

刘国华, 傅伯杰, 方精云. 2000. 中国森林碳动态及其对全球碳平衡的贡献. 生态学报, 20(5):733-740.

陆桂华, 何海. 2006. 全球水循环研究进展. 水科学进展, 17(3):419-424.

吕一河, 傅伯杰. 2001. 生态学中的尺度及尺度转换方法. 生态学报, (12):2096-2105.

马明哲, 申国珍, 熊高明, 等. 2017. 神农架自然遗产地植被垂直带谱的特点和代表性. 植物生态学报, 41(11):1127-1139.

任书杰, 曹明奎, 陶波, 等. 2006. 陆地生态系统氮状态对碳循环的限制作用研究进展. 地理科学进展, 25(4):58-67.

任书杰, 于贵瑞, 姜春明, 等. 2012. 中国东部南北样带森林生态系统 102 个优势种叶片碳氮磷化学计量学统计特征. 应用生态学报, 23:581-586.

王建林, 于贵瑞, 房全孝, 等. 2008. 不同植物叶片水分利用效率对光和 CO_2 的响应与模拟. 生态学报, 28(2):525-533.

邬建国. 2000. 景观生态学——概念与理论. 生态学杂志, (1):42-52.

于贵瑞. 2003. 全球变化与陆地生态系统碳循环和碳蓄积. 北京:气象出版社, 1-460.

于贵瑞, 方华军, 伏玉玲, 等. 2011a. 区域尺度陆地生态系统碳收支及其循环过程研究进展. 生态学报, 31(19):5449-5459.

于贵瑞, 伏玉玲, 孙晓敏, 等. 2006a. 中国陆地生态系统通量观测研究网络(ChinaFLUX)的研究进展及其发展思路. 中国科学:D 辑, 36(S1):1-21.

于贵瑞, 高扬, 王秋凤, 等. 2013. 陆地生态系统碳、氮、水循环的关键耦合过程及其生物调控机制探讨. 中国生态农业学报, 21(1):1-13.

于贵瑞, 孙晓敏. 2008. 中国陆地生态系统碳通量观测技术及时空变化特征. 北京:科学出版社, 1-676.

于贵瑞, 孙晓敏, 等. 2006b. 陆地生态系统通量观测的原理与方法. 北京:高等教育出版社, 1-506.

于贵瑞, 孙晓敏, 等. 2018. 陆地生态系统通量观测的原理与方法(第二版). 北京:高等教育出版社, 1-561.

于贵瑞, 王秋凤, 等. 2010. 植物光合、蒸腾与水分利用的生理生态学. 北京:科学出版社, 1-584.

于贵瑞, 王秋凤, 刘迎春, 等. 2011b. 区域尺度陆地生态系统固碳速率和增汇潜力概念框架及其定量认证科学基础. 地理科学进展, 30(7):771-787.

于贵瑞, 王秋凤, 朱先进. 2011c. 区域尺度陆地生态系统碳收支评估方法及其不确定性. 地理科学进展, 30(1):103-113.

于贵瑞, 于秀波. 2014. 近年来生态学研究热点透视——基于"中国生态大讲堂"100 期主题演讲的总结. 地理科学进展, 33(7):925-930.

于贵瑞, 赵新全, 刘国华. 2018. 中国陆地生态系统增汇技术途径及其潜力分析. 北京:科学出版社, 1-340.

张凡, 李长生. 2010. 气候变化影响的黄土高原农业土壤有机碳与碳排放. 第四纪研究, 30(3):566-572.

Acton S, Baggs E. 2011. Interactions between N application rate, CH_4 oxidation and N_2O production in soil. *Biogeochemistry*, 103(1-3):15-26.

Barnosky AD, Matzke N, Tomiya S, et al. 2011. Has the Earth's sixth mass extinction already arrived? *Nature*, 471:

51-57.

Bunce JA. 2001. Direct and acclimatory responses of stomatal conductance to elevated carbon dioxide in four herbaceous crop species in the field. *Global Change Biology*, 7(3): 323-331.

Canadell JG, Steffen WL, White PS. 2002. IGBP/GCTE terrestrial transects: Dynamics of terrestrial ecosystems under environmental change: Introduction. *Journal of Vegetation Science*, 13(3): 298-300.

Chapin Ⅲ FS, Chapin MC, Matson PA, et al. 2011. *Principles of Terrestrial Ecosystem Ecology*. Berlin: Springer, 1-544.

Chen Z, Liu J, Wu M, et al. 2012. Differentiated response of denitrifying communities to fertilization regime in paddy soil. *Microbial Ecology*, 63(2): 446-459.

Cleveland CC, Liptzin D. 2007. C : N : P stoichiometry in soil: Is there a "Redfield ratio" for the microbial biomass? *Biogeochemistry*, 85(3): 235-252.

Fan JX, Shen SZ, Erwin DH, et al. 2020. A high-resolution summary of Cambrian to Early Triassic marine invertebrate biodiversity. *Science*, 367: 272-277.

Fang H, Cheng S, Yu G, et al. 2012. Responses of CO_2 efflux from an alpine meadow soil on the Qinghai Tibetan Plateau to multi-form and low-level N addition. *Plant and soil*, 351 (1-2): 177-190.

Fang H, Cheng S, Yu G, et al. 2014. Low-level nitrogen deposition significantly inhibits methane uptake from an alpine meadow soil on the Qinghai-Tibetan Plateau. *Geoderma*, 213: 444-452.

Fang JY, Wang ZM. 2001. Forest biomass estimation at regional and global levels, with special reference to China's forest biomass. *Ecological Research*, 16(3): 587-592.

Fang Y, Koba K, Wang X, et al. 2011. Anthropogenic imprints on nitrogen and oxygen isotopic composition of precipitation nitrate in a nitrogen-polluted city in southern China. *Atmospheric Chemistry and Physics*, 11(3): 1313-1325.

FRA. 2012. Global ecological zones for FAO forest reporting: 2010 Update. FAO: Rome, Italy.

Galloway JN, Townsend AR, Erisman JW, et al. 2008. Transformation of the nitrogen cycle: Recent trends, questions, and potential solutions. *Science*, 320(5878): 889-892.

Guo J, Liu X, Zhang Y, et al. 2010. Significant acidification in major Chinese croplands. *Science*, 327(5968): 1008-1010.

Han W, Fang J, Reich PB, et al. 2011. Biogeography and variability of eleven mineral elements in plant leaves across gradients of climate, soil and plant functional type in China. *Ecology Letters*, 14(8): 788-796.

He HL, Wang SQ, Zhang L, et al. 2019. Altered trends in carbon uptake in China's terrestrial ecosystems under the enhanced summer monsoon and warming hiatus. *National Science Review*, 6(3): 505-514.

He JZ, Shen JP, Zhang LM, et al. 2007. Quantitative analyses of the abundance and composition of ammonia-oxidizing bacteria and ammonia-oxidizing archaea of a Chinese upland red soil under long-term fertilization practices. *Environmental Microbiology*, 9(9): 2364-2374.

Hessen DO, Ågren GI, Anderson TR, et al. 2004. Carbon sequestration in ecosystems: The role of stoichiometry. *Ecology*, 85(5): 1179-1192.

Hu W, Shao M, Wang Q, et al. 2009. Temporal changes of soil hydraulic properties under different land uses. *Geoderma*, 149 (3): 355-366.

Hu Z, Yu G, Fu Y, et al. 2008. Effects of vegetation control on ecosystem water use efficiency within and among four grassland ecosystems in China. *Global Change Biology*, 14 (7): 1609-1619.

Jia Y, Yu G, He N, et al. 2014. Spatial and decadal variations in inorganic nitrogen wet deposition in China induced by human activity. *Scientific Reports*, 4(3763): 1-7.

Liu C, Zheng X, Zhou Z, et al. 2010. Nitrous oxide and nitric oxide emissions from an irrigated cotton field in Northern China. *Plant and Soil*, 332(1-2): 123-134.

Liu X, Zhang Y, Han W, et al. 2013. Enhanced nitrogen deposition over China. *Nature*, 494(7438): 459-462.

Lu F, Hu HF, Sun WJ, et al. 2018. Effects of national ecological restoration projects on carbon sequestration in China from 2001 to 2010. PNAS,115(16): 4039-4044.

Lu M, Zhou X, Luo Y, et al. 2011. Minor stimulation of soil carbon storage by nitrogen addition: A meta-analysis. *Agriculture, Ecosystems and Environment*, 140(1): 234-244.

Luo Y, Su B, Currie WS, et al. 2004. Progressive nitrogen limitation of ecosystem responses to rising atmospheric carbon dioxide. *BioScience*, 54(8): 731-739.

Mackenzie A. 2003. *Ecology*. Beijing: Science Press, 1-339.

Marr A. 2012. *A History of the World*. London: Macmillan, 1-640.

McGroddy ME, Daufresne T, Hedin LO. 2004. Scaling of C : N : P stoichiometry in forests worldwide: Implications of terrestrial Redfield-type ratios. *Ecology*, 85(9): 2390-2401.

Mo J, Zhang W, Zhu W, et al. 2008. Nitrogen addition reduces soil respiration in a mature tropical forest in southern China. *Global Change Biology*, 14(2): 403-412.

Niu S, Wu M, Han Y, et al. 2008. Water-mediated responses of ecosystem carbon fluxes to climatic change in a temperate steppe. *New Phytologist*, 177(1): 209-219.

Niu S, Xing X, Zhang Z, et al. 2011. Water-use efficiency in response to climate change: From leaf to ecosystem in a temperate steppe. *Global Change Biology*, 17(2): 1073-1082.

Peterson DL, Parker VT. 1998. *Ecological Scale: Theory and Applications*. New York: Columbia University Press, 1-615.

Piao S, Fang J, Ciais P, et al. 2009. The carbon balance of terrestrial ecosystems in China. *Nature*, 458(7241): 1009-1013.

Redfield AC. 1958. The biological control of chemical factors in the environment. *American Scientist*, 46(3): 205-221.

Rycroft S. 1997. The changing context of land-use surveys. In: Walford R. *Land Use-UK: A Survey for the 21st Century*. Sheffield: Geographical Association.

Schimel DS. 2003. All life is chemical. *BioScience*, 53(5): 521-524.

Schimel DS, Braswell B, Parton W. 1997. Equilibration of the terrestrial water, nitrogen, and carbon cycles. PNAS, 94(16): 8280-8283.

Shao M, Horton R. 1998. Integral method for estimating soil hydraulic properties. *Soil Science Society of America Journal*, 62(3): 585-592.

Shao M, Horton R. 2000. Exact solution for horizontal water redistribution by general similarity. *Soil Science Society of America Journal*, 64(2): 561-564.

Solomon S. 2007. *Climate Change* 2007: *The Physical Science Basis: Working Group I Contribution to the Fourth Assessment Report of the IPCC*. Cambridge: Cambridge University Press.

Sterner RW, Elser JJ. 2002. *Ecological Stoichiometry: The Biology of Elements from Molecules to the Biosphere*. Princeton: Princeton University Press, 1-584.

Tang XL, Zhao X, Bai YF, et al. 2018. Carbon pools in China's terrestrial ecosystems: New estimates based on an intensive field survey. PNAS, 115(16): 4021-4026.

Thornton PE, Doney SC, Lindsay K, et al. 2009. Carbon-nitrogen interactions regulate climate-carbon cycle feedbacks: Results from an atmosphere-ocean general circulation model. *Biogeosciences*, 6(10): 2099-2120.

Tian H, Lu C, Chen G, et al. 2011. Climate and land use controls over terrestrial water use efficiency in monsoon Asia. *Ecohydrology*, 4(2): 322-340.

Trenberth KE, Smith L, Qian T, et al. 2007. Estimates of the global water budget and its annual cycle using observational and model data. *Journal of Hydrometeorology*, 8(4): 758-769.

Wan S, Xia J, Liu W, et al. 2009. Photosynthetic overcompensation under nocturnal warming enhances grassland carbon sequestration. *Ecology*, 90(10): 2700-2710.

Wang Y, Shao M, Shao H. 2010. A preliminary investigation of the dynamic characteristics of dried soil layers on the Loess Plateau of China. *Journal of Hydrology*, 381(1): 9-17.

Water CN, Zalasiewicz J, Summerhayes C, et al. 2016. The Anthropocene is functionally and stratigraphically distinct from the Holocene. *Science*, 351(6269): 2622.

Weidenreich F. 1939. Six lectures on *Sinanthropus pekinensis* and related problems. *Bulletin of the Geological Society of China*, 19: 1-110.

Weidenreich F. 1943. The skull of *Sinanthropus pekinensis*, a comparative study on a primitive hominid skull. *Paleontologia Sinica-New Series D*, 10: 1-485.

Wen XF, Lee X, Sun XM, et al. 2012. Dew water isotopic ratios and their relationships to ecosystem water pools and fluxes in a cropland and a grassland in China. *Oecologia*, 168(2): 549-561.

Wen XF, Zhang SC, Sun XM, et al. 2010. Water vapor and precipitation isotope ratios in Beijing, China. *Journal of Geophysical Research: Atmospheres*, 115(D1). DOI: 10.1029/2009JD012408.

Wolpoff MH, Wu XZ, Thorne A. 1984. Modern *Homo sapiens* origins: A general theory of hominid evolution involving the fossil evidence from East Asia. In: Smith FH, Spencer F. *The Origins of Modern Humans*. New York: Alan R Liss Inc, 411-483.

Xiao W, Lee X, Wen X, et al. 2012. Modeling biophysical controls on canopy foliage water ^{18}O enrichment in wheat and corn. *Global Change Biology*, 18(5): 1769-1780.

Yang H, Li Y, Wu M, et al. 2011. Plant community responses to nitrogen addition and increased precipitation: The importance of water availability and species traits. *Global Change Biology*, 17(9): 2936-2944.

Yang YH, Ma WH, Mohammat A, et al. 2007. Storage, patterns and controls of soil nitrogen in China. *Pedosphere*, 17(6): 776-785.

Yu GR, Kobayashi T, Zhuang J, et al. 2003. A coupled model of photosynthesis-transpiration based on the stomatal behavior for maize (*Zea mays* L.) grown in the field. *Plant and Soil*, 249(2): 401-415.

Yu GR, Ren W, Chen Z, et al. 2016. Construction and progress of Chinese terrestrial ecosystem carbon, nitrogen and water fluxes coordinated observation. *Journal of Geographic Sciences*, 26(7): 803-826.

Yu GR, Song X, Wang Q, et al. 2008a. Water-use efficiency of forest ecosystems in eastern China and its relations to climatic variables. *New Phytologist*, 177(4): 927-937.

Yu GR, Wang QF, Zhuang J. 2004. Modeling the water use efficiency of soybean and maize plants under environmental stresses: Application of a synthetic model of photosyn-thesis-transpiration based on stomatal behavior. *Journal of Plant Physiology*, 161(3): 303–318.

Yu GR, Zhang LM, Sun XM, et al. 2008b. Environmental controls over carbon exchange of three forest ecosystems in eastern China. *Global Change Biology*, 14(11): 2555–2571.

Yu GR, Zhu XJ, Fu YL, et al. 2013. Spatial patterns and climate drivers of carbon fluxes in terrestrial ecosystems of China. *Global Change Biology*, 19(3): 798–810.

Yu GR, Zhuang J, Yu ZL. 2001. An attempt to establish a synthetic model of photosynthesis-transpiration based on stomatal behavior for maize and soybean plants grown in field. *Journal of Plant Physiology*, 158(7): 861–874.

Yuan W, Liu S, Yu G, et al. 2010. Global estimates of evapotranspiration and gross primary production based on MODIS and global meteorology data. *Remote Sensing of Environment*, 114(7): 1416–1431.

Yuan Z, Chen HY. 2009. Global trends in senesced—leaf nitrogen and phosphorus. *Global Ecology and Biogeography*, 18 (5): 532–542.

Zhan XY, Yu GR, He NP. 2013. Effects of plant functional types, climate and soil nitrogen on leaf nitrogen along the North-South Transect of Eastern China. *Journal of Resources and Ecology*, 4(2): 125–131.

Zhang J, Cai Z, Cheng Y, et al. 2009. Denitrification and total nitrogen gas production from forest soils of eastern China. *Soil Biology and Biochemistry*, 41(12): 2551–2557.

Zhang J, Zhu T, Cai Z, et al. 2011. Nitrogen cycling in forest soils across climate gradients in eastern China. *Plant and Soil*, 342(1-2): 419–432.

Zhang J, Zhu T, Meng T, et al. 2013. Agricultural land use affects nitrate production and conservation in humid subtropical soils in China. *Soil Biology and Biochemistry*, 62: 107–114.

Zhang LM, Hu HW, Shen JP, et al. 2012. Ammonia-oxidizing archaea have more important role than ammonia-oxidizing bacteria in ammonia oxidation of strongly acidic soils. *The ISME Journal*, 6(5): 1032–1045.

Zheng X, Mei B, Wang Y, et al. 2008. Quantification of N_2O fluxes from soil-plant systems may be biased by the applied gas chromatograph methodology. *Plant and Soil*, 311(1-2): 211–234.

Zhou M, Zhu B, Butterbach-Bahl K, et al. 2012. Nitrate leaching, direct and indirect nitrous oxide fluxes from sloping cropland in the purple soil area, southwestern China. *Environmental Pollution*, 162: 361–368.

Zhu B, Wang T, Kuang F, et al. 2009. Measurements of nitrate leaching from a hillslope cropland in the Central Sichuan Basin, China. *Soil Science Society of America Journal*, 73(4): 1419–1426.

Zhu T, Meng T, Zhang J, et al. 2013. Nitrogen mineralization, immobilization turnover, heterotrophic nitrification, and microbial groups in acid forest soils of subtropical China. *Biology and Fertility of Soils*, 49(3): 323–331.

第3章

陆地生态系统碳−氮−水耦合循环的生物化学及生物物理过程概论

陆地生态系统碳−氮−水耦合循环研究不仅是生态系统科学研究的重要领域,也是地球系统科学,特别是地球关键带研究的重要主题。陆地生态系统的能量流动、营养和水分循环及其耦合关系不仅是生态系统生态学的核心理论之一,也是跨越多学科领域及多学科融合的知识体系。生态系统的能量流动、水循环、碳循环以及氮、磷营养循环,是由一系列的生物、物理、化学过程组合构成的生物地球化学循环系统,并且通过各种循环之间的生态学关系相互制约,或者通过生物、物理和化学的耦合过程彼此联系。

陆地生态系统是一个物理学、化学和生物学的复合体,它通过系统中的碳、氮、水循环及耦合作用将大气圈、生物圈、水圈、岩石圈和土壤圈联系在一起,这种联系包括诸多物理学、化学、生物学及交叉的耦合过程,构成了一个复杂的过程关系网络。虽然人们对碳、氮和水循环的过程已经有了较为深入的研究,对生态系统碳、氮、水循环的物理学、化学和生物学驱动机制也有了一定程度的认知,但是对生态系统碳−氮−水耦合循环这个复杂的过程关系网络的认知还十分有限。

陆地生态系统的碳−氮−水耦合循环是通过植物叶片、根系、土壤微生物等的生理活动和物质代谢过程,将植物、动物和微生物个体,植物凋落物,动植物分泌物,土壤有机质以及大气和土壤等无机环境系统的碳、氮、水循环联结起来,形成一个极其复杂的连环式的生物物理和生物化学耦合过程关系网络。这一关系网络是多层次表达、多功能外溢、多过程耦合的过程系统,决定着生态系统生产力形成、生态系统结构与机能、生态系统演变与稳定性维持等基本属性及状态,决定着生态系统的资源环境调节和生态产品供给服务能力。

本章系统论述陆地生态系统的碳−氮−水耦合循环基本过程,物理学机制驱动的物质运动及迁移过程以及制约生态系统碳、氮、水循环的化学、植物生理学及土壤生物化学的基本过程,奠定认知生态系统碳、氮、水循环的生物学、物理学或化学过程及其环境影响机制的理论基础。

本章执笔:于贵瑞,王秋凤,韩朗,唐玉倩,徐志伟

3.1 引言

陆地生态系统、生物系统与资源环境系统的相互作用是通过能量流动、物质循环和信息传递完成的,也是通过生物与环境条件的关系、对资源的利用及消耗而相互作用的。人类活动不仅直接影响生物和资源环境系统,更强烈地影响两者之间的相互作用关系。

自然陆地生态系统的能量流动、水循环、碳循环以及氮、磷营养循环是生物系统与其环境之间相互作用的结果,是由一系列的生物、物理、化学过程组合所构成的生物物理和生物化学循环系统。该系统中各种循环过程通过生态学关系相互制约,或者通过生物、物理和化学过程的耦合彼此联系。这一复杂的生态系统过程决定着生态系统生产力、生态系统结构与机能、生态系统演变与稳定性等生态系统基本属性,决定着生态系统的资源环境调节和生态产品供给及生态服务能力。

陆地生态系统的碳、氮、水循环及其耦合作用形成了一个"极其复杂的连环式的生物物理和生物化学耦合过程关系网络",其中包括由物理学机制驱动的物质运动和迁移过程、化学机制和植物生物物理学过程以及土壤微生物化学过程制约的碳、氮、水循环过程。为了奠定生态系统碳、氮、水循环的生物学、物理和化学过程及其环境影响机制的理论基础,需要对陆地生态系统碳-氮-水耦合循环的生物化学及生物物理过程进行概述,需要系统性地理解陆地生态系统的碳-氮-水耦合循环基本过程、物理学机制驱动的物质运动及迁移过程以及制约生态系统碳、氮、水循环的化学、生物物理和生物化学基本过程。

3.2 陆地生态系统的碳-氮-水耦合循环基本过程

陆地生态系统的碳、氮、水循环过程由发生在岩石-土壤、植被-大气、土壤-大气和根系-土壤等不同界面的各种物理学、化学、生物物理和生物化学过程组成(图3.1),包括由物理学机制驱动的物质运动和迁移过程,化学机制驱动的土壤水、碳、氮循环过程,植物生物物理学过程制约的碳、氮、水循环过程以及

土壤微生物化学过程制约的碳、氮循环过程。陆地生态系统碳-氮-水耦合循环研究不仅是生态系统科学研究的重要领域,也是地球系统科学特别是地球关键带研究领域的重要主题。

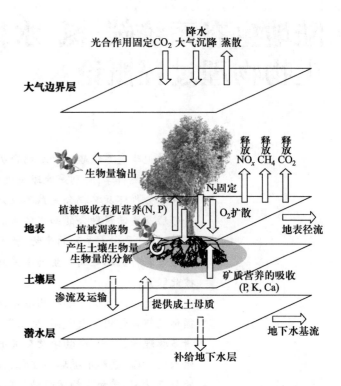

图 3.1　碳、氮、水在岩石-土壤、植被-大气、土壤-大气和根系-土壤等多界面交换的生物物理和生物化学过程
(改编自 Banwart et al., 2017)

3.2.1 陆地生态系统碳、氮、水循环的理论基础及基本法则

陆地生态系统是一个特定地理单元的物理、化学、生物复合体,它与大气圈、生物圈、水圈、岩石圈和土壤圈相互联系和相互作用,也不断受到气候系统和人类活动的影响。人类活动不仅直接影响生物系统和资源环境系统,更重要的是影响两者之间的相互作用关系(图3.2)。陆地生态系统碳、氮、水循环科学研究就是不断地认知能量流动、物质循环、信息传递及种群演变的物理学、化学、生物学过程机制及其状态演变的基本规律。

陆地生态系统的能量流动,氮、磷等营养物质循环和水分循环及其耦合关系是生态系统科学的核心理论,也是跨越多学科领域及多学科融合的知识体系。这个知识体系主要来自生物学与系统科学、物理

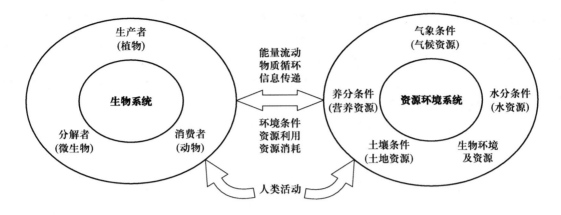

图 3.2 陆地生态系统的生物系统与资源环境系统的相互作用关系

学和化学的交叉应用与融合,一些物理学和化学基本法则也是碳、氮、水循环及其耦合关系研究中必须遵循的自然科学规律。

3.2.1.1 系统科学的思想与理论

系统科学(system science)源自对还原论和机械论的反省而提出的有机体、综合哲学思想,经历了从克劳德·伯纳德(Claude Bernard)与沃尔特·布拉德福德·坎农(Walter Bradford Cannon)揭示生物的稳态现象,诺伯特·维纳(Norbert Wiener)与威廉·罗斯·艾什比(William Ross Ashby)的控制论,到路德维希·冯·贝塔朗菲(Ludwig von Bertalanffy)的一般系统论的建立与发展。在 20 世纪 70—80 年代就已基本形成了生物学研究与系统科学融合的局面,相继诞生了生命自组织系统、系统生理学、系统遗传学、系统生物学、系统生态学和系统生物工程等基于系统科学的概念和学科体系。从此,生物学研究进入系统生物学时代。

系统思想和系统论是生态系统科学研究方法论的源泉。虽然系统思想源远流长,但系统论作为一门科学,公认是美籍奥地利人、理论生物学家贝塔朗菲创立的。他在 1932 年发表"抗体系统论",提出了系统论的思想;1937 年提出了奠定科学理论基础的"一般系统论";1968 年出版代表性专著《一般系统理论:基础、发展和应用》,确立了这门科学的学术地位。系统可以定义为:由若干要素以一定结构形式联结构成的具有某种功能的有机整体,包括系统、要素、结构、功能四个概念,表明要素与要素、要素与系统和系统与环境三方面的关系。系统论认为,开放性、自组织性、复杂性、整体性、关联性、等级结构性、动态平衡性

和时序性等,是所有系统共同的基本特征。这些既是系统论所具有的基本思想观点,也是系统方法的基本原则。系统论可以直译为系统方法,它既可代表概念、观点、模型,又可表示数学方法。

系统论的核心思想是系统的整体观念。贝塔朗菲强调,任何系统都是一个有机的整体,它不是各个部分的机械组合或简单相加,系统整体功能是各要素在孤立状态下所没有的。同时,系统中各要素不是孤立存在,每个要素在系统中都处于一定的位置上,起着特定的作用。要素之间相互关联,构成一个不可分割的整体。要素是整体中的要素,如果将要素从系统整体中隔离出来,它将失去要素的作用。系统论的基本方法就是把所研究和处理的对象当作一个系统,分析系统的结构和功能,研究系统、要素、环境三者的相互关系和演变的规律性。系统论用系统优化的观点看问题,认为世界上任何事物都可以看成一个系统,系统是普遍存在的,系统具有自组织性的优化机制。

系统是多种多样的,可以根据不同的原则和情况来划分系统的类型。按人类干预的情况可划分为自然系统和人工系统;按学科领域可划分为自然系统、社会系统和思维系统;按范围可划分为宏观系统和微观系统;按与环境的关系可划分为开放系统、封闭系统和孤立系统;按状态可划分为平衡系统、非平衡系统、近平衡系统和远平衡系统等。

3.2.1.2 热力学的能量守恒和化学守恒法则

热力学的能量守恒定律包含了热力学四大定律,是认识生态系统能量转换的基本法则。能量守恒定律的通俗表达为:能量具有多样性,包括物体运动具

有的机械能、分子运动具有的内能、电荷具有的电能以及原子核内部运动具有的原子能等。这些不同形式的能量之间可以相互转化，且这一转化过程是通过做功来完成的，但是能量既不能凭空产生，也不能凭空消失，它只能从一种形式转化为另一种形式，或者从一个物体转移到另一个物体，在转移和转化过程中，能量的总量不变。

化学守恒法则又称质量守恒定律，也称为物质不灭法则，是指在物质的化学反应前后，各物质的质量总和不变。化学守恒存在于整个自然界，一切化学反应都遵循守恒定律，例如质量守恒、元素守恒、原子守恒、电子守恒、电荷守恒、化合价守恒和能量守恒等。这些定律是理解生态系统碳、氮、水等物质化学循环的基本法则。

3.2.1.3 生物学的生命周期与进化适应原理

直到20世纪，特别是20世纪40年代以来，人们才认识到生命是物质的一种运动形态，生物的具体生命过程也是各种物理学和化学过程的结果。但是生物的生命现象及过程具有许多无生命物质不具备的特性。例如，生命能在常温和常压环境条件下合成多种有机化合物及复杂的生物大分子；能以远远超出机器的生产效率利用环境中的物质和能量制造生物体内的各种物质，并且不排放污染环境的有害物质；能以极高的效率储存信息、传递信息和遗传信息；具有极强的自我复制能力、自我调节功能和环境适应能力；必须以不可逆的方式进行着生物体内的各层次结构单位、生物个体发育及物种和群落的演化等。

现代生物学研究已经证明，尽管生物世界存在惊人的多样性，但所有的生物都有共同的物质基础，遵循共同的规律。人们对生物的共同特征、属性和规律的认识形成了统一的生物学知识体系，包含生物化学物质和过程的统一性、构造学的多层次结构模式、动力学的稳定状态、遗传学的生命连续性、发育学的个体生活史、进化学的适应和进化以及生态学的相互关系等。

所有生物都有共同的物质基础。生物大分子（蛋白质或者核酸的长链）的结构和功能在原则上是相同的，不同的生物体内基本代谢途径也是相同的，甚至在代谢途径中各个不同步骤所需要的酶也是基本相同的，不同生物体在代谢过程中都以腺嘌呤核苷三磷酸（adenosine triphosphate，ATP）的形式传递能量。

细胞是由大量原子和分子所组成的非均质系统，是由蛋白质、核酸、脂质、多糖等组成的多分子动态体系，是由小分子合成的复杂大分子，特别是核酸和蛋白质系统。而且细胞是遗传信息和代谢信息的传递系统，又是远离平衡的开放系统。由大量分子和原子组成的生物宏观系统（相对于研究亚原子的微观系统而言），它的代谢历程和空间结构都是有序的，这种生物的有序正是依赖新陈代谢这种能量耗散过程得以产生和维持。生物所处的环境是多变的，但生物能对环境的刺激做出反应，通过自我调节保持自身的稳定。生物体的生物化学成分、代谢速率等都趋向稳态水平，甚至一个生物群落或生态系统在没有强烈外界因素的影响下，也都处于相对稳定状态。

所有生物遵循共同的变化规律。生物的各种结构单位按照其复杂程度和逐级结合的关系排列成一个等级系列（称为结构层次），即原子、分子、细胞器、细胞、组织、器官、系统、个体、种群、群落、生态系统、生物圈等。在每一个层次上表现出的生命活动不仅取决于它的组成成分的相互作用，而且取决于特定的有序结构，因此在较高层次上可能出现较低层次所不曾出现的性质和规律。

遗传是生命的基本属性。除了最早的生命是在当时的地球环境条件下从无生命物质产生的以外，多样的生物来自已经存在的生物，通过繁殖来实现从亲代到子代的延续。生物个体发育是按一定的生长模式进行的稳定过程，所有的生物都有各自的按一定规律进行的生活史。现代生物学证明，个体发育是由遗传信息所控制的，不论是在分子层次上，还是在细胞、组织、个体层次上，发育的基本模式都是由基因决定的。

生物进化是普遍的生物学现象，是自然选择、生物竞争、适应和进化的结果。每个细胞、每种生物都有自己的演变历史，都随着时间的推移而变化，它们的状态是它们本身演化的结果。生物世界是一个统一的自然谱系，各种生物归根结底都来自一个最原始的生命类型。生物不仅有一个复杂的纵深层次（从生物圈到生物大分子），它还具有个体发育历史和种系进化历史，有一个极广阔的历史横幅。

在自然界中，生物的个体总是组成种群，不同的种群彼此相互依赖、相互作用形成群落。生物群落与它所在的环境组成特定地理单元的生态系统。生物彼此之间以及它们和环境之间的相互关系决定了生态系统所具有的性质和特点。生态系统各要素之间的本质联系是通过营养级来实现的,食物链和食物网构成物种间的营养关系。任何一个生物,它的外部形态、内部结构和功能、生活习性和行为,同它在生态系统中的作用和地位总是相适应的。

生态系统是维持人类环境的最基本单元。生态系统的结构和功能是生物种群适应自然环境的群落构建和长期演替的结果。从系统论的角度与观念来看,它是指在自然界的一定空间内,生物与环境构成的统一整体,在这个统一整体中,生物与环境之间相互影响、相互制约,并在一定时期内处于相对稳定的动态平衡。生态系统的生物生活史、生物钟、种群的代际等生命周期现象,以及生物的遗传变异、适应性进化、物种发展及群落演替等都是生物学基本特征,是生物信息的表达、传递和进化。它们虽然受环境条件及资源供给状态影响,但是在自然条件下的发展历程、时序关系、生物节律等却是十分保守的,控制着生态系统的生物系统、环境系统及其相互作用关系,以及实现这些生命过程的生物物理化学过程的状态及变化。由此可见,生物的遗传信息及所控制的生长模式、发育规律、适应进化等生物学机制是维持生态系统的能量流动和物质循环的内在机制,是驱动生态系统的群落构建与发展、系统变化与演替的内在动力。

3.2.1.4 生态系统的生态平衡原理

生态平衡(ecological equilibrium)是生态系统科学研究的指导思想。生态平衡是指在一定时间内,生态系统中的生物和环境之间以及生物各个种群之间,通过能量流动、物质循环和信息传递,相互之间达到高度适应、协调和统一的状态。也就是说,当生态系统处于平衡状态时,系统的组成成分、结构和功能处于相对稳定状态,表现为在生态系统内部,生产者、消费者、分解者和非生物环境之间,在一定时间内保持能量与物质输入、输出动态的相对稳定。

像自然界任何事物一样,生态系统也处在不断变化发展之中,实际上它是一种动态系统,相对稳定的生态平衡也是动态平衡。大量事实证明,只要给予足够的时间和外部环境保持相对稳定的情况下,生态系统总是按照一定规律向着组成、结构和功能更加复杂化的方向演化。当生态系统处于相对稳定状态时,生物之间和生物与环境之间呈现高度的相互适应,种群结构与数量比例维持相对稳定,物质生产、消费和分解,系统能量和物质输入与输出之间接近平衡,生态

系统结构与功能之间相互适应并保持最优化的协调关系,这种状态就叫生态平衡或自然平衡。

生态平衡是生物维持正常生长发育、生殖繁衍以及地球生物圈的生命维持系统保持稳定状态的根本原理。生态平衡包括两个方面:一方面是生物种类的组成和数量比例相对稳定,另一方面是非生物环境保持相对稳定。

生态平衡是一种相对平衡而不是绝对平衡,因为任何生态系统都不是孤立的,都会与外界发生直接或间接的联系,会经常遭到外界的干扰。生态系统对外界的干扰和压力具有一定的弹性,但是其自我调节能力也是有限度的。如果外界干扰或压力在其所能忍受的范围之内,将这种干扰或压力去除后,生态系统就可以通过自我调节而恢复;如果外界干扰或压力超过它所能承受的极限,其自我调节能力也就遭到破坏,生态系统就会衰退,甚至崩溃。通常把生态系统所能承受压力的极限称为"阈限"。

生态系统的生态平衡还表现为生物器官平衡、生物群落组成平衡、物理构件和系统结构平衡、生态过程和生态功能平衡、资源环境和生物容量平衡,以及生态系统的物质元素计量平衡、生物化学元素计量平衡、生物营养平衡和化学反应平衡等。

3.2.2 陆地生态系统碳、氮、水循环的生物、物理及化学过程

3.2.2.1 陆地生态系统碳、氮、水循环的基本过程及相互关系

陆地生态系统的碳、氮、水循环是地球系统物质循环和能量流动的重要组成部分,既是地球物理和化学系统的一个环节,也是大气化学和物理过程的重要组成,更是生命系统演化、生物(动物、植物和微生物)的生长、发育和繁殖的伴生过程(图3.3)。在一个典型生态系统中,控制陆地生态系统碳、氮、水循环的主要过程是生物、物理及化学过程,其主要特征是很多过程需要在生物体内或者生物的参与下完成。这就是说,典型生态系统的碳、氮、水循环的变化主要受生物学过程驱动,至少也是生物影响的物理学、化学或者物理化学过程驱动(图3.3)。

在地球系统以及大陆尺度上的陆地生态系统碳、氮、水循环无疑受到地球系统演化、自转和公转运动、地质和地貌变迁、大气环流、河流运动等因素驱动的物理和化学过程所制约,其重要的作用机制是大气系统

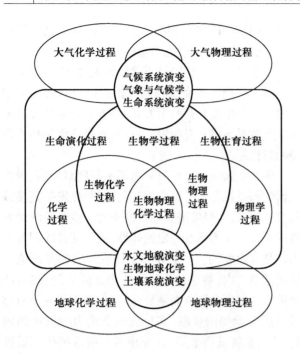

图3.3 生态系统的碳-氮-水耦合循环的主要过程及其类型

的物理和化学过程影响生态系统的生物气象与气候学过程，进而驱动气候系统演变和生命系统演变，或者通过地球表层系统的物理和化学过程影响生物地球化学、水文物理化学及其土壤系统演变和水文地貌系统演变，进而制约陆地生态系统的碳、氮、水循环的生物、物理及化学过程及其相互作用关系(图3.3)。

3.2.2.2 陆地生态系统碳、氮、水循环过程的主要类型

自然界的生态系统碳、氮、水循环过程十分复杂，很多过程是生物学、物理学及化学过程的协同作用。可以根据生物因素的参与程度及其对过程的控制作用强度，并依据不同过程的主要驱动因素和作用机制，大致将这些陆地生态系统的碳、氮、水循环及其耦合过程概括为三大类、共计七种类型的基本过程，分别是单一的生物学过程、单一的物理学过程、单一的化学过程、物理与化学的复合过程、生物物理过程、生物化学过程、生物物理化学过程。这七种类型过程组合构成陆地生物系统调节土壤-植物-大气系统的碳-氮-水耦合循环的连环式关系网络(图3.3)。

（1）生物学过程

38亿年前的地球只有非生命的无机物质，地球系统碳、氮、水循环也只有"非生物学"的物理、化学过程。38亿年以来，地球上出现具有"生命活动过程"的生物有机物体(organism)，于是地球上的碳、氮、水循环就开始出现了生物参与的"生物学过程"。生物学过程即生物的生命活动过程，几乎所有生物都具有一个"出生-成长-成熟(繁殖)-衰老-死亡"的生活史，以及遗传和变异决定的生物进化与环境适应、物种迁移和种群发展、群落构建和演替、物种的诞生与灭绝等生物学变化历程。这些生物学历程是"生物体与环境信息"联合活动的结果，通常被称为"生物学过程"，其实质是生物个体发育、物种遗传属性变异、种群数量动态变化及空间分布格局的形成过程。虽然这些过程可以被物理和化学环境条件所调节，但并不是物理学的物质运动和化学的化学反应过程，而是生物遗传及变异信息控制的自组织性和生物节律性的体现，如生物光周期、日变化节律、器官间物质分配、生长中心转移以及根际生物活动等。

（2）物理学及生物物理过程

物理学是研究物质基本结构及物质运动一般规律的学科。研究大至宇宙、小至基本粒子等一切物质或物体的结构、构造及运动形式和规律。生态系统是生物与环境组成的统一体，生态系统碳、氮、水循环相关行为虽然受生物规律和生物因素制约，但是其具体的物质运动过程还是在物理学的各种应力驱动下完成的，依然遵循物理学规律或法则，可以概括为简单的物理学现象及过程。典型生态系统碳、氮、水循环物理学过程包括：重力势能驱动下的物质沉降及垂直运动过程(降水与水流、湿沉降、干沉降)，水的流体动力学驱动的物质迁移(地表径流、土壤渗漏、土壤潜流侧渗、泥沙迁移)，空气动力学驱动的物质运动(湍流交换、气体通量)，热动力学驱动的物质运动(植物蒸腾、土壤蒸发、冠层截留蒸发)，气体浓度梯度驱动的物质扩散，溶质流的化学势能(浓度)梯度驱动的物质迁移等。

虽然生态系统碳、氮、水循环的各个环节可以概括或简化为遵循物理学原理的物理学过程，但是生态系统的生物学特性及生理活动也发挥着至关重要的作用，这些作用有的必须通过生物介导，有的必须受生物过程控制，至少受生物学属性的影响，这些过程其实是生物物理复合过程。例如，植物的气孔行为控制着光合作用和蒸腾作用，根系系统行为控制着水分和养分吸收，植物输导系统控制着水分和养分运输。即使是被认可简化为物理学现象和过程的植被-大气、

土壤-大气和根系-土壤界面上的气体交换,土壤-植物-大气连续体(SPAC)的水分运动以及植被-大气系统的能量交换,也都会受到生物特性的影响,在定量描述这些物理过程时,必须加入与植物生理、生态和形态相关的特征参数。

（3）化学及生物化学过程

地球生命系统的维持依赖于各种化学元素的供应。生态系统从大气、水体、土壤等环境中获取营养物质,通过植物吸收进入生态系统,进而被其他生物重复利用,最后再归还于环境之中。矿物质的地球化学循环是指各种矿物元素在不同层次、不同大小的生态系统内,乃至生物圈里,沿着特定的途径从环境到生物体,又从生物体再回到环境,不断地进行着流动和循环的化学反应过程。生态系统碳、氮、水循环相关联的化学过程主要包括:陆地生态系统作为地球表层的矿物质地球化学循环,土壤中的离子交换、氧化和还原反应、沉淀溶解和络合解离化学反应。这些反应过程主要被化学动力学机制所驱动,主要受温度、氧化还原电位以及 pH 值等因素所调控。

生态系统中几乎所有的碳、氮元素参与的化学循环过程都是生物化学过程,例如在生物体内的生物酶生物化学反应,或者微生物介导的土壤和水体的生物化学反应。例如,植物光合作用碳固定及次生代谢物质的合成与分解,植物、动物和微生物的呼吸碳排放,土壤的 CO_2、CH_4、N_2O 等温室气体排放,土壤有机质矿化分解与腐殖质形成等都必须在生物体内,或者有生物参与,或者在生物释放的生物酶催化下才能完成。可以将生态系统的碳、氮循环看作一个各种化学反应过程的连锁网络,生物的活性可以影响或改变生态系统物质化学循环的规模和速率。

（4）物理化学及生物物理化学过程

生态系统碳、氮、水循环过程中不仅有单独的物理学过程和化学过程,还存在部分必须通过物理学和化学的复合作用才能完成的过程,也有一些过程在不同阶段其主控因素不同,在某一阶段主要受物理学过程控制,而在某一阶段则由化学过程主导。陆地生态系统碳、氮、水循环中的重要物理学与化学复合过程包括:土壤-大气界面的氨挥发、岩石风化成土、养分沉积成矿及土壤的淋溶沉积等。

生态系统最为复杂的过程是生物物理化学过程,这些过程必须在生物学、化学和物理学的共同作用下才能完成。例如,土壤-植物-大气连续体的水分运移,植物地上-地下-凋落物-土壤碳库的碳储存与循环,氮、磷等营养物质在土壤-根系系统、根系-微生物系统以及植物体内的储存、分配和再利用等都需要一系列的生物物理与生物化学过程的协同工作或连环式转换与传递才能完成。

（5）人文及环境变化的干扰及控制过程

人类本来就是自然的一个组成部分。近几百年来,人类社会超速发展,科技进步和人类开发利用生态系统的能力快速提升,人类活动的空间、强度及环境影响都达到了空前的水平,成为影响地球各圈层自然环境稳定的主导因子。过去 50 年间,世界人口的持续增加和经济活动的不断扩展对地球生态系统造成了巨大压力,导致森林和草原植被的退化或消亡、生物多样性的减少、水土流失及污染的加剧、大气的温室效应凸显及臭氧层破坏。人类活动和人文因素已经成为干扰自然生态系统碳、氮、水循环的重要因素,例如食物采摘、药材采收、林木采伐、林下经营、草地刈割、病虫防治、旅游践踏、放牧、水利工程、交通阻隔、人为火灾等,对自然和半自然生态系统的影响越来越大。现在对大多湿地、农田、城市绿地、城市水域以及经济发达地区的河流、湖泊、海岸和海湾等生态系统的人为干预与管理强度越来越大,其碳、氮、水循环逐渐转变为人为影响或控制的状态。与此同时,自然和人为因素共同影响下的气候变化、环境污染、自然灾害等环境变化也是干扰及控制生态系统碳、氮、水循环的重要因素,已经或正在改变各类生态系统结构及功能。

3.2.3 控制碳-氮-水耦合循环的关键生物物理或生物化学过程

陆地生态系统的碳-氮-水耦合循环过程通常包括植物与大气能量和物质交换、生物圈代谢过程、地表生态过程、地表径流过程、地下生态过程等(图3.4)。这些过程包含在图 3.3 网络之中的各种类型的生物物理过程、生物化学过程以及生物物理化学过程。

生物系统(植物、动物、微生物)的生命活动是驱动生态系统能量流动和物质循环的动力之一,也是控制能量流动和物质循环规模和速率的决定性因素。依据各种过程的驱动机制及生物参与程度,可以将生态系统碳、氮、水循环的过程概括为:①物理动力学机制驱动的碳、氮、水运动及迁移过程,②化学动力学机制驱动的碳、氮、水化学变化过程,③生物因素驱动或制约的碳、氮、水循环过程三种类型。

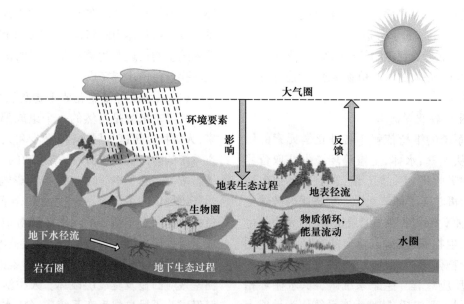

图 3.4   控制碳-氮-水耦合循环的关键生物物理和生物化学过程

3.3   物理动力学机制驱动的碳、氮、水运动及迁移过程

能量流动、物质运动和物质迁移是经典的物理学现象和过程,这些物理学的机制及各种机械应力、水动力学、空气动力学、势能梯度和浓度梯度都是驱动生态系统碳、氮、水的元素及物质运动和迁移的基本机制和动力,这些物质行为都可以用物理学的定律及方程定量分析和科学预测。

3.3.1   辐射与传导控制的能量流动

3.3.1.1   生态系统能量流动

生态系统能量流动的起点是生产者通过光合作用所固定的太阳能(还有化能自养型生物通过化学能改变得到的能量)。光合作用所固定太阳能的总量即流入生态系统的总能量,其在生态系统内部的流动渠道是食物链和食物网(图 3.5)。流入一个营养级的能量是指被这个营养级的生物所同化的能量。一个营养级的生物所同化的能量一般被用于呼吸消耗、生长、发育和繁殖四个方面。贮存在生物有机体中的能量一部分是死亡的遗体、残落物、排泄物等,被分解者分解掉;另一部分是流入下一个营养级的生物体内及

未被利用的部分。生态系统的能量流动具有以下两个方面的特征。一是单向流动,指生态系统的能量流动只能从第一营养级流向第二营养级,再依次流向后面的各个营养级。二是逐级递减,指输入一个营养级的能量不可能百分之百地流入下一个营养级,能量在沿食物链流动的过程中是逐级减少的。能量沿食物网传递的平均效率为 10%～20%,即一个营养级中的能量只有 10%～20% 被下一个营养级所利用。能量金字塔(energy pyramid)是指将单位时间内各个营养

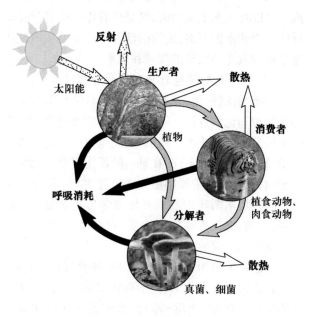

图 3.5   生态系统能量流动的主要过程及能量平衡

级所得到的能量数值按营养级由低到高绘制成的图形呈现为金字塔形（Lindeman，1942）。

绿色植物光合作用固定的太阳能进入生态系统，然后从绿色植物转移到各种消费者。生态系统能量转换（ecosystem energy transformation）是指生态系统内部以及生态系统与外界在相互作用过程中能量的传递和转换。生态系统是一个开放系统，所以它不仅严格遵循热力学第一定律和热力学第二定律，而且具有耗散结构的特点，即从外界吸收负熵，以抑制系统内部正熵向极大值方向发展的趋势，从而形成"活的"有序结构。

3.3.1.2 太阳辐射

自然界中的一切物体，只要温度在绝对零度以上，都以电磁波和粒子（如阿尔法粒子、贝塔粒子等）的形式，时刻不停地从辐射源向外所有方向传送能量，这种传送能量的方式称为辐射（radiation）。物体通过辐射所放出的能量称为辐射能（radiation energy），一般可依据能量的高低及电离物质的能力大小分为电离辐射和非电离辐射。

太阳辐射是太阳向宇宙空间发射的电磁波和粒子流。地球所接收到的太阳辐射能量仅为太阳向宇宙空间放射的总辐射能量的二十亿分之一，却是地球大气运动的主要能量源泉（图3.6）。到达地球大气上界的太阳辐射能量称为天文太阳辐射量（astronomical solar radiation）。在地球位于日地平均距离处时，地球大气上界垂直于太阳光线的单位面积在单位时间内所受到的太阳辐射的全谱总能量称为太阳常数（solar constant）。太阳常数的常用单位为 $W \cdot m^{-2}$。因观测方法和技术不同，得到的太阳常数值不同。世界气象组织（World Meteorological Organization，WMO）1981年公布的太阳常数值为 $1368\ W \cdot m^{-2}$。

地球大气上界99%以上的太阳辐射光谱在波长 $0.15 \sim 4.0\ \mu m$ 的范围内。大约50%的太阳辐射能量在可见光谱区（波长 $0.4 \sim 0.76\ \mu m$），7%在紫外光谱区（波长 $0.01 \sim 0.38\ \mu m$），最大能量在波长 $0.475\ \mu m$ 处。由于太阳辐射波长较地面和大气辐射波长（$3 \sim 120\ \mu m$）小得多，所以通常又称太阳辐射为短波辐射（short wave radiation），称地面和大气辐射为长波辐射（long wave radiation）。

太阳活动和日地距离的变化等会引起地球大气上界太阳辐射能量的变化。太阳辐射通过大气，一部分到达地面，称为直接太阳辐射（direct solar radiation）；另一部分被大气中的分子、微尘和水汽等吸收、散射

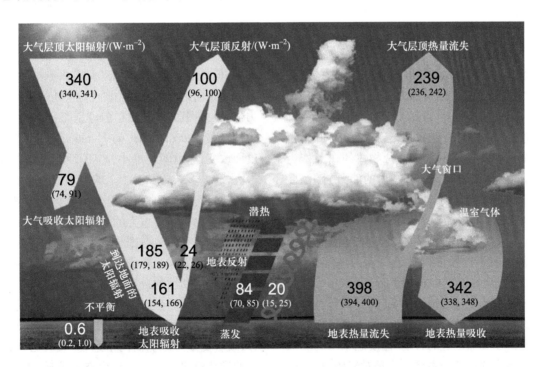

图3.6　地球系统的太阳辐射及传输过程和平衡关系。数字表示辐射能量（Wild et al.，2013）
地球系统的太阳辐射来源于大气层顶的太阳辐射，在辐射的传输过程中经大气层反射和吸收后的辐射到达地面，再被地表吸收和反射。此外，水分蒸发热量流失和地表热量流失都是地球系统热量流失的主要途径，而热量来源主要是地表的热量吸收。

和反射。被散射的太阳辐射一部分返回宇宙空间,另一部分到达地面,到达地面的这部分称为散射太阳辐射(diffuse solar radiation)。到达地面的散射太阳辐射和直接太阳辐射之和称为总辐射(global radiation)。太阳辐射通过大气层后,其强度和光谱能量分布都发生变化。到达地面的太阳辐射能量比大气层上界小得多,在太阳光谱上能量分布在紫外光谱区几乎绝迹,在可见光谱区减少至40%,而在红外光谱区增至60%。

太阳辐射的时空变化特点是:①全年以赤道获得的辐射最多,极地最少。这种热量在地理空间的不均匀分布,必然导致地表各纬度的气温产生差异,形成地球表面的热带、温带和寒带等气候区;②太阳辐射夏大冬小,导致夏季高温、冬季低温的气温季节变化。大气对太阳辐射的削弱作用包括大气对太阳辐射的吸收、散射和反射。太阳辐射在经过整层大气层时,0.29 μm以下的紫外线几乎全部被大气层吸收,但是可见光区被大气层吸收很少。大气层对红外线区的辐射有很强的吸收带。大气中吸收太阳辐射的物质主要有氧、臭氧、水汽和液态水,其次有CO_2、CH_4、N_2O和尘埃等。云层能强烈吸收和散射太阳辐射,同时还强烈吸收地面反射的太阳辐射,云的平均反射率为0.50~0.55。

3.3.1.3 热辐射、对流传热和热传导

热辐射(heat radiation)是物体用电磁辐射的形式把热能向外散发的一种热传递方式。它不依赖任何外界条件而进行。它是热的三种传递(传导、对流和辐射)方式之一。任何物体在发出辐射能的同时,也不断吸收周围物体发来的辐射能。物体的辐射能力(即单位时间内单位表面积向外辐射的能量)随温度的升高而很快增强。辐射能被物体吸收时发生热的效应,物体吸收的辐射能不同,所产生的温度也不同,是能量转换为热量的重要方式。辐射传热指依靠电磁辐射实现热冷物体间热量传递的过程,是一种非接触式传热,在真空中也能进行。

对流传热(convection heat transfer)是热传递的一种基本方式,它是在流体流动进程中发生的热传递现象。主要是由于质点位置的移动,温度趋于均匀。虽然液体和气体中热传递的主要方式是对流传热,但也常伴有热传导。通常由于产生的原因不同,可分为自然对流和强制对流两种。根据流动状态,又可分为层流传热和湍流传热。对流仅发生于流体中,它是指流

体的宏观运动使流体各部分之间发生相对位移而导致的热量传递过程。由于流体间各部分是相互接触的,除了流体的整体运动所带来的热对流之外,还伴生流体的微观粒子运动造成的热传导。对流传热通常用牛顿冷却定律来描述,即单位面积上的对流传热速率与温差呈正比。

热传导(thermal conduction)是介质内无宏观运动时的传热现象,其在固体、液体和气体中均可发生,但严格而言,只有在固体中才是纯粹的热传导,而流体即使处于静止状态,也会由于温度梯度所造成的密度差而产生自然对流,因此,在气体或液体中,热对流与热传导往往同时发生。热传导是生态系统的重要物理学过程,是热从物体温度较高的部分沿着物体传到温度较低的部分的过程,是固体中热传递的主要方式。各种物质都能传导热,但是不同物质的传热能力不同。热传导源自气体、液体和非金属固体中原子和分子之间相互碰撞产生的动能转移。金属是良好的热导体和电导体,金属里的能量通过穿过晶体点阵的自由电子和点阵的离子之间的碰撞传递。一切物体不管其内部有无质点间的相对运动,只要存在温差就有热传导。

3.3.2 重力作用的物质垂直输送

物体由于地球的吸引而受到的力叫重力(gravity),其施力物体是地心。重力的方向总是竖直向下,但是不一定指向地心(只有在赤道和两极,重力方向才指向地心)。地面上同一点处的物体受到的重力(G)大小跟物体的质量(m)呈正比,$G=mg$,g为重力加速度(gravitational acceleration)。g随着地理纬度而改变,赤道的g最小,$g=9.79$ N·kg^{-1};两极的g最大,$g=9.83$ N·kg^{-1}。全球平均值为9.8 N·kg^{-1},表示质量为1 kg的物体受到的重力为9.8 N。万有引力是使物体获得重力的因素,它使地球和其他天体按照它们自身的轨道围绕太阳运转,使月球按照自身的轨道围绕地球运转,形成了地球上可以观察到的各种各样的周期性的自然现象。

地球表层的生态系统及近地大气中的各种物质运动都受重力的影响,例如物质在垂直方向上发生位移,或者受重力影响而向下运动,或者必须依靠其他力的推动而向上运动。在生态系统碳、氮、水循环的环节中,直接或主要受重力因素控制的过程有大气降水、湿沉降、干沉降以及土壤入渗和地表径流等(图3.7)。

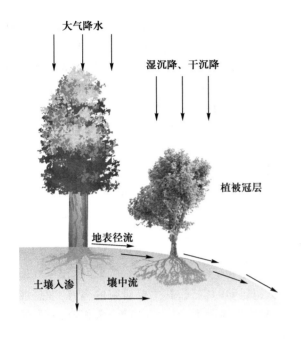

图 3.7 重力作用驱动的大气-植物-土壤-岩石系统物质迁移

3.3.2.1 大气降水

大气降水(atmospheric precipitation)是全球水循环的重要环节,是生态系统蒸发的水分归还生态系统的主要途径。由于水分子的摩尔质量小于空气的摩尔质量,水汽在空气中不断上升,在上升过程中受到气温降低的影响,逐渐形成水滴悬浮在空气中,进而形成云。当水滴遇到尘埃等凝结核后,水滴在凝结核的周围不断聚集使凝结核逐渐增大;当空气无法承受凝结核及水滴共同体的质量时,后者就会以雨滴、雪花等形式降落到地面,形成降水。

3.3.2.2 大气湿沉降与干沉降

大气湿沉降(atmospheric wet deposition)是指悬浮于大气中的各种粒子由于降水冲刷而沉降的过程。大气中的雨、雪等和其他形式的水汽凝结物都能对空气中的污染物起到清除作用,该作用被称为降水清除或污染物湿沉降。湿沉降过程从云的形成开始,有些气溶胶粒子本身可作为凝结核而成为云滴的一部分,而有些大气微量气体成分则不能成为凝结核,需要通过扩散、碰撞、并合等过程进入云滴之中,通过降水过程把它们带到地面。但是如果形成的云不能形成降水,则随着云的消失和云滴蒸发,云滴中的微量气体成分和气溶胶粒子(包括凝结核)将被重新释放到自由大气中。湿沉降作用的快慢用湿沉降速率来度量。

湿沉降速率(wet deposition velocity)被定义为单位时间内单位面积水平表面上某种成分沉积的质量,常用单位为 $mg \cdot m^{-2} \cdot h^{-1}$。湿沉降速率与降水强度有关,沉积的总量则与降水量有关。现代生态系统研究中关注较多的是大气的氮、磷、酸及重金属等元素或物质,尤其是氮沉降已经成为全球变化生态学研究的重点。按照湿沉降中氮的成分,可以将湿沉降分为无机氮湿沉降和有机氮湿沉降,其中无机氮湿沉降又可以分为 NH_4^+ 湿沉降和 NO_3^- 湿沉降。

大气干沉降(atmospheric dry deposition)是大气气溶胶粒子和微量气体成分在没有降水时的沉降过程,也是大气的一种自净作用方式。干沉降是由湍流扩散、重力沉降以及分子扩散等作用引起的,气溶胶粒子和微量气体成分通过这些作用被输送到地球表面,或者落在植被和建筑物表面,进而进入生态系统的物质循环之中。形成干沉降的主要物理过程包括重力沉降、湍流运动、布朗运动、惯性作用和静电作用等;主要化学过程包括化学反应和溶解等。这些过程都会受到气象条件、沉降物质性质和沉积表面特征的影响。干沉降速率(dry deposition velocity)常被用来衡量干沉降作用的强弱,被定义为单位时间内在单位面积上沉积的气溶胶粒子总数与大气中气溶胶粒子数之比,具有速度的量纲,大小与气溶胶粒子的谱分布、化学成分以及大气状态(湿度、风速和湍流强度等)有关。粒径大于 $10\ \mu m$ 的粒子在大气运动中会产生重力沉降,粒径大于 $20\ \mu m$ 的粒子有明显重力沉降速度。对于气体和粒径小于 $10\ \mu m$ 级别的小粒子,重力沉降作用可忽略,但是它们会由于湍流扩散和布朗运动沉积到各种物质表面,然后通过吸收、碰撞和其他生物学、化学和物理学过程沉积到地面。

3.3.2.3 土壤入渗与地表径流

降水、灌溉等过程的水分经地表进入土壤后,在重力势、基质势等的作用下运移、存储,变为土壤水的动态过程称为入渗(infiltration),是地表水与地下水相互转化及消耗过程的重要环节,也是影响山地坡面产汇流的重要因素。土壤入渗率(soil infiltration rate)又称土壤入渗速率或土壤渗透速率,是指单位时间内地表单位面积土壤的入渗水量。土壤入渗率在初期非常大,这时的入渗率称为最初入渗率,随着降水过程的延续,入渗率会由大变小,最后保持为一定的稳定值,称为最后入渗率或稳渗率。土壤入渗率的单位是 $mm \cdot s^{-1}$、$cm \cdot s^{-1}$、$cm \cdot h^{-1}$、$cm \cdot d^{-1}$ 等。

大气降水落到地面后,一部分蒸发变成水蒸气返回大气,一部分入渗到土壤深层成为地下水,其余的水则沿着斜坡形成漫流,这种水流称为径流(runoff)。径流是指降雨及冰雪融水(或者浇地时候的水)在重力作用下沿地表或地下流动的水流。按径流形成及流经路径,可分为生成于地面、沿地面流动的地表径流(surface runoff),在土壤中形成并沿土壤表层相对不透水层界面流动的表层流,也称壤中流(interflow),以及形成地下水后从水头高处向水头低处流动的地下径流(groundwater runoff)。降雨径流的形成过程包括降雨、截留、下渗、填洼、流域蒸散发、坡地汇流和河槽汇流等,影响径流的因素有降水、气温、地形、地质、土壤、植被和人类活动等。地表径流、壤中流和地下径流是陆地生态系统水循环的重要分量,不同类型和地理单元的生态系统水流动路径、流动速度及流量是生态系统水循环研究的长期主题。

3.3.3 水流运动与物质输送及迁移

从陆地生态系统的物质运动及运输的角度来看,水流运动驱动物质输送及迁移是生态系统碳-氮-水耦合循环的重要机制之一(图3.8)。不仅是因为生态系统的很多生物化学过程必须在水溶液中才能发

生和完成,更重要的是生态系统的物质运动、输送和迁移等过程必须借助"水路"、水的动力学或以水为载体来完成。例如,土壤溶质流动、植物的导管和筛管系统的溶液输送、植被-大气系统气体扩散及湍流交换等现象及过程,都可以概括为液体动力学或气体动力学过程,可以利用流体动力学原理和方法来理解和解析。

流体动力学是生态系统物质循环和能量流动的重要理论基础,水动力学(hydrodynamics)则是生态系统碳-氮-水耦合循环的重要物理学机制之一。水动力学是研究水和其他液体的运动规律及其与边界相互作用的学科,又称液体动力学。人类很早就开始研究水的静止和运动的规律,这些规律也适用于其他液体和低速运动的空气,其主要研究内容有:理想液体运动、黏性液体运动、空化和空泡、多相流、非牛顿流体流动、自由表面流动、压力流和水弹性问题等。这些科学理论也可以应用于陆地生态系统的土壤和植物系统水溶液及化学流的各种过程研究之中。

3.3.3.1 流域的河流物质输送和迁移

径流有不同的类型,按水流来源可分为降雨径流、冰雪融水径流以及灌溉水径流;按流动方式可分

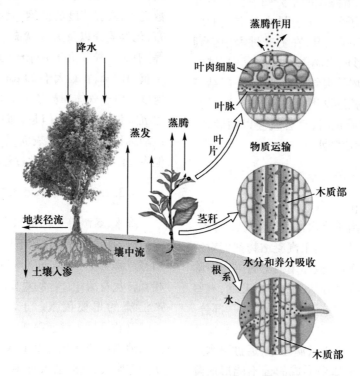

图3.8 水流运动驱动的物质输送及迁移

在蒸腾作用形成的水势梯度驱动下,植物体内的水分自下而上运输。养分和有机物等在植物体内的运输需要以水为载体完成,养分需溶解在水中,随着水流沿导管自下而上运输;光合作用生成的有机物也要溶解于水中,沿着植物筛管自上而下运输。

为地表径流、壤中流和地下径流,地表径流又分为坡面流和河槽流。流域尺度的径流是由大气降水形成的,并通过流域内不同路径进入河流、湖泊或海洋;也指流域的降水由地面与地下汇入河网,流出流域出口断面的水流物理过程。液态降水形成降雨径流,固态降水则形成冰雪融水径流。我国的河流以降雨径流为主,冰雪融水径流只在西部高山及高纬地区河流的局部地段发生。

广义上的径流还包括固体径流和化学径流。在流域的径流过程中,伴随着土壤侵蚀、矿物质化学溶解等物理化学过程,许多物质被携带输出生态系统,或者携带输入生态系统,即所谓的流域的土壤侵蚀搬运、水土流失、河流搬运和河流沉积等。

(1)土壤侵蚀搬运

土壤侵蚀作用(soil erosion)是自然界的一种现象,是自然环境恶化的重要原因。其广义的定义是土壤或其他地面组成物质在自然营力作用下或在自然营力与人类活动的综合作用下被剥蚀、破坏、分离、搬运和沉积等。根据外营力的种类,可将土壤侵蚀划分为水力侵蚀、风力侵蚀、冻融侵蚀、重力侵蚀、淋溶侵蚀、山洪侵蚀、泥石流侵蚀及土壤坍陷等。

(2)水土流失

水力侵蚀带走地球表面的土壤的现象称为水土流失(water and soil loss)。水土流失使得土地变得贫瘠,岩石裸露,植被破坏,生态恶化。在我国,有时将土壤侵蚀作为水土流失的同义语。土壤侵蚀会使部分土壤在水的冲击下进入河流,河流中的泥沙在水的推动下从上游向下游运移,并在此过程中受到自身重力的影响在河床中部分沉积,发生泥沙迁移。

(3)河流搬运

河流的搬运作用(fluvial transport)是指河水把冲刷下来的物质搬运到其他的地方。河流的搬运方式可分为机械搬运和化学搬运两种。流水的机械搬运力和搬运量的大小取决于流速及流量的大小,流水的搬运力与流速的六次方呈正比。所搬运物质的颗粒一般是上游颗粒较粗,越向下游颗粒越细,即所谓的河流的分选作用。机械搬运方式又可分为推移、跃移和悬移三种。河流对可溶性物质的化学搬运则主要与气候条件、可溶性物质的溶解度及其在河水中的存在状态有关。

(4)河流沉积

河流的沉积作用(fluvial sedimentation)指河流搬运的一部分碎屑物质在河谷的适当部分由于流速降低而发生沉积。河流的沉积作用形成平面形态多样的河口三角洲和河流沉积冲积扇及泛滥平原等。河流沉积物往往富含矿质营养,由此形成的新土壤通常十分肥沃,适宜森林和作物生长。

3.3.3.2 土壤溶液系统及养分运输

土壤溶液(soil solution)是土壤中水分及所含溶质的总称,溶质有以下几类:①O_2、CO_2、N_2 等溶解性气体,②有机化合物类,③无机盐类,④无机胶体类,⑤络合物类等。土壤溶液中的溶质呈离子态、分子态和胶体状态,有利于游离离子浓度的调节。土壤溶液是属于植物可以吸收利用的稀薄不饱和溶液,是一种多相分散式的混合液,具有酸碱效应、氧化还原作用和缓冲作用。

土壤养分(soil nutrient)是指由土壤提供的植物必需的营养元素,它是土壤肥力的重要物质基础。土壤养分的形态转化和挥发、植物吸收和分解归还、土壤对养分的固持与释放等生态过程不仅直接影响土壤肥力状况,也是生态系统氮、磷循环生物地球化学过程的重要环节。决定这些生态过程的土壤化学机制包括:土壤溶液的离子吸附、交换和扩散,水平方向的长距离运移及垂直方向的土壤淋溶、渗漏和侧渗等。

(1)土壤溶液的离子吸附和扩散

离子吸附(ion adsorption)指土壤固体吸附剂在强电解质溶液中对土壤溶质中离子的吸附。离子吸附又分为离子选择吸附(ion selective adsorption)和离子交换吸附(ion exchange adsorption)。离子选择吸附是指吸附剂从电解质溶液中选择性地吸附与其组成有关的离子的现象和过程。离子交换吸附(或离子交换)是指吸附剂从电解质溶液中吸附某种离子的同时,将吸附剂表面的同号离子等电量置换到溶液中的现象和过程。离子交换吸附是一个可逆过程,能进行离子交换吸附的吸附剂称为离子交换剂。土壤中的黏土就是一种阳离子交换剂。当把 $(NH_4)_2SO_4$ 施入土壤后,NH_4^+ 便与吸附在黏土上的可交换离子(Ca^+、Mg^{2+}、K^+、Na^+ 等)进行等电量交换,将植物所需要的养分 NH_4^+ 储存在土壤中。当植物需要时,根系会分泌出酸性物质,再进行交换吸附,而将 NH_4^+ 释放到溶液中,便于植物吸收。

土壤养分扩散(soil nutrient diffusion)是指土壤养分通过化学扩散作用迁移到植物根系表面的过程,是土壤供应养分的重要方式之一。当植物从土壤中吸收的某种养分数量多于土壤的供应量时,在垂直于根表方向的土壤范围内会出现该养分的亏缺区,形成养分的浓度梯度,于是该养分就从高浓度区向低浓度区扩散,将养分运移到渐近于根表,其扩散距离一般为 0.1~0.5 mm。扩散作用除了取决于养分浓度外,还受土壤性质的影响。

(2)土壤淋溶

淋溶(cluviation)是指天然雨水或人工灌溉水的下渗过程,该作用将上方土层中的某些矿物盐类或有机物质溶解,并转移到下方土层之中。土壤淋溶是土壤剖面物质垂直迁移的重要方式之一,也是地表的一种重要风化作用,有时会形成矿床。如果最初地表岩石的主要成分为硅酸盐,经过淋溶之后,残留土壤中则会含有较多的含水氧化铁,形成铁矿床(iron ore-deposit);如含有较多含水氧化铝,便成为铝矿床,又称铝土矿(bauxite)。这类矿床总称为残积矿床(residual deposit)。在石灰岩地区,长期淋溶可使岩层大量消失,有时也会残积成铝矿床。在雨水充足的地方,淋溶常遗留下酸性较强且较贫瘠的酸性土壤,如砖红土(laterites)、热带红土(tropical red soil)、红土(red soil)、灰棕土(gray brown soil)、白灰土(podsol)及苔原土(tundra soil)等。

(3)渗漏和侧渗

渗漏(seepage)指液体向下浸透或向上溢入。降水到达地面后会下渗至土壤,由于土壤含水量在水平及垂直方向上存在差异,水分在土壤中发生渗漏和侧渗。同时,土壤中的无机碳、无机氮(HCO_3^-、NO_3^-、NH_4^+等)溶解在水中也会发生渗漏和侧渗,这一过程主要是由水分及溶质的浓度差所引起。

3.3.3.3 土壤-植物-大气连续体系统的物质运输

土壤-植物-大气连续体系统的水分和养分运移是生态系统碳、氮、水循环的重要亚系统,也是生物控制的物质运输和转换系统,该系统由土壤-根系系统、根系-叶片输导系统和叶片-大气系统三个部分串联构成。土壤-根系系统水分和养分的交换称为吸收(absorption)和分泌(secretion),水分和养分在根系-叶片输导系统内从一个部位转移到其他部位的过程称为运输(transmission)或输导(transportation),水分和养分在叶片-大气系统中的交换称为蒸腾(transpiration)和光合作用(photosynthesis),前两者是液态的水溶液运动,而后者则是气体运动。

水分经由土壤到达植物根系,被根系吸收,通过

细胞传输进入植物茎,由植物木质部到达叶片,再由叶片气孔扩散到近空气层,最后参与大气的湍流变换,形成一个统一的、动态的、互馈的连续系统,即土壤-植物-大气连续体系统(图3.9)。Philip(1966)提出了 SPAC 系统较完整的概念,他认为尽管介质不同、界面不一,但在物理上都是一个统一的连续体。水在该系统中的各种流动过程就像链环一样,互相衔接,而且完全可以用统一的能量指标——水势来定量研究整个系统中各个环节能量水平的变化。土壤与地上生物和地下生物之间进行复杂的物质与能量的迁移、转化和交换,构成一个动态平衡的统一体。土壤是植物生长的介质,满足植物生长的条件,并供给植物需求的营养元素。

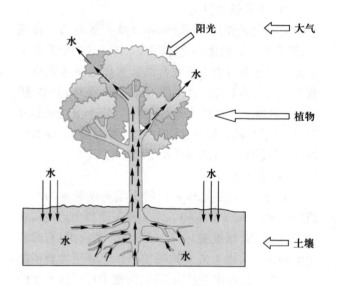

图3.9 土壤-植物-大气连续体(SPAC)系统的水分运动

在蒸腾拉力(transpiration pull)及根压(root pressure)的共同控制下,根系吸收的水分和养分沿着木质部导管向上运输,并分配到植物体的各个器官。同时,在疏导系统两端压力差的影响下,植物光合作用形成的有机物质沿着筛管向下运输并输送到植物体各个部位。水分和养分在导管及筛管中的运输是流体动力学控制的物理学过程,但受到蒸腾拉力等生物因素的影响,从而呈现为生物物理控制的植物体内水分和养分的运输。

导管(vessel)位于维管束的木质部内,它的功能就是把从根部吸收的水和无机盐输送到植物体各处,不需要能量。导管由一串高度特化的管状死细胞组成,其细胞端壁由穿孔相互衔接,其中每一个细胞称

为一个导管分子或导管节。导管分子在发育初期是活细胞,成熟后,原生质体解体,细胞死亡。在成熟过程中,细胞壁木质化并具有环纹、螺纹、梯纹、网纹和孔纹等不同形式的次生加厚。两个相邻导管分子之间的端壁溶解后形成穿孔。在被子植物中,除少数科属(如昆兰属、水青树属)外均有导管,导管也存在于某些蕨类(如卷柏、欧洲蕨)和裸子植物的买麻藤目中。

筛管(sieve tube)位于韧皮部,负责光合产物和多种有机物在植物体内自上而下的长距离运输。筛管由一系列长筒形的、端壁形成筛板的活细胞连接而成,每一个组成细胞称为筛管分子。筛管分布于被子植物中,成熟后的筛管细胞会损失掉大部分细胞器,只能由旁边的伴胞提供营养。筛管分子和伴胞来源于同一筛母细胞。筛管分子顶端相互连接,胞壁之间穿孔,形成筛板。联络索通过筛板孔上下贯穿,以调节运输。伴胞通过胞间连丝与筛管分子联系,保持筛管分子的形态与渗透压,并为之提供营养和能量。根、茎、叶都有筛管,并且是相通的,可以双向运输物质,一般运输有机物为主,主要为蔗糖,当然也运输植物激素,同时筛管中有无机离子(如钾离子)。

3.3.4 大气边界层物理控制的气体交换

大气界面气体交换过程具体涵盖植被-大气界面及土壤-大气界面的碳、氮、水气体交换,由气体生成的生物学过程、气体从生成部位扩散到边界层的生物物理过程和气体在边界层从高浓度向低浓度扩散的物理扩散过程所组成。气体的生成大多是由生物参与的生物学过程,如植物的呼吸作用、反硝化作用等。但在碳、氮、水气体产生后,从气体生成场所扩散到大气的过程中需要经受冠层等的阻力,即生物学和物理学共同控制着该过程。此后气体的扩散方向及速率由气体的浓度差等所决定,表现为物理过程。

3.3.4.1 大气环流的物质传输

大气环流(atmospheric circulation)一般是指具有世界规模的、大范围的大气运行现象,既包括平均状态,也包括瞬时现象,其水平尺度在数千千米以上,垂直尺度在 10 km 以上,时间尺度在数天以上。某一大范围的地区(如欧亚地区、半球、全球),某一大气层次(如对流层、平流层、中层、整个大气圈)在一个长时期(如月、季、年、多年)内的平均状态或某一个时段(如一周、梅雨期间)的大气运动变化过程都可以称为大气环流(图 3.10)。

大气环流是完成地球-大气系统角动量、热量和水分的输送和平衡以及各种能量间的相互转换的重要机制,同时又是这些物理量输送、平衡和转换的重

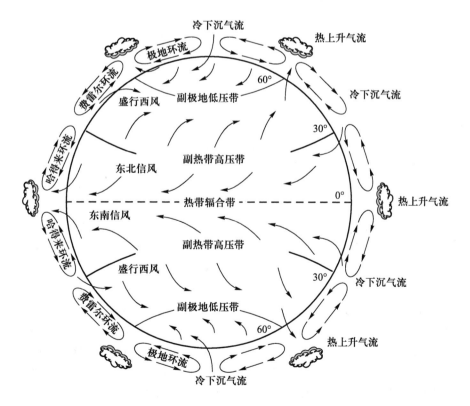

图 3.10 大气环流示意图

要结果。按照大气环流的方向和动力特征,可分为以下三种类型。

（1）平均纬向环流

平均纬向环流指大气盛行的以极地为中心并绕其旋转的纬向气流,这是大气环流的最基本状态。就对流层平均纬向环流而言,低纬度地区盛行东风,称为东风带(由于地球的旋转,北半球多为东北信风,南半球多为东南信风,故又称为信风带)。中高纬度地区盛行西风,称为西风带(其强度随高度升高而增大,在对流层顶附近达到极大值,称为西风急流)。极地还有浅薄的弱东风,称为极地东风带。

（2）平均水平环流

平均水平环流指在中高纬度的水平面上盛行的叠加在平均纬向环流上的波状气流(又称平均槽脊),通常北半球冬季为三个波,夏季为四个波,三波与四波之间的转换表征季节变化。

（3）大气环流平均径圈环流

大气环流平均径圈环流指在南北垂直方向的剖面上,由大气经向运动和垂直运动所构成的运动状态。通常,对流层的径圈环流存在三个圈:低纬度是正环流或直接环流(气流在赤道上升,高空向北,中低纬度下沉,低空向南),又称为哈得来环流;中纬度是反环流或间接环流(中低纬度下沉,低空向北,中高纬度上升,高空向南),又称为费雷尔环流;极地是弱的正环流(极地下沉,低空向南,高纬度上升,高空向北),称为极地环流。

3.3.4.2 大气边界层的对流和湍流与气体交换

对流(convection)指流体内部各部分温度不同而造成的相对流动,即流体(气体或液体)通过自身各部分的宏观流动实现热量传递的过程。液体或气体中,较热的部分上升,较冷的部分下降,循环流动,互相掺和,最终使温度趋于均匀。对流可分自然对流和强迫对流两种。自然对流往往自然发生,是浓度差或者温度差引起密度变化而产生的对流。流体内的温度梯度会引起密度梯度变化,若低密度流体在下,高密度流体在上,则将在重力作用下形成自然对流。强迫对流是外力的推动而产生的对流。加大液体或气体的流动速度能加快对流传热。

大气对流(atmospheric convection)是大气中的一团空气在热力或动力作用下的垂直上升运动。通过大气对流可以产生大气低层与高层之间的热量、动量

和水汽的交换,同时对流引起的水汽凝结可能产生降水。热力作用下的大气对流主要是指在层结不稳定的大气中,一团空气的密度小于环境空气的密度,因而它所受的浮力大于重力,在阿基米德浮力作用下形成的上升运动。

地球对流层(troposphere)位于大气的最底层,集中了约75%的大气质量和90%以上的水汽质量。其下界与地面相接,上界高度随地理纬度和季节而变化。平均高度在低纬度地区为17~18 km,在中纬度地区为10~12 km,在极地为8~9 km。夏季高度高于冬季。对流层中,气温随高度升高而降低,平均每上升100 m,气温约降低 0.65 ℃。由于受地表影响较大,气象要素(气温、湿度等)的水平分布不均匀。空气有规则的垂直运动和无规则的乱流混合都相当强烈,上下层水汽、尘埃、热量发生交换混合。由于90%以上的水汽集中在对流层中,所以云、雾、雨、雪等众多天气现象都发生在对流层。

对流层中从地面到 1~2 km 的一层受地面起伏、干湿、冷暖的影响很大,称为摩擦层(或大气边界层)。摩擦层以上受地面状况影响较小,称为自由大气。对流层与其上的平流层之间存在一过渡层,称为对流层顶,厚度几百米到 2 km。对流层顶附近气温随高度升高而发生变化的幅度会发生突变,或随高度增加温度降低的幅度变小,或随高度增加温度保持不变,或随高度增加温度略有增高,对垂直运动的气流有很强的阻挡作用。

大气边界层(atmospheric boundary layer)是大气的底层,是靠近地球表面、受地面摩擦阻力影响的大气层区域。因为边界层内的空气运动明显受地面摩擦力影响,因此其性质主要取决于地表面的热力和动力作用。通常将大气边界层分为近地层和摩擦上层(即埃克曼层)。也有将其分为三层:底层为数毫米厚,对人类无较大影响;再往上为表面层,厚度为100 m左右,该层内湍流黏性力为主导力,风速与高度同增;100 m 以上为埃克曼层,地球自转形成的科里奥利力在该层中起重要作用。

湍流(turbulence)是大气边界层流体的一种流动状态。当流速很小时,流体分层流动,互不混合,称为层流,也称为稳流或片流;流速逐渐增加,流体的流线开始出现波浪状的摆动,摆动的频率及振幅随流速的增加而增加,此种流况称为过渡流;当流速增加到很大时,流线不再清楚可辨,流场中有许多小漩涡,层流被破坏,相邻流层间不但有滑动,还有混合。这时的

流体做不规则运动,有垂直于流管轴线方向的分速度产生,这种运动称为湍流,又称为乱流、扰流或紊流。

湍流的基本特征是湍流微团运动的随机性。湍流微团不仅有横向脉动,而且均匀烟流通过厚的平板后会产生相对于流体总运动的反向运动,因而流体微团的轨迹极其紊乱,随时间变化很快。湍流中最重要的现象是由这种随机运动引起的动量、热量和质量的传递,其传递速率比层流高好几个数量级。湍流一方面强化传递和反应过程,另一方面极大地增加摩擦阻力和能量损耗。湍流理论的中心问题是求湍流基本方程纳维-斯托克斯方程的统计解,由于此方程的非线性和湍流解的不规则性,湍流理论成为流体力学中最困难而又引人入胜的领域。

湍流交换(turbulent exchange)是由流体的湍流运动引起流体输送和混合的现象及过程,大气的湍流交换是驱动陆地与大气间的能量输送和物质交换的基本过程。大气对流层蕴含 N_2、O_2、CO_2、CH_4、N_2O、CO、O_3、SO_4^{2-}、NO_2 和 OH^- 等气体成分,这些物质与其他系统不断地进行着交换,但在长期的时间尺度上保持着对流层内的相对平衡(图 3.11)。

3.3.4.3 气体扩散与物质交换

扩散(diffusion)是物质分子从高浓度区域向低浓度区域转移,直到均匀分布的现象。有些扩散需要介质,而有些则需要能量,以其驱动力不同被分为不同类型。以浓度差为推动力的扩散,即物质组分从高浓度区向低浓度区的迁移,是自然界最普遍的扩散现象,称为浓差扩散(concentration diffusion);以温度差为驱动力的扩散,即物质组分从高温区向低温区迁移,称为热扩散(thermal diffusion);而在电场、磁场等外力作用下所发生的物质扩散则称为强制扩散(forced diffusion)。

扩散一般可发生在一种或几种物质之间以及同一物态或不同物态之间,由不同区域之间的浓度差或温度差所引起,以前者居多。扩散的原理是气体分子在做无规则的热运动,一般从浓度较高的区域向较低的区域进行扩散,直到同一物态内各种物质的浓度达到均匀或两种物态间各种物质的浓度达到平衡为止。扩散速度在气体中最大,液体中其次,固体中最小,而且浓度差越大、温度越高、参与的粒子质量越小,扩散速度越大。

扩散过程是分子挣脱彼此间的分子引力的过程。在这个过程中,分子需要能量来转化为动能,也就需要从外界吸收热量。晶体学中,扩散是物质内质点运动的基本方式,当温度高于绝对零度时,任何物体内的质点都在做热运动。当物质内有梯度(化学位、浓度、应力梯度等)存在时,由于热运动,质点定向迁移即扩散。因此,扩散是一种传质过程,宏观上表现出物质的定向迁移。在气体和液体中,物质的传递除扩散外还可以通过对流等方式进行;在固体中,扩散往往是物质传递的唯一方式。

气体扩散(gas diffusion)是指某种气体分子通过扩散运动而进入其他气体里的现象。因为气体分子的不规则运动比较激烈,所以其扩散比较明显。扩散

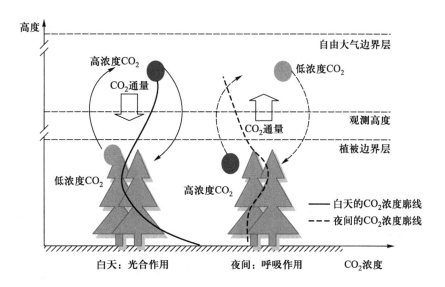

图 3.11 大气边界层的湍流及物质输送(于贵瑞等,2018)

系数(diffusion coefficient, D)是表示气体(或固体)扩散程度的物理量,是物质的物理性质之一。扩散系数被定义为当浓度梯度为一个单位时,单位时间内通过单位面积的气体量(单位:$cm^2 \cdot s^{-1}$ 或者 $m^2 \cdot s^{-1}$),即沿扩散方向,在单位时间每单位浓度梯度下,垂直通过单位面积所扩散的某物质质量或摩尔数,扩散系数的大小主要取决于扩散物质和扩散介质的种类及其温度和压力。

3.3.4.4 植被蒸腾和土壤蒸发

蒸腾(transpiration)是指植物体表(主要指叶子)的水分通过水蒸气的形式散发到空气中的过程。蒸发(evaporation)是指物质从液态转化为气态的相变过程。蒸腾与蒸发不同,蒸腾作用不仅会受到外界环境的影响,还会受到植物的调节和控制,所以蒸腾作用要比蒸发作用复杂得多,蒸腾作用的发生与植物的大小无关,即使是植物的幼苗也能够进行蒸腾。

蒸腾具有重要的生理生态功能。首先,蒸腾作用为植物吸收和运输水分提供动力。叶片的水分散失掉后,叶片细胞液的浓度自然就会提高,于是产生了向叶脉细胞吸水的动力,这样叶片就向茎吸水,茎又向根吸水,迫于强大的压力,根不得不向土壤吸水。其次,水在从根部向叶片运输的过程中,把溶解于水中的各种养料也一并带到了植物全身。最后,蒸腾作用还能帮助植物降温散热。植物像动物一样也怕烈日的烤晒,为了不至于被烤焦,植物就通过蒸腾水分把热量从体内散发出去,以保持一定的体温。

植物进行蒸腾的主要场所是叶片,蒸腾以两种方式在叶片上进行:一种出现在叶片角质层上,称为角质蒸腾;另一种出现在叶片气孔上,称为气孔蒸腾。由于水分对于植物的生长有着重要作用,所以水分的丧失会对植物造成严重的伤害。为了降低蒸腾对植物的不利影响,植物的叶片表面会形成一层角质层,能够有效地阻止水分的流失。此外,植物叶片上的气孔有着精致的结构,这种结构也能减慢水分的流失速度。所以蒸腾作用的主要方式是气孔蒸腾。

溶液的蒸发通常是指通过加热使溶液中一部分溶剂汽化,以提高溶液中非挥发性组分的浓度(浓缩)或使溶质从溶液中析出结晶的过程。通常,温度越高、液面暴露面积越大,蒸发速率越快;溶液表面的压强越低,蒸发速率越快。

蒸发是一种物理变化,是由于液体里面的水分子做无规则运动,由液态变成气态的过程。蒸发在任何温度条件下均可发生,液体蒸发不仅吸热,还有使周围物体冷却的作用。当液体蒸发时,从液体里跑出来的分子要克服液体表面层的分子对它们的引力而做功。这些分子能做功是因为它们具有足够大的动能,比平均动能大的分子飞出液面,速度大的分子飞出去,而留存在液体内部的分子所具有的平均动能就变小了。所以在蒸发过程中,如果外界不能给液体补充能量,液体的温度就会下降。这时,它就要通过热传递方式从周围物体中吸取热量,于是使其周围的物体冷却。

生态系统的植物蒸腾和土壤蒸发是将降落到地面的水分返回大气、实现水循环的过程,其驱动力主要是太阳辐射。由于土壤表面水汽压与空气水汽压存在一定梯度差,在太阳辐射及风的推动下,土壤表面的水分向大气中散失,以增大空气水汽压。冠层截留蒸发也是将降落到生态系统中的水分返回大气的重要途径,其过程与土壤蒸发类似。在冠层郁闭的生态系统中,宽大冠层会将部分降水截留,当冠层表面的水汽压与空气水汽压存在梯度差时,冠层表面水分就以蒸发的形式回到空气中,完成冠层截留蒸发。

3.3.4.5 凝结、升华和挥发

凝结(condensation)是气体遇冷而变成液体的现象及过程,如水蒸气遇冷变成水。温度越低,凝结速度越快。它的逆过程称为蒸发。凝结属于液化形式中的一种,但不完全等于液化。液化单位质量的蒸气为同温度的液体所放出的热量称为该种物质的凝结热。显然,凝结热在数量上等于汽化热。如1 kg水蒸气液化为水时的凝结热为 539 Cal = 2253 J。水蒸气在空气中凝结时,必须有尘埃或带电粒子等组成的凝结核,否则会形成过冷或过饱和蒸汽。一旦在其中吹入细微的尘粒或出现带电粒子,则过饱和蒸汽会很快地发生凝结。

在物理学中,升华(sublimation)是指物质由于温差太大,从固态不经过液态直接变成气态的相变过程;挥发(volatilization)也是一种物理变化,是物质分子的自由散发和自由移动,一般指液体成分在没有达到沸点的情况下成为气体分子逸出液面,不受温度的影响,它可以是液体,也可以是固体。大多数溶液存在挥发现象,因为它们的分子间的吸引力相对较小,并且在做着永不停息的无规则运动,导致分子运动到空气中而挥发。

生态系统具有很多挥发性有机化合物(volatile

organic compound，VOC），它是一类有机化合物的统称，通常是指在室温下饱和蒸气压大于 133.132 kPa、常压下沸点为 50~260 ℃ 的有机化合物，包括烃类、卤代烃、芳香烃、多环芳烃等。VOC 对环境和生态系统都具有重要影响，部分 VOC 在光线的照射下，能和氧化剂发生光化学反应，形成毒性更强的光化学烟雾，对动物和植物造成严重伤害；部分含氟的 VOC，如含氢氯氟烃（HCFCS）和氯氟烃（CFCS），对臭氧层具有破坏作用，引起温室效应。很多 VOC 属于易燃易爆类有机化合物，也对人体有影响，如损害神经（如伯醇类、醚类、醛类、酮类、部分酯类、苄醇类等）、肺中毒（如羧基甲酯类、甲酸酯类）、血液中毒（如苯及其衍生物、乙二醇类）、肝脏及新陈代谢中毒（如卤代烃类）和肾脏中毒（如四氯乙烷和乙二醇类）。

3.4 化学动力学机制驱动的碳、氮、水化学变化过程

地球化学循环是地球物质运动的一种形式，指地球表面和地球内部的各种元素在不同物理化学条件下周期性变化的化学过程，包括无机化学循环、有机化学循环和生物化学循环。生物地球化学循环即生物所需要的化学元素在生物体与外界环境之间的循环过程。这里的"地球"一词是指生物体外的自然环境。

生物地球化学循环又称生物地球化学旋回。在地球表层生物圈中，生物有机体通过生命活动，从其生存环境的介质中吸取元素及化合物（常称矿物质），通过生物化学作用转化为生命物质，同时排泄部分物质返回环境，并在死亡之后又被分解成元素或化合物（亦称矿物质）返回环境介质中。生物地球化学循环还包括物质从一种生物体（初级生产者）到另一种生物体（消费者）的转移或食物链的传递及效应。

自然界的固态物质的移动性很小。地壳变动虽然可以使海底沉积的磷酸盐升至地面，但概率很低。生物可以搬运固态物质，例如海鸟捕食海鱼后把粪排在海岛，从而使一部分海中的磷（可能是上升流由海底带上来的）集中于地面。水速和风速达到一定程度时，水流和风也可携带固体物质。但这几种运动的规模都不大，具有生物学意义的主要是可溶性物质随水流的运动。

生物需要水及其中溶解的营养物，但水流只能由高而低单向流动，即从高海拔流向低海拔，最后汇于海洋，水分蒸发为气态后才能随气流返回内陆，原来溶于水中的物质大部分不能随同返回。气态物质的活动性最强，特别是陆地生物生活于空气中，摄取和排放气态物质都很方便。自然界中的水、碳、氮、磷、硫等重要物质的循环，基本是以液、气两种物态进行的。以溶液方式运动的营养物（如磷）大量地以沉积物的形式贮存在土壤和岩石中，这类物质的循环也常称为沉积型循环。

生态系统科学研究主要关注的是水循环、碳循环、氮循环、磷循环、硫循环及其他矿物质营养元素循环。矿物质营养元素的地球化学循环是指各种矿物元素在不同层次、不同大小的生态系统内，乃至生物圈里，沿着特定的途径从环境到生物体，又从生物体再回到环境，不断地进行着流动和循环的过程。

3.4.1 生物营养元素及其生物功能

地球生命系统的维持依赖于各种营养元素（nutrient element）的供应。生态系统从大气、水体、土壤等环境中获取营养物质，通过植物吸收进入生态系统，进而被其他生物重复利用，最后再归还于环境之中，构成生命元素的生物地球化学循环。

在天然的条件下，地球上可以找到 90 多种元素，多数科学家比较一致的看法是生命必需元素一共有 28 种，包括氢、硼、碳、氮、氧、氟、钠、镁、硅、磷、硫、氯、钾、钙、钒、铬、锰、铁、钴、镍、铜、锌、砷、硒、溴、钼、锡和碘。硼是某些绿色植物和藻类生长的必需元素，而哺乳动物并不需要硼，因此，人体必需元素实际上为 27 种。

28 种生命必需的元素按体内含量的高低可分为宏量元素（常量元素）和微量元素。宏量元素（即常量元素）指占生物体总质量 0.01% 以上的元素，如氧、碳、氢、氮、磷、硫、氯、钾、钠、钙和镁，这些元素在人体中的含量占 0.03%~62.5%，这 11 种元素共占人体总质量的 99.95%。微量元素指占生物体总质量 0.01% 以下的元素，如铁、硅、锌、铜、溴、锡、锰等，这些微量元素占人体总质量的 0.05% 左右。这些微量元素在体内的含量虽小，但在生命活动过程中的作用是十分重要的。

污染元素是指存在于生物体内会阻碍生物机体正常代谢过程和影响生理功能的微量元素。根据资料报道，人体内发现的元素有 70 多种，远比生命必需的元素多得多，这是因为随着自然资源的开发利用和

现代工业的发展,人类对自然环境施加的影响越来越大,环境污染问题变得十分突出。某些元素(如汞、铅、镉等)通过大气、水源和食物等途径侵入人体,在体内积累而成为人体中的污染元素。

生命元素,即使是生命必需的元素,在体内的含量都有一个最佳的浓度范围,超过或低于这个范围,对健康也会产生不利影响。碳、氢、氧、氮、硫、磷是构成生物体内的蛋白质、脂肪、糖类和核糖核酸的基础元素,也是组成地球上生命的基础。土壤中氮的转化途径包括有机氮的矿化和生物固定、矿质氮的化学固定和释放以及氮损失。这些途径在不同程度上均与微生物活动有关,是有生物参与的氧化还原反应。土壤中的磷本身不参与氧化还原反应,但土壤淹水还原后能改变磷的形态,增加磷的有效性。磷、硫、钾、钠、钙、镁、铁、铜、锌、钴等都是岩石圈主要的组成元素,也是动植物所必需的生命元素,主要富集于地幔、地壳、母岩、土壤及水体之中,这些生命元素必须通过生物地球化学循环过程才会转化为生物的有效成分,维持地球生命系统延续,具有重要的生态和环境意义。

3.4.2 风化成土过程、沉淀与沉积

3.4.2.1 风化成土过程

地球表面的成土过程也叫土壤形成过程,是指在各种成土因素的综合作用下,土壤发生发育的过程。它是土壤中各种物理、化学和生物作用的总和,包括岩石的崩解,矿物质和有机质的分解与合成以及物质的淋失、淀积、迁移和生物循环等。

岩石风化(rock weathering)是自然界土壤形成的基本过程。岩石风化成土过程是岩石在物理及化学作用下形成成土母质,进而在生物作用下形成土壤。岩石风化作用分物理风化和化学风化两大范畴。物理风化只使原生矿物破碎,并不改变矿物的成分和结构,但可增大其比表面,从而加速风化的进程。化学风化是指矿物在水解、水化、质子化、离子交换、络合、氧化和还原等化学作用下,结构发生局部改组,直至彻底解体。这种作用为次生矿物的形成创造了条件。生物也在化学风化中起积极作用。矿物的化学风化速率与作用剂的含量、溶液中的离子活度和溶液在剖面内移动的速率有关。由于土壤是一种不均匀体系,各部位理化性质和渗透速率的差异造成矿物风化速度的不同,故土壤剖面内有处于各种风化阶段的矿物。

3.4.2.2 沉淀与沉积

(1)沉淀

沉淀(precipitation)是指发生化学反应时生成不溶于反应物所在溶液的物质,从液相中产生一个可分离的固相的过程,或是从过饱和溶液中析出的难溶物质。沉淀作用表示一个新的凝结相的形成过程,或由于加入沉淀剂使某些离子成为难溶化合物而沉积的过程。产生沉淀的化学反应称为沉淀反应。物质的沉淀和溶解是一个平衡过程,通常用溶度积常数 K_{sp} 来判断难溶盐是沉淀还是溶解。溶度积常数是指在一定温度下,在难溶电解质的饱和溶液中,组成沉淀的各离子浓度的乘积为一常数。分析化学中经常利用这一关系,通过加入同离子而使沉淀溶解度降低,使残留在溶液中的被测组分小到可以忽略的程度。

沉淀可分为晶形沉淀和非晶形沉淀两大类型。$BaSO_4$ 是典型的晶形沉淀,$Fe_2O_3 \cdot nH_2O$ 是典型的非晶形沉淀。晶形沉淀内部排列较规则,结构紧密,颗粒较大,易于沉降和过滤;非晶形沉淀颗粒很小,没有明显的晶格,排列杂乱,结构疏松,体积庞大,易吸附杂质,难以过滤,也难以洗干净。

(2)沉积

沉积作用(sedimentation)是指被运动介质搬运的物质到达适宜的场所后,由于条件发生改变而发生沉淀、堆积的过程。广义指造岩沉积物质进行堆积和形成岩石的作用,包括母岩的解离(提供沉积物质)、解离物质的搬运和在适当场所的沉积、堆积,以及经物理、化学和生物(成岩的)变化,固结为坚硬的岩石。狭义指沉积物进行沉积的作用。更为狭义的定义为介质(如水)中悬浮状物质的机械沉淀作用。河流的沉积作用、冰川的沉积作用、风的沉积作用等对生态系统的物质循环影响很大,具有重大的生态学意义(图3.12)。

河流的沉积作用对生态系统形成和演变具有重要意义。在流水的搬运途中,由于水的流速、流量的变化以及碎屑物本身大小、形状、比重等的差异,沉积顺序有先后之分。一般颗粒大、比重大的物质先沉积,颗粒小、比重小的物质后沉积。因此,在不同的沉积条件下形成砾石、砂、粉砂、黏土等颗粒大小不同的沉积层。当河流携带大量泥沙流动时,由于流速降低,泥沙逐渐沉积,在河流的中下游常常形成宽广平坦的冲积平原和三角洲,如我国的长江中下游平原和长江三角洲、埃及的尼罗河沿岸平原和尼罗河三角洲等。

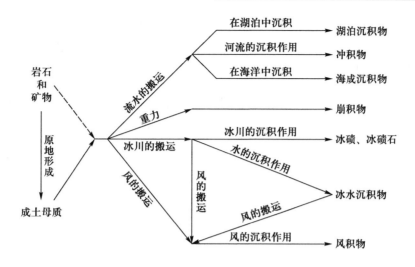

图 3.12 岩石的风化成土与沉积及其影响因素

在碳、氮循环过程中，部分有机碳、氮在水的推动下随径流汇入海洋，并在地层中沉积，形成岩石，暂时离开生态系统的生物小循环。有数据表明，每年约有 38 Tg 的有机氮进入沉积物中。这种有机碳、氮的沉积过程主要受自身重力及流体力学的影响。堆积在一起的沉积物在物理、化学作用下经过漫长的地质过程形成沉积岩。除了随地表径流进入海洋外，有机碳、氮还会在降水的作用下向下运移，并在底层逐渐沉积成岩，即土壤的淋溶沉积过程，该过程主要受水自身的重力作用影响。

3.4.3 土壤化学性质和化学过程

土壤化学性质和化学过程是影响土壤肥力水平的重要因素之一。除土壤酸度和氧化还原性对植物生长产生直接影响外，土壤化学性质主要通过对土壤结构状况和养分状况的干预间接影响植物生长。土壤矿物的组成、有机质的数量和组成、土壤交换性阳离子的数量和组成等都对土壤质地、土壤结构、土壤水分状况和生物活性产生影响。进入土壤的污染物的转化及归宿也受土壤化学性质的制约（图 3.13）。土壤物理性质，如土壤质地、土壤结构和土壤水分状况对土壤胶体数量和性质、电荷特性、氧化还原程度和土壤溶液的组成有明显影响；土壤生物，尤其是土壤微生物，则影响到土壤有机质的积累、分解和更新以及腐殖质的分解。土壤化学（soil chemistry）主要研究土壤中的物质组成、组分之间和固液相之间的化学反应和化学过程，以及离子（或分子）在固液相界面上所发生的化学现象。而土壤生物化学（soil bio-

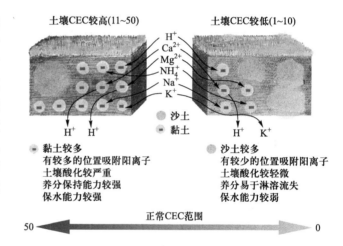

图 3.13 土壤化学性质及其对化学过程的影响
CEC，阳离子交换量。

chemistry）则是阐明土壤有机碳、氮等物质的转化、消长规律及功能的学科。

3.4.3.1 溶解（电离）与淋溶

（1）溶解（电离）

溶解（dissolution）是指两种或两种以上物质混合而成为一个分子状态的均匀相的过程。而狭义的溶解指的是一种物质（溶质）分散于另一种物质（溶剂）中成为溶液的过程。已经达到（化学）平衡、不能再容纳更多溶质的溶液，称为这种溶质的饱和溶液。单位（通常是单位质量）溶剂（有时可能是溶液）所能溶解的溶质的最大值就是"溶质在这种溶剂中的溶解度"。一种溶质在溶剂中的溶解度由它们的分子间作用力、温度、溶解过程中所伴随的熵的变化以及其他物质的存在及多少所决定,有时还与气压或气体溶质的分压有关。

物质溶解于水,通常经过两个过程:一个是溶质分子(或离子)的扩散过程,为物理过程,需要吸收热量;另一个是溶质分子(或离子)和溶剂(水)分子作用,形成水合分子(或水合离子)的过程,为化学过程,放出热量。这里有化学键的破坏和形成,严格来说都是物理-化学过程。其实对于强电解质来说,溶解和电离是难以截然分开的,因为离子的扩散就是电离。不过对于弱电解质来说,首先是扩散成分子(吸热),然后在水分子作用下,化学键被破坏而电离成(水合的)自由离子。

一些溶质溶解后,会改变原有溶剂的性质,如 $NaCl$ 溶解在水中,电离为自由移动的 Na^+ 与 Cl^-,故形成的溶液具有导电性(纯水不导电)。溶剂通常分为极性溶剂和非极性溶剂。水以及非极性溶剂是不能互溶的,将两者混在一起也不会形成均一的混合物,最终会分离为两层,或者形成看起来像牛奶一样的乳浊液。

(2)淋溶

淋溶作用(leaching)指土壤中较细的土粒和化学元素随土壤水分由土壤表层向下层(或底层)移动的过程。其结果是土壤剖面中形成淋溶层与淀积层。淋溶作用使上部土层中的可溶性物质和细微土粒遭到淋洗,并逐渐形成土色变浅、质地变粗、酸度加大、肥力较低的土层,被称为淋溶层。淋溶作用的强弱与生物气候条件有关。一般来说,在湿润气候地区淋溶作用较强,而在干旱、半干旱区淋溶作用微弱或无淋溶。地形较高处淋溶作用较强,地形低洼处淋溶作用弱或无淋溶。依据淋溶强度,可分为 K、Na 淋溶,Ca、Mg 淋溶,黏粒淋溶及 Fe、Al 淋溶等。

因土壤酸碱度不同,溶解的物质不同,淋溶在成土过程中所起的作用也完全不同。常见的大致有三类:①酸性淋溶作用。被淋出的物质以 Fe、Mn、Al 等元素的化合物为主。②中性淋溶作用。热带、亚热带土壤(红壤为主)中多为酸性反应,但它的脱硅作用是在早期土壤盐基淋失不多、土壤呈中性至微碱性反应时进行的。③碱性淋溶作用。如在碱性土壤中含大量 $NaHCO_3$ 与 Na_2CO_3 等碱性盐类,常使土壤胶粒因含大量代换性 Na 而高度分散、土壤结构不良、透水性差,会使大量胶粒淋失。

土壤颗粒表面带有负电荷,吸附矿质阳离子,如 NH_4^+ 和 K^+,使其不易被水冲走,并且它们通过阳离子交换与土壤溶液中的阳离子进行交换。矿质阴离子,如 NO_3^- 和 Cl^-,被土壤颗粒表面的阴离子排斥而溶解在土壤溶液中,所以容易流失。含有 Fe 和 Al 的土粒因 Fe^{2+}、Fe^{3+} 和 Al^{3+} 带有 OH^-,与 PO_4^{3-} 交换,将 PO_4^{3-} 吸附在土粒上,不易流失。植物根部呼吸产生的 H_2O 和 CO_2 生成 H^+ 和 HCO_3^-,分布在根系表面,与土壤颗粒表面矿质元素的阳离子和阴离子交换,使其进入根部。

3.4.3.2 土壤溶液与化学渗透

(1)土壤溶液及其性质

液态水是可溶性营养物的重要载体,自然界的液态水都是水溶液,是生物的生命活动的介质、营养物质运输载体及供给源,物质在水中的溶解以及通过化学渗透的运移是具有重要意义的生物化学过程。

溶液是由至少两种物质组成的均一、稳定的混合物,被分散的物质(溶质)以分子或更小的质点分散于另一物质(溶剂)中。物质在常温时有固体、液体和气体三种状态。因此溶液也有三种状态,大气本身就是一种气体溶液,固体溶液混合物常称为固溶体。一般溶液专指液体溶液。液体溶液包括两种,即能导电的电解质溶液和不能导电的非电解质溶液。所谓胶体溶液,更确切的说法为溶胶,其中溶质相当于分散质,溶剂相当于分散剂。在生活中常见的溶液有蔗糖溶液、碘酒、澄清石灰水、稀盐酸、盐水、空气等。

溶质可以是固体,也可以是液体或气体;如果两种液体互相溶解,一般把量多的一种称为溶剂,量少的一种称为溶质。气体的溶解度是指这种气体在压强为 101 kPa 和一定温度时溶解在单位体积溶剂里,溶液达到饱和状态时的气体体积。固体溶解度表示在一定的温度下,某物质溶解在 100 g 溶剂里,溶液达到饱和状态时所溶解的质量。多数固体的溶解度随温度的升高而增大,但也有少数固体的溶解度随温度的升高而减小。

溶液具有:①均一性(溶液各处的密度、组成和性质完全一样)、②稳定性[温度不变、溶剂量不变时,溶质和溶剂长期不会分离(透明)]和③混合性(溶液一定是混合物)。溶液分为饱和溶液与不饱和溶液。不饱和溶液通过增加溶质、降低温度或蒸发溶剂能转化为饱和溶液。饱和溶液通过增加溶剂或升高温度能转化为不饱和溶液。

（2）渗透扩散与渗透作用

渗透（osmosis）是指水分子以及溶质通过半透膜的扩散，较低浓度溶液中的水或其他溶剂通过半透膜进入较高浓度溶液中的现象。例如，植物细胞的原生质膜和液泡膜都是半透膜，植物的根主要靠渗透作用从土壤中吸收水分和矿物质等。

渗透压（osmotic pressure）是指对于两侧水溶液浓度不同的半透膜，为了阻止水从低浓度一侧渗透到高浓度一侧而在高浓度一侧施加的最小额外压强，即施加于溶液液面上方的恰好能阻止渗透发生的额外压强。简单地说，溶液渗透压是指溶液中溶质微粒对水的吸引力。溶液渗透压的大小取决于单位体积溶液中溶质微粒的数目，溶质微粒越多，即溶液浓度越高，对水的吸引力越大，溶液渗透压越高；反过来，溶质微粒越少，即溶液浓度越低，对水的吸引力越弱，溶液渗透压越低。在比较两种溶液渗透压高低时以两种溶液中的溶质分子的量为标准；如果溶质分子量相同，也可以用质量分数比较。

渗透作用是水分子从水势高的系统通过半透膜向水势低的系统移动的现象。因此渗透作用发生的条件有两个：一是要有半透膜；二是半透膜两侧要有物质的浓度差。植物的细胞与细胞之间，或细胞浸于溶液或水中，只要原生质层两侧溶液有浓度差，都会发生渗透作用。实际上，生物膜并非理想的半透膜，它是选择性透膜，既允许水分子通过也允许某些溶质通过，但通常溶剂分子比溶质分子通过得要多得多，因此可以发生渗透作用。植物细胞的细胞壁有保护和支持作用，可以产生压力而逐渐使细胞内外水势相等，细胞满足动态平衡。

植物吸收水分有吸胀作用（未形成液泡）和渗透作用（形成液泡后）两种方式。吸胀作用（imbibition）是亲水凝胶吸附水分子，并使其膨胀的过程，为非生命的物理过程。植物组织中含有很多这类物质，如纤维素、果胶物质、淀粉和蛋白质等，它们具有很强的亲水性，在未被水饱和时，就有很强的潜在的吸水能力。吸胀作用是没有液泡的植物细胞吸收水分的方式，如生长点的细胞、干种子细胞等。

渗透作用是具有液泡的成熟植物细胞吸收水分的方式，其原理是：原生质层具有选择透过性，原生质层内外的溶液存在着浓度差，水分子就可以从溶液浓度低的一侧通过原生质层扩散到溶液浓度高的一侧。能够通过渗透作用吸水的细胞一定是一个活细胞。

3.4.3.3 氧化和还原反应

氧化还原（oxidation-reduction）反应指电子从一个反应物向另一个反应物转移的过程，其产生的化学能可被生物有机体所利用。在这些反应中，能量源放出一个或更多电子（氧化），这些电子转移到电子受体上（还原）。氧化还原电势（redox potential）是由于系统中所含物质具有得电子或失电子的趋向而产生的电势。

由于土壤的离子与化学组成不同，其中的氧化还原电势范围很广。由于土壤中多种氧化还原体系的存在和固、液、气相的参与，其平衡过程复杂；加上生物的参与，表现出更为活跃的特征。土壤中的氧化还原反应不仅对土壤本身（包括成土过程、土壤肥力和土壤环境）有影响，而且对其他圈层（包括大气圈、生物圈、水圈和岩石圈）的物质循环和生态环境都有极大影响。

土壤的氧化还原电位是表示土壤氧化还原性程度的一个综合性指标。其含义是：当一支能传递电子的"惰性"的铂电极插入土壤时，在土壤和电极之间建立的一个电位差。以 Eh 表示，单位为毫伏。它是由土壤中存在的氧化性和还原性物质产生的。氧化性物质（如 O_2 等）越多，土壤的氧化还原电位越高，表示其氧化性越强。从数量关系来说，根据能斯特（Nernst）公式，土壤的氧化还原电位是由土壤中的氧化还原体系的标准电位（$E°$）和氧化剂与还原剂的活度比所决定的。

土壤中的氧化还原性受土壤中易分解的有机质、易氧化或易还原的无机物质以及 pH 值等因素的影响。土壤中易分解的有机质是土壤微生物的营养物质和能源物质，在嫌气的分解过程中，微生物夺取有机质中所含的氧，形成各种还原性物质。微生物细胞死后的自溶作用也能产生还原性较强的有机质，结果就使土壤的氧化还原电位下降。土壤中易还原的无机物质较多时，可阻滞还原条件的发展。例如土壤中的硝酸盐和氧化铁量高时，可使 Eh 值下降缓慢，并稳定在一定值。相反，易氧化的无机物质，如水溶性硫化物含量高时，则还原条件发达。由于土壤中的各种氧化还原反应大多有质子的参与，pH 值对氧化还原强度也有直接的影响。对于同一种土壤，pH 值越低，则氧化还原电位越高。理论上，在 25 ℃时氧体系 $\triangle Eh/\triangle pH$ 的值为 -59 mV/pH；其他体系的相关因数由反应时的 H^+/e 值来决定。土壤中此相关因数的变异范围一般为$-200 \sim -50$ mV/pH,这显然取决于各体系的本性。

土壤中氮的转化途径包括有机氮的矿化和生物固定、矿质氮的化学固定和释放以及氮的损失。这些途径在不同程度上均与微生物活动有关。在影响微生物活动的因素中,氧化还原状况是重要因素之一。其中,氮的硝化-反硝化过程本身就是有生物参与的氧化还原反应。土壤中的铵氧化成NO_3^-的反应中氧化剂一般是氧,在淹水条件下土壤中无定形氧化铁和氧化锰也可作为铵氧化的电子接收体。虽然硝化作用产生的NO_3^-也是植物可利用的形态,但NO_3^-易淋失或反硝化损失,并导致环境污染。反硝化作用是厌氧条件下NO_3^-逐步还原成N_2的过程,一般反硝化损失的氮比NO_3^-淋失的氮多得多。土壤中的磷本身不参与氧化还原反应,但土壤淹水还原后能改变磷的形态,增加磷的有效性。土壤的氧化还原作用还影响磷酸根在土壤表面的吸附行为。酸性土壤淹水还原后pH值升高,磷酸根在可变电荷表面吸附量减少,溶液中的磷酸根浓度增加。还原过程释放的磷酸根又可被还原过程中形成的$Fe(II)-Fe(III)$化合物再吸附。土壤中一些微量元素,如Cu、Co、Mo、Fe、Mn等在土壤中有价态变化,参与土壤氧化还原反应,从而使自己的形态发生转化。同时,许多微量元素可吸附在铁、锰氧化物表面或在其表面形成共沉淀,还原反应发生时,铁、锰氧化物还原溶解,吸附的这些微量元素被释放。

土壤有机碳的转化不仅与微生物的活动密切相关,还受到氧化还原状况的制约。在渍水还原条件下,有机碳还原降解,产物多为各种有机酸和甲烷;在通气土壤中,有机碳以氧化降解为主,产物主要是CO_2。更重要的是,一些有机化合物直接参与土壤氧化还原反应,它们是土壤各种氧化还原体系的最终电子供体。温室气体包括CH_4、CO_2、N_2O及SO_2在内的多种硫化物,土壤是这些痕量气体的重要地表源,控制这些痕量气体产生的主要土壤化学过程就是氧化还原反应。可以说,在很大程度上,这些痕量气体是土壤氧化还原过程的产物。

3.4.3.4 分子络合与解离反应

络合(complexation)是电子对给予体与接受体互相作用而形成各种络合物的过程,也称为配位反应。给予体有分子或离子,不论构成单质或化合物,凡能提供电子对的物质,都称为给予体。接受体有金属离子和有机化合物。络合反应实质上是一个或几个溶剂分子被其他基团所取代的过程,因此,水溶液中金属离子的络合作用可用下面的方程式表示:

$$M(H_2O)_n + L = M(H_2O)_{n-1}L + H_2O \quad (3.1)$$

式中,L可以是分子,也可以是带电的离子。络合物中未被取代的水基团可被其他L基团继续取代,直至生成络合物ML_n为止。与中心离子相结合的一切基团统称为配位体。

解离是指化合物或分子在溶剂中释放出离子的过程。解离的程度可以用解离度K来表示。通常来说,解离是吸热反应。解离的机理是进行交换反应的化合物先解离成离子或自由基,重新复合为分子时发生同位素的重新分配。大多数气相分子的化学键的键能较高,只有高温下解离机理才适用。例如氢同位素歧化反应在温度不太高时,按半解离机理进行,需要催化剂。高温条件下,氢分子的解离度到游离原子的平衡浓度可以和分子浓度相比时,解离机理开始显著。

3.4.3.5 土壤的吸附与离子交换

土壤吸附性是土壤化学性质之一,指土壤吸附液体和溶解于液体中的物质的能力。土壤吸附性是土壤保蓄养分和具有缓冲性的基础;并能影响土壤的酸碱性、养分的有效性、土壤的结构性以及土壤中生物的活性,在一定程度上还能反映成土过程的特点。此外,影响环境质量的许多物质,尤其是重金属离子,在进入土壤之后的动向也受土壤吸附性制约。

土壤吸附是土壤中固、液相界面上离子(或分子)的浓度高于该离子(或分子)在土壤溶液中的浓度时出现的界面化学行为。根据产生这种行为的机理,土壤吸附性可分为以下几种类型:

①物理性吸附。物理性吸附又称分子吸附或非极性吸附,指土壤颗粒表面对溶于水的物质分子的吸附,由土壤胶体系统力求降低其表面能所致。因此在土壤-溶液体系中,凡能降低溶液表面张力的物质就被土壤吸附,而凡能增加表面张力的物质则为负吸附。

②土壤化学交换性吸附。土壤化学交换性吸附指带净负电荷或净正电荷的土壤细粒借静电引力而对溶液中带异性电荷的离子或极性分子的吸附。交换性吸附是可逆的,当土壤固相从溶液中吸附离子时,土壤固相必然发生另一类同号离子的解吸过程,且吸附和解吸是等当量地进行的。因而,离子的交换

性吸附实际上即为固、液相上的离子交换过程。土壤带净负电荷时即为阳离子交换过程,带净正电荷时即为阴离子交换过程。

③土壤化学专性吸附。土壤化学专性吸附指非静电因素引起的土壤对离子的吸附,主要由离子在土壤中的水合氧化物型表面形成配位键所致。土壤胶体表面不论带正电荷、负电荷或不带电荷,均可发生这类吸附。被专性吸附的重金属离子不能被钠、钾、铵等离子置换,有时也不能被钙和镁离子所置换,但可在 pH 值为 1~2 的溶液中解吸,或被亲和力更大的金属离子所置换。土壤黏粒中的矿物组成、离子本性和土壤体系的 pH 值都会影响对重金属离子的吸附。

④土壤化学吸附。土壤化学吸附又称化学沉淀,指外加入土壤中的物质与土壤溶液中的离子或与土壤固相表面发生化学反应,形成新的难溶性化合物的现象。如铜、锌、镉等离子进入石灰性土壤时形成难溶性的碳酸盐沉淀。磷酸、砷酸、硒酸等阴离子被土壤中铁、铝氧化物强烈吸附的现象也常用化学吸附来解释。

随着土壤在风化过程中形成,一些矿物和有机质被分解成极细小的颗粒,这些颗粒称为“胶体”。每一胶体带净负电荷,电荷是在其形成过程中产生的。它能吸引保持带正电的颗粒,就像磁铁不同的两极相互吸引一样。阳离子是带正电荷的养分离子,如钙、镁、钾、钠、氢和铵。黏粒是土壤带负电荷的组分,这些带负电的颗粒吸引、保持并释放带正电荷的养分颗粒(阳离子)。有机质颗粒也带有负电荷,吸引带正电荷的阳离子。

土壤阳离子交换量(cation exchange capacity, CEC)是指土壤胶体所能吸附各种阳离子的总量,其数值以每千克土壤中含有各种阳离子的摩尔量来表示,即 $mol \cdot kg^{-1}$。不同土壤的阳离子交换量不同,主要取决于土壤中黏粒的含量及其矿物类型(有机胶体>蒙脱石>水化云母>高岭石>含水氧化铁、铝)和土壤有机质的含量。由于黏粒矿物类型和有机质的组成受生物气候影响,所以土壤黏粒的阳离子交换量也具有一定的地带性。

土壤交换性阳离子经常处于吸附-解吸的动态平衡之中,极易受自然因素和人为措施的影响,加上成土母质不同,因而土壤的交换性阳离子的组成差异很大。这种差异主要表现在盐基阳离子(主要是钙、镁、钾、钠)与氢、铝离子的相对比例,以及钠与其他阳离子的比例上。前者通常以盐基饱和度表示,即盐基阳离子占 CEC 的百分比;后者以交换性钠百分比(ESP)表示,即交换性钠占 CEC 的百分比。我国北方土壤多为盐基饱和,而南方酸性土壤则盐基饱和度很低。一般土壤的 ESP 都小于 5%,但碱化土壤的 ESP 值可大于 10%,大于 20% 时为强碱化土壤。

3.5 生物因素驱动或制约的碳、氮、水循环过程

生态系统碳、氮、水循环是生态系统与环境之间进行的物质交换和能量流动,包含一系列的物理和化学过程。但是碳、氮、水循环各个环节中,物质在物理学应力下的运输需要通过生物介导,受到生物因素和生物规律的制约(图 3.14)。例如,植物气孔通道控制的气体交换,植物根系和输导系统中水分和矿质元素的吸收和传输,这些过程都需要植物的生理生态调控,并不是简单的物理过程。

就生物调控下的生态系统碳、氮、水循环及其耦合关系而言,具有重要意义的四个关键生物物理或者生物化学过程为:①植物气孔行为控制的光合-蒸腾作用生物物理过程;②植物根系吸收水分和养分的生物物理与生物化学过程;③土壤-植物系统物质转移和传输的生物物理与生物化学过程;④土壤微生物功能群网络分解和转换碳、氮的生物化学过程。因为这四个生物-物理-化学复合过程的行为及环境响应规律基本上决定了生态系统碳-氮-水耦合循环的主体特征,所以对这些过程机理或机制的理解与科学认知就构成生物群落调控生态系统碳-氮-水耦合循环过程机制的理论基础。

3.5.1 植物气孔通道控制的气体交换

生态系统的水循环和碳循环是两个最为重要的生物地球化学循环,而这两个循环同时受植物气孔通道控制的气体交换过程所制约。地球上的海水占地球总水量的 97%;淡水只占 3%,其中又有 3/4 为固态(冰)。液态水是可溶性营养物的重要载体,但是陆地上可利用的淡水不足地球总水量的 1%。淡水湖泊含水量占地球总水量的 0.3%,土壤含水量也占0.3%,河流只占 0.005%,还有少量水结合于生命体的物质之中。陆地上的淡水分布很不均匀,生物地球化学循环既有区域差异,也有季节/年际差异。水分的垂直移动主要表现为三种情况:一是太阳辐射的热

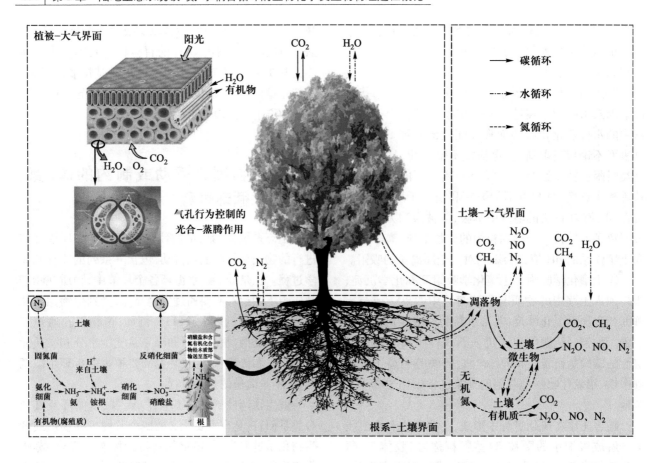

图 3.14 植物生物物理过程制约碳、氮、水循环模式

力作用使水面及土壤表层的水分蒸发;二是植物根系吸收的大量水分经叶面蒸腾;三是空中的水汽遇冷后又凝结降落。空中气态水的周转速度很快,一般持水量不大。水分的水平移动,在空中表现为气态水随气流的移动,在地面表现为液态水自高向低的流动。所以,水循环的动力就是太阳辐射和重力作用。

碳是构成一切有机物的基本元素。绿色植物通过光合作用将吸收的太阳能固定于碳水化合物中,这些化合物再沿食物链传递并在各级生物体内氧化放能,从而带动群落整体的生命活动。因此碳水化合物是生物圈中的主要能源物质,生态系统的能流过程即表现为碳水化合物的合成、传递与分解。自然界有大量碳酸盐沉积物,但其中的碳难以进入生物循环。植物吸收的碳完全来自气态 CO_2,生物体通过呼吸作用将体内的 CO_2 作为废物排入空气。

气孔是植物叶片表层的重要器官,是 CO_2 和水汽进出植物体内的共同通道,也是植物光合作用与蒸腾作用平衡关系的调节器。CO_2 和水汽通过气孔进出植物体的速率决定植物进行光合作用的底物量及水汽

溢出速度,进而控制光合和蒸腾作用强度。在这一过程中,植物叶片中气孔的数量、大小及开闭程度影响 CO_2 及水汽的进出速度,受植物自身所处环境及自我调节功能控制,是生物过程主导;而 CO_2 及水汽的进出是沿着浓度梯度从浓度高的区域向浓度低的部位扩散,表现为物理过程。因此气孔行为控制光合-蒸腾作用成为碳、氮、水循环中典型的生物物理过程。

植物气孔行为控制的光合-蒸腾作用反映了生态系统与大气间最大的碳通量和水通量,是生态系统碳-氮-水耦合循环的基础。由于光合作用和蒸腾作用的气体交换均通过气孔来实现,采用共同的通道,所以光合作用和蒸腾作用表现出紧密的耦合关系,即单位蒸腾作用的增加伴随着光合作用成比例增大。植物气孔行为控制的光合-蒸腾作用机理可能与植物维持单位水分消耗的最大固碳收益有关。为了维持单位水分消耗下的最大固碳收益,植物有保持细胞内外 CO_2 浓度比恒定的特性。当外界环境因素改变时,植物叶片光合速率发生改变,导致细胞内 CO_2 随之改变;细胞内 CO_2 浓度的变化使得细胞内的酸碱

度改变,进而调节气孔的开闭,使得蒸腾速率也随之变化,从而表现为气孔行为控制了光合-蒸腾作用。

3.5.2 植物根系和输导系统中水分的吸收与传输

陆生植物的根从环境中吸收的水分需要运输至其他地上器官,供给植物代谢或者通过蒸腾作用散发到体外。水分首先从土壤溶液进入根系,通过皮层薄壁细胞进入木质部的导管和管胞中;然后水分沿木质部向上运输到茎或叶的木质部,水分从茎、叶木质部的末端细胞进入气孔下腔附近的叶肉细胞细胞壁蒸发部位;最后水蒸气就通过气孔蒸腾出体外。

根部吸水的途径主要有三个,分别为质外体途径、穿细胞途径和共质体途径(详见第4.4节)。这三种途径的共同作用使得根部得以吸收水分。

植物根吸收水分的动力主要是根压和蒸腾拉力。根压吸水是指根部的细胞由于生理活动需要,皮层细胞离子会不断通过内皮层细胞进入中柱,此时中柱内细胞的离子浓度升高,渗透势降低,水势降低,从而向皮层吸收水分。根压把根部的水分压到地上部,土壤中的水分便不断补充到根部,从而形成根系的吸水过程。这种吸水过程是由根部形成的动力而引起的主动吸水。

蒸腾拉力吸水则是一种由枝叶形成的动力传到

根部而导致的被动吸水。叶片发生蒸腾作用时,气孔下腔附近的叶肉细胞因蒸腾失水而水势下降,于是从旁边细胞吸取水分,如此向下逐层吸水,最后根部就从环境中吸收水分。这种蒸腾作用产生的一系列水势梯度使导管中水分上升的力量称为蒸腾拉力。

高等植物的叶片在被雨水、露水等湿润时,会吸收少量的水,但植物吸水更多的是通过根系从土壤中吸收大量的水分。植物根的吸水主要在根尖进行,在根尖中,根毛区的吸水能力最强,而根冠、分生区和伸长区吸水能力相对较弱(图3.15)。

根系以其庞大的表面积(主要来自根尖上着生的根毛)与土壤水分相接触。当叶片蒸腾失水时,其水势比土壤水势显著降低,则在植株体内形成水势梯度,水分自土壤经根毛表面向根内流动。当地上部不蒸腾,也没有蒸腾所造成的低水势来牵引蒸腾流时,根系也能吸收土壤中的水分,并推动水经木质部流向地上部,被称为主动吸水,所产生的压力称为根压。

在夜间和清晨空气湿润时,某些植物(特别是它们的幼苗和叶尖)分泌出水滴,称为吐水;在切断植物的茎时,连根部分的切端上木质部处形成水珠,称为伤流。这两种现象都是根压造成的。根压一般不超过0.2 MPa,远较蒸腾造成的拉力小,因此在植物吸水总量中贡献很小,也不足以将水运到离地几十米的树冠上去。进入根系后的水主要沿着运输阻力较小

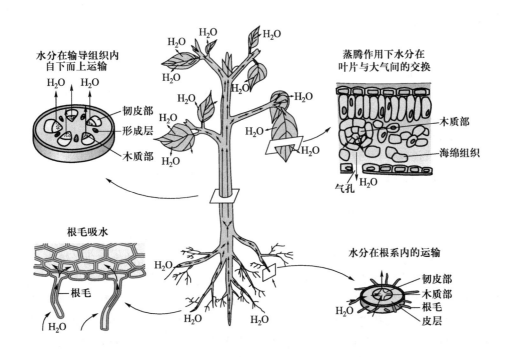

图 3.15　植物根系和输导系统的水分中吸收与传输

的质外体运动,但根的内皮层有不透水的凯氏带将质外体的通道阻断,水只能通过属于共质体的细胞质朝木质部方向移动。

3.5.3 植物根系和输导系统中矿质元素吸收与传输

植物的生活需要水和无机盐,根系是植物从外界环境吸收养分的主要器官,从土壤中吸收水分和无机盐。根部既可以从土壤溶液中吸收矿物质,也可吸收被土壤颗粒吸附的矿物质。同根系吸水一样,根吸收矿质元素的主要部位是根尖。溶液中的矿物质分别通过吸附在根表面和从根表面进入根内部两个过程被吸收。

矿质元素以离子的形式或其他形式进入导管后,随着蒸腾流一起上升,也可以顺着浓度差而扩散。例如,在植物体内存在两套 NO_3^- 转运系统,即高亲和力转运系统(high-affinity transport system,HATS)和低亲和力转运系统(low-affinity transport system,LATS)。当外界 NO_3^- 浓度较低时,根系吸收 NO_3^- 主要依靠 HATS;当外界 NO_3^- 浓度较高时,则主要依赖于 LATS。根部 NO_3^- 转运蛋白在植株吸收外源氮过程中起着重要作用,但当前的很多研究认为,NO_3^- 转运蛋白活性与 NO_3^- 吸收量之间并无显著的相关关系。

细胞不仅从环境中吸收水分,还需要吸收大量的营养元素(某一类矿质元素)。植物细胞吸收营养物质有四种类型:通道运输、载体运输、泵运输和胞饮作用。通道运输理论上是指细胞质膜有内在蛋白构成的通道,横跨膜的两侧。而通道大小和孔内电荷密度对离子有一定的选择性,目前质膜上已知的离子通道有 K^+、Cl^-、Ca^{2+} 和 NO_3^- 通道等。载体运输是指质膜上的载体蛋白有选择地与质膜一侧的分子或离子结合,形成载体-物质复合物,通过载体蛋白构象的变化,透过质膜,把分子或离子释放到质膜另一侧。泵运输是指质膜上存在 ATP 酶,它催化 ATP 水解释放能量,驱动离子运转。胞饮作用是细胞通过膜的内折,从外界直接摄取物质进入细胞。

植物体还可以通过叶片吸收矿质元素,但主要是根部吸收。植物地上部分吸收的矿质养分被称作根外营养。吸收根外营养的主要器官为叶片,故又称作叶片营养。营养物质可以通过气孔进入叶片,但主要是通过角质层透入叶内。角质层不易透水,但其有呈微细孔道的裂缝,可以让溶液通过。溶液到达表皮细胞细胞壁后,进一步通过细胞壁中的外连丝到达表皮细胞的质膜,之后就转运到细胞内部,最后到达叶脉韧皮部。

3.6 微生物化学过程制约的土壤物质循环

土壤生物(soil organism)是土壤中活的有机体的总称,包括生活在土壤中的微生物、动物和植物等。土壤生物参与岩石的风化和原始土壤的生成,对土壤发育、土壤肥力的形成和演变以及高等植物营养供应状况有重要作用。土壤物理性质、化学性质和农业技术措施对土壤生物的生命活动有很大影响。

狭义的土壤生物是指栖居在土壤中的活的有机体,可分为土壤微生物和土壤动物两大类。前者包括细菌、放线菌、真菌和藻类等类群,后者主要为无脊椎动物,包括环节动物、节肢动物、软体动物、线形动物和原生动物。原生动物因个体很小,故也可视为土壤微生物的一个类群。土壤生物除参与岩石的风化和原始土壤的生成外,还具有以下功能:①分解有机物质,直接参与碳、氮、硫、磷等元素的生物循环;②参与腐殖质的合成和分解;③某些微生物具有固定空气中氮、溶解土壤中难溶性磷和分解含钾矿物等能力;④土壤生物的生命活动产物(如生长激素和维生素等)能促进植物的生长;⑤参与土壤中的氧化还原过程。

土壤微生物控制下的生物地球化学循环是十分复杂的网络系统,通常分为封闭循环(closed circulation)和开放循环(open circulation)。封闭循环指生物体及其生长基质(土壤)间的循环。该循环包括生态系统内部各组分间的植物营养元素的吸收、积累、分配及归还的过程,以及废物生产、再矿化和各种化学转化途径。开放循环则是指大气、生命体及其生长基质间的循环,包括流入、流出,主要是通过气象、水文地质和生物三条途径来实现。

土壤生物介导的生物地球化学循环过程均借助于土壤生物酶催化的生物化学过程和行为实现,这些生物化学过程可能在生物体内,也可能在体外。因此可把生物酶分为体内酶和体外酶,就是说土壤生物介导的生物地球化学循环是由植物根系、菌根生物、土壤动物和土壤微生物的体内酶或者它们分泌的体外酶联合驱动的生物化学网络所构成,按照生态学规则而持续运转(图 3.16),呈现出多种多样的循环模式

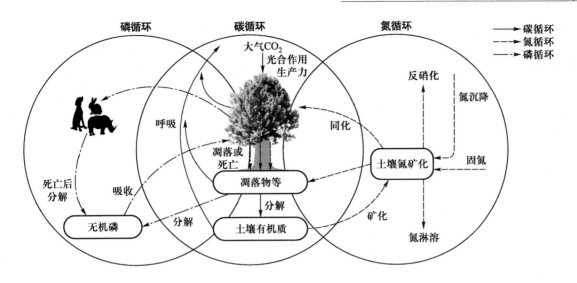

图 3.16 土壤生物调控的生物地球化学循环

生态系统的碳、氮、磷循环为生物调控的耦合的生物化学网络,其主要过程包括土壤氮矿化、硝化、反硝化等作用,土壤呼吸,凋落物及动植物残体分解,土壤有机质矿化和腐殖化,植物和微生物的碳、氮、磷营养吸收、代谢、利用和分配等。

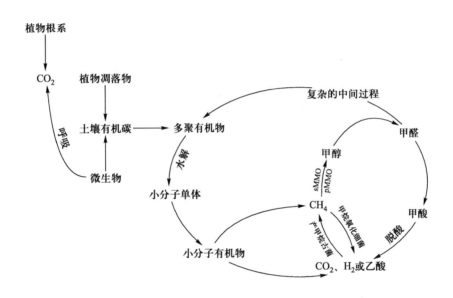

图 3.17 土壤碳循环主要过程

植物凋落物经过腐殖化作用形成土壤有机碳,土壤有机碳经微生物分解产生 CO_2 释放到大气中,植物根系及土壤微生物呼吸也会产生 CO_2 释放到大气中。

及生态功能,维持着生态系统的物质生产-物质消耗-分解还原的有效运转,提供植物生长需要的营养元素、净化环境及保持适宜的物理化学环境状态。

3.6.1 微生物催化的土壤碳循环过程

微生物催化的土壤碳循环过程是生态系统碳循环的重要部分,是决定土壤碳库动态的生物学控制过程(图 3.17)。植物光合作用产生的碳水化合物是生物圈的能源物质,生态系统碳循环过程也是能量的流动和转化过程,即表现为碳水化合物的合成、传递与分解。

绿色植物和土壤自养微生物通过光合作用或化能合成作用将吸收的太阳能固定于碳水化合物中,这些化合物再沿食物链传递并在各级生物体内氧化放能,从而带动群落整体的生命活动。

3.6.1.1 自养微生物的 CO_2 固定

在陆地生态系统中存在着大量的自养微生物。但是自养微生物在传统认识中一直被认为只担负有机质矿化的任务,其固定大气中 CO_2 的作用一直被忽略。光能自养和化能自养生物同化 CO_2 的主要途径是卡尔文循环,其中核酮糖-1,5-双磷酸羧化酶(Rubisco)作为控制卡尔文循环速率的关键酶,控制 Rubisco 的编码基因 cbbL 近年来在陆地生态系统的研究中受到重视。Yuan 等(2012)通过微宇宙培养结合碳同位素示踪技术发现,供试农田土壤微生物具有较高的 Rubisco 活性。陈晓娟等(2014)选取6种典型农田土壤,通过 ^{14}C 连续标记示踪技术,采用密闭系统模拟培养的方法,定量测定了土壤自养微生物的碳同化潜力及其向土壤活性碳库组分的转化、不同土壤自养微生物细菌固碳功能基因(cbbL)的丰度及关键酶 Rubisco 的活性。结果表明,土壤 ^{14}C-SOC(土壤有机碳中的 ^{14}C 含量)与 ^{14}C-MBC(微生物生物量碳中的 ^{14}C 含量)及 Rubisco 活性均呈极显著正相关关系,说明土壤对大气 CO_2 的同化作用主要依靠自养微生物参与的同化过程,且较高的 Rubisco 活性意味着较高的自养微生物 CO_2 同化潜力。

3.6.1.2 甲烷产生与氧化

厌氧条件下的土壤(如水稻土)的有机质降解产生甲烷(CH_4)是一系列土壤微生物共同作用的结果,大致可以分为三个阶段:①水解过程,即复杂的大分子有机质在胞外酶的作用下被水解为小分子单体,单体发酵被分解成小分子有机物,如乙醇等。②乙酸形成过程,即小分子有机物在互营菌和同型产乙酸菌的共同作用下形成乙酸、CO_2 和 H_2。③产甲烷过程,即乙酸、CO_2 和 H_2 在产甲烷古菌的作用下最终生成 CH_4

(Conrad, 1999)。

产甲烷古菌根据底物不同可分为两大类型,利用乙酸的乙酸营养型古菌和利用 CO_2 或 H_2 的氢营养型古菌。根据以往的研究,水稻土中的产甲烷古菌有多种类型,其中 Methanosarcinaceae 和 Methanosaetaceae 为乙酸营养型古菌,在产甲烷古菌中常占有优势(Liesack et al., 2000),也有研究显示,RC-I 在水稻根际土壤的产甲烷过程中非常活跃(Lu and Conrad, 2005)。

甲烷氧化在土壤中的甲烷循环中有重要作用,主要发生在表层土和根际好氧区域中。土壤中的甲烷氧化是由甲烷氧化细菌(methane oxidizing bacteria, MOB)完成。甲烷氧化细菌将甲烷氧化成为 CO_2,并且获得自身生长所需要的能量,甲烷氧化细菌利用甲烷作为唯一的碳源和能量来源。甲烷氧化细菌普遍存在于稻田、旱田、草地、森林、沼泽等环境中。甲烷氧化细菌一般分为两类:一是 I 类型,属于 γ 变形菌,利用 5-磷酸核酮糖途径氧化甲烷;二是 II 类型,属于 α 变形菌,利用丝氨酸途径氧化甲烷。另外有研究在极端嗜酸环境下首次在变形菌门之外发现了疣微菌门的三株甲烷氧化细菌(Dunfield et al., 2007)。

甲烷氧化的第一步由甲烷单加氧酶(MMO)催化甲烷氧化成甲醇。甲烷单加氧酶可分为颗粒状甲烷单加氧酶(pMMO)和可溶性甲烷单加氧酶(sMMO)。几乎所有的甲烷氧化细菌都含有 pMMO,而只有部分甲烷氧化细菌含有 sMMO。因此编码 pMMO α 亚基的 pmoA 基因常用来研究甲烷氧化细菌的多样性(Kolb et al., 2003)。

3.6.1.3 土壤有机质矿化与腐殖化

(1)土壤有机质的类型

土壤中的有机质是土壤固相物质组成之一,是除土壤中的碳酸盐及 CO_2 以外的各种含碳化合物的总

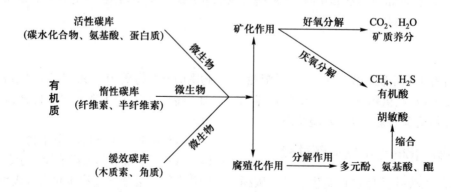

图 3.18 土壤有机质的类型、转化、腐殖化和矿化作用

称,由土壤中(或加入土壤中)的植物、动物和微生物等生物残体(死亡组织)转化而来。在转化过程中,大部分生物残体在微生物的作用下,以较快的速度被分解为 CO_2 和 H_2O,消散于大气之中,仅有一小部被转化为土壤有机质(图3.18)。

根据土壤有机质分解的难易程度,可以将土壤有机质分为活性碳库和惰性碳库,以及介于两者之间的缓效碳库。其中,活性碳库是指容易被土壤微生物分解矿化,并对植物、微生物来说活性比较高的那部分有机碳,如碳水化合物、氨基酸和蛋白质等。惰性碳库是指土壤中存在的极难分解的那部分有机碳,如纤维素和半纤维素等。而缓效碳库则是化学性质和物理性质稳定介于活性和惰性碳库之间的那部分有机碳,如木质素和角质。

土壤中的细菌个体较小、表面大,使得它们能够在底物丰富的地方迅速吸收可溶性底物。土壤中容易被利用的活性碳库,主要是被细菌分泌的胞外酶所降解。土壤中的真菌生成菌丝,形成菌丝网络,扩大了养分及能量获取范围,所以在底物缺乏时土壤中的真菌具有明显的优势。真菌能够分泌木质素和纤维素降解酶,催化降解土壤中的惰性碳库。

土壤腐殖质(humus)是指已排除未分解和半分解生物残体后,土壤中所保留的含碳化合物,是土壤有机质存在的主要形态。土壤腐殖质不是一种纯化合物,而是代表一类有着特殊化学和生物特性的、构造复杂的高分子化合物,呈酸性,颜色为褐色或暗褐色。土壤腐殖质以各种方式与土壤矿物质结合在一起,形成腐殖质-矿物质复合物(或称有机-无机复合物)。必须借助各种有机或无机提取剂(通常用稀碱液)方能将它们从土壤中萃取、分离出来。按化学上的复杂程度,腐殖质可分为:①非腐殖物质。指土壤腐殖质中生物化学上已知的各类化合物,如氨基酸、碳水化合物和类脂化合物等,大多是生物残体的分解产物。②腐殖物质。指土壤腐殖物质中棕色至黑色的、酸性的高分子化合物,为生物残体的分解产物经微生物的再合成作用而形成的产物。在土壤中,这两类物质难以截然区分,因非腐殖物质(如碳水化合物)常与腐殖物质以共价键的形式结合在一起,而腐殖物质中又常含有非腐殖物质中的各种生物化学化合物。

腐殖物质按其在酸、碱溶液中的溶解度,通常分为三种类型:①胡敏素,即腐殖物质中不溶于酸和碱的部分;②胡敏酸,即腐殖物质中溶于碱不溶于酸的部分;③富啡酸,即腐殖物质中既溶于碱又溶于酸的

部分。此外,胡敏酸溶于乙醇的部分称吉马图眉南酸。在电解质存在的条件下,胡敏酸的碱溶液中加入电解质还可分离出灰色胡敏酸和棕色胡敏酸,前者为沉淀部分,后者为溶解部分。胡敏素、胡敏酸和富啡酸的化学组成和结构基本相似,它们的分子中心是一稠环或易生稠环的芳香核,核外通过共价键、离子键或氢键连接着氨基酸(多肽)、碳水化合物、简单的酚酸和金属离子。但分子的大小以及与土壤矿质部分结合的牢固程度则各不相同,因而在各种溶剂中的溶解度也不一。

(2)土壤有机质的矿化作用

土壤有机质矿化作用(mineralization)是土壤有机质通过分解变为简单无机化合物并放出 CO_2 的过程,是在微生物作用下进行的。有机质的矿化过程除了产生各种可供作物吸收的养分外,也为进一步合成腐殖质提供原料。碳水化合物可彻底分解成 CO_2 和 H_2O。含氮化合物经水解和氧化,可产生氨并溶解于土壤溶液形成铵盐;氨或铵盐可经硝化作用形成硝酸盐,铵盐和硝酸盐均可直接被作物吸收。含磷有机物经水解生成磷酸,在土壤中形成磷酸盐,被作物吸收利用。

土壤微生物分泌土壤胞外酶降解土壤有机质是为了满足自身对能量和营养的需求,是土壤有机质矿化的主要驱动者。土壤有机质的矿化影响着土壤养分的释放和供应及温室气体的形成。土壤有机质矿化过程及其对环境因子的影响对生态系统稳定性和全球气候变化具有重要意义。

许多研究结果显示,植物残体在土壤中的分解可以分为两个主要阶段。第一阶段:在进入土壤的最初几个月中,植物残体分解速度较快,主要是植物残体中的可溶性有机化合物以及部分类似的有机物所引起的。第二阶段速度相对缓慢,第一阶段分解不彻底或者未被分解的植物残体会发生物理或化学转化,是土壤中比较稳定的微生物代谢产物。传统的观点认为,只有当利用完容易降解的活性碳库的时候,土壤中的微生物才会对难降解的碳库进行降解。但最近的研究发现,只要有充足的可利用的有机分子作为能量来源,土壤中难降解的木质素分解速度在分解初期是最快的。因此,土壤中有机质的矿化过程主要是由具体生境中的土壤微生物群落、胞外酶和底物可利用性决定的,底物可利用性包括土壤有机质来源、物质组成、降解难易程度及土壤有机质与土壤微生物和酶的相对位置。

土壤中的异养微生物在胞外酶帮助下,促进土壤有机质的矿化。在好氧的条件下,微生物活动旺盛,有机质矿化速度快;而在厌氧条件下,好氧微生物活性受到抑制,分解速度低且分解不彻底。但是无论在好氧还是厌氧条件下,有机质分解的最终产物主要是 CO_2,因此 CO_2 释放速度通常是衡量土壤有机质分解速率和微生物活性的重要指标。

（3）土壤的腐殖化作用

土壤的腐殖化作用(humification)是指动物、植物、微生物残体在微生物作用下,通过生物和化学作用形成腐殖质的过程,一般用腐殖化系数来度量。腐殖化系数是指定量加入土壤中的植物残体(以碳量计)腐解一年后的残留量(以碳量计)与原加入量的比值。影响腐殖化作用的因素主要有三种:生物残体的化学组成、环境的水热条件和土壤性质(特别是土壤的酸度)。

土壤腐殖质是土壤有机质的主要部分,占有机质总量的 50%~65%。土壤腐殖质高度不规则的结构、较大的体积和交联结构使得土壤酶难以接近和有效催化分解。另外,具有适度黏结性的腐殖质与土壤矿物质的结合可保护腐殖质不受酶的催化分解,这使得土壤腐殖质能够在土壤中积累,并且是土壤碳的主要长期储备库。

土壤腐殖质的形成机理存在着两种学说。第一种学说认为,腐殖质的形成是不同组分的有机质(包括植物及微生物残体)的相对简单的分解产物氧化缩合的结果。腐殖质的形成过程分为两个阶段:①原始有机质分解成较简单的、化学上独立的单体及部分分解的产物,这时形成的含酚化合物(木质素、单宁及其他单宁类物质的分解产物)、氨基酸和肽类(蛋白质及核蛋白的分解产物)是腐殖质的基本结构要素;②上述基本结构要素通过缩合及聚合过程,即由酚氧化成活性的醌,再由醌与氨基酸及肽作用,合成高分子的专性腐殖质。腐殖质可看作芳香化合物、氨基酸和肽的多缩及多聚产物。

第二种学说认为,在腐殖质形成过程的第一阶段进行着部分分解产物的生物化学氧化的羧化作用。在第二阶段则进行着有机质的高分子分解产物(而不是或不仅是深刻分解的低分子产物)的部分破坏,通过芳构化作用进一步转化为胡敏酸和富里酸。

事实上,这两种形成机理都可能存在。在生物活性较强的黑钙土类的土壤里,主要进行着原始有机质的分解产物的缩合和聚合。而在生物活性较弱的生草灰化土类的土壤里,则可能不进行有机质的彻底分解;木质素、蛋白质、多糖等物质通过羧化作用和去甲基作用逐渐地转化成腐殖质。不论是哪一种形成机理,土壤酶都起着重要的作用。第一种学说中腐殖质形成过程的第一阶段中,木质素等物质的分解主要有氧化酶类的参与,分解氨基酸等是在蛋白酶的作用下进行。第二阶段酚的氧化是酚氧化酶类(如过氧化物酶和漆酶)的作用;而缩合和聚合过程则有氧化酶的参与。在第二种学说的第一阶段里,羧化作用在微生物来源的氧化酶的直接作用下进行;而在第二阶段,则有水解酶类和氧化酶类的参与。

3.6.2 微生物催化的土壤氮循环过程

氮是生命活动所需的基本营养元素,也是引发水体富营养化的关键元素之一。在很多国家,人类活动导致大量氮进入湖泊,从而影响了湖泊的营养水平。氮的生物地球化学循环是整个生物圈物质循环和能量流动的重要组成部分,在湖泊营养循环中也占有重要地位(图3.19)。虽然大气中富含氮元素(79%),植物却不能直接利用,只有经固氮生物(主要是固氮菌类和蓝藻)将其转化为 NH_3 后才能被植物吸收,并用于合成蛋白质和其他含氮有机质。在生物体内,氮存在于氨基中,呈-3价。在土壤富氧层中,氮主要以硝酸盐(+5价)或亚硝酸盐(+3价)形式存在。

土壤中有两类硝化细菌,一类将氨氧化为亚硝酸盐,另一类将亚硝酸盐氧化为硝酸盐,两类细菌都依靠氧化作用释放的能量生存。除了与固氮菌共生的植物(主要为豆科)可以直接利用空气中的氮转化的氨外,一般植物都是吸收土壤中的硝酸盐。植物吸收硝酸盐的速度很快,叶和根中有相应的还原酶能将硝酸根逆行还原为 NH_3,但这需要供能。土壤中还有一类细菌为反硝化细菌,当土壤中缺氧而同时有充足的碳水化合物时,它们可以将硝酸盐还原为 N_2 或 N_2O。从进化的角度来看,这一步骤极为重要,否则大量的氮将贮存在海洋或沉积物中。

在原始地球的大气中可能含有氨,但大量生物合成耗尽这些氨后,固氮作用便成为必需。现已发现具有固氮作用的微生物是一些自由生活或共生的细菌以及某些蓝藻。它们的营养方式有异养的,也有光能合成和化能合成的。总之,其固氮作用所需的能量要由外界提供。

除生物外,空中的雷电以及高能射线也能固定少量 N_2。20世纪发展起来的氮肥工业,以越来越大的

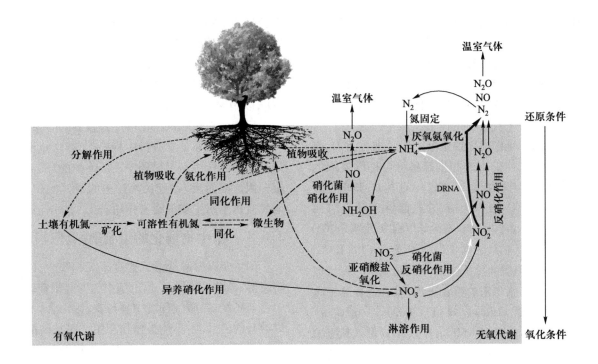

图 3.19 土壤氮元素及其循环过程

固氮微生物可以将分子态氮还原为氨(固氮作用);动植物排泄物和残落物等有机氮化合物被微生物分解后形成氨(氨化作用);在有氧的条件下,土壤中的氨或铵盐在硝化细菌的作用下氧化成硝酸盐(硝化作用);在氧气不足时,土壤中的硝酸盐被反硝化细菌等还原成亚硝酸盐,并进一步还原成分子态氮(反硝化作用)。

规模将空气中的氮固定为氨和硝酸盐。现在全球范围的固氮速度可能已超过反硝化作用释放氮的速度。由于工业固氮是以能源消耗为代价的,也会带来环境污染问题,所以应该重视这种非生物固氮环节的生态环境作用,正确认识某些农林业的氮肥施用对土壤微生物亚系统的影响。

土壤氮一般分为无机态氮和有机态氮。其中无机态氮包括 NH_4^+、NO_3^-、NO_2^-、N_2、N_2O 和 NO。有机态氮一般占土壤全氮的 92% ~ 98%,目前还没有办法可以不破坏土壤有机态氮的组分而把不同化学形态的氮分离出来。采用酸水解的方法可以将有机态氮分为水解性氮和非水解性氮。陆地生态系统中的氮以不同形态存在,并且在微生物驱动下相互转换,转换过程主要包括固氮作用、硝化作用、反硝化作用和氨化作用。

大气和土壤中的 N_2 不能被植物直接吸收和同化,必须经过生物固定成为有机氮化合物才可以。固氮作用由多种细菌参与,它们利用固氮酶,结合其他的酶和辅酶,消耗能量,生成氨。有固氮作用的微生物可分为三类:自生、共生和联合固氮菌。自生固氮菌主要有两种:好气性细菌和嫌气性细菌。两者都需

要有机质作为能源。此外,具有光合作用的蓝绿藻也能自生固氮。自生固氮菌的固氮能力不强。共生固氮菌包括根瘤菌和一些放线菌、蓝藻等,以和豆科植物共生为主,固氮能力比自生固氮菌强得多。联合固氮菌是指某些固氮微生物与植物根系有密切联系,有一定的专一性,但没有共生关系那样严格。

(1)硝化作用

微生物代谢的硝化作用包括氨氧化作用和亚硝化作用,前者由氨氧化细菌和氨氧化古菌完成,后者由亚硝酸盐氧化菌催化进行。氨氧化作用是硝化作用的第一步,也是限速步骤,是全球氮循环的中心环节。典型的氨氧化过程被认为是由变形菌门中一小部分细菌所进行的专性好氧的化能自养过程。典型的氨氧化细菌主要集中在:亚硝化单胞菌属(*Nitrosomonas*)、亚硝化螺菌属(*Nitrosospira*)和亚硝化球菌属(*Nitrosococcus*),这些氨氧化细菌几乎遍布所有土壤。后来发现,氨氧化古菌也普遍存在于土壤中参与氨氧化,而且氨氧化古菌无论数量、多样性及栖息地范围都胜于氨氧化细菌。所有氨氧化菌都含有编码催化氨氧化第一步反应的氨单加氧酶的 *amoA* 基因,因此 *amoA* 基因是氨氧化菌特异的分子标记,用于检

测氨氧化细菌和氨氧化古菌的数量、多样性、表达量和群落组成。

总的来说，氨氧化细菌的生长要求环境中同时存在氨和亚硝酸盐。有机物通过矿化作用或者异养微生物的硝酸盐或者亚硝酸盐的异化还原作用产生氨，亚硝酸盐则可能来自反硝化作用。

土壤氮的硝化作用导致土壤产生及排放 N_2O，是缓解大气温室气体的排放和生态系统可持续发展的重要挑战之一。作为温室气体之一的 N_2O，其单位分子增温潜能是 CO_2 的 300 倍，并且能够破坏臭氧层（Ravishankara et al., 2009）。在全球范围内，土壤是 N_2O 排放的最大来源（估计为 6.8 Tg N_2O-N · a^{-1}）（IPCC, 2007）。近年来，氮肥的过量使用（约 140 Tg N · a^{-1}）以及人口和农业扩张带来的粮食需求，极大地提高了大气中的 N_2O 浓度（Galloway et al., 2008）。一般来说，每施氮肥 1000 kg，有 10~50 kg 氮以 N_2O 形式从土壤中流失，相对于增加的氮输入，N_2O 的排放量以指数形式增加，其浓度在今后的几十年中将会继续增加（Reay et al., 2012）。

如图 3.19 所示，几乎所有已知参与生物地球化学氮循环的微生物途径都有可能催化 N_2O 的产生，而这些过程是相互关联的。N_2O 的产生和消耗的关键途径包括氨氧化、硝化细菌反硝化、亚硝酸盐氧化、异养反硝化、厌氧氨氧化和硝酸盐异化还原为氨，每个过程都由微生物功能群控制。尽管 N_2O 的形成有多条复杂的路线，但是硝化细菌相关的途径（包括厌氧氨氧化和硝化细菌反硝化）和异养反硝化是土壤 N_2O 排放的最主要来源。

（2）反硝化作用

微生物和植物吸收利用硝酸盐有两种完全不同的方式，一是利用其中的氮作为氮源，许多细菌、放线菌和霉菌能利用硝酸盐作为氮营养，称为同化性硝酸还原作用：

$$NO_3^- \rightarrow NH_4^+ \rightarrow 有机态氮 \qquad (3.2)$$

二是利用 NO_2^- 和 NO_3^- 作为呼吸作用的最终电子受体，还原成 N_2，称为反硝化作用或脱氮作用：

$$NO_3^- \rightarrow NO_2^- \rightarrow N_2 \uparrow \qquad (3.3)$$

土壤的反硝化作用（denitrification）指反硝化细菌在缺氧条件下，还原硝酸盐，释放出 N_2 或 N_2O 的过程。在 pH 值低和氧浓度高的环境中，N_2O 是主要产物；在中性至弱碱性的厌氧环境中，N_2 是主要产物。

一些化能自养型和化能异养型微生物可进行反硝化作用。反硝化细菌在分类学上没有专门的类群，

有较强的生物多样性。大部分反硝化细菌是异养菌，例如脱氮小球菌、反硝化假单胞菌等，它们以有机物为碳源和能源，进行无氧呼吸。少数反硝化细菌为自养菌，如脱氮硫杆菌，通过氧化硫或氢获得能量，同化 CO_2，以硝酸盐为呼吸作用的最终电子受体。

反硝化作用降低了土壤中氮营养的含量，对农业生产不利。农业上常进行中耕松土，以防止反硝化作用。反硝化作用是氮循环中不可缺少的环节，可使土壤中因淋溶而流入河流、海洋中的 NO_3^- 减少，消除因硝酸盐积累对生物的毒害作用。

3.6.3 微生物催化的土壤磷循环过程

磷主要以磷酸盐形式贮存于沉积物中，以磷酸盐溶液形式被植物吸收。但土壤中的磷酸根在碱性环境中易与钙结合，酸性环境中易与铁、铝结合，都形成难以溶解的磷酸盐，不能被植物利用。而且磷酸盐易被径流携带而沉积于海底。磷离开生物圈就不易返回，除非有地质变动或生物搬运。因此磷的全球循环是不完善的。磷与氮和硫不同，在生物体内和环境中都以磷酸根的形式存在，因此其不同价态的转化都无须微生物参与，是比较简单的生物地球化学循环（图 3.20）。

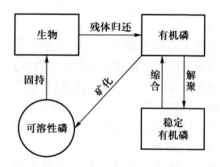

图 3.20 微生物催化的土壤磷循环过程

土壤中的磷主要来自岩石风化等过程，以磷酸盐溶液的形式被植物吸收，经过植食动物和肉食动物在生物之间流动，生物体死亡后分解磷回归环境中。

磷是生命必需的元素，又是易于流失而不易返回的元素，因此很受重视。据观察，某些含磷废物排入水体后引起藻类暴发性生长，这说明自然界中可利用的磷元素已相当缺乏。岩石风化逐渐释放的磷远不敷人类的需要，而且磷在地表的分布很不均匀。目前开采的磷肥主要来自地表的磷酸盐沉积物，因此应该合理开采和节约使用，同时也应注意保护植被，改造农林业操作方法，避免磷的流失。

3.6.3.1 土壤磷的生物地球化学循环

磷是植物所需主要营养元素之一,对植物生长和繁殖起关键作用。磷元素循环主要依赖地质运动、矿物风化、水流输运、磷矿开采和海产品的捕捞等过程,磷循环中几乎不存在气体状态。磷在人类及生物成长发育中的重要作用使之成为各类肥料(化肥及农家肥)和饲料中必不可少的成分。而在其参与环境(包括岩石、土壤和水)-生物-人体循环的过程中,又成为造成环境污染的一种重要成分。

土壤中的磷按照有机磷、无机磷状态及其被植物吸收的难易程度分类。在大部分土壤中无机磷占主要地位,占土壤总磷的 50%~90%,按照被植物吸收的难易程度,土壤无机磷被分为可溶性磷酸盐(HPO_4^{2-} 和 $H_4PO_4^-$)、活性磷酸盐和非活性磷酸盐。土壤中的有机磷包括化合态的磷酸肌醇、磷脂、核苷酸等。微生物代谢过程也向土壤中释放无机磷和低分子量的有机磷(Walbridge et al., 1991)。

土壤磷来源主要有两种途径:土壤母质和大气干湿沉降。陆地生态系统的磷最初都来源于矿物岩石(主要是磷灰石和其他含磷化合物)的缓慢风化作用。在没有外来肥料施入的情况下,土壤磷含量主要取决于母质类型。尽管磷的生物地球化学循环属于沉积型循环,但进入大气中的土壤细颗粒和植物体碎屑等,以干湿沉降的方式落于地表,成为土壤磷输入的一部分。磷与土壤矿物紧密结合,除了随土壤侵蚀通过地表径流损失的部分外,土壤中磷的淋失损失几乎可以忽略不计。但是随着地质时代尺度上的不断风化耗尽,磷逐渐成为生物圈生物生产力的限制性养分元素(Ruttenberg, 2003)。

磷灰石构成了磷的巨大储备库,含磷灰石岩石的风化将大量磷酸盐转交给陆地上的生态系统。并且与水循环同时发生的是大量磷酸盐被淋洗并被带入海洋。在海洋中,它们使近海岸水中的磷含量增加,供给浮游生物及其消费者。

磷循环是重要的生物地球化学循环之一。自然界的磷循环的基本过程是:岩石和土壤中的磷酸盐由于风化和淋溶作用进入河流,然后输入海洋并沉积于海底,直到地质活动使它们暴露于水面,再次参加循环。这一循环需若干万年才能完成。

3.6.3.2 土壤微生物群落对土壤磷循环的调节作用

土壤微生物参与的磷循环主要包括土壤有机磷的矿化和无机磷的生物固定,两者是方向相反的过程。磷在土壤中的迁移和转化是土壤磷循环的重要组成部分。土壤有机磷除了一部分能够被植物直接吸收外,大部分需要经过微生物矿化,将有机磷转化为无机磷后才能被植物吸收。有机磷的矿化是土壤中微生物的游离酶和磷酸酶共同作用的结果。植物根系分泌的有机物质能够增强曲霉、青霉、毛霉、根霉、芽孢杆霉和假单胞菌属等微生物的活性,使它们产生更多的磷酸酶,加速有机磷的矿化。

土壤中无机磷的生物固定作用即使在有机磷矿化过程中也可能会发生,因为分解有机磷的微生物本身也需要有机磷才能生长繁殖,当土壤中的有机磷含量不足,或者 C:P 值大(≥300),就会出现微生物与植物竞争磷的现象,发生无机磷的生物固定。加入 ^{33}P 同位素的微生物培养实验发现,8%~26% 的 ^{33}P 被微生物固定下来(Spohn and Kuzyakov, 2013)。Achat 等(2009)的研究也表明,在森林土壤中 34% 新加入的 ^{33}P 在一天内被微生物固定,可见微生物可以在短期内吸收大部分土壤的有效磷。固定在微生物中的磷酸盐在微生物死亡后重新进入土壤,是植物有效磷的重要来源,并对土壤磷循环具有重要意义。

土壤微生物的群落组成对磷循环具有重要的调节作用。当土壤微生物以细菌为主时,土壤有机质中更多的轻组碳可以被分解利用,微生物因底物较高的 C:P 值而受到磷限制,有机质矿化后生成的无机磷会被微生物快速固定,减少磷的释放。DeForest and Scott(2009)认为,微生物群落在酸性森林土壤中是功能性磷限制的,因为微生物群落组成和功能活性随土壤有机磷含量而发生变化,微生物群落通过改变它的组成来适应磷限制。

3.6.4 微生物催化的硫及其他营养物质循环过程

硫是植物生长发育所必需的矿质营养元素,主要参与光合作用、呼吸作用、氮固定、蛋白质和脂类合成等重要生理生化过程。硫主要以硫酸盐的形式贮存于沉积物中,以硫酸盐溶液形式被植物吸收。但沉积的硫在土壤微生物的帮助下可转化为气态的 H_2S,再经大气氧化为 H_2SO_4 复降于地面或海洋中。与氮相似的是,硫在生物体内以 -2 价形式存在,而在大气环境中却主要以硫酸盐(+6 价)形式存在。因此在植物体内也存在相应的还原酶系。在土壤富氧层和贫氧层中,分别存在氧化和还原两种微生物系,可促进硫酸盐与水之间的相互转化。

除碳、氮、磷、硫元素及其化合物外，被植物根系吸收乃至随植物进入动物体内的化学物质还有许多，大致可分为生物必需的营养物质和非必需的化学物质两类。前一类包括钙、钾、钠、氯、镁、铁等元素和维生素等化合物，它们在生物体内的浓度常有一定限度，是由生物体本身调节的；后一类包括锑、汞、铅等，是可长距离输送的全球性有毒元素，如今逐渐受到重视，因为非必需化学物质达到一定浓度时可能造成机体功能紊乱，甚至破坏机体结构导致中毒。环境污染是造成这类中毒的主要原因。

无论生物必需的营养物质，还是非必需的化学物质，其循环都常包括多个生物环节。例如，肠道微生物能制造动物体需要的某些 B 族维生素，它们又依靠肠道内的废物为生，形成一种人体内循环。因为生物对自己所必需的营养物质有一定的浓缩功能，能把分散于环境中的低浓度营养物质浓缩到体内。但很多非必需的化学物质也常常一同被浓缩，如不能及时将其降解或排泄掉，便可能引起中毒。这类物质积累在生物体内并沿食物链传递，其浓缩系数逐级增加，到顶级肉食动物体内便能达到极高的浓度。例如，湖水中的 DDT 经水生植物、无脊椎动物和鱼类，最后到达鸟类时其浓度竟比湖水中的高几十万倍。

3.6.5　生物胞外酶介导的土壤生物化学过程

土壤是酶类催化反应的良好介质。它能为各种酶类提供酶促条件，如温度、水分、pH 值、基质等。土壤与酶的吸附结合作用能防止酶的失活。目前，已经发现土壤中有数十种酶（表 3.1）。这些酶与土壤微生物共同推动土壤微生物化学的全过程，并在植物营养物质转化过程中起重要作用。

3.6.5.1　土壤胞外酶的来源

土壤胞外酶（简称土壤酶）是一种比较稳定的蛋白质，属于一种催化剂。酶的催化能力要比无机催化剂大十几倍、几十倍乃至数百倍。土壤酶作为土壤组分中最活跃的有机成分之一，不仅可以表征土壤物质能量代谢活性程度，而且可以作为评价土壤肥力高低、生态环境质量优劣的一个重要生物指标。土壤酶参与土壤中各种化学反应和生物化学过程，与有机物质矿化分解、矿质营养元素循环、能量转移、环境质量等密切相关，其活性不仅能反映出土壤微生物活性的

表 3.1　已经发现的土壤中酶的类型及种类

类型	种类
水解酶类	蔗糖酶，麦芽糖酶，纤二糖酶，蜜二糖酶，乳糖酶，淀粉酶，纤维素酶，半纤维素酶，葡聚糖酶，果聚糖酶，木聚糖酶，菊粉酶，地衣多糖酶，脲酶，蛋白酶，酰胺酶，磷酸酶，偏磷酸酶，焦磷酸酶，植酸酶，核酸酶，果胶酶，脂肪酶，氰酸酶，氨肽酶，吲哚-3-乙酰腈酶，硫酸酶，芳香基酰酶
氧化还原酶类	脱氢酶，酚氧化酶，过氧化氢酶，过氧化物酶，尿酸氧化酶，硫化物氧化酶，抗坏血酸氧化酶，吲哚-3-甲醛氧化酶，硫酸盐还原酶，硝酸盐还原酶，亚硝酸盐还原酶，羟胺盐还原酶，Fe_2O_3-还原酶，MnO_2-还原酶，
转移酶类	转氨酶，果聚糖蔗糖酶，转糖苷酶
裂合酶类	天门冬氨酸脱羧酶，谷氨酸脱羧酶，色氨酸脱羧酶

高低，而且能表征土壤养分转化和运移能力的强弱。在早期的土壤酶学研究中人们认为，土壤酶来自土壤微生物的分泌释放；随着酶活性测试技术的进步，研究证明，酶来源于微生物及其他有机组织（植物活体及残体、动物活体及残体）。

（1）微生物分泌的土壤酶

微生物分泌酶是通过纯培养实验证明的。土壤微生物不仅数量巨大且繁殖快，能够向土壤中分泌释放土壤酶。微生物释放酶的过程是：细胞死亡、细胞壁崩溃、细胞膜破裂，原生质成分进入土壤，酶类进入土壤。此外，当细胞膜的渗透性能改变时，酶也能从细胞中释放出来。微生物种群不同，释放酶的种类也不同。例如，真菌占优势时，酸性磷酸酶释放较多；细菌占优势时，中性磷酸酶释放较多。微生物也会按照一定的顺序释放酶，研究发现，酶的释放是按照糖酶和磷酸酶、蛋白酶和醋酶、过氧化酶的顺序进行。另有研究发现，许多真菌和细菌能够向土壤中释放纤维素酶、果胶酶和淀粉酶等胞外酶。例如，真菌中的尖镰孢菌能产生脂肪酶。库尔萨诺夫链霉菌可产生葡萄糖苷酶和壳多糖酶等具有水解功能的胞外酶。

（2）植物根系分泌的土壤酶

植物根系的分泌释放是土壤酶的一个重要来源。

植物根系的生理活动使根际范围内的土壤酶活性明显高于根际外的酶活性。土壤有机磷反应的催化作用与来自植物根的核酸酶密切相关。附在植物根表面的有机磷化物矿化和产物的吸收是植物根胞外酶作用的结果。许多植物能够分泌一系列酶类,包括过氧化氢酶、酚氧化酶、冬氨酶、脲酶、蛋白酶、脂肪酶、蔗糖酶、淀粉酶和纤维素酶,还能分泌核酸酶和磷酸酶。Siegel(1993)发现,小麦和西红柿等植物可以向土壤中释放过氧化物酶。长期施用都市固体废物堆肥对土壤酶活性和微生物生物量影响的研究发现,植物根系的分泌物能够将糖类和氨基酸等养料提供给根际生物,从而间接增强根际土壤的酶活性。大量研究发现,植物根系的确能够分泌释放酶到根际土壤中,但以目前的研究技术很难将植物根系提供的酶和微生物提供的酶准确分开。植物残体的分解也能继续释放土壤酶,但要定量植物残体分解过程中释放的酶还很困难。

(3)土壤动物区系释放的土壤酶

土壤是多数动物(从原生动物到哺乳动物)的居住环境。土壤动物释放的土壤酶类较少。蚯蚓作为土壤有机质转化中起重要作用的土壤动物,其重要贡献就是能够向土壤释放酶类,如蔗糖酶、酸性磷酸酶和碱性磷酸酶。蚂蚁也能向土壤释放一定数量的酶,仅次于蚯蚓。其他土壤动物,如节足动物、软体动物,也能释放一些酶。

(4)动物和植物残体释放的酶

半分解和分解中的根茎、茎秆、落叶、腐朽的树枝、藻类和死亡的土壤动物都能向土壤中释放各种酶类。目前,很难定量区分植物残体分解释放的酶类。

3.6.5.2　土壤酶催化的碳循环

土壤有机碳是土壤中较为活跃的土壤组分,并在土壤生产力和全球碳循环中起着十分重要的作用。土壤有机碳的矿化受土壤微生物驱动,由土壤酶介导,是土壤中重要的生物化学过程,直接影响到土壤中养分元素的释放和供应、土壤质量的维持以及温室气体的形成等,其速率不仅受温度条件、水分状况、土壤性质等因素的影响,且与土壤碳、氮含量有关。土壤有机碳动态变化过程主要体现在其积累/矿化过程上。微生物生物量碳、可溶性有机碳及土壤酶类是反映土壤有机碳转化过程特征的敏感指标。

土壤酶作为土壤中活跃的有机成分之一,在土壤有机碳循环及植物所需养分的供给过程中也具有重要作用(图3.21)。土壤酶可能主要通过间接作用来影响土壤有机碳转化,如通过酶促作用增加土壤中养分元素的溶出,激活或抑制土壤微生物活性等。

土壤微生物是土壤有机质中最活跃和容易变化的部分,其自身呼吸作用是土壤有机碳矿化的首要驱动力;同时,土壤微生物本身含有的碳、氮、磷等元素

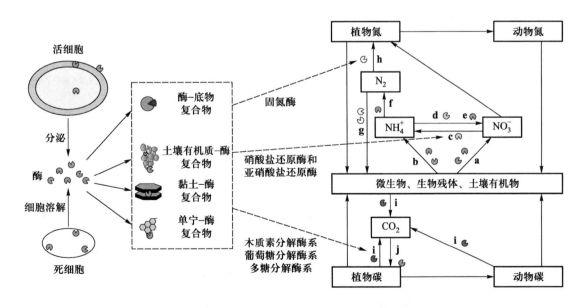

图 3.21　碳、氮循环与酶活性

参与碳、氮循环的酶主要来自活细胞的分泌及死亡细胞的溶解。主要的土壤碳、氮循环过程有:a.氨化作用,b.矿化作用,c.反硝化作用,d.硝化作用,e.氮固定作用,f.脱氮作用,g.非共生固氮作用,h.共生固氮作用,i.呼吸作用,j.光合作用。

被看作土壤养分的储备库,参与土壤中物质交换与能量流动。土壤微生物在生长过程中向土壤分泌的一些胞外酶,也参与土壤中养分的循环和转化。微生物的变化可以直接或间接地反映土壤中生物化学过程的强度,与土壤有机碳矿化密切相关。土壤 β-1,4-葡糖苷酶(βG)、β-1,4-乙酰基-葡糖胺糖苷酶(NAG)、酸性磷酸酶(AP)及亮氨酸氨基肽酶(LAP)主要负责分解纤维素、几丁质、磷酸多糖、蛋白质。土壤酶活性与土壤有机质(soil organic matter,SOM)矿化速率呈显著正相关,土壤酶活性可以作为土壤SOM分解潜力及养分可利用性的指示因子。

3.6.5.3　土壤酶催化的氮循环

土壤中含氮化合物主要是有机态,一般约占总量的95%,而无机氮含量不到5%。表层土壤氮以结合氨基酸态存在的占20%~50%,氨基糖态占5%~10%;吡啶和嘌呤及其衍生物态氮不到1%。胆碱、肌酸酐、尿囊素等化合物在土壤中的含量很少。有机氮化合物还包括蛋白质类含氮化合物(如各种蛋白质)和非蛋白质含氮化合物(如几丁质、叶绿素、尿素等)。

土壤有机氮主要是有机残体中的氮,即存在于未分解或半分解的动植物残体中的氮和土壤有机碳或腐殖质中的氮。土壤中的有机氮大部分较难分解,只有少量存在于土壤中活的或死的生物体内的有机氮易被植物利用。土壤有机氮的转化是包括许多反应在内的诸多复杂转化过程,包括氨化作用、矿化作用、硝化作用、反硝化作用、固氮作用、脱氮作用、非共生固氮作用、共生固氮作用等,但这些过程都必须有相应的土壤酶参与。

参与氨化作用的最初天然有机氮大分子以蛋白质为主,它在微生物细胞外物理、化学、生物(胞外酶)作用下变性、解聚生成多肽,接着在多种肽酶作用下断裂肽键形成二肽、氨基酸,微生物可以直接吸收氨基酸并同化,多余氮将以氨态氮形式排出体外。土壤中有机氮的氨化过程基本上是一系列酶作用的过程,高分子量可溶性有机氮(HMW-DON)降解的过程必然是以酶催化为主,蛋白酶对土壤生物可利用性氮贡献最大。蛋白酶主要来源于真菌的半胱氨酸、天冬氨酸蛋白酶,细菌的丝氨酸蛋白酶、碱性和中性金属蛋白酶。

土壤酶活性与土壤生物数量、生物多样性密切相关,是土壤生物学活性的表现,可以作为土壤质量的综合生物活性指标。此外,植物根际内外酶活性存在很大的差异,因为根际内微生物数总是比根际外要高得多,当微生物受到环境因素刺激时,便不断向周围介质分泌酶。

参考文献

陈晓娟, 吴小红, 简燕, 等. 2014. 农田土壤自养微生物碳同化潜力及其功能基因数量, 关键酶活性分析. 环境科学, 35: 1144-1150.

贺纪正, 张丽梅. 2009. 氨氧化微生物生态学与氮循环研究进展. *Acta Ecologica Sinica*, 29: 406-415.

于贵瑞, 孙晓敏, 等. 2018. 陆地生态系统通量观测的原理与方法(第二版). 北京: 高等教育出版社, 1-561.

Achat DL, Bakker MR, Morel C. 2009. Process-based assessment of phosphorus availability in a low phosphorus sorbing forest soil using isotopic dilution methods. *Soil Science Society of America Journal*, 73: 2131-2142.

Banwart SA, Bernasconi SM, Blum WEH, et al. 2017. Chapter one—Soil functions in earth's critical zone: Key results and conclusions. *Advances in Agronomy*, 142: 1-27.

Conrad R. 1999. Contribution of hydrogen to methane production and control of hydrogen concentrations in methanogenic soils and sediments. *FEMS Microbiology Ecology*, 28: 193-202.

DeForest JL, Scott LG. 2009. Available organic soil phosphorus has an important influence on microbial community composition. *Soil Science Society of America Journal*, 74: 2059-2066.

Dunfield PF, Yuryev A, Senin P, et al. 2007. Methane oxidation by an extremely acidophilic bacterium of the phylum Verrucomicrobia. *Nature*, 450: 879.

Galloway JN, Townsend AR, Erisman JW, et al. 2008. Transformation of the nitrogen cycle: Recent trends, questions, and potential solutions. *Science*, 320: 889-892.

Kolb S, Knief C, Stubner S, et al. 2003. Quantitative detection of methanotrophs in soil by novel *pmoA*-targeted real-time PCR assays. *Applied and Environmental Microbiology*, 69: 2423-2429.

Leininger S, Urich T, Schloter M, et al. 2006. Archaea predominate among ammonia-oxidizing prokaryotes in soils. *Nature*, 442: 806.

Liesack W, Schnell S, Revsbech NP. 2000. Microbiology of flooded rice paddies. *FEMS Microbiology Reviews*, 24: 625-645.

Lindeman RL. 1942. The trophic-dynamic aspect of ecology.

Ecology, 23: 399-417.

Löscher CR, Kock A, Könneke M, et al. 2012. Production of oceanic nitrous oxide by ammonia-oxidizing archaea. *Biogeosciences*, 9: 2419.

Lu Y, Conrad R. 2005. In situ stable isotope probing of methanogenic archaea in the rice rhizosphere. *Science*, 309: 1088-1090.

Lund MB, Smith JM, Francis CA. 2012. Diversity, abundance and expression of nitrite reductase (nirK) - like genes in marine thaumarchaea. *The ISME Journal*, 6: 1966.

Philip JR. 1966. Plant water relations: Some physical aspects. *Annual Review of Plant Physiology*, 17: 245-268.

Ravishankara AR, Daniel JS, Portmann RW. 2009. Nitrous oxide (N_2O): The dominant ozone-depleting substance emitted in the 21st century. *Science*, 326: 123-125.

Reay DS, Davidson EA, Smith KA, et al. 2012. Global agriculture and nitrous oxide emissions. *Nature Climate Change*, 2: 410.

Ruttenberg KC. 2003. The global phosphorus cycle. *Treatise on Geochemistry*, 8: 585-643.

Santoro AE, Buchwald C, McIlvin MR, et al. 2011. Isotopic signature of N_2O produced by marine ammonia - oxidizing archaea. *Science*, 333: 1282-1285.

Siegel BZ. 1993. Plant peroxidases—an organismic perspective. *Plant Growth Regulation*, 12: 303-312.

Spohn M, Kuzyakov Y. 2013. Distribution of microbial - and root-derived phosphatase activities in the rhizosphere depending on P availability and C allocation—coupling soil zymography with ^{14}C imaging. *Soil Biology and Biochemistry*, 67: 106-113.

Stieglmeier M, Mooshammer M, Kitzler B, et al. 2014. Aerobic nitrous oxide production through N-nitrosating hybrid formation in ammonia-oxidizing archaea. *The ISME Journal*, 8: 1135.

Walbridge MR, Richardson CJ, Swank WT. 1991. Vertical-distribution of biological and geochemical phosphorus subcycles in two southern Appalachian forest siols. *Biogeochemistry*, 13: 61-85.

Wild M, Folini D, Schär C, et al. 2013. The global energy balance from a surface perspective. *Climate Dynamics*, 40: 3107-3134.

Yuan HZ, Ge TD, Chen CY, et al. 2012. Significant role formicrobial autotrophy in the sequestration of soil carbon. *Applied and Environmental Microbiology*, 78: 2328-2336.

第4章

陆地生态系统碳-氮-水耦合循环的植物调控及生理生态学机制

陆地生态系统碳-氮-水耦合循环过程及其生物调控机制是全球变化生态学研究的前沿性科学领域,生态系统碳、氮、水循环的耦合作用关系主要发生在碳、氮、水循环的各个环节。研究表明,陆地生态系统的碳、氮、水通过生物、物理或化学过程在植被-大气界面、植物体内、根系-土壤界面、土壤-大气界面和流域界面流动,构成了土壤-植物-大气系统的碳-氮-水耦合系统。

植物作为陆地生态系统的生物主体,在调控生态系统碳-氮-水耦合循环过程中发挥着重要作用。植物对生态系统碳-氮-水耦合循环的调控主要体现在植物体内的碳-氮-水代谢的耦合生化过程、植物分泌物质与土壤有机质之间交换的化学过程、植物与大气之间物质交换和能量流动的生态过程以及区域或流域尺度的植被对碳-氮-水耦合循环的调控作用。植物体内的碳-氮-水代谢的耦合生化过程和生理反应是决定生态系统碳-氮-水耦合循环的生理生态学基础,主要体现在碳代谢过程中的碳-水生化反应、氮对光合作用的调控及物质输送中的碳-氮耦合等生化过程、植物气孔行为控制的碳-水气体扩散、根系吸收养分和水分过程和植物体内碳和氮的再分配等生理生态学过程。

本章以植物生理生态学和生物化学为基础,系统阐述了植被冠层、根系冠层和植物输导组织的结构、功能及其调控土壤-植物-大气系统碳-氮-水耦合循环关键过程的理论基础。重点探讨了植物气孔行为调控碳-水交换通量平衡关系的生理生态学过程,根系冠层控制氮-水耦合循环的生理生态学过程,植物体内养分运输调控碳-氮-水耦合循环的生理生态学过程,以及植被冠层与根系冠层生物学特征的映射关系等理论问题,构建了生态系统碳-氮-水耦合循环的植物调控理论体系。

本章执笔:于贵瑞,朱先进,张维康,王瑞丽,高扬

4.1 引言

生态系统碳、氮、水循环的耦合关系发生在生态系统碳、氮、水循环的各个环节。大量研究表明,陆地生态系统的碳、氮、水循环耦合为一个整体系统,由植被-大气界面、植物体内、根系-土壤界面、土壤-大气界面和流域界面构成土壤-植物-大气系统。

土壤-植物-大气系统的能量交换以及碳、氮、水等物质循环是典型生态系统及区域(流域)生态系统尺度上的生物地球化学循环的核心,碳-氮-水耦合循环的生物物理及生物化学机制决定了典型生态系统或区域尺度生态系统的碳-氮-水耦合循环行为及其特征。发生在植被-大气界面、植物体内及根系-土壤界面的碳、氮、水交换构成了生态系统碳、氮、水循环过程主体,也是揭示土壤-植物-大气系统碳-氮-水耦合循环的生理生态学基础,碳-氮-水耦合循环与植物结构和生命活动有密切的关系。

植物通过光合作用和呼吸作用实现植物体内碳循环,同时也参与在植被-大气界面上的碳交换。植物根系吸收土壤中的养分,并转化合成氨基酸,实现植物体内的碳对氮循环的制约,并完成根系-土壤界面上的氮交换。植被冠层的蒸腾作用驱动着植被-大气界面的水交换,根系吸收水分驱动着根系-土壤界面的水分运动。植物体内的碳、氮、水循环过程并不是独立的,而是在植被冠层、根系及输导组织中呈现为碳-氮-水耦合循环。例如,植被冠层既可以通过光合作用调控植被-大气界面的碳通量,也可以通过蒸腾作用调控水分通量,通过气孔行为调节碳、水通量平衡;植物的根系冠层在吸收水分的同时也伴随着吸收氮、磷等营养元素,并且也在根系构建及碳、水吸收过程中消耗光合作用固定的碳。

本章重点探讨植被冠层调控碳、水通量平衡关系的生理生态学过程、植物体内养分输送调控碳-氮-水耦合循环的生物化学过程及根系冠层控制氮-水耦合循环的生理生态学过程,进而揭示植物的叶、茎、根在调控碳-氮-水耦合循环过程中的相互作用,阐明植物群落调控生态系统碳-氮-水耦合循环的生态学机制等理论问题。对这些理论问题的探讨不仅有助于科学地认识和阐释陆地生态系统碳-氮-水耦合循环过程机制,也会丰富和发展生态系统生态学相关理论,提供知识源泉。

4.2 植物调控陆地生态系统碳-氮-水耦合循环的主要过程

植物在调控陆地生态系统碳-氮-水耦合循环过程中发挥着重要作用。植物对陆地生态系统碳-氮-水耦合循环的调控主要体现在植物体内碳-氮-水代谢的耦合生化过程、植物分泌有机物质与土壤有机质之间的反馈过程及植物与大气之间物质交换和能量流动的生态过程等方面,还表现为区域或流域尺度植物对碳-氮-水耦合循环的调控作用(图 4.1)。

4.2.1 植物体内碳-氮-水代谢的耦合生化过程

植物体内的碳-氮-水代谢的耦合生化过程是决定生态系统碳-氮-水耦合循环的生态学基础,也是决定植被对生态系统碳-氮-水耦合循环调控作用的根本。植物体内的碳-氮-水代谢的耦合生化过程主要体现在生物大分子化合物的分子结构及生命元素计量关系、植物光合与碳同化生化反应的碳-水耦合过程、植物呼吸作用的碳异化生化反应的碳-水耦合过程以及植物氮代谢过程与碳代谢过程的耦合过程。

4.2.1.1 生物大分子化合物的分子结构及生命元素计量关系

生物大分子是构成植物物质的主要成分,主要包括碳水化合物(carbohydrate)、脂类(lipid)、蛋白质(protein)、核酸(nucleic acid)、木质素(lignin)和纤维素(fibre)等。各种大分子都有其独特的分子结构和生命元素的计量关系(表 4.1)。

碳水化合物由碳、氢、氧三种元素组成。糖类是碳水化合物的代表性物质,也是植物光合作用的主要产物和组成植物细胞壁的主要成分。细胞中的糖类能够被分解释放出能量,供给生命活动。糖类分子的氢和氧元素比例通常为 2 比 1,可用通式表示为 $C_m(H_2O)_n$。

脂类的主要组成元素为碳、氢和氧。其中,碳和氢的含量很高,有的脂类还含有磷和氮。植物体内的脂类包括中性脂肪、磷脂和类固醇等。其中,中性脂肪是由甘油和脂肪酸缩合成的甘油三酯,磷脂是由甘油、脂肪酸和磷酸组成的磷酸甘油酯,其他的脂类(如类固醇、萜等)多是由脂肪酸和醇化合而成的酯。植物体内的脂类主要以小油滴的状态存在于细胞内,多

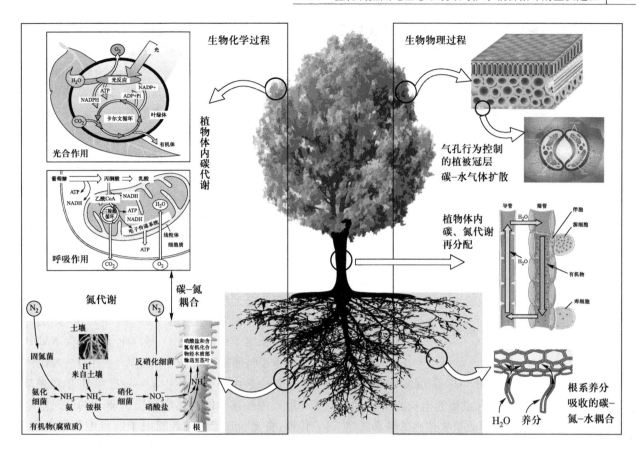

图 4.1 植物调控生态系统碳-氮-水耦合循环的生物物理和生物化学过程

植物对碳-氮-水耦合循环调控的生物物理过程主要包括调控植物体内的碳、氮代谢再分配,气孔行为控制植被冠层的碳、水气体扩散;植物对碳-氮-水耦合循环调控的生物化学过程主要发生在植被-大气界面和根系-土壤界面,植物体通过光合作用和呼吸作用调控体内的水分和养分的吸收及运输。

表 4.1 主要生物大分子化合物的化学元素组成及其计量关系

生物大分子化合物	化学组成	通用分子式
碳水化合物	C、H、O	$C_m(H_2O)_n$
脂类	C、H、O、N、P	—
蛋白质	C、H、O、N 等	—
核酸	C、H、O、N、P	—
木质素	C、H、O	—
纤维素	C、H、O	$(C_6H_{10}O_5)_n$

分布在果实或者种子内,作为贮藏物质。脂类中含有大量的化学能,在氧化时能产生大量能量,供给生命活动。此外,脂类还可以构成生物膜、植物体表面以及防止植物体失水的保护层。

蛋白质是由多个氨基酸分子脱水缩合而成的生物大分子,其基本组成物质是氨基酸。组成蛋白质的氨基酸共有二十余种。氨基酸由碳原子、氢原子、羧基(—COOH)、氨基(—NH₂)和"—R"基团构成。一个氨基酸分子的羧基与另一个氨基酸分子的氨基脱水缩合形成肽键,多个氨基酸顺序地连接形成多肽。在蛋白质分子中含有一条或多条多肽链,多肽链的数量、多肽链间的连接方式和部位、多肽链中氨基酸的种类数量及连接顺序等共同决定了蛋白质的分子结构,进而影响蛋白质功能。蛋白质在植物体内起着重要作用,植物体的新陈代谢离不开蛋白质的参与,各种生化反应中的酶也是蛋白质,基因表达的调节和控制也需要蛋白质。

核酸分为脱氧核糖核酸(DNA)和核糖核酸(RNA)两大类。DNA 和 RNA 的基本组成单位分别是脱氧核苷酸和核苷酸,核苷酸分子是由一个戊糖分子、一个磷酸分子和一个含氮的碱基组成,DNA 的戊糖分子为脱氧核糖分子,RNA 的戊糖分子为核糖分子。碱基分为嘌呤和嘧啶两类,其中,嘌呤有腺嘌呤和鸟嘌呤两种,嘧啶有胸腺嘧啶、胞嘧啶和尿嘧啶三种。碱基与戊糖结合生成核苷,戊糖分子的 5 碳原子或 3 碳原子连接磷酸即形成核苷酸。

木质素是由三种醇单体形成的复杂酚类聚合物,是构成植物细胞壁的成分之一。木质素的分子结构中含有多种活性官能团,如羟基、羰基、羧基、甲基及侧链结构。

纤维素是由葡萄糖组成的大分子多糖,其通用化学式为$(C_6H_{10}O_5)_n$。纤维素是植物细胞壁的主要成分。在糖类中,纤维素所占的比例最大,约占植物中碳元素总量的 50%以上。在纤维素酶的作用下,纤维素可以水解为葡萄糖。

4.2.1.2 植物光合与碳同化生化反应的碳-水耦合过程

植物通过光合作用固定 CO_2,生成葡萄糖,经过不同的生物化学过程可以合成植物生长所需的有机物。而呼吸作用则可以释放植物体内的碳和能量。植物体内 CO_2 的固定和消耗是固定太阳能并将其转化为自身可用能量的基本途径,也是生态系统能量流动和物质循环的基础过程,伴随着一系列的碳-水生物化学反应,这些反应形成了碳、水之间最刚性的生化耦合。

植物光合作用的生物化学过程是复杂的,包含了几十个生化步骤,大致可分为光反应和暗反应两个阶段(潘瑞炽等,2001;于贵瑞等,2010)。光反应阶段是利用太阳能的原初反应(primary reaction),通过光能吸收、光电子传递和光合磷酸化作用形成高能物质 ATP 和还原型辅酶Ⅱ(NADPH),分解 H_2O 及释放 O_2(于贵瑞等,2010)。暗反应阶段则是由上一阶段形成的同化力(ATP 和 NADPH)所驱动的固定和还原 CO_2 的光合碳循环(又称卡尔文循环),形成碳水化合物和其他有机物(于贵瑞等,2010)。

(1)原初反应的光能吸收和电子传递及光化学反应

原初反应是光合作用的第一步,是指叶绿素分子吸收、传递和转换光能。当光照射到色素时,光量子(或光子)的能量就全部交给化学基团中的电子,获得额外能量的电子便有足够的力量来克服原子核正电荷的吸引力,跃迁到处于高能量水平的外层电子的轨道上,即该电子从最稳定的最低能量的基态跃迁到

不稳定、高能量的激发态,当达到高电位能级时,其光能便被色素吸收(于贵瑞等,2010)。

激发态的电子不稳定,它会迅速向低能状态转变。当激发态的电子回到基态时,其能量将以以下三种方式散失:第一,能量传递给其他叶绿素分子,并到达反应中心,用于光化学反应;第二,激发能转化为热量而消散;第三,第一单线态的电子通过发射一个所含能量比原先吸收的光量子能量低的光子形式释放能量再返回基态。吸收光能后的色素分子受激发并再回到基态的一条重要途径就是把能量传递出去,其能量最终传给了反应中心的叶绿素 a,使之作用于光合作用的光反应。

光合作用的原初反应连续不断地进行,必须不断地经过一系列电子传递体的传递,从最初的电子供体到最终的电子受体,构成电子的"源"和"流"。高等植物的最初电子供体是 H_2O,最终电子受体为 $NADP^+$。

电子传递是光反应的第二步。由 H_2O 至 $NADP^+$ 的电子传递是由两个反应中心——光系统Ⅱ和光系统Ⅰ经过两种连续的光化学反应所驱动的。通过电子传递,将光吸收产生的高能电子的自由能储备起来,同时使光反应中心的叶绿素分子获得低能电子以补充失去的电子,恢复静息状态。

电子传递过程涉及水的光解及两对耦联的氧化还原对:O_2-H_2O 和 $NADP^+$-NADPH。H_2O 被光解释放电子的同时还释放 O_2 和 H^+,因此伴随电子传递的同时也会建立质子电化学梯度,以供 ATP 的合成。

(2)同化力形成的光电子传递和光合磷酸化作用

光合磷酸化是利用储存在跨类囊体的质子梯度中的光能把 ADP 和无机磷合成为 ATP 的过程(于贵瑞等,2010)。光合磷酸化有非循环光合磷酸化和循环光合磷酸化两种形式。在非循环光合磷酸化的过程中,电子传递是一个开放的通路。在循环光合磷酸化的过程中,电子传递是一个闭合的回路,其反应式分别为

$$2ADP + 2Pi + 2NADP^+ + 2H_2O \xrightarrow{光}$$
$$2ATP + 2NADPH + O_2 \qquad (4.1)$$

$$ADP + Pi \xrightarrow{光} ATP \qquad (4.2)$$

通过光合色素对光能的吸收与传递、两个光系统的光化学反应、一系列电子传递及与电子传递相耦联的光合磷酸化,便可形成高能化合物 ATP 和具有还原能力的 NADPH。这就为光合作用碳同化过程的 CO_2 固定和还原提供了所需要的能量和还原能力,促

使碳水化合物等有机物的合成。

（3）CO_2 固定和还原的光合碳循环

固定和还原 CO_2 的光合碳循环又称卡尔文循环（Calvin cycle）（潘瑞炽等，2001；于贵瑞等，2010）。在这个循环过程中，ATP 和 NADPH 中活跃的化学能被转换为贮存在糖类中的稳定化学能，在较长时间内供给生命活动需要。高等植物固定 CO_2 的途径有三种：C_3 植物的卡尔文循环、C_4 植物的 C_4 途径和景天科植物的景天酸代谢，其中卡尔文循环是最基本的途径，只有这条途径才具备合成淀粉等产物的能力，其他途径只能固定和转运 CO_2，不能形成淀粉等产物。

卡尔文循环中 CO_2 固定的最初产物是一种三碳化合物，故又被称为 C_3 途径。在卡尔文循环途径中，CO_2 的受体是核酮糖−1,5−双磷酸（RuBP）。卡尔文循环大致可分为羧化阶段、还原阶段和更新阶段三个阶段。

在羧化阶段，一分子的 RuBP 在核酮糖−1,5−双磷酸羧化酶（Rubisco）作用下，接受 CO_2 形成两个分子的 3−磷酸甘油酸（PGA）。在还原阶段，PGA 在光反应及光电子传递链中所形成的同化力（ATP、NADPH）及 3−磷酸甘油酸激酶和甘油醛−3−磷酸的作用下，还原成 3−磷酸甘油醛（PGAld），完成光合作用的贮能过程。在这个过程中，光合作用生成的 ATP 和 NADPH 均被利用掉。PGAld 等三碳糖可在叶绿体内合成淀粉，也可在细胞质中合成蔗糖。在更新阶段，PGAld 经过一系列的转变，再形成 RuBP。

C_4 途径中 CO_2 固定的最初产物是 C_4 二羧酸。在 C_4 途径中，CO_2 的受体是磷酸烯醇式丙酮酸（PEP）。PEP 在磷酸烯醇式丙酮酸羧化酶（PEPC）的催化下固定 HCO_3^-，生成草酰乙酸（OAA），其中 C 固定在 OAA 的 C_4 位置，故称为 C_4 途径。OAA 可经 NADP−苹果酸脱氢酶和谷草转氨酶催化酶催化，分别转变为苹果酸和天冬氨酸。它们转移到维管束鞘细胞中，脱羧放出 CO_2，同时形成 C_3 化合物，再转回叶肉细胞，又转变为 CO_2 受体 PEP。

景天科及其他肉质植物往往白天气孔关闭，在光下不固定 CO_2，而夜间气孔张开，在黑暗中能迅速地固定 CO_2，形成有机酸，主要是苹果酸，而且大量积累；在苹果酸含量增加的同时，淀粉含量减少。淀粉是 CO_2 受体的最初来源，夜间积累的苹果酸在白昼脱羧，释放出的 CO_2 经 Rubisco 作用再被固定，进入光合碳循环，最后形成淀粉。淀粉在夜间分解，最后又生成 CO_2 受体 PEP。这种 CO_2 同化的方式称为景天酸代谢途径。

4.2.1.3 植物呼吸作用的碳异化生化反应的碳−水耦合过程

作为光合作用的"逆过程"，生成植物体内可用能量的碳释放过程即为呼吸作用，也伴随着 H_2O 的消耗与生成。

生物体内有机碳异化代谢的呼吸作用包括有氧呼吸和无氧呼吸两类，其中有氧呼吸是植物进行呼吸的主要形式（潘瑞炽等，2001；于贵瑞等，2010）。有氧呼吸是有机物（主要是葡萄糖）在 O_2 的参与下分解成为 CO_2 和水并释放出能量的生物化学过程。无氧呼吸则是有机物在无氧条件下分解为不彻底的氧化产物（酒精、乳酸等）并释放能量的过程。

植物的呼吸作用十分复杂，其中，呼吸作用中糖的分解代谢途径有三种：糖酵解、三羧酸循环和戊糖磷酸途径。糖酵解是淀粉、葡萄糖或其他六碳糖在无氧状态下分解成丙酮酸的过程，在此过程中不需要氧的参与。对高等植物来说，无论是有氧呼吸还是无氧呼吸，糖的分解都必须先经过糖酵解阶段形成丙酮酸，才能继续分解：

$$C_6H_{12}O_6 + 2NAD^+ + 2ADP + 2Pi \rightarrow$$
$$2CH_3COCOOH + 2NADH + 2H^+ + 2ATP + 2H_2O \tag{4.3}$$

三羧酸循环是指糖酵解成丙酮酸后，在有氧条件下，通过一个包括三羧酸和二羧酸的循环而逐步氧化分解，直到形成水和 CO_2 的碳代谢过程（公式 4.4）。三羧酸循环是呼吸作用释放 CO_2 的来源。此外，三羧酸循环还是糖、脂类、蛋白质和核酸及其他物质的共同代谢过程。呼吸作用就是依靠糖酵解和三羧酸循环这两个过程才成为植物体内各种物质相互转变的枢纽。

$$2CH_3COCOOH + 2NAD^+ + 2FAD + 2ADP + 2Pi +$$
$$4H_2O \rightarrow 6CO_2 + 2ATP + 8NADH + 8H^+ + 2FADH_2 \tag{4.4}$$

在高等植物中，不经过无氧呼吸生成丙酮酸而进行有氧呼吸，即不经过糖酵解和三羧酸循环的途径就是戊糖磷酸途径。

4.2.1.4 植物氮代谢过程与碳代谢过程的耦合过程

植物只能吸收化合态氮，包括氨基酸、天冬酰胺和尿素等有机氮化物以及无机氮化物，其中无机氮化物是植物的主要氮源。植物吸收的无机氮化物以土壤中的铵盐和硝酸盐为主。铵盐可以被植物直接利用合成氨基酸,而硝酸盐则需要经过代谢还原才能被植物利用,这是因为硝酸盐中的氮是氧化状态,而蛋白质中的氮则是还原状态。因此,植物的氮代谢过程主要是硝酸盐的代谢还原和氨的同化(潘瑞炽等,2001)。

(1)硝酸盐的代谢还原

硝酸盐首先在硝酸还原酶催化下被还原成亚硝酸盐,再经亚硝酸还原酶催化,被还原成氨。硝酸盐还原成亚硝酸盐的反应式为

$$NO_3^- + NAD(P)H + H^+ + 2e^- \xrightarrow{\text{硝酸还原酶}}$$
$$NO_2^- + NAD(P)^+ + H_2O \qquad (4.5)$$

亚硝酸盐还原成氨的反应式为

$$NO_2^- + 6Fd_{还} + 8H^+ + 6e^- \xrightarrow{\text{亚硝酸还原酶}}$$
$$NH_4^+ + 6Fd_{氧} + 2H_2O \qquad (4.6)$$

(2)氨的同化

氨来自植物吸收的铵盐和硝酸盐还原后的产物。氨与呼吸代谢的中间产物 α-酮酸结合形成氨基酸,这种过程称为还原氨基化。氨基交换作用也是植物体内合成氨基酸的主要方式之一。氨基交换作用指的是一种氨基酸的氨基在转氨酶和辅酶磷酸吡哆醛的作用下被转移到另一种酮酸的酮基上,接受体就变成一种新的氨基酸,而供给体则变成另一种酮酸。高等植物还有一种氨的同化方式就是氨与 CO_2 及 ATP 结合,形成氨甲酰磷酸。此外,氨还可以与氨基酸结合形成酰胺。

(3)植物碳代谢与氮代谢耦合关系

植物体内光合和呼吸过程中的碳-水生化过程发生在叶肉细胞内,以进入细胞内的 CO_2 和水分子数量为基础,受到叶肉细胞中气孔开闭程度等的影响。植物体内的碳代谢与氮代谢存在着紧密耦合关系,光合过程中生成的碳水化合物在细胞基质中与氮等结合形成氨基酸,氮的多少限制了碳水化合物的生成速率,也影响了光合作用速率。

植物碳代谢与氮代谢耦合关系主要体现在蛋白质和核酸的合成过程中(图 4.2)。植物光合作用生成的碳水化合物及根系吸收的氮在体内可以转化成戊糖分子和碱基,两者可以合成核苷。核苷与磷酸分子进一步结合生成核苷酸,其中的核糖核苷酸分子组成了 RNA。RNA 参与蛋白质的合成,主要有转移 RNA(tRNA)、核糖体 RNA(rRNA)和信使 RNA(mRNA)。植物体内的氨基酸按照 DNA 转录得到的 mRNA 上的遗传信息排列合成多肽链,进而组合成蛋白质。

此外,碳、氮是决定植物生长的最基本的两个生命元素,它们在植物体内的分配、代谢速率及积累过程决定着植物的生长过程及生产力,亦关系到植物对环境胁迫的适应能力。

4.2.2 植物体的碳、氮、水吸收与利用的生理生态学过程

植物体内碳、氮、水吸收与利用过程是生态系统

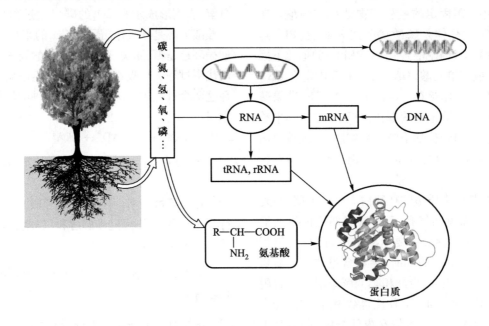

图 4.2 植物生命活动过程合成蛋白质的碳-氮生物化学耦合过程

碳−氮−水耦合循环的生理生态学基础,也是植被调控碳−氮−水耦合循环的重要途径。这些生理生态学过程主要体现在植物气孔行为控制的碳−水气体扩散、根系吸收养分和水分过程及植物体内碳和氮的再分配。

4.2.2.1 植物气孔行为控制的碳−水气体扩散

气孔对光合-蒸腾过程的共同调控作用和气孔的优化调控机制是陆地生态系统碳−水耦合机制的生物物理学基础。气孔作为 CO_2 和水汽进出叶片的共同通道,它的开合运动控制着叶片对水汽和 CO_2 的导度(分别用 g 和 g' 表示)的变化,对光合速率(An)和蒸腾速率(Tr)具有趋向一致的调控作用机制,即二者均符合 Fick 定律(Fick's law)的气体扩散定律(于贵瑞等,2010),这种物理学机制控制着生态系统碳循环和水循环耦合关系的关键环节(于贵瑞等,2013)。

An 和 Tr 之间还存在着密切的生理学影响与反馈作用,气孔在其中起着关键性的作用(于贵瑞等,2010)。例如,An 升高加大了对 CO_2 的消耗,气孔内的 CO_2 浓度(C_i)就会降低;C_i 的降低会促进气孔开放,g 增大,从而提高 Tr;而 Tr 升高到一定程度后会使得叶水势(ψ)降低,引起气孔闭合,g 减小,进而 An 下降。在 An 和 Tr 间的影响与反馈调控机制中,气孔行为似乎具有某种优化调控机制,可使植物在适当的水分"损失"水平上获得最大量的 CO_2 同化(Cowan and Farquhar,1977;于贵瑞等,2010)。目前,对气孔优化调控机制的生理生化过程还不是很清楚,但是大量的观测实验已经表明了这种机制的存在。

4.2.2.2 根系吸收养分和水分过程

根系是吸收养分的主要器官,也是碳、氮、水循环的重要耦合节点。根系既可以吸收土壤溶液中的矿物质,也可以吸收被土粒吸附的矿物质,其主要吸收部位是根尖(于贵瑞等,2010)。由于细胞壁表面和原生质体质膜上具有电荷,在这些部位的离子与细胞壁表面和原生质体质膜上的电荷发生交换而被吸附,是依据土壤溶液和根内部之间的浓度梯度和电荷梯度而进行的被动吸收过程(蒋高明等,2004)。

根系吸收养分过程中的碳−氮−水耦合体现在以下三个方面(于贵瑞等,2013)。第一,在根系吸收养分的过程中,土壤中的无机氮溶解在土壤溶液中,土壤溶液中的氮离子与根系发生交换(如主动交换、被动交换等),完成养分的吸收过程,体现了水与氮的耦合。第二,在根系吸收养分的过程中,根系与土壤溶液中的阴、阳离子发生主动交换时需要消耗能量,能量是根系分解有机物质进行呼吸作用产生的,这也体现了碳、氮、水代谢间的耦合关系。第三,根系吸收养分时也通过根系向土壤中分泌有机物质,影响土壤环境,改变土壤中的碳水平,并改变部分氮的分布形态,结合土壤水分状态的变化,土壤中的碳、氮发生周转,形成土壤-大气界面上的碳−氮−水耦合过程。

4.2.2.3 植物体内碳和氮的再分配

碳和氮在植物体内的分配处于动态变化之中,既相互促进又相互制约。譬如,植物的光合作用与器官(如绿叶)中的含氮量密切相关,而光合器官中的氮又依赖于植物根系对氮的吸收和氮向叶片的运输,这些过程都需要植物的光合作用提供能量。

氮元素进入根部导管后,随着蒸腾流上升到地上部分,形成不稳定的化合物并不断分解,释放出的离子又转移到其他需要的器官中,参与植物体内的物质循环。氮元素大多分布在代谢旺盛的部位,如嫩叶、果实和地下贮藏器官等,还能从代谢较弱的部位运到代谢较强的部位。在植物开花结实和落叶之前,氮元素可以重新分配。例如,落叶植物在落叶之前,会将叶片中的氮元素运送至茎干或根部(潘瑞炽等,2001)。

光合产物在体内的再分配受养分的供应能力、竞争能力和运输能力的影响(潘瑞炽等,2001)。供应能力是指该器官或部位的光合产物能否输出及输出多少的能力,一般来说,某一部分的光合产物首先满足自身的需要,只有当光合产物超过自身需要时,才有可能输出,且产物越多输出潜力越大;当光合产物不满足自身生长需要时,不仅不输出,反而需要输入。竞争能力常常反映器官对光合产物的需要程度,竞争能力较强的部分才能分配到较多的光合产物。通常生长旺盛而本身光合产物不足、代谢较强的器官或部位的竞争能力强,如消耗或贮藏光合产物养料的器官(如嫩叶、果实、块根等)都是竞争能力较强的器官。运输能力包括输出和输入部分之间的输导系统联系、畅通程度和距离远近。通常,直接联系的输导系统比间接联系的输导系统分配多,距离近的器官比距离远的分配多。

综合以上三方面的因素可知,光合产物在植物体内首先是优先分配给生长中心及合成部位附近竞争能力大的部分。当竞争能力相似时,则以就近供应为原则;在距离相似时,则以优先供应竞争能力大的为原则;如果距离远近和竞争能力都不相同时,则以二者的影响大小而定,其中,竞争能力起着重要的作用,竞争能力大的部分,虽然远离光合产物合成部位,但仍能获得较多的产物(潘瑞炽等,2001)。

在某些生物代谢过程中,一些关键的化学组分发挥着碳架和氮源两种作用。氮的合成需要依靠无结构的碳水化合物来提供和转运氮源,其中,硝酸还原酶(NR)、谷氨酸脱氢酶(TUV)、磷酸蔗糖合成酶(PNP)和磷酸烯醇式丙酮酸羧化酶(PEPC)等在碳-氮耦合代谢调节过程中扮演着重要角色。又如,核酮糖-1,5-双磷酸羧化酶(Rubisco)是植物光合作用过程中固定 CO_2 的关键酶,植物叶片中的 Rubisco 占可溶性蛋白质含量的30%~50%,氮营养状态势必显著影响 Rubisco 含量的变化。

4.2.3 生态系统碳-氮-水耦合循环的生物群落调控过程

生物群落在调控陆地生态系统碳-氮-水耦合循环过程中发挥了重要作用。生物群落的植被冠层结构、根系冠层结构及植物输导系统特征均对生态系统的碳-氮-水耦合循环产生影响。植被冠层结构的改变会通过影响植物的光合作用及蒸腾作用影响生态系统碳-水耦合交换(详见第4.3节);根系冠层结构的改变则会通过影响根系对水分和养分的吸收及硝酸盐还原和氨同化影响生态系统碳-氮-水耦合循环(详见第4.4节);而输导组织的变化将影响物质输送,进而影响生态系统的碳-氮-水耦合循环(详见第4.5节)。

生态系统的碳-氮-水耦合循环是通过植被-大气、根系-土壤和土壤-大气三个界面过程以及有机输导组织和无机输导组织联系起来的生物物理化学系统,通常被称为土壤-植物-大气连续体(SPAC)。群落的植被冠层、根系冠层及输导组织系统则是 SPAC 系统的碳-氮-水耦合循环通量及其通量之间平衡关系的生物控制器。

SPAC 系统中的碳、氮、水运动过程是生态系统物质循环的主要驱动机制,土壤-大气、土壤-植物、植物-大气及植物体内部多个界面的交换通量则是生态系统物质循环特征的直接测度指标。植被、土壤、大气和多种生物与环境因子共同控制着三个界面的物质交换过程,地上植被冠层和地下根系冠层在植被-大气和根系-土壤界面上调控着 SPAC 系统的碳-氮-水耦合循环。

在植物叶片冠层的生理生态学尺度上,植物和大气之间的碳、水交换过程受植物光合作用和蒸腾作用控制,而两者又共同受植物气孔行为所制约,形成了光合作用-气孔行为-蒸腾作用的相互作用与反馈关系(Yu et al.,2001;Hetherington and Woodward,2003)。因此,植物气孔行为控制的光合-蒸腾作用生物物理过程在制约生态系统碳-氮-水耦合循环关系方面发挥着重要作用。此外,植物地上部分还可以通过叶片从空气和水中摄取碳、氮、氧以及其他无机物质,关于这方面的研究工作还十分不足。SPAC 系统中的水分传输可通过一系列液相和气相阻抗(resistance)来描述(于贵瑞等,2010),植物通过调节气孔开度制约的气相阻抗维持着蒸腾失水与有效供水之间的平衡(Solomon,2007)。

植物为了维持其新陈代谢需要从土壤中获取水分和养分,并通过自我调控根系吸水与冠层蒸腾之间的动态变化来维持机体的水分平衡,调节体温及器官的温度环境(于贵瑞等,2010)。植物与土壤之间的碳、氮、水交换主要过程就是根系的养分和水分吸收,以及根系呼吸过程的碳消耗。植物光合作用固定的碳以及碳的再分配对于土壤水分和养分吸收与利用极其重要,而根系生长对养分的吸收,特别是对氮的吸收,很大程度上受土壤可利用氮形态及其有效性和土壤中的水分供应状况的影响(Lei et al.,2012)。

生态系统中的植物碳、氮吸收及其营养元素在 SPAC 系统的迁移和转化必须以水为介质(于贵瑞等,2010)。土壤水的一部分通过入渗作用向下运动可补给地下水,一部分由于植被蒸腾与土壤蒸发进入大气,还有一部分则通过水平方向运动形成湖水和河水(于贵瑞等,2010)。因此,土壤的水循环是影响流域内水循环的重要过程,并且影响流域内的碳、氮循环及生物地球化学循环(Manzoni and Porporato,2011)。

4.2.4 区域尺度碳、氮、水循环耦联关系的植被属性调控过程

区域及全球尺度下的碳循环、氮循环和水循环过程之间并不是相互孤立的,碳、氮、水循环耦联关系受植被属性的空间格局所调控。太阳系中的地球运动及地球演变形成了地球大气环境要素和海陆的空间分布,由此决定了太阳辐射、水热条件等气候因素的

地理空间格局,进而塑造了地球表面的生态系统、植被群落及其属性的空间格局,这种属性的空间格局是控制生态系统碳、氮、水循环耦联关系的主要机制(详见第 6 章)。

在全球范围内,热量随纬度位置而变化,水分随海陆位置、大气环流和洋流特点而变化,水分和热量的结合构成了气候系统地理分布的主要特征。因为气候是影响植被分布的主要因素,所以生长于某一特定地理地区的植被群落及内部各组分会受气候条件影响,而植被自身的结构和功能属性也会随环境的改变而发生变异。

此外,因为生态系统碳-氮-水耦合循环的关键环节均是在植物的调节下实现的,所以可以认为植被的结构和功能属性调节并决定了生态系统碳-氮-水耦合循环及其关系。全球的陆地植被生产力与蒸散量具有一致性的分布特征(Hetherington and Woodward, 2003)就是很好的例证。研究表明,大陆尺度的生态系统年总初级生产力(gross primary productivity, GPP)与蒸散量(evapotranspiration, ET)之间具有显著的线性正相关关系,而在同一植被类型的生态系统内 GPP 与 ET 比值几乎趋近于一个稳定的数值(Law et al., 2002)(图 4.3)。

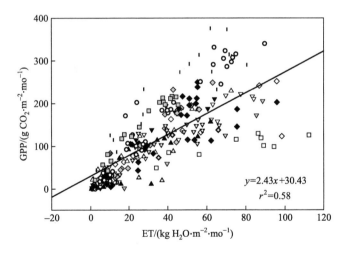

图 4.3　全球陆地生态系统碳、水通量的耦联关系
图中各标志表示不同的站点。

正因如此,现有的许多植被生产力模型,如 Miami、Thornthwaite Memorial 和 Chikugo(筑后)模型,都将降水量和蒸散量等水汽通量作为主要的驱动变量,甚至可以将植被生产力与水汽通量之间相对稳定

的定量关系确定为某种经验性的函数(周广胜和罗天祥,1998)。Beer 等(2010)则直接利用碳、水通量间的比值关系,依据蒸散量的空间分布,估算了全球的 GPP 空间分布。

对区域尺度生态系统的碳、氮通量耦合关系的研究结果虽然相对缺乏,但是一些研究已经表明,高氮输入(大气氮沉降或者人工氮肥使用)可以增加生态系统 GPP 和净生态系统生产力(net ecosystem productivity, NEP)(Yu et al., 2014),这是因为高氮输入一方面可以作为氮资源供给缓解营养匮乏对生产力的限制,另一方面,高氮输入可以提高叶片的氮含量(Magill et al., 2004),进而增强单位叶片的光合速率(图 4.4)。

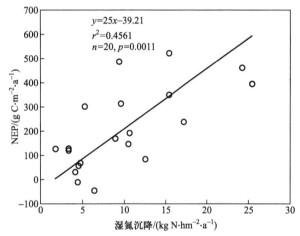

图 4.4　全球陆地生态系统碳、氮通量的耦联关系：
湿氮沉降与 NEP 的关系(Yu et al., 2014)

4.3　植被冠层调控生态系统碳-水通量平衡的生理生态学机制

植被冠层是生态系统与大气间碳-水耦合交换的生物器官。植被冠层对碳-水通量耦合交换的控制主要是通过植物气孔行为控制的光合-蒸腾作用来实现的。植物气孔导度直接反映了生态系统与大气间的碳交换通量和水交换通量,植物的光合作用伴随着蒸腾作用的增加而成比例增大。

植物气孔行为控制的光合-蒸腾作用机理可能与植物维持单位水分消耗下的最大固碳收益有关。为了维持单位水分消耗下的最大固碳收益,植物有保持细胞内外 CO_2 浓度比恒定的特性,当外界环境因素

（如气温、相对湿度、光合有效辐射、饱和水汽压差和CO_2浓度等）改变时，植物叶片光合速率发生改变，导致细胞内CO_2浓度随之改变，从而细胞内的酸碱度得以改变，进而调节气孔开闭，使得蒸腾速率也随之变化，从而表现为气孔行为控制了光合–蒸腾作用（于贵瑞等，2010）。

4.3.1 植被冠层的结构及类型

植被冠层是生态系统的植物群落叶片所组成的集合体。从组成上来看，植被冠层是由构成冠层的叶片及叶片上的各种组织所构成（图 4.5），其中构成冠层的叶片数量反映了冠层结构，可以用叶面积或叶面积指数（leaf area index，LAI）来表征，叶片在冠层中的分布及倾角等影响了冠层的大小。而气孔是控制叶片和大气间气体交换的主要通道，影响冠层光合作用和蒸腾速率，进而调节碳–水通量在冠层上的交换强度（于贵瑞等，2010）。

4.3.1.1 植被冠层的结构

植被冠层是决定生态系统生物多样性及生产力的重要因素，在不断改变的环境中，植被形成适应环境的冠层结构特征。表征植被冠层结构的参数主要包括叶面积指数、叶倾角、聚集度系数和开度等。

叶面积指数（LAI）是量化冠层结构的重要参数，指单位土地面积上的叶片总面积。其观测方法有直接观测和间接观测两大类，直接观测采用收获法、凋落物收集法及异速生长方程估算法等进行估算，而间接观测则基于光学原理利用冠层上下辐射间的比值来估算。通常情况下，间接观测所获得的值小于直接观测的值。叶面积指数的大小也因为叶片倾角及叶片形状的不同而存在差异，可以分为真实叶面积指数和有效叶面积指数。真实叶面积指数是地上所有植被成分的面积，与利用直接观测手段获得的叶面积指数相对应；而有效叶面积指数是反映植被冠层可以用来截获光能等的有效叶面积（Garrigues et al.，2008），是基于光学原理利用间接观测获得的数值。在假定叶片均匀分布的前提下，真实叶面积指数和有效叶面积指数相一致。

叶倾角（leaf angle）是叶片与水平方向的夹角，是反映单位叶面积受光强度及截获辐射量的重要指标，影响植物生长及生物量。叶倾角的大小与植物种类及个体大小等有关。叶倾角通常介于 $0° \sim 90°$，一般采用分度器来测定（沈秀瑛等，1993）。

聚集度系数（clumping index）是反映叶片聚集程度的参数，是转化有效叶面积指数与真实叶面积指数的纽带，基于有效叶面积指数与真实叶面积指数的比值计算而获得。聚集度系数在植被类型及季节间均有显著的差异。针叶林和阔叶林的聚集度系数分别介于 $0.5 \sim 0.7$ 和 $0.7 \sim 0.9$，而农田的聚集度系数因行间距离的不同有所差异，大多介于 $0.4 \sim 0.8$，在湿地、草地及灌丛生态系统中，聚集度系数接近 1（Chen et al.，2012），在季节变化过程中，聚集度系数随着真实

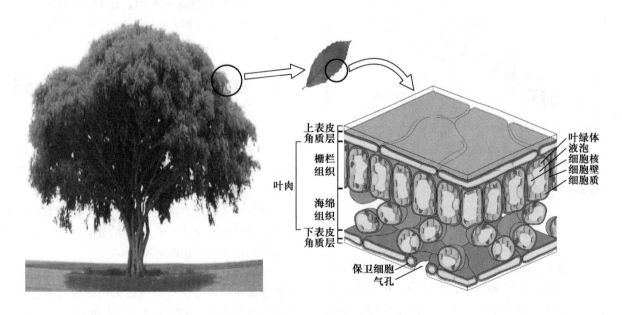

图 4.5　植物叶片及气孔的结构

叶面积指数的增加而减小(朱高龙,2016)。

开度(openness)是植被中未被冠层遮盖的部分,对于确定冠层下方辐射分布和郁闭度等有重要意义。开度随着植被演替阶段及植物生长的不同而改变,并受到人类活动(如采伐、放牧、耕作等)的强烈干扰。开度在原生演替的初期最大并随着演替进程逐渐减小,最终稳定在一个相对固定值。

影响冠层结构的首要因素是气候。气候决定了可以适应该地环境的植被类型及植物种类,进而影响特定生态系统冠层结构的主要特征。人类活动也是导致冠层结构改变的重要因素,人类的采伐、放牧等活动直接影响叶面积指数及植被覆盖度等反映冠层结构的重要参数,影响冠层结构。同时,人类可以选育、驯化优良品种进而改变农田作物的冠层结构。自然灾害是影响冠层结构的另一重要因素,并在特定时段起着决定性作用,比如台风、火灾等的发生导致冠层受损。此外,地形、坡向等因素也影响了植被生长的局地气候,改变了冠层结构。

4.3.1.2 植被冠层的类型

自然生态系统的植被以及农作物冠层构造是各种各样的,根据冠层的垂直结构和群落的覆被程度,植被冠层可以划分为以下四种主要类型(于贵瑞,2001)(图4.6)。

(1)单层封闭型冠层(one-layer and closed canopy,OLCC)

这种类型的植被冠层往往由一种或几种优势物种构成,各优势物种的高度基本相同或紧密镶嵌,形成垂直方向的单一冠层。同时,植被叶面积指数比较大(LAI≥4),陆地表面基本被植被冠层所封闭。热带森林、密植的作物群体和生长良好的草坪等都可以看作典型的OLCC。

(2)单层疏松型冠层(one-layer and sparse or clumping canopy,OLS/CC)

这类植被冠层基本上也是由一种或几种优势物种构成的垂直方向的单一冠层,但是在水平方向上,群落疏松或者各优势物种呈丛生群聚状态,因而植被叶面积指数比较小(LAI<4),冠层不能完全封闭陆地表面。垄作的农田(特别是作物没有充分发育的生育阶段)、疏松的林地和干旱区域的草原等属于OLS/CC。

(3)多层封闭型冠层(multiple-layer and closed canopy,MLCC)

MLCC的特征是植被群落中有多种不同高度的

图 4.6　植被冠层的类型

优势物种,且这些优势物种又呈丛生群聚状态,使冠层在垂直方向上具有多层构造,但是因植被叶面积指数比较大(LAI≥4),陆地表面几乎全部被植被所覆盖。例如,热带草原由草本植物、乔木和灌木构成,农业生产中也常常把高秆作物和矮秆作物按一定比例进行间作。

(4)多层疏松型冠层(multiple-layer and sparse or clumping canopy,MLS/CC)

与 MLCC 相同,MLS/CC 是由多种不同高度的优势物种构成的多层结构,但因冠层群落的生物量低,陆地表面通常不能被植被完全覆盖。间作农田的作物生育前期以及干旱地区的林地等都属于 MLS/CC。

4.3.2 植被冠层导度及其影响因素

冠层导度(canopy conductance)是量化冠层控制水汽蒸腾及 CO_2 同化的参数,是单位时间单位面积内水汽(或 CO_2)的通过量,通常以 $m^2 \cdot s^{-1}$ 为单位。计算冠层导度通常采用 Penman-Montieth 方程基于蒸腾量和相关环境变量进行反推,也可以利用叶片测定的气孔导度数据,结合冠层的太阳辐射分布推算整体的冠层导度(于贵瑞等,2010)。

冠层导度呈现明显的日变化和季节变化等规律(Yu et al.,1998)。在不同生态系统,冠层导度普遍呈现"单峰形"的日变化趋势,随着太阳的升起而逐渐增加,并在正午前后达到最大值(黄辉等,2007)。而在季节变化过程中,冠层导度随着冠层叶面积的改变而发生变化,展叶期缓慢上升,落叶期迅速降低,生长旺季呈现小幅波动(朱绪超等,2016)。冠层导度的变化是生物和环境因素共同作用的结果,总体看来,冠层导度受冠层内叶面积及其叶片气孔大小、密度等数量特征及气孔开闭程度的共同影响。归纳起来,环境因素对冠层导度的影响方式可以用图 4.7 表示。

4.3.2.1 叶面积

叶片是水汽(或 CO_2)进出植物体的场所,冠层叶面积的大小会影响大气和植物体内水汽(或 CO_2)的交换,叶面积增大导致水汽(或 CO_2)进出植物的概率增加,即冠层导度增大。因此,叶面积是影响冠层导度的重要因素,冠层导度会随着冠层叶面积的改变而改变,叶面积指数较大的植被通常具有较高的冠层导度。现有的研究基于已有的气孔导度模型(Yu et al.,1998),结合叶面积指数等实现了基于气孔导度外推计算冠层导度(任传友等,2004;黄辉等,2007;曹庆平

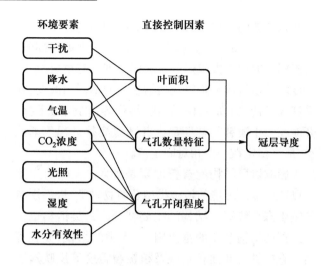

图 4.7　环境因素对植被冠层导度的影响

等,2013;高冠龙等,2016)。

4.3.2.2　气孔数量特征

冠层导度可以视为气孔导度在冠层的表达,可以通过气孔导度与叶面积指数来获取(高冠龙等,2016)。而在当前气孔导度模型的计算过程中,气孔导度通常被认为是最大气孔导度与环境因素限制作用的函数(Yu et al.,1998),从而导致最大气孔导度成为冠层导度的重要影响因子。最大气孔导度是所有环境因素处于最优状态下的气孔开度,是植物本身固有的性质(Jarvis,1976),与植物自身长期适应外界环境所形成的气孔数量特征密切相关。气孔的数量特征包括气孔的大小和密度,是影响气体进入植物体内的强度的基础,决定了植物固有的最大气孔导度。研究结果发现,气孔导度与气孔密度呈正比,但与气孔长度和宽度呈反比(杨再强等,2007)。近年来,有学者将气孔的大小与密度的乘积作为气孔面积指数(stomatal area fraction,SAF),用于反映叶片面积分配给气孔空间的相对大小,即气孔总面积占叶片面积的比例(Liu et al.,2018)。该值正比于气孔潜力指数(stomatal pore area index,SPI)(Sack et al.,2003),与冠层的最大导度密切相关,表征气体进入植物体内的最大强度(Yang et al.,2014)。气孔的数量特征受到植物种类和生长条件等影响,存在明显的空间变异性,随着年均气温、年总降水量及海拔等因素的改变,气孔的数量特征均发生明显改变(Wang et al.,2014;Yang et al.,2014;Wang et al.,2015)。

气孔的分布还与植物的光合途径及生活型有关。

上下表皮气孔数量比在 C_3 植物中较低，在阳生草本植物中变幅较大（平均可达 0.45），在阴生草本植物中变幅较小（0.07），蕨类及乔灌木种类的上表皮气孔数量几乎为 0。C_4 植物的气孔上下表皮气孔数量比普遍较大，只有少数 C_4 植物的上表皮没有气孔。景天酸代谢植物的气孔数比 C_3 和 C_4 植物少得多，且上下表皮气孔数量比为 1.01。生长迅速、光合能力较强的向日葵、花生、水稻及一些叶菜类植物有较高的上下表皮气孔数量比，生长较缓慢、光合效率较低的阴生植物或乔灌木类的叶片上表面只有少数或没有气孔（林植芳等，1986）。

4.3.2.3　气孔开闭程度

气孔的数量特征反映了该类植被在最优环境下 CO_2 及水汽进出叶片所受到的阻力，但随着外界环境条件（如温度、湿度等）的改变，植物可通过叶片水势变化等控制气孔开闭，使得气孔开闭程度在某种程度上决定了冠层导度，进而主导了冠层与大气间的水汽（或 CO_2）交换（于贵瑞等，2010）。

气孔开闭是气孔调节植物蒸腾作用和光合作用的重要特性。通过调节保卫细胞内水分的多或少，气孔实现闭或开。从生物物理学的角度来看，气孔运动是植物为适应外界环境条件改变的自我调节。然而，目前关于气孔开闭的生物化学机制尚不完全明确，多数研究主要集中在化学调节机制方面，并认为气孔运动是保卫细胞膨压改变的结果。而膨压改变的原因则众说纷纭，包括淀粉与糖转化学说、无机离子泵学说、苹果酸代谢学说和化学浸透学说等经典假说（于贵瑞等，2010）。

尽管气孔运动的调节机制尚不明确，但是影响气孔开闭的因素较为清晰，有 CO_2 浓度、水分有效性、光照、温度和湿度等，通常利用这些环境因素的影响函数的连乘模型（Jarvis，1976）来预测特定环境条件下的冠层气孔导度（于贵瑞等，2010）。

（1）CO_2 浓度

CO_2 浓度改变对气孔运动有显著的影响。基于气孔运动的调节机制可以看出，CO_2 浓度升高使得细胞外的 CO_2 分压增大，增加了保卫细胞中 CO_2 的进入量，提高了光合速率。但植物体内叶绿素含量有限，为了充分利用进入保卫细胞的 CO_2 并减少水分损失，植物调节气孔的开闭程度，减缓 CO_2 进入叶肉细胞的速率，使得细胞内外的 CO_2 浓度比呈现相对稳定的状态，从而表现为蒸腾速率有所降低。一般认为，CO_2

浓度升高会使气孔部分关闭，减少蒸腾，但对 CO_2 的吸收没有显著影响（Flexas et al.，2008）或促进光合作用，短期内可以提高植物的水分利用效率和植物的抗旱能力（Kimball 等，2002；王建林等，2005；郝兴宇等，2011）。但就长期的 CO_2 浓度变化而言，CO_2 浓度上升可能会下调植物光合作用活性，影响植物的 C∶N 值（Long et al.，2004；Leakey et al.，2009）。而 CO_2 浓度降低会促进气孔张开（王建林和温学发，2010）。

（2）水分有效性

水分有效性影响植物体内的水分状态，进而影响气孔的开闭。当土壤水分有效性不足时，植被蒸腾消耗的水分多于根系吸收的水分，使植物体内水分亏缺，则保卫细胞通过调节自身代谢过程以减少细胞失水，引起气孔关闭，降低气孔导度。多数研究表明，气孔导度与土壤水分有效性之间存在着显著的正相关关系，土壤水分有效性的增加增强了气孔导度（李丽等，2016；罗永忠和成自勇，2011；左应梅等，2011）。但土壤水分有效性对气孔开闭的影响存在一定的阈值，当土壤水分介于某一特定阈值时，土壤水分的变化对气孔开闭的影响相对较小，且在同一地区，不同作物的土壤水分有效性阈值存在一定的差异（张喜英等，2000）。然而，目前尚不清楚水分有效性影响气孔开闭的机制，尤其是无法区分水分有效性和湿度在气孔开闭中的直接和间接地位。

（3）光照

光照是影响气孔开闭的主要环境要素。多数植物（景天酸代谢植物除外）的气孔在有光照的情况下开放而在黑暗中关闭。在一定的范围内，随着光照强度的增加，气孔开放程度呈增大趋势（于贵瑞等，2010）。光照调节气孔开闭的生物物理学机制在于细胞内 CO_2 的消耗：在光照条件下植物进行光合作用，消耗细胞内 CO_2，使得细胞内 CO_2 浓度降低，为了维持细胞内外 CO_2 浓度比的恒定，植物需开放气孔使大气 CO_2 进入植物体内。但是关于光照调节气孔开闭的生物化学机制则存在多种假说（于贵瑞等，2010）。例如，淀粉-葡萄糖转化学说认为，光照条件下，植物消耗细胞内 CO_2 进行光合作用使得细胞内酸度降低，磷酸化酶在酸度较低的情况下促进淀粉水解形成小分子的葡萄糖；同时，植物光合作用也会产生一定的葡萄糖，共同导致保卫细胞的渗透浓度增加，并从邻近的叶肉细胞吸收水分而膨胀，气孔开放。反之也成立。而无机离子泵假说认为，光照对气孔开闭的调节是由于光照下 ATP 产量增加,导致 K⁺被激活,K⁺进入保卫细胞增加了渗透浓度,导致气孔开放(于贵瑞等,2010)。此外,光照对气孔开闭的影响不仅表现在光照强度上,还表现在光质方面,可见光的不同波段对气孔开闭的影响也存在差异。有研究发现,红光可以显著促进叶片气孔的开放(苏天星等,2010;刘庆等,2015),而紫光、蓝光及绿光等其他波段的可见光对气孔开放的影响则因植物种类不同存在差异(闫萌萌等,2014;刘庆等,2015;余阳等,2015)。

(4)温度

温度也是导致气孔开闭的重要因素。随着温度升高,气孔开度有增大的趋势,并在最适温度下达到最大;当温度超过最适温度后,气孔开度减小,气孔导度下降。同时,温度过低也会导致气孔开度减小甚至气孔关闭(李卫民等,2008;于贵瑞等,2010;战伟等,2012;马蓉等,2016)。不同植物的最适温度存在明显不同,多数植物的最适温度介于 20~30℃,并且最适温度也会随着季节和年际间温度的变化有所改变,不同生活型的植物对温度改变的响应也存在差异(赵娜和李富荣,2016)。温度对气孔开闭的影响机理与光照类似,温度升高使得保卫细胞中参与光合作用的酶的活性发生改变,影响了植物的光合作用强度,使得保卫细胞内渗透物质的浓度改变,导致气孔运动。

(5)湿度

湿度与气孔开闭密切相关。一般认为,随着湿度增加,气孔的开放程度有增大的趋势(左应梅等,2011;陈骉和梁宗锁,2013)。植物叶片气孔对湿度的响应本质上反映了气孔对蒸腾速率的响应:随着蒸腾速率的增加,气孔导度呈现增加趋势,但气孔导度与蒸腾速率间的关系可以用不同的数学方程来表达,一个是线性关系(陈骉和梁宗锁,2013),一个是对数关系(Oren et al., 1999;Katul et al., 2009)。表达湿度的指标包括相对湿度、比湿、饱和水汽压差等,但当前普遍采用饱和水汽压差来反映气孔对湿度变化的响应(于贵瑞等,2010)。

4.3.3 植被冠层导度对碳、水交换耦合关系的调控作用

光合及呼吸代谢过程中的碳-水耦合代谢是决定生态系统与大气间碳-水耦合循环的基础,但植被与大气间的水汽交换(主要表现为蒸腾)只有相当少的部分(不足 2%)用于植物体内的生化代谢,其余大部分用于降低叶片表面温度和拉动植物体内营养物质

的运输等,由此可见,植被与大气间的碳、水交换相互关系就成为决定生态系统碳循环与水循环耦合关系的关键。

植被冠层与大气间的碳、水交换速率由植被大小、叶片上的气孔及其开闭程度共同决定,其中气孔是 CO_2 和水汽进出冠层的共同通道,是碳-水通量耦合关系的调节器。冠层导度量化了植被冠层对 CO_2 和水汽的扩散能力,控制了冠层与大气间的水汽蒸腾和 CO_2 同化速率(图 4.8)。

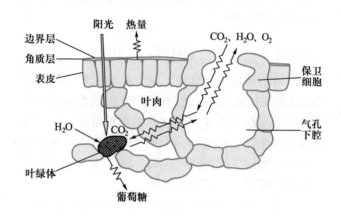

图 4.8 气孔行为控制的植被-大气的水汽和 CO_2 耦合交换过程

4.3.3.1 冠层导度对水汽蒸腾及 CO_2 同化速率的共同控制机制

冠层导度对水汽蒸腾和 CO_2 同化速率的控制源于气孔的作用。依据植被-大气气体交换的 Fick 定律,光合速率(An)和蒸腾速率(Tr)可以用下式来计算(Cowan and Farquhar, 1977;Farquhar and Sharkey, 1982;Williams,1983):

$$An = \Delta C \cdot g' \qquad (4.7)$$
$$Tr = \Delta W \cdot g \qquad (4.8)$$

式中,ΔC 和 ΔW 分别是叶片内外的 CO_2 和水汽浓度差;g 和 g' 分别是冠层对水汽和 CO_2 的导度。由于水汽的分子量较小,冠层对水汽的导度约为对 CO_2 导度的 1.6 倍。

冠层导度对水汽蒸腾和 CO_2 同化速率的控制使得冠层碳、水通量之间呈现为耦合关系,具体表现为:冠层的碳、水通量之间具有明显的线性正相关关系(Zhao et al., 2007;Yu et al., 2008),在生长季内的累积碳同化量与累积蒸散量具有较为稳定的比例关

系（Albrizio and Steduto，2005），两者具有一致的日变化特征（张永强等，2002；朱治林等，2004）和季节变化特征（Song et al.，2006；Zhao et al.，2007）等。大量研究表明，植被冠层光合速率与冠层导度的比值可以近似看作固定常数，也就是说，冠层导度的增加将促进碳交换速率和蒸腾速率的增大（于贵瑞等，2010）。

4.3.3.2 生态系统碳、水循环变化的同向驱动机制

植被冠层的碳、水耦合关系的形成机制除了来自叶片光合-蒸腾的耦合作用外，还有生态系统对碳、水循环的同向驱动作用。

陆地生态系统碳、水循环的驱动能源具有严格的同步变化特点。冠层截获的驱动冠层碳同化过程的光合有效辐射与驱动生态系统蒸散的太阳辐射有较为稳定的比例关系。因此，生态系统碳、水通量都表现出与太阳辐射相似的正相关关系（Steduto et al.，2007；Zhao et al.，2007）。在一个日变化和季节变化过程中，太阳辐射变化是造成冠层碳、水通量同步变化特征的主要原因（张永强等，2002；朱治林等，2004）。

叶片作为光合-蒸腾的共同发生功能器官，叶片的生长活动和物候特征对冠层的碳、水通量具有同步的控制作用。在单叶片上，两者都受叶片生育进程控制，叶片光合和蒸腾具有一致的日变化和季节变化特征（Yu et al.，2003）。在冠层水平上，碳、水通量都受到叶面积大小的限制，表现出与叶面积一致的季节变化和年际变化特征（Zhao et al.，2007）。

冠层的碳、水通量还对许多环境因子具有相似的响应特征。例如，风能加快植被-大气 CO_2 和水汽的湍流交换，同时促进冠层的碳、水通量。低温和高温都能引起叶片气孔的闭合，使得冠层碳、水交换受阻。良好的土壤水分条件不仅能增加冠层水汽通量，还能促进光合作用，增加冠层的碳吸收；而干旱不仅会降低冠层的水汽通量，还能限制冠层的碳吸收（Yu et al.，2008）。

4.3.3.3 C_3、C_4 植物和景天酸代谢植物的气孔行为控制光合及蒸腾机制的差异

植物通过改变气孔张开的大小来调节 CO_2 吸收和失水，不可避免地面临着 CO_2 吸收与水分散失之间的矛盾。气孔行为最佳化理论认为，气孔能够随着外界环境的变化自律地调节至最佳的开度，使得植物能

够达到在最大光合作用和最小水分损失之间的折中，这取决于 CO_2、光和矿质营养的相对供应状态。

跟 C_3 植物相比，C_4 植物增加了一套固碳反应，PEPC 能比 Rubisco 更有效地羧化 CO_2，可以适应叶内低浓度 CO_2 的环境，因而能用比 C_3 植物闭合得更紧的气孔来吸收 CO_2，从而提高水分利用效率。景天酸代谢植物的气孔则在白天维持关闭，有效地避免了在高温低湿环境下的蒸腾失水；气孔在夜间才张开，CO_2 进入叶片被 PEPC 固定，形成 C_4 酸储藏在液泡中，直到第二天才进行脱酸，释放 CO_2，被常规的 C_3 光合作用途径所固定。景天酸代谢植物中 CO_2 的固定与 C_3 植物、C_4 植物不同，它存在着白天-夜晚的时间分离特征，而 C_4 植物则存在着维管束和叶肉细胞之间 C_3 和 C_4 固定 CO_2 的空间分离（于贵瑞等，2010）。

当前的研究主要针对 CO_2 浓度升高下不同光合途径的气孔行为调控光合和蒸腾速率的差异（蒋高明等，1997）。有研究表明，CO_2 浓度升高会普遍促进 C_3 植物、C_4 植物和景天酸代谢植物的光合速率、降低这三种植物的蒸腾速率，气孔导度也随之降低（王春乙等，2000；蒋跃林等，2006）。但在 CO_2 浓度升高条件下，气孔行为对光合和蒸腾速率的调控呈现对 C_3 植物影响最大，对 C_4 植物影响最小，景天酸代谢植物介于二者之间的现象。同时，不同生活型之间也有区别，对草本 C_3 植物影响程度最高，对乔木 C_3 植物影响较小，灌木 C_3 植物介于二者之间（蒋跃林等，2006）。

4.3.3.4 气孔形状及行为的进化生物学

系统发育和古植物学的证据表明，现存的陆地植物可能从寒武纪到奥陶纪时期开始出现多样化，这种变化依赖于植物对陆地环境的独特适应性进化而实现，包括用于寻找水分和养分的复杂的根系，用于水分和营养物质转运的大型维管组织，用于限制蒸发的角质层和木质素，以及使 CO_2 吸收与水分散失达到最优平衡的气孔（Keeley et al.，1984；Beerling et al.，2001；Hetherington and Woodward，2003；Menand et al.，2007；Rensing et al.，2008；Park et al.，2009；Banks et al.，2011；Chen et al.，2017）。其中，气孔控制失水使得植物能在多变的环境条件下生存，在物种形成和进化中起着重要作用。

在气孔出现之前，原始植物无法与大气交换气体，只能通过根系获取光合碳（Keeley et al.，1984）。表皮气孔出现后，地钱等苔藓植物可以与大气进行气体交换，虽然这些表皮气孔与高等植物的气孔在形态

和发育上不同,但它们的气孔孔径调节功能具有相似性(Vatén and Bergamann,2012)。维管植物出现后,其气孔通常对环境的刺激更加敏感,表现为随着光、CO_2 和水分胁迫的变化,开闭速率加快。在蕨类植物和水生植物中,气孔的控制机制是水分被动机制,而在约 3.6 亿年前,种子植物的气孔控制机制转换为更加复杂的主动式水分平衡调控机制(Brodribb and Mc-Adam,2011)。

气孔形状分为两大类:禾本科中典型的哑铃形气孔和其他物种中的肾形气孔(图 4.9)。在 4 亿年前的显生宙,当大气 CO_2 浓度较低时,不仅植物有较高的气孔密度,而且有新的植物类群出现,如蕨类植物、被子植物等。气孔分布位置的不同反映了不同的进化程度,气孔分布在表面表明是更原始的状态,物种也更原始;而在干燥的气候条件下,气孔位置变得深入,此时物种间开始分化。虽然气孔差异并不是进化枝之间的唯一差异,但是气孔位置的明显差异会对湿润和干旱气候条件下两个进化枝物种的传播和存活产生不同的影响(Hill,1994)。在地中海气候的夏季和冬季也有证明(Aronne and De Micco,2001)。

全球气候变化与气孔进化之间的相关性可以用禾本科哑铃形气孔的进化加以证明。对禾本科植物的进化研究认为,哑铃形气孔具有比肾形气孔更高等的进化形式,这在观察中得到证实。在猫尾草的进化过程中,保卫细胞在出现典型(成熟)哑铃形状之前出现过短暂的肾形阶段。哑铃形的设计放大了宽度的细小变化,从而产生大的开口,并且使气孔的潜力最大化,以追踪环境条件的变化,可能几乎没有能量成本。保卫细胞和副卫细胞突变中的较小变化会导

致哑铃形气孔中的气孔孔径比肾形气孔更大(Raschke,1979;Hetherington and Woodward,2003)。与非禾本科植物相比,禾本科植物气孔开放的效率和速度提高了光合作用和水分利用效率(Grantz and Assmann,1991)。

4.4 根系冠层生物学过程控制碳-氮-水耦合循环的生理生态学机制

4.4.1 根系冠层的结构与功能

4.4.1.1 根系冠层的结构

(1)根系类型

根一般是指植物的地下部分,除了苔藓植物外,其他高等植物都具有根。一株植物所有根的总和称为根系(root system)。植物从土壤中获取水分和养分的能力与其形成庞大根系的能力有关。按照根系的形态差异,可分为直根系(taproot system)和须根系(fibrous root system)两种。直根系存在于裸子植物和绝大多数双子叶植物中,特点是主根明显而发达,并且方向为竖直向下,侧根呈匍匐状分布于主根周围。一般直根系入土较深,其侧根在土壤中的伸延范围也较广,木本植物的根系伸延直径可达 10～18 m,常超过树冠的好几倍;而生活在沙漠地区的骆驼刺可深入地下 20 m,以吸收地下水。须根系的特点是根系主要是由不定根和侧根组成,主根生长缓慢或停止生长,呈丛生状态。

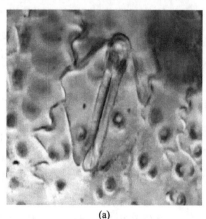
(a)

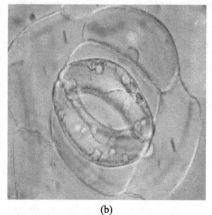
(b)

图 4.9 气孔形状(Hetherington and Woodward,2003)
(a)哑铃形气孔;(b)肾形气孔。

（2）细根

植物主要依靠细根（fine root）从土壤中吸收养分和水分（Bardgett et al., 2014; Laliberté, 2017）。然而，如何定义和划分细根一直是科学家争论的焦点。以往多采用"直径法"（如直径≤2 mm）来定义细根，但越来越多的研究者认为，这种方法忽略了细根系统内部结构和功能的异质性（Pregitzer et al., 2002; Guo et al., 2008）。随后，"根序法"（root order）被提出来，即位于根系最末端、没有分支的为1级根，两个1级根相交形成2级根，两个2级根相交形成3级根，以此类推。不同根序之间的结构和功能存在明显差异：随着根序增加，根的直径和寿命逐渐增加，而比根长、氮含量和呼吸速率则逐渐降低（Guo et al., 2008; Xia et al., 2010）。基于这种差异，McCormack 等（2015）提出"功能划分法"，即将直径≤2 mm 的根分为吸收根（1—3级根，根枝末端具有初生结构，执行水分和养分吸收功能）模块和运输根（4—5级根，主要行使运输功能）模块。"功能划分法"为区分不同功能模块的细根提供了有效的方法。然而，不可否认，无论是"根序法"还是"功能划分法"都需要花费大量时间和人力物力，这也是目前仍然有很多研究者愿意采用"直径法"来划分细根的原因。

不同生长型的植物细根划分方法存在差异。例如，木本植物的根系多为分支明显的直根系，"根序法"和"功能划分法"能够在木本植物中得到很好的应用。已有研究证明，木本植物中只有最末端的2—3级根是短命的，具有初级解剖结构和高氮含量（短命根模块）（Liu et al., 2016; Zadworny et al., 2016）。木本植物中，所有短命根模块中的根几乎是同时出生和死亡，细根周转主要是最细的根。这是由于在木本植物中，木质化的结构根是长寿的，主要用来支撑地上茎并储存养分和碳水化合物，只有一小部分的非木质化的根具有快的周转速率，作为短命的吸收根。然而，在草本植物中，由于整个根系统缺乏次生木质生长，因此不能用木质化和非木质化的根来划分草本根的周转速率。目前对于草本植物吸收根的划分仍存在争议，存在多种划分方法，如直径≤2 mm（Roumet et al., 2016）、前2级根（Liu et al., 2016）和整个根系法（Sun et al., 2016）。

（3）根尖

根尖位于植物根的最前端，是根进行吸收、合成和分泌等作用的主要部位，同时也是根的生命活动中最活跃的部分。根据细胞的形态和功能不同，从根尖顶端起，依次可分为根冠（root cap）、分生区（meristematic zone）、伸长区（elongation zone）和成熟区（maturation zone）四个部分（蒋高明等，2004）。

根冠是位于根尖顶端的帽状结构，由许多薄壁细胞组成，其作用主要是保护根尖的分生区细胞。根冠细胞不规则，外围细胞大、排列疏松，内部（近分生区）细胞小、排列紧密。根冠细胞含丰富的内质网、高尔基体、线粒体和质体等细胞器，其外壁常有多糖类物质的黏液，可润滑根冠表面，促进根表离子交换，减少根在土壤颗粒间穿行的摩擦阻力，利于根的伸长生长。

分生区位于根冠内侧，由顶端分生组织组成，整体形状如圆锥，长度为1～3 mm，主要功能是分裂产生新细胞，以促进根尖生长，所以也称为生长点。分生区细胞小，近于等径型，排列紧密，无细胞间隙，细胞壁薄、核大、质浓、液泡很小，分化程度低，具很强的分裂能力，外观呈褐黄色。分生区产生的新细胞有三个去向：一部分形成根冠细胞，以补偿根冠因受损伤而脱落的细胞；大部分细胞生长、分化，成为伸长区的部分，是产生和分化成根各部分结构的基础；同时，仍有一部分细胞保持分生能力，以维持分生区的体积和功能，进行自我永续。

伸长区位于分生区的后方。此区细胞越远离分生区，则细胞分裂活动越弱，并逐渐停止。伸长区细胞沿着根的纵轴方向伸长，体积增大，液泡化程度加强，细胞质成一薄层位于细胞的边缘部位，因此外观近半透明状。伸长区细胞的伸长生长是根尖不断向土壤深处推进的动力，这样根不断到达新的土壤环境，便于吸取更多的营养物质，建立庞大的根系。

成熟区位于伸长区的后方，是伸长区细胞进一步分化形成的。该区的各部分细胞已停止生长，并分化出各种成熟组织。其表面一般密被根毛，因而又称根毛区。根毛是表皮细胞外壁向外突出形成的顶端封闭的管状结构，成熟的根毛长0.5～10 mm，直径5～17 μm。根毛形成时，表皮细胞液泡增大，多数细胞质集中于突出部位，并含有丰富的内质网、线粒体与核糖体，细胞核也随之进入顶端。

（4）菌根

菌根（mycorrhiza）是植物根系与土壤真菌形成的互惠共生体。目前已知陆地上有90%以上的维管植物形成菌根。菌根是陆地植物获取土壤资源的重要器官，通常认为，宿主植物供给菌根真菌碳源，而菌根真菌通过吸收土壤养分和水分促进宿主植物对土壤资源的获取(Brundrett,2002;Smith and Read,2010)。菌根真菌与根毛作为根系资源获取的两种途径,彼此关系密切。一般认为这两种吸收途径是互补关系,即菌根真菌的作用可以被根毛替代,反之亦然。相对于根毛,菌根真菌菌丝较细,构建成本低且吸收面积大,而且能够扩散到距离根 1~2 m 远的地方,可以高效地利用较大空间范围的养分。而根毛较粗且伸展距离有限,一般不超过 1 cm,根毛对根际养分的利用容易在根际形成养分亏缺区(nutrient depletion zone),这将严重制约植物的生长(苗原等,2013)。此外,菌根有助于植物抵御环境压力和病虫害的威胁(Smith and Read,2010)。

根据宿主植物和共生真菌的种类,将菌根分成 7 种类型:丛枝菌根(arbuscular mycorrhiza, AM)、外生菌根(ectomycorrhiza, EM)、内外生菌根(ectendomycorrhiza)、欧石南类菌根(ericoid mycorrhiza)、兰科菌根(orchid mycorrhiza)、浆果鹃类菌根(arbutoid mycorrhiza)和水晶兰类菌根(monotropoid mycorrhiza)(Smith and Read,2010)。其中,AM 和 EM 是两类重要的菌根类型,地球上大约 70% 以上的被子植物都形成 AM 类型的菌根(Brundrett,2009)。

丛枝菌根(AM)是球囊菌门(Glomeromycota)真菌侵染植物吸收细根形成的共生体,通常认为,AM 真菌主要侵染植物根系的皮层细胞,在细胞内形成丛枝、泡囊或菌丝圈等结构(Brundrett,1991)。AM 真菌的侵染强度随不同植物和环境的变化有很大的不同。已有研究发现,AM 能在大部分的草本植物中找到。然而,最近很多研究发现,AM 在树木中也广泛存在,尤其是根直径比较粗的树种,AM 真菌侵染率更高(Wang and Qiu,2006;Brundrett,2009)。

外生菌根(EM)是由 EM 真菌侵染植物吸收细根形成,其菌丝不进入细胞内部,主要在根细胞表层或根尖部位,菌丝紧密交织形成菌套(mantle)或类似网格状的结构,即哈氏网(Harting net)(Smith and Read,2010)。EM 真菌这种独特的侵染根的方式使得 EM 真菌主要侵染的是根直径比较细、分支强度大的物种(苗原等,2013)。另外,与 AM 真菌不同的是,与 EM 真菌形成共生体的植物几乎都是多年生的木本植物,而且 EM 普遍出现在松科、壳斗科、桦木科和龙脑香科等树种中(Wang and Qiu,2006;Smith and Read,2010)。

4.4.1.2 根系冠层的功能

根系是植物地下部分的营养器官,具有吸收、固着和支持、输导、合成、贮藏、繁殖和分泌等功能。

(1)吸收功能

根系的主要功能之一是进行水分和营养物质的吸收。植物主要依靠根系从土壤中吸收水分和多种营养物质,如矿质元素、各种形态的氮及少量有机化合物。根系吸水主要是在根尖进行,其中以根毛区吸水能力最强(蒋高明等,2004)。而土壤中的营养物质被根系吸收时,一般先进入根尖的分生区和伸长区的质外体,再输导至其他部位中。在该区段内,细胞的生长速度快,代谢活动旺盛,对营养物质的吸收面积大,同时也具备物质吸收所需的生物能量。在根毛区,由于受凯氏带的影响,营养物质的吸收速率被限制,但是由于根毛分布密集,数量多,总表面积大,因此实际吸收营养物质的数量并不少(严小龙等,2007)。

(2)固着和支持作用

根系的另一个主要功能是固着和支持作用。种子萌发后生长出根系,可以将植物固定在特定的位置上,随着根系的生长发育,对植物的支撑作用增强(严小龙等,2007)。强大的根系内部具有发达的机械组织和维管组织,可使植株很好地固定在土壤中,也可使植物的地上部分能抵挡风雨及其他外来作用的影响,防止倒伏,这就是植物"根深叶茂"的原因。直根系和须根系对植物的固着和支持作用有不同的形式。对于直根系的植物来说,深扎于土壤中的主根是支持植株的主要支架,辅以发达的侧根,以"伞状"的形式支撑植株。这种支撑形式较为稳固,既可以支撑参天大树,也可以支撑小的农作物。须根系的植物由于没有主根,因此需要通过大量的不定根形成网状结构来支撑植株。与直根系的支持能力相比,须根系的支持能力较弱,仅能支撑地上部分较轻的植株。

(3)输导作用

植物根系具有发达的输导系统,可以将其吸收的水分、养分和其他生理活性物质通过根的维管组织向地上部分运输和转运,同时也接收地上部分运送下来的有机物及生理活性物质,用于根系的生物化学合成及向土壤中分泌。

(4)合成作用

根部能进行一系列有机化合物的合成转化,其中包括构成蛋白质所必需的多种氨基酸、各类植物激素和植物碱等。根系吸收的无机氮化物在根内可以转化为氨基酸。研究表明,至少有十种蛋白质必需的氨基酸都可以在根部合成,如谷氨酸、天门冬氨酸和脯氨酸等,这些氨基酸能在根内或被运送到其他部位合成蛋白质。根系还可以合成各类激素,如细胞分裂素、生长素、乙烯等。根系也可以合成和分泌有机酸,有利于植物抗逆性和土壤养分活化吸收。此外,根系还是植物碱的合成器官,如合成烟草的烟碱等。

（5）贮藏功能

具有贮藏功能的储藏根可分为肉质根和块根两类,肉质根的主要功能是储藏营养物质和水分,含水量高;块根能储藏大量的营养物质（主要是淀粉和其他碳水化合物）,以供后期生长和繁殖使用,同时也为人类提供丰富的食物资源（严小龙等,2007）。此外,根内的薄壁组织较发达,能贮藏有机物质。同时,根系在生长过程中可以分泌有机物质并释放到土壤中,对植物的生长和土壤微生物的代谢活动起到重要作用。

4.4.2　根系冠层对水分和矿质养分吸收的调控途径

4.4.2.1　根系冠层对水分吸收的调控途径

一般来讲,根系对水分的吸收主要通过根尖中的根毛以及菌根菌丝来进行的,根冠、分生区和伸长区的吸水能力较小（蒋高明等,2004）。植物根部吸水主要通过根毛、皮层、内皮层,再经中柱薄壁细胞进入导管。当植物根中的水势比根际土壤溶液中的水势低时,根细胞就可以从土壤中吸收水分。这一过程可以描述为

$$W_{root} = (\varPsi_{soil} - \varPsi_{root}) \times A / \sum r \qquad (4.9)$$

式中,W_{root} 为根在单位时间内的吸水量;$\varPsi_{soil}$ 和 $\varPsi_{root}$ 分别为土壤和根中的水势;A 为根系的交换面积;$\sum r$ 为土壤水向植物的运动阻力。从公式（4.9）中可以看出,根系的吸水量与土壤和根之间的水势差以及根系的交换面积呈正比,而与土壤水向植物的运动阻力（$\sum r$）呈反比。

（1）根系吸水的动力和吸水过程

所有植物的水分吸收过程都是沿着从土壤到根的木质部的水势梯度方向发生的。但是,在蒸腾作用强度不同的情况下,植物产生水势梯度的方式会有所不同,水分的驱动力也不同。在蒸腾作用较弱的情况下,根系吸水的主要驱动力为根压;而在蒸腾作用较强的情况下,根系吸水的主要驱动力为蒸腾拉力。相应地,植物吸收水分也对应两种不同的吸水过程,即主动吸水和被动吸水（于贵瑞等,2010）。

主动吸水是在蒸腾作用弱的情况下由根内外水势差驱动的渗透流,主动吸水的动力是根压。根据渗透理论,根系可被看作一个渗透计,土壤溶液、根的内皮层细胞和中柱导管内的液体构成了一个渗透系统,水分在这一系统内依水势高低而移动,植物根系的生理活动可使中柱与土壤溶液之间出现一个水势差,水分便沿此水势差不断流入根系,在其导管内积累产生静水压力,于是便产生根压。各植物的根压大小不同,大多数植物的根压为 0.05～0.5 MPa,并且通常小于 0.1 MPa。有些植物的根压还表现出昼夜性的变化规律,说明主动吸水是一个较为复杂的过程（于贵瑞等,2010）。

被动吸水是蒸腾作用下靠蒸腾拉力驱动的压力流来吸收水分。当叶片蒸腾失水,叶细胞水势降低,从叶脉导管中吸收水分;同理,当叶脉导管失水后,水势也降低,就向枝条的导管中吸收水分,如此下去,由于叶脉、枝条、树干和根的导管互相连通,水势的降低很快就传递到根,引起根细胞内的水分向导管输送,因而根细胞的水势降低,最后就从环境中吸收水分,环境中的水分进入根部,就不断上升到叶。植物主要通过被动吸水的方式来吸收水分,只有在春季植物叶片尚未展开、蒸腾速率很低的时候,主动吸水才成为根系吸水的主要方式（蒋高明等,2004）。

（2）根系对水分的吸收途径

根对水分的吸收主要通过质外体途径（apoplastic pathway）、共质体途径（symplastic pathway）和穿细胞途径（transcellular pathway）（Steudle and Peterson,1998）三种方式来完成的（于贵瑞等,2010）。水分在质外体中的移动不需要越过任何膜,所以移动阻力小,移动速度快。但根中的质外体常常是不连续的,它被内皮层的凯氏带分隔成两个区域:一是内皮层外,它包括根毛和皮层的胞间层、细胞壁和细胞间隙,被称为外部质外体;二是内皮层内,包括成熟的导管和中柱各部分细胞壁,被称为内部质外体。因此,水分由外部质外体进入内部质外体时,需要内皮层细胞的共质体途径才能实现（于贵瑞等,2010）。

共质体途径是指水分通过胞间连丝从一个细胞到达另一个细胞,进而跨过根皮层。穿细胞途径是指水分从细胞的一侧进入,另一侧流出,然后进入相连的下一个细胞。该途径中,对于进入细胞的水分至少需要跨膜两次（进入质膜和离开质膜）,甚至还有可能涉及跨液泡膜。由于实验中很难把共质体途径和穿细胞途径区分开来,所以把它们合称为细胞到细胞

途径(cell-to-cell pathway)(Barrowclough et al., 2000;刘晚苟等,2001)。在细胞到细胞途径中,由于通过细胞的水分运输需要跨膜,水分运输阻力较大。

不同物种的植物其运输途径存在差别。在蒸腾作用旺盛的玉米、棉花和海榄雌(*Avicennia marina*)根中以质外体途径为主,而在大麦和菜豆根中以细胞到细胞途径为主。同一植物根的不同部位运输途径也有差别,Barrowclough 等(2000)对洋葱根的研究表明,根的幼嫩部位(离根尖 10~45 mm)质外体途径占优势,而较老根段(离根尖 50~120 mm)中细胞到细胞途径占优势。

4.4.2.2 根系冠层对矿质养分吸收的调控途径

(1)根系对矿质养分的吸收途径

根部吸收矿质元素最活跃的区域是根冠与顶端分生组织,以及根毛发生区。根系吸收溶液中的矿质养分主要经过以下两个步骤:第一步是离子交换吸附,离子被吸附到根部细胞(主要是根毛)的表面。具有根毛的表皮细胞能不断地进行呼吸作用,放出 CO_2 和 H_2O 生产 H_2CO_3,并不断地解离成 H^+ 和 HCO_3^-,分布在质膜的表层,H^+ 和 HCO_3^- 分别与细胞外溶液的阳离子和阴离子进行交换吸附,盐基离子即被吸附在细胞表面,这种交换不需要能量。第二步是离子进入质膜。被吸附在细胞表面的离子进入木质部的途径有两条:一条是通过"外部空间",即离子沿根部细胞壁、胞间层和细胞间隙等进入(于贵瑞等,2010)。另一条是通过"内部空间",即离子进入细胞,通过细胞质和液泡等进行传递。这条途径是消耗能量的主动吸收过程,是植物吸收矿质养分的主要过程。

(2)根系对矿质养分的吸收特点

根系从土壤中吸收矿质养分是一个复杂的生理过程,它一方面与水分的吸收有关,另一方面又具有相对独立性,同时对不同离子的吸收还具有选择性。植物吸收矿质养分具有以下特点(于贵瑞等,2010)。

植物一般只能吸收溶解于水中的矿质养分,但在吸收水分与矿质养分的量上并没有一定的比例。这是由于两者的吸收机理不同。根部吸水主要是因蒸腾作用引起的被动过程,而对盐分的吸收则是以消耗能量的主动代谢为主,包括载体运输、通道运输和离子泵运输,具有饱和效应,吸收离子数量因外界溶液浓度而异(蒋高明等,2004)。

植物对同一溶液中的不同离子或同一盐分的阳离子和阴离子吸收比例不同,呈现为选择性吸收离子的特征。例如,物种对氮形态的偏好存在差异,通常是对其所处生境中最丰富的氮形态表现出较高的吸收能力。大量研究表明,多数针叶树表现出对 NH_4^+-N 吸收的偏好性(Knoepp et al., 1993;Kronzucker et al., 1997)。对不同形态氮(铵、硝酸盐和有机氮)的选择吸收可能与其被结合进入根细胞内的碳消耗特征有关(Chapin et al., 2002)。结合氨基酸(有机氮)的碳消耗是最小的,而铵则必须先附着到碳骨架上才能在植物的氮循环中起作用。对硝酸盐的吸收是最消耗能量的,这是由于硝酸盐在进行同化作用前必须先还原为铵。此外,根部对离子的吸收之所以具有选择性,还与不同载体和通道的数量多少有关(Chapin et al., 2002)。

很多植物具有单盐毒害和离子拮抗作用。假若植物培养在单一的盐溶液中,不久即呈现不正常状态,最后会死亡。这种溶液中只有一种金属离子时对植物起有害作用的现象称为"单盐毒害"(toxicity of single salt)。这种现象甚至在无毒、极低的浓度下都会发生。而如果在单盐溶液中加入少量的其他盐类,这种现象便会消除。这种离子间能够相互消除毒害的现象称为离子的"拮抗作用"(antagonism)。例如,Na^+ 和 K^+ 能拮抗 Ba^{2+} 和 Ca^{2+}。只有在含有适当比例的多种盐的溶液中,植物才可以很好地生长,因为这时各种离子的毒害作用已经基本上被消除了,这种溶液即"平衡溶液"(balanced solution)。单盐毒害的产生可能与不同离子对原生质胶体作用不同有关。例如,K^+ 能使原生质浓度降低,Ca^{2+} 则能使原生质浓度增加。而离子的价数越高,其消除单盐毒害作用所需的浓度越低。

4.4.3 生物固氮途径及其与碳-氮耦合关系

生物固氮(biological nitrogen fixation)是指固氮微生物将大气中的分子态氮固定下来,进一步转化为可以被其他生物有效利用的化合态氮的过程。生物固氮在提高农作物产量、降低化肥使用量、减少水土污染、保持农业可持续发展和降低能源消耗等方面具有重要作用。

4.4.3.1 固氮微生物类群

自然界中可进行生物固氮的微生物种属众多,可以分为自生固氮和共生固氮两类。

(1)自生固氮

土壤中的自生固氮菌能够在自由生活状态下固

氮,只是这类生物的氮固定主要是满足本身生长繁殖需要,多余的氮反过来会抑制其自身的固氮系统。因此,它们固氮效率比较低,固氮量较少。自然界中,红螺菌、红硫细菌、绿硫细菌和梭状芽孢杆菌等都是自生固氮菌,能够利用光能或化学能固定氮。

(2)共生固氮

共生固氮是指某些微生物与高等或低等生物成为互为有利的有机整体,具有较强的固定大气氮的能力。共生固氮又可分为专性共生固氮和联合共生固氮两种方式。其中,根瘤菌与豆科植物共生固氮是最典型的专性共生固氮,其共生形态表现为根瘤。根瘤是土壤中的根瘤菌侵入根内而产生的共生体。根瘤菌中的固氮酶能将空气中的游离氮(N_2)转变为氨(NH_4^+),为植物的生长发育提供可以利用的含氮化合物。同时,根瘤菌也从根的皮层细胞中获取其生活所需的水分和养料。联合共生固氮是某些固氮菌在高等植物根际形成的一种特殊的共生固氮作用,与专性共生固氮不同的是不能形成类似根瘤或茎瘤的异化结构,固氮菌只是聚集在根表或通过植物根部伤口定殖到根内。固氮菌同样从植物宿主处获得根际分泌有机物作为碳源和能源,植物则得到固氮菌固定的氮和分泌的生物活性物质。

4.4.3.2　固氮机理

固氮微生物要实现固氮,必须具备三个基本条件:固氮酶复合物、ATP和还原剂。

(1)固氮酶复合物

生物固氮过程由固氮酶复合物完成。固氮酶复合物含有两种蛋白组分:一个是还原酶,它提供具有高还原势的电子;另一个是固氮酶,它利用还原酶提供的高能电子将N_2还原成NH_4^+。

还原酶也称铁蛋白,是由两个相同亚基组成的二聚体,相对分子质量为64000,也是一种铁硫蛋白,含有一个4Fe-4S簇,每次可传递一个电子。此外,有2个ATP结合位点。还原酶向固氮酶的电子传递与还原酶上的ATP水解相耦联;还原酶每次转移一个电子给固氮酶,伴随着两个Mg-ATP的水解。

固氮酶包括两个主要的蛋白组分,即铁蛋白(Fe蛋白)和钼铁蛋白(MoFe蛋白)。铁蛋白分子量约60 kDa,是由两个相同的亚基组成的二聚体,含一个4Fe-4S簇,桥联于两个亚基之间。钼铁蛋白分子量约220 kDa,由α2β2组成四聚体,含2个Mo、约32个Fe和等量的S^{2-}原子。这些金属形成两个特殊的4Fe-4S簇(称P-簇对)和两个铁钼辅因子(FeMo-co)(Shah and Brill,1977)。上述两个蛋白组分单独存在时不呈现固氮活性,只有组合在一起时,在一定条件下才有固氮功能。

(2)固氮酶的催化反应

生物固氮是一个耗能的反应,需要有ATP和还原剂(电子)的参与。在完整固氮有机体中,一般ATP与Mg^{2+}是以1∶1的复合物形式存在。大量实验表明,固氮酶每提供一个电子给N_2需要水解2个分子的ATP(生成产物ADP和无机磷),即ATP/e^-值为2(李佳格和徐继,1997)。因此,固氮酶催化N_2还原的反应式可写作:

$$N_2 + 8H^+ + 8e^- + 16Mg\text{-}ATP \rightarrow$$
$$2NH_3 + H_2 + 16Mg\text{-}ADP + 16Pi \quad (4.10)$$

(3)还原剂

固氮酶的还原剂是由体内还原态的铁氧还蛋白(Fd)或黄素氧还蛋白(Fld)提供的,在体外的电子供体则是连二亚硫酸钠。固氮酶每用一对电子需消耗一个分子的连二亚硫酸钠。铁蛋白首先从还原态的Fd或Fld接受电子形成还原态铁蛋白,然后以单电子传递形式将电子传递给钼铁蛋白,该过程伴随着ATP的水解。最后钼铁蛋白将底物还原,一般认为钼铁蛋白中的铁钼辅因子是底物还原的部位(Burgess,1990)。只有在固氮酶两组分蛋白结合成复合体时,电子才能从铁蛋白传递给钼铁蛋白;而钼铁蛋白接受电子后,两组分蛋白的复合体解离(图4.10)。

铁蛋白每次只传递一个电子给钼铁蛋白,而还原一个分子的N_2共需要8个电子。因此,电子传递过程是一个不断重复的过程,也是铁蛋白和钼铁蛋白不断结合和解离的过程,直至钼铁蛋白中有足够的电子使底物还原,而此过程再继续循环(图4.10)。

4.4.3.3　自生固氮过程的碳-氮耦合关系

许多自生固氮菌可以进行光合作用产生自身所需的有机碳,包括水生生态系统和土壤表面的蓝细菌(蓝绿藻)。自生固氮菌自由生活在土壤中,独立进行固氮作用,它们在固氮酶的参与下,将N_2固定成NH_3,但并不将氨释放到环境中,而是合成氨基酸,组成自身蛋白质。只有当固氮菌死亡,它们的细胞被分解变成氨时,才能成为植物的氮营养(吴向华和刘五星,2012)。

土壤或高浓度有机沉积物可以提供氮还原的碳底物,所以自生固氮菌在这些地方有较高的固氮速

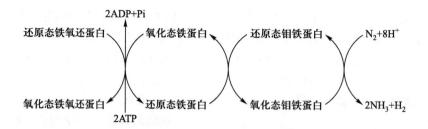

图 4.10 固氮酶催化反应示意图

率,其他的自生固氮菌存在于根际,依靠根分泌和根周转提供的碳。由于好氧呼吸会得到比厌氧呼吸更多的能量,所以一般自生固氮菌在有氧环境中固氮速率较高。自生固氮菌也受到活性有机碳的可利用性限制,在可利用碳缺乏的条件下不会发生自生固氮作用(Chapin et al., 2011)。

4.4.3.4 共生固氮过程的碳-氮耦合关系

在共生固氮生物中,最重要的是目前研究最多的根瘤菌(尚玉昌,2010)。根瘤菌与豆科植物的共生固氮作用是高等植物与低等原核生物之间形成的一种互惠互利、和睦共存的共生固氮微生态系统。在根瘤菌共生固氮的过程中,豆科植物通过光合作用为根瘤菌提供充足的能量生长物质,如糖类、氨基酸类和有机酸类物质;而根瘤菌将所固定的氮通过酰胺、酰脲类物质供给豆科作物利用,达到共生状态(刘永秀等,1999)。

在陆地生态系统中,影响豆科植物-根瘤菌共生体的因素有很多,如光照、土壤水分和养分、人为干扰等,但养分条件(如土壤氮和磷含量)的影响最重要。由于高无机氮浓度对固氮酶活性的抑制作用,豆科植物的固氮率受土壤氮含量调控。因此,陆地生态系统中氮与磷的供应改变了豆科植物的优势条件,影响固氮酶的活性,进而调节固氮率(邬畏等,2010)。土壤中的氮磷比与固氮共生体及非共生体的生物固氮量呈反比关系,土壤中的氮磷比化学计量特征发生变化会影响植被动态。根据资源比率假说,当豆科植物与其他植物共生时,如果单独施磷肥,土壤中氮磷比下降,氮则成为限制性养分,此时豆科植物成为竞争氮的优势种;如果单独施氮肥,土壤中氮磷比上升,磷成为限制性养分,此时豆科植物将被竞争磷的优势种禾草竞争排除。因此,当土壤中氮磷比下降时,豆科植物的年固氮量上升,由豆科植物固定的氮量在系统中所占的比例也增大,进而影响植物群落结构和生态系统生产力。

4.4.4 植物根系冠层对碳-氮-水耦合循环的调控机制

4.4.4.1 根系-土壤界面的氮-水耦合关系及其生物学过程机制

植物根系-土壤界面是植物养分、水分吸收和碳的分配的主要通道或屏障。根系冠层对氮的吸收作用依赖于土壤氮的可利用性和植物对地下根系碳的投入(于贵瑞等,2013)。除此之外,土壤中的水分供应状况也会影响根系冠层对氮的吸收,并最终影响生态系统生产力和生态系统碳固定功能。植物对土壤中不同形态氮(铵态氮和硝态氮)的吸收、偏好及调控机制等都存在较大差异(张彦东和白尚斌,2003)。

根系-土壤子系统是 SPAC 系统中十分重要的组成部分。与地上部分叶片与大气界面的 CO_2 和水分的交换一样,地下根系系统在地下碳、氮、水的吸收和交换过程中发挥作用。由于植物根系只能吸收溶解的养分,因此土壤溶液是植物吸收养分的主要来源。植物根系吸收养分是一个动态过程,土壤固相中的养分连续不断地更新到土壤溶液中,然后被植物吸收并转移到植物体内的各个器官进行同化和利用。

4.4.4.2 根系冠层对土壤氮的利用和调控方式及其生物学过程机制

根系冠层对土壤氮的利用和调控方式主要分为:硝酸盐的代谢还原、氨的同化和生物固氮。土壤中含氮有机化合物大部分为不溶性,不被植物所利用,NO_3^- 可以直接被植物吸收并转化为 NH_4^+,进一步被同化(Botrel and Kaiser, 1997;Carillo et al., 2005)。NO_3^- 中的氮为高度氧化态,而细胞组分中的氮均呈高度还原态。根系对 NO_3^- 的还原反应方程式为

$$NO_3^- + NAD(P)H + H^+ + 2e^- \rightarrow$$
$$NO_2^- + NAD(P)^+ + H_2O \qquad (4.11)$$

NO_3^- 被硝酸还原酶还原为 NO_2^- 后,迅速从细胞质被运至质体,在质体中进一步被还原。NO_2^- 的还原反应方程式为

$$NO_2^- + 6Fd_{red} + 8H^+ \rightarrow NH_4^+ + 6Fd_{ox} + 2H_2O \quad (4.12)$$

式中,Fd_{red} 为还原态的铁氧还蛋白,Fd_{ox} 为氧化态的铁氧还蛋白。反应的催化酶为亚硝酸还原酶,位于叶绿体或根的前质体,其辅基由一个 4Fe-4S 簇及一个西罗血红素(sirohaem)组成,NO_2^- 即在此部位被还原为 NH_4^+(Campbell, 1999; Di Martino et al., 2003)。由 NO_2^- 到 NH_4^+ 的中间产物及其变化机制尚不甚清楚。

根系对氨的同化过程为氨→谷氨酰胺→谷氨酸→其他氨基酸。谷氨酰胺合成酶(GS)途径如下:

$$NH_4^+ + 谷氨酸 + ATP \longrightarrow 谷氨酰胺 + ADP + Pi$$
$$(4.13)$$

GS 位于根的质体、叶片的细胞质和叶绿体中,GS 对 NH_4^+ 的亲和力为 $10 \sim 39 \; \mu mol \cdot L^{-1}$,可将各种来源的 NH_4^+ 迅速同化,防止细胞内 NH_4^+ 的累积(Forde and Lea, 2007)。

生物固氮将大气中的游离氮(N_2)转化为含氮化合物(NH_3 或 NH_4^+),是地球上固氮过程中最重要的组成部分。

植物根系在养分吸收过程中还表现出趋肥特征。因此植物养分吸收中的一个重要过程是根的养分捕获(nutrient foraging)。通常,植物通过调节根系生长和生理可塑性来响应土壤养分异质性斑块,如增加根长度、提高分支强度(Liu et al., 2015)以及提高养分吸收速率或离子转移速率(Hodge, 2004),更有效地获取土壤养分。此外,与粗根相比,细根的构建成本要低很多,因此提高细根长度及比例能够提高根系的氮吸收效率。在养分贫瘠环境中,植物会投入更多的碳用于构建细根。根系的氮获取能力在很大程度上还取决于根系在土壤中的分布、根系深度以及根的菌根侵染状况(苗原等, 2013)。

根系-土壤界面的水分以及养分交换过程不是单一的孤立存在的生理生化过程,二者相互制约、相互作用,水分亏缺会影响根系生理特性,而氮等养分的胁迫也会影响植物对水分的吸收(Carvajal et al., 1996; Quintero et al., 1999)。植物根细胞在土壤中吸取水分的速率取决于根细胞的水势和土壤溶液的水势。

近年来,在土壤中氮的生物有效性(宋建国等, 2001)、根系氮的吸收部位和吸收机制(卫星等, 2008)、木质部中氮的装载和运输(姜佰文等, 2005)、根系氮的溢泌以及根系调控(Lei et al., 2012)等方面开展了大量研究工作,已经从生理水平上初步认识了植物对不同氮源的适应机制和利用策略。但是长期以来,由于根系-土壤界面的氮通量测定方法一直不够成熟,对不同气候区的地带性植被根系冠层结构及其与根系-土壤界面的碳、氮、水交换通量关系的认识还十分有限,至今尚未清晰阐明根系冠层如何调控根系-土壤界面的碳、氮、水通量的平衡关系,植物根系冠层结构的时空变化特征对水、氮吸收过程的影响,以及碳在根系冠层构建及其水、氮吸收过程中的分配原则与调控机制(于贵瑞等, 2013)。

4.4.4.3 土壤-水溶液界面的碳、氮、水交换和流动

植物吸收水分和养分的基本机制在于根系的作用。根系对水分和养分的吸收与利用降低了近根区土壤水分及养分浓度,形成了根际周围养分相对贫乏的区域(Bowman et al., 2002; Cambui et al., 2011),这就产生了近根区和远根区土壤水分和养分浓度差异。水势高的远根区的土壤水分便会向近根区迁移,溶解在土壤溶液中的养分也会随着溶剂的迁移而迁移,从而使养分的浓度梯度缩小,这就是质流。因此,根系的吸收作用与土壤水分状况均会影响养分在土壤中的迁移与分布(Cambui et al., 2011)。

自然状态下,土壤中的碳主要来源于植物的枯枝落叶、死亡的植物残体、根系及其代谢产物以及动物和微生物代谢产物及其残体等,其中绝大部分是植物残体的分解归还和根系生理活动的分泌物(王清奎等, 2007)。输入土壤中的碳的数量和质量会因不同植物的光合作用固碳能力等生理特性而不同(Rumpel et al., 2002),因而不同植被类型下的土壤碳库储量存在显著差异(于贵瑞等, 2016)。动植物残体在一系列的淋溶、物理破碎、氧化-还原化学以及土壤微生物作用下发生迁移与转化,淋溶以及物理破碎是初期阶段碳迁移以及转化的主要作用。土壤呼吸作用是土壤碳输出的主要途径(Lloyd and Farquhar, 2008),是一个复杂的生物和化学过程,主要包括根系自养呼吸和微生物的异养呼吸,另外有一部分为有机质分解以及动物呼吸。研究表明,在全球尺度上土壤呼吸排放的 CO_2 总量为 $79.3 \sim 81.8$ Pg C(Wang and Qiu, 2006),每年大气中 10% 左右的 CO_2 输入来源于土壤

呼吸(Sheng et al., 2010)。

土壤中氮输入的主要来源包括生物固氮、凋落物分解归还、大气固氮、施肥和大气氮沉降等。生态系统中的土壤氮库是土壤氮矿化过程及微生物固持积累平衡的结果。土壤氮循环及转化是生态系统氮循环最活跃也是最重要的过程。氮作为植物生长的限制性养分因子,对土壤有机质的分解、植物光合作用进程以及同化产物再分配等过程具有重要影响。

土壤氮输出的主要途径包括以下几个部分:植物生长发育的吸收、气体形式的氨挥发、土壤硝化和反硝化作用形成的氮氧气体和氮气损失以及硝态氮形式的淋溶等。淋溶是氮损失的主要非生物途径,主要是 NO_3^--N 的淋失,土壤中大量的 NO_3^--N 贮存以及充足的下渗水流有助于淋溶的发生。

生态系统的水循环影响系统内部的氮等养分分配和迁移转化。土壤水是土壤系统养分运移以及循环过程的重要载体,不仅在 SPAC 系统的养分运输中发挥着极其重要的作用,而且也深刻地影响植物生长发育和土壤的理化性质。

土壤水主要来源是降水,包括降雨、降雪、霜、雾、露水和冰雹等,其中降雨和降雪是主要的来源。降雨的一部分被林冠截留形成树干茎流以及凋落物截留,而后通过入渗进入土壤之中。降雨入渗是土壤水补给的主要来源,土壤水分蒸发是水分消耗的主要途径,两者是构成陆地水分平衡的重要组成部分。土壤内部水分运动包括水分水平运动、水分再分布、深层渗漏形成壤中流等水文过程,受地形、土壤、植被和气候等条件的影响。

根系-土壤界面的养分和水分交换过程也是相互作用和相互制约的,氮等养分胁迫会导致植物导水率降低(Carvajal et al., 1996;Quintero et al., 1999)。土壤含水量适合时,土壤中养分的扩散速率就高,从而能够提高养分的有效性。在适宜的土壤含水量范围内,土壤含水量低时,根系吸收养分量就少;相反,土壤含水量高时,根系吸收养分量就增加。

4.5 植物输导组织的养分和水分运输过程的生理生态学机制

4.5.1 植物茎的组织结构

茎(stem)是植物体内物质输送的重要通道,兼具贮藏、繁殖及部分光合功能,在机械支持、植物养分输送及植物生长过程中起着重要作用。表面上看,大多数植物的茎呈辐射对称的圆柱形结构,也有呈三棱、四棱或多棱的结构。从微观结构上看,茎是由表皮、皮层及中柱三部分组成,其中表皮是茎的初生保护组织,是茎最外层的一层细胞,细胞的外壁加厚,发生角质化,形成角质层。表皮和中柱之间的结构是皮层,绝大部分由薄壁组织组成。皮层以内的中轴部分是中柱,由维管束、髓及髓射线等组成。维管束呈椭圆形,位于皮层内侧,由韧皮部、木质部及形成层共同组成,其中韧皮部位于维管束的外侧,与皮层相接;木质部位于维管束的内侧,与髓相接;形成层位于韧皮部和木质部中间。

韧皮部(phloem)包括初生韧皮部和次生韧皮部,木质部(xylem)也包括初生木质部和次生木质部。在木质部中,靠近树皮部分的木材称为边材,是新形成的次生木质部,有效地承担输导和贮藏的功能;靠近髓的木材称为心材,丧失了输导和贮藏功能,养分和氧气很难进入。髓(pith)和髓射线都是中柱内的薄壁细胞,位于茎中央的是髓,位于两个维管束之间连接皮层和中柱的称为髓射线。

植物茎中分布着丰富的输导组织,包括导管和筛管等,它们在形态结构、分布和输送物质种类等方面均有明显差异。

4.5.1.1 导管系统及其对水分和养分的输送过程

导管(vessel)是由许多细胞壁木化的长管状死细胞纵向连接而成的管状结构,长度一般为几厘米至 1 m,位于木质部中,主要运送水分及根系吸收的溶解在水中的无机盐。根据导管发育的先后和次生壁木化增厚的方式,导管可以分为环纹导管、螺纹导管、梯纹导管、网纹导管和孔纹导管。同时,植物体内水溶液的运输是通过许多导管曲折连贯地连接在一起而实现的。

导管系统的功能是水分和养分的向上运输。在根压、叶片蒸腾拉力及导管水柱内聚力的共同作用下,根系吸收的水分及养分通过木质部导管单向输送到植物体的各个器官且运输速率有明显差异。在水分及营养元素运输的过程中,输导组织周围的细胞能够主动地从导管中选择吸收水分或溶质,同时也可以向导管中分泌水分,导致导管中溶液的组分随时发生变化。

木质部中的管胞、导管和薄壁细胞都能起到运输作用,它们在植物体中形成一个连续的长距离水分运输系统,从近根尖开始,向上通过茎进入叶子,在叶子中形成大量分枝(蒋高明等,2004)。

根部吸收的矿质元素在植物体内有不同的运输形式。氮的运输形式主要是氨基酸和酰胺等有机物,还有少量以硝酸盐的形式运输;磷主要以正磷酸盐的形式运输,也有部分在根部转变为有机磷化物后运输;硫主要以硫酸根离子的形式运输,也有少量以蛋氨酸等形式运输;金属离子则是以离子形式运输。根部吸收的矿质元素以离子或其他形式进入导管后,随着蒸腾流向上运输到茎。在茎中,矿质元素扩散到导管以外,并被维管束薄壁组织主动地吸收。根部吸收的矿质元素还可以横向运输至韧皮部。

4.5.1.2 筛管系统及其对有机碳氮物质的输送过程

筛管(sieve tube)是由一些管状活细胞纵向连接而成的管状结构,位于韧皮部中,主要运输叶片所制造的糖类及其他可溶性有机物质。组成筛管的每一个细胞称为筛管分子,它们的细胞壁在端壁上存在一些凹陷的区域,并分布有成群的筛孔。细胞质通过筛孔上下相连构成同化产物运输通道,称为丝状联络索。丝状联络索的直径可大可小,大至 10 μm,小至胞间连丝的大小。筛管分化成熟后缺失了细胞核、液泡膜、核糖体、高尔基体、微管等在内的一般活细胞所具有的某些结构成分,但会保留质膜、线粒体、质体等,仍保持原有生命力,可是这些活细胞不能合成蛋白质,也不能独立生活,较老的筛管可能会失去输导能力。

筛管系统的功能是光合产物及有机碳氮物质的向下运输。有机物在筛管内的运输有两个过程:韧皮部装载和韧皮部卸出。韧皮部装载是指光合产物从叶肉细胞到筛分子-伴胞复合体的整个过程,可分为三个步骤:第一步是光合作用形成的磷酸三碳糖从叶绿体运到胞质溶胶,转变为蔗糖(某些植物后来会将蔗糖转变为其他运输糖);第二步是叶肉细胞的蔗糖运到叶片细脉的筛分子附近;第三步是筛分子装载,即糖分运入筛分子-伴胞复合体。韧皮部卸出是指装载在韧皮部的光合产物输出到库的接受细胞的过程。也可分为三个步骤:第一步,蔗糖从筛分子卸出;第二步,以短距离运输途径运到库的接受细胞;第三步,在接受细胞内贮藏或代谢。

筛管对光合产物及养分的运输机理并不明确,目前有多种假说推测筛管的运输机理,比较受重视的是压力流动假说(pressure flow hypothesis)(Münch,1930)、收缩蛋白学说(contractile protein theory)(Williamson,1972)及胞质泵动学说(cytoplasmic pumping theory)(Thaine,1961)。压力流动假说是迄今为止描绘韧皮部筛管运输的最成功的假说,认为光合产物及养分在筛管中的流动是输导系统两端的压力差所引起的。同时,由于光合产物及养分在运输过程中分配至不同库的量存在差异,筛管中光合产物及养分的浓度在不同阶段和不同部位也有所不同。

4.5.2 植物输导组织系统对土壤-植物-大气系统碳、氮、水循环的调控机制

生态系统的碳、氮、水交换发生在植被-大气、土壤-大气、根系-土壤界面,其交换碳、氮、水通量受不同控制机制的影响。植被-大气界面主要受冠层结构、叶面积指数和气孔行为控制;土壤-大气界面主要受下垫面植被层和土壤微生物控制;根系-土壤界面主要受根冠结构和根系吸收功能控制。植物的根系-茎秆-叶片-繁殖系统的输导组织构成了一个整体的输导组织系统,承担着碳、氮、水等不同物质的运输,其主要过程表现为根系的水分和养分吸收、木质部导管系统的水分和养分向上运输和韧皮部筛管系统的光合产物及养分向下运输(图4.11)。

4.5.2.1 植物地上部液流系统对 SPAC 系统碳、氮、水循环的调控

植物为了自身的新陈代谢须从土壤中获取水分和养分,并通过根系吸水和冠层蒸腾失水之间的动态变化来维持自身水分平衡。SPAC 系统中的水分传输可通过一系列液相和气相阻抗来描述,植物通过对气体扩散阻抗的气孔调节,维持蒸腾失水和从土壤到叶片的有效供水之间的平衡。因此植物气孔行为控制的光合-蒸腾作用生物物理过程对生态系统的碳、氮、水循环发挥了重要的调控作用。气孔对水分利用的调节分为长期和短期作用。长期调节作用是指在几天或更长的时间内,植物通过改变叶片光合能力、叶面积和光合产物在根系间的分配来调节水分利用。短期调节作用是指在一天或更短的时间内,通过叶片运动、气孔导度变化等来调节(张建新,1986;Hetherington and Woodward,2003)。气孔调节最优化理论指

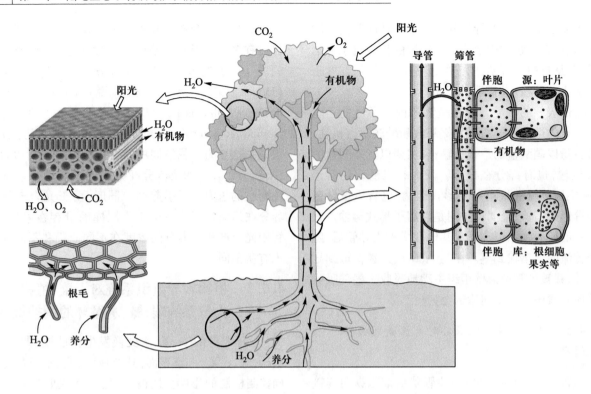

图 4.11 植物根系-茎秆-叶片-繁殖系统的输导组织及物质运输与调控过程

出,植物在漫长的进化过程中会尽可能地实现对水分的最优化利用(Cowan and Farquhar,1977)。

植物气孔在调节植物水分关系中所起的作用就像压力调节器(pressure regulator),通过减小气孔开度限制植物水势的变化。通常,植物通过被动和主动的方式调控气孔开度大小。在干燥空气中,保卫细胞内的水分蒸发过快,而根系吸水难以补充其水分的消耗时,保卫细胞就会迫使气孔关闭。当整个叶片缺水时,保卫细胞可以通过其代谢过程减少细胞内的溶质来提高细胞水势,水分离开保卫细胞而促使气孔关闭。受长时间的环境胁迫影响,为了维持植物赖以生存的水分和养分环境,维持一定的根生长,以保证持续的水分供应,可以通过减少叶片的生长和关闭部分气孔来减少植物体内水分的快速消耗,达到自我调节的目的(杨启良等,2011)。

植物叶片中一半以上的氮分布在光合机构(photosynthetic apparatus)中,因此,光合作用受到氮有效性的强烈影响(Lambers et al.,1998)。在叶片水平上,植物叶片的光合能力和暗呼吸与叶氮含量相联系。因此,植物的碳、氮代谢是密切联系、不可分割的一个整体,而叶片尺度上的碳-水耦合作用是更大尺度上碳-水耦合的基础。

4.5.2.2 植物地下部液流系统对 SPAC 系统碳、氮、水循环的调控

根系在蒸腾拉力和根压的作用下吸收土壤中的水分,并通过导管向上运输至叶片,为光合作用提供原料,并通过气孔蒸散出去,完成输导组织内水分的运输。根系吸收土壤溶液中的养分(以无机氮化物为主),并转化为氨基酸,通过导管向上运输至叶片和繁殖系统,供给植物生长需要。叶片中的光合作用产物(葡萄糖等)则通过筛管向下运输至繁殖系统和根系等。受物质运输过程中同化物及养分需求的影响,导管及筛管中的溶液浓度在不同部位和不同阶段均存在一定的区别,这导致物质运输过程中的碳-氮-水耦合关系呈现较大的变异性,保守性相对较弱。

根部细胞呼吸作用释放 CO_2 和 H_2O,CO_2 溶于水生成 H_2CO_3,H_2CO_3 能解离出 CO_3^{2-}、H^+ 和 HCO_3^-。这些离子可作为根系细胞的交换离子,与土壤溶液和土壤胶粒上吸附的离子进行离子交换。离子交换有两种方式:第一是根与土壤溶液的离子交换和接触交换,CO_3^{2-}、H^+、HCO_3^- 等离子可以与根外土壤溶液中 NO_3^-、NO_2^-、NH_4^+ 等养分离子发生交换,其结果是土壤溶液中的离子被转移到根表面,如此往复,根系便可

不断地吸收矿质营养元素。第二是当根系和土壤胶粒接触时,根系表面的离子直接与土壤胶粒表面的离子交换(即接触交换)。植物根系在完成与土壤溶液的养分离子交换后,通过主动运输和被动运输调控土壤溶液系统中的营养元素运动。

植物根系对土壤溶液碳、氮、水循环的调控主要有三种方式:第一是植物根系可以通过离子通道对土壤溶液系统的 NO_3^-、NO_2^-、NH_4^+ 等养分离子进行选择性吸收(Peuke and Jeschke, 1998; Köhler and Raschke, 2000)。第二是根系可通过载体蛋白对土壤溶液养分离子进行选择性运输(Taylor and Bloom, 1998)。第三是土壤溶液离子的离子泵运输通过根系调控土壤溶液系统养分离子平衡(Johansson et al., 1993; Yan et al., 2002)。

植物根系-土壤溶液系统的离子平衡与交换过程调控碳-氮-水耦合循环的因素十分复杂(Tingey et al., 2000; King et al., 2002; Edwards et al., 2004),主要包括土壤温度、土壤通气状况、土壤溶液浓度、土壤溶液的 pH 值、土壤水分含量、土壤颗粒离子吸附、土壤微生物以及土壤中离子间相互作用等,开展这些因子的影响机制和定量表达对理解生态系统碳-氮-水耦合循环机制和模型开发具有重要意义。

4.5.2.3 地上和地下部分液流对碳-氮-水耦合循环调控的相互关联

植被作为生态系统最重要的生物组分,其生长与养分再分配、根系周转和凋落物归还与分解等过程在调控生态系统碳、氮、水循环及其耦合过程中发挥着极其重要的作用。植物叶片与根系的很多性状和功能在地上和地下之间存在着一定的关联性(Wardle, 2002)。研究这种关联性有助于理解植物各种性状之间的相互作用和植物生长过程中对资源的利用和分配,阐明生态系统的地上部分和地下部分生物调控关系的作用机理(Bezemer and van Da, 2006)。植物生长所需要的水分和养分大部分来自根系吸收,根系吸收功能强,则地上部分生长旺盛,光合作用强,合成更多有机物质(Catovsky et al., 2002)。同时,根系又受地上部分的促进和制约,这是因为根系生命活动和生理功能需要有机物质提供能量,这依赖于地上部分的制造和供应。

植物根系的养分吸收需要消耗一定数量有机碳,而植物冠层光合作用固定的碳被分配到地下,可以作为碳水化合物储存于根系之中,用于根系代谢和呼吸

作用(Bardgett et al., 2005)。同时根系还可以吸收 CO_2,经过与其他化合物结合,以苹果酸形式运送到地上部分,然后再释放出来参加叶片光合作用。

在植物的生长中,蛋白质的合成需要氮,根系是吸收氮的主要器官。土壤中氮的生物有效性不仅取决于土壤中氮的供给能力,还与根系吸收氮的能力密切相关。根的大小和构型在一定程度上可以反映其吸收能力强弱(吴楚等,2004)。

地下根系和地上部分所处的环境不同,对生长条件的要求也不完全一样。外界条件发生变化,就会对根系和地上部分产生不同的影响,因而也会造成两者在生长关系方面的相互抑制现象。根系和地上部分的生长都需要水分,但是根系生活在潮湿的土壤中,容易满足对水分的需要,而地上部分则是完全依靠根系供给水分,同时又因蒸腾作用不断地丢失水分。所以当土壤水分不足时,对地上部分影响要比对根系的影响更大。

参考文献

曹庆平, 赵平, 倪广艳, 等. 2013. 华南荷木林冠层气孔导度对水汽压亏缺的响应. 生态学杂志, 32: 1770-1779.

陈骏, 梁宗锁. 2013. 气孔导度对空气湿度的反应的数学概括及其可能的机理. 植物生理学报, 49: 241-246.

高冠龙, 张小由, 常宗强, 等. 2016. 植物气孔导度的环境响应模拟及其尺度扩展. 生态学报, 36: 1491-1500.

郝兴宇, 韩雪, 李萍, 等. 2011. 大气 CO_2 浓度升高对绿豆叶片光合作用及叶绿素荧光参数的影响. 应用生态学报, 10: 2776-2780.

黄辉, 于贵瑞, 孙晓敏, 等. 2007. 华北平原冬小麦冠层导度的环境响应及模拟. 生态学报, 27: 5209-5221.

姜佰文, 王春宏, 单德鑫, 等. 2005. 应用 ^{15}N 研究施氮时期对寒地不同品种水稻氮吸收和分配的影响. 东北农业大学学报, 36: 142-146.

蒋高明, 常杰, 高玉葆, 等. 2004. 植物生理生态学. 北京: 高等教育出版社, 1-316.

蒋高明, 韩兴国, 林光辉. 1997. 大气 CO_2 浓度升高对植物的直接影响——国外十余年来模拟实验研究之主要手段及基本结论. 植物生态学报, 21: 489-502.

蒋跃林, 张庆国, 杨书运, 等. 2006. 28 种园林植物对大气 CO_2 浓度增加的生理生态反应. 植物资源与环境学报, 2: 1-6.

Kimball BA, 朱建国, 程磊, 等. 2002. 开放系统中农作物对空气 CO_2 浓度增加的响应. 应用生态学报, 10:

1323-1338.

李贵才, 韩兴国, 黄建辉, 等. 2001. 森林生态系统土壤氮矿化影响因素研究进展. 生态学报, 21: 1187-1195.

李佳格, 徐继. 1997. 生物固氮作用机理. 植物学通报, 03: 2-14.

李丽, 申双和, 孙钢, 等. 2016. 土壤水分对冬小麦气孔导度及光合速率的影响与模拟. 中国农业气象, 6: 666-673.

李卫民, 张佳宝, 朱安宁. 2008. 空气温湿度对小麦光合作用的影响. 灌溉排水学报, 3: 90-92.

林植芳, 李双顺, 林桂珠. 1986. 叶片气孔的分布与光合途径. 植物学报(英文版), 4: 387-395.

刘庆, 连海峰, 刘世琦, 等. 2015. 不同光质LED光源对草莓光合特性、产量及品质的影响. 应用生态学报, 6: 1743-1750.

刘晚苟, 山仑, 邓西平. 2001. 根输水机理研究进展. 干旱地区农业研究, 19: 81-88.

刘永秀, 张福锁, 毛达如. 1999. 根际微生态系统中豆科植物-根瘤菌共生固氮及其在可持续农业发展中的作用. 中国农业科技导报, 4: 28-33.

罗永忠, 成自勇. 2011. 水分胁迫对紫花苜蓿叶水势、蒸腾速率和气孔导度的影响. 草地学报, 2: 215-221.

马蓉, 麦麦提吐尔逊·艾则孜, 海米提·依米提, 等. 2016. 新疆博斯腾湖北岸芦苇叶片气孔导度特征及数值模拟. 西北农业学报, 1: 123-128.

苗原, 吴会芳, 马承恩, 等. 2013. 菌根真菌与吸收根功能性状的关系: 研究进展与评述. 植物生态学报, 37: 1035-1042.

潘瑞炽, 王小菁, 李娘辉, 等. 2001. 植物生理学. 北京: 高等教育出版社.

任传友, 于贵瑞, 王秋凤, 等. 2004. 冠层尺度的生态系统光合-蒸腾耦合模型研究. 中国科学D辑: 地球科学, 34: 141-151.

尚玉昌. 2010. 普通生态学. 北京: 北京大学出版社, 1-505.

沈秀瑛, 戴俊英, 胡安畅, 等. 1993. 玉米群体冠层特征与光截获及产量关系的研究. 作物学报, 19: 246-252.

宋建国, 林杉, 吴文良, 等. 2001. 土壤易矿化有机态氮和微生物态氮作为土壤氮素生物有效性指标的评价. 生态学报, 21: 290-294.

苏天星, 杨再强, 黄海静, 等. 2010. 不同光质对温室甜椒气孔导度的影响. 干旱气象, 4: 443-448.

王春乙, 郭建平, 王修兰, 等. 2000. CO_2浓度增加对C_3、C_4作物生理特性影响的实验研究. 作物学报, 06: 813-817.

王建林, 温学发. 2010. 气孔导度对CO_2浓度变化的模拟及其生理机制. 生态学报, 17: 4815-4820.

王建林, 于贵瑞, 王伯伦, 等. 2005. 北方粳稻光合速率、气孔导度对光强和CO_2浓度的响应. 植物生态学报, 1:

16-25.

王清奎, 汪思龙, 于小军, 等. 2007. 常绿阔叶林与杉木林的土壤碳矿化潜力及其对土壤活性有机碳的影响. 生态学杂志, 26: 1918-1923.

吴楚, 王政权, 范志强, 等. 2004. 氮胁迫对水曲柳幼苗养分吸收、利用和生物量分配的影响. 应用生态学报, 15: 2034-2038.

邬畏, 何兴东, 周启星. 2010. 生态系统氮磷比化学计量特征研究进展. 中国沙漠, 30: 296-302.

吴向华, 刘五星. 2012. 土壤微生物生态工程. 北京: 化学工业出版社, 1-180.

卫星, 刘颖, 陈海波. 2008. 黄波罗不同根序的解剖结构及其功能异质性. 植物生态学报, 32: 1238-1247.

闫萌萌, 王铭伦, 王洪波, 等. 2014. 光质对花生幼苗叶片光合色素含量及光合特性的影响. 应用生态学报, 2: 483-487.

严小龙, 廖红, 年海. 2007. 根系生物学原理与应用. 北京: 科学出版社, 1-305.

杨启良, 张富仓, 刘小刚, 等. 2011. 植物水分传输过程中的调控机制研究进展. 生态学报, 31: 4427-4436.

杨再强, 张静, 江晓东, 等. 2007. 不同R: FR值对菊花叶片气孔特征和气孔导度的影响. 生态学报, 7: 2135-2141.

余阳, 刘帅, 李春霞, 等. 2015. LED光质对"夏黑"葡萄光合特性和生理指标的影响. 果树学报, 5: 879-884.

于贵瑞. 2001. 不同冠层类型的陆地植被蒸发散模型研究进展. 资源科学, 23: 72-84.

于贵瑞, 高扬, 王秋凤, 等. 2013. 陆地生态系统碳-氮-水循环的关键耦合过程及其生物调控机制探讨. 中国生态农业学报, 21: 1-13.

于贵瑞, 任伟, 陈智, 等. 2016. 中国陆地生态系统碳-氮-水通量协同观测系统的建设及其科学研究(英文). *Journal of Geographical Sciences*, 7: 003.

于贵瑞, 王秋凤, 等. 2010. 植物光合、蒸腾与水分利用的生理生态学. 北京: 科学出版社.

张喜英, 裴冬, 由懋正. 2000. 几种作物的生理指标对土壤水分变动的阈值反应. 植物生态学报, 3: 280-283.

张彦东, 白尚斌. 2003. 氮素形态对树木养分吸收和生长的影响. 应用生态学报, 14: 2044-2048.

张永强, 沈彦俊, 刘昌明, 等. 2002. 华北平原典型农田水、热与CO_2通量的测定. 地理学报, 57: 333-342.

张建新. 1986. 气孔对水分利用的调节——Cowan和Farquhar的气孔调节最优化理论. 植物生理学通讯, 4: 12-17.

左应梅, 陈秋波, 邓权权, 等. 2011. 土壤水分、光照和空气湿度对木薯气孔导度的影响. 生态学杂志, 4: 689-693.

战伟, 沙伟, 王淼, 等. 2012. 降水和温度变化对长白山地区水曲柳幼苗生长和光合参数的影响. 应用生态学报, 3: 617-624.

赵娜, 李富荣. 2016. 温度升高对不同生活型植物光合生理特性的影响. 生态环境学报, 1: 60-66.

周广胜, 罗天祥. 1998. 自然植被净第一性生产力模型及其应用. 林业科学, 34: 2-11.

朱高龙. 2016. 2000—2013 年中国植被叶片聚集度系数时空变化特征. 科学通报, 14: 1595-1603.

朱绪超, 袁国富, 邵明安, 等. 2016. 塔里木河下游河岸柽柳林冠层导度变化特征及模拟. 生态学报, 17: 5459-5496.

朱治林, 孙晓敏, 张仁华, 等. 2004. 作物群体 CO_2 通量和水分利用效率的快速测定. 应用生态学报, 15: 1684-1686.

Albrizio R, Steduto P. 2005. Resource use efficiency of field-grown sunflower, sorghum, wheat and chickpea: I. Radiation use efficiency. *Agricultural and Forest Meteorology*, 130: 254-268.

Aronne G, De Micco V. 2001. Seasonal dimorphism in the Mediterranean *Cistus incanus* L. subsp. *incanus*. *Annals of Botany*, 87: 789-794.

Banks JA, Nishiyama T, Hasebe M, et al. 2011. The compact *Selaginella* genome iden-tifies genetic changes associated with the evolution of vascular plants. *Science*, 332, 960-963.

BardgettRD, BowmanWD, KaufmannR, et al. 2005. A temporal approach to linking aboveground and belowground ecology. *Trends in Ecology and Evolution*, 20: 634-641.

Bardgett RD, Mommer L, De Vries FT. 2014. Going underground: Root traits as drivers of ecosystem processes. *Trends in Ecology and Evolution*, 29: 692-699.

Barrowclough DE, Peterson CA, Steudle E. 2000. Radial hydraulic conductivity along developing onion roots. *Journal of Experimental Botany*, 51: 547-557.

Beer C, Reichstein M, Tomelleri E, et al. 2010. Terrestrial gross carbon dioxide uptake: Global distribution and covariation with climate. *Science*, 329, 834-838.

Beerling DJ, Osborne CP, Chaloner WG. 2001. Evolution of leaf-form in land plants linked to atmospheric CO_2 decline in the late Palaeozoic era. *Nature*, 410, 352-354.

Bezemer TM, van Da NM. 2006. Linking aboveground and belowground interactions via induced plant defense. *Trends in Ecology and Evolution*, 20: 617-624.

Botrel A, Kaiser WM. 1997. Nitrate reductase activation state in barley roots in relation to the energy and carbohydrate status. *Planta*, 201: 496-501.

Bowman DC, Cherney CT, Rufty TW. 2002. Fate and transport of nitrogen applied to six warm-season turfgrasses. *Crop Science*, 42: 833-841.

Brodribb TJ, McAdam SA. 2011. Passive origins of stomatal control in vascular plants. *Science*, 331, 582-585.

Brundrett MC. 2002. Coevolution of roots and mycorrhizas of land plants. *New Phytologist*, 154: 275-304.

Brundrett MC. 2009. Mycorrhizal associations and other means of nutrition of vascular plants: Understanding the global diversity of host plants by resolving conflicting information and developing reliable means of diagnosis. *Plant and Soil*, 320: 37-77.

Brundrett M. 1991. Mycorrhizas in natural ecosystems. *Advances in Ecological Research*, 21: 171-313.

Burgess BK. 1990. The iron-molybdenum cofactor of nitrogenase. *Chemical Reviews*, 90: 1377-1406.

Cambui CA, Svennerstam H, Gruffman L, et al. 2011. Patterns of plant biomass partitioning depend on nitrogen source. *PLoS One*, 6: e19211.

Campbell WH. 1999. Nitrate reductase structure, function and regulation: Bridging the gap between biochemistry and physiology. *Annual Review of Plant Physiology and Plant Molecular Biology*, 50: 277-303.

Carillo P, Mastrolonardo G, Nacca F, et al. 2005. Nitrate reductase in durum wheat seedlings as affected by nitrate nutrition and salinity. *Functional Plant Biology*, 32: 209-219.

Carvajal M, Cooke DT, Clarkson DT. 1996. Responses of wheat plants to nutrient deprivation may involve the regulation of water-channel function. *Planta*, 199: 372-381.

Catovsky S, Holbrook NM, Bazzaz FA. 2002. Coupling whole-tree transpiration and canopy photosynthesis in coniferous and broad-leaved tree species. *Canadian Journal of Forest Research*, 32: 295-309.

Chapin FS, Matson PA, Mooney HA. 2011. *Principles of Terrestrial Ecosystem Ecology*. 2nd edition. New York: Springer, 1-544.

Chapin FS, Matson PA, Mooney HA. 2002. *Principles of Terrestrial Ecosystem Ecology*. New York: Springer, 1-450.

Chen JM, Mo G, Pisek J, et al. 2012. Effects of foliage clumping on the estimation of global terrestrial gross primary productivity. *Global Biogeochemical Cycles*, 26: GB1019.

Chen ZH, Chen G, Dai F, et al. 2017. Molecular evolution of grass stomata. *Trends in Plant Science*, 22: 124-139.

Cowan IR, Farquhar GD. 1977. Stomatal function in relation to leaf metabolism and environment. *Symposia of the Society for Experimental Biology*, 31: 471.

Di Martino C, Delfine S, Pizzuto R, et al. 2003. Free amino acids and glycine betaine in leaf osmoregulation of spinach responding to increasing salt stress. *New Phytologist*, 158:

455-463.

Dickison WC. 2000. *Integrative Plant Anatomy*. Cambridge: Academic Press, 1-533.

Edwards EJ, Benham DG, Marland LA, et al. 2004. Root production is determined by radiation flux in a temperate grassland community. *Global Change Biology*, 10: 209-227.

Farquhar GD, Sharkey TD. 1982. Stomatal conductance and photosynthesis. *Annual Review of Plant Physiology*, 33: 317-345.

Flexas J, Ribas-Carbo M, Diaz-Espejo A, et al. 2008. Mesophyll conductance to CO_2: Current knowledge and future prospects. *Plant Cell Environment*, 31: 602-612.

Forde BG, Lea PJ. 2007. Glutamate in plants: Metabolism, regulation, and signaling. *Journal of Experimental Botany*, 58: 2339-2358.

Galloway JN, Townsend AR, Erisman JW, et al. 2008. Transformation of the nitrogen cycle: Recent trends, questions, and potential solutions. *Science*, 320: 889-892.

Garrigues S, Shabanov NV, Swanson K, et al. 2008. Intercomparison and sensitivity analysis of Leaf Area Index retrievals from LAI-2000, AccuPAR, and digital hemispherical photography over croplands. *Agricultural and Forest Meteorology*, 148: 1193-1209.

Grantz DA, Assmann SM. 1991. Stomatal response to blue-light-water-use efficiency in sugarcane and soybean. *Plant Cell Environment*, 14: 683-690.

Guo D, Li H, Mitchell RJ, et al. 2008. Fine root heterogeneity by branch order: Exploring the discrepancy in root turnover estimates between minirhizotron and carbon isotopic methods. *New Phytologist*, 177: 443-456.

Hetherington AM, Woodward FI. 2003. The role of stomata in sensing and driving environmental change. *Nature*, 424: 901-908.

Hill RS. 1994. *History of the Australian Vegetation*. Cambridge: Cambridge University Press, 1-444.

Hodge A. 2004. The plastic plant: Root responses to heterogeneous supplies of nutrients. *New Phytologist*, 162: 9-24.

Jarvis PG. 1976. The interpretation of the variations in leaf water potential and stomatal conductance found in canopies in the field. *Philosophical Transactions of the Royal Society of London Series B: Biological Sciences*, 273: 593-610.

Johansson F, Sommarin M, Larsson C. 1993. Fusicoccin activates the plasma membrane H^+-ATPase by a mechanism involving the C-terminal inhibitory domain. *Plant Cell*, 5: 321-327.

Katul GG, Palmroth S, Oren RAM. 2009. Leaf stomatal responses to vapour pressure deficit under current and CO_2-enriched atmosphere explained by the economics of gas exchange. *Plant, Cell and Environment*, 32: 968-979.

Keeley JE, Osmond CB, Raven JA. 1984. Stylites, a vascular land plant without stomata absorbs CO_2 via its roots. *Nature*, 310: 694-695.

King JS, Albaugh TJ, Allen HL, et al. 2002. Below-ground carbon input to soil is controlled by nutrient availability and fine root dynamics in loblolly pine. *New Phytologist*, 154: 389-398.

Köhler B, Raschke K. 2000. The delivery of salts to the xylem. Three types of anion conductance in the plasmalemma of the xylem parenchyma of roots of barley. *Plant Physiology*, 122: 243-254.

Knoepp JD, Turner DP, Tingey DT. 1993. Effects of ammonium and nitrate on nutrient uptake and activity of nitrogen assimilating enzymes in western hemlock. *Forest Ecology and Management*, 59: 179-191.

Kronzucker HJ, Siddiqi MY, Glass ADM. 1997. Conifer root discrimination against soil nitrate and the ecology of forest succession. *Nature*, 385: 59.

Laliberté E. 2017. Below-ground frontiers in trait-based plant ecology. *New Phytologist*, 213: 1597-1603.

Lambers H, Chapin FS, Pons TL. 1998. *Plant Physiological Ecology*. New York: Springer, 1-567.

Law BE, Falge E, Gu L, et al. 2002. Environmental controls over carbon dioxide and water vapor exchange of terrestrial vegetation. *Agricultural and Forest Meteorology*, 113: 97-120.

Leakey ADB, Ainsworth EA, Bernacchi CJ, et al. 2009. Elevated CO_2 effects on plant carbon, nitrogen, and water relations: Six important lessons from FACE. *Journal of Experimental Botany*, 60: 2859-2876.

Lei PF, Scherer-Lorenzen M, Bauhus J. 2012. Belowground facilitation and competition in young tree species mixtures. *Forest Ecology and Management*, 265: 191-200.

Liu B, Li H, Zhu B, et al. 2015. Complementarity in nutrient foraging strategies of absorptive fine roots and arbuscular mycorrhizal fungi across 14 coexisting subtropical tree species. *New Phytologist*, 208: 125-136.

Liu B, He J, Zeng F, et al. 2016. Life span and structure of ephemeral root modules of different functional groups from a desert system. *New Phytologist*, 211: 103-112.

Liu CC, He NP, Zhang JH, et al. 2018. Variation of stomatal traits from cold temperate to tropical forests and association with water use efficiency. *Functional Ecology*, 32: 20-28.

Lloyd J, Farquhar GD. 2008. Effects of rising temperatures and $[CO_2]$ on the physiology of tropical forest trees. *Philosophical Transactions of the Royal Society of London B: Biological Sciences, 363: 1811-1817.

Long SP, Ainsworth EA, Rogers A, et al. 2004. Risingatmospheric carbon dioxide: Plants FACE the future. *Annual Review of Plant Biology*, 55: 591-628.

Magill AH, Aber JD, Currie WS, et al. 2004. Ecosystem response to 15 years of chronic nitrogen additions at the Harvard Forest LTER, Massachusetts, USA. *Forest Ecology and Management*, 196: 7-28.

Manzoni S, Porporato A. 2011. Common hydrologic and biogeochemical controls along the soil-stream continuum. *Hydrological Processes*, 25: 1355-1360.

Menand B, Yi K, Jouannic S, et al. 2007. An ancient mechanism controls the development of cells with a rooting function in land plants. *Science*, 316: 1477-1480.

McCormack ML, Dickie IA, Eissenstat DM, et al. 2015. Redefining fine roots improves understanding of below-ground contributions to terrestrial biosphere processes. *New Phytologist*, 207: 505-518.

Münch E. 1930. *Die Stoffbewegunen in der Pflanze.* Gustav Fischer.

Oren R, Sperry JS, Katul GG, et al. 1999. Survey and synthesis of intra- and inter-specific variation in stomatal sensitivity to vapour pressure deficit. *Plant, Cell and Environment*, 12: 1515-1526.

Park SY, Fung P, Nishimura N, et al. 2009. Abscisic acid inhibits type 2C protein phosphatases via the PYR/PYL family of START proteins. *Science*, 324: 1068-1071.

Peuke AD, Jeschke WD. 1998. The effects of light on induction, time courses, and kinetic patterns of net nitrate uptake in barley. *Plant, Cell and Environment*, 21: 765-774.

Pregitzer KS, DeForest JL, Burton AJ, et al. 2002. Fine root architecture of nine North American trees. *Ecological Monographs*, 72: 293-309.

Quintero JM, Fournier JM, Benlloch M. 1999. Water transport in sunflower root systems: Effects of ABA, Ca^{2+} status and $HgCl_2$. *Journal of Experimental Botany*, 50: 1607-1612.

Raschke K. 1979. Movements of stomata. *Encyclopedia of Plant Physiology*, 7: 383-441.

Rensing SA, Lang D, Zimmer AD, et al. 2008. The *Physcomitrella* genome reveals evolutionary insights into the conquest of land by plants. *Science*, 319: 64-69.

Roumet C, Birouste M, Picon-Cochard C, et al. 2016. Root structure-function relationships in 74 species: Evidence of a root economics spectrum related to carbon economy. *New Phytologist*, 210: 815-826.

Rumpel C, Kögel-Knabner I, Bruhn F. 2002. Vertical distribution, age, and chemical composition of organic carbon in two forest soils of different pedogenesis. *Organic Geochemistry*, 33: 1131-1142.

Sack L, Cowan PD, Jaikumar N, et al. 2003. The "hydrology" of leaves: Co-ordination of structure and function in temperate woody species. *Plant, Cell and Environment*, 26: 1343-1356.

Shah VK, Brill WJ. 1977. Isolation of an iron-molybdenum cofactor from nitrogenase. *Proceedings of the National Academy of Sciences*, 74: 3249-3253.

Sheng H, Yang Y, Yang Z, et al. 2010. The dynamic response of soil respiration to land-use changes in subtropical China. *Global Change Biology*, 16: 1107-1121.

Smith SE, Read DJ. 2010. *Mycorrhizal Symbiosis.* Cambridge: Academic press.

Solomon SJ. 2007. *Atmospheric and Biospheric Methanol Flux Measurements: Development and Application of a Novel Technique.* Bremen: Universität Bremen.

Song X, Yu G, Liu Y, et al. 2006. Seasonal variations and environmental control of water use efficiency in subtropical plantation. *Science in China Series D: Earth Sciences*, 49: 119-126.

Steduto P, Hsiao TC, Fereres E. 2007. On the conservative behavior of biomass water productivity. *Irrigation Science*, 25: 189-207.

Steudle E, Peterson CA. 1998. How does water get through roots? *Journal of Experimental Botany*, 49: 775-788.

Sun T, Dong L, Wang Z, et al. 2016. Effects of long-term nitrogen deposition on fine root decomposition and its extracellular enzyme activities in temperate forests. *Soil Biology and Biochemistry*, 93: 50-59.

Taiz L, Zeiger E. 2002. *Plant Physiology.* 3rd edition. California: The Benjamin Cummings Publishing Company, 1-690.

Taylor AR, Bloom AJ. 1998. Ammonium, nitrate, and proton fluxes along the maize root. *Plant, Cell and Environment*, 21: 1255-1263.

Thaine R. 1961. Transcellular strands and particle movement in mature sieve tubes. *Nature*, 192: 772.

Tingey DT, Phillips DL, Johnson MG. 2000. Elevated CO_2 and conifer roots: Effects on growth, life span and turnover. *New Phytologist*, 147: 87-103.

Vatén A, Bergamann DC. 2012. Mechanisms of stomatal development an evolutionary view. *EvoDevo*, 4: 11.

Wang B, Qiu YL. 2006. Phylogenetic distribution and evolution of mycorrhizas in land plants. *Mycorrhiza*, 16: 299-363.

Wang R, Yu G, He N, et al. 2014. Elevation-related variation in leaf stomatal traits as a function of plant functional type: Evidence from Changbai Mountain, China. *PLoS One*,

9: e115395.

Wang R, Yu G, He N, et al. 2015. Latitudinal variation of leaf stomatal traits from species to community level in forests: Linkage with ecosystem productivity. *Scientific Reports*, 5: 14454.

Wardle DA. 2002. *Communities and Ecosystems: Linking the Aboveground and Belowground Components*. Princeton: Princeton University Press, 1-408.

Williams WE. 1983. Optimal water-use efficiency in a California shrub. *Plant, Cell and Environment*, 6: 145-151.

Williamson RE. 1972. An investigation of the contractile protein hypothesis of phloem translocation. *Planta*, 106: 149-157.

Xia MX, Guo DL, Pregitzer KS. 2010. Ephemeral root modules in *Fraxinus mandshurica*. *New Phytologist*, 188: 1065-1074.

Yan F, Zhu YY, Müller C, et al. 2002, Adaptation of H$^+$ pumping and plasma membrane H$^+$-ATPase activity in proteoid roots of white lupin under phosphate deficiency. *Plant Physiology*, 129: 50-63.

Yang X, Yang Y, Ji C, et al. 2014. Large-scale patterns of stomatal traits in Tibetan and Mongolian grassland species. *Basic and Applied Ecology*, 15: 122-132.

Yu G, Chen Z, Piao S, et al. 2014. High carbon dioxide uptake by subtropical forest ecosystems in the East Asian monsoon region. *Proceedings of the National Academy of Sciences*, 111: 4910-4915.

Yu GR, Nakayama K, Matsuoka N, et al. 1998. A combination model for estimating stomatal conductance of maize (*Zea mays* L.) leaves over a long term. *Agricultural and Forest Meteorology*, 92: 9-28.

Yu GR, Kobyashi T, Zhuang J. 2003. A coupled model of photosynthesis-transpiration based on the stomatal behavior for maize (*Zea mays* L.) grown in the field. *Plant and Soil*, 249: 401-415.

Yu GR, Song X, Wang QF, et al. 2008. Water-use efficiency of forest ecosystems in eastern China and its relations to climatic variables. *New Phytologist*, 177: 927-937.

Yu GR, Zhuang J, Yu ZL. 2001. An attempt to establish a synthetic model of photosynthesis-transpiration based on stomatal behaviorfor maize and soybean plants grown in field. *Journal of Plant Physiology*, 158: 861-874.

Zadworny M, McCormack ML, Mucha J, et al. 2016. Scots pine fine roots adjust along a 2000-km latitudinal climatic gradient. *New Phytologist*, 212: 389-399.

Zhao FH, Yu GR, Li SG, et al. 2007. Canopy water use efficiency of winter wheat in the North China Plain. *Agricultural Water Management*, 93: 99-108.

第5章

陆地生态系统碳-氮耦合循环的微生物调控及生理生态学机制

　　土壤微生物是驱动生命元素生物地球化学循环的引擎,在调控碳、氮的生物地球化学过程和维持生态系统功能方面起着关键作用。随着近年来分子生物学和微生物生态学技术的快速发展,关于生态系统碳、氮循环的微生物驱动机理研究得到了快速发展,在很多方面都已取得了突破性进展。土壤微生物也是调控有机质分解和合成及温室气体排放等碳-氮耦合循环过程的关键因素。但是现今的大多研究还停留在针对单一元素、单一过程或单一机制方面。然而,我们面对自然生态系统的碳-氮-水耦合循环过程,如何认知自然存在的微生物功能群网络及其结构构建、过程级联和系统优化的生态学机理,认知微生物功能群网络如何调节或控制生态系统的多种生命元素耦合循环,以维持生态系统功能,适应气候、植被、水和土壤环境变化,则是极具挑战性的科学难题。

　　土壤是陆地生态系统碳和氮元素的重要贮存库,其碳储量是植被和大气的2~3倍,土壤的碳循环与氮循环紧密耦合,两者相互联动和相互依赖。土壤微生物群落的种群生理生态特性、动态变化和空间分布存在差异,它们在驱动生态系统碳、氮循环过程中的功能和作用方式也具有独特性,由此导致土壤中的微生物群落形成以碳、氮循环过程的级联系统为纽带的多种功能群互作网络。研究这种土壤微生物功能群互作网络的结构和功能、调控土壤碳-氮耦合循环过程的机制及其对环境变化的响应机理,对于探索自然生命系统演变、土壤资源可持续利用、应对全球气候变化和维持生态系统服务具有重要意义。

　　本章围绕土壤微生物功能群网络调节生态系统碳-氮耦合循环的生物化学过程,论述土壤微生物功能群网络的概念及发展,微生物功能群之间的相互关系及其生物学机制;深入讨论土壤有机质分解和合成的微生物学机制,重点讨论植物残体和根系分泌物分解的微生物控制机制,土壤有机质矿化和腐殖化、土壤有机质矿化的激发效应和土壤团聚体矿化的微生物控制机制,以及温室气体排放的生态学过程机制。由此构建陆地生态系统碳-氮耦合循环的微生物调控及生理生态学机制的理论体系。

本章执笔:于贵瑞,田静,唐玉倩,徐志伟

5.1 引言

土壤是陆地生态系统碳、氮等生命元素的重要贮存库,其中的碳储量是植被以及大气的 2~3 倍,只要地球系统土壤碳库微小的扰动就足以引起大气 CO_2 浓度的较大波动,进而对温室气体效应产生巨大影响(Solomon et al., 2007)。土壤中的碳、氮循环过程实质上是紧密耦合在一起的生物地球化学过程,两者在微生物的调控下相互联动和依赖(于贵瑞等,2013)。目前大部分研究还是把碳和氮循环作为两个相对孤立的过程来解析,尤其在微生物的调控机制方面,这种孤立的研究难以全面地认知土壤碳-氮耦合循环及其对全球变化的响应机理。

土壤微生物在调节陆地生态系统功能,如养分循环、有机质分解、土壤结构维持、温室气体产生和环境污染物净化等方面起着重要作用,是生命元素生物地球化学循环,特别是碳、氮循环过程的主要驱动者(宋长青等,2013)。虽然学者已经在土壤微生物参与的生态系统碳、氮循环过程的各方面开展了大量研究,例如土壤有机质分解、氮养分循环和温室气体排放等(Bardgett et al., 2008;Morales et al., 2010;贺纪正和张丽梅,2013;Trivedi et al., 2013),但是由于受研究手段和科学认识的限制,人们在评估和模拟陆地生态系统碳、氮等元素的生物化学循环时依然将土壤微生物的作用作为"黑箱"处理(Colwell, 1996;Balser and Firestone, 2005;Jackson et al., 2007)。近 20 年来,分子生物学和基因组学等新技术的发展和进步为人们深入理解土壤微生物功能群的组成及其与生态系统功能过程之间的关系提供了有效的技术途径。土壤功能微生物参与生态系统的碳-氮耦合循环也逐渐发展成为基础生态学研究的前沿方向之一(Wardle et al., 2004;Jackson et al., 2007;van der Putten et al., 2009)。

土壤微生物群落(soil microbial community)在生理生态功能、群落动态和空间分布方面呈现出特定的网络结构。其中一些微生物群落具有相似的功能,它们会共同参与同一元素的某个循环过程,而有一些微生物群落则对同一养分需求存在强烈的竞争。这些不同微生物群落会通过多种多样的生态学机制形成一个极其复杂的土壤微生物功能群网络(soil microbial functional group network)(于贵瑞等,2013)。

研究土壤微生物功能群网络的结构、功能、对土壤碳-氮耦合循环过程的控制机制以及对环境变化的响应机理,对于探索自然生命系统的演变机制、土壤碳-氮耦合循环及环境机制具有重要意义(于贵瑞等,2013)。

本章主要围绕土壤微生物功能群网络调节碳-氮耦合循环的生物学化学机制问题,引入土壤微生物功能群网络的新概念,阐述土壤微生物功能群调控土壤碳-氮耦合循环的生理生态学基础,进而深入讨论凋落物和根系分泌物的腐殖质矿化、土壤有机质矿化和养分有效化、温室气体排放途径和生物化学过程的微生物控制机制。

5.2 土壤微生物功能群网络的概念及价值

5.2.1 土壤微生物功能群网络概念的提出

功能群(functional group)的概念最早被 Grime(1977)应用于植物生态学研究,他把植物分为杂草(ruderal)、竞争者(competitor)和压力承受者(stress tolerator)。1984 年 Swift 又把"功能群"的概念应用到了土壤真菌研究中(Swift, 1984),同年被 Heal 和 Ineson(1984)应用于微生物区系(microflora)研究中。

微生物是生态系统的重要组分,是生态系统碳、氮等生命元素及物质循环中的分解者,它们通过参与碳循环来获取能量,驱动生态系统营养元素的生物地球化学循环(章家恩和骆世明,2001)。微生物可固定养分,作为养分的"暂时库";又可释放养分,作为养分的"供给源"。微生物群落的组成及活性不仅影响生态系统中的植物营养供给状态,还影响土壤物理化学结构和土壤肥力条件,限制或促进植物生长(Grime, 1979;Dodd, 2000)。

在生态系统的养分循环过程中,不同类群的土壤微生物对养分流动发挥着不同性质和不同程度的作用,据此可把土壤微生物分为不同类型的功能群。土壤微生物功能群可以理解为在物质循环和流动过程中具有特定生物学功能的微生物种类的集合体,这种功能群分类与生物学分类原则无关,只是指它的生物学功能相同或相近。目前被广泛关注的微生物功能群主要有碳水化合物降解微生物功能群、氨化微生物功能群、固氮微生物功能群、溶磷微生物功能群等,这些功能群在土壤生态系统中通过物质循环过程构成复杂的功能群网络结构(于贵瑞等,2013)(表 5.1)。

自 20 世纪 90 年代以来,科学家对土壤微生物功能群的研究主要集中在具有特定功能的微生物数量、动态变化及其对全球变化的响应等方面。例如,一些研究表明,微生物功能群之间及其与植物群落、物质循环、生态系统管理措施和外源化学物质之间等都具有相互作用(Martínez-Toledo et al.,1998;Reichardt et al.,2001)。土壤颗粒作为土壤微生物、土壤空气和溶液以及营养元素和生物信号分子的载体,在土壤的三维空间结构方面存在着明显的空间变化梯度,进而导致土壤结构内部微生物功能群落明显的空间分异(Fuhrman,2009)。

近 20 年来,随着分子生物学和基因组学等新技术的应用,在基因水平上对土壤微生物组成和结构做出鉴别和评估的研究得到快速发展。例如,通过基因芯片定量分析土壤中参与碳、氮、磷、硫等元素循环的功能基因的丰度(He et al.,2010;Zhou et al.,2010)。利用基因测序数据、采用随机矩阵理论构建微生物功能群网络的方法证实,不同类群的微生物会通过多种多样的机制形成一个极其复杂的土壤微生物功能群网络(Zhou et al.,2010,2011),而微生物关系网络模型预测将会成为未来的研究重点(Faust and Raes, 2012)。

有研究者认为,功能群分类学是一种不正规的分类,认为它在生态科学中的价值是有限的,可能会阻碍生态学理论的形成和发展(Bahr,1982)。但是,依据生物进化关系的分类是纯粹的微生物学研究范畴,而生态学研究土壤微生物的最终目的是了解某些微生物在生态系统演替及状态维持过程中所发挥的功能或作用,进而探讨如何将其功能运用到生态修复等方面,所以以功能群为单位研究土壤微生物具有现实意义。

5.2.2　土壤微生物功能群网络的环境影响机制

土壤微生物功能群对森林生态功能和土壤养分可持续发展有重要影响(Burton et al.,2010),对气候、土地利用方式和土壤理化性质变化比较敏感,同时,植被类型的变化对土壤微生物功能群结构及功能都有影响(Romaniuk et al.,2011)。

5.2.2.1　气候

气候因子对土壤微生物功能群的影响一直被忽略或者被认为影响较小(Fierer and Jackson,2006)。对英国不同生态系统土壤的研究表明,土壤细菌群落

表 5.1　生态系统碳-氮耦合循环与温室气体排放过程的土壤微生物功能群及其组成

微生物功能群	参与生物化学过程	功能群组成
碳水化合物降解微生物功能群	纤维素、半纤维素和淀粉等碳水化合物首先被水解成单糖,然后单糖在耗氧条件下分解成水和 CO_2。在通气不良条件下,产生还原性气体和有机酸等	真菌、细菌和放线菌
甲烷氧化微生物功能群	以甲烷为碳源和能源,将甲烷氧化成 CO_2	甲烷氧化细菌
产甲烷微生物功能群	以乙酸、甲基化合物和氢/二氧化碳为底物,在甲基辅酶 M 还原酶的催化下形成甲烷	产甲烷古菌
氨化微生物功能群	在好氧或厌氧条件下,含氮有机化合物分解,产生 NH_3	细菌、真菌
硝化微生物功能群	通气良好情况下,铵态氮或氨氧化成亚硝酸和硝酸	氨氧化细菌、氨氧化古菌和亚硝化细菌
反硝化微生物功能群	通气不良的条件下,硝态氮被还原成气态氮	硝酸盐还原菌、亚硝酸还原菌、NO 还原菌和 N_2O 还原菌
固氮微生物功能群	土壤中特定类型的细菌将空气中的分子态氮同化为自身所需的氮源。这些细菌死亡后,又被其他微生物分解,氮被释放出来,在土壤中不断累积	根瘤菌、放线菌和蓝藻菌等
溶磷微生物功能群	在通气良好的情况下,含磷有机物被分解成磷酸盐;在通气不良的情况下,被还原成 PH_3	细菌和真菌

结构变异与降水和温度有一定关系(Griffiths et al., 2011)。De Vries 等(2012)的研究表明,年均降水量(MAP)和温度能够较好地解释土壤微生物群落结构差异,土壤真菌生物量随 MAP 增加而增加,且比土壤细菌生物量增加更快,从而使得土壤真菌与细菌生物量比(F∶B)也随着 MAP 增加而增加。原因是 MAP 增加,土壤温度降低,土壤有机质增加,使得土壤更利于真菌的生存(Bardgett et al., 2001)。

水是微生物细胞生命活动的基本条件之一。它们从环境中吸取营养物质、分解营养物质产生能量及合成细胞结构和功能物质等,都需要水的存在与参与。美国加利福尼亚州北部的野外控雨实验结果表明,群落多样性与降雨强度呈显著负相关,表明土壤湿度和降雨变化可能改变土壤微生物的群落结构(Sulkava and Laakso, 1996;Huhta et al., 1998)。降水通过直接影响土壤湿度而影响土壤微生物。当土壤湿度发生变化时,微生物必须不断调节其内部水势以适应外部环境。土壤湿度的变化可以调节细胞质中溶质的渗透能力,类似的微生物对土壤湿度变化的生理改变普遍存在于细菌和真菌中。此外,土壤湿度还通过改变底物的有效性影响微生物群落结构。土壤真菌能通过土壤孔隙将可溶性营养物质转移至缺乏水分和营养元素的细胞中(Davies, 1990)。Schimel 和 Gulledge(1998)认为,土壤湿度的变化可能改变真菌群落的组成。在土壤水分胁迫时,土壤中的真菌菌丝可能停止生长,如菌丝不能保持完整即发生消解。一般来讲,细菌大部分是喜湿的。在细菌群落中,革兰氏阳性菌比革兰氏阴性菌的渗透性调节能力更强(Schimel et al., 2007)。另外也有研究表明,土壤湿度降低将会使各土壤酶活性有不同程度的降低。

温度是影响微生物生长和代谢最重要的环境因素之一。温度对微生物的影响具体表现在两个方面:一是随着温度的上升,细胞中生化反应速率加快且生长速度加快;二是随着温度上升,细胞中对温度较敏感的物质(蛋白质和核酸)可能会受到不可逆转的破坏,从而对有机体产生不利影响,导致机体死亡(陈声明等,2007)。根据微生物生长最适温度的不同,可以将微生物分为嗜冷、兼性嗜冷、嗜温、嗜热和超嗜热五种不同的类型。每种微生物均有各自不同的最低、最适和最高生长温度,且微生物在不同温度条件下对基质的代谢能力不同(Xiao and Zheng, 2001),所以随着土壤温度的变化,土壤微生物群落结构和组成也会出现差异。研究发现,温度升高没有增加土壤微生物生物量(Biasi et al., 2008;Rinnan et al., 2009;Vanhala et al., 2011),但是温度的变化会改变微生物的群落结构,土壤真菌、革兰氏阴性菌和革兰氏阳性菌丰富度随温度升高而变化(Biasi et al., 2005;Frey et al., 2008;Castro et al., 2010;Karhu et al., 2010;Vanhala et al., 2011)。

5.2.2.2　土壤理化性质

土壤 pH 值一直被认为是土壤微生物群落的主要影响因子。微生物生长过程中机体内发生的绝大多数反应是酶促反应,而酶促反应都有一个最适的 pH 值范围。在最适 pH 值范围内,酶促反应速率最快,微生物生长速率最快。在诸多研究结果中,多数研究人员认为,土壤 pH 值是影响土壤微生物群落变化的关键因子。在北美洲和南美洲洲际尺度上的研究发现,土壤细菌群落结构和多样性主要受土壤 pH 值的影响,酸性土壤中微生物多样性最低(Fierer and Jackson, 2006)。大多数细菌适宜在 pH 值为 6.5~7.5 的环境中生长,在 pH 值为 4~10 时可以生长(Wang et al., 1993);氢离子浓度越高,细菌群落越小。多数酵母菌和真菌在弱酸性(pH 值 5~6)环境中生长最好。一般真菌生长的最适 pH 值范围比细菌广,细菌对环境的 pH 值要求更严格。pH 值在 7.5~8.0 的范围最适宜放线菌的生长,放线菌是以孢子繁殖的、呈菌丝体生长的原核微生物,分布也较广泛,尤其是在高温和 pH 值较高的环境中,微生物种群的大部分是由放线菌组成的。酵母菌和霉菌的最适 pH 值为 5~6,但在 1.5~10 范围依旧可以生长(陈声明等,2007)。

土壤类型是土壤微生物群落组成和群落物种丰富度的决定性因子(Girvan et al., 2003)。不同的土壤具有不同的理化性质。土壤结构对土壤生物及物理过程具有调节作用,从而影响土壤的微生物群落结构(Sessitsch et al., 2001)。不同土壤结构的土壤,湿度及养分条件不同,会影响微生物对土壤有机质的利用(Veen and Kuikman, 1990)。研究表明,土壤微生物量的变化与土壤团聚体数量及质量之间存在密切关系(Chan and Heenan, 1999)。大小不同的团聚体,微生物量分布有很大差异,并且其群落结构也明显不同。大团聚体中微生物量更高,且真菌的生物量要比细菌高。Kim 等(2013)的研究表明,不同土壤细菌群落结构的变化主要与土壤中粉砂及黏粒含量有关,而与植被类型和土壤 pH 值无关。粉砂及黏粒含量高的土壤因质地较细,孔隙度小,具有适宜的养分和水分条件,更有利于细菌的生长;而真菌更喜质地较粗的土壤环境,从而导致土壤微生物群落结构的变化(Carson et al., 2010)。土壤质地对土壤酶活性也有影响(Allison and Jastrow, 2006)。研究表明,土壤β-1,4-葡萄糖苷酶、β-1,4-N-乙酰葡糖胺糖苷酶、酸性磷酸酶和L-亮氨酸氨基肽酶的活性在粉砂及黏粒级别中最高,并随团聚体粒径增大而降低(Lagomarsinoa et al., 2012)。

土壤养分为微生物提供基本的碳源、氮源等营养物质,其有效性和质量都会对微生物生物量及活性产生影响(Demoling et al., 2007; Wang et al., 2013)。微生物需要通过分解有机质来获取构成其生命体的营养物质。Wallenius(2011)对不同土地利用类型(森林、农田、草地)的土壤微生物分析发现,土壤有机质含量可以很好地解释土壤微生物差别,在高有机质含量的土壤中,土壤酶活性较高,反之亦然。土壤真菌群落结构主要与土壤养分条件有关(Lauber et al., 2008)。在森林生态系统中,土壤微生物生物量和群落组成与土壤有效磷呈正相关(DeForest et al., 2012; Zhang et al., 2013)。Wang 等(2011)在老君山的研究发现,细菌的垂直分布可能会受到碳供应情况的影响。微生物生物量及群落的大小会随着土壤总碳和总氮库的增加而增加,表明养分可利用性对微生物群落的垂直分布也有影响(Ma et al., 2004; De Vries et al., 2012)。多数研究结果表明,土壤 C:N 值是影响土壤微生物群落结构空间分布规律的关键因子(Shen et al., 2013; Zhang et al., 2013)。土壤 F:B 值与土壤 C:N 值关系密切,土壤 C:N 值升高,土壤真菌微生物量随之升高,而与细菌生物量呈负相关(Fierer et al., 2009b; Nilsson et al., 2012)。土壤真菌主要分解土壤中 C:N 值较高的复杂化合物,因此真菌更适合在 C:N 值较高、相对缺氮的土壤环境(Zhou et al., 2012)。同时,施磷也可以显著改变土壤微生物生物量和微生物的群落结构(Liu et al., 2012)。

5.2.2.3 植被

人类的生产与生活改变着地面的植被组成和生长状况。越来越多的研究表明,植物功能特征是土壤生物过程的主控因子。在生态系统尺度,植物叶片氮含量、比叶面积及叶片干物质质量的群落加权值对土壤碳、氮含量及凋落物分解速率有一定影响。在森林生态系统中,灌木层叶片特征对土壤硝化潜势也有影响。Cornwell 等(2008)的研究也表明,在全球尺度,植物特征对土壤凋落物分解的影响比气候因子更为明显。上述分析均表明植物特征在调节生态系统过程方面有重要作用。然而,植物特征是否也同样影响土壤微生物群落结构还不清楚。研究表明,植物群落类型初步决定了微生物群落的组成(Blum et al., 2004)。

植被对微生物的影响主要通过两个方面实现:一是通过改变土壤结构和性质来改变微生物的生长环境,二是通过根系分泌物影响微生物特别是根系微生物。不同的植被类型对土壤微生物的数量、分布、种类及活性均会产生影响。土壤微生物群落结构多样性与植物群落多样性呈正相关(Waldrop et al., 2006),因为高多样性的植物群落可提供多样的凋落物与根际分泌物有机质类型,从而拓宽土壤微生物的食物资源生态位。Opik 等(2006)通过综述文献资料发现,热带森林具有较高的内生菌根真菌多度。但 Zak 等(2003)认为,这是高植物多样性下高植物生产力造成的,而并非植物多样性本身引起。此外,在植物生长速率快、叶氮含量高、比叶面积大且叶片干物质少的草地土壤中以细菌为主要优势群落(Orwin et al., 2010),而根际微生物群落多样性动态与地上植物群落多样性动态一致(Kowalchuk et al., 2002)。Fierer 等(2009a)对从北美到南美土壤细菌多样性的研究表明,土壤细菌群落的多样性和物种丰富度随生态系统类型的变化而变化,表明了大尺度下土壤细菌群落与植被类型间的对应关系(Whitaker et al., 2003)。

总之,环境因素对土壤微生物的影响是错综复杂的。各种环境因子不仅可以单独对微生物发生作用,同时自身又会受其他环境因素的影响而改变作用。由于多种环境因素同时存在并相互作用,在考虑土壤微生物的影响因素时,应该综合考虑多种因素的共同作用,深入研究主导作用,才能科学地解释土壤微生物功能群的变化机制。

5.2.3 土壤微生物功能群网络内物种之间相互作用关系

自然环境中的微生物数量巨大,种类很多。多种微生物生活在一起,形成复杂的交互作用关系。具体可归纳为以下四种类型。

5.2.3.1 种间共处关系

两种及两种以上的微生物相互无影响地生活在

一起,相互之间不表现出明显的有利或有害关系。其中有一些可以单独生活的微生物在一起时则有利于对方。这是一种可分可合、和平友好的相互关系,也被称为互生关系。

5.2.3.2　共生互利关系

有些微生物仅仅依靠自身的能力无法获得足以维持生命的营养资源,它们会形成互帮互助的小团体,共同获取可供双方利用的生存资源。一种微生物的生长和代谢对另一种微生物生长产生有利影响,呈现为共生和互利关系。互利共生的两种生物生活在一起,彼此有利,两者分开以后双方的生活都要受到很大影响,甚至不能生活而死亡。例如,地衣就是真菌和苔藓植物互利共生形成的特殊结构体,真菌的菌丝为苔藓植物提供无机物及水分,苔藓植物为光合生物,负责产生能源物质(主要是各种碳水化合物)供双方使用。如果把地衣中的真菌和苔藓植物分开,两者都不能独立生活,地衣结构体也就无法存在。共生生物之间呈现出同步变化,即"同生共死,荣辱与共"。土壤中的纤维素分解细菌和固氮菌之间存在着典型的共生关系。固氮菌需要以一定的有机碳化合物作为碳养料和固氮作用的能源,但不能直接利用土壤中的纤维素物质;而纤维素分解细菌在分解纤维素过程中会产生简单的碳化合物,但是它们需要氮化合物作为养料。于是,当纤维素分解细菌和固氮菌生活在一起时,固氮菌可以利用纤维素分解细菌所生成的各种碳化合物作为碳养料和能源,不仅能够大量繁殖,而且能有效地进行固氮作用,改善土壤中的氮营养条件,为纤维素分解细菌的生长繁殖提供氮源。

5.2.3.3　竞争关系

有些土壤微生物由于生活习性较为相似,对相同的食物及空间资源的需求就会有重合。因为土壤环境中的生物生存资源有限,不同微生物为了生长争夺有限的营养或空间,使两种微生物的生长均受到抑制。生态系统中的植物与土壤微生物也存在竞争利用土壤有效氮的现象。通常是当土壤有效氮很低时,植物是土壤氮竞争的优胜者,当土壤氮满足植物生长需求并达到氮饱和时,土壤微生物则转换为土壤氮竞争的优胜者(Galloway et al., 2004)。例如,甲烷氧化细菌和氨氧化菌均能氧化 CH_4 和 NH_3,两者之间存在显著的竞争关系。

5.2.3.4　拮抗关系

拮抗关系指当两种及以上的微生物生活在一起时,一种微生物产生某种特殊的代谢产物或改变环境条件,从而对另一种微生物的生长产生有害的影响。例如,某些环境中的乳酸杆菌生长繁殖时会产生大量乳酸,导致环境 pH 值下降,抑制其他微生物的生长;能够产生抗生素的微生物,如青霉菌,能够抑制甚至杀死部分其他微生物;链霉菌产生的制霉菌素能够抑制酵母菌和霉菌等。这些都属于拮抗关系。

5.2.4　土壤微生物功能群网络之间互作关系的生物学机制

土壤中的微生物群落组分、空间结构和时间动态均呈现出高度秩序性和自组织性,这取决于微生物功能群网络中功能群之间的相互作用。这里我们将网络中的功能群互作关系概括为以下几种类型。

5.2.4.1　捕食关系

土壤微生物的捕食关系是指一种微生物以另一种微生物为猎物进行吞食和消化的现象。在自然土壤中最典型和最大量的捕食关系是原生动物对细菌、酵母菌、放线菌和真菌孢子等的捕食。除此之外,还有藻类捕食其他细菌,原生动物也捕食其他原生动物等。

5.2.4.2　寄生关系

有些微生物长期或暂时生活在另一种生物的体内或体表,利用寄主的养分生存或进行繁衍,并对寄主带来或强或弱的危害作用。这种共生关系称为寄生关系。寄生生活的生物称为寄生生物,被侵害的生物称为寄主或宿主。寄生生活对寄生生物来说是有利的,而对寄主来说则有害。如果两者分开,寄生生物难以单独生存,而寄主可健康成长。这种寄生关系是一种很普遍的功能群网络中的物种关系。

5.2.4.3　腐生关系

腐生是指以分解已死的或腐烂的动植物和其他有机物来维持自身正常生活的一种生活方式,这种种间关系称为腐生关系。例如,大多数霉菌、酵母菌、细菌、放线菌和少数高等植物尸体有机物都被多种土壤腐生物分解和矿化,在生态系统的物质循环和能量流动中起着十分重要的作用,是自然界中物质循环的必要环节。

5.2.4.4　食物网-营养级关系

生态系统的初级有机物质及能量是土壤微生物网络的营养和能量源泉,这些物质经过不同消费者和分解者的利用被转化为不同的物质形态,形成了生态系统食物网(或食物链)中的不同营养级(trophic level)生物的物质和能量源。在食物链中,凡是以相同的方式获取相同性质食物的生物类群被称为一个营养级。土壤中食物网-营养级关系是微生物功能群网络构建的主要生物学机制。这些食物网中不同营养级的微生物功能群彼此互利地生存在一起,形成一种互利共生、缺此失彼都不能生存的种间关系网络。

5.3　土壤有机质分解、合成及固持的微生物控制机制

土壤有机质是土壤的重要组成部分,是衡量土壤肥力高低的重要指标。土壤有机质是指由处在不同分解阶段的动植物残渣和土壤微生物的细胞、组织组成,并在土壤微生物作用下形成的一系列有机化合物的总称。土壤有机质的转化是指土壤有机质在微生物的作用下所发生的一系列复杂的分解和合成的过程,主要包括:植物残体和根系分泌物分解(可分为有机质的矿化和腐殖质过程)以及团聚体对有机质的保护和释放等过程(图5.1)。

5.3.1　植物残体和根系分泌物分解的微生物学控制机制

进入土壤的新鲜有机质主要包括植物残体[植物地上部的枯枝落叶和站立木(倒木)、根系残体]和活根系分泌物等,这些碳、氮有机物质在生态系统的消费者(动物)和分解者(微生物)的共同作用下,分解和转化为土壤中不同形态的物质,构成了碳、氮循环过程及植物凋落物和根系分泌物的矿化过程(图5.2)。其中的第一阶梯为动植物残体经过土壤动物和微生物分泌的胞外酶作用分解为不能被微生物同化的大分子生物聚合物,第二阶梯为大分子生物聚合物经过胞外酶分解作用形成部分可以被微生物同化的小分子生物聚合物,第三阶梯为小分子生物聚合物经过微生物和酶的作用形成小分子单体,第四阶梯为小分子单体再经过微生物作用生成 CO_2(图5.2)。

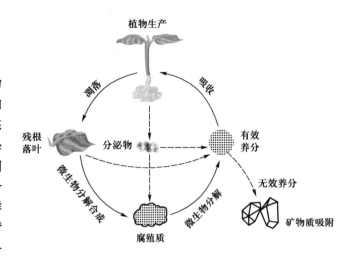

图 5.1　有机质的分解和合成示意图

植物残体在土壤中分解和转化驱动了有机质动态变化特征。植物残根落叶的一部分有机物质在微生物酶作用下被彻底分解,而一部分有机化合物则通过微生物作用被聚合转化为更为复杂的腐殖质。腐殖质在特定的物理、化学和生物降解作用下被分解,释放出有效养分,排放 CO_2 和 N_2O 等温室气体。

植物残体成分比较复杂,大体上包括一些大分子聚合物(如纤维素、半纤维素、木质素、蛋白质和碳水化合物等)和简单的有机化合物。

纤维素和半纤维素是植物细胞壁的组分,含有几千至几万个葡萄糖单位,葡萄糖以 β 糖苷键相连。土壤中半纤维素经多缩糖酶水解作用变成单糖和糖醛酸,有氧条件下生成 CO_2 和 H_2O,无氧条件下发酵成其他小分子化合物:

$$纤维素 \rightarrow 半纤维素 \rightarrow 单糖 + 糖醛酸 \rightarrow CO_2 + H_2O \tag{5.1}$$

分解纤维素的微生物主要是真菌,包括木霉属(*Trichoderma*)、毛壳属(*Chaetomium*)、青霉菌属(*Peniculium*)、链孢菌属(*Neurospora*)和蘑菇属(*Agaricus*),它们都能分泌大量的纤维素酶(Hassett et al.,2009)。分解纤维素的好氧性细菌包括纤维单胞菌属(*Cellulomonas*)、纤维弧菌属(*Cellvibrio*)、嗜热单胞菌属(*Thermononospora*)、噬纤维菌属(*Cytophaga*)、链霉菌属(*Streptomyces*)和小单孢菌属(*Micromonospora*)等。分解纤维素的厌氧性细菌有醋弧菌属(*Acetovibrio*)、拟杆菌属(*Bacteroides*)和梭菌属(*Clostridium*)等。

木质素是植物木质化组织的重要成分,通常和多糖类物质相结合,包裹在纤维素和半纤维素上。木质

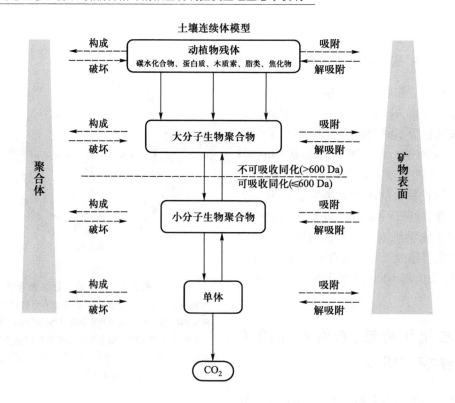

图 5.2 微生物控制的植物残体以及根系分泌物分解过程概念图（Lehmann and Kleber, 2015）

素的基本结构是由一个羟化苯酚和一个三碳侧链组成的苯基类丙烷，通常由碳氧键或碳碳键相连，没有严格的结构。木质素首先在微生物分解的胞外酶作用下氧化脱掉部分支链，甲氧基氧化为 CO_2，羟基留在环上；随后是解聚作用，释放出单个苯环。单个苯环可以被吸收到微生物细胞内继续水解，经过进一步脱支链和开环，在带羟基的两个碳原子之间断开，逐步转变为琥珀酸和乙酸，最后进入三羧酸循环，彻底分解为 CO_2 和 H_2O：

$$木质素 \rightarrow 羟基 + CO_2 \rightarrow 单个苯环 + CO_2 \rightarrow$$

$$琥珀酸和乙酸 \xrightarrow{三羧酸循环} CO_2 + H_2O \qquad (5.2)$$

分解木质素的微生物主要是真菌，包括白腐菌（担子菌和子囊菌）和褐腐菌（Bebber et al., 2011）。白腐菌释放出木质素过氧化物酶、锰过氧化物酶和漆酶等胞外酶，将木质素降解为 CO_2 和 H_2O，不留颜色。褐腐菌降解同木质素相连的多糖，移走甲基和 R-O-CH₃ 侧链，留下的苯酚在氧化时成褐色（DeForest et al., 2004, 2005）。此外，放线菌中的链霉菌和诺卡氏菌以及某些好氧性细菌可能对木质素有解聚作用，产生小分子化合物，然后其他微生物进一步参与木质素解聚单体的分解。

果胶是以半乳糖醛酸为主的高分子化合物，存在于植物组织的细胞壁及细胞间层中。果胶含有很多链状结合的半乳糖醛酸基，其羧基与甲基或阳离子结合，形成甲基脂或盐。土壤中有些好氧和厌氧微生物分泌原果胶酶，将植物组织间的原果胶水解成可溶性果胶，使植物各个细胞分离。可溶性果胶再经果胶甲基酯酶水解成果胶酸，而后果胶酸由多缩半乳糖酶水解成半乳糖醛酸。上述分解产物被分解果胶的微生物作为碳源和能源利用，有氧条件下被彻底分解成 CO_2 和水，无氧条件下被分解成醇、醛和有机酸。分解果胶的好氧细菌包括芽孢杆菌和非芽孢杆菌；厌氧细菌包括费新尼亚浸麻梭菌（Clostridium felsineum）。另外，分解果胶的真菌种类也很多，常见的有青霉菌属、曲霉菌属（Aspergillus）、木霉菌（Trichoderma spp.）、根霉菌属（Rhizopus）和毛霉菌属（Mucor）等。

根系分泌物是由根系的不同部位分泌或溢泌的一些无机离子及有机化合物，其主要是一些小分子量物质，如氨基酸、有机酸、糖以及其他次生代谢物等，同时也含有一些大分子物质，如植物黏液和蛋白质（Dennis et al., 2010）。植物体会将光合产物的 5%~10% 通过根系分泌释放到土壤中（Nguyen, 2003）。根系分泌物为根际微生物的生存和繁殖提供所需的营养和能源物质,通过同位素标记方法证实,这部分物质能显著影响土壤微生物的数量、组成和活性(Paterson et al., 2007;Tian et al., 2013)。研究发现,豆科植物根系分泌的黄酮类化合物是激活根瘤菌的重要信号物质(Peters et al., 1986);根际分泌物也可能是菌根真菌侵染的重要信号物质(Trieu et al., 2000);固氮螺菌属的生长需要植物分泌特定的有机酸(即苹果酸)(Kraffczyk et al., 1984)。也有研究表明,根系土壤反硝化细菌的生物量和活性受根系分泌物的质和量的直接影响(李振高等,1995);植物根际细菌对根系分泌物中的氨基酸和碳水化合物等组分表现为正趋化作用(Walker et al., 2003;Somers et al., 2004)。Marschner 等(2002)发现,根系分泌物的组分对细菌和真菌有着不同的影响,柠檬酸是真菌群落的主要影响因子,而细菌主要受苹果酸的影响。根系分泌物在植物-微生物相互关系中起到正面的刺激作用,一些次生代谢物质(如水杨酸、茉莉酸等)起到抑制细菌和真菌活性的负面作用(Walker et al., 2003)。

5.3.2 土壤腐殖质形成和矿化的微生物控制机制

5.3.2.1 土壤有机质的腐殖化过程

土壤有机质的腐殖化过程是指有机质在微生物作用下被分解并重新合成一类更复杂的高分子有机化合物的生物化学过程。土壤腐殖质是土壤有机质的主要部分,占有机质总量的 60%~80%。土壤腐殖质具有高度不规则且交联的结构和较大的体积,并且,具有适度黏结性的腐殖质容易与土壤矿物质结合。这些特征使土壤酶难以接近腐殖质,导致其难以被催化分解,能够在土壤中积累,成为土壤碳的主要长期储备库。

土壤有机质的腐殖化过程一般经过两个阶段。第一阶段是微生物将动植物残体进行初步分解,转化成较简单的有机物,如多元酚、氨基酸和碳水化合物等,提供形成腐殖质的基本材料。第二阶段是合成阶段,即在微生物作用下,将第一阶段形成的基本材料缩合为腐殖质。

土壤腐殖质的形成有多种学说。1932 年,美国微生物学家瓦克斯曼提出了"木质素-蛋白质"复合体是土壤腐殖质核心的理论。该理论认为,腐殖质的芳香环来源于植物残体,微生物在腐殖质的形成过程中只起到了一些次要的改变功能团的作用。植物残体中易分解的成分不是形成腐殖酸的原料,而难分解的木质素才是腐殖酸基本成分,木质素和蛋白质通过物理、化学的作用结合成"木质素-蛋白质"复合体,而微生物只起到了次要的作用。

另外一种观点是由苏联学者科诺诺娃提出的:腐殖质的芳香环来源于微生物的合成,微生物在腐殖质形成过程中发挥着重要作用。她认为腐殖质的形成是在木质素发生变化之前,而并非像瓦克斯曼所假设的那样。腐殖质的形成过程包括两个阶段:第一个阶段是微生物将植物组织分解并将它们转化为较简单的有机化合物,在这一阶段中形成了胡敏酸的组成成分,即芳香化合物(多元酚)和含氮化合物(氨基酸和肽);第二个阶段是各种成分缩合为腐殖质分子,此阶段微生物仍起着作用。

在经典的腐殖质形成模型里面,首先,动植物残体经过土壤动物和微生物胞外酶的作用被分解为不能被微生物同化的大分子生物聚合物,之后经过胞外酶分解作用形成可以被微生物同化的小分子生物聚合物,最后在微生物参与下形成腐殖质(图 5.3)(Lehmann and Kleber,2015)。研究发现,真菌对腐殖酸的形成和结构改变具有重要影响(窦森,2008)。真菌能够改变胡敏酸的物理化学性质,例如,一些白腐菌,如黄孢原毛平革菌(*Phanerochaete chrysosporium*)、栓菌属(*Trametes*)、红孔菌(*Pycnoporus cinnabarinus*)、缘毛多孔菌(*Polyporus ciliatus*)对腐殖质具有脱色、解聚和矿化作用;其他菌类,如担子菌门真菌、外生菌根真菌和原土壤真菌也能对胡敏酸进行脱色。来源于白腐菌(*Nematoloma frowardii*)的过氧化酶促进 CO_2 释放和胡敏酸降解(窦森,2008)。

5.3.2.2 土壤有机质的矿化过程

土壤有机质矿化是指土壤中的有机质在微生物作用下分解为简单的无机化合物(如 H_2O、CO_2、NO_3^-、NH_3 和 PO_4^{3-} 等)的过程。土壤微生物分泌土壤胞外酶降解土壤有机质是为了满足自身对能量和营养的需求,是土壤有机质矿化的主要驱动者。土壤有机质的矿化影响土壤养分的释放和供应以及温室气体的排放。

根据土壤有机质分解的难易程度,可以将土壤有机质分为活性碳库和惰性碳库,以及两者之间的缓效碳库。其中,活性碳库是指容易被土壤微生物分解矿化,并对植物、微生物有效性比较高的土壤碳,如糖、

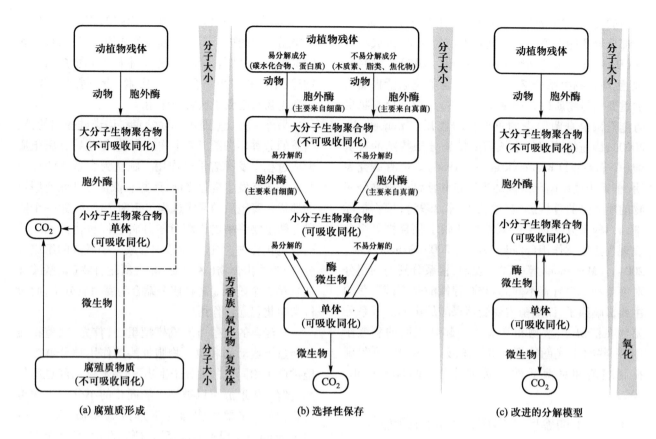

图 5.3　土壤有机质形成和分解的微生物参与机制概念图（根据 Lehmann and Kleber, 2015 改编）
虚线箭头表示非生物转移,实线箭头表示生物转移。关于微生物参与的土壤腐殖质形成机制有众多的理论学说:①经典腐殖质形成模型认为,腐殖化作用是依赖于有机质分解产物合成为大分子生物聚合物;②选择性保存模型的观点认为,有的有机物优先分解,剩下一些"不可吸收同化"的分解产物;③改进的分解模型认为,是微生物将大分子生物聚合物逐渐分解为小分子生物聚合物。

氨基酸和蛋白质等。惰性碳库是指存在于土壤中,受到物理和化学的保护,极难分解的有机碳,如纤维素和半纤维素等。而缓效碳库则是化学性质和物理性质稳定介于活性和惰性碳库之间的有机碳,如木质素和角质。

关于微生物在这个环节中所起的作用目前主要存在两种假说。一种是"功能相同"假说,指某些物种在生态功能上有相当程度的重叠,其中某一个物种由于受到环境条件的改变而被去除后,某些微生物类群代替原有的微生物类群而占据新的生态位,生态系统功能会保持不变或接近正常状态(Wohl et al.,2004)。由于微生物独特的生物学特性,其生物多样性与生态系统多重功能性关系同植物相比可能会有所不同。Banerjee 等(2016)的研究发现,在秸秆添加和养分添加处理下,细菌和真菌多样性显著增加,但是有机质的分解速率并未发生变化。研究表明,土壤微生物多样性与生态系统功能数之间并不一直存在

正相关关系,而其最直接的原因是功能冗余的存在。因此,土壤微生物群落结构或多样性的变化对生物地球化学循环的影响较小(Balser and Firestone, 2005;Strickland et al., 2009)。很多研究都将土壤生态系统的稳定性(抵抗力和恢复力)解释为土壤内在的生物多样性造成的功能冗余,即微生物种类减少但是功能并未减弱(Chaer et al., 2009;Didier et al., 2012)。

另一种是"功能相异"假说,该假说支持"多样性带来稳定性"的观点,认为任何一个物种对生态系统功能都有独特作用(Waldrop and Firestone, 2006;Fierer and Bradford, 2007)。Hector 和 Bagchi(2007)进行了一项有关草地生态系统植物多样性与生态系统多重功能性关系的研究发现,更多生态系统功能的维持的确需要更高的植物多样性。该假说认为,不同类型土壤微生物对基质的吸收或转化存在"偏好",对生物地球化学循环过程的相对贡献不同。通过实验分析也发现,革兰氏阳性菌和真菌对难分解有机质

的矿化贡献较大,而革兰氏阴性菌对易分解有机质的矿化贡献较大(Waldrop and Firestone,2004),不同的土壤微生物对根际分泌物的周转能力也不同(Treonis et al.,2004)。Philippot 等(2013)在研究反硝化细菌多样性的过程中发现,反硝化细菌多样性的降低使得反硝化速率降低了 20%~25%。

土壤有机质质量及数量受地上植被类型、生物量、根系分泌物及微生物种类的影响(Raich and Schlesinger,1992)。由于不同种类微生物的土壤有机质利用效率存在差异(Monson et al.,2006;Balser and Wixon,2009;Lipson et al.,2009),微生物群落结构的变化会改变土壤有机质的分解速率(Lipson et al.,2009;Keiblinger et al.,2010)。真菌具有较高的 C∶N 和 C∶P 值,而异养型细菌 C∶N 和 C∶P 值较低,意味着真菌和细菌在有机质分解过程中的作用各不相同(Vadstein,2000;Sterner and Elser,2002)。细菌主要分解糖类、有机酸、氨基酸等简单的有机质,而真菌负责分解难分解有机质(Myers et al.,2001;Treonis et al.,2004)。利用 Biolog 生态板研究中国东部南北样带(NSTEC)土壤微生物对不同碳源的利用能力发现,土壤真菌生物量与微生物对胺类和芳香类等难分解的物质的利用能力呈正相关,而细菌生物量与对糖类物质的利用能力呈正相关(Xu et al.,2019)。研究表明,真菌在地上凋落物的分解过程中起主导作用,而细菌生长能力较强,在土壤有机质分解的初期阶段发挥主要作用(Lipson et al.,2009;Keiblinger et al.,2010;Schneider et al.,2012)。通过对长白山垂直带土壤有机质分解过程的研究表明,土壤有机质的分解速率与细菌生物量呈显著正相关,即微生物生物量高的土壤具有更快的土壤有机质分解速率(Xu et al.,2015)。当土壤中有机质逐渐消耗时,放线菌开始生长并在有机质分解过程中发挥作用(Bastida et al.,2013)。

土壤酶主要来源于植物根系分泌及土壤微生物释放,是土壤有机质分解的限速因子,并对土壤有机质分解潜力及养分有效性起指示作用(Waldrop et al.,2012)。例如,土壤中 β-葡糖苷酶(BG)、N-乙酰氨基葡萄糖苷酶(NAG)及酸性磷酸酶(AP)分别主要负责土壤纤维素、几丁质、多糖及蛋白质的水解过程,而这些物质是土壤有机质的重要组成部分。因此,土壤酶活性越高,土壤有机质分解速率越快(Tian and Shi,2010;Morrissey et al.,2014;Xu et al.,2015)。微生物作为土壤酶的主要来源,其群落结构的变化会引起土壤酶活性整体水平的改变(Brockett et al.,2012;DeForest et al.,2012)。不同微生物释放的酶对养分的亲和能力存在差异。在 NSTEC 尺度上,革兰氏阳性菌和放线菌生物量与土壤 BG、AP 酶活性呈显著正相关,而革兰氏阴性菌与负责分解几丁质的 NAG 酶活性呈正相关(Xu et al.,2019)。BG 酶主要负责纤维素的分解,并将纤维二糖水解成简单的糖类物质(Waldrop et al.,2000)。释放 NAG 酶的主要微生物为真菌(Valášková et al.,2007),其酶活性与真菌生物量呈显著正相关。上述的研究结果也许可以用土壤微生物的"功能相异"假说来解释。然而,现有的研究并没有进行微生物之间的竞争、相互作用及微生物多样性与有机质分解速率之间关系的实测分析。因此,未来需要利用不同的实验与技术手段来帮助我们理解微生物在土壤有机质分解过程中所扮演的角色。

不同微生物种群在有机质矿化中的贡献不同。Lehmann 和 Kleber(2015)的"选择性保存"模型认为,土壤细菌和真菌针对不同碳库起着分解作用(图5.3)。土壤中的细菌个体较小、繁殖快、比表面积大,能够在底物丰富的地方迅速吸收可溶性底物。土壤中容易被利用的活性碳库主要是被细菌分泌的胞外酶所降解。土壤中的真菌生成菌丝,形成菌丝网络,扩大了养分及能量获取范围,所以在底物缺乏时,土壤中的真菌具有明显的优势。真菌能够分泌木质素和纤维素降解酶,催化土壤中难降解的惰性碳库。

另外,传统的观点认为,只有在容易降解的活性碳库利用完的时候,土壤中的微生物才会对难降解的碳库进行降解。但最近的研究发现,只要有充足的可利用的有机分子作为能量来源,土壤中难降解的木质素的分解速度在分解初期是最快的。因此,土壤中有机质的矿化过程主要由具体生境中的土壤微生物群落、胞外酶和底物可利用性决定,底物可利用性包括土壤有机质来源、物质组成、难易降解程度及土壤有机质与土壤微生物和酶的相对位置(Lehmann and Kleber,2015)。

5.3.3 土壤有机质矿化的激发效应和团聚体矿化的微生物学控制机理

早在 1926 年,Löhnis(1926)就观察到增加凋落物的输入会降低土壤碳库的现象,后来 Bingeman 等(1953)称这种现象为"激发效应"(priming effect,

PE）。激发效应是添加外源底物激活土壤微生物，促进土壤有机质分解的现象。根据激发方向可分为正激发效应和负激发效应，根据有无有机质参与可分为表观激发效应和真实激发效应。通过 ^{13}C 标记研究发现，一些容易降解的外源物质被添加到土壤后，细菌一般会首先代谢这些物质（Paterson et al.，2007），与此同时，外源物质的加入会加速细菌微生物的周转，微生物自身内部代谢和周转导致 CO_2 释放的增加。这种情况下并不涉及有机质周转，对土壤碳库没有影响，称为表观激发效应，即我们观测到的有机质额外降解作用是来自微生物生物量的周转，而不是真实激发效应（Blagodatskaya and Kuzyakov，2008）。但是，当外源添加的底物剂量远高于微生物量时，微生物会优先利用外源底物的能量，而降低对土壤有机质的分解，出现负激发效应。当细菌对容易降解的外源养分完成降解后，被激活的微生物以分解土壤有机质来获取所需的养分和能量，从而引起真实激发效应（Fontaine et al.，2003）。

基于全球土壤培养实验的集成分析发现，正激发效应可促使有机质分解增加 3.8 倍，而负激发效应导致土壤有机质分解减少 50%。激发效应的产生机制主要包括：共代谢理论、底物偏好理论、氮挖掘理论和化学计量学理论等。正激发效应产生机理以微生物激活作用、微生物竞争与演替、氮挖掘理论和化学计量学理论为主，而负激发效应产生机理以底物偏好理论和毒害作用为主。微生物的种类和大小、植物类型和物候以及土壤动物对微生物的取食均会影响激发效应的强度。非生物因素，如底物质量和数量以及土壤属性（温度、水分、土层和养分状态），也会影响微生物群落对底物的利用，进而影响激发效应的强度和方向。

添加外源底物造成的激发效应的强度和方向主要取决于不同微生物在不同养分有效性下的竞争作用（图 5.4）。土壤中包括 r 策略和 k 策略两种功能迥异的微生物种群，r 策略微生物主要利用新添加的底物，能够利用有限的资源快速生长繁殖；k 策略微生物能量来源于土壤有机质的分解，生长缓慢。在低氮有效性的条件下，k 策略微生物在竞争中处于优势，微生物会利用底物的能量合成胞外酶，分解土壤有机质以获取必需的养分。而在高氮有效性条件下，r 策略微生物生长更迅速，添加的外源底物满足微生物的化学计量平衡，增加微生物对养分的需求，此时 r 策略微生物起主导作用。例如，单独添加葡萄糖显著刺激亚北极土壤有机质的分解，产生正激发效应；而同时添加硝酸铵和葡萄糖显著降低了激发效应的强度，体现的是微生物氮的挖掘机制。但是也有研究指出，同时添加蔗糖和无机氮造成的激发效应显著高于单独添加蔗糖造成的激发效应（Chen et al.，2014），化学计量学理论能够很好地解释这一现象。实际上，氮挖掘理论与化学计量学理论并不矛盾（图 5.4）。在氮有效性较低时，激发效应主要取决于 k 策略微生物，此时微生物在有机质矿化的激发效应中起着非常重要的作用。

也有研究发现，革兰氏阴性菌同样能引起真实激发效应（Nottingham et al.，2009），因此"细菌不能引起真实激发效应，而真菌能引起真实激发效应"的结论并不是完全正确的。这主要是因为，无论是细菌还是真菌微生物群落，都既有 r 策略微生物也有 k 策略微生物的存在。总体来说，迄今为止，对哪种微生物参与激发效应的机制还没有很好地统一结论（Kuzyakov，2010）。并且目前大多数针对激发效应的研究主

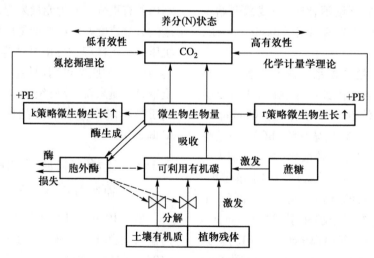

图 5.4 外源底物的添加促进土壤有机质分解的激发效应（Chen et al.，2014）

要是一些短期研究,长期作用仍是一个亟须研究的问题。

5.3.4 土壤结构调节碳矿化和分解过程的微生物学控制机理

土壤主要由粗颗粒、团聚体和黏粒组成,土壤有机碳以不同的形态被固持在土壤中,主要有粗颗粒态有机质、细颗粒态有机质、微团聚体内颗粒有机质等(图5.5)。土壤结构由土壤颗粒和孔隙排列而成,是影响土壤功能的关键因素,可以影响土壤中碳的矿化和分解过程(Bronick and Lal, 2005; Liang et al., 2011)。土壤有机碳的黏合作用在团聚体形成初期发挥着至关重要的作用,而团聚体及团聚体孔隙结构对土壤有机碳的固定与保护作用在团聚体的反复团聚作用和土壤中有机碳的再次分配作用下显得更

加突出,特别是在土地利用方式、耕作方式以及施肥方式发生改变后团聚体结构的变化,将团聚体孔隙结构在有机碳固定方面的作用凸显得更加重要(Tobiašová, 2011)。土壤内部有机质直接或间接接触空气、水分和微生物,因此有机碳的固定和分解受到团聚体间和团聚体内部孔隙结构空间分布特征的影响。

土壤团聚体对土壤有机质具有有效的物理保护,降低有机质矿化分解。土壤颗粒的团聚化与有机质积累是相互促进的两个过程,两者相辅相成,依据有机质与团聚体不同基质的结合方式及所处的空间位置,可以分为游离态颗粒有机质、闭蓄态颗粒有机质、矿物结合态有机质和可溶态有机质,土壤团聚体对这些不同形态有机质的物理保护机制和效应不同(图5.6)。

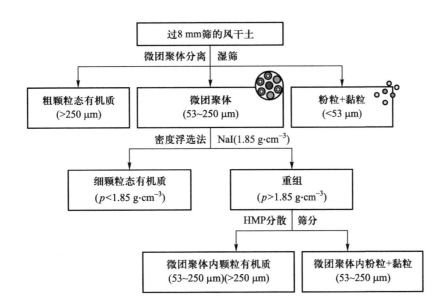

图5.5 土壤的颗粒及团聚体分级及固持的有机质形态(Six et al., 2002)

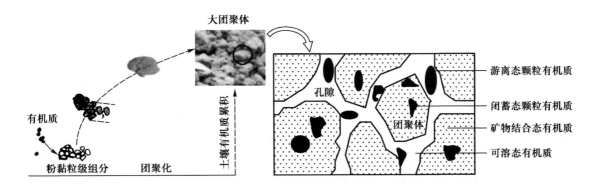

图5.6 土壤团聚体形成及其对土壤有机质的物理保护机制

通过对不同粒径团聚体碳矿化过程的研究发现,土壤碳矿化速率为大团聚体大于微团聚体(Tian et al., 2016a,b)。大团聚体的 CO_2 排放量最高,而且大团聚体在低浓度外源养分添加时更容易促进正激发效应,而微团聚体需要在高浓度外源养分添加的情况下才会出现正激发效应,其中一个很重要的机制就是不同团聚体水平上微生物碳利用效率和群落组成存在很大差异(Tian et al., 2016b)。在外源底物添加的条件下,大团聚体比微团聚体更能促进旧的有机质的分解。这说明,微团聚体比大团聚体能够更好地保护土壤有机质不被分解,更有利于土壤碳的固持。Diba 等(2011)认为,较大的团聚体更容易在内部产生适合微生物活动的环境。大团聚体对活性有机质和微团聚体的物理保护作用以及更大的内部孔隙,使水分在向团聚体中渗透时带动更多有机质向中心集中,微团聚体的这种作用要弱很多(李娜等,2013),一定程度上也加大了微团聚体土壤有机碳的矿化。

团聚体间的孔隙结构制约着土壤中水分的流通性、植物根系的生长和发育、土壤空气的含量以及土壤微生物的数量、活性和群落结构(Ananyeva et al., 2013)。微生物虽然在土壤中数量多且分布广,但其生存活动受土壤孔隙的制约性很大。土壤结构变化和微生物活动促使土壤有机碳或被土壤生物分解转化,或被隔离固定在团聚体及其形成的孔隙中。直径大于 250 μm 的团聚体中用来充分分解有机碳的空气和水量充足,而孔隙度成为控制有机物质分解过程的关键因素;若团聚体间和团聚体内部孔隙小于细菌活动的极限(3 μm)时,其需要采用更加耗能的途径,例如以向土壤基质扩散胞外酶的方式来降解土壤有机质,降低有机碳被分解的量(刘满强等,2007)。

一些学者还发现,在包含大量直径小于 0.2 μm 孔隙的微团聚体中,土壤有机碳的分解速率会降低,而这一直径被认为是限制土壤微生物接触有机碳的最小直径(Dal Ferro et al., 2014)。土壤中大型真菌和中型真菌对颗粒态有机碳的分解活性可以通过小幅度压缩的方法来降低,最终达到固定土壤有机碳的目的(Deurer et al., 2012)。随着土壤固碳机理和机制研究的深入,众学者对微生物活动和团聚体内部孔隙结构等微观因素在土壤中碳动态变化中的作用的研究将不断增加。

5.4 土壤温室气体排放的微生物参与控制机理

温室气体浓度升高是全球变暖的主要原因,而土壤是温室气体(CO_2、CH_4 和 N_2O)排放重要的源和汇。微生物是土壤碳、氮转化的主要驱动者,土壤微生物功能群之间具有复杂的相互作用,并响应外部环境变化(温度、水分、Eh 和有机质底物等),驱动土壤物质转化、迁移和能量流动,同时也改变土壤温室气体排放。从微生物介导的碳、氮循环过程入手,讨论微生物对气候变化的响应,包括温室气体的排放,并由此提出削弱温室气体排放的可能途径,是今后微生物生态学领域的研究热点。

5.4.1 甲烷产生和氧化的微生物学机制

5.4.1.1 产甲烷过程

1776 年,意大利物理学家 Alessandro Volta 发现,富含腐烂水草的溪流、沼泽和湖泊会产生可燃性气体;随后科学家发现,这种可燃性气体是由微生物作用产生的。1933 年,Stephenson 和 Stickland(1933)从河里的污泥中第一次分离得到了产甲烷菌的纯培养物,他们把样品接种到以甲酸为唯一碳源的培养基中发酵,结果表明,该培养物可以生产甲烷(CH_4)。

随着厌氧培养技术的进步,特别是近年来分子生物学技术和厌氧培养技术的进步,科学家已经从各种不同环境中分离得到了产甲烷菌。产甲烷菌一词于 1974 年由 Bryant 首次提出,并将产甲烷菌同嗜甲烷菌区分开。1979 年,Balch 利用 16SrRNA 序列信息对产甲烷菌进行分类,把当时已经纯培养的产甲烷菌分为 3 个目:甲烷杆菌目(Methanobacteriales)、甲烷球菌目(Methanococcales)和甲烷微菌目(Methanomicrobiales)。

产甲烷菌对底物有很强的特异性,目前的研究认为,它们可以利用的底物有 H_2、CO_2、甲酸、甲醇、甲胺和乙酸等,最终的代谢产物都含有甲烷。产甲烷是产甲烷菌获得能量的唯一途径,并且产甲烷菌是唯一以甲烷作为代谢终产物的微生物类群。自然界的产甲烷过程由严格厌氧的产甲烷古菌完成,已发现的产甲烷菌均属于广古菌门(Euryarchaeota)。目前的研究发现,产甲烷菌有 3 种代谢类型,分别是 CO_2 营养型、甲基营养型和乙酸营养型。

CO$_2$营养型：

$$\begin{cases} 4H_2 + CO_2 \rightarrow CH_4 + 2H_2O \\ 4HCOOH \rightarrow CH_4 + 3CO_2 + 2H_2O \\ CO_2 + 4(CH_3)_2CHOH \rightarrow CH_4 + 4CH_3COCH_3 + 2H_2O \\ 4CO + 2H_2O \rightarrow CH_4 + 3CO_2 \end{cases}$$

$$(5.3)$$

甲基营养型：

$$\begin{cases} 4CH_3OH \rightarrow 3CH_4 + CO_2 + 2H_2O \\ CH_3OH + H_2 \rightarrow CH_4 + H_2O \\ 2(CH_3)_2 - S + 2H_2O \rightarrow 3CH_4 + CO_2 + 2H_2S \\ 4CH_3 - NH_2 + 2H_2O \rightarrow 3CH_4 + CO_2 + 4NH_3 \\ 2(CH_3)_2 - NH + 2H_2O \rightarrow 3CH_4 + CO_2 + 2NH_3 \\ 4(CH_3)_3 - N + 6H_2O \rightarrow 9CH_4 + 3CO_2 + 4NH_3 \\ 4CH_3NH_3Cl + 2H_2O \rightarrow 3CH_4 + CO_2 + 4NH_4Cl \end{cases}$$

$$(5.4)$$

乙酸营养型：

$$CH_3COOH \rightarrow CH_4 + CO_2 \qquad (5.5)$$

厌氧条件下有机质降解是一系列土壤微生物共同作用的结果,大致可以分为三个阶段。首先是水解过程,即复杂大分子有机物在胞外酶的作用下水解为小分子单体,单体又被分解成小分子有机物,如乙酸和脂肪酸等。然后是乙酸的生成,即小分子有机物在互营菌和同型产乙酸菌的共同作用下形成乙酸、CO$_2$和 H$_2$。最后是产甲烷过程,即乙酸、CO$_2$和 H$_2$在产甲烷古菌的作用下最终产生 CH$_4$（Conrad, 1999）（图 5.7）。产甲烷过程的最后一步是由甲基辅酶 M 还原酶（methyl-cenzyme M reductase, MCR）催化,所有产甲烷古菌都含有 MCR,编码 MCR α 亚基的 *mcrA* 基因被广泛用于研究产甲烷古菌的多样性（Luton, 2002）（表 5.2）。

5.4.1.2 甲烷氧化过程

土壤-大气界面的甲烷排放是土壤甲烷氧化细菌及产甲烷菌作用的结果（Lam et al., 2011；Kim et al., 2012）。甲烷氧化是甲烷形成的逆向过程,土壤中的甲烷氧化是由甲烷氧化细菌（methane oxidizing bacteria, MOB）完成的。根据甲烷氧化过程是否以氧气为电子供体,可分为好氧甲烷氧化细菌和厌氧甲烷氧化细菌。好氧甲烷氧化细菌以甲烷为底物,由不同的酶共同完成,最终氧化成为 CO$_2$,并且获得自身生长所需要的能量。好氧甲烷氧化的第一步由甲烷单加氧酶（MMO）催化启动,反应将氧气的 O-O 键打破,

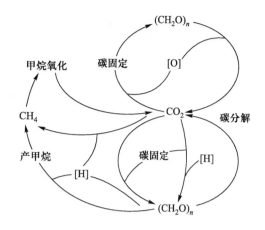

图 5.7 微生物驱动的甲烷产生和甲烷氧化过程

表 5.2 微生物甲烷代谢的关键酶和功能基因

甲烷代谢	关键酶	功能基因
产甲烷	Ⅰ 型甲基辅酶 M 还原酶	*mcrA*
	Ⅱ 型甲基辅酶 M 还原酶	*mrtA*
甲烷氧化	颗粒状甲烷单加氧酶	*pmoA*
	可溶性甲烷单加氧酶	*mmoA*

一个氧原子结合到 CH$_4$ 的一个氢键上,形成 CH$_3$OH,另一个氧原子转化为 H$_2$O 释放。这个过程属于耗能反应,是整个氧化反应的限速步骤,甲烷单加氧酶的数量和活性决定了甲烷氧化的速率。

甲烷氧化细菌普遍存在于稻田、旱田、草地、森林和沼泽等环境中,一般分为两类。Ⅰ 型属于 γ 变形菌,利用 5-磷酸核酮糖途径同化甲醛；Ⅱ 型属于 α 变形菌,利用丝氨酸途径同化甲醛。研究人员使用 DNA 稳定性同位素与微阵列的方法,或者通过检测 *pmoA* 基因表达以及构建 *mmoX* 基因文库,进一步证实 Ⅱ 型甲烷氧化细菌,特别是其中的 *Methylocystis* 属,在酸性泥炭沼泽的甲烷氧化细菌中占据优势地位（Chen et al., 2008a,b）,并且是泥炭沼泽甲烷氧化的主要贡献者（Kip et al., 2012）,而 Ⅰ 型甲烷氧化细菌较适宜生长在高氧、低甲烷浓度和富营养的环境（Fisk et al., 2003）。另外,*Methylocella* 属和 *Methylocapsa* 属也是泥炭沼泽中常见的类群（Chen et al., 2008b）。近来的研究发现一个新的微生物种群,虽然只占克隆文库的 0.006%,但是能够促进 CH$_4$ 转化成 CO$_2$,进而改变二者对全球变暖的贡献（Pester et al., 2010）。另外,也有研究在极端噬酸环境下首次在变形菌门之外发现了疣微

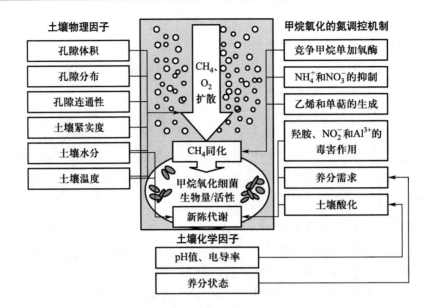

图 5.8 土壤甲烷产生与氧化的环境控制机制(程淑兰等,2012)

菌门的三株甲烷氧化细菌(Dunfield et al.,2007)。

甲烷单加氧酶可分为颗粒状甲烷单加氧酶(pMMO)和可溶性甲烷单加氧酶(sMMO)。除了 *Methylocella* 属之外的所有甲烷氧化细菌都含有 pMMO,而只有部分甲烷氧化细菌含有 sMMO。因此编码 pMMO α 亚基的 *pmoA* 基因常用来研究甲烷氧化细菌的多样性(表5.2)。

从分子水平探索甲烷产生和氧化过程,是研究微生物对全球气候变化反馈机理的最新手段之一。例如,Horz 等(2005)选用多个引物多重 PCR 的方法,通过大气 CO_2 倍增、氮沉降等因子模拟全球变化对土壤微生物的影响,在土壤中除检测到常见的 II 型甲烷氧化细菌外,还首次发现了一类新的能敏感指示全球变化的甲烷氧化细菌类群。应用现代分子生态技术和 RNA 稳定性同位素示踪技术相结合的手段,对稻田甲烷释放机理和水稻根际碳循环的关键微生物种群和功能研究发现,分离培养的一类古菌——水稻分支-I(RiceCluster I,RC-I)在土壤中表现非常活跃(Lu et al.,2007;Sakai et al.,2007)。Morris 等(2002)将稳定性同位素示踪技术与测序技术相结合,研究功能性甲烷氧化细菌种群,研究中除检测到已知的 α-和 γ-Proteobacteria 序列,还发现一些与 β-Proteobacteria 相关的序列,表明 β-Proteobacteria 在甲烷的氧化方面也起着一定作用。

5.4.1.3 甲烷排放过程的非生物影响因素

土壤中的甲烷排放受微生物活动驱动,因此凡是影响土壤微生物组分和活性的土壤环境因素都会对土壤的甲烷排放产生影响。如图 5.8 所示,影响甲烷生成和氧化的主要土壤环境因素有土壤孔隙度、土壤温度、土壤湿度、土壤 pH 值、土壤质地、土壤氮含量和植被类型等。

(1)土壤温度和湿度

甲烷氧化细菌生长的温度耐受范围具有显著差异,最适温度在 25 ℃左右,但是可以在较大的温度范围内保持稳定的活性。森林土壤中的绝大多数甲烷氧化细菌都是中温型菌,因而土壤温度对土壤氧化甲烷影响很大,过高或过低的温度都会抑制甲烷氧化。Cai and Yan(1999)认为,温度对土壤氧化甲烷的影响存在一个临界值,即当大气甲烷和氧气扩散至土壤的速率等同于土壤吸收甲烷和氧气的速率时,土壤甲烷氧化速率在临界温度达到最大值。Krumolz 等(1995)研究发现,当温度低至 10 ℃时,甲烷氧化细菌仍有较高活性;当温度低于 4 ℃时,其活性不显著。Castro 等(1995)原位观测美国马萨诸塞州森林土壤发现,在 -5~10 ℃,大气甲烷吸收率随温度升高而增加,但当温度处于 10~20 ℃时,大气甲烷吸收率保持不变,与温度没有显著相关性。

土壤湿度可以从两个方面影响土壤对大气甲烷的氧化吸收量:一是影响甲烷及氧气在土壤中扩散的速率;二是直接影响土壤甲烷氧化细菌的数量与活性。土壤对大气甲烷的氧化存在一个最适湿度范围,为 20%~35%,过低的土壤湿度会抑制甲烷氧化细菌的活性,而过高的土壤湿度会导致水分占据土壤孔隙而阻塞甲烷及氧气在土壤中的扩散通道。

(2)土壤 pH 值

土壤 pH 值是土壤微生物代谢过程中的重要影响因素,并且不同菌种的适宜 pH 值范围存在差异。大多数甲烷氧化细菌生长的最适 pH 值范围为 6.6~6.8,甲烷氧化活动的适宜 pH 值范围也大约在中性,为 7.0~7.5。Aronson 等(2013)的统计结果表明,不同生态系统的土壤中甲烷氧化的速率与 pH 值呈正相关。但是也有研究表明,温带森林土壤 pH 值对大气甲烷氧化的直接影响不显著,可能的原因是甲烷氧化发生的土壤 pH 值范围较大,在 pH 值为 3.5~8.0 的土壤中,甲烷氧化的速率在同一数量级(Semrau et al., 2011)。因此土壤 pH 值可能不是控制甲烷氧化的主要因素。而且值得注意的是,如果要讨论土壤 pH 值对甲烷氧化的影响,一个不可或缺的条件是甲烷氧化细菌的种类。

(3)土壤质地

甲烷氧化细菌需要有氧环境和甲烷作为底物,所以土壤的通气状况对氧化过程有着重要影响。土壤质地对甲烷排放的影响主要表现在土壤孔隙方面。土壤孔隙在甲烷氧化过程中具有以下作用:构建甲烷氧化所需的好氧环境,并影响土壤有氧土层的深度;促进有机质分解,提供营养物质;影响土壤-大气界面甲烷交换和土壤中甲烷的扩散速率。土壤的质地结构不同,孔隙度也不同。沙质土壤中的大孔隙和中孔隙要多于黏土或泥炭土,因此在相同土壤湿度条件下,氧气和甲烷扩散阻力也较小。一般认为,质地粗的土壤比质地细的土壤有更高的甲烷氧化速率。

(4)土壤氮含量

一般认为额外施加氮肥会抑制甲烷氧化,因此矿质氮,如铵态氮、硝态氮,被认为对土壤甲烷吸收有抑制作用。大量实验室与野外观测研究证明,铵态氮能抑制土壤氧化甲烷的能力。当土壤中的氮过多时,铵离子可作为甲烷氧化细菌的替代基质,通过对 MMO 竞争抑制或亚硝酸盐与羟胺的毒化作用,使其对甲烷的氧化能力降低。另一方面,施加少量氮也可以对土壤中甲烷氧化起调节作用。有研究已经证实,Ⅰ型和Ⅱ型甲烷氧化细菌可以固氮,因此,土壤中氮的缺乏并不意味着甲烷氧化能力降低。

(5)植被类型

许多研究发现,不同植被类型的土壤甲烷吸收速率不同,例如针叶林土壤的甲烷吸收速率往往低于落叶林土壤(Borken et al., 2003),可能是由于针叶林释放的单萜有毒化合物抑制了 MMO 活性,从而降低了甲烷的氧化速率(Maurer et al., 2008)。但是 Aronson 等(2013)通过数据整合发现,虽然不同植被类型土壤甲烷吸收量存在差异,但是没有达到显著差异。

5.4.2 N₂O 和 NO 产生的微生物学机制

土壤中的氮包括有机态(蛋白质和核酸)和无机态(铵盐和硝酸盐)两种形式,相互之间以及与大气中的气态氮(N_2、NO_x 等)之间不停地进行着交换,构成土壤循环,主要包括微生物的氨氧化作用、硝化作用、反硝化作用和自生固氮作用等关键的生物化学过程(Sylvia,2005)。这四个过程都由微生物驱动,对土壤氮循环意义重大(图5.9)。

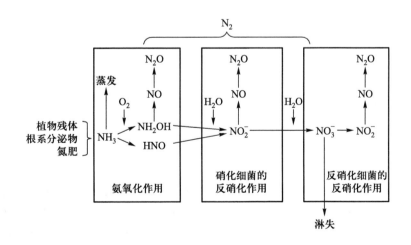

图 5.9 土壤微生物产生 N₂O 的多种途径:主要包括氨氧化作用、硝化细菌的反硝化作用和反硝化细菌的反硝化作用(改编自 Huang et al., 2014)

N_2O 是仅次于 CO_2 和 CH_4 的重要温室气体,其潜在的温室效应是 CO_2 的310倍。同时,N_2O 在氧化过程中可以产生 NO 等氧化产物,破坏臭氧层。由自然植被覆盖的土壤和海洋所释放的 N_2O 占自然条件下 N_2O 排放的90%以上。N_2O 产生的最普遍的过程是硝化和反硝化作用,在自然条件和人为管理的土壤中,这两个过程排放的 N_2O 占全球总排放量的70% 左右(IPCC, 2007)。另外,异养的硝化作用、耦合反硝化作用和硝酸盐异化还原为氨的过程也会导致 N_2O 的排放。

一般土壤条件下,硝化作用和反硝化作用是同时发生的,N_2O 的排放也是这两个作用共同的结果。在不同的土壤条件下,N_2O 排放会受到影响,硝化作用和反硝化作用对 N_2O 的贡献率也会受到影响。硝化作用和反硝化作用在 N_2O 排放的主导地位是由多种因素决定的。由于硝化作用是好氧过程,而反硝化作用是厌氧过程,因此水分是同时直接影响两个过程的共同因素。在好氧的土壤中,硝化作用往往是 N_2O 的主要途径;而在比较湿润的土壤中,厌氧的反硝化作用是 N_2O 排放的主要途径。

土壤硝化作用包括自养硝化作用和异养硝化作用,前者产生 N_2O 的途径包括氨氧化作用和硝化细菌的反硝化作用。自养硝化作用是好氧条件下化能自养的氨氧化菌和亚硝酸盐氧化菌将 NH_3 通过亚硝酸盐氧化为硝酸盐。在氨氧化作用中,羟胺化学分解产生 N_2O。这一过程由 amoA 基因编码的氨单加氧酶(AMO)催化,包括氨氧化细菌(AOB)和属于奇古菌门(Thaumarchaeota)的氨氧化古菌(AOA)参与。氨氧化作用被认为是整个硝化作用的限速步骤,从而成为产生 N_2O 的关键。硝化细菌的反硝化作用是在自养硝化过程中,同一种氨氧化细菌将氨氧化为亚硝酸盐,并还原为 NO,进而还原为 N_2O 的过程。一般条件下,亚硝酸盐不会被完全还原为 N_2,N_2O 才是该过程的普遍产物。越来越多的研究表明,硝化细菌的反硝化作用对土壤 N_2O 的排放具有相当重要的贡献。

土壤反硝化作用由多种反硝化细菌参与,是硝酸盐或亚硝酸盐在适宜的条件下被还原为 N_2O 或 NO,进而被还原为 N_2 的厌氧呼吸过程。与硝化作用不同,N_2O 是反硝化作用产生的必要产物,因而是导致养分损失的重要原因。同时,反硝化作用也是吸收 N_2O 的途径,因为完全反硝化作用中 N_2O 可以被进一步还原为 N_2。因而土壤-大气界面中的 N_2O 通量是土壤中 N_2O 产生与消耗的动态过程。

反硝化细菌的连续还原过程($NO_3^- \rightarrow NO_2^- \rightarrow NO \rightarrow N_2O \rightarrow N_2$)由特定的不同功能基因编码的还原酶所催化调节:第一步($NO_3^- \rightarrow NO_2^-$)由 narG 或 napA 基因编码的硝酸盐还原酶催化;第二步($NO_2^- \rightarrow NO$)是由 nirK 或 napA 基因编码的两种完全不同类型的亚硝酸盐还原酶催化;第三步($NO \rightarrow N_2O$)由 cnorB 或 qnorB 基因编码的 NO 还原酶催化;第四步,N_2O 还原($N_2O \rightarrow N_2$)由 nosZ 基因编码的氧化亚氮还原酶催化,这是生物圈唯一已知的降低 N_2O 使其还原为 N_2 的微生物过程(Philippot et al., 2007;Jones et al., 2013)。

在硝酸盐异化还原为氨的过程中也伴随着 N_2O 的产生。硝酸盐异化还原过程主要发生在严格厌氧的环境中,并且在 C:N 值较高的环境中优先于反硝化作用发生。

另外,异养硝化作用是硝化作用产生 N_2O 的又一途径,是由一系列系统发育不相关的细菌和真菌利用有机物作为碳源将还原态氮转化为氧化态氮的过程。这些微生物可以通过异养代谢的方式利用有机物,将有机物中的氮氧化还原为羟胺、亚硝酸盐和硝酸盐。异养硝化作用往往是好氧过程,同一种微生物可以利用 O_2 和氧化态氮分别作为电子供体所主导的两个不同的过程产生 N_2O。虽然目前普遍认为,硝化作用中产生的 N_2O 主要来自自养硝化作用,但是酸性土壤中较高的硝化速率意味着异养硝化作用可能在某些土壤条件下起着重要作用。

5.4.3 CH_4 和 N_2O 耦合循环过程的微生物学控制机制

土壤-大气界面 CH_4、N_2O 和 NO 净交换通量是土壤甲烷氧化细菌、氨氧化菌和反硝化细菌耦合作用的结果,其中 CH_4 和 N_2O 净交换通量之间存在协同、消长和随机的关系。这种复杂的耦合关系是由土壤微生物控制的(图5.10)。

水分非饱和土壤通常是大气 CH_4 的吸收汇和 N_2O 的排放源。在好氧条件下,自养氨氧化菌将 NH_4^+-N 氧化为 NO_2^--N,在异构亚硝酸盐还原酶催化下 NO_2^- 作为电子受体产生 N_2O(Schmidt et al., 2007);异养硝化细菌通过羟胺氧化酶(HAO)的催化作用,将氨氧化过程的中间产物羟胺转化为亚硝酸盐和 N_2O(Schmidt et al., 2007)。在好氧条件下,甲烷氧化细菌利用土壤中的 O_2 将土壤中产生的 CH_4 和从大气中扩散进入土壤的 CH_4 氧化成 CO_2,然后释放到大气中(Hütsch, 2001)。虽然甲烷氧化细菌和氨氧化菌都能

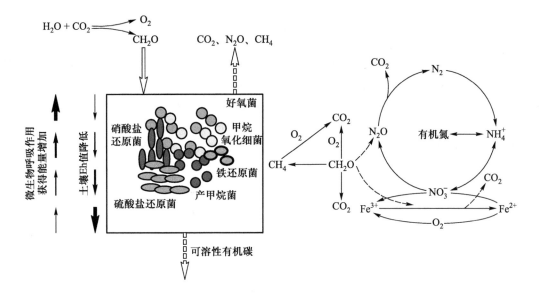

图 5.10 温室气体耦合排放的微生物控制机理

氧化 CH_4 和 NH_3，但两者的专一性和氧化能力不同。Ⅰ型甲烷氧化细菌只在适宜的环境中存活，其功能的发挥需要低的 CH_4 浓度和高的 O_2 供应（Bodelier et al.，2000），而Ⅱ型甲烷氧化细菌则能存在于所有土壤中（Hanson and Hanson，1996）。因此，氨氧化作用和甲烷氧化作用对 O_2 的竞争决定土壤-大气界面 CH_4 和 N_2O 的通量。其次，催化氨氧化和甲烷氧化的氨单加氧酶和甲烷单加氧酶具有同源性（Bédard and Knowles，1989），均属于细胞膜含 Cu 的单加氧酶同族体。因此，氨氧化菌和甲烷氧化细菌能氧化利用 CH_4 和 NH_4^+ 以及一些类似的底物（Bédard and Knowles，1989）。氨氧化和甲烷氧化过程的功能基因 *amoA* 和 *pmoA* 也具有相同的祖先基因（Holmes et al.，1995）。*Nitrosococcus oceanus* 的 *amoA* 基因序列与 γ 变形菌门的 *pmoA* 基因具有高度相似性，而且 *Nitrosococcus oceanus* 对 CH_4 和 NH_3 的亲和性相似（Ward，1987）。γ 变形菌亚门的氨单加氧酶同样能氧化 CH_4 和 NH_3，而 β 变形菌亚门的只专注于 NH_3（Hooper et al.，1997）。

甲烷氧化细菌利用 NH_3 或者 NH_4^+ 发生氨氧化作用，又称为甲烷氧化细菌的硝化作用，是氮循环中的重要途径（Mandernack et al.，2000）。Whittenb 等（1970）利用培养实验最早发现，γ-甲烷氧化细菌和 α-甲烷氧化细菌分离株能氧化 NH_3 为 NO_2^-。培养实验（Dalton，1977；O'neill and Wilkinson，1977；Yoshinari，1985）和田间实验（Bodelier and Frenzel，1999）均发现甲烷氧化细菌的硝化作用。甲烷氧化细菌能氧化 NH_3 为羟胺（Hanson and Hanson，1996），而且羟胺氧化酶的同系物在 γ-甲烷氧化细菌（Poret-Peterson et al.，2008）和 *Methylomicrobium album* ATCC 33003（Klotz et al.，2008）中被发现。N_2O 排放在一定情况下也与甲烷氧化细菌（Mandernack et al.，2000；Baggs and Blum，2004）以及甲基营养菌（Hooper et al.，1997）的活动有关。培养实验说明，土壤中甲烷氧化细菌的硝化作用能够产生 N_2O（Yoshinari，1985；Megraw and Knowles，1989；Bender and Conrad，1994；Mandernack et al.，2000），在湖水沉积物中也发现了类似的结果（Roy and Knowles，1994）。

Suzuki 等（1976）首先发现，CH_4 是 *Nitrosomonas europaea* 的底物之一，是氨氧化过程的竞争抑制剂。Sieburth 等（1983）首先提出了硝化细菌参与海洋 CH_4 循环的假设，并证实了海洋中的 *Nitrosococcus oceanus* 和 *Nitrosomonas europaea* 能将 CH_4 氧化为 CO_2（Jones and Morita，1983）。随后 Ward（1987）也发现，*Nitrosococcus oceanus* 对 CH_4 具有较高的亲和性，能将 CH_4 作为可利用的底物，并将 CH_4 中的碳用于细胞合成，将 CH_4 氧化的中间产物甲醇氧化为甲醛和甲酸盐（Voysey and Wood，1987）。在农田和森林土壤（Steudler et al.，1996）以及垃圾填埋场中（Lu et al.，2012），利用敏感性抑制剂研究 [14]CH_4/[14]CO 氧化比例发现，硝化细菌能氧化利用 CH_4。但也有研究发现，硝化细菌对 CH_4 氧化的作用很小，甚至可以忽略

（Bodelier and Frenzel，1999；Jiang and Bakken，1999）。

因此，甲烷氧化细菌对 N_2O 的产生具有直接和间接的作用，直接作用来自甲烷氧化细菌直接参与氮循环产生 N_2O；间接作用则来自甲烷氧化细菌利用土壤中的 O_2 进行氧化作用，造成厌氧环境，有利于反硝化作用，影响 N_2O 的排放。同样，氨氧化菌对甲烷氧化也有直接和间接作用，直接作用也是来自氨氧化菌或者硝化细菌直接将 CH_4 作为底物利用，引起 CH_4 通量的变化；而间接作用也是因为氨氧化作用导致土壤形成厌氧环境，不利于甲烷氧化的进行。

土壤 CH_4 吸收量和 N_2O 排放量主要与土壤中 CH_4 浓度和底物（NH_4^+ 或 NH_3）有关。I型甲烷氧化细菌对 CH_4 的亲和度较高，能氧化大气中的 CH_4；而II型对 CH_4 的亲和度较低。高浓度的 CH_4 能激活II型甲烷氧化细菌（Cai and Mosier，2000），当土壤中 CH_4 浓度发生变化时，甲烷氧化细菌从I型转为II型（Henckel et al.，2000）。甲烷氧化细菌对 CH_4 和 NH_3 的亲和力相差 100 倍以上（Bédard and Knowles，1989），只有当土壤中 NH_3 浓度非常高的时候，才会抑制甲烷氧化细菌对 CH_4 的氧化（Calhoun and King，1997；Schmidt et al.，2007）。在肥沃的耕作土壤中，施用 NH_4^+ 的瞬间，CH_4 氧化受到 80%~96% 的抑制作用；当 NH_4^+ 的硝化作用完成时，CH_4 氧化作用开始进行（Hütsch，1998，2001）。培养条件下，低初始 CH_4 浓度（$180\ \mu L \cdot L^{-1}$）促进了氨氧化菌的活性，高初始 CH_4 浓度则抑制了氨氧化菌对 NH_4^+ 的氧化（O'neill and Wilkinson，1977；Schnell and King，1994）；而高浓度的 NH_4^+ 则抑制 CH_4 的氧化，增强氨氧化作用（Hyman and Wood，1983）。在大气 CH_4 浓度下，甲烷单加氧酶（MMO）倾向选择 CH_4 而非 NH_3，土壤剖面中高浓度的 CH_4 也可以显著抑制土壤氨的氧化（Schnell and King，1994）。相反，在土壤无机氮含量增加的情景下，土壤中高浓度的 NH_3 可以把 CH_4 从结合点上驱赶下来，降低 CH_4 的氧化量；由于甲烷氧化细菌只能以 CH_4 为唯一的碳源和能源，因此无机氮添加会降低甚至抑制甲烷氧化细菌的生长（Hütsch，2001）。

土壤-大气界面 CH_4 和 N_2O 净交换通量是土壤甲烷氧化细菌和氨氧化菌耦合作用的结果，两者之间存在协同（Maljanen et al.，2006）、消长（Kim et al.，2012）和随机（Lam et al.，2011）的关系，很大程度上取决于环境条件、土壤类型和氮有效性（Acton and Baggs，2011）。Steudler 等（1991）最早报道水分非饱

和土壤中 CH_4 吸收和 N_2O 排放之间呈消长关系，森林砍伐后增加了土壤氮的可利用性，导致土壤 N_2O 排放增加了 2 倍，但显著抑制了土壤 CH_4 的吸收。类似的消长关系也常见于其他森林和草地生态系统（Butterbach-Bahl et al.，2002；Jassal et al.，2011）。Maljanen 等（2006）的研究发现，大气氮沉降的增加不仅促进了北方云杉林土壤 N_2O 的排放，而且显著促进了土壤 CH_4 的氧化和吸收，两者之间呈明显的协同关系。而 Carter 等（2012）的研究表明，多因子（温度升高、夏季干旱延长和 CO_2 浓度富集）联合作用倾向促进欧洲泥炭地和灌丛土壤 CH_4 的吸收，但对土壤 N_2O 的排放无显著影响，两者之间表现为随机关系。

从微生物学角度来看，水分非饱和土壤 CH_4 吸收和 N_2O 排放的耦合作用及其对增氮的响应在一定程度上与甲烷氧化细菌群落和 N_2O 产生菌群落的活性和结构变化有关。甲烷氧化细菌可分为低亲和力的I型甲烷氧化细菌（MOB I）和高亲和力的II型甲烷氧化细菌（MOB II）。施氮倾向抑制 MOB II 的活性，但对 MOB I 的活性无影响甚至表现为促进作用（Bodelier and Laanbroek，2004；Shrestha et al.，2010）。Menyailo 等（2008）发现，不同类型甲烷单加氧酶由于对 NH_3 的亲和力不同，抵制毒性物质的能力也不同，导致土壤 CH_4 氧化对增氮响应的多样性和复杂性。Nyerges 和 Stein（2009）的研究也发现，不同甲烷氧化细菌群落对施氮的耐受力不同，森林土壤中 MOB I 和 MOB II 的相对丰富度可以用来指示微生物对 NH_4^+ 和 NO_2^- 毒性效应的耐受力。Maxfield 等（2011）利用 $^{13}CH_4$-PLFA-SIP 技术研究草地和农田土壤 CH_4 的吸收机制发现，施加有机肥可导致土壤甲烷氧化细菌群落向 MOB I 转变，高剂量施氮反而增加土壤甲烷氧化细菌生物量，说明非甲烷氧化细菌（如硝化细菌）对其具有潜在的调节作用。水分非饱和土壤中氨氧化菌主要包括亚硝化单胞菌属（*Nitrosomonas*）、亚硝化球菌属（*Nitrosococcus*）和亚硝化螺菌属（*Nitrosopira*）等，进一步可分成 9 个不同的进化簇（林先贵，2010）。Schmidt 等（2007）研究发现，氮沉降没有显著影响受氮限制的苏格兰云杉林的土壤氨氧化菌群落，而氮饱和的酸性云杉林土壤以非氨氧化菌群落为主，表明高氮沉降区氨氧化菌对 N_2O 产生的贡献较小。Kandeler 等（2009）的研究发现，氮沉降对土壤总细菌、硝酸还原菌和反硝化细菌丰度没有影响，N_2O 还原酶基因 *nosZ* 丰度/16S rRNA 基因丰度和 *nosZ* 丰度/*nirK* 丰度的值随着土壤深度增加而增大，

表明矿质土壤中反硝化细菌的比例高于有机层。除了硝化细菌外，甲基营养菌对好氧环境下土壤硝化来源 N_2O 的贡献也比较显著。Acton 和 Baggs（2011）发现，施氮抑制了土壤 CH_4 氧化，促进了 N_2O 排放，主要是由于甲基营养菌转变其功能来氧化 NH_3。甲烷氧化细菌和氨氧化菌在生理学和生物化学方面十分相似，任何抑制 CH_4 氧化的过程均能促进 NH_3 的氧化，施氮、增温和 CO_2 富集直接和间接地改变生态系统氮可利用性，潜在地改变了甲基营养菌氧化大气 CH_4 的功能。

参考文献

陈声明, 林海萍, 张立钦. 2007. 微生物生态学导论. 北京: 高等教育出版社.

程淑兰, 方华军, 于贵瑞, 等. 2012. 森林土壤甲烷吸收的主控因子及其对增氮的响应研究进展. 生态学报, 32(15): 4914-4923.

窦森. 2008. 土壤腐殖物质形成转化及其微生物学机理研究进展. 吉林农业大学学报, 30(4):538-547.

贺纪正, 张丽梅. 2013. 土壤氮素转化的关键微生物过程及机制. 微生物学通报, 40(01): 98-108.

李娜, 韩晓增, 尤孟阳, 等. 2013. 土壤团聚体与微生物相互作用研究. 生态环境学报, 22(9): 1625-1632.

李振高, 李良谟, 潘映华, 等. 1995. 小麦苗期根系分泌物对根际反硝化细菌的影响. 土壤学报, 32(4): 408-413.

林先贵. 2010. 土壤微生物研究原理与方法. 北京: 高等教育出版社.

刘满强, 胡锋, 陈小云. 2007. 土壤有机碳稳定机制研究进展. 生态学报, 6: 2642-2650.

宋长青, 吴金水, 陆雅海, 等. 2013. 中国土壤微生物学研究 10 年回顾. 地球科学进展, 28(10): 1087-1105.

于贵瑞, 高扬, 王秋凤, 等. 2013. 陆地生态系统碳-氮-水循环的关键耦合过程及其生物调控机制探讨. 中国生态农业学报, 21(1): 1-13.

章家恩, 骆世明. 2001. 农业生态系统模式的形成演替及其空间分布格局探讨. 生态学杂志, (1): 48-51.

Acton SD, Baggs EM. 2011. Interactions between N application rate, CH_4 oxidation and N_2O production in soil. *Biogeochemistry*, 103(1-3): 15-26.

Allison SD, Jastrow JD. 2006. Activities of extracellular enzymes in physically isolated fractions of restored grassland soils. *Soil Biology and Biochemistry*, 38(11): 3245-3256.

Ananyeva K, Wang W, Smucker AJM, et al. 2013. Can intra-aggregate pore structures affect the aggregate's effectiveness in protecting carbon? *Soil Biology and Biochemistry*, 57: 868-875.

Aronson E, Allison S, Helliker BR. 2013. Environmental impacts on the diversity of methane-cycling microbes and their resultant function. *Frontiers in Microbiology*, 4(225): 225

Baggs EM, Blum H. 2004. CH_4 oxidation and emissions of CH_4 and N_2O from *Lolium perenne* swards under elevated atmospheric CO_2. *Soil Biology and Biochemistry*, 36(4): 713-723.

Bahr LM. 1982. Functional taxonomy: An immodest proposal. *Ecological Modelling*, 15(3): 211-233.

Balch WE, Fox GE, Magrum LJ, et al. 1979. Methanogens: Re-evaluation of a unique biological group. *Microbiological Reviews*, 43(2): 260-296.

Balser TC, Firestone MK. 2005. Linking microbial community composition and soil processes in a California annual grassland and mixed-conifer forest. *Biogeochemistry*, 73(2): 395-415.

Balser TC, Wixon DL. 2009. Investigating biological control over soil carbon temperature sensitivity. *Global Change Biology*, 15: 2935-2949.

Banerjee S, Kirkby CA, Schmutter D, et al. 2016. Network analysis reveals functional redundancy and keystone taxa amongst bacterial and fungal communities during organic matter decomposition in an arable soil. *Soil Biology and Biochemistry*, 97: 188-198.

Bardgett RD, Freeman C, Ostle NJ. 2008. Microbial contributions to climate change through carbon cycle feedbacks. *The ISME Journal*, 2(8): 805-814.

Bardgett RD, Jones AC, Jones DL, et al. 2001. Soil microbial community patterns related to the history and intensity of grazing in sub-montane ecosystems. *Soil Biology and Biochemistry*, 33(12-13): 1653-1664.

Bastida F, Hernández T, Albaladejo J, et al. 2013. Phylogenetic and functional changes in the microbial community of long-term restored soils under semiarid climate. *Soil Biology and Biochemistry*, 65: 12-21.

Bédard C, Knowles R. 1989. Physiology, biochemistry, and specific inhibitors of CH_4, NH_4^+, and CO oxidation by methanotrophs and nitrifiers. *Microbiology and Molecular Biology Reviews*, 53(1): 68-84.

Bebber DP, Watkinson SC, Boddy L, et al. 2011. Simulated nitrogen deposition affects wood decomposition by cord-forming fungi. *Oecologia*, 167(4): 1177-1184.

Bender M, Conrad R. 1994. Microbial oxidation of methane, ammonium and carbon monoxide, and turnover of nitrous oxide and nitric oxide in soils. *Biogeochemistry*, 27(2): 97-112.

Biasi C, Meyer H, Rusalimova O, et al. 2008. Initial effects of experimental warming on carbon exchange rates, plant growth and microbial dynamics of a lichen-rich dwarf shrub tundra in Siberia. *Plant and Soil*, 307(1-2): 191-205.

Biasi C, Wanek W, Rusalimova O, et al. 2005. Microtopography and plant-cover controls on nitrogen dynamics in hummock tundra ecosystems in Siberia. *Arctic Antarctic and Alpine Research*, 37(4): 435-443.

Bingeman CW, Varner JE, Martin WP. 1953. The effect of the addition of organic materials on the decomposition of an organic soil. *Soil Science Society of America Journal*, 17(1): 34-38.

Blagodatskaya E, Kuzyakov Y. 2008. Mechanisms of real and apparent priming effects and their dependence on soil microbial biomass and community structure: Critical review. *Biology and Fertility of Soils*, 45(2): 115-131.

Blum LK, Roberts MS, Garland JL, et al. 2004. Distribution of microbial communities associated with the dominant high marsh plants and sediments of the United States East Coast. *Microbial Ecology*, 48(3): 375-388.

Bodelier PLE, Frenzel P. 1999. Contribution of methanotrophic and nitrifying bacteria to CH_4 and NH_4^+ oxidation in the rhizosphere of rice plants as determined by new methods of discrimination. *Applied and Environmental Microbiology*, 65(5): 1826-1833.

Bodelier PLE, Hahn AP, Arth IR, et al. 2000. Effects of ammonium-based fertilisation on microbial processes involved in methane emission from soils planted with rice. *Biogeochemistry*, 51(3): 225-257.

Bodelier PLE, Laanbroek HJ. 2004. Nitrogen as a regulatory factor of methane oxidation in soils and sediments. *FEMS Microbiology Ecology*, 47(3): 265-277.

Borken W, Xu YJ, Beese F. 2003. Conversion of hardwood forests to spruce and pine plantations strongly reduced soil methane sink in Germany. *Global Change Biology*, 9(6): 956-966.

Brockett BFT, Prescott CE, Grayston SJ. 2012. Soil moisture is the major factor influencing microbial community structure and enzyme activities across seven biogeoclimatic zones in western Canada. *Soil Biology and Biochemistry*, 44(1): 9-20.

Bronick CJ, Lal R. 2005. Soil structure and management: A review. *Geoderma*, 124(1): 3-22.

Burton J, Chen CR, Xu ZH, et al. 2010. Soil microbial biomass, activity and community composition in adjacent native and plantation forests of subtropical Australia. *Journal of Soils and Sediments*, 10(7): 1267-1277.

Butterbach-Bahl K, Willibald G, Papen H. 2002. Soil core method for direct simultaneous determination of N_2 and N_2O emissions from forest soils. *Plant and Soil*, 240(1):

105-116.

Cai ZC, Mosier AR. 2000. Effect of NH_4Cl addition on methane oxidation by paddy soils. *Soil Biology and Biochemistry*, 32(11-12): 1537-1545.

Cai ZC, Yan XY. 1999. Kinetic model for methane oxidation by paddy soil as affected by temperature, moisture and N addition. *Soil Biology and Biochemistry*, 31: 715-725.

Calhoun A, King GM. 1997. Regulation of root-associated methanotrophy by oxygen availability in the rhizosphere of two aquatic macrophytes. *Applied and Environmental Microbiology*, 63(8): 3051-3058.

Carson JK, Gonzalez-Quinones V, Murphy DV, et al. 2010. Low pore connectivity increases bacterial diversity in soil. *Applied and Environmental Microbiology*, 76(12): 3936-3942.

Carter MS, Larsen KS, Emmett B, et al. 2012. Synthesizing greenhouse gas fluxes across nine European peatlands and shrublands-responses to climatic and environmental changes. *Biogeosciences*, 9(10):3739-3755.

Castro HF, Classen AT, Austin EE, et al. 2010. Soil microbial community responses to multiple experimental climate change drivers. *Applied and Environmental Microbiology*, 76(4): 999-1007.

Castro MS, Steudler PA, Melillo JM, et al. 1995. Factors controlling atmospheric methane consumption by temperate forest soils. *Global Biogeochemical Cycles*, 9(1): 1-10.

Chaer G, Fernandes M, Myrold D, et al. 2009. Comparative resistance and resilience of soil microbial communities and enzyme activities in adjacent native forest and agricultural soils. *Microbial Ecology*, 58(2): 414-424.

Chan KY, Heenan DP. 1999. Microbial-induced soil aggregate stability under different crop rotations. *Biology and Fertility of Soils*, 30(1-2): 29-32.

Chen R, Senbayram M, Blagodatsky S, et al. 2014. Soil C and N availability determine the priming effect: Microbial N mining and stoichiometric decomposition theories. *Global Change Biology*, 20: 2356-2367.

Chen Y, Dumont MG, McNamara NP, et al. 2008a. Diversity of the active methanotrophic community in acidic peatlands as assessed by mRNA and SIP-PLFA analyses. *Environmental Microbiology*, 10(2): 446-459.

Chen Y, Dumont MG, Neufeld JD, et al. 2008b. Revealing the uncultivated majority: Combining DNA stable-isotope probing, multiple displacement amplification and metagenomic analyses of uncultivated *Methylocystis* in acidic peatlands. *Environmental Microbiology*, 10(10): 2609-2622.

Colwell RR. 1996. Global climate and infectious disease: The cholera paradigm. *Science*, 274(5295): 2025-2031.

Conrad R. 1999. Contribution of hydrogen to methane production and control of hydrogen concentrations in methanogenic soils and sediments. *FEMS Microbiology Ecology*, 28: 193-202.

Cornwell WK, Cornelissen JHC, Amatangelo K, et al. 2008. Plant species traits are the predominant control onlitter decomposition rates within biomes worldwide. *Ecology Letters*, 11 (10): 1065-1071.

Dal Ferro N, Sartori L, Simonetti G, et al. 2014. Soil macro- and microstructure as affected by different tillage systems and their effects on maize root growth. *Soil and Tillage Research*, 140: 55-65.

Dalton H. 1977. Ammonia oxidation by the methane oxidising bacterium *Methylococcus capsulatus* strain Bath. *Archives of Microbiology*, 114(3): 273-279.

Davies JM, Brownlee C, Jennings DH. 1990. Measurement of intracellular pH in fungal hyphae using bcecf and digital imaging microscopy—evidence for a primary proton pump in the plasmalemma of a marine fungus. *Journal of Cell Science*, 96(4): 731-736.

De Vries FT, Manning P, Tallowin JR, et al. 2012. Abiotic drivers and plant traits explain landscape-scale patterns in soil microbial communities. *Ecology Letters*, 15(11): 1230-1239.

DeForest JL, Smemo KA, Burke DJ, et al. 2012. Soil microbial responses to elevated phosphorus and pH in acidic temperate deciduous forests. *Biogeochemistry*, 109(1-3): 189-202.

DeForest JL, Zak DR, Pregitzer KS, et al. 2004. Atmospheric nitrate deposition and the microbial degradation of cellobiose and vanillin in a northern hardwood forest. *Soil Biology and Biochemistry*, 36(6): 965-971.

DeForest JL, Zak DR, Pregitzer KS, et al. 2005. Atmospheric nitrate deposition and enhanced dissolved organic carbon leaching. *Soil Science Society of America Journal*, 69(4): 1233-1237.

Demoling F, Figueroa D, Bååth E. 2007. Comparison of factors limiting bacterial growth in different soils. *Soil Biology and Biochemistry*, 39(10): 2485-2495.

Dennis P, DesJardin MA, Lam S, et al. 2010. Implantable device for continuous delivery of interferon. U. S. Patent Appl. Publ. within the TVPP US 20060347601.

Deurer M, Müller K, Kim I, et al. 2012. Can minor compaction increase soil carbon sequestration? A case study in a soil under a wheel-track in an orchard. *Geoderma*, 183: 74-79.

Diba F, Shimizu M, Hatano R. 2011. Effects of soil aggregate size, moisture content and fertilizer management on nitrous oxide production in a volcanic ash soil. *Soil Science and Plant Nutrition*, 57(5): 733-747.

Didier LB, Hannes P, Lars JT. 2012. Resistance and resilience of microbial communities temporal and spatial insurance against perturbations. *Environmental Microbiology*, 14: 2283-2292.

Dodd JC. 2000. The role of arbuscular mycorrhizal fungi in agro- and natural ecosystems. *Outlook on Agriculture*, 29(1): 55-62.

Dunfield PF, Yuryev A, Senin P, et al. 2007. Methane oxidation by an extremely acidophilic bacterium of the phylum Verrucomicrobia. *Nature*, 450(7171): 879-882.

Faust K, Raes J. 2012. Microbial interactions: From networks to models. *Nature Reviews Microbiology*, 10(8): 538-550.

Fierer N, Bradford MA. 2007. Toward an ecological classification of soil bacteria. *Ecology*, 88: 1354-1364.

Fierer N, Carney KM, Horner-Devine MC, et al. 2009a. The biogeography of ammonia-oxidizing bacterial communities in soil. *Microbial Ecology*, 58(2): 435-445.

Fierer N, Jackson RB. 2006. The diversity and biogeography of soil bacterial communities. *Proceedings of the National Academy of Sciences*, 103: 626-631.

Fierer N, Strickland MS, Liptzin D, et al. 2009b. Global patterns in belowground communities. *Ecology Letters*, 12 (11): 1238-1249.

Fisk MC, Ruether KF, Yavitt JB. 2003. Microbial activity and functional composition among northern peatland ecosystems. *Soil Biology and Biochemistry*, 35(4): 591-602.

Fontaine S, Bardoux G, Benest D, et al. 2004. Mechanisms of the priming effect in a savannah soil amended with cellulose. *Soil Science Society of America Journal*, 68(1): 125-131.

Fontaine S, Mariotti A, Abbadie L. 2003. The priming effect of organic matter: A question of microbial competition? *Soil Biology and Biochemistry*, 35(6): 837-843.

Frey SD, Drijber R, Smith H, et al. 2008. Microbial biomass, functional capacity, and community structure after 12 years of soil warming. *Soil Biology and Biochemistry*, 40(11): 2904-2907.

Fuhrman JA. 2009. Microbial community structure and its functional implications. *Nature*, 459: 193-199.

Galloway JN, Dentener FJ, Capone DG, et al. 2004. Nitrogen cycles: Past, present, and future. *Biogeochemistry*, 70(2): 153-226.

Griffiths RI, Thomson BC, James P, et al. 2011. The bacterial biogeography of British soils. *Environmental Microbiology*, 13 (6): 1642-1654.

Grime JP. 1977. Evidence for the existence of three primary strategies in plants and its relevance to ecological and evolutionary theory. *The American Naturalist*, 111(982): 1169-1194.

Grime JP. 1979. Ecological classification. (Book reviews: *Plant Strategies and Vegetation Processes*). *Science*, 206 (22): 1176-1177.

Girvan MS, Bullimore J, Pretty JN, et al. 2003. Soil type is the primary determinant of the composition of the total and active bacterial communities in arable soils. *Applied and Environmental Microbiology*, 69(3): 1800-1809.

Hanson RS, Hanson TE. 1996. Methanotrophic bacteria. *Microbiological Reviews*, 60(2): 439-471.

Hassett JE, Zak DR, Blackwood CB, et al. 2009. Are basidiomycete laccase gene abundance and composition related to reduced lignolytic activity under elevated atmospheric NO_3^- deposition in a northern hardwood forest? *Microbial Ecology*, 57 (4): 728-739.

He ZL, Deng Y, van Nostrand JD, et al. 2010. GeoChip 3.0 as a high-throughput tool for analyzing microbial community composition, structure and functional activity. *The ISME Journal*, 4: 1167-1179.

Heal OW, Ineson P. 1984. Carbon and energy flow in terrestrial ecosystems: Relevance to microflora. In: Klug MJ, Reddy CA (eds). *Current Perspectives in Microbial Ecology*. Washington DC: American Society for Microbiology, 394-404.

Hector A, Bagchi R. 2007. Biodiversity and ecosystem multifunctionality. *Nature*, 448: 188-190.

Henckel T, Roslev P, Conrad R. 2000. Effects of O_2 and CH_4 on presence and activity of the indigenous methanotrophic community in rice field soil. *Environmental Microbiology*, 2(6): 666-679.

Holmes AJ, Costello A, Lidstrom ME, et al. 1995. Evidence that particulate methane monooxygenase and ammonia monooxygenase may be evolutionarily related. *FEMS Microbiology Letters*, 132(3): 203-208.

Hooper AB, Vannelli T, Bergmann DJ, et al. 1997. Enzymology of the oxidation of ammonia to nitrite by bacteria. *Antonie Van Leeuwenhoek International Journal of General and Molecular Microbiology*, 71(1-2): 59-67.

Horz HP, Rich V, Avrahami S, et al. 2005. Methane-oxidizing bacteria in a California upland grassland soil: Diversity and response to simulated global change. *Applied and Environmental Microbiology*, 71(5): 2642-2652.

Hütsch BW. 1998. Methane oxidation in arable soil as inhibited by ammonium, nitrite, and organic manure with respect to soil pH. *Biology and Fertility of Soils*, 28(1): 27-35.

Hütsch BW. 2001. Methane oxidation in non-flooded soils as affected by crop production-invited paper. *European Journal of Agronomy*, 14: 237-260.

Huang T, Gao B, Hu XK, et al. 2014. Ammonia-oxidation as an engine togenerate nitrous oxide in an intensively managed calcareous fluvo-aquic soil. *Scientific Reports*, 4: 3950.

Huhta V, Persson T, Setala H. 1998. Functional implications of soil fauna diversity in boreal forests. *Applied Soil Ecology*, 10 (3): 277-288.

Hyman MR, Wood PM. 1983. Methane oxidation by *Nitrosomonas europaea*. *Biochemical Journal*, 212 (1): 31-37.

IPCC. 2007. *Climate Change* 2007: *The Physical Science Basis*. Cambridge: Oxford Press.

Jackson LE, Pascual U, Brussaard L, et al. 2007. Biodiversity in agricultural landscapes: Investing without losing interest. *Agriculture, Ecosystems and Environment*, 121(3): 193-195.

Jassal RS, Black TA, Roy R, et al. 2011. Effect of nitrogen fertilization on soil CH_4 and N_2O fluxes, and soil and bole respiration. *Geoderma*, 162(1): 182-186.

Jiang QQ, Bakken LR. 1999. Nitrous oxide production and methane oxidation by different ammonia-oxidizing bacteria. *Applied and Environmental Microbiology*, 65(6): 2679-2684.

Jones CM, Graf DRH, Bru D, et al. 2013. The unaccounted yet abundant nitrous oxide-reducing microbial community: A potential nitrous oxide sink. *The ISME Journal*, 7 (2): 417-426.

Jones RD, Morita RY. 1983. Methane oxidation by *Nitrosococcus oceanus* and *Nitrosomonas europaea*. *Applied and Environmental Microbiology*, 45(2): 401-410.

Kandeler E, Brune T, Enowashu E, et al. 2009. Response of total and nitrate-dissimilating bacteria to reduced N deposition in a spruce forest soil profile. *FEMS Microbiology Ecology*, 67 (3): 444-454.

Karhu K, Fritze H, Hamalainen K, et al. 2010. Temperature sensitivity of soil carbon fractions in boreal forest soil. *Ecology*, 91(2): 370-376.

Keiblinger KM, Hall EK, Wanek W, et al. 2010. The effect of resource quantity and resource stoichiometry on microbial carbon-use-efficiency. *FEMS Microbiology Ecology*, 73: 430-440.

Kim M, Boldgiv B, Singh D, et al. 2013. Structure of soil bacterial communities in relation to environmental variables in a semi-arid region of Mongolia. *Journal of Arid Environments*, 89: 38-44.

Kim YS, Imori M, Watanabe M, et al. 2012. Simulated nitrogen inputs influence methane and nitrous oxide fluxes from a young larch plantation in northern Japan. *Atmospheric Environment*, 46: 36-44.

Kip N, Fritz C, Langelaan ES, et al. 2012. Methanotrophic activity and diversity in different *Sphagnum magellanicum* dominated habitats in the southernmost peat bogs of Patagonia. *Biogeosciences*, 9(1): 47-55.

Klotz MG, Schmid MC, Strous M, et al. 2008. Evolution of an octahaem cytochrome c protein family that is key to aerobic and anaerobic ammonia oxidation by bacteria. *Environmental Microbiology*, 10(11): 3150-3163.

Kowalchuk GA, Buma DS, de Boer W, et al. 2002. Effects of above-ground plant species composition and diversity on the diversity of soil borne microorganisms. *Antonie van Leeuwenhoek*, 81(1-4): 509-520.

Kraffczyk I, Trolldenier G, Beringer H. 1984. Soluble root exudates of maize: Influence of potassium supply and rhizosphere microorganisms. *Soil Biology and Biochemistry*, 16 (4): 315-322.

Krumolz LR, Hollenback JL, Roskes SJ, et al. 1995. Methanogenesis and methanotrophy within a sphagnum peatland. *FEMS Microbiology Ecology*, 18: 215-224.

Kuzyakov Y. 2010. Priming effects: Interactions between living and dead organic matter. *Soil Biology and Biochemistry*, 42 (9): 1363-1371.

Lagomarsino A, Grego S, Kandeler E. 2012. Soil organic carbon distribution drives microbial activity and functional diversity in particle and aggregate-size fractions. *Pedobiologia*, 55 (2): 101-110.

Lam SK, Lin ED, Norton R, et al. 2011. The effect of increased atmospheric carbon dioxide concentration on emissions of nitrous oxide, carbon dioxide and methane from a wheat field in a semi-arid environment in northern China. *Soil Biology and Biochemistry*, 43: 458-461.

Lauber CL, Strickland MS, Bradford MA, et al. 2008. The influence of soil properties on the structure of bacterial and fungal communities across land-use types. *Soil Biology and Biochemistry*, 40(9): 2407-2415.

Lehmann J, Kleber M. 2015. The contentious nature of soil organic matter. *Nature*, 528(7580): 60-68.

Liang Y, Li Y, Wang H, et al. 2011. Co_3O_4 nanocrystals on graphene as a synergistic catalyst for oxygen reduction reaction. *Nature Materials*, 10: 780-786.

Lipson DA, Monson RK, Schmidt SK, et al. 2009. The trade-off between growth rate and yield in microbial communities and the consequences for under-snow soil respiration in a high elevation coniferous forest. *Biogeochemistry*, 95: 23-35.

Liu L, Gundersen P, Zhang T, et al. 2012. Effects of phosphorus addition on soil microbial biomass and community composition in three forest types in tropical China. *Soil Biology and Biochemistry*, 44(1): 31-38.

Löhnis F. 1926. Nitrogen availability of green manures. *Soil Science*, 22(4): 253-290.

Lu F, He PJ, Guo M, et al. 2012. Ammonium-dependent regulation of aerobic methane-consuming bacteria in landfill cover soil by leachate irrigation. *Journal of Environmental Sciences-China*, 24(4): 711-719.

Lu W, Chou IM, Burruss RC, et al. 2007. A unified equation for calculating methane vapor pressures in the CH_4-H_2O system with measured Raman shifts. *Geochimica et Cosmochimica Acta*, 71(16): 3969-3978.

Luton PE, Wayne JM, Sharp RJ, et al. 2002. The *mcrA* gene as an alternative to 16S rRNA in the phylogenetic analysis of methanogen populations in landfillb. *Microbiology*, 148(11): 3521-3530.

Ma XJ, Chen T, Zhang GS, et al. 2004. Microbial community structure along an altitude gradient in three different localities. *Folia Microbiologica*, 49(2): 105-111.

Maljanen M, Jokinen H, Saari A, et al. 2006. Methane and nitrous oxide fluxes, and carbon dioxide production in boreal forest soil fertilized with wood ash and nitrogen. *Soil Use and Management*, 22: 151-157.

Mandernack KW, Kinney CA, Coleman D, et al. 2000. The biogeochemical controls of N_2O production and emission in landfill cover soils: The role of methanotrophs in the nitrogen cycle. *Environmental Microbiology*, 2(3): 298-309.

Marschner P, Neumann G, Kania A, et al. 2002. Spatial and temporal dynamics of the microbial community structure in the rhizosphere of cluster roots of white lupin (*Lupinus albus* L.). *Plant and Soil*, 246(2): 167-174.

Martínez-Toledo MV, Salmeron V, Rodelas B, et al. 1998. Effects of the fungicide Captan on some functional groups of soil microflora. *Applied Soil Ecology*, 7(3): 245-255.

Maurer D, Kolb S, Haumaier L, et al. 2008. Inhibition of atmospheric methane oxidation by monoterpenes in Norway spruce and European beech soils. *Soil Biology and Biochemistry*, 40(12): 3014-3020.

Maxfield PJ, Brennand EL, Powlson DS, et al. 2011. Impact of land management practices on high-affinity methanotrophic bacterial populations: Evidence from long-term sites at Rothamsted. *European Journal of Soil Science*, 62: 56-68.

Megraw SR, Knowles R. 1989. Methane-dependent nitrate production by a microbial consortium enriched from a cultivated humisol. *FEMS Microbiology Ecology*, 5(6): 359-365.

Menyailo OV, Hungate BA, Abraham WR, et al. 2008. Changing land use reduces soil CH_4 uptake by altering biomass and activity but not composition of high-affinity methanotrophs. *Global Change Biology*, 14(10): 2405-2419.

Monson RK, Lipson DL, Burns SP, et al. 2006. Winter forest

soil respiration controlled by climate and microbial community composition. *Nature*, 439: 711-714.

Morales SE, Cosart T, Holben WE. 2010. Bacterial gene abundances as indicators of greenhouse gas emission in soils. *The ISME Journal*, 4: 799-808.

Morris SA, Radajewski S, Willison TW, et al. 2002. Identification of the functionally active methanotroph population in a peat soil microcosm bystable-isotope probing. *Applied and Environmental Microbiology*, 68(3): 1446-1453.

Morrissey EM, Gillespie JL, Morina JC, et al. 2014. Salinity affects microbial activity and soil organic matter content in tidal wetlands. *Global Change Biology*, 20(4): 1351-1362.

Myers RT, Zak DR, White DC, et al. 2001. Landscape-level patterns of microbial community composition and substrate use in upland forest ecosystems. *Soil Science Society of America Journal*, 65(2): 359-367.

Nilsson LO, Wallander H, Gundersen P. 2012. Changes in microbial activities and biomasses over a forest floor gradient in C-to-N ratio. *Plant and Soil*, 355(1-2): 75-86.

Nguyen T, Sherratt PJ, Pickett CB. 2003. Regulatory mechanisms controlling gene expression mediated by the antioxidant response element. *Annual Review of Pharmacology and Toxicology*, 43(1): 233-260.

Nottingham AT, Griffiths H, Chamberlain PM, et al. 2009. Soil priming by sugar and leaf-litter substrates: A link to microbial groups. *Applied Soil Ecology*, 42(3): 183-190.

Nyerges G, Stein LY. 2009. Ammonia cometabolism and product inhibition vary considerably among species of methanotrophic bacteria. *FEMS Microbiology Letters*, 297(1): 131-136.

O'neill JG, Wilkinson JF. 1977. Oxidation of ammonia by methane-oxidizing bacteria and the effects of ammonia on methane oxidation. *Microbiology*, 100(2): 407-412.

Opik M, Moora M, Liira J, et al. 2006. Composition of root-colonizing arbuscular mycorrhizal fungal communities in different ecosystems around the globe. *Journal of Ecology*, 94(4): 778-790.

Orwin KH, Buckland SM, Johnson D, et al. 2010. Linkages of plant traits to soil properties and the functioning of temperate grassland. *Journal of Ecology*, 98(5): 1074-1083.

Paterson E, Gebbing T, Abel C, et al. 2007. Rhizodeposition shapes rhizosphere microbial community structure in organic soil. *New Phytologist*, 173(3): 600-610.

Pester M, Bittner N, Deevong P, et al. 2010. A "rare biosphere" microorganism contributes to sulfate reduction in a peatland. *The ISME Journal*, 4(12): 1591-1602.

Peters NK, Frost JW, Long SR. 1986. A plant flavone, luteolin, induces expression of *Rhizobium meliloti* nodulation genes. *Science*, 233(4767): 977-980.

Philippot L, Hallin S, Schloter M. 2007. Ecology of denitrifying prokaryotes in agricultural soil. *Advances in Agronomy*, 96: 249-305.

Philippot L, Spor A, Henault C, et al. 2013. Loss in microbial diversity affects nitrogen cycling in soil. *The ISME Journal*, 7: 1609-1619.

Poret-Peterson AT, Graham JE, Gulledge J, et al. 2008. Transcription of nitrification genes by the methane-oxidizing bacterium, *Methylococcus capsulatus* strain Bath. *The ISME Journal*, 2(12): 1213-1220.

Raich J, Schlesinger WH. 1992. The global carbon dioxide flux in soil respiration and its relationship to vegetation and climate. *Tellus B*, 44: 81-99.

Reichardt W, Briones A, De Jesus R, et al. 2001. Microbial population shifts in experimental rice systems. *Applied Soil Ecology*, 17(2): 151-163.

Rinnan R, Rousk J, Yergeau E, et al. 2009. Temperature adaptation of soil bacterial communities along an Antarctic climate gradient: Predicting responses to climate warming. *Global Change Biology*, 15(11): 2615-2625.

Romaniuk R, Giuffre L, Costantini A, et al. 2011. A comparison of indexing methods to evaluate quality of soils: The role of soil microbiological properties. *Soil Research*, 49(8): 733-741.

Roy R, Knowles R. 1994. Effects of methane metabolism on nitrification and nitrous oxide production in polluted freshwater sediment. *Applied and Environmental Microbiology*, 60(9): 3307-3314.

Sakai S, Imachi H, Sekiguchi Y, et al. 2007. Isolation of key methanogens for global methane emission from rice paddyfields: A novel isolate affiliated with the clone cluster rice cluster I. *Applied and Environmental Microbiology*, 73(13): 4326-4331

Schimel JP, Balser TC, Wallenstein M. 2007. Microbial stress-response physiology and its implications for ecosystem function. *Ecology*, 88(6): 1386-1394.

Schimel JP, Gulledge J. 1998. Microbial community structure and global trace gases. *Global Change Biology*, 4(7): 745-758.

Schmidt CS, Hultman KA, Robinson D, et al. 2007. PCR profiling of ammonia-oxidizer communities in acidic soils subjected to nitrogen and sulphur deposition. *FEMS Microbiology Ecology*, 61: 305e316.

Schneider T, Keiblinger KM, Schmid E. 2012. Who is who in litter decomposition? Metaproteomics reveals major microbial players and their biogeochemical functions. *The ISME Journal*, 6: 1749–1762.

Schnell S, King GM. 1994. Mechanistic analysis of ammonium inhibition of atmospheric methane consumption in forest soils. *Applied and Environmental Microbiology*, 60 (10): 3514–3521.

Semrau JD, DiSpirito AA, Vuilleumier S. 2011. Facultative methanotrophy: False leads, true results, and suggestions for future research. *FEMS Microbiology Letters*, 323 (1): 1–12.

Sessitsch A, Weilharter A, Gerzabek MH, et al. 2001. Microbial population structures in soil particle size fractions of a long-term fertilizer field experiment. *Applied and Environmental Microbiology*, 67(9): 4215–4224.

Shen C, Xiong J, Zhang H, et al. 2013. Soil pH drives the spatial distribution of bacterial communities along elevation on Changbai Mountain. *Soil Biology and Biochemistry*, 57: 204–211.

Shrestha M, Shrestha PM, Frenzel P, et al. 2010. Effect of nitrogen fertilization on methane oxidation, abundance, community structure, and gene expression of methanotrophs in the rice rhizosphere. *ISME Journal*, 4: 1545–1556.

Sieburth J, Johnson P, Eberhardt M, et al. 1983. Methane-oxidizing bacteria from the mixing layer of the Sargasso Sea and their photosensitivity. *EOS, Transactions American Geophysical Union*, 64: 1054.

Solomon D, Lehmann J, Kinyangi J, et al. 2007. Long-term impacts of anthropogenic perturbations on dynamics and speciation of organic carbon in tropical forest and subtropical grassland ecosystems. *Global Change Biology*, 13 (2): 511–530.

Somers DJ, Isaac P, Edwards K. 2004. A high-density microsatellite consensus map for bread wheat (*Triticum aestivum* L). *Theoretical and Applied Genetics*, 109(6): 1105–1114.

Stephenson M, Stickland LH. 1933. Hydrogenase: The bacterial formation of methane by the reduction of one-carbon compounds by molecular hydrogen. *Biochemical Journal*, 27 (5): 1517–1527.

Sterner RW, Elser JJ. 2002. *Ecological Stoichiometry: The Biology of Elements from Molecules to the Biosphere*. New Jersey: Princeton University Press.

Steudler PA, Jones RD, Castro MS, et al. 1996. Microbial controls of methane oxidation in temperate forest and agricultural soils. *Microbiology of Atmospheric Trace Gases*, 39: 69–84.

Steudler PA, Melillo JM, Bowden RD, et al. 1991. The effects of natural and human disturbances on soil nitrogen dynamics and trace gas fluxes in a Puerto Rican wet forest. *Biotropica*, 23: 356–363.

Strickland MS, Lauber C, Fierer N, et al. 2009. Testing the functional significance of microbial community composition. *Ecology*, 90: 441–451.

Sulkava PHV, Laakso J. 1996. Impact of faunal structure on decomposition and N-mineralization in relation to temperature and moisture in forest soil. *Pedobiologia*, 40(6): 505–513.

Suzuki I, Kwok SC, Dular U. 1976. Competitive inhibition of ammonia oxidation in nitrosomonas-europaea by methane, carbon-monoxide or methanol. *FEBS Letters*, 72(1): 117–120.

Swift ML. 1984. Microbial diversity and decomposer niches. In: *Current Perspectives in Microbial Ecology*. Washington D. C: American Society for Microbiology, 8–16.

Sylvia DM, Hartel PG, Furhmann J, et al. 2005. *Principles and Applications of Soil Microbiology*. 2nd edn. New Jersey: Prentice Hall Inc.

Tian DE, Shi W. 2010. Chemical composition of dissolved organic matter in agroecosystems: Correlations with soil enzyme activity and carbon and nitrogen mineralization. *Applied Soil Ecology*, 46(3): 426–435.

Tian J, Dippold M, Pausch J, et al. 2013. Microbial response to rhizodeposition depending on water regimes in paddy soils. *Soil Biology and Biochemistry*, 65: 195–203.

Tian J, Wang J, Dippold M, et al. 2016a. Biochar affects soil organic matter cycling and microbial functions but does not alter microbial community structure in a paddy soil. *Science of the Total Environment*, 556: 89–97.

Tian J, Pausch J, Yu G, et al. 2016b. Aggregate size and glucose level affect priming sources: A three-source-partitioning study. *Soil Biology and Biochemistry*, 97: 199–210.

Tobiašová E. 2011. The effect of organic matter on the structure of soils of different land uses. *Soil and Tillage Research*, 114 (2): 183–192.

Treonis AM, Ostle NJ, Stott AW, et al. 2004. Identification of groups of metabolically-active rhizosphere microorganisms by stable isotope probing of PLFAs. *Soil Biology and Biochemistry*, 36(3): 533–537.

Trieu AT, Burleigh SH, KardailskyIV, et al. 2000. Transformation of *Medicago truncatula* via infiltration of seedlings or flowering plants with *Agrobacterium*. *The Plant Journal*, 22(6): 531–541.

Trivedi P, Anderson IC, Singh BK, et al. 2013. Microbial modulators of soil carbon storage: Integrating genomic and metabolic knowledge for global prediction. *Trends in Microbiology*, 21, 641–651.

Vadstein O. 2000. Heterotrophic, planktonic bacteria and cycling of phosphorus—phosphorus requirements, competitive ability, and food web interactions. *Advances in Microbial Ecol-*

ogy, 16(4): 115-167.

Valášková V, Šnajdr J, Bittner B, et al. 2007. Production of lignocellulose-degrading enzymes and degradation of leaf litter by saprotrophic basidiomycetes isolated from a *Quercus petraea* forest. *Soil Biology and Biochemistry*, 39(10): 2651-2660.

van der Putten WH, Bardgett RD, de Ruiter PC, et al. 2009. Empirical and theoretical challenges in aboveground-below-ground ecology. *Oecologia*, 161(1): 1-14.

Vanhala P, Karhu K, Tuomi M, et al. 2011. Transplantation of organic surface horizons of boreal soils into warmer regions alters microbiology but not the temperature sensitivity of decomposition. *Global Change Biology*, 17(1): 538-550.

Veen JAV, Kuikman PJ. 1990. Soil structural aspects of decomposition of organic-matter by micro-organism. *Biogeochemistry*, 11(3): 213-233.

Voysey PA, Wood PM. 1987. Methanol and formaldehyde oxidation by an autotrophic nitrifying bacterium. *Microbiology*, 133(2): 283-290.

Waldrop GL, Holden HM, Maurice MS. 2012. The enzymes of biotin dependent CO_2 metabolism: What structures reveal about their reaction mechanisms. *Protein Science*, 21(11): 1597-1619.

Waldrop MP, Balser TC, Firestone MK. 2000. Linking microbial community composition to function in a tropical soil. *Soil Biology and Biochemistry*, 32: 1837-1846.

Waldrop MP, Firestone MK. 2006. Response of microbial community composition and function to soil climate change. *Microbial Ecology*, 52: 716-724.

Waldrop MP, Firestone MK. 2004. Response of microbial community composition and function to soil climate change. *Microbial Ecology*, 52(4): 716-724.

Waldrop MP, Zak DR, Blackwood CB, et al. 2006. Resource availability controls fungal diversity across a plant diversity gradient. *Ecology Letters*, 9(10): 1127-1135.

Wallenius K, Rita H, Mikkonen A, et al. 2011. Effects of land use on the level, variation and spatial structure of soil enzyme activities and bacterial communities. *Soil Biology and Biochemistry*, 43(7): 1464-1473.

Walker TS, Bais HP, Grotewold E, et al. 2003. Root exudation and rhizosphere biology. *Plant Pysiology*, 132(1): 44-51.

Wang JJ, Soininen J, Zhang Y, et al. 2011. Contrasting patterns in elevational diversity between microorganisms and macroorganisms. *Journal of Biogeography*, 38(3): 595-603.

Wang QK, He TX, Wang SL, et al. 2013. Carbon input manipulation affects soil respiration and microbial community composition in a subtropical coniferous forest. *Agricultural and Forest Meteorology*, 178-179: 152-160.

Wang Z, Delaune RD, Masschelegn PH, et al. 1993. Soil redox and pH effects on methane production in a flooded rice soil. *Soil Science Society of America Journal*, 57(2): 382-385.

Ward BB. 1987. Kinetic-studies on ammonia and methane oxidation by *Nitrosococcus oceanus*. *Archives of Microbiology*, 147(2): 126-133.

Wardle DA, Bardgett RD, Klironomos JN, et al. 2004. Ecological linkages between aboveground and belowground biota. *Science*, 304(5677): 1629-1633.

Whitaker RJ, Grogan DW, Taylor JW. 2003. Geographic barriers isolate endemic populations of hyperthermophilic archaea. *Science*, 301(5635): 976-978.

Whittenb R, Phillips KC, Wilkinso JF. 1970. Enrichment, isolation and some properties of methane-utilizing bacteria. *Journal of General Microbiology*, 61: 205-218.

Wohl DL, Arora S, Gladstone JR. 2004. Functional redundancy supports biodiversity and ecosystem function in a closed and constant environment. *Ecology*, 85(6): 1534-1540.

Xiao HL, Zheng XJ. 2001. Effects of soil warming on soil microbial activity. *Soil and Environmental Sciences*, 10(2): 138-142.

Xu Z, Yu G, Zhang X, et al. 2015. The variations in soil microbial communities, enzyme activities and their relationships with soil organic matter decomposition along the northern slope of Changbai Mountain. *Applied Soil Ecology*, 86: 19-29.

Xu ZhW, Yu GR, Wang QF, et al. 2019. Plant functional traits determine latitudinal variations in soil microbial function: Evidence from forests in China. *Biogeosciences*, 16(17): 3333-3349.

Yoshinari T. 1985. Nitrite and nitrous oxide production by *Methylosinus trichosporium*. *Canadian Journal of Microbiology*, 31(2): 139-144.

Zak DR, Holmes WE, White DC, et al. 2003. Plant diversity soil microbial communities and ecosystem function are there any links. *Ecology*, 84(8): 2042-2050.

Zhang B, Liang C, He H, et al. 2013. Variations in soil microbial communities and residues along an altitude gradient on the northern slope of Changbai Mountain, China. *PLoS One*, 8(6): 1-9.

Zhou J, Deng Y, Luo F, et al. 2010. Functional molecular ecological networks. *mBio*, 1(4): e00169-10.

Zhou J, Deng Y, Luo F, et al. 2011. Phylogenetic molecular ecological network of soil microbial communities in response to elevated CO_2. *mBio*, 2(4): e00122-11.

Zhou Z, Zheng Y, Shen J, et al. 2012. Responses of activities, abundances and community structures of soil denitrifiers to short-term mercury stress. *Journal of Environmental Sciences*, 24(3): 369-375.

第6章

陆地生态系统碳-氮-水耦合循环的生态系统生态学调控机制

生态系统碳、氮、水循环是一系列植物生理反应及植物、动物和微生物生物化学过程相互联系的能量流动和物质循环的过程系统。这些循环过程之间具有相互促进或制约的耦联关系，表现为植物对碳、氮、水的吸收和利用具有相对稳定的化学计量平衡和通量比例平衡关系。大量研究表明，陆生植物的碳、氮、磷等生源要素化学计量关系有较强的内稳性，由此决定了生态系统对生源要素及水分等资源要素利用效率的保守性。具体体现在不同类型植物或不同区域典型生态系统物质生产的水分需求系数（water demand coefficient，WDC）、氮和磷等营养元素的需求系数（nutrient demand coefficient，NDC）、水分利用效率（water use efficiency，WUE）和氮利用效率（nitrogen use efficiency，NUE）的相对稳定性。

生态系统碳、氮、水循环在从分子层面到生态系统的等级层面均存在多种类型的耦合过程和机制。这些耦合过程主要存在于生物碳、氮代谢的生物化学过程，大气-叶片冠层界面碳、氮、水交换的生物物理过程，土壤-根系冠层界面碳、氮、水交换的物理化学过程，土壤-根系-茎秆-叶片系统碳、氮、水输送的溶液运移过程以及植物和微生物的碳、氮代谢生物化学过程之中。通常情况下的自然生态系统碳、氮、水循环具有紧密的耦联关系，但是也经常在某些因素的影响下而发生解耦现象。生态系统碳-氮-水耦合循环过程遵循生态系统的系统理论、生物学及生态学规则。其中生态化学计量学理论、生态学代谢理论、生态系统结构与功能平衡理论、生物群落演替与生态位互补理论和资源要素需求与供给平衡理论是理解生态系统碳、氮、水循环及耦联关系的生态系统生态学理论基础。

本章从生态系统组分、结构、过程和功能等角度，论述生态系统状态形成、稳态维持及动态演变机制，以及生态系统碳、氮、水循环的耦联关系及生态过程，提出控制生态系统碳-氮-水耦合循环的生态系统生态学理论框架，并重点讨论控制生态系统碳-氮-水耦合循环的生态系统生态学机制，探讨生物群落演替与生态位互补理论和资源要素需求与供给平衡理论在调控生态系统碳-氮-水耦合循环中的作用。期望以此奠定陆地生态系统碳-氮-水耦合循环的生态系统生态学理论基础。

本章执笔：于贵瑞，田静，王秋凤，张维康

6.1 引言

生态系统是一个具有自组织功能的生物与环境复合系统,在外部驱动力和内在机制的共同制约下不断演变,既呈现出相对的稳定状态,也表现为动态演变及地理空间的变异。生态系统通过动态演变、能量流动和物质循环,维持着生态系统的生物组分之间、组分与系统、系统与环境的生态平衡关系及协同演化。陆地生态系统的碳、氮和水循环之间通过地理格局的资源供给与需求的计量平衡关系,资源利用与转化效率的生物制约关系以及生物学、物理学和化学过程的耦合机制而相互依赖、相互制约、联动循环、协同演化,决定着生态系统的结构和功能状态,决定着生态系统可能提供物质生产、资源更新、环境净化以及生物圈生命维持等生态服务的能力和强度(于贵瑞等,2013)。

植物光合作用和蒸腾作用是生态系统能量流动与物质循环中两个最重要的生理生态学过程。气孔调控下的光合-蒸腾过程是陆地生态系统碳-水耦合过程中最重要的环节,在冠层及生态系统尺度上的碳循环与水循环是方向相反的两个过程,但是气孔行为对两者的控制具有相似机制。因此,气孔对光合-蒸腾过程的共同控制及优化调控机制构成了陆地生态系统碳-水耦合的生理学基础(于贵瑞等,2010)。维持植物体生理活动需要一定量的碳、氮元素,植物对这些元素的吸收也伴随生长过程的水分消耗。植物体内各种营养元素含量存在着一定的比例关系,在生长的不同阶段,植物对各种营养元素的需求存在着相对稳定的计量关系。生态化学计量学理论的发展为更加深刻地理解植物营养吸收、利用及储存过程中元素之间相互促进和制约关系提供了理论依据(于贵瑞等,2014)。

生态系统尺度的植物、动物和微生物通过食物链(网)形式将生态系统的营养物质及元素构造成一个生物化学循环过程网络。该过程网络的状态及行为决定了生物群落对环境中的资源利用和分配;相反,环境本底中的资源有效状态、供给水平及资源要素之间的协调程度等也通过该过程网络决定着生物群落的组分、结构、功能、过程、分布和演替。系统的构建、发育、演变、能量转换、物质代谢、资源供给和资源利用等生态过程都是系统中的生物与生物和生物与环

境相互作用的结果,也是生态系统碳-氮-水耦合循环过程、储存和分配、积累和变化的结果。因此,生态系统生态学的基本原理及法则必然成为理解或制约生态系统能量-营养-水分循环的理论基础。

本章从生态系统能量流动和物质循环的生态学原理及规则的视角,讨论陆地生态系统碳-氮-水耦合循环的生态系统生态学机制,重点阐述生态系统的生态化学计量学理论、生态学代谢理论、生态系统结构与功能平衡理论、生物群落演替与生态位互补理论、资源要素需求与供给平衡理论及它们对生态系统碳、氮、水循环耦合关系的制约作用,为认识不同尺度的陆地生态系统碳、氮、水循环相互作用关系及其耦合过程奠定理论基础。

6.2 生态系统状态形成、稳态维持及其动态演变机制

生态系统科学研究组成生态系统的各个系统之间的相互联系和相互作用机制、系统变化规律和变化机理,从而为定量描述和预测生态环境变化建立科学基础,并为生态系统的科学管理提供科学依据。生态系统科学的研究任务是:分析和把握生态系统状态,验证和解释生态学现象的成因、生态系统变化的物理学和化学过程机制,认知控制生态系统行为的生物学和生态学机制,定量表达和科学预测生态系统动态变化和地理空间格局变异。

6.2.1 生态学现象及其过程

生态学是研究自然界多样性的生态学现象(ecological phenomenon)及生态学过程(ecological process)的状态、演变和控制机理的科学。作为生态学分支学科的生态系统生态学则研究生态系统的组分、结构、功能和服务的动态演化及地理分布等方面的生态学现象及过程机理,理解和描述自然界多种多样的生态系统过程状态及生物学、物理学和化学机制。

自然界的现象是事物在发生、发展和变化过程中所表现的内在联系性和客观形式。只有物质的形态、大小、结构和性质(如高度、速度、温度和电磁性质)等改变,而没有新物质的生成,且可直接感知的物理事件或物理过程被称为物理学现象(physical phenomena)或物理学过程(physical process)。当两个或多个化合物和单质之间产生化学反应且可直接感知的化

学事件或化学过程被称为化学现象(chemical phenomena)或化学过程(chemical process)。

通常意义的过程是事物发展或状态变化所经过的作用和程序、方法和步骤、途径和路线、进程和历程的统称。在热力学中,过程是指热力学体系的状态变化;在质量管理学中,过程是指将输入转化为输出的一组活动;在经济学中,过程是指将输入转化为输出的系统。在地学和生命科学中,过程主要是指系统结构和功能(或机能)状态的动态变化途径(道路)、路线、进程、历程或阶段,以及系统组分与结构、功能(或机能)与服务的状态维持和状态变化的物理学、化学、生物学和生态学作用和程序或方法和步骤。生物学领域的过程简称为生物过程(biological process),是指生物有机体的生长和个体发育、繁殖或生殖、新陈代谢及遗传和变异等生命维持和状态变化的作用和程序,以及动态变化和空间变异的进程和历程。重要的生物过程包括以下五个方面。

(1)生长过程(growth process)

高等生物的有机体是由细胞组成的,而植物生长实际上就是细胞数目增多和体积增大,是一个体积或质量的不可逆的增加过程,包括营养生长和生殖生长。

(2)发育过程(development process)

发育过程指生物有机体从诞生到死亡的生命周期内所经历的全过程,对于植物而言,就是从受精卵的最初分裂开始,经过种子萌发、营养体形成、生殖体形成、开花、传粉、受精、结实、衰老和死亡等阶段。

(3)繁殖或生殖过程(reproductive process)

繁殖或生殖过程是所有生命具有的基本现象之一,是通过生物产生新生个体而繁殖现存个体的过程,包括有性生殖与无性生殖。

(4)新陈代谢过程(metabolic process)

新陈代谢过程是指生物机体与机体内环境之间的物质交换和能量流动以及生物体内物质和能量的自我更新过程,包括合成代谢(同化作用)和分解代谢(异化作用)。

(5)遗传和变异过程(heredity and variation process)

遗传是在生物的世代延绵过程中,子代重复亲代特性和特征(性状)的现象,其实质是由于亲代所产生的配子带给子代遗传物质(基因),子代按基因信息表达发育出亲代同样的性状。相同的基因规定着生物体发育出相同性状,体现了生物界的遗传稳定性。但这种稳定性又是相对的,在世代延绵的长期发展过程中,基因难免会发生结构改变,使生物性状产生变异。

生态学及生态系统生态学研究中的各种生物、物理及化学过程可以统称为生态过程,既指生态系统的生物体及其种群和群落、生态系统及其组分的形态学、结构学及构造学方面的状态变化、进程和历程,也指生态系统中的生物生命活动、能量流动、养分循环、水分平衡、信息传递和物种共生等生态系统机能的维持及变化,也包括生物参与或控制的生态系统与环境关系的状态维持及变化的物理学、化学和生物学作用和程序。

生态系统中的重要生态学过程包括:①土壤-生物-大气中的水循环、养分循环、能量流动和温室气体排放等物质输送和转化过程;②有机物分解和积累、生命元素及金属元素氧化和还原等生物地球化学过程;③生物种群和群落构建、生长发育和繁殖、生物迁移和扩散等生物学过程。然而,生态系统中的生态过程十分复杂,通常是生物过程、物理过程、化学过程、生物物理或生物化学过程的复合体系。就其决定过程的主导来源而言,可以分为生物群落过程、大气过程、土壤过程、水文过程、地表过程和地质过程等。

6.2.2 生态系统属性及状态变化

生态系统状态(ecosystem state)是指在特定的自然地理环境下,特定的生态系统组分、结构、功能和服务的特性及生态系统运维的生态过程和模式等呈现的相对稳定状态。这种相对稳定的状态(简称为稳态)是生态系统内部的各种组分之间、组分与系统及系统与外部环境之间各种关系平衡的结果。生态系统状态可以从生态系统组分、结构、功能、过程、服务和功效及其动态变化和空间变异等多个角度,采用多种生态学指标来定性或定量描述,这些表征生态系统状态的生态学指标(ecological indicator)也被称为性状指标(trait indicator)或生态参数(ecological parameter),其中用于描述地带性稳态生态系统的组分、结构、功能和过程等本性特征的生态学指标被称为生态系统属性(property)或特征/特性(characteristic)或性状(trait)。

近年来,生物性状(biologic trait)、植物性状(plant trait)或植物功能性状(plant functional trait, PFT)的时间和空间变异、性状与植物及生态系统功能的关系、性状与环境变化及生物适应性进化机制等成为生态学研究的前沿领域和热点话题。然而,由于受传统的生物、植物或植物功能性状的概念体系、测定技术和方法的限制,相关研究长期被局限于植物器官、个体或物种水平,主要针对生物器官和个体的进化、生物和生态功能及生物环境适应性等科学问题。

随着以生态系统结构与功能、过程与格局为基础的宏观生态学的发展,能否及如何将个体水平测定的植物功能性状扩展到植物群落或生态系统水平,能否建立植物群落或生态系统尺度的功能性状概念体系,能否建立群落性状或生态系统性状与生态系统结构、过程、功能及服务的理论联系,就成为被关注的重要科学命题。

2019 年发表在 *Trends in Ecology and Evolution* 的探索性论文提出了"ecosystem trait"(EST)的新概念(He et al., 2019),并定义 EST 是在生态系统尺度上能够体现生物群落环境适应性或功能优化的生态学参数,是以单位土地面积为基础的物理、化学及生物学的形态、强度或密度参数,并且能够反映生物对环境变化的适应或生产功能的优化,同时必须满足采用统一的量纲系统、可度量、可演绎和可预测的条件。常用的 EST 包括植物群落、生态系统结构和生态系统功能等方面的生态学参数(图 6.1)。

这一概念及理论体系已经受到学界的关注,而且也被不同学科和研究领域的学者不断地发展和完善,在此就其概念的内涵、外延及其应用问题做更进一步讨论。

英语中"trait"的词义是"品质、特质、特征、特点、

特性"。在人文领域是指人格特质和个性品质(person-ality trait)、心理特质和心理性状(psychic trait)、态度特质和态度特性(attitudinal trait)、性格特征和品格特质(character trait);对于生物或事物而言,主要是指行为特性(behavioral trait)、本源和潜源特质(source trait)、隐性特质和品质(recessive trait);在物质生产和经济学领域,是指产品的数量性状(quantitative trait)和质量性状(qualitative trait)等。由此可见,"ecosystem trait"(EST)的中文可以翻译成"生态系统属性""生态系统特性""生态系统特征"和"生态系统性状"等。这些概念的核心含义虽然十分相近,但也有差异,这里依据生物性状概念及应用进行讨论。

生物性状广泛地应用于生物进化、遗传育种、生态学、作物栽培学和农业经营学等相关学科领域。它是指可遗传、可定性或定量测定的生物参数(指标),能体现生物对环境的适应,并(或)影响生物生产功能的形态、生理和物候等方面的所有属性。分类学的生物性状原来作为生物分类指标的形态学要素,是指生物体所有特征的总和,可理解为生物的特性、特点、特质和特征(图 6.2)。遗传学的生物性状是指可遗传的发育个体和全面发育个体所能观察到的(表型的)特征,包括生化特性、细胞形态或动态过程、解剖构造、器官功能或精神特性的总和。遗传性状或特性

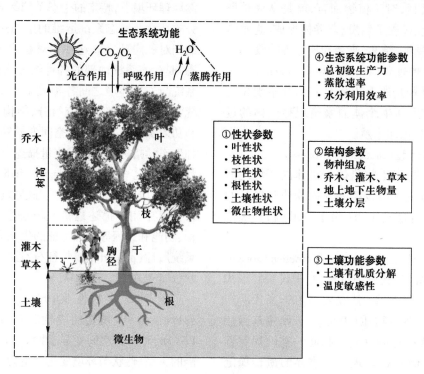

图 6.1　生态系统植物群落、系统结构和功能等方面的生态系统性状(He et al., 2019)

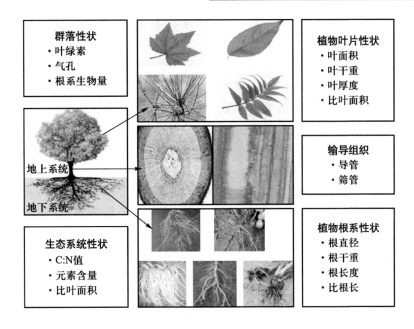

图 6.2 植物的根、茎、叶等生物性状,被作为生物分类的形态学指标,
可以表征特定植物可遗传的生物特性、特点、特质和特征

(hereditary character)是由基因控制的生物性状,是指遗传差异导致的在形态、结构、生理、生化等方面所具有的区别性特征,是能够世代相传的一切形态特征、生理性状、生化特性、代谢类型、行为本能及病理现象的统称。

汉语中的"性状"是由"性"和"状"构成的词组,"性"是指人或事物本身所具有的性能、性质、性格和个性等本源属性或特性;作为动词的"状"是叙述和描写人或事物的行动,作为名词的"状"是指表征人或事物及其变化的"貌""况""态",包括描述物体的结构和形貌的"状貌",描述事物的现实情况的"状况",描述事物发展情形的"状态",叙述事实的"状语""诉状"或"供状"等。

根据汉语的构词习惯,"性状"的原意可以理解为"对属性或特性的状述以及状述属性或特性的文辞或状语"。因此,汉语"性状"与英语"trait"的通用词义可以理解为:"关于一般性的人和生物或者物体和事物所具有的性质、性能和性格等本源属性及具体的个例或个体所独有的特质、特性、特点等特征属性的描述或陈述",以及"人们从某个思维角度定性或定量描述这些本源属性或特征属性,所呈现出的文辞或度量/测量的结果":

性状(trait) = 属性(性) + {描述 + 结果}(状)

自然科学领域的"性状"和"trait"两者最为契合

的共同词义是:关于人和生物,或物体和事物的本源属性和特征属性,及从某个学科角度对这些本源属性或特征属性的定性描述的文辞或定量度量的数值:

性状(trait) = 属性 + {描述 + 数值}

基于上述的认知,可以对将"ecosystem trait"翻译为"生态系统性状",是一类定量表征生态系统状态的生态学指标或生态学参数,可以指示生态系统本源性质、各类生态系统独有的属性特性和特征状态及其定性或定量的描述。具体而言,EST 是生态系统及其组分(组件)、结构、过程、功能等方面所具有的本源性的性质或属性,个别系统所独有的特性或特征,以及定性或定量描述本源性质或特征属性的状态。

可以作为一个或一类生态系统性状的生态学指标、性状指标或生态参数必须满足以下四个基本条件:一是可以反映自然生态系统生物(植物、动物和微生物等)及系统对资源和环境的响应和适应性、群落繁衍和生产力优化的生态系统属性、能力和作用;二是可以体现生物群落在长期的生物进化、适应性选择、种群互作、群落演替和系统平衡过程中所形成的结果;三是可以帮助理解地带性的稳态生态系统的本征性、原真性和稳定性;四是能够以单位土地面积为基础,具有统一量纲系统的可度量、可演绎、可预测的生态学参数。

从生态学、进化生物学、环境生物学和经济学等学科视角定量描述分布在全球的形形色色的生态系统属性、特征或性状,定性或定量描述生态系统分布及组分、结构、过程和功能演变,是大尺度宏观生态学研究的新的科学前沿。具有潜在的理论价值和应用前景的生态系统性状包括:①从形态学、构造学、组织学和功能学视角描述的生态系统组分和结构的本源性的性质属性;②从物理学、化学、生物学和数学视角描述和度量的生态系统过程和功能的特征性的特性属性;③从地理学、资源、环境和经济学角度描述和度量的生态系统服务和效应的功效性的状态属性。现阶段,学术界关于生态系统状态属性的描述还没有形成广泛共识的统一框架下的术语及量纲体系,需要我们从系统生态学的视角,发展基于"生态系统性状"概念的生态系统结构–过程–功能的整合生态学新理论,建立生态系统与宏观生态学整合研究的统一量纲体系、跨尺度演绎理论和方法及新数据–模拟融合分析技术体系。

6.2.3　生态系统变化及状态演变

　　生态系统在人为活动和环境变化的影响下,其组分和结构、功能和过程、服务和功效属性都会发生数量变化(change)或者变异(variation)、系统演变(system evolution)或演替(succession)、遗传变异(genetic variation)或适应性进化(adaptive evolution),这些统称为生态系统变化(ecosystem change)。通常将生态系统从一个稳定状态(始态)演变为另一个稳定状态(终态)的过程称为生态系统演替(ecosystem succession)。从热力学和能量流动的视角来看,生态系统变化将伴随着系统与外界的热量及能量交换,是系统对外界做功或外界对系统做功的物理学过程。从生物地球化学循环的角度来看,生态系统变化是指各种物质库的化学元素储量、库之间的交换速率以及系统与外界环境的交换速率等状态的改变。

　　从生态系统演变的观点来看,改变生态系统状态的因素既有外部因素也有内部因素,外部因素是通过对内部因素的影响而起作用的。这种影响可能是直接通过剔除、添加或入侵而改变生态系统的生物组分及其结构,也可能是通过环境条件或资源供给的变化而改变生物活性及机能。外部因素对生态系统的影响通常被称为环境胁迫(environmental stress)或外部驱动力(external driving force),这种环境胁迫对生态系统的影响方式可能是持续渐进的作用力、脉冲或随机扰动,也可能是强烈或灾害性的自然或人为干扰。当生态系统受到强烈干扰时,在相对稳定的气候环境下,生态系统会进入一个漫长的动态演替过程之中,通过生态系统的生物之间、生物与系统、系统与环境之间平衡关系的不断调整,逐渐演变和构建成新的顶极植被群落及生态系统。

　　生态系统变化有多种不同的模式或模态(图6.3),主要取决于影响生态系统变化因素的性质、

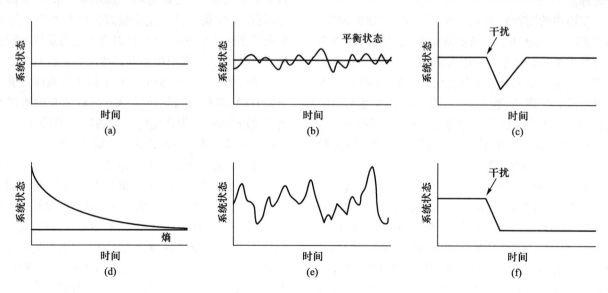

图 6.3　生态系统的六种平衡及变化模态

生态系统平衡及变化的六种模态:(a)静止平衡态,生态系统的状态基本稳定不变;(b)波动平衡态,生态系统状态沿平衡状态呈现出较小范围内的波动;(c)弹性平衡态,生态系统在受到干扰后可以迅速恢复到原始状态;(d)渐变平衡态,在外界环境胁迫条件下平衡态渐进式地变化;(e)变动型平衡态,生态系统状态在较大的范围内波动变化;(f)转型变化平衡态,受到干扰后的生态系统无法恢复到原始状态,而转变为另一种新的状态。

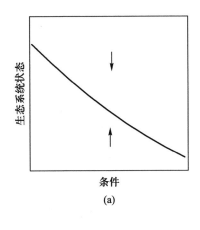
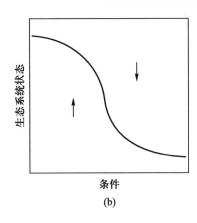
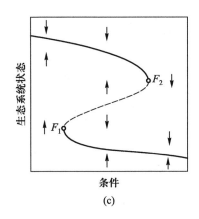

图 6.4　生态系统变化的不同模态

箭头表示系统状态的变化,虚线表示平衡的不稳定状态,代表在上、下分支上的两个替代稳定状态吸引力盆地的边界。生态系统受到外部条件扰动时通常表现的三种响应模式:(a)生态系统以平稳而连续的方式响应外部条件的连续变化;(b)在不同的条件阈值范围内,生态系统以连续的、不同的状态变化速率响应外部条件的连续变化;(c)在不同的条件阈值范围内,生态系统以不连续的、不同状态变化速率及多稳态的方式响应外部条件的连续变化。

作用方式及强度。通常情况下,生态系统变化处于某种稳定状态的波动(fluctuation),这种波动的幅度在某个临界阈值之内,也可以说是在生态系统变化的弹性空间内波动。但是外界的环境胁迫或干扰超过临界阈值,就会导致生态系统跳跃到另一种新的稳定状态,被称为生态系统的突变(mutation)或转型变化(transformation),进而使得生态系统的生物系统、能量流动和物质循环也转变为一种新的模态(图 6.3)。

生态系统演变的动态过程因环境胁迫的类型及作用强度不同,表现为不同类型的变化方式(图 6.4)。一般情况下,当生态系统的外部条件发生渐进式变化时,生态系统的状态可能会以平稳而连续的方式做出渐变式的响应(图 6.4a);也可能会在某些条件范围内其变化速率很小,当环境条件接近某个临界水平时,生态系统会出现快速而强烈的响应(图 6.4b);当生态系统的响应曲线向后"折叠"时,则对于给定条件可以存在三个平衡(图 6.4c)。

生态系统稳定性及全球环境变化影响是当前的热点研究领域,不同学者根据其格局和模式的不同,以多学科的视角推出众多的理论模式(图 6.5),极大地丰富了生态系统状态维持和变化模态的科学认知,但是如何构建一个统一的生态学理论来揭示生态系统状态维持及动态演变机制,科学预测和预估全球变化对生态系统的影响,服务于生态预测和生态灾害预估,还任重而道远。

6.2.4　生态系统状态维持及其演变机制

在特定的自然环境条件下,生态系统具有通过自组织系统维持相对稳定状态的特性和机能。在一定边界阈值范围内,生态系统也具有较强的自我修复和治愈能力,在持续高强度的外力胁迫作用条件下,生态系统会产生响应或适应性演变。在人为活动和自然环境变化的双重驱动下,生态系统组分、结构、功能等基本属性的状态发生演变(数量变化或者变异,系统演变或演替,遗传变异或适应进化等),产生有益或有害的生态效应(资源效应或环境效应),导致生态系统服务及功效的增强或衰损。生态系统科学的重要使命就是要揭示生态系统基本属性、属性间的逻辑关系的状态变化及状态变化的资源环境效应规律,认知自然和人为因素控制生态系统状态及其演变的生物学、物理学和化学过程机理,探讨各种生态学关系和规则的地理学、经济学和系统科学机制模式及其数学描述理论方法,人为调控生态系统结构、功能和过程的技术原理,以及利用和保护自然生态系统的措施(图 6.6)。

生态系统的组分、结构、过程、功能、服务、功效及其级联关系等是生态系统基本属性。特定的环境条件和资源限制及变化所构成的外部驱动力通过引起生态系统的组分、结构、过程和功能的内在变化而输出特定的生态系统服务及功效,这种生态系统属性的级联反应和逻辑关系是揭示生态系统状态维持及变化的科学原理、作用机制或机理的理论基础。

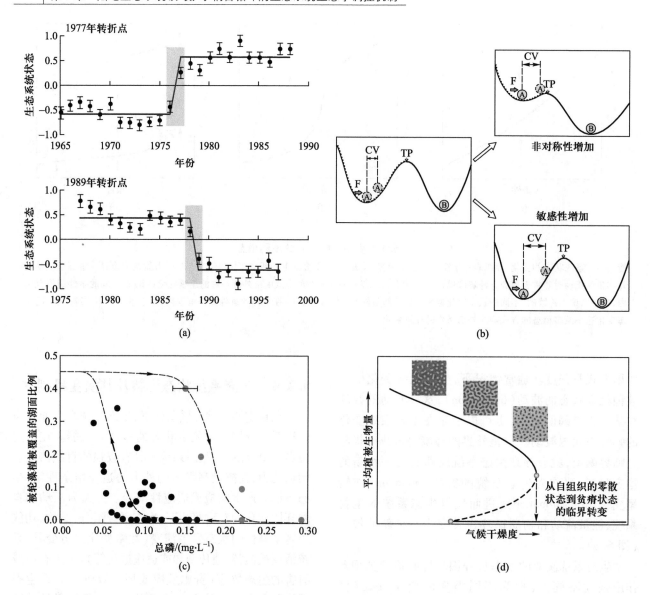

图 6.5　不同学者根据不同的学科视角提出生态系统状态变化理论及动态模式

(a)1977 年和 1989 年前后,太平洋生态系统发生了不同的状态变化。通过平均 31 个气候和 69 个生物归一化时间序列,得到了生态系统状态的复合指标(Scheffer et al., 2001)。(b)生态系统受到外部条件扰动后,由于弹性的丧失而发生转变的两种机制:第一种情况表示生态系统生产力非对称性增加;第二种情况表示生态系统受外部条件扰动的敏感性增加,发生突变(Hu et al., 2018)。(c)Veluwe 浅水湖藻类植物对磷浓度升高和下降的滞后响应。灰点代表 20 世纪 60 年代末、70 年代初磷浓度增加的系统过程;黑点代表随着磷浓度的降低,20 世纪 90 年代藻类植物的覆盖度恢复到原有状态(Scheffer et al., 2001)。(d)生态系统受到干旱扰动时,植被斑块从自组织的零散状态向贫瘠状态突变的过程。粗线表示植被密度与扰动的平衡状态,插图表示植被格局,插图上暗色表示植被,亮色表示裸土(Scheffer et al., 2009)。

生态系统组分(ecosystem component)包括:组成生物系统(biological system)的生产者(植物)、消费者(动物)和分解者(微生物);组成资源系统(resource system)的能量、水分和养分资源要素及环境系统(environment system)的光照、温度、水分、氧气、盐度、pH 值和栖息地环境条件;组成功能系统(functional system)的生物繁衍、能量转换、物质循环、信息传递功能单元;组成逻辑系统(logic system)的生态关系、生态过程和生态规则。

生态系统结构(ecosystem structure)是指组成生态系统整体的各组分的搭配和安排,主要指构成生态系统的诸要素及其量比关系,各组分在时间和空间上

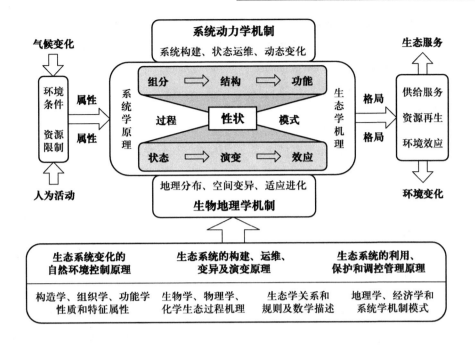

图 6.6 生态系统的组分、结构、功能的状态、演变和效应及其生物学、物理学和化学过程机制与理论模式科学研究框架

生物生命活动的环境条件和资源供给变化是生态系统变化的驱动力,影响生态系统组分、结构、功能和过程等基本属性及状态,进而影响生态系统服务,表现出资源环境效应功效和人类福祉供应功效。生态系统变化的环境驱动、生态系统的构建运行和稳定性维持及生态系统利用、保护和调控管理是生态系统科学的三个基本原理,而生态系统的系统构建、状态维持、动态演变和地理变异是生态系统研究的四个基本问题。

的分布,以及各组分间的能量、物质、信息流途径与传递关系。系统组织学的结构是指构成生态系统的生物组分(biological component)、无机环境组成(environmental component)及组织构成(相互作用关系的秩序安排),组织构成是指生态系统中由不同生物类型或品种或种群以及它们之间不同的数量组合关系。系统构造学的结构是指构成生态系统的元件(element)、组/构件(subassembly)及空间组装(组、构件系统的搭配和组织建造)。系统营养学的结构是指生态系统中,生物与生物之间以及生产者、消费者和分解者之间以食物营养为纽带所形成的食物链和食物网营养关系。系统形态学的结构是指各种生物成分或群落在空间和时间上的不同配置和形态变化特征,包括水平分布的镶嵌性、垂直分布的成层性和时间上的变化演替特征,或称微观结构(内部结构:水平结构、垂直结构)和宏观结构(时空分布格局:空间分布、土地利用)。

生态系统过程是指构成生态系统的生物及非生物因素之间的相互作用关系,以及为达到一定结果的生物学、物理学和化学过程,生态系统的各个营养级之间、各种生物组分个体之间以及生物成分与非生物

环境要素之间组成一个完整的生态学功能单元(生态系统)。生态系统过程是联系生态系统与人类福祉、资源和环境安全,理解生物圈、大气圈、水圈、岩石圈、土壤圈和人类社会相互作用关系及机理的基础,主要包括生物种群繁衍(群落更新、扩散及群落的种间关系)、生态系统的物质循环、能量流动及信息传输(交换)。

生态系统功能(ecosystem function)是指生态系统的各生物组分、系统元件和组/构件以及生态学过程在生态系统中所具有的机能或能力、履行的组织职能或完成的工作使命和发挥的作用或达成的效果。特定地理空间的生态系统功能是指作为系统整体,对生物圈的生命系统维持、资源环境系统的资源再生和环境净化、地球系统的气候稳定和生物地球化学循环以及人类社会系统的生态服务供给等有利的作用或达成的效果。

生态系统服务(ecosystem service)是指人类直接或间接从生态系统得到的利益(福祉)。包括生态系统的供给服务(supply service)、调节服务(regulating service)、文化服务(cultural service)和支持服务(support service)。地球表面形形色色的生态系统都具有其特定的结构和功能,对人的生存、生活和生产

及人类延续和发展供给多种多样的生态服务。

生态系统功效（ecosystem effect）是生态系统服务所展现出来的资源环境效应（resource and environmental effect）和提供人类福祉的数量和质量。生态系统可以提供的各种生态系统服务之间具有数量和质量的权衡关系，不同的服务对象可能感受的功效是不同的，有时甚至是相反的，特别是对于不同阶层和界别的人类社会，因为各自的价值观、宗教信仰及生活方式和水准的差异，他们对各类生态系统服务的需求有所不同。

生态系统的组分、结构、功能的状态、演变和效应及其生物学、物理学和化学过程机理与机制的模式和数学描述方法是生态系统科学研究核心问题，人为调控生态系统结构、功能和过程的技术、利用和保护自然生态系统的科学原理，是生态系统科学研究的目标。原理是指在自然科学和社会科学中具有普遍意义的基本规律，是可以在大量观察和实践的基础上，经过归纳和概括而得出的。原理既能指导实践，又必须经受实践的检验。机制一词源于希腊文，原指机器的构造和运作原理，借指事物的内在工作方式，包括有关组成部分的相互关系以及各种变化的相互联系。社会科学中的"机制"指一定机构或组织的机能，以及这个机构或组织与其机能之间的相互作用关系。机理是指事物变化的理由与道理。生态学机理是指生态系统结构和功能形成及其变化的物理学、化学和生物学过程机理，由相关数据及事实构成，作为机制组成的一部分。

在生态系统科学研究中，原理、机理和机制通常被混淆，可以用广义的生态学机制来表述，指生态系统的组分、组织部件（或构件）及其结合方式，结构或构造的组成部分之间的相互关系，生态系统结构、过程、功能与生态服务之间的关系，以及它们的结合方式、相互关系的本质联系（即必然规律性）及发生各种变化的物理学、化学和生物学过程。

生态系统科学是多学科交叉融合的领域，生态系统各种变化和行为过程的机理或机制可以利用不同学科的理论、方法及技术途径来分析和表述，我们可以总结为物理学机理、化学机理、生物学机理，生态学机制、生物生理生态学机制（bio-physiological ecological mechanism）、生物物理生态学机制（biophysical ecological mechanism）、生物种群生态学机制（biological population ecological mechanism）、生物群落生态学机制（biological community ecological mechanism）、生态系统生态学机制（ecosystem ecological mechanism）、生物化

学生态学机制（biochemical ecological mechanism）、生物物理化学生态学机制（biophysical-chemical ecological mechanism）、生物地理生态学机制（biogeographical ecological mechanism）等。

6.3 生态系统碳、氮、水循环的耦联关系及主要生态过程

6.3.1 生态系统尺度的碳-氮-水耦合循环过程及耦联关系

生态系统碳-氮-水耦合循环表现为物理学、化学和生物学过程的耦合，也表现为生命元素储量和流量、各种资源禀赋与消耗量、系统从环境中吸收和排放通量之间的关联性和计量学关系的稳定性。大量的研究表明，生态系统不同有机物质库的生物现存量之间存在一定程度的稳定比例关系（McGroddy et al., 2004; Cleveland and Liptzin, 2007; Manzoni et al., 2008）；不同组分的生命化学元素计量关系具有一定程度的内稳性（Sterner and Elser, 2002; Yu et al., 2010）；植被-大气、土壤-大气和土壤-植被三个界面过程的多种气体物质交换通量也具有相对稳定的比例关系（于贵瑞等，2014），进而也表现为生态系统的生产力、碳汇、水分消耗、氮供给等生态功能的耦联关系，更为具体地表现在生态系统的水分利用效率、氮利用效率的保守性等方面（于贵瑞等，2013）。

生态系统的碳-水耦合关系在不同的层级和水平上表现为不同的现象及事实（图6.7）。在植物生物化学尺度上表现为植物光合作用生化反应中碳、水之间存在固定的1:1的摩尔比例关系，生态系统有机物质库的碳、氮元素具有相对稳定的计量平衡关系。据统计，植被地上生物量的 C:N 值约为35:1，土壤有机质的 C:N 值约为14:1，凋落物中的 C:N 值约为46:1（于贵瑞等，2011），森林生态系统中叶片碳、氮的摩尔比为 1212:28，凋落物为 3004:45（McGroddy et al., 2004; 任书杰等，2012）。

在叶片气孔调节的光合作用和蒸腾作用的过程中，水汽和 CO_2 的扩散同样遵循 Fick 定律（Farquhar and Sharkey, 1982），植被与大气之间的碳通量与水通量动态变化具有相似的变化规律，通常情况下，碳通量与水通量之间具有明显的线性正相关关系（Yu et al., 2007; Zhao et al., 2007），并具有较为一致的日变

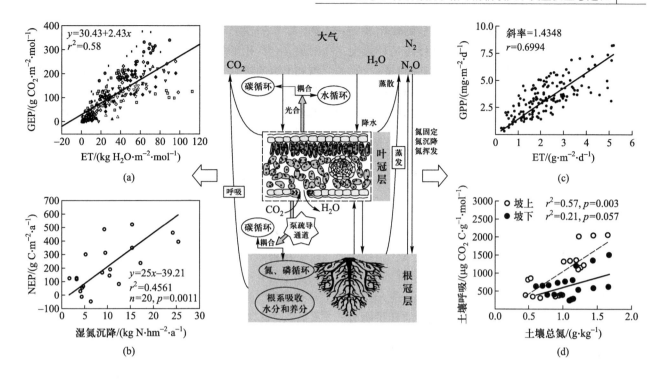

图 6.7　不同尺度上的生态系统碳-氮-水耦合循环过程或耦联关系

生态系统碳-氮-水耦合循环体现在空间格局和动态过程之中。(a)在空间上生态系统生产力与蒸散之间存在线性正相关关系,反映了空间上的碳-水耦合关系(Law et al., 2002);(b)空间格局的净碳吸收与湿氮沉降之间存在线性正相关关系(Yu et al., 2014);(c)生态系统生产力与蒸散动态变化之间的线性正相关关系(刘晓等,2017);(d)动态过程中的土壤呼吸与土壤氮含量之间的线性正相关关系(Zhang et al., 2015)。

化、季节变化和年际变化特征(Song et al., 2006),生育季节内累积碳同化量与累积蒸散量具有稳定的线性比例关系(Steduto and Albrizio,2005)(图 6.7)。

　　生态系统尺度的碳-氮耦合关系表现为植物、土壤、凋落物、微生物和动物有机物质库之间的交换通量及环境变化导致的碳和氮储量和通量变化等过程相对稳定的化学计量关系。Sterner 和 Elser(2002)认为,生态系统是通过植物的化学计量内稳态机制来维持 C:N 值的动态平衡。地理空间的生态系统碳、氮、水循环的耦联关系的直接表达就是植被生长与水分和养分有效性及供给能力的依存关系(图 6.7)。例如,区域和全球尺度的陆地植被生产力与蒸散量具有一致的地理空间分布特征(Hetherington and Woodward,2003),甚至可以根据碳、水通量间的比值(水分利用效率,WUE),用蒸散量的空间分布来大致估算同一区域的碳同化生产力的空间分布(Beer et al., 2007)。同样,生态系统碳、氮循环的耦合关系则呈现出土壤的氮供给能力和有效性直接对植被生产力的限制作用,土壤的有效氮供给的地理格局与植被生产

力地理空间分布具有密切的耦联关系(图 6.7)。

6.3.2　生物的物质和能量代谢与碳-氮-水耦合循环

　　生物的物质代谢系统由物质的同化和异化过程构成。前者是生物体从环境中取得物质,转化为体内新物质的过程,也叫同化作用。后者是生物体内的原有物质转化为环境中的物质,也叫异化作用。无论生物的同化还是异化过程,都是由一系列中间步骤组成的。在物质代谢过程中还伴随能量变化,发生在生物体内的机械能、化学能、热能以及光、电等能量的相互转化和变化称为能量代谢,ATP 在此过程中起着关键作用。新陈代谢在生物体的调节控制之下有条不紊地进行,构成驱动生态系统碳-氮-水耦合循环的内在调控的生物学机制之一。这种生物学调控有 3 种基本途径:①通过代谢物的诱导或阻遏作用控制酶的合成;②通过生物激素与靶细胞的作用,引发一系列生物化学过程;③效应物通过别构效应直接影响酶的活性,反馈抑制代谢过程或途径。

生物新陈代谢是生态系统碳-氮-水耦合循环的内在驱动机制，无论生态系统状态维持，还是环境变化影响下的生态系统状态变化、环境响应和适应，都是通过生物物质和能量代谢及其变化而实现的，是各类生态系统在不同演替阶段的碳-氮-水耦合循环模态的决定因素。

6.3.3 生态系统碳-氮-水耦合循环的生态学过程

生态系统碳、氮、水循环在很多环节上存在着生物化学或物理化学过程的耦合。这些耦合过程主要包括大气-叶片冠层界面碳-氮-水耦合循环、土壤-根系冠层界面碳-氮-水耦合循环和土壤-根系-茎秆-叶片系统碳、氮、水输送等(图 6.8)。更为重要的是，碳-氮耦合过程发生在植物和微生物碳、氮代谢的几乎所有生物化学过程中，所有的有机氮代谢都必须以碳化合物为载体，即使是土壤中无机氮的氧化和还原也必须有微生物参与和能量供给(图 6.8)。

6.3.3.1 大气-叶片冠层界面的碳、氮、水交换及耦合过程

大气-叶片冠层界面的碳、氮、水交换是土壤-植物-大气系统物质循环和能量流动的重要环节。植被冠层光合作用的生物化学过程和气孔-大气系统的水汽和 CO_2 的扩散过程是控制生态系统的碳-氮-水耦合循环的重要机制。植物生长的水分和养分需求影响植物碳同化作用，调控着碳、氮等生命元素在组织和器官中的分配。植物-大气界面发生的碳-氮-水耦合具有不同的表现形式，在叶片尺度上表现为气孔行为对蒸腾和光合速率的控制，在生态系统尺度上表现为植物群落对生态系统碳、水通量的控制，在地理格局上表现为生物进化和群落构建塑造的植被性状对生态系统生产力和水分消耗关系的调控。

植被冠层碳、水交换的耦合实际上是由冠层不同功能型的叶片实现的，而叶片水平的碳、水交换过程却受植物气孔行为的调节，这种调节作用又受植物气孔行为本身以及各种环境和生理因子的复杂影响。在冠层尺度上，基于涡度相关技术开展水、碳通量观测成为研究水-碳耦合关系的主要途径。事实证明，生态系统的碳、水通量之间存在明显的耦合作用，它们具有一致的日变化特征和季节变化特征，其累积碳同化量与蒸散量具有明显的线性正相关关系。

SPAC 系统中水分传输研究结果表明，从土壤到叶片的水分传输路径中的水流阻抗(hydraulic resist-

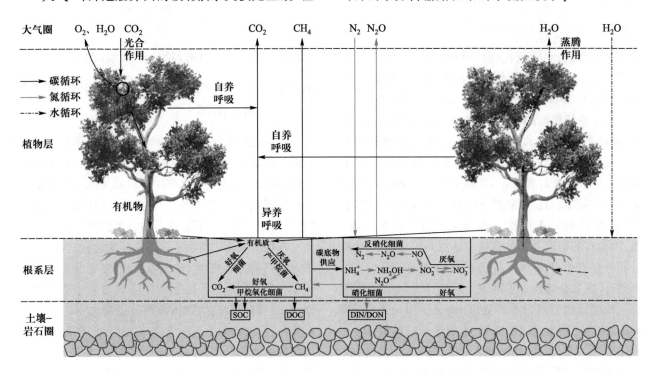

图 6.8 生态系统碳-氮-水耦合循环的主要生态学过程
碳-氮-水耦合循环的生态学过程包括光合、呼吸、蒸腾、有机质分解、硝化、反硝化、固氮等。其耦合过程主要发生在植被-大气界面、根系-土壤界面和土壤-大气界面。

ance)是影响植物蒸腾和光合的重要因素(Farquhar and Sharkey,1982;Zhao et al.,2007;李机密等,2009;Beer et al.,2010;王庆伟等,2010),而这种水流阻抗可通过一系列液相和气相阻抗来描述,植物通过对气相阻抗的调节,在蒸腾失水和从土壤到叶片的有效供水之间保持平衡(Solomon et al.,2007)。

植被冠层的碳、氮代谢联系密切,在叶片水平、植物个体水平和生态系统水平上也都紧密耦合。在自然生态系统中,氮营养经常成为生态系统生产力的限制因素。在氮供应不足时,植物会通过降低光合作用有关酶的表达、增加产物积累以及限制蛋白质合成等途径形成光合适应现象(Pettersson et al.,1994)。大气 CO_2 浓度升高会直接促进植物的光合作用,不仅增加碳的固持量,还可能会导致植物与土壤中碳、氮发生定性和定量的变化(van Ginkel et al.,1997)。例如,植物组织中的氮含量减少,C∶N 值升高。在高浓度 CO_2 条件下,植物吸收会降低 21%～29%,但氮利用率增加了近 50%(Zerihun et al.,2000)。一般而言,基于质量的最大净光合速率不但会随着基于质量的叶片养分含量,尤其是氮含量的增加而增加,而且还会随着比叶重(specific leaf mass)的升高而降低(Wright et al.,2004)。

6.3.3.2 土壤-根系冠层界面碳-氮-水耦合循环过程

土壤-根系冠层界面的碳-氮-水耦合循环过程主要表现在:①植物根系活动及有机物分泌对土壤氮、水有效性的影响过程;②土壤中氮和水分通过根毛吸收,再通过共质体跨膜和质外体运移途径的吸收过程;③根系输导组织对氮、水输送及分配过程。这些关联过程既是相互联动的生物化学过程,也是营养液流运移和物质扩散的生物物理化学过程,都受到植物根系冠层的结构和根系代谢活性的影响。总体来看,土壤-根系冠层界面氮、水吸收需要植物有机碳的投入,不仅被用于构建吸收氮、水的根系系统,还需要通过根系分泌物来激发和活化土壤的氮矿化,并且共质体的跨膜氮转移也需要碳分解来提供能源。

土壤-根系冠层界面是土壤养分和水分进入植物体内的主要通道或屏障,同时,土壤-根系冠层界面的养分与水分循环过程又是互相作用的过程。根系吸收氮依赖碳投入,最终影响陆地生态系统的生产力。土壤中存在多种形态的氮,而且其组成复杂、具有高度的空间异质性。长期生长于以某一形态氮源为主

的土壤中的植物会形成不同的适应机制(Macek et al.,2012)、对不同形态氮吸收的偏好以及对氮循环调控机制的差别(Gastal and Lemaire,2002)。

土壤中氮的生物有效性不仅取决于土壤中的氮供给能力,还与根系吸收氮的能力密切相关。根系的大小和构型在一定程度上可以反映其吸收氮能力的强弱,通常在干旱和贫瘠的土壤条件下,植物会向根系投入更多碳构建根系系统,以增大根系密度,获取更多的碳营养(吴楚等,2004)。土壤干旱程度越大,植物的根冠比越大,根系分布越深。与构建粗根相比,相同质量的碳用于构建细根会提高氮的吸收能力和效率,因此,植物具有投入更多的碳用于构建细根的倾向。根系获取氮的能力在很大程度上还取决于氮在土壤中的分布,根系分布深度对截获氮的能力有较大影响,尤其是对易淋失的 NO_3^- 的吸收具有重要作用(Gastal and Lemaire,2002;Kinoshita and Masuda,2011)。

6.3.3.3 土壤-根系-茎秆-叶片系统碳、氮、水输送过程

土壤-根系-茎秆-叶片系统碳、氮、水输送是木质部导管和韧皮部筛管的溶液流的物质传输过程,其驱动力主要来自 SPAC 系统水势梯度和溶质的流动。蒸腾作用导致的水势梯度是使水分向上运输的动力源,并且会影响植物的液流速率。饱和水汽压和气孔导度是控制蒸腾的基本因子,太阳辐射直接影响蒸腾作用而间接影响土壤-根系-茎秆-叶片系统的液流状态。空气温度对于植物的蒸腾速率影响较大,一方面能够改变植物体内的水汽压亏缺值,另一方面也影响叶片温度和气孔开度,使植物的角质蒸腾和气孔蒸腾的比率发生变化,改变液流的变化特征。

土壤溶液通常可定义为含有溶质和溶解性气体的土壤间隙水。植物根细胞在土壤中吸取水分取决于根细胞和土壤溶液的水势高低。植物吸收水分和养分的机制源于根的作用,根对水分和养分的吸收与利用会降低近根区土壤水分及养分浓度,由此形成根际周围养分相对贫乏的区域,产生近根区和远根区土壤水分和养分浓度梯度。水势高的远根区土壤水分便会向近根区迁移,土壤溶液中的养分也会随着溶剂的迁移而迁移(质流)。

植物根系对土壤溶液碳-氮-水耦合循环的调控主要有 3 种方式:一是植物根系可以通过离子通道对土壤溶液系统的 NO_3^-、NO_2^- 和 NH_4^+ 等养分离子进行选择性调控(Peuke et al.,1998;Köhler and Raschke,

2000)。二是根系可通过载体蛋白对土壤溶液养分离子进行选择性运输和调控(Taylor and Bloom,1998)。三是土壤溶液离子的离子泵运输也是根系调控土壤溶液系统养分离子平衡的一个重要方式(Johansson,1993;Yan et al., 2002)。

6.3.3.4 土壤中的碳-氮耦合循环过程

土壤碳、氮元素的储存和迁移、固持和释放、氧化和还原等是生态系统碳、氮循环的重要组成部分。这些土壤过程中的碳、氮循环是伴生的生物地球化学过程,在微生物功能群网络的调控下,两者相互联动,相互依赖。微生物群落调控下的土壤碳、氮循环及其耦合过程直接影响土壤有机质分解、土壤养分的释放和固持及温室气体排放。相关内容参见第5章。

6.4 控制生态系统碳-氮-水耦合循环的生态系统生态学机制

6.4.1 控制生态系统状态的生态系统生态学机制理论框架

生态系统过程是理解和描述碳-氮-水耦合循环的物理学和化学机理的科学基础,但是任何生态系统的碳-氮-水耦合循环过程都必然受控制生态系统状态的系统理论、生物学及生态学规则的制约。也就是

说,生态系统的碳-氮-水耦合循环的物理学和化学过程必须在生物和生态学规则的约束(或控制)下运行。这些规则来自生物个体、群落、生态系统以及生物地理学方面的生态学机制,也来自生态系统的系统科学原理和机制,它们共同构成了调控生态系统碳-氮-水耦合循环的生态系统生态学机制体系(图6.9)。

生态系统碳、氮、水循环的物理学及化学过程是受生态系统的生物与环境相互作用关系控制的,生态系统组分、结构、机能及状态是不同物种之间竞争、共生、进化及群落构建与动态演替的结果,也是生物与环境条件及资源供给的长期相互作用及状态平衡的结果。生态系统可以被看作动态的生命系统,在这一系统的形成和演变过程中,个体发育、群落构建、动态演替及适应性进化都必须遵循各自的生物学规则或生态系统生态学原理。这些规则和原理控制着生态系统碳、氮、水循环动态过程及耦合关系,表现为在植物个体发育的不同阶段,不同类型的生态系统及其演替阶段,不同气候区域或地带性生态系统的碳-氮-水耦合循环过程和状态模式。

6.4.2 控制生态系统碳-氮-水耦合循环过程和状态的生物学机制

自然界的生物都是以种群或群落方式存在并繁衍,但是个体是生物的基本单元。个体的生活史、个体生长和种群发展、群落构建与演替、生物对环境的响应与适应等生物行为虽然与其生存的环境条件有关,也

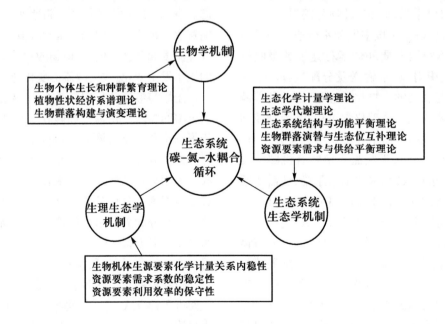

图6.9 控制陆地生态系统的碳-氮-水耦合循环过程与状态的生态系统生态学机制框架体系

会在一定程度上被资源环境条件所调节,但是其内在的发展规律是由生物遗传信息及生物学规则所决定的,表现为生物个体及种群的生态学现象、过程和行为。

6.4.2.1 生物个体生长和种群繁育理论

植物的个体发育主要受遗传因素决定,严格遵守生活史的周期、节律和发展规律。其营养生长和生殖生长,根、茎、叶、种子各器官以及器官的组织之间的生长保持相对稳定的平衡关系,被称为生物的异速生长理论(allometric theory)。这种生物学特征决定了个体发育过程中对养分的需求和光合作用产物的分配原则和利用策略,制约着植物个体发育在不同阶段对碳、氮、水的吸收、利用和分配特征及其在生物体内的耦合循环模式。

6.4.2.2 植物性状经济系谱理论

地球表层形形色色的植被具有悠久的生命史和演化史。植物需求的各种物质和能量在器官以及性状之间有序地分配,维持着植物的生长平衡和分配平衡。在植物进化过程中,植物不同的性状组合之间与资源获取、利用及保存的相关功能性状之间存在基本权衡关系,这种性状间的权衡关系在生物进化史和地理空间格局的梯度上会呈现为特定的经济学系谱(economic spectrum)(Wright et al., 2004)。例如,在进化史的一端,主要是"快速投资−收益型"物种(quick investment-return species)(叶氮含量高、光合速率快、呼吸速率快、寿命短、比叶重小的物种),而在进化史的另一端大多为"缓慢投资−收益型"物种(slow investment-return species)(寿命长、比叶重大、叶氮含量、光合速率和呼吸速率都偏低的物种)。在一定程度上,这种决定植物性状经济系谱的生物学机制也同时决定了个体和种群发育过程中的碳、氮、水的吸收、利用和分配特征。

6.4.2.3 生物群落构建与演变理论

植物群落或生态系统是由具有不同生态位的物种嵌合组成的生命共同体,在限定的环境条件下,各类型的生物生态位分化是对资源利用的类型、时间和空间等方面的差异和互补,进而通过物种间的资源竞争和共生互补等生存策略来构建适应特定环境的群落结构,实现对自然资源的利用优化组合及综合利用模式。生物群落动态演替过程既受生物种群发展规律驱动的自发性原生或次生演替机制制约,也受全球变化和人为干扰驱动因素的影响。这种群落构建及演变机制也同样是构造生态系统碳−氮−水耦合循环模式及动态演变的适应性调整过程。

6.4.3 控制生态系统碳−氮−水耦合循环过程和状态的生理生态学机制

生理生态学是研究生物与环境相互作用中生命过程和生命现象的科学,重点研究生物对环境适应及环境对生物影响的相互作用关系,生物的生理机制,生理学变化对有机体时空分布的影响及生理变化模式和过程的进化等问题。大量关于植物水分和碳、氮营养的生理生态学研究表明,陆生植物的碳、氮、磷等生源要素的化学计量关系有较强的内稳性(homeostasis),由此导致生态系统光合作用物质生产对氮和磷等生源要素以及水分等资源要素的利用效率也具有相当程度的保守性(conservation)。具体体现在不同类型植物或不同区域典型生态系统物质生产的水分需求系数(WDC)、氮和磷等营养元素的需求系数(NDC)、水分利用效率(WUE)和氮利用效率(NUE)等都表现出相对的稳定性(stability)。

这种陆生生物机体生源要素化学计量关系的内稳性、资源要素需求系数的稳定性以及资源要素利用效率的保守性等是制约生态系统碳、氮、水循环动态变化和空间格局的耦合关系的内在生理生态学原理(physio-ecological principle)。但是生物机体的生源要素化学计量平衡关系是如何通过资源要素需求系数的稳定性和资源要素利用效率的保守性原理来制约生态系统的碳、氮、水循环通量及三者的平衡关系,依然是需要深入研究的重要科学问题(于贵瑞等,2013)。

在日变化、季节变化、年际变化和动态演替过程中,生态系统的碳、氮、水循环大多会维持严密的耦合关系。化学计量的稳定性被认为是生命的本质特征,也是调控生态系统的生命元素耦合循环的重要生态学理论基础之一。根据生物化学元素计量稳定性原理,在生物有机体的环境(包括有机体的食物)化学元素组成发生变化的情况下,生物具有维持自身化学元素组成相对稳定的能力;同时,有机体也可以通过负反馈作用使自身元素组成与环境中供给的养分元素保持相对稳定的状态(Sterner and Elser, 2002)。可是在一些特殊条件下,生态系统的碳−氮−水耦合循环也会发生解耦现象,表现为它们的生物化学计量关系的不稳定性,以及氮利用效率和水分利用效率的变异性,这种维持机制和反馈可概括为图6.10。

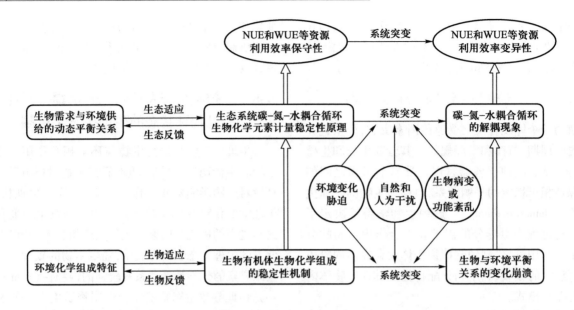

图 6.10 陆地生态系统碳、氮、水循环的耦合过程与解耦现象及资源利用效率变异性的形成机制

化学计量关系的稳定性和资源利用效率的保守性是一种动态变化的过程，它表现为一种动态变化行为，即当环境中的元素供给量发生改变时，生物有机体会在一定的范围内自我调节，使自身的化学元素含量也发生改变，主动地适应环境条件。还有生物需求与环境供给的平衡，生物有机体在可耐受范围内会尽量保持自身特定的化学计量特征与环境供给达到平衡状态，即被动地接受环境影响。但是，如果受到某种极端环境因子的影响，元素组成产生巨大变化，超出了生物能够调节的极限时，这种平衡将会被打破（平衡关系的崩溃），生物有机体有可能因为毒害或饥饿而无法生存。这种生物与环境的相互作用构成了有机体生存和适应环境的一种必须具备的负反馈机制。

全球变化增加了陆地生态系统研究的不确定性，并且各类生态系统植被组分的不同和氮的供应以及降雨分布的差异，使得大尺度的碳–氮–水耦合计量关系存在一定的变异性，直接影响到土壤碳的分解以及碳在植被、土壤和大气中的储量变化。McGroddy 等 (2004) 在研究全球森林生态系统的 C∶N∶P 计量关系时发现，不同类型森林和全球尺度上植物的C∶N∶P 值存在很大变异性。陆地生态系统化学计量的变异性远远大于海洋生态系统。

6.4.4 控制生态系统碳–氮–水耦合循环过程和状态的生态系统生态学机制

分布在地球表层的多种多样的生态系统是由不同气候条件下地带性生态系统或者不同干扰程度或演替阶段的生态系统所构成的。这种处于不同空间维和时间维上的生态系统是自然环境的选择、生态系统演替和适应性进化的产物，其碳、氮、水循环特征与所处环境维持固有的平衡关系，通常表现为与地带性或演替系列相对应的碳、氮、水循环系谱特征。

系统性、整体性、自组织性、秩序性和层次性等是生态系统的基本属性，也是生态系统的组分、结构、过程与环境相互作用的结果，是决定生态系统的生命特征、结构特征、构建原理和变化机制的内在机制，更是生态系统生态学的核心基础理论。这一理论可以概括为生态平衡理论，即在特定资源环境条件下，生态系统的组分、结构、过程和机能将会维持一种相对稳定的状态。生态系统的结构决定机能，机能通过生物、物理和化学过程来实现。基于这一核心理论可以演化出众多的生态系统生态学理论，成为理解生态系统碳、氮、水循环耦联关系的生态系统生态学基础。

生态平衡（ecological equilibrium）及结构和功能协调是生态系统理论的核心。生态平衡是指在一定时间内生态系统中的生物和环境之间及生物各个种群之间，通过能量流动、物质循环和信息传递，达到高度适应、协调和统一的状态。在生态系统内部，生产者、消费者、分解者和非生物环境之间，在一定时间内保持能量与物质输入、输出动态的相对稳定状态。也就是说，当生态系统处于平衡状态时，系统内各组成成分之间保持一定的比例关系，能量、物质的输入与输出在较长时间内趋于平衡,结构和功能处于相对稳定状态,当受到外来干扰时,系统能够通过自我调节恢复到初始的稳定状态。

生态系统具有一定的内部调节机能和维持生态平衡机能,是维持整个生物圈生命系统稳定及健康发展的重要机制。生物进化和群落演替的本质就是在不断打破生物系统与其环境关系的旧平衡的同时,建立新平衡的变化过程,维持生态系统能量流动、物质循环、信息交换及生物繁衍过程之间的平衡,并维持生态系统与地球表层其他圈层之间的协调和平衡。生态系统维持能量流动和物质循环机能平衡的生物学原理取决于以下几个机制。

一是生物个体的组织、器官大小及机能的平衡。受物种的遗传特征所制约的植物根系-茎秆-叶片-果实的比例关系相对稳定,在个体的生长发育过程中营养生长与生殖生长也维持相对稳定的平衡关系。

二是生态系统的有机物质库的生物量、凋落物量和土壤库之间的动态平衡。器官大小及机能的平衡与物质周转周期规律共同决定了生态系统主要有机碳库的生物量之间的平衡关系。大量研究已证明,生态系统各个库(土壤、微生物、凋落物)的比值具有相对的稳定性,甚至生态系统碳、氮通量也会存在数值上的平衡关系。

三是生态系统理论认为生态系统结构决定生态系统功能,生态系统的生物群落结构是在物种适应环境条件过程中的群落构建结果。因此,生物器官平衡和生态系统的有机物质库之间的平衡必然决定碳、氮、水循环功能的平衡,系统的氮、磷养分输入-养分吸收-养分输出等平衡和水分输入-水分吸收(需求)-水分耗散(生态需水)平衡。

四是生态系统的生产者、消费者、分解者和非生物环境之间的平衡。在特定的环境条件和资源供给强度下,生态系统的能量与物质输入、输出动态将保持相对稳定状态,这些输入的能量与物质将有序地在生产者、消费者和分解者构成的食物网络中流动、分配和转化,由此决定了生态系统碳同化与呼吸排放、维持生态系统生产力与各有机物质库储量之间的平衡关系。

基于上述的生态平衡及结构和功能协调思想体系,可以用于理解和解释生态系统碳-氮-水耦合循环及耦联关系的生态系统生态学基础理论主要包括:①生态化学计量学理论;②生态学代谢理论;③生态系统结构与功能平衡理论;④生物群落演替与生态位互补理论;⑤资源要素需求与供给平衡理论等。前两者已经被广泛应用于生态系统碳、氮、磷等营养物质循环过程的理解,而后三者的潜在价值还没有得到学术界重视。

在本书的第9—11章将专题讨论生态化学计量学理论、生态学代谢理论和生态系统结构与功能平衡理论及它们在生态系统碳-氮-水耦合循环研究中的应用,这里仅简要地探讨生物群落演替与生态位互补理论和资源要素需求与供给平衡理论问题。

6.5 生物群落演替与生态位互补理论

6.5.1 生物群落的演替

生物群落和生态系统演变是在漫长的时间尺度上发生的环境筛选、生物适应和群落构建过程,是在生态系统内部机制和外部驱动因素共同作用下的生态系统组分、结构、功能和过程的演变和优势物种的演替过程。在相对稳定的地质和气候环境下,生态系统的自然演替主要表现为植被群落演替,同时将伴随着相应的生物地球化学、水文学和气候学等多种过程的改变。

生态系统尺度的物种间竞争、互惠和共生是驱动生物组分演替和系统演替的内在机制,特定地理空间的生态系统状态的动态演变规律表现为生态系统的动力学特征。大尺度或全球规模的环境选择、适应进化、群落构建与演变共同塑造了地带性生态系统的地理空间分布谱系,构成了生态系统的生物地理学特征及分布规律。

6.5.1.1 演替的概念及类型

群落演替(community succession)是指群落随着时间的推移而发生的有规律的变化,由一个优势群落代替另一个优势群落的演变现象或过程。"演替"一词是法国生物学家 Dureau de la Malle 于1825年首次应用于植物生态学研究中,Clements(1916)最早提出了群落演替的科学体系。自然界的群落演替是普遍现象,而且有一定规律,可分为原生演替(primary succession)与次生演替(secondary succession),也可以分为旱生演替(xeric succession)和水生演替(hydrarch succession),以及正向演替(positive succession)和逆向演替(regressive succession)等(图6.11)。

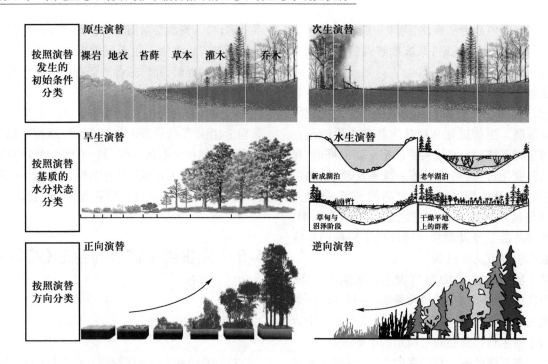

图 6.11　不同类型的植物群落演替阶段

原生演替指在原生裸地上发生的演替系列,例如,从冰川退却、火山爆发、熔岩流的土地以及砂丘地等原生裸地开始的植被演替。次生演替指在干扰后还保留部分植被,或者植被虽然全部被破坏、但还存在种子库或繁殖体,发育良好的土壤上开始的植被演替系列。

6.5.1.2　演替的动态过程

生物群落演替是一个漫长的历史过程。一般来说,当一个群落或一个演替系列达到与环境处于平衡状态时,演替就不再进行。这种群落演替过程可人为划分为三个阶段:一是侵入生物定居阶段(先锋群落阶段)。一些物种侵入裸地定居成功并改良环境,为以后侵入的同种或异种物种创造有利条件。二是竞争平衡阶段。通过种内或间竞争,优势物种定居并繁殖后代,劣势物种被排斥,在相互竞争过程中共存下来的物种在利用资源方面达到相对平衡。三是相对稳定阶段。物种通过竞争、协调进化,使资源利用更为充分有效,群落结构更加完善,有比较固定比例的物种组成,群落结构复杂、层次较多,食物网结构完整。

6.5.1.3　演替的顶极群落

演替所达到的最终平衡状态称为顶极群落

(climax community),是一种物种组成和数量比例相对稳定、可自我维持、成熟的生物群落。顶极群落结构复杂,各物种都占据着不同的时间、空间和营养生态位,能最充分最有效地利用资源。一般与当地的气候条件相适应,能反映区域气候条件的特点。而一些学者认为,顶极群落的类型取决于那里的气候条件,一种气候条件的生态气候区只有一种顶极群落,这就是单顶极理论(monoclimax theory)。还有一些学者认为,在一种生态气候区可能有多种顶极群落的存在,即多元顶极理论(polyclimax theory)。这是因为除气候因素外,决定顶极群落类型的因素还包括土壤、地形地貌、生物扩散和生殖隔离等。

6.5.2　生物的生态位与生物间的共生和竞争

6.5.2.1　生物的生态位概念

生态位(niche)又称小生境、生态区位、生态栖位、生态龛位,指种群在时间、空间的位置以及在群落生态关系中的地位、功能和作用。生态位一词最早出自 Johnson(1910)"同一地区的不同物种可以占据环境中的不同生态位";Grinnell(1917)在研究加利福尼亚州长尾鸣禽的生态关系时,在《加州鹬的生态位关系》中首次将"生态位"定义为:"恰好被一个种或一个亚种所占据的最后分布单位(ultimate distributional unit)"。这一定义虽然注意到了物种的结构和功能方面的作用,但更加强调的是物种空间分布的意义,因此被称为"空间生态位"(spatial niche)。

1927年,在 Elton 的《动物生态学》一书中,首次把生态位概念的重点转到了生物群落上来,他认为"一个动物的生态位是指它在生物环境中的地位,指它与食物和天敌的关系",因此被称为"营养生态位"(trophic niche)。在 Elton 的基础上,Gause 又提出"在一个稳定群落中的两个物种受同时利用同一资源的限制,其中某一物种将具有竞争优势,而另一个物种则将被排斥",这就是所谓的物种在资源利用上的"竞争排斥原理"(Gause,1934)。这一原理强调了生态位分化是维持物种共存的必要条件。

1959年,Odum 把生态位定义为"一个物种在群落和生态系统中的位置和状态,而这种位置和状态则决定该生物的形态适应、生理反应和特有的行为"(Odum,1959)。在生态位理论发展过程中也产生了众多其他生态位概念,包括更新生态位(regeneration niche)、时间生态位(time niche)(Grubb,1977)和随机生态位(random niche)(Tilman,2004)等。后来,Colinvaux(1986)提出的"物种生态位"概念认为:"生态位是物种为了获得资源、生存机会和竞争能力等所需要具有的一系列特殊能力"。Leibold(1995)从生物对环境需求与影响的角度,提出了"需求生态位"与"影响生态位"以及由两者结合形成的"总生态位"等概念,由此逐步建立了物种生存与资源环境之间的相互联系。

现代生态位理论研究的基础是 Hutchinson 提出的 n 维超级体(n-dimensional hypervolume),以及在此基础上所提出的理想条件下的基础生态位(fundamental niche)和实际生境中的实际生态位(realized niche)(Hutchinson,1957)。随着认识生态位维数的增加,各物种最终生态位的各维之间经常会发生重叠或互补,即所谓的"生态位互补"(niche complementarity)。

6.5.2.2 生态位互补与生物间的共生和竞争

生态位互补主要指的是生境中不同生物的生态位存在的分异性和互补性,主要表现在资源利用(时间和空间)上存在的差异,即资源互补(resource complementarity)。资源利用的互补性决定物种间生态位的差异,使得一定空间和时间内的群落中具有不同功能特性(如不同冠层高度、叶面积和盖度、根系深度、动物种类、竞争力和耐受力等)的物种,增加群落的物

种多样性,群落能够占据更广的功能空间(functional space),从而实现特定系统中的有限资源利用率的最大化,减少系统的资源浪费,使群落生产力达到较高水平(Tilman et al.,1997;Hooper,1998),并由此可以进一步增强生态系统的养分循环功能、分解速率及稳定性等。

生态位互补理论被认为是制约生物群落的种间共生、互作、协同生长、优化利用生存空间和资源的生态学机制。通常情况下,植物生态位的改变以及群落演替的最初阶段都受到生态系统水分和氮供应的影响,甚至水分和氮决定了物种的分布、生产力和碳固定速率;随着植物定居和群落的演替,生态系统碳、氮循环逐渐开始受到植物生长和凋落物的影响,这种养分资源和水分利用需求的改变,会对资源供给产生不同程度的反馈效应,促进或者改变群落和生态系统的演替方向。

6.5.3 生物群落演替对生态系统碳-氮-水耦合循环的制约

绿色植物是生态系统的生产者,其物质生产、生长发育及群落演替决定着整个生态系统的净初级生产力及许多物质循环的动态过程。绿色植物的水分和养分需求、获取和利用效率机制直接制约着生态系统碳-氮-水耦合循环。

6.5.3.1 植物个体不同生长发育阶段的养分和水分利用策略

水分和碳、氮、磷等营养元素是植物生长发育必需而不可替代的资源。碳作为生物有机大分子的骨架元素和能量载体,驱动生命元素的生物化学循环,支撑生态系统功能及服务的维持。绿色植物作为生态系统的生产者,通过光合作用固定大气中的无机碳和光能,转化为有机碳和生物能,形成生态系统初级生产力,以多种蛋白质、脂肪和淀粉等物质形态提供动物和微生物所需的食物和营养。

氮是蛋白质、DNA 和叶绿素的重要组成元素。为了支撑光合作用物质生产,植物叶片中含有大量含氮的 Rubisco,因此植物叶片的含氮量通常作为净初级生产力(NPP)的重要指标。植物对氮的需求量很大,大多数生态系统的氮是净初级生产力的限制性元素(Vitousek and Howarth,1991;Aerts and Chapin,2000;LeBauer and Treseder,2008)。在全球尺度上,从荒漠到热带雨林,NPP 为 $100 \sim 1200 \ \mathrm{g\ C \cdot m^{-2} \cdot a^{-1}}$

（Cramer et al., 2001），维管植物的 C：N 值通常大于 20：1，据此可以粗略推算全球尺度维管植物的氮需求量为 5~60 g N·m⁻²·a⁻¹。磷是植物遗传信息载体——核酸的组成元素，单个生物有机体磷的生物化学过程随着植物生长和繁殖阶段发生变化。有机体 C：N：P 值的变化主要是由生物体磷含量变化决定的，异养生物生长速率高，对应的是高的 N：C 和 P：C 值以及较低的 N：P 值。

水资源量影响生物群落演替，首先影响植物种类，进一步影响植物生长所需的营养物质供给量。土壤中的水分供应状况影响根系对氮的吸收，并最终影响生态系统生产力和生态系统碳固定功能，决定着植物群落的演替方向和速度。

植物对水分和氮、磷等营养元素的需求与植物属性及个体发育阶段密切相关。从传统的植物生理和生态学知识可知，在植物生长发育的不同阶段，对养分需求的种类、数量以及资源要素在不同器官间的分配是不同的，其中最为突出的特征表现在幼苗生长期、营养生长期和繁殖生长期三个不同发育阶段的差异。一般而言，植物氮需求量与植物发育时期也密切关联，对多年生植物而言，通常在幼龄期需要较多的氮；对于一年生植物，在快速生长期和开花期需氮量较高。

6.5.3.2　植物群落演替不同阶段的养分和水分利用策略

不同演替类型及不同演替阶段的植物对资源类型、资源数量的需求以及资源利用和资源分配的机制和模式都具有很大差异，生态系统碳、氮、水循环过程及其耦合关系也各不相同。

原生裸地没有土壤积累，养分状况较差，一些矿质养分由于数量不足，往往会成为影响植物定居、生长的限制因子，其中以氮元素的影响最为突出。在演替的早期阶段，植物所需的氮主要来自大气，氮元素从大气向裸地转移主要是通过微生物和高等植物的共生固氮作用，具有固氮功能的早期定居者可以使土壤中的氮元素含量逐渐增加，为后来者的进入和定居创造条件。Rastetter 等（2001）研究发现，微生物和高等植物的共生固氮作用只局限于原生演替的早期阶段，他从资源分配的角度分析认为，生物对固氮过程和吸氮过程的选择与两种过程对碳的消耗有关，演替早期的生物固氮过程比从环境中的氮吸收过程消耗的碳要少，所以这一时期的生物通过固氮作用从外界获取所需要的氮元素是一种经济的选择。

许多研究认为，演替后期的土壤氮元素含量有逐渐降低的趋势。这一结论正在得到越来越多的支持，可能与具有固氮作用的植物数量随着演替的进行逐渐减少有关，也有人将其归因于氮的淋溶和水蚀的增加。也有研究表明，演替后期的土壤氮元素含量只是会有轻微的下降或基本保持在某一浓度水平。例如，通过天童山森林公园演替梯度的植被 N：P 化学计量关系研究发现，常绿阔叶林次生演替初期的群落生产力主要受到氮限制；演替中期的针叶林和针阔叶混交林生产力受氮、磷的共同限制，以氮限制作用更为强烈；到演替中后期，植物群落生产力主要受到土壤磷的限制（阎恩荣等，2008）。

研究发现，演替早期种的蒸腾作用较演替后期种高，适应机制也有差异。演替早期种和演替后期种在光合速率和蒸腾速率上的差别表现为不同植物叶片对 CO_2 传输的气孔阻力和叶肉阻力差异（Braatne and Bliss, 1999）。不同演替时期的植物通过不同适应机制来适应特定环境，从而能够维持较高的生理活动强度。早期物种具有较小的气孔阻力，可以通过增强蒸腾作用来有效地降低叶片温度，避免高温伤害；而后期物种具有较大的气孔阻力，可以降低蒸腾作用，有效地保持叶片的温度，避免低温伤害。

水分利用效率（WUE）是一个度量消耗单位质量水分可以固定多少生物量的指标，一般用瞬时的光合速率和蒸腾速率的比值来表示。演替早期种特别是草本植物的 WUE 较高，在 0.4%~0.8%，演替后期的木本植物一般在 0.5 左右（Braatne and Bliss, 1999）。通常情况下，草本植物比木本植物具有较小的水分传导阻力，这主要是因为草本植物具有一个高效的水分传输系统和较短的水分传输路径（李庆康和马克平，2002）。

6.5.3.3　群落演替动态过程中的生产力及碳、氮循环动态变化

在生物群落演替过程中，生态系统的生产力，碳、氮、水循环及养分利用都将发生有规律的动态变化，图 6.12 是对植被演替过程中土壤和植被碳储量、生态系统总初级生产力（GPP）、净初级生产力（NPP）和生态系统呼吸（Rh）动态变化的经典描述（于贵瑞等，2011）。在群落演替过程中，当群落的总初级生产力大于生态系统呼吸，净初级生产力大于动物摄食、微生物分解以及人类采伐量时，生态系统的净生态系统生产力（NEP）大于零，群落便积累有机物质，土壤和

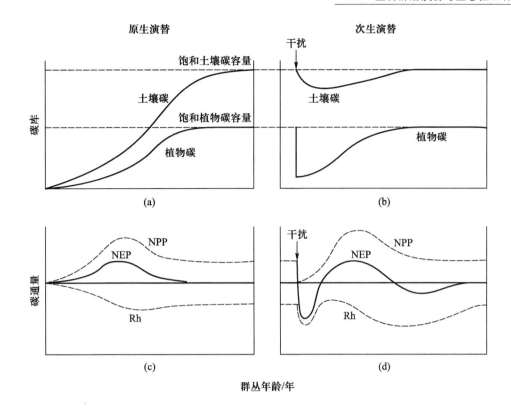

图 6.12 群落原生演替和次生演替过程中的碳循环动态变化

在原生演替早期,由于 NPP 积累的碳大于生态系统呼吸损失的碳,植物碳和土壤碳缓慢积累(a),NEP 为正(c);在演替晚期,NEP 大致为零,植物碳和土壤碳达到稳定状态(饱和碳容量)。在次生演替的早期,干扰后生态系统呼吸损失的碳大于 NPP 积累的碳,土壤碳含量下降,植物碳缓慢积累(b),NEP 为负(d);在演替晚期,NEP 大致为零,植物碳和土壤碳达到稳定状态(饱和碳容量)。

植被的碳储量会逐渐增加;当群落演替到成熟阶段时,生态系统净初级生产力与生态系统呼吸消耗趋于平衡,有机物质积累便停止。由此可见,顶极群落的结构最复杂、稳定性趋于最大,但其净初级生产力很低甚至达到零(图 6.12)。

郝艳茹和彭少麟(2005)通过文献综述发现,在演替过程中,森林生态系统的根系生物量随林龄和演替进程而增加,根冠比呈减小趋势。并且他们还发现,根系分布和形态在演替过程中也发生有规律变化:①在森林演替初期,群落根系分布较浅,可塑性强,且水平根系发达;②演替中期,根系呈镶嵌分布,分布范围加深,根系密度增;③演替后期,根系分布趋于稳定,地下生态位分离程度加剧,根系结构具有相对明显的分层。在演替过程中,根的这种分布特征受自身条件和生态因子影响,根系分布范围与地下部生态位变化能够反映其可以利用资源的范围以及在演替过程中的作用和地位(郝艳茹和彭少麟,2005)。

植物群落演替过程中的土壤随着植被演替而连续发育,是土壤有机质含量持续增加的过程,最终与顶极

群落达成平衡状态。研究发现,不同演替年限的常绿阔叶林,土壤有机碳含量均随土壤深度的增加而减少,并最终趋于稳定;土壤有机碳含量均随着演替进程而不断增大,演替 20 年到演替 40 年群落土壤中的有机碳平均含量增加了 56.3%($p<0.05$)(马少杰等,2010)。

植被演替理论是认知长时间尺度生态系统碳储量、通量变化及碳源汇功能变化的生态学基础,也被应用于生态系统管理的增汇潜力研究和评估(于贵瑞等,2011)。传统生态系统平衡理论认为,成熟森林生态系统的碳库将处于平衡状态,这是因为陆地生态系统总初级生产力基本被生态系统呼吸所消耗。但是有研究指出,成熟森林土壤可以持续积累有机碳(Zhou et al.,2006)。对鼎湖山马尾松林—混交林—阔叶林的演替研究发现,土壤 δ¹³C 沿演替方向逐渐降低,可能是由地表凋落物的差异以及凋落物分解形成的有机碳(简称新碳)和土壤中原来存储的有机碳(简称老碳)的混合效应造成的。近期研究表明,全球成熟林生物量最大值出现在年均温 8~10 ℃和年降水量 1000~2500 mm 的区域。全球总体来看,450~

500 年林龄的森林地上生物量碳密度才会达到最大，但这一林龄会因不同区域的气候条件而变化。这一研究结果挑战了关于老龄林林龄及其碳汇功能的传统认识，意味着我们对全球老龄林分布及现有森林的碳汇功能必须做出新的评估(Liu et al., 2014a, b)。

生态系统干扰及林龄结构是影响生态系统生产力和碳汇功能的关键因素。通过对 ChinaFLUX、AsiaFlux、CarboEurope、AmeriFlux 和 FLUXNET 的 106 个森林通量观测站过去 20 年(1990—2010 年)的涡度相关碳交换通量观测数据的综合分析发现，在 1990—2010 年，北纬 20°~40°东亚季风区的亚热带成熟森林生态系统具有很高的净 CO_2 吸收强度，其净生态系统生产力达到 362 ± 39 g C·m^{-2}·a^{-1}(Yu et al., 2014)。这一高的净 CO_2 吸收强度超过了亚洲和北美北纬 0°~20°的热带森林生态系统，也高于亚洲和北美北纬 40°~60°的温带和北方林带森林生态系统，与北美东南部的亚热带森林和欧洲北纬 40°~60°的温带森林生态系统的碳吸收强度相当。东亚季风区的亚热带森林生态系统净生态系统生产力区域总量约为 0.72 ± 0.08 Pg C·a^{-1}，约占全球森林生态系统净生态系统生产力的 8%。该研究结果表明，亚洲的亚热带森林生态系统在全球碳循环及碳汇功能中发挥着不可忽视的作用，这也挑战了过去普遍认定仅欧美温带森林是主要碳汇功能区的传统认识，启示我们需要重新评估北半球陆地生态系统碳汇功能区域的地理分布及其贡献(Yu et al., 2014)。

植被演替过程的碳循环行为也伴随着氮需求和水分消耗，基于陆生生物机体生源要素化学计量关系的内稳定性、资源要素需求系数的稳定性以及资源要素利用效率的保守性的生理生态学原理，可以很容易地依据生态系统碳循环动态变化推测出生态系统氮循环和水循环的动态行为。此外已有研究发现，在生态系统演替过程中，土壤 C：N 值没有一致性的时间格局，而土壤 C：P 值和 N：P 值均随演替进程显著增加，其中土壤 C：N：P 值与演替时间之间线性关系的斜率与相应的演替序列中的初始土壤有机碳含量呈负相关关系(周正虎和王传宽，2016)。

6.6　资源要素需求与供给平衡理论

地球表面多样性的生态系统构成了人类的生产、生活和生存空间，持续不断地为人类社会提供食物、木材、纤维、能源、氧气和栖息地等，也通过生态系统与环境相互作用提供维持自然资源再生产和地球生命系统，稳定气候和净化大气、水和土壤环境，缓解自然灾害等生态服务。生态系统在其生产者、消费者和分解者的共同作用下，有序地流动和循环，其进程受环境条件、资源供给以及生物生长发育需求的共同驱动。具体地说，生态系统能量流动和物质循环受栖息地环境条件的限制，其进程和规模则受生物对资源的需求、栖息地的供给状态及其流失损失因素共同影响。

绿色植物是生态系统的生产者，决定着整个生态系统的净初级生产力和许多生态过程。绿色植物的资源需求和利用策略是生态系统的资源需求、供给和利用效率权衡的生物学基础。生物遗传变异为生物进化提供了丰富的基因资源，环境压力和环境选择是生物适应性进化的驱动因子。生物遗传变异、适应性进化及生态系统演替共同创造了生态系统维持其资源需求和供给生态平衡的不同途径和机制。生物的适应性进化使得不同生物在特定环境中具有最优的资源利用策略，从而使种群繁衍生息。生态系统演替的本质就是通过自然选择来维持和调整生态系统的资源需求与供给的平衡关系，在没有人为干扰的情况下，生态系统的结构与功能会逐渐演变到与资源环境匹配的最佳状态。

大量研究证据表明，陆地生态系统具有朝着生态系统功能最大化方向动态演替的基本特征，这种演替过程将伴随着生态系统的生物与非生物组分之间的相互作用，以及生态系统组分、结构和功能的不断优化，由此决定生物系统的资源需求和环境供给的平衡关系。其核心的生态学机制包括：①生物的资源需求、获取与优化利用策略；②栖息地资源供给水平及资源利用效率的互馈机制；③生态系统资源需求、供给与利用的生态平衡维持机制。这是认知生态系统碳-氮-水耦合循环的过程模式、速率及其与生态系统组分、结构和功能逻辑关系的理论基础之一，也是认知资源环境-碳、氮、水循环-生态系统服务的互馈关系以及不同类型生态系统服务之间的权衡关系理论机制的重要途径。

6.6.1　生物的资源需求、获取与优化利用策略

6.6.1.1　生物的生态适应性及资源需求

生物的环境条件(environmental condition)被定义

为影响活体生物功能的非生物环境,包括光照、温度、氧气、湿度、pH 值、盐度和污染物浓度等。环境条件对生物活力影响的定量关系呈现为三种常见模式:经典的三基点模式、高浓度或高水平伤害模式以及低浓度营养+高浓度或高水平伤害模式(详见第 12 章第 12.5 节)。生物适应环境条件是普遍存在的生物学现象,随着环境条件变化,生物的形态、结构和生理生化特征等也会发生相应的适应性变化。各种生物的生态适应性(ecological adaptability)是在生物长期进化过程中形成的,是生物与环境条件相互作用的结果。

生物的生长和繁殖所消耗的一切生物和非生物要素称为资源,但是生物可利用的资源数量往往是有限的,在资源利用过程中资源储量或供给量会减少。维持生态系统持续发展的自然资源要素主要包括种质、能量、水分、养分和热量等。生物的资源利用是指植物、动物和微生物在其生长和繁殖过程中吸收、利用和消耗所需资源,转换形成生物体组成物质,并在生长发育过程中不断积累和储存的过程。这一资源利用过程是依据生物遗传信息决定的生活史来完成生物个体或群体生长,依据生态系统演替法则完成原生或次生演替的动态过程。

生态系统资源利用起始于植物光合作用、根系吸收获取水分和养分以及利用无机资源,同化形成初级有机物质和有机能源,再通过食物链不同等级消费者的转换生产出形形色色的有机物质。生态系统中的每种植物都需要多种不同种类的资源才能完成其各自的生活史,每种资源都需要通过相互独立的吸收机制来获得。而且生态系统物质同化的资源利用与有机物质分解还原是相互伴生的两个过程,这也是生态系统的自我环境净化和资源循环再生机能的自然玄机。

6.6.1.2　生物资源需求与获取的优化策略

生物需求的资源是系统环境供给的,可以是一定生产水平下的总资源量,也可以是生产单位有机物质或经济产品的资源消耗量,包括总资源需求量(total resource demand),资源需求强度(resource demand intensity)和资源需求系数(resource demand coefficient)等概念。植物生理生态学中的资源需求系数是指单位生产力所需要消耗的资源量,即

$$资源需求系数 = 资源的消耗量/生产力水平$$
$$(6.1)$$

生物生产力水平主要包括:叶绿体的光合作用量子产量,叶片总光合速率(GA)和净光合速率(NA),植被总初级生产力(GPP)、净初级生产力(NPP)以及净生态系统生产力(NEP)等。

植物及种群在适应环境过程中进化出对水分和养分需求和优化利用的物种、器官、组织和生理生化机制,成为生态系统碳-氮-水耦合循环的生理生态学机制。因为 CAM 植物的水分利用效率高于 C_4 植物再高于 C_3 植物,所以干旱区域容易演替为以 CAM 和 C_4 植物为主的生物群落结构(Nobel,1991;Jiang and He,1999)。植物气孔具有某种优化调控水分散失和 CO_2 同化的生理机制,可使得植物能够以较小的水分损失获得最大量的 CO_2 同化(Cowan and Farquhar,1977)。自然生态系统则可以通过植被气孔导度调节,实现最大限度的固碳速率,同时蒸腾作用水分消耗而导致的水分亏缺又会对气孔导度起反馈作用,来限制碳固定(见第 4 章)。

植物根系在进化过程中,会通过一些根系形态变化来提高养分和水分吸收效率。研究表明,浅层土壤中,侧根发达、细根广泛分布的根系构型更有利于植物对土壤表层磷的吸收,也有利于植物充分利用较少的降水资源(Zhan et al.,2015);同时,少量深层根系对于植物吸收水分至关重要,特别是在干旱条件下,植物可利用的水大部分存在于深层土壤中,根系深度的增加可显著提高植物的水分吸收能力(Comas et al.,2013)。

生态系统的物种功能性状之间相互权衡的生态策略,使得更适于该环境的物种得以存活,并且发展壮大。生物群落演替首先受到生态系统氮元素和水分影响,倾向形成增加碳固定、抑制水分消耗、物种生态位互补的植物群落。一般而言,群落下层的植物如草本植物,叶片较垂直,气孔在叶片两个表面有近似的分布,尽可能利用有限的光资源增加光合作用。而乔木层植被的气孔集中在下表面,这种分布可以在强烈的光照下减少叶片水分散失,同时保证一天中叶片长时间的气孔开放,提高光合速率(孙谷畴,1990)。

6.6.2　栖息地资源供给水平及资源利用效率的互馈机制

6.6.2.1　资源供给及有效性

生物生活及生产需求的各种资源要素是由生物个体的栖息地或生态系统的环境系统供给的。环境系统为生态系统中的生产者、消费者或者分解者提供

资源的状态与能力可以用资源要素供给量(resource supply)、资源供给强度(resource supply intensity)以及资源自然禀赋(natural endowment of resource)、资源有效性(resource availability)、资源有效供给水平(effective supply level of resource)和资源要素承载力(carrying capacity of resource)等来表征。

特定地理空间的资源自然禀赋大多处于有限的相对稳定状态,各种有限资源的可利用形态及有效供给量也相对稳定。气候资源供给与再生主要受大气环流控制,而土壤中的水分、养分及局地环境条件则主要取决于局地尺度的能量流动和碳、氮、水循环。由此可见,生物在长期的气候-土壤-生物的协同演变过程中,必然会形成生态系统的资源需求、环境供给与生物利用相互作用的生态关系,并通过各种影响和反馈作用或机制维持其所建立的生态平衡模式。

栖息地对植物的自然资源的有效供给水平不仅取决于资源的自然禀赋,更依赖于资源的有效性。土壤有机质的矿化是决定氮有效性的重要过程,这一过程受根系活动和土壤微生物活性影响。由此形成生物需求与栖息地自然资源有效供给水平的关联机制,使得资源有效性成为影响利用效率的重要生态属性。

6.6.2.2　生物的资源利用及利用效率

生物的资源利用(resource utilization)是指植物、动物和微生物在生长繁育过程中利用资源形成现存生物量的生物过程。资源利用率(resource utilization rate,RUR)和资源利用效率(resource utilization efficiency,RUE)是表征生态系统资源利用特征的两个重要而不同的概念。

资源利用率是指在生物生产过程中投入的资源被用于生产的比例,表征的是资源投入的有效性:

$$RUR = \frac{TR - UR}{TR} \qquad (6.2)$$

式中,TR是投入的资源总量,UR为被利用到生物生产过程的资源量。由此可见,RUR决定了在资源投入过程中由资源浪费、耗损及资源品质等因素影响的资源损失率(resource loss ratio,RLR):

$$RLR = (1 - RUR) = 1 - \frac{TR - UR}{TR} \qquad (6.3)$$

在生态系统研究中,重点关注的资源利用率包括:①热量资源和降水资源等自然气候资源利用率,②土壤中的氮、磷、钾等养分资源利用率,③生物遗传和生物量等生物资源利用率,④土地、肥料和灌溉水等社会资源利用率等。

资源利用效率是指单位资源投入量可以生产的有机生物量(organic biomass production),表征的是资源投入的生产效益:

$$RUE = \frac{OBP}{TR} \qquad (6.4)$$

式中,TR是投入的资源总量(kg),OBP为有机生物量的生产量(kg)。在实际的分析中,因OBP/TR定义及计量物质或元素而不同,资源利用效率主要有两大类型。一是以自然状态的总资源投入量为基准的资源毛利用效率(gross utilization efficiency,GUE),二是以扣除资源浪费、耗损及资源品质等因素导致的资源损失后的净资源投入量为基准的资源净利用效率(net utilization efficiency,NUE):

$$NUE = \frac{OBP}{TR \times RUR} = \frac{RUE}{RUR} \qquad (6.5)$$

近年来的生态系统研究,特别是大尺度生态学研究,对光能利用效率(LUE)、水分利用效率(WUE)、碳利用效率(CUE)、氮利用效率(NUE)和磷利用效率(PUE)给予了很多关注,可以将这些参数作为生态系统物质循环、资源利用以及生源要素间耦合关系的特征参数,并从其保守性和变异机制来分析生态系统碳、氮、水循环耦合与解耦过程。

6.6.2.3　资源供给水平及资源利用效率的互馈机制

植物对资源的获取是碳、氮、水循环和资源利用的起始生态学过程。长期的生物进化和环境选择使得生物个体及群落形成了资源获取及利用的优化策略,进而形成生态系统尺度的生物食物链或网络的资源获取、分配与优化利用的机制体系。

植物养分获取能力受植物自身养分需求和栖息地养分供给水平互馈机制调控。在养分需求高、供给水平低的情况下,植物会增加向根系的碳投资,增强养分获取能力,同时根系通过分泌物来刺激根际微生物的矿化作用,促进土壤养分矿化,提高有效养分供给水平。相反,当植物生长在水分和养分供给充足的环境之中,植物向根系的碳投资就会减少,其光合作用的产物主要被用于地上部分的生长和冠层构建。

自然条件下的资源要素供给状态受供给能力、环境条件以及生物利用能力(策略)的综合影响。在生态系统中,生物资源需求、供给能力与资源利用效率之间存在着复杂的相互作用和权衡关系。一般情况下,资源需求随着资源供给水平的增加而降低,在高资源需求和低资源供给水平下,资源利用效率维持在较高水平;而当资源需求较低而资源供给水平较高时,资源利用效率维持在较低水平,甚至导致资源的浪费和流失。

6.6.3 生态系统资源需求、供给与利用的生态平衡维持机制

6.6.3.1 生物生长及资源利用与获取的优化策略

自然生态系统的资源需求、供给与利用之间的平衡关系是自然选择的结果。全球及区域尺度的植物群落属性地理格局是在气候、土壤和植被的相互作用过程中形成的,是通过生物进化、环境选择、群落构建及动态演替共同作用而塑造的。太阳辐射主导的气候条件和土壤质地属性的地理格局是相对独立的地球表层特征,两者与植物的相互作用塑造了植被结构和功能性状的空间分布,由此决定了生态系统生物组分、群落结构及生态系统生产力,进而决定了生态系统碳、氮、水循环及资源利用效率的地理格局。

资源需求、供给与利用之间的平衡关系的生态学基础是生物资源需求、资源获取和优化利用策略,具体表现在:①生活史进化最优策略(资源分配权衡、繁殖代价权衡、生长和繁殖对策),②个体生长速率的自我调控策略(表型可塑性、系统发育约束、异速生长约束),③种群增长速率的自我调控策略(种内竞争、密度依赖、拥挤限制),④物种生态位分化和资源错位利用策略(资源分割、有差异的资源利用),⑤群落物种间的资源竞争与权衡利用策略,⑥群落物种间的互利共生利用策略等。

6.6.3.2 生态系统的资源需求、供给与利用之间的平衡关系的维持机制

生态系统中的生物具有优化利用资源的机制,构成了约束生态系统碳−氮−水耦合循环过程系统,维持生态系统的资源需求、供给与利用之间的平衡关系的基本原理。自然界的各种植物都具有水分和养分需求与优化利用策略的生物学机制,而且处于生态系统中不同生态位的植物还会通过生物之间的竞争、互利和共生等生态机制建立起在生态系统尺度上的资源需求、供给与利用之间的平衡关系维持机制。这一机制整体取向是根据生物系统的生存需要,调整植物个体和种群的生理生态性状以及群落中的物种之间相互作用关系,实现生态系统的水分和养分的吸收、分

配和利用策略的优化,以达到物质生产能力及生物多样性最大化的目标。

生态位互补是维持生态系统资源需求、供给与利用之间平衡关系的机制之一。有研究表明,在氮限制的草地群落中,植物物种多样性越高,其碳积累量越大(Tilman et al., 2006)。随着碳积累量的增加,当土壤 C∶N 值大于生物最适的 C∶N 值时,更多的碳会被分配给根系,植物的根冠比会随氮养分的限制而提高(Cannell and Dewar, 1994)。对于森林生态系统,其地上部分是由乔木、灌木、草丛等构成的多层级的立体冠层结构,地下部分则是由这些植物的不同形态及垂直分布的根系构成的具有多层级的根系冠层结构。这种不同层级分布的群落结构可以充分利用多层次的空间生态位,既可以优化截获和利用有限的光、气和热资源,也可以充分吸收和利用土壤的水和氮等养分资源,最大限度地提高资源利用效率。

植被功能性状之间的权衡关系是维持自然资源优化利用的生态策略。例如,关于植物根系组织结构进化研究表明,在长达 4 亿年的植物进化过程中,地下吸收根朝着更加高效、独立的方向进化,在物种开拓新的栖息地过程中发挥重要作用,促进植物的传播和进化(Ma et al., 2018)。研究发现,从热带雨林到荒漠,植物吸收根直径整体在变细,倾向更加灵活的构建方式,对共生真菌依赖性降低,通过该方式,植物单位碳投资获取养分的效率得以优化,从而能够高效地捕获稍纵即逝的养分和水分资源,增强植物物种对环境的适应与存活能力(Ma et al., 2018)。在水分供应充足的热带雨林,根系组织结构的构建则减少了对水安全性的考虑,细根和粗根物种共存,很多系统发育较古老的物种得以保存;而在水分胁迫较强的草原和荒漠,由于季节性资源供应的不稳定,根系多样性下降(Ma et al., 2018)。

生物群落具有改造局地小生境的机能,是生物反馈调控生存环境的重要生态学机制。生态系统的能量流动和物质循环不仅为维持生物系统的生存、生长、发育和繁殖提供能量、水和养分,还具有调节生态系统内部生境的功能,为生物提供适宜的栖息地环境条件,创造出丰富的不同种类动物和微生物生态位,这种生物反馈调控生存环境机制也是生态系统尺度的资源优化利用原理的重要组成部分,是联系生态系统的食物网或营养网络的物质循环与生物环境的重要纽带之一,更是生态系统的碳−氮−水耦合循环与生物资源环境系统有机联系的重要生态学过程。

6.6.4 水分和养分资源对生态系统碳-氮-水耦合循环的制约

6.6.4.1 水分资源制约下的生态系统碳-氮-水耦合循环模式及其区域差异

自然生态系统的水资源主要来自降水,降水量的地理格局是影响生态系统碳、氮、水循环及其耦合关系区域差异的直接因素。对许多陆地生态系统而言,降水量增加会提高生态系统生产力。例如,基于样带调查的结果发现,随着降水量增加,森林和草原生态系统的生产力会线性增加(Zerihun et al., 2006;Bai et al., 2008)。增加降水的控制实验以及整合分析研究也显示出类似的结果(Niu et al., 2008;Xu et al., 2013)。而模拟降水量减少的控制实验结果显示,降水减少会降低植物生产力,造成树木的死亡等(Phillips et al., 2010)。除降水量变化外,降水频率和时间间隔的变化同样会影响陆地生态系统碳循环(Knapp et al., 2002)。研究发现,降水量及其季节分配格局变化显著影响温带陆地生态系统生产力(Fang et al., 2005)。

区域尺度的降水量及土壤水分的有效性制约植物最大光合能力、最大气孔导度、叶片寿命和比叶面积等结构属性,由此直接影响生态系统总初级生产力、净初级生产力以及净生态系统生产力的空间地理格局。极端降水事件(如暴雨和干旱等)对陆地碳循环的影响也受到越来越多的关注。长期野外观测数据表明,干旱会造成森林的大面积衰退或死亡(Phillips et al., 2009)。同时,数值模拟研究结果也显示,干旱可造成北美、中国和澳大利亚等区域和国家的陆地净初级生产力下降(Zhao and Running, 2010;Ma et al., 2012)。

生态系统碳、氮、水循环及其耦合机制会受到土壤湿度、降水量及水分有效供给条件的影响。水分是陆地生态系统碳循环过程的一个关键控制因子。Davidson 和 MacKinnon(2004)的研究表明,移除降水导致北美温带森林土壤 N_2O 排放平均每年降低 40%,大气 CH_4 消耗增加约 4 mg $CH_4 \cdot m^{-2} \cdot d^{-1}$,而对 NO 和 CO_2 的释放没有影响。水分添加显著增加了内蒙古典型草原生态系统 N_2O 通量,主要是因为水分添加改变了相关微生物的丰度和群落,增加了硝化和反硝化过程速率(Chen et al., 2013)。关于不同水分条件下生态系统碳-氮耦合循环差异的原理和生物化学过程将在第14章进行详细阐述。

6.6.4.2 氮、磷养分对生态系统碳-氮-水耦合循环过程的限制作用

地球上大多数生物均需要十余种必需元素来完成合成代谢和分解代谢等生命活动,这些必需元素来源于土壤供给。植物和微生物可以直接利用土壤中可利用形态的元素,而动物所获取的必需元素大都直接或间接源于植物。生态系统的养分储存于土壤库和植物库之中,其中土壤库决定了植物生产的养分供应能力。因为土壤中可利用形态的元素是土壤微生物分解的产物,所以影响微生物组成与活性的各种因素(如温度、水分和植被组成)均可影响养分的供给能力。

除了固氮植物外,大多数植物利用土壤中的可利用性氮。一般常用有机氮的净矿化速率来反映土壤供给氮的能力,土壤氮矿化过程受各种因素影响,其数值变化范围很大。大多数生态系统的土壤氮供给能力低于植物氮的需求,特别是考虑到土壤中还存在大量与植物竞争氮的微生物,因此矿化过程提供的氮通常难以满足植物氮需求。

土壤的氮循环包括氨化作用、硝化作用及反硝化作用,受各种生物和环境因素的影响。从长期的氮循环来看,土壤氮库状态主要受到生物区系、时间、母质和气候等主要环境因子影响;从短期的周转来看,受基质的可利用性、微生物周转、植物吸收、温度和水分等因子影响(图6.13)。

影响土壤氮矿化最重要的因素是温度,一般情况下随着温度增加,氮矿化速率逐渐增加,许多学者常用 Q_{10} 来表示氮矿化对温度的敏感性,全球范围内该值处在 1.67~2.43,平均值为 2.21,森林土壤比草地土壤具有较高的温度敏感性(Liu et al., 2017)。土壤含水量能够影响土壤通气状况而改变土壤微生物活性,从而影响土壤氮矿化速率,通常而言,氮矿化速率随着土壤含水量升高而增大,当达到最大值后又随土壤含水量升高而减小。此外,土壤 pH 值可以显著影响土壤微生物的组成与活性,也是影响氮矿化速率的重要因子。还有研究证实,植物可以通过改变根系分泌物组成与数量而影响根际的氮矿化速率(孙悦等,2014)。

在区域尺度上的土壤氮、磷养分供给状况受到土壤中氮、磷元素的自然禀赋、化学形态及有限性的制约,并通过控制植物最大光合能力、最大气孔导度、叶片寿命和比叶面积等植物形态和结构属性,直接影响生态系统总初级生产力和净初级生产力,进而影响生态系统碳-氮-水耦合循环的空间地理格局。

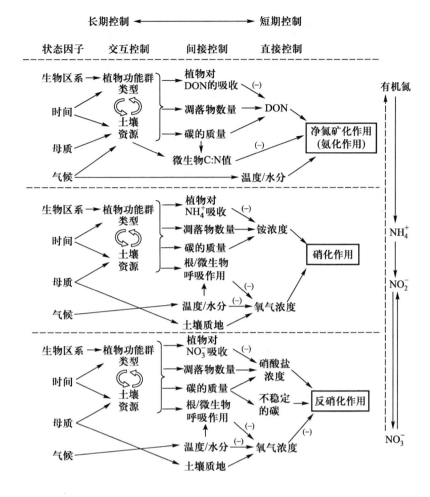

图 6.13　土壤氮循环的主要控制因素

6.6.4.3　外源资源输入或环境变化对碳、氮循环的激发效应或抑制作用

外源资源输入或环境变化是诱导、激发或胁迫生态系统碳、氮循环的重要因素。自然生态系统的碳、氮循环是由植物、动物和微生物生命周期控制的生命活动驱动的，维持生物营养需求与环境供给、各有机子库碳、氮储量以及生物库之间交换通量的动态平衡状态，即生物生态学行为和法则制约着生态系统碳、氮、水循环过程、速率和规模。自然环境变化、干扰或人为活动影响作为一种外源资源投入或环境胁迫诱导的激发效应或胁迫作用将会改变生态系统碳、氮、水循环状态及其动态平衡关系。然而，生态系统会利用其自组织性和系统整体性维持机制对被破坏了的状态及平衡关系进行自我修复或调节。

生态系统的资源需求与供给之间的平衡关系主要呈现为三种基本模态（图 6.14）。一是资源平衡模态：即生物的资源需求与环境的资源供给处于平衡状态。二是资源亏缺模态：即生物的资源需求大于环境供给，其中一种或多种资源要素会成为生物生存和发展的限制因子，突发式的资源亏缺可能导致干旱、冷害等自然灾害。三是资源冗余模态：即一种或多种资源的环境供给大于生物需求，形成资源冗余、流失，过多的营养元素冗余可导致环境富营养化，突发式的冗余可能会导致洪涝、热浪、污染灾害和环境问题。

外源资源输入或环境变化会改变自然生态系统碳、氮、水循环的固有模态，也是调节生态系统的资源需求与供给之间平衡关系的重要途径。但是当前的全球气候正在扮演着外源资源输入或环境条件变化的角色，改变着地球生态系统的资源需求与供给的平衡关系，将会对生态系统产生深刻的影响。目前在全球变化生态学研究领域，人们重点关注的是太阳辐射改变对生物的光调节效应、全球气温升高引起的植物生长温室效应、降水变化对植物生产的灌溉排水效应、

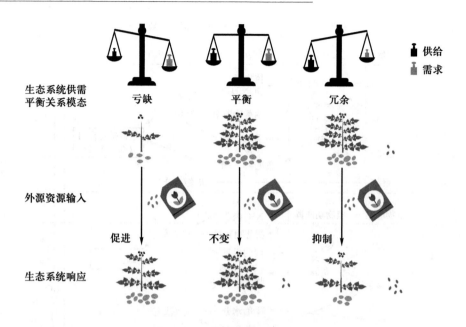

图 6.14 生态系统的资源需求与供给之间的平衡关系

CO_2浓度变化对植物生长的施肥效应、大气氮、磷沉降对生态系统的肥料效应以及大气和土壤污染物富集及酸化对生物的生态毒理效应等(详见第 12 章)。

近年来,大气氮、磷沉降及人为管理措施对生态系统碳、氮、水循环及其耦合关系的影响受到了高度的关注,人们致力于阐述生态系统碳-氮-磷-水耦合循环的植物和微生物调控机制,生态系统对环境变化的响应和适应机制,全球变化和人类活动对生物多样性、生态系统功能和服务的影响以及气候系统的反馈等资源环境问题。学者们也提出了许多理论假说,例如,化学计量(stoichiometry)理论和利比希最小因子定律(Liebig's law of the minimum)(Redfield, 1958; Reich and Oleksyn, 2004),生态化学计量学内稳性(homeostasis)(Sterner and Elser, 2002)和生长率假说(growth rate hypothesis)(Elser et al., 2000),代谢异速生长理论(metabolic scaling theory)(Kleiber, 1947; Brown et al., 2002; Brown and Gillooly, 2003; West and Brown, 2005),以及关于土壤有机碳平衡和外源氮、磷输入影响的激发效应理论(priming effect theory)(Kuzyakov et al., 2000; Hamer and Marschner, 2005; Craine et al., 2007; Zimmerman et al., 2011; Dijkstra et al., 2013),微生物分解凋落物的原位优势(home-field advantage of litter decomposition)(Veen et al., 2015)和湿地的酶栓-铁门机制(enzyme latch-iron gate mechanism)(Wang et al., 2017)等。

生态系统碳、氮、水循环及其耦合关系受到生态系统养分供给水平影响。氮和磷是生物体必需的大量元素,被认为是陆地生态系统生产力的两大限制因子(Vitousek et al., 2010)。一般认为,热带森林生态系统主要是磷限制、氮饱和的生态系统(Vitousek et al., 2010; Li et al., 2016),寒温带森林生态系统主要是氮限制的生态系统(Magnani et al., 2007; LeBauer and Treseder, 2008),而温带森林生态系统一般属于氮、磷共同限制(Vitousek and Howarth, 1991; Hedin, 2004; Hou et al., 2012)。这种推论已被一些施肥试验所证实,例如对热带森林生态系统施肥证实,植物生物量对磷添加的敏感性大于氮添加(Tanner et al., 1998)。Koerselman 和 Meuleman(1996)通过对 40 个施肥试验进行总结分析发现,当植物 N∶P 值大于 16 时意味着系统主要受磷限制;N∶P 值小于 14 时主要受氮限制;N∶P 值在 14~16,则受氮和磷的共同限制(图 6.15)。

如图 6.15 所示,在氮限制和氮饱和状态的两类系统中,生态系统氮循环的生物地球化学循环有很大差异(Pajares and Bohannan, 2016)。研究发现,与氮限制系统相比较,氮饱和系统的氮异化过程(硝化和反硝化)比较强烈(Levy-Booth et al., 2014)。例如研究发现,热带土壤一般认为是土壤 N_2O 的重要贡献源,可贡献的氮总量约 3.0 Tg N · a^{-1}(Werner et al., 2007; Zhang et al., 2014)。此外,氮饱和的热带森林

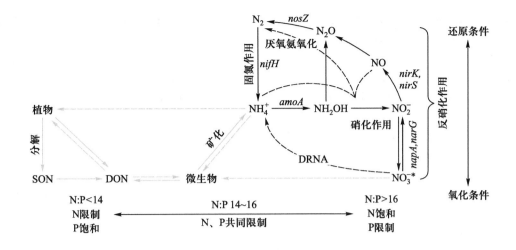

图 6.15　氮限制和氮饱和状态下的生态系统土壤氮循环模式及其差异

在氮限制的生态系统主要发生同化和分解过程,在氮饱和的生态系统可以发生矿化、硝化、反硝化等一系列的土壤氮循环过程。$nosZ$、$nifH$、$amoA$、$nirK$、$nirS$、$napA$ 和 $narG$ 为土壤氮循环各过程中的功能基因;灰色实线为分解过程,黑色实线为异化过程,虚线为同化过程;DRNA 表示硝酸盐异化还原成铵,$*$ 表示植物吸收 NO_3^-。

系统中的生物固氮速率($15 \sim 36$ kg N $\cdot$ hm^{-2} $\cdot$ a^{-1})一般高于氮限制的温带系统($7 \sim 27$ kg N $\cdot$ hm^{-2} $\cdot$ a^{-1})(Cleveland et al., 1999),主要原因可能是生物固氮菌需要获得更多的氮来满足这些系统中对磷的需求,而且热带系统中的温度条件也接近生物固氮的最优条件(Houlton et al., 2008)。

参考文献

郝艳茹,彭少麟. 2005. 根系及其主要影响因子在森林演替过程中的变化. 生态环境,5:762-767.

李机密,黄儒珠,王健,等. 2009. 陆生植物水分利用效率. 生态学杂志,28(08):1655-1663.

李庆康,马克平. 2002. 植物群落演替过程中植物生理生态学特性及其主要环境因子的变化. 植物生态学报,z1:9-19.

刘晓,戚超,闫艺兰,等. 2017. 生态系统水分利用效率指标在黄土高原半干旱草地应用的适宜性评价. 植物生态学报,41(5):497-505.

马少杰,李正才,周本智,等. 2010. 北亚热带天然次生林群落演替对土壤有机碳的影响. 林业科学研究,23(06):845-849.

任书杰,于贵瑞,姜春明,等. 2012. 中国东部南北样带森林生态系统 102 个优势种叶片碳氮磷化学计量学统计特征. 应用生态学报,23(3):581-586.

孙谷畴. 1990. 亚热带常绿阔叶林荷树-厚壳桂群落的碳、氮及水分状况的垂直分布. 武汉植物学研究,8(4):335-340.

孙悦,徐兴良,Kuzyakov Yakov. 2014. 根际激发效应的发生机制及其生态重要性. 植物生态学报,38(01):62-75.

王庆伟,于大炮,代力民,等. 2010. 全球气候变化下植物水分利用效率研究进展. 应用生态学报,21(12):3255-3265.

吴楚,王政权,范志强,等. 2004. 氮胁迫对水曲柳幼苗养分吸收、利用和生物量分配的影响. 应用生态学报,11:2034-2038.

阎恩荣,王希华,周武. 2008. 天童常绿阔叶林演替系列植物群落的 N:P 化学计量特征. 植物生态学报,1:13-22.

于贵瑞,方华军,伏玉玲,等. 2011. 区域尺度陆地生态系统碳收支及其循环过程研究进展. 生态学报,31(19):5449-5459.

于贵瑞,高扬,王秋凤,等. 2013. 陆地生态系统碳-氮-水循环的关键耦合过程及其生物调控机制探讨. 中国生态农业学报,21(1):1-13.

于贵瑞,李轩然,赵宁,等. 2014. 生态化学计量学在陆地生态系统碳-氮-水耦合循环理论体系中作用初探. 第四纪研究,34:881-890.

于贵瑞,王秋凤,等. 2010. 植物光合、蒸腾与水分利用的生理生态学. 北京:科学出版社.

周正虎,王传宽. 2016. 生态系统演替过程中土壤与微生物碳氮磷化学计量关系的变化. 植物生态学报,40(12):1257-1266.

Aerts R, Chapin FS. 2000. The mineral nutrition of wild plants revisited:A re-evaluation of processes and patterns. *Advances in Ecological Research*, 30:1-67.

Bai ZG, Dent DL, Olsson L, et al. 2008. Proxy global assessment of land degradation. *Soil Use and Management*, 24 (3): 223-234.

Beer C, Reichstein M, Ciais P, et al. 2007. Mean annual GPP of Europe derived from its water balance. *Geophysical Research Letters*, 34: 5401.

Beer C, Reichstein M, Tomelleri E, et al. 2010. Terrestrial gross carbon dioxide uptake: Global distribution and covariation with climate. *Science*, 329(5993): 834-838.

Braatne JH, Bliss LC. 1999. Comparative physiological ecology of lupines colonizing early successional habitats on Mount St. Helens. *Ecology*, 80: 891-907.

Brown JH, Gillooly JF. 2003. Ecological food webs: High-quality data facilitate theoretical unification. *Proceedings of the National Academy of Sciences*, 100(4): 1467-1468.

Brown JH, Gupta VK, Li BL, et al. 2002. The fractal nature of nature: Power laws, ecological complexity and biodiversity. *Philosophical Transactions Biological Sciences*, 357 (1421): 619-626.

Cannell MCR, Dewar RC. 1994. Carbon allocation in trees: A review of concepts for modeling. *Advances in Ecological Research*, 25: 59-104.

Chen Y, Xu Z, Hu H, et al. 2013. Responses of ammonia-oxidizing bacteria and archaea to nitrogen fertilization and precipitation increment in a typical temperate steppe in Inner Mongolia. *Applied Soil Ecology*, 68: 36-45.

Clements FE. 1916. *Plant Succession: An Analysis of the Development of Vegetation*. Washington: Carnegie Institution of Washington.

Cleveland CC, Liptzin D. 2007. C: N: P stoichiometry in soil: Is there a "Redfield ratio" for the microbial biomass? *Biogeochemistry*, 85: 235-252.

Cleveland CC, Townsend AR, Schimel DS, et al. 1999. Global patterns of terrestrial biological nitrogen (N_2) fixation in natural ecosystems. *Global Biogeochemical Cycles*, 13 (2): 623-645.

Colinvaux P. 1986. *Ecology*. New York: John Wiley & Sons Inc., 29-34.

Comas LH, Becker S, Cruz VMV, et al. 2013. Root traits contributing to plant productivity under drought. *Frontiers in Plant Science*, 4: 442.

Cowan IR, Farquhar GD. 1977. Stomatal function in relation to leaf metabolism and environment. *Symposia of the Society for Experimental Biology*, 31: 471.

Craine JM, Morrow C, Fierer N. 2007. Microbial nitrogen limitation increases decomposition. *Ecology*, 88(8): 2105-2113.

Cramer W, Bondeau A, Woodward FI, et al. 2001. Global response of terrestrial ecosystem structure and function to CO_2 and climate change: Results from six dynamic global vegetation models. *Global Change Bioly*, 7(4): 357-373.

Davidson R, MacKinnon JG. 2004. *Econometric Theory and Methods*. New York: Oxford University Press, 1-768.

Dijkstra FA, Carrillo Y, Pendall E, et al. 2013. Rhizosphere priming: A nutrient perspective. *Frontiers in Microbiology*, 4: 1-8.

Elser JJ, O'brien WJ, Dobberfuhl DR, et al. 2000. The evolution of ecosystem processes: Growth rate and elemental stoichiometry of a key herbivore in temperate and arctic habitats. *Journal of Evolutionary Biology*, 13(5): 845-853.

Fang C, Smith P, Moncrieff JB, et al. 2005. Similar response of labile and resistant soil organic matter pools to changes in temperature. *Nature*, 433(7021): 57.

Farquhar GD, Sharkey TD. 1982. Stomatal conductance and photosynthesis. *Annual Review of Plant Physiology*, 33: 317-345.

Gastal F, Lemaire G. 2002. N uptake and distribution in crops: An agronomical and ecophysiological perspective. *Journal of Experimental Botany*, 53(370): 789-799.

Gause GF. 1934. *The Struggle for Existence*. Baltimore: Williams&Wilkins, 19-20.

Grinnell J. 1917. The niche-relationships of the California Thrasher. *The Auk*, 34(4): 427-433.

Grubb PJ. 1977. The maintenance of species richness in plant communities: The importance of the regeneration niche. *Biological Reviews*, 52: 107-145.

Hamer U, Marschner B. 2005. Priming effects in different soil types induced by fructose, alanine, oxalic acid and catechol additions. *Soil Biology and Biochemistry*, 37(3): 445-454.

Hedin LO. 2004. Global organization of terrestrial plant-nutrient interactions. *Proceedings of the National Academy of Sciences*, 101(30): 10849-10850.

He N, Liu C, Piao S, et al. 2019. Ecosystem traits linking functional traits to macroecology. *Trends in Ecology and Evolution*, 34(3): 200-210.

Hetherington AM, Woodward FI. 2003. The role of stomata in sensing and driving environmental change. *Nature*, 424: 901-908.

Hooper DU. 1998. The role of complementarity and competition in ecosystem responses to variation in plant diversity. *Ecology*, 79: 704-719.

Hou E, Chen C, McGroddy ME, et al. 2012. Nutrient limitation on ecosystem productivity and processes of mature and old-growth subtropical forests in China. *PloS One*, 7(12): e52071.

Houlton BZ, Wang YP, Vitousek PM, et al. 2008. A unifying framework for dinitrogen fixation in the terrestrial biosphere.

Nature, 454(7202): 327.

Hutchinson GE. 1957. Concluding remarks: Population studies, animal ecology and demography. *Cold Spring Harbor Symposium of Quantitative Biology*, 22: 415-427.

Hu Z, Guo Q, Li S, et al. 2018. Shifts in the dynamics of productivity signal ecosystem state transitions at the biome-scale. *Ecology Letters*, 21(10): 1457-1466.

Jiang GM, He WM. 1999. Species and habitat variability of photosynthesis, transpiration and water use efficiency of different plant species in Maowusu Sand Area. *Acta Botanica Sinica*, 41 (10): 1114-1124.

Johansson G. 1993. Carbon distribution in grass (*Festuca pratensis* L.) during regrowth after cutting-utilization of stored and newly assimilated carbon. *Plant and Soil*, 151 (1): 11-20.

Johnson RH. 1910. *Determinate Evolution in the Color-pattern of the Lady-beetles*. Washington: Carnegie Institution of Washington, 1-74

Kinoshita T, Masuda M. 2011. Differential nutrient uptake and its transport in tomato plants on different fertilizer regimens. *HortScience*, 46(8): 1170-1175.

Kleiber M. 1947. Body size and metabolic rate. *Physiological Reviews*, 27(4): 511-541.

Knapp AK, Fay PA, Blair JM, et al. 2002. Rainfall variability, carbon cycling, and plant species diversity in a mesic grassland. *Science*, 298(5601): 2202-2205.

Koerselman W, Meuleman AFM. 1996. The vegetation N: P ratio: A new tool to detect the nature of nutrient limitation. *Journal of Applied Ecology*, 33: 1441-1450.

Köhler B, Raschke K. 2000. The delivery of salts to the xylem. Three types of anion conductance in the plasmalemma of the xylem parenchyma of roots of barley. *Plant Physiology*, 122 (1): 243-254.

Kuzyakov Y, Friedel JK, Stahr K. 2000. Review of mechanisms and quantification of priming effects. *Soil Biology and Biochemistry*, 32(11): 1485-1498.

Law BE, Falge E, Gu L, et al. 2002. Environmental controls over carbon dioxide and water vapor exchange of terrestrial vegetation. *Agricultural and Forest Meteorology*, 113: 97-120.

LeBauer DS, Treseder KK. 2008. Nitrogen limitation of net primary productivity in terrestrial ecosystems is globally distributed. *Ecology*, 89(2): 371-379.

Leibold MA. 1995. The niche concept revisited: Mechanistic models and community context. *Ecology*, 76(5): 1371-1382.

Levy-Booth DJ, Prescott CE, Grayston SJ. 2014. Microbial functional genes involved in nitrogen fixation, nitrification and denitrification in forest ecosystems. *Soil Biology and Biochemistry*, 75: 11-25.

Li Y, Niu S, Yu G. 2016. Aggravated phosphorus limitation on biomass production under increasing nitrogen loading: A meta-analysis. *Global Change Biology*, 22(2): 934-943.

Liu Y, Wang C, He N, et al. 2017. A global synthesis of the rate and temperature sensitivity of soil nitrogen mineralization: Latitudinal patterns and mechanisms. *Global Change Biology*, 23(1): 455-464.

Liu YC, Yu GR, Wang QF, et al. 2014a. Carbon carry capacity and carbon sequestration potential in China based on an integrated analysis of mature forest biomass. *Science China-Life Sciences*, 57 (12): 1218-1229.

Liu YC, Yu GR, Wang QF, et al. 2014b. How temperature, precipitation and stand age control the biomass carbon density of the global mature forests. *Global Ecology and Biogeography*, 23: 323-333.

Ma Z, Guo D, Xu X, et al. 2018. Evolutionary history resolves global organization of root functional traits. *Nature*, 555 (7694): 94.

Ma Z, Peng C, Zhu Q, et al. 2012. Regional drought-induced reduction in the biomass carbon sink of Canada's boreal forests. *Proceedings of the National Academy of Sciences*, 109 (7): 2423-2427.

Macek P, Klimeš L, Adamec L, et al. 2012. Plant nutrient content does not simply increase with elevation under the extreme environmental conditions of Ladakh, NW Himalaya. *Arctic, Antarctic, and Alpine Research*, 44(1): 62-66.

Magnani F, Mencuccini M, Borghetti M, et al. 2007. The human footprint in the carbon cycle of temperate and boreal forests. *Nature*, 447(7146): 849.

Manzoni S, Jackson RB, Trofymow JA, et al. 2008. The global stoichiometry of litter nitrogen mineralization. *Science*, 321 (5889): 684-686.

McGroddy ME, Daufresne T, Hedin LO. 2004. Scaling of C: N: P stoichiometry in forests worldwide: Implications of terrestrial Redfield-type ratios. *Ecology*, 85(9): 2390-2401.

Niu S, Wu M, Han Y, et al. 2008. Water-mediated responses of ecosystem carbon fluxes to climatic change in a temperate steppe. *New Phytologist*, 177(1): 209-219.

Nobel PS. 1991. Achievable productivities of certain CAM plants: Basis for high values compared with C_3 and C_4 plants. *New Phytologist*, 119: 183-205.

Odum EP. 1959. *Fundamentals of Ecology*. Philadelphia : WB Saunders company, 1-384

Pajares S, Bohannan BJM. 2016. Ecology of nitrogen fixing, nitrifying, and denitrifying microorganisms in tropical forest soils. *Frontiers in Microbiology*, 7: 1045.

Pettersson T, Kivivuori SM, Siimes MA. 1994. Is serum transferrin receptor useful for detecting iron-deficiency in anaemic patients with chronic inflammatory diseases? *Rheumatology*, 33 (8): 740-744.

Peuke AD, Jeschke WD, Dietz KJ, et al. 1998. Foliar application of nitrate or ammonium as sole nitrogen supply in *Ricinus communis*. I. Carbon and nitrogen uptake and inflows. *New Phytologist*, 138(4): 675-687.

Phillips OL, Aragão LEOC, Lewis SL, et al. 2009. Drought sensitivity of the Amazon rainforest. *Science*, 323 (5919): 1344-1347.

Phillips OL, van der HG, Lewis SL, et al. 2010. Drought-mortality relationships for tropical forests. *New Phytologist*, 187: 631-646.

Rastetter EB, Vitousek PM, Field C, et al. 2001. Resource optimization and symbiotic nitrogen fixation. *Ecosystems*, 4: 369-388.

Schulze ED, Kelliher FM, Körner C, et al. 1994. Relationship among maximum stomatal conductance, ecosystem surface conductance, carbon assimilation rate, and plant nitrogen nutrition: A global ecology scaling exercise. *Annual Review of Ecology and Systematics*, 25: 629-660.

Schulze ED, Chapin FS. 1987. Plant specialization to environments of different resource availability. In: *Potentials and Limitations of Ecosystem Analysis*. Berlin: Springer - Verlag, 120-148.

Redfield AC. 1958. The biological control of chemical factors in the environment. *American Scientist*, 46(3): 205-221.

Reich PB, Oleksyn J. 2004. Global patterns of plant leaf N and P in relation to temperature and latitude. *Proceedings of the National Academy of Sciences*, 101: 11001-11006.

Reich PB, Walters MB, Ellsworth DS. 1997. From tropics to tundra: Global convergence in plant functioning. *Proceedings of the National Academy of Sciences*, 94: 13730-13734.

Scheffer M, Bascompte J, Brock WA, et al. 2009. Early-warning signals for critical transitions. *Nature*, 461(7260): 53-9.

Scheffer M, Carpenter S, Foley JA, et al. 2001. Catastrophic shifts in ecosystems. *Nature*, 413(6856): 591-596.

Schulten HR, Schnitzer M. 1997. The chemistry of soil organic nitrogen: A review. *Biol Fertility Soils*, 26(1): 1-15.

Solomon SD, Qin MM, Chen Z, et al. 2007. Contribution of working group I to the fourth assessment report of the Intergovernmental Panel On Climate Change. *2007 IPCC Fourth Assessment Report: Climate Change 2007*, fourth ed. Cambridge: IPCC.

Song X, Yu GR, Liu YF, et al. 2006. Seasonal variations and environmental control of water use efficiency in subtropical plantation. *Science in China: Series D*, 49(S2): 110-118.

Steduto P, Albrizio R. 2005. Resource use efficiency of field grown sunflowers, sorghum, wheat and chickpea. II. Water use efficiency and comparison with radiation use efficiency. *Agriculture and Forest Meteorology*, 130: 269-281.

Sterner RW, Elser JJ. 2002. *Ecological Stoichiometry: the Biology of Elements from Molecules to the Biosphere*. Princeton: Princeton University Press, 906-907.

Tanner EVJ, Vitousek PM, Cuevas E. 1998. Experimental investigation of nutrient limitation of forest growth on wet tropical mountains. *Ecology*, 79(1): 10-22.

Taylor AR, Bloom AJ. 1998. Ammonium, nitrate, and proton fluxes along the maize root. *Plant, Cell and Environment*, 21 (12): 1255-1263.

Tilman D. 2004. Niche tradeoffs, neutrality, and community structure: A stochastic theory of resource competition, invasion and community assembly. *Proceedings of the National Academy of Sciences*, 101: 10854-10861.

Tilman D, Hill J, Lehman C. 2006. Carbon-negative biofuels from low - input high - diversity grassland biomass. *Science*, 314: 1598-1600.

Tilman D, Lehman CL, Thomson KT. 1997. Plant diversity and ecosystem productivity: Theoretical considerations. *Proceedings of the National Academy of Sciences*, 94: 1857-1861.

van Ginkel JH, Gorissen A, van Veen JA. 1997. Carbon and nitrogen allocation in *Lolium perenne* in response to elevated atmospheric CO_2 with emphasis on soil carbon dynamics. *Plant and Soil*, 188(2): 299-308.

Veen GF, Freschet GT, Ordonez A, et al. 2015. Litter quality and environmental controls of home-field advantage effects on litter decomposition. *Oikos*, 124(2): 187-195.

Vitousek PM, Howarth RW. 1991. Nitrogen limitation on land and in the sea: How can it occur? *Biogeochemistry*, 13(2): 87-115.

Vitousek PM, Porder S, Houlton BZ, et al. 2010. Terrestrial phosphorus limitation: Mechanisms, implications, and nitrogen-phosphorus interactions. *Ecological Applications*, 20 (1): 5-15.

Wang Y, Wang H, He JS, et al. 2017. Iron-mediated soil carbon response to water-table decline in an alpine wetland. *Nature Communications*, 8: 15972.

Werner C, Kiese R, Butterbach-Bahl K. 2007. Soil-atmosphere exchange of N_2O, CH_4, and CO_2 and controlling environmental factors for tropical rain forest sites in western Kenya. *Journal of Geophysical Research: Atmospheres*, 112(D3): D03308.

West GB, Brown JH. 2005. The origin of allometric scaling laws in biology from genomes to ecosystems: Towards a quantitative unifying theory of biological structure and organization. *Journal of Experimental Biology*, 208: 1575–1592.

Wright IJ, Reich PB, Westoby M, et al. 2004. The worldwide leaf economics spectrum. *Nature*, 428: 821–827.

Xu X, Sherry R A, Niu S, et al. 2013. Net primary productivity and rain-use efficiency as affected by warming, altered precipitation, and clipping in a mixed-grass prairie. *Global Change Biology*, 19(9): 2753–2764.

Yan W, Yamamoto K, Yakushido K. 2002. Changes in nitrate N content in different soil layers after the application of livestock waste compost pellets in a sweet corn field. *Soil Science and Plant Nutrition*, 48(2): 165–170.

Yu G, Chen Z, Piao S, et al. 2014. High carbon dioxide uptake by subtropical forest ecosystems in the East Asian monsoon region. *Proceedings of the National Academy of Sciences*, 111(13): 4910–4915.

Yu G, Zheng Z, Wang Q, et al. 2010. Spatiotemporal pattern of soil respiration of terrestrial ecosystems in China: The development of a geostatistical model and its simulation. *Environmental Science and Technology*, 44(16): 6074–6080.

Yu G, Zhuang J, Nakayama K, et al. 2007. Root water uptake and profile soil water as affected by vertical root distribution. *Plant Ecology*, 189(1): 15–30.

Zerihun A, Gutschick VP, Bassirirad H. 2000. Compensatory roles of nitrogen uptake and photosynthetic N-use efficiency in determining plant growth response to elevated CO_2: Evaluation using a functional balance model. *Annals of Botany*, 86(4): 723–730.

Zerihun A, Montagu KD, Hoffmann MB, et al. 2006. Patterns of below- and above-ground biomass in *Eucalyptus populnea* woodland communities of northeast Australia along a rainfall gradient. *Ecosystems*, 9(4): 501–515.

Zhan A, Schneider H, Lynch JP. 2015. Reduced lateral root branching density improves drought tolerance in maize. *Plant Physiology*, 168(4): 1603–1615.

Zhang J, Yu Y, Zhu T, et al. 2014. The mechanisms governing low denitrification capacity and high nitrogen oxide gas emissions in subtropical forest soils in China. *Journal of Geophysical Research*, 119: 557–566.

Zhang J, Müller C, Cai Z. 2015. Heterotrophic nitrification of organic N and its contribution to nitrous oxide emissions in soils. *Soil Biology and Biochemistry*, 84: 199–209.

Zhao FH, Yu GR, Li SG, et al. 2007. Canopy water use efficiency of winter wheat in the North China Plain. *Agricultural Water Management*, 93: 99–108.

Zhao M, Running SW. 2010. Drought-induced reduction in global terrestrial net primary production from 2000 through 2009. *Science*, 329(5994): 940–943.

Zhou G, Zhou C, Liu S, et al. 2006. Belowground carbon balance and carbon accumulation rate in the successional series of monsoon evergreen broad-leaved forest. *Science in China*, 049(003): 311–321.

Zimmerman AR, Gao B, Ahn MY. 2011. Positive and negative carbon mineralization priming effects among a variety of biochar-amended soils. *Soil Biology and Biochemistry*, 43(6): 1169–1179.

第7章

流域尺度生态系统碳-氮-水耦合循环的水文生态学机制

水循环是地球上重要的物质和能量循环,水既是生命体的组成成分,同时也具有溶解、携带和运输其他物质的能力,可通过降水、蒸散发和径流等过程实现自身及其所携带的物质迁移。这就形成了水文过程及通量的物理化学作用与流域生态系统生物地球化学循环过程的紧密耦合,而这种耦合关系的时空变异机制成为流域生物地球化学过程的物质平衡和能量流动研究的基础。研究流域尺度生物地球化学循环-水文耦合过程,将更加深刻地揭示水循环驱动下,陆地-水生生态系统碳、氮循环与人类活动及气候系统的生物学、物理学和化学过程的耦合机制。

理解流域水文循环和营养物质循环的耦合机制,是认识地球表层物质迁移、能量流动和地球生物化学循环的重要问题。流域生物地球化学循环与水文耦合过程既是陆地-水生生态系统的最为重要的物质循环过程,又是能量传输和养分循环的载体。水文生态学与生物地球化学的结合推动了对流域尺度物质循环与能量流动动力学的认知。流域尺度的水、碳和营养物质迁移和循环过程影响着生态系统生产力以及大气与流域水体的物质交换。碳、氮、水循环主要通过陆地和水生生态系统水文过程的物理作用相联系,实现水陆两者的水文通量的空间耦合。虽然在不同的陆地和水生生态系统中,水文和生物地球化学循环存在明显差异,但是在自然条件下所形成的基本生态过程还是存在相似之处。需要重点关注陆地生态系统(土壤剖面和山坡尺度)及水生生态系统(溪流、湖泊或湿地)的水文循环和营养物质耦合循环过程机制、水文过程和生物地球化学过程生物学限制的共同点及数学分析方法。

本章概述流域尺度生态系统的水文、水循环与营养物质循环的基本过程,阐述流域生态系统的时间、空间以及时间-空间尺度的生物地球化学循环与水文耦合特征;揭示营养元素循环在时间-空间尺度上的耦合关系;分析流域营养物质的生物地球化学过程与水文耦合过程随着时空尺度在大气-陆地界面、陆地-河流界面以及河口-海洋界面的变异性;进而结合流域生态化学计量特征及水陆交错带对营养物质输出的调控,分析耦合过程的生物学调控机制;最后阐述氮沉降作为重要的营养物质输入源,如何改变区域物质平衡、水质及水体富营养化、生态系统生产力和健康阈值等生态过程和生态参数。

本章执笔:于贵瑞,高扬

7.1 引言

流域(watershed)指由分水线所包围的河流集水区(catchment),通常分为地面集水区和地下集水区两类。如果地面集水区和地下集水区相重合,则称为闭合流域(enclosed watershed);如果两者不重合,则称为非闭合流域(non-enclosed watershed)。人们平时所称的流域一般都指地面集水区。地球上的每条河流都有自己的流域,一条大的河流可以分为干流、一级支流、二级支流等水系。因此一个大流域可以按照水系等级分成数个一级支流流域,一级支流流域又可以分成更小的数个二级支流流域,以此类推,可以将一个大的流域分解为众多嵌套式的多等级流域系统(图7.1)。此外,还可以截取河道的某一区段,单独划分和命名为一个特定的流域单元。

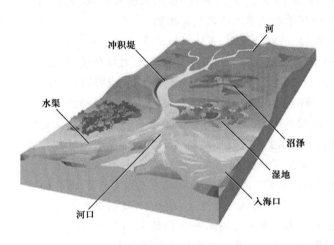

图7.1　流域、水系及流域生态系统示意图:以河口三角洲为例

流域之间的分水地带称为分水岭(water-shed)。分水岭上最高点的连线为分水线(water parting),即集水区的边界线。处于分水岭最高处的大气降水,以分水线为界分别流向相邻的不同的河系(river system)或水系(hydrographic net)。分水岭有的是山岭,有的是高原,也可能是平原或湖泊。山区或丘陵地区的分水岭明显,在地形图上容易勾绘出分水线。平原地区分水岭不显著,仅利用地形图勾绘分水线有困难,有时需要进行实地调查确定。

由此可见,流域划分及大小的确定是相对的,根据水利部的规定,我国目前将面积小于 50 km^2 的流域定义为小流域(small watershed),并以小流域为单元,开展水土保持和流域综合治理,合理安排小流域的农、林、牧、渔各业用地,开展山水林田湖草综合治理,以提高天然降水的利用率,减少地表径流,维持社会经济的协调发展。

流域生态系统(watershed ecological system)是特定流域(或集水区)内的各类生态系统的集合体,主要由流域内的高地(highland)、沿岸带(riparian)以及水体(waters)等地理单元构成,其植被、生物组分以及人类活动等社会经济属性主要决定流域的气候、地貌和人文地理特征。流域生态学(watershed ecology)是以流域生态系统为研究对象的生态学分支,主要研究生态系统内的物质、能量和信息流动规律,揭示流域生态系统的生物、物理和化学过程与模式,流域及景观格局与生态系统功能维持机制,系统状态演变及其资源环境效应,为流域生态系统合理利用与保护以及区域社会经济持续发展提供科学基础。

流域生态过程(watershed ecological process)是流域生态学研究的核心。流域生态过程主要包括流域内部的生物群落、非生物环境以及社会经济系统的演变及相互作用,流域内的高地、沿岸带以及水体等构成单元之间的能量流动、水循环、碳循环和养分循环,以及流域与域外环境的相互作用。流域生态过程研究通常在两个层次上展开。第一个层次是将整个流域视为一个水陆相互结合、相互作用的宏系统,关心的重点是流域内不同组成系统之间的物质循环和能量流动规律。第二个层次是研究流域内各主要组成系统的结构和功能,如河网、湖泊、自然植被、农田、城市等,关心的重点是这些系统本身的物质循环和能量流动规律及其在流域整体中的作用。流域生态系统的碳循环、氮循环和水循环是流域生态过程中最基础的过程,也是流域生态学研究中关注度最高的三大生态学过程。

流域水文学(watershed hydrology)或流域生态水文学(watershed eco-hydrology)是认知流域生态系统碳、氮、水循环过程机理的基础。流域水文循环过程主要是指当大气降水落到地面上,一部分降水湿润地表或被植物等物体截留。这部分水随后蒸发,又变为气态。随着降水的持续,一部分降水形成坡面流或地表径流,一部分降水下渗进入土壤。地表径流慢慢地汇聚到水坑或小水塘(即洼地储蓄),或是继续以水流的形式在冲沟、河道中流动,并最终汇入更大的水体,如湖泊或海洋。下渗到土壤中的水可能在近地表的土壤中流动并很快流至地表,汇入泉水或是邻近的河流;也可能渗入岩层,成为深层地下水,最终也将流入河川或湖泊等;一部分下渗到土壤中的水则由于毛细作用或其他原因而存留在土壤中,可以供植物生长消耗或通过地表蒸发进入大气。

生物地球化学主要研究生物活动引起的地壳中元素的迁移、转化、富集、分散,以及由此引起的生物繁殖、变异、衰减等规律,重点研究生物圈中各种化学物质的来源、存在数量和状态,污染物的生物地球化学循环及迁移转化规律,环境中化学物质对生物体和人类健康的影响等问题。流域尺度的生物地球化学研究更加关注人类活动加速或改变流域生物地球化学循环所产生的一系列生态环境问题,这些环境问题包括陆地生态系统退化、水生生态系统酸化、湖泊和近海水体富营养化、全球变化对人类健康和生物多样性的影响等。

流域尺度的碳、氮、水等物质的生物地球化学循环是紧密耦合的生态学过程。水、碳和营养物质循环过程不仅影响着生态系统生产力,还影响陆地生态系统与大气和下游水体的交换(Likens and Bormann,1974;Meybeck,1982;Lohse et al.,2009)。虽然,流域中的陆地和水生生态系统的碳-氮-水生物地球化学循环之间存在明显差异,但是在其过程机理及耦合关系等方面还存在着相似之处。本章在总结流域生态系统的陆地(土壤剖面和山坡尺度)和水体(溪流、湖泊或湿地)的水文和营养物质循环基本规律的基础上,具体论述流域尺度生态系统碳、氮、水循环动态过程耦联关系的水文生态学基础、相关概念和定量解析的数学方法。其目的是构建流域尺度营养物质循环与水文循环耦合理论体系,提高对流域尺度的水文、生物地球化学及生态动力学机制的理解。

7.2 流域尺度生态系统的水文过程及营养物质地球化学循环

7.2.1 流域生态系统的水文及水循环

7.2.1.1 水循环概念及过程

地球上的水在太阳辐射作用下不断地蒸发变成水汽上升到空中,再被气流带动输送到各地;水汽在输送过程中遇冷凝结,形成降雨或降雪,降落到地面

和海洋;降至地面的那部分水直接进入河流或渗入地下并补给河流,再流入海洋。水分的这种往返循环、不断转移交替的现象称为地球的水文循环或水循环。

地球上的水循环是巨大的物质循环和能量流动,是具有全球意义的物质和能量传输过程。水是良好的溶剂,水流具有携带物质的能力,自然界有许多物质,如泥沙、有机质和无机物质均会以水作为载体,参与各种物质循环。水文循环通常被定义为三种不同空间尺度的循环过程,即全球水循环(global water cycle)、流域或区域水(文)循环(watershed or regional hydrologic cycle)和典型的生态系统水循环(ecosystem water cycle)。

流域水循环实际上是指流域的降水径流形成过程,是开放式循环系统,空间尺度一般在 $1 \sim 10000 \ km^2$,主要包括降水、蒸散发、径流和流域储水量变化的整个过程。这四种过程都随时间和空间变化,它们之间相互影响、相互制约,从而形成了自然界中变幻莫测、多种多样的水文现象(图7.2)。

降落到流域上的水,首先满足截留、填洼和下渗要求,剩余部分成为地面径流,汇入河网,流到流域出口断面。截留最终耗于蒸发和散发,填洼的一部分将继续下渗,而另一部分也耗于蒸发。下渗到土壤中的水分,在超过土壤持水量后将会形成壤中流,形成土壤中的水径流或地下水径流,从地面以下汇集到流域出口断面。被土壤保持的那部分水分最终被蒸发和散发消耗。降水过程在流域水循环中起主导作用,是最大输入项,而蒸散发往往是最大的输出项或损失项。

径流和流域储水量的变化受降水和蒸散发的共同影响。但是,如果考虑人为影响,这种排序也许会改变。值得指出的是,水量平衡中的各水文要素之间的相对重要性还会随时间而变化。例如,对于干旱年份或夏季月份,蒸散发就可能超过降水量;而在极端湿润年份,径流量就有可能超过蒸散发而成为流域水分的主要输出项。干旱地区的河川径流对降水变化要比温度变化更敏感,这种关系在湿润地区可能正好相反。

流域水循环研究就是将流域水循环系统的各个要素过程统一起来进行分析和理解,考虑这些要素的相互作用、时空变换情况和水资源的形成演化规律,因此研究范围比传统的流域产汇流规律研究要广泛和深入。水循环过程是流域生态过程演变的关键驱动因子,同时,流域生态过程的演变将改变流域水循环的各个要素过程,从而制约着流域水循环过程的演变。

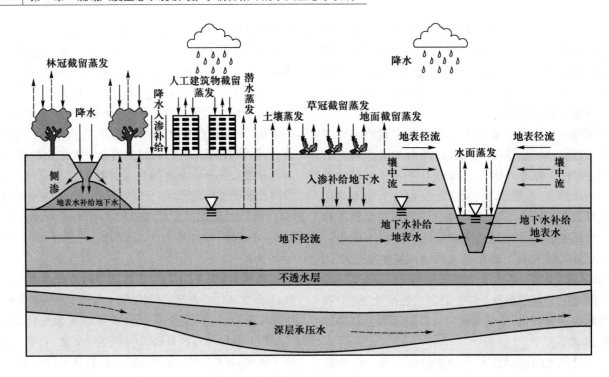

图 7.2　流域水循环示意图

7.2.1.2　流域水量平衡

根据物质不灭定律,任意地区在一定时段内输入的水量与输出的水量之差,必等于区域内蓄水量的变化,这就是水量平衡原理。水量平衡方程式的通式为

$$I - Q = \Delta s \tag{7.1}$$

式中,收入项(I)和支出项(Q)可视具体情况进一步细分,其繁简程度与所研究的对象以及时段长短有关。例如,对于多年平均来说,蓄水变化量(Δs)趋于零,可忽略不计;但对于短时段水量平衡方程式而言,Δs 不可忽略。

流域水量平衡是指一个流域在任一时段内,其收入的水量等于支出的水量、时段始末蓄水变量和流域内外交换水量的代数和。流域水量平衡方程式为

$$(P + R_{\mathrm{sI}} + R_{\mathrm{gI}}) - (E + R_{\mathrm{sO}} + R_{\mathrm{gO}} + q) = \Delta s \tag{7.2}$$

式中,P 为时段内的降水量;R_{sI} 为时段内地表流入本地区的水量;R_{gI} 为时段内地下流入本地区的水量;E 为时段内本地区蒸发量;R_{sO} 为时段内地表流出本地区的水量;R_{gO} 为时段内地下流出本地区的水量;q 为时段内用水量。

河流水量的补给通常包括地表水和地下水两部分。地表水的分水线主要受地形影响,而地下水的分水线主要受地质构造和岩性的控制。若流域为闭合流域时,则无流域内外的交换水量,$R_{\mathrm{sO}} + R_{\mathrm{gO}} = R$,$R$ 称为径流量。如果不考虑工农业及生活用水(即 $q = 0$),水量平衡方程式为

$$P = E + R + \Delta s \tag{7.3}$$

如果研究闭合流域多年平均的水量平衡,由于历年的 Δs 有正也有负,则多年平均值趋近于零,于是公式(7.3)可表示为

$$\overline{P} = \overline{E} + \overline{R} \tag{7.4}$$

公式(7.4)可转化为

$$\frac{\overline{E}}{\overline{P}} + \frac{\overline{R}}{\overline{P}} = 1 \tag{7.5}$$

定义 $\alpha_0 = \dfrac{\overline{R}}{\overline{P}}$ 为多年平均径流系数,反映的是流域径流量和降水量的比例。通常,α_0 用于描述流域的气候地理特征,例如,湿润地区 $\alpha_0 > 0.5$,半干旱地区 $\alpha_0 < 0.3$,干旱地区 $\alpha_0 < 0.1$。定义 $\beta_0 = \dfrac{\overline{E}}{\overline{P}}$ 为多年平均蒸发系数,它与 α_0 可以综合反映流域内气候的干湿程度:干燥地区 β_0 大,α_0 小;湿润地区 α_0 大,β_0 小。

7.2.1.3　流域水循环影响因素及变化

影响水循环的自然因素主要有气候条件(如大气

环流、风向、风速、温度、湿度等)以及地理条件(如地形、地质、土壤、植被等)。气候条件是影响水循环的主要因素,在水循环的四个环节(即蒸发、水汽输送、降水、径流)中,有三个环节取决于气候条件。一般情况下,温度越高,蒸发越旺盛,水循环越快;风速越大,水汽输送越快,水循环越活跃;湿度越高,降水量越大。另外,气候条件还能间接影响径流,径流量的大小和径流的形成过程都受控于气候条件。下垫面因素对水循环的影响主要是通过影响蒸发和径流。有利于蒸发的地区,水循环活跃;而有利于径流的地区,水循环不活跃。

植物通过根吸收土壤中的水分,在水循环中起着重要作用。不同的植被类型,蒸腾作用是不同的,其中森林植物的蒸腾最大,在水的生物地球化学循环中的作用最为重要。森林植物从地下吸收水分,经传导由叶片蒸发到大气中,可以调节大气的湿度和林区空气湿度。降水时,森林树冠的截留可减少地表径流和水土流失。所以森林是流域水循环重要的调节者。

当然,人为因素对水循环也有直接或间接的影响。人类活动不断改变着自然环境,越来越强烈地影响水循环的过程。人类活动对水循环的影响主要表现在调节径流、加大蒸发、增加降水等环节上。例如,修筑水库和淤地坝可拦蓄洪水、扩大水面积、抬高库区地下水位,从而加大蒸发,促进水循环。修建水利工程、梯田、水平条和鱼鳞坑等可减少径流、增加入渗、增加土壤含水量,从而加大蒸发,影响水循环。封山育林和造林种草也能够增加入渗、调节径流、影响蒸发。因此,人类活动是通过改变下垫面的性质和形状来影响水循环。人类活动造成的流域水循环的变化主要包括短路化、绝缘化、人工化和孤立化。

(1)流域水循环短路化

流域水循环的短路化是指原来流域内的产流-汇流-泛滥-地下汇流-入海等较缓慢的水循环过程,由于修建堤坝、河道整治等水利工程措施,河道的行洪能力大为增强,洪水大部分由河道直接入海,水循环过程行程缩短、时间加快。

(2)洪泛区水循环绝缘化

由于防洪工程的修建,洪水不再泛滥,原来依赖于河道洪水的广大洪泛区的水循环变得与河道洪水无关,形成独立的以本地降水为主的水循环。洪泛区的水循环与河道水循环互相绝缘。人们在防止洪水发生的同时,也失去了洪水的生态功能,对流域生态系统产生重大的负面影响。

(3)流域水循环人工化

由于流域水循环的现状不能满足社会的需求,就要靠人工水循环来维持,如人工灌溉、人工提取地下水、人工蓄水、提水、排水等,自然的水循环过程变成人工水循环过程。流域水循环系统和人类的密切关系表现在水资源利用、防洪、水环境保护和水生态保护等各个方面。

(4)流域生态系统孤立化

伴随流域水循环的变化,流域的生态系统也发生较大变化,生态系统的孤立化是流域人工化所产生的后果。原来由河流、湿地、湖泊、草原、森林等形成的连续空间被堤坝等人工建筑物割断,水生—两栖—陆生的连续生态系统被割断,变成难以互相交流的孤立的生态系统,这会使原有的食物链遭到破坏,影响流域内的生物多样性及其生态功能。

7.2.2 流域生态系统的营养物质循环

7.2.2.1 流域生态系统的碳和营养物质循环及空间迁移

流域生态系统碳和营养物质循环与水的可利用性及水文运输存在着内在联系。水文运输渠道是水通过土壤、沿着山坡,最终汇入江河湖海。水文要素通过物理作用(如贮存与水文活动区)和化学作用(如有机与无机化合物)调控不同区间的碳与营养物质交换,进而控制陆地和水生生态系统中的生物地球化学过程(图7.3)。这些交换和运输过程即产生了空间异构的生物地球化学动力学机制,同时,水文气候驱动因素的动态波动也导致了碳和营养物质交换和运输在时间过程上的高度变异性。

流域生态系统的营养物质循环研究有必要考虑流域的整个河网系统,从而把空间格局中任何一点的流速与生物地球化学过程联系起来,其中生物地球化学过程控制了陆地-水体边界处的溶解和悬浮以及静态隔间中的营养物质和碳交换。

7.2.2.2 水陆交错带对营养物质输出的调控

水陆交错带是水生与陆地生态系统之间进行能量、物质和信息交换的重要生物过渡带,是具有较高地下水位的生态带。潜水层在河床与水陆交错带的下部,是一个以地表河床水为水源的饱和沉积层。由于本身有地下水的存在,加上地表水的下潜,潜水层成为地下水和地表水的混合体。地表水和地下水含

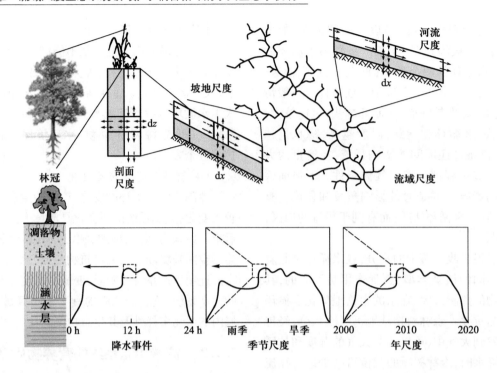

图 7.3 土壤、山坡、河流剖面耦合水文和生物地球化学过程间的相似性（改自 Manzoni and Porporato，2011）

白色区域表示土壤剖面的水文活性孔隙、山坡剖面的宏观孔隙以及河流剖面流动的水流；灰色区域表示土壤和山坡剖面的固相和断开的孔隙空间或河流剖面的蓄水和河床。黑色箭头和虚线箭头分别表示水和其他元素（如碳、氮、磷）生物地球化学通量。

有不同的化学成分，能够更有效地对一些营养物质进行处理和溶解，提高了河流去除富营养化物质的能力。水陆交错带可以有效地减缓径流并截留污染物，通过其植被和土壤的过滤、渗透、吸收、滞留作用，极大地减少进入水体和地下水的农业径流等污染物，降低水体富营养化现象的发生概率（Hill，1996；Matheson et al.，2002）。

水陆交错带植被在岸坡的保护功能中起了主导性作用（Cooper，1990），这是由于水陆交错带植被的根系与土壤有一定的交互作用，植被的茎、枝和叶片有效地增加了地表的粗糙度，从而起到减缓地表径流和减轻水流对河岸侵蚀的作用。由于水陆交错带土层薄、石砾含量高等特点，根系在植物固定和保持土壤、养分循环以及土壤结构改善中起着更加重要的作用。此外，植被在水陆交错带的生物地球化学作用中也扮演了举足轻重的角色，例如水陆交错带植被对氮的过滤和滞留作用十分明显，过滤的氮含量可以达到进入河流水体中氮含量的 6 倍，且森林类型的水陆交错带对氮元素的吸收要优于草本植被（Lowrance et al.，1985）。

虽然水陆交错带的统计属性已被广泛分析（Rodriguez-Iturbe and Rinaldo，1997），但是最近才开始了对与水文、生物地球化学和生态过程（即局部坡度和方向）相关的地形特征影响的研究（Vico and Porporato，2009），其目的是充分考虑景观尺度的异质性，在水文循环与营养物质循环耦合模型中嵌入地形特征的统计性质。这一研究主要挑战在于，必须将这些跨学科概念整合成一个全面的数学框架，描述景观尺度上的水文和生物地球化学过程（Grimm et al.，2003）。其研究成果将有助于预测在不同气候和管理背景下的生态系统中的碳螯合和养分保留或损失，对农业、林业、富营养化和气候变化研究有重大意义。

7.2.2.3 生物对流域生态系统营养物质循环的调控

生物系统调控流域生态系统的碳、氮等营养物质循环及相互作用。虽然流域的陆地和水生生态系统的生物与非生物过程的相对重要性可能不同，但其有机质生物分解遵循相似的模式（Webster and Benfield，1986；Enriquez et al.，1993；Berg and McClaugherty，2003）。在湿润环境中的强降水条件下，虽然陆地淋溶损失可能很显著，但是水体中的初始淋溶仍然高于陆地（Webster and Benfield，1986）。此外，水生生态系统对植物残体的破碎作用远大于陆地无脊椎动物的破碎作用。

分解者的化学计量特征在很大程度上制约着陆地生态系统（Agren and Bosatta, 1996；Cleveland and Liptzin, 2007；Manzoni et al., 2008, 2010）和水生生态系统（Cross et al., 2005）植物残体分解的碳和有机养分的平衡。基于不同来源的科学数据分析表明，在陆地生态系统和水生生态系统分解过程中，残留体的碳氮比（C∶N）和碳磷比（C∶P）从较高值收敛到较低值，其中较高值来自衰老叶片和进入分解期的木材，而较低值则来自典型分解者和消费者（Meybeck, 1982；Dodds et al., 2004；Cross et al., 2005）。

在陆地和水生生态系统中，初级生产者残留物的营养物质富集现象（尤其是氮和磷）是很常见的，而且代表了分解的生物特征（Cross et al., 2005；Manzoni et al., 2008）。其中，残留物对磷的固定和持留是普遍有效的，而且相对于陆地而言，水体中的磷淋溶更加显著。虽然水生生态系统中增加的淋溶会对分解物质的化学计量产生潜在的影响，但相比陆地凋落物引起更大的养分流失，水体分解效应不会太大改变化学计量的轨迹。在分解过程中，养分常见的矿化模式明显存在于沿土壤剖面的垂直方向，同时由于平流的差异，也存在于河流的水平方向上（Means et al., 1992）。

7.2.3 流域生态系统的水文与营养物质循环的时空尺度

7.2.3.1 时间尺度

时间尺度是指完成某一种物理过程所花费时间的平均度量。一般来讲，物理过程的演变越慢，其时间尺度越长；物理过程涉及的空间范围越大，其时间尺度也越长。泥沙和颗粒、溶解态碳和养分的输送过程的时间尺度存在差异，包括点源和地表径流的日变化，河岸带的日变化到周或月变化，浅含水层的周变化到年变化，深含水层的年变化到多年变化。

流域水文在时间尺度上通过波峰波谷动态变化改变流域物质循环的边界条件，同时流速随时间的变化改变了河流的生物地球化学反应的动力学。当河流流速在降水过程中变化较大时，流域生物地球化学过程主要受来自上游源头或被洪水和强降水破坏的底栖群落的异地碳和养分输入的影响（Saunders et al., 2006；Valett et al., 2008）。流域在基流和暴雨条件下，当地和外部环境的变化分别控制流域生物地球化学过程

时，河流和土壤中的水文循环与营养物质循环耦合方式是相似的（Frost et al., 2009；Gao et al., 2014b）。

强降水事件会冲刷植被树冠和土壤，从而调动养分和可溶性碳，并通过淋溶和冲刷效应使它们迁移至土壤深层直至基岩，这将大大提高微生物分解的基质生物可利用性，同时改善植被群落的营养状况（Kalbitz et al., 2000）。在永久性或季节性干旱和半干旱的流域生态系统中，水分限制占主导地位，生物地球化学通量受到孔隙水的可利用性和时间变异性的影响（Rodriguez-Iturbe and Porporato, 2004；Schimel et al., 2007）。降水事件提高了土壤含水量，从而引起生物活动增加，其中包括土壤微生物和营养汇以及植被根系-土壤的生物化学反应（Noy-Meir, 1973；Austin et al., 2004；Schwinning and Sala, 2004），例如，降水增加了植被对土壤养分的吸收，在干旱的条件下也会增加土壤养分积累（Augustine and McNaughton, 2004）。因此，干旱期间与降水发生后的生物地球化学动力存在差异，类似于在河流中的基流和峰值水流条件下发生的生物地球化学行为。

7.2.3.2 空间尺度

空间尺度一般是指开展研究所采用的空间大小的量度。泥沙和颗粒、溶解态碳和养分的输送过程发生在除地下水输送过程的局部地区和区域尺度，大多数河流输送过程的空间尺度从局部地区到区域尺度有所变化。

"营养物质螺旋"概念作为流域生物地球化学的营养物质的汇和河流水文单元的河段尺度养分运输交换的模型概念被提出（Webster, 1975；Newbold et al., 1981）。营养物质螺旋可以描述为一个综合的稳态流域模型，即物质悬浮或溶液作为一个整体区间被运输并且相互作用于静态的流域单元（Essington and Carpenter, 2000；Cross et al., 2005）。营养物质的"螺旋长度"是指在分解者或浮游植物同化后的有机形态和溶液中的矿物形态间的整个循环中，营养原子所移动的平均距离（Newbold et al., 1981）。完整的流域模型不能忽视耦合的空间-时间动力学，需要使用平流-反应-扩散方程（Newbold et al., 1981；Bencala and Walters, 1983；Aumen, 1990；Runkel, 2007）。现有生物地球化学模型发展的限制因素是它们通常忽略了水文驱动因素的时间变异性，即营养物质的径流过程随时间的动态变化；另外，侧重于基流条件时，原地物质输出过程也是主要考虑的因素。

"营养物质螺旋"概念可同样应用于土壤和河流养分循环中。类似的"山坡螺旋"也包括高度间歇性以及养分的下游平流运输,其中在运输过程中存在着有机和无机形式交换,如藻类生长、死亡和沉积、分解、有机化合物的矿化、矿物颗粒磷的吸附/解吸和反硝化过程。相比于河流养分循环(Wagener et al., 1998;Fisher et al., 2004),营养物质在土壤中的"螺旋长度"要短得多,因为土壤的水渗流很缓慢,通过某些化学形式的有机分子或物理形式的土壤团聚体的运输时间较长。

7.2.3.3　空间-时间尺度

陆地-水体系统的空间耦合异质性由于不同流域单元营养物质的周转时间形成养分循环的汇,进而缓冲了水文压迫,提供了强大的养分保持能力(Fisher et al., 2004;Ensign and Doyle, 2006)。空间变异性和时间变异性的随机表述代表了高度复杂的流域生态系统选择(Katul et al., 2007)。基于水和溶质运输时间分布的拉格朗日方法常用于水文和溶质运输模型(Rinaldo and Marani, 1987;Rinaldo et al., 1989;Mc-Donnell et al., 2010)以及陆地生物地球化学模型中(Manzoni and Porporato, 2009)。在水生和陆地系统中,这些随机模型可能以简明而又易于分析的方式来捕捉空间和时间耦合条件下水文驱动营养物质循环的变异性。

养分从陆地向海洋的运移研究反映了水生和陆地生态系统中碳和营养物质耦合的生物地球化学过程。河口系统的动力学反映河口系统内的养分循环及其叠加溶质的平流运输过程(Manzoni et al., 2009),养分比例反映近海河流相关的浮游植物水华的物种变化;土壤溶质运输相关的时间尺度在陆地和水生系统中是不同的,在土壤中的运移长度比河流中

更短(Wagener et al., 1998)。基流和暴雨径流条件下发生的生物地球化学过程的动态变化(Manzoni and Porporato, 2011;Halliday et al., 2012)、季节性变化(Halliday et al., 2012;Neal et al., 2012)甚至更长的时间尺度(十年、世纪)上的变化,与保留和释放过去储存的营养元素相关。因此,营养元素循环在时间-空间尺度上发生了耦合,大气、陆地、河流、河口和海洋系统形成了一个连续体,由水、气体和气溶胶通量实现物理连接(Manzoni and Porporato, 2011)。

7.2.4　流域生态水文及生物地球化学模型

7.2.4.1　流域生态水文模型的分类

流域生态水文模型多种多样。按降水径流数值模型的复杂程度可以分为:①以水文学方程为基础的模型:这类模型包括从最简单的径流系数法到美国土壤保持局的土壤保护服务法(soil conservation service, SCS)。②以水文学中的时段单位或瞬时单位概念为基础的模型:可分为两种情况:一是降水径流子模型,采用单位线法进行汇流计算;二是用时段或瞬时单位推求非点源污染负荷过程。③以水文数学模型为基础的物理过程模型:试图详尽地描述非点源污染的物理、化学和生物过程。

此外,如果按对研究区域(流域)的处理方法对模型进行分类,可以归纳为两类:①集总参数模型:将研究区域作为一个整体来考虑,在有关特性均匀一致条件下建立模型。②分布式参数模型:将研究区域划分成较小的下垫面特性单一的单元,然后对每个单元分别进行模拟,再通过叠加的方法得到流域总输出。

表7.1列出了5种模型的构造及其特征,可以看出这些模型只适用于较小的流域面积,还都存在着各种各样的缺憾,不便推广。尤其是目前我国较成熟的

表 7.1　常见的流域非点源污染模型

	模型名称				
	ANSWERS 模型	CREAMS 模型	AGNPS 模型	ARM 模型	李怀恩模型
模型类型	分散	集总	分散	集总	集总
单元划分	方形网格		方形网格		
流域面积/km²	10	约 0.1	200	2~5	100~200
径流子模型	概念模型	SCS 或下渗模型	SCS	SWMIV	逆高斯分布汇流模型
产沙子模型	概念模型	USIE	USIE	NEGEV	逆高斯分布汇流模型
水质子模型	与沙量有关	概念模型	概念模型	概念模型	概念模型

模型还不多,今后在人工模拟实验研究与野外实验结合的基础上,应加强机理性方面的研究。

7.2.4.2 生物地球化学模型

生物地球化学模型是采用数学模型来研究化学物质从环境到生物然后再回到环境的生物地球化学循环过程,是生态系统物质循环的重要研究方法(Han and Cheng, 1992)。目前生物地球化学模型主要集中在研究碳、氮循环。由于自然界的碳、氮循环离不开能量的驱动和水介质的输送,因此,无论碳循环模型还是氮循环模型,都必须包括一些能量模型和水分模型(王效科等,2002)。生物地球化学模型有多种类型,其中可以应用于评估碳-氮-水耦合循环的模型包括陆地生态系统模型(terrestrial ecosystem model, TEM)、反硝化-分解(denitrification and decomposition, DNDC)模型、CENTURY 模型和 BIOME-BGC 模型等。

TEM 是一个描述全球非湿地生态系统的植物和土壤中的碳、氮动态的模型。它利用空间尺度为 $0.5°×0.5°$ 的气候、海拔高度、植被、土壤和可利用水现状及其相应模型参数,对大尺度的 CO_2 加倍或气候变化后的植被生产力进行预测分析(Melillo et al., 1993)。DNDC 模型是针对美国农田生态系统中 N_2O 排放通量的预测开发出来的。通过模拟气候、土壤水分、氮和碳动态及植物生长过程,利用气候、土壤性质、农作物特性和耕作措施等资料,预测农田土壤中 N_2O 排放的全过程,得出一个地块或区域的 N_2O 排放通量(Li et al., 1992a, 1992b)。CENTURY 模型是以月为时间步长,在陆地生态系统基础上建立的土壤碳、氮、磷、硫元素的模拟模型,对草地生态系统的模拟效果良好(张仟雨等,2015)。BIOME-BGC 模型是由 Forest-BGC 模型发展而来,其目的是研究气候、干扰和管理历史、大气化学、植物生理特性对陆地碳、氮和水循环的影响(Dong et al., 2005)。

河流和湖泊的生物地球化学模型与陆地生态系统的生物地球化学模型非常相似。在土壤(Manzoni and Porporato, 2009)和淡水模型(Aumen, 1990; Park and Uchrin, 1997; Cherif and Loreau, 2007; Schultz and Urban, 2008; Webster et al., 2009)中,分解过程通过一阶或非线性动力学和分解化学计量学控制有机基质(溶解态有机质或植物残体)和无机组分之间的养分交换。这些相似之处反映了水生和陆地系统中碳和养分的共同生物地球化学过程,在描述发生生物地

球化学反应的同时又叠加了溶质的平流运输。水的运输是水生系统中的一个主要过程,但它在陆地生物地球化学中也很重要,因为它连接不同的土壤层。当然,与溶质运输相关的时间尺度在这两个系统中是不同的,在土壤中的运移长度比河流中更短(Wagener et al., 1998)。

7.2.4.3 流域生态水文-生物地球化学耦合模型

流域尺度水、碳、氮循环耦合模拟主要是利用水文、农业、环境等学科代表性模型,依据研究需要进行功能扩展,从而模拟水、碳、氮在土壤、植被、大气、水体等不同介质中的循环过程。目前相关模型可以分为:①基于水文过程的扩展模型。这类模型基于降水-径流关系,耦合关键的生物地球化学和水质过程。代表性模型有 HSPF(Bicknell et al., 1993)、ANSWERS(Bouraoui and Dillaha, 2014)、GBNP(Yang et al., 1998)、HBV-N(Arheimer and Brandt, 2000)、HIMS(刘昌明等,2006)和 HYPE(Lindström et al., 2010)等。②基于河流水质过程的扩展模型。这类模型重点关注水体污染物的迁移转化过程,可以精确模拟河道水系中高时空分辨率的水质要素(如不同形态氮等)变化。代表性模型包括 WASP(Di Toro et al., 1983)和 EFDC(Hamrick, 1992)。③基于生物地球化学过程的扩展模型。这类模型在模拟田间尺度植被生理生态过程、营养源(碳、氮、磷等)和水在土壤中的垂向运动方面具有较强的优势。代表性模型有 SOILN(Johnsson et al., 1987)、EPIC(Sharpley and Williams, 1990)、DNDC(Li et al., 1992a, 1992b)和 ICECREAM(Tesoriero et al., 2009)。

自碳-氮-水耦合循环系统的概念提出以来,水文、环境、生态、农业、气象、社会等与水相关的学科根据不同研究目的,已开展了大量多学科模型的耦合集成研究。在流域水、碳、氮循环模拟方面,水土评估工具模型(soil and water assessment tool, SWAT)是目前应用最广泛的模型之一(Arnold et al., 1998)。同时该类模型一直在完善中,并涌现了不少新的版本,如 SWIM(Krysanova et al., 1998)和 SWAT-N(Pohlert et al., 2007)。Krysanova 等(1998)耦合 SWAT 模型水文模块和 MATSALU 模型氮循环模块,形成了 SWIM 模型。Pohlert 等(2007)将具有物理机制的生物地球化学模型(DNDC)耦合到 SWAT 中,较好地模拟了德国小流域氮的输出负荷。Deng 等(2011)将 SCS 径流

曲线和 MUSLE 泥沙侵蚀方程引入 DNDC 模型中,实现了流域尺度地表径流、土壤侵蚀以及氮流失的模拟,并应用于我国西南农业流域土壤氮流失模拟。Zhang 等(2016)基于时变增益水文模型(TVGM),以水循环和营养物质循环为纽带,耦合流域水文、生物地球化学、水质和生态等与水相关的多个过程以及人类活动影响,构建了流域水系统模型(HEQM),提高了径流和氮指标的模拟精度。

7.3 流域尺度生态系统碳-氮-水耦合循环的基本过程

7.3.1 流域尺度生态系统碳-氮-水耦合循环的主要过程

流域生态系统是集水区内各类生态系统的集合体,包含各种类型的陆地生态系统及河流、河岸带等。因此,流域尺度生态系统的碳-氮-水耦合循环既包括典型陆地生态系统所共有的碳-氮-水耦合过程,也包括河流、河岸带等所特有的耦合过程,即大多数的营养元素从陆地上被释放出来,通过河流运输到海洋,

最终被埋藏在海洋泥沙中(图 7.4)。如图 7.4 所示,来自陆地的泥沙、有机碳和营养物质连续地通过土壤、地下水、河岸带、洪泛区、河流、湖泊、河口和沿海地区,最终到达海洋。湿地、湖泊和人工水库在河网碳、氮、水生物地球化学过程中发挥重要作用。植物生物量的临时储存、反硝化过程以及泥沙和水体之间溶解态氮、磷交换都会导致湖泊和水库中的泥沙、碳和养分滞留;与碳循环相关和并行的生物地球化学过程包括藻类生长、死亡、沉积和分解,有机化合物的分解矿化,矿物颗粒的吸附/解吸和反硝化过程(图 7.4)。潜流带通常被定义为地表水和地下水混合的冲积含水层的一部分,而河流与潜流带之间的水是泥沙中产物进行生物地球化学活动的运输介质。地表水混进泥沙将物质带到潜流带,从而发生生物地球化学转化,并以某种改变的形态返回地表水。

这些系统作为水文、生态和生物地球化学过程中的连续过滤器,强烈地影响碳、氮、水循环耦合关系及运输养分的元素平衡关系。与此同时,这些系统还影响初级生产力和养分负荷,进而影响生态系统内的所有其他生物体,从而可能强烈影响生态系统结构和功能(Borum and Sand-Jensen,1996;Nielsen and Richardson,1996)。生命元素在水生连续体中

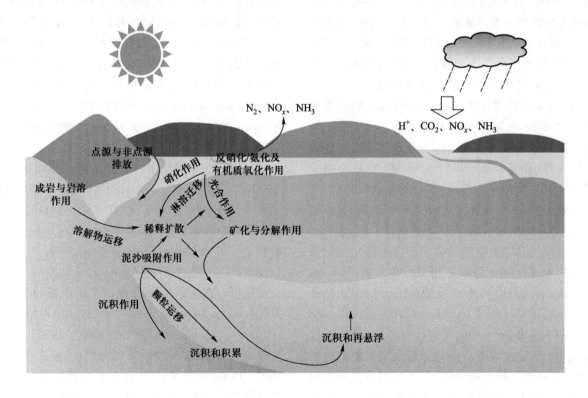

图 7.4 流域碳、氮、水循环的物理化学和生物地球化学耦合过程

的滞留不仅会影响到海洋的养分的绝对量,而且改变了碳、氮、磷和硅运移比例以及这些元素的化学形态(Reddy et al., 1999；Ensign and Doyle, 2006)。

流域尺度生态系统碳-氮-水耦合循环作用在不同空间尺度发生,表7.2总结了养分通过河流从陆地到海洋的主要生态过程。大气、陆地、淡水、河口和海洋系统形成了一个连续体,由水、气体和气溶胶通量进行物理连接(Manzoni and Porporato, 2011)。溶解态有机碳的日循环与白天和黑夜的净自养和净异养活动平衡的变化相关,这可能影响氮和磷的摄取和释放。基流和暴雨径流条件下的生物地球化学循环过程发生了基于事件的动态变化(Manzoni and Porporato, 2011；Halliday et al., 2012)。季节性变化(Halliday et al., 2012；Neal et al., 2012)甚至更长时间尺度(十年、世纪)的变化与过去储存的营养元素的保留和释放相关。

生物体的细胞构建过程需要碳、氮、磷和其他营养物质(Sterner and Elser, 2002)。虽然各种元素在特定时间和地点的供给量会限制植物的生长,但大多数的水生生态系统生产力主要是受到大量营养元素氮和磷的浓度、形态和化学计量所控制(Butcher, 1947；Officer and Ryther, 1980)。模型可以提高我们对流域不同景观要素之间相互作用的理解,定量描述流域尺度碳和营养物质生物地球化学过程。一个综合性的水文模型将归纳水流、碳和养分通过土壤、地下水、河岸带、潜流带、湖泊、水库、洪泛区、湿地,最终进入河流及海洋的主要输送过程,以及影响流域生态系统碳、氮、水循环耦合关系的水文过程、输送过程与河流过程。

7.3.2 流域水文过程驱动的营养物质迁移

7.3.2.1 流域水文过程

流域的水文过程是营养元素运输和生物地球化学循环的重要生态过程,包括水流在地表径流或流经含水层、河流、湖泊、水库和湿地的流动过程。通常的水文模型描述的是流域综合水文系统,依据模型的空间尺度可以分为河流尺度、流域尺度或更大的全球尺度水文模型等不同类型。综合水文模型不仅包括一系列相互关联的生物活性隔层形成的地下水、土壤水、溪流、湖泊、湿地、洪泛区和水库的水过程(Blair et al., 2004),还包括人类活动的用水量,区域植被和作物生长等对碳和养分的循环及运输。还有一些模型以水文水流模型为基础进而耦合流域的生物地球化学过程(De Wit, 2001；Sferratore et al., 2005；Loos et al., 2009)。

7.3.2.2 河流的物质输送过程

河流中的泥沙、颗粒碳、溶解态碳和养分输送过程发生在局部地区或区域尺度上。其中一些重要的过程包括:陆地到河流的泥沙、颗粒碳和养分输送,土壤和含水层的溶解态碳和养分输送,含水层的生物地球化学及向河岸带的渗透,河岸带的生物地球化学以及河岸缓冲区的物质过滤等。

表 7.2 养分通过河流从陆地到海洋的运输方法(Bouwman et al., 2013)

类型	尺度	方法	描述	举例
集总式	河流流域	测定河流出口的养分输入的回归方法:一般来说,这些模型为一种或多种营养物质的回归模型	描述陆地过程与河流出口之间的一般关系:允许外推到缺乏养分测定的河流出口	单一养分:Meybeck, 1982；Peierls et al., 1991；Mayorga et al., 2010；Howarth et al., 1996；多养分:Mayorga et al., 2010
混合动力式	子流域到河流流域	与流域特征的空间显性信息结合的回归方法		Smith et al., 1997；Alexander et al., 2008
	河流	螺旋方法:基于传输介质	考虑摄取长度(以溶解形式传播的距离)和周转长度(在水底传播的距离)	Ensign and Doyle, 2006
分布式	河流	机理方法:基于水流这种传输介质	描述了藻类生长、死亡和沉积和分解,有机化合物的分解矿化,矿物颗粒的吸附/解吸,反硝化过程	HSPF(Skahill, 2004)；INCA(Whitehead et al., 1998a,1998b)；SWAT(Arnold and Fohrer, 2005)；Riverstrahler(Garnier et al., 1995)

（1）陆地到河流的泥沙、颗粒碳和养分输送

陆地的碳、氮、磷等养分出入是河流营养的主要来源，进入河流的外来物质有从大木材到细小的颗粒有机物等多种形态，这些物质可能是来自沉积岩循环的老碳，也可能是最近固定的有机碳（Blair et al.，2004）；可能在当地被分解，抑或被长距离地运到河流下游（Webster et al.，1999）。输入河流、湖泊或水库的有机碳包括从上游运输来的颗粒有机碳（particulate organic carbon，POC）和当地产生的生物量有机碳。同时，在河流的碳输送过程中还可能发生颗粒态、溶解态和气态之间相互转变（Webster et al.，1999）。

气候、水文、地质及生物等因素都能影响 POC 和氧化剂的输入（Blair et al.，2004），这些环境因子的变化将会导致 POC 组成及其保存机制的变化。泥沙产生过程包括山坡泥沙输送、沟壑形成、质量运移（坍落）和河岸侵蚀，其相对贡献在不同气候、水文和地质条件下存在很大的差异（Syvitski et al.，2005）。

（2）土壤和含水层的溶解态碳和养分输送

可溶性有机碳（dissolved organic carbon，DOC，简称"溶解态碳"）通过土壤和含水层运移是生态系统内碳运移和土壤有机质形成的一个重要过程。在某些情况下，DOC 通量可能对陆地生态系统的碳平衡起到重要作用。在大多数的流域生态系统中，从陆地到水生生态系统转移的 DOC 是能量、碳和养分迁移的重要载体，对水生生物地球化学循环具有重要影响，但是这些通量却相对较小，在一些代表陆地生物地球化学循环的概念或数值模型中常常被忽略，这也是因为当前对控制 DOC 的动态过程还缺乏全面的理解。

（3）含水层的生物地球化学过程及向河岸带的渗透

从局部地区到区域尺度的浅层含水层中也会发生物质运输、风化和滞留过程，而水和溶质可在深层含水层中长距离运输。地下水的运移时间可能在不到一年到几百万年范围内变化，其运移距离可能在少于 100 m 到超过 1000 km 范围内变化（Clark and Fritz，1997；Ingebritsen et al.，2006）。因此准确认知地下水系统的历史形成过程、甄别临时性水储存和保留过程十分重要。

（4）河岸带的生物地球化学过程及河岸缓冲区的物质过滤

河岸带具有保留养分和泥沙的能力（Ranalli and Macalady，2010），可将部分有机碳封存在氧气供应受限制的地方，从而阻碍有机质的有氧分解（Holden，2005）。河岸缓冲区中的反硝化作用通常被认为是从地下径流和地下水中清除 NO_3^- 的主要过程（Hefting et al.，2003）。地表径流中的泥沙过滤、植物从地下径流中吸收磷和 NH_4^+ 等过程是河岸缓冲区保留营养物质的主要过程（Dorioz et al.，2006；Hoffmann et al.，2009）。

7.3.2.3　河流中的生物地球化学过程

陆地的有机残体（树叶、茎秆、树枝凋落物等）进入河流的地方通常也是有机碳进入河流的源区域，在这些区域，有机残体主要被分解形成细颗粒有机物，只有一小部分有机碳被转化为 CO_2 或以溶解态有机物形式而损失（Webster et al.，1999）。细颗粒有机物可以被长距离运输到湖泊、水库中滞留，甚至沉积到大洋底部，其中重要的过程包括湖泊和水库的滞留、洪泛区泥沙和有机质沉降、河流和潜流带之间的养分交换等。

（1）湖泊和水库的滞留

湿地、湖泊和人工水库在河网生物地球化学过程中发挥重要作用。植物生物量的临时储存，泥沙和颗粒碳、氮、磷、硅的淤积过程，反硝化过程以及泥沙和水体之间的溶解态磷交换都会导致湖泊和水库中的泥沙、碳和养分滞留。水库泥沙淤积对河流中的泥沙输移有重要影响。此外要考虑的一个重要问题是，湖泊泥沙和河流中还可能会出现养分滞留的饱和效应（Richardson and Qian，1999；Bernot and Dodds，2005）。

（2）洪泛区泥沙和有机质沉降

洪泛区是世界上一些大型河流（例如亚马孙河）的重要特征。这种洪泛区在泥沙及其相关颗粒有机物（particulate organic matter，POM）的临时贮存中发挥重要作用（Blair et al.，2004）。漫滩表面沉积和河岸侵蚀为颗粒有机碳（POC）创建了一个缓慢移动的固体床反应器，其长度和速度将在整个洪泛区变化（Blair et al.，2004）。洪泛区沉积可以导致大量的泥沙淤积，相当于年负荷 10%~40% 的 POM（Walling et al.，2003）。洪泛区的泥沙淤积效率取决于泥沙沉降率、洪泛区的水流量、泛滥的洪泛区面积和深度以及洪水的停留时间。

（3）河流和潜流带之间的养分交换

河流的潜流带通常被定义为地表水和地下水混合的冲积含水层的一部分（Gooseff，2010）。地表水混进泥沙，并将物质带到潜流带，它们在那里经常发生

生物地球化学形态的转化,并以某种改变的形式再返回地表水(Boulton et al., 2010;Bardini et al., 2012)。河流与潜流带之间的水文交换是泥沙中的物质进行生物地球化学反应及运输的基础,地表水中初级生产力的高值区域往往是由养分富集所导致的。反过来,渗入的地表水携带着有机物、溶解氧、无脊椎动物和微生物,可以提高潜流带的生产力(Boulton et al., 2010)。

7.3.3 流域尺度生态系统碳循环与氮循环的相互作用

7.3.3.1 陆面和水面-大气界面的碳、氮物质交换

陆面和水面-大气界面的碳、氮物质交换主要包括生源要素大气干湿沉降以及生源要素以气态形式的交换过程。流域生态系统的陆面和水面与大气的物质交换是流域物质和营养的重要来源,也是温室气体等气体排放源,这些物质中的碳、氮等营养元素循环是相互作用的耦合生态学过程,其作用关系不仅由自然过程所决定,也受流域管理等人为活动影响,不协调的相互作用关系将会导致严重的生态环境问题。

大气的干湿沉降是流域陆地-大气界面碳、氮物质交换的重要途径,且各营养元素间存在着明显的耦合关系,并在维持流域物质平衡中起着重要作用。人为大气氮排放导致的大气氮沉降增加了陆地和水生生态系统的环境营养输入,从而使流域系统生产力发生变化并产生相应的环境效应;大气氮沉降输入同时可以影响光合作用而增加生物对大气中 CO_2 的吸收,这将刺激碳初级生产并提高水生生态系统的 CO_2 吸收和 N_2O 排放(Mcleod et al., 2011; Marotta et al., 2012)(图7.5)。例如,Àvila 和 Rodà(2012)、Skeffington 和 Hill(2012)在欧洲不同地区森林流域的酸性物质沉降研究中指出,法律法规和国际协定对活性氮、硫化合物排放的限制显著减少了区域的酸性物质沉降量。然而氮、硫沉降不是独立的,SO_2 与 NH_3 呈现共沉降现象(McLeod et al., 1990),并且硝酸铵和硫酸铵气溶胶的形成也受大气氮、硫化合物的相对比例的影响(Fowler et al., 2007)。

在过去20年中,全球的氮、硫沉降的地理格局发生了很大的变化(Fowler et al., 2007)。例如,在英国 Tillingbourne 流域测定的树下穿透雨的硫干沉降量减少89%,酸沉降量减少98%(Skeffington and Hill, 2012)。硫沉降的改变又对流域土壤、水、河流到河口和海洋环境的氮输出产生影响。例如,Àvila 和 Rodà(2012)研究发现,25年来地中海流域硫酸盐沉降的降低提高了流域河水中的碱度,保存了大部分氮的沉降,但在排水河流中硝酸盐浓度缓慢增加(Jarvie et al., 2012)。

水面-大气界面的气体交换一般指水体中溶解的物质(如 CO_2、CH_4、N_2O 等)在波浪等作用下散逸到大气中,是流域乃至全球碳、氮元素平衡的重要分量。

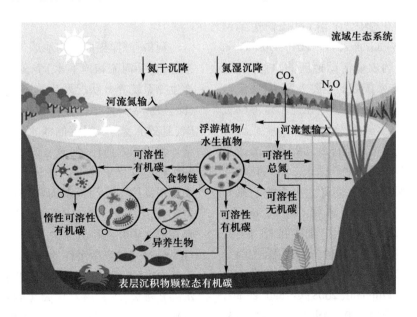

图7.5 氮沉降对流域碳-氮耦合循环影响机制

例如,湖泊和水库的全球 CO_2 逸散量为 0.32 Pg C·a^{-1}(Raymond et al., 2013),占全球陆地碳汇强度(2.6 Pg C·a^{-1})的 12.31%。流域生态系统的碳循环与其他生物地球化学循环是相互耦合的,陆面和水面-大气界面物质交换的改变也影响流域的碳循环过程。例如,来自泥炭地的甲烷排放似乎受到硫酸盐和硝酸盐沉降的抑制(Watson and Nedwell, 1998),随着大气的氮、硫沉降量的减少,湿地的甲烷排放量增加。淡水的甲烷排放还受到氮、磷、碳、硫、铁和锰循环的相互作用的影响,在欧洲和北美洲,硫沉降量降低似乎增加了溶解态有机碳在河流中的输出(Evans et al.,2005)。在贫氮区域,大气的氮沉降可能是植物生长的主要氮源,大气氮沉降与氮矿化具有很好的相关性(Rowe et al., 2012)。氮沉降增加会显著提高生态系统生产力,但是当超过某个阈值时,植被生产力可能转化为受磷限制(Pilkington et al., 2005)。这些研究虽然只是考虑到大气层和其他环境之间的相互关系,但都展示了流域生态系统的生物地球化学循环的相互联系程度,显示了对流域物质循环预测的困难性(Jarvie et al., 2012)。

7.3.3.2 河岸入水口陆地-淡水界面碳、氮交换

流域集水区的碳、氮、磷等营养物质通过陆地-淡水界面进入河流之中,形成河流碳和氮汇集、沉积的重要物质来源,河岸带和潜流带是养分交换和通量转化的关键区域,在降水侵蚀过程驱动下,该界面养分通过物理(如侵蚀)和化学(如淋溶)过程输送到河流,而不是生物过程(Vitousek et al., 2010;Quinton et al., 2010)。在远离集约农业活动地区的自然区域,大气氮沉降是陆地生态系统氮的主要来源,是决定自然植被生产力变化的重要因素,但现在遍布世界的重要流域几乎都转变成了集约化管理农业系统或城市系统,来自农业系统及城市系统排放的养分逐渐成为影响河流、湖泊的营养状况的主导因素。集约化农业的发展强烈依赖氮、磷肥使用,使得生态系统的氮和磷循环与自然碳循环发生了解耦(Jarvie et al., 2012)。食品加工、城市地区的人口集中和对肉类饮食的高度依赖性进一步加速了这种解耦过程,特别是磷循环越来越受到人为活动的制约,脱离了与自然生态过程的耦联关系(Filippelli, 2008;Cordell et al., 2009)。这种解耦现象导致了氮、磷淋溶的增加,以及 NH_3 和 N_2O 排放量的增大。

无论陆地生物(作物)生产还是淡水生物(藻类)生长,氮和磷供给量的增加及可用性增大都可以促进初级生产力的提高,刺激微生物活动和碳循环变化。陆地植物的碳同化潜力取决于养分供应、水的可利用性及光照,而淡水生物的生产潜力更多受到停留时间和光照的影响(Jarvie et al., 2012)。在陆地的农田生态系统中,土壤和水中的氮、磷转化过程是以生物为介导的,但是高强度化肥输入已经严重地抑制了养分供应的生物控制,增加了无机态氮、磷流失。因此,系统的物理过程(如侵蚀)和化学过程(如淋溶)对通过河网进入海洋的养分循环速率和通量影响逐渐增强(Quinton et al., 2010),生物过程则相对减弱。陆地-河流界面的生物地球化学过程大大增加河网进入海洋的养分循环速率和通量。河流输入营养物质到河岸带和潜流带导致营养元素在陆地-河流界面上的反应、损失过程和通量的变化,并减少了碳的径流输送过程(Jarvie et al., 2012)。

在田间尺度上,陆地-河流界面上的氮通量主要是土壤将硝酸盐输送到地下水或通过淋溶进入排水区而造成的矿化氮积累(Rowe et al., 2012;Stenberg et al., 2012)。田间尺度磷通量也受土壤磷积累的驱动,但与氮相比,磷与土壤颗粒的反应和输移主要发生在特定地区的土壤冲刷区,特别是那些易受侵蚀的地区(Stenberg et al., 2012)。被侵蚀的颗粒相对于它们所在的土壤有更丰富的碳、磷含量。

7.3.3.3 河流入海口淡水-河口界面的碳、氮交换

河口-海洋界面生物地球化学过程主要包括河流系统(包括河流和地下水)养分通量输入近海改变海洋生物系统养分状况及生物多样性(Statham, 2012),并通过影响海洋水体营养状况改变海洋-大气界面的碳、氮交换过程。河流的淡水通过河口-海洋界面将营养物质输入海洋,河流系统的养分输送对沿海海域的生物地球化学过程具有重要影响(Statham, 2012)。物理侵蚀速率是河流对海洋输出成岩有机碳效率的主要控制因素。例如,氮多以 NH_4^+-N 和 NO_3^--N 形式存在于水中并随径流流失,进入水生生态系统后的活性氮会对气候产生潜在的重要影响,这将刺激水体对大气 CO_2 的吸收和 N_2O 排放,未来需大量降低活性氮沉降及排放,将其潜在风险控制在可接受的水平内。沿海海域或陆架海的生态系统生产力依赖于河口的营养物质供给,但是近年的研究发现,近海的生产力

尽管主要取决于陆架海自然环境的影响（Jickells，1998），然而，快速增加河流养分通量可能对沿海海域产生一些有害的影响（Díaz and Rosenberg，2008）。

　　流域土壤中碳和氮的变化显著影响着流域生态系统的生产力，河流会以颗粒态有机碳和溶解态有机碳的形式向海洋输送部分净初级生产力。不同形态的氮、磷转化及停留时间在湖泊和河流之间存在根本区别（Edwards and Withers，2008）。虽然土地管理本身可以影响流量和路径，但是流量更大时，相比来源压力或土地管理，水文过程则是影响氮、磷浓度更重要的驱动因素（Jordan et al.，2012）。同时，由于监测频率不够以及缺乏对河流过程的了解，流域尺度上水-陆界面流量估测的不确定性会增加（Jordan et al.，2012）。此外，Worrall 等（2012）研究表明，在河道内有 60% 的氮截留，磷截留比例也上升到 60%，这说明河流的淡水系统不是一个简单的被动的营养物质运输系统，而是在陆地与河口/海洋环境之间充当着一个"反应管道"的角色（Jarvie et al.，2012）。Trimmer 等（2012）对河流淡水系统氮、碳代谢进行了广泛的讨论，认为当前人们低估了淡水系统在全球碳、氮循环中的重要性。Trimmer 等（2012）以及 Moss（2012）还讨论了养分的可用性和气候变化对流域中营养元素的储存和遗留的影响。

　　河口系统内的养分循环及其对生态系统的影响是一个难以解答的科学问题，特别是难以与潮汐流现象所导致的动力学影响进行区分（Statham，2012）。河口系统可能非常混浊，因此光照可以限制初级生产力，即使在光照水平允许藻类水华生长的地方，河口系统的动力学也受到系统流体力学的影响，它的时间尺度从分钟到日周期再到春季/小潮潮汐周期，最后到由光和河流长期变化驱动的年周期（Tappin et al.，2012）。Tappin 等（2012）研究表明，在河口和整个河流系统的其他地方，养分循环是相互联系的，这不仅适用于氮和磷，而且对硅具有更重要的意义。在整个流域，特别是在河口系统内，人类活动改变了水流动力学特征，人们经常把河流系统作为洪水管理的一部分（Carpenter et al.，2011）。大规模的水库建设、农业灌溉、河口潮间带农垦和城市发展等活动改变了大多河流的水流运动及生物地球化学循环的自然属性，导致红树林、盐沼和海草床等自然生境和生态系统的丧失。

　　红树林、盐沼和海草床等自然生态系统在地球系统的养分循环中也起着关键作用（Jarvie et al.，

2012）。要想减缓气候变化和相关的海平面上升需要改变沿海管理方式，通过管理措施增加有机碳存贮和养分固持有助于减缓气候变化，并被证明可以带来相应的经济和环境效益（Andrews et al.，2006）。例如，湿地的初级生产可以将碳、氮、磷转化为有机物质，随后可将其埋藏在沉积物之中。但是这种埋藏的有机物还会分解释放温室气体，并且在埋藏过程中也消耗氧气；即使在磷和 Fe(III) 降低的条件下，处于缺氧环境中的硝酸盐将替代电子受体，脱氮成为气体产物，然后从系统中脱离（Statham，2012；Trimmer et al.，2012）。因此，在评估湿地的碳汇作用时，有必要考虑系统中的 N_2O 和 CH_4 温室气体排放。

　　由于流域内人类生产生活不合理的氮输入，河流会向海洋输入大量的氮，这种营养输入会增加水体富营养化程度，导致藻类及其他浮游生物迅速繁殖，水体溶解氧量下降，改变水质和生产力，浮游生物会消耗大量的溶解态无机碳，导致水-气界面的 CO_2 分压降低，空气-海洋 CO_2 通量增加（刘婷婷，2009；张汪寿等，2014）。一些生物地球化学过程通过光合作用导致海洋中的碳隔离，富营养化导致水体养分浓度增大，水体透明度降低（Gao et al.，2012a，2014b，2015），对某些物种有利，但也会损害其他物种，扭曲或破坏沿海生态系统的平衡（Invers et al.，2004）。此外，一些由浮游植物形成的颗粒状有机物质会沉积在海底，并被隔离封存（Raven and Falkowski，1999）。酸化降低了磷的生物利用度，藻类生长潜力降低，导致水生生态系统营养不良，引发硫酸盐沉积（Larssen et al.，2011）。

7.4 流域水文过程对碳、氮、水输入和输出的影响

　　流域生态系统中的碳、氮是两种关键生源要素，流域土壤中有机碳和氮的含量变化显著影响着生态系统生产力。在流域生态系统中，碳循环和氮循环紧密相连，表现为相互耦合作用。大气降水、雨水淋溶以及对土壤的侵蚀等水文过程对生态系统中碳-氮-水耦合输出起着决定性作用。河流会以 POC 和 DOC 的形式向海洋输送一部分的净初级生产力，泥沙产量（即物理侵蚀速率）是河流对海洋输出成岩有机碳效率的主要控制因素。生物圈 POC 产量与悬浮泥沙呈正相关，这意味着全球范围内生物圈 POC 输出率主

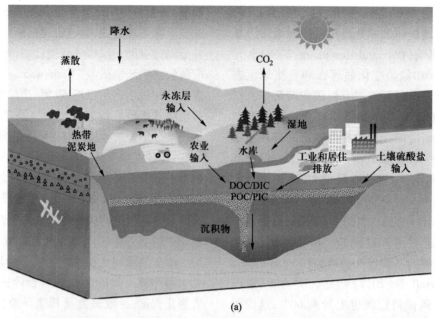

(a)

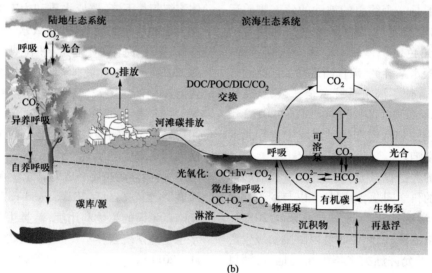

(b)

图 7.6　气候变化和人类活动过程改变沿海海域的河流碳投入（a），影响连接的陆地生态系统、
河口及沿海生态系统的碳源、运移和通量（b）（Gao et al., 2017）

（a）陆地生态系统植被利用光合作用固碳，然后通过呼吸作用返回大气碳库，热带泥炭地、冻
土、农业活动、水库、湿地、工业及居民和土壤硫酸盐通过河流以 POC 和 DOC 的形式向海洋输送
净初级生产力；（b）植被利用光合作用固碳，除了通过呼吸作用返回大气碳库外，还有一部分
通过河流和地下径流送到海洋，因此在河口地区与海洋发生碳交换，主要通过光氧化作用和微生
物呼吸作用；输送到海洋的碳通过光合作用和呼吸作用，在生物泵和物理泵的作用下在水-气界
面进行着碳交换，一部分沉淀到海洋底部，另外一部分通过再悬浮过程释放有机碳进行有益补充
（DOC：可溶性有机碳；DIC：可溶性无机碳；POC：颗粒态有机碳；PIC：颗粒态无机碳；OC：有机碳；
hv：紫外线光照）。

要由河流泥沙输出过程控制。氮是土壤易流失养分
之一，多以 NH_4^+-N 和 NO_3^--N 形式存在于水中并随径
流流失，河流的径流系数与氮输出比的相关性极显

著。高强度降水将加速颗粒态碳、氮养分的流失，降
水所产生的径流将带走大量的坡面养分，土壤碳、氮
以泥沙形式流失；而当降水强度较小时，随径流迁移

的溶解态碳、氮流失量占流失泥沙养分量的比例较高。

流域碳、氮养分流失是一个连续的动态过程(Correll,1998;Casey et al.,2001),包括土壤侵蚀过程、降水径流过程、地表溶质溶出过程和溶质入渗过程,这四个过程相互联系、相互作用。按照流失途径划分,养分主要通过淋溶、壤中流、地表径流流失。淋溶是指下渗水流通过溶解、水化、水解、碳酸化等作用,使土壤表层中部成分进入水中并被带走;壤中流是指土壤养分随土壤中的溶质迁移;地表径流指降水沿斜坡形成漫流,通过冲沟、溪涧注入河流,汇入海洋。按流失形式划分,可划分为随径流泥沙携带流失和径流水携带流失,前者流失的多为可矿化养分,后者多为可溶性养分(Sharpley,1980)。

7.4.1 侵蚀控制的流域碳输入

在很长的时间尺度上,由于大多数由陆地上光合作用固定的碳通过呼吸作用很快回到大气碳库,大陆生物圈与大气基本处于平衡(Sarmiento,2006)。然而,河流以 POC 和 DOC 的形式向海洋输送了一部分的净初级生产力(Wollast et al.,1993;Ludwig et al.,1996;Schlünz and Schneider,2000)(图7.6)。尽管河口和海洋的大部分 DOC 很快通过呼吸作用回到大气,但是仍有相当一部分河流 POC 被埋藏在海洋沉积物中并长久储存。这种生物圈-大气循环中的碳泄漏代表着大气碳的净隔离(Berner,1982)。河流还从岩石储层(成岩有机碳)向海底沉积物转移 POC,从而达到在与大气隔离的两个储层间转移碳的目的(Galy et al.,2008)。在这个转移过程中,成岩有机碳的氧化代表着碳进入大气的另一种泄漏(Bouchez et al.,2010)。因此,由河流向海洋输出的 POC 的性质和效率从根本上影响着长期的大气碳库。

成岩有机碳是沉积岩及其他岩石不可或缺的组成部分。河流系统对成岩有机碳的输出与沉积物密切相关。Komada 等(2004)和 Hilton 等(2011a)的研究均显示,圣克拉拉河(加利福尼亚州)和我国台湾河流的成岩有机碳的产量(成岩有机碳通量标准化为集水区尺度)分别与相应的悬浮产沙量呈正相关,后者常用来衡量空间平均物理侵蚀率。成岩有机碳产量与悬浮产沙量大致呈线性变化(图7.7),这意味着成岩有机碳在侵蚀和运输过程中的行为与其他矿物相类似,也说明土壤和岩石中成岩有机碳的深度分布大体一致。然而,河流中成岩有机碳的平均浓度差异

很大(0.02%~0.6%)。这可以通过岩石中成岩有机碳平均含量的变化以及在通过沉积物转移到海洋的过程中成岩有机碳的氧化来解释。最近对广阔洪泛区(恒河-雅鲁藏布江和亚马孙)的大型流域进行的研究表明,岩石中高达50%的成岩有机碳可以在泥沙运输和中间水库临时储存期间被氧化(Galy et al.,2008;Bouchez et al.,2010)。

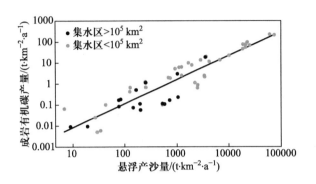

图7.7 成岩有机碳产量(Y_{petro})与悬浮产沙量(Y_{sed})之间的关系集水区大于或小于 10^5 km^2 的点有相同的变化趋势。成岩有机碳浓度的大部分变异性来源于不同的岩石中初始有机碳浓度和沉积物输送期间的成岩有机碳的氧化。回归方程是 $Y_{petro} = 0.0007\,Y_{sed}^{1.11}$;$r^2 = 0.82$;$p<0.001$(Galy et al.,2015)。

相比之下,成岩有机碳在以泥沙形式快速转移到海洋为特征的河流系统中得以有效保存,如我国台湾河流(Kao et al.,2014)和美国鳗河(加利福尼亚州)(Blair et al.,2003)。成岩有机碳的氧化强度可以解释大约50%的成岩有机碳浓度差异。此外据报道,岩石中的平均成岩有机碳浓度在每个集水区各不相同,差异至少在一个数量级(Galy et al.,2008;Hilton et al.,2010)。这些观察结果共同表明,岩石中的成岩有机碳初始含量和随后泥沙运输过程中的氧化是河流泥沙中成岩有机碳浓度的主要控制因素。

与成岩有机碳不同,生物圈 POC 不是泥沙等沉积物的固有矿物成分;相反地,它是在植物生长、土壤形成以及物质从源到汇移动的相关过程中(例如滑坡或坡面流)增加的。因此,其行为的控制机制可能和那些影响矿物负荷的因素不同。它是河流 POC 的另一个组成部分,可以通过从河流 POC 通量中减去成岩有机碳贡献量来获得生物圈 POC 通量。数据显示,生物圈 POC 产量与悬浮产沙量呈正相关,遵循唯一的幂律关系($r^2 = 0.78$)(图7.8)。这种观察结果解

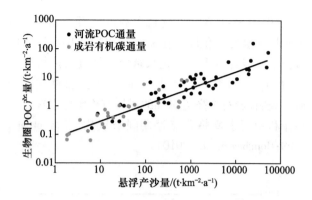

图 7.8　生物圈 POC 产量（Y_{bios}）与悬浮产沙量之间的关系
数据是通过从河流 POC 通量中减去测定的成岩有机碳通量获得的，而成岩有机碳通量是通过具有相同趋势的图 7.7 所示的关系推断出的。回归方程是 $Y_{bios} = 0.081\ Y_{sed}^{0.56}$；$r^2 = 0.78$；$p < 0.001$（Galy et al., 2015）。

释了生物圈 POC 在高产沙量下被成岩有机碳稀释的现象。考虑到形成流域特征的气候、植被、地貌和人为干扰的广泛范围，生物圈 POC 和产沙量之间的奇异关系非常值得注意。生物圈 POC 与悬浮产沙量之间的幂指数明显小于 1（0.56±0.03），反映了矿物相生物圈 POC 在高产沙量之下稀释度增加（即降低生物圈 POC 浓度）。一般来说，产沙量较低时，侵蚀主要是通过坡面流进行的，输出具有高浓度生物圈 POC 特征的地表物质。相反，产沙量较高时，通过深沟或者山体滑坡进行侵蚀，从而降低被侵蚀物质的总体生物圈 POC 浓度（Hilton et al., 2011b）。

7.4.2　受降水侵蚀和径流控制的流域氮输入

氮是土壤易流失养分之一，多以 NH_4^+-N 和 NO_3^--N 形式存在于水中并随径流流失（Moog and Whiting, 2002）。张学军等（2007）对宁夏引黄灌溉区的研究结果表明，农田氮迁移多以硝态氮为主；在壤中流发生频繁的紫色土地区，土壤氮以硝态氮的形式随壤中流迁移（蒋锐等，2009）。而由于 NH_4^+-N 带正电荷，土壤对其的吸附能力较强，NH_4^+-N 不易随溶质迁移，故其流失量较小。

受坡地土壤侵蚀条件影响，氮在迁移转化过程中呈不同的流失形态。坡面土壤氮迁移转化的主要途径为：硝态氮的淋溶，有机氮随径流沉积在坡面下部并吸附于泥沙颗粒表面，随径流和泥沙流出坡面。归结起来主要有坡面地表径流、壤中流和侵蚀泥沙三种

主要输出途径，国内外众多学者的研究成果都证实了这一点。赵允格（2002）的室内模拟试验研究表明，在稳态供水条件下，NO_3^--N 随水分的迁移呈不完全对称峰曲线，基本上随着土壤水分的运动而发生整体迁移。张明礼等（2011）通过 ^{137}Cs 示踪技术对我国南方丘陵区坡地不同坡位土壤侵蚀区全氮含量进行了分析，结果表明，坡上部和坡中部侵蚀区土壤全氮含量小于坡下部堆积区。早期的研究发现，土壤中粒径小于 0.002 mm 的颗粒氮含量非常高，这部分土壤细粒易被侵蚀，随径流、泥沙输出。

输入流域生态系统中的活性氮，有 24% 可通过河道迁移输出流域。在剩余的 76% 中，又有 25% 左右积累在土壤表层、储存在生物体或随着木材砍伐等输出流域；剩下的部分则通过反硝化作用重新进入大气（Breemen et al., 2002）。Howarth 等（2006）认为，自然气候通过调节氮输出方式，使河流氮输出（riverine nitrogen flux, RNF）与人类活动净氮输入（net anthropogenic nitrogen input, NANI）发生变化。例如，当降水量和河流径流量较大时，径流在湿地、湖泊和河道中停留时间将变短，而反硝化作用的量又与径流水停留时间息息相关（Seitzinger et al., 2002, 2006），反硝化作用因此被减弱，使得 RNF∶NANI 值更高。

RNF∶NANI 值受气候、下垫面和植被覆盖等多重综合因素共同影响。径流系数是可以较好表征降水径流驱动的指标，能够代表流域的水文条件，是指一定汇水面积内地表径流量与降水量的比值，反映了流域内自然地理要素的综合影响。从图 7.9 可以发现，尽管流域气候条件、降水量和下垫面等差距很大，但径流系数与氮输出比的相关性极显著（$p < 0.01$）；而降水量、径流量与氮输出比的相关性不显著（r^2 分别为 0.011 和 0.021）。所以，采用径流系数来揭示氮输出的规律较为合理（张汪寿等，2014）。

7.4.3　降水对流域碳、氮输入过程的影响

降水是土壤侵蚀的动力，水是可溶性养分的溶剂和迁移载体。降水通过直接击打地面来分散土壤颗粒结构，当降水强度大于土壤下渗速度时，就产生地表径流，进而引起土壤养分流入流域生态系统。所以降水强度、降水时间、降水量等降水特征构成了养分从坡面向流域输入的主要影响因素。广义的降水特征包括很多指标，但在实际的研究中，降水强度和降水量与养分流失的关系研究较多。易时来（2004）对紫色土地区的研究表明，降水量、施肥、土壤理化

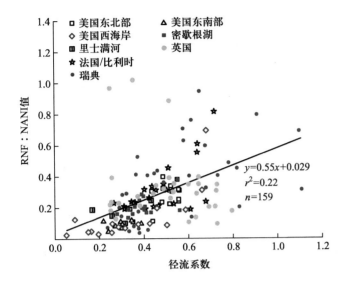

图 7.9　径流系数与氮输出比的相关关系（张汪寿等，2014）

性质影响了氮在紫色土地中的移动和流失。余贵芬等（1999）认为，NH_4^+-N 淋失量与降水量呈显著的正相关关系。Kumar 等（1997）和陈欣等（1999）认为，随着降水量的增大，降水和径流对坡地的冲刷作用明显加强，营养元素的流失量也相应增加。康玲玲等（1999）和马琨和王兆骞（2002）对黄土和红壤区土壤养分流失的研究指出，养分流失量与降水强度呈正比，降水强度是影响地表径流量、径流总量及土壤侵蚀量的主要因素，氮流失量随着降水强度的增大而增加（林超文等，2007）。罗春燕等（2009）对紫色土坡耕地的研究表明，随着降水强度的增大，土壤侵蚀量、地表径流量和径流总量都急剧增加。但不同地区不同环境下，养分流失量与降水强度的关系不尽相同，Fisher 等（2004）通过人工降雨研究了草地与山艾树林中碳、氮流失规律，结果发现，硝态氮与有机氮的流失量与降水强度呈幂函数增长。高强度降水将加速颗粒态养分的流失，降水所产生的径流将带走大量的坡面养分，马琨和王兆骞（2002）在红壤地区的研究表明，在降水强度较大的情况下，土壤养分以泥沙形式流失；而当降水强度较小时，随径流迁移的可溶性养分流失量占流失泥沙养分量的比例较高。傅涛等（2003）经过分析降水强度对三峡库区黄色石灰土元素迁移的影响得出，坡面泥沙所携带的元素迁移量与降水强度的回归关系为

$$Y_{TN} = 0.74X + 0.1241 \qquad (7.6)$$

$$Y_{TP} = 0.37X + 0.303 \qquad (7.7)$$

式中，X 为降水强度，Y 为泥沙携带的元素迁移量。

降水时间是降水过程始末的标志，通过降水量直接影响地表径流量与元素迁移量的变化。降水初期，土壤表层干燥，水分入渗量大，径流量小；而随着土壤水分逐渐饱和与雨滴的溅蚀作用，土壤孔隙度降低，水分入渗减小，地表径流增加，水土流失加剧，元素迁移量随之增多。蒋锐（2012）的研究指出，颗粒态氮主要集于降水初期，而溶解态氮主要分布于降水后期，因此在降水时间较长的地区，分期控制径流量对减少养分流失作用显著。

7.4.4　河流向海洋的碳、氮输出

流域出口往往携带大量的营养物质，对受纳水体（湖库、河流或近海水域）的生态环境有着深远影响，近些年频繁报道的湖库和近海水域富营养化便是例证（Ma，1992；Han et al.，2003；Deng et al.，2005；Kong et al.，2009；Elmgren，2012）。众多学者认为，由于流域内人类生产生活不合理的氮输入，河流会向海洋输入大量的氮，这种营养输入会增加水的富营养化，引起藻类及其他浮游生物迅速繁殖，水体溶解氧量下降，改变水质和生产力（刘婷婷，2009；张汪寿等，2014）。浮游生物会消耗大量的溶解态无机碳（DIC），导致 CO_2 分压（pCO_2）降低，大气-海洋 CO_2 通量增加。另外，流域水体与大气之间进行的 CO_2 交换过程既是全球碳循环的组成部分，也是流域碳输出的一种重要途径。

影响海洋碳循环的最大的人为因素之一是河流从流域中将营养物质（化肥、废水等）输入海水中，导致沿海海水富营养化、生产力和水体酸度的变化。浮游植物光合作用是物理因素（辐照度和温度）与浮游植物营养素、碳储存和再利用之间相互作用的结果（Invers et al.，2002，2004），该过程将固定约 45 Pg·a^{-1} 的碳（Falkowski et al.，2000）。随着水体酸度的增加，由于酸化降低磷的生物利用度，藻类生长潜力降低，水生生态系统营养不良，海洋中形成硫酸盐沉积（Larssen et al.，2011）。

我国海域广阔，总面积 $4.71×10^6$ km^2（包括内陆和近海海域 $1.71×10^6$ km^2 以及由 $3×10^6$ km^2 的大陆架组成的海域），占世界海洋总面积的 1.3%，为世界第五。几个大型的河流系统将携带大量营养物质的淡水输入这片较大的海域。这种营养输入会增加水的富营养化，改变水质和生产力。Gao 等（2015）调查了2006 年至 2011 年氮、磷输入对我国沿海生态系统的溶解性无机碳体系的影响，并估计了我国海洋外部

氮、磷输入对碳循环的贡献。

输入的主要营养成分为硝酸盐,占输入我国沿海水域的总营养物质的80%。从2006年到2011年,除了南海和东海海域的硝酸盐和铵盐排放量略有下降,排入其他海域的营养物质数量有所增加。在监测的所有水域中,投入东海的营养物总量非常高,富营养化最严重。长江流入东海,而长江三角洲是我国最发达的工业区,产生了大量的工业废水,虽然环保部门加强了对工业废水排放的控制,废水排放量逐渐下降,但营养物质排放量仍然很高。

单个营养物质浓度的变化在一定程度上与营养物质排放量无关(图7.10)。例如,南海的硝酸盐浓度比其他海洋增长更快。东海的硝酸盐浓度增长速度也比较明显,但要小于南海。黄海地区的铵盐浓度增长最快。对于所有海洋,硝酸盐浓度的变化比任何其他营养物质更大,2006年至2011年的磷酸盐浓度变化最不明显。这是因为硝酸盐是非点源污染的主要成分,占农业和工业排放的营养物质输出的比例最大。

7.4.5 流域水体-大气碳输出

CO_2从内陆水体(河流、水库及湖泊)转移至大气之中,被称为CO_2逸散,这个过程是全球碳循环的组成部分。自然生态系统在碳循环过程中扮演了重要角色,因为其与大气之间进行了数量巨大的CO_2交换,并由此抵消了人类排放的大约4 Pg C·a^{-1}的CO_2排放量。

Raymond等(2013)在全球尺度上对内陆水域与大气之间的CO_2交换进行了基于空间分布的系统研究。研究表明,全球每年从河流中逸散的CO_2量为1.8 Pg C·a^{-1},考虑到河流较小的表面积,1.8 Pg C·a^{-1}的通量是很可观的。大约70%的CO_2逸散源自仅占陆地面积约20%的水体,提供该逸散量的地区包括东南亚、亚马孙流域、中美洲、西非的小部分和东亚的东部。北部大部分高纬度地区不在此列。COSCAT(Coastal Segmentation and Related Catchment)流域包括诸如叶尼塞河、勒拿河、科雷马河和雅拿河等河流,占据了大约6%的陆地面积却仅有2%左右的碳排放量。非洲地区水体面积占22%而排放量仅有6%。

湖泊和水库的全球CO_2逸散为0.32 Pg C·a^{-1}。高纬度和热带地区的湖泊和水库的碳排放通量较大。研究总结发现,大约50%的碳排放来自全球最大的湖泊,因为其表面积和气体交换速率较大。另外,研究

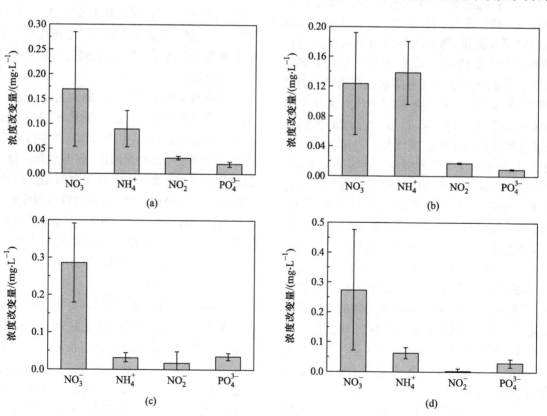

图 7.10 2006—2011年,渤海(a)、黄海(b)、东海(c)和南海(d)营养物质浓度的变化(Gao et al., 2015)

还发现了热带湖泊不成比例的贡献,占据全球2.4%的湖泊面积却排放了34%的CO_2,可能是因为其CO_2浓度和气体交换速率很大,热带湖泊频率较高的洪水事件可能也加强了水体与大气之间的CO_2传输。湿润热带地区的单位面积CO_2排放最多,但是多湖的北方和极地的排放量也较高。相反,咸水湖没有之前报道得那么重要,贡献了大约18%而非50%的全球湖泊碳排放。

总的来说,全球CO_2逸散量约为2.1 Pg C·a^{-1},河流是流域水体与大气之间CO_2交换的热点地区,其面积虽然只占陆地水域面积的20%,但产生了大约70%的通量。另外,尽管2.1 Pg C·a^{-1}的CO_2逸散量仅仅是全球陆地生态系统的净初级生产力(NPP)的4%,但是NPP与陆地异氧呼吸和火灾事件造成的CO_2排放量的差值只有1.5 Pg C·a^{-1},因此,忽视内陆水域的CO_2逸散量可能会导致全球CO_2收支平衡的计算产生重大偏差。

7.5 大气氮沉降对流域碳-氮-水耦合过程的影响

流域中的碳、氮、水循环既是流域生态系统的最为重要的物质循环过程,又是能量传输和养分运移的载体,对流域生态系统净初级生产力和生物物种生存具有决定性的制约作用,而且与全球变化、生物多样性及区域资源环境息息相关。碳、氮及其他营养之间通过资源供给与需求计量平衡关系,资源利用与转化的生物制约关系以及生物学、物理学和化学过程的耦合机制而相互依赖、相互制约、联动循环,协同决定着生态系统的结构和功能状态,决定着生态系统提供物质生产、资源更新、环境净化以及生物圈的生命维持等生态服务的能力和强度。

近几十年来,作为全球变化的一个重要因子,以氮沉降为代表的大气物质沉降及其对生态环境的影响越来越受关注。在流域尺度生态系统的研究中,人们不仅关注氮沉降作为重要的营养物质输入源会改变区域物质平衡的问题,还关注氮沉降将会如何影响生态系统生产力和生物多样性,如何影响流域土壤演变、水系的水质及水体富营养化等众多环境问题。大气沉降的物质包括氮、磷等营养物质,各类重金属和污染物质及硫酸等各种酸性物质。因此,关于大气沉降及其环境影响研究也主要从养分效应、环境污染及酸雨影响三种方面展开。这些问题将在第16章中做系统性的论述,这里就以下几个问题做概要的评述。

7.5.1 氮沉降对流域生态系统氮平衡及生产力的影响

大气氮沉降主要通过三种形式进行:湿沉降、干沉降和云沉降(Erisman et al., 1998;常运华等,2012)。沉降下的氮主要有铵态氮、硝态氮和有机氮三种形式,铵态氮主要来自土壤、肥料和家畜粪便中铵态氮的挥发和含氮有机物的燃烧;硝态氮主要来自石油和生物体的燃烧及氮的自然氧化(如雷击);有机氮可能来自溅起的海水水滴和植物花粉。上述三种是具有一定活性(生物学活性、光化学活性或辐射活性)的含氮化合物,也称为活性氮(Nr)(Neff et al., 2002;Galloway et al., 2004)。

大气中活性氮沉降的增加会改变流域的氮平衡,主要表现在流域氮输出以及流域植物对氮的吸收储存两个方面。当大气活性氮沉降超过了生态系统的氮保持能力时,过量的氮就会通过溶液的流失或气体排放等方式从系统中散失掉(闵庆文和Matson,2002)。土壤氮淋溶与氮输入量之间有密切的关系,氮沉降增加了净硝化作用和硝酸盐淋溶损失的速度。当大气氮沉降较少时,土壤中氮的淋溶损失随着氮沉降的增加而缓慢增加;当大气氮沉降较多时,土壤中氮的淋溶损失随着氮沉降的增加而明显增加。这种由大气沉降增加而引起的土壤氮淋溶损失的增加会导致土壤pH值下降、盐基离子养分淋失和铝离子活化,对生态系统造成危害(周薇等,2010)。大气活性氮长期缓慢地沉降到流域生态系统之中,将会提高氮的有效性,并会增加植物对氮的吸收。大量的施肥实验和跟踪研究发现,植物吸收了所增加的氮,并将这些氮加以储存或者利用,促进自身的生长。当大气氮沉降过多输入时,氮将会在植物体内积累,植物的叶片氮浓度明显增加(Magill et al., 2000),叶氮浓度的增加将会改变植物氮代谢进程(鲁显楷等,2006),打破体内元素平衡(Edfast et al., 1990)。

在地球上的大多数地方,特别是温带和北方山区生态系统,陆地植物的生长主要受氮的制约。大量的施肥研究表明,在其他养分成为限制因子之前,氮的增加可以促进净初级生产力的提高(Tamm,1992),大气氮增加是导致欧洲和北美洲森林生长速度比20世纪初快的部分原因(Kurz et al., 1995)。一般而言,利用氮饱和模型可以发现,在缺氮的生态系统中,植物和微生物通过吸收利用人类活动所增加的氮促进其生长以及生物量和土壤有机物质的积累。然而,过度的沉降物将对生态系统健康和服务造成不利影响,例如生物多样性丧失、水体富营养化和土壤酸化,同时会导致植物光合作用减弱,对其他营养元素的吸收减少,对寒冷、干旱以及病虫害的敏感性增强,对生态系统的生物组成和功能产生影响。有研究表明,Nr 气体和气溶胶对植物生长和生理有直接的毒性(Pearson and Stewart, 1993),NH_3 和 NH_4^+ 可用性增加会对以 NO_3^- 为主要氮源的敏感植物物种产生毒害作用,导致根和芽生长不良(Kleijn et al., 2008)。这意味着,当氮的输入超过了生态系统中生物(可能还包括非生物)对氮的需求时,部分生态系统的 NPP 将受到不利影响。

氮沉降主要通过影响植物的光合作用对生态系统生产力产生影响。植物叶片中,一半以上的氮分布在光合机构中,因此光合作用受到氮有效性的影响是很强烈的(周薇等,2010)。氮沉降会改变叶片中与光合作用有关的酶的浓度和活性。研究发现,氮输入量对植物光合作用的影响存在"阈值效应"(李德军等,2003),在一定范围内,氮沉降增加引起 Rubisco 的浓度和活性的提高及叶绿素含量增加,从而使光合速率增加(Nakji et al., 2001),生态系统生产力得到提高。但是,过量的氮沉降会引起植物体内营养失衡,而营养失衡对光合作用不利,因此过量的氮沉降对生态系统生产力会产生负面影响(李德军等,2003)。

7.5.2 氮沉降对流域陆地生态系统碳-氮平衡影响及健康阈值

生态系统的碳和氮循环具有较为严格的耦合关系,因此生态系统中氮循环将存在平衡点(图 7.11)。当生态系统的土壤、植物和微生物对氮沉降的进一步增加不再做出响应时,植物初级生产和生态系统生物固氮的氮限制趋势达到与健康阈值相平衡的状态。当超过氮健康阈值时,会发生一些与生态系统的健康和功能相关的破坏性后果。

由于氮富集消除了生物氮限制,超过了系统的氮保留能力,生态系统被认为处于氮饱和状态(Fenn et al., 2005)。目前还不知道生态系统是否必须达到氮饱和才会发生上述情况,但任何额外的氮沉降都将会流失到溪流、地下水以及最终的大气中。显然,在这种情况下,大部分大气硝酸盐沉降物将从陆地被运输到溪流,而不会被生物体吸收或在生物循环中发挥

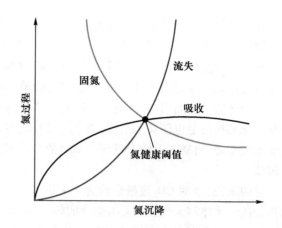

图 7.11 陆地生态系统的氮健康阈值(Gao et al., 2014a) 氮沉降对陆地生态系统氮过程的影响主要分为三个过程:固氮、流失及吸收。当生态系统对氮沉降的吸收逐渐增加以及氮的流失随着氮沉降增加而增加,则生态系统对氮的固定就会逐渐降低。

作用。

如果增加氮供应量产生额外的固定氮,氮动力学对陆地生态系统平衡的趋势往往导致氮吸收和分馏损失的降低(Högberg,1997)。然而,如果由于过量的氮输入沉降,积累的碳和氮的吸收超过了陆地生态系统的平衡点,氮生物固定将下降,氮流失将突然增加。此外,人为 CO_2 大气排放量的增加可能导致植物氮限制逐渐增加(Thornton et al., 2009;Norby,2010),这有助于降低陆地生态系统中氮的有效性。氮沉降的增加对氮固定和降低氮有效性的影响不是相互排斥的,这些过程在本质上是相互联系的。例如,低氮有效性可以刺激氮固定(Houlton et al., 2008)。

高水平的稳定氮沉降输入可以通过影响光合作用而增加生物对大气中 CO_2 的吸收(Luo et al., 2006;Gao et al., 2012b,2013)(图 7.12),刺激碳初级生产并提高水生生态系统的 CO_2 吸收能力(Mcleod et al., 2011;Marotta et al., 2012)。然而,低水平或者不稳定的氮输入会限制碳初级生产。氮缺乏和过量都会抑制光合作用并阻止碳吸收。

氮沉降通常刺激植物生长和碳摄取,但过量的氮输入将损害植物的健康和生长。当碳生产率受氮有效性限制时,陆地生态系统出现氮限制的情况。当碳生产率增加时,氮固定减少氮限制的程度,并且还可以协同导致碳存储的增加(Esser et al., 2011)。氮固定、气候变化和 CO_2 施肥之间的相互作用可能会在未来大大改变氮固定的情况,这可能对碳固定具有潜在

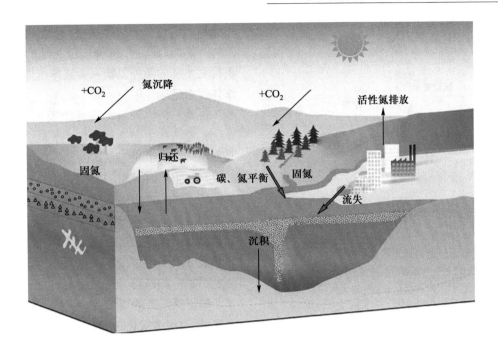

图 7.12　流域生态系统的氮循环及平衡的关系

黑色箭头表示氮沉降或氮释放并返回大气;灰色箭头表示海洋和水生生态系统中的氮沉降。碳和氮平衡表明,碳汇和增加的大气 CO_2 浓度将降低陆地氮的有效性,导致大气和湖泊的氮通量相对减少。氮排放量以及人为氮输入的总量可能会变得很大,以维持全球尺度上生态系统氮有效性的平衡(Gao et al., 2014a)。

的全球影响。

　　由氮沉降驱动的固氮量与植物生长和氮吸收成比例。当氮沉降到陆地生态系统时,氮固定的量将降低,而植物摄取的固氮量将保持不变。这将导致较高的剩余碳或土壤矿化有机碳。氮固定将随着有效氮的增加而减少。较低的氮沉降速率对植物生长和氮吸收的促进作用要大于其对氮固定过程的减少作用。氮沉降带来的矿化强化作用优先影响陆地生态系统氮进程,包括初级生产力和硝酸盐浸出(Castellano et al., 2012)。加速氮沉降将增加土壤中的无机氮以及净氮矿化和硝化速率,但会降低土壤微生物碳的生物量(Liu et al., 2011)。随着氮沉降的增加,碳生产力将增加氮损失的可能性。McLauchlan 等(2013)指出,随着氮投入的增加,陆地生态系统在保留额外氮的缓冲能力方面没有受到负面影响,但氮的有效性可能会下降。

7.5.3　氮沉降对河流氮、磷平衡及水体富营养化的影响

　　氮对水生生态系统的影响主要包括河流中的氮运输(Sun et al., 2014)、N_2 固定和直接沉降。氮沉降引起的陆地生态系统中氮固定的增加会导致陆地氮浓度升高(McLauchlan et al., 2013),进而对水生生态系统的沉降氮值产生潜在的影响。陆地生态系统中氮沉降的增加将影响水生生态系统的水质,这一进程主要依靠陆-水交界处的氮循环(图 7.12)。反硝化被认为是驱动陆地生态系统氮转移的主要机制(Bowden et al., 1992;Brandes et al., 1996),会导致氮的净损失。这一途径有助于长期有效保护水生生态系统的水质。但是除非反硝化作用一直进行到产生 N_2,否则水质的改善与 N_2O 排放对大气造成的负面影响是相互抵消的(Matson et al., 1999)。

　　N_2O 和氨的排放、厌氧铵的氧化和反硝化等过程会消耗进入水生生态系统的氮(Duce et al., 2008)。如图 7.13 所示,随着固定的氮进入循环中,人类氮排放量增加,水体中氮浓度增加的速度变快。由于受人为影响较大,水体中较高的氮比例往往由硝酸盐组成。此外,大气氮沉降的输入会对碳生产力产生积极影响,特别是在贫营养的水生生态系统中。然而,随着氮沉降的增加,可能会发生相反的效果。例如,如果营养元素的增加大于系统中后续浮游植物生产吸收能力的增加,则会产生不良后果。

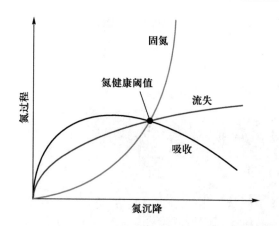

图 7.13 水生生态系统的氮健康阈值（Gao et al., 2014a）
当水生生态系统对氮沉降的吸收随着氮沉降增加而逐渐降低以及氮的流失随着氮沉降增加而增加，水生生态系统对氮的固定却逐渐升高；当氮沉降增加到一定阶段，对氮的固定不再增加。

土壤碳汇和增加的大气 CO_2 浓度将降低陆地氮的有效性，并导致大气氮通量和水生生态系统中的氮沉降减少。随着工业排放的驱动，人为的氮释放急剧增加，人为输入的氮量级将变得足够大，以维持生态系统氮有效性的类似条件（McLauchlan et al., 2013），这将导致大气中的氮通量增加，水生生态系统的氮沉降增加。

Redfield（1958）指出，浮游植物和海洋中的 C：N：P 摩尔比值为 106：16：1。这个比例对于水生生态系统碳、氮和磷输出的研究是重要的，因为接近 Redfield 比率的化学计量比是衡量水体支持较高营养水平并因此产生富营养化可能性的良好指标（Vink et al., 2007）。Redfield 比率也证明，水生生态系统氮的增加有限，不能无限增加。因为氮和 CO_2 释放量相当于化学计量的有机物的初始元素组成。根据 Redfield 比率可以推断出，当 N：P 值小于 16 时，浮游植物的生长受到氮限制；而当 N：P 值大于 16 时，浮游植物的生长受磷限制。N：P 值是衡量以减少水生生态系统中的藻类为目标的水质管理的基础（Hao et al., 2017）。为了控制藻华和富营养化，需要减少水体中的元素负荷，主要是减少水生生态系统中的氮和磷（Howarth and Marino, 2006；Schindler et al., 2008）。Schindler 等（2008）研究表明，人类活动导致大量磷污染物迁移进入湖泊、水库和流动缓慢的河流，使其营养物质过剩，这是导致温带湖泊富营养化的主要诱因。这意味着部分水生生态系统处于氮限制的状态，大气氮沉降导致的水体氮含量增加可能会在一定

度上缓解磷过量的问题，有利于提高水生生态系统生产力。然而，在不存在磷过量问题的水体中，大气氮沉降对水体的额外氮输入会破坏水体氮磷平衡，影响水体生态健康。

虽然从河流到沿海地区的废水排放是水生生态系统氮输入的主要途径（Miao et al., 2010, 2011），但是氮沉降在水生生态系统的氮循环中起着重要作用，涉及初级生产、浮游植物多样性、水体富营养化和有害藻华等多个方面。大气沉降中的硝态氮和铵态氮日益成为水体营养物质的重要来源，使水体氮含量增加，富营养化加重，进而整个水生生态系统的物质循环和能量流动被打破，严重影响生态系统的稳定性（刘文竹等，2014）。

随着氮沉降的增加，水生生态系统中氢离子也会增加，导致水体酸化，初级生产者的发展、维持和扩散将导致水生生态系统的富营养化，而氮污染的直接毒性会损害水生动物的生存、生长和繁殖能力（Camargo and Alonso, 2006）。人为导致的氮循环变化必定会改变水生生态系统的生物过程，但氮沉降对固氮作用的影响还未得到充分认识。

生物 CO_2 摄入和有机生长与氮沉降产生的营养消耗有关。营养释放和 CO_2 生成通常伴随着有机碎屑的氧化（Broecker, 1991）。生物生长和衰败都涉及氮沉降。无机碳和营养素的生物降解表现为固定的比例［公式（7.8）和（7.9）］（Doney et al., 2007；Vaquer-Sunyer and Duarte, 2011）：

$$106CO_2 + 16NO_3^- + 138H_2O \rightarrow$$
$$有机物 + 16OH^- + 138O_2 \qquad (7.8)$$
$$106CO_2 + 16NH_4^+ + 106H_2O \rightarrow$$
$$有机物 + 16OH^- + 106O_2 \qquad (7.9)$$

Mackenzie 等（2004）还指出，人为氮排放量和养分投入的增加是全球沿海地区典型的空气–海洋 CO_2 交换逆转的关键因素。

由于氮输入超过平衡点，藻华可能导致有机物分解过程中海底有机质沉淀和随后的氧气消耗的增加（Xu et al., 2001；Duarte et al., 2013）。生物体会在溶解氧降低至临界水平之后开始死亡（Díaz and Rosenberg, 2008）。如果浮游植物死亡并沉到水底或进入以这些植物为食的物种体内，则沉降的有机氮可能会通过真菌或细菌过程分解并转化为溶解的有机氮，或者简单地被埋在沉降物中（Steckbauer et al., 2011）。

7.5.4 氮沉降对流域生态系统温室气体排放的影响

流域生态系统排放的温室气体主要包括水汽（H_2O）、CO_2、CH_4、N_2O 和 O_3 等。其中 CO_2 对增强温室效应的贡献率最大，大约占 56%，是最重要的温室气体（Hansen and Lacis，1990）。其次是 CH_4，以其较大的温室效应潜能（单分子 CH_4 的温室效应潜能是 CO_2 的 23 倍）和较快的增加速度（20 世纪增加了近 2 倍），成为除 CO_2 外最重要的温室气体，对温室效应的贡献率约占 15%（IPCC，2001）。N_2O 不仅具有较大的温室效应潜能（单分子 N_2O 的温室效应潜能大约是 CO_2 的 296 倍）、较长的寿命（120 年左右）和较快的增加速度（每年以 0.25% 的速度增加）（Butterbach-bahl et al.，1997），且能破坏 O_3 保护层，进一步使地表气温升高。大气中 CO_2、CH_4 和 N_2O 三种气体对增强温室效应的贡献率占了近 80%（Kiehl and Trenberth，1997）。一般认为，大气中温室气体浓度增加主要是人类活动的结果，特别是大量化石燃料和生物质燃烧、工业废气排放及土地使用类型改变等（Kiehl and Trenberth，1997；IPCC，2001）。

事实上，自然过程也是温室气体的重要来源之一，例如，陆地生态系统呼吸过程排放的 CO_2 是燃烧化石燃料排放 CO_2 的 10～15 倍（Raich and Schlesinger，1992）。据估计，大气中每年有 5%～20% 的 CO_2、15%～30% 的 CH_4 和 80%～90% 的 N_2O 来源于生态系统的自然排放（牟晓杰等，2012）。随着人为氮排放的日益增加，氮沉降逐渐成为流域生态系统温室气体产生和消耗过程的重要影响因子之一（Butterbachbahl et al.，1997），其通过改变水体和土壤氮状况及循环速率，影响植物生长和凋落物分解、改变、生物数量和活性等，从而影响生态系统 CO_2、CH_4 和 N_2O 排放（张炜等，2008）。

7.5.4.1 氮沉降对流域生态系统 CO_2 排放的影响

流域生态系统中 CO_2 的排放过程主要是土壤呼吸，包括未受扰动土壤中产生 CO_2 的所有代谢作用（Singh and Gupta，1977）。CO_2 的排放过程受土壤温度、含水量、有机碳含量以及氮的可利用性等诸多因子的影响（窦晶鑫等，2009），其排放速率影响着土壤碳库的收支平衡。适量的氮沉降可能会增加土壤中的氮源，增加地上生物量和微生物活动，促进了植被

根部和土壤呼吸，但高氮沉降可能降低酶活性（Compton et al.，2004），改变微生物群落结构（Yue et al.，2015），从而降低土壤呼吸，使得对 CO_2 排放的促进作用减弱（张艺等，2016）。

在氮限制的流域中，氮输入可提高森林生态系统生产力，增加凋落物量，提高土壤有机质含量和土壤微生物量及活性，有利于碳被氧化成 CO_2（Steudler，1992）。土壤中易被微生物利用的碳量是影响土壤微生物固持外源性氮的一个关键因素，森林土壤碳含量在一定程度上决定着土壤总氮矿化和净有机氮固持量（Flanagan and Cleve，1983）。在土壤有机碳含量不变的情况下，施氮不会明显增加土壤 CO_2 排放（Fenn et al.，1998）。不过，氮输入使有机质 C∶N 值降低，会提高氮的可利用性，刺激微生物的生长，但是也容易导致碳限制从而不利于微生物的养分供应。在凋落物分解初期，易分解有机质由于基质质量的提高，其分解速率将会有所升高；而在后期，木质素等难分解有机质大量堆积，反而不利于凋落物分解，因此，通常氮添加抑制有机质分解，从而使异养呼吸下降，CO_2 排放减少（Weintraub and Schimel，2003）。另外，长期氮沉降增加了土壤铵态氮含量，土壤中真菌（Frey et al.，2004）、伴根生菌、各种生化酶以及与有机质分解有关的酶（Compton et al.，2004）的数量及活性都会受到 NH_4^+ 的抑制，从而导致土壤 CO_2 排放减少。

7.5.4.2 氮沉降对流域生态系统 N_2O 排放的影响

土壤中 N_2O 的产生要包括微生物硝化和反硝化、化学反硝化和羟胺化学分解三个过程（邹建文，2005）。土壤硝化和反硝化作用是 N_2O 产生的关键过程，与土壤有效氮的供应状况关系密切（Butterbachbahl et al.，1997），氮输入的增加通常引起 N_2O 排放通量的显著增加。

在氮限制的生态系统中，根系与微生物间对氮存在激烈的竞争，随着外加氮的输入，可被硝化细菌和反硝化细菌利用的有效氮（NH_4^+-N 和 NO_3^--N）增加，作为硝化和反硝化过程的反应底物增多，必将增强土壤硝化、反硝化作用，从而增加森林土壤 N_2O 的排放（Venterea et al.，2003）。另外，森林地表 N_2O 通量还与氮的矿化速率有关。Kitzler 等（2005）在奥地利 Schottenwald 森林研究中发现，氮沉降可以提高一些植物的分解速度，增加氮的矿化速度，且产生的氮很快作为硝化细菌和反硝化细菌的反应底物被转化为

N_2O 排出 (Brumme et al. , 2005) 。

在氮限制的温带森林中，早期少量的氮沉降物主要被植物吸收利用，而存留在土壤中的氮很少，土壤中有效氮含量没有明显变化，不足以改变土壤硝化和反硝化速率以及氮的矿化速率，此时氮沉降对土壤 N_2O 排放的影响不明显。另外，氮沉降在一定程度上可降低森林土壤 pH 值，在较低 pH 值条件下化学还原作用增强，有利于 NO 的生成 (Cleemput and Baert , 1984) ，而 N_2O 的产生受到一定的限制 (Bremner , 1997) 。当氮进入水生生态系统时，它会被 N_2O 和氨排放、厌氧氨氧化、反硝化以及沉降物中有机物质的埋藏等过程消耗或消除 (Duce et al. , 2008) 。根据 Galloway 等 (2004) 的估计，18% 的氮沉降会被输出到沿海生态系统中并被反硝化，13% 的氮沉降通过空气-水界面沉降到海洋中，4% 的 N 沉降以 N_2O 的形式被释放。

7.5.4.3 氮沉降对流域生态系统 CH_4 排放的影响

土壤有机质经微生物矿化分解产生 CO_2，在厌氧环境下则产生 CH_4 释放到大气中。土壤中 CH_4 释放主要有乙酸的脱甲基化和 CO_2 还原两个途径，其主要过程是：土壤中复杂有机物质被各类细菌组成的食物链转化成简单的产甲烷前体，产甲烷古菌在厌氧条件下作用于这些产甲烷前体，产生 CH_4。而好氧甲烷氧化细菌以 CH_4 作为底物，在一系列酶的共同作用下将 CH_4 逐步氧化，最终生成 CO_2。排水良好的森林土壤通常是 CH_4 的汇 (刘志伟等，2017) 。较多研究表明，氮沉降会提高 CH_4 通量，甚至会使其升高为正值，导致森林土壤由 CH_4 的汇变成源 (Weintraub and Schimel，2003) 。

一般而言，氮沉降对 CH_4 氧化产生抑制作用。氮输入直接或间接地增加了 NO_3^- 和 NO_2^- 的浓度，会对甲烷氧化细菌产生毒性作用；同时，NO_3^- 增加了氧化还原电位，不利于 CH_4 的产生；NH_4^+ 能够被甲烷氧化细菌所氧化，氨氧化细菌也能对 CH_4 产生氧化作用，两者的交互作用影响了甲烷氧化细菌对 CH_4 的氧化能力，导致 CH_4 氧化速率降低。另外，氮沉降会引起土壤酸化，较低的 pH 值对甲烷氧化细菌产生不利影响，从而降低 CH_4 氧化速率 (刘志伟等，2017) 。

氮沉降还会通过增加硝化细菌数量抑制土壤中（特别是有机质层中）甲烷氧化细菌的生长及活性 (King and Schnell，1994b) ，这是因为甲烷氧化细菌在氧化 CH_4 时和硝化细菌氧化 NH_4^+ 时需要相同的微生物酶参与，这种抑制作用是两者对酶竞争的结果 (Hutsch，1996) 。同时，NH_4^+ 被氧化过程中产生的 NO_2^- 会对甲烷营养菌产生毒害作用，从而减少森林土壤对大气 CH_4 的氧化吸收 (King and Schnell，1994a) 。不过，土壤氮含量较低时，增加氮输入不会明显影响土壤对 CH_4 的吸收，原因是输入的氮主要被植物根系吸收利用了 (Gulledge et al.，2004) ，土壤中有效氮未达一定阈值（"氮饱和"）之前，氮沉降不会表现出限制土壤对大气 CH_4 的吸收 (Whalen and Reeburgh，2000) 。

参考文献

常运华，刘学军，李凯辉，等. 2012. 大气氮沉降研究进展. 干旱区研究，29 (6) : 972-979.

陈欣，姜曙千，张克中，等. 1999. 红壤坡地磷素流失规律及其影响因素. 水土保持学报，5 (3) : 38-41.

窦晶鑫，刘景双，王洋，等. 2009. 三江平原草甸湿地土壤有机碳矿化对 C/N 的响应. 地理科学，29 (5) : 773-778.

傅涛，倪九派，魏朝富，等. 2003. 不同雨强和坡度条件下紫色土养分流失规律研究. 植物营养与肥料学报，9 (1) : 71-74.

蒋锐. 2012. 紫色丘陵区农业小流域氮迁移的动态特征及其环境影响研究. 硕士学位论文. 重庆：西南大学.

蒋锐，朱波，唐家良，等. 2009. 紫色丘陵区典型小流域暴雨径流氮磷迁移过程与通量. 水利学报，40 (6) : 659-666.

康玲玲，朱小勇，王云璋，等. 1999. 不同雨强条件下黄土性土壤养分流失规律研究. 土壤学报，36 (4) : 536-543.

李德军，莫江明，方运霆，等. 2003. 氮沉降对森林植物的影响. 生态学报，23 (9) : 1891-1900.

林超文，陈一兵，黄晶晶，等. 2007. 不同耕作方式和雨强对紫色土养分流失的影响. 中国农业科学，40 (10) : 2241-2249.

刘昌明，郑红星，王中根，等. 2006. 流域水循环分布式模拟. 郑州：黄河水利出版社.

刘婷婷. 2009. 嘉陵江水体中碳、氮、磷季节变化及其输出. 硕士学位论文. 重庆：西南大学.

刘文竹，王晓燕，樊彦波. 2014. 大气氮沉降及其对水体氮负荷估算的研究进展. 环境污染与防治，36 (5) : 88-93.

刘志伟，杨桂军，赵艳虹，等. 2017. 氮沉降对森林土壤主要温室气体排放的影响. 林业勘查设计，4 : 9-11.

鲁显楷，莫江明，彭少麟，等. 2006. 鼎湖山季风常绿阔叶林林下层 3 种优势树种游离氨基酸和蛋白质对模拟氮沉降的响应. 生态学报，26 (3) : 743-753.

罗春燕, 涂仕华, 庞良玉, 等. 2009. 降雨强度对紫色土坡耕地养分流失的影响. 水土保持学报, 23(4): 24-27.

马琨, 王兆骞. 2002. 不同雨强条件下红壤坡地养分流失特征研究. 水土保持学报, 16(3): 16-19.

闵庆文, Matson P. 2002. 氮沉降的全球化: 对于陆地生态系统的意义. Ambio-人类环境杂志, 31(2): 113-119.

牟晓杰, 刘兴土, 仝川, 等. 2012. 闽江河口短叶茳芏湿地 CH_4 和 N_2O 排放对氮输入的短期响应. 环境科学, 33(7): 2482-2489.

王效科, 白艳莹, 欧阳志云, 等. 2002. 陆地生物地球化学模型的应用和发展. 应用生态学报, 13: 1703-1706.

易时来, 石孝均, 温明霞, 等. 2004. 小麦生长季氮素在紫色土中的迁移和淋失. 水土保持学报, 18(4): 46-49.

余贵芬, 吴泓涛, 魏永胜, 等. 1999. 氮在紫色土中的移动和水稻氮素利用率的研究. 植物营养与肥料学报, 5(4): 316-320.

张明礼, 杨浩, 邹军, 等. 2011. 北方土石山区土壤侵蚀对土壤质量的影响. 水土保持学报, 25(2): 218-221.

张仟雨, 李萍, 宗毓铮, 等. 2015. CENTURY 模型在不同生态系统中的研究与应用. 山西农业科学, 43(11): 1563-1566.

张汪寿, 李叙勇, 苏静君. 2014. 河流氮输出对流域人类活动净氮输入的响应研究综述. 应用生态学报, 25(1): 272-278.

张炜, 莫江明, 方运霆, 等. 2008. 氮沉降对森林土壤主要温室气体通量的影响. 生态学报, 28(5): 2309-2319.

张学军, 赵营, 陈晓群, 等. 2007. 滴灌施肥中施氮量对两年蔬菜产量、氮素平衡及土壤硝态氮累积的影响. 中国农业科学, 40(11): 2535-2545.

张艺, 王春梅, 许可, 等. 2016. 若尔盖湿地土壤温室气体排放对模拟氮沉降增加的初期响应. 北京林业大学学报, 38(8): 54-63.

赵允格. 2002. 成垄压实条件下氮素迁移转化规律研究. 博士学位论文. 杨凌: 西北农林科技大学.

周薇, 王兵, 李钢铁. 2010. 大气氮沉降对森林生态系统影响的研究进展. 中央民族大学学报(自然科学版), 19(1): 34-40.

邹建文. 2005. 稻麦轮作生态系统温室气体(CO、CH 和 NO) 排放研究. 博士学位论文. 南京: 南京农业大学.

Abbott MB, Bathurst JC, Cunge JA, et al. 1986. An introduction to the European hydrological system — Systeme Hydrologique Europeen, "SHE", 1. history and phylosophy of a physically-based distributed modeling system. *Journal of Hydrology*, 247: 45-59.

Agren GI, Bosatta E. 1996. *Theoretical Ecosystem Ecology. Understanding Element Cycles*. Cambridge: Cambridge University Press.

Alcamo J, Doll P, Henrichs T, et al. 2003. Development and testing the watergap 2 model of water use and availability. *Hydrological Sciences Journal*, 48: 317-337.

Alexander RB, Smith RA, Schwarz GE, et al. 2008. Differences in phosphorus and nitrogen delivery to The Gulf of Mexico from the Mississippi River basin. *Environmental Science and Technology*, 42(3): 822-830.

Andrews JE, Burgess D, Cave RR, et al. 2006. Biogeochemical value of managed realignment, Humber Estuary UK. *Science of the Total Environment*, 371: 19-30.

Arheimer B, Brandt M. 2000. Watershed modelling of non-point nitrogen pollution from arable land to the Swedish coast in 1985 and 1994. *Ecological Engineering*, 14: 389-404.

Arnell NW. 2003. Effects of IPCC SRES emissions scenarios on river runoff: A global perspective. *Hydrology and Earth System Sciences*, 7(5): 619-641.

Arnold JG, Fohrer N. 2005. SWAT2000: Current capabilities and research opportunities in applied watershed modelling. *Hydrological Processes*, 19(3): 563-572.

Arnold JG, Srinivasan R, Muttiah RS, et al. 1998. Large-area hydrologic modeling and assessment: Part I. Model development. *Journal of the American Water Resources Association*, 34 (1): 73-89.

Augustine DJ, McNaughton SJ. 2004. Temporal asynchrony in soil nutrient dynamics and plant production in a semiarid ecosystem. *Ecosystems*, 7: 829-840.

Aumen NG. 1990. Concepts and methods for assessing solute dynamics in stream ecosystems. *Journal of the North American Benthological Society*, 9: 95-119.

Austin AT, Yahdjian L, Stark JM, et al. 2004. Water pulses and biogeochemical cycles in arid and semiarid ecosystems. *Oecologia*, 141: 221-235.

Àvila A, Rodà F. 2012. Changes in atmospheric deposition and streamwater chemistry over 25 years in undisturbed catchments in a Mediterranean mountain environment. *Science of the Total Environment*, 434: 18-27.

Bardini L, Boano F, Cardenas MB, et al. 2012. Nutrient cycling in bedform induced hyporheic zones. *Geochimica Et Cosmochimica Acta*, 84: 47-61.

Bencala KE, Walters RA. 1983. Simulation of solute transport in a mountain pool-and-riffle stream—a transient storage model. *Water Resources Research*, 19: 718-724.

Berg B, McClaugherty CA. 2003. *Plant Litter: Decomposition, Humus Formation, Carbon Sequestration*. Berlin: Springer-Verlag.

Berner RA. 1982. Burial of organic carbon and pyrite sulfur in the modern ocean: Its geochemical and environmental significance. *American Journal of Science*, 282(4): 451–473.

Bernot MJ, Dodds WK. 2005. Nitrogen retention, removal, and saturation in lotic ecosystems. *Ecosystems*, 8: 442–453.

Beven KJ, Kirkby MJ. 1979. A physically based, variable contributing area model of basin hydrology. *Hydrological Sciences Bulletin*, 24: 43–69.

Bicknell BR, Imhoff JC, Kittle JL, et al. 1993. Hydrologic Simulation Program—FORTRAN (HSPF): User's Manual for Release 10. Report No. EPA/600/R-93/174. Athens, Ga.: U. S. EPA Environmental Research Lab.

Blair NE, Leithold EL, Aller RC. 2004. From bedrock to burial: The evolution of particulate organic carbon across coupled watershed-continental margin systems. *Marine Chemistry*, 92: 141–156.

Blair NE, Leithold EL, Ford ST, et al. 2003. The persistence of memory: The fate of ancient sedimentary organic carbon in a modern sedimentary system. *Geochimica Et Cosmochimica Acta*, 67(1): 63–73.

Borum J, Sand-Jensen K. 1996. Is total primary production in shallow coastal marine waters stimulated by nitrogen loading? *Oikos*, 76, 406–410.

Bouchez J, Beyssac O, Galy V, et al. 2010. Oxidation of petrogenic organic carbon in the Amazon floodplain as a source of atmospheric CO_2. *Geology*, 38: 255–258.

Boulton AJ, Datry T, Kasahara T, et al. 2010. Ecology and management of the hyporheic zone: Stream-groundwater interactions of running waters and their floodplains. *Journal of the North American Benthological Society*, 29: 26–40.

Bouraoui F, Dillaha TA. 2014. ANSWERS-2000: Runoff and sediment transport model. *Journal of Environmental Engineering-ASCE*, 122(6): 493–502.

Bouwman AF, Bierkens MFP, Griffioen J, et al. 2013. Nutrient dynamics, transfer and retention along the aquatic continuum from land to ocean: Towards integration of ecological and biogeochemical models. *Biogeosciences*, 10: 1–23.

Bowden WB, McDowell WH, Asbury CE, et al. 1992. Riparian nitrogen dynamics in two geomorphologically distinct tropical rain forest watersheds—nitrous oxide fluxes. *Biogeochemistry*, 18: 77–99.

Brandes JA, McClain ME, Pimentel TP. 1996. [15]N evidence for the origin andcycling of inorganic nitrogen in a small Amazonian catchment. *Biogeochemistry*, 34: 45–56.

Breemen NV, Boyer EW, Goodale CL, et al. 2002. Where did all the nitrogen go? Fate of nitrogen inputs to large watersheds in the Northeastern U. S. A. *Biogeochemistry*, 57–58(1): 267–293.

Bremner JM. 1997. Sources of nitrous oxide in soils. *Nutrient Cycling in Agroecosystems*, 49(1–3): 7–16.

Broecker WS. 1991. Keeping global change honest. *Global Biogeochemical Cycles*, 5(3): 191–192.

Brumme R, Verchot LV, Martikainen PJ, et al. 2005. Contribution of trace gases nitrous oxide (N_2O) and methane (CH_4) to the atmospheric warming balance of forest biomes. *SEB Experimental Biology Series*, 27(7): 293–317.

Butcher RW. 1947. Studies in the ecology of rivers: VII. The algae of organically enriched waters. *Journal of Ecology*, 35: 186–191.

Butterbachbahl K, Gasche R, Breuer L, et al. 1997. Fluxes of NO and N_2O from temperate forest soils: Impact of forest type, N deposition and of liming on the NO and N_2O emissions. *Nutrient Cycling in Agroecosystems*, 48(1–2): 79–90.

Camargo JA, Alonso Á. 2006. Ecological and toxicological effects of inorganic nitrogen pollution in aquatic ecosystems: A global assessment. *Environment International*, 32: 831–849.

Carpenter SR, Stanley EH, van der Zanden MJ. 2011. State of the world's freshwater ecosystems: Physical, chemical and biological changes. *Annual Review of Energy and the Environment*, 36: 75–99.

Casey RE, Taylor MD, Klaine SJ. 2001. Mechanisms of nutrient attenuation in a subsurface flow riparian wetland. *Journal of Environmental Quality*, 30(5): 1732–1737.

Castellano MJ, Kaye JP, Lin H, et al. 2012. Linking carbon saturation concepts to nitrogen saturation and retention. *Ecosystems*, 15: 175–187.

Cherif M, Loreau M. 2007. Stoichiometric constraints on resource use, competitive interactions, and elemental cycling in microbial decomposers. *American Naturalist*, 169: 709–724.

Clark I, Fritz P. 1997. *Environmental Isotopes in Hydrogeology*. New York: Lewis Publishers Boca Raton.

Cleemput OV, Baert L. 1984. Nitrite: A key compound in N loss processes under acid conditions. *Plant and Soil*, 76(1–3): 233–241.

Cleveland CC, Liptzin D. 2007. C : N : P stoichiometry in soil: Is there a "Redfield ratio" for the microbial biomass? *Biogeochemistry*, 85: 235–252.

Compton JE, Watrud LS, Porteous LA, et al. 2004. Response of soil microbial biomass and community composition to chronic nitrogen additions at Harvard forest. *Forest Ecology and Management*, 196(1): 143–158.

Cooper AB. 1990. Nitrate depletion in the riparian zone and stream channel of a small headwater catchment. *Hydrobiologia*, 202(1): 13–26.

Cordell D, Drangert J-O, White S. 2009. The story of phosphorus: Global food security and food for thought. *Global Environ-*

mental Change-Human Policy Dimensions, 19: 292-305.

Correll DL. 1998. The role of phosphorus in the eutrophication of receiving waters: A review. *Journal of Environmental Quality*, 27(2): 261-266.

Cox PM, Betts RA, Jones CD, et al. 2000. Acceleration of global warming due to carbon-cycle feedbacks in a coupled climate model. *Nature*, 408: 184-187.

Cross WF, Benstead JP, Frost PC, et al. 2005. Ecological stoichiometry in freshwater benthic systems: Recent progress and perspectives. *Freshwater Biology*, 50: 1895-1912.

De Wit MJM. 2001. Nutrient fluxes at the river basin scale. I: The polflow model. *Hydrological Processes*, 15: 743-759.

Deng D, Li H, Hu W, et al. 2005. Effects of eutrophication on distribution and population density of *Corbicula fluminea* and *Bellamya* sp. in Chaohu Lake. *Chinese Journal of Applied Ecology*, 16(8): 1502-1506.

Deng J, Zhu B, Zhou ZX, et al. 2011. Modeling nitrogen loadings from agricultural soils in southwest China with modified DNDC. *Journal of Geophysical Research: Biogeosciences*, 116 (G2): G02020.

Di Toro DM, Fitzpatrick JJ, Thomann RV. 1983. Documentation for water quality analysis simulation program (WASP) and model verification program (MVP) westwood. Hydroscience, USEPA, Contract No. 68-01-3872.

Díaz RJ, Rosenberg R. 2008. Spreading dead zones and consequences for marine ecosystems. *Science*, 321: 926-929.

Dirmeyer PA, Gao X, Zhao M, et al. 2006. The second global soil wetness project (GSWP-2). *Bulletin of The American Meteorological Society*, 87: 1381-1397.

Dodds WK, Marti E, Tank JL, et al. 2004. Carbon and nitrogen stoichiometry and nitrogen cycling rates in streams. *Oecologia*, 140: 458-467.

Döll P, Fiedler K. 2008. Global-scale modeling of groundwater recharge. *Hydrology and Earth System Sciences*, 12: 863-885.

Doney SC, Mahowald N, Lima I, et al. 2007. Impact of anthropogenic atmospheric nitrogen and sulfur depositionon ocean acidification and the inorganic carbon system. *Proceedings of the National Academy of Sciences of the United States of America*, 104 (37): 14580-14585.

Dong WJ, Qi Y, Li HM, et al. 2005. Modeling carbon and water budgets in the Lushi Basin with Biome-BGC. *Chinese Journal of Population, Resources and Environment*, 3: 27-34.

Dorioz JM, Wang D, Poulenard J, et al. 2006. The effect of grass buffer strips on phosphorus dynamics: A critical review and synthesis as a basis for application in agricultural landscapes in france. *Agriculture Ecosystems and Environment*, 117: 4-21.

Duarte CM, Kennedy H, Marbà N, et al. 2013. Assessing the capacity of seagrass meadows for carbon burial: Current limitations and future strategies. *Ocean and Coastal Management*, 83: 32-38.

Duce RA, LaRoche J, Altieri K, et al. 2008. Impacts of atmospheric anthropogenic nitrogen on the open ocean. *Science*, 320: 893-897.

Edfast AB, Näsholm T, Ericsson A. 1990. Free amino acid concentrations in needles of Norway spruce and Scots pine trees on different sites in areas with two levels of nitrogen deposition. *Canadian Journal of Forest Research*, 20 (8): 1132-1136.

Edwards AC, Withers PJA. 2008. Transport and delivery of suspended solids, nitrogen and phosphorus from various sources to freshwaters in the UK. *Journal of Hydrology*, 350: 144-153.

Elmgren R. 2012. Eutrophication: Political backing to save the Baltic Sea. *Nature*, 487(7408): 432.

Enriquez S, Duarte CM, Sandjensen K. 1993. Patterns in decomposition rates among photosynthetic organisms—the importance of detritus C-N-P content. *Oecologia*, 94: 457-471.

Ensign SH, Doyle MW. 2006. Nutrient spiraling in streams and river networks. *Journal of Geophysical Research - Biogeosciences*, 111: G04009.

Erisman JW, Mennen MG, Fowler D, et al. 1998. Deposition monitoring in Europe. *Environmental Monitoring and Assessment*, 53(2): 279-295.

Esser G, Kattge J, Sakalli A. 2011. Feedback of carbon and nitrogen cycles enhances carbon sequestration in the terrestrial biosphere. *Global Change Biology*, 17(2): 819-842.

Essington TE, Carpenter SR. 2000. Nutrient cycling in lakes and streams: Insights from a comparative analysis. *Ecosystems*, 3: 131-143.

Evans C, Monteith D, Cooper D. 2005. Long-term increases in surface water dissolved organic carbon: Observations, possible causes and environmental impacts. *Environmental Pollution*, 137: 55-71.

Falkowski P, Scholes RJ, Boyle E, et al. 2000. The global carbon cycle: A test of our knowledge of earth as a system. *Science*, 290(5490): 291-296.

Fekete BM, Vörösmarty CJ, Grabs W. 2002. High-resolution fields of global runoff combining observed river discharge and simulated water balances. *Global Biogeochemical Cycles*, 16: 1042.

Fenn ME, Poth MA, Aber JD, et al. 1998. Nitrogen excess in North American ecosystems: Predisposing factors, ecosystem responses, and management strategies. *Ecological*

Applications, 8(3): 706-733.

Fenn M, Poth M, Meixner T. 2005. Atmospheric nitrogen deposition and habitat alteration in terrestrial and aquatic ecosystems in Southern California: Implications for threatened and endangered species. *USDA Forest Service Gen. Tech. Rep.* PSW-GTR-195.

Filippelli GM. 2008. The global P cycle: Past, present and future. *Elements*, 4: 89-95.

Fisher SG, Sponseller RA, Heffernan JB. 2004. Horizons in stream biogeochemistry: Flowpaths to progress. *Ecology*, 85: 2369-2379.

Flanagan PW, Cleve KV. 1983. Nutrient cycling in relation to decomposition and organic-matter quality in taiga ecosystems. *Canadian Journal of Forest Research*, 13(13): 795-817.

Fowler D, Smith R, Muller JBA, et al. 2007. Long term trends in sulphur and nitrogen deposition in Europe and the cause of non-linearities. In: Brimblecombe P, Hara H, Houle D, et al. *Acid Rain—Deposition to Recovery*. Dordrecht, Netherlands: Springer, 41-47.

Frey SD, Knorr M, Parrent JL, et al. 2004. Chronic nitrogen enrichment affects the structure and function of the soil microbial community in temperate hardwood and pine forests. *Forest Ecology and Management*, 196(1): 159-171.

Frost PC, Kinsman LE, Johnston CA, et al. 2009. Watershed discharge modulates relationships between landscape components and nutrient ratios in stream seston. *Ecology*, 90: 1631-1640.

Galloway JN, Dentener FJ, Capone DG, et al. 2004. Nitrogen cycles: Past, present and future. *Biogeochemistry*, 70: 153-226.

Galy V, Beyssac O, France-Lanord C, et al. 2008. Recycling of graphite during Himalayan erosion: A geological stabilization of carbon in the crust. *Science*, 322(5903): 943-945.

Galy V, Peucker-Ehrenbrink B, Eglinton T. 2015. Global carbon export from the terrestrial biosphere controlled by erosion. *Nature*, 521(7551): 204-207.

Gao Y, He N, Yu G, et al. 2015. Impact of external nitrogen and phosphorus input between 2006 and 2010 on carbon cycle in China seas. *Regional Environmental Change*, 15(4): 631-641.

Gao Y, He NP, Zhang XY. 2014a. Effects of reactive nitrogen deposition on terrestrial and aquatic ecosystems. *Ecological Engineering*, 70: 312-318.

Gao Y, Yang T, Wang Y, et al. 2017. Fate of river—transported carbon in China: Implications for carbon cycling in coastal ecosystems. *Ecosystem Health and Sustainability*, 3: e01265.

Gao Y, Yu GR, He NP. 2013. Equilibration of the terrestrial water, nitrogen, and carbon cycles: Advocating a health threshold for carbon storage. *Ecological Engineering*, 57: 366-374.

Gao Y, Yu GR, He NP, et al. 2012b. Is there an existing healthy threshold for carbon storage in the ecosystem? *Environmental Science and Technology*, 46(9): 4687-4688.

Gao Y, Zhu B, Wang T, et al. 2012a. Seasonal change of nonpoint source pollution-induced bioavailable phosphorus loss: A case study of Southwestern China. *Journal of Hydrology*, 420-421(4): 373-379.

Gao Y, Zhu B, Yu GR, et al. 2014b. Coupled effects of biogeochemical and hydrological processes on C, N, and P export during extreme rainfall events in a purple soil watershed in southwestern China. *Journal of Hydrology*, 511: 692-702.

Garnier J, Billen G, Coste M. 1995. Seasonal succession of diatoms and chlorophyceae in the drainage network of the seine river: Observations and modeling. *Limnology and Oceanography*, 40: 750-765.

Gooseff MN. 2010. Defining hyporheic zones—advancing our conceptual and operational definitions of where stream water and groundwater meet. *Geography Compass*, 4: 945-955.

Grimm NB, Gergel SE, McDowell WH, et al. 2003. Merging aquatic and terrestrial perspectives of nutrient biogeochemistry. *Oecologia*, 137: 485-501.

Gulledge J, Hrywna Y, Cavanaugh C, et al. 2004. Effects of long-term nitrogen fertilization on the uptake kinetics of atmospheric methane in temperate forest soils. *FEMS Microbiology Ecology*, 49(3): 389.

Halliday SJ, Wade AJ, Skeffington RA, et al. 2012. An analysis of long-term trends, seasonality and short-term dynamics in water quality data from Plynlimon, Wales. *Science of the Total Environment*, 434: 186-200.

Hamrick JM. 1992. A three-dimensional environmental fluid dynamics computer code: Theoretical and computational aspects. The College of William and Mary, Virginia Institute of Marine Science, Special Report 317, 63.

Han X, Wang X, Sun X, et al. 2003. Nutrient distribution and its relationship with occurrence of red tide in coastal area of East China Sea. *Chinese Journal of Applied Ecology*, 14(7): 1097.

Han XG, Cheng WX. 1992. Biogeochemical cycles of nutrient. In: Liu JG. *Advances in Modern Ecology*. Beijing: China Science and Technology Press, 73-100.

Hanasaki N, Kanae S, Oki T, et al. 2008. An integrated model for the assessment of global water resources—Part I: Model description and input meteorological forcing. *Hydrology and Earth System Sciences*, 12: 1007-1025.

Hansen JE, Lacis AA. 1990. Sun and dust versus greenhouse gases: An assessment of their relative roles in global climate change. *Nature*, 346(6286): 713-719.

Hao Z, Gao Y, Yang T. 2017. Seasonal variation of DOM and associated stoichiometry for freshwater ecosystem in the subtropical watershed: Indicating the optimal C: N: P ratio. *Ecological Indicators*, 78: 37-47.

Hefting MM, Bobbink R, De Caluwe H. 2003. Nitrous oxide emission and denitrification in chronically nitrate-loaded riparian buffer zones. *Journal of Environmental Quality*, 32: 1194-1203.

Hill AR. 1996. Nitrate removal in stream riparian zones. *Journal of Environmental Quality*, 25(4): 743-755.

Hilton RG, Galy A, Hovius N, et al. 2010. The isotopic composition of particulate organic carbon in mountain rivers of Taiwan. *Geochimica Et Cosmochimica Acta*, 74 (11): 3164-3181.

Hilton RG, Galy A, Hovius N, et al. 2011a. Efficient transport of fossil organic carbon to the ocean by steep mountain rivers: An orogenic carbon sequestration mechanism. *Geology*, 39 (1): 71-74.

Hilton RG, Meunier P, Hovius N, et al. 2011b. Landslide impact on organic carbon cycling in a temperate montane forest. *Earth Surface Processes and Landforms*, 36 (12): 1670-1679.

Hoffmann CC, Kjaergaard C, Uusi-Kämppä J, et al. 2009. Phosphorus retention in riparian buffers: Review of their efficiency. *Journal of Environmental Quality*, 38: 1942-1955.

Högberg P. 1997. Tansley review No. 95 ^{15}N natural abundance in soil-plant systems. *New Phytologist*, 137: 179-203.

Holden J. 2005. Peatland hydrology and carbon release: Why small-scale process matters? *Philosophical Transactions of the Royal Society A-Mathematical Physical and Engineering Sciences*, 363: 2891-2913.

Houlton BZ, Wang YP, Vitousek PM, et al. 2008. A unifying framework for dinitrogen fixation in the terrestrial biosphere. *Nature*, 454: 327-330.

Howarth RW, Billen G, Swaney D, et al. 1996. Regional nitrogen budgets and riverine N and P fluxes of the drainages to the North Atlantic Ocean: Natural and human influences. *Biogeochemistry*, 35: 2235-2240.

Howarth RW, Marino R. 2006. Nitrogen as the limiting nutrient for eutrophication in coastal marine ecosystems: Evolving views over three decades. *Limnology and Oceanography*, 51: 364-376.

Howarth RW, Swaney DP, Boyer EW, et al. 2006. The influence of climate on average nitrogen export from large watersheds in the Northeastern United States. *Biogeochemistry*, 79(1-2): 163-186.

Hutsch BW. 1996. Methane oxidation in soils of two long-term fertilization experiments in Germany. *Soil Biology and Biochemistry*, 28(6): 773-782.

Ingebritsen S, Sanford W, Neuzil C. 2006. *Groundwater in Geologic Processes*, 2nd edn. Cambridge: Cambridge Univeristy Press.

Invers O, Kraemer GP, Pérez M, et al. 2004. Effects of nitrogen addition on nitrogen metabolism and carbon reserves in the temperate seagrass *Posidonia oceanica*. *Journal of Experimental Marine Biology and Ecology*, 303(1): 97-114.

Invers O, Pérez M, Romero J. 2002. Seasonal nitrogen speciation in temperate seagrass *Posidonia oceanica* (L.) Delile. *Journal of Experimental Marine Biology and Ecology*, 273 (2): 219-240.

IPCC. 2001. Climate Change 2001: *The Science Basis*. Chapter 4. *Atmosphere Chemistry and Greenhouse Gases*. Cambridge: Cambridge University Press.

Jarvie HP, Jickells TD, Skeffington RA, et al. 2012. Climate change and coupling of macronutrient cycles along the atmospheric, terrestrial, freshwater and estuarine continuum. *Science of the Total Environment*, 434 (18): 252-258.

Jickells TD. 1998. Nutrient biogeochemistry of the coastal zone. *Science*, 281: 217-222.

Johnsson H, Bergstrom L, Jansson PE, et al. 1987. Simulated nitrogen dynamics and losses in a layered agricultural soil. *Agriculture, Ecosystems and Environment*, 18(4): 333-356.

Jones JP, Sudicky EA, McLaren RG. 2008. Application of a fully-integrated surface subsurface flow model at the watershed-scale: A case study. *Water Resources Research*, 44: W03407.

Jordan P, Melland AR, Mellander P-E, et al. 2012. The seasonality of phosphorus transfers from land to water: Implications for trophic impacts and policy evaluation. *Science of the Total Environment*, 434: 101-109.

Kalbitz K, Solinger S, Park JH, et al. 2000. Controls on the dynamics of dissolved organic matter in soils: A review. *Soil Science*, 165: 277-304.

Kao SJ, Hilton RG, Selvaraj K, et al. 2014. Preservation of terrestrial organic carbon in marine sediments offshore Taiwan: Mountain building and atmospheric carbon dioxide sequestration. *Earth System Dynamics*, 2(1): 127-139.

Katul G, Porporato A, Oren R. 2007. Stochastic dynamics of plant-water interactions. *Annual Review of Ecology Evolution and Systematics*, 38: 767-791.

Kiehl JT, Trenberth KE. 1997. Earth's annual global mean

energy budget. *Bulletin American Meteorological Society*, 78: 197-208.

King GM, Schnell S. 1994a. Ammonium and nitrite inhibition of methane oxidation by *Methylobacter albus* BG8 and *Methylosinus trichosporium* OB3b at low methane concentrations. *Applied and Environmental Microbiology*, 60(10): 3508-3513.

King GM, Schnell S. 1994b. Effect of increasing atmospheric methane concentration on ammonium inhibition of soil methane consumption. *Nature*, 370(6487): 282-284.

Kitzler B, Zechmeisterboltenstern S, Holtermann C, et al. 2005. Nitrogen oxides emission from two beech forests subjected to different nitrogen loads. *Biogeosciences*, 3: 293-310.

Kleijn D, Bekker RM, Bobbink R, et al. 2008. In search for key biogeochemical factors affecting plant species persistence in heathlands and acidic grasslands: A comparison of common and rare species. *Journal of Applied Ecology*, 45: 680-687.

Komada T, Druffel ERM, Trumbore SE. 2004. Ocanic export of relict organic carbonby small mountainous rivers. *Geophysical Research Letters*, 31: 1-4.

Kong F, Ronghua MA, Gao J, et al. 2009. The theory and practice of prevention, forecast and warning on cyanobacteria bloom in Lake Taihu. *Journal of Lake Sciences*, 21 (3): 314-328.

Krinner G, Viovy N, de Noblet-Ducoudre N, et al. 2005. A dynamic global vegetation model for studies of the coupled atmosphere-biosphere system. *Global Biogeochemical Cycles*, 19: GB1015.

Krysanova V, Mueller-Wohlfeil DI, Becker A. 1998. Development and test of a spatially distributed hydrological/water quality model for mesoscale watersheds. *Ecological Modelling*, 106: 261-289.

Kumar R, Ambasht RS, Srivastava A, et al. 1997. Reduction of nitrogen losses through erosion by *Leonotis nepetaefolia*, and *Sidaacuta*, in simulated rain intensities. *Ecological Engineering*, 8(3): 233-239.

Kurz WA, Apps MJ, Beukema SJ, et al. 1995. 20th century carbon budget of Canadian forests. *Tellus Series B-Chemical and Physical Meteorology*, 47(1-2): 170-177.

Larssen T, Duan L, Mulder J. 2011. Deposition and leaching of sulfur, nitrogen and calcium in four forested catchments in China: Implications for acidification. *Environmental Science and Technology*, 45(4): 1192-1198.

Li C, Frolking S, Frolking TA. 1992a. A model of nitrous oxide evolution from soil driven by rainfall events: 1. Model structure and sensitivity. *Journal of Geophysical Research*, 97 (D9): 9759-9776.

Li C, Frolking S, Frolking TA. 1992b. A model of nitrous oxide evolution from soil driven by rainfall events: 2. Model application. *Journal of Geophysical Research*, 97: 9777-9783.

Likens GE, Bormann FH. 1974. Linkages between terrestrial and aquatic ecosystems. *Bioscience*, 24: 447-456.

Lindström G, Pers CP, Rosberg R, et al. 2010. Development and test of the HYPE (hydrological predictions for the environment) model—a water quality model for different spatial scales. *Hydrology Research*, 41(3-4): 295-319.

Liu XJ, Duan L, Mo JM, et al. 2011. Nitrogen deposition and its ecological impact in China: An overview. *Environmental Pollution*, 159: 2251-2264.

Lohse KA, Brooks PD, McIntosh JC, et al. 2009. Interactions between biogeochemistry and hydrologic systems. *Annual Review of Environment and Resources*, 34: 65-96.

Loos S, Middelkoop H, van der Perk M, et al. 2009. Large scale nutrient modelling using globally available datasets: A test for the rhine basin. *Journal of Hydrology*, 369: 403-415.

Lowrance R, Leonard R, Sheridan J. 1985. Managing riparian ecosystems to control nonpoint pollution. *Journal of Soil and Water Conservation*, 40(1): 87-91.

Ludwig W, Probst JL, Kempe S. 1996. Predicting the oceanic input of organic carbon by continental erosion. *Global Biogeochemical Cycles*, 10(1): 23-41.

Luo YQ, Hui DF, Zhang DQ. 2006. Elevated CO_2 stimulates net accumulations of carbon and nitrogen in land ecosystems: A meta-analysis. *Ecology*, 87: 53-63.

Ma LSh. 1992. Nitrogen pollution from agricultural non-point sources and its control in water system of Taihu Lake. *Chinese Journal of Applied Ecology*, 3(4): 346-354.

Mackenzie FT, Lerman A, Andersson AJ. 2004. Past and present of sediment and carbon biogeochemical cycling models. *Biogeosciences*, 1: 11-32.

Magill AH, Aber JD, Berntson GM, et al. 2000. Long-term nitrogen additions and nitrogen saturation in two temperate forests. *Ecosystems*, 3(3): 238-253.

Manzoni S, Jackson RB, Trofymow JA, et al. 2008. The global stoichiometry of litter nitrogen mineralization. *Science*, 321: 684-686.

Manzoni S, Katul GG, Porporato A. 2009. Analysis of soil carbon transit times and age distributions using network theories. *Journal of Geophysical Research-Biogeosciences*, 114: G04025.

Manzoni S, Porporato A. 2009. Soil carbon and nitrogen mineralization: Theory and models across scales. *Soil Biology and Biochemistry*, 41: 1355-1379.

Manzoni S, Porporato A. 2011. Common hydrologic and biogeochemical control along the soil-stream continuum. *Hydrological Processes*, 25: 1355-1360.

Manzoni S, Trofymow JA, Jackson RB, et al. 2010. Stoichiometric controls dynamics on carbon, nitrogen, and phosphorus in decomposing litter. *Ecological Monographs*, 80: 89-106.

Marotta H, Duarte CM, Guimaraes-Souza BA, et al. 2012. Synergistic control of CO_2 emissions by fish and nutrients in a humic tropical lake. *Oecologia*, 168 (3): 839-847.

Matheson F, Nguyen M, Cooper A, et al. 2002. Fate of ^{15}N-nitrate in unplanted, planted and harvested riparian wetland soil microcosms. *Ecological Engineering*, 19(4): 249-264.

Matson AA, McDowll WH, Townsend AR, et al. 1999. The globalization of N deposition: Ecosystem consequences in tropical environments. *Biogeochemistry*, 46: 67-83.

Maxwell RM. 2010. Coupled surface-subsurface modeling across a range of temporal and spatial scales. *Vadose Zone Journal*, 8 (4):823-824.

Mayorga E, Seitzinger SP, Harrison JA, et al. 2010. Global nutrient export from watersheds 2 (news 2): Model development and implementation. *Environmental Modelling and Software*, 25: 837-853.

McDonnell JJ, McGuire K, Aggarwal P, et al. 2010. How old is streamwater? Open questions in catchment transit time conceptualization, modelling and analysis. *Hydrological Processes*, 24: 1745-1754.

McLauchlan KK, Williams JJ, Craine JM, et al. 2013. Changes in globalnitrogen cycling during the Holocene epoch. *Nature*, 495: 352-355.

McLeod AR, Holland MR, Shaw PJA, et al. 1990. Enhancement of nitrogen deposition to forest trees exposed to SO_2. *Nature*, 347: 277-279.

Mcleod E, Chmura GL, Bouillon S, et al. 2011. A blueprint for blue carbon: Towards an improved understanding of the role of vegetated coastal habitats in sequestering CO_2. *Frontiers in Ecology and the Environment*, 9 (10): 552-560.

Means JE, Macmillan PC, Cromack K. 1992. Biomass and nutrient content of Douglas-fir logs and other detrital pools in an old-growth forest, Oregon, USA. *Canadian Journal of Forest Research - Revue Canadienne De Recherche Forestiere*, 22: 1536-1546.

Melillo JM, Mcguire AD, Kicklighter DW, et al. 1993. Global climate change and terrestrial net primary production. *Nature*, 363: 234-240.

Meybeck M. 1982. Carbon, nitrogen, and phosphorus transport by World rivers. *American Journal of Science*, 282: 401-450.

Miao CY, Ni JR, Borthwick AGL, et al. 2010. Recent changes in water discharge and sediment load of the Yellow River basin, China. *Progress in Physical Geography*, 34 (4): 541-561.

Miao CY, Ni JR, Borthwick AGL, et al. 2011. A preliminary estimate of human and natural contributions to the changes in water discharge and sediment loadin the Yellow River. *Global Planetary Change*, 76 (3-4): 196-205.

Milly PCM, Schmakin AB. 2002. Global modeling of land water and energy balances. Part I: The land dynamics (LAD) model. *Journal of Hydrometeorology*, 3: 283-299.

Moog DB, Whiting PJ. 2002. Climatic and agricultural factors in nutrient exports from two watersheds in Ohio. *Journal of Environmental Quality*, 31(1): 72-83.

Moss B. 2012. Cogs in the endless machine: Lakes, climate change and nutrient cycles: A review. *Science of the Total Environment*, 434: 130-142.

Nakji T, Fukami M, Dokiya Y, et al. 2001. Effects of high nitrogen load on growth, photosynthesis and nutrient status of *Cryptomeria japonica* and *Pinus densiflora* seedlings. *Trees*, 15 (8): 453-461.

Neal C, Reynolds B, Rowland P, et al. 2012. High-frequency water quality time series in precipitation and streamflow: From fragmentary signals to scientific challenge. *Science of the Total Environment*, 434: 3-12.

Neff JC, Holland EA, Dentener FJ, et al. 2002. The origin, composition and rates of organic nitrogen deposition: A missing piece of the nitrogen cycle. *Biogeochemistry*, 57-58 (1): 99-136.

Newbold JD, Elwood JW, Oneill RV, et al. 1981. Measuring nutrient spiralling in streams. *Canadian Journal of Fisheries and Aquatic Sciences*, 38: 860-863.

Nielsen E, Richardson K. 1996. Can changes in the fisheries yield in the Kattegat (1950—1992) be linked to changes in primary production? *Ices Journal of Marine Science*, 53: 988-994.

Norby RJ, Warren JM, Iversen CM, et al. 2010. CO_2 enhancement of forest productivity constrained by limited nitrogen availability. *Proceedings of the National Academy of Sciences of the United States of America*, 107: 19368-19373.

Noy-Meir I. 1973. Desert ecosystems: Environment and producers. *Annual Review of Ecology and Systematics*, 4: 25-51.

Officer CB, Ryther JH. 1980. The possible importance of silicon in marine eutrophication. *Marine Ecology Progress Series*, 3: 83-91.

Oki T, Agata Y, Kanae S, et al. 2001. Global assessment of current water resources using total runoff integrating pathways. *International Association of Scientific Hydrology Bulletin*, 46: 983-995.

Park SS, Uchrin CG. 1997. A stoichiometric model for water

quality interactions in macrophyte dominated water bodies. *Ecological Modelling*, 96: 165-174.

Pearson J, Stewart GR. 1993. The deposition of atmospheric ammonia and its effects on plants. *New Phytologist*, 125: 283-305.

Peierls BL, Caraco NF, Pace ML, et al. 1991. Human influence on river nitrogen. *Nature*, 350: 386-387.

Pilkington M, Caporn S, Carroll J, et al. 2005. Effects of increased deposition of atmospheric nitrogen on an upland Calluna moor: N and P transformations. *Environmental Pollution*, 135: 469-480.

Pohlert T, Breuer L, Huisman JA, et al. 2007. Integration of a detailed biogeochemical model into SWAT for improved nitrogen predictions—model development, sensitivity and uncertainty analysis. *Ecological Modelling*, 203 (s3 - 4): 215-228.

Quinton JN, Govers G, Van Oost K, et al. 2010. The impact of agricultural soil erosion on biogeochemical cycling. *Nature Geoscience*, 3: 311-314.

Raich JW, Schlesinger WH. 1992. The global carbon dioxide flux in soil respiration and its relationship to vegetation and climate. *Tellus Series B—chemical and Physical Meteorology*, 44(2): 81-99.

Ranalli AJ, Macalady DL. 2010. The importance of the riparian zone and in-stream processes in nitrate attenuation in undisturbed and agricultural watersheds: A review of the scientific literature. *Journal of Hydrology*, 389: 406-415.

Raven JA, Falkowski PG. 1999. Oceanic sinks for atmospheric CO_2. *Plant Cell and Environment*, 22(6): 741-755.

Raymond PA, Hartmann J, Lauerwald R, et al. 2013. Global carbon dioxide emissions from inland waters. *Nature*, 503 (7476): 355-359.

Reddy KR, Kadlec RH, Flaig E, et al. 1999. Phosphorus retention in streams and wetlands: A review. *Critical Reviews in Environmental Science and Technology*, 29: 83-146.

Redfield AC. 1958. The biological control of chemical factors in the environment. *Science Progress*, 11(11): 150-170.

Richardson CJ, Qian SS. 1999. Long-term phosphorus assimilative capacity in freshwater wetlands: A new paradigm for sustaining ecosystem structure and function. *Environmental Science and Technology*, 33: 1545-1551.

Rinaldo A, Marani A. 1987. Basin scale-model of solute transport. *Water Resources Research*, 23: 2107-2118.

Rinaldo A, Marani A, Bellin A. 1989. On mass response functions. *Water Resources Research*, 25: 1603-1617.

Rodriguez-Iturbe I, Porporato A. 2004. *Ecohydrology of Water-controlled Ecosystems. Soil Moisture and Plant Dynamics*. Cambridge: Cambridge University Press.

Rodriguez-Iturbe I, Rinaldo A. 1997. *Fractal River Basins. Chance and Self-organization*. Cambridge: Cambridge University Press.

Rowe EC, Emmett BA, Frogbrook ZL, et al. 2012. Nitrogen deposition and climate effects on soil nitrogen availability: Influences of habitat type and soil characteristics. *Science of the Total Environment*, 434: 62-70.

Runkel RL. 2007. Toward a transport-based analysis of nutrient spiraling and uptake in streams. *Limnology and Oceanography—Methods*, 5: 50-62.

Sarmiento JL. 2006. *Ocean Biogeochemical Dynamics*. Princeton: Princeton University Press.

Saunders TJ, McClain ME, Llerena CA. 2006. The biogeochemistry of dissolved nitrogen, phosphorus, and organic carbon along terrestrial-aquatic flowpaths of a montane headwater catchment in the Peruvian Amazon. *Hydrological Processes*, 20: 2549-2562.

Schimel J, Balser TC, Wallenstein M. 2007. Microbial stress-response physiology and its implications for ecosystem function. *Ecology*, 88: 1386-1394.

Schindler DW, Hecky RE, Findlay DL, et al. 2008. Eutrophication of lakes cannot be controlled by reducing nitrogen input: Results of a 37-year whole-ecosystem experiment. *Proceedings of the National Academy of Sciences of the United States of America*, 105(32): 11254-11258.

Schlünz B, Schneider RR. 2000. Transport of terrestrial organic carbon to the oceans by rivers: Re-estimating flux and burial rates. *International Journal of Earth Sciences*, 88 (4): 599-606.

Schultz P, Urban NR. 2008. Effects of bacterial dynamics on organic matter decomposition and nutrient release from sediments: A modeling study. *Ecological Modelling*, 210: 1-14.

Schwinning S, Sala OE. 2004. Hierarchy of responses to resource pulses in and semi-arid ecosystems. *Oecologia*, 141: 211-220.

Seitzinger S, Harrison JA, Böhlke JK, et al. 2006. Denitrification across landscapes and waterscapes: A synthesis. *Ecological Applications*, 16(6): 2064-2090.

Seitzinger SP, Styles RV, Boyer EW, et al. 2002. Nitrogen retention in rivers: Model development and application to watersheds in the northeastern U. S. A. *Biogeochemistry*, 57/58 (1): 199-237.

Sferratore A, Billen G, Garnier J, et al. 2005. Modeling nutrient (N, P, Si) budget in the seine watershed: Application of the river strahler model using data from local to global scale.

Global Biogeochemical Cycles, 19: GB4S07.

Sharpley AN. 1980. The enrichment of soil phosphorus in runoff sediments. *Journal of Environmental Quality*, 9 (3): 521-526.

Sharpley AN, Williams JR. 1990. EPIC - erosion/productivity impact calculator: 1. Model documentation. *Technical Bulletin - United States Department of Agriculture*, 4 (4): 206-207.

Singh JS, Gupta SR. 1977. Plant decomposition and soil respiration in terrestrial ecosystems. *Botanical Review*, 43 (4): 449-528.

Sitch S, Smith B, Prentice JC, et al. 2003. Evaluation of ecosystem dynamics, plant geography and terrestrial carbon cycling in the LPJ dynamic global vegetation model. *Global Change Biology*, 9: 161-185.

Skahill BE. 2004. Use of the hydrological simulation program - fortran (HSPF) model for watershed studies, System - wide Modeling, Assessment, Restoration and Technologies (SMART). US Army Engineer Research and Development Center (ERDC), 26.

Skeffington RA, Hill TJ. 2012. The effects of a changing pollution climate on throughfall deposition and cycling in a forested area in southern England. *Science of the Total Environment*, 434: 28-38.

Smith RA, Schwarz GE, Alexander RB. 1997. Regional interpretation of water-quality monitoring data. *Water Resources Research*, 33: 2781-2798.

Statham PJ. 2012. Nutrients in estuaries—an overview and the potential impacts of climate change. *Science of the Total Environment*, 434: 213-227.

Steckbauer A, Duarte CM, Carstensen J, et al. 2011. Ecosystem impacts of hypoxia: Thresholds of hypoxia and pathways to recovery. *Environmental Research Letters*, 6: 025003.

Stenberg M, Ulén B, Söderström M, et al. 2012. Tile drain losses of nitrogen and phosphorus from fields under integrated and organic crop rotations. A four-year study on a clay soil in southwest Sweden. *Science of the Total Environment*, 434: 79-89.

Sterner RW, Elser JJ. 2002. *Ecological Stoichiometry: The Biology of Elements from Molecules to the Biosphere*. Princeton: Princeton University Press.

Steudler PA. 1992. The Effects of natural and human disturbances on soil nitrogen dynamics and trace gas fluxes in a Puerto Rican wet forest. *Biotropica*, 23(4): 356-363.

Sun QH, Miao CY, Duan QY, et al. 2014. Would the "real" observed dataset stand up? A critical examination of eight observed gridded climate datasets for China. *Environmental Research Letters*, 9: 015001.

Syvitski JPM, Vörösmarty CJ, Kettner AJ, et al. 2005. Impact of humans on the flux of terrestrial sediment to the global coastal ocean. *Science*, 308: 376-380.

Tamm CO. 1992. *Nitrogen in Terrestrial Ecosystems: Questions of Productivity, Vegetational Changes, and Ecosystem Stability*. New York: Springer-Verlag.

Tappin AD, Maier G, Glegg GA, et al. 2012. A high resolution temporal study of phytoplankton bloom dynamics in the eutrophic Taw Estuary (SW England). *Science of the Total Environment*, 434: 228-239.

Tesoriero AJ, Duff JH, Wolock DM, et al. 2009. Identifying pathways and processes affecting nitrate and orthophosphate inputs to streams in agricultural watersheds. *Journal of Environmental Quality*, 38: 1892-1900.

Thornton PE, Doney SC, Lindsay K, et al. 2009. Carbon-nitrogen interactions regulate climate-carbon cycle feedbacks: Results from an atmosphere-ocean general circulation model. *Biogeosciences*, 6: 2099-2120.

Trimmer M, Grey J, Heppell CM, et al. 2012. River bed carbon and nitrogen cycling: State of play and some new directions. *Science of the Total Environment*, 434: 143-158.

Valett HM, Thomas SA, Mulholland PJ, et al. 2008. Endogenous and exogenous control of ecosystem function: N cycling in headwater streams. *Ecology*, 89: 3515-3527.

van Beek LPH, Wada Y, Bierkens MFP. 2011. Global monthly water stress: 1. Water balance and water availability. *Water Resources Research*, 47: W07517.

Vaquer-Sunyer R, Duarte CM. 2011. Temperature effects on oxygen thresholds for hypoxia in marine benthic organisms. *Global Change Biology*, 17(5): 1788-1797.

Venterea RT, Groffman PM, Verchot LV, et al. 2003. Nitrogen oxide gas emissions from temperate forest soils receiving long-term nitrogen inputs. *Global Change Biology*, 9 (3): 346-357.

Vico G, Porporato A. 2009. Probabilistic description of topographic slope and aspect. *Journal of Geophysical Research— Earth Surface*, 114: F01011.

Vink S, Ford PW, Bormans M, et al. 2007. Contrasting nutrient exports from a forested and an agricultural catchment in southeastern Australia. *Biogeochemistry*, 84: 247-264.

Vitousek PM, Porder S, Houlton BZ, et al. 2010. Terrestrial phosphorus limitation: Mechanisms, implications, and nitrogen-phosphorus interactions. *Ecological Applications*, 20: 5-15.

Wagener SM, Oswood MW, Schimel JP. 1998. Rivers and soils: Parallels in carbon and nutrient processing. *Bioscience*, 48:

104-108.

Walling DE, Owens PN, Carter J, et al. 2003. Storage of sediment-associated nutrients and contaminants in river channel and flood plain systems. *Applied Geochemistry*, 18: 195-220.

Watson A, Nedwell D. 1998. Methane production and emission from peat: The influence of anions (sulphate, nitrate) from acid rain. *Atmospheric Environment*, 32: 3239-3245.

Webster JR. 1975. *Analysis of Potassium and Calcium Dynamics in Stream Ecosystems on Three Southern Appalachian Watersheds of Contrasting Vegetation.* Athens: University of Georgia.

Webster JR, Benfield EF. 1986. Vascular plant breakdown in freshwater ecosystems. *Annual Review of Ecology and Systematics*, 17: 567-594.

Webster JR, Benfield EF, Ehrman TP, et al. 1999. What happens to allochthonous material that falls into streams? A synthesis of new and published information from coweeta. *Freshwater Biology*, 41: 687-705.

Webster JR, Newbold JD, Thomas SA, et al. 2009. Nutrient uptake and mineralization during leaf decay in streams—a model simulation. *International Review of Hydrobiology*, 94: 372-390.

Weintraub MN, Schimel JP. 2003. Interactions between carbon and nitrogen mineralization and soil organic matter chemistry in arctic tundra soils. *Ecosystems*, 6(2): 129-143.

Whalen SC, Reeburgh WS. 2000. Effect of nitrogen fertilization on atmospheric methane oxidation in boreal forest soils. *Chemosphere—Global Change Science*, 2(2): 151-155.

Whitehead PG, Wilson EJ, Butterfield D. 1998a. A semi-distributed integrated nitrogen model for multiple source assessment in catchments (INCA): Part ⅰ — model structure and process equations. *Science of the Total Environment*, 210-211: 547-558.

Whitehead PG, Wilson EJ, Butterfield D, et al. 1998b. A semi-distributed integrated flow and nitrogen model for multiple source assessment in catchments (INCA): Part ⅱ — application to large river basins in South Wales and Eastern England. *Science of the Total Environment*, 210-211: 559-583.

Widein-Nilsson E, Halldin S, Xu C. 2007. Global water-balance modelling with wasmod—M: Parameter estimation and regionalization. *Journal of Hydrology*, 340: 105-118.

Wollast R, Mackenzie FT, Zhou L. 1993. Interactions of C, N, P and S biogeochemical cycles and global change. *NatoAsi Series*, 4: 1-521.

Worrall F, Davies H, Burt T, et al. 2012. The flux of dissolved nitrogen from the UK—evaluating the role of soils and land use. *Science of the Total Environment*, 434: 90-100.

Xu FL, Tao S, Dawson RW, et al. 2001. Lake ecosystem health assessment: Indicators and methods. *Water Research*, 35: 3157-3167.

Yang DW, Herath S, Musiake K. 1998. Development of a geomorphology-based hydrological model for large catchments. *Journal of Hydraulic Engineering*, 42: 169-174.

Yue H, Wang M, Wang S, et al. 2015. The microbe-mediated mechanisms affecting topsoil carbon stock in Tibetan grasslands. *ISME Journal*, 9(9): 2012-2020.

Zhang YY, Shao QX, Ye AZ, et al. 2016. Integrated water system simulation by considering hydrological and biogeochemical processes: Model development, with parameter sensitivity and autocalibration. *Hydrology and Earth System Sciences*, 12(5): 4997-5053.

第8章

陆地生态系统碳、氮、水通量的空间变异规律及生物地理学机制

传统的生物地理学以研究生物群落及其组成成分在地球表层的分布特点和规律为主题,重点研究生物群落(及其物种)的形成、演变及其与环境条件的关系,致力于为地球生命系统的起源、分布、演变和生物多样性保护提供理论依据。在当今全球气候变化、生态系统退化、自然资源枯竭和环境污染加剧的背景下,还亟须开展关于生物、生物群落及生态系统结构机能,生态系统食物、能源、空气和水的供给功能,生态系统的资源再生、气候稳定和环境净化等服务功能的地理分布规律及其形成和演变机制的研究。这就需要在传统的生物地理学基础上,发展新的生物地理学或生态地理学理论和方法体系,研究生态系统的起源与分布、组分与群系、结构与机能以及过程与服务的地理分布规律及其形成机制等大尺度、宏系统的生态学问题。

陆地生态系统碳-氮-水耦合循环过程及其生物调控机制是生态系统与全球变化互馈关系研究的基本科学问题,也是全球变化生态学研究的前沿性领域。这是因为生态系统碳-氮-水耦合循环不仅是生物圈的生物地球化学循环的核心过程,决定着陆地生态系统的生命维持、物质生产、水源涵养、养分固持和环境净化等生态系统功能和服务,还是联系生物圈与大气圈、水圈、岩石圈及人类社会的纽带,影响着地球生命系统、气候系统、资源环境系统及人类社会系统的状态与变化。目前,人们对陆地生态系统碳-氮-水耦合循环过程地理格局及其生物、资源和环境的调控机制认识还十分有限,制约着对区域及全球尺度的碳收支、水分平衡、营养物质循环及生态系统功能的准确评估,成为生态系统与全球环境变化的预测和预估及调控管理的瓶颈。

本章基于传统的生物地理学知识,提出并阐述调控生态系统碳、氮、水循环过程空间变异的潜在生物地理生态学机制。从生物地理学的内涵和基本原理出发,概述气候、土壤、植被和微生物的空间地理规律,提出基于气候因子-植被群落-生态系统功能地理格局之间级联互作关系的新的生物地理学理论体系,进而通过生态系统碳、氮、水循环及其耦合关系的空间地理格局研究实例进行阐述和论证。这些关于生态系统碳、氮、水循环空间变异的生物地理学机制的科学认知,为理解生态系统内部物质循环的生态学过程、区域尺度生态系统和自然资源管理以及区域可持续发展研究提供了生态学理论基础。

本章执笔:于贵瑞,陈智,朱先进,郑涵,贾彦龙

8.1 引言

生物地理学(biogeography)是生物学与地理学的交叉学科,主要研究生物群落及其组成成分在地球表层的分布特点和规律,揭示生物群落的形成、演变及其与环境条件的关系(陈宜瑜和刘焕章,1995)。生物地理学诞生于 19 世纪早期,并得到迅速发展,从起初的描述生物地理学(discriptive biogeography)逐渐发展成为解释生物地理学(interpretive biogeography)。

古典的洪堡(A. Von Humboldt)的植物地理学理论、华莱士(A. R. Wallace)的动物地理学原理以及达尔文(C. R. Darwin)的关于物种形成和生物演化的理论共同奠定了生物地理学的理论基础。后来,随着地球板块构造学说(plate tectonics theory)和海底扩张假说(sea-floor spreading hypothesis)的兴起,魏格纳(A. L. Wegener)大陆漂移说(continental drift hypothesis)的复活,以及麦克阿瑟(R. A. MacArthur)和威尔逊(E. O. Wilson)岛屿生物地理学(island biogeography)的提出,再一次促进了生物地理学的快速发展。近代的特有性简约性分析(parsimony analysis of endemicity)、基于事件的分析方法(event-based method)、基于实验的生物地理学方法(experiment-based biogeography method)和基于地理信息系统的方法(GIS-based method)等技术的进步和普及应用,又为生物地理学发展提供了新的方法学基础(陈领和宋延龄,2005)。

生物地理学以研究生物群落在地球表层的分布规律为主题,其中自然界的环境条件、资源供给和植被群落的地理空间格局是生物地理学研究的重点。自然环境条件和资源供给水平的地理格局被认为是相对稳定的,而大气圈、土壤圈和水圈在不同的自然地理单元上相互作用,各种环境要素间相互影响。不同地理单元的植被群落及其物种组成则是在现实的自然环境条件和资源供给背景下,经过短期的生态响应与适应、干扰与恢复,以及长期的自然选择、系统发育、群落构建等生物和生态学过程,而呈现出不同时间和空间尺度的变化、演化和演替。上述变化不断地改变生物系统内在的能量和物质需求,打破已有的生物与环境之间的生态平衡关系,又不断地与自然环境达成新的平衡。

生物地理学的理论基础为我们认识大尺度陆地生态系统碳、氮、水循环及其耦合关系提供了先验的知识体系。植被群落及其物种组成是陆地生态系统中生物系统的核心组分。植被群落的地带性分布规律无疑是制约生态系统组分、结构、机能及其过程与演变地理分异的生物学理论基础。陆地生态系统的碳-氮-水耦合循环是生物与环境相互作用的生物物理或化学过程,是生物生长发育、群落构建与演变过程中的能量和物质需求与自然环境条件和资源供给水平协调平衡的结果。由此可以推论,大尺度的陆地生态系统碳、氮、水循环及其耦合关系的空间地理格局规律是由生物及群落分布、生物群落驱动下的生态系统结构与过程以及生物生长的资源要素需求及利用效率的内稳性所决定的碳、氮、水循环空间分异的地理学现象。在一个大尺度的地理空间上,这三者之间平衡关系的区域分异是导致生态系统碳、氮、水循环地理分布格局的生物地理生态学机制。

8.2 生物地理学的内涵及发展历史

8.2.1 生物地理学的内涵和研究内容

生物地理学是研究生物分布及其规律的科学。韦氏词典里更明确地指出:"生物地理学是研究动物和植物地理分布的科学。"由此可见,生物地理学是一门生物学和地理学的交叉学科,它的研究对象是地球表层的生物群落。

经典的生物地理学以研究生物群落及其组成成分在地球表层的分布特点和规律为主题,重点研究地球上生物群落的组成结构、时空变化和地域规律,生物种的分布区和生物区系的形成与演变以及生物群落与地理环境要素间的关系等。在当今全球气候变化、生态系统退化、自然资源枯竭和环境污染加剧的背景下,人们逐渐开始关注生物、生物群落及生态系统结构机能,生态系统食物、能源、空气和水的供给功能,生态系统的资源再生、气候稳定和环境净化等服务功能的地理分布规律及其形成和演变机制的研究,期望能够为生态系统组分、结构和过程的定向调控,自然资源合理利用,生物资源及生态系统的有效保护,人类与自然的和谐共生以及社会经济的可持续发展提供理论依据。

8.2.2 生物地理学的发展历史

生物地理学是一门既古老又年轻的学科。生物地理学的萌芽可追溯到远古时代，其发展可分为三个大的历史阶段，即古典期（1860年以前）、达尔文-华莱士期（1860—1960年）和现代期（1960年以来）（陈领和宋延龄，2005）。

古典期的生物地理学侧重对当时物种和生物区系的描述及记录。早在远古时代，先人们在生产活动中就注意到地球上不同种类的生物，并探讨它们与周围环境条件的关系（殷秀琴，2014）。例如，我国周代的《诗经》里就记载了100多种动物，并对植物的分布有了"山有枢，隰有榆……山有漆，隰有栗"等比较详细的描述。《尚书·禹贡》则描述了华夏大地各州的自然概况和生物的分布。在西方，哲学家亚里士多德（Aristotle）记载了520种动物，并将其划分为有血动物和无血动物两类。亚里士多德的学生提奥夫拉斯特（Theophrastus）则提出了植物分布的地理变化，并编著有《植物历史》等资料。但这些都是零星记载，没有形成系统性的科学概念。直到瑞典生物学家林奈（C. V. Linné）发表重要著作《自然系统》（1935年）和《植物属志》（1937年），生物种的记载才有了科学的基础，促进了后来动物地理学和植物地理学的发展。

动物学家齐麦尔曼（E. A. W. Zimmermann）最早开启了对动物地理学的研究，他将自己对哺乳动物分布的调研结果整理后，出版了《哺乳动物分布》（1777年）。随后，法布里丘斯（Fabricius）和提得曼（Tiedemann）分别对昆虫和鸟类分布进行了详细研究和记载，出版了《昆虫区系》（1778年）和《鸟类分布及决定其分布的自然环境》（1818年），成为动物地理学研究的早期科学资料，极大促进了动物地理学研究的发展。

德国地理学家洪堡是植物地理学的奠基人，最早提出了"植物地理学"的概念，他对植物地理分布的资料进行汇总，出版了《植物地理学知识》（1807年）一书，成为世界上第一部关于植物地理学的专著。随后，瑞士植物学家康多（A. D. Candolle）出版了《植物地理学》（1855年），他对当时的植物地理学知识进行了全面系统的总结。康多还首次提出了历史地理学和生态地理学的概念，这是区别于动物和植物地理学的关于生物地理学的又一个重要的分类体系，深远地影响了后期的生物地理学发展。

达尔文-华莱士期是达尔文的进化论和扩散学派占主导地位的时期。1859年，达尔文出版了《物种起源》，提出了进化论思想，自此将进化论的思想带进了生物地理学，开始用进化论的观点来揭示生物的地理分布及其成因。达尔文和华莱士等人一直主张以"大陆永恒"为基础的北方起源学说，即扩散学说。该学说根据北方大陆的多维性以及丰富的脊椎动物化石，认为南半球生物区系是生物起源于北方大陆而扩散的结果，物种在其起源中心形成，继而向周边扩散。在当时的陆地是固定不变的地质观念影响下，扩散学说一直被视为是正统的主流观点（陈宜瑜和刘焕章，1995）。

1960年以后，生物地理学进入了现代期。由于大陆漂移理论的复兴和板块构造理论的确立，人们对生物的演化和分布有了新的认识。过去基于大陆永恒概念的扩散理论已经不能成立。人们认识到地球上的生物是变化的，地球本身也是变化的，生物演化是和地球的演化同步进行的（陈领和宋延龄，2005）。泛生物地理学创建人克罗伊扎特（L. Croizat）提出离散假说，采用离散的观点来解释生物地理格局的形成过程。该学说认为，生物先形成了广泛的分布区，后来障碍的出现将分布区隔离开，生物在隔离的两边各自独立演化，形成差异。离散假说很好地解释了生物分布的地理分异问题，并与大陆漂移学说相互印证。这一时期，在生物地理学领域诞生了岛屿生物地理学理论。该理论于1967年由威尔逊和麦克阿瑟提出，用来探讨岛屿的大小与物种多样性的关系。岛屿生物地理学理论的提出极大地促进了生物地理学的发展。人们逐渐从生态学出发，研究生物区系的地理分布与环境要素及其变化的关系。

自20世纪末期开始，当代的全球气候变化、生态系统退化、自然资源枯竭和环境污染加剧等区域及全球资源环境问题日益严峻，正在快速地影响和改变全球的生物群落以及生态系统的地理分布，加速生物多样性的丧失以及生态系统功能的衰竭，使得当代的生物地理学研究成为生物学、地理学和地球系统科学交叉研究领域新的研究热点。与此同时，当代的分子生物学和个体的生理生态学测试技术、生态系统结构和功能的动态观测技术取得了突破性的进步，卫星和航空遥感技术迅速普及，大数据的采集、汇聚和分析技术和方法不断涌现，一个基于大科学数据和宏系统生态学理念，面向解决大尺度、重大科学问题的现代生物地理生态学（简称生态地理学）正在孕育和诞生，它将为人类应对全球环境变化、维持社会经济可持续发展提供新的科学认知及技术支撑。

8.3 气候、土壤和植被因子的地域分异规律

8.3.1 基本概念

8.3.1.1 地域分异规律

地域分异规律(rule of territorial differentiation)也称空间地理模式(spatial geographic pattern),是指自然地理环境整体及其组成要素在某个确定方向上保持特征的相对一致性,而在另一确定方向上表现出差异性,因而发生更替的规律。

影响地域分异的基本因素主要有两个:一是地球表面太阳辐射的纬度分带性,即纬度地带性因素,简称地带性因素;二是地球内能,这种分异因素称为非纬度地带性因素,简称非地带性因素。除两种基本因素外,还存在着两者共同作用下产生的派生性分异因素,以及使自然地域发生局部的中小尺度分异的局部地域分异因素。在这些因素的共同作用下,自然地理环境分化为多级镶嵌的物质系统,形成了多姿多彩的自然景观。

8.3.1.2 地带性

地带性分异规律最早由俄国著名地理学家道库恰耶夫(V. V. Dokuchaev)提出,他在《关于自然地带的学说》(1899年)和《土壤的自然地带》(1900年)两部著作中全面完整地论述了自然地带学说,科学地阐释了自然地理分异的地带性规律。地带性是指自然环境各要素在地表近于带状延伸分布、沿一定方向递变的规律性,主要包括纬度地带性、经度地带性和垂直地带性。

纬度地带性(latitude zonality)是太阳辐射因地球形状及其公转与自转运动而产生的自赤道向两极递减的规律,表现为地表自然带形成近于沿纬线东西延伸、南北更替的带状分布规律。由于太阳辐射能在地表分布不均,由低纬度向高纬度逐渐减少,在热量差异的基础上,不同的气候带内又有不同的生物和土壤分布,便形成了自然带沿纬向分布的规律。

经度地带性(longitude zonality)是在同一纬度带中,自然地理现象显示呈东西方向更替的规律性。这种自然带的分布大体上与经线平行,并伸展成条带状,因此称为经度地带性。经度地带性的产生受海陆分布和山脉的南北走向控制,由大气湿度、降水等因素所引起的自然地理特征方面表现的东西差最为明显。

垂直地带性(vertical zonality)指自然景观及其组成要素随海拔递变的规律性。在高山地区从山麓到山顶,温度、湿度和降水随着高度的增加而变化,形成了山地垂直气候带。生物、土壤等受气候影响也相应地有垂直分布的规律性。这种垂直地带分布的自然带称为山地垂直自然带。

8.3.2 气候要素的空间地理规律与气候带

8.3.2.1 气候系统与气候要素

气候系统(climate system)是由大气圈、水圈、冰冻圈、岩石圈(陆面)和生物圈组成的高度复杂的系统,决定着气候的形成、分布和变化。太阳辐射是气候系统的主要能源。在太阳辐射的作用下,气候系统内部产生一系列的复杂过程,各圈层通过物质交换和能量交换,紧密地联结成一个开放的、相互联系的系统(图8.1)。

图8.1 气候系统的构成

构成气候系统的五个组分以地心为中心。最外层是大气圈,在大气圈中,太阳辐射可以使大气成分发生光化学反应。水圈在地球的表层,生物圈包含在水圈和大气圈中,冰冻圈在地球表面的高纬度和高海拔的区域。气候系统的范围是从地壳上层到大气的

上界位置。其上是气候系统的上边界，其下以深部地壳作为边界。

气候系统的各圈层之间的相互作用不仅有物理的、化学的和生物的，还具有不同的时间和空间尺度。气候本身是复杂的自然地理现象之一，气候的地带性和非地带性的地区差异更表征出自然地理特性。

表征气候系统特征的三个主要要素是温（气温）、湿（降水）、压（地面气压），称为气候要素（climatic element）。但是，气候系统不局限于这三个要素，表征热量的气候要素包括温度、辐射量、生理辐射量等指标，表征水分的气候要素有降水量、蒸发量和最大可能蒸发量、干湿度等。

8.3.2.2 气候带

太阳辐射是气候系统的主要能源，地表接受太阳辐射的强度由太阳高度角决定。因地球形状及其公转与自转运动，太阳高度角随着纬度升高而递减，使得太阳辐射在地表分布不均匀，呈现自赤道向两极递减的规律。太阳辐射的分布规律影响温度、气压、降水和蒸发的分布，使得气候要素在纬向上呈现带状分布。根据气候要素的纬向分布特性将全球划分为不同的气候带（climatic zone），也称为气候区。在同一气候带内，各地的基本气候特征相似。

早在有气象要素的资料记载之前，人们已观察到气候有地域分布规律。古希腊人最早提出了气候带的概念，以南、北回归线和南、北极圈为界线，把全球气候划分为热带、南温带、北温带、南寒带、北寒带 5个气候带。随着气候观测资料的积累，人们开始基于气象要素的指标来科学划分气候带。1879 年，奥地利地理学家苏潘（A. G. Supan）在《地球的温度带》（1879 年）一文中首次定义了最暖月份的平均气温为10°C 的等温线，并以年平均温度 20°C 等温线和最暖月的 10°C 等温线为指标，把全球气候划分为 5 个气候带。20 世纪以来，气候分类和气候带划分的研究快速发展，形成了以气温、降水为基础的柯本气候分类系统、以景观为基础的贝尔格分类系统、以气团和环流为基础的阿里索夫分类系统、以净辐射为基础的特荣格分类系统以及以土壤水分平衡为基础的桑斯维特分类系统。

以使用较广泛的柯本气候分类系统（Koppen climate classification）为例，全球气候带被划分为五大类13 种气候类型（Kottek et al., 2006）。以最冷月温度、最热月温度和年降水量为指标，从赤道至极地将全球气候分为 5 个气候带，分别是热带多雨气候、干燥气候、温带气候、寒冷气候（或雪林气候）和冰雪气候。再根据季节雨量及干季的程度，最热和最冷月的平均温度、温度年较差和湿度进一步划分为热带湿润、热带湿润/干旱、热带/亚热带半干旱、热带/亚热带干旱、温带半干旱、温带干旱、地中海、亚热带湿润、温带海洋性、温带大陆性、北方或亚北极、冻原和极地冰盖气候类型。

我国地域辽阔，南北跨纬度广，各地接受太阳辐射热量不均，气候要素同样呈现明显的地理分异规律。1959 年，中国科学院自然区划工作委员会根据温度指标，把我国划分成 6 个气候带（即赤道带、热带、亚热带、暖温带、温带和寒温带）和 1 个高原气候区。《中华人民共和国气候图集》（1979 年）进一步将我国东部地区细分成南、中、北热带，南、中、北亚热带和南、中、北温带 9 个气候带。这些气候带划分充分反映了全球气候系统的地带性分布现象。

8.3.3 土壤性质的空间地理规律和地带性

全球的土壤性质空间分布具有与气候条件变化相适应的带状分布规律，这一规律被称为土壤地带性（soil zonality）。土壤地带性最早也是由道库恰耶夫提出的，并建立了土壤地带性学说。土壤地带性学说认为，土壤的成土过程，矿物的迁移和转化，有机质的分解、合成和累积以及物质淋溶和淀积等，均与气候和生物要素相互联系，并受其影响。因此土壤性质呈现出与气候带相适应的地带性现象。

土壤分布的地带性包括水平地带性与垂直地带性。受太阳辐射分布的影响，气候要素随纬度变化，土壤地带大致沿纬线方向延伸，呈现按纬度方向逐渐变化的规律。土壤地带还受到海陆分异的影响，因距海远近不同，气候的干湿状况不同，导致土壤地带大致沿经线方向延伸，由沿海向内陆变化。在水平地带性的基础上，山地土壤随海拔高度不同而变化，呈现土壤垂直带谱。

我国的土壤水平地带性分布规律明显，与纬度基本一致。在东部湿润和半湿润地区，表现为自南向北随着气温带而变化的规律，大体上热带为砖红壤，南亚热带为赤红壤，中亚热带为红壤和黄壤，北亚热带为黄棕壤和黄褐土，暖温带为棕壤和褐土，温带为暗棕壤，寒温带为漂灰土。在东北地区和东部沿海地区，从北至南森林土壤纬度地带性分布的规律是：棕色针叶林土（棕色泰加林土、漂灰土）—暗棕壤—棕壤—黄棕壤—红壤、黄壤—赤红壤—砖红壤。在北部干旱半干旱区域，表现为随着干燥度而变化的规律，自东向西土壤分布规律是：暗棕壤—黑土—灰黑土—黑钙土—栗钙土—灰钙土—灰漠土—灰棕漠土，其分布与经度基本一致。这种变化主要与该地距离海洋的远近有关。

8.3.4 植被属性的空间地理规律与生命带

植被是陆地生态系统的主体，是陆地景观中最显著和最具特色的组成部分，也是生态系统、气候与土壤亚系统相互联系的枢纽。自然的植被类型在地理位置上呈现变化规律，这一规律称为植被地带性（vegetation zonality）。在较大范围或洲际尺度上，气候是决定陆地植被地带性的最主要因素。由于纬度位置、距海距离和海拔高度的变化，热量和水分重新分配，气候在纬度、经度和垂直三个方面呈梯度变化，这种气候条件的地带性变化使得植物群落分布具有地带性。

与气候地带性相适应，植被在地理分布上表现出相应的三维空间分布规律性（图 8.2）。因气温的差异，从赤道向极地依次出现热带雨林、亚热带常绿阔叶林、温带落叶阔叶林、寒温带针叶林、寒带冻原和极地荒漠，称为植被分布的纬度地带性。从沿海到内陆，因水分条件的不同，植被类型在中纬度地区也出现了森林→草原→荒漠的更替，称为植被分布的经度地带性。从山麓到山顶，由于海拔的升高，出现大致与等高线平行并具有一定垂直幅度的植被带，其有规律地组合排列和顺序更选，表现出垂直地带性。

基于不同的气候指标，人们提出多种不同的植被分类系统对植被分布进行区划。这些分类系统大致可分为两大类，一是以现实植被类型与气候相关性为特征的气候-植被分类系统，例如：Holdridge 生命地带系统、Box 全球生物群区模型。二是以对植物生理活动具有明显限制作用的气候因子为指标的气候-植被分类系统，例如，Woodwoard 分类系统、Prentice 全球生物群区模型。

其中，Holdridge 生命地带系统是著名的气候-植被分类系统之一，被世界各国研究者广泛采用。该系统以简单的气候指标［年平均生物温度（mean annual biotemperature，MAB）、年均降水量（mean annual precipitation，MAP）和潜在蒸散比（potential evapotranspiration ratio）］来表示自然植被的性质与分布（Holdridge，1947；Thornthwaite，1948；Mather and Yoshioka，1968）。地球表面的植被类型及其分布基本上取决于三个因素：热量、降水与湿度，后者又取决于前两者。植物群落组合可以在上述三个气候变量的基础上予以限定，这种植物群落组合称为生命地带。根据 Holdridge 生命地带系统，全球植被沿着纬度和海拔的温度变化以及降水和潜在蒸散比的变化梯度呈现有规律的地带性分布（图 8.3）。

8.3.5 土壤微生物群落的空间地理规律

微生物是一种重要生物类群，是地球上生物多样性的重要组成部分。1913 年，荷兰细菌学家贝杰林克（M. W. Beijerinck）首次提到微生物可能无处不在；1934 年，他的同事巴斯-贝津（L. G. M. Bass-Becking）提出了"微生物可能无处不在，但环境会对它们进行选择"的论点，进而人们认识到了环境选择对微生物空间分布的重要性，开启了微生物生物地理学研究的大门（褚海燕等，2017）。20 世纪末期，随着分子生物学技术的发展，对微生物多样性的认知日益深入。越来越多的证据表明，土壤微生物群落结构和多样性具有一定的时空分布格局（Martiny et al.，2006；贺纪正和葛源，2008）。

土壤微生物的空间分布包括水平空间分布与垂直空间分布。土壤微生物的水平分布研究范围涵盖了从微观水平、局域水平到景观、国家和洲际水平等不同的空间尺度。土壤微生物的垂直分布可以指不同海拔梯度的微生物地理分布，但更多的是指土壤剖面中微生物的分布随深度的垂直变化。

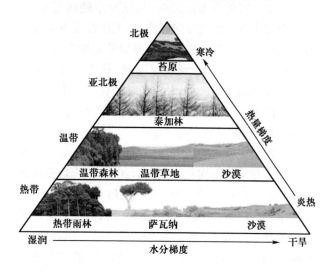

图 8.2 植被地带性分布图

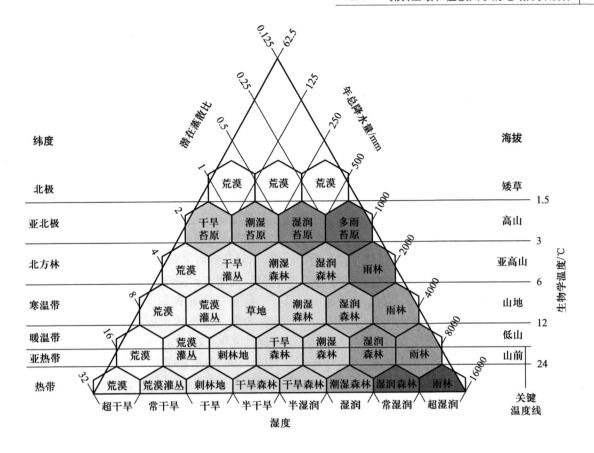

图 8.3 全球植被的 Holdridge 生命地带系统(改自 Holdridge,1947)

8.3.5.1 土壤微生物水平空间分布规律

在给定的某一特定区域范围内,土壤微生物的种群特征往往与土壤环境因素密切相关。土壤环境因素在空间分布不均匀,就会使土壤微生物不断进行调整,以适应不均匀环境,因而土壤微生物具有地理空间上的变异性(Ettema and Wardle,2002)。

关于大尺度土壤微生物的地理分布格局还存在广泛争议。传统的观点认为,土壤微生物呈现一种全球性的随机分布,因而不具有地理空间上的变异规律(O'Malley,2007)。随着分子生物学手段的发展,越来越多的数据表明,土壤微生物群落组成、个体丰度或多样性在大尺度地理空间上呈现某种规律性分布。土壤 pH 值、温度、土壤营养、植物和降水等被证明是影响微生物群落空间分布的主要因子(Fierer and Jackson, 2006;Garcia-Pichel et al., 2013;Liu et al., 2014;Zhou et al., 2016)。此外,历史进化因素(距离分隔、物理屏障、扩散限制和过去环境的异质性等)在微生物空间分布格局形成过程中也起着重要作用

(Cho and Tiedje,2000)。有研究认为,土壤微生物群落的空间分布格局是历史进化因素和当代环境因子共同作用的结果(Ge et al., 2008;Xiong et al., 2012)。例如,调查中国东部南北样带发现,土壤有机质的可利用性是影响土壤细菌群落结构变异和相互作用的最主要因子(Tian et al., 2018a,2018b)。

在较小的地理空间尺度研究发现,微生物分布具有根际效应以及团聚体微域效应等特点。根际效应是决定土壤微生物分布的重要因素,其主要是土壤的营养物质及其氧气供给作用所引起的,也是导致土壤微生物微域分布的一个典型例子。由于植物根系的细胞组织脱落物和根系分泌物为根际微生物提供了丰富的营养和能量,因此,根际的微生物数量和活性常高于根外土壤。根际效应的大小常用根际土和根外土中的微生物数量比值来表示,其大小一般在 5~50,大的可达 100。

8.3.5.2 微生物沿海拔梯度的垂直分布

海拔梯度是纬度梯度的缩影。利用海拔梯度上

的土壤微生物群落空间分布特征分析来认识气候格局对土壤微生物群落地理格局的影响被认为是一种有效的方法。大量的传统研究表明,动植物多样性沿海拔梯度呈现一定的分布规律,通常表现为递减或单峰的垂直分布模式(Lomolino,2001;McCain,2005)。近年来,关于土壤微生物沿海拔梯度的变化的研究也逐渐增多。Bryant 等(2008)研究了美国科罗拉多州附近落基山脉土壤微生物的垂直分布发现,土壤酸杆菌的多样性随海拔升高而降低,与同海拔梯度被子植物所呈现的单峰模式显著不同。但该研究只考察了酸杆菌,并不能代表整体细菌群落。Fierer 等(2011)利用 454 高通量测序技术研究发现,随海拔升高,秘鲁安第斯山脉植物、鸟类及蝙蝠的多样性显著降低,但土壤细菌多样性及群落组成与海拔没有显著相关性,据此得出“微生物不跟随动植物海拔分布而分布”的结论。Shen 等(2013)研究发现,长白山不同海拔下土壤细菌群落分异明显,细菌群落组成、多样性水平与土壤 pH 值最显著相关。另外,Shen 等(2014)还比较了长白山土壤微生物(包括细菌、真菌、原生物等)与植物群落随海拔分布的差异,植物多样性随海拔升高而不断降低,而土壤微生物多样性随海拔没有明显的变化趋势,这也阐明了生物个体大小对生物多样性垂直分布的重要影响。Yang 等(2016)研究了长白山岳桦叶内真菌随海拔的分布发现,叶内真菌群落亦随海拔呈现明显分异,叶内真菌多样性与叶片碳含量显著正相关,该结果证实了生态学上“物种-能量”假说的普适性。Yang 等(2014)利用 GeoChip 技术调查了青藏高原四个海拔梯度土壤微生物功能基因的分布发现,碳循环、氮循环以及与压力相关的功能基因的相对丰度在不同海拔间有明显差异。于健龙和石红霄(2011)在对青海玉树不同海拔高度草毡土微生物数量及影响因子的研究中也发现,随着海拔高度的增加,土壤微生物含量呈现先上升后下降的变化趋势,同样表现为明显的中峰优势。

8.3.5.3 土壤剖面的微生物群落垂直变异规律

微生物在土壤剖面的分布会表现出一定的垂直空间变异规律。作为生物地球化学循环的关键驱动力,微生物在土壤剖面上普遍存在且多种多样(Wu et al.,2016)。之前的大量研究显示,微生物数量会随着土层深度增加而降低(Agnelli et al.,2004;Sanaullah et al.,2016),而且微生物会在垂直的环境

变化中选择特定的生态位(Agnelli et al.,2004;Hansel et al.,2008;Eilers et al.,2012)。例如,Fierer 等(2003)研究发现,土壤下层(25~200 cm)的微生物量仅是表层(0~25 cm)的 1/3,而造成微生物量随土壤深度增加而降低的主要原因是微生物碳源的可利用性降低。Stone 等(2015)对波多黎各东北部卢基约关键带发源于两种不同土壤母质和两种森林类型 0~140 cm 深的土壤研究表明,氮循环功能(包括固氮、矿化、氨氧化和反硝化)微生物的绝对丰度都随着土层深度增加而显著降低,但是不同功能的氮循环微生物所占比例(即相对丰度)在不同土层是不同的。其中,固氮微生物主要集中在表层土壤,而矿化和反硝化微生物所占比例随着土层加深而增加。

研究表明,细菌的群落结构也随着土壤垂直梯度发生变化,其驱动因素是土壤 pH 值和土壤养分化学计量比的变化。对长白山和鼎湖山 0~80 cm 剖面的土壤氮循环功能微生物研究表明,氮循环功能微生物功能基因的绝对丰度在 0~10 cm 和 60~80 cm 土壤分别降低了 1.5~1.9 和 0.3~1.2 个数量级(Tang et al.,2018);同时研究还发现鼎湖山亚热带森林土壤氮循环功能基因的相对丰度主要受土壤总碳和总氮比值的影响;而长白山温带森林土壤中,速效磷和速效氮含量与氮循环功能基因相对含量的垂直分布显著相关。

8.4 气候因子-植被群落-生态系统功能地理分异的生物地理学机制

地球表层分布着不同气候条件下的地带性生态系统,或者不同干扰程度下不同演替阶段的生态系统。这种处于不同空间维度和时间维度的生态系统是自然环境的选择、生态系统适应和生物进化驱动下的生态系统演替和适应性进化的产物。

植被群落及其物种组成是生态系统的主体。植被群落的地带性分布规律无疑是制约生态系统组分、结构、机能、过程及演变地理分异的生物学理论基础。在气候和土壤因素地带性分布的调控下,植被群落的地理分布表现出与环境相适应的三维空间分布规律性。陆地生态系统的物质循环是生态系统的生物与环境相互作用的生物物理或化学过程,是生物的生长发育、群落构建与演变过程中的内在能量和物质需求与自然环境条件和资源供给水平协调平衡的结果。由

此可以推论,大尺度的陆地生态系统循环过程和服务功能的地理空间格局规律主要是由气候环境条件和资源供给限制下的生物及群落分布、生物群落驱动下的生态系统结构与过程以及生态系统的资源要素需求及利用效率的内稳性所决定的。在一个大尺度的地理空间上,这三者之间平衡关系的区域分异是导致生态系统结构和功能地理空间分异的生物地理学机制。

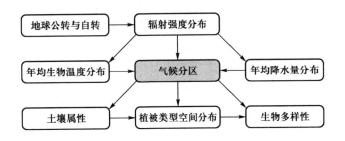

图8.4　环境条件和资源供给调控下的生物及群落分布

8.4.1　气候环境条件和资源供给限制下的生物及群落地理分布

气候是决定陆地生物种群类型及其分布的最主要因素,生物的分布则是地球气候最鲜明的反映和标志。生物与气候的关系是相互影响的,可以表现为植被对于气候的适应性和反馈作用。地带性植被类型反映出植物界对于主要气候类型的适应,每个气候类型或分区都有与其相适应的植被类型。另一方面,不同的植被类型通过影响植被与大气之间的物质和能量交换来影响气候,改变的气候又通过大气与植被之间的物质和能量的交换作用对植被生长产生影响,促进植被类型的变化。

基于气候指标对植被群落分布进行分类而建立的众多气候-植被分类系统充分反映了气候对植被分布的重要限制作用。早期,人们以植被类型与气候指标的相关性为特征,对全球植被分布进行划分。后期的气候-植被分类系统从植物生理出发,以对植被生物活动具有明显限制作用的气候因子(如积温、最低温、水分亏缺系数等)为指标来划分植被类型和分布(Woodward and Williams,1987;Stephenson,1990)。建立的生物地理模型也主要是基于植物的生态生理限制和资源限制来预测不同气候下的植物生活型或植被类型。这些理论体系的建立均源自对生物及群落分布主要受环境条件和资源供给调控的认知。

环境条件和资源供给调控下的生物及群落分布表现在太阳辐射因地球形状及其公转与自转运动,在地表分布不均,呈现自赤道向两极递减的规律。地球系统因热量的差异形成了不同的气候带。水分随着距离海洋的远近以及大气环流的变化而改变。热量和水分以及两者的结合导致了气候按照纬度、经度和海拔三个方面的环境梯度呈现地带性规律。与地带性气候因素相适应,土壤和植被在地理分布上表现出相应的三维空间分布规律性(图8.4)。

在气候和土壤因素的地带性影响下,生物群落如何分布取决于:①植被的原生质组成和抗寒能力;②植被的含水量和渗透压调节能力;③植被的生长和繁殖温度与水分的满足程度。以温度为例,在最低温度低于0℃的气候下,对低温敏感的常绿森林将不能存活。而在最低温度低于-15℃的气候下,将无法再找到常绿森林,取而代之的是落叶森林;在最低温度低于-50℃的气候下,森林植被均因为细胞原生质在低温下的冰结而死亡,主要被苔原植被所占据。

8.4.2　资源环境条件对生物群落构建及群落属性的塑造

生物群落是生态系统的核心组成部分,生态系统的结构和功能就取决于生物群落的组成及其内在交互过程。气候大环境条件和资源供给的限制作用在大尺度上划定了地带性的生物物种分布。这些大区域物种库中的物种需要经过多层的环境过滤(environmental filtering)和生物作用被选入小局域,再通过生物的自组织机制构建生物群落。生物群落的构建过程实际是环境对适宜物种的筛选过程,因此环境条件和生物间的相互作用可以被看作多个嵌套的筛子(sieve)。群落构建将区域物种库中的物种经过这些嵌套筛子过滤,只有那些具有特定性状并符合各环境筛选条件的特定物种才能进入小局域群落。

局域植物群落组成既取决于环境因素的作用(如气候、土壤和地形条件以及干扰),同时又受制于群落内生物间的相互作用。经局域环境筛选过的物种,理论上都能够适应小生境,并能在其中繁殖和更新。因此,这个过程导致功能性状相似的物种被筛入相同的生境(生态位)之中,使群落各物种的特征趋同。例如,在寒冷环境下,为避免低温的伤害,优势物种都表现出落叶现象。在干旱区,为了减少高温水分蒸散的损失,植被将减少地上叶面积,而增加地下根系的生长范围和深度。

资源环境要素的限制以及生物间的相互作用在

群落构建过程中塑造了不同的群落结构,每个群落结构具有不同的植被物种组成,表现出不同的植被属性,如种群密度、冠层盖度、叶面积和生长季长度等,这些植被属性直接影响着生态系统的结构和功能。

8.4.3 生态系统资源要素需求和利用效率的内稳性

每个生物都具有一定的内稳性(homeostasis),即在变化的环境中,生物体维持其自身元素和元素比例相对恒定的能力。在生态系统中,不同组分(库)的 C∶N∶P 值的内稳性决定了生态系统资源要素需求在一定意义上的保守性(conservation),在很大程度上控制了生态系统的生产力、物质和能量在食物链和食物网内的传递,影响生态系统的碳吸收、转化、分解和最终累积量,进而决定生态系统的碳、氮、磷循环及其耦合关系。

植物对氮需求的内稳性和氮利用效率的保守性在不同层面与碳循环发生着耦联关系。首先,在叶片水平,最大羧化速率所需反应酶的氮含量制约着光合作用碳吸收;其次,在土壤层面,由于微生物对有机质正常分解所需的 C∶N 值为 25∶1,氮的含量影响着有机质的分解,使得碳循环受限;最后,对于整个植物系统而言,植物在叶片、茎秆和根系之间按比例分配碳和氮,使碳、水和养分的获取达到一个平衡,当实际的 C∶N 值大于最适的 C∶N 值时,更多的碳将被分配给根系。

在生态系统水平,植物的水分利用效率与养分利用效率存在某种权衡关系(trade-off),即高水分利用效率常以低养分利用效率为代价,反之亦然。类似地,在冠层和更大尺度上,生态系统对碳、水循环具有同向驱动机制,碳、水通量对环境因子的响应也表现有很强的相似性,水分利用效率的保守性与碳固定有着直接的相关关系。

8.4.4 生态系统碳-氮-水耦合循环地理分异的生物地理学机制

大尺度的陆地生态系统碳、氮、水循环及其耦合关系的空间变异及地理格局规律的本质是由生物自身资源要素需求系数的内稳性、资源要素利用效率的保守性以及环境条件和资源供给限制下的生物及群落地理分布格局所决定的地理学现象(图 8.5)。

在生态系统内,生物有机体的碳、氮、磷等生源要素的化学计量关系有较强的内稳性,由此导致了生态系统光合作用物质生产和碳固定过程对氮和磷等生

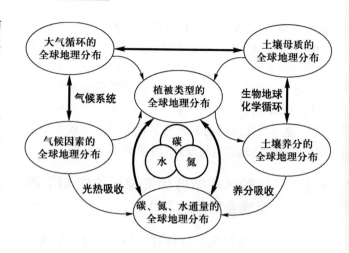

图 8.5 碳、氮、水通量空间格局耦合关系的生物地理学调控机制

源要素以及水分等资源要素的利用效率也具有相当程度的保守性,具体体现在不同类型植物或不同区域的典型生态系统生产单位质量的生物质(或固定单位质量的碳)的水分需求系数、氮和磷等营养元素的需求系数、水分利用效率和氮利用效率等相对稳定。

这种生物机体的生源要素化学计量关系的内稳性以及资源要素利用效率的保守性约束了每一个典型生态系统碳-氮-水耦合循环的动态过程及其互作关系。区域尺度的生态系统则是由不同气候条件下不同类型的地带性生态系统或者不同干扰程度和方式下不同演替阶段生态系统所构成的,具有一定的环境梯度、不同干扰系列以及地理空间分布特征。最终,在气候环境条件和资源供给的限制下,生态系统的碳-氮-水耦合循环表现出与生态系统气候地带性和动态演替系列相对应的系谱特征。

8.5 陆地生态系统碳通量空间变异及生物地理学调控机制

8.5.1 生态系统碳通量的地理变异规律

陆地生态系统碳通量在空间格局上具有随着经纬度变化的特点。在纬度上,Valentini 等(2000)最早对欧洲森林生态系统的研究指出,欧洲森林生态系统总初级生产力(GPP)不存在纬向变化规律,但是生态系统呼吸(ecosystem respiration, RE)随着纬度升高而

升高,从而导致净生态系统生产力(NEP)随纬度升高而降低。在全球森林生态系统的空间格局分析中,Luyssaert等(2007)和王兴昌等(2008)发现,GPP和RE均呈现出随着纬度的升高而显著下降的趋势。Beer等(2010)的研究也表明,全球陆地生态系统GPP在空间上具有随纬度升高而降低的趋势。其中,热带森林具有最高的单位面积GPP,占全球总GPP的34%。RE表现出与GPP相一致的空间变化规律,在全球格局上随着纬度升高而降低(Jung et al., 2011)。

GPP和RE的纬度格局决定了NEP的纬度变化特征,但是不同区域NEP的纬度变异规律不尽相同。分析我国区域不同类型生态系统碳通量空间分布发现,我国区域陆地生态系统的GPP、RE和NEP都表现出明显的纬向地带性分布规律,并且这种规律并不会因植被类型的差异而改变(Yu et al., 2013)。总体的变化规律是GPP、RE和NEP都随着纬度升高而线性降低,但不同碳通量组分随着纬度变化而降低的速率有所不同。GPP随纬度升高而降低的速率高于RE的降低速率,导致NEP也随纬度的升高而降低。对全球森林生态系统的研究表明,GPP和RE随纬度升高而降低的速率差异较小,使得NEP在纬向上的变化不显著(Luyssaert et al., 2007;王兴昌等, 2008)。其次,受到生态系统类型和气候环境因子的影响,NEP在同一纬度上存在较大变异,也使得其纬度规律不显著(Law et al., 2002;Stoy et al., 2008;Yuan et al., 2009)。

在经向上,生态系统碳通量的空间变异不显著。仅在北方林带生态系统里,GPP表现出明显的经向梯度变异。Beer等(2010)发现,在大陆性气候的影响下,欧亚大陆的北方林带生态系统GPP从西向东逐渐降低。Yu等(2013)发现,由于我国区域气候特征值经向地带分布的复杂性,陆地生态系统的GPP、RE和NEP经向空间分布规律也变得十分复杂。总体上来看,受年总降水量自东南向西北逐渐减少的影响,GPP、RE和NEP也逐渐降低。但在西部地区,由于青藏高原的影响,相同经度条件下的西南地区和西北地区的碳通量空间分布具有明显的差异,因而弱化了我国区域碳通量空间分布的经度地带性特征。

8.5.2 碳通量空间格局的生物地理学调控机制

气候因子决定一个生态系统的热量和水分条件,影响生态系统的生产力和呼吸。大量研究表明,气候

因子(年均温度和年总降水量)的空间格局是我国、亚洲乃至北半球陆地生态系统GPP和RE空间变异的主要决定因子(Hirata et al., 2008;Law et al., 2002;Chen et al., 2013;Yu et al., 2013;Chen et al., 2015b)。温度影响植被光合作用酶活性以及潜在光合能力,并且直接调控着生长季长度(Hirata et al., 2008;Saigusa et al., 2008),从而决定生态系统生产力大小(Chapin et al., 2002)。温度也直接影响着生态系统的自养和异养呼吸速率(Hirata et al., 2008)。

气候的地理格局的调控作用首先体现在气象要素的地理格局决定植被类型的地理分布。不同的植被具有不同强度的抗寒和耐旱能力,因此气候条件的地理分布限定了植被类型的地理分布界限(Woodward and Williams, 1987;Prentice et al., 1992)。其次,不同的植被类型表现出不同的植被生理生态学特征(叶面积指数、叶片寿命、冠层密度等),从而直接影响着植被与大气间的碳交换(Prentice, 1990)。在空间格局上可见,处于温暖湿润区的常绿阔叶林具有高的叶面积及全年生长季,表现出高的生态系统生产力和呼吸强度;而处于寒冷和干旱气候区的落叶林通常叶面积较小,呈针叶状,并且具有落叶或休眠的特征(Chapin et al., 2011),生态系统生产力和呼吸强度较低(Dunn et al., 2007;Hirata et al., 2008)。

气候格局对碳交换通量的三个分量(GPP、RE、NEP)空间格局的调控作用还依赖于三个分量间的耦联关系。GPP、RE和NEP并不是独立存在的,而是高度关联的生态系统碳循环过程组分。在日变化、季节变化以及年际间变化的不同时间尺度上,RE的动态变化过程始终与GPP高度相关,两者呈现为一种强烈依赖的联动过程(Dunn et al., 2007;Migliavacca et al., 2011)。在空间格局上,生态系统GPP、RE和NEP也同样存在类似的耦联现象。Yu等(2013)的研究表明,在我国区域内,由复杂多样的森林、草地、湿地和农田生态系统构成的区域尺度陆地生态系统GPP、RE和NEP的空间格局存在着"耦联性的同向变化现象"。不仅GPP与RE呈现出高度的正相关关系,而且GPP与NEP也呈现出高度的正相关关系。碳通量在空间格局上的耦联关系在亚洲、欧洲、北美洲、南美洲、非洲和大洋洲区域,北半球、南半球乃至全球尺度也同样存在(Chen et al., 2015a)。Chen等(2015b)的研究表明,RE的空间格局与GPP空间格局呈现出显著的线性正相关关系。GPP空间格局决定了洲际尺度上65%~98%的RE空间变异和全球尺

度上90%的RE空间变异。

基于已有的研究结果,碳通量空间格局的生物地理学调控机制可以归纳为:①辐射、温度和降水的地理格局决定了植被类型的地理分布。②不同的植被类型表现出不同的植被生理生态学特征,如叶面积指数和生长季长度,这些特征参数的空间差异直接决定了植被GPP的基本空间格局。③在空间格局上,GPP和RE之间存在严格的同向共变性,GPP的空间变异决定了RE的空间格局,两者进而决定了NEP的空间格局。④其他因子也在一定程度上影响着生态系统碳通量的空间变异,主要体现在人为活动(如砍伐、施肥、收获和放牧等)对自然植被属性和演替进程的改变(Chen et al., 2015a)(图8.6)。

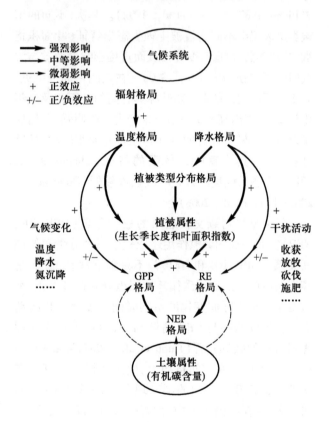

图8.6 生态系统碳通量空间格局的生物地理生态学调控机制(Chen et al., 2015a)

8.6 陆地生态系统水通量空间变异及生物地理学调控机制

8.6.1 生态系统水通量的地理变异规律

长期以来,限于生态系统实际蒸散量数据的稀缺

和观测站点的局限性,研究生态系统水分交换通量的空间格局主要是利用蒸散的相关模型及输入变量的空间化数据(Yuan et al., 2010; Jung et al., 2011; Mueller et al., 2011; Chen et al., 2014)。现有的全球蒸散产品包括基于遥感数据的产品(Zhang et al., 2010)、陆面模型输出产品(Fisher et al., 2008)、再分析产品(Mueller et al., 2011)、基于通量观测数据的经验性扩展产品(Jung et al., 2011)和基于水量平衡的产品(Zeng et al., 2014)等。虽然这些蒸散产品的时空分辨率和时间跨度不尽相同,但他们所描述的年实际蒸散(annual actual evapotranspiration, AET)的空间格局特征基本一致(Mueller et al., 2011)。在全球尺度,AET具有显著的空间变异特征,主要表现为纬向地带性分布规律:在低纬度地区AET最大,随着纬度升高而逐渐降低。而在经向上,AET的空间变异规律并不明显。

通过整合我国区域基于涡度相关技术获得的水分交换通量观测数据,Zheng等(2016)分析了我国陆地生态系统AET的空间变异规律。结果表明,AET具有明显的纬向地带性分布规律,AET呈现随着纬度升高而线性降低的变化趋势,且这种规律并不会因植被类型的差异而改变。AET的经向空间变异规律较为复杂,虽然AET随着经度的升高而降低,但这种变化趋势并不显著。

8.6.2 水分交换通量空间变异的机制

Zheng等(2016)对我国陆地生态系统AET空间变异的主要影响因素进行分析发现,年总净辐射(annual net radiation, R_n)、年均降水量(MAP)和年平均气温(mean annual temperature, MAT)是AET空间格局的主要决定因子,三者可以解释我国陆地生态系统AET空间格局约84%的变异。气候格局对AET空间格局的影响主要反映在水分供给和大气蒸发需求两个方面。水分供给的影响主要是通过有效供水量和大气干燥度来实现,而MAP和年均相对湿度可以分别反映这两个方面的数值大小,二者的空间格局与AET的空间变异呈正相关关系(Zheng et al., 2016)。同时,R_n和MAT则可反映大气蒸发需求的大小,二者的空间格局与AET的空间变异呈正相关关系。此外,气候格局对AET空间格局的影响也决定于水分供给和大气蒸发需求之间的平衡关系(Zheng et al., 2016)。

植被属性的空间变异是影响陆地生态系统AET

空间格局的重要因素。Zheng 等(2016)对 AET 空间格局的研究表明,不同植被类型生态系统的 AET 之间差异显著,而且在空间上 AET 随着年均叶面积指数(LAI)的升高表现为显著的对数函数增加趋势。有研究表明,LAI 的空间变异会影响 AET 不同组分的空间变异,例如,冠层截留蒸发的大小取决于 LAI(Jung et al., 2011),而土壤蒸发占 AET 的比例与 LAI 在空间上为负相关关系(Law et al., 2002)。因此,LAI 的空间格局对 AET 空间变异的影响主要是通过影响 AET 不同组分(即植被蒸腾、土壤蒸发和冠层截留蒸发)之间的比例来实现的。

事实上,植被格局对 AET 空间变异的影响是气候格局控制植被格局的结果。不同植被具有不同强度的抗寒、耐旱能力,因此气候条件的地理格局决定了植被类型的地理空间分布,而不同的植被类型表现出不同的植被属性特征(如 LAI),气候格局进而影响植被属性特征的空间变异。例如,降水量和气温的空间格局对 LAI 的空间格局就具有重要影响。因此,在空间格局上,处于热带湿润区的常绿阔叶林具有较高的 LAI,表征出高的 AET 值;而处于寒冷或干旱气候区的草地通常 LAI 较小,表征出较低的 AET 值。然而,AET 的空间格局与 LAI 的空间格局呈现为强烈的对数函数关系,而非线性关系,这取决于我国区域陆地生态系统的 LAI 和大气蒸发需求的地理格局(Zheng et al., 2016)。

总结以往的研究可推测出,气候和植被格局对陆地生态系统 AET 空间变异的影响机制为:①气候要素具有一定的地理分布特征,对 AET 空间格局的影响取决于大气蒸发需求和水分供给的空间格局(图8.7-P1)。大气蒸发需求的大小可通过太阳辐射、气温和潜在蒸散(potential evapotranspiration, PET)等要素进行衡量,水分供给则主要反映在降水量和相对湿度(relative humidity, Rh)的大小上。②辐射、温度和降水等气候要素的地理格局决定了植被类型及植被属性特征的地理分布特征(图8.7-P2),植被属性格局一方面可以影响植被蒸腾和系统蒸发(包括植被蒸腾、土壤蒸发和冠层截留蒸发)的相对大小,还可以作为蒸腾作用的主体影响植被蒸腾量的大小和空间格局(图8.7-P6)。③气候格局对土壤质地和土壤容重等土壤属性格局具有一定影响,土壤物理性质和降水量的地理分布特征使土壤供水能力表现出一定的空间格局(图8.7-P3)。土壤是陆地生态系统植物生长的基础和水肥来源,土壤属性格局对植被属性的空间

分布特征具有重要影响(图8.7-P4)。同时,土壤为植被蒸腾和土壤蒸发提供直接的水分来源,从而影响生态系统蒸腾和蒸发的大小和空间分布(图8.7-P5)。④陆地生态系统 AET 的空间格局取决于植被蒸腾和系统蒸发共同的地理格局(图8.7-P8)。气候格局可以影响植被蒸腾和系统蒸发的空间变异规律(图8.7-P7),植被属性和土壤属性格局通过影响植被蒸腾和系统蒸发的比例和空间格局(图8.7-P5 和图8.7-P6)来影响陆地生态系统 AET 的空间变异规律。在此基础上,气候、植被和土壤三者通过彼此在空间格局上的紧密耦联关系共同控制着陆地生态系统 AET 的空间格局。

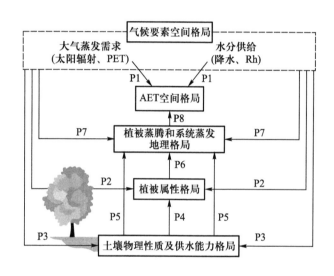

图 8.7　陆地生态系统水通量空间格局的形成机制理论图

8.7　陆地生态系统碳、氮、水通量空间耦联关系的变异及生物地理学调控机制

8.7.1　生态系统碳、水通量耦联关系的空间格局及机制

生态系统碳、水通量的耦联关系突出表现在水分利用效率(WUE)方面,而由于涉及不同的碳通量和水通量,水分利用效率呈现不同的表达形式(Steduto et al., 2007;胡中民等,2009)。其中,以总初级生产力(GPP)和蒸散发(ET)的比值为定义的水分利用效率既是其他定义下水分利用效率的基础(Steduto et al., 2007;胡中民等,2009),也是量化水资源对碳固

定的支撑能力、揭示生态系统与大气间反馈的重要参数（Heimann and Reichstein, 2008; Fyfe et al., 2013; Green et al., 2017）。因此, 生态系统碳、水通量耦联关系的空间格局呈现为 GPP : ET 定义下水分利用效率的空间分布。基于微气象学原理的涡度相关技术可以同时观测 GPP 和 ET, 为分析 GPP : ET 值的变异提供了数据支撑, 而联网化的涡度相关协同观测为 GPP : ET 值的空间格局及其形成机制研究奠定了扎实的基础（Baldocchi, 2014）。

基于涡度相关观测的碳水通量数据, 已有研究发现, 水分利用效率的空间格局受到多个环境因素的影响。例如在中国东部南北样带上, 随着年均气温和年总降水量的增加, 森林生态系统的水分利用效率呈现显著的降低趋势（Yu et al., 2008）; 而在我国草地样带上, LAI 是影响草地生态系统水分利用效率空间分布的主导因素（Hu et al., 2008）; 但全球通量网的数据表明, 辐射的增加也是引起水分利用效率在空间上降低的重要因素（Boese et al., 2017）; 此外, MODIS 的数据结果表明, 海拔升高也是改变水分利用效率空间分布的重要因素, 随着海拔升高, 水分利用效率呈现降低趋势。

在生物环境因素的共同作用下, 水分利用效率呈现显著的空间分布规律。基于我国区域 37 个生态系统的涡度相关观测数据表明, 我国陆地生态系统水分利用效率呈现明显的垂直地带性规律, 随着海拔的增加, 水分利用效率呈现显著的降低趋势。LAI 也是影响水分利用效率空间分布的重要因素, 随着 LAI 的增大, 水分利用效率呈现显著增加趋势。水分利用效率的空间格局是生物与地理因素共同决定的, 以 LAI 为代表的生物因素和以海拔为代表的地理因素共同解释了超过 70% 的水分利用效率的空间变异（Zhu et al., 2015）。以此为基础所得到的水分利用效率空间分布呈现东南高、西北低的整体趋势, 由此所引出的固碳耗水成本则呈现东南低、西北高的趋势, 使得我国宜林区域主要集中于 400 mm 降水线以东的区域（Gao et al., 2014）。

研究水分利用效率空间格局的生物地理学机制往往从 GPP 和 ET 对水分利用效率空间格局的影响来着手。现有研究表明, GPP 的空间格局是影响水分利用效率空间格局的主导组分, 水分利用效率的空间变异是由 GPP 的变化所决定的, 而 ET 对水分利用效率空间格局的影响相对较少（Hu et al., 2008; Zhu et al., 2015）。然而, GPP 和 ET 空间格局的形成机制本身是个十分复杂的问题, 寄希望于通过 GPP 和 ET 空间格局的形成机制来阐明水分利用效率空间格局的生物地理学机制还会面临较大的挑战。ET 是由蒸腾（T）和蒸发（E）两个部分所组成, 有学者将水分利用效率分解为两大组分, 即植物对水分利用的生理利用效率（即蒸腾耗水的利用效率, GPP : T）与植物对水分的利用率（即蒸腾消耗的水量在蒸散发中所占比例, T : ET）, 进而分析影响水分利用效率组分的因素, 阐明水分利用效率空间格局的形成机制。

鉴于 GPP 和 T 可以作为叶片瞬时光合作用和蒸腾作用在生态系统水平的近似值, 理论上来说, GPP : T 值可以近似等于冠层内外 CO_2 浓度差（DCO_2）与饱和水汽压差（VPD）的比值, 其中 DCO_2 是大气 CO_2 浓度与细胞内外 CO_2 浓度比的乘积, 分别受大气 CO_2 浓度、生态系统植物组成及 VPD 等环境因素的限制; VPD 则是区域气候所决定的参数。T : ET 值的空间变异反映了植被在调节水量平衡（即陆地-大气间相互关系）中的作用（Scott and Biederman, 2017; Lian et al., 2018）, 近年来得到普遍重视。多数研究表明, T : ET 值的空间变异是地表植被覆盖程度所决定的, 随着气候因素所决定的植被 LAI 的增加呈现显著的增大趋势（Hu et al., 2009; Zhu et al., 2015）。

水分利用效率空间变异的形成机制可以概括为图 8.8: ①气候因素决定了陆地生态系统的植被组成, 直接影响了冠层内外 CO_2 浓度比（$C_i : C_a$）的大小; ②冠层内外 CO_2 浓度比同时受到气候、地形和 VPD 的共同影响（Wang et al., 2017）; ③地形差异决定了大气 CO_2 浓度的空间变异（Zhu et al., 2016）, 与冠层内外 CO_2 浓度比共同决定了冠层内外 CO_2 浓度差; ④气候的差异导致 VPD 的空间分异; ⑤VPD 与冠层内外 CO_2 浓度比共同决定 GPP : T 值的空间分异;

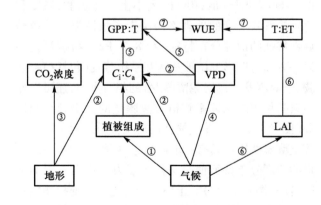

图 8.8　水分利用效率空间格局的形成机制

⑥气候的差异决定了植被 LAI 的大小,影响了 T：ET 值的空间变异(Hu et al.,2009;Zhu et al.,2015);⑦GPP：T值和 T：ET 值的空间变异共同决定了水分利用效率的空间分布(Hu et al.,2008)。

8.7.2 生态系统碳、氮通量耦联关系的空间格局及影响因素

氮利用效率(NUE)是表征生态系统碳循环与氮循环紧密耦合的指标,也是揭示氮沉降对区域陆地生态系统碳固持的贡献、评估区域和全球陆地生态系统氮促碳汇的大小以及碳-氮耦合循环对陆地生态系统碳平衡影响的关键指标。陆地生态系统中氮往往是植物生长的限制因子,NUE 高的植物具有更强的竞争能力和更高的碳储量(图 8.9)。

NUE 在不同的时空尺度上被赋予了不同的含义。叶片水平上的 NUE 是指最大光合速率与叶片氮浓度之比,表征的是植物瞬时氮利用效率或潜在光合氮利用效率(potential photosynthetic nitrogen use efficiency,PNUE)。在个体水平上,常用凋落物 C：N 值描述 NUE,它表示单位氮所固持的碳量,是氮的分配和利用影响碳获取效率的一个重要指标。在生态系统水平上,NUE 是指氮生产力与氮平均滞留时间的乘积,即单位时间内单位植物氮含量可以生成的干物质质量与氮在进入土壤再循环之前可用于碳固定的

时间的乘积。因研究对象和目的的不同,NUE 常用氮生产效率(nitrogen production efficiency,NPE,地上生物量：养分吸收量)、氮响应效率(nitrogen response efficiency,NRE,净初级生产力：土壤养分供应量)以及氮沉降的固碳效率(efficiency of nitrogen deposition sequestering carbon,NPP 的变化量：氮沉降量)来表示。

Zhu 等(2017)对中国东部南北样带 8 个森林生态系统不同尺度的 NUE 变异性的研究结果表明,我国森林生态系统的生态系统氮利用效率(NUE$_{eco}$)的变异范围为 9.56~27.73 kg C·(kg N)$^{-1}$,同模型等分析的结果[5~75 kg C·(kg N)$^{-1}$]是比较一致的(De Vries et al.,2006,2009,2014;Gu et al.,2015)。植被氮利用效率(NUE$_{plant}$)的变异范围为 12.56~47.11 kg C·(kg N)$^{-1}$,远大于土壤氮利用效率(NUE$_{soil}$)[1.53~8.22 kg C·(kg N)$^{-1}$]。

研究中国东部南北样带 8 个森林生态系统 NUE(包括 NUE$_{eco}$、NUE$_{plant}$ 和 NUE$_{soil}$)的纬度格局,结果表明,我国东部森林的 NUE$_{eco}$、NUE$_{plant}$ 和 NUE$_{soil}$ 都具有显著的纬向分布规律,即随着纬度的增加而增加(图 8.10)。通常来说,温带的北方森林一般受到氮限制,适量的外源氮输入有助于促进生态系统生产力,因此高纬度的温带森林具有更高的 NUE。在低纬度的亚热带地区,氮往往不是限制性因子,大量的外源性氮

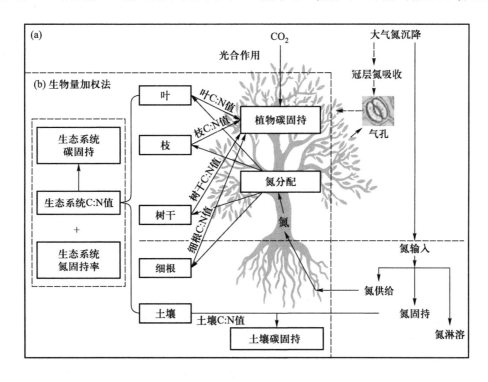

图 8.9　大气氮沉降输入的氮利用路径(Zhu et al.,2017)

输入并没有被生态系统的各个组分所固持,而更多的是通过淋溶或者转化成氮氧化物等温室气体进入大气中,因此亚热带地区具有更低的 NUE。高纬度温带森林更高的 NUE 表明,在未来氮沉降可能增加的情境下,其具有更大的固碳潜力。

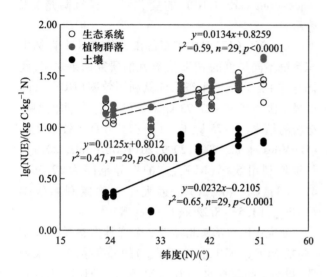

图 8.10　我国区域 NUE 的纬度分布格局(Zhu et al., 2017)

参考文献

陈领, 宋延龄. 2005. 生物地理学理论的发展. 动物学杂志, 40(4): 111-120.

陈宜瑜, 刘焕章. 1995. 生物地理学的新进展. 生物学通报, 30(6): 1-4.

褚海燕, 王艳芬, 时玉, 等. 2017. 土壤微生物生物地理学研究现状与发展态势. 中国科学院院刊, 6: 005.

贺纪正, 葛源. 2008. 土壤微生物生物地理学研究进展. 生态学报, (11): 5571-5582.

胡中民, 于贵瑞, 王秋凤, 等. 2009. 生态系统水分利用效率研究进展. 生态学报, 29(3): 1498-1507.

王兴昌, 王传宽, 于贵瑞. 2008. 基于全球涡度相关的森林碳交换的时空格局. 中国科学(D 辑), 38(9): 1092-1102.

殷秀琴. 2014. 生物地理学. 北京: 高等教育出版社, 1-374.

于健龙, 石红霄. 2011. 青海玉树不同海拔高度草毡土微生物数量及影响因子. 中国草地学报, 33(6): 46-50.

Agnelli A, Ascher J, Corti G, et al. 2004. Distribution of microbial communities in a forest soil profile investigated by microbial biomass, soil respiration and DGGE of total and extracellular DNA. *Soil Biology and Biochemistry*, 36 (5): 859-868.

Baldocchi D. 2014. Measuring fluxes of trace gases and energy between ecosystems and the atmosphere—the state and future of the eddy covariance method. *Global Change Biology*, 20 (12): 3600-3609.

Beer C, Reichstein M, Tomelleri E, et al. 2010. Terrestrial gross carbon dioxide uptake: Global distribution and covariation with climate. *Science*, 329(5993): 834-838.

Boese S, Jung M, Carvalhais N, et al. 2017. The importance of radiation for semiempirical water-use efficiency models. *Biogeosciences*, 14(12): 3015-3026.

Bryant JA, Lamanna C, Morlon H, et al. 2008. Microbes on mountainsides, Contrasting elevational patterns of bacterial and plant diversity. *Proceedings of the National Academy of Sciences*, 105 (S1): 11505-11511.

Chapin FS Ⅲ, Matson PA, Mooney HA. 2002. *Principles of Terrestrial Ecosystem Ecology*. New York: Springer-Verlag, 123-228.

Chapin FS Ⅲ, Matson PA, Vitousek PM. 2011. *Principles of Terrestrial Ecosystem Ecology*. New York: Springer-Verlag, 97-175.

Chen Z, Yu G, Ge J, et al. 2013. Temperature and precipitation control of the spatial variation of terrestrial ecosystem carbon exchange in the Asian region. *Agricultural and Forest Meteorology*, 182-183: 266-276.

Chen Z, Yu G, Ge J, et al. 2015a. Roles of climate, vegetation and soil in regulating the spatial variability in ecosystem carbon dioxide fluxes in the Northern Hemisphere. *PLoS One*, 10(4): e0125265.

Chen Z, Yu G, Zhu X, et al. 2015b. Covariation between gross primary production and ecosystem respiration across space and the underlying mechanisms: A global synthesis. *Agricultural and Forest Meteorology*, 203: 180-190.

Chen Y, Xia J, Liang S, et al. 2014. Comparison of satellite-based evapotranspiration models over terrestrial ecosystems in China. *Remote Sensing of Environment*, 140: 279-293.

Cho JC, Tiedje JM. 2000. Biogeography and degree of endemicity of fluorescent *Pseudomonas* strains in soil. *Applied and Environmental Microbiology*, 66: 5448-5456.

De Vries W, Du EZ, Butterbach-Bahl K. 2014. Short and long-term impacts of nitrogen deposition on carbon sequestration by forest ecosystems. *Current Opinion in Environmental Sustainability*, 9: 90-104.

De Vries W, Reinds GJ, Gundersen P, et al. 2006. The impact of nitrogen deposition on carbon sequestration in European forests and forest soils. *Global Change Biology*, 12: 1151-1173

De Vries W, Solberg S, Dobbertin M, et al. 2009. The impact of nitrogen deposition on carbon sequestration by European forests and heathlands. *Forest Ecology and Management*, 258 (8): 1814-1823.

Dunn AL, Barford CC, Wofsy SC, et al. 2007. A long-term record of carbon exchange in a boreal black spruce forest: Means, responses to interannual variability, and decadal trends. *Global Change Biology*, 13(3): 577-590.

Eilers KG, Debenport S, Anderson S, et al. 2012. Digging deeper to find unique microbial communities: The strong effect of depth on the structure of bacterial and archaeal communities in soil. *Soil Biology and Biochemistry*, 50:58-65.

Ettema CH, Wardle DA. 2002. Spatial soil ecology. *Trends in Ecology and Evolution*, 17(4): 177-183.

Fierer N, Jackson RB. 2006. The diversity and biogeography of soil bacterial communities. *Proceedings of the National Academy of Sciences*, 103: 626-631.

Fierer N, McCain CM, Meir P, et al. 2011. Microbes do not follow the elevational diversity patterns of plants and animals. *Ecology*, 92(4): 797-804.

Fierer N, Schimel JP, Holden PA. 2003. Variations in microbial community composition through two soil depth profiles. *Soil Biology and Biochemistry*, 35(1): 167-176.

Fisher JB, Tu KP, Baldocchi DD. 2008. Global estimates of the land-atmosphere water flux based on monthly AVHRR and ISLSCP-II data, validated at 16 FLUXNET sites. *Remote Sensing of Environment*, 112(3):901-919.

Fyfe JC, Cole JNS, Arora VK, et al. 2013. Biogeochemical carbon coupling influences global precipitation in geoengineering experiments. *Geophysical Research Letters*, 40(3): 651-655.

Gao Y, Zhu X, Yu G, et al. 2014. Water use efficiency threshold for terrestrial ecosystem carbon sequestration in China under afforestation. *Agricultural and Forest Meteorology*, 195-196(198):32-37.

Garcia-Pichel F, Loza V, Marusenko Y, et al. 2013. Temperature drives the continental-scale distribution of key microbes in topsoil communities. *Science*, 340(6140): 1574-1577.

Ge Y, He JZ, Zhu YG, et al. 2008. Differences in soil bacterial diversity: Driven by contemporary disturbances or historical contingencies? *ISME Journal*, 2(3): 254-264.

Green JK, Konings AG, Alemohammad SH, et al. 2017. Regionally strong feedbacks between the atmosphere and terrestrial biosphere. *Nature Geoscience*, 10(6): 410-414.

Gu F, Zhang Y, Huang M, et al. 2015. Nitrogen deposition and its effect on carbon storage in Chinese forests during 1981—2010. *Atmospheric Environment*, 123: 171-179.

Hansel CM, Fendorf S, Jardine PM, et al. 2008. Changes in bacterial and archaeal community structure and functional diversity along a geochemically variable soil profile. *Applied and Environmental Microbiology*, 74(5): 1620-1633.

Heimann M, Reichstein M. 2008. Terrestrial ecosystem carbon dynamics and climate feedbacks. *Nature*, 451 (7176): 289-292.

Hirata R, Saigusa N, Yamamoto S, et al. 2008. Spatial distribution of carbon balance in forest ecosystems across East Asia. *Agricultural and Forest Meteorology*, 148(5): 761-775.

Holdridge LR. 1947. Determination of world plant formations from simple climatic data. *Science*, 105: 367-368.

Hu ZM, Yu GR, Fu YL, et al. 2008. Effects of vegetation control on ecosystem water use efficiency within and among four grassland ecosystems in China. *Global Change Biology*, 14(7): 1609-1619.

Hu ZM, Yu GR, Zhou YL, et al. 2009. Partitioning of evapotranspiration and its controls in four grassland ecosystems: Application of a two-source model. *Agricultural and Forest Meteorology*, 149(9): 1410-1420.

Jung M, Reichstein M, Margolis HA, et al. 2011. Global patterns of land-atmosphere fluxes of carbon dioxide, latent heat, and sensible heat derived from eddy covariance, satellite, and meteorological observations. *Journal of Geophysical Research*, 116: G00J07.

Kottek M, Grieser J, Beck C, et al. 2006. World Map of the Köppen-Geiger climate classification updated. *Meteorologische Zeitschrift*, 15:259-263.

Law BE, Falge E, Gu L, et al. 2002. Environmental controls over carbon dioxide and water vapor exchange of terrestrial vegetation. *Agricultural and Forest Meteorology*, 113 (1): 97-120.

Lian X, Piao S, Huntingford C, et al. 2018. Partitioning global land evapotranspiration using CMIP5 models constrained by observations. *Nature Climate Change*, 8(7): 640-646.

Liu J, Sui Y, Yu Z, et al. 2014. High throughput sequencing analysis of biogeographical distribution of bacterial communities in the black soils of northeast China. *Soil Biology and Biochemistry*, 70:113-122.

Lomolino M. 2001. Elevation gradients of species-density: Historical and prospective views. *Global Ecology and Biogeography*, 10(1): 3-13.

Luyssaert S, Inglima I, Jung M, et al. 2007. CO$_2$ balance of boreal, temperate, and tropical forests derived from a global database. *Global Change Biology*, 13(12): 2509-2537.

Martiny JBH, Bohannan BJM, BrownJH, et al. 2006. Microbial biogeography: Putting microorganisms on the map. *Nature Reviews Microbiology*, 4(2): 102-112.

Mather JR, Yoshioka GA. 1968. The role of climate in the distribution of vegetation. *Annals of the Association of American*

Geographers, 58(1):29–41.

McCain CM. 2005. Elevational gradients in diversity of small mammals. *Ecology*, 86(2): 366–372.

Migliavacca M, Reichstein M, Richardson AD, et al. 2011. Semiempirical modeling of abiotic and biotic factors controlling ecosystem respiration across eddy covariance sites. *Global Change Biology*, 17(1): 390–409.

Mueller B, Seneviratne S, Jimenez C, et al. 2011. Evaluation of global observations – based evapotranspiration datasets and IPCC AR4 simulations. *Geophysical Research Letters*, 38(6): L06402.

O'Malley MA. 2007. The nineteenth century roots of "everything is everywhere". *Nature Reviews Microbiology*, 5 (8): 647–651.

Prentice IC, Cramer W, Harrison SP, et al. 1992. A global biome model based on plant physiology and dominance, soil properties and climate. *Journal of Biogeography*, 19: 117–134.

Prentice KC. 1990. Bioclimatic distribution of vegetation for general circulation model studies. *Journal of Geophysical Research-Atmospheres*, 95: 11811–11830.

Saigusa N, Yamamoto S, Hirata R, et al. 2008. Temporal and spatial variations in the seasonal patterns of CO_2 flux in boreal, temperate, and tropical forests in East Asia. *Agricultural and Forest Meteorology*, 148(5): 700–713.

Sanaullah M, Chabbi A, Maron P–A, et al. 2016. How do microbial communities in top-and subsoil respond to root litter addition under field conditions? *Soil Biology and Biochemistry*, 103:28–38.

Scott RL, Biederman JA. 2017. Partitioning evapotranspiration using long-term carbon dioxide and water vapor fluxes. *Geophysical Research Letters*, 44(13): 6833–6840.

Shen C, Liang W, Shi Y, et al. 2014. Contrasting elevational diversity patterns between eukaryotic soil microbes and plants. *Ecology*, 95(11): 3190–3202.

Shen C, Xiong J, Zhang H, et al. 2013. Soil pH drives the spatial distribution of bacterial communities along elevation on Changbai Mountain. *Soil Biology and Biochemistry*, 57: 204–211.

Steduto P, Hsiao T, Fereres E. 2007. On the conservative behavior of biomass water productivity. *Irrigation Science*, 25(3): 189–207.

Stephenson NL. 1990. Climatic control of vegetation distribution: The role of the water balance. *American Naturalist*, 135(5): 649–670.

Stone MM, Kan J, Plante AF. 2015. Parent material and vegetation influence bacterial community structure and nitrogen functional genes along deep tropical soil profiles at the Luquillo Critical Zone Observatory. *Soil Biology and Biochemistry*, 80(80):273–282.

Stoy PC, Katul GG, Siqueira MBS, et al. 2008. Role of vegetation in determining carbon sequestration along ecological succession in the southeastern United States. *Global Change Biology*, 14(6): 1409–1427.

Tang Y, Yu G, Zhang X, et al. 2018. Changes in nitrogen–cycling microbial communities with depth in temperate and subtropical forest soils. *Applied Soil Ecology*, 124: 218–228.

Thornthwaite CW. 1948. An approach toward a rational classification of climate. *Geographical Review*, 38(1): 55–89.

Tian J, He N, Hale L, et al. 2018a. Soil organic matter availability and climate drive latitudinal patterns in bacterial diversity from tropical to cold temperate forests. *Functional Ecology*, 32(1):61–70.

Tian J, He N, Kong W, et al. 2018b. Deforestation decreases spatial turnover and alters the network interactions in soil bacterial communities. *Soil Biology and Biochemistry*, 123: 80–86.

Valentini R, Matteucci G, Dolman AJ, et al. 2000. Respiration as the main determinant of carbon balance in European forests. *Nature*, 404(6780): 861–865.

Wang H, Prentice IC, Keenan TF, et al. 2017. Towards a universal model for carbon dioxide uptake by plants. *Nature Plants*, 3(9): 734–741.

Woodward FI, Williams BG. 1987. Climate and plant distribution at global and local scales. *Vegetatio*, 69:189–197.

Wu Y, Li Y, Fu X, et al. 2016. Three–dimensional spatial variability in soil microorganisms of nitrification and denitrification at a row–transect scale in a tea field. *Soil Biology and Biochemistry*, 103:452–463.

Xiong JB, Liu YQ, Lin XG, et al. 2012. Geographic distance and pH drive bacterial distribution in alkaline lake sediments across Tibetan Plateau. *Environmental Microbiology*, 14: 2457–2466.

Yang T, Weisenhorn P, Gilbert JA, et al. 2016. Carbon constrains fungal endophyte assemblages along the timberline. *Environmental Microbiology*, 18(8): 2455–2469.

Yang Y, Gao Y, Wang S, et al. 2014. The microbial gene diversity along an elevation gradient of the Tibetan grassland. *ISME Journal*, 8(2): 430–440.

Yu GR, Song X, Wang QF, et al. 2008. Water–use efficiency of forest ecosystems in eastern China and its relations to climatic variables. *New Phytologist*, 177(4): 927–937.

Yu GR, Zhu XJ, Fu YL, et al. 2013. Spatial pattern and climate drivers of carbon fluxes in terrestrial ecosystems of China.

Global Change Biology, 19(3): 798-810.

Yuan WP, Luo YQ, Richardson AD, et al. 2009. Latitudinal patterns of magnitude and interannual variability in net ecosystem exchange regulated by biological and environmental variables. *Global Change Biology*, 15(12): 2905-2920.

Yuan WP, Liu SG, Yu GR, et al. 2010. Global estimates of evapotranspiration and gross primary production based on MODIS and global meteorology data. *Remote Sensing of Environment*, 114(7): 1416-1431.

Zeng Z, Wang T, Zhou F, et al. 2014. A worldwide analysis of spatiotemporal changes in water balance-based evapotranspiration from 1982 to 2009. *Journal of Geophysical Research Atmospheres*, 119(3):1186-1202.

Zhang Y, Tan Z, Song Q, et al. 2010. Respiration controls the unexpected seasonal pattern of carbon flux in an Asian tropical rain forest. *Atmospheric Environment*, 44(32): 3886-3893.

Zheng H, Yu GR, Wang QF, et al. 2016. Spatial variation in annual actual evapotranspiration of terrestrial ecosystems in China: Results from eddy covariance measurements. *Journal of Geographical Sciences*, 26(10): 1391-1411.

Zhou J, Deng Y, Shen L, et al. 2016. Temperature mediates continental-scale diversity of microbes in forest soils. *Nature Communications*, 7:12083.

Zhu J, He N, Zhang J, et al. 2017. Estimation of carbon sequestration in China's forests induced by atmospheric nitrogen deposition: Principles of ecological stoichiometry. *Environmental Research Letters*, 12: 114038.

Zhu XJ, Yu GR, Wang QF, et al. 2015. Spatial variability of water use efficiency in China's terrestrial ecosystems. *Global and Planetary Change*, 129: 37-44.

Zhu XJ, Yu GR, Wang QF, et al. 2016. Approaches of climate factors affecting the spatial variation of annual gross primary productivity among terrestrial ecosystems in China. *Ecological Indicators*, 62: 174-181.

第9章

生源要素的生态化学计量学理论及其在陆地生态系统碳-氮-水耦合循环研究中的应用

生态化学计量学是利用元素比例来研究生态过程和功能的学科,它通过化学计量关系将从分子至生态系统的各个层次有机联系起来,已成为联系微观与宏观生态学研究的有力工具。生态化学计量学的两个非常重要的假说是化学计量内稳性假说和生长率假说,已在不同的研究层次上得到了验证或应用。前者是指在生活环境(或资源)的化学元素组成发生变化的情况下,生物具有保持自身化学元素组成相对稳定的能力;后者是指生物体的 C∶N∶P 值对其生长速率具有较强的调控作用,通常较高生长速率的组分会具有高的 N∶C 和 P∶C 值以及较低的 N∶P 值。

经过近 20 年的发展,生态化学计量学的研究已从化学计量内稳性较高的水生生态系统扩展到化学计量特征变化范围较大的陆生生态系统,研究对象已涉及酶、微生物、动物、植物、食物链和食物网等多个层次,并逐渐被应用于解决或预测区域甚至全球的生态环境问题。生态系统不同组分的 C∶N∶P 计量关系的内稳性以及生物组分生长率与异速分配相适应的调节机理,是维持生态系统结构和功能的重要机制之一。然而,目前学术界对生态化学计量学在陆地生态系统碳-氮-水耦合循环理论体系中的作用还没有给予足够的关注,更缺乏相关的理论研究和系统性的论述。

本章回顾生态化学计量学研究的发展历程及其在不同领域的进展与应用。在此基础上,探讨生态化学计量学在陆地生态系统碳-氮-水耦合循环理论体系中的潜在作用,并前瞻性地展望生态化学计量学与生态系统碳-氮-水耦合循环理论整合研究的理论基础和重点发展方向,致力于将生态化学计量学理论拓展应用到揭示生态系统碳-氮-水耦合循环及其权衡关系机制,期望能推动相关研究领域的快速发展。

本章执笔:于贵瑞,赵宁,王秋凤,杨萌

9.1 引言

碳循环、氮循环和水循环是陆地生态系统三个最重要的物质循环过程,三者之间通过地理格局的资源供给与需求的计量平衡关系,资源利用与转化效率的生物制约关系以及生物学、物理学和化学过程的耦合机制而相互依赖和相互制约,协同决定着生态系统的结构和功能(于贵瑞等,2013)。科学家对陆地生态系统碳−氮−水耦合循环及其理论体系和逻辑框架已进行了初步阐述:陆地生态系统的碳循环、氮循环和水循环通过土壤−植物−大气连续体系统一系列的能量转化、物质循环和水分传输过程紧密地耦合在一起,共同制约着土壤−植物系统与大气系统之间的碳、氮、水交换通量及三者间的平衡关系(于贵瑞等,2013)。同时,生态系统的土壤−生物系统的碳−氮耦合循环过程则是由一系列生物参与的氧化与还原化学反应过程网络所构成,不同微生物功能群通过对不同基质的利用与竞争,制约着土壤不同形态碳和氮的循环通量、土壤−大气系统的碳、氮气体交换通量及两者的平衡关系(于贵瑞等,2013)。

生态化学计量学是基于元素比例来研究生态过程和功能的学科(Sterner and Elser,2002;Hessen and Elser,2005)。它认为生物体的形成都遵循一个基本规则:无论是分子、细胞、个体、种群、群落还是生态系统,都是由碳、氮、磷和其他元素按照一定的比例组成的,并且不同营养级间的物质传递也存在特定的化学计量关系。不同层次的生物体自身组分、功能以及应对环境中元素供给状况的改变等都能反映在生命系统化学计量关系的改变上,因此,化学计量关系可将从分子至生态系统的各个层次有机联系起来(Elser et al.,2000c;Hessen and Elser,2005;Hessen et al.,2013;Hillebrand et al.,2009)。基于生态系统不同组分库间C:N:P计量关系具有内稳性的现象,可以推测,生态系统内部不同组分(库)的C:N:P值将在很大程度上控制着生态系统的生产力、物质和能量在食物链和食物网内的传递,影响生态系统碳吸收、转化、分解和最终累积量(Finzi et al.,2011;Townsend et al.,2011),进而决定生态系统的碳、氮、磷循环及其耦合关系(于贵瑞等,2013)。因此,化学计量生态学的研究不仅为各个生态过程中碳、氮、磷循环统一化理论的构建提供了新思路,还为进一步理解生态系统碳、氮、磷循环中各

元素耦合关系提供了有力的工具。

生态系统不同组分的生态化学计量关系可能与碳、氮、水通量的耦联关系和生态系统服务的权衡关系之间具有内在的理论联系。然而,目前学术界尚未对生态化学计量学在陆地生态系统碳−氮−水耦合循环理论体系中的作用给予足够的关注,更没有相关的理论研究和系统性的论述。本章系统性回顾生态化学计量学研究的发展历程及其在不同领域的发展状况,探讨生态化学计量学的发展前景及其在陆地生态系统碳−氮−水耦合循环理论体系中的作用;前瞻性地展望生态化学计量学与碳−氮−水耦合循环理论整合研究的重点方向和理论基础,期望能推动相关领域的基础理论和新技术的发展。

9.2 生态化学计量学理论的形成过程

生态化学计量学研究是近年来生态学中飞速发展的领域。其渊源可追溯到1862年利比希提出的最小因子定律(Liebig's law of the minimum)。其核心思想就是在生物体生长过程中,其体内元素组成的平衡至关重要,在稳定状态下的任何特定因子的存在量低于该种生物的最小需要量时,该因子便会成为决定该物种生存或分布的限制性因子。1925年,Lotka首次将物理−化学系统热力学定律与生态学相结合,提出了Lotka-Volterra捕食者−猎物模型,实现了对生物体之间相互作用的定量化研究,被认为是生态化学计量学理论产生的重要标志(Lotka,1925;Elser et al.,2000c;Sterner and Elser,2002)。Redfield(1958)首次证明了海洋浮游生物的碳、氮、磷含量受海洋环境和生物相互作用的调控,海洋浮游生物体内存在特定摩尔比(C:N:P=106:16:1),该比例关系后来被称为Redfield比率(Redfield ratio)。1982年,Tilman利用环境中资源的可利用量和植物生长所需的资源比例之间的关系建立模型,为预测物种的多度格局、物种共存和生物多样性提供了理论依据(Tilman,1982)。Reiners(1986)提出了"生命的化学计量"(the stoichiometry of life)概念,首次将化学计量学理论用于研究生态系统结构与功能。Sterner和Elser在整合前期研究工作的基础上,推出了 *Ecological Stoichiometry* 一书,系统地阐述了生态化学计量学的定义、基本理论及应用范畴,是生态化学计量学日趋系统化和成熟的标志(Sterner and Elser,2002;Hessen et al.,2013)。

9.3 生态化学计量学的理论基础

生命体在化学组成方面的共同性和特异性是生态化学计量学的生物学基础。经过几十年的发展,在生态化学计量学研究领域逐渐建立了两个被广泛认可的基础理论(或假说):化学计量内稳性假说(stoichiometric homeostatic hypothesis)和生长率假说(growth rate hypothesis)。

9.3.1 化学计量内稳性假说

9.3.1.1 基本概念

化学计量内稳性(stoichiometric homeostasis)是指在生活环境(或食物)化学元素组成发生变化的情况下,生物所具有的保持自身化学元素组成相对稳定的能力(Sterner and Elser,2002;Boersma and Elser,2006;Yu et al., 2011)。化学计量内稳性是一种动态平衡,一方面的表现是动态特征,即环境中元素供给量发生改变时,有机体会自我调节使自身的化学元素含量也发生改变。另一方面的表现是平衡,即有机体在可耐受范围内尽量保持自身特定的计量特征,会与环境供给达到平衡状态。化学计量内稳性是生命的本质特征,是有机体对生存环境的一种负反馈机制,也是生态化学计量学最重要的前提假设。在生态化学计量学中,有机体的化学计量特征是由有机体对环境中元素含量变化的响应程度决定的,不同的有机体维持自身化学组成内稳性的能力或程度不同,即具有不同的化学计量内稳性。Sterner 和 Elser(2002)在 *Ecological Stoichiometry* 一书中建立了化学计量内稳性的两种极端情况的理论模型(图9.1)。一种表示有机体不具有任何的化学计量内稳性,如图 9.1a 所示,即有机体的元素含量完全取决于环境或食物中的元素含量,也有一些生物体的元素比例随环境的元素比例变化而成一定的比例变化(图 9.1a 中的实线)。另一种情况具有严格的化学计量内稳性,如图 9.1b 所示,对资源的元素比例和消费者自身的元素比例建立理论模型,图中在 1:1 线以上、以下或者和 1:1 线相交的三条水平线都代表消费者的元素比例独立于其食物中的元素比例。

有机体不同生活史阶段或不同性别具有不同的化学计量内稳性特征,例如,幼年期和老年期、生活期

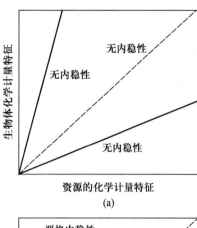

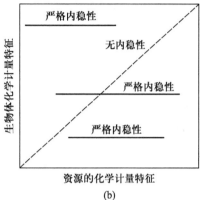

图 9.1 基于生物体和资源的化学计量内稳性

和非生活期、雄性和雌性间均可能存在较大的变异。实际上,大部分生物体的元素比例对环境变化的响应介于两种极端情况之间。为了科学地评价生物体的化学计量内稳性变化,Sterner 和 Elser(2002)发展了一个定量模型:

$$y = c \times x^{\frac{1}{H}} \tag{9.1}$$

或

$$\log(y) = \log(c) + \log(x) \times \frac{1}{H} \tag{9.2}$$

式中,y 表示有机体的元素浓度或比例,x 表示环境或者食物的元素浓度或比例,c 表示常数,H 表示化学计量内稳性指数,用来衡量生物体的化学计量内稳性的大小。当 H 等于 1 时,表明生物体没有任何的化学计量内稳性;H 大于 1 时,表明生物体具有维持自身元素含量的能力。

9.3.1.2 内稳性的变异及影响因素

现实环境中,大多数生物体在具有强烈的内稳性的同时,也表现出不同程度的变异性,这种变异性不

仅与生物类型有关,还受多种环境因素的影响。

内稳性在不同物种间和不同元素间存在差异。光合自养生物(如蓝细菌、藻类和植物)的 C∶N∶P 值往往表现出较大的变异,而动物具有较高的内稳性(Sterner and Elser,2002)。不同元素的化学计量内稳性呈现不同的规律,大量元素的化学计量内稳性高于微量元素,微量元素高于非必要元素(Karimi and Folt,2006)。

化学计量内稳性与植物起源、进化阶段和生物群区等密切相关。从早期的原核生物到后期的原核生物,再到单细胞真核生物和多细胞真核生物,化学计量内稳性逐渐增强(Williams and Silva,1996)。对植物而言,高等植物比低等植物具有更高的内稳性(Sterner and Elser,2002)。不同分类起源、不同区域和不同生物群区的植物叶片 N∶P 值,可以用 2/3 指数定律来进行尺度推演(Reich et al.,2010)。

化学计量内稳性也受多种环境因素的影响。资源的供应状况(如养分状况、光照强度和水分条件等)都会影响植物的 C∶N∶P 值(Gusewell,2004)。目前关于区域和全球尺度植被叶片、根系、土壤和凋落物的 C∶N∶P 化学计量特征的研究表明,生态系统不同组分的 C∶N∶P 化学计量关系都具有较强的约束性(Yuan and Chen,2009;Tian et al.,2010;Han et al.,2011;Hessen et al.,2013),这为应用生态化学计量学理论解释区域尺度乃至全球尺度的生态系统结构和功能奠定了理论基础。

9.3.2 生长率假说

生长率假说认为,生物 C∶N∶P 值对其生长速率具有较强的调控作用。对大多数异养生物来说,高生长速率往往对应高 N∶C 和 P∶C 值以及较低的 N∶P 值(Elser et al.,2003)。这主要是由于生物的快速生长需要大量的核糖体(蛋白质的合成场所),而核糖体是生物体内磷的主要贮藏库,因此核糖体的增加是建立在较高磷含量基础上的。同时,高生长率是和高 RNA 含量和较长基因间隔区(intergenic spacer,IGS)相联系的,生长率与生物体磷含量、C∶P 值、N∶P值、RNA 含量、rRNA 含量、RNA∶DNA 值以及IGS 长度都有紧密联系(Elser et al.,2000b;Gorokhova and Kyle,2002;Elser et al.,2003;Weider et al.,2004)。

生长率假说是解释有机体如何维持生态化学计量特征的一种机制性假设。这个理论提供了生态化

学计量关系控制细胞生物学特性、生命进化、种群动态和生态系统功能的机制的基本框架,可以通过生物的生长率将不同层次生物元素含量特征和生物生命过程的问题有机地整合,就可将细胞化学分配同个体生物功能乃至生态系统过程有效地联系起来(Elser,2002;Hessen et al.,2013)。

9.4 生态化学计量学理论在不同尺度上的应用及进展

在植物生态化学计量学的早期研究中,研究对象侧重于植物光合器官,研究层次多集中于植物个体和物种水平;随着近年来研究的深入,对植被化学计量特征及其与生态系统功能的联系已经成为研究者关注的热点,植物生态化学计量特征在多元素、多器官、多层次上的研究报道日益涌现。

9.4.1 物种水平植物化学计量关系

大尺度植物叶片的 C∶N∶P 化学计量学格局及其驱动因素是植物生态化学计量学研究中较早受到关注的部分。全球和我国区域的植物氮和磷的化学计量特征如表 9.1 所示。Reich 和 Oleksyn(2004)指出,全球植物叶片平均氮含量为 20.1 mg·g^{-1},叶片平均磷含量为 1.80 mg·g^{-1},N∶P 值为 13.8;随着纬度的降低和年平均气温的增加,叶片氮和磷含量降低,而 N∶P 值则升高。我国学者的研究表明,我国陆生植物叶片的 N∶P 值高于全球平均值(Han et al.,2005;He et al.,2006;任书杰等,2008;He et al.,2008)。整体来说,我国区域的植物磷含量相对较低;随着纬度升高,氮和磷的含量升高,但 N∶P 值没有显著的变化。

植物叶片 C∶N∶P 化学计量特征的主要影响因素包括:气候因子(年平均气温和年均降水量等)、土壤、植被类型、植物系统发育和人类干扰(Sardans et al.,2011;Zhang et al.,2012)。全球尺度的植物叶片氮和磷含量与纬度呈正相关,而与年平均气温呈负相关(Reich and Oleksyn,2004);我国区域的植物叶片氮和磷含量随纬度变化规律与全球格局一致,且随着降水减少而增加;而 N∶P 值受纬度和降水的影响较弱(Han et al.,2005;任书杰等,2008)。在解释植物 N∶P值化学计量特征的空间格局时,土壤年龄假说得到较多的认可,该假说认为,土壤年龄越低,磷含

表9.1 全球和我国区域的植物叶片的氮和磷化学计量特征

	物种数	氮含量/(mg·g⁻¹)	磷含量/(mg·g⁻¹)	N∶P值	参考文献
全球陆生植物	395	20.6	1.99	12.7	Elser et al.,2000a
	894~1251	20.1	1.80	13.8	Reich and Oleksyn,2004
全球森林	—	—	—	27.8	McGroddy et al.,2004
我国陆生植物	753	20.2	1.46	16.3	Han et al.,2005
	654	17.5	1.28	13.5	任书杰等,2008
我国草地	213	29.0	1.90	15.3	He et al.,2008,2006

量越高,从而导致植物叶片的 N∶P 值越低(Walker and Syers,1976)。温度、降水和土壤对不同类型植物的化学计量特征有着不同的影响,不同类型的植物(乔木、草本、灌木;常绿、落叶;针叶、阔叶;被子、裸子;单子叶、双子叶等)的计量特征也有显著差异(Han et al.,2005,2011)。

叶片 C∶N∶P 化学计量学格局为评估区域碳、氮和磷循环和宏观生态学提供了新的途径,它已成为科学家判断特定区域植物限制性元素的重要理论依据。在许多生态系统中,土壤可利用性氮和磷是限制植物生长的重要养分因子(Vitousek,1982;Aerts and Chapin,2000;Reich and Oleksyn,2004),因此可通过植被叶片 N∶P 值来判断土壤氮、磷供给能力对植物生长的限制程度(Koerselman and Meuleman,1996;Gusewell and Bollens,2003;Gusewell,2004)。通常情况下,植被叶片 N∶P 值小于 14 表示植物生长更大程度地受氮限制;而当 N∶P 值大于 16 则表示植被生长受磷限制更为强烈;N∶P 值介于二者之间则表示植物受氮和磷的共同限制(Koerselman and Meuleman,1996);而陆生植物的限制范围会更宽,氮和磷的限制阈值分别是 10 和 20(Gusewell,2004)。

目前,对于植物化学计量学的研究已经从碳、氮、磷扩展到了其他大量元素以及微量元素。研究者对植物叶片多元素计量关系、大尺度地理格局及其生态成因等问题进行了探讨,明确了植物多元素计量关系受到气候、土壤、植物功能群以及植物分类关系的调控。在此基础上,提出了"限制元素稳定性假说"(stability of limiting elements hypothesis)。该假说认为,由于生理和养分平衡的制约,限制元素在植物体内的含量具有相对稳定性,其对环境变化的响应也较为稳定,即对环境变化的敏感性低(Han et al.,2011)。

近年来,研究者对植物生态化学计量学的研究已经不局限于植物叶片。植物根系是植物吸收水分和营养的主要器官,因此植物根系的生态化学计量特征也逐渐受到了关注,但是由于植物根系获取的难度较大,植物根系的研究十分有限(Gordon and Jackson,2000;Yuan et al.,2011;Garkoti,2012)。对植物细根地理格局的研究表明,细根与植物叶片相比具有较低的氮、磷含量,但 N∶P 值相似;不同植物群系细根的 N∶P 值存在显著差异,并且随纬度升高呈现指数降低的趋势。对植物根系多元素的研究显示,元素含量越高,元素的变异性越小,受到植物自身的调控越强,而受环境的调控越弱。植物地上和地下器官的多元素含量变异性规律以及植物和环境的调控作用具有一致性,这为我们更加全面地理解植物不同器官的化学计量关系提供了帮助(Zhao et al.,2016)。

9.4.2 群落水平植物化学计量关系

植物群落水平的碳、氮、磷含量及其分布特征在理解整个生态系统对氮和磷的需求以及对环境变化的响应方面非常重要。然而,目前群落水平的生态化学计量学研究还相对较少(McGroddy et al.,2004;Kerkhoff et al.,2006)。McGroddy 等(2004)研究了全球森林叶片和凋落物的 C∶N∶P 计量学关系发现,森林植物叶片的 C∶N∶P 值为 1212∶28∶1,凋落物的 C∶N∶P 值为 3000∶46∶1;不同区域的森林(温带阔叶林、温带针叶林和热带雨林)植物叶片碳、氮、磷化学计量特征存在显著差异,整体上随纬度变化分别呈现出线性和指数变化趋势。

近年来,我国学者利用基于群落结构的加权平均法将个体和物种水平的化学计量特征上推到群落水

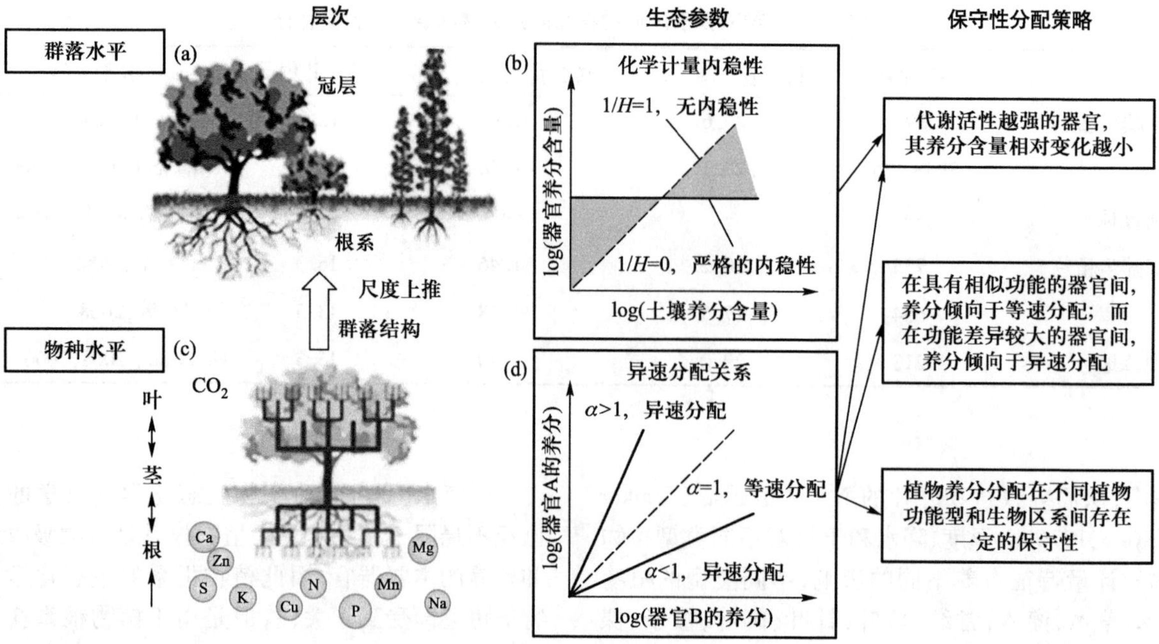

图 9.2 基于异速分配关系和化学计量内稳性假说框架的植物器官间养分分配关系

平,分析了群落中不同组分的多元素储量,并在异速分配关系和化学计量内稳性假说框架下分析了植物器官间养分分配关系(图9.2)。对我国东部森林样带8个森林群落的研究表明,群落水平多元素养分从储量最低的镍到最丰富的氮,储量变化为 0.4 ~ 1019.1 kg·hm⁻²。根中多元素养分储量最高,其次为冠层枝,最低为冠层叶。不同类型森林的多元素养分储量存在较大变异,整体而言,温带和亚热带区域森林的多元素养分储量较高,而暖温带区域森林的多元素养分储量较低。寒温带和温带森林氮、磷和钙的储量较高,而亚热带森林钾、硫以及其他金属元素的储量较高。研究还发现,植物多元素养分分配在不同植物功能型和生物区系间存在一定的保守性。在具有相似功能的器官间,养分倾向于等速分配;而在功能差异较大的器官间,养分倾向于异速分配。并且,代谢活性越强的器官,其养分含量相对变化越小(图9.2);物种水平的这种分配关系在群落水平的地上和地下器官之间没有发生改变,但是在地上器官之间发生了改变。在群落水平,代谢活性越强的组分,其养分含量依然保持较小的相对变化(Zhao et al., 2020)。

多元素化学计量特征也被认为是物种分布和群落组成的制约因素。Penuelas 等(2010)的研究表明,外来物种具有较低的比叶重(leaf mass per area,

LMA)、较强的光合能力和元素获取能力(包括大量元素氮,磷,钾和微量元素铁,镍,铜,锌),占据了与本地种不同的生物地理化学生态位(biogeochemical niche),从而得以成功入侵。也有研究表明,植物氮、磷化学计量特征存在一定的谱系保守性,需要较少养分含量的分支植物成为土壤养分贫乏生境中的优势物种(Stock and Verboom,2012)。对我国陆生植物根系元素组成的研究表明,在较大空间尺度上(例如样带),植物根系元素组成反映了环境过滤的作用;在较小空间尺度上(例如样点),生物地化生态位分离造成了植物根系元素组成的多样性,即共存物种根系的元素组成存在显著差异。在样带尺度,根系化学性状沿环境梯度发生显著变化,其中与植物生长速率相关的磷和钙是群落根系化学性状构建中承受环境过滤的重要元素,主要受到土壤和气候因子的筛选;在样点尺度,物种对养分资源的竞争(尤其是对氮的竞争)造成了共存物种的生物地化生态位分离(Zhao et al., 2018)。

9.4.3　地带性生态系统及区域尺度的应用

在对海洋生态系统中浮游植物的研究中发现,碳、氮和磷三种元素具有保守的生态化学计量关系,即 Redfield 比率(Hessen et al., 2013;Redfield, 1958),陆地生态系统是否也存在这种相对保守的

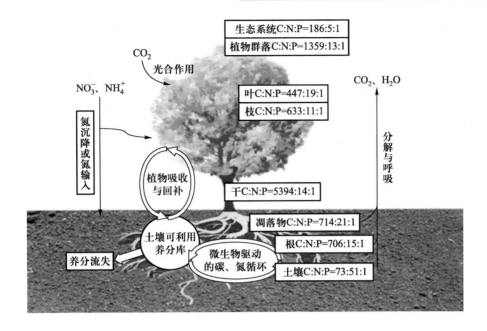

图 9.3　森林生态系统 C：N：P 化学计量特征

化学计量关系,是研究者非常感兴趣的问题。科学家试图从叶片、凋落物和根系等角度探讨陆地生态系统的 C：N：P 化学计量特征,却发现,陆地生态系统的 C：N：P 化学计量关系存在很大的变异性。与海洋生态系统相比,空间异质性大是造成陆地生态系统 C：N：P 化学计量关系变异性大的主要原因,气候、地形、土壤基质(含土壤深度)的空间异质性以及生物多样性等都会对陆地生态系统 C：N：P 化学计量关系造成影响,使其生态化学计量学的研究更具复杂性。因此,陆地生态系统中是否存在类似于水生生态系统的 Redfield 比率,生态化学计量学理论是否适用于陆地生态系统尺度,仍需进一步验证。

Zhang 等(2018)对我国横跨 3700 km 的 9 个天然林生态系统的 C：N：P 值特征进行比较发现,在 9 个森林生态系统中,各组分(生态系统、植物群落、凋落物和土壤)与各器官(叶、枝、干和根)之间的 C：N 值、C：P 值和 N：P 值均有显著差异(图 9.3)。不同器官的 C：P 值和 N：P 值随纬度升高而逐渐下降,气候是调节这两种比值空间格局的主导因子,而非土壤属性。此外该研究还发现,群落水平上只有叶片的 N：P 值具有很好的稳定性,这一现象说明,为确保最佳的物质和能量利用效率,活跃器官会维持所需的营养水平,这种独特的机制可以让植物适应不断变化的环境。

9.4.4　生态化学计量关系对生态系统生产力和碳平衡的影响

生态化学计量学通过生物间的相互作用,利用相对简化的元素间比值来揭示生态系统碳-氮-磷耦合循环,是其新的发展方向(Hessen et al., 2013)。如果植物叶片的化学计量特征能够在某种程度上表征植物其他组织(根、繁殖体和支撑器官)营养元素的比例关系,则可以通过发展经验模型实现从植物组织到个体水平的尺度推演(Elser et al., 2010)。Elser 等(2007)通过 Meta 分析发现,水生(淡水和海水)和陆地生态系统的初级生产力均受到氮和磷的限制,氮和磷协同添加会更明显地提高初级生产力。Mulder 和 Elser(2009)发现,化学计量特征在土壤食物网中的异速分配策略与磷含量密切相关,并在食物链不同层次证实了生长率假说。陆生植物 C：N：P 值反映了其对当地环境的适应性,叶片的养分浓度通常随着植物个体大小的增长而逐渐下降,尤其是磷,即越小的植物具有越低的 N：P 值。消费者的动态不仅受食物供给量不足的影响,还受食物养分过量(如高 P：C 值)的影响,该关系已经可以用模型来很好地模拟(Mulder et al., 2013;Peace et al., 2013)。Mulder 等(2013)指出,草地蝗虫-植物-土壤的化学计量特征具有规律性的变化,符合下行效应(top-down effect)。上述研究从不同角度或层次建立了生态化学计量学与生态系统结构和生产力的相互关系。

生态系统不同组分库间 C：N：P 计量关系具有内稳性和异速分配的现象，已促使科学家大胆地推测：生态系统内部不同组分（库）的 C：N：P 值将在很大程度上控制生态系统的生产力以及物质和能量在食物链和食物网内的传递，影响生态系统的碳吸收、转化、分解和最终累积量，进而决定生态系统的碳、氮、磷循环及其耦合关系（Finzi et al.，2011；Townsend et al.，2011；Bell et al.，2014；Mooshammer et al.，2014）。Hessen 等（2004）初步尝试了将生态化学计量关系用于生态系统碳固持速率和潜力的评估。生态系统不同组分的 C：N：P 化学计量平衡特征具有相对的保守性，并对生态系统结构和功能的维持具有重要的作用；但目前，针对陆地生态系统不同组分（库）的 C：N：P 值特征及沿土壤（活性、缓性和惰性）—土壤微生物（真菌和细菌等）—土壤微型动物—植被（叶片、树枝、树干、粗根、细根）的物质和能量传递过程中 C：N：P 值的制约效应及其控制机理的研究远未深入。

9.5 生态化学计量学理论在生态系统碳-氮-水耦合循环研究中的应用及假设

进入 21 世纪后，生态化学计量学作为一种联系微观和宏观研究的有力工具被广泛应用到生态学研究的许多领域；其应用范畴已从均一性较强的水生生态系统扩展到空间异质性较大的陆地生态系统，其研究对象从化学计量内稳性较高的水生动植物扩展到化学计量特征变化范围较大的陆生动植物、食物链和食物网（Hessen et al.，2013；Peace et al.，2013；Reich，2014）。生态化学计量特征对生态系统碳-氮-水耦合循环和各种物质通量平衡的调节具有潜在的重要作用，但目前相关的研究还是零星的、相对独立的（Elser et al.，2003；Hessen et al.，2013）。为了进一步阐释生态系统各生物组分的化学计量关系与生态系统碳-氮-水耦合循环的内在机制、完善生态系统碳-氮-水耦合循环理论体系，亟须深入开展相关的理论和应用研究。

9.5.1 生态系统尺度土壤、植物、凋落物和微生物的化学计量关系以及相互影响机制

陆生植物的叶片和根系、土壤、微生物和凋落物

等生态系统不同组分的 C：N：P 化学计量关系具有较强的约束性（Yuan and Chen，2009；Tian et al.，2010；Han et al.，2011；Yuan et al.，2011）；另外，从食物链和食物网的角度也初步证明了 C：N：P 化学计量关系的传递关系（Mulder and Elser，2009；Zhang et al.，2011；Cherif and Loreau，2013；Mulder et al.，2013；Peace et al.，2013；Mooshammer et al.，2014；Waring et al.，2014），从而将为化学计量学理论用于解释区域尺度乃至全球尺度的生态系统结构和功能奠定理论基础。生态系统内部碳、氮、磷在植物、凋落物和土壤这三个库之间相互转换，土壤养分影响生物群系叶片 C：N：P 值的内稳性，反过来植物的养分状况也会对土壤养分产生反馈（McGroddy et al.，2004），而微生物是碳、氮、磷元素在三个库之间循环的介导者。目前一些研究报道，植物叶片和凋落物的 C：N：P 值分别平均约为 1212：28：1 和 3000：46：1（Mc-groddy et al.，2004；Reich and Oleksyn，2004）。在植物凋落物分解的过程中，微生物呼吸作用及养分固定作用使得氮、磷元素得到富集，由此所形成的土壤有机质的 C：N：P 值约为 186：13：1，而土壤微生物量的 C：N：P 值约为 60：7：1（Cleveland and Liptzin，2007）。同时，土壤酶活性的生态化学计量关系可以反映微生物对养分的分配能力，并可以指示微生物生长的限制元素。对全球 40 个生态系统的土壤酶活性数据的整合分析发现，土壤中与碳循环相关的 β-1，4-葡萄糖苷酶（BG）、与氮循环相关的 N-乙酰-β-葡萄糖苷酶（NAG）和亮氨酸氨基肽酶（LAP）、与磷循环相关的酸性磷酸酶（ACP），其酶活性比值 ［BG：（NAG+LAP）：ACP］平均约为 1：1：1（Sinsabaugh et al.，2008）。但是，目前不同研究中报道的生态系统不同组分的 C：N：P 化学计量关系仍存在很大变异，因此，如何将生态系统 C：N：P 值的变化规律转换为植物-微生物-土壤系统内的养分循环关系，需要深入研究。另外，生态系统各组分的计量关系有机地组合成一个系统，如何建立各个组分之间的耦联关系网络、确定影响这种耦联关系的因子以及揭示其背后的生态系统生态学机制，也面临着一系列挑战。

9.5.2 区域和全球尺度的植物、土壤和凋落物化学计量关系的空间变异规律及其生物地理生态学机制

近 10 年来，生态化学计量学研究的一个重点是分析植物、动物和微生物甚至是这些物种基因的 C：

N∶P 化学计量关系及其内稳性,其目的是验证和发展适用于水生生态系统的化学计量内稳性假说及生长率假说在各种生态系统以及不同区域的普适性(Hessen et al., 2013);并在此基础上,将 C∶N∶P 化学计量关系的内稳性假说和生长率假说应用于回答大尺度的生态学问题(Elser et al.,2007;Elser et al., 2009;Elser et al., 2010;Reich,2014)。此外,关于区域尺度甚至全球尺度的植物、土壤和凋落物等 C∶N∶P 化学计量特征的空间变异规律、控制机制及生态学意义,已有一些初步的研究(Reich and Oleksyn, 2004;Reich, 2005;Reich et al., 2010;Hessen et al., 2013)。然而,目前相关的研究工作还是以统计报道不同区域和不同植被的化学计量统计特征及地理分布规律为主。如何联系气候、土壤基质的空间异质性、生物的多样性以及植被演替和生物进化因素,揭示其生物地理生态学机制,如何利用这些规律和机制解释全球尺度的环境变化、土壤圈-生物圈-水圈的相互作用关系,以及大气氮沉降和降水格局变化如何对全球碳循环和植被生产力产生影响等,都是非常重要的科学问题。

目前基于化学计量估算法对氮沉降固碳作用的研究已有报道。Zhu 等(2017)对我国东部 8 个森林生态系统进行了调查,利用氮沉降固碳贡献速率(carbon sequestration rate in response to N deposition, CSR_N,kg C·Chm^{-2}·a^{-1})和氮利用效率(NUE)对氮

沉降固碳进行了估算(图9.4):

$$CSR_{N,i} = (C∶N)_i × N_{dep} × N_{retention,i} \quad (9.3)$$

$$NUE = \frac{\Delta C}{\Delta N_{input}} = \frac{CSR_N}{N_{dep}} \quad (9.4)$$

把(9.3)代入(9.4),得:

$$NUE_i = (C∶N)_i × N_{retention,i} \quad (9.5)$$

式中,$CSR_{N,i}$ 表示某一组分氮沉降的固碳贡献速率(kg C·hm^{-2}·a^{-1});$(C∶N)_i$ 表示某一组分的 C∶N 值;N_{dep} 表示该生态系统的大气氮沉降通量(kg N·hm^{-2}·a^{-1});$N_{retention,i}$ 表示某一组分的氮固持率。i 表示植物的器官(叶、枝、干、细根)、土壤或生态系统。

研究结果表明,NUE 随着纬度增加有增加的趋势;植物组分的 NUE 大于土壤组分的 NUE。我国森林生态系统的 NUE 为 9.56~27.73 kg C·(kg N)$^{-1}$,氮沉降固碳贡献速率为 32.69~507.11 kg C·hm^{-2}·a^{-1},占生态系统 NPP 比重的 0.45%~7.17%,占 NEP 比重的 1.35%~7.77%;且在亚热带、暖温带、温带和寒温带森林差异显著,有先增加后降低的趋势。

9.5.3 生态系统的化学计量关系与生态系统碳-氮-水耦合循环的理论联系

生存环境和各种生物的化学计量关系对生态系统结构和功能的维持具有重要作用。整合生态系统各组分计量关系的因果网络,建立生态系统的化学计量关系与生态系统碳-氮-水耦合循环的理论联系,将

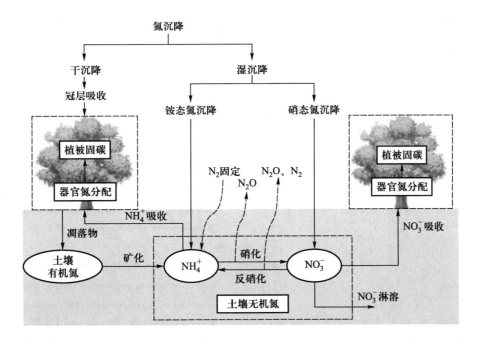

图 9.4　氮促碳汇的生物化学过程

生态化学计量学理论拓展应用到揭示生态系统碳-氮-水耦合循环及其权衡关系,是该领域的核心任务。在今后的研究工作中,需要通过观测实验对以下四个理论假设进行科学验证和完善。

理论假设一:生态系统不同组分的碳、氮、磷化学计量内稳性假说可以用来解释生态系统的碳-氮-磷耦合循环过程及其关系,它是生态系统内在的各种生命元素循环系统平衡的理论基础;而生长率假说是生物对环境的一种适应机制,生物通过生长率的改变来适应其生态化学计量特征的改变。因此,生物通过内稳性和生长率调节两个途径,调控着生态系统的生产力、物质和能量在食物链和食物网内的传递速率和比例,进而影响着生态系统的碳吸收、转化、分解和生物量累积速率。

理论假设二:生态系统的不同组分(库)具有不同的 C∶N∶P 值特征,在沿着土壤-土壤微生物-土壤微型动物-植被的物质和能量传递过程中,各种物质通量的平衡关系受生物组分 C∶N∶P 值稳定机制控制,以维持生态系统及其各生物碳库所需要的生命元素的总量及平衡关系,这种生物组分间的化学计量学内稳性网络(尺度推移关系)将直接决定着生态系统内不同等级的资源供应与资源利用之间的平衡关系。

理论假设三:生态系统碳、氮、磷等生源要素平衡对资源利用和生产力具有制约作用,生物系统对生源要素需求的计量关系与环境供给资源的计量关系之间的冲突则是驱动生物适应环境的生物机制,而生物组分的能量、水分和养分利用策略的变化则是调控生态系统结构和功能的生态学适应机制。

理论假设四:生态系统不同生物组分的碳、氮和磷化学计量特征是控制生态系统内部的物质循环以及植被-大气、土壤-大气、根系-土壤界面的碳、氮、水通量的生物机理之一。生态系统的生态化学计量内稳性和生态系统碳、氮、水通量之间的平衡关系决定着生态系统碳-氮-水耦合循环的定量关系,进而决定了生态系统多种服务功能之间的计量平衡或权衡关系。

参考文献

任书杰,于贵瑞,陶波,等. 2008. 中国东部南北样带 654 种植物叶片氮和磷的化学计量学特征研究. 环境科学, 28 (12): 2665-2673.

于贵瑞,高扬,王秋凤,等. 2013. 陆地生态系统碳-氮-水循环的关键耦合过程及其生物调控机制探讨. 中国生态农业学报, 21(1): 1-13.

Aerts R, Chapin FS. 2000. The mineral nutrition of wild plants revisited: A re-evaluation of processes and patterns. *Advances in Ecological Research*, 30: 1-67.

Bell C, Carrillo Y, Boot CM, et al. 2014. Rhizosphere stoichiometry: Are C∶N∶P ratios of plants, soils, and enzymes conserved at the plant species-level? *New Phytologist*, 201 (2): 505-517.

Boersma M, Elser JJ. 2006. Too much of a good thing: On stoichiometrically balanced diets and maximal growth. *Ecology*, 87(5): 1325-1330.

Cherif M, Loreau M. 2013. Plant-herbivore-decomposer stoichiometric mismatches and nutrient cycling in ecosystems. *Proceedings of the Royal Society B-Biological Sciences*, 280: 20122453.

Cleveland CC, Liptzin D. 2007. C∶N∶P stoichiometry in soil: Is there a "Redfield ratio" for the microbial biomass? *Biogeochemistry*, 85(3): 235-252.

Elser JJ. 2002. Biological stoichiometry from genes to ecosystems: Ideas, plans, and realities. *Integrative and Comparative Biology*, 42(6): 1226.

Elser JJ, Acharya K, Kyle M, et al. 2003. Growth rate-stoichiometry couplings in diverse biota. *Ecology Letters*, 6(10): 936-943.

Elser JJ, Bracken ES, Cleland EE, et al. 2007. Global analysis of nitrogen and phosphorus limitation of primary producers in freshwater, marine and terrestrial ecosystems. *Ecology Letters*, 10(12): 1135-1142.

Elser JJ, Fagan WF, Denno RF, et al. 2000a. Nutritional constraints in terrestrial and freshwater food webs. *Nature*, 408: 578-580.

Elser JJ, Fagan WF, Kerkhoff AJ, et al. 2010. Biological stoichiometry of plant production: Metabolism, scaling and ecological response to global change. *New Phytologist*, 186(3): 593-608.

Elser JJ, Kyle M, Steger L, et al. 2009. Nutrient availability and phytoplankton nutrient limitation across a gradient of atmospheric nitrogen deposition. *Ecology*, 90(11): 3062-3073.

Elser JJ, O'Brien WJ, Dobberfuhl DR, et al. 2000b. The evolution of ecosystem processes: Growth rate and elemental stoichiometry of a key herbivore in temperate and arctic habitats. *Journal of Evolutionary Biology*, 13(5): 845-853.

Elser JJ, Sterner RW, Gorokhova WF, et al. 2000c. Biological stoichiometry from genes to ecosystems. *Ecology Letters*, 3

（6）：540-550.

Finzi AC, Austin AT, Cleland EE, et al. 2011. Responses and feedbacks of coupled biogeochemical cycles to climate change: Examples from terrestrial ecosystems. *Frontiers in Ecology and the Environment*, 9(1): 61-67.

Garkoti SC. 2012. Dynamics of fine root N, P and K in high elevation forests of central Himalaya. *Forestry Studies in China*, 14(2): 145-151.

Gordon WS, Jackson RB. 2000. Nutrient concentrations in fine roots. *Ecology*, 81(1): 275-280.

Gorokhova E, Kyle M. 2002. Analysis of nucleic acids in *Daphnia*: Development of methods and ontogenetic variations in RNA-DNA content. *Journal of Plankton Research*, 24(5): 511-522.

Gusewell S. 2004. N : P ratios in terrestrial plants: Variation and functional significance. *New Phytologist*, 164(2): 243-266.

Gusewell S, Bollens U. 2003. Composition of plant species mixtures grown at various N : P ratios and levels of nutrient supply. *Basic and Applied Ecology*, 4(5): 453-466.

Han WX, Fang JY, Guo DL, et al. 2005. Leaf nitrogen and phosphorus stoichiometry across 753 terrestrial plant species in China. *New Phytologist*, 168(2): 377-385.

Han WX, Fang JY, Reich PB, et al. 2011. Biogeography and variability of eleven mineral elements in plant leaves across gradients of climate, soil and plant functional type in China. *Ecology Letters*, 14(8): 788-796.

He JS, Fang JY, Wang DL, et al. 2006. Stoichiometry and large-scale patterns of leaf carbon and nitrogen in the grassland biomes of China. *Oecologia*, 149(1): 115-122.

He JS, Wang L, Flynn DFB, et al. 2008. Leaf nitrogen : Phosphorus stoichiometry across Chinese grassland biomes. *Oecologia*, 155(2): 301-310.

Hessen DO, Agren GI, Anderson TR, et al. 2004. Carbon sequestration in ecosystems: The role of stoichiometry. *Ecology*, 85: 1179-1192.

Hessen DO, Elser JJ. 2005. Elements of ecology and evolution. *Oikos*, 109(1): 3-5.

Hessen DO, Elser JJ, Sterner RW, et al. 2013. Ecological stoichiometry: An elementary approach using basic principles. *Limnology and Oceanography*, 58(6): 2219-2236.

Hillebrand H, Borer ET, Bracken MES, et al. 2009. Herbivore metabolism and stoichiometry each constrain herbivory at different organizational scales across ecosystems. *Ecology Letters*, 12(6): 516-527.

Karimi R, Folt CL. 2006. Beyond macronutrients: Element variability and multielement stoichiometry in freshwater invertebrates. *Ecology Letters*, 9(12): 1273-1283.

Kerkhoff AJ, Fagan WF, Elser JJ, et al. 2006. Phylogenetic and growth form variation in the scaling of nitrogen and phosphorus in the seed plants. *American Naturalist*, 168(4): 103-122.

Koerselman W, Meuleman AFM. 1996. The vegetation N : P ratio: A new tool to detect the nature of nutrient limitation. *Journal of Applied Ecology*, 33(6): 1441-1450.

Lotka AJ. 1925. *Elements of Physical Biology*. Baltimore: Williams and Wilkins, 1-492.

McGroddy ME, Daufresne T, Hedin LO. 2004. Scaling of C : N : P stoichiometry in forests worldwide: Implications of terrestrial redfield-type ratios. *Ecology*, 85(9): 2390-2401.

Mooshammer M, Wanek W, Zechmeister-Boltenstern S, et al. 2014. Stoichiometric imbalances between terrestrial decomposer communities and their resources: Mechanisms and implications of microbial adaptations to their resources. *Frontiers in Microbiology*, 5:22.

Mulder C, Ahrestani FS, Bahn M, et al. 2013. Connecting the green and brown worlds: Allometric and stoichiometric predictability of above-and below-ground networks. *Ecological Networks in an Agricultural World*, 49: 69-175.

Mulder C, Elser JJ. 2009. Soil acidity, ecological stoichiometry and allometric scaling in grassland food webs. *Global Change Biology*, 15(11): 2730-2738.

Peace A, Zhao YQ, Loladze I, et al. 2013. A stoichiometric producer-grazer model incorporating the effects of excess food-nutrient content on consumer dynamics. *Mathematical Biosciences*, 244(2): 107-115.

Penuelas J, Sardans J, Llusia J, et al. 2010. Faster returns on "leaf economics" and different biogeochemical niche in invasive compared with native plant species. *Global Change Biology*, 16(8): 2171-2185.

Redfield AC. 1958. The biological control of chemical factors in the environment. *American Scientist*, 46(3): 205-221.

Reich PB. 2005. Global biogeography of plant chemistry: Filling in the blanks. *New Phytologist*, 168(2): 263-266.

Reich PB. 2014. The world-wide fast-slow plant economics spectrum: A traits manifesto. *Journal of Ecology*, 102(2): 275-301.

Reich PB, Oleksyn J. 2004. Global patterns of plant leaf N and P in relation to temperature and latitude. *Proceedings of the National Academy of Sciences*, 101(30): 11001-11006.

Reich PB, Oleksyn J, Wright IJ, et al. 2010. Evidence of a general 2/3-power law of scaling leaf nitrogen to phosphorus among major plant groups and biomes. *Proceedings of the Royal Society B-Biological Sciences*, 277: 877-883.

Reiners WA. 1986. Complementary models for ecosystems. *American Naturalist*, 127(1): 59-73.

Sardans J, Rivas-Ubach A, Penuelas J. 2011. Factors affecting nutrient concentration and stoichiometry of forest trees in Catalonia (NE Spain). *Forest Ecology and Management*, 262(11): 2024-2034.

Sinsabaugh RL, Lauber CL, Weintraub MN, et al. 2008. Stoichiometry of soil enzyme activity at global scale. *Ecology Letters*, 11(11): 1252-1264.

Sterner RW, Elser JJ. 2002. *Ecological Stoichiometry: The Biology of Elements from Molecules to the Biosphere*. Princeton: Princeton University Press, 1-584.

Stock WD, Verboom GA. 2012. Phylogenetic ecology of foliar N and P concentrations and N : P ratios across mediterranean-type ecosystems. *Global Ecology and Biogeography*, 21(12): 1147-1156.

Tian HQ, Chen GS, Zhang C, et al. 2010. Pattern and variation of C : N : P ratios in China's soils: A synthesis of observational data. *Biogeochemistry*, 98: 139-151.

Tilman D. 1982. *Resource Competition and Community Structure*. Princeton: Princeton University Press, 1-296.

Townsend AR, Cleveladn CC, Houlton BZ, et al. 2011. Multi-element regulation of the tropical forest carbon cycle. *Frontiers in Ecology and the Environment*, 9(1): 9-17.

Vitousek P. 1982. Nutrient cycling and nutrient use efficiency. *American Naturalist*, 119(4): 553-572.

Walker TW, Syers JK. 1976. The fate of phosphorus during pedogenesis. *Geoderma*, 15: 1-19.

Waring BG, Weintraub SR, Sinsabaugh RL. 2014. Ecoenzymatic stoichiometry of microbial nutrient acquisition in tropical soils. *Biogeochemistry*, 117(1): 101-113.

Weider LJ, Glenn KL, Kyle M, et al. 2004. Associations among ribosomal (r)DNA intergenic spacer length, growth rate, and C : N : P stoichiometry in the genus *Daphnia*. *Limnology and Oceanography*, 49(4): 1417-1423.

Williams RJP, Silva J. 1996. *The Natural Selection of the Chemical Elements: The Environment and Life's Chemistry*. Oxford: Clarendon, 1-672.

Yu QA, Elser JJ, He NP, et al. 2011. Stoichiometric homeostasis of vascular plants in the Inner Mongolia grassland. *Oecologia*, 166(1): 1-10.

Yuan ZY, Chen HYH. 2009. Global trends in senesced-leaf nitrogen and phosphorus. *Global Ecology and Biogeography*, 18(5): 532-542.

Yuan ZY, Chen HYH, Reich PB. 2011. Global-scale latitudinal patterns of plant fine-root nitrogen and phosphorus. *Nature Communications*, 2: 344.

Zhao N, Liu HM, Wang QF, et al. 2018. Root elemental composition in Chinese forests: Implications for biogeochemical niche differentiation. *Functional Ecology*, 32(1): 40-49.

Zhao N, Yu GR, He NP, et al. 2016. Coordinated pattern of multi-element variability in leaves and roots across Chinese forest biomes. *Global Ecology and Biogeography*, 25(3): 359-367.

Zhao N, Yu GR, Wang QF, et al. 2020. Conservative allocation strategy of multiple nutrients among major plant organs: From species to community. *Journal of Ecology*, 108(1): 267-278.

Zhang GM, Han XG, Elser JJ. 2011. Rapid top-down regulation of plant C : N : P stoichiometry by grasshoppers in an Inner Mongolia grassland ecosystem. *Oecologia*, 166(1): 253-264.

Zhang J, Zhao N, Liu C, et al. 2018. C : N : P stoichiometry in China's forests: From organs to ecosystems. *Functional Ecology*, 32(1): 50-60.

Zhang SB, Zhang JL, Slik JWF, et al. 2012. Leaf element concentrations of terrestrial plants across China are influenced by taxonomy and the environment. *Global Ecology and Biogeography*, 21(8): 809-818.

Zhu JX, He NP, Zhang J, et al. 2017. Estimation of carbon sequestration in China's forests induced by atmospheric wet nitrogen deposition using the principles of ecological stoichiometry. *Environmental Research Letters*, 12: 114038.

第10章
生态学代谢理论及其在陆地生态系统碳、氮循环研究中的应用

　　陆地生态系统物质循环研究是深入理解生态系统结构与功能的基础。陆地碳、氮循环研究已经受到学界的广泛关注,成为全球气候变化成因分析、变化趋势预测、减缓和适应对策分析方面的研究主题。生态系统碳循环受养分元素特别是氮元素的制约,探明生态系统氮循环过程,揭示生态系统碳、氮循环相互作用及功能耦合机制是全球变化生态学研究的前沿性科学问题。一直以来,碳、氮循环过程机制的理论研究分别在微观尺度和宏观尺度发展,虽然各自均在不断地丰富与突破,却长期无法实现尺度间的理论及应用的融合。

　　生态学代谢理论以异速增长律为核心,突破性地实现了尺度间的连接与转换,搭建了连接微观生命和宏观生态系统研究的桥梁,不仅在生物学与生态学领域实现了分子、细胞、个体、群落、生态系统间的尺度融合,还推动了地学、社会学、信息学、经济学等其他领域的发展。生态学代谢理论建立于个体水平,并在微观生命系统和宏观生态系统得到发展和应用,使得有可能将细胞、个体、群落水平的生物过程与全球生物地球化学循环联系起来,推动跨尺度的系统模拟,并且做出明确的、定量的、可检验的预测,为研究生态系统物质循环提供新方法和新思路。

　　本章回顾生态学代谢理论的发展过程、理论形成及其在解决物质能量周转问题中的普适性;梳理生态学代谢理论的几对核心关系及其在生态学不同尺度研究中的应用进展;并在此基础上,着重探讨生态学代谢理论在陆地生态系统碳、氮循环和海洋碳循环中的发展和应用;展望生态学代谢理论在全球生物地球化学循环中的应用前景。期望对这一问题的理论探讨能够对生态系统物质循环研究领域基础理论的发展起到推动作用。

本章执笔:于贵瑞,赵宁,杨萌,徐兴良

10.1　引言

生态系统碳、氮循环研究一直是全球气候变化成因分析、变化趋势预测、减缓和适应对策分析方面的科学研究主题，而生态系统碳循环过程机制则是全球变化生态学研究的前沿性科学问题（于贵瑞等，2011a，2011b，2013）。陆地生态系统的碳循环被认为受养分元素特别是氮元素的制约。因此，深入了解生态系统碳、氮循环过程，揭示生态系统碳、氮循环相互作用及功能耦合机制是全球变化生态学研究的前沿性科学问题，也是降低生态系统碳收支和增汇潜力评估不确定性的基础。

在缤纷多样的自然界中，生物个体与生态系统存在高度的变异和明晰的格局。一方面，不同物种间、相同物种的不同个体间均存在差异，例如化学组成、结构、繁殖策略、种间关系、体长、体重、寿命等。另一方面，看似纷繁复杂的自然界又呈现着惊奇的生态学模式，例如动物心跳次数的稳定性，个体大小、物种数量沿纬度梯度变化的特定空间格局规律等。生命体形成、生存和发展的全部过程均遵循物理、化学、生物学规则。然而由于自然界的复杂性和认知水平的限制，生态学研究长期停留在现象与规律的发现与挖掘之中，鲜有基于物理、化学和数学定律的理论突破，导致在对自然规律的理解上很难做到不同物种、不同尺度、不同区域间的融会贯通。

新陈代谢是所有生命体共有的生物学过程。20世纪末，生态学代谢理论（metabolic theory of ecology，MTE）在前人提出的异速增长律的基础上发展起来，该理论假设代谢速率控制个体生长、发育、繁殖、种群形成、演替、物质与能量流动的基本过程，并且得到了数学和物理学的理论支撑。一系列验证工作也证实，生态学代谢理论不仅可以解释自然界的众多变异与模式，还打破了细胞、个体、种群和生态系统等不同尺度间的壁垒。并且，生态学代谢理论在社会学、经济学等非生命领域的应用进一步证明了它的普适性。Brown 等（2004）认为，生态学代谢理论对于生态学的重要性就像遗传学对于进化生物学的重要性，它构成了生态学发展的理论基石。

自养生物和异养生物分别作为生态系统中的生产者和消费者驱动着整个系统的能量流动和碳、氮等营养物质循环过程，其代谢、分布和种群密度等受到

温度、降水以及其他环境因素的综合影响（Trumbore，2006）。目前，并没有一种系统性的理论体系将从个体水平到生态系统的物质循环过程有机地关联起来。生态学代谢理论可为建立这种跨尺度的统一的科学知识体系提供生态学理论基础，然而它在碳、氮、水等物质循环中的作用尚未得到充分发挥。因此，本章首先回顾在个体水平建立的生态学代谢理论及其在不同尺度中的发展，再探讨生态学代谢理论在陆地和海洋生态系统碳循环研究中的应用，最后展望生态学代谢理论在宏观生态学及区域碳、氮等元素生物地球化学循环过程机制研究中的潜在作用。

10.2　生态学代谢理论的建立及应用

新陈代谢是生物最基本的特征，有机体必须有序地从外界环境中吸收物质和能量来维持自身的生长、发育和繁殖，而生态系统复杂的时空结构及动态变化都与生物个体新陈代谢息息相关。

早期的生理学家与生物营养学家在研究人类与动物的营养与食物需求过程中发现，个体大小、温度和化学组成与代谢速率（资源传输到加工细胞的速率）关系密切，可是相关的控制机制却长期得不到解答。1883 年，德国学者 Max Rubner 分析了狗的代谢与个体大小的关系发现，代谢速率正比于体重的 2/3 次方。早期人们对这一现象提出的理论解释是，因为动物体表面积与动物体长的平方呈正比，而体积与体长的立方呈正比，由此可推理得出，生物的代谢速率（正比于固体的表面积）与动物体重的 2/3 次方呈正比。

Kleiber（1932，1947）根据多种哺乳类的研究数据指出，代谢速率与体重的 3/4 次方呈正比，而非 2/3 次方，并指出这一规律是在其他动植物个体上也同样适用的普适性生物学法则，被称为 Kleiber 法则（Kleiber's law）。代谢速率与个体大小之间的这种幂律关系又被称为异速增长律（allometric law），或者说 Kleiber 法则是异速增长律在生物学领域的表述。异速增长率目前被证实可描述从分子、细胞、个体到生态系统等尺度的生命与非生命现象，其应用横跨近 30 个数量级，是过去百年间科学领域最著名的普适规律之一。

20 世纪 90 年代末，在 Kleiber 法则基础上，结合代谢速率与温度的关系，理论物理学家 Geoffrey B.

West 与生态学家 James H. Brown 等人合作提出并发展了生态学代谢理论（metabolic theory of ecology, MTE）（Brown et al., 2002; Brown and Gillooly, 2003; West and Brown, 2005）。他们还提出了"生物代谢速率（metabolic rate）控制着从生物个体到生物圈中所有生命体水平的生态过程"的理论假设，这些过程包括个体的发育过程（West et al., 2001）、种群的生长和相互作用（Enquist et al., 1998; Savage et al., 2004）以及生态系统的生产力、呼吸和营养级动态（Enquist et al., 1999, 2003）。与此同时，还建立了自相似分形分配网络模型（self-similar fractal branching network model）（West et al., 1997），该模型指出，最有效的网络具有一种分形结构，它在不同的尺度上表现出相同的几何学特征，在物质运输过程中所需的能量最少。这一结构在自然选择中被保留下来。在这样的网络中，均匀分布的终端单位的数量（即代谢速率）与生物体重的 3/4 次方呈正比。该模型利用了分形几何学及流体动力学原理，从生物能量学角度解释了 Kleiber 法则的生物学意义，标志着生态学代谢理论的确定。

生态学代谢理论为建立微观和宏观生态系统的理论联系提供了新的视角和技术途径，以其可验证、可预测以及可扩展的优势，在生态学界产生了巨大反响（Brown et al., 2004），在分子水平的微观生命系统，跨越个体和种群水平，到群落和生态系统水平的宏观生态系统上都得到了迅速发展。例如，生态学代谢理论预测并证明了 DNA 进化速率、分子和细胞的代谢率与个体大小之间存在着异速比例关系（West et al., 2002; Gillooly et al., 2005）；在个体代谢理论基础上，Enquist 推导出了从生物个体到整个生态系统都遵循代谢规律（Enquist et al., 2003）。此外，该理论也极大推动了尺度推移的思想和幂率法则在城市生态学、医学、社会学、经济学、计算机与网络等诸多研究领域的应用（Nordbeck, 1971; Miyazima et al., 2000; Klemm et al., 2005; Moses et al., 2008; Isague et al., 2007; Han et al., 2009; Song et al., 2009）。

当然，目前关于代谢速率是否一定与体重的 3/4 次方呈正比还存在争议，一些研究者仍然坚持认为是 2/3 次方，而一些人则认为不可能只有一个幂指数来概括所有的科学数据。例如，生物寿命、动脉长度、树高和 DNA 长度与体重呈 1/4 幂指数关系，生长速率、心跳、DNA 更新速度、线粒体/叶绿体/核糖体更新速率、核糖体 RNA 浓度和代谢酶浓度与体重呈 -1/4 幂指数关系，脑灰质与体重呈 5/4 幂指数关系，主动脉半径和树干半径与体重呈 3/8 幂指数关系（Brown et al., 2002, 2004; West and Browm, 2005）。与此同时，另一个较大争议则是分形理论是否能够真正解释异速增长率。这种争论背后隐藏着对生命同一性和多样性的认知分歧，前者希望以普适性的规律构建起理解自然的核心框架，后者希望通过细致的理论区分刻画出更为真实的自然，虽然两者表面存在矛盾，实际上可以构成一个有机整体，都是充实生态学理论体系的贡献者。当然，生态学代谢理论的构建还远没有完成，仍需各领域，尤其是碳、氮循环等研究薄弱的领域，进行多角度、深层次的发展与丰富。

10.3　生态学代谢理论的主要内容、意义和应用

生态学代谢理论是基于生物的代谢速率与个体大小、温度以及化学计量学之间的关系提出的，其核心观点是生物的代谢速率控制着从个体到生物圈中多个尺度上的生态过程。

10.3.1　代谢理论中的几个重要关系

10.3.1.1　代谢作用和代谢速率

代谢作用是由生命体内多种多样的酶和底物参与的，通过一系列代谢途径完成的复杂生物化学反应过程，可分为合成代谢和分解代谢，这些代谢过程用于满足获取营养物质、合成结构元件、提供生命活动所需能量和分解有毒物质等需求，使得生物体能够生长和繁殖。代谢的一个特点是不同物种的基本代谢途径相似，其中最著名的是三羧酸循环，该过程存在于从单细胞的细菌到多细胞大型生物的几乎所有生命体中（Pace, 2001）。

代谢速率代表了生物体吸收、转化和分配物质能量的速率，是生命过程最基本的速率。大多数生物体具有调节其代谢速率的能力。当资源的供给量或者需求量发生改变（如食物数量的波动、动植物的繁殖期等），或者环境条件变动（如温度、元素组成等发生改变），生物体会调节自身代谢速率以适应相应的环境，即生物体的代谢速率具有一定可塑性。个体大小、温度和化学计量学是制约代谢速率最重要的三个因子。

10.3.1.2 代谢速率与个体大小的关系

20 世纪初期就有研究发现,生物的个体大小、结构、功能以及其他生物属性之间存在非线性数量关系(Peters,1983),例如,小鼠每餐要吃掉相当于体重一半的食物以维持身体机能,而人类的食物需求量却远远低于体重的一半。以上关系可以用异速方程表示为

$$Y = Y_0 M^b \qquad (10.1)$$

式中,Y 表示某种生物属性(如代谢速率、出生率、死亡率等基本生态属性);Y_0 表示异速生长常数(allometric constant);b 表示异速生长指数(allometric exponent);M 表示个体大小(即体重)。West 等(1997)推导出异速生长指数 b 是 1/4 的倍数,然而欧几里得几何模型认为,b 是 1/3 的倍数。研究者认为,生态学代谢理论对异速生长现象的解释是建立在生物体内普遍存在的分形分配网络结构体系基础之上的,因此能够很好地解释 3/4 幂指数异速生长现象,代谢速率指数 3/4 被认为是生物为了更有效地吸收、利用资源而进化的结果(West et al., 1997;West et al., 1999a;West et al., 1999b)。因此,整个生物体的代谢速率经验模型可以表示为

$$B = B_0 M^{3/4} \qquad (10.2)$$

式中,B 表示个体的代谢速率;B_0 表示不依赖于个体大小的标准化常数。

10.3.1.3 代谢速率与温度的关系

代谢速率除受个体大小的影响之外,还受温度的强烈影响。生物学家早就证明,温度每上升 10 ℃,生命过程的速率大约加快 3 倍(温度每升高 5 ℃,代谢速率大约增加到原来的 150%)。这是由于在生物的基础生化反应过程中,随着温度升高,生化反应速率以指数方式增加,即温度与生化反应、新陈代谢等几乎所有生物活动的速率都有着指数比例关系(Brown et al., 2004)。这种温度对代谢速率的影响可以用玻尔兹曼因子(Boltzmann factor)来表示:

$$B \propto e^{-E/kT} \qquad (10.3)$$

在仅使用个体大小不能很好解释代谢速率的情况下,例如,将变温动物和恒温动物的数据放在一起比较的时候,加入温度的影响就可以解释大部分代谢速率的变异。实际上这种情况下的代谢速率(B)可以看作个体大小(M)和温度(T)的函数,其数学模型可以表示为

$$B = B_0 M^{3/4} e^{-E/kT} \qquad (10.4)$$

式中,B_0 表示标准化常数;E 表示活化能;k 表示玻尔兹曼常数(8.62×10^{-5} eV · K^{-1});T 表示绝对温度(Gillooly et al., 2001;Boltzmann, 2003;Brown et al., 2004)。玻尔兹曼因子反映的是温度对各生化反应速率的影响,表示两个分子相遇后产生化学反应的概率,温度越高,其反应概率越大,生化反应速率也越大。

研究发现,从单细胞微生物到高等生物,其生化反应的活化能极其相似,为 $0.6 \sim 0.7$ eV(1 eV = 96.49 kJ · mol^{-1})。但是,目前对于代谢速率与温度的关系只是采用经验模型表述,没有坚实的理论基础,并且还不知道活化能量参数到底代表着什么样的生物学意义,也许它只是代谢中数以百计的化学反应的某种形式的一个平均,或者是代谢途径中必须跨过某个门槛所需要的能量。对于这种相似的生物过程对温度依赖性的理论解释还需要开展深入的研究。

10.3.1.4 相对代谢速率与生物学时间的关系

相对代谢速率指单位体重的新陈代谢速率,可以表示为代谢速率(B)除以个体大小(M)。代谢速率正比于个体大小的 3/4 次方,因此相对代谢速率(b)可表示为

$$b = B/M \propto M^{3/4}/M \propto M^{-1/4} \propto T^{-1} \qquad (10.5)$$

公式(10.5)得出,相对代谢速率与个体大小的 $-1/4$ 次方呈正比。这说明,个体越大,相对代谢速率越低,即个体大的动物具有更高的能量利用效率。研究发现,多种生物学速率,如生长速率、最大繁殖速率、心率和 DNA/线粒体/叶绿体/核糖体更新速率与个体大小呈 $-1/4$ 幂指数关系(Peters, 1983;Schmidt-Nielsen, 1984;Charnov, 1993;Brown and West, 2000),经上式转化,这些速率即与相对代谢速率呈正比,这符合生物学的基本认知。生物学时间(biological time,T)一般指寿命、妊娠期和肌肉收缩等生物学过程的时长。生物学时间为累积时间,而相对代谢速率表达的是单位时间,故而可以将生物学时间理解为相对代谢速率的倒数,由此可得生物学时间与个体大小的 1/4 次方呈正比。这一量化关系在具体研究中也得到了验证:寿命、生殖成熟、妊娠、血液循环、肌肉收缩和低聚果糖消耗等过程的用时正比于个体大小的 1/4 次方(Brown et al., 2002)。

10.3.2　生态学代谢理论在不同生物层级水平的应用研究

目前生态学代谢理论已经在生态学的各个研究层次都有广泛的应用(Brown et al.,2004;邓建明等,2006;李妍等,2007;刘为和夏虹,2011),包括在不同尺度上基于异速生长关系对生物学特征属性的描述和预测,例如,个体大小对增长率、生育率和死亡率的影响(Enquist et al.,1999;Niklas and Enquist,2001;Muller-Landau et al.,2006;Russo et al.,2007),生物量分配格局(Enquist and Niklas,2002;Niklas and Enquist,2002;Niklas,2005;Weiner et al.,2009;Yang et al.,2010),种群密度与群落结构和物种多样性的关系(Enquist et al.,1998;Belgrano et al.,2002;Kaspari,2004;Marquet et al.,2005;Gillooly and Allen,2007;Wang et al.,2009;Zhang et al.,2011),以及生态系统的物质交换、能量流动以及营养级结构与个体生物量的异速生长关系等(Brown and Gillooly,2003;Brose et al.,2006)。近年来,全球变化问题备受关注,生态学代谢理论也逐渐应用在大尺度物质循环过程研究中(Brown et al.,2004;Marquet et al.,2004;Allen et al.,2005;López-Urrutia et al.,2006;Enquist et al.,2007;Allen and Gillooly,2009;Hillebrand et al.,2009;Price et al.,2012;Yvon-Durocher et al.,2012)。

10.3.2.1　个体水平的应用研究

生态学代谢理论在个体水平上解释了很多常见但难以理解的现象。例如,研究发现,动物一生中的心跳总数与个体大小无关,心跳总数等于寿命和心率的乘积。根据生态学代谢理论,寿命与个体大小的1/4次方呈正比,而心率与个体大小的−1/4次方呈正比,得到$M^{1/4} \times M^{-1/4} \propto M^0$,从而解释了心跳总数与个体大小无关的现象。个体水平上,另一个常见的现象是小动物往往生长快,并且寿命短。根据生态学代谢理论,这一生活史特征受新陈代谢控制,个体较小的动物具有更高的相对代谢速率,大量的能量供给形成较快的生长速度,而生长速度的提高会引发加速衰老,从而解释了小动物寿命较短这一现象(Enquist et al.,1999;Savage et al.,2004)。

10.3.2.2　群落水平的应用研究

在种群和群落水平,生态学代谢理论可以解释种群增长和群落结构等问题。例如 Enquist 等(1998)利用生态学代谢理论对树木数量和个体大小之间的关系进行了定量研究,回答了一个看似简单,实际很难回答的最大种群密度问题。在这一分析中,首先假设生态系统的可利用资源量是一定的,树木木质部中运输物质的速率(Q)与树木直径(D)的平方呈正比。根据生态学代谢理论,D 与个体大小(M)的3/8次方呈正比(West et al.,1997),故 Q 与 M 的3/4次方呈正比。其次,单位面积林地的资源供应率(S)正比于所能承载的树木数量(N)与个体平均资源利用率(即Q)的乘积,即 $S \propto N \times Q \propto N \times M^{3/4}$。在森林达到稳态时,$S$ 保持不变,从而得到树木数量正比于个体大小的−3/4次方。

10.3.2.3　生态系统水平的应用研究

人们在上千平方千米的北方针叶林中可能只会见到几种树木,而在足球场大小的热带雨林中就可以发现上百种树木。虽然生物多样性在地区间的差异显而易见,其形成机理却并不容易理解。根据生态学代谢理论,分子进化速度与代谢速率呈正比,因此具有较高代谢速率的生物体在分子水平上表现出较高的变化率,较高的分子进化速度导致物种形成速率增加,温暖的环境就具有更高的物种多样性(Allen et al.,2002)。如果生存竞争在更热的地方更为激烈,这可能意味着全球变暖不仅会通过气候变化引起物种地理分布的改变,还可能通过提高每个个体的代谢速率增加资源消耗,减少生态系统所能支持的个体数目,从而降低了种群密度和总生物量。

10.3.2.4　化学计量学与代谢速率关系的应用研究

物质和能量是生物体新陈代谢的基础,因此定量分析新陈代谢和元素之间的关系一直以来受到生态学家的特别关注(Sterner and Elser,2002;Allen and Gillooly,2009;Elser et al.,2010)。化学计量学通过生物化学反应中的元素计量来探讨能量和元素之间的关系。而化学计量学很早就被应用于生态学研究中,生态化学计量学着重研究生态系统中能量和化学元素间的平衡关系,以及有机体特性及行为与化学元素间的关系。

众所周知,生物体由大量的化学元素组成,生物体体内的元素组成与外界环境中的元素组成有很大差异,生物体必须从外界环境中摄取其必需元素,用于维持体内元素浓度的稳定性。同时,生物体又排泄代谢废物进入外界环境中,从而达到生物体与环境之间的元素动态平衡。因此,代谢速率和生物体内以及环境中的元素物质流动就有着必然的联系。一方面,生物体的代谢速率或元素周转速率会影响环境中元素的浓度(例如植物光合和呼吸作用对大气中的 CO_2 浓度的影响)。另一方面,环境中的化学元素也会促进或者抑制生物体代谢速率(Brown et al.,2004;邓建明等,2006)。这使得通过生理学和生物化学动态变化过程来定量描述化学元素和新陈代谢之间的关系成为可能(Sterner and Elser,2002)。如果考虑到化学计量学对代谢速率的影响,公式(10.4)可以修正为

$$B = B_0 M^{3/4} e^{-E/kT} f(R) \qquad (10.6)$$

式中 $f(R)$ 表示维持新陈代谢所需要物质的含量或者浓度大小(Marquet et al.,2004),由于化学元素对代谢速率影响的复杂性,到目前为止,代谢模型中的 $f(R)$ 函数还无法具体化,即化学计量学对代谢速率的影响还不清楚,还不知道元素是怎样与个体大小和温度相互作用,最终影响个体、种群、群落以及生态系统的特征,这个问题还有待深入的研究。

10.3.3　生态学代谢理论对植物群落特征属性地理格局的预测

10.3.3.1　代谢速率的空间分布

在生物群落中,种群平均密度表示为 $J/(A \times S)$,J 表示群落内的个体总数,A 表示群落面积,S 表示物种丰富度。利用生态学代谢理论的两个基本关系,即生物代谢速率与其个体大小及温度的关系[公式(10.3)和公式(10.4)],通过种群平均密度与个体代谢速率的乘积,即可得到由 S 个物种组成的群落内平均每个种群单位面积的总代谢速率(Allen et al.,2002;张强等,2008):

$$\overline{B_T} = \frac{J}{A \times S} B = \frac{J}{A \times S} B_0 \overline{M^{3/4}} e^{-E/kT} \qquad (10.7)$$

式中,$\overline{B_T}$ 表示单位面积种群平均总能量通量,$\overline{M^{3/4}}$ 表示根据群落内个体大小的频度分布计算的平均个体大小,而 B_0 为标准化常数,不随个体大小和温度发生变化。单位面积种群总能量通量(B_T)和个体大小无关(Enquist et al.,1998)。其基本思路为:$B_T = N \times B$,N 表示种群密度,正比于个体大小(M)的-3/4 次方;B 表示个体代谢速率,正比于个体大小的 3/4 次方,得出 $B_T \propto M^0$。借助于生态学代谢理论,构建起从个体到种群,再到群落等不同组织水平之间代谢速率的关联。

对公式(10.7)进行变形,可推导出物种丰富度的

表达式:

$$S = \frac{J}{A} \frac{B_0 \overline{M^{3/4}}}{\overline{B_T}} e^{-E/kT} \qquad (10.8)$$

式中,J/A 表示单位面积所能生长的个体数,即多度。对上式两边取对数则得到:

$$\ln(S) = \ln \frac{J}{A} + \ln \left(\frac{B_0 \overline{M^{3/4}}}{\overline{B_T}} \right) - \frac{E}{k} \frac{1}{T} \qquad (10.9)$$

当多度和平均个体大小为常数时,生态学代谢理论提出物种丰富度和温度间的关系预测:第一,物种丰富度的对数 $\ln(S)$ 与绝对温度的倒数 $1/T$ 呈线性关系;第二,该线性关系的斜率为 -9.0×10^3 K,这一理论预测值与 Allen 等(2002)分析的陆地与水生生物的实测值相符。

10.3.3.2　物种形成速率与物种多样性空间分布

物种形成速率受两个重要过程影响,即单位时间内的世代周转速率以及单位时间内单位基因的突变速率。生态学代谢理论认为,寿命与相对代谢速率呈反比,这意味着相对代谢速率越高,种群的世代时间越短,单位时间内的世代数越多。这一过程可用下式表达(Gillooly et al.,2002;Savage et al.,2004;王志恒等,2009):

$$g = g_0(B/M) = g_0 B_0 M^{-1/4} e^{-E/kT} \qquad (10.10)$$

式中,g 表示种群单位时间内的世代数;B 表示个体代谢速率;M 表示个体大小;g_0 表示标准化常数,反映每克生物量的能量流为 1 J 时的世代数;B_0 表示不随个体大小变化的标准化常数。

新陈代谢控制着大多数生物学速率,包括遗传物质的生成时间。分子进化中性理论认为,在分子水平上,大多数种内和种间变异不是由自然选择引起的,而是由中性突变的等位基因遗传漂变引起的(Kimura,1983)。该理论认为,大多数突变是有害突变,但是由于这些突变可通过自然选择被迅速去除,不会对分子水平上的变异产生显著贡献,故而提出无害的突变主要是中性的而不是有益的。生态学代谢理论提出,相对代谢速率与个体大小的-1/4 次方呈正比。分子进化中性理论与生态学代谢理论相结合时,上述关系也可以用来表征分子进化速度:

$$\alpha = fvB = fv B_0 M^{-1/4} e^{-E/kT} \qquad (10.11)$$

式中,α 表示每个位点单位时间的突变数;f 表示中性位点突变的比例;v 表示每个位点产生的中性突变速率。如果突变数(α)对个体大小(M)和温度(T)的依赖性受个体代谢速率(B)控制,则 f 为独立于 M 和 T

的常数。虽然物种的形成速率也受其他因素(如种群大小、迁徙速率以及地理阻隔)的影响,但世代时间和突变速率与绝对温度的关系说明,在其他影响因素保持不变的情形下,物种形成速率与绝对温度呈显著的指数关系(Allen et al., 2006)。

10.4　生态学代谢理论在陆地生态系统碳、氮循环中的应用研究

10.4.1　生态系统重要碳库间的通量、现存量和周转

相比海洋生态系统,陆地生态系统具有更高的复杂性、多样性和异质性。尽管如此,生态学代谢理论的思想同样也适用于陆地生态系统物质循环的研究(Enquist et al., 2003; Brown et al., 2004; Allen et al., 2005; Yvon-Durocher et al., 2012)。Allen 等(2005)利用生态学代谢理论的基本思想,基于个体大小和温度对生物个体代谢速率的限制,建立一系列模型预测了生态系统三个重要碳库(自养生物、分解者和土壤)间的通量、现存量和周转,从而实现了生态学代谢理论的尺度上推及其对生态系统碳循环的预测。在该模型的建立过程中,研究者提出以下四个假设。

模型假设一:自养生物的光合作用和呼吸作用决定个体水平的碳通量,而这些代谢作用都受到个体大小和温度的影响。因此,首先假设单个叶绿体和呼吸复合体的光合/呼吸速率为 v,其与温度的关系为

$$v = v_0 e^{-E/kT} \qquad (10.12)$$

式中,$e^{-E/kT}$ 表示玻尔兹曼因子。进一步假设叶绿体和呼吸复合体的大小是恒定的,则单位质量中的叶绿体和呼吸复合体的数量(ρ_i)随着个体大小(M_i)而下降:

$$\rho_i = \rho_0 M_i^{-1/4} \qquad (10.13)$$

公式(10.12)和公式(10.13)合并起来,就表示了整个生物体的光合/呼吸速率:

$$Q_i = v \rho_i M_i = q_0 M_i^{3/4} e^{-E/kT} \qquad (10.14)$$

式中,q_0 表示常数,$q_0 = v_0 \rho_0$。公式(10.14)表示自养生物和异养生物个体水平的光合/呼吸速率,但是由于光合作用和呼吸作用的活化能并不相同,所以在式(10.14)中无法用统一的 E 表示。

模型假设二:生态系统各个碳库的储量、通量和周转速率是由构成该碳库的所有生物体的代谢活动决定的。对于自养生物的生物量碳库而言,假设其面积为 A,其中包含了 J 个自养生物个体,那么其单位面积的碳储量(M_{Tot})为

$$M_{Tot} = (1/A) \sum_{i=1}^{J} M_i = (J/A) <M>_J \qquad (10.15)$$

式中,$<M>_J$ 表示 J 个自养生物个体大小的均值,等于 $(1/J) \sum_{i=1}^{J} M_i$。

生物量碳库单位面积的碳通量(q)可以定义为单个生物体通量(Q_i)的总和,可以表示为

$$q = (1/A) \sum_{i=1}^{J} Q_i = (J/A) q_0 <M^{3/4}>_J e^{-E/kT}$$

$$= q_0 M_{Tot} <M^{-1/4}>_M e^{-E/kT} \propto \omega \qquad (10.16)$$

式中,$<M^{3/4}>_J = (1/J) \sum_{i=1}^{J} M_i^{3/4}$,即 J 个个体 $M_i^{3/4}$ 的均值;$<M^{-1/4}>_M = [1/(A \times M_{Tot})] \sum_{i=1}^{J} M_i^{3/4} = \dfrac{<M^{3/4}>_J}{<M>_J}$;$\omega$ 表示限制性资源的供给速率,可以定义为决定生物群落生长的环境承载能力,即单位面积所能生长的个体数(J/A)。由公式(10.15)和公式(10.16)可以得到生物量碳库的周转速率为

$$q/M_{Tot} = q_0 \left(\frac{<M^{3/4}>_J}{<M>_J} \right) e^{-E/kT}$$

$$= q_0 <M^{-1/4}>_M e^{-E/kT} \qquad (10.17)$$

公式(10.12)—公式(10.17)将生态系统碳通量、储量和周转速率与环境中的限制性资源(ω)、温度($e^{-E/kT}$)和个体大小的影响有机地结合了起来。

模型假设三:陆地生态系统的碳通量主要取决于光合作用和呼吸作用的碳通量,由物理过程(如降水、干沉降、淋溶和土壤侵蚀等)引起的碳通量所占比例很低。

模型假设四:生态系统在一年或者更长时间尺度上保持稳定状态,即系统中的氧化代谢过程受到总光合作用的限制。例如,随着 NPP 的增加,土壤呼吸作用也线性增加。

基于以上四个假设条件,可以构造出一个简化的陆地生态系统碳循环模型(图 10.1)。应用该模型时,第一,需要确定生态系统中的碳库和碳通量;第二,利用个体大小和温度与光合作用的关系确定自养生物碳库的初级生产力;第三,确定自养生物和异养生物碳库的 CO_2 通量;第四,确定土壤碳库中的碳通量;第五,通过以上步骤最终确定生态系统水平的 CO_2 通量(Allen et al., 2005)。模型具体参数化过程详见 Allen 等(2005)的研究论文。

Allen 等(2005)将生态学代谢理论应用于陆地生态系统碳循环过程的模拟,定量地描述了个体水平的生物体在碳循环中的作用,实际上这一过程默

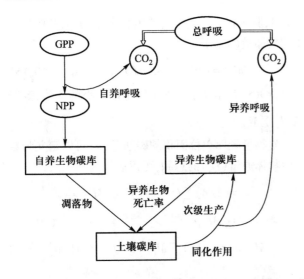

图 10.1 陆地生态系统碳循环过程中的主要碳库
（方框）和通量（箭头）

认了以下三个假设：①生物体的代谢速率决定着个体水平的物质和能量转化速率；②生物体的代谢速率决定着生物和环境间的物质和能量转化速率；③生态系统物质的储量和通量等于个体水平生物体物质储量和通量的加和。假设②和③是以假设①为基础的，是个体水平物质和能量平衡的结果。依此逻辑框架所建立的海洋和陆地生态系统的碳循环模型，已被应用于生态系统碳循环的模拟分析之中，其模拟结果得到了实验数据很好的验证（图 10.2）

（Enquist et al., 2003；Allen et al., 2005；López-Urrutia et al., 2006），这使得以生态学代谢理论为理论基础，综合理解和模拟预测将细胞、个体、群落水平的生物过程与全球生物地球化学循环联系起来的生态系统碳循环的设想得以实现。

10.4.2 全球变化对陆地植物群落净初级生产力影响的预测

生态学代谢理论反映出所有生命受到共同的物理和生物进化规律的制约以及个体质量的调控，且通过代谢速率这个桥梁，动物和植物、个体生物学和种群、群落以及生态系统生态学被有机地联系在一起，为更好地理解生态系统物质循环的耦合过程及其调控机制提供了新途径和新视角。例如，为了深入研究气候变化对年净初级生产力（NPP）的影响机理，Michaletz 等（2014）通过将降水量、温度、生长季长度、生物量和群落年龄纳入生态学代谢理论的核心模型，构建了新的分析框架，很好地量化了各因子对全球陆地植物群落 NPP 的协调影响和独立影响。

该模型主要基于以下三点理论基础：①依据生态学代谢理论，植物的呼吸、光合和生长变化与植物大小和温度呈幂指数关系；②将生态学代谢理论从个体扩展到整个生态系统尺度，NPP 与林分生物量和群落中最大个体的大小呈指数关系；③温度、降水、生长季长度和植物年龄对 NPP 的影响是连乘效应。在这些基础上，NPP 可以通过式（10.18）得到：

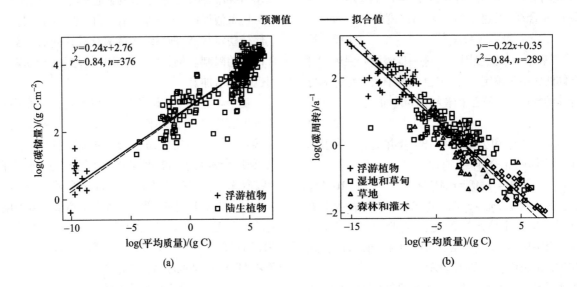

图 10.2 个体大小与碳储量（a）及碳周转（b）的关系（Allen et al., 2005）
虚线为依据上述模型获得的预测值，其斜率分别为 0.25 及 -0.25；实线为利用实测数据得到的拟合值。

$$\text{NPP} = P^{\alpha_r} l_{gs}^{\alpha_{l_{gs}}} \alpha^{\alpha_a} e^{-E/kT} g_1 \frac{c_n}{A} \left[\frac{5 c_m^{8/3}}{3 c_n} \right]^{\alpha} M_{\text{Tot}}^{\alpha}$$

$$(10.18)$$

式中，NPP 表示净初级生产力；P 表示降水量（mm）；l_{gs} 表示生长季长度（mo·a^{-1}）；α 表示植物年龄（a）；降水、生长季长度和年龄与 NPP 的幂指数关系分别用 α_P、$\alpha_{l_{gs}}$ 和 α_a 来表示；E 表示活化能；k 表示玻尔兹曼常数；T 表示热力学温度；M_{Tot} 表示总的林分生物量（g）；A 表示林分面积（m^2）；g_1 表示植物生长归一化常数（g·$m^{-1-\alpha(5/3)}$·$a^{-1+\alpha_{l_{gs}}-\alpha_a}$·$mm^{-\alpha_P}$·$mo^{-\alpha_{l_{gs}}}$）。

个体大小和林分生物量对 NPP 的影响分别用林分大小分布指数 c_n 和归一化常数 c_m 来表示：

$$f(r) = dn/dr = c_n r^{-\alpha} \quad (10.19)$$

$$r = c_m m^{3/8} \quad (10.20)$$

式中，r 表示树干半径（m）；m 表示植物生物量。

为了检验气候对 NPP 的直接和间接效应，公式（10.18）两边分别除以生长季长度，得到月平均初级生产力（NPP/l_{gs}；g·m^{-2}·mo^{-1}）：

$$\frac{\text{NPP}}{l_{gs}} = P^{\alpha_r} \alpha^{\alpha_a} e^{-E/kT} g_2 \frac{c_n}{A} \left[\frac{5 c_m^{8/3}}{3 c_n} \right]^{\alpha} M_{\text{Tot}}^{\alpha} \quad (10.21)$$

式中，l_{gs} 表示生长季长度（mo·a^{-1}）；g_2 表示另外一个植物生长归一化常数（g·$m^{-1-\alpha(5/3)}$·$mo^{-1-\alpha_{l_{gs}}}$·$mm^{-\alpha_P}$·$a^{-\alpha_a}$）。

对公式（10.18）和公式（10.21）两边取对数，得到以下方程：

$$\ln(\text{NPP}) = \beta_{0,1} + \alpha_P \ln(P) + \alpha_{l_{gs}} \ln(l_{gs}) + \alpha_a \ln(\alpha) - \frac{E}{kT} + \alpha \ln(M_{\text{Tot}})$$

$$(10.22)$$

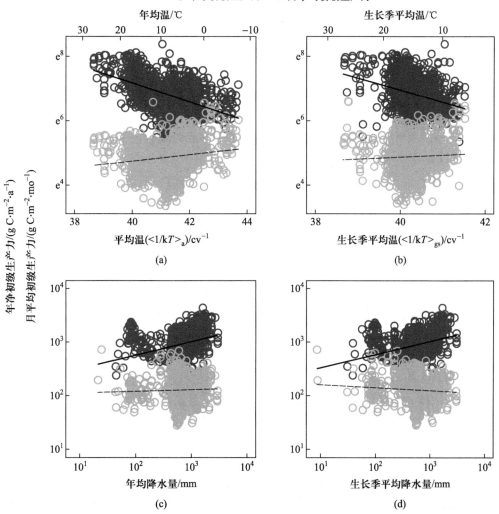

图 10.3　全球范围内木本植物群落的 NPP 沿着环境梯度的变化（Michaletz et al.，2014）

（a）年均温；（b）生长季温度；（c）年降水量；（d）生长季降水量。

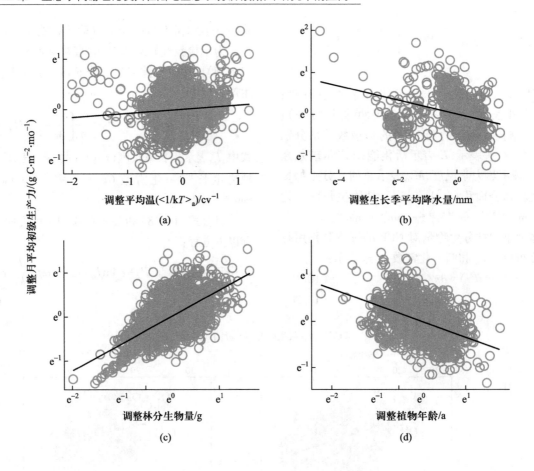

图 10.4 月平均初级生产力（NPP/l_{gs}）与公式（10.23）中各变量的偏回归分析（Michaletz et al., 2014）

图中给出的是当控制其他变量的影响时，NPP/l_{gs} 与生长季平均气温（a）、生长季平均降水量（b）、林分生物量（c）和植物年龄（d）之间的关系。

$$\ln\left(\frac{NPP}{l_{gs}}\right) = \beta_{0,2} + \alpha_P \ln(P) + \alpha_a \ln(\alpha) - \frac{E}{kT} + \alpha \ln(M_{Tot})$$

（10.23）

式中，$\beta_{0,1}$ 和 $\beta_{0,2}$ 为截距，分别等于：

$$\beta_{0,1} = \ln(g_1) + \ln\left(\frac{c_n}{A}\right) + \ln\left[\left(\frac{5c_m^{8/3}}{3c_n}\right)^\alpha\right] \quad (10.24)$$

$$\beta_{0,2} = \ln(g_2) + \ln\left(\frac{c_n}{A}\right) + \ln\left[\left(\frac{5c_m^{8/3}}{3c_n}\right)^\alpha\right] \quad (10.25)$$

Michaletz 等（2014）利用全球范围内 1247 个木本植物群落的数据对这一模型进行了验证。结果表明，气候因子（降水和温度）的独立影响几乎不能解释全球陆生木本植物群落的月平均初级生产力（NPP/l_{gs}）的变异（图 10.3）。相反，全球 NPP/l_{gs} 的分布格局是群落生物量和年龄结构所驱动的（图 10.4）。因此可见，气候因子可能通过影响植物群落的生物量和年龄结构而间接影响群落 NPP。

此外，该研究还揭示，全球 NPP 的空间变异可以用一个包含生物量和群落年龄的异速生长模型来解

释，将该模型与全球变化模型进行整合，有可能进一步提高我们预测植物生态系统功能适应全球环境变化的能力。

10.4.3 生态学代谢理论在陆地生态系统氮循环中的应用

近年来，研究者试图将生态学代谢理论与生态化学计量理论结合起来，以能量守恒和物质平衡为基石，将细胞水平的生物过程上推到个体水平乃至更高层次。生态学代谢理论着重于从能量平衡的角度分析生物过程中的能量通量，其基本依据之一是玻尔兹曼-阿伦尼乌斯温度动力学定律（Boltzmann-Arrhenius temperature kinetics）。生态化学计量理论着重于从物质平衡和养分最小的角度分析生物过程中的物质通量，其基本依据是利比希最小因子定律和生物的化学计量内稳性。Allen 和 Gillooly（2009）提出，生态学代谢理论与生态化学计量理论相结合的理论基础是完全成立的，亚细胞水平的生物动力过程及结构的元素

组成是决定更高层次能量通量和物质通量的基础。

上述基本思路被用于研究和预测森林冠层生长速率，即利用叶片氮含量、蛋白质含量及叶片磷含量与rRNA的关系，将叶片水平的代谢速率推导为冠层生长速率（Niklas et al.，2005）。蛋白质是参与代谢的重要物质，蛋白质的数量受控于其"加工工厂"核糖体的RNA，为了维持生长繁殖，必须将核糖体RNA的数量维持在一定的水平，以保证参与代谢的各类蛋白质的数量。蛋白质及核糖体RNA的量可分别由组成元素氮和磷的含量表示，由此可构建起氮、磷含量与代谢速率之间的关系。其推导过程依旧以代谢理论的基本原理 $B = B_0 M^\alpha$ 为基础，对细胞内代谢过程及其影响因素进一步参数化，核心过程的定量方程为

$$\log(\mu_{\text{leaf}}) = \frac{1}{3}\log(M_{\text{leaf}}) + \log\left(\frac{f_{\text{ribo}}^{\text{RNA}} f_{\text{RNA}}^{\text{leaf-P}} \beta_{\text{o}}^{\text{P}} \upsilon_{\text{ribo}} M_{\text{aa}} r_{\text{e}}}{f_{\text{P}}^{\text{RNA}} M_{\text{ribo}} f_{\text{protein}}^{\text{leaf-N}} \beta_{\text{o}}^{\text{N}}}\right)$$

(10.26)

式中，μ_{leaf} 表示冠层生长速率；M_{leaf} 表示冠层生物量；$f_{\text{ribo}}^{\text{RNA}}$ 表示核糖体中RNA所占比例；$f_{\text{RNA}}^{\text{leaf-P}}$ 表示叶片磷含量投入于RNA的比例；υ_{ribo} 表示叶片中单位核糖体合成蛋白质的速率；M_{aa} 表示氨基酸的量；r_{e} 表示蛋白质存留率；M_{ribo} 表示核糖体的量；$f_{\text{protein}}^{\text{leaf-N}}$ 表示叶片氮含量投入于蛋白质的比例；$\beta_{\text{o}}^{\text{N}}$ 和 $\beta_{\text{o}}^{\text{P}}$ 分别表示冠层氮和磷与冠层生物量间异速关系常数（$N_{\text{leaf}} = \beta_{\text{o}}^{\text{N}} M_{\text{leaf}}$；$P_{\text{leaf}} = \beta_{\text{o}}^{\text{P}} M_{\text{leaf}}^{4/3}$）。

利用实测的131种植物冠层大小及生长速率间的关系对上述模型进行验证，结果显示，叶片氮、磷含量与叶片干物质质量之间具有正比关系（$N_{\text{L}} \propto P_{\text{L}}^{3/4} \propto M_{\text{L}}$）（图10.5），而基于模型得到的模拟代谢速率和实测代谢速率之间也呈现出较好的一致性（图10.6）。

由于生态系统氮循环的复杂性，目前生态学代谢理论在氮循环方面的应用还仅局限在氮对植物生长速率的影响方面，而对碳、氮在生态系统各组成部分间的循环研究还是主要以碳、氮计量关系作为纽带。生态系统内部碳、氮及其他物质在植物、凋落物和土壤这三个库之间相互转换，土壤养分影响植物的生长速率，从而影响生物群系叶片 C∶N∶P 计量关系；反过来，植物的养分状况也会对土壤养分产生反馈（McGroddy et al.，2004），而微生物是碳、氮元素在三个库之间循环的介导者。研究发现，凋落物的分解速度受到 C∶N∶P 计量关系的影响（Manzoni et al.，2010；Mooshammer et al.，2012），蛋白质分解速率和氮矿化速率与凋落物 C∶N 值呈负相关关系，磷的矿化速率和凋落物 C∶P 值呈负相关关系。凋落物 C∶N 值和磷酸酶活性呈负相关表明，微生物将会投入更多的碳和养分以生产可以矿化受限营养元素的胞外酶（Mooshammer et al.，2012）。

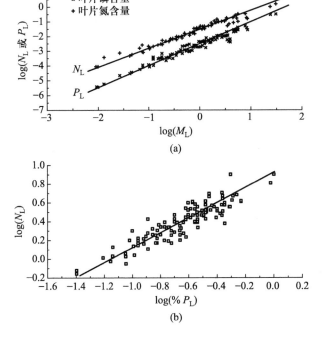

(a)

(b)

图10.5 叶片氮含量、磷含量与干物质质量间的关系（Niklas et al.，2005）

N_{L} 与 P_{L} 分别代表叶片氮含量及磷含量，%N_{L} 与 %P_{L} 分别代表叶片氮含量与磷含量占叶片干物质质量的百分比，M_{L} 代表叶片干物质质量。

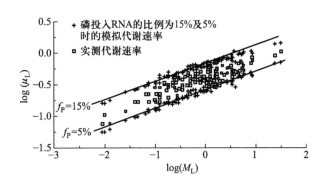

图10.6 模拟代谢速率和实测代谢速率与叶片干物质质量的关系（Niklas et al.，2005）

由于缺乏磷投入RNA的确切实测数据，故根据他人的研究结果，以5%和15%分别作为最低值与最高值，结合模型估算代谢速率。

虽然目前的研究对生态系统中的各组成部分均有涉及,但是各组分的研究是相对独立的,如何在一个生态系统内将各组分的关系有机地组合成一个系统,建立各个组分之间的耦联网络,确定影响这种耦联关系的因子并揭示背后的生态学机制,还需要在方法论建立及实证研究方面深入研究。

10.4.4 生态学代谢理论在海洋生态系统碳循环中的应用

地球上 97.25% 的水以海洋液态咸水的形式存在,自从地球出现生命,海洋对整个地球的气候和生态系统存在着持续而深远的影响。海洋是地球碳的最重要贮存库之一,是全球碳循环系统的一个至关重要的子系统。海洋在生物圈碳收支中的作用很大程度上取决于海洋浮游生物光合作用固定的 CO_2 与其呼吸作用释放的 CO_2 之间的平衡。López-Urrutia 等(2006)利用生态学代谢理论推算了海洋浮游生物群落的生产量和呼吸量,估算了海洋的碳收支状况,为研究海洋碳循环提供了新思路。

一个生态系统中的 CO_2 通量的大小是该系统中所有生物个体代谢速率的总和(Enquist et al., 2003),相应地也受到个体大小和环境温度的影响。按照生态学代谢理论,如果已知异养浮游生物的个体大小(M_i)和环境温度(T),就能推算出异养浮游生物的呼吸速率(B_i):

$$B_i = b_0 e^{-E_h/kT} M_i^{\alpha_h} \quad (10.27)$$

式中,b_0 表示个体大小和温度的归一化常数;$e^{-E_h/kT}$ 表示玻尔兹曼因子;E_h 表示异养浮游生物呼吸的平均活化能;k 表示玻尔兹曼常数(8.62×10^{-5} eV·K^{-1});α_h 表示异养浮游生物的异速生长指数。

自养浮游生物代谢速率的估算不仅涉及自养浮游生物的个体大小和环境温度,同时也涉及其对光能的利用,因此自养浮游生物的代谢速率可以用公式(10.28)表示:

$$P_i = p_0 e^{-E_a/kT} M_i^{\alpha_a} \frac{PAR}{PAR+K_m} \quad (10.28)$$

式中,P_i 表示自养浮游生物个体的总光合速率;同样 p_0 表示个体大小、温度和光能的归一化常数;E_a 表示自养浮游生物光合作用的平均活化能;α_a 表示自养浮游生物的异速生长指数;PAR 表示光合有效辐射;PAR/(PAR+K_m) 表示光合作用光反应的米氏方程;K_m 表示半饱和常数。

由此可以得到,自养浮游生物群落的净初级生产力等于所有个体光合速率的总和,可以表示为

$$NPP = \frac{1}{V}\sum_{i=1}^{n_a} \varepsilon P_i = \frac{1}{V}\varepsilon p_0 e^{-E_a/kT} \frac{PAR}{PAR+K_m}\sum_{i=1}^{n_a} M_i^{\alpha_a} \quad (10.29)$$

式中,n_a 表示体积 V 中自养浮游生物的数量;ε 表示碳利用效率,即光合作用固定的碳用于生物自身生长的部分。因此,由公式(10.27)、(10.28)和(10.29)便可以得到浮游生物群落的呼吸速率(CR):

$$CR = \frac{1}{V}\left[\sum_{i=1}^{n_a}(1-\varepsilon)P_i + \sum_{i=1}^{n_h} B_i\right] \quad (10.30)$$

$(1-\varepsilon)P_i$ 表示自养浮游生物的呼吸速率;n_h 表示体积 V 中异养浮游生物的数量。

通过获取个体和群落水平参数数据以及实验校正生态学代谢理论中的相关参数(如异速生长指数等),再利用公式(10.29)和(10.30)就可以分别得到海洋浮游生物群落的 NPP 和呼吸量,进而可评估分析海洋生态系统的碳收支状况。

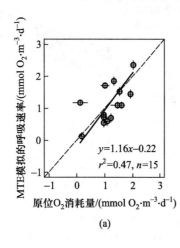
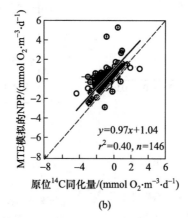
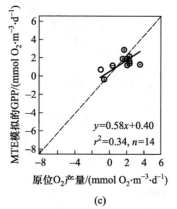

图 10.7 浮游生物呼吸速率(a)、NPP(b)、GPP(c)预测值与实测值对比(López-Urrutia et al., 2006)

López-Urrutia 等(2006)基于生态学代谢理论的模拟结果与经验数据获得的结果相一致(图 10.7),并且预测海洋浮游生物群落将对气候变暖产生负反馈作用。这是因为随着海洋温度的升高,呼吸作用的增强大于生产力的提高,致使浮游生物捕获 CO_2 的能力下降。海洋生物的负反馈作用又会进一步加剧全球变暖(López-Urrutia et al., 2006)。

10.5 生态学代谢理论在全球生物地球化学研究中的应用前景及问题

10.5.1 在全球生物地球化学研究中的应用前景

生态学代谢理论为全球生物地球化学循环过程的模拟提供了可行的尺度上推的新思路,具有广泛的发展空间和应用前景。做出这种推断是依据以下三点理由。

首先,生态学代谢理论通过量化个体大小、温度以及化学计量与生物体代谢速率的关系,在个体水平上建立了具有生物学依据的理论基础。而生物体作为生态系统物质循环过程中的关键组成部分,决定着整个生态系统物质和元素的储量和通量,实际上,生态系统水平的物质和元素的储量与通量是个体水平储量和通量的加和。

其次,在生态系统生态学研究者的不断探索下,对一些重要元素的生物地球循环过程(如碳、氮、磷循环过程)已经有了基本了解,并且还在不断的细化和完善之中。这使得生态系统物质循环过程中的各个储存库以及各储存库之间的通量得以被细致刻画,为实现生物体代谢过程尺度上推提供了科学基础。

最后,目前的实验技术水平、数据获取手段以及前期研究的数据积累使得模型的参数化拥有了数据基础。因此,理论基础的建立、循环过程的明晰、数据获取的可实现性,使得全球生物地球化学循环系统性模拟的实现具备了成熟的条件。

然而,生物地球化学循环过程是极其复杂的,受到生物因素和非生物因素的制约(Enquist et al., 2003)。生态系统中物质和能量的流动还受到植物群落生物量、环境温度和资源供给状态(如光照、水分和养分可利用性)的制约。而目前以生态学代谢理论为基础建立的碳循环模型,都将生态系统假设为较为理想的状态,因此构建的还只是一种简化的模拟体系。这势必会与生态系统中能量转化和物质流动的真实情况有所差异,如何进一步完善模型参数化方案,依然是今后研究中所面临的主要挑战。

目前,生态学代谢理论主要被应用于生态系统碳循环过程的模拟,而在其他重要的物质循环过程中的应用研究还较少。而生态系统物质循环的耦合过程及其调控机制正是当今全球变化生态学关注的前沿问题(于贵瑞等,2013),随着对这些物质循环耦合过程认识的不断深入,将生态学代谢理论应用于解释和模拟物质耦合循环过程也许会成为可能。

10.5.2 生态学代谢理论在应用中的限制及问题

生态学代谢理论为探讨个体或群体代谢、物质与能量流动提供了一种机制性的定量综合框架,为许多生物、生态现象提供了解释机制,其普适性价值不容否认。然而需要注意的是,这一理论是建立在一定的假设或约束条件之上的,忽视假设及约束条件可能引起误解或不当应用。

首先,该理论存在一个潜在的假设或约束条件,即除了温度和个体大小外,其他条件被认为处于理想状态或保持恒定不变,从而不影响生物的新陈代谢(Allen et al., 2002;Gillooly and Allen,2007)。但在现实世界中,这种理想状态很难得到满足,因而从实际数据中得到的关系常常不符合生态学代谢理论的预测或离散程度很大。由此可见,生态学代谢理论绝不是唯一的生态理论,也不会解释自然界所有重要的生态学过程。但是该理论的优势在于,可基于核心原理进行明确的定量预测,残差的存在说明需要注意其他变量的贡献,而偏差的大小和方向则为原因辨析和新变量的引入提供线索。

其次,在探讨群落密度和个体大小的关系时,一般假设群落处于平衡状态,即物理空间被个体全部占满,且个体间无资源竞争等相互作用(Yoda et al., 1963;Begon et al., 1986;Enquist and Niklas,2001)。然而,实际情况中,群落常常受到人为活动等强烈干扰或者处于演替过程中,此时的群落密度和个体大小之间就不一定符合生态学代谢理论的幂率关系。

参考文献

邓建明,王根轩,魏小平. 2006. 宏观生态过程的代谢调控研究进展. 生态学报, 26(10): 3413-3423.

李妍, 李海涛, 金冬梅, 等. 2007. WBE 模型及其在生态学中的应用: 研究概述. 生态学报, 27(7): 3018-3031.

刘为, 夏虹. 2011. 生态学代谢理论研究进展. 生物学通报, 46(6): 15-17.

王志恒, 唐志尧, 方精云. 2009. 生态学代谢理论: 基于个体新陈代谢过程解释物种多样性的地理格局. 生物多样性, 17(6): 625-634.

于贵瑞, 方华军, 伏玉玲, 等. 2011a. 区域尺度陆地生态系统碳收支及其循环过程研究进展. 生态学报, 31(19): 5449-5459.

于贵瑞, 高扬, 王秋凤, 等. 2013. 陆地生态系统碳氮水循环的关键耦合过程及其生物调控机制探讨. 中国生态农业学报, 21(1): 1-13.

于贵瑞, 王秋凤, 朱先进. 2011b. 区域尺度陆地生态系统碳收支评估方法及其不确定性. 地理科学进展, 30(1): 103-113.

张强, 马仁义, 姬明飞, 等. 2008. 代谢速率调控物种丰富度格局的研究进展. 生物多样性, 16(5): 437-445.

Allen AP, Brown JH, Gillooly JF. 2002. Global biodiversity, biochemical kinetics, and the energetic-equivalence rule. *Science*, 297(5586): 1545-1548.

Allen AP, Gillooly JF. 2009. Towards an integration of ecological stoichiometry and the metabolic theory of ecology to better understand nutrient cycling. *Ecology Letters*, 12(5): 369-384.

Allen AP, Gillooly JF, Brown JH. 2005. Linking the global carbon cycle to individual metabolism. *Functional Ecology*, 19(2): 202-213.

Allen AP, Gillooly JF, Savage VM, et al. 2006. Kinetic effects of temperature on rates of genetic divergence and speciation. *Proceedings of the National Academy of Sciences*, 103: 9130-9135.

Begon M, Firbank L, Wall R. 1986. Is there a self-thinning rule for animal populations? *Oikos*, 46: 122-124.

Belgrano A, Allen AP, Enquist BJ, et al. 2002. Allometric scaling of maximum population density: A common rule for marine phytoplankton and terrestrial plants. *Ecology Letters*, 5(5): 611-613.

Boltzmann L. 2003. Further studies on the thermal equilibrium of gas molecules. *The Kinetic Theory of Gases*, 1: 262-349.

Brose U, Williams RJ, Martinez ND. 2006. Allometric scaling enhances stability in complex food webs. *Ecology Letters*, 9(11): 1228-1236.

Brown JH, Gillooly JF. 2003. Ecological food webs: High-quality data facilitate theoretical unification. *Proceedings of the National Academy of Sciences*, 100(4): 1467-1468.

Brown JH, Gillooly JF, Allen AP, et al. 2004. Toward a metabolic theory of ecology. *Ecology*, 85(7): 1771-1789.

Brown JH, Gupta VK, Li BL, et al. 2002. The fractal nature of nature: Power laws, ecological complexity and biodiversity. *Philosophical Transactions Biological Sciences*, 357(1421): 619-626.

Brown JH, West GB. 2000. *Scaling in Biology*. New York: Oxford University Press, 1-366.

Charnov EL. 1993. *Life History Invariants*. New York: Oxford University Press, 1-184.

Elser JJ, Fagan WF, Kerkhoff AJ, et al. 2010. Biological stoichiometry of plant production: Metabolism, scaling and ecological response to global change. *New Phytologist*, 186(3): 593-608.

Enquist BJ, Brown JH, West GB. 1998. Allometric scaling of plant energetics and population density. *Nature*, 395(6698): 163-165.

Enquist BJ, Economo EP, Huxman TE, et al. 2003. Scaling metabolism from organisms to ecosystems. *Nature*, 423(6940): 639-642.

Enquist BJ, Kerkhoff AJ, Stark SC, et al. 2007. A general integrative model for scaling plant growth, carbon flux, and functional trait spectra. *Nature*, 449(7159): 218-222.

Enquist BJ, Niklas KJ. 2002. Global allocation rules for patterns of biomass partitioning in seed plants. *Science*, 295(5559): 1517-1520.

Enquist BJ, Niklas KJ. 2001. Invariant scaling relations across tree-dominated communities. *Nature*, 410: 655-660.

Enquist BJ, West GB, Charnov EL, et al. 1999. Allometric scaling of production and life-history variation in vascular plants. *Nature*, 401(6756): 907-911.

Gillooly JF, Allen AP. 2007. Linking global patterns in biodiversity to evolutionary dynamics using metabolic theory. *Ecology*, 88(8): 1890-1894.

Gillooly JF, Allen AP, West GB, et al. 2005. The rate of DNA evolution: Effects of body size and temperature on the molecular clock. *Proceedings of the National Academy of Sciences*, 102(1): 140-145.

Gillooly JF, Brown JH, West GB, et al. 2001. Effects of size and temperature on metabolic rate. *Science*, 293(5538): 2248-2251.

Gillooly JF, Charnov EL, West GB, et al. 2002. Effects of size and temperature on developmental time. *Nature*, 417: 70-73.

Han XP, Wang BH, Zhou CS, et al. 2009. Scaling in the global spreading patterns of pandemic influenza A (H1N1) and the role of control: Empirical statistics and modeling. *Arxiv*:

0912.1390.

Hillebrand H, Borer ET, Bracken MES, et al. 2009. Herbivore metabolism and stoichiometry each constrain herbivory at different organizational scales across ecosystems. *Ecology Letters*, 12(6): 516-527.

Isague A, Coch H, Serra R. 2007. Scaling laws and the modern city. *Physica A: Statistical Mechanics and its Applications*, 382(2): 643-649.

Kaspari M. 2004. Using the metabolic theory of ecology to predict global patterns of abundance. *Ecology*, 85(7): 1800-1802.

Kimura M. 1983. *The Neutral Theory of Molecular Evolution*. Cambridge: Cambridge University Press, 1-384.

Kleiber M. 1932. Body size and metabolism. *Hilgardia*, 6: 315-351.

Kleiber M. 1947. Body size and metabolic rate. *Physiological Reviews*, 27(4): 511-541.

Klemm K, Eguiluz VM, San Miguel M. 2005. Scaling in the structure of directory trees in a computer cluster. *Physical Review Letters*, 95(12): 128701.

López-Urrutia Á, San Martin E, Harris RP, et al. 2006. Scaling the metabolic balance of the oceans. *Proceedings of the National Academy of Sciences*, 103(23): 8739-8744.

Manzoni S, Trofymow JA, Jackson RB, et al. 2010. Stoichiometric controls on carbon, nitrogen, and phosphorus dynamics in decomposing litter. *Ecological Monographs*, 80: 89-106.

Marquet PA, Labra FA, Maurer BA. 2004. Metabolic ecology: Linking individuals to ecosystems. *Ecology*, 85(7): 1794-1796.

Marquet PA, Quiñones RA, Abades S, et al. 2005. Scaling and power-laws in ecological systems. *Journal of Experimental Biology*, 208(9): 1749-1769.

McGroddy ME, Daufresne T, Hedin LO. 2004. Scaling of C : N : P stoichiometry in forests worldwide: Implications of terrestrial Redfield-type ratios. *Ecology*, 85: 2390-2401.

Michaletz ST, Cheng D, Kerkhoff AJ, et al. 2014. Convergence of terrestrial plant production across global climate gradients. *Nature*, 512(7512): 39-43.

Miyazima S, Lee Y, Nagamine T, et al. 2000. Power-law distribution of family names in Japanese societies. *Physica A: Statistical Mechanics and its Applications*, 278(1-2): 282-288.

Mooshammer M, Wanek W, Schnecker J, et al. 2012. Stoichiometric controls of nitrogen and phosphorus cycling in decomposing beech leaf litter. *Ecology*, 93: 770-782.

Moses ME, Forrest S, Davis AL, et al. 2008. Scaling theory for information networks. *Journal of the Royal Society Interface*, 5(29): 1469-1480.

Muller-Landau HC, Condit RS, Chave J, et al. 2006. Testing metabolic ecology theory for allometric scaling of tree size, growth and mortality in tropical forests. *Ecology Letters*, 9(5): 575-588.

Niklas KJ. 2005. Modelling below-and above-ground biomass for non-woody and woody plants. *Annals of Botany*, 95(2): 315-321.

Niklas KJ, Enquist BJ. 2001. Invariant scaling relationships for interspecific plant biomass production rates and body size. *Proceedings of the National Academy of Sciences*, 98(5): 2922-2927.

Niklas KJ, Enquist BJ. 2002. On the vegetative biomass partitioning of seed plant leaves, stems, and roots. *The American Naturalist*, 159(5): 482-497.

Niklas KJ, Owens T, Reich PB. et al. 2005. Nitrogen / phosphorus leaf stoichiometry and the scaling of plant growth. *Ecology Letters*, 8: 636-642.

Nordbeck. 1971. Urban allometric growth. *Geografiska Annaler. Series B. Human Geography*, 53(1): 54-67.

Pace NR. 2001. The universal nature of biochemistry. *Proceedings of the National Academy of Sciences*, 98(3): 805-808.

Peters RH. 1983. *The Ecological Implications of Body Size*. New York: Cambridge University Press, 1-344.

Price CA, Weitz JS, Savage VM, et al. 2012. Testing the metabolic theory of ecology. *Ecology Letters*, 15(12): 1465-1474.

Russo SE, Wiser SK, Coomes DA. 2007. Growth-size scaling relationships of woody plant species differ from predictions of the Metabolic Ecology Model. *Ecology Letters*, 10(10): 889-901.

Savage VM, Gillooly JF, Brown JH, et al. 2004. Effects of body size and temperature on population growth. *American Naturalist*, 163(3): 429-441.

Schmidt-Nielsen K. 1984. *Scaling, Why is Animal Size So Important*? Cambridge: Cambridge University Press, 1-256.

Song DM, Jiang ZQ, Zhou WX. 2009. Statistical properties of world investment networks. *Physica A: Statistical Mechanics and its Applications*, 388(12): 2450-2460.

Sterner RW, Elser JJ. 2002. *Ecological Stoichiometry: The Biology of Elements from Molecules to the Biosphere*. Princeton: Princeton University Press, 1-584.

Trumbore S. 2006. Carbon respired by terrestrial ecosystems-recent progress and challenges. *Global Change Biology*, 12(2): 141-153.

Wang Z, Brown JH, Tang Z, et al. 2009. Temperature dependence, spatial scale, and tree species diversity in Eastern Asia and North America. *Proceedings of the National Academy of Sciences*, 106(32): 13388-13392.

Weiner J, Campbell LG, Pino J, et al. 2009. The allometry of reproduction within plant populations. *Journal of Ecology*, 97 (6): 1220-1233.

West GB, Brown JH.2005. The origin of allometric scaling laws in biology from genomes to ecosystems: Towards a quantitative unifying theory of biological structure and organization. *The Journal of Experimental Biology*, 208: 1575-1592.

West GB, Brown JH, Enquist BJ. 2001. A general model for ontogenetic growth. *Nature*, 413: 628-631.

West GB, Brown JH, Enquist BJ.1997. A general model for the origin of allometric scaling laws in biology. *Science*, 276 (5309): 122-126.

West GB, Brown JH, Enquist BJ.1999a. A general model for the structure and allometry of plant vascular systems. *Nature*, 400 (6745): 664-667.

West GB, Brown JH, Enquist BJ. 1999b. The fourth dimension of life: Fractal geometry and allometric scaling of organisms. *Science*, 284(5420): 1677-1679.

West GB, Woodruff WH, Brown JH. 2002. Allometric scaling of metabolic rate from molecules and mitochondria to cells and mammals. *Proceedings of the National Academy of Sciences*, 99 (Suppl 1): 2473-2478.

Yang Y, Fang J, Ma W, et al. 2010. Large-scale pattern of biomass partitioning across China's grasslands. *Global Ecology and Biogeography*, 19(2): 268-277.

Yoda K, Kira T, Ogawa H, et al.1963. Self-thinning in overcrowded pure stands under cultivated and natural conditions. *Journal of Biology Osaka City University*, 14: 107-129.

Yvon-Durocher G, Caffrey JM, Cescatti A, et al. 2012. Reconciling the temperature dependence of respiration across timescales and ecosystem types. *Nature*, 487: 472-476.

Zhang Q, Wang Z, Ji M, et al. 2011. Patterns of species richness in relation to temperature, taxonomy and spatial scale in Eastern China. *Acta Oecologica*, 37(4): 307-313.

第 11 章
生态系统结构与功能平衡理论及其应用

在漫长的生物进化历程中,物种需要竞争能量、物质和空间等资源以适应环境而生存和繁衍,在其形态、结构和功能等方面形成了形形色色的生物性状分化及进化。生态系统在生物组织、器官、个体、群落及生态系统等不同层次上的系统构建过程中,均遵循物理、化学、生物学原理,形成各等级的结构、过程及功能,并维持生态系统的结构与功能关系的协调和平衡。

生态学基本理论之一是生物及生态系统的结构决定其功能。已有研究证明,生物与环境的相互作用驱使生态系统朝着拥有最大且持久性生物量的方向演替,并形成和维持生态系统结构与功能的最优化平衡关系。很多证据表明,结构与功能平衡是生态系统构建和演变的重要生态学机制,生物在适应生存环境的演变过程中,需要在组织、器官、个体、群落等水平上构建"形态-结构-功能"的协调平衡系统。例如,细胞和组织水平上的光能捕获与能量转化,叶片器官水平上的气孔构造与气体交换调节,植物个体的水分和养分的吸收和传输、光合产物的输送与分配,植被群落的叶片冠层和根系冠层的匹配,生态系统各生物组分营养级关系和食物网能量分配与储存等。生态系统结构与功能的优化平衡的实质是通过生物调节生态系统的结构性状而改变能量流动和碳、氮、水等物质循环,使其有较多的能量和物质被保留,用于生态系统发展和内稳性维持,这一目标是生产者、消费者和分解者通过一系列的生物、化学和物理学过程而实现的。

生态系统结构与功能的优化平衡关系体现在个体、群落及生态系统的不同等级,是生物为实现最大化资源利用而形成的环境适应模式。许多研究从生物结构性状的经济谱、植物的器官平衡、异速生长、器官形态和解剖构造、生理代谢及生态系统结构和功能性状权衡等方面开展了广泛论证。但是目前,人们对生态系统结构与功能平衡关系尚缺乏系统性和整体性的认识。

本章整合了十余年来该研究领域的最新进展,重点围绕生态系统结构的经济谱、生态系统结构与功能协调及权衡理论,以及生态系统结构与功能平衡的生态学基础,提出生态系统结构与功能平衡的理论框架。依据该理论框架,从植物群落结构与初级生产、植物群落结构与呼吸作用及植物群落结构与物质分解作用等方面分析了生态系统结构对生态系统碳、氮、水循环的影响,并从生态系统结构-过程-功能性状的级联关系角度,阐述了植被群落结构性状与生态系统碳、氮、水循环的生态学联系。

本章执笔:于贵瑞,徐兴良,王瑞丽

11.1　引言

生态系统结构（ecosystem structure）指生态系统各个组分在空间和时间维度上的分布以及各组分间的能量、物质、信息传递的方向及数量，包括组分结构、形态结构、营养结构以及区域尺度的宏观结构等。组分结构既包括物种组成，也包括不同物种间的数量关系。形态结构包括垂直结构、水平结构和时间结构，分别体现为垂直上的成层、水平上的镶嵌及时间上的演替。营养结构指不同生物之间以食物营养为纽带形成的食物链和食物网。区域尺度的宏观结构指在一定区域范围的植被覆被、土地利用、空间板块的分布及数量关系。在资源供给、环境条件、种群结构等条件稳定不变的情况下，生态系统结构能够维持相对稳定的结构模式；而当上述条件出现变化或者新的干扰时，则会引起生态系统结构从一种模态过渡或转变为另一种模态。

生态系统功能（ecosystem function）可理解为生态系统整体或其组分通过各种生态系统过程产生的对系统内部以及外部的作用，主要表现在生物种群繁衍、物质生产、能量流动、物质储存和利用分解等方面。主要包括生物学机制决定的物质吸收生产、转化分配、积累储存、利用分解、消耗排放等能量流动和物质循环；生物遗传信息流动决定的生物的生长、发育、繁殖及种群或群落的迁移、扩散、演替等生物繁衍；生态系统开放机制决定的有机质生产、环境净化、气候调节及防灾减灾等生态服务输出。生态系统功能不仅受到生物的年龄、群落的演替阶段等内在因素的影响，还受到气候、土壤的资源供给等外部因素的影响。

生态系统是由在一定地理空间中共同栖居的生物群落与其周围环境形成的一个有机整体，生物群落是生态系统结构与功能的重要体现者。在不同的环境条件下，生物群落（包括植物、动物和微生物）适应生境从而实现群落对资源环境利用的最大化，并且生物群落在其适应过程中不断地改造环境，当环境条件发生改变后，伴随新的物种和群落的出现，推动生态系统演替，使其最终发展为顶极生态系统。

生物系统的种群繁衍、生物生长发育、能量流动、物质循环、信息交换等是系统构建、物质生产及资源利用的基本生态过程，定量描述这些生态过程是认识生物和生态系统与资源环境系统的互馈作用（适应进化、影响反馈、协同演变、改良调控）以及各作用间的协同状态（适宜度、临界值、胁迫度），生态系统与人类社会的相互影响（资源环境限制和资源环境功效）及其和谐程度（禀赋、产能、盈亏）的科学基础。

无论是地球表面的各类生态系统还是生态系统演替的哪个阶段，自然生态系统的结构和功能总是向着最优化利用资源、适应环境条件的方向演变，使生态系统结构、物质循环和能量流动实现最优配置，从而达到一种相对稳定的动态平衡状态。因此，生态系统结构与功能平衡理论的核心问题是：生态系统结构如何决定生态系统功能？生态系统结构与生态系统功能之间怎样协调演变？生态系统的结构优化如何孕育出最大的生态系统功能？本章重点从生物群落结构角度探讨生态系统结构与功能平衡理论，以期推动该理论的发展和完善。

11.2　生态系统结构与功能平衡的理论框架

11.2.1　生态系统几何构造的优化理论

生态系统的各生物组分为了各自实现最佳的功能，在漫长的生物进化过程中分别在组织、器官、个体和群落水平上优化其自身的结构，构建各自的经济谱，进而在生态系统尺度上优化系统组织结构和几何构造，实现生态系统功能的最大化，这是生态系统结构和功能平衡理论的生物学基础及理论体系的基石。

11.2.1.1　叶片及植被冠层结构属性的经济谱

陆生植物在进化过程中，为了优化对光的捕获、转化以及保水等功能，在叶片水平上对叶片结构的构建呈现模块化，主要包括光能捕获、水分-养分流和气体交换三个关键模块（Li et al., 2017）。这三个模块的结构和功能的生物学属性及属性之间的定量关系具有系统优化的协调机制，表现为结构和功能性状之间的权衡关系及经济谱的特征。为了深入认识植物叶片构建过程中各属性之间的权衡关系，Wright 等（2004）基于全球范围内 2548 个物种叶片功能性状的数据，于 2004 年首次提出了叶经济谱（leaf economics spectrum, LES）概念，定量解析了叶的结构性状（如比叶质量）、化学性状（如含氮量）、生理性状（如光合能力、暗呼吸速率）、叶寿命等属性之间的相互协调关系。总体上,植物的叶经济谱诠释了不同生长型、功能型、生活型以及植被类型植物在不同环境条件下的资源利用的权衡策略。根据经济谱界定了具有高营养物质含量、高光合速率和呼吸速率、短叶片寿命等特点的快速投资-收益型物种(资源获取策略)和具有低营养物质含量、低光合速率、长叶片寿命等特点的缓慢投资-收益型物种(资源保守策略)(Wright et al.,2004;Royer,2008;Donovan et al.,2011;Laughlin,2011;Onoda et al.,2011;Pérez-Ramos et al.,2012;Reich,2014)。

在小枝水平上,不同植物种采用对生、互生、轮生或簇生等叶序方式以避免叶片的重叠而最大化捕获光。在植被冠层水平上,最顶层的植物叶片是阳生叶,适应强光照的环境,其形态通常是厚而小,栅栏组织典型,细胞层次多,海绵组织不发达,细胞间隙小,机械组织发达,表皮细胞的细胞壁和角质层比较厚,表皮常具蜡质或绒毛。而处于冠层底部的叶片是阴生叶,适应弱光的环境,其形态通常是大而薄,气孔较少,叶脉分布稀疏,叶肉细胞内的叶绿体数目少而大,内含叶绿素较多。

11.2.1.2 根系及根系冠层结构属性的经济谱

植物根系主要有支撑、水分获取和养分获取三大功能(Russell,1977),然而由于野外取样和测定难度较大,有关根系的研究仍然不足。自从 Wright 等首次提出了叶经济谱后,许多学者利用经济谱理论深入探讨了植被地上叶片功能性状之间的关系,阐明在不同环境中植物对地上资源利用的权衡策略(Asner et al.,2016;Onoda et al.,2017)。与此同时,许多学者也开始探讨地下根系(尤其是细根,即直径小于 2 mm 的根系)及根系冠层是否也具有类似叶片的经济谱问题(Bardgett et al.,2014;Roumet et al.,2016;Liese et al.,2017)。目前关于细根的功能性状之间是否存在类似于叶经济谱的规律仍存在激烈争论。

根系经济谱(root economics spectrum,RES)理论认为,细根中与资源获取和资源贮存相关的性状之间存在权衡关系。在 RES 的一端是快速回报的物种,具有细的根、高的比根长和根系氮含量,同时具有高的根系呼吸速率和短的寿命;相反的特征存在于慢速回报的物种内。然而,根的多维度假说认为,根系特征之间不存在唯一的权衡关系,它们之间的关系应该是多维度的。这是由于与叶片相比,根系受到更为复杂的环境限制,具有更高的系统发育保守性,同时还会受到菌根侵染的影响。此外,细根的划分标准存在差异,这也阻碍了对细根性状变异及其相互关系的深入研究。随着对根系功能认识的深入,逐渐将细根划分为五级,前三级根主要负责吸收功能(即吸收根),而四和五级根主要负责运输功能(即运输根)(Guo et al.,2008;McCormack et al.,2015)。针对"根系经济谱"假说的争议,Kong 等(2019)利用全球 800 多种植物根系性状数据,首次在全球尺度上对这一假说进行了验证。结果发现,在全球尺度上,物种间的根系功能性状关系是非线性的,原因在于根解剖结构(即根系皮层和中柱)之间的异速关系,这些关系与根系经济谱预测相反。

目前的研究发现,植物个体水平上主要通过根系构型及根系结构属性(如根直径、比根长、根寿命以及菌根浸染率等)来优化根系生理属性(如根养分获取速率)。具体地说,粗根植物通常增加菌根浸染率和菌丝密度以实现养分获取,而细根植物主要是通过增加根系分支。Ma 等(2018)通过调查分析全球 7 个生物群区内 369 个物种的一级根性状后发现,从热带雨林到荒漠,植物吸收根整体在变细,倾向于更加灵活的构建方式,对共生真菌依赖性降低,通过该方式,植物的单位碳素投资获取养分的效率得以优化,从而能高效地捕获稍纵即逝的养分和水分资源,增强植物物种对环境的适应能力与存活能力。在水分供应充足的热带雨林,根的设计减少了对水安全性的考虑,细根和粗根植物共存,很多系统发育较古老的物种得以保存;而在水分胁迫较强的草原和荒漠,由于季节性资源供应方式不稳定,根系多样性下降。因此,该研究提出了一个全新的植物进化理论:在长达 4 亿年的植物进化过程中,地下吸收根朝更加高效、独立的方向进化,这在物种开拓新的栖息地上发挥了重要作用,促进了植物的传播和进化。

在群落水平上,不同物种的根系属性也存在着结构和养分获取的权衡关系(Prieto et al.,2015),但植物根系属性受更多环境限制,远比叶属性复杂得多(Weemstra et al.,2016)。Wang 等(2018)系统调查了中国东部南北样带 9 个森林群落内 181 个物种的一级根的功能性状后,在物种和群落水平上均得到了 2 个独立的主成分轴(PC1 和 PC2)。其中,PC1 主要与比根长和根直径相关,代表了根厚度的变化;PC2 主要与根养分性状相关。这一结果支持了根的多维度假说,有利于地下根系更好地适应土壤环境的复杂性。此外,不同气候区域的细根功能性状存在差异。

例如,亚热带地区的植物细根倾向于细且长,而北方针叶林地区的植物根系具有相反的功能性状。一些温带森林(如长白山)中的物种具有高的氮含量和低的 C：N 值。

目前,大多数研究只涉及根的形态和养分性状,而对于更能准确地刻画根系功能的解剖结构和真菌侵染方面的性状以及和根系构建特征相关的性状(如分支强度)的研究还有待加强,此外,有关根系功能(如呼吸速率)的观测数据仍非常短缺。取样的困难和数据的缺失限制了我们对植物地下根系吸收策略和对环境变化适应机制的了解,未来需要将更多的根系特征和功能参数考虑在内,扩展根性状的研究维度,从而深入探究根系对环境的适应策略(Laliberté,2017)。

11.2.1.3　器官、组织及功能系统的平衡关系

从器官水平上看,高等植物个体普遍由根、茎、叶、花、果实和种子六大器官组成。根、茎、叶是植物的营养器官,而花、果实和种子是植物的繁殖器官。在植物器官的构建过程中,营养器官和繁殖器官之间保持相对平衡关系,即植物的根、茎、叶生长茂盛,通常会产生大量的花、果实、种子(Douglas,1981；King and Roughgarden,1982；Kozłowski and Wiegert,1986；Kozłowski,1992);并且花、果实和种子之间也存在良好的正相关性(Primack,1987)。此外,许多植物既可以营养繁殖,也可以有性繁殖,这两者之间在进化过程中也呈现出特定的权衡关系(Boedeltje et al.,2008)。

高等植物的器官又分别由保护组织、输导组织、营养组织、机械组织和分生组织五大基本组织组成,这些组织与器官的功能都密切相关。例如,高等植物的茎有发达的输导组织和机械组织,对植物地上部分的支撑和水分与养分运输具有重要作用。在植物器官或植物体中,一些复合组织可以进一步在结构和功能上组合形成复合单位,进而构成组织系统。例如由输导有机物的韧皮部和输导水分和无机盐的木质部构成的维管系统,它们连续地贯穿于整个植物体内的所有器官,执行水分、养分的运输功能,它们在构建过程中均体现了其输导功能在各器官中的平衡性,使水分有效地进入根系,经植物茎的导管、叶脉进行接续传输,并最终通过气孔散失至大气中,而叶片光合产物则通过叶脉和茎的韧皮部被输送到根系(图11.1)。

11.2.1.4　地上冠层与地下根冠系统的关联关系

植物的地上冠层(包括叶片和茎)与根系冠层分别作为植物体地上和地下部分重要的营养器官,在许多方面存在着一定的关联性,例如功能上的相互依赖和结构上的"对称映射"(图11.2)。研究这种植物地上与地下的关联性有助于理解植物整体及其各组成部分性状之间的相互作用关系、植物生长过程中对资源的利用和分配以及地上的植被冠层和地下的根系冠层对生态系统碳-氮-水耦合循环过程的生物调控机理。

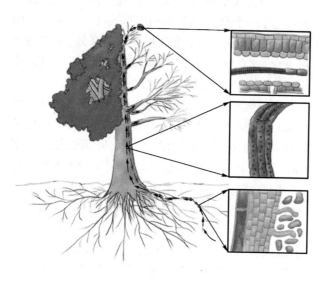

图 11.1　微管系统在植物根、茎、叶结构和功能上的关联性

图 11.2　群落中植物地上和地下部分的关联性

群落内地上冠层充分支撑叶片获取更多的光,进行光合作用以供应地下部分的生长;而由根系形成的根系冠层充分支撑根系获取养分和水分,以供应地上部分需求。两者功能上相互依赖,结构上相互"对称映射"。

（1）功能上的关联

根系与叶片间最直接的关系是植物生长发育功能的相关性，这种相关性在于植物本身必须在生物体内维持物质分配和能量平衡。从养分角度看，叶片是主要的"汇"，由根系"源"提供无机养分，输送到叶片，达到较为理想的 C：N 和 C：P 值等，使叶片利用、优化各种资源。从光合产物利用和传输的角度看，叶片是碳水化合物的"供给源"，根系则是碳水化合物的"储存汇"，叶片不断地向根系提供碳骨架和代谢所需的能量，使根系更有效地获取地下资源，尤其是对生长发育产生限制作用的矿物资源。

根系是植物的营养器官，它不仅具有把植株固着在土壤中的作用，同时还具有吸收水分和矿质营养的功能。而且它还是一个活跃的有机物质合成器官，它能迅速地把吸收的无机物质合成多种氨基酸、蛋白质、有机氮、有机磷及植物碱等化合物，供给整个植株代谢活动的需要。这些营养物质靠根压通过输导组织被运输到茎和叶组织。由此可见，植物的叶片和根系统通过物质吸收、交换和贮存等生理活动连为一体，实现互通有无、互调余缺，两者的功能休戚相关。

（2）结构性状的关联

地上冠层和地下冠层关系的早期研究可追溯到 Hellriegel（1883）的工作。他在专著中提出，地上部潜在的生长与产量完全依赖于地下部根系生长潜力，任何阻碍根系生长的环境因子均会抑制地上冠层的生长，这就是所谓地上与地下的形态学平衡观点。

通常情况下，植物的地上部与地下部形态结构还具有鲜明的"对称映射"关系。例如，地上部的树冠高大、枝梢多，相对应的根系冠层分布深，根系也发达，即所谓的"根深叶茂"（图 11.2）。此外，这种对称映射关系还包括形态和结构方面的对称性。例如，叶子稠密而细长的植物通常也有很细小的根系，这主要是相对应的枝梢和根系互相传递营养和信息的结果。地上部分茎叶和地下根系之间结构的关联性集中体现在输导组织上，负责从根系向地上部分输导水分和无机盐的木质部和向下输导有机物的韧皮部构成的维管系统（图 11.1）在植物体从根系到叶片连续性分布，这是地上和地下部分在输导功能上的结构保障，也是地上与地下关联性的重要基础。

Mommer 和 Weemstra（2012）认为，不同器官之间的结构和功能具有协同性，从而实现在整株水平上的资源吸收利用的最优化。例如，为了满足光合作用的需求，根系生长出比根长大、组织密度低和直径细的根来确保具有较大的吸收面积。当资源条件受限时，植物的地上部分与地下部分的生长往往呈竞争或交替现象。植物地下部分与地上部分干重或鲜重的比值称为根冠比（root-shoot ratio，R/S）用以描述植物生物量在地上部分和地下部分的分配，反映了植物的生长策略。普遍认为，在受到水分或养分限制时，植物往往将更多的碳投入根系的生长中，遵循最优分配理论（optimal allocation theory）。因而，干旱区植物往往具有发达的根系、较大的地下生物量和高的根冠比。Markesteijn 和 Poorter（2009）发现，干旱森林的物种通过增加地下生物量分配来获取更深土层的水分，同时形成密度高的茎以减少木质部导管的空穴化，并产生较少的叶片以降低蒸腾；湿润森林的物种则具有较大的叶面积和地上生物量分配，使截获的光能最大化，同时具有构建成本低的长根系分支系统，增加水分和养分的获取。

（3）功能性状的关联

根系吸收的水分、矿物质以及合成的各种有机物质是植物地上器官生长的物质基础，是维持叶片冠层有机物质合成的重要生理生态过程的物质基础。植物功能性状（plant functional trait，PFT）作为连接植物和外界环境的桥梁，已成为现代生态学研究的热点领域（Wright et al.，2004；Reichstein et al.，2014）。Violle 等（2007）将其定义为对植物生长、繁殖和存活能力具有显著影响的一系列植物属性，这些属性能够单独或联合指示生态系统对环境变化的响应（Violle et al.，2007；Reich，2014），并对生态系统过程产生强烈影响（Bardgett et al.，2014）。很多研究都已经证实，植物叶片和茎干功能性状在生理、结构和防御等方面均存在权衡关系（Wright et al.，2004；Díaz et al.，2016）。尽管叶片和茎干器官的各个功能性状之间关系的研究已取得了较为一致的结论，然而，由于根系的研究相对滞后，有关地下根系以及地上/地下器官功能性状之间是否存在内在关联性，仍存在争议。

目前，对于植物地上/地下器官功能性状之间的关联关系存在两种不同的理论假说。一种假说认为，植物各器官功能性状之间的关系是一维的（Reich，2014）；另一种假说则认为，植物不同的器官会经过独立进化来适应不同的环境条件，植物不同器官功能性状之间的关系是多维度的（Weemstra et al.，2016），这有利于提高群落内物种共存和生态系统稳定性（Laughlin，2014）。生态化学计量平衡的研究结果表明，不同器官内的功能性状表现出一定的趋同性。例如,植物叶片、根的氮和磷含量都呈正相关。然而,有关细根和叶片在形态和生理方面是否存在一致性仍存在分歧,如比根长和比叶面积之间的关系比较复杂,而叶寿命与根寿命之间被证明不存在相关性(Withington et al., 2006)。针叶树种的叶片往往比落叶树种寿命长,而 12 个针叶和落叶阔叶物种的根寿命大致相同。类似地,组织密度、器官厚度、木质素含量和寿命在叶片和根中的相关性较低或不相关。

11.2.1.5　植物冠层与根系冠层关联的生物学原理

(1)植物器官的功能均衡原理

植物体是一个有机整体,在长期进化过程中,各器官及各部分之间的生长有着相互促进或相互抑制的密切关系,使植物各器官朝均衡方向进化,以达到植物对环境的最佳适应度。地上和地下的生物量分配是植物生态学中重要的科学问题,其分配方式不仅影响植物个体的生长,还会影响植被结构及其生物量分配,进而影响生态系统土壤中碳输入和陆地生态系统碳循环。Brouwer(1962)提出功能均衡理论用来解释植物地上和地下的生物量分配问题。这一理论将植物分为根(地下部分)和冠(地上部分),认为根系的功能是吸收水分和营养物质,冠层的功能是进行光合作用,合成碳水化合物,根、冠的功能是互补的,二者互相依赖,共同满足各自及植株整体生长的需要。然而,根、冠的生长分别受根部养分水分吸收和冠部光合作用碳供应限制,当冠部受光照限制时,植物将会把更多的光合产物分配给冠部以促进光合反应的进行;当养分、水分不足时,植物将更多的产物分配给根系以促进对水分、养分的吸收。这样,根、冠之间存在着既互相依赖又互相竞争的功能均衡关系。学者在功能均衡理论的基础上进行完善和扩展,提出了最优分配理论,认为通过对光合产物的分配,植物获得了最优的水分、养分等,实现最快的生长。

此外,在植物生物量的分配策略中,等速分配理论是另一种不同的理论,该理论认为,地上(叶片与茎)和地下(根)的生物量大致等速增长(回归斜率与 1 没有显著差异)。这两种理论均得到了不同研究结果的论证。许多研究表明,当水分和养分亏缺时,分配到根系中的生物量增加;而当光资源受限时,地上部分生物量的分配增加,支持了最优分配理论。然而,Enquist 和 Niklas(2002)在全球范围的维管植物中发现,生物量地上、地下分配符合等速分配理论。从地下和地上关联角度来看,这两种理论并不矛盾,两者很可能是植物在不同资源条件下采取的不同策略,最终结果趋向结构与功能的平衡。

(2)细胞同源与分化和极性生长的相似性原理

植物细胞具有分化发育为各种细胞类型的潜在可能性,称为细胞的全能性。但每个特定细胞在特定条件下,只有发育为一种特定类型,这主要与其在组织中的位置有关。植物体是多细胞的有机体,构成植物体的各部分相互依赖、相互制约。这种相关性是通过植物体内的营养物质和信息物质在各部分之间的相互传递或竞争来实现的。

植物的生长发育过程同时受到外界环境的影响和刺激。植物的向性运动是与植物生长有密切联系的一种运动方式。依外界因素的不同,向性运动包括向光性、向地性、向化性和向水性等几种运动形式。植物地上部分的向光性有利于植物充分吸收光能,确保光合作用产生足够的能量供其利用。而植物的地下根系总是朝着施肥较多的土壤中生长,这就是植物向化性运动的结果。

(3)地上与地下部分的维管束结构匹配原理

植物的地上部分和地下部分处在不同的环境中,两者之间有维管束的联络,存在着营养物质与信息物质的大量交换。West 等(1997)认为,维管植物中存在紧密联系的通道网络(图 11.3),WBE 模型可以模拟被子植物体内的水分通过木质部导管组织从树干到叶柄的传输过程。该模型的基本假设是:①网络必须是充满空间(space-filling)的自相似结构,以便向整个有机体提供营养;②网络的最末端分支(如维管植物的叶子和叶柄)的结构特征均是常数,不随个体大小变化;③植物生长所需的各种资源在通过网络输送时,所耗的能量是最小的。

根和茎是连续的结构,共同组成植物体的轴。而叶的叶柄具有表皮、皮层和维管束,均与茎的初生结构相连续。植物体内的维管组织,从根通过下胚轴的根茎过渡区与茎相连,再通过枝迹、叶迹与所有侧枝相连,构成了一个连续的维管系统。水分进入根毛后,一方面以细胞间渗透的方式依次通过幼根的表皮、皮层、内皮层、维管柱鞘而进入导管,或者通过细胞壁构成的质外体抵达凯氏带而进入导管。另一方面,植物地上部分(特别是叶片)的巨大蒸腾作用提高了根系的吸水力。根部吸入的水分最终只有少量参加到植物体的生理活动中,而 98% 以上的水分主要通过叶片蒸腾散失。可见,根系的吸水活动与茎的输

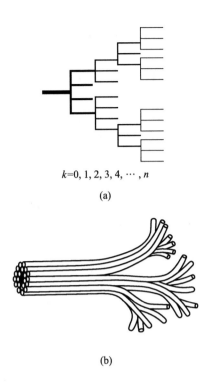

$k=0, 1, 2, 3, 4, \cdots, n$

(a)

(b)

图 11.3　WBE 模型假设的维管植物的分枝网络结构
（West et al., 1997）

（a）植物分支网络的拓扑关系图；（b）分支结构的象征示意图，给出了具有输导作用的管道和非输导的部分（黑色区域）。

导和叶的蒸腾都有密切的关系。由于维管束在植物体内纵横贯穿，水分在上升过程中又从木质部的导管或管胞渗透到各部分的活细胞，所以水分的传导也相应地促进了矿质盐类和其他溶质的输送，及时地满足植物生长的需要。

11.2.2　生态系统功能间的协调及权衡理论

11.2.2.1　生态系统功能及其相互关系

植被和大气之间的碳、水交换过程主要是通过植物的光合作用和蒸腾作用实现的，而叶片水平的碳、水交换过程却受到植物气孔行为的调节，形成光合作用-气孔行为-蒸腾作用的相互作用与反馈关系。植物根系冠层-土壤系统界面是植物养分、水分吸收和碳分配的主要通道或屏障。植物根系需要消耗一定数量的有机碳为养分的选择吸收提供驱动力，并且植物的养分吸收和输送等也必须以水分的渗透及扩散、溶质流动和长距离运输等生物物理和化学过程为介导，营养物质利用和转化则需要通过一系列连环式的生物化学代谢过程来完成。

所有的生化过程均是在水这一介质中发生的，因此水交换制约着生态系统的碳和氮通量。在水分条件较好的环境条件下，生态系统碳、氮通量会较高；而在水分条件较差的环境中，生态系统碳、氮通量会下调。在一定水分条件下，生态系统碳、氮通量呈正相关，例如植被向地下根系输送的光合产物越多，会导致根系获取越多养分向地上部分输送。陆地生态系统碳、氮、水交换处于动态协调中，其协调和权衡的基础是负责限速过程的植物叶片的气孔、植物根系冠层和植物疏导组织系统。

11.2.2.2　生态系统服务及其权衡关系

生态系统服务是指生态系统所形成并维持的人类赖以生存的自然环境条件与效用（Daily, 1997），是人类直接或间接从生态系统所获得的所有收益（Costanza et al., 1997），通常分为供给服务、调节服务、支持服务和文化服务四大类（Millennium Ecosystem Assessment, 2005）。从以上四类服务可以看出，生态系统服务是将自然过程与人类活动密切联系在一起的桥梁，强烈影响着自然资源的合理配置与利用，对实现区域可持续发展具有重要的理论和现实意义。

生态系统服务权衡是人类对生态系统服务选择偏好的结果（傅伯杰和于丹丹，2016），也就是为了某一类型的生态系统服务，消费者会有意或无意地削弱其他类型生态系统服务的供给。依据马斯洛需求层次理论（Maslow's hierarchy of needs），人们在做权衡决策时，通常优先关注供给服务和调节服务，其次是支持服务和文化服务（李鹏等，2012）。人们对生态系统服务的这种权衡会产生一系列生态后果，例如，全球人口急剧增加引起的资源需求增强了对生态系统公共服务的需求，其结果是显著降低了生物多样性和生态系统的调节服务与文化服务（Bennett and Balvanera, 2007）。这主要归因于人们过度追求经济效益而忽略了生态效益和社会效益。生态系统服务权衡作为生态系统管理的一种平衡与抉择，应当建立在综合理解生态系统服务之间关系的基础之上，充分把握生态系统服务间的负相关性、正相关性和不相关性，协调生态系统的供给服务、调节服务、支持服务和文化服务，实现经济效益、生态效益和社会效益三者之间的平衡，这是实现区域可持续发展战略的重要保障。

11.2.2.3　生态系统功能优化的生物学机理

尽管生态系统类型及结构复杂多样，但是所有生态系统都表现出一个共同的属性,即持续与发展。这些生态系统均一致地趋向持久性维持最大生物量的优化模式。尽管背后的生态学机制的本质非常复杂,但是所有生态系统均进化出重要的调节机制——在波动的环境中维持最佳的能量储存。生态系统中自养生产的小个体者具有快的周转率,而大个体者具有慢的周转率,系统内两者协调组合为光合作用的能量转化提供内稳性机制。与此同时,所有的生态系统都已经建立了能量储存机制作为维持内稳性的可选基础(Van Dobben and Lowe-McConnell, 2012)。

基于生态系统发展的这种特性,其功能优化的生物学基础是生态系统自养组分——初级生产者在光合能力上发生的系列生化和结构方面的优化,具体包括细胞水平和组织水平的光能捕获与能量转化,叶片器官水平的气体交换与气孔调节,植物个体水平的水分和养分吸收与传输以及光合产物输送与分配,群落水平的植物物种优化组合及叶片冠层和根系冠层的匹配,生态系统水平的各组分之间通过构建不同等级体系的营养级关系调节能量的分配与储存等。本质上,生态系统功能优化是生态系统调节能量流动和物质循环多个关键过程,较多能量和物质被保留,用于生态系统发展及内稳性维持,是生态系统的生产者、消费者和分解者在一定环境条件下,通过一系列生物的、化学的、物理的生态过程而实现的。

11.2.3　生态系统结构与功能平衡的生态学基础

11.2.3.1　生态系统结构与功能优化匹配原则

在生态系统尺度上,由于植物物种组成不同以及各种植物的独特特征,不同植物群落具有明显不同的碳水交换特征、能量利用效率、养分利用与再分配策略以及特殊的叶片冠层结构、根系冠层结构和物候动态特征等,这些决定了不同生态系统碳-氮-水耦合循环和通量特征。理解生态系统碳-氮-水耦合循环过程机制,需要整合分析植物叶片冠层生物学过程、根系冠层生物学过程和土壤微生物功能群网络生物学过程机制及其相互关系。这些过程均与资源利用和物质分配密不可分,后两者也是认识生态系统结构与功能优化匹配原则的重要方面。

资源是生态系统结构和功能的重要限制因素。在大多数情况下,生态系统的资源处于受限状态,例如氮是限制大多数陆地生态系统净初级生产力的主要养分资源(LeBauer and Treseder, 2008),而在森林生态系统中,光也常常是限制植物生长的重要资源。生态系统的生物组分对资源的利用遵循以下几个基本原则:①利比希最小因子定律,指植物的生长和发育及整体健康状况都取决于那些处于最小量状态的必需的营养成分。②生物体化学计量特征的内稳性,具体表现为构成生物体的碳、氮、磷等元素的比例具有恒稳性,因此生物按照一定比例吸收和利用养分资源。③林德曼定律,生态系统最重要的功能就是能量流动,在生态系统的次级生产过程中,后一营养级所"获得"的能量大约只有前一营养级能量的10%,大约90%的能量损失掉了,这就是著名的林德曼定律,又称百分之十定律(Linderman, 1942)。

物质分配模式是生态系统的能量累积状况的重要体现。生态系统的物质分配主要体现在生长、繁殖、贮藏、防御以及基础代谢维持等方面。从生物的生活史角度看,生物在营养和繁殖上的物质分配存在优化(Popp and Reinartz, 1988;Allen and Antos, 1993;Torimaru and Tomaru, 2012),分配倾向于提高下一代繁殖的适合度。与此同时,生物体也在生长和贮藏上存在成本上的优化,一方面,贮藏物质的形成与生长之间产生竞争而影响生长状况;另一方面,贮藏的部分物质还能够参与再循环过程,例如叶片衰老后,原先叶片所含的约50%的氮和磷被重新利用,参与再循环过程。关于物质分配,目前主要存在以下两个重要理论:①源-汇关系(souce-sink relationship)理论,该理论认为,物质分配(如碳分配)依赖于不同汇从相同的源得到可利用同化物的能力(Lacointe, 2000)。该能力来源于汇的强度或汇的需求,取决于遗传的潜在生长呼吸速率、维持呼吸速率和净汇强度(Grossman and Dejong, 1994)。②异速生长理论(allometric theory),该理论认为,异速生长关系存在于植物的不同部分。Causton 和 Venus(1981)给出了异速生长数学描述,随后 West 等(1997,1999)提出了一种生物学中异速生长法则起源的普遍性模型,即通过自然选择进化产生了最优的分形维管网络。

11.2.3.2　生态系统结构与功能优化匹配的生物学策略

生态系统结构与功能优化匹配的生物学策略清晰地体现在生态系统群落构建、生态位重叠、空间配置和环境适应等方面,它们之间常呈现互补与交叉形式的共同作用。

群落构建一直是群落生态学中备受关注的科学问题，对于理解物种共存和生物多样性维持机制具有重要意义。同时，群落构建也是深入理解生态系统结构优化的重要方面，在一定的生境中，多种生物有机组合在一起，通过不同方式利用共同资源进行物质生产。在一定气候条件下，群落发展为气候顶极群落，群落结构具有稳定性的特征，可以看作一个超级有机体，在这种顶极群落中，通过协调各物种之间的作用关系，生态系统结构到达最优化，从而实现最佳的生态系统功能。尽管人们对群落构建有一定程度的认知，但群落生态学家依然未阐明群落构建的机制。目前对群落构建机制主要有以下几种理论：①生境过滤。该概念最初源于二十世纪七八十年代后期对植物群落构建和动态的研究（Nobel and Slatyer，1977；Bazzaz，1991），环境过滤和相似性限制两个相反的作用力是局域植物群落组成的基本驱动力（Webb et al.，2002；Kraft et al.，2015）。②生态位分化。该理论基于生态位概念，1910 年，Johnson 首先使用了"生态位"一词，但未进行明确定义。基于生态位理论，Diamond（1975）提出了群落构建规则，他认为，群落构建是大区域物种库中物种经过多层环境过滤和生物作用被选入小局域的筛选过程。③随机过程。该机制主要体现在中性理论上，认为群落中相同营养等级的所有个体在生态位上等价，群落动态是随机的零和过程，并且扩散限制对群落结构有着决定性的作用（Hubbell，2001）。

生态位重叠是导致物种竞争的重要因素。生态位重叠有以下四种情况：①两个物种的基础生态位无重叠现象，这样物种之间不会发生直接竞争，或者无竞争；②两个物种的基础生态位只发生部分重叠，这样两个物种可共存，但具有竞争优势的物种最终会占有重叠生态空间；③两个物种的基础生态位完全重叠，竞争优势物种会把另一物种完全排除掉；④一个物种的基础生态位完全被包含在另一个物种的基础生态位之内，如果基础生态位大的物种是优势种，它会将含在里面的物种完全排斥掉而占据整个生态位空间；如果基础生态位小的物种是优势种，它就会把外面的物种从发生重叠的生态位空间中排挤出去而实现两个物种的共存。可以看出，生态位分化是群落中不同物种对空间和资源利用在时间上的不断优化，最终形成与当地气候相适应的气候顶极群落。

从某种意义上来看，空间配置是生态位的一种表现形式，是生态系统内物种对空间资源的优化利用方式，主要取决于物种的属性。生态系统是自然界中一定的空间内生物与环境构成的统一整体，在这个统一整体中，系统的生物与环境之间相互影响、相互制约，并在一定时期内处于相对稳定的动态平衡状态。由此可见，生态系统是生物与环境相互作用的结果，生物对环境的适应与改造以及环境对生物的影响贯穿在整个生态系统演替过程之中，共同推动着生态系统结构与功能趋向于两者关系的平衡和最优化。

11.2.3.3 植物的器官平衡及异速生长

自然界中，生命有机体是高度复杂和多样化的结构体系。生物的生存环境决定了它们在形态结构、营养方式、繁殖策略和生态位空间等方面的巨大差异。为了生存和繁殖，生命有机体的结构与功能必须跟其几何物理和生物学属性相适应，从而在进化过程中表现为异速生长现象。"异速生长"（allometry）一词最早则是由生物学家 Huxley 和 Tessier 于 1936 年提出。随后，Niklas（1994）将生物的异速生长定义为研究生物有机体的结构和过程与生物有机体大小之间关系的理论，指出异速生长现象普遍存在于生物界中，并巧妙地以数学方式表达形态学、生理学与物理学、化学之间的关系，使得生态学从定性描述逐步走向定量分析，为理论生态学的发展提供了新的研究方向和途径（West et al.，1999；Enquist and Niklas，2002；韩文轩和方精云，2003）。随着研究深入，Cheverud（1982）提出了个体发生异速律（ontogenetic allometry）、静态异速律（static allometry）、种内异速律（intraspecific allometry）和种间异速律（interspecific allometry），进一步奠定了异速生长理论（allometric scaling theory）。

在植物的生长过程中，根、茎、叶、花、果实和种子等器官生长发育通常维持一定的平衡以保持一定的植物构型，这种平衡的维持是各器官异速生长的结果，也是生长和分配之间的权衡。根据观察和前人研究，Corner（1949）总结出植物构型的两个法则：①枝条越大，其着生的叶片也越大；②枝条越大，其分枝越稀疏。这两个原则实际上是植物的器官平衡及异速生长的具体体现。植物各器官之间的异速生长关系与植物的生活史对策密切相关，从而影响种群内个体之间的共存和生物多样性的维持。因此，就植物个体而言，依据异速生长率，可以根据其某个器官的生长状态准确估算该个体的构型。林学上根据树木的胸径精确估算树木的生物量和初级生产力，这实际上就是植物异速生长的具体应用。

异速生长是由生物体的遗传性所决定的固有属性,反映了生物体不同性状间的相关性或差异;同时,异速生长指数会受到环境因素的影响而改变,是其对环境的适应对策(Coomes,2006)。例如,温度、生理状态、个体大小和环境资源(如水、光、矿物质)的可用性均能影响异速生长关系(韩文轩和方精云,2003)。温度通过制约生化反应速率而影响生物体的代谢速率。在自然界中,绝大多数生物生存在一个相对固定的温度范围内,一般在 0~40 ℃。在此温度范围内,生化反应速率、代谢速率以及几乎所有的生命活动速率随着温度的增加呈指数升高。资源的供应状况,如养分状况、光照强度和水分条件等,都会影响植物体内的元素含量(如氮和磷)以及化学计量比(于贵瑞等,2014)。代谢速率和生物体内以及环境中的元素物质流动有着必然的联系。众所周知,生物体由大量的化学元素组成,有机体必须从外界环境中摄取这些元素用于维持体内元素浓度的稳定性。同时,生物体通过排泄代谢废物进入外界环境中,达到与环境之间的元素动态平衡。

11.2.3.4 资源环境制约下的生物种群和群落的构建

前面已经提到,资源是生态系统结构和功能的重要限制因素,在大多数情况下,生态系统的资源处于受限状态,因此生物种群和群落结构的构建均受资源环境的制约,体现为两个基本原则:①在生态系统演替初期,生物种群和群落结构的构建主要受资源环境条件的控制,该阶段严酷的资源环境条件决定着生物能否生存和繁殖,但不同气候区和地形下的驱动因子不同,并受人为干扰的强烈影响。②当生物种群和群落结构发展到一定阶段后,群落结构总体上适应了资源环境条件,该阶段生物因素对生物种群和群落结构的构建和维持起着主导作用,特别是竞争与捕食(Menge and Sutherland,1987;Begon et al., 2006)。

在资源环境制约下,生物种群和群落构建朝着最优化利用受限的环境资源的方向发展。例如热带雨林生态系统,光是重要的限制资源,光照驱动了热带雨林垂直结构的优化和构建,位居不同层次的植物种通过叶片结构上的适应来充分利用光照;在干旱生境中,水分作为重要的限制因子驱动了不同水分利用策略植物种的群落构建。总体上,在资源环境制约下,生物种群和群落结构的构建体现了它们对资源利用在时间和空间上的生态位分化,通过结构上的优化

来予以实现。换言之,在资源环境制约下,生物种群和群落结构与生态系统功能之间存在更清晰的平衡关系。

11.3 生物群落结构对生态系统碳、氮、水循环的影响

植物通过光合作用固定大气 CO_2,产生生态系统总初级生产力(GPP),植物根系和地上部分通过呼吸将 GPP 中约 50% 的碳重新释放到大气中,最后产生净初级生产力(NPP)。大多数 NPP 通过凋落、根死亡、根系分泌转化成土壤有机质,其中一部分被动物食用,动物又通过排泄和死亡将部分碳转移到土壤中。进入土壤中的大部分有机碳又经微生物分解成为 CO_2,再次排放到大气,一部分有机碳被长期储存在土壤中,或淋溶流失(Chapin et al., 2002)。碳一方面作为生命有机体的骨架,参与生命有机体构建,另一方面它也是能量载体,驱动生态系统的物质循环。

11.3.1 植物群落结构与初级生产力

光合作用固定的能量直接支持着植物的生长和繁殖,同时植物为动物和土壤微生物提供了所需的有机物。生态系统之间年 GPP 的差异主要取决于叶面积的大小及这些叶片进行光合作用的有效时间(Chapin et al., 2002)。单位土地面积上的叶面积被称为叶面积指数(leaf area index,LAI)。LAI 是控制生态系统过程的一个关键参数,因为它决定光通过冠层后的衰减,强烈地影响植被获取碳的能力。Van Dijk 和 Dolman(2004)指出,不同区域间 GPP 的差异主要由 LAI 和辐射决定,单独的 LAI 能解释 67% 的 GPP 空间变异。Kato 和 Tang(2008)对亚洲生态系统的研究表明,在空间格局上最大 LAI 与 GPP 呈显著线性正相关。具有最高 GPP 的生态系统通常具有最大的 LAI。不同生态系统间的 LAI 差异能达到 6 倍,因此直接影响着 GPP 的空间差异(陈智,2015)。

在任何一个植物群落中,各植物种对群落生物量或 NPP 的贡献都不尽相同。为此,Garnier 等(2004)提出了质量比假说(mass ratio hypothesis),认为在由多个植物种构成的植物群落中,某一物种对生态过程的影响程度应与其在群落内的相对生物量比例相关。因此,这一假说可将在器官或个体上测定的指标及功能性状通过尺度上推推演到群落水平,为分析群落水

平的植物性状如何影响生态系统过程提供一个理论框架。根据这一思路,最近的一些研究通过计算群落水平地上、地下部分植物性状的群落加权均值(community weighted mean,CWM),评估群落水平的植物性状对生态系统过程的影响。例如,Vile 等(2006)在退耕的草地生态系统演替序列研究中发现,生态系统生产力可被植物相对生长速率的群落加权均值所预测。同时,一些研究也发现,叶片性状的群落加权均值,如比叶面积、叶片干物质含量、叶片氮含量等,均可以很好地预测凋落物的分解速率(Garnier and Navas,2012)。

质量比假说认为,多样性高的群落可能包含更多高功能的物种(优势种),主要体现了优势种的某些植物功能性状对生态系统功能的影响。因此,某些性状可以用于表征选择效应(selection effect)在功能多样性与生态系统功能关系中的作用(张金屯和范丽宏,2011)。关于群落内的植物功能性状如何影响生态系统功能还存在另一种假说,即互补效应(complementary effect),认为生境具有时空的异质性,物种功能特征的差异导致了它们对异质性景观具有不同的反应。每个物种在最适的生态位空间上都是较优的竞争者和较强的生产者。因此在一个生境中允许有功能特征差异的大量物种共存,这就导致生态系统生产力的增加(张金屯和范丽宏,2011)。

11.3.2 生物群落结构与呼吸作用

呼吸作用为植物提供获取营养及生产和维持生物量所需的能量。生态系统呼吸(RE)是一个综合的通量,包括叶片、茎干等地上部分的呼吸以及根系、土壤有机物分解等地下部分的呼吸,生态系统呼吸速率是各组分的总和:

$$RE = R_{plant} + R_{litter} + R_{soil} \qquad (11.1)$$

式中,R_{plant} 表示植物的自养呼吸,R_{litter} 表示凋落物分解呼吸,R_{soil} 表示土壤有机质呼吸。R_{plant} 的三个组分分别为

$$R_{plant} = R_{growth} + R_{maint} + R_{ion} \qquad (11.2)$$

式中,R_{growth} 表示植物生长呼吸,是植物将合成的有机物质用于构建新的生物器官、完成生长发育和积累生物量过程中的呼吸,其中主要是光呼吸;R_{maint} 表示植物有机体维持其生命活动的呼吸,占植物总呼吸的 50% 左右,其中 85% 的维持呼吸与维持蛋白质有关,在非生长的器官中蛋白质含量与呼吸速率具有很强的正相关关系;R_{ion} 表示植物的离子吸收呼吸,这是因为在植物的离子吸收过程中离子跨膜运输要消耗能量(ATP),离子吸收呼吸取决于吸收的离子形态及资源的可利用性。

凋落物分解呼吸(R_{litter})和土壤有机质呼吸(R_{soil})是由动物和微生物共同维持的异养呼吸,参与凋落物和土壤有机质分解的生物非常复杂(图11.4)。植物凋落物中的蛋白质和可溶性碳分解非常迅速,然后是纤维素和半纤维素,木质素最难分解。在分解过程中,先是溶解性矿物质和小分子有机化合物淋溶,此后依次为食腐动物消耗、真菌降解、细菌降解(图11.4b),其分解过程依次为细胞溶解、纤维素半纤维素降解、微生物副产品降解、木质素降解和腐殖质形成(图11.4c)。

土壤动物是陆地生态系统的重要组成部分,对物质循环和能量流动具有重要的作用,也能响应环境的变化(曾锋等,2010)。土壤生物对凋落物分解的作用可划分为直接作用和间接作用:直接作用包括消耗凋落物和将凋落物从系统中移除;间接作用包括一种生物群通过作用于另一种生物群而修饰直接作用,即大型和中型土壤动物一方面直接取食、破碎凋落物,另一方面通过取食和排泄改变土壤微生物群落的结构和功能。而微型土壤动物取食直接参与凋落物分解的微生物,影响其群落结构(Tian et al.,1997)。

土壤微生物群落是凋落物分解最主要的参与者,调控养分循环,影响土壤功能多样性(陈法霖等,2011)。已有研究表明,针叶与阔叶混合凋落物分解提高了微生物生物量、改善了土壤酶活性、促进微生物群落的碳源代谢功能(胡亚林等,2005)。细菌(包括被称为放线菌的丝状细菌)和真菌是凋落物分解者中两大主要的类群。不同类型菌根真菌影响凋落物分解的作用机制不同,可能会影响生态系统的碳固持能力(林贵刚,2016)。已有研究发现,丛枝菌根真菌会促进凋落物的分解,而外生菌根真菌的存在显著抑制了凋落物分解(Gadgil and Gadgil,1971;Koide and Wu,2003)。一般认为,丛枝菌根真菌促进凋落物分解的作用机制是向土壤中分泌可利用碳,从而激发腐生微生物的活性并改变微生物群落结构,进而促进腐生微生物对凋落物的分解(Herman et al.,2012)。而外生菌根真菌从凋落物中直接吸收氮或水分,进而增加凋落物的 C:N 值,从而使腐生微生物的活性受氮抑制,即外生菌根真菌与腐生微生物间的氮竞争抑制了凋落物分解(Koide and Wu,2003)。

植物凋落物性质与植物的生长策略(资源获取型

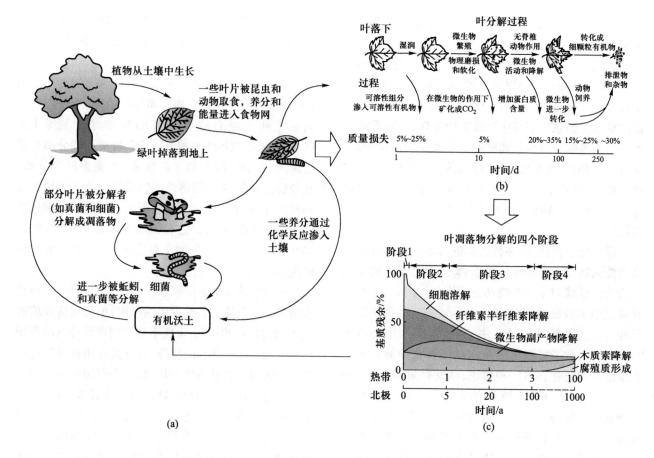

图 11.4 生态系统呼吸及凋落物和土壤有机质分解过程

或资源保守型)存在进化上的权衡关系(Reich et al., 1998;Wright et al., 2004),使得不同植物具有不同的物质循环过程。具体来说,资源获取型的树种往往生活在养分丰富的土壤条件下,具有较高的生长速率、较短的寿命以及较高的叶片和凋落物氮含量。这些性状使得资源获取型植物在其所生长的土壤中形成以细菌为主导的食物网结构,具有较快和开放的碳、氮循环过程。而资源保守型植物则会形成相反的趋势,这类植物往往生长在养分贫瘠的环境,其生长速率慢、寿命长、叶片和凋落物氮含量低。这些性状使得资源保守型植物形成以真菌为主导的土壤食物网结构,同时具有较低的养分循环速率,这些生态过程特征维持了较低的土壤养分含量(Wardle et al., 2004)。

11.3.3 呼吸底物和物理环境与呼吸作用

分解作用是碎屑(包括死亡的植物、动物和微生物)从死亡有机物变为无机营养物质和 CO_2 的过程,底物性质、供给状况及物理环境条件共同影响生态系统呼吸速率(Chapin et al., 2002)。可以理论性地概括为:呼吸底

物质量和数量是控制分解作用的主要因素,温度是呼吸速率的驱动力,而水分条件则是呼吸的必要条件。

呼吸底物质量和数量是控制分解作用的主要因素(图 11.5)。在特定的气候条件下,由于底物性质(即在标准条件下所测底物对分解作用的敏感性)的差异,凋落物的分解作用速率可相差 5~10 倍(Chapin et al., 2002)。以往研究表明,化学性质是影响凋落物分解的重要因素(Freschet et al., 2012)。这些化合物可以大致分为易分解的代谢化合物(如糖和氨基酸)、中度易分解的结构化合物(如纤维素和半纤维素)和难分解的结构物质(如木质素和角质)。快速分解的凋落物通常比缓慢分解的凋落物具有更高浓度的活性底物和更低浓度的惰性化合物。呼吸底物一是来自光合作用的GPP,二是土壤有机碳。研究表明,生态系统大约有80%的 GPP 是通过自养生物和异养生物呼吸被释放到大气系统(Janssens et al., 2001)。Van Dijk 和 Dolman(2004)则指出,GPP 能解释72%的生态系统呼吸的空间变异,各区域的生态系统呼吸的差异主要来自 GPP 而不是温度的差异。

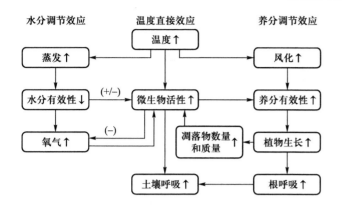

图 11.5　呼吸底物质量及供给数量、温度和水分
条件对生态系统呼吸的影响

在植物凋落物的分解过程中,凋落物氮、木质素含量以及两者的比值一直被视为呼吸速率的重要影响因素,能在很大程度上解析植物种间分解速率的差异(彭少麟和刘强,2015)。以往的研究也表明,钙和锰是影响凋落物分解的重要因子(Hobbie,2015)。腐生真菌需吸收土壤中的锰用以构建过氧化物酶,从而促进凋落物后期尤其是木质素和多酚类物质的分解。

温度是呼吸速率的驱动力,直接或间接地影响凋落物分解过程(图11.5)。温度升高可以直接提高森林土壤和凋落物的微生物活性,加速凋落物分解,从而促进了森林生态系统内的生物元素循环。其次,温度升高可以对生态系统的微环境及凋落物质量产生显著影响,改变土壤和凋落物的结构和组成。在一个较宽的温度范围内,温度升高导致微生物呼吸指数增加,加速有机碳矿化作用(Chapin et al.,2002)。Nadelhoffer 等(1992)认为,温度升高可以直接通过促进微生物活性来提高凋落物分解速度,但是如果随着温度的升高,凋落物的相对湿度降低,凋落物的分解速度可能会受到抑制(Shaw and Harte,2001)。Schmidt 等(2002)通过对4个北极寒冷生态系统的研究发现,温度的升高显著提高了微生物对土壤养分的分解释放速率,但土壤养分含量并没有显著变化,这表明,温度升高显著地促进土壤矿化过程,但植物对释放出的土壤养分吸收利用的能力比土壤微生物更强,最终导致土壤微生物生物量碳、氮在增温条件下表现出无明显的变化甚至呈下降趋势。

水分条件则是呼吸的必要条件。土壤水分主要来源于降水和灌溉,是参与岩石圈-生物圈-大气圈-水圈的水分大循环的重要组分。土壤中的水分以膜状水(薄膜水)、毛管水和重力水等形态存在,土壤的含水量是决定土壤的氧化电位、湿度、盐度、酸度等以及微生物活性和繁殖能力的重要因素,由此直接影响微生物的种群结构及群落的碳、氮代谢功能,成为决定土壤及生态呼吸的必要条件。

土壤养分可以间接影响土壤呼吸。土壤养分长期被认为是影响凋落物分解速率的重要因素,因为在生态系统中,凋落物化学性质和土壤肥力变化较大(葛晓改,2012)。土壤养分主要通过影响凋落物的质量来间接影响分解作用。一般来讲,与生长在养分肥沃地区的植物相比,在贫瘠环境中生长的植物其凋落物中往往具有较低浓度的水溶性物质和较高浓度的结构性碳水化合物(纤维素、木质素和多酚类物质),因此养分贫瘠地区的植物凋落物很难被分解者所利用。因此,在贫瘠环境中占优势的针叶树,其凋落物分解速率往往要低于木本被子植物,而木本植物的凋落物分解速率往往要低于草本植物(Cornelissen,1996)。

气候环境地理格局塑造的生态系统呼吸底物供给特征及温度和湿度条件共同控制了生态系统呼吸的空间格局。Hirata 等(2008)对亚洲森林生态系统的研究表明,RE 主要受到温度和降水等气候因子的调控,与年均温呈显著的指数关系。陈智(2015)通过研究北半球陆地生态系统 241 个涡度相关碳通量观测站点 861 个站点年碳通量数据发现,GPP 和 RE 呈现出显著的随着纬度升高而线性降低的趋势,年平均气温(MAT)和年均降水量(MAP)是 GPP 和 RE 空间格局的重要调控因子,可以解释不同区域 19%~85% 的 GPP 和 RE 的空间变异。经过长期演化的生态系统 RE 空间格局主要由植被群落总初级生产力(GPP)、现存生物量、土壤有机质底物的质量和数量条件决定,尤其土壤呼吸更多依赖于异养呼吸分解作用(Granier et al.,2008)。

11.4 植物群落功能性状与生态系统碳、氮、水循环的生态学联系

11.4.1 植物群落结构及功能性状

环境变化对生态系统过程和功能可以通过非生物因素直接控制,也可以通过影响有机体自身的生理、形态和行为、种群动态及群落组成来间接控制(Chapin et al.,2002;Suding et al.,2008;Reichstein et al.,2014)。目前,有关生态系统功能属性(或功能性

状)的空间格局研究大多关注环境因子的直接作用。然而,越来越多的研究表明,生态系统功能属性的空间变异性并不能很好地被气候因子的空间格局所解释,而植物结构及功能属性对物种和生态系统功能具有重要作用(Garnier and Navas, 2012;Reichstein et al., 2014),并能通过集成模式将个体水平测定的功能属性(或性状)扩展到群落水平乃至生态系统水平,从而更好理解和预测生态系统功能沿着环境梯度的变化规律(Andersen et al., 2012;Garnier and Navas, 2012;Reichstein et al., 2014;Violle et al., 2014)。因此,理解生态系统功能的空间变化规律,需要认知植物功能属性在大尺度环境梯度上的分布规律,进而更好理解生物体和环境是如何共同塑造生态系统功能的变化规律(Reichstein et al., 2014)。

植物性状或植物功能性状是指易于观测或者度量的植物学特征,可一定程度上反映物种在长期进化过程中适应不同环境条件的能力、适合度或生产力(参见第6章第6.2节)。近年来,植物性状的动态演化和空间变异、性状与功能间的关系、性状与资源环境变化及适应机制等成为生态学研究的热点话题(McGill et al., 2006;Garnier and Navas, 2012)。

关于生态系统功能性状的研究,不同学者从不同的视角给予了多方面的关注。从生态系统碳、水循环功能的角度建议对以下的五类性状给予重视(图11.6)。①植物性状:LAI,高度,叶片大小,茎干密度,根深,比根长。②功能性状:生态系统蒸散发(ET),生态系统生产力(NEP或NEE、NPP、GPP),生态系统呼吸(R_a、R_b、R_s)。③植物群落结构性状:叶干物质含量(LDMC),单位面积叶片含量(LMA)。④生物生理化学性状:氮含量,磷含量,最大气孔导度(gs),光合能力。⑤生态过程性状:辐射利用效率(RUE),水分利用效率(WUE),氮利用效率(NUE),碳利用效率(CUE)(Reichstein et al., 2014;Yu et al., 2014)。

近年来的研究认为,植物性状(叶片大小,LAI,比叶面积和叶片氮、磷含量等)与生态系统生产力具有紧密的相关性(Chapin et al., 2002;Garnier and Navas, 2012;Reichstein et al., 2014),土壤资源和气候等可能会通过影响叶面积大小以及光合作用季节长度来影响生态系统生产力(Chapin et al., 2002)。

植物功能性状直接决定了生态系统功能,不同特征综合体的植物功能性状最终导致了生态系统功能明显的差异(Reichstein et al., 2014)。基于此,He等(2019)提出了生态系统性状的新概念(图11.7),并

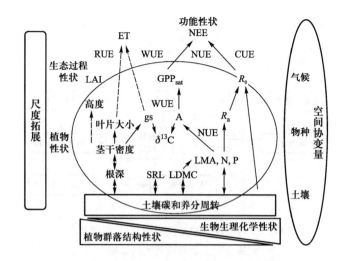

图11.6 基于通量观测技术的生态系统过程和功能性状

率先探讨了部分植物群落性状与天然森林群落GPP、NPP、NEP和WUE等的定量关系,推动了对天然森林群落性状与功能关系的新认识,并提供了可借鉴的方法学,同时论述了关于生态系统性状研究的数据采集技术、尺度演绎方法及未来发展愿景(He et al., 2019)。

生态系统性状可以定义为在植物群落尺度或生态系统尺度上能够体现生物(植物、动物和微生物等)对资源环境的响应和适应、群落繁衍和生产力优化的生态系统属性、能力和作用状态,是能被量化的生态学指数。换言之,生态系统性状是由一系列植物群落性状、动物群落性状、微生物群落性状和土壤物理化学性状等共同组成,彼此之间相互作用和联系,共同维持生态系统的稳定和发展(图11.7)。

11.4.2 基于生态系统性状的结构-过程-功能的理论联系

生态系统科学是生物学、物理学、化学及人文科学融合交叉的新兴科学,基于生态系统性状的构建和生态系统组分-结构-过程-功能-服务的理论联系,认知生态系统属性-状态-演变的过程、模式及机制,阐述生态系统对自然环境的依赖、响应和适应以及人类对生态系统利用、保护和修复的原理,是生态系统科学的核心内涵及基本任务。

生态系统的系统构建、物质生产和资源利用是通过种群繁衍、能量流动、物质循环、生命元素化学循环等生物物理和生物化学基本过程完成的。表述生态系统的物种、物质、能量、信息、服务的属性,以及这些

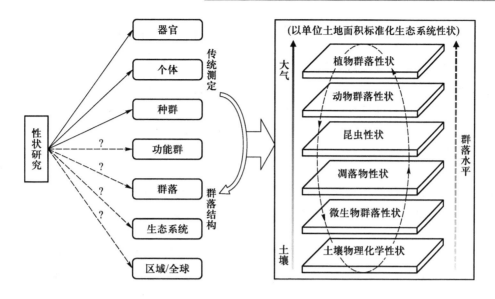

图 11.7　生态系统及以单位土地面积标准化的生态系统性状模式。问号表示研究尚不成熟(He et al., 2019;何念鹏等,2018)

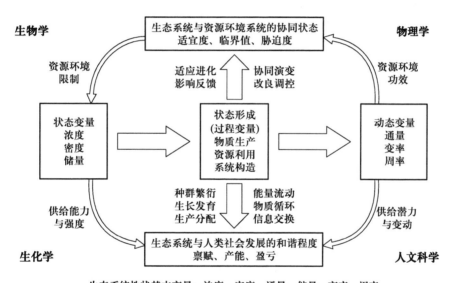

图 11.8　生态系统动力学过程及基本变量体系

属性的状态变化、生物变异、地理分异、系统演替、空间运移、物质循环、形态周转等生态系统科学研究的重要内容,是理解生态系统的组织构建、系统运维、系统演变的核心过程机制,是生态系统的物质生产、资源利用和生态服务的基本生态功能科学途径,也是定量认知和预测生态系统与资源环境系统的协同状态(适宜度、临界值、胁迫度)、生态系统与人类社会发展的和谐程度(禀赋、产能、盈亏)的科学基础。然而来自生物学、物理学、生化学及人文科学等传统学科对生态系统的基本属性、现实状态、动态演变、空间变

异的机理认知及数学描述的理论和方法多种多样,这里我们可以理论化地抽出"浓度""密度"和"储量"三个基本物理量,用以表述生态系统属性的现实状态(状态变量),进而抽出"通量""变率"和"周率"三个基本特征变量,用以表述生态系统状态的演变(动态变量)(图 11.8)。

我们认为,基于"浓度、密度、通量、储量、变率、周率"这六个生态系统性状的基本变量,就可以构建出"系统科学思想、生物学基础、物理化学原理、数学分析"的新时代生态系统科学概念系统、理论方法及知识体系,这些将会是前沿性的科学研究方向,是新时代"整合生态学"发展的必经之路。

"生态系统结构通过生态系统过程决定生态系统功能,产出生态系统服务"是生态系统生态学的基本认知,然而这一科学原理如何通过物理学和数学方法定量表达和演绎,还是一个没有解决的问题。基于生态系统结构、过程、功能性状的逻辑关系,我们构建出图 11.9 的理论框架。这里将生态系统性状定义为以单位土地面积的生物学物理量(简称为生物学物理量的面积密度)为同一量纲的生态学指数。由此,可以在一定程度上解决传统性状与宏观生态研究量纲不统一和尺度不匹配问题,并将经典的"生态系统结构、生态系统过程和生态系统功能"定性研究,发展成为基于性状的"结构-过程-功能"的整合生态学研究新阶段。

由此可见,如果能够基于图 11.9 的逻辑关系,在生态系统尺度深入探讨生态系统的结构性状、过程性状及功能性状之间的作用关系和生态学机制,将会构建一个联系传统植物功能性状与宏观生态学研究的新桥梁,开拓认知生态系统的自我组织机制、运行维持原理、动态演变预测的生态学新理论,促进生态系统生态学与宏观生态学和地球系统科学的融合发展,为典型生态系统、流域生态系统、区域乃至全球尺度的生态系统功能的联网观测、航空和卫星遥感观测、模型模拟和综合评估提供新的技术途径。

11.4.3 植物叶片性状与生态系统 NPP 和 GPP 的关系

植物和大气之间的碳、水交换过程主要是通过植物的光合作用和蒸腾作用实现的,而两者都直接受控于植物气孔(Hetherington and Woodward, 2003)。因而,与叶片的形态和化学性状相比,气孔性状应该是直接控制生态系统光合碳固定和蒸腾能力的生物学属性。其中,气孔密度(SD)和气孔大小(或气孔长度,SL)是表征气孔形态属性的两个重要参数,二者共同决定了叶片的最大气孔导度,进而决定了叶片的潜在光合和蒸腾能力(Hetherington and Woodward, 2003)。群落水平的气孔性状是联系植物叶片气孔性状与生态系统功能之间的桥梁,而群落结构和物种之间的气孔性状差异性则是将物种水平测定的叶片气孔性状扩展到群落水平的基础。

在森林生态系统碳、水循环的模拟研究和生态系统生产力的估算分析中,LAI 被认为是必不可少的一个重要参数,它决定了植被冠层截获光能的能力,也是制约群落光能转换速率的重要生态学参数(Chapin et al., 2002)。基于群落结构数据,以物种的 LAI 为权重将气孔属性从物种水平扩展到群落水平,可定量表述群落内单位土地面积的气孔数量、长度和面积,这些参数能够很好地反映群落的光合能力。Wang 等(2015)采用印迹法和高倍电镜对中国东部南北样带

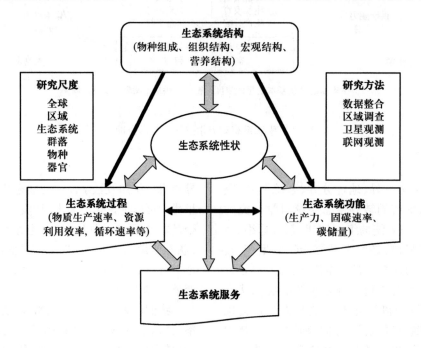

图 11.9 根据生态系统组分-结构-过程-功能-服务级联关系,构建整合生态学研究的理论框架

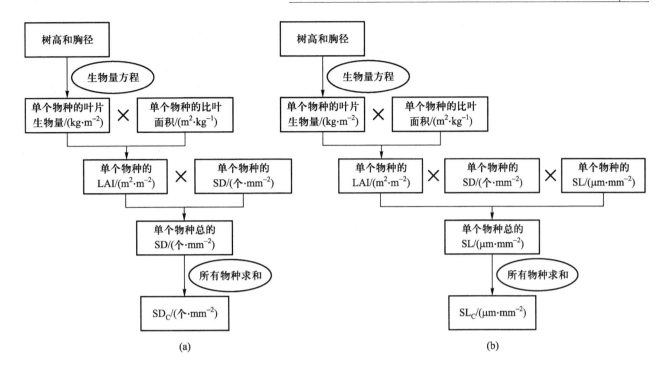

图 11.10 群落气孔密度（SD_C）和群落气孔长度（SL_C）的计算方式

（NSTEC）9 个地带性森林 760 种植物气孔性状进行了调查，并计算了群落气孔性状指数（即单位土地面积的群落气孔数量或长度），计算步骤如图 11.10。

结果表明，SD 和 SL 在物种水平上纬度格局较弱，但在群落水平上随着纬度的升高而明显减小，这种变异是由温度和降水驱动的。在物种水平上，SD 与 SL 呈现负相关关系；在群落水平上，SD 与 SL 却表现出显著的正相关，表明群落气孔性状和物种气孔性状对环境变化的适应机制存在着差异。物种水平上 SD 与 SL 之间的权衡关系是植物个体对环境变化的适应进化的结果，而群落水平上的气孔特征则更多受到群落构建过程的影响。在群落水平上的 SD 能够解释 51% 的 NPP 空间变异。

为了探究气孔性状的影响因素及其与生态系统 WUE 的联系，Liu 等（2018）提出了气孔面积指数（stomatal area fraction，SAF），并利用群落结构和生物量加权法计算了每个植物群落的气孔面积指数，发现 SAF 随着纬度的增加表现出先升高后降低的趋势，干旱度指数是主要的驱动因素。同时还发现，SAF 与生态系统 WUE 显著正相关，表明植物群落通过增大 SAF 来优化生态系统的 WUE。相关研究在区域尺度上为气孔性状影响生态系统 WUE 提供了直接证据，提高了人们对气孔性状适应环境的认识。

此外，利用经典的乙醇法，Li 等（2018）测定了 NSTEC 上 9 个地带性森林群落内 1100 多种植物叶片叶绿素含量（Chl a、Chl b、Chl $a+b$、Chl a/b），分析发现，叶绿素在物种间和不同生活型间都存在显著差异；在物种水平上，叶片叶绿素含量仅存在较弱的纬度格局。进一步分析发现，叶绿素几乎不受系统发育、气候和土壤的影响，较大的种间变异是导致物种水平叶绿素微弱纬度格局的重要原因。然而，当利用群落结构和生物量数据加权法拓展后发现，群落水平的叶片叶绿素含量随纬度的升高而降低，进一步分析发现，叶绿素与 GPP 显著正相关（$R^2 = 0.32$），即叶绿素一定程度上能够反映生态系统 GPP，但其作为单一性状对 GPP 空间变异的解释度远低于先前人们的预期。相关研究从群落的角度揭示了自然群落叶绿素纬度变异规律、影响因素及其与 GPP 的定量关系，为植物功能性状与功能的研究提供了一个范例，也为生态模型构建与优化提供了理论依据和重要参数。

11.4.4 植物群落结构、过程及功能性状测定和统计方法

植物、群落及生态系统性状研究正在成为前沿热点。然而，由于受传统的植物性状概念体系及测定

技术和方法的限制,相关研究长期被局限于植物器官、个体和物种水平(如优势物种或个别模式物种)上。如何将器官或个体水平测定的植物性状拓展到植物群落或生态系统水平(Violle et al., 2007),以及如何建立植物群落和生态系统尺度的性状与生态系统过程和生态系统功能的理论联系,成为该领域未被解决的科学难题,也是全球变化生态学和区域可持续发展领域亟须解决的重要科学问题(Reichstein et al., 2014;Violle et al., 2014;He et al., 2019)。

很多科学家在性状值的尺度扩展方面进行了探索,如用优势物种的性状值、群落内所有物种的均值(Šímová et al., 2019)或加权平均值来代表植物群落的性状值(Garnier and Navas, 2012)。虽然在某些研究中,利用这些方法统计得到的群落性状指标能够在一定程度上反映植物群落构建或解释部分生态系统功能的变异规律(Suding et al., 2008;Reichstein et al., 2014;Anderegg et al., 2019),但必须承认,生态系统功能不是植物特征的简单加和所能预测的,因为生态系统是一个复杂的、动态的和具有适应能力的系统,在尺度转化过程中生态系统会出现突变式的过程或功能,因此需要采用更为合理的生物物理、生态和统计的模型方法来构建器官或个体水平的性状值与生态系统功能的关系(Reichstein et al., 2014)。

如果将基于单位土地面积的生态学面积密度作为生态系统组分和结构、过程和功能性状的统一度衡,则植物群落性状可以利用群落结构和生物量数据加权法计算:

$$\text{Trait}_{\text{community}} = \sum_{j=1}^{4} \sum_{i=1}^{n} \text{Biomass}_{ij} \times \text{Trait}_{ij} \quad (11.3)$$

$$\text{Trait}_{\text{community}} = \sum_{i=1}^{n} \text{LAI}_i \times \text{Trait}_i \quad (11.4)$$

式中,$\text{Trait}_{\text{community}}$ 表示群落水平性状值;i 表示群落的每一个物种;$j = 1$、2、3、4 分别表示叶、枝、干和根;n 表示森林群落中的物种数量;Trait_{ij} 表示物种 i 中器官 j 的性状值;Biomass_{ij} 表示单位土地面积上物种 i 中器官 j 的生物量;LAI_i 表示植物群落中物种 i 的叶面积指数。公式(11.3)适用于以质量为基本量纲的性状指标,而公式(11.4)适用于以叶面积或厚度为量纲的指标。

利用公式(11.3)和公式(11.4)能把绝大多数器官水平测定的植物性状参数转化为群落水平的性状值,并实现以单位面积为基础转化,从而为探讨性状与天然森林群落功能的关系奠定坚实的基础,因为在生态系统及区域尺度上的生态系统功能参数大多都是以单位土地面积为基础来进行观测的(图11.11)。

现代的生态系统观测技术直接测定基于单位土地面积的生态学面积密度,为统一度量生态系统结构、过程和功能性状提供了可行技术。例如,在生态系统尺度上的以通量观测技术为标志的浓度、密度、通量和储量(如植被群落生产力和 WUE 等)的直接观测可以获得能量交换、生态系统生产力、生态系统呼吸、蒸腾蒸发、气体浓度以及由此衍生的 RUE、WUE、NUE、CUE 等生态过程性状。在区域尺度上的航空遥感和卫星遥感观测技术的快速进步也使得生态系统的性状观测向区域及全球尺度扩展,也可以实现与地球模拟系统的有效对接(图11.12)。

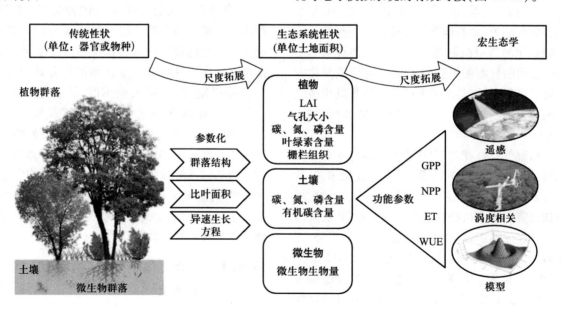

图 11.11 植物性状、生态系统性状、区域宏生态系统性状及其尺度扩展

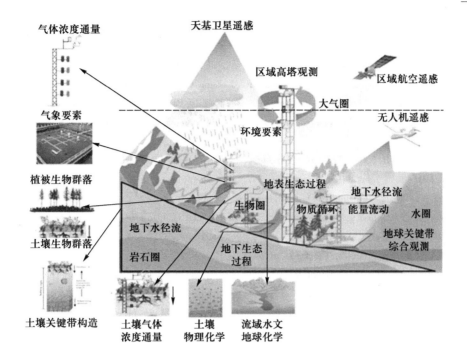

图 11.12 生态系统能量和物质通量观测与卫星遥感观测及流域水文观测技术结合的
生态系统结构、过程、功能性状的现代观测技术体系

参考文献

陈法霖, 郑华, 欧阳志云, 等. 2011. 土壤微生物群落结构对
　凋落物组成变化的响应. 土壤学报, 48: 603-611.

陈智. 2015. 北半球陆地生态系统碳交换通量的空间格局及其
　调控机制研究. 博士学位论文. 北京: 中国科学院大学.

傅伯杰, 于丹丹. 2016. 生态系统服务权衡与集成方法. 资源
　科学, 38(1): 1-9.

葛晓改. 2012. 三峡库区马尾松林凋落物分解及对土壤碳库
　动态的影响研究. 博士学位论文. 北京: 中国林业科学研
　究院.

韩文轩, 方精云. 2003. 相关生长关系与生态学研究中的尺
　度转换. 北京大学学报: 自然科学版, 39: 583-593.

何念鹏, 张佳慧, 刘聪聪, 等. 2018. 森林生态系统性状的空
　间格局与影响因素研究进展——基于中国东部样带的整
　合分析. 生态学报, 38(18): 6359-6382.

胡亚林, 汪思龙, 黄宇, 等. 2005. 凋落物化学组成对土壤微
　生物学性状及土壤酶活性的影响. 生态学报, 25:
　2662-2668.

李鹏, 姜鲁光, 封志明, 等. 2012. 生态系统服务竞争与协同
　研究进展. 生态学报, 32: 5219-5229.

林贵刚. 2016. 植物性状及菌根真菌对植物群落结构和生态

系统碳、氮循环的影响. 博士学位论文. 北京: 中国科学院
大学.

彭少麟, 刘强. 2015. 森林凋落物动态及其对全球变暖的响
　应. 生态学报, 22: 164-174.

于贵瑞, 李轩然, 赵宁, 等. 2014. 生态化学计量学在陆地生
　态系统碳-氮-水耦合循环理论体系中作用初探. 第四纪研
　究, 34: 881-890.

曾锋, 邱治军, 许秀玉. 2010. 森林凋落物分解研究进展. 生
　态环境学报, 19(1): 239-243.

张金屯, 范丽宏. 2011. 物种功能多样性及其研究方法. 山地
　学报, 29: 513-519.

Allen GA, Antos JA. 1993. Sex ratio variation in the dioecious
　shrub *Oemleria cerasiformis*. *American Naturalist*, 141:
　537-553.

Anderegg WRL, Trugman AT, Bowling DR, et al. 2019. Plant
　functional traits and climate influence drought intensification
　and land-atmosphere feedbacks. *Proceedings of the National
　Academy of Sciences*, 116: 14071-14076.

Andersen KM, Endara MJ, Turner BL, et al. 2012. Trait-based
　community assembly of understory palms along a soil nutrient
　gradient in a lower montane tropical forest. *Oecologia*, 168:
　519-531.

Asner GP, Knapp DE, Anderson CB, et al. 2016. Large-scale
　climatic and geophysical controls on the leaf economics spec-

trum. *Proceedings of the National Academy of Sciences*, 113 (28): E4043-E4051.

Bardgett RD, Mommer L, De Vries FT. 2014. Going underground: Root traits as drivers of ecosystem processes.*Trends in Ecology and Evolution*, 29(12): 692-699.

Bazzaz FA. 1991. Habitat selection in plants. *American Naturalist*, 137: S116-S130.

Begon M, Townsend CR, Harper JL.2006. *Ecology: From Individuals to Ecosystems*. New York: John Wiley & Sons, Inc.

Bennett EM, Balvanera P. 2007. The future of production systems in a globalized world. *Frontiers in Ecology and the Environment*, 5(4): 191-198.

Boedeltje G, Ozinga WA, Prinzing A. 2008. The trade-off between vegetative and generative reproduction among angiosperms influences regional hydrochorous propagule pressure. *Global Ecology and Biogeography*, 17(1): 50-58.

Brouwer D. 1962.Distribution of dry matter in the plant. *Netherlands Journal of Agricultural Science*, 10: 361-376.

Causton DR, Venus JC. 1981. *The Biometry of Plant Growth*. London: Edward Arnold.

Chapin FSI, Matson PA, Mooney HA. 2002. *Principles of Terrestrial Ecosystem Ecology*. New York: Springer-Verlag.

Cheverud JM. 1982. Relationships among ontogenetic, static, and evolutionary allometry. *American Journal of Physical Anthropology*, 59(2): 139-149.

Coomes DA. 2006. Challenges to the generality of WBE theory. *Trends in Ecology and Evolution*, 21: 593-596.

Cornelissen J. 1996. An experimental comparison of leaf decomposition rates in a wide range of temperate plant species and types. *Journal of Ecology*, 84(4): 573-582.

Corner EJH. 1949. The durian theory and the origin of the modern tree. *Annals of Botany*, 13: 367-414.

Costanza R, d'Arge R, de Groot R, et al. 1997. The value of the world's ecosystem services and natural capital. *Nature*, 387(6630): 253-260.

Daily GC. 1997. *Nature's Services: Societal Dependence on Natural Ecosystems*. Washington DC: Island Press.

Diamond JM.1975. Assembly of species communities. In: Cody ML, Diamond JM. *Ecology and Evolution of Communities*. Cambridge: Belknap Press of Harvard University, 342-444.

Díaz S, Kattge J, Cornelissen JHC, et al. 2016. The global spectrum of plant form and function. *Nature*, 529 (7585): 167-171.

Donovan LA, Maherali H, Caruso CM, et al. 2011. The evolution of the worldwide leaf economics spectrum. *Trends in Ecology and Evolution*, 26(2): 88-95.

Douglas DA. 1981. The balance between vegetative and sexual reproduction of *Mimulus primuloides* (Scrophulariaceae) at different altitudes in California. *The Journal of Ecology*, 69 (1): 295-310.

Elton C. 1927. *Animal Ecology*. New York: Macmillan Company.

Enquist BJ, Niklas KJ. 2002. Global allocation rules for patterns of biomass partitioning in seed plants. *Science*, 295: 1517-1520.

Freschet GT, Aerts R, Cornelissen JH. 2012. A plant economics spectrum of litter decomposability. *Functional Ecology*, 26: 56-65.

Gadgil RL, Gadgil P. 1971. Mycorrhiza and litter decomposition. *Nature*, 233: 133.

Garnier E, Cortez J, Billes G, et al. 2004. Plant functional markers capture ecosystem properties during secondary succession. *Ecology*, 85: 2630-2637.

Garnier E, Navas ML. 2012. A trait-based approach to comparative functional plant ecology: Concepts, methods and applications for agroecology. A review. *Agronomy for Sustainable Development*, 32: 365-399.

Granier A, Bréda N, Longdoz B, et al. 2008. Ten years of fluxes and stand growth in a young beech forest at Hesse, North-eastern France. *Annals of Forest Science*, 65: 1.

Grinnell J. 1917. The niche-relationships of the California Thrasher. *The Auk*, 34: 427-433.

Grossman YL, DeJong TM. 1994. Peacha simulation-model of reproductive and vegetative growth in peach-trees. *Tree Physiology*, 14: 329-345.

Guo DL, Xia MX, Wei X, et al. 2008. Anatomical traits associated with absorption and mycorrhizal colonization are linked to root branch order in twenty-three Chinese temperate tree species. *New Phytologist*, 180: 673-683.

He N, Liu C, Piao S, et al. 2019. Ecosystem traits linking functional traits to macroecology. *Trends in Ecology and Evolution*, 34: 200-210.

Hellriegel H. 1883. Beiträgezu den naturwissenschaftlichen Grundlagen des Ackerbausmitbesonderer Berücksichtigungder agrikultur-chemischen Methode der Sandkultur. Braunschweig: Verlag F. Vieweg und Sohn.

Herman DJ, Firestone MK, Nuccio E, et al. 2012. Interactions between an arbuscular mycorrhizal fungus and a soil microbial community mediating litter decomposition. *FEMS Microbiology Ecology*, 80: 236-247.

Hetherington AM, Woodward FI. 2003. The role of stomata in sensing and driving environmental change. *Nature*, 424: 901-908.

Hirata R, Saigusa N, Yamamoto S, et al. 2008. Spatial distribution of carbon balance in forest ecosystems across East Asia.

Agricultural and Forest Meteorology, 148: 761-775.

Hobbie SE. 2015. Plant species effects on nutrient cycling: Revisiting litter feedbacks. *Trends in Ecology and Evolution*, 30: 357-363.

Hubbell SP. 2001. *The Unified Neutral Theory of Biodiversity and Biogeography*. Princeton: Princeton University Press.

Hutchinson GE. 1957. Concluding remarks. *Cold Spring Harbor Symposium on Quantitative Biology*, 22: 415-427.

Huxley JS, Tessier G. 1936. Terminology of relative growth. *Nature*, 137: 780-781.

Janssens I, Lankreijer H, Matteucci G, et al. 2001. Productivity overshadows temperature in determining soil and ecosystem respiration across European forests. *Global Change Biology*, 7: 269-278.

Kato T, Tang YH. 2008. Spatial variability and major controlling factors of CO_2 sink strength in Asian terrestrial ecosystems: Evidence from eddy covariance data. *Global Change Biology*, 14: 2333-2348.

King D, Roughgarden J. 1982. Graded allocation between vegetative and reproductive growth for annual plants in growing seasons of random length. *Theoretical Population Biology*, 22 (1): 1-16.

Koide R, Wu T. 2003. Ectomycorrhizas and retarded decomposition in a *Pinus resinosa* plantation. *New Phytologist*, 158: 401-407.

Kong DL, Wang JJ, Wu HF, et al. 2019. Nonlinearity of root trait relationships and the root economics spectrum. *Nature Communications*, 10: 2203.

Kozłowski J. 1992. Optimal allocation of resources to growth and reproduction: Implications for age and size at maturity. *Trends in Ecology and Evolution*, 7(1): 15-19.

Kozłowski J, Wiegert RG. 1986. Optimal allocation of energy to growth and reproduction. *Theoretical Population Biology*, 29 (1): 16-37.

Kraft NJ, Adler PB, Godoy O, et al. 2015. Community assembly, coexistence and the environmental filtering metaphor. *Functional Ecology*, 29(5): 592-599.

Lacointe A. 2000. Carbon allocation among tree organs: A review of basic processes and representation in functional-structural tree models. *Annals of Forest Science*, 57: 521-533.

Laliberté E. 2017. Belowground frontiers in trait-based plant ecology. *New Phytologist*, 213: 1597-1603.

Laughlin DC. 2011. Nitrification is linked to dominant leaf traits rather than functional diversity. *Journal of Ecology*, 99: 1091-1099.

Laughlin DC. 2014. The intrinsic dimensionality of plant traits and its relevance to community assembly. *Journal of Ecology*, 102: 186-193.

LeBauer DS, Treseder KK. 2008. Nitrogen limitation of net primary production in terrestrial ecosystems is globally distributed. *Ecology*, 89: 371-379.

Li L, Ma ZQ, Niinemets Ü, et al. 2017. Three key sub-leaf modules and the diversity of leaf designs. *Frontiers in Plant Science*, 8: 1542.

Li Y, Liu CC, Zhang JH, et al. 2018. Variation in leaf chlorophyll concentration from tropical to cold-temperate forests: Association with gross primary productivity. *Ecological Indicators*, 85:383-389.

Liese R, Alings K, Meier IC. 2017. Root branching is a leading root trait of the plant economics spectrum in temperate trees. *Frontiers in Plant Science*, 8: 315.

Linderman RL. 1942. The trophic-dynamic aspect of ecology. *Ecology*, 23: 399-418.

Liu CC, He NP, Zhang JH, et al. 2018. Variation of stomatal traits from cold temperate to tropical forests and association with water use efficiency. *Functional Ecology*, 32: 20-28.

Ma ZQ, Guo DL, Xu XL, et al. 2018. Evolutionary history resolves global organization of root functional traits. *Nature*, 555, 94-97.

Markesteijn L, Poorter L. 2009. Seedling root morphology and biomass allocation of 62 tropical tree species in relation to drought-and shade-tolerance. *Journal of Ecology*, 97 (2): 311-325.

McCormack ML, Dickie IA, Eissenstat DM, et al. 2015. Redefining fine roots improves understanding of below-ground contributions to terrestrial biosphere processes. *New Phytologist*, 207: 505-518.

McGill BJ, Enquist BJ, Weiher E, et al. 2006. Rebuilding community ecology from functional traits. *Trends in Ecology and Evolution*, 21: 178-185.

Menge BA, Sutherland JP. 1987. Community regulation: Variation in disturbance, competition, and predation in relation to environmental stress and recruitment. *The American Naturalist*, 130(5): 730-757.

Millennium Ecosystem Assessment. 2005. *Ecosystems and Human Well-being*. Washington DC: Island Press.

Mommer L, Weemstra M. 2012. The role of roots in the resource economics spectrum. *New Phytologist*, 195(4): 725-727.

Nadelhoffer KJ, Giblin A, Shaver GR, et al. 1992. Microbial processes and plant nutrient availability in arctic soils. In: Chapin F, Jeffereis R, Reynolds J, et al. *Arctic Ecosystems in A Changing Climate: An Ecophysiological Perspective*. Cambridge: Academic Press, 281-300.

Niklas KJ. 1994. *Plant Allometry: The Scaling of Form and*

Process. Chicago: University of Chicago Press.

Nobel IR, Slatyer RO. 1977. Post-fire succession of plants in Mediterranean ecosystems. Proceedings of the symposium on the environmental consequences of fire and fuel management in Mediterranean ecosystems, United States Forest Service, Palo Alto, California, USA, 27-36.

Onoda Y, Westoby M, Adler PB, et al. 2011. Global patterns of leaf mechanical properties. *Ecology Letters*, 14: 301-312.

Onoda Y, Wright IJ, Evans JR, et al. 2017. Physiological and structural tradeoffs underlying the leaf economics spectrum. *New Phytologist*, 214(4): 1447-1463.

Pérez-Ramos IM, Roumet C, Cruz P, et al. 2012. Evidence for a "plant community economics spectrum" driven by nutrient and water limitations in a Mediterranean rangeland of Southern France. *Journal of Ecology*, 100: 1315-1327.

Popp JW, Reinartz JA. 1988. Sexual dimorphism in biomass allocation and clonal growth of *Xanthoxylum americanum*. *American Journal of Botany*, 75: 1732-1741.

Prieto I, Roumet C, Cardinael R, et al. 2015. Root functional parameters along a land-use gradient: Evidence of a community-level economics spectrum. *Journal of Ecology*, 103(2): 361-373.

Primack RB. 1987. Relationships among flowers, fruits, and seeds. *Annual Review of Ecology and Systematics*, 18(1): 409-430.

Reich PB. 2014. The world-wide "fast-slow" plant economics spectrum: A traits manifesto. *Journal of Ecology*, 102(2): 275-301.

Reich PB, Walters MB, Tjoelker MG, et al. 1998. Photosynthesis and respiration rates depend on leaf and root morphology and nitrogen concentration in nine boreal tree species differing in relative growth rate. *Functional Ecology*, 12: 395-405.

Reichstein M, Bahn M, Mahecha MD, et al. 2014. Linking plant and ecosystem functional biogeography. *Proceedings of the National Academy of Sciences*, 111: 13697-13702.

Roumet C, Birouste M, PiconCochard C, et al. 2016. Root structure-function relationships in 74 species: Evidence of a root economics spectrum related to carbon economy. *New Phytologist*, 210(3): 815-826.

Royer DL. 2008. Nutrient turnover rates in ancient terrestrial ecosystems. *Palaios*, 23: 421 - 423.

Rubner M. 1883. On the influence of body size on metabolism and energy exchange. *Zeitschriftfür Biologie*, 19: 535-562.

Russell RS. 1977. *Plant Root Systems: Their Function and Interaction with the Soil*. London: McGraw-Hill Book Company (UK) Limited.

Schmidt IK, Jonasson S, Shaver G, et al. 2002. Mineralization and distribution of nutrients in plants and microbes in four arctic ecosystems: Responses to warming. *Plant and Soil*, 242: 93-106.

Shaw MR, Harte J. 2001. Control of litter decomposition in a subalpine meadow-sagebrush steppe ecotone under climate change. *Ecological Applications*, 11: 1206-1223.

Šímová I, Sandel B, Enquist BJ, et al. 2019. The relationship of woody plant size and leaf nutrient content to large-scale productivity for forests across the Americas. *Journal of Ecology*, 107(5): 1-13.

Suding KN, Lavorel S, Chapin FS, et al. 2008. Scaling environmental change through the community-level: A trait-based response-and-effect framework for plants. *Global Change Biology*, 14: 1125-1140.

Tian G, Brussaard L, Kang B, et al. 1997. Soil fauna-mediated decomposition of plant residues under constrained environmental and residue quality conditions. In: Cadish G, Giller KE. *Driven by Nature: Plant Litter Quality and Decomposition*. Wallingford: CAB International, 125-134.

Torimaru T, Tomaru N. 2012. Reproductive investment at stem and genet levels in male and female plants of the clonal dioecious shrub *Ilex leucoclada* (Aquifoliaceae). *Botany*, 90: 301-310.

Van Dijk AIJM, Dolman AJ. 2004. Estimates of CO_2 uptake and release among European forests based on eddy covariance data. *Global Change Biology*, 10: 1445-1459.

Van Dobben WH, Lowe-McConnell RH. 2012. Unifying concepts in ecology: Report of the plenary sessions of the First International Congress of Ecology, The Hague, the Netherlands, September 8-14, 1974. Springer Science & Business Media.

Vile D, Shipley B, Garnier E. 2006. Ecosystem productivity can be predicted from potential relative growth rate and species abundance. *Ecology Letters*, 9: 1061-1067.

Violle C, Navas M, Vile D, et al. 2007. Let the concept of trait be functional. *Oikos*, 116: 882-892.

Violle C, Reich PB, Pacala SW, et al. 2014. The emergence and promise of functional biogeography. *Proceedings of the National Academy of Sciences*, 111: 13690-13696.

Wardle DA, Bardgett RD, Klironomos JN, et al. 2004. Ecological linkages between aboveground and belowground biota. *Science*, 304: 1629-1633.

Wang RL, Wang QF, Zhao N, et al. 2018. Different phylogenetic and environmental controls of first-order root morphological and nutrient traits: Evidence of multidimensional root traits. *Functional Ecology*, 32: 29-39.

Wang RL, Yu GR, He NP, et al. 2015. Latitudinal variation of leaf stomatal traits from species to community level in forests: Linkage with ecosystem productivity. *Scientific Reports*, 5: 14454.

Webb CO, Ackerly DD, Mcpeek MA, et al. 2002. Phylogenies and community ecology. *Annual Review of Ecology and Systematics*, 33: 475-505.

Weemstra M, Mommer L, Visser EJ, et al. 2016. Towards a multidimensional root trait framework: A tree root review. *New Phytologist*, 211(4): 1159-1169.

West GB, Brown JH, Enquist BJ. 1997. A general model for the origin of allometric scaling laws in biology. *Science*, 276: 122-126.

West GB, Brown JH, Enquist BJ. 1999. A general model for the structure and allometry of plant vascular systems. *Nature*, 400: 664-667.

Withington JM, Reich PB, Oleksyn J, et al. 2006. Comparisons of structure and life span in roots and leaves among temperate trees. *Ecological Monographs*, 76: 381-397.

Wright IJ, Reich PB, Westoby M, et al. 2004. The worldwide leaf economics spectrum. *Nature*, 428: 821-827.

Yu GR, Chen Z, Piao SL, et al. 2014. High carbon dioxide uptake by subtropical forest ecosystems in the East Asian monsoon region. *Proceedings of the National Academy of Sciences*, 111: 4910-4915.

第12章

陆地生态系统碳-氮-水耦合循环与全球变化的互馈作用

过去250年来,人类活动导致全球温室气体浓度升高,气温普遍升高,降水格局改变,大气化学成分变化及氮、磷沉降增加,这些全球变化要素正在或已经深刻地影响陆地生态系统碳、氮、水循环及其耦合关系,进而影响生态系统组分和结构、生物多样性及资源环境、生态系统功能及服务供给的生态学过程和宏观格局。近30年来,全球变化生态学围绕气候变化的生态学后果、生物对气候变化的响应和适应、生物地球化学过程对全球变化的响应和反馈以及减缓和适应全球变化的生态系统适应性管理等方面开展了广泛研究。然而,由于生态过程的复杂性,我们在理解陆地生态系统碳-氮-水耦合循环及其对全球变化的响应和适应机制方面还面临着各种挑战。

陆地生态系统碳-氮-水耦合循环过程及其生物调控与环境响应,直接决定着生态系统生产力水平、生态功能及生态服务状态,还决定着生态系统与环境系统的互作关系。在全球变化研究领域,学者采用长期观测、野外调查、陆地样带、野外控制实验、模型模拟、卫星和航空遥感反演等技术手段,对各类生态系统的碳循环、氮循环及水循环过程机制开展了大量研究。但是,迄今的研究工作大多还是基于生态系统碳、氮、水循环相对独立的默认假设,没有深入生态系统碳-氮-水耦合循环及其物理、化学和生物调控过程机制的层次,研究结果和科学认识还具有较大的局限性。为了深入理解生态系统对全球变化的响应和适应机制,发展和完善该研究领域的基础理论,研究者已经开始利用现代的研究手段,开展碳-氮-水耦合循环过程的综合研究,整合分析植物叶片冠层、根系冠层和微生物功能群网络生物学过程及其生态学机制,综合理解调控碳-氮-水耦合循环的生物物理过程、生物化学过程以及生物-物理-化学过程的协同作用机制。

本章基于以往的科学研究成果,概述全球变化问题及状况和证据,定性地论述陆地生态系统的碳-氮-水耦合循环受全球变化的影响及其适应的植物生理生态学、生物地球化学、生态系统生态学以及生物地理学理论基础,重点综述植被、土壤及生态系统碳循环、氮循环、水循环关键过程对全球变化要素(温度升高、降水格局变化、CO_2浓度升高、氮沉降增加)的响应和适应特征及潜在机理。

本章执笔:于贵瑞,滕嘉玲,张添佑

12.1 引言

全球变化是指由自然和人文因素引起的地球系统结构和功能的变化以及这些变化所产生的影响。全球变化要素包括:大气成分变化、温度变化、降水变化、海平面上升、冰川消融、生物多样性变化、生物入侵、土地覆盖变化等。全球变化生态学主要研究全球变化要素对生态系统起源与分布、组分与结构、格局与过程、功能与服务的影响,以及生态系统对全球变化的响应、适应及反馈机制。

近 30 年来,全球变化生态学针对气候变化的生态学后果以及生物对气候变化的响应和适应、生态系统的生物地球化学过程对全球变化的响应和反馈以及减缓和适应全球变化的生态系统适应性管理等生态学方面开展了广泛研究。全球变化生态学虽然在生态系统、流域、区域至全球尺度开展研究工作,但是其关注的重点是大尺度及全球范围的生态系统与气候变化相互关系、气候变化的减缓和适应、生物多样性维持及全球可持续发展等资源环境问题。

全球变化生态学研究的任务是:通过对不同途径获得的多源观测和实验数据的整合分析,认识生态系统内关键生物及群落演变,生态系统碳、氮、水循环和能量交换等生态学和生物学过程对全球变化的响应及适应,解析和认知全球变化及极端气候事件对陆地生态系统的影响,准确评估所造成的生态系统功能及服务的退化,揭示陆地生态系统结构和功能响应和适应全球变化的普遍规律及生物、物理和化学机理。全球变化生态学的研究手段主要包括长期定位观测(如通量观测)、区域性或样带的野外调查、大型野外控制实验、生态系统过程模型、卫星和航空遥感反演等。

全球大气辐射变化、气候变暖、降水时空格局变化、CO_2 浓度升高、氮沉降增加以及土地利用变化等方面是最具代表性的全球变化事件或因素,对植被物候、植物多样性、生态系统过程、生态系统生产力、生态系统碳储存和水源涵养等产生深刻影响,使得陆地生态系统对全球变化的响应和适应问题始终被认定为全球变化生态学研究的重点领域。但是,由于全球变化是多个环境因子综合作用的结果,各种影响过程快慢不一,时空尺度大小不等,因子间交互影响,再加上生态系统空间的异质性、动态演变的复杂性以及生态系统对全球变化响应的非线性、鲁棒性、适应性等

问题的交织互馈,我们关于陆地生态系统受全球变化的影响及反馈机制的理解还十分有限,已经获得的科学结论和知识依然存在很大的不确定性。

本章主要以陆地生态系统碳、氮、水循环关键过程为主线,系统总结以往的科学研究进展,重点阐述全球变化要素(大气辐射变化、气候变暖、降水格局变化、CO_2 浓度升高、氮沉降增加等)对生态系统及其碳、氮、水循环关键过程及耦合关系的影响,阐述生态系统碳、氮、水循环及耦合关系响应和适应全球环境变化的生物学和生态学理论基础,重点讨论碳-氮-水耦合循环响应环境变化的植物生态学机制、生物地球化学机制和生物地理学机制。

12.2 全球变化因素及全球环境问题

联合国政府间气候变化专门委员会(Intergovernmental Panel on Climate Change,IPCC)第四次评估报告认为,人类活动(化石燃料燃烧、毁林、土地利用变化等)很可能是 20 世纪后半叶以来全球气候变暖的主要原因。但也有观点认为,大自然的太阳活动、地球轨道变化、火山、潮汐震荡等可能是气候变化的真正推手(蒋样明等,2011)。虽然关于引起全球变化的原因,学术界还存在着一定的分歧,但是全球规模观测到的事实已经证明,全球环境正在发生超越历史记录的变化。

全球变化是 20 世纪 80 年代以来国际学术界关注的热点问题之一,长期以来,关于全球变化都存在狭义和广义的概念。狭义的全球变化仅指全球气候变化,包括全球变暖或温室效应、海平面升高和臭氧层耗散等。而广义的全球变化是指全球环境变化,可以理解为自然和人为活动双重影响下的地球生物圈、大气圈、岩石圈、土壤圈及水圈的自然过程及其相互作用关系的变化,以及由此导致的一系列影响地球生物和人类发展的各种全球规模资源环境问题(于贵瑞等,2004)。

这种广义的全球变化包括气候系统变化,大气降水及水系统和气象灾害系统变化,污染物质的大规模暴露和大尺度迁移导致的酸雨危害、陆地水体和海水酸化,土壤、陆地水体和海洋污染,以及地球生态系统的能量改变、水循环和生物地球化学循环改变、土地利用/覆盖格局改变、生物物种入侵和灭绝等导致的生态系统退化和生物多样性丧失等全球气候系统变化、全球污染和质量变化、全球生物地球化学循环变化、全球生物多样性及生态系统变化等方面的其他变化。

12.2.1　全球气候变暖

气候变暖已经成为毋庸置疑的事实。自20世纪50年代以来,观测到的许多变化在几十年乃至上千年时间里都是前所未有的,气候系统的许多方面都显示出气候变暖的现象。

12.2.1.1　大气温室气体成分和辐射平衡变化与气候系统变暖

(1)大气温室气体成分和浓度变化

大气系统的温室气体及气候形成过程变化导致了全球气候系统变暖。大气中CO_2、CH_4和N_2O等温室气体浓度变化是气候变化的主要标志。观测事实表明,近年来大气圈内的CO_2、CH_4和N_2O浓度至少已上升到过去80万年以来前所未有的水平(冰芯记录)。2016年全球温室气体的浓度达到监测期内最高值,CO_2浓度为$403.3±0.1$ ppm,CH_4浓度为$1853±2$ ppb,N_2O浓度为$328.9±0.1$ ppb,CO_2、CH_4和N_2O的浓度分别是工业革命之前的145%、257%和122%(图12.1)。

(2)全球辐射强度及辐射平衡的变化

地球能量收支(earth's energy budget)指进出地球系统的能量之差。太阳辐射到达地球表层后,往往转化成各种形式的能量,如蒸发或凝结潜热、湍流显热等。当入射的太阳辐射与散发到外层空间的能量相同时,地球处于辐射平衡状态。到达地球大气上界的太阳辐射能量称为天文太阳辐射量,约为$1353±21$ W·m^{-2}。地面接收的太阳辐射则是经过大气层的吸收、反射及散射衰减后实际到达地面的辐射。因此,大气层厚度及气体和气溶胶成分和浓度的变化必然会影响地面辐射强度,进而导致地球或者局地生态系统的辐射平衡变化。

太阳辐射穿过大气时会出现散射、折射、反射等现象。散射辐射强度(scattered radiation intensity)是指在太阳光穿过大气时散射辐射所占的比例。太阳光发生散射是由波长与大气分子半径决定的,随着大气CO_2、CH_4、N_2O等温室气体的增加,大气散射辐射增加。直接穿过大气的光谱范围被称为大气窗口,是由波长和大气分子成分决定的。紫外线辐射携带大量的热量,由于吸收紫外线的臭氧层被破坏,紫外线辐射直接到达地表的比例就会增加,影响陆地生态系统及陆地表层能量平衡。地表反照率(surface albedo)是目标地物的反射出射度与入射度之比,即单位时间、单位面积上各方向出射的总辐射能量与入射的总辐射能量之比。地表反照率由下垫面粗糙度决定,不同土地覆被和利用类型的地表反照率不同。

总体而言,地球能量平衡由大气辐射传输过程和地表辐射吸收、反射和蒸散过程决定。全球绝大多数观测站点的数据表明,从20世纪50年代到80年代,地球呈现变暗(dimming)的趋势;80年代末以后,全球变暗的趋势有所恢复,呈现变亮(brightening)的特征;拥有全球最长辐射观测历史的斯德哥尔摩观测站的数据表明,在20

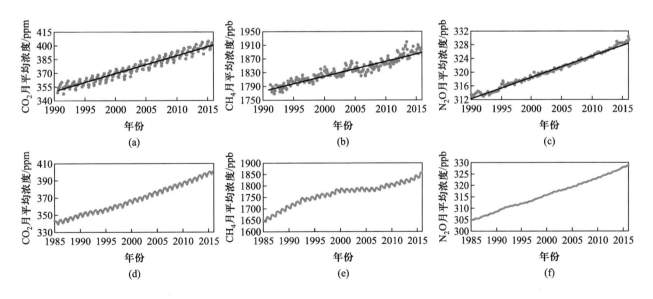

图12.1　长寿命温室气体浓度时间序列及趋势

(a)(b)(c)分别表示1990年后我国瓦里关长寿命温室气体CO_2、CH_4、N_2O浓度时间序列及趋势(《中国温室气体公报》,2015);(d)(e)(f)分别表示1985年后美国夏威夷长寿命温室气体CO_2、CH_4、N_2O浓度时间序列及趋势(《WMO温室气体公报》,2015)。

世纪初也出现了全球变亮的现象(图12.2)。

地球气候的起源和演变很大程度上受地球能量平衡的调节。然而,地球能量平衡和热量的变动受多种因素影响,例如大气层气溶胶和温室气体等的比例、地表物体的反照率、云量、植被和土地利用方式等。此外,地球表面温度并不是紧随着地球能量收支的变化而变化的,海洋和冰雪圈对能量收支反应的滞后性,对辐射强迫和相应的气候响应具有一定程度的缓冲作用。

(3)全球温室气体辐射强迫的变化

辐射强迫(radiative forcing)是对某个因子引起的地球-大气系统能量平衡扰动程度的度量,在数值上定义为这种因子变化时所产生的平均净辐射的变化。这些因子即辐射强迫因子,其中最重要的就是温室气体浓度的变化。在全球变化研究中主要关注人类活动长寿命温室气体(CO_2、CH_4、卤代烃、N_2O)、短寿命温室气体(O_3、H_2O)和气溶胶的辐射强迫变化。

辐射强迫是对某个因子改变地球-大气系统射入和逸出能量平衡程度的一种度量,它同时是一种指数,反映了该因子在潜在气候变化机制中的重要性。通常用正强迫表示使地球表面增温,而负强迫则表示使表面降温。

IPCC第五次评估报告中全球温室气体辐射强迫评估结果表明,2011年总的人为辐射强迫值为$1.13 \sim 3.33\ W \cdot m^{-2}$(平均值为$2.29\ W \cdot m^{-2}$),比2005年的第四次评估报告值高43%,比自然的太阳辐射强迫($0.00 \sim 0.10\ W \cdot m^{-2}$,平均值为$0.05\ W \cdot m^{-2}$)高两个量级。温室气体($CO_2$、$CH_4$、$N_2O$和卤代烃)排放贡献了$3\ W \cdot m^{-2}$,其中$CO_2$的辐射强迫为$1.68\ W \cdot m^{-2}$,$CH_4$为$0.97\ W \cdot m^{-2}$,卤代烃为$0.18\ W \cdot m^{-2}$,云雾等气溶胶为$-0.9\ W \cdot m^{-2}$。

(4)地球系统的温度变化

全球大气升温(global atmosphere warming)是全球变暖的标志性指标。长期以来,关于全球气温的变化有不同的判断及机理假说,代表性的有气候变冷、气候变暖和气候波动三种不同的认识,但是IPCC第五次评估报告中明确给出了全球气候系统整体呈现升温的评估结论。

IPCC第五次评估报告给出的结论是:过去30年,每10年地表增暖幅度高于1850年以来的任何时期。130多年来(1880—2012年),全球地表平均温度升高了$0.85\ ℃(0.65 \sim 1.06\ ℃)$。1885—1900年平均温度与2003—2012年的平均温度相差$0.78\ ℃$($0.72 \sim 0.85\ ℃$)。20世纪末的升温是全球性的,这不同于中世纪暖期仅是区域性升温。然而整体来说,短期气候记录受自然变率的调节,并不能立即反映长期趋势,例如1998年在强烈厄尔尼诺高温的影响下,1995—2009年的增温趋势为$0.13\ ℃/10$年,而1996—2010年的增温趋势为$0.14\ ℃/10$年,1997—2011年的增温趋势为$0.07℃/10$年。

对于未来气温的预估是建立在"典型浓度目标"情景下,只有RCP2.6情景下,21世纪末相对于1850—1900年的全球地表温度距平值不超过$1.5\ ℃$,其他情景下变暖都将持续,但持续表现出年代际变率和区域变化的不均衡(图12.3)。模型预测表明,全球地表平均温度将继续上升,相对于1986—2005年,2016—2035年全球地表平均温度可能升高$0.3 \sim 0.7\ ℃$。在RCP2.6情景下,21世纪末相对于1986—2005年全球地表温度可能升高$0.3 \sim 1.7\ ℃$;在RCP8.5情景下,温度可能升高$2.6 \sim 4.8\ ℃$。同时,北极区域暖化的速率比全球平均速率高,陆地增温也会比海洋变暖快。

海洋变暖导致气候系统中储存的能量增加,占

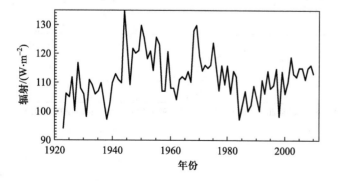

图12.2 斯德哥尔摩观测站1923—2010年地表辐射强度年际变化(IPCC,2013)

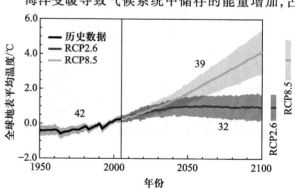

图12.3 全球地表平均温度上升及未来趋势预测(IPCC,2013)。图中数字表示所用的模型数量

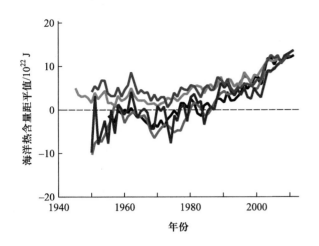

图 12.4 全球海洋上层(0~700 m)升温趋势(IPCC,2013)
不同的曲线表示不同的资料集。

1971—2010 年储存量的 90% 以上。1971—2010 年,海洋上层(0~700 m)温度呈现上升趋势(图 12.4)。从全球尺度来讲,海洋升温最快的是在近表层,1971—2010 年,海面至水深 75 m 之间的升温速率为 0.11℃/10 年。1957—2009 年,700~2000 m 的海水可能已经变暖;1992—2005 年,2000~3000 m 的海水没有观测到明显的升温趋势,然而在 3000 m 以下到海床范围内在升温,深层海水温度上升最多的是南极海。

12.2.1.2 大气降水及地球水系统变化和气象灾害

全球尺度的大气降水时空格局变化十分复杂。IPCC 第五次评估报告指出,全球降水及水系统正在发生变化。降水变率增加,海平面上升,冰川消融,干旱、洪涝、热浪和飓风增加,都是地球水系统变化的主要特征。

地球水系统变化(earth's water system change)的突出表现为冰冻圈变化。1979—2012 年,北极海冰的年际减少速率为 3.5%·a^{-1}~4.1%·a^{-1}),每 10 年减少 0.45×10^5~0.51×10^5 km^2,夏秋季节消融最为显著。多种观测数据表明,1980—2008 年,北极盆地冬季冰的平均厚度减少了 1.3~2.3 m。全球范围内冰川退缩,冰川长度、面积、体积和数量都在减少。全球冰川逐渐消失的区域包括阿拉斯加、加拿大北极区、格陵兰岛、安第斯山脉和亚洲山脉;1971—2009 年消失的速度为 226±135 Gt·a^{-1},1993—2009 年消失的速度为 275±135 Gt·a^{-1},

2005—2009 年消失了 301±135 条冰川,冰川消失的速率在逐渐加快。

全球变暖引起的地球水循环变化导致了海平面上升。自 19 世纪中叶以来,海平面上升的速率一直高于过去 2000 年的平均速率。在 1901—2010 年,全球海平面上升的平均速率是 1.7 mm·a^{-1},1971—2010 年的平均速率增加到 2.0 mm·a^{-1},1993—2010 年达到 3.2 mm·a^{-1}。海平面上升 75% 可以归因于海洋受热膨胀和冰川物质的损失,其中海洋受热膨胀贡献为 1.1 mm·a^{-1},冰川变化贡献为 0.76 mm·a^{-1},格陵兰岛冰盖贡献为 0.33 mm·a^{-1},南极冰盖贡献为 0.27 mm·a^{-1},陆地水储量贡献为 0.38 mm·a^{-1}。

全球水系统变化还表现在干旱、洪涝、热浪和飓风等气象灾害的增加。全球变暖加剧全球水循环过程,全球降水呈增多趋势,部分地区出现暖湿化现象。1901—1950 年的全球降水量变化趋势相对较弱,1951—2012 年的全球降水量变化趋势相对明显。1900—2012 年,北半球中纬度地区降水量表现出增加趋势(1951 年前具有中等可信度,1951 年后具有高等可信度),其他区域降水量没有明显变化。然而由于温度升高影响下的地表蒸发加剧,部分地区出现暖干化现象。在全球变暖影响下,极端气候事件逐渐增加,洪涝和干旱灾害频次增多,飓风、热浪等极端事件逐渐增加。

12.2.1.3 大气臭氧、气溶胶和透明度变化

温室气体、臭氧、气溶胶和污染物是大气的重要组成部分,这些气体浓度变化是影响大气光学、化学及物理学过程的重要因素。大气臭氧、气溶胶和污染物浓度变化导致大气臭氧层被破坏,紫外辐射增加,酸雨危害,氮、磷营养元素及有害重金属沉降的变化。

(1)大气臭氧层被破坏与紫外辐射增加

臭氧层(ozonosphere)是指大气层的平流层中臭氧浓度相对较高的部分,其主要作用是吸收短波紫外线。臭氧层被大量损耗后,吸收紫外辐射的能力大大减弱,导致到达地球表面的紫外线明显增加,给人类健康和生态环境带来多方面危害,已受到人们普遍关注。观测表明,20 世纪 90 年代期间,亚洲和欧洲未受干扰的地区的臭氧可能增加。IPCC 第五次评估报告指出,臭氧的总辐射强迫为 0.15~0.55 W·m^{-2}(平均值为 0.35 W·m^{-2}),对流层的辐射强迫为 0.20~0.60 W·m^{-2}(平均值为 0.40 W·m^{-2}),平流层的辐射强迫为 −0.15~0.05 W·m^{-2}(平均值为 −0.05 W·m^{-2})(图 12.5)。臭氧是通过光化反应生成的,对流层辐射

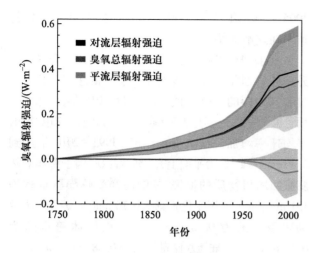

图 12.5 臭氧辐射强迫变化(IPCC,2013)(参见书末彩插)

强迫主要归因于 CH_4、CO、挥发性有机物以及氮氧化物的排放增加,而平流层辐射强迫主要归因于人为卤代烃导致的臭氧损耗。

(2)气溶胶与大气透明度

大气气溶胶(atmospheric aerosol)是悬浮于大气中的固体和液体颗粒物的总称,根据其来源可分为一次源和二次源。一次源包括燃烧排放、扬尘以及植被的直接排放,二次源则包括涉及多相化学过程的成核与增长(Zhang et al.,2004;Zhang,2010;Zhang et al.,2012)。大气透明度(atmospheric transparency)指电磁辐射透过大气的程度,以透过光通量与入射光通量的比值表示。该值取决于入射辐射的波长,大气成分和悬浮微粒的性质、密度及通过大气光学路径的长短,同一性质的大气层越厚,则大气透明度越小。气溶胶变化直接影响大气成分和透明度,从而改变太阳辐射传输过程,支配能量流动。已有研究表明,气溶胶会通过大气辐射、云物理和降水过程影响地球气候系统,是重要的辐射强迫因子(IPCC,2013)。气溶胶会减少地表太阳入射,具有冷却效应,抑制气候系统升温(Zhang et al.,2012)。

12.2.2 全球环境污染与环境质量变化

12.2.2.1 大气氮、磷营养元素沉降

大气活性氮、磷元素富集及沉降是日益严重的全球性问题。在人口增长压力下,增加化肥使用量、提高作物产量是维持人类不断增长的食物需求的重要技术途径。然而,长期过量地使用化肥导致了土地和水环境污染,成为大气沉降物质的重要来源,大规模的畜牧业养殖和化石能源消耗也是大气中氮、磷等营养物质的重要来源。

大气氮沉降主要包括颗粒和气态组分的干沉降、溶于雨雪的湿沉降以及溶于云雾中的云沉降三种方式。随云水/雨水中沉降的活性氮为 NH_4^+、NO_3^- 和 DON,气态活性氮为 NH_3、HNO_3、$NO_x(NO + NO_2)$ 等,气溶胶态的活性氮为 pNH_4^+、pNO_3^- 和有机氮等。日益增多的大气氮沉降正显著地改变着全球生物地球化学和生态系统的氮循环,成为全球变化的重要因素之一。

大气氮沉降根据氮的来源可分为自然源和人类活动源沉降。自然源沉降主要来自雷电、土壤分解和动物排泄物分解。人类活动源沉降主要来自农业生产和工业生产排放,包括氮肥的施用、畜牧养殖、生物质燃烧和化石燃料燃烧。目前,人类活动源沉降已经成为大气氮沉降的主要来源。农业生产活动主要排放 NH_3,工业生产活动主要排放 NO,气态的 NH_3 和 NO_x 进入大气后,经过一系列的化学转化过程和大气物理传输过程,最终以各种含氮化合物的形态通过干、湿沉降到达地表。

12.2.2.2 污染物质暴露和大尺度迁移

随着全球人口规模和物质消耗水平的快速增长,各类环境污染物排放量持续增加,环境污染已成为影响人类健康最主要的因素之一。污染物质的大规模暴露及大尺度迁移导致了全球及区域性酸雨危害,土壤、陆地水体和海洋环境被污染。

暴露(exposure)是一种或多种生物、化学或物理因子与人体在空间上的接触。自然界中的许多污染物质在没有暴露途径时,并不会对人类健康构成危害。但是现在的人类活动不仅制造了众多污染物,也开辟了众多污染物的暴露途径,增加了污染物的环境风险。污染物的暴露途径(exposure pathway)是指污染物从污染源经由土壤、水和食物到达人体或其他被暴露生物个体的路线。例如,污染场地的人体暴露途径一般包括经口摄入土壤、皮肤接触土壤、吸入土壤颗粒物、吸入室外或室外空气中来自土壤和地下水的气态污染物等。居住用地的暴露途径包括直接摄入土壤和灰尘、饮食暴露(包括饮水)和呼吸吸入土壤和灰尘。环境污染物的暴露往往是在较低剂量下的重复暴露,重复暴露的时间(暴露频度和暴露持续期)与靶器官和靶组织中的剂量(浓度)有关,是影响有害效应产生的重要因素。

污染物迁移(transport of pollutant)指污染物在环境中发生垂直或水平空间的位置移动及其所引起的污染物富集、扩散和消失过程,迁移方式包括机械迁移、物理化学迁移和生物迁移三种类型。现代的人类活动正在加速大尺度、区域性及跨越不同行政管辖区(特别是跨越国界)的污染物迁移,造成区域及全球规模的污染物暴露,危及人类健康。例如,区域性的水污染、土壤污染和大气污染,跨国境的河流、大气和公海污染等。

12.2.2.3 陆地和海洋酸化

酸雨危害、陆地水体和海水酸化是区域性或全球规模的环境污染所带来的直接效应。土壤和水体环境酸化(soil and water environmental acidification)主要是大气酸性物质随雨水降落到地表后造成的 pH 值降低过程,海洋酸化(ocean acidification)则是海水由于吸收空气中过量的 CO_2,pH 值降低。陆地和海洋酸化都会造成生态系统生物物种变化、生产力降低及生态退化等次生环境问题。

土壤酸化指土壤吸收性复合体接受了一定数量的交换性氢离子或铝离子,使土壤中碱性离子淋失的过程,导致土壤酸化的原因有自然因素也有人为因素。自然因素引起的酸化是农业生产中普遍存在的一种酸化现象,人为因素则加速了土壤酸化,主要包括酸沉降、肥料的不合理施用等。酸化引起土壤中 K^+、Na^+、Ca^{2+}、Mg^{2+} 及 NH_4^+ 等盐基离子淋失,H^+、Al^{2+} 和 Mn^{2+} 等毒性元素浓度增加,影响土壤微生物的活动,进而影响微生物对土壤有机质的分解和土壤碳、氮、磷、硫的循环。这些土壤矿质元素的有效性、土壤质量等方面的变化,最终影响植物的正常生长发育。

水体酸化的主要诱因是酸沉降,酸性降水和大气中的酸性气体及粒子通过土壤淋溶或直接进入陆地水体。酸度增加后,水体的 pH 值降低,破坏自然缓冲作用,抑制水生生物的生长,妨碍水体自净。

迄今为止,人类排入大气的 CO_2 大约有三分之一被海洋吸收。海洋酸化直接影响海洋生物的基础生理过程,如光合、呼吸、催化酶活性、蛋白质功能和钙化速率等,进而影响海洋生物的存活、发育以及生理功能变化。其中受影响最大的是钙化生物,如珊瑚、软体动物和一些浮游生物等。对这些生物而言,海洋酸度增加会降低其钙化。当海水酸化达到腐蚀性时,固态的碳酸钙就会开始溶解,很多钙化生物会消失,

海洋系统的整体多样性降低。另外,酸化还减少海洋生物对含硫化合物的排放,引起额外的辐射强迫,可能导致全球变暖加剧。

12.2.3 全球生物地球化学系统循环、能量流动和水循环的变化

气候变化和人类活动共同驱动下的生物和环境要素的动态变化及地理格局变化速率已经超过自然变化速率,土地利用/覆盖时空格局的改变,物种入侵和灭绝以及氮、磷沉降等导致了全球规模生态系统退化(荒漠化、森林退化)和生物多样性丧失。这种生态系统过程变化驱动着生物地球化学循环过程的改变,改变着生物地球化学循环规模及速率。

12.2.3.1 大气中温室气体的源-汇关系

大气中的温室气体浓度是由源和汇的平衡关系决定。源(source)指向大气中释放温室气体、气溶胶或其前体物的过程、活动或机制,汇(sink)则指从大气中清除温室气体、气溶胶或其前体物的过程、活动或机制。

CO_2 通过化石燃料的燃烧和土地利用的变化等人类活动释放到大气中。自 1750 年以来,这些人为排放的 CO_2 约40%被保留在大气中,剩余的 CO_2 溶解到海洋里或被陆地植物吸收。海洋大约可吸收30%人为排放的 CO_2,陆地生态系统吸收大气 CO_2,转换为有机物存储于不同的碳库之中。我国的陆地生态系统在过去几十年一直扮演着重要的碳汇角色。例如,在 2001—2010 年,陆地生态系统年均固碳 201 Tg(百万吨),相当于抵消了同期我国化石燃料碳排放量的 14.1%;其中,我国森林生态系统是固碳主体,贡献了约80%的固碳量,而农田和灌丛生态系统分别贡献了12%和8%的固碳量,草地生态系统的碳收支基本处于平衡状态。

大气 CH_4 的人为源包括能源生产、垃圾填埋、反刍动物(如牛、羊等)养殖、稻作农业以及生物质燃烧,天然源主要是湿地和海洋。稻田生态系统 CH_4 的排放被认为是过去 100 多年里大气 CH_4 浓度增加的重要原因之一,由于影响稻田 CH_4 排放的因子较为复杂以及区域的差异,稻田排放 CH_4 的时空变化很大。湿地是 CH_4 最大的排放源,天然湿地 CH_4 排放受气候驱动而出现波动,是全球 CH_4 排放年际变率的主要驱动因子。Chappellaz 等(1990)发现,湿地 CH_4 的排放与气候变暖存在正反馈关系。Bloom 等(2010)研究发现,由于中纬度和北极地区气候变暖,湿地 CH_4

排放在 2003—2007 年增长了 7%，这一变化趋势与大气中 CH_4 浓度的增加趋势相一致。

大气 CH_4 的汇主要包括对流层中的化学氧化、干燥土壤中的生物氧化以及平流层损失。大气中 CH_4 清除过程是对流层中的 CH_4 与羟基(—OH)的氧化反应过程，气象条件变化对 CH_4 清除过程会产生很大影响，尤其是在光照充足的热带地区。高度污染地区的大气氮、氧化物充足，—OH 浓度高，CH_4 氧化清除能力强。土壤中 CH_4 氧化细菌的氧化和对流层向平流层的向上传输损失也是 CH_4 清除的机制之一。CH_4 氧化细菌广泛散布于森林、草地和农田等各类系统的土壤中，干旱区域的土壤会将厌氧环境中产生的相当一部分 CH_4 在输送到大气前就氧化为 CO_2。Phillips 等(2001)发现，CO_2 浓度升高会减少温带森林土壤对 CH_4 的吸收，而且这种影响将随着气候的变暖而加强。

我国自然湿地的 CH_4 排放受到越来越多的关注。Ding 等(2004)估算出我国自然湿地生长季的 CH_4 排放约为 1.48 Tg，年平均总排放量约为 1.76 Tg，其中 67% 的 CH_4 排放来自东北地区的淡水沼泽。湿地 CH_4 排放表现出夏季高、冬季低的季节特征，主要原因在于夏季温度较高且有充足的降水，更有利于 CH_4 的排放。1955—2005 年，我国稻田 CH_4 排放总体呈增加趋势，排放最大的区域主要集中在华中和华南地区(王平等，2009)，稻田 CH_4 排放主要受温度变化影响，通常在夏季达到峰值。

关于大气 N_2O 的源与汇的状况，目前还都缺乏准确的定量认识。N_2O 的主要来源是地表微生物的硝化和反硝化过程，及农业、生物量燃烧、污水处理和某些工业活动。N_2O 的消除过程主要是平流层的光解和与激发态氧原子的反应。氮循环的变化影响陆地和海洋的 N_2O 排放，氮化物以及硝酸盐都可能会引起森林、河流、海岸地区向大气排放 N_2O。目前认为，凡是含氮化合物被生物合成转化的地方都是 N_2O 潜在的源。

12.2.3.2　碳、氮、磷等生命元素的地球化学循环

全球气候变化和人类活动共同影响着不同尺度生态系统碳、氮、水循环过程，导致循环强度、速率及空间配置发生变化，造成区域资源环境系统稳定性的降低，甚至引发自然灾害。工业革命以来，大气氮沉降量急剧增加，这种高剂量的外源氮输入对生态系统产生了一系列的影响(Galloway，2003)。虽然大气氮沉降可能增加植被生产力(Ti et al.，2011)，刺激森林和草地的生长(Reay et al.，2008；Fleischer et al.，2013)，但过量的氮输入也会对自然环境和人类生活产生一系列负面影响。

由于人为活化氮的急剧增加，氮循环过程中形成的 N_2O、NO_x、NO_3^- 以及 NH_3、NH_4^+ 等氧化态和还原态含氮化合物也大大增加，严重扰乱了自然界的氮循环。N_2O 是重要的温室气体。挥发到大气中的 NH_3，在大气层中消耗—OH，从而影响到 CH_4 的转化。大气中的 NH_3 和 NO_x 又通过大气干、湿沉降被分配到陆地和水体，对各个生态系统产生影响。NO_3^- 向水体迁移加剧了水体富营养化，化石燃料燃烧形成的 NO_x 加剧了酸雨的危害。热带雨林被砍伐后生物量焚烧和农田土壤排放的 NO_x 也不可忽视。全球活化氮的数量增长，虽然有助于增加植被的生产量，但势必会给全球生态环境带来更大的压力，使与氮循环有关的温室效应、水体污染和酸雨等环境问题进一步凸显。

磷与碳和氮不同，在常温常压下极少形成气态化合物，主要通过沉积作用积累在海陆边缘的沉积物中，因此磷循环主要指风化岩石、土壤被地表径流带入河湖再输入海洋中。磷循环往往会影响其他元素的生物地球化学循环(图 12.6)。例如，深海中 PO_4^{3-} 通过影响表层海水的化学溶解度和 CO_2 分压而影响大气 CO_2 浓度(张秀梅等，2001)。磷作为植物生长的限制性因素，它的迁移量和库存量也会影响碳、氮等元素循环。磷既是地球生命系统所必需的重要营养元素，也是造成水体富营养化的主要因子。随着人口增长和食物结构的改变，人类对磷矿资源的开发利用强度不断加大，进一步加剧了磷资源短缺和水体富营养化形势。

全球硫循环的特征和全球氮、磷循环相似(图 12.6)。大部分硫元素存储于岩石、沉积物和海水中，SO_2 和硫酸盐是硫的重要存在形式。大气中的硫存留时间较短，通过和 OH^- 反应，被氧化成硫酸盐，以酸雨的形式沉降。由于硫酸的平衡气压很低，所以在雨滴中迅速被浓缩成硫酸盐，蒸发后形成硫酸盐气溶胶，反射进入地球的短波辐射，降低太阳能的输入。由于化石燃料的燃烧、矿石冶炼、农业生产等人类活动，转移到大气和海洋中的硫大量增加，其自然循环速率显著提升。在未来气候变化中，人类活动释放的硫气溶胶所引起的辐射变化可能会起重要作用，产生的负面效应可以抵消部分气候变暖。

12.2.3.3　能量流动与水循环

全球水循环指气候系统中存储在海洋、冰冻圈、

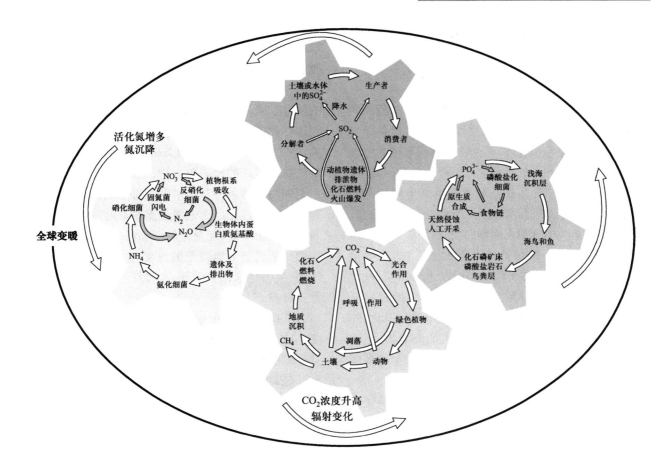

图 12.6 全球变暖对碳、氮、磷、硫生命元素生物地球化学循环的主要影响

陆地表面和大气中的水,以液体、固体和水汽形式进行的持续运动。水循环伴随巨大的物质和能量流动,是具有全球意义的能量传输过程。通过降水和蒸发这两种形式,地球水分达到相对平衡状态。

气温升高会加大空气湿度,大气每升高 1 ℃就可以多容纳大约 7% 的水汽。因此,在气候变暖的趋势下,水循环模式可能会改变,但未来降水的变化趋势可能不一致。在 RCP8.5 情景下,到 21 世纪末,高纬度地区和太平洋赤道地区的年平均降水有可能增加。与此相反,亚热带的大部分地区降水可能减少 30% 或以上。由于世界上多数沙漠都位于亚热带,这些变化意味着这些干旱地区将更加干旱,而且沙漠有可能会扩大。高纬度地区的降水量增加是温度上升引起的,这使得大气承载更多的水分,降水就会相应增加。气候变暖也会使得温带的风暴系统将更多的水汽输入高纬度地区,高纬度地区的变化在寒冷季节更明显。在热带地区,这些变化是大气水汽增加以及大气环流的变化引起的,而大气环流会进一步将水汽集中在热带从而促进热带的降水增加。尽管在亚热带地区的温度会升高,环流变化同时会促使降水量减少。

陆地变得干燥还是潮湿,部分取决于降水量的变化,但也取决于地面蒸发量和植物蒸腾量(合称蒸散量)的变化。升温会使大气携带更多的水汽,这可以诱发陆地表层更大的蒸散量。然而,大气中 CO_2 增加使得植物输入大气的蒸腾量减少,这会部分抵消气候变暖的效应。在热带地区,蒸散量的增加往往会抵消降水增加后对土壤水分的影响;而在亚热带,本已低量的土壤水分使蒸散量几乎没有太大的变化;在更高的纬度地区,降水量增加通常超过了预估的气候中蒸散量的增加,产生更高的年均径流量,但土壤水分有多种变化。高水分地区或低水分地区的边界也可能发生位移,降水事件的总体频率将趋于减少。这些变化产生两种相反的效应:当降水量过大时,洪水增加;而降水事件之间的干旱期更长,导致旱情加大。

12.2.4 全球生物多样性与生态系统变化

12.2.4.1 生物多样性变化

生物多样性(biodiversity)指一定范围内多种多样活的有机体(动物、植物、微生物)有规律地结合所构成的稳定的生态综合体,是生物与环境形成的生态复合体以及与此相关的各种生态过程的总和,由遗传(基因)多样性、物种多样性和生态系统多样性等部分组成。随着全球气候变化及人类活动强度的增加,生物多样性丧失的速率在逐渐加快,保护生物多样性已经成为多个国际组织研究的重要内容。人类生存空间扩张、开发强度增大(森林砍伐、过度捕捞、过度开发)及环境污染是导致生物多样性丧失的根本原因,由此导致的生境破坏和破碎化,生境质量退化,外来物种入侵以及化肥、农药、塑料、工业废弃物、生活垃圾等化学物质污染,则是导致物种灭绝和生物多样性锐减的直接原因。

气候是影响生物多样性的主要因素。气候变化能够对生物多样性产生重大影响,使物种的物候、行为、分布、种群大小、种间关系发生不同程度的改变,严重时甚至导致物种灭绝。具体来说表现为:①气候变化使物种的行为和物候发生变化。动物产卵期、孵化期、繁殖期、迁徙期和植物花期等都有不同程度的提前或延后。②一些物种的分布发生变化,动物向温凉的地方迁徙,例如陆地动物和水生生物向北部和高海拔迁徙,植物林木线向北迁移。③物种的丰富度受到影响,表现为出生率降低、死亡率升高。例如喜热植物种类增加、北极熊存活率下降等。④有害生物泛滥。随着温度的升高,带菌者的繁殖速度加快、数量增长,寄生虫的生长速度加快、传染期加长,生物入侵改变群落组成。⑤物种濒危或消失。有研究估计,目前对气候变化非常敏感的珊瑚礁约有 16% 已死亡。当地球平均温度升高 6 ℃时,将造成 90% 以上的物种消失(IPCC,2001)。

12.2.4.2 土地覆盖/利用与生态系统变化

自然资源是人类赖以生存必需的物质基础,人类开发资源技术的进步、生产和生活物质需求的膨胀以及思想理念的局限性造成对自然资源过度开发和利用。例如水资源的过度利用、森林资源的过度采伐、草地过度放牧等一系列超载现象。

人类开发利用自然生态系统的直接后果是导致

土地利用/覆盖变化(land use and land cover change, LUCC)。目前,全球土地利用变化主要特点是以牺牲农业土地为代价的城市面积和基础设施的扩张,和以牺牲草原、热带亚热带稀树草原和森林为代价的耕地扩张。森林砍伐、土地开垦、城市扩张等土地利用变化通过累积效应对全球土地覆盖变化产生了决定性影响。土地覆盖(land cover)指人类活动或自然状态形成的地表覆被物,土地利用(land use)指人类利用自然条件和技术手段对土地长期或周期性开发治理的过程。土地覆盖支撑着地球生物圈和地圈的许多物质流、能量流的源和汇。相反,土地利用活动所造成的土地覆盖的改变,必然对地球系统的气候、生物地球化学循环、水文及生物多样性等产生重要影响。

LUCC 通过改变地表反照率、表面粗糙度、土壤湿度、植被分布等地表属性和下垫面的性质影响地表能量分配和水循环,进而影响气候系统。例如,LUCC 主要引起碳排放和吸收的变化,进而改变大气中温室气体含量,加速气候变暖。森林砍伐将增加地面的反照率,降低粗糙度,减弱植被对水循环的调节作用,从而减少蒸腾蒸发和降水,增加感热和地面温度。

12.2.4.3 生态系统服务及生命支持系统的变化

21 世纪以来,随着人口规模扩大,资源需求和环境压力不断增加,导致自然资源和生态系统的过度利用。资源短缺和环境污染气候变化的日益加剧和人口需求的急剧增长,导致生态系统开发强度和范围在不断升级,联合国千年生态系统评估(Millennium Ecosystem Assessment,MA)指出,全球 24 项生态系统服务功能中,已有 15 项处于退化或不可持续利用的状态。长时间高强度的开发导致生态系统退化现象出现,表现为水土流失、植被退化、水体污染等,生态系统服务的丧失对人类福祉产生深远影响,并对区域乃至全球生态安全构成威胁。

人类社会发展高度依赖生态系统服务,生态系统为人类发展提供必需的物质和能源。然而,人口规模的急剧扩增以及生产理念与技术手段的落后,导致人类活动对生态系统的极度破坏。千年生态系统评估指出,过去 50 年人类活动对生态系统的影响巨大,生态环境退化、生物多样性丧失等问题突出,生态系统结构、功能的变化深刻影响未来生态系统服务和人类社会福祉。

12.2.5　全球变化的风险及应对

全球变化是人类社会共同面临的自然环境问题，全球变化已经造成的危害及未来可能造成的潜在危害是世界各国科学研究者关注的话题。为了探究全球变化的驱动机制及其归因，并制定相应的政策应对全球变化问题，IPCC 发布一系列报告，为全球变化科学提供了基础，为各国制定应对气候变化的政策提供了理论依据。

12.2.5.1　全球变化风险

全球变化风险（global change risk）指自然和人为干扰所形成的气候变化对自然环境和社会经济系统造成的不利影响。依据气候变化的特征，将气候变化分为短期气候波动、长期气候变化和极端气候变化。

短期气候波动（short-term climate fluctuation）指大气、温度和降水等气候因子围绕长期气候平均值上下波动的现象，是气候变化的一种模态。常见的有拉尼娜（La Niña）、厄尔尼诺（El Niño）和南方涛动（southern oscillation）等现象导致的气候变动。拉尼娜现象是太平洋中东部的海水异常变冷现象，厄尔尼诺与南方涛动合称为 ENSO，主要指太平洋东部和中部的热带海洋的海水异常地持续变暖。短期气候波动导致的全球变化风险主要表现为台风、风暴、洪涝、干旱、热浪、冷害等气象灾害，对社会经济及生态系统带来突发式的危害及干扰。

长期气候变化（long-term climate change）指受人类活动和自然变率相互作用，温度持续升高或降低、降水持续增加或减少的现象。全球变暖是长期气候变化的典型现象。长期气候变暖将会改变生态系统的生物和环境系统要素的平衡关系，时间和空间格局影响生态系统的稳定性、脆弱性和敏感性。

极端气候变化（extreme climate change）主要指极端气候事件及其对生态系统强烈干扰的现象。极端气候变化在一定时期内发生，有一定强度但频率较低，常见于对社会经济会产生严重影响的气候事件，包括霜冻、热浪、飓风、海啸等极端气候事件。生态系统在长期进化和演变过程是相对稳定的，强烈的极端气候事件影响会导致生态系统的生物组分、组织结构及其功能的急剧变化，甚至导致生态系统的崩溃和生态灾难。

12.2.5.2　全球变化应对

全球变化是国际社会普遍关心的全球性重大问题。全球变化既是环境问题，也是发展问题，但归根到底是发展问题。《联合国气候变化框架公约》明确提出，各缔约方应在公平的基础上，根据共同但有区别的责任和各自的能力，为了人类当代和后代的利益而保护气候系统。全球变化是国际社会共同面临的重大挑战，尽管各国对全球变化的认识和应对手段尚有不同，但人类社会必须达成应对全球变化的基本共识，共同采取措施减缓和适应全球变化，这也是实现全球气候和环境治理的两个基本途径。

减缓全球变化（mitigation of global change）是通过控制全球的温室气体排放，维持和降低大气温室气体浓度，减缓全球变暖进程。主要措施是通过加快转变经济增长方式，优化能源消费结构（大力发展可再生能源，积极推进核电建设，加快煤层气开发利用），发展循环经济，提高资源利用率，发展低排放的农林业生产，减少温室气体排放；进而通过实施植树造林、退耕还林还草、天然林资源保护、农田基本建设等政策措施和重点工程建设增加生态系统碳汇。

适应全球变化（adaptation to global change）是根据全球变化规律，增强应对全球变化的能力，实施适应全球变化的政策和技术，尽可能地降低全球变化的潜在风险。不同行业和领域适应全球变化的措施和技术各不相同，主要包括加强农田基本建设、调整种植制度、选育抗逆品种、开发生物技术等；加强天然林资源保护和自然保护区的监管，继续开展生态保护重点工程建设，建立重要生态功能区，促进自然生态恢复等；合理开发和优化配置水资源，完善农田水利基本建设新机制和推行节水等；加强对海平面变化趋势的科学监测以及对海洋和海岸带生态系统的监管，合理利用海岸线，保护滨海湿地，建设沿海防护林体系，不断加强红树林的保护、恢复、营造和管理能力等。

12.3　全球变化对生态系统及碳、氮、水循环的影响

生态系统碳、氮、水循环是生态系统物质循环和能量流动的基本过程，其过程变化影响生态系统结构和功能。全球变化对生态系统生物多样性及资源环境的影响关系到生态系统服务功能及人类福祉，后者是未来人类社会经济建设和社会稳定的基础；同时，生态系统变化引起的物质循环和能量流动过程会反馈全球变化，从而加剧或减缓全球变化，其作用机理

和反馈机制是预测未来全球变化及生态系统变化的基本原理(图 12.7)。

12.3.1 全球变化对生态环境、生态系统服务和人类福祉的影响

生态系统是维持人类生存、生活、生产和生计的环境条件和资源的储存库、缓冲器和净化器,具有生产粮食、净化水资源、调节气候和降解污染物等功能,生态系统生产力的变化直接影响全球食物供给、淡水资源质量和生物多样性维持。全球自然条件的变化和人类活动干扰会影响生态系统结构和功能、格局和

过程,减弱生态系统的自我维持和调节能力。全球变化导致的生态系统退化引起了自然环境恶化、人口粮食供需关系趋紧和环境污染加重等一系列影响人类福祉的链式效应(图 12.8)。

地球系统在过去的一万年中长期处于相对稳定的状态。从工业革命开始,人类文明程度增加所依赖的物质能源日益增长,人地关系矛盾日渐突出。Liu等(2015)基于行星边界层理论框架评估了气候变化、生物多样性丧失、氮和磷循环、平流层臭氧耗竭、海洋酸化、全球淡水利用、土地利用变化、化学污染和大气气溶胶负载这 10 种地球系统变量的承载阈值,结果

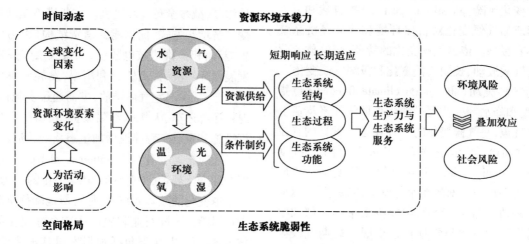

图 12.7 全球变化影响生态系统的机制框架

全球变化和人类活动扰动强烈影响地球生态系统及资源环境系统,影响生态系统的环境条件和资源供给,进而影响生态系统结构和功能,影响生态系统生产力和生态系统服务,增加环境风险和社会风险。

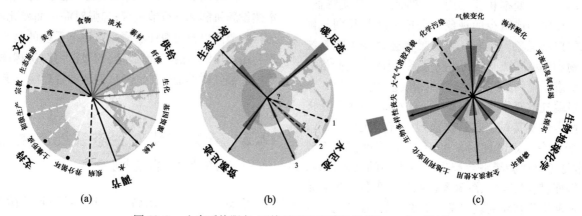

图 12.8 生态系统服务、环境足迹和地球界限(Liu et al., 2015)

(a)生态系统服务;(b)环境足迹;(c)地球界限。向外的箭头表示数值增加,向内的箭头表示数值降低,虚线表示没有相关数据。(b)和(c)内部的圆形阴影分别表示最大可持续发展足迹和 10 个系统变量的安全可操作空间,楔形表示变量的当前位置。如(a)所示,大部分生态系统服务在 1950 年代到 2000 年代降低。如(b)所示,至少有 3 种类型的足迹(生态、碳和资源)已经超过了最大可持续发展足迹。水足迹在 1970—2000 年增加,水足迹 2 表示 1.69×10^{12} m³ · a⁻¹ (1985—1999 年),水足迹 1 是 1.69×10^{12} m³ · a⁻¹。问号表示信息不确定。碳足迹在 1960—2009 年增加。国内生产总值每增加 10%,国家平均资源足迹增加 6%。如(c)所示,从工业革命前到 2000 年代,所有的地球系统变量值增加,其中 3 个边界已经交叉。

表明,目前氮磷循环、气候变化和生物多样性丧失已经超过地球系统的承载阈值,地球系统安全和人类发展已经受到威胁(图12.8)。

12.3.2 全球变化对生态系统结构、功能及空间格局的影响

陆地生态系统及空间格局是受气候、土壤和人为活动综合影响的结果,各种生态系统结构和功能都是通过物理、化学、生物过程的相互作用决定的,并形成特有的过程机制模式和地理格局特征,其属性特征及变化由多种环境条件决定,并受资源供给水平的限制。全球资源供给和环境条件的变化直接影响生物物种生境的变化,改变生态系统结构和功能;与此同时,生态系统的生物物种在受外界环境扰动和资源供给限制下,会通过自身的可塑性生长、组织结构和功能调整以及遗传变异和进化等生物学过程来响应和适应全球变化。

温度和湿度是生物生存和发展的主要影响因子,目前的动植物分布格局也与不同区域的温度和湿度密切相关。当这些气候因子的改变超过目前动植物的适应阈值时,就会使其分布发生变化。一个物种可能以适应、迁移或灭绝三种方式对气候变化做出反应。我国兴安岭针叶林分布的研究表明,随着温度升高,北部落叶针叶林面积将缩小,分布范围北移;当气温持续增加,落叶针叶林则会消失,全部被阔叶林替代(钟秀丽和林而达,2000;李峰等,2006)。除了水平迁移,植物还发生垂直迁移。例如,高山带的物种由于低海拔物种的迁移而变得更加丰富(Gaur et al.,2003;Thuiller,2007)。气候变化一方面缩小一些物种的分布范围,另一方面加快某些物种的扩散,可能增强外来种的生存、繁殖和竞争力(Thuiller,2007),给当地的生物多样性保护工作带来更大的挑战。

相对于植物而言,动物能更积极地对全球变化做出响应。由于不同地区温度升高的不均衡和各个地区环境本身的差异,温度变化会对野生动物生境产生影响。由于不同动物对生境因子的耐受程度不同,气候变化对动物分布格局的影响也不同。目前研究发现,气候变化对鸟类、两栖类和昆虫的分布格局影响最为明显。我国研究人员发现,许多鸟类的分布区向北迁移,这是全球变暖直接影响其生境的结果(Liu,1992;Sun and Zhang,2000)。除此之外,全球变暖还改变植物物候和冰冻期,致使许多候鸟改变迁徙习性

和迁徙路线,使其分布范围发生变化。全球变化对两栖动物的主要影响在于改变其生境。由于温度升高及降水格局的改变,部分地区变得更加干旱,湿地面积缩小,两栖动物的生存受到威胁。昆虫对温度变化极为敏感,蝴蝶是公认的对气候变化敏感的指示种,其水平和垂直分布格局均受到气候变化的影响。研究表明,全球变暖使蝴蝶的适宜生境面积减少,使其分布向北、向高海拔迁移(IPCC,2013)。

生物生态位和适应环境条件的模式是长期进化的结果。生物个体或种群如果难以适应快速的气候变化,其存活、生长和繁殖便会受到环境胁迫。由此可见,全球变化影响生态系统的途径就包括:①通过土地利用/覆盖变化直接改变生态系统宏观格局;②通过改变生物的环境条件和资源供给改变生态系统结构和功能,驱动生态系统的动态演替,主要表现为土地荒漠化、石漠化、植被退化;③通过改变生物的环境条件和资源供给空间格局而改变生态系统空间格局,导致生物区系和生态系统的维度格局或海拔格局发生变化。

12.3.3 全球变化对植被生产力及生物多样性的影响

全球植被生产力(global vegetation productivity)变化与自然环境变迁及人类社会稳定发展息息相关,全球性环境变化给陆地生态系统植被生产力带来重大影响。全球变化通过影响自然资源要素和环境条件来改变生态系统结构和功能,影响生态系统的能量流动和物质循环过程,甚至改变生物种群发展或演替的速率或方向,决定生态系统类型,影响植被生产力。

生物多样性是描述自然界生物丰富程度的一个概念,由于其体现在不同时间和空间尺度上,在不同研究学科领域的定义及研究对象有所不同。全球变化会在遗传多样性、物种多样性、生态系统多样性及景观多样性四个尺度上产生影响。大量观测表明,气候变化已经对全球及重要区域的生物多样性产生了影响,包括物种的物候、行为、分布、丰富度、种群大小和种间关系等(IPCC,2013)。随气温升高,许多动植物的分布界限表现出向北或高海拔移动的趋势,高纬度和高海拔植物生长季延长,北方森林逐渐向北扩展,冻原草本和地衣植物丰富度增加。有些地区的维管植物中喜热植物的种类在增加,一些两栖类动物由于栖息地丧失和病害加剧而灭绝,许多河流、湖泊和

湿地等淡水环境以及海洋系统的生物多样性也发生明显变化。

12.3.4 全球变化对生态系统碳、氮、水循环的影响

全球变化对生态系统的影响将归结为物质循环和能量流动过程、循环或流动模式、速率和周期的变化。相反,生态系统变化对全球变化的直接或间接反馈作用也是通过生态系统碳、氮、水循环过程来实现的。生态系统碳、氮、水循环对全球变化的反馈作用是指生态系统碳、氮、水循环变化促进或抑制全球变化趋势的影响,促进全球变化则称为正反馈作用(positive feedback),减缓或抑制全球变化则称为负反馈作用(negative feedback),然而一个生态过程究竟是正反馈作用还是负反馈作用,主要取决于其对大气圈层辐射强迫的影响。

生态系统碳、氮、水循环过程通过连接不同圈层,促进和传递碳、氮、水物质在不同圈层的交换,碳、氮、水循环对全球变化的反馈作用主要是通过大气圈和土壤圈的营养物质吸收、温室气体等排放以及能量交换改变生态系统与大气圈的相互作用关系,物质代谢是其变化的主要过程。植被作为生态系统的重要生产者,是碳、氮、水物质循环的重要环节,具有 CO_2 固定、氮吸收、水资源存储及污染净化等功能,其物质循环也直接影响大气 CO_2 和 N_2O 等温室气体的浓度,改变大气辐射强度,起到促进或减缓全球气候变化的作用。

12.4 陆地生态系统碳、氮、水循环响应与适应全球变化的生态学基础

温室气体浓度升高,温度上升,氮、磷沉降增加,降水格局变化等是全球变化基本事实。这些全球变化因素将深刻地影响陆地生态系统碳、氮、水循环及其耦合关系。生态系统对全球变化的响应与适应是全球变化生态学研究重要领域,其科学研究问题是:①控制生态系统碳、氮、水循环的生物有机体如何被动接受气候变化的影响,做出生态系统对全球变化的短期响应?②生物系统会通过怎样的形态和结构的可塑性、分布区域改变、适应性进化、群落构建及系统演替等途径做出长期适应?

12.4.1 基本概念、理论框架及核心科学问题

12.4.1.1 响应与适应的基本概念

生态系统碳、氮、水循环是生态系统中最重要的物质循环过程,同时也是生态系统能量传递、养分循环、水分运移的途径。当全球变化因素持续地作用于生态系统时,生态系统的生物系统会通过生理和生态学适应行为,甚至通过生物进化和群落演替,自发地调整碳、氮、水循环的速率、规模、周期,改变三者之间的耦合或者平衡关系,即表现为碳、氮、水循环对全球变化的适应。

然而,碳、氮、水循环对全球变化的响应和适应是很难区分的生理生态学过程,在实际观测和实验研究中能直接测量的碳、氮、水循环速率和规模也是一种表观的物理量,所以通常在数据分析过程中并不能进行严格的区分,统称为碳、氮、水循环对全球变化的响应和适应,简化为生态系统响应(ecosystem response)。

生态系统的碳、氮、水循环是在特定的资源环境条件下的生物化学与生物物理学的复合过程,虽然许多过程的表观速率及规模可以利用各种物理量来度量(例如物质和能量的通量及现存储量、变化速率和变化量),也可以通过将这些物理量与资源供给水平(能量、水量、热量、养分)、条件状态变量(温度、湿度、pH 值、氧化还原电位、污染物浓度等)以及资源有效性等建立函数关系来定量表达和分析其变化机制。但是,生态系统对全球变化的响应和适应的本质性机制则是生物的生存、生长、繁殖等生命过程在生理生态学、系统生态学及生物地理学方面对资源与环境条件变化做出反应、进化和演变,进而驱动生态系统碳、氮、水循环在过程和模式、速率和规模、时律和周期等方面的变化。

全球变化因素将会改变生物生存、生长、繁殖的环境条件,也可能改变生物生长和繁殖需要的资源供给水平或有效性。在短期内(通常是生命周期内的时间尺度)的环境变化过程中,当不利环境条件来临或资源供给限制时,生物物种及其种群可以通过生理活动和行为的调节快速地做出反应,亦可利用生命体的表型可塑性及生物性状变异性来增强对不利条件的耐受能力,或对不利条件进行躲避,或增强资源获取

能力和资源利用效率。而在长期(超过生命周期的时间尺度)的环境变化过程中,生物或种群可能通过遗传变异与系统进化、被环境过滤及生物性状塑造、种群重构和群落演替以及生物与资源环境关系重塑等途径来适应环境变化。在全球变化生态学研究中,通常将前者称为短期的生物响应(short-term biological response),后者称为长期的生物适应(long-term biological adaptation)。因此可以将这种不同的生物学机制驱动的生态系统碳、氮、水循环及其耦合关系的改变分别称为生态系统碳、氮、水循环对全球变化的短期响应和长期适应。然而,因为生态系统的植物、动物、微生物的生命周期千差万别,生态系统碳、氮、水循环的时律和周期也各不相同,所以在实际的科学研究中很难按照上述的定义来严格区分生态系统碳、氮、水循环对环境变化的响应或适应,但是我们必须注意这两种生物反应机制的本质差异。

陆地生态系统碳-氮-水耦合循环的生物控制过程对全球变化的响应和适应包括植物叶片冠层的能量捕获,水-碳交换的调控作用及其适应性进化,植物根系冠层的水、氮、磷吸收,通量平衡调控及其适应性进化以及土壤微生物功能群网络结构与碳-氮耦合循环之间的关系等方面,这一基于生态学机制的生态系统碳-氮-水耦合循环响应与适应全球变化的理论框架如图12.9所示。

12.4.1.2 全球变化的资源环境效应及基本科学问题

陆地生态系统碳、氮、水循环对全球变化的响应

与适应研究是全球变化生态学的核心研究领域,不同学者从不同的视角开展了广泛研究,也取得了重要进展。但是陆地生态系统碳-氮-水耦合循环对全球变化的响应与适应是十分复杂而且内容广泛的研究领域,其基本问题可以概括为"全球变化影响生态系统的资源环境效应以及生态系统对全球变化的适应性及其生物机制",需要具体回答:①生态系统碳-氮-水耦合循环的关键过程及相互关系;②植物叶片冠层、根系冠层和土壤微生物功能群网络对碳-氮-水耦合循环的关键过程的调控机制;③生态系统碳-氮-水耦合循环关系是否会因环境变化;④生物控制过程对环境变化的短期响应和长期适应。

全球变化要素不仅可以直接对地球上的生物个体、种群和生物群落产生影响,还可以影响各类典型生态系统、区域生态系统及各种产业。对地球系统而言,人们更加关注这些全球变化要素对全球的能量平衡、物质循环以及对大气圈、水圈、生物圈、土壤圈及区域性资源环境的影响。概括起来就是以下六个重要的全球变化资源环境效应及基本科学问题。

(1)太阳辐射改变的光调节效应

太阳辐射是可以通过光合作用转换为生物能的唯一能量形态,是维持地球生物圈、生态系统及生物有机体代谢的能源。同时,太阳辐射也是决定温度条件和区域气候的重要因素,温度和气候的季节变化、年际变异和区域分异都是由太阳辐射的时空变异所控制的。

太阳辐射改变对生态系统的影响一方面改变对地球表面辐射能量的支配,直接影响植物光合作用;另一方面是影响植物种子萌芽、幼苗生长发育的生理

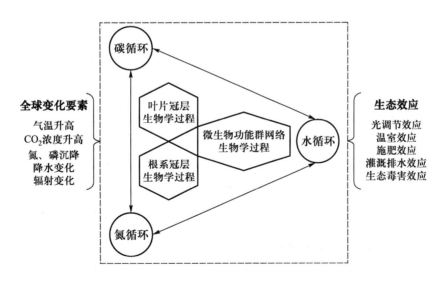

图12.9　生态系统碳-氮-水耦合循环响应与适应全球变化的理论框架

生化代谢温度环境。由此可见，全球尺度太阳辐射强度的变化，即所谓的地球变暗或变亮，必然会对全球气候产生影响。全球变化背景下的区域和局地地面所接受的太阳辐射变化更会直接调节生态系统的光合作用、物质生产及能量流动，这种太阳辐射改变对生态系统结构和功能的调节作用，以及生物响应和适应光照条件和辐射能量改变的生理生态和生物地理学过程机理就成为全球变化生态学研究的重要问题之一，我们可以通俗地称之为全球变化背景下太阳辐射改变的光调节效应（light regulation effect）。

（2）全球升温的温室效应

全球变化的代表性特征就是全球变暖，表现为陆地表层的温度升高（简称升温）。这种陆地表层温度升高的生物效应和作用机理与农业和园艺生产的日光温室功能相似，被比喻为全球变暖的温室效应（the greenhouse effect of global warming）。这种温室效应必然对生物圈生物的生存、生长、发育、繁殖以及地理空间分布产生深刻影响，如何在物种、群落、生态系统、区域及全球尺度上认知全球变暖对生物生存、物质生产、生长繁殖以及生物多样性的影响机制以及它们的演变规律和趋势、地理变异及空间格局等科学问题就成为全球变化生态学研究的重要命题。需要注意的是，在全球变化科学研究中，与此相关的一个科学概念是大气组分变化及温室气体浓度增加导致的增温效应，也简称为温室效应（greenhouse effect），需要在实际应用中加以区分。

（3）降水变化的灌溉与排水效应

降水量的时间和空间格局变化是另一个代表性的全球变化要素，特别是极端降水事件导致的洪涝和干旱的发生频率和空间分布改变。降水变化不仅可以改变陆地生态系统的湿度及土壤水分条件，更是水资源的补给及植物物质生产有效性的决定因素。生物活性及植物生产对土壤水分条件的要求具有一个适宜的范围，干旱缺水或者洪涝淹水都不利于陆生植物的生长，在农业生产中，有效措施是采用灌溉与排水来调控土壤水分状态，实现作物的高产和稳产。

降水时空格局变化的直接效应与农田的灌溉与排水相似，会对生态系统生产力、物质循环、土壤环境演变等生态过程和功能产生影响，可以称为降水变化的灌溉与排水效应（irrigation and drainage effect）。因此，在全球变化生态学研究中需关注这种灌溉与排水效应会对全球生物圈的生产力、生物多样性及生态系统地理分布产生什么影响，如何在区域及全球尺度上认知降水时空格局变化对生态系统结构和功能（特别是生态服务）影响的机制及后者的演变规律和变化趋势等科学问题。

（4）CO_2 浓度变化的施肥效应

植物所处环境的 CO_2 浓度升高导致植物生产力提高，被称为 CO_2 的施肥效应（CO_2 fertilization effect）。全球大气 CO_2 浓度升高会提高植物光合速率和促进植被生长，但是否会改变植物和土壤微生物的呼吸以及生态系统碳、氮、水循环等是有关大气 CO_2 的施肥效应研究的主题。与此同时，CO_2 升高也会带来生态系统环境条件的改变，例如 pH 值、氧化还原电位的改变等，由此产生一系列的环境效应，也是需要关注的科学问题。

（5）氮、磷沉降的肥料效应

农业的氮、磷肥料使用极大地提高了农产品的生产能力，但是过量的使用也带来了农田和水体的面源污染等环境问题。现代的氮、磷物质排放不断地加速全球规模的大气氮沉降和磷沉降，不断增加自然生态系统的外源氮、磷输入，这种氮沉降和磷沉降可以看作资源输入所发挥的氮、磷沉降的施肥效应（N and P fertilization effect），促进生态系统植物生长，提高生态系统生产力。但是由此可能带来的生态环境效应则是令人担心的生态学课题，人们在关注氮沉降和磷沉降改变植被生产力的同时，还要关注将会如何改变生态系统物质循环和生物多样性等。

（6）污染物富集及环境酸化的生态毒理效应

污染物或有毒物质浓度较低时对生物个体没有影响或影响较小，当这些物质在环境中累积或暴露到一定程度时，就会对生物个体或种群产生不利影响。与温度和湿度因子类似，环境 pH 值过高或过低都不利于个体的生存、生长及繁殖，这些因子对生物个体的影响可以用标准的钟形曲线表示。全球规模的污染物富集及环境酸化将会对生态系统的生命有机体产生一定程度及范围的危害，即有毒、有害的污染物的浓度达到一定程度时会发生生态毒害效应（ecotoxicological effect）。

12.4.1.3　生态系统碳-氮-水耦合循环响应和适应全球变化的生物学过程机制

全球或区域陆地生态系统的碳-氮-水耦合循环是一个多等级水平、多时间尺度、多空间尺度、多种物质和元素以及多种物理、化学和生物过程相互交织、相互作用的复杂过程系统。该系统不仅具有生物有机体、典型生态系统及区域尺度生态系统过程的复杂性,而且也具有动态变化和空间格局的极大变异性。因此,不同尺度的生态系统碳-氮-水耦合循环响应和适应全球变化的过程及机制也十分复杂,其中主要包括三个核心机制:①生态系统碳-氮-水耦合循环生物生理化学机制,②生物与环境互作的生理生态学机制,③碳-氮-水耦合循环地理分异的生态地理学机制。

陆地生态系统的植物光合和呼吸,水分吸收、运输和蒸腾,氮、磷营养物质的吸收、运输及代谢和土壤生物繁殖及代谢等生物学过程将生态系统的植物、动物和微生物生命体、植物凋落物、动植物分泌物、土壤有机质和土壤与大气等无机环境系统的碳、氮、水循环连接起来,形成极其复杂的连环式生物物理和生物化学耦合过程关系网络,网络的运转驱动着陆地生态系统碳-氮-水循环,网络的结构和功能演变塑造了碳、氮、水循环动态变化的行为和规律,体现在各种元素或物质库的库存储量以及库与库之间的交换通量的动态变化,可以利用现代技术直接测定植被-大气、土壤-大气和根系-土壤三界面的元素或物质通量来表征。

陆地生态系统碳、氮、水循环过程及其耦合关系是由多种多样、多个层级的生理生化过程级联或耦联关系网络所决定,其中各环节的生物化学过程对环境变化的响应和适应共同决定了生态系统的总体行为,而且生物系统也会通过控制自身功能性状和优化代谢过程来适应和响应环境变化。

对于区域生态系统而言,生态系统碳-氮-水耦合循环过程是生态、水文和气候相互作用的耦合过程,生态过程是连接土壤和大气物质能量交换的纽带,大气和土壤环境条件和资源要素的时空配置对生物生理生态过程起决定性作用,这些关联因素的时空变异机制是解析区域尺度碳-氮-水耦合循环及时空变异的重要方面,主要包括:①土壤-植物-大气系统的植物生理生态学机制;②生态系统碳-氮-水耦合循环的生物地球化学机制;③区域碳-氮-水耦合循环耦联关系分异的生物地理学机制。

12.4.2　生态系统响应和适应全球变化的生理生态学途径

生态系统组分、结构、功能及服务变化是由生物过程控制的,生态系统对全球变化的响应与适应过程是生物的生理生态学过程、群落生物学过程以及生态系统的生物学过程对全球变化的响应和适应。具体体现在生物个体、群落和生态系统对全球变化的响应和适应机制、响应特征及适应途径等方面(12.10)。

12.4.2.1　生物个体和群落对全球变化的响应

生物对全球变化的响应指当生物栖息地或生境环境条件发生波动、出现极端气候事件以及自然和人为突发的干扰等变化时,生物个体通过条件反射、行为反应、生理生化过程、生态关系调整等作用方式所做出的各种反应,从而使生物与环境、生物与生物之间通过相互作用达到新的平衡和稳定状态。并且,个体对全球变化的响应可以逐层转化为群落对全球变化的响应,呈现为群落通过自身的调节而达到新的平衡状态。

(1) 个体和种群行为的响应

生物行为指生物为满足个体生存和种群繁衍的一切反应的总和。个体和种群行为对全球变化的响

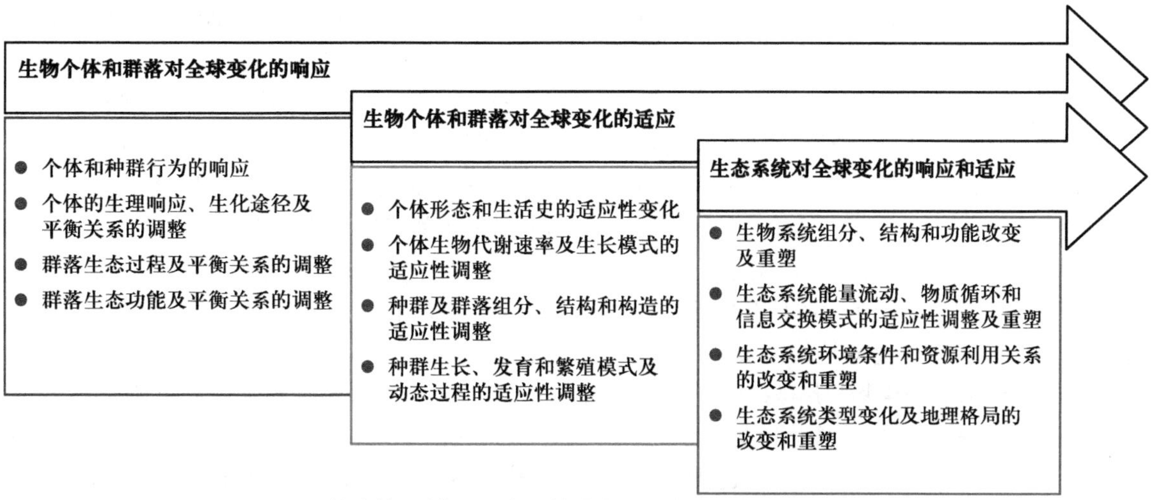

图中内容:

生物个体和群落对全球变化的响应
- 个体和种群行为的响应
- 个体的生理响应、生化途径及平衡关系的调整
- 群落生态过程及平衡关系的调整
- 群落生态功能及平衡关系的调整

生物个体和群落对全球变化的适应
- 个体形态和生活史的适应性变化
- 个体生物代谢速率及生长模式的适应性调整
- 种群及群落组分、结构和构造的适应性调整
- 种群生长、发育和繁殖模式及动态过程的适应性调整

生态系统对全球变化的响应和适应
- 生物系统组分、结构和功能改变及重塑
- 生态系统能量流动、物质循环和信息交换模式的适应性调整及重塑
- 生态系统环境条件和资源利用关系的改变和重塑
- 生态系统类型变化及地理格局的改变和重塑

图 12.10　生物个体、群落和生态系统响应和适应全球变化的生理生态学途径

应指在环境条件发生变化时,生物个体和种群所做出的各种行为学方面的反应,是生态系统响应全球变化的重要机制之一。环境条件变化或刺激下的生物个体和种群的行为学反应(behavioral reaction)不仅包括身体的运动(如奔跑、攻击),还包括静止的姿势(如野兽在守卫领域时的姿态)、体色的改变或身体标志的显示、发声以及气味的释放等。根据行为目的可以分为捕食行为、防御行为、领地行为、集群行为、互助利他行为、等级优势行为、通信行为、生物节律、迁徙和洄游、繁殖行为等。全球变化研究领域关注的动植物行为主要包括逆境防御、生物节律、种群繁殖、物种扩散和迁移及种群迁徙等。

(2)个体的生理响应、生化途径及平衡关系的调整

个体的生理响应(physiological response)是个体受到外界刺激而产生的以生化反应为基础的细胞结构与功能的反应。生化反应(biochemical reaction)以水作为介质,由生物酶催化,将复杂有机物分解转化为简单稳定的物质,或者将简单的物质转化为复杂的物质,并同时进行信号和能量传递。个体的生理响应过程和机理较为复杂,在适宜的温度、pH 值和底物浓度等条件下,参与生理响应的底物和产物、上游反应和下游反应、信号传递和能量消耗均会达到一种平衡状态。当生物处于不利环境时,这种生化平衡很快就会被打破,但很快又会通过物质间的反馈关系进行调整,达到新的平衡状态。例如,脱落酸(abscisic acid, ABA)是植物适应逆境、启动适应性生理反应必需的信号物质。在干旱胁迫下,植物根系合成大量 ABA,并随蒸腾液流到达叶片,调节气孔关闭,使光合速率下降。温度升高促进光呼吸,减少叶片可溶性糖含量,进而促进光合作用,Rubisco 水平增加;CO_2 增加使叶片中可溶性糖含量增加,Rubisco 水平下降,抑制参与光合作用的 Rubisco 基因的转录,叶片氮含量降低。此外,当环境条件发生变化时,植物体内还会合成一些新的蛋白质,以减轻逆境对正常生理功能的影响。热激蛋白(heat-shock protein, HSP)的产生是植物细胞对高温胁迫最普遍和快速的响应之一(Sun et al.,2002),HSP 多为热稳定同工酶或具有分子伴侣的作用,能够保护某些高分子物质结构不被逆境伤害,起到阻止膜蛋白变性、防止生物膜热破碎的功能。

(3)群落生态过程及平衡关系的调整

在变化的环境条件下,生物群落会通过调整生态过程之间以及生物与环境之间的平衡关系来响应环境变化。生态过程主要指群落中的种群动态、种子或生物体的传播、捕食者和猎物的相互作用、群落演替、养分与水分运动和干扰等方面。群落中的物种多样性取决于出生、死亡、物种灭绝和物种迁入/新物种形成之间的动态平衡状态,这种动态平衡会因气候变化而改变。全球变化对植物最直接而迅速的影响是促进光合作用,CO_2 浓度升高促使植物的生物量明显增加,进而会影响植物生物量在各组织器官间的分配关系。全球变化对物种的生长发育过程起到一定的促进作用,也显著影响物种的分布,导致适应温暖环境的物种增加,使很多动植物向高海拔和高纬度迁移,进而导致区域群落结构和组成的变化,打破原有的平衡并逐渐形成适应环境的新平衡。

(4)群落生态功能及平衡关系的调整

群落生态功能指群落具有的生物多样性维持、生产、气候调节、生态维持等功能。群落生态过程的变化会改变群落功能状态。全球变化最终可能改变一个地区的生态系统类型,进而引起生态系统结构和功能状态的变化。现有研究已发现,澳大利亚北部的季风雨林扩展,而大草原和草地收缩。在极地地区,升温导致灌木的扩张(IPCC,2013)。杨元合和朴世龙(2006)的研究结果表明,近 20 年来,青藏高原草地植被在明显地扩增,而冻土地带生物群系预计减少 30%以上。在青藏高原的东部边缘,一些冻土地带将转变成针叶林以及温带针阔叶混交林,这种生态系统类型的变化将会导致营养受限制群落的生产力增加。

12.4.2.2 生物个体和群落对全球变化的适应

生物适应指自然和人类系统应对正在发生或预期发生的影响,抵御扰动,维持自身结构与功能完整性的生物过程(Klein et al., 2007)。生物有机体一方面会被动接受气候变化的影响,另一方面又会通过物种进化、表型可塑性及分布区域改变等途径不断提高对逆境的适应性(Franks et al., 2007)。全球变化因素中,气温、降水、沉降、CO_2 浓度及污染等都是渐变性过程,生物对这些渐变性变化的适应过程会发生在生理过程、个体形态、种群关系和群落组成等各个层次,一般在较长时间尺度上(数年到数十年)才表现出来。

(1)个体形态和生活史的适应性变化

单一的基因型可以产生许多种表现型,这种特征被称为生物的表型可塑性(phenotypic plasticity),是有机体在复杂环境中的适应潜能的体现。物种形态

性状对不同环境的适应也是表型可塑性的表现。例如,同一物种在不同土壤湿度下,根系生长状况不同,干旱地区的个体为获取更多的水分,其根冠比更大。又例如,贝格曼定律(Bergman's rule)指出,在相等的环境条件下,一切恒温动物身体上每单位面积发散的热量相等。因此处于高纬度的恒温动物个体一般较大(较小的体表面积与体积比),而处于低纬度的同类动物个体一般较小(Meiri and Dayan,2003)。正是生物形态的可塑性使生物能够在一系列多变的环境中维持其相应的功能和适合度,从而改变物种生态位及其对自然选择的响应。

生活史是物种生长、分化、生殖、休眠和迁移等生命活动各种历程的整体格局。种群生活在不同环境条件下,自然选择可以使其个体的适应性向适合度最大化的目标进行调整(称为种群的生活史策略)。研究生活史策略需要理解适合度和权衡两个概念,追求最大适合度是所有生命体的共性和目的,然而由于地球上的能量和物质守恒,生物栖息地的资源有限,有机体需要对自己不同生命阶段的投资进行取舍,这就形成了不同类型生物的生存和资源利用生活史策略。研究物种的生活史策略的相似性和分异性,并与其栖息地环境相联系,对探讨其适应性和生存竞争具有重要意义。在气候稳定、天灾稀少的栖息地(如热带雨林),种群数量容易达到或接近环境负载量,动物属于 K 对策者。在气候不稳定、天灾频繁的栖息地(如寒带或干旱地区),种群密度多处于 K 值以下的增长段,常出现迅速扩展增长的现象,属于 r 对策者。类似的研究还有,根据植物的生活史和栖息地将其策略划分为竞争型对策、耐受型对策和杂草型对策。

(2)个体生物代谢速率及生长模式的适应性调整

个体生物代谢速率及生长模式是各种生物具有的基本属性,主要由生物的遗传信息所决定,但是生物代谢速率、生长速率及形态属性的可塑性也会对变化的资源环境条件做出相应的适应性调整。生物代谢速率是最基本的生物学速率,动物的代谢速率满足异速生长关系,即代谢速率随个体大小的增加呈指数升高(详见第 10 章)。

生物生长是生物发育的一个特征,指生物体在一定的生活条件下体积和质量逐渐增加、由小到大的过程。广义的生长也包括发育,生物个体的生长发育是有序的、不可逆转的发展变化过程,过程中需要不断获取和利用环境中的资源。特定资源环境条件下的生物个体生长都具有特定的生活史、数量(体积)、形

态和结构变化的固有模式。这种模式虽然是生物进化所形成的、具有保守性的遗传属性,但是生物也会因资源环境条件的变化而做出相应的适应调整。代谢标度理论(metabolic scaling theory)认为,虽然植物在种内、种间和群落水平上具有相同的相关生长规律,但在环境因子变化情况下,这种异速关系也会发生改变。

个体发育漂变(ontogenetic drift)和可塑性(plasticity)是个体生长中的两个重要概念。个体发育漂变是指某个生物学特性在个体生长发育中以一种可预测的方式所发生的变化。等速生长(isometry)理论认为,在忽略个体发育漂变时的生物代谢速率随环境改变的可塑性是"真实的",这种变化完全是由环境资源变化所导致的,称为"真实可塑性"(true plasticity)。当可塑性是由个体发育漂变所导致时,称为"表观可塑性"(apparent plasticity)。从这个意义上来说,任何影响个体大小的因素都会影响生物生长发育,许多看似环境变化导致的变化实际上是由个体大小所驱动的(Weiner,2004)。在实际情况下,个体发育漂变和真实可塑性可能共同作用,导致可塑性有多种可能的类型(McConnaughay and Coleman,1998)。

(3)种群及群落组分、结构和构造的适应性调整

植物种群和群落与环境具有不可分割的联系,现存的植被是与其环境长期适应的结果。升高的气温和变化的水分条件使植物处于环境压力下,从而直接或间接地改变植物对环境的适应以及植物之间的竞争关系。在这种压力下,植物或者产生某种机制去适应这些变化,或者迁移去寻找合适的生境,或者消失。

气候变化引起的气候带演变,将使全球的生物种群和植物群落分布范围发生位移,可能改变一个地区的生态系统类型。目前普遍认为,气候变暖导致物种分布向高纬度和高海拔方向迁移,北半球寒带、寒温带、温带、暖温带、亚热带及热带地区森林类型将发生位移(IPCC,2013)。其中,热带及寒温带森林面积趋于增加,其他类型将减少。北半球植被平均每 10 年向极地移动 6.1 km(Parmesan and Yohe,2003),导致过去半个世纪以来,北极地区植被有从冰原向灌丛发展的趋势(Sturm et al., 2001)。气候变化对高纬度地区植被活动的影响要比低纬度地区大得多。此外,升温和干旱的加剧有利于喜温耐旱植物的扩散和入侵,一些极端气候事件的发生会造成本地物种的快速死亡,演变形成新的生态系统类型。

气候变化还会显著改变许多群落交替处的物种

组成和结构。已经有研究发现，随着植被带界线的北移，一些针叶林将逐渐被阔叶林所取代（焦珂伟等，2017）。升温加强了水分的蒸发，导致生境趋于旱化，长白山沼泽群落正在逐渐转变为森林-沼泽交错群落（牟长城，2003），青藏高原一些地区的嵩草群落逐步演化为更耐干旱的薹草群落（陈孝全，2002）。南亚热带季风常绿阔叶林群落结构发生了显著的变化，趋向于"小个体"林木增加，"大个体"林木减少（Zhou et al.，2013），这种群落结构的变化就是对区域变化（温度升高、森林土壤变干等）的一种适应。

（4）种群生长、发育和繁殖模式及动态过程的适应性调整

种群生长、发育和繁殖与环境条件具有密切的关系，长期的生物群落与环境相互作用塑造了生物与环境相适应的种群生长、发育和繁殖的机制模式和动态过程。气候变化导致的资源环境条件变化将会改变生物与环境的互作关系及强度，必然会胁迫生物在种群生长、发育和繁殖等方面做出适应性调整。

生物种群的个体数随时间而增加，称为种群生长（population growth），种群的密度、增长速率、现存生物量等都是受资源环境直接制约的种群特征。在适宜的环境条件下不受其他种的影响而繁殖的种群，如果在空间、食物供给量等生活必需方面不受限制时，那么个体数目将呈指数增加，即 J 形增长。但是实际上，空间、食物供给量等是有限制的，所以增长率随着个体数增加而降低，种群生长曲线呈 S 形变化，可迅速达到上限。

物候作为表征生物发育过程的生物学属性，指受环境影响而出现的以年为周期的自然节律现象，是对全球变化最敏感、最精确的指示器。大量的观测事实与分析表明，近几十年来，中高纬度地区的春季物候大多出现了不同程度的提前，很好地指示了全球变暖趋势及区域差异。IPCC 第五次评估报告的分析结果确认了气候变化导致的物候变化。欧洲东北部大西洋、亚洲的大部分地区、大洋洲、北美陆地生态系统等均观测到了动植物物候和生长状况的变化。北半球植物生育期的跨度增加，总体表现为生育期较早出现且较晚结束。春季物候的提前与秋季物候的延迟将在很大程度上延长植物的生长季。研究发现，相较于 20 世纪 80—90 年代，2000 年以后树木春季展叶物候对春季温度的敏感性下降了约 40%，这意味着植物物候表现出了对气候变暖的适应性。

繁殖指生物为延续种族而产生后代的生理过程，即生物产生新个体的过程。繁殖也称生殖，是所有生命都有的基本现象之一。目前已知的繁殖方法可分为无性生殖及有性生殖两大类。常见的无性生殖（asexual reproduction）有营养器官生殖、出芽生殖、断裂生殖和（无性）孢子生殖；有性生殖（sexual reproduction）由雌雄两性生殖细胞结合成受精卵而发育成新个体，有性生殖除了接合生殖（conjugation）和配子生殖（gametogamy，包括同配生殖、异配生殖和卵配生殖）之外，还包括孤雌生殖（parthenogenesis）、幼体生殖（paedogenesis）和多胚生殖（polyembryony）等类型。一般来说，低等生物多是无性生殖，而高等生物则是有性生殖，有性生殖的优点是能产生新的变异。

生物的分布及繁殖状况通常与生物所在地的气候条件和土壤条件等所有环境条件有着密切关系。许多生物在繁殖期间对环境条件的要求非常严格，全球气候及环境变化对生物的分布及繁殖状况将会产生重大影响。长期的观测表明，植物的开花时间、两栖类动物的繁殖产卵时间、鸟类的繁殖时间都出现了提前的现象（Menzel et al.，2010；Sparks and Menzel，2002；Walther et al.，2002）。动物的繁殖期是动物对气候变化最敏感的时期，微小的气候变化都可能对其繁殖成功率及后代产生影响（Post et al.，1999）。气候变化导致的繁殖生境改变会影响动物的繁殖欲望，进而影响种群的繁殖速率（Sorenson et al.，2001）。研究发现，北极的野鸭在干旱年份筑巢的欲望明显降低，从而繁殖率也降低。北美洲雪雁繁殖的成功率受气候波动的影响，产卵的数量、孵卵的起始时间与每年 5 月的日平均温度和降雨次数有关。

12.4.2.3　生态系统对全球变化的响应和适应

生态系统是由生产者、消费者和分解者的生物系统及资源环境构成的复合体，通过能量流动、物质循环、信息交换以及生物繁衍等物理、化学和生物过程相联系，具有复杂的生物食物网、组分之间的关系网络及生物与环境的相互作用关系网络。因此生态系统对全球变化的响应和适应也必然是通过生物系统组分、结构和功能，能量流动、物质循环和信息交换模式，环境条件和资源利用关系，植被系统类型转型及地理格局等方面的改变、调整及重塑而实现的。

（1）生物系统组分、结构和功能改变及重塑

植物作为生态系统的生产者，其生存、生长和发育对环境条件有特定的要求，一些物种具有广谱型的适应性，而一些物种的环境适应范围很窄，对全球变

化十分敏感。生态系统可以通过生物系统(动物、植物、微生物)组分、结构和功能的改变及重塑来适应。有研究表明,全球变化已经导致亚洲许多地区(特别是北部和东部)、大洋洲、北美洲和欧洲地区多个类群的植物物候和生长状况均发生变化,温带和寒带树木更早变绿(Høye et al.,2007;Delbart et al., 2008;Mastrandrea et al., 2010)。许多植物和动物物种分布海拔变高,或向极地方向移动,特别是在亚洲北部(Kharuk et al., 2006;Soja and Starkel, 2007)。近几十年来,西伯利亚落叶松森林受到松树和云杉的入侵,灌木进入西伯利亚苔原(Danby and Hik, 2007;Hudson and Henry, 2009;Hallinger et al., 2010;Hedenås et al., 2011;Elmendorf et al., 2012;Macias-Fauria et al., 2012)。非洲半干旱地区树木密度减小,亚洲热带、非洲热带区域的珊瑚礁减少,并且有更多的外来种(Anthony et al., 2008;Stige et al., 2010)。大西洋东北部浮游动物、鱼类、海鸟和无脊椎动物向北迁移,整个欧洲海域许多鱼类物种向北、向更深处移动;大西洋东北部浮游生物物候发生变化(Beaugrand,2010;Beaugrand and Kirby,2010)。

(2)生态系统能量流动、物质循环和信息交换模式的适应性调整及重塑

全球变化改变了生态系统资源环境,生态系统就会适应性调整或重塑其能量流动、物质循环和信息交换的过程和模式。生物同化物的分配主要指光合作用生成的有机物在植物各器官间的分配,是植物适应环境条件变化的一种重要策略(任巍和姚克敏,2002;刘颖慧等,2006)。在温度、水分、矿质养分和CO_2发生变化的环境条件下,植物会调整同化物的分配以适应环境。非结构碳(non-structural carbon,包括非结构碳水化合物和脂肪)是植物体中碳的储藏形式,植物体中非结构碳水化合物的增加反映了植物的光合能力超过了植物生长所需(姜春明和于贵瑞,2010)。全球范围的研究发现,随着生长季温度的升高,木本植物叶片和枝条中非结构碳水化合物含量呈下降趋势(Korner,2003)。对高山树线树木的研究也发现,随着海拔的降低,生长季温度升高,树叶和枝条中的非结构碳水化合物含量逐渐降低(Hoch et al.,2002;Shi et al.,2008)。

(3)生态系统环境条件和资源利用关系的改变和重塑

生态系统环境条件和资源利用关系是维持生态系统的生物、环境与资源平衡关系的重要部分,全球变化可能会打破自然条件的这种平衡关系。在全球变化背景下,温度的升高和降水格局的变化导致更多的环境胁迫,共同影响着生态系统的资源利用关系。例如,一定程度的干旱会促使植物碳向地下输送,增加根冠比;干旱引起植物氮利用能力下降(Xu and Zhou,2005)、叶片氮含量降低(Llorens et al., 2003),植物叶片光合速率降低;温度升高促进光呼吸,减少叶片可溶性糖含量,促进光合作用的上调,进而诱导Rubisco水平的升高(Tingey et al., 2003)。一般而言,CO_2浓度升高将促使氮更多地被分配到最年轻的叶片中,改变植物器官间的碳氮分配关系(McKee and Woodward,1994)。CO_2浓度升高使碳水化合物增加,进而导致光合作用下调。Hättenschwiler 和 Zunbrunn (2006)研究表明,CO_2浓度增加将导致生态系统结构变化,例如加速亚高山森林生态系统的寄生植物生长,增加其丰富度,并改善地下氮循环,反过来促进整个生态系统的氮分配和循环,借此可能影响到整个生态系统的结构和功能。

(4)生态系统类型变化及地理格局的改变和重塑

生态系统类型及地理格局是长期的生物进化及自然选择的结果,全球变化将导致资源环境的时空格局变化,因此会改变和重塑生态系统类型及地理格局。随着气候变化的加剧,生态系统分布会发生改变,一些生态系统类型会被其他生态系统所取代。例如,随着太平洋东北部森林带北移,高纬度的一些森林类型将消失(Urban and Shugart, 1992),寒温带生态系统类型将被地中海生态系统类型所取代;随着桦木林分布海拔的升高,原有的桦木林将被榆树林所代替(Peñuelas et al., 2004)。在我国东部、加拿大、美国中部和亚马孙的大片森林可能丧失,森林将向极地和半干旱热带稀树草原区扩展(Scholze et al., 2006)。受气候变化影响最大的是海岸湿地、红树林、岛屿生态系统、极地生态系统、高山和山地生态系统、北方森林、热带森林和海洋珊瑚礁等脆弱生态系统。

12.4.3 生态系统碳、氮、水循环响应与适应全球变化的模式及效应

生态系统碳、氮、水循环响应与适应全球变化这一科学问题可以从不同角度理解和认知,当前被关注较多的是,生态系统碳、氮、水循环响应与适应全球变化的生态过程模式和动态变化模式、全球变化的影响与响应的互馈关系模式等。

12.4.3.1 全球变化影响及生态系统响应和适应的生态过程模式

全球气候变化和人类活动扰动强烈影响地球生态系统及资源环境系统。各种全球变化因素影响生态系统的生态过程模式不同,根据其影响的时间长度和扰动强度可以分为短期波动、长期趋势和极端干扰三种模式(图12.11)。与此同时,生态系统在受到外界不同环境条件变化干扰时有不同的响应模式。生物系统会通过改变生物地球化学和生物地理过程,调节生物性状特征、遗传特性和空间格局来响应和适应环境变化(图12.11)。生态系统碳、氮、水循环是生物生命体构成和生命过程必需的物质和能量来源,物种会通过生物生理过程变化改变碳、氮、水循环,响应和适应外界条件限制。以环境变化强度和持续时间长度为依据,可将生态系统对环境变化的响应分为短期响应、长期适应和突变与转型三种模式(图12.11)。

短期响应(short-term response):在短期环境因素波动影响下的生物个体会通过调整自身组织结构和机能响应外界条件变化。生态系统的短期响应模式表现为在一定条件变化阈值范围内,生态系统类型属性并不发生变化,而是通过改变植物的组织结构和功能特征来最大限度地获取资源,以维持和发展自身的生命。

长期适应(long-term adaptation):在长期资源环境胁迫或有利变化趋势下的生态系统会通过调节生物物种组分、结构和功能性状、生理过程、遗传特性、空间格局等适应环境变化。

突变(mutation)与转型(transformation):在极端事件影响下,生态系统会通过突变、扩散、迁移和聚集等方式适应环境条件变化,这可能导致生态系统结构和功能的突变或转型。突变指生态系统在自然/人为灾害的摧毁性干扰下,物种组成、物种数量、结构和功能的突然变化;而转型则是生态系统类型的转变,呈现为生物种类、系统结构及生物环境关系的根本性改变。

12.4.3.2 全球变化影响及生态过程响应和适应的动态变化模式

全球变化影响及生态过程响应和适应是一个动态变化过程。当环境因素作为一种胁迫因子或作用

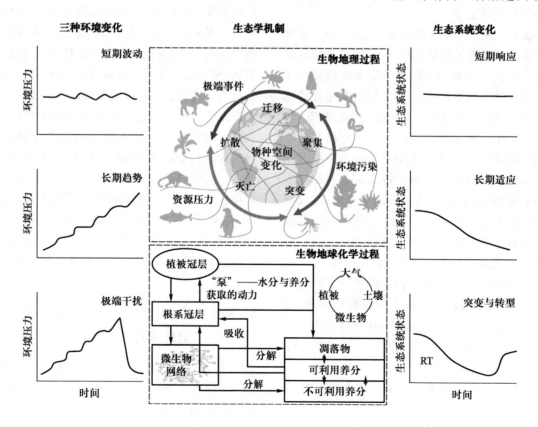

图 12.11 生态系统碳、氮、水循环响应与适应环境变化的模式及效应

力施加于生态系统时,因为环境胁迫的作用方式、作用强度以及生态系统的脆弱性、稳定性和恢复力等属性特征不同,生态系统的响应和适应呈现出不同响应方式、响应速度、持续时间及作用方向性等的动态变化模式。

(1)渐变式和突变式的响应方式

生态系统对环境条件变化的响应存在两种不同的方式。一种是渐变式响应,指生态系统状态随环境条件变化呈现平稳的渐进变化过程。例如随气温的变化,植物的生长速率是一个连续变化过程,为渐变的响应方式。另一种是突变式响应,指当环境条件变化接近某一临界水平时,即使外界条件发生一个微小变化,也会引起生态系统突变式的阶跃响应,生态系统的组分、结构和功能发生质变,因而进入另一种新的稳态。例如,撒哈拉地区在围绕植被覆盖度逐渐下降的趋势震荡了很长一段时期以后,在五千多年前,由于非洲湿润期的突然结束而突然崩溃,变成了沙漠(Demenocal et al.,2000)。当富营养化超过一定阈值时,浅水湖泊的透明度和植被多度突然降低而导致水生生物群落突变(Scheffer et al.,1993)。由于过度捕捞,部分海洋生态系统从以高等鱼类为优势的状态转变为以*浮游水母*为优势的状态(Steneck et al.,2004)。目前的研究表明,生态系统多稳态的存在是产生这种突变式响应的主要原因(Scheffer et al.,2001)。

(2)全球变化的激发与脉冲效应

全球变化是导致生态系统变化的胁迫力或诱因,当外部作用力影响生态系统时,生态系统就会因此而被驱动、诱导或激发。与此同时,导致生态系统变化的外部作用方式可能是缓慢的持续作用,也可能是强烈的激发方式,这就导致对全球变化的激发效应与脉冲效应问题的研究和讨论。

激发效应(priming effect)指环境中加入某种外源刺激,导致其他物质发生短期且强烈变化的现象。当目标变量增加时,称为正激发效应(positive priming effect);当目标变量减少时,则称为负激发效应(negative priming effect)。激发效应研究起源于外源氮输入对生态系统呼吸影响的定量分析,Kuzyakov(2010)将其定义为"添加各种有机物质等处理所引起的土壤有机质周转的强烈改变"。近年来,随着对土壤激发效应研究的深入发现,激发效应是土壤中一个普遍存在的自然现象,主要是由根系分泌物输入和凋落物分解等过程相互作用引起的(Kuzyakov,

2010)。根据激发效应能够反映生态系统土壤碳、氮周转的速度,并影响植物和土壤微生物等对养分的获取和竞争,维持生态系统各组分间的养分平衡。土壤结构、养分、水分、pH 值、温度以及大气 CO_2 浓度和氮沉降等非生物因素通过影响微生物活性及根系分泌等过程,直接或间接地影响根际激发效应的方向和强度(Blagodatskaya and Kuzyakov,2008;Cheng et al.,2009;Kuzyakov,2010;Zhu and Cheng,2011;Cheng et al.,2013;Dijkstra et al.,2013)。

脉冲效应(pulse effect)指离散出现、存在较大的不可预测性的环境因子影响生态系统后引起的生态效应。脉冲效应在生态系统中普遍存在,在自然状态下的很多环境因素变化是脉冲式的,具有代表性的因素包括降水、台风、热浪、冷害、病虫害、人为管理或干扰等。生态系统的功能、演变或进化经常受到这些因素的干扰,研究中常把这类短时间的干扰作为脉冲来处理,将生态系统过程和功能对这类脉冲式作用所做出的反应称为脉冲效应。例如,荒漠生态系统中降水对土壤呼吸产生的脉冲效应。降水对陆地生态系统生物地球化学过程速率有重要的控制作用,特别是干旱和半干旱地区,由于降水的频度及强度差异,微生物呼吸最终产生不同等级的脉冲响应,导致土壤 CO_2脉冲释放。这种降水导致的 CO_2 脉冲被称为 Birch效应(Birch Effect)(Birch,1958;Fierer et al.,2003),这是一种特殊的土壤呼吸激发效应(Kuzyakov et al.,2000)。

(3)生态系统的响应时效与滞后效应

当变化的环境要素对生态系统施加影响时,其影响可能持续的时间长度及开始表现出响应特征的时间,会因为环境要素的类型、作用强度以及生态系统过程类型和系统结构复杂性等差异而不同。当环境因素影响生态系统时,从生态系统开始出现响应特征到响应特征结束的时间长度称为响应时效(response timeliness),可以作为生态系统敏感性的体现。对于敏感脆弱的生态系统,环境干扰的影响表现为响应程度大、响应时效长;而在相对稳定的生态系统,其对环境干扰的响应程度较小、时效较短。另外,随着研究尺度的增大,响应时效也不同。生态系统水平的碳、水通量对环境的响应较慢(季节、年或年际尺度),不像个体的生理或生化过程能对环境变化迅速(秒、分、小时或天)做出反应。

一些环境因素对生态系统影响具有滞后效应(hysteresis effect),即当外部因素作用于生态系统后,在一段时间内观测不到生态系统响应信号,这种响应信号滞后于开始影响的时间称为滞后效应的时间长度(lag time)。滞后效应对监测和认识生态系统响应特征非常重要,虽然很多环境变化后并不能立即监测到生态系统的响应,但是长期的生态监测可以发现其巨大的影响。生态系统响应的滞后效应还包括不同生态过程之间的相对滞后,即生态系统慢过程相对快过程的滞后。滞后效应发生的原因在于生态系统过程的复杂性和生态过程反应的缓慢性。

滞后效应会在季节尺度表现,更多的是出现在年际或更长的时间尺度。例如全球尺度与局部尺度的研究表明,植被对气候变化的响应往往表现出季节尺度的滞后效应,某一时刻植被归一化植被指数(normalized difference vegetation index,NDVI)变化并不是被当时的温度和降水变化影响的,而是对前期的某一时段的温度和降水变化的滞后响应。干旱区的草地生产力往往与前一年(特别是秋季)的降水相关联。生态系统碳、氮循环对环境变化响应的滞后效应往往需要几年甚至是几十年才监测得到。例如在植被恢复过程中,土壤碳储量和肥力恢复要滞后地上植被恢复几年到几十年。

与响应时效和滞后效应类似的另一个重要概念是干扰性环境事件显现的生态后果时间(latent period of ecological consequence)和后效持续时间(duration of aftereffect),前者表示一个环境事件的生态后果在事件发生后的多长时间才会被感知或检测得到,后者表示被感知或检测到的生态后果会持续多长时间。生态系统过程响应干扰性环境事件的速度相对于简单的生物个体或群落要慢,因此很多生态问题的出现是难以被察觉的,例如土壤污染、肥力退化等,因此人们常用指示性生物或生物毒理指标等实现对生态后果的早期预警。后效持续时间通常被简称为后效期(aftereffect period),各种生态过程和功能之间的后效期差异很大,一般来说,生态过程反应越快,后效期越短,生态治理见效也越快。以环境污染为例,大气受污染的后效期短于植被,植被短于水体,水体短于土壤。研究人员对全球 1338 个森林生态系统遭受严重干旱后的碳过程时效效应进行整合研究,结果表明,干旱严重抑制树木生长的时效长达干旱后的 1~4 年(Anderegg et al., 2015)。

(4)生态系统的对称响应和非对称响应

生态系统响应是否具有对称性指在同一环境条件下,在环境因子向不同方向变化时,生态系统性状属性响应是否具有等速、等量变化的相似规律。当具有相似规律时为对称响应(symmetrical response),不具有相似规律时为非对称响应(asymmetrical response)。这个定义包含两方面的含义:一是当其他条件一致时,某一环境因子向不同方向的变化是否等速或等量;二是生态系统过程和生物学参数对环境变化的响应是否等速或等量。

例如,第四纪冰期气温变化的"慢降-快升"不是对称性气候变化模式。生物地理学的研究表明,物种的变异和分化都发生在气温"慢降"的过程;而随着气温的回升,分化产生的物种支系沿不同的扩散路径产生新的分布(郭希的等,2014)。关于棕熊的研究表明,当今分布于世界各地的所有棕熊的支系变异均发生在末次冰期的漫长降温过程中,快速的升温只是改变了这些不同棕熊支系的扩散路径与分布格局(Davison et al.,2011)。

全球变暖过程中存在广泛的非对称性,例如,夜间最低气温比白天最高气温升高快;冬、春季的升温速率远大于夏、秋季的升温速率(Brooks and Mclennan,1991;Stokstad,2009)。在这些环境变化过程中,生态系统过程和生物学参数的非对称响应亦是十分普遍的现象。例如,植物叶片的气孔导度、光合作用速率和蒸腾速率、生态系统碳交换和蒸散发等在日变化和季节变化尺度都可以观测到非对称响应现象(于贵瑞等,2006)。在温度上升和下降过程中,生态系统生产力对单位温度变化的响应速率是不等量的(Alward et al., 1999;Peng et al., 2004),非对称增温对生态系统碳过程和生产力影响小于对称增温(Alward et al., 1999;Peng et al., 2004)。在我国,青藏高原草地生态系统碳、水通量对降水减少和增加也存在响应曲线的不对称性。在降水减少的过程中,碳、水通量显著减少;而随着降水增加,碳、水通量增加并不多。与此不同的是,在内蒙古草地生态系统中,碳、水通量对降水减少和增加的响应是对称的(Liu et al., 2018)。

12.4.3.3 全球变化的影响与响应的互馈关系模式

(1)全球变化影响及响应和适应的方向

生态系统及碳、氮、水循环过程不仅会对全球变化做出短期响应,也会产生适应性变化。当某种资源环境要素增加或增强时,生态系统功能既可能随之增加,也可能减少,这种对全球变化响应和适应的方向是定性理解全球变化影响的基础。根据全球环境变化因素之间的相互关系，以及对生态系统碳、氮、水循环影响的方向，可将各种响应效应概括为以下三种类型：①促进效应：指一个或几个环境因子有利于生态系统物质循环，增加环境因子的作用强度会导致生态过程的正效应，例如光照对生产力的促进效应。②抑制效应：指一个或几个环境因子不利于生态系统物质循环，增加环境因子的作用强度会导致生态过程被抑制，例如干旱对土壤呼吸的抑制效应。③中性反应：指环境因子对生态过程的作用方向存在不确定性和随机性。

（2）全球变化因子的交互作用模式

交互作用指两个以上的环境因子在影响生态过程时相互施加影响的现象。例如，温度和土壤湿度对土壤矿化速率存在交互作用，即在不同湿度范围内，矿化速率随温度的变化曲线有不同的函数表达形式。交互作用存在的前提是存在多个环境因子，因子间互作的关系会影响调控生态过程的方向或速率。若几个因子独立作用时均对生态过程产生促进效应，则因子叠加时促进效应可能被放大（正向叠加）；若几个因子独立作用时均对生态过程产生抑制效应，则因子叠加时抑制效应可能被放大（负向叠加）；当环境因子组合中一部分因子产生促进效应，另一部分产生抑制效应，叠加后则可能被相互抵消（冲突抵消）。

（3）生态系统过程对环境变化的正反馈和负反馈

生态学中的反馈指生态系统某一方面的变化（影响因子）导致的结果（响应者）又反过来作用于这一变化本身，进而影响系统功能的过程。生态系统通过这种反馈作用来维持其生态平衡。正反馈（positive feedback）指响应者发出反馈信息，其方向与影响因子控制方向一致，起到促进或加强影响因子控制的作用。负反馈（negative feedback）指响应者发出反馈信息，其方向与影响因子控制方向相反，起到抑制或减弱影响因子控制的作用。简言之，正反馈起着"放大器"的作用，负反馈则起着"衰减器"的作用。

在北极地区，气候变暖导致植被活动增强，而增强的植被活动反作用于气候系统，又加剧了气候变暖，即植被活动对气候变化产生了"正反馈"，这个反馈过程是由地表反照率下降导致的增温效应主导的。在同样有变暖趋势的青藏高原，植被活动也呈持续增强趋势。但是增强的植被活动降低了地表生长季白天温度，对生长季夜间温度的影响不显著，总体上降低了局地生长季平均温度。这种降温效应主要是由于植被增多，蒸腾作用增强，降低了地表能量，从而形成"负反馈"，强辐射导致的植被蒸腾降温效应主导了反馈过程（Shen et al.，2015）。

12. 5　植物响应和适应全球变化的若干生理生态学机制

生态系统的植物、动物和微生物对生境条件的适应是其存活和定居的关键，生物栖息地环境条件的稳定性及资源储量和供给的有限性构成了对生物生存、生长、发育和繁育的条件约束和资源限制。生物对生境条件的适应指生物在生长发育和系统进化过程中，为了应对不利的环境条件，在形态结构、生理机制、生态习性、遗传特性、群落构建和演替等生物学特征方面产生能动性的响应、积极调整和适应，在不同类型生态系统以及不同生物组织水平上具有不同的生物学机制。这些机制构成了植物响应和适应全球变化的生理学和生态学知识体系。

12. 5. 1　环境条件约束和资源限制作用机制

生态系统作为一个由生物、非生物环境及其内部相互作用组成的功能单位，从多个尺度、采用多种途径来响应和适应全球变化。自然界的各种生物都必须在其适宜的生境中存活、生长及繁殖。生境是生物有机体的生活场所，每一种生物都具有其特定的生态位，生态位是生物有机体对生境条件以及生境资源需求的综合，也可以理解为生物的生活模式（Elton，1933）。现代生态位的概念强调对生存条件的耐受性与生长繁殖的资源需求的相互作用（Hutchinson，1957），是一个 n 维超级体（n-dimensional hypervolume），$n=\{$生存条件（温度、pH 值），资源可利用性（光、水、养分）$\}$。在不存在竞争者或捕食者情况下的一个物种可以生存繁殖的潜能称为基础生态位（fundamental niche），而在存在竞争者或捕食者情况下的生物生存繁殖的条件和资源范围称为实际生态位（realized niche）。自然界的各种生物个体对不同环境因子的响应具有三种模式（图 12. 12），他们都具有其特有的基础生态位和实际生态位。

植物有机体生存在一定的环境中，其生长、发育、繁殖等都依赖于各种环境因子的综合作用，其中限制这些过程的关键因子被称为限制因子（limiting factor），限制生物有机体或生态过程的资源称为限制性资源。最早的资源限制概念可以追溯到 1840 年化

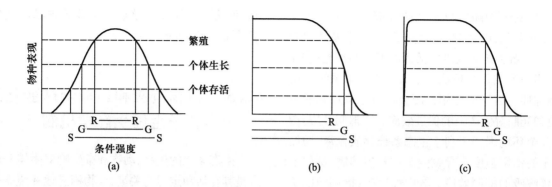

图 12.12　生物环境条件对个体的存活（S）、生长（G）及繁殖（R）的影响曲线（Begon et al., 2006）

生物个体对不同环境因子的响应有三种模式。一种是像温度、湿度和 pH 值这类的因子，过高或过低都不利于个体生存，这些因子对生物个体的影响可以用标准的钟形曲线表示（a）。另外一些环境因子，如污染物或有毒物质，浓度较低时对生物个体没有影响或影响较小，只有累积到一定程度才会对个体不利（b）。还有一些环境因子对生物的影响与上一类因子类似，但它在有机体的生命过程中必不可少，如微量元素（铁，铜等）（c）。

学家利比希提出的"最小因子定律"。对这种资源限制的经典比喻即所谓木桶效应（buckets effect）：木桶的盛水容量受构成木桶的最短板的限制。

　　资源限制理论（resource constraint theory）一直被用来解释物种共存和多样性的维持机制。例如，Tilman（1982）所提出的"资源比率理论"（resource ratio theory）认为，两种或多种资源供给的均衡程度（相对于共生种的需求来说）能够调控各物种的竞争力度，影响生物多样性。"资源平衡假说"（resource balance hypothesis）认为，当不同资源实际供给比例等于各物种最佳需求量的中间值时，限制因子数量最多，有助于物种多样性维持（Braakhekke and Hooftman, 1999）。

　　在地球表层的不同区域和空间位置，资源均衡程度存在很大变异，因此不同地区的植物生存、生长和发育的限制因子不同。例如在热带雨林的草本层，光照是限制因子；在干旱区，水是限制因子；在高纬寒冷地区，温度是限制因子；在贫瘠的荒漠，土壤营养是限制因子。这些限制因子对植物生产力及各生态过程产生限制作用，导致了不同生态系统碳、氮、水循环特征的地理分异。

12.5.2　生理学的适应性上调与下调过程机制

　　植物在长期进化过程中形成了复杂而高效的应答机制，在应对环境变化时会从分子、细胞、生理和生化水平做出适应性调整。植物在高浓度 CO_2 条件下，净光合速率在短期内都有所增加，但又会逐渐下降，最终低于正常 CO_2 环境下的水平（Delucia, 1985），这

种现象被称为光合作用对高浓度 CO_2 的驯化或光合下调（photosynthetic down-regulation）。同样，在一定温度范围内，光合作用随温度的升高而增强，但在高温环境下，高的光照强度会使植物出现光合作用受抑制的情况。此外，植物也会通过适应性上调途径应对氮、磷等营养资源环境的变化。Lu 等（2018）的研究发现，在"富氮"生态系统中，森林植物仍能适应高氮环境，其机理可能主要是通过提升自身蒸腾能力增加对营养元素的吸收和运输，进而降低根际区域水分的输出，适应过量氮输入，维持养分平衡。

　　近年的研究证明，高浓度 CO_2 条件下光合作用的下调往往是植物碳库容不足所致。长期生长在高浓度 CO_2 条件下的植物是否出现驯化现象取决于它促进已有库、形成新库以及过量的碳水化合物临时储存库的能力的强弱。库容的大小既决定于植物遗传因子，也与环境因素有关。高浓度 CO_2 条件下光合作用的驯化有其生物化学基础，光合作用对高浓度 CO_2 的驯化往往与 Rubisco 的含量或活性下降相关联，这是长期驯化现象出现的原因。而光合作用卡尔文循环的产物磷酸丙糖未能及时被利用，则会产生对光合作用终产物的抑制，此时光合磷酸化所需的无机磷供应不足，不能正常进入再循环，成为限制光合作用的初始的和瞬时的源-库关系不平衡的原因，是较短时间出现驯化现象的原因（武维华, 2008）。

　　在受到干旱胁迫时，植被通过调节气孔开放、产生应激蛋白、改变气体交换过程等适应缺水状况。随着温度的升高，植被会关闭气孔，使得叶肉细胞的胞间 CO_2 浓度升高，从而提高叶片的水分利用率。与此同时，为避免受高温损伤，植物释放较低的异戊二烯

以调整生化合成速率。在干旱胁迫条件下,植物复水后产生的补偿与快速生长效应反映出植物对水分变化的适应机制。

在植物叶片发育过程中,高水平的光合有效辐射可以促进植物抵御 UV-B 辐射损伤。若植物突然暴露在 UV-B 辐射环境中,成熟叶片有能力抵御低剂量 UV-B 对其造成的伤害(Barnes et al.,2013)。对莴苣(*Lactuca sativa*)气体交换和叶绿素荧光参数的测定发现,在强光照射条件下,植物主要通过上调自身光合性能和重新分配代谢物来适应 UV-B 辐射和可见光(Wargent et al.,2015)。

12.5.3　植物形态的可塑性及适应性发育机制

植物器官的形态结构和生理功能与其生长环境密切相关。可塑性是指生物的基因型在环境影响下做出相应改变、产生不同表型来应对其生存的异质环境的能力(Bradshaw,2006)。可塑性能够使植物改变形态及构型、解剖结构和生理生态特性等适应性特征,增加植物的生态幅和耐受力,从而最大限度地对不同的生境和资源生态位进行适应。

植物根系构型决定了根系在土壤空间中的位置和资源获取方式,是植物对环境异质性资源适应的结果。干旱地区植物的生长高度较低,以缩短根部水分到达叶片的距离。为了获取更多的水分,植物倾向将更多的生物量分配到根部,使根系向更深的地下发展,扩大根系在土层中的分布范围,进而提高根系的有效营养空间,提高对贫瘠土壤环境的适应能力。同时,为了防止水分的过度蒸散发,植物的叶面积也会减小,叶片的形态、气孔分布等性状也都会发生适应性变化。

植物对 UV-B 增加的适应性表现在植物叶片表皮增厚,从而减弱 UV-B 辐射到达叶肉细胞的强度。圆叶乌桕的叶表皮细胞小、排列紧密,气孔集中分布在下表皮、表皮气孔大,在高温干旱的石灰岩地区具有较强的保水能力和吸收养分能力(何敏宜等,2012)。青藏高原祁连山东部的蒲公英、火绒草和美丽风毛菊等植物的叶片厚度、上下表皮厚度、上下角质层厚度和栅栏细胞系数均随海拔升高而增大,气孔密度对海拔高度变化表现出较大的可塑性(孙会婷等,2016)。

不仅如此,可塑性还能缓冲选择压力,使种群(尤其是建立初期的种群)保留更高的遗传多样性,这对入侵植物十分有利。当表型可塑性足以缓冲环境变化带来的选择压力时,入侵植物可以不必通过遗传变异来适应新环境。如果表型可塑性不能缓冲新环境带来的压力,那么植物还需要遗传变异来适应变化的环境。

12.5.4　植物遗传变异与适应进化机制

植物个体作为一个高度复杂的有机体,是由分子—细胞—组织—器官—系统—生物体系统发育而来。植物在漫长的进化过程中,每前进一步都会产生新的结构和功能。适应是对植物个体而言,环境迫使其将生物性状组合调整到最佳状态。个体对环境的不断适应在时间和空间尺度上积累到一定程度,直至产生可遗传的性状,就表现为生物的进化,包括基因表达水平的变化、遗传基因自身的变化等。

高等植物大多为 C_3 植物,C_4 植物是从 C_3 植物进化而来的高光效种类,地质时期以来降低的大气 CO_2 浓度和升高的大气温度以及干旱和盐渍化是 C_4 途径进化的外部动力(龚春梅等,2009)。一些 C_3 植物具有 C_4 植物的光合特征,而一些 C_4 植物的特定发育阶段也有 C_3 植物特征的分化,还有些植物的光合途径能够在 C_3 和 C_4 之间相互转换。这些现象表明,植物光合特征具有极大的可塑性,植物形态结构和生理功能在一定程度上能够随环境变化发生相应的改变,这种适应性变化往往是光合碳同化途径进化的前提和基础(Sage,2004)。

越来越多的证据表明,外来植物在入侵新栖息地的过程中会发生快速的适应性进化。外来种入侵打破了当地生态系统原有的生态平衡,进而导致本地种的适应性进化(Whitney and Gabler,2008)。例如,对高原土著小型哺乳动物的研究发现,这些动物的多个生命过程(脂肪代谢、酒精代谢、低氧适应、抗辐射、免疫适应、细胞凋亡和再生、生殖等)能够通过相关基因的适应性进化或者高表达,适应高原的低氧、寒冷、高辐射等极端环境(周太成,2015)。

12.5.5　植物群落构建与适应演替机制

植物群落构建与适应演替是生态系统响应和适应全球变化的最为重要的生态学机制。植物群落是由植物、动物、微生物和无机环境相互作用、协同演变的产物,是经过长期的生物进化、竞争适应、环境过滤的群落构建过程的自然综合体。全球变化将会改变生物群落无机环境及资源储量和供给的有效性,进而促使植物群落组分、结构和功能的调整,以维持或重构植物群落中植物、动物、微生物和无机环境的平衡关系。

植物群落组分及其结构和功能常会因为环境条件、本身的活动周期或人为活动的影响而发生明显的波动,并且植物群落在组分、生产量以及物质和能量平衡等各方面都会发生相应变化,从而引起群落更适合当时当地的环境条件。

参考文献

陈孝全. 2002. 三江源自然保护区生态环境. 西宁:青海人民出版社.

龚春梅,宁蓬勃,王根轩,等. 2009. C_3和C_4植物光合途径的适应性变化和进化. 植物生态学报, 33(1): 206-221.

郭希的,王红芳,鲍蕾,等. 2014. 冰期非对称气候变化模式与生物多样性的形成机制. 北京师范大学学报(自然科学版), (6): 622-628.

何敏宜,袁锡强,秦新生. 2012. 石灰岩特有植物圆叶乌桕叶表皮形态特征及其生态适应性研究. 西北植物学报, 32(4): 709-715.

姜春明,于贵瑞. 2010. 陆生植物对全球环境变化的适应. 中国生态农业学报, 18(1): 215-222.

蒋样明,彭光雄,邵小东. 2011. 自然驱动是全球气候变化的重要因素. 气象与环境科学, 34(2): 7-13.

焦珂伟,高江波,吴绍洪,等. 2017. 植被活动对气候变化的响应过程研究进展. 生态学报, 38(6): 2229-2238.

李峰,周广胜,曹铭昌,等. 2006. 兴安落叶松地理分布对气候变化响应的模拟. 应用生态学报, 17(12): 2255-2260.

刘颖慧,贾海坤,高琼. 2006. 植物同化物分配及其模型研究综述. 生态学报, 26(6): 1981-1992.

牟长城. 2003. 长白山落叶松和白桦-沼泽生态交错带群落演替规律研究. 应用生态学报, 14(11): 1813-1819.

任巍,姚克敏. 2002. 同化物分配模型研究进展及综述. 气象教育与科技, (3): 18-22.

孙会婷,江莎,刘婧敏,等. 2016. 青藏高原不同海拔3种菊科植物叶片结构变化及其生态适应性. 生态学报, 36(6): 1559-1570.

王平,黄耀,张稳. 2009. 1955—2005年中国稻田甲烷排放估算. 气候变化研究进展, 5(5): 291-297.

武维华. 2008. 植物生理学. 第2版. 北京:科学出版社.

杨元合,朴世龙. 2006. 青藏高原草地植被覆盖变化及其与气候因子的关系. 植物生态学报, 30(1): 1-8.

于贵瑞,高扬,王秋凤,等. 2013. 陆地生态系统碳-氮-水

循环的关键耦合过程及其生物调控机制探讨. 中国生态农业学报, 21(1): 1-13.

于贵瑞,孙晓敏,等. 2006. 陆地生态系统通量观测的原理与方法. 北京:高等教育出版社.

于贵瑞,王秋凤,于振良. 2004. 陆地生态系统水-碳耦合循环与过程管理研究. 地球科学进展, 19(5): 831-839.

张秀梅,梁涛,耿元波. 2001. 河口、海湾沉积物在全球变化区域响应研究中的意义. 地理科学进展, 20(2): 161-168.

钟秀丽,林而达. 2000. 气候变化对我国自然生态系统影响的研究综述. 生态学杂志, 19(5): 62-66.

周太成. 2015. 高原土著动物适应性进化分子机制探讨——以鸡形目、啮齿目和兔形目为例. 博士学位论文. 北京:中国科学院大学.

中国气象局气候变化中心. 2018. 中国气候变化蓝皮书.

Alward RD, Detling JK, Milchunas DG. 1999. Grassland vegetation changes and nocturnal global warming. *Science*, 283(5399): 229-231.

Anderegg WR, Schwalm C, Biondi F, et al. 2015. Pervasive drought legacies in forest ecosystems and their implications for carbon cycle models. *Science*, 349(6247): 528-532.

Anthony KR, Kline DI, Diaz-Pulido G, et al. 2008. Ocean acidification causes bleaching and productivity loss in coral reef builders. *Proceedings of the National Academy of Sciences*, 105(45): 17442-17446.

Barnes PW, Kersting AR, Flint SD, et al. 2013. Adjustments in epidermal UV-transmittance of leaves in sunshade transitions. *Physiologia Plantarum*, 149(2): 200-213.

Beaugrand G. 2010. Long-term changes in copepod abundance and diversity in the north-east Atlantic in relation to fluctuations in the hydroclimatic environment. *Fisheries Oceanography*, 12(4-5): 270-283.

Beaugrand G, Kirby RR. 2010. Climate, plankton and cod. *Global Change Biology*, 16(4): 1268-1280.

Begon M, Townsend CR, Harper JL. 2006. *Ecology: From Individuals to Ecosystems* (4th edtion). New York: John Wiley & Sons, Inc.

Birch HF. 1958. The effect of soil drying on humus decomposition and nitrogen availability. *Plant and Soil*, 10(1): 9-31.

Blagodatskaya E, Kuzyakov Y. 2008. Mechanisms of real and apparent priming effects and their dependence on soil microbial biomass and community structure: Critical review. *Biology and Fertility of Soils*, 45(2): 115-131.

Bloom AA, Palmer PI, Fraser A, et al. 2010. Large-scale controls of methanogenesis inferred from methane and gravity spaceborne data. *Science*, 327(5963): 322-325.

Braakhekke WG, Hooftman DAP. 1999. The resource balance hypothesis of plant species diversity in grassland. *Journal of Vegetation Science*, 10(2): 187-200.

Bradshaw AD. 2006. Unravelling phenotypic plasticity—why should we bother? *New Phytologist*, 170(4): 644-648.

Brooks DR, Mclennan DA. 1991. *Phylogeny, Ecology, and Behavior: A Research Program in Comparative Biology*. Chicago: University of Chicago Press.

Chappellaz J, Barnola JM, Raynaud D, et al. 1990. Ice-core record of atmospheric methane over the past 160,000 years. *Nature*, 345(6271): 127-131.

Cheng WX, Jones D, Killham K, et al. 2009. Rhizosphere priming effect: Its functional relationships with microbial turnover, evapotranspiration, and C-N budgets. *Soil Biology and Biochemistry*, 41(9): 1795-1801.

Cheng W, Parton WJ, Gonzalez-Meler MA, et al. 2013. Synthesis and modeling perspectives of rhizosphere priming. *New Phytologist*, 201(1): 31-44.

Danby RK, Hik DS. 2007. Variability, contingency and rapid change in recent subarctic alpine tree line dynamics. *Journal of Ecology*, 95(2): 352-363.

Davison J, Ho SYW, Bray SC, et al. 2011. Late-Quaternary biogeographic scenarios for the brown bear (*Ursus arctos*), a wild mammal model species. *Quaternary Science Reviews*, 30(3): 418-430.

Delbart N, Toan TL, Kergoat L, et al. 2008. Remote sensing of spring phenology in boreal regions: A free of snow-effect method using NOAA-AVHRR and SPOT-VGT data (1982—2004). *Remote Sensing of Environment*, 101(1): 52-62.

Delucia EH. 1985. Photosynthesis inhibition after long-term exposure to elevated levels of atmospheric carbon dioxide. *Photosynthesis Research*, 7: 175-184.

Demenocal P, Ortiz J, Guilderson T, et al. 2000. Abrupt onset and termination of the African Humid Period: Rapid climate responses to gradual insolation forcing. *Quaternary Science Reviews*, 19(1): 347-361.

Dijkstra FA, Yolima C, Elise P, et al. 2013. Rhizosphere priming: A nutrient perspective. *Frontiers in Microbiology*, 4(1): 216.

Ding WX, Cai ZC, Wang DX. 2004. Preliminary budget of methane emissions from natural wetlands in China. *Atmospheric Environment*, 38: 751-759.

Elmendorf SC, Henry GHR, Hollister RD, et al. 2012. Plot-scale evidence of tundra vegetation change and links to recent summer warming. *Nature Climate Change*, 2(6): 453-457.

Elton C. 1933. Notices of publications on animal ecology. *Journal of Animal Ecology*, 2(1): 119-124.

Fierer N, Schimel JP, Holden PA. 2003. Variations in microbial community composition through two soil depth profiles. *Soil Biology and Biochemistry*, 35(1): 167-176.

Fleischer K, Rebel KT, Molen MKVD, et al. 2013. The contribution of nitrogen deposition to the photosynthetic capacity of forests. *Global Biogeochemical Cycles*, 27(1): 187-199.

Fowler D, Coyle M, Skiba U, et al. 2013. The global nitrogen cycle in the twenty-first century. *Philosophical Transactions of the Royal Society of London*, 368(1621): 20130164.

Franks SJ, Sim S, Weis AE. 2007. Rapid evolution of flowering time by an annual plant in response to a climate fluctuation. *Proceedings of the National Academy of Sciences*, 104(4): 1278-1282.

Galloway JN. 2003. The global nitrogen cycle. *Treatise on Geochemistry*, 8(98): 557-583.

Gaur UN, Raturi GP, Bhatt AB. 2003. Quantitative response of vegetation in glacial moraine of Central Himalaya. *The Environmentalist*, (23): 237-247.

Hallinger M, Manthey M, Wilmking M. 2010. Establishing a missing link: Warm summers and winter snow cover promote shrub expansion into alpine tundra in Scandinavia. *New Phytologist*, 186(4): 890-899.

Hättenschwiler S, Zunbrunn T. 2006. Hemiparasite abundance in an alpine treeline ecotone increases in response to atmospheric CO_2 enrichment. *Oecologia*, 147: 47-52.

Hedenås H, Olsson H, Jonasson C, et al. 2011. Changes in tree growth, biomass and vegetation over a 13-year period in the Swedish sub-Arctic. *Ambio*, 40(6): 672-682.

Hoch G, Popp M, Korner C. 2002. Altitudinal increase of mobile carbon pools in *Pinus cembra* suggests sink limitation of growth at the Swiss treeline. *Oikos*, 98(3): 361-374.

Høye TT, Post E, Meltofte H, et al. 2007. Rapid advancement of spring in the High Arctic. *Current Biology*, 17(12): 449-451.

Hudson JMG, Henry GHR. 2009. Increased plant biomass in a High Arctic heath community from 1981 to 2008. *Ecology*, 90(10): 2657-2663.

Hutchinson GE. 1957. Concluding remarks. *Cold Spring Harbor Symposia on Quantitative Biology*, 22: 415-427.

IPCC. 2001. Climate Change: The Scientific Basis. Contribution of Working Group I to the Third Assessment Report of the Intergovernmental Panel on Climate Change (IPCC). Cambridge: Cambridge University Press.

IPCC. 2013. *Climate Change 2013: The Physical Science Basis*. Contribution of Working Group I to the Fifth Assessment Report of the Intergovernmental Panel on Climate Change. Cambridge: Cambridge University Press.

Kharuk VI, Ranson KJ, Im ST, et al. 2006. Forest-tundra larch forests and climatic trends. *Russian Journal of Ecology*, 37 (5): 291-298.

Klein RJT, Eriksen SEH, Næss LO, et al. 2007. Portfolio screening to support the mainstreaming of adaptation to climate change into development assistance. *Climatic Change*, 84: 23-44.

Korner C. 2003. Nutrients and sink activity drive plant CO_2 responses-caution with literature-based analysis. *New Phytologist*, 159(3): 537-538.

Kuzyakov Y. 2010. Priming effects: Interactions between living and dead organic matter. *Soil Biology and Biochemistry*, 42 (9): 1363-1371.

Kuzyakov Y, Friedel JK, Stahr K. 2000. Review of mechanisms and quantification of priming effects. *Soil Biology and Biochemistry*, 32(11): 1485-1498.

Liu B. 1992. Winter residence of some birds and its relation to the ecological environment in northern China. *Journal of Zoology*, 27: 32.

Liu H, Mi Z, Lin L, et al. 2018. Shifting plant species composition in response to climate change stabilizes grassland primary production. *Proceedings of the National Academy of Sciences*, 115(16): 4051-4056.

Liu J, Mooney H, Hull V, et al. 2015. Systems integration for global sustainability. *Science*, 347(6225): 1258832.

Llorens L, Peñuelas J, Estiarte M. 2003. Ecophysiological responses of two Mediterranean shrubs, *Erica multiflora* and *Globularia alypum*, to experimentally drier and warmer conditions. *Physiological of Plant*, 119: 231-243.

Lu X, Vitousek PM, Mao Q, et al. 2018. Plant acclimation to long-term high nitrogen deposition in an N-rich tropical forest. *Proceedings of the National Academy of Sciences*, 115 (20): 5187-5192.

Macias-Fauria M, Forbes BC, Zetterberg P, et al. 2012. Eurasian Arctic greening reveals teleconnections and the potential for structurally novel ecosystems. *Nature Climate Change*, 2(8): 613-618.

Mastrandrea MD, Heller NE, Root TL, et al. 2010. Bridging the gap: Linking climate-impacts research with adaptation planning and management. *Climatic Change*, 100 (1): 87-101.

McConnaughay KDM, Coleman JS. 1998. Can plants track changes in nutrient availability via changes in biomass partitioning? *Plant and Soil*, 202: 201-209.

McKee IF, Woodward FI. 1994. CO_2 enrichment responses of wheat: Interactions with temperature, nitrate and phosphate. *New Phytologist*, 127: 447-453.

Meiri S, Dayan T. 2003. On the validity of Bergmann's rule. *Journal of Biogeography*, 30(3): 331-351.

Menzel A, Estrella N, Fabian P. 2010. Spatial and temporal variability of the phenological seasons in Germany from 1951 to 1996. *Global Change Biology*, 7(6): 657-666.

Parmesan C, Yohe G. 2003. A globally coherent fingerprint of climate change impacts across natural systems. *Nature*, 421: 37-42.

Peng S, Huang J, Sheehy JE, et al. 2004. Rice yields decline with higher night temperature from global warming. *Proceedings of National Academy Science*, 101 (27): 9971-9975.

Peñuelas J, Gordon C, Llorens L, et al. 2004. Nonintrusive field experiments show different plant responses to warming and drought among sites, seasons, and species in a north-south European gradient. *Ecosystems*, 7(6): 598-612.

Phillips RL, Whalen SC, Schlesinger WH. 2001. Response of soil methanotrophic activity to carbon dioxide enrichment in a North Carolina coniferous forest. *Soil Biology and Biochemistry*, 33(6): 793-800.

Post E, Peterson RO, Stenseth NC, et al. 1999. Ecosystem consequences of wolf behavioral response to climate. *Nature*, 401: 905-907.

Reay DS, Dentener F, Smith P, et al. 2008. Global nitrogen deposition and carbon sinks. *Nature Geoscience*, 1 (7): 430-437.

Sage RF. 2004. The evolution of C_4 photosynthesis. *New Phytologist*, 161: 341-370.

Scheffer M, Carpenter S, Foley JA, et al. 2001. Catastrophic shifts in ecosystems. *Nature*, 413(6856): 591-596.

Scheffer M, Hosper SH, Meijer ML, et al. 1993. Alternative equilibria in shallow lakes. *Trends in Ecology and Evolution*, 8(8): 275-279.

Scholze M, Knorr W, Arnell NW, et al. 2006, A climate-change risk analysis for world ecosystems. *Proceedings of National Academy Science*, 103(35): 13116-13120.

Shen M, Piao S, Jeong SJ, et al. 2015. Evaporative cooling over the Tibetan Plateau induced by vegetation growth. *Proceedings of the National Academy of Sciences*, 112 (30): 9299-9304.

Shi PL, Korner C, Hoch G. 2008. A test of the growth-limitation theory for alpine tree line formation in evergreen and deciduous taxa of the Eastern Himalayas. *Functional Ecology*, 22(2): 213-220.

Soja R, Starkel L. 2007. Extreme rainfalls in Eastern Himalaya and southern slope of Meghalaya Plateau and their geomorphologic impacts. *Geomorphology*, 84(3): 170-180.

Sorenson LG, Richard G, Michael GA, et al. 2001. Potential impacts of global warming on Pothole wetlands and waterfowl. In: Green ER, Harley M, Spalding M, et al. *Impacts of Climate Change on Wildlife*. UK: RSPB, 64-66.

Sparks TH, Menzel A. 2002. Observed changes in seasons: An overview. *Journal of Climatology*, 22: 1715-1725.

Steneck RS, Vavrinec J, Leland AV. 2004. Accelerating trophic-level dysfunction in kelp forest ecosystems of the western North Atlantic. *Ecosystems*, 7(4): 323-332.

Stige LC, Ottersen G, Dalpadado P, et al. 2010. Direct and indirect climate forcing in a multi-species marine system. *Proceedings Biological Sciences*, 277 (1699): 3411-3420.

Stokstad E. 2009. On the origin of ecological structure. *Science*, 326(5949): 33.

Sturm M, Racine C, Tape K. 2001. Climate change: Increasing shrub abundance in the Arctic. *Nature*, 411 (6837): 546-547.

Sun Q, Zhang Z. 2000. Impacts of global climate warming on the distribution of birds in China. *Journal of Zoology*, 14: 45-48.

Sun W, van Montagu M, Verbruggen N. 2002. Small heat shock proteins and stress tolerance in plants. *Biochimica et Biophysica Acta*, 1577: 1-9.

Thuiller W. 2007. Biodiversity: Climate change and the ecologist. *Nature*, 448(7153): 550-552.

Ti C, Xia Y, Pan J, et al. 2011. Nitrogen budget and surface water nitrogen load in Changshu: A case study in the Taihu Lake region of China. *Nutrient Cycling in Agroecosystems*, 91 (1): 55-66.

Tilman D. 1982. Resource Competition and Community Structure. Princeton: Princeton University Press, 1-296.

Tingey DT, Mckane RB, Olszyk DM, et al. 2003. Elevated CO_2 and temperature alter nitrogen allocation in Douglas fir. *Global Change Biology*, 9: 1038-1050.

Urban DL, Shugart HH. 1992. Individual-based models of forest succession. In: Glenn-Lewin DC, Peet RK, Veblen TT. *Plant Succession: Theory and Prediction*. London: Chap-

man & Hall, 249-292.

Walther GR, Post E, Convey P, et al. 2002. Ecological responses to recent climate change. *Nature*, 416: 389-395.

Wargent JJ, Nelson BCW, Mcghie TK, et al. 2015. Acclimation to UV-B radiation and visible light in *Lactuca sativa* involves up-regulation of photosynthetic performance and orchestration of metabolome-wide responses. *Plant Cell and Environment*, 38(5): 929-940.

Weiner J. 2004. Allocation, plasticity and allometry in plants. *Perspectives in Plant Ecology, Evolution and Systematics*, 6(4): 207-215.

Whitney KD, Gabler CA. 2008. Rapid evolution in introduced species, "invasive traits" and recipient communities: Challenges for predicting invasive potential. *Diversity and Distributions*, 14(4): 569-580.

Xu ZZ, Zhou GS. 2005. Effects of water stress and high nocturnal temperature on photosynthesis and nitrogen level of a perennial grass *Leymus chinensis*. *Plant and Soil*, 269: 131-139.

Zhang RY. 2010. Getting to the critical nucleus of aerosol formation. *Science*, 328: 1366-1367.

Zhang RY, Suh I, Zhao J, et al. 2004. Atmospheric new particle formation enhanced by organic acids. *Science*, 304: 1487-1490.

Zhang XY, Wang YQ, Niu T, et al. 2012. Atmospheric aerosol compositions in China: Spatial/temporal variability, chemical signature, regional haze distribution and comparisons with global aerosols. *Atmospheric Chemistry and Physics*, 11: 26571-26615.

Zhou G, Peng C, Li Y, et al. 2013. A climate change-induced threat to the ecological resilience of a subtropical monsoon evergreen broad-leaved forest in Southern China. *Global Change Biology*, 19(4): 1197-1210.

Zhu B, Cheng W. 2011. Rhizosphere priming effect increases the temperature sensitivity of soil organic matter decomposition. *Global Change Biology*, 17(6): 2172-2183.

第13章

全球变暖影响陆地生态系统碳-氮-水耦合循环的过程机制及多重效应

　　全球变暖是人类活动排放的温室气体及地球自然过程共同作用引起的全球增温现象,是全球变暖科学研究关注的重要科学问题。近百年来的观测数据表明,全球变暖已经成为事实,陆地生态系统碳、氮、水循环被认为是表征生态系统与气候变化过程的重要参数。因此,揭示陆地生态系统碳、氮、水循环对全球变暖的响应及适应的过程特征,阐明陆地生态系统碳、氮、水循环过程及生态学基础,对评估和应对全球变暖具有重要意义,也是在维持和利用陆地生态系统时必须要认知和把握的共同问题。

　　全球变暖对陆地生态系统的影响及多重效应是全球变化生态学的重要研究内容,多尺度综合认识陆地生态系统响应和适应气候变化及空间和时间尺度上的差异性,对认知全球生态系统碳、氮、水循环过程机制和资源环境效应具有重要科学意义。有研究表明,全球变暖将导致生物群落演变及地理格局的变化,生态系统会通过物质循环和能量流动的方式反馈给气候系统。在长期气候变暖的影响下,生物可通过调控自身组织结构和功能性状响应和适应环境变化,物种还会以迁移、扩散、聚集、突变和灭绝等多种方式适应全球变暖。全球气候变暖会直接影响植被物候特性,春季升温增加会使物候提前,秋季升温增加会使物候延期,由此改变地带性植被的有效生育期长度。同时,生长季节内的温度变化会影响植被光合和呼吸作用速率,进而影响NEP、氮利用及水分平衡。也有研究表明,陆地夜间温度的上升速率是白天的1.4倍。白天升温有利于寒温带区域碳汇,而不利于干旱温带区域碳汇;夜间温度上升会加速土壤碳库的消减,这种昼夜升温的不对称性更增加了预测生长季变长对陆地生态系统碳汇、水循环过程及氮沉降的资源环境效益的不确定性。

　　本章根据陆地生态系统对温度升高的响应及适应的理论框架,讨论全球气候变暖对陆地生态系统碳、氮、水循环的影响及反馈作用的基础生态学问题;从陆地生态系统碳、氮、水循环对全球变暖的短期响应及长期适应的视角,总结植物个体尺度碳、氮、水循环响应温度升高的生理生态学机制、生态系统尺度碳、氮、水循环响应温度升高的生物地球化学机制和区域尺度陆地碳、氮、水循环响应温度升高的生物地理学机制,揭示不同尺度下全球变暖影响碳、氮、水循环变化的过程机制;同时还探讨全球变暖对陆地生态系统碳-氮-水耦合循环的影响及资源环境的多重效应。

本章执笔:于贵瑞,张添佑

13.1 引言

全球变暖(global warming)(又称全球气候变暖或气候变暖)是 21 世纪人们普遍关注的热点问题,是近年来全球变化科学(global change science)研究的核心内容。1988 年以来,在 IPCC 的倡导下,对全球变暖的事实、成因、趋势及影响开展了广泛而深入的科学研究。

近百年来,全球气温的上升、冰雪消融、海平面消失和生物物候期改变等全球变暖现象的出现已是不争的事实。全球变暖正在影响陆地生态系统,而且这种影响将是空前的、难以预估的,有可能对人类安全及生态服务产生重大影响。具体表现为陆地植被动态变化、物种多样性丧失及空间格局的改变,进而导致陆地生态系统组分、结构和功能变化,生态系统生产力和食物网稳定性下降等。

气候变暖对陆地生态系统碳、氮、水循环的影响主要通过生物生理过程、生物物理过程和生物地球化学过程的改变来反映,同时,生态系统对气候变暖的响应和适应也是通过改变碳、氮、水循环过程来实现。由此可见,认知陆地生态系统响应和适应全球变暖的特征是解析全球变暖影响生态系统资源环境变化及生物系统演化机制的重要途径。

在过去几十年中,国内外围绕全球气候变暖与全球碳循环、氮循环和水循环的互馈作用及过程机理开展了大量的控制实验和模型模拟研究,取得丰硕成果。本章基于陆地生态系统对全球变暖的适应和响应机制的生态学基础理论,重点阐述全球变暖对陆地生态系统生物物理、生物化学和生物地理过程的影响,并系统总结陆地生态系统碳-氮-水耦合循环与全球变暖的互馈关系研究进展。

13.2 全球变暖趋势及区域差异

全球气候变暖的趋势及变化速率与物种生物多样性、环境条件和资源变化关系密切,将深刻影响陆地生态系统碳、氮、水循环过程。全球气候变暖的空间和时间差异性对区域生态系统碳、氮、水循环过程具有重要生态学意义。为此,厘清气候变化在不同时间尺度上的变化趋势、影响因素及不同历史时期的争议点,有利于全面认识气候变暖,有助于全面理解陆地生态系统响应和适应气候变暖的关键科学命题。

13.2.1 全球变暖的事实、成因及争论

13.2.1.1 全球变暖的事实

IPCC 第五次评估报告指出,全球平均气温在不断升高。1880—2012 年,全球平均地表温度升高了 0.85 ℃;1951—2012 年,全球平均地表温度的升温速率(0.12 ℃/10 年)几乎是 1880 年以来升温速率的两倍;过去 3 个连续 10 年的平均气温比自 1850 年以来的任何一个 10 年更高(秦大河,2014)。冰雪消融、海平面上升、水文循环改变和极端气候事件频发等自然现象也佐证了全球气候变暖的事实。

13.2.1.2 全球变暖的成因

气候变暖是人类活动和自然过程综合导致的结果,然而关于近百年来的气候变暖究竟是人类活动还是自然因素为主要作用引起的,学术界仍然存在争议。IPCC 第五次评估报告认为,人类活动可能是导致全球变暖的主因。

自工业革命以来,人类在生产建设过程中,消耗了大量的化石燃料,排放了大量的 CO_2,成为导致气候变暖的重要因素。IPCC 第五次评估报告指出,大气中 CO_2 浓度已从工业革命前(1850 年)的 280 ppm 增加到了目前的 400 ppm。2005 年的大气 CH_4 浓度约为 1774 ppb,是工业化前的两倍以上。2005 年的大气 N_2O 浓度为 319 ppb,大约比工业化前升高了 18%。大气中温室气体浓度的增加导致地表对长波辐射能量的截留,最终导致大气温度升高。人类活动导致的土地利用变化使得陆地表层损失大量 CO_2,陆地碳库量显著减少。同时,土地利用变化还改变了陆地表层下垫面,使得陆地表层对太阳短波辐射能量的吸收量增加。

全球变暖的自然因素指太阳周期性活动及火山喷发等地球活动引起的气候变化因素。研究表明,轨道尺度气候变化具有明确的驱动力,即太阳系各星体作用于地球引力场的周期性摄动及由此引起的地球轨道参数的周期性变化和到达地球大气圈顶部的太阳辐射能量配置的周期性改变(丁仲礼,2006)。太阳辐射作为地球系统能量的来源,太阳活动影响必然导致地球系统气候变化,太阳活动的周期性变化有 10 年周期、180~200 年的双世纪周期和万年周期等,

不同尺度气候扰动的叠加就增加了对气候系统短、长期判断的复杂性;并且不同气候系统对不同驱动力的响应具有滞后性,由此可以推测,也许多过程叠加作用是形成历史气候时期暖、冷期变动的重要原因(汪品先,2010)。此外,强大火山喷发的影响也是显著的,火山喷发的硫酸气溶胶产物会产生阳伞效应,导致气温的下降(施雅风,2010)。

13.2.1.3 全球变暖的争论

关于气候变暖的争论最初是由 Mann 等 1998 年发表"曲棍球杆曲线"引起的。他从过去 1000 年北半球平均气温变化曲线中分析得出,前 900 年的气温持续缓慢下降,而最后 100 年却快速上升,这与已有的古气候研究得出的"中世纪暖期"的曲线有明显的差异,同时 Mann 等也得出"1998 年是过去千年来北半球温度最高的一年,20 世纪 90 年代是温度最高的十年"的结论(Mann et al.,1998)。由此,Mann 的结论是否成立以及这种变化是由人类活动还是自然因素导致的,就成为焦点问题。这种争论的焦点之一是:在气候历史过程中,是否出现过与 20 世纪变暖相似或者最高温度高于 20 世纪出现的温度的阶段?如果出现过,那么"全球变暖是由人类活动导致的"的观点将受到挑战。争论焦点之二是:Mann 等发表的"曲棍球杆曲线"计算过程和数据资料是否可信?尤其 2009 年"气候门"事件使得"20 世纪气候变暖及其归因"的结论备受质疑。

关于历史时期中的"中世纪暖期"(Medieval Warm Period,MWP)和"小冰期"(Little Ice Age,LIA)在认识全球气候变化中的意义也是学术争论的命题。"中世纪暖期"和"小冰期"是用于描述百年尺度气候冷暖阶段变化的术语,分别指 9—13 世纪的"暖期"和 15—19 世纪的"冷期"。研究发现,近 2000 年来,不同地区的气候冷暖的阶段并不同步,Bradley 和 Jones(1992)的研究证实,"小冰期"在不同地区的出现时间不一致;Hughes 和 Daiz(1994)则发现,"中世纪暖期"在出现时间、显著程度等方面均存在较大的区域差异,"中世纪暖期"和"小冰期"并不能够代表全球性历史气候的冷暖期,气候变化的成因及机制仍然存在很大不确定性。

近期全球变暖是否停滞也是气候变化科学研究争论的问题。2009 年英国气象学家 Knight 等(2009)指出,在 1999 年之后 10 年间,全球地表增温速率明显低于 1979—1998 年,即全球变暖趋缓或停滞。随后,

IPCC 第五次评估报告也指出,全球升温趋势在最近十几年明显减慢(Schmidt et al.,2014),这引起了国际社会的广泛关注,同时也加剧了"变暖怀疑论者"对全球变暖的质疑。然而,世界气象组织(World Meteorological Organization,WMO)发布的《2012 年全球气候状况声明》中表明,温度变化趋势停滞并非史无前例,从不同气候资料中发现,20 世纪初和 60 年代都出现过停滞现象。近年来深入的研究也表明,尽管全球增温速率存在一定不确定性,但从全球平均表面温度的角度看,诸多现象表明,全球变暖的长期变化趋势没有完全停滞,且全球地表温度仍然处于高位。

13.2.2 全球气候变暖的区域差异及影响因素

全球气候变暖对陆地生态系统已经产生了深刻的影响,由于地球表面海陆分布的差异性、不同的地形起伏和下垫面以及地球轨道位置和姿态等因素的影响,不同区域的地表温度及温度变化趋势会存在着明显的地理分异特征,这对于全球及区域陆地生态系统碳、氮、水循环及生态系统演变的研究极其重要。

13.2.2.1 全球变暖在不同区域的差异性

IPCC 第五次评估报告表明,全球各区域在近百年增温情形下存在差异性。地球轨道参数与地球表层形态及物质组成的差异性是导致全球变暖区域差异的重要因素。太阳辐射作为地球系统能量流动和温度变化的根本动力,直接导致地球温度带的形成。太阳及太阳系各星体引力形成的地球轨道参数是地球不同纬度分配太阳辐射能量不同的根本原因。然而,自人类世以来的地球增温模拟值的结果表明,人类活动是地球明显增温的主要因素,海洋与陆地物理性质的不同决定了在相同能量分配的情况下,陆地的变暖速度快于海洋(图 13.1)。

全球增温最大地区位于北半球高纬度地区,北半球的增温幅度显著大于南半球(Harris et al.,2014)。在全球变暖趋缓期,地表温度的时空变率在全球分布也并不均一(Cohen et al.,2012;Trenberth et al.,2014),其中海洋表面增温不明显,陆地温度仍有上升趋势。已有研究表明,这是由于海表温度异常的空间特征不是随机分布的,而是呈现系统性且伴随洋流变化。陆地表层整体的增温趋势一致,部分区域受区域水文气候影响,气温存在升高不明显或者降低的趋势,然而在大部分区域呈现增温趋势。

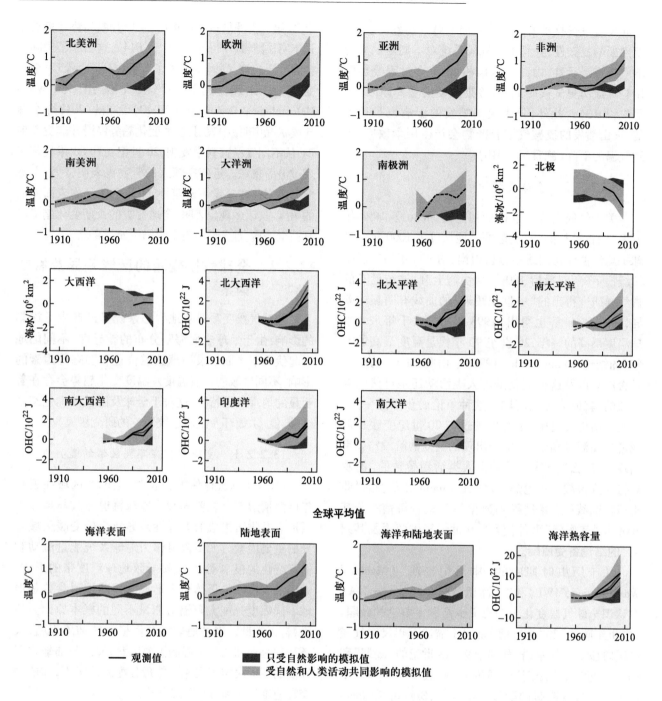

图 13.1　全球不同区域陆地表面/海洋表面/海冰温度的时间序列变化(Had CRUT4)(IPCC,2013)

通过观测和同化数据比较陆地的表面温度、北极和南极 9 月海冰范围和主要海洋盆地的海洋热含量。OHC,热容量。1880—1919 年的陆地表面温度、1960—1980 年的海洋热含量和 1979—1999 年的海冰温度出现异常。所有时间序列都是 10 年平均值。温度面板的虚线表示观测区域空间覆盖率低于 50%。海洋热含量和海冰面板的实线表示观测区域数据覆盖率好、质量高;虚线表示数据覆盖量满足需求,但具有较大不确定性。

　　极地大陆由于其特殊的地理位置及下垫面特征,在全球变暖的趋势下显得极为敏感。增温引起海冰融化后改变了下垫面,使其更有利于吸收太阳短波辐射的能量,进而加速区域的增温效果,最终导致区域增温趋势更为明显。中高纬度地区增温高于低纬度地区,不同区域受季风和洋流的影响不同,使得在年代际时间尺度上增温存在区域差异,最为典型的年代际气候振荡是太平洋年代际振荡(Pacific decadal oscillation,

PDO)以及大西洋数十年振荡(Atlantic multidecadal oscillation,AMO)。PDO与AMO对全球气候特别是北半球的气候有着显著的影响(Drinkwater et al.,2014)。

13.2.2.2　全球气温变化的不对称性特征

全球气温变化的不对称性主要是空间变化的不对称性和时间变化的不对称性。空间变化的不对称性有南北半球区域增温的不对称性、海陆变化的不对称性和不同纬度带的不对称性。时间变化的不对称性有昼夜增温的不对称性和季节增温的不对称性。这些不对称性对陆地生态系统变化具有重要生态学意义,认识这样的不对称特征对于分析生态系统对全球变暖的响应及反馈具有重要意义。

现在关注较多的季节增温的不对称性主要指在北半球冬季气温的变化(Cohen et al.,2012),特别是近几年频繁出现的欧亚大陆冷冬和极端低温事件。如图13.2所示,从温度的时间序列变化得出,冬季的增温趋势与其他三个季节相比最不明显;从不同季节的温度变化空间趋势得出,冬季北半球中高纬度地区的温度变化为下降趋势。季节增温的不对称性可能

是由热带太平洋海温异常引起的大气异常波动所导致(Trenberth et al.,2014),也可能是与秋冬季节北极海冰持续偏少有关,这种北半球冬季气温变化会影响北极涛动或西伯利亚高压(Gao et al.,2015)以及北大西洋海域与AMO正位相相对应的海表温度(有利于更加频繁的负位相北大西洋涛动以及持续阻塞)(Peings and Magnusdottir,2014)。对应海温异常的空间分布,海陆热力差异可导致大气环流场变化,并进一步加剧陆地增温异常。

温度的昼夜变化与生态系统动植物生物生理过程紧密相关,昼夜温度最低值和最高值的变化将影响物种生态幅的变化。对于植物而言,昼夜增温对植物碳库的稳定性有重要意义,是影响碳库输入与排放的关键过程。已有研究表明,全球变暖背景下的昼夜温度增加存在不对称性,白天平均温度增加的速率要比夜间大,这对陆地生态系统产生力有一定程度的影响(Peng et al.,2013)。

IPCC第五次评估报告指出,全球日气温极值确实发生了变化,图13.3是1951—1980年和1981—2010年两个增暖阶段的日温最小值和最大值的概率

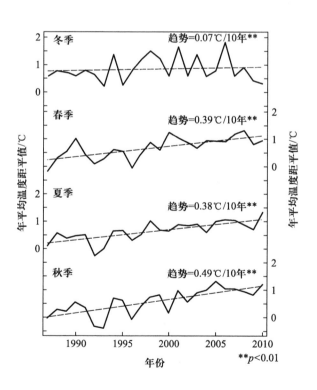

图 13.2　北半球不同季节时间气候变化趋势
(Cohen et al.,2012)

1988—2010年从北纬20°到北极区域不同季节年平均温度距平值的年际动态。＊＊表示温度年际变化趋势的显著性检验 $p < 0.01$。

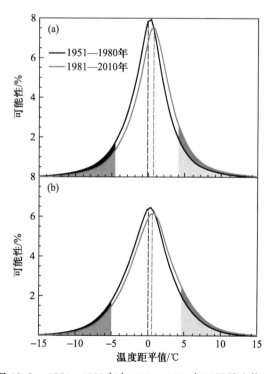

图 13.3　1951—1980年与1981—2010年日温最小值(a)
和最大值(b)概率分布的对比分析(IPCC,2013)

左侧和右侧浅色区域分别表示夜间最冷的10%和白天最温暖的10%,左侧深色区域表示夜间最冷百分比的减少量,右侧深色区域表示白天最温暖百分比的增加量。

分布的对比分析,结果可见,全球气温日变化为增加趋势,最终导致发生极端低温事件的可能性减小,发生极端高温事件的可能性增加。

13.3 生态系统碳、氮、水循环对全球气候变暖的响应与适应

全球变暖引起的一系列地球系统变化成为全球变化科学、生态学和地理科学研究的主要内容。温度升高对物种个体的生命过程、生态系统结构与功能以及区域物质循环与能量流动产生一定程度的影响。陆地生态系统作为地球表层人类活动的重要场所,其在全球变暖背景下的变化趋势及应对策略备受关注。为了全面认知全球变暖对生态系统的影响,明确生态系统未来变化的可能性趋势,需要在植物生理、生态系统及区域等尺度上认知生态系统碳、氮、水循环及其关键过程对温度升高的响应和适应

机制,理解陆地生态系统的碳、氮、水循环全球气候变化的反馈作用。

13.3.1 全球变暖与生态系统碳、氮、水循环的互馈作用

大气中的 H_2O、CO_2 和 N_2O 都是重要的温室气体,其浓度变化直接改变大气层的温室效应,导致全球气候变暖。观测研究已经证明,陆地碳、氮循环变化反馈影响气候系统的大气组分和能量平衡,是导致全球气候变暖的重要因素。

全球气候变化直接改变陆地表层资源要素和环境条件空间配置的变化,影响着陆地生态系统生物组成、生物代谢和进化、生物多样性及空间格局,进而影响陆地生态系统的碳、氮、水循环过程、模式和规模(图13.4)。陆地生态系统的碳、氮、水循环作为地球系统能量流动、物质循环、养分运移的代表性生物物理化学过程,揭示其动态变化和空间变异机理是认知

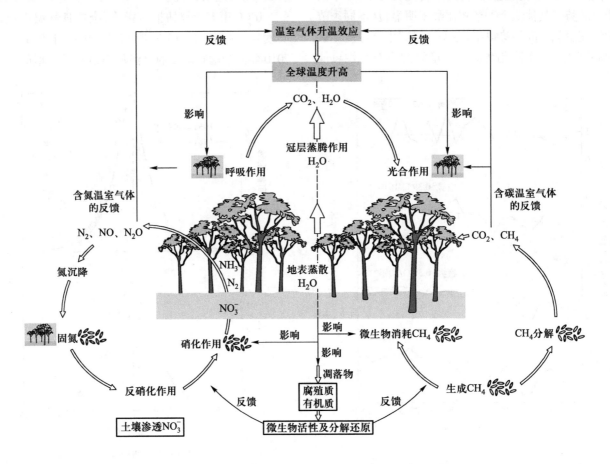

图 13.4 全球气候变暖与陆地生态系统碳、氮、水循环的互馈关系

全球气候变暖通过温度和降水等因素直接和间接地影响着陆地生态系统土壤层、植被层和大气层生物生理过程的环境条件和资源供给的变化,生物通过调控碳、氮、水交换量及速率响应和适应这些变化。陆地生态系统通过植被碳库和土壤碳库变化反馈气候变暖,大气温室气体增加为加剧气候变暖的正反馈,温室气体减少为减缓气候变暖的负反馈。

全球变暖如何影响生态系统功能变化的重要内容（Wieder et al.，2015），也是制定应对全球变化策略的重要理论依据。

碳循环的主要生物过程是植物光合作用、动植物和微生物的呼吸作用，这些过程都是受温度条件控制的生物化学反应，光合作用和呼吸作用共同决定生态系统的NPP。大气温度升高会影响NPP、引起植被碳库的动态变化，长期的气候变暖会改变生态系统植被结构和功能，影响生态系统稳定性。土壤温度升高会加快微生物对土壤有机质的分解速率，促进土壤碳库中的CO_2释放。植被和土壤碳库变化会反馈影响全球气候变暖的进程。根据Climate-C耦合模型的预测，陆地碳循环与气候变暖之间是一种正反馈关系（Friedlingstein et al.，2006），模拟增温实验也表明，气温升高会增加植物总生产力，具有对NPP的促进效应（Lu et al.，2013）。

大气氮沉降是全球变化的重要因素之一，是大气与陆地生态系统及土壤之间氮交换的重要路径。气温升高对大气氮沉降过程没有直接影响，但是可以提高微生物酶活性，影响土壤氮循环，促进N_2O的排放；气温升高也会改变植物氮代谢，增加或减少植物对氮的利用速率和利用效率，从而影响植物根系冠层与土壤的氮交换。土壤微生物的反硝化作用产生N_2O和NO等温室气体会加剧气候变暖，大气氮沉降的施肥效应会增加植被固碳速率，增加植物碳储量，有利于减缓气候变暖。

水循环是陆地表层过程的重要动力来源，全球变暖会加剧流域的水循环过程，而且可能改变不同区域的降水格局。降水格局变化的直接效应是增加或者减少生态系统有效水分供给，进而改变生态系统生产力及生物群落结构（Ponce Campos et al.，2013）。在植物蒸腾的生理生态学层面，温度升高会增加气孔导度和气孔密度，增加植物蒸腾；在区域尺度上，全球变暖会导致土壤水分含量下降，从而间接地对半干旱和干旱区生态系统碳循环过程产生负面效应（Zhou et al.，2007）。有研究表明，全球变暖可能会使北半球中纬度地区的降水增多，热带和亚热带地区降水量呈减少的趋势，导致干旱区干旱趋势加剧（Huang et al.，2016）。

陆地生态系统碳、氮、水循环及其耦合过程是通过植物和微生物的生态机制及生态系统生物地球化学机制对全球温度升高做出响应和适应。因此，需要从植物生理生态学机制、植物群落和生态系统的生物

化学循环机制以及区域格局的生物地理学机制等方面认知陆地生态系统碳、氮、水循环及其耦合过程响应和适应全球气候变化的规律性及机制。迄今关注较多的是植物光合与呼吸、土壤-植物-大气的气体交换以及区域尺度生态系统碳、氮、水循环等对温度变化的响应和适应机制。

13. 3. 2 生物生存和生命活动对温度上升的响应和适应机理

温度变化通过调节植被与外界环境的物质交换和能量流动过程来改变植物的形态、生理和生化状态。植物作为生态系统连接资源环境和其他生物的关键纽带，其生理过程变化表现在陆地生态系统植被数量、形态和功能的变化，深刻影响植被与其他生物要素和非生物要素的物质循环和能量流动。温度作为植物生存及生命活动的条件之一，对植物的光合、呼吸、生长发育以及物质的分配等都会产生直接的影响。温度既是植物调控叶片生命形态的环境条件，也是调节其生命过程中化学过程及其反应速率的重要因素。

13. 3. 2. 1 生物的生长和发育对温度变化的响应

生物个体的生存、生长和繁殖对环境温度条件的响应曲线被认为是经典的三基点模式。在低温限（最低温度）和高温限（最高温度）的范围内，生物个体能够正常生存、生长和繁殖，并在某个最佳温度（最适温度）区域内生物活性最大、生长发育最快。当生物处在低温限和高温限范围以外的极端环境温度中，个体的功能将会逐渐受损，并最终死亡。在极端低温限以下时表现为冷害（chilling injury）或冻害（freeze injury），在极端高温限以上时表现为热害。

生物个体的生存、生长和繁殖对温度条件的响应曲线形态相似，但是它们适宜的温度界限不同，要求的温度为繁殖<生长<生存。另外，人们经常将某些环境条件描述为"极端""严酷""温和""适宜"，例如，最近的许多气候变化研究中经常使用极端温度（极端高温或极端低温）概念。但是这些定义往往是相对于人类的生理特点和耐受能力而言的，这显然是假设自然界所有生物对温度的敏感性是与人类是相同的，而不是基于自然界各种生物适应环境的角度来认知复杂的世界。

生物生长率（体重增加）、发育速率（生育进程）以及个体大小（体积、高度）对认识生物的存活、繁殖及迁

徙等生态活动具有重要的生态学意义。在分析生物生长率或发育速率对温度的响应时通常用线性关系来表示,由此可以用生物体经历的温度值(日度,day-degree)来度量。一些生物并不是一定要在特定的时间才能完成发育,而是需要时间和温度的结合,称为生理时间(physiological time);也有一些植物在完成其生活史的某个发育阶段时必须满足一定的累积温度,可以采用活动积温(active accumulated temperature)或有效积温(effective accumulated temperature)来定量分析和预测。

生物生活和生长是生物代谢的结果,可以用生物代谢速率的变化来解释生物对温度变化的响应特征。一般而言,由于高温可增加分子运动速度,加快化学反应的代谢速率,化学反应的代谢速率随温度变化呈现为指数函数变化,温度每升高 10 ℃,生物酶的活性速率通常增加一倍,这一化学反应速率改变的系数为温度敏感系数($Q_{10} \approx 2$)。例如,不同植物物种叶片光合作用的磷酸羧化酶最大羧化速率(maximum rate of phosphoenolpyruvate carboxylase carboxylation,V_{pmax})对温度的响应大部分都可以用指数函数近似表达。在一定温度范围内,长期适应低温环境的植物其 V_{pmax} 呈指数增加趋势,高温干扰下的酶活性变化导致代谢速率降低(图 13.5)(Smith and Dukes,2017)。

生长率和发育速率决定了生物个体的大小,在规定的生长率条件下,发育速率越快的生物,个体就会越小,因此如果生长和发育对温度变化的响应不一致,那么温度就会最终影响生物个体的大小。事实上,生物发育速率对温度变化的响应要快于生长率,由此将最终导致个体大小随着生存环境的温度升高而变小,称为温度-个体大小规律(temperature-size rule)。这一生态学机制可能会被应用于预测未来气候变暖背景下的生物生长、发育、个体大小及生态系统生产力。例如,灰直纹螟(*Orthopygia glaucinalis*)的生存易受到高温的影响,因而与温度的变化关系为正偏态的钟形曲线(图 13.6)。

13.3.2.2 生物对极端温度的响应和适应

在极端低温或极端高温条件下生物都会因功能损伤而死亡,但是两种条件下的损伤机制和生物适应对策各不相同。极端高温条件可以导致生物酶失活或变性,也可能导致生物有机体脱水而被间接伤害。在高温环境下蒸发增加,维持体温是恒温生物的重要防御机制,一些生活在高温而湿润环境的植物,可以通过快速的蒸腾使叶片温度维持在 40～45 ℃,维持快速的光合作用;但是生活在炎热干旱环境中的植物会受到水资源短缺的限制,无法通过蒸腾散失潜热来降低叶片温度,可以通过刺的遮阴和茸毛或蜡的反射来降低过热的风险,这类植物的组织可以耐受 40～60 ℃的高温(Smith et al.,1984)。

低温的伤害表现为冷害和冻害两种类型。冷害指生物有机体暴露在低温(但在冰点以上)条件下所受到的伤害;冻害指温度低于 0 ℃时(即使是不结冰)对生物有机体造成致命性的物理和化学伤害。自然界的生物可以采用避冻策略(freeze-avoiding strategy)和耐冻策略(freeze-tolerant strategy)来适应低温环境,

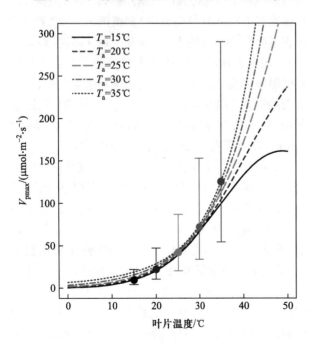

图 13.5 植物光合作用的 V_{pmax} 响应温度的变化特征
(Smith and Dukes,2017)。T_a,气温

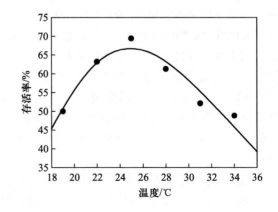

图 13.6 灰直纹螟的生存与温度变化的非线性响应关系

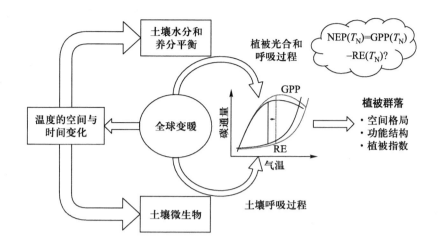

图 13.7　全球气候变暖影响陆地生态系统植被变化及碳循环

以度过严寒的冬季。避冻策略是有机体通过使用低分子量的多元醇来降低冰点和超冷点,同时还能通过抗冻蛋白来预防冰的形成。耐冻策略虽然也包括合成多元醇,但是该策略是促进胞外冰晶的形成,保护细胞膜在水分从细胞中渗出时免受伤害。生物对低温的耐受性是可以被诱导的,通常将在室内诱导称为(室内)顺应,而将自然条件下的诱导称为气候适应。

13.3.3　植物光合作用和生物呼吸对温度上升的响应和适应机理

生态系统的植被光合作用、自养呼吸及土壤生物呼吸是驱动生态系统碳、氮循环的关键过程,也是生态系统碳、氮循环,碳源汇功能及生产力对全球变化的响应和适应机理研究的核心议题。如图 13.7 所示,全球气候变暖对陆地碳循环的影响途径之一是改变全球温度的地理分布及时间动态,导致植被分布格局或现有植被群落的组分和结构的改变。途径之二是气候变暖背景下的各类生态系统的温度环境的改变直接作用于土壤水平衡和营养平衡,改变水资源和养分资源的供给水平和有效性。途径之三是作为植物环境条件的温度变化直接影响植物和土壤微生物驱动的生态系统光合和呼吸作用及两者的平衡关系。

已有的科学认知已经确定,生态系统 GPP 对温度变化的响应[GPP(T)]为近似的抛物线方程,生态系统呼吸对温度变化的响应[RE(T)]为近似的指数方程(Niu et al.,2012)。由此可以推论,在全球变化情景下的生态系统净碳收支和碳源汇功能强度是在新的温度(T_N)条件下平衡的结果,可以表达为

$NEP(T_N) = GPP(T_N) - RE(T_N)$(Chapin et al.,2006)。由此可见,气候变暖对陆地生态系统碳汇功能影响的核心生态学问题是如何理解和评估生态系统光合作用与生态系统呼吸对温度变化响应的差异及平衡关系。

13.3.3.1　植物光合作用

不同类型的植物光合作用的最适温度及适应的温度范围不同,叶片光合速率随叶片温度的变化一般呈单峰曲线模式,可以用植物叶片光合速率对温度响应的三基点曲线来表示(图 13.8),光合速率的最大值对应的温度为植物最适温度。C_3 植物、C_4 植物和 CAM 植物的最适温度有较大差异,C_4 植物的最适温度最高,且 C_4 植物的最大光合速率也最大;CAM 植物的最适温度最低,且 CAM 植物的最大光合速率也最小;C_3 植物光合作用最适温度在 10~35 ℃(Yamori et al.,2014)。C_3 植物、C_4 植物和 CAM 植物分别占高等植物的 85%、5% 和 10%,C_3 植物与 C_4 植物的细胞结构差异明显。在干旱、高温、氮或 CO_2 限制条件下,C_4 植物相对于常见的 C_3 植物更具有竞争优势。

在高温条件下的植物个体,其叶片会为了免受高温损害,通过增大气孔开度而增强水分蒸腾,维持稳定的体温;长期生长在高温环境的植物也会调整叶片形态、组织结构及代谢过程等适应环境,来维持稳定的生命特征状态。高温抑制植物光合作用的潜在机理包括:减少光合系统的活动;损伤类囊体膜,使得类囊体膜对 H^+ 的渗透性上升,导致 ATP 合成下降;加速

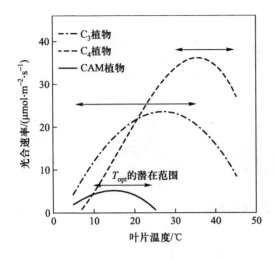

图 13.8　C₃ 植物、C₄ 植物和 CAM 植物叶片光合速率对温度响应的三基点曲线图(Yamori et al., 2014)

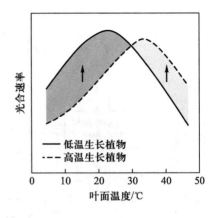

图 13.9　植物光合作用对温度适应的机理概念图
(Yamori et al., 2014)

羧化反应的速度,但是降低稳定性羧化酶对 CO_2 的亲和度,导致光呼吸上升。一些植物具有适应高温环境的能力,这种高温适应机制包括:类囊体稳定性高和电子传输能力强,具有热稳定性羧化酶和热休克蛋白酶,呼吸作用低。生长在寒冷地区的植物,在低温条件下也具有较高的光合速率,其最大光合速率也出现在较低的温度范围内,这类植物适应低温环境的机制包括:光合作用酶含量增加,冷稳定同工酶表达,生物膜流通性增大(图 13.9)(Yamori et al., 2014)。

光合作用对温度的响应还受其他环境要素影响,如光强、CO_2 浓度、水分含量和氮供给等。光是光合作用中光能的唯一来源,会影响植物光合作用。植物饱和光强、最大净光合速率、光补偿点、暗呼吸速率和表观量子效率等是植物光响应曲线的重要光合参数。饱和光强反映了植物利用光强的能力,其值说明植物在受到强光时生长发育是否容易受到抑制;叶片的最大净光合速率反映了植物叶片的最大光合能力;光补偿点反映了植物叶片光合作用过程中光合同化作用与呼吸消耗相当时的光强;表观量子效率反映了植物在弱光情况下的光合能力(Sharp et al., 1984;叶子飘,2010)。

CO_2 浓度作为植物光合作用的基本原料,其浓度的升高或者降低直接影响着植物的光合过程。对于 C₃ 植物来说,短时间供给高浓度的 CO_2 会提高植物的净光合速率,进而促进其生长,这是由于在现有大气 CO_2 浓度下 C₃ 植物光合作用受到限制。然而长期升高 CO_2 使得最初对植物光合作用的促进随时间的

推移渐渐消失(Sharwood et al.,2016)。有关 C₄ 植物的研究显示,由于 C₄ 植物具有特殊的光合机制,在正常 CO_2 浓度下光合作用接近饱和状态,大气 CO_2 浓度升高对 C₄ 植物的光合作用及生长并没有很大的促进作用(Leegood,2002)。对于大多数 CAM 植物来说,其夜间碳水化合物的积累可能会增加(Szarek et al.,1987)。

水分作为植物光合作用的物质基础和介质,会改变叶片的形态和功能,从而间接地影响植物光合作用。大尺度的研究发现,叶片大小随着年均降水量的降低而减小(Wright et al., 2017)。这主要是因为大叶片需要更多的水分蒸腾来降低叶表面温度;而水分供给不足时,植物会通过减小叶面积来减少水分消耗,同时可防止叶表面温度过高。叶面积减小可以改变叶片的气体传导率,从而降低高蒸腾带来的伤害,同时也会降低植物的光合能力(Yates et al., 2010)。

氮是叶绿素和光合蛋白的重要成分,植物体内75%的氮集中在叶绿体中,且大部分用于光合器官的构建,因此氮是光合作用代谢和植物生长的关键性因子(Ordoñez et al., 2009;Rose et al., 2013)。很多研究表明,植物叶片氮含量与光合速率存在明显的正相关关系(Shangguan et al.,2005);也有一些学者认为,不同物种间光合速率与叶片氮含量为负相关关系(Zhao et al.,1999)甚至无相关性(Warren and Adams,2004),因为其关系还会受物种及环境因子差异的影响。

13.3.3.2　植物自养呼吸作用

植物叶片的呼吸作用分为暗呼吸和光呼吸

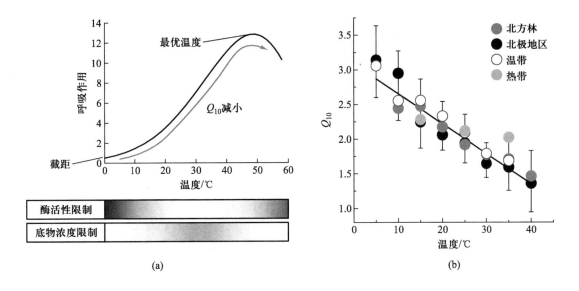

图 13.10　植物呼吸作用及其温度敏感性(Q_{10})对温度的响应(Atkin and Tjoelker,2003)

（a）植物呼吸作用响应温度的变化过程,底部色带表示酶活性和底物浓度对呼吸作用的限制程度。在中等温度下,呼吸作用受底物供应和腺苷酸的调控。（b）与短期测量温度相关的物种植物叶片的 Q_{10}。

（Atkin and Tjoelker,2003;Dusenge et al.,2019）。植物呼吸代谢过程需要多种酶的参与,温度对酶活性的调控可以解释适度温度条件下对植物叶片大部分碳通量的直接影响(Arcus et al., 2016)。呼吸作用随植物叶片温度升高呈指数级增长,受酶功能的直接影响,这种增长可以持续到温度升高至物种和环境依赖性的最高温度（48~60 ℃）(Clark and Menary, 1980; Heskel et al., 2014)。Q_{10} 被定义为温度每升高 10℃ 呼吸作用变化的倍数,用于表示呼吸作用响应温度的敏感性。假定 Q_{10} 为 2.0,则植物呼吸作用会随温度的升高呈指数形式增加。然而研究发现,Q_{10} 既不接近 2.0,也不是稳定的常数,呼吸作用响应温度的指数特征是有限温度范围内出现的现象（图 13.10a）。短期温度升高,Q_{10} 呈下降趋势(Tjoelker et al.,2001)。全球尺度的研究也发现,Q_{10} 随温度的升高而降低。但是不同植物群系的呼吸作用对温度的响应敏感性不同,短期温度的升高对生长在寒冷气候（如北极,$Q_{10}=2.56$）的植物呼吸作用产生的潜在影响要大于对生长在温暖环境（如热带,$Q_{10} = 2.14$）中的植物的影响（图 13.10b）(Atkin and Tjoelker, 2003)。

气候变暖将加剧平均温度和极端热浪对植物叶片的影响(Coumou and Robinson,2013),对植物光合作用、光呼吸作用(photorespiration)和暗呼吸作用(dark respiration)的碳代谢过程机制的理解变得尤为重要。随着叶片温度升高,光呼吸作用的上升速度比光合作用快(Long,1991)。温度升高对光呼吸作用的促进强于光合作用主要有两个原因:首先,温度升高,O_2 溶解度降低的速度低于 CO_2 溶解度降低的速度(Ku and Edwards,1977);其次,Rubisco 更有可能促进氧化反应的发生(Jordan and Ogren, 1984)。因此,在温暖升高的条件下,可以参与反应的 O_2 相对较多。

经历长时间的进化,许多植物物种的叶片呼吸作用和光合作用对温度的变化具有适应性特征,通常每一个反应过程的速率都会适应温度的升高。光合作用的不同过程对温度升高的适应因植物类型而异,C_3 植物会优先促进 CO_2 限制的过程,而 C_4 植物更倾向优先促进光限制的过程。暗呼吸作用的不同过程对温度升高的适应性在不同植物类型具有相似性,暗呼吸对温度升高的适应性会引起其温度敏感性降低,从而导致高温条件下叶片呼吸速率降低(Smith and Dukes,2017)。控制实验也证实了植物呼吸作用对生长环境改变的适应性特征。将植物转移到较低温环境生长一段时间后,其呼吸的 Q_{10} 通常会上升;而将植物转移到较高温度环境生长一段时间,Q_{10} 却会下降(Atkin and Tjoelker,2003)。

叶片呼吸的 Q_{10} 受环境、季节等因素的影响。生长在寒冷区域（如极地）的植物较生长在温暖环境的植物有更高的 Q_{10},常绿植物叶片冬季呼吸的 Q_{10} 高于夏季。干旱、光照条件等也会影响 Q_{10}。一部分是因为干旱减少植物蒸腾的冷却作用,另一部分是因为气孔导度和植物体内的含水量降低增强了对叶片光合作用代谢过程的影响(Feller,2016)。从植物个体到区域尺度,水分都会对植被光合和呼吸产生影响。在厄尔尼诺引起的干旱年,热带雨林的 GPP 减少了10%,减弱了森林的碳汇能力(Cavaleri et al.,2017)。同样,2012 年北美大部分地区异常暖干的气候条件促进了春季植物的萌发,从而增强春季碳汇;但是春季植物发育消耗了大量的土壤水分,伴随干旱共同加剧了夏季生产力的减少(Wolf et al., 2016)。

13.3.3.3　土壤微生物呼吸作用

土壤是陆地生态系统中最大的有机碳储存库,是大气 CO_2 的重要来源。土壤微生物呼吸在陆地生态系统中发挥着重要作用,每年通过微生物分解的有机质释放 60~75 Pg 碳(Schlesinger and Andrews,2000)。温度是影响土壤微生物分解有机质的重要环境因素。气候变暖可以改变土壤稳定有机质的分解过程,从而促进土壤碳的释放,这将对气候变暖产生正反馈(Frey et al.,2013)。但是,越来越多的研究开始发现,土壤微生物的适应性调控过程可能改变陆地生态系统预期的反馈效应,从而减少土壤有机碳的分解。然而学术界对于这一机制的认知尚有分歧(沈瑞昌等,2018)。土壤微生物呼吸的生理过程及生物化学过程成为解决这一争议的生态学理论基础。

微生物的呼吸作用为维持其生命活动提供了所需要的能量,并完成底物的分解和细胞物质的合成。微生物呼吸作用的本质是氧化和还原的统一,伴随有能量的产生和转移及电子的得失。微生物的呼吸类型有发酵、好氧呼吸和无氧呼吸。土壤温度、水分和底物浓度等会影响土壤微生物呼吸作用。有研究指出,土壤有机质分解速率对温度变化十分敏感,土壤温度是影响土壤微生物呼吸的最主要因素(Davidson et al.,1998)。土壤温度会显著影响参与呼吸作用的酶活性。低温时,酶的活性受到限制;随着温度的增加,活性增强;当超过最适温度后,酶活性急剧下降。因此,温度会影响到土壤呼吸及其温度敏感性。过去研究指出,指数方程可以很好地描述土壤有机质分解与温度变化之间的关系(Lloyd and Taylor,1994)。在北极、温带和热带等不同纬度区域都得到"土壤呼吸速率随温度的增加呈指数增长"的研究结果(Bekku et al.,2003)。

为了更清晰地刻画土壤微生物响应温度变化的

敏感性,人们常用 Q_{10} 值(温度每升高 10℃,土壤微生物分解有机质的量增加的倍数)来表示土壤微生物对温度变化的响应程度,值越大表明土壤有机质分解对温度变化越敏感。在不受其他限制因子影响的条件下,Q_{10} 随着温度的升高而下降(Atkin and Tjoelker,2003;Davidson and Janssens,2006)。Arrhenius 方程可以解释 Q_{10} 随温度的升高而下降的原因。在实验的化学反应中需要一定的"推力"促使反应发生,即活化能。随着温度的升高,会有越来越多的分子达到或超过自身的活化能,反应会加快;但是达到活化能的分子增加的速率会随着温度的增加而相对减少。Arrhenius 于 1889 年根据动力学原理发展了 Arrhenius 方程:

$$k = Ae^{-E_a/RT} \tag{13.1}$$

式中,k 表示反应速率常数;A 表示拟合参数;E_a 表示反应所需要的活化能 ($J \cdot mol^{-1}$);R 表示气体常数 ($8.314\ J \cdot mol^{-1} \cdot K^{-1}$);$T$ 表示开氏温度。

尽管 Arrhenius 方程在许多研究中都被应用或证明,但是只有在底物有效性不受限制的条件下最为适用。然而,Q_{10} 不仅取决于有机质分子的固有动力学属性,还经常受到土壤水分和底物有效性等因素的影响(何念鹏等,2018)。土壤含水量的高低会影响微生物产生的胞外酶以及有机物的扩散,进而影响微生物与呼吸底物的接触机会,最终影响到土壤呼吸及其对温度的响应。在干旱时期观测得到的土壤微生物呼吸的温度敏感性较低,多是由于土壤水膜变薄限制了胞外酶和底物扩散(Nikolova et al.,2009)。在土壤底物有效性较低或底物严重受限的条件下,Arrhenius 方程不再适用。米氏方程 (Michaelis-Menten equation) 的提出完善了土壤水分及底物的不足对 Q_{10} 的影响。米氏方程如下:

$$R_s = V_{max} \times [S]/(K_m + [S]) \tag{13.2}$$

式中,R_s 表示土壤呼吸;$[S]$ 表示底物有效性,也表示酶活性位点处的底物浓度;V_{max} 表示给定温度的最大反应速率;K_m 表示米氏常数,代表酶与底物的亲和能力,也是反映温度敏感性的重要参数。

13.3.4　区域尺度碳、氮、水循环响应温度变化的生物地理机制

地理环境因素限制植物环境条件和资源供给,控制植物物种的生长、发育、繁殖等生命过程,影响着物种和群落空间分布及生态系统碳、氮、水循环过程的地理分异。地理环境因素包括气候因素、土壤因素、

地形因素、生物因素和人类活动。温度作为影响植物物种和植物群落格局和过程的气候要素之一，受太阳辐射的影响呈现出经纬度方向和垂直地带性分布，进而控制着全球植被的纬度地带性和垂直地带性。

生物地理学是理解生物多样性产生和维持机制并预测生态系统功能演变的基础理论。生物的空间分布及迁移过程与环境条件变化相互关联。温度作为决定生物空间分布的条件，其波动幅度及变化趋势是影响和筛选生物的关键因素。全球变暖会引起生物环境条件和资源要素空间格局变化，会迫使生物通过迁移、物种选择等机制适应环境变化。在全球变暖背景下，明确区域尺度生物地理分布及格局变化，探究碳、氮、水循环过程对温度升高的响应、后续对资源的有效配置和保护环境，有重要的理论价值和实际指导意义，也是应对和预警未来全球变化的重要议题。

13.3.4.1 地表温度格局与生物分布的关系

地表温度空间格局指气温和土壤温度在空间（地理纬度、经度、海拔）和时间（昼夜、季节、年际）上的动态变化模式，受气候系统、地形地貌和生物群落等因素综合影响。气温的纬度变化和季节变化取决于地表与太阳之间的距离变化，纬度越高温度越低，海拔每升高 100 m，干空气的气温降低 1 ℃，湿空气的气温降低 0.6 ℃，这是当大气压随海拔增高而降低时，空气绝热膨胀（adiabatic expansion）的结果。

大陆性气候系统和地形地貌主要影响区域或局地小气候，导致温度空间分布的异质性。大陆性气候对气候变化的影响很大程度是陆地和海洋的升温和冷却的不同所导致。这是因为陆地表面的反射热量比水表面少，所以升温快的同时，散热也很快。在气候变化科学领域的温度变化及空间格局研究设定了温度的长期变化（冰期—间冰期）、中尺度变化〔厄尔尼诺—南方涛动（El Niño-Southern Oscillation），北大西洋涛动（North Atlantic Oscillation）〕、年际变化和季节变化等多种时间尺度，不同时间尺度的温度变化控制因素显然不同，认知它们之间的差异无疑是解决多尺度温度时空变化的关键，当前人们对用厄尔尼诺—南方涛动和北大西洋涛动发生规律来预测和预警气候的年际变化及极端气候事件寄予了更大的期待。

全球的温度地理格局是决定植物和动物空间分布的主要因素，很多植物和动物的空间分布与气温的等温线分布相吻合（界限温度），即使在小尺度上的很多物种分布也与温度某些特征的空间分布高度匹配。但是需要注意的是，人们在理解物种分布与等温线之间的关系时多采用气候学意义的气温参数，而真正决定生物分布的是栖息地的微气候。此外许多物种的空间分布取决于偶然的极端温度，而不是平均温度，尤其是偶然的致死温度会导致物种无法生存。这些生物地理学知识（参见第 8 章）对理解生态系统的碳、氮、水循环及其耦合关系的生物地理学机制极具价值。

13.3.4.2 全球气候变暖对碳、氮、水循环的影响

全球变暖影响区域植被的温度条件和热能供给，最终导致植物垂直和水平格局及其碳、氮、水物质循环过程的变化。一般而言，全球气候变暖会缩小喜冷植物的生存空间，扩增喜暖植物的生存空间，喜冷植物向高海拔和高纬度区域迁移。全球变暖会凸显 C_4 植物的优势，导致植物群落中 C_3 植物和 C_4 植物结构的变化。极地植被对全球变暖更为敏感，温度升高导致的冰雪消融使得植被生存空间逐渐扩大。气候变暖还会影响植物物种对水分和营养物质的利用效率，直接或间接影响生态系统碳、氮、水循环过程。

在气候变化和人类活动干扰的背景下，微生物可通过进化、扩散、迁移和突变过程来适应环境的变化。不同气候区域的土壤具有不同的优势微生物，历史时期的温度对土壤微生物响应温度变化有重要影响。微生物群落特征往往与历史时期的微生物对温度变化的适应性有密切关系（Lawrence et al., 2016）。区域土壤生物群对气候变暖的响应结果表明，气候变暖更有可能减少寒冷地区土壤生物群丰度，也有可能激发潜在的适应新环境的微生物种群的爆发性增长（Blankinship et al., 2011）。

全球气候变暖会导致地球表层能量及资源配置的变化，进而胁迫或促进引起区域动植物和土壤微生物的空间格局变化，并从生理生态方面调节动植物和土壤微生物的资源利用方式和效率，从而改变区域生态系统碳、氮、水循环过程。根据物种生物多样性能量假说，受全球能量资源空间配置影响，陆地生物多样性会发生相应改变，从而影响生物参与的碳、氮、水循环的速率及关键过程，最终影响地球碳、氮、水元素地理分布的空间变异。Huang 等（2019）利用全球 153 个站点的通量观测资料、多种卫星遥感信息（反映植被近红外反射率、光合荧光素、归一化植被指数和增强型植被指数）及气候数据，得到了首幅全球生态系

统尺度植被光合作用最适温度空间分布图。研究结果表明,全球植被光合作用平均最适温度为(23±6)℃,但存在明显空间差异,随生长环境温度升高,植被光合作用最适温度升高,表明植被生长对环境温度变化的适应性。而且,降水量越大的地方,植被的这种适应能力越强。在北半球高寒地区,植被光合作用最适温度低于生长季温度,表明未来升温仍然可以促进植被生长;而在热带雨林地区,最适温度和生长季温度十分接近,表明未来升温不利于该地区植被生长。

13.4 全球气候变暖对生态系统碳、氮、水循环耦合关系及过程的影响

全球气候变暖影响气候系统多个圈层物质循环和能量流动的相互作用,改变陆地生态系统环境条件和资源要素的空间配置,这对生物生长、发育和进化方向起引导作用。全球气候变暖会引起陆地生态系统的碳收支、水资源空间配置和氮沉降等一系列生态过程变化,在不同时间尺度上会对生态系统碳、氮、水循环产生短期和长期的影响。生态系统碳、氮、水循环规模、途径、利用效率等是控制生物与环境要素平衡关系的关键因素,是度量生态系统服务、评价生态系统风险、管理生态系统等一系列应对措施的基础。解析气候变暖影响下的资源环境变化与生物调控过程是预测未来生态系统变化、生态服务和可持续发展等的理论基础。

13.4.1 全球气候变暖对碳、氮、水循环耦合关系的短期和长期影响

全球气候变暖影响下的碳、氮、水循环过程、循环速率及空间配置的变化会改变全球生态系统的结构和功能,影响生态系统服务和人类福祉。气候变化对生物有机体的碳利用效率、氮利用效率、水分利用效率及生理阈值的影响是研究生态系统结构和功能变化的理论基础。温度作为生态系统碳-氮-水耦合循环的关键环境胁迫条件,会改变生态系统碳、氮、水循环的速率、规模、周期,改变碳、氮、水循环的耦合或平衡关系。

生态系统生物会通过形态特征变化及生理过程变化响应短期发生的气候事件,即短期响应。全球气候变暖引起的植物春季物候提前和秋季物候延长,会直接影响陆地生态系统植被对大气 CO_2 的吸收和生产力的增加,从而影响大气和植被碳库的响应;同时也会通过增加土壤呼吸和植被呼吸,增加土壤有机碳的消耗以及植被对营养物质和水分的吸收利用。植物的组成和生长发育特征对全球变化表现得十分敏感。许多观测和研究已经证实,全球气候变暖作用下,极地植物个体形态发生明显变化,苔原植物的枝条显著变长,且叶片增大(Jmg et al.,2011)。

极端气候事件频率增加是全球气候变暖的重要特征之一。已有研究表明,热浪在全球范围内发生频率的增加对陆地生态系统产生了严重影响,Ciais 等(2005)研究指出,2003 年欧洲发生的热浪使得生态系统生产力下降30%,并且这影响会延续 4 年左右。Schubert 等(2014)研究表明,干旱是热浪造成生态系统变化的主要原因。全球气候变暖影响下,极端降水事件增加是水循环变化的重要特征,降水频次的变化是导致陆地生态系统碳-水耦合过程改变的重要因素。Guo 等(2012)通过对内蒙古草地降水频次和地上 NPP 之间的关系进行研究发现,降水脉冲式的变化有利于碳吸收和水分利用效率的增加。

在全球持续变暖的影响下,生态系统的生物系统会通过调节生理过程来适应,生物进化和群落演替会自发地调整生态系统碳、氮、水循环的速率、规模、周期,改变碳、氮、水循环的耦合过程或者平衡关系。通过多年的增温实验和模型模拟研究发现,生态系统能够通过光合作用补偿、生物多样性变化、土壤呼吸及氮吸收等变化适应气候变暖(Sorensen and Michelsen,2011;Malchair et al.,2010)。Zhao 等(2017)的研究认为,全球变暖将造成全球主要农作物减产,对农业生态系统产生影响。中高纬度的温带森林生态系统季节和年际碳通量在很大程度上会因生长季长度的改变而变化,全球温度升高会使得生长季延长(Rollinson and Kaye,2012),全球气候变暖引起了北方泰加林和温带落叶林的碳汇功能的增强及碳储量的增加(Linderholm,2006)。Sinha 等(2017)研究表明,全球气候变暖导致了全球水循环过程加快、全球降水量增加、极端降水事件增多等结果,进而导致全球氮湿沉降增加、水体富营养化加剧和土壤酸化加重等结果。

Liang 等(2013)采用 Meta 分析显示,除杂草类和一年生草本植物外,气候变暖会促进不同功能型植物的光合作用,并显著促进所有植物功能群的呼吸作用。气候变暖还影响光合产物分配,影响植物生长。

基于短期控制实验的 Meta 分析得出，气候变暖显著增加了不同植物功能型的植物群落初级生产力和不同植物器官（叶、根、茎、干）的生物量（Lin et al.，2010）。也有研究表明，植被生产力的各要素在不同生态系统中对增温的响应不同，增温同时既增加了生态系统碳的输入（0.4%~8.4%），也增加了碳输出（7%~11%），因此导致了净生态系统碳交换没有显著变化（−13.9%~6%）（Lu et al.，2013）。

13.4.2 气候变暖对植被冠层和根系系统碳−氮−水耦合循环的影响

全球气候变暖引起的降水和温度格局变化及营养物质富集或丢失都不同程度地影响植被与大气之间及植被根系与土壤之间的碳、氮、水交换过程。热浪、冷害和高温干旱直接影响植被冠层的光合、呼吸和蒸腾作用。植被冠层作为陆地生态系统与大气进行碳、氮、水交换的重要场所，其生理过程及作用模式受温度环境影响，植被冠层通过改变碳、氮、水交换速率、交换规模及平衡，响应和适应气候变暖。温度升高影响植物根系的土壤温度和环境含水量，影响植物根系的生理过程及作用模式。同时，土壤微生物变化是影响碳−氮−水耦合循环的关键机制，土壤微生物活性及其酶活性与土壤圈层温度的变化直接关联。

13.4.2.1 气候变暖对植被冠层的碳−氮−水耦合循环的影响

植被冠层是连接植被与大气层的纽带，植被冠层结构和功能的变化是反映植被变化的重要部分。植被盖度和叶面积指数（LAI）常被用作衡量植被冠层结构和功能变化的有效参数。全球气候变暖通过温度和降水的变化直接或者间接影响植被冠层变化。年际平均温度变化和极端高温事件（如高温热浪）的持续发生会影响植被盖度和 LAI 的变化。

植被冠层通过改变植被结构和功能响应和适应外界气候因子。碳、氮、水循环过程的相互耦合是植被冠层通过物质循环过程响应和适应环境变化的必然行为。土壤缺水会影响植被对氮和碳的利用，同时氮缺失也会影响对碳和土壤水分的吸收利用，碳供给的减少也会影响对氮肥和水分的吸收利用。已有研究表明，植被冠层累积的碳同化量与累积的蒸散量具有明显的线性正相关关系（赵风华和于贵瑞，2008），这说明碳和水交换存在相互耦合关系。

有研究表明，植被冠层碳−氮−水耦合过程变化主要受气候干旱引起的碳、水平衡过程调控。在极端高温和干旱胁迫影响下，植被会通过减小气孔来减少水分蒸腾，同时也会影响叶片对氮和碳的吸收利用。在持续热浪和干旱影响下，植被盖度和 LAI 通常会因为干旱缺水而降低（Ciais et al.，2005）。全球 CO_2 浓度的升高也是影响植被冠层盖度和 LAI 变化的重要原因，也会影响植被与大气间相互影响反馈的重要过程。亚马孙森林在持续干旱影响下仍然出现"变绿"趋势，多数据源证实，这主要受太阳辐射变化影响（Morton et al.，2014），这一调节有助于植被过程对大气的负反馈作用，从而减缓气候变暖趋势。全球气候变暖对植被冠层的影响是多要素直接或间接的复杂过程，代谢过程和物候节律对植被冠层和大气界面物质交换量和速率的调控过程是植被响应和适应气候变暖的重要过程。

13.4.2.2 气候变暖对植物根系碳−氮−水耦合过程的影响

植物根系碳−氮−水耦合过程是植被与土壤层界面物质交换的重要过程，土壤温度、土壤含水量和土壤营养物质的富集都不同程度地受气候变暖影响。土壤温度、水分和营养物质相互耦合，共同影响植被根系碳、氮、水物质循环过程及模式。植物根细胞能否在土壤中吸取水分取决于根细胞的水势和土壤溶液的水势。植物根系吸收的氮、磷元素与土壤微生物的分解过程及土壤营养物质的富集程度密切相关（Lei et al.，2012）。

微生物过程的变化既受全球气候变暖影响，也会反馈气候变暖过程（Singh et al.，2010）。已有研究表明，土壤温度的升高会加快土壤微生物的分解速率，增加土壤呼吸；同时，土壤微生物速率的加快也会为植物根系提供更多的营养物质，从而增加植物生长发育。土壤温度的变化也会使得土壤微生物功能结构发生变化，或者产生新的微生物群，这会进一步改变土壤微生物现状，从而促进或者减缓土壤根系碳、氮、水的运移及吸收过程（Schimel and Gulledge，1998）。

全球气候变暖对降水格局及水循环速率的影响导致土壤水分变化，进而影响植被根系与土壤的物质交换。根际温度升高会促进土壤水的蒸发速率，进而增加植物运输营养物质的效率，降低土壤含水量；土壤含水量降低到一定程度，根系受水分胁迫会抑制植物的水分吸收,进而抑制光合作用的碳同化过程,在长期温度和水分环境限制下,植物根系会朝更灵活更适宜环境的方向发展(Ma et al., 2018)。气候变暖引起的干旱、洪涝灾害频发。已有研究表明,气候变暖也引起苔原冻土消融,会改变土壤水分和能量,从而引起根系及微生物生理过程的变化,促进植被碳、氮、水循环过程(Soudzilovskaia et al., 2013)。

全球气候变暖对氮、磷沉降的影响造成土壤营养供给变化,也是限制和影响植被碳、氮、水循环过程的重要因素。降水变化是影响氮循环和流失的重要物理驱动因素(Greaver et al., 2016)。全球气候变暖引起的降水增加及极端降水事件的增加会促进氮湿沉降的增加及土壤氮的流失,区域降水减少和温度升高导致的干旱也会减少土壤氮来源(Trenberth et al., 2014)。农田土壤氮、磷营养物质的富集和流失是农作物根系与土壤界面碳、氮、水交换的重要影响因素,Bowles 等(2018)研究表明,农田氮的流失正在加快,这对氮的生物地球化学循环有重要影响。为此,全球气候变暖对土壤营养物质循环的改变也是影响植被根系与土壤物质交换的重要原因,会促进或者抑制植物的生长发育及对水分和碳的吸收利用。

13.4.3　气候变暖对陆地表层和土壤碳、氮、水循环的影响

13.4.3.1　温度升高对土壤圈碳、氮、水储量及碳、氮、水循环的影响

土壤圈层是微生物活动与植物营养物质获取的主要场所,环境温度会影响微生物物种生理过程和地理格局,以及植物根系对营养物质的吸收利用。植被生产力变化与营养物质获取和水分利用之间是相互限制、促进的关系。气候变暖的影响下,植被冠层密度和生物量会通过枯落物和凋落物的沉降改变土壤有机质的含量。土壤圈层是生态系统物质循环的关键场所,土壤微生物过程机制对土壤圈层生物资源和生态系统功能及其演变有重要意义。

土壤呼吸(soil respiration)指通过根呼吸以及微生物分解凋落物和土壤有机质释放 CO_2 的生态系统过程(Zhou and Luo, 2008),其变化对土壤圈层与外界环境气体交换有重要影响。Meta 分析结果表明,实验增温总体上增加了土壤呼吸速率,对自养呼吸没有显著影响,却显著提高了异养呼吸速率;随着增温时间的延长,土壤呼吸和异养呼吸没有显著的变化趋势,但自养呼吸对增温的响应减弱。旱地土壤温度升高降低水分含量,增加 CH_4 氧化和土壤 CH_4 吸收。温度升高通过增加土壤呼吸和氮矿化提高植物生产力,这会通过凋落物的增加补给土壤碳库。

土壤微生物呼吸驱动的有机碳、氮分解及温室气体排放,直接影响土壤有机碳、氮的积累或损失,改变土壤碳、氮库储量。气候变暖会增加土壤供给能量,提高土壤微生物酶活性,进而增加有机质矿化速率。Pries 等(2017)通过对土壤 1 m 深度的土壤呼吸进行研究表明,在增温 4℃ 情景下,其年际土壤呼吸会增加 34%~37%。Walker 等(2018)还从微生物生理过程角度,使用微生物生物地球化学模型模拟分析了微生物过程在短期和长期时间尺度对土壤呼吸的影响。

13.4.3.2　温度升高对陆地表层碳、氮、水循环及其耦合关系的影响

温度升高对陆地表层植被水分利用效率、固碳速率和营养物质利用效率有重要的调节控制作用。植被作为陆地表层碳、氮、水循环的指示器,其变化具有重要意义。

温度升高促进植被光合作用强度,加快植被固碳速率和增加固碳规模,同时也增加植被对土壤无机氮和水分的吸收利用。同时,温度升高对土壤微生物活性的影响促进了土壤有机质的分解和有效氮的生产,进而促进生态系统生产力。气候变暖导致物种向高纬度和高海拔方向迁移,北半球植被平均每 10 年向极地移动 6.1 km,导致过去半个世纪以来北极地区植被有从冰原向灌丛发展的趋势(Tesar et al., 2016)。野外增温控制实验结果也显示,温度升高会改变植物群落组成和结构,降低草地植物群落丰富度和多样性(Niu et al., 2010)。

13.5　全球气候变暖对生态系统影响的多重效应

温度条件的变化会引起气候系统一系列系统性变化。水分、土壤和大气等自然要素多过程的复杂变化会直接影响陆地生态系统结构和功能的变化。全球气候变暖引起的生物环境、植被结构、生物多样性和冰冻圈变化是目前关注的重要内容。地球系统水资源时空配置变化、生物多样性丧失和生态系统生产

力变化等一系列现象警示世人,陆地生态系统的变化将威胁人类福祉的可持续性。

13.5.1　全球气候变暖对生物环境因子的影响

生物的生存和发展需要适宜的环境和充足的资源。水、土、气、热是与生物相互作用的环境条件和限制生物生长发育的资源要素。随着全球气候变暖,生物环境条件和资源要素的地理格局相应发生变化。Holmberg 等(2018)基于欧洲长期生态学研究网络提供的高质量生态系统响应数据研究认为,全球温度的持续升高会增加土壤酸性,并预测未来 pH 值会逐渐降低。Salzmann(2016)认为,全球气候变暖会增加中高纬度水文循环的复杂性,加快地球系统的水文循环和陆地降水量。温度升高会增加土壤水分的流失,蒸发量与降水量的共同作用导致中高纬度地区干旱面积不断扩大。然而,中亚地区自 20 世纪 80 年代开始逐渐出现暖湿化趋势(Dieleman et al., 2012),这将有利于区域生产力的提高。过去近百年来,太阳辐射发生有变亮和变暗趋势的历史时期,其变化主要受气溶胶变化影响(Ohmura, 2009)。全球气候变暖引起的各生物因子变化与生物自身的调节控制将直接影响生物生长、发育、进化和迁移,会改变和威胁未来生态系统服务安全及其可持续性。

13.5.2　全球气候变暖对植被结构的影响

植被结构通常用物种结构、盖度、密度和高度等表示。植物通过调控资源利用量和利用效率适应环境条件胁迫,产生物种重组和基因变异,最终通过自然选择留下适应环境的物种,也会增加物种之间的资源竞争及出现优势种,进而影响陆地表层植被的空间分布(Collinss et al., 2017)。全球气候变暖对部分区域草地、森林和湿地生态系统产生明显影响。已有研究表明,极地高寒草地受全球气候变暖影响,不断向海拔更高、温度相对较低的区域迁移,极地生态系统逐渐退化(Post et al., 2009);Jmg 等(2011)通过 16 年的增温实验得出,温度升高会改变植被叶片的大小、叶宽、碳吸收能力、氮吸收能力和水分吸收能力;Harsch 等(2009)分析了 1900 年以来全球 166 个站点的树线变化情况得出,树线上移的观测点有 52%,下移的有 1%,其余 47%保持稳定。

全球气候变暖对未来森林发展具有重要生态指示意义。Fridley 和 Wright(2018)研究了美国东部森林受温度影响的生长变化后发现,气候变暖促进了美国东部森林生长,并指出这将有利于大气 CO_2 的吸收和森林生产力的提高。全球气候变暖对敏感区域植被生长的影响包括导致区域生物多样性丧失,引起生产力降低等生态问题,这些也是全球变暖对人类影响的警示性信号。

13.5.3　全球气候变暖对生物多样性的影响

生物的生存与灭绝是自然环境选择和生物进化共同作用的自然过程(Sahney and Benton, 2008)。近 50 年来,气候变化和人类活动对生物生存空间、生存资源和生存环境产生影响,加速了生物多样性丧失(Rockström et al., 2009)。全球气候变暖对生物生境的改变及生存空间的减少是一些生物丧失的重要原因,例如全球变暖影响下的水资源时空格局改变及径流富营养化给依赖水资源的生物带来影响,不能适应水环境限制的生物最终灭亡(Verones et al., 2017)。区域增温导致生物生存空间及流通通道发生变化,使得生物只能通过改变自身结构、迁移及突变适应环境变化,从而导致生物景观多样性和生态系统多样性发生变化(Perkins et al., 2015)。随着全球变暖带来的飓风、热浪和强降雨等极端事件的增多,生物环境受到较大的冲击,可能造成部分生物多样性丧失(Selbmann et al., 2013)。有研究认为,生物量的增加会增加生物多样性,也有研究质疑生物多样性对生物量的作用(Dornelas et al., 2014),Gedan 和 Bertness(2009)认为,生物多样性与生物量的变化关系并不明确。因此,人们依据全球气候变暖增加植被生产力的事实,推导出"全球气候变暖对生物多样性的威胁"这一观点存在疑问。然而,人类活动空间的不断扩大和生物栖息地被破坏是真实存在的,生物多样性丧失对于生态系统服务和人类福祉的影响需要引起人类社会的重视。

13.5.4　全球气候变暖对冰冻圈的影响

冰冻圈指地球表层水以固态形式存在的圈层,包括冰川(山地冰川、冰帽、极地冰盖和冰架等)、冻土(季节冻土和多年冻土)、积雪、固态降水、海冰、河冰和湖冰等。冰冻圈与大气圈、水圈、岩石圈和生物圈共同组成气候系统(丁永建和效存德,2013)。在全球气候变暖影响下,冰冻圈成为全球变化最快速、最显著、最具有指示性的圈层,被认为是气候系统多圈层相互作用的核心和关键(IPCC,2013)。

全球气候变暖影响冰冻圈的冰川、积雪、冻土过程和空间格局,在全球尺度上影响碳循环、水循环和陆地生态过程。过去50年,气候变暖导致欧洲西北部冰川缩减,引起高山植被空间格局变化,导致北极地区灌丛带大面积扩张、森林北移、苔原大幅缩小和生物量减少等生态问题(Tape et al., 2006)。北极的观测事实表明,近30年来北极地区 CH_4 排放量增加了22%~60%,随地表温度的升高,冻土释放 CH_4 的速率持续增加(Ping et al., 2008)。我国天山山脉和青藏高原受气候变暖影响,冰川和积雪面积不断减少(姚檀栋等,2013;邢武成等,2017),这势必会对我国水资源供给和国家安全带来隐患,同时也对以冰冻圈为水源供给的生态系统带来威胁。

参考文献

丁永建, 效存德. 2013. 冰冻圈变化及其影响研究的主要科学问题概论. 地球科学进展, 28: 1067-1076.

丁仲礼. 2006. 米兰科维奇冰期旋回理论: 挑战与机遇. 第四纪研究, 26: 710-717.

何念鹏, 刘远, 徐丽, 等. 2018. 土壤有机质分解的温度敏感性: 培养与测定模式. 生态学报, 38(11): 4045-4051.

秦大河. 2014. 气候变化科学与人类可持续发展. 地理科学进展, 33: 874-883.

沈瑞昌, 徐明, 方长明, 等. 2018. 全球变暖背景下土壤微生物呼吸的热适应性: 证据, 机理和争议. 生态学报, 38(1): 11-19.

施雅风. 2010. 考虑气候变化的复杂性应全面掌握情况谨慎推断结果. 中国科学院院刊, 25: 161-162.

苏京志, 温敏, 丁一汇, 等. 2016. 全球变暖趋缓研究进展. 大气科学, 40(6): 1143-1153.

汪品先. 2010. 全球季风与气候的长期变化. 中国科学院院刊, 25: 163-164.

邢武成, 张慧, 张明军, 等. 2017. 1959年来中国天山冰川资源时空变化. 地理学报, 72: 1594-1605.

姚檀栋, 秦大河, 沈永平, 等. 2013. 青藏高原冰冻圈变化及其对区域水循环和生态条件的影响. 自然杂志, 35: 179-186.

叶子飘. 2010. 光合作用对光和 CO_2 响应模型的研究进展. 植物生态学报, 34(6): 727-740.

赵风华, 于贵瑞. 2008. 陆地生态系统碳-水耦合机制初探. 地理科学进展, 27: 32-38.

Arcus V, Prentice E, Hobbs J, et al. 2016. On the temperature dependence of enzyme-catalyzed rates. *Biochemistry*, 55 (12): 1681-1688.

Atkin OK, Tjoelker MG. 2003. Thermal acclimation and the dynamic response of plant respiration to temperature. *Trends in Plant Science*, 8: 343-351.

Bekku Y, Nakatsubo T, Kume A, et al. 2003. Effect of warming on the temperature dependence of soil respiration rate in arctic, temperate and tropical soils. *Applied Soil Ecology*, 22 (3): 205-210.

Blankinship J, Niklaus P, Hungate B, et al. 2011. A meta-analysis of responses of soil biota to global change. *Oecologia*, 165(3): 553-565.

Bowles T, Atallah S, Campbell E, et al. 2018. Addressing agricultural nitrogen losses in a changing climate. *Nature Sustainability*, 1(8): 399-408.

Bradley RS, Jones PD. 1992. When was the "little ice age"? Proceedings of the international symposium on the little ice age climate. Department of Geography, Tokyo Metropolitan University, Tokyo: 1-4.

Cavaleri MA, Coble AP, Ryan MG, et al. 2017. Tropical rainforest carbon sink declines during El Nino as a result of reduced photosynthesis and increased respiration rates. *New Phytologist*, 216: 136-149.

Chapin F, Woodwell M, Randerson J, et al. 2006. Reconciling carbon-cycle concepts, terminology, and methods. *Ecosystems*, 9(7): 1041-1050.

Ciais P, Reichstein M, Viovy N, et al. 2005. Europe-wide reduction in primary productivity caused by the heat and drought in 2003. *Nature*, 437(7058): 529-533.

Clark R, Menary R. 1980. Environmental effects on peppermint (*Mentha piperita* L.). II. Effects of temperature on photosynthesis, photorespiration and dark respiration in peppermint with reference to oil composition. *Functional Plant Biology*, 7 (6): 693-697.

Cohen J, Furtado J, Barlow M, et al. 2012. Asymmetric seasonal temperature trends. *Geophysical Research Letters*, 39 (4): 54-62.

Collins CD, Banks C, Brudvig LA, et al. 2017. Fragmentation affects plant community composition over time. *Ecography*, 40: 119-130.

Coumou D, Robinson A. 2013. Historic and future increase in the global land area affected by monthly heat extremes. *Environmental Research Letters*, 8: 34018.

Davidson E, Janssens I. 2006. Temperature sensitivity of soil carbon decomposition and feedbacks to climate change. *Nature*, 440(7081): 165-173.

Davidson EA, Belk E, Boone RD. 1998. Soil water content and temperature as independent or confounded factors controlling soil respiration in a temperate mixed hardwood forest. *Global*

Change Biology, 4(2): 217-227.

Dieleman WIJ, Vicca S, Dijkstra FA, et al. 2012. Simple additive effects are rare: A quantitative review of plant biomass and soil process responses to combined manipulations of CO_2 and temperature. *Global Change Biology*, 18: 2681-2693.

Dornelas M, Gotelli NJ, McGill B, et al. 2014. Assemblage time series reveal biodiversity change but not systematic loss. *Science*, 344: 296-299.

Drinkwater KF, Miles M, Medhaug I, et al. 2014. The Atlantic Multidecadal Oscillation: Its manifestations and impacts with special emphasis on the Atlantic region north of 60° N. *Journal of Marine Systems*, 133: 117-130.

Dusenge ME, Duarte AG, Way DA. 2019. Plant carbon metabolism and climate change: Elevated CO_2 and temperature impacts on photosynthesis, photorespiration and respiration. *New Phytologist*, 221(1): 32-49.

Feller U. 2016. Drought stress and carbon assimilation in a warming climate: Reversible and irreversible impacts. *Journal of Plant Physiology*, 203: 84-94.

Frey SD, Lee J, Melillo JM, et al. 2013. The temperature response of soil microbial efficiency and its feedback to climate. *Nature Climate Change*, 3(4): 395-398.

Fridley JD, Wright JP. 2018. Temperature accelerates the rate fields become forests. *Proceedings of the National Academy of Sciences*, 115: 4702-4706.

Friedlingstein P, Cox P, Betts R, et al. 2006. Climate-carbon cycle feedback analysis: Results from the C4MIP model intercomparison. *Journal of climate*, 19: 3337-3353.

Gao Y, Sun J, Li F, et al. 2015. Arctic sea ice and Eurasian climate: A review. *Advances in Atmospheric Sciences*, 32: 92-114.

Gedan KB, Bertness MD. 2009. Experimental warming causes rapid loss of plant diversity in New England salt marshes. *Ecology Letters*, 12: 842-848.

Greaver TL, Clark CM, Compton JE, et al. 2016. Key ecological responses to nitrogen are altered by climate change. *Nature Climate Change*, 6(9): 836-843.

Guo Q, Hu Z, Li S, et al. 2012. Spatial variations in aboveground net primary productivity along a climate gradient in Eurasian temperate grassland: Effects of mean annual precipitation and its seasonal distribution. *Global Change Biology*, 18: 3624-3631.

Harris I, Jones PD, Osborn TJ, et al. 2014. Updated high-resolution grids of monthly climatic observations—the CRU TS3. 10 Dataset. *International Journal of Climatology*, 34: 623-642.

Harsch MA, Hulme PE, Mcglone MS, et al. 2009. Are treelines advancing? A global meta-analysis of treeline response to climate warming. *Ecology Letters*, 12:1040-1049.

Heskel MA, Greaves HE, Turnbull MH, et al. 2014. Thermal acclimation of shoot respiration in an Arctic woody plant species subjected to 22 years of warming and altered nutrient supply. *Global Change Biology*, 20(8): 2618-2630.

Heskel MA, O'Sullivan OS, Reich PB, et al. 2016. Convergence in the temperature response of leaf respiration across biomes and plant functional types. *Proceedings of the National Academy of Sciences*, 113(14): 3832-3837.

Holmberg M, Aherne J, Austnes K, et al. 2018. Modelling study of soil C, N and pH response to air pollution and climate change using European LTER site observations. *Science of the Total Environment*, s 640-641: 387-399.

Huang JP, Yu HP, Guan XD, et al. 2016. Accelerated dryland expansion under climate change. *Nature Climate Change*, 6: 166-171.

Huang M, Piao S, Ciais P, et al. 2019. Air temperature optima of vegetation productivity across global biomes. *Nature Ecology and Evolution*, 3(5): 772-779.

Hughes MK, Diaz HF. 1994. Was there a "medieval warm period", and if so, where and when? *Climatic Change*, 26: 109-142.

IPCC. 2013. Climate Change 2013: The physical science basis. Contribution of *Working Group I to the fifth assessment report of the Intergovernmental Panel on Climate Change*. Cambridge and New York: Cambridge University Press.

Jmg H, Ghr H, Cornwell WK. 2011. Taller and larger: Shifts in Arctic tundra leaf traits after 16 years of experimental warming. *Global Change Biology*, 17: 1013-1021.

Jordan DB, Ogren WL. 1984. The CO_2/O_2 specificity of ribulose 1,5-bisphosphate carboxylase/oxygenase. *Planta*, 161: 308-313.

Knight J, Kennedy JJ, Folland C, et al. 2009. Do global temperature trends over the last decade falsify climate predictions. *Bulletin of the American Meteorological Society*, 90: 22-23.

Ku SB, Edwards GE. 1977. Oxygen inhibition of photosynthesis: I. Temperature dependence and relation to O_2/CO_2 solubility ratio. *Plant Physiology*, 59: 986-990.

Lawrence D, Bell T, Barraclough TG. 2016. The effect of immigration on the adaptation of microbial communities to warming. *The American Naturalist*: 187(2), 236-248.

Leegood RC. 2002. C_4 photosynthesis: Principles of CO_2 concentration and prospects for its introduction into C_3 plants. *Journal of Experimental Botany*, 53 (369): 581-590.

Lei P, Scherer-Lorenzen M, Bauhus J. 2012. Belowground facilitation and competition in young tree species mixtures. *Forest Ecology and Management*, 265: 191–200.

Liang J, Xia J, Liu L, et al. 2013. Global patterns of the responses of leaf-level photosynthesis and respiration in terrestrial plants to experimental warming. *Journal of Plant Ecology*, 6: 437–447.

Lin D, Xia J, Wan S. 2010. Climate warming and biomass accumulation of terrestrial plants: A meta-analysis. *New Phytologist*, 188: 187–198.

Linderholm H. 2006. Growing season changes in the last century. *Agricultural and Forest Meteorology*, 137: 1–14.

Lloyd J, Taylor J. 1994. On the temperature dependence of soil respiration. *Functional Ecology*, 8: 315–323.

Long SP. 1991. Modification of the response of photosynthetic productivity to rising temperature by atmospheric CO_2 concentrations: Has its importance been underestimated? *Plant, Cell and Environment*, 14: 729–739.

Lu M, Zhou X, Yang Q, et al. 2013. Responses of ecosystem carbon cycle to experimental warming: A meta-analysis. *Ecology*, 94: 726–738.

Ma ZQ, Guo DL, Xu XL, et al. 2018. Evolutionary history resolves global organization of root functional traits. *Nature*, 555: 94.

Malchair S, De Boeck HJ, Lemmens C, et al. 2010. Diversity-function relationship of ammonia-oxidizing bacteria in soils among functional groups of grassland species under climate warming. *Applied Soil Ecology*, 44: 15–23.

Mann ME, Bradley RS, Hughes MK. 1998. Global-scale temperature patterns and climate forcing over the past six centuries. *Nature*, 392: 779.

Morton D, Nagol J, Carabajal C, et al. 2014. Amazon forests maintain consistent canopy structure and greenness during the dry season. *Nature*, 506(7487): 221–224.

Nikolova P, Raspe S, Andersen C, et al. 2009. Effects of the extreme drought in 2003 on soil respiration in a mixed forest. *European Journal of Forest Research*, 128(2): 87–98.

Niu SL, Wu MY, Han YI, et al. 2010. Nitrogen effects on net ecosystem carbon exchange in a temperate steppe. *Global Change Biology*, 16: 144–155.

Niu S, Luo Y, Fei S, et al. 2012. Thermal optimality of net ecosystem exchange of carbon dioxide and underlying mechanisms. *New Phytologist*, 194(3): 775–783.

Ohmura A. 2009. Observed decadal variations in surface solar radiation and their causes. *Journal of Geophysical Research: Atmospheres*, 114: D00D05.

Ordoñez J, Van Bodegom P, Witte J, et al. 2009. A global study of relationships between leaf traits, climate and soil measures of nutrient fertility. *Global Ecology and Biogeography*, 18(2): 137–149.

Pearcy RW. 1978. Effect of growth temperature on the fatty acid composition of the leaf lipids in *Atriplex lentiformis* (Torr.) wats. *Plant Physiology*, 61(4): 484–486.

Peings Y, Magnusdottir G. 2014. Forcing of the wintertime atmospheric circulation by the multidecadal fluctuations of the North Atlantic ocean. *Environmental Research Letters*, 9: 034018.

Peng S, Piao S, Ciais P, et al. 2013. Asymmetric effects of daytime and nighttime warming on Northern Hemisphere vegetation. *Nature*, 501: 88.

Perkins DM, Bailey RA, Dossena M, et al. 2015. Higher biodiversity is required to sustain multiple ecosystem processes across temperature regimes. *Global Change Biology*, 21: 396–406.

Piao S, Ciais P, Friedlingstein P, et al. 2008. Net carbon dioxide losses of northern ecosystems in response to autumn warming. *Nature*, 451(7174): 49–52.

Ping CL, Michaelson GJ, Jorgenson MT, et al. 2008. High stocks of soil organic carbon in the North American Arctic region. *Nature Geoscience*, 1: 615–619.

Ponce Campos GE, Moran MS, Huete A, et al. 2013. Ecosystem resilience despite large-scale altered hydroclimatic conditions. *Nature*, 494: 349–352.

Post E, Forchhammer MC, Bret-Harte MS, et al. 2009. Ecological dynamics across the Arctic associated with recent climate change. *Science*, 325: 1355–1358.

Pries CEH, Castanha C, Porras RC, et al. 2017. The whole-soil carbon flux in response to warming. *Science*, 355: 1420–1423.

Quint M, Delker C, Franklin KA, et al. 2016. Molecular and genetic control of plant thermomorphogenesis. *Nature Plants*, 2(1): 1–9.

Rockström J, Steffen W, Noone K, et al. 2009. A safe operating space for humanity. *Nature*, 461: 472–475.

Rollinson CR, Kaye MW. 2012. Experimental warming alters spring phenology of certain plant functional groups in an early successional forest community. *Global Change Biology*, 18: 1108–1116.

Rose L, Rubarth M, Hertel D, et al. 2013. Management alters interspecific leaf trait relationships and trait-based species rankings in permanent meadows. *Journal of Vegetation Science*, 24(2): 239–250.

Sahney S, Benton MJ. 2008. Recovery from the most profound

mass extinction of all time. *Proceedings of the Royal Society of London B: Biological Sciences*, 275: 759-765.

Salzmann M. 2016. Global warming without global mean precipitation increase? *Science Advances*, 2: e1501572.

Schimel JP, Gulledge J. 1998. Microbial community structure and global trace gases. *Global Change Biology*, 4 (7): 745-758.

Schlesinger W, Andrews J. 2000. Soil respiration and the global carbon cycle. *Biogeochemistry*, 48(1): 7-20.

Schmidt GA, Shindell DT, Tsigaridis K. 2014. Reconciling warming trends. *Nature Geoscience*, 7(3): 158-160.

Schubert S, Wang H, Koster R, et al. 2014. Northern Eurasian heat waves and droughts. *Journal of Climate*, 27 (9): 3169-3207.

Selbmann L, Egidi E, Isola D, et al. 2013. Biodiversity, evolution and adaptation of fungi in extreme environments. *Giornale Botanico Italiano*, 147: 237-246.

Shangguan Z, Zheng S, Zhang L, et al. 2005. Effect of nitrogen fertilization on leaf chlorophyll fluorescence in field-grown winter wheat under rainfed conditions. *Agricultural Sciences in China*, 4: 15-20.

Sharp R, Matthews M, Boye J. 1984. Kok effect and the quantum yield of photosynthesis: Light partially inhibits dark respiration. *Plant Physiology*, 75(1): 95-101.

Sharwood R, Ghannoum O, Whitney S. 2016. Prospects for improving CO_2 fixation in C_3-crops through understanding C_4-Rubisco biogenesis and catalytic diversity. *Current Opinion in Plant Biology*, 31: 135-142.

Singh B, Bardgett R, Smith P, et al. 2010. Microorganisms and climate change: Terrestrial feedbacks and mitigation options. *Nature Reviews Microbiology*, 8(11): 779-790.

Sinha E, Michalak AM, Balaji V. 2017. Eutrophication will increase during the 21st century as a result of precipitation changes. *Science*, 357: 405-408.

Smith NG, Dukes JS. 2017. Short-term acclimation to warmer temperatures accelerates leaf carbon exchange processes across plant types. *Global Change Biology*, 23: 4840-4853.

Smith S, Didden B, Nobel P. 1984. High-temperature responses of North American cacti. *Ecology*, 65(2): 643-651.

Sorensen PL, Michelsen A. 2011. Long-term warming and litter addition affect nitrogen fixation in a subarctic heath. *Global Change Biology*, 17: 528-537.

Soudzilovskaia N, Bodegom PM, Cornelissen J. 2013. Dominant bryophyte control over high-latitude soil temperature fluctuations predicted by heat transfer traits, field moisture regime and laws of thermal insulation. *Functional Ecology*, 27 (6): 1442-1454.

Szarek SR, Holthe PA, Ting IP. 1987. Minor physiological response to elevated CO_2 by the CAM plant *Agave vilminiana*. *Plant Physiology*, 83(4): 938-940.

Tape K, Sturm M, Racine C. 2006. The evidence for shrub expansion in northern Alaska and the Pan-Arctic. *Global Change Biology*, 12: 686-702.

Tesar C, Dubois M, Shestakov A. 2016. Toward strategic, coherent, policy-relevant arctic science. *Science*, 353: 1368.

Tjoelker M, Oleksyn J, Reich P. 2001. Modelling respiration of vegetation: Evidence for a general temperature-dependent Q_{10}. *Global Change Biology*, 7(2): 223-230.

Trenberth KE, Fasullo JT, Branstator G, et al. 2014. Seasonal aspects of the recent pause in surface warming. *Nature Climate Change*, 4: 911-916.

Verones F, Pfister S, Van Zelm R, et al. 2017. Biodiversity impacts from water consumption on a global scale for use in life cycle assessment. *The International Journal of Life Cycle Assessment*, 22(8): 1247-1256.

Walker T, Kaiser C, Strasser F, et al. 2018. Microbial temperature sensitivity and biomass change explain soil carbon loss with warming. *Nature Climate Change*, 8(10): 885-889.

Warren C, Adams M. 2004. Evergreen trees do not maximize instantaneous photosynthesis. *Trends in Plant Science*, 9(6): 270-274.

Wieder W, Cleveland C, Smith W, et al. 2015. Future productivity and carbon storage limited by terrestrial nutrient availability. *Nature Geoscience*, 8: 441-444.

Wolf S, Keenan T, Fisher J, et al. 2016. Warm spring reduced carbon cycle impact of the 2012 US summer drought. *Proceedings of the National Academy of Sciences*, 113: 5880-5885.

Wright I, Dong N, Maire V, et al. 2017. Global climatic drivers of leaf size. *Science*, 357(6354): 917-921.

Yamori W, Hikosaka K, Way DA. 2014. Temperature response of photosynthesis in C_3, C_4, and CAM plants: Temperature acclimation and temperature adaptation. *Photosynthesis Research*, 119: 101-117.

Yates M, Verboom G, Rebelo A, et al. 2010. Ecophysiological significance of leaf size variation in Proteaceae from the Cape Floristic Region. *Functional Ecology*, 24(3): 485-492.

Zhao C, Liu B, Piao S, et al. 2017. Temperature increase reduces global yields of major crops in four independent estimates. *Proceedings of the National Academy of Sciences*, 114: 9326-9331.

Zhao P, Kriebitzsch W, Zhang Z. 1999. Gas exchange, chlorophyll and nitrogen contents in leaves of three common trees in middle Europe under two contrasting light regimes. *Journal of Tropical and Subtropical Botany*, 7(2): 133-139.

Zhou X, Liu X, Wallace L, et al. 2007. Photosynthetic and respiratory acclimation to experimental warming for four species in a tallgrass prairie ecosystem. *Journal of Integrative Plant Biology*, 49: 270-281.

Zhou T, Luo Y. 2008. Spatial patterns of ecosystem carbon residence time and NPP driven carbon uptake in the conterminous United States. *Global Biogeochemical Cycles*, 22(3): GB3032.

第14章

全球降水变化影响陆地生态系统碳–氮–水耦合循环的过程机制及多重效应

　　大气降水变化是全球气候变化的重要内容,不仅表现为降水总量的改变,也表现为降水格局(如降水频度、降水强度等)的改变,影响生态系统碳–氮–水耦合循环过程。揭示大气降水变化对生态系统碳–氮–水耦合循环的影响可为预测未来生态系统功能变化趋势提供理论依据。

　　大气降水变化直接反映为降水格局(数量、强度、频度等)的变化,进而改变大气湿度和土壤含水量,同时影响相关的气象要素(如温度、辐射)及生物因素。降水变化的影响涉及不同层次的生态学基础、生理生态学机制和生物地球化学机制。降水在叶片冠层通过影响气孔运动调控碳、水交换通量和碳、氮同化等过程,在根系冠层通过改变土壤湿度等影响水分养分的吸收和运输,在土壤微生物和植物系统通过改变土壤湿度及大气湿度等影响生物代谢。通过在叶片冠层、根系冠层、土壤微生物及植物系统三个节点的影响,大气降水变化在生态系统层面通过光合、呼吸、蒸腾、氮吸收与排放等过程改变生态系统净碳交换、净氮交换及净水交换通量。短期降水变化导致生态系统生物生理特性、群落结构、空间格局和演化动态发生改变,进而在不同时空尺度上影响碳循环、氮循环和水循环的平衡和生态系统功能;长期降水变化促进生物系统的适应进化和动态演替,形成新的碳、氮、水循环计量特征及耦合规律。

　　本章在总结当前全球及我国区域大气降水总量、降水频度及降水强度变化的基础上,从理论上重点阐述大气降水变化如何影响生物环境因素,从而改变生态系统碳–氮–水耦合循环过程;归纳整理大气降水变化对冠层、根际及生态系统尺度碳–氮–水耦合循环过程影响的国内外研究进展,最后指出该领域的未来研究方向。

本章执笔:于贵瑞,朱先进,张尧,张维康,韩朗

14.1　引言

降水是陆地生态系统水循环的重要环节,也是将陆地生态系统通过蒸散等途径耗散的水分归还地面、完成水循环过程的重要部分。降水在维持全球水量平衡、决定区域植被分布和调节区域气候中发挥了重要作用,进而强烈影响生态系统的碳-氮-水耦合循环等生态功能。

降水对碳-氮-水耦合循环的影响不仅表现为降水自身的影响,而且还表现为降水变化的耦合作用。大气降水变化更多体现在降水频率及强度的改变,尤其是降水强度的改变引起极端气候灾害,影响生态系统功能。大气降水变化使得到达地面的水量及频度发生变化,直接影响与之相关的环境要素(如土壤湿度、空气湿度),并间接导致温度、辐射等的变化,使得生态系统碳-氮-水耦合循环发生改变。碳-氮-水耦合循环的改变引起物种间竞争力的差异、改变生态系统群落组成及结构,表现为叶面积指数、生物多样性和微生物群落组成等的变化;生态系统群落组成及结构的改变进一步反作用于生态系统碳-氮-水耦合循环过程,使之进一步发生改变。而改变的碳-氮-水耦合循环过程同时反馈于地球系统,使得大气环境发生改变,影响气候及其变化趋势。因此,揭示大气降水变化对生态系统碳-氮-水耦合循环的影响有助于增进我们对碳-氮-水耦合循环过程的理解,提高未来不同气候变化情景下对碳-氮-水耦合循环过程的预测精度,并提高我们预测未来气候变化尤其是降水变化的能力。

本章在综合评述大气降水变化规律的基础上,总结归纳大气降水变化影响生态系统碳-氮-水耦合循环过程的理论机制,并就当前该领域最新研究进展进行评述,指出未来的研究方向,填补该研究领域前沿问题的空白。

14.2　全球大气降水变化趋势及区域差异

全球大气降水变化包括降水总量变化及格局变化。降水总量是大气降水变化的重要方面,也是当前研究最多的领域。但由于时间跨度及数据集的不同,其研究结果富有争议。全球降水格局变化包括降水频次、强度、季节分配、极端降水量和频次的变化。全球大气降水变化的区域差异是自然和人为因素共同作用的结果。

14.2.1　全球大气降水变化趋势及区域差异

全球气候变暖,水循环过程加剧,降水的总量、频次、强度以及持续性都受到严重影响,进而影响全球集中降水、洪灾与干旱的发生过程。

14.2.1.1　降水总量

受到所用数据源、空间尺度及时间跨度的影响,当前对降水总量变化趋势的认知有所差异,并在区域间存在明显区别。IPCC 第五次评估报告利用四个全球数据集,包括全球历史气候网(Global Historical Climatology Network,GHCN)、气候研究单元(Climate Research Unit,CRU)、全球降水气候计划(Global Precipitation Climatology Project,GPCP)和全球降水气候中心(Global Precipitation Climatology Center,GPCC),分析了 1901—2008 年全球降水的变化趋势之后发现,所有数据集的全球年均降水量(MAP)均呈现增加趋势,其中有 3 个数据集的增加趋势在统计学上达到了显著水平,但其年际变异的趋势可信度较低(IPCC,2013)。

全球不同区域,MAP 的变化趋势也存在差异。在南北纬 30° 之间的热带地区,1901—2008 年和 1951—2008 年的 MAP 均无显著变化趋势,但在 2000 年后,MAP 呈现增加趋势,从而扭转了从 20 世纪 70 年代中期到 90 年代中期的变干趋势,四个数据集获得的结果基本一致。在北半球中纬度地区(30°N~60°N),1901—2008 年和 1951—2008 年的 MAP 在四个数据集中均呈现增加趋势,但其中三个数据集的变化趋势没有达到统计学显著水平(IPCC,2013)。北半球高纬度地区(60°N~90°N)1951—2008 年的 MAP 呈增加趋势,但变化范围较大。在南半球中纬度地区(30°S~60°S),1901—2008 年有三个数据集的 MAP 呈现增加趋势,但 GHCN 的数据呈不显著的减小趋势;而 1951—2008 年,有一个数据集呈现显著的变干趋势,两个数据集呈现不显著的变干趋势,还有一个呈现变湿趋势(IPCC,2013)。

南半球中纬度地区从 2000 年开始 MAP 呈现急剧减小趋势。这种变化趋势和利用卫星观测到的 1979—2008 年的变化趋势(Allan et al.,2010)及地面观测到的 1950—1999 年变化趋势（Zhang et al.，2007）基本一致。北半球中纬度地区具有较大的可能性呈现降水增加的趋势。全球陆地干旱地区的降水会越来越多，而湿润地区的降水越来越少，呈现的是"干变湿，湿变干"的格局（Sun et al.，2012）。

基于 160 个站点的实测数据分析表明，1951—2006 年我国 MAP 无显著的变化趋势（Liu et al.，2011；任国玉等，2016）。基于全国 560 个站点 1960—2000 年的实测数据分析表明，MAP 增加的区域主要集中在西北、西南、长江中下游平原及部分松花江流域，而辽河流域、海河流域、黄河流域及淮河流域呈现下降的趋势，黄土高原的 MAP 呈下降趋势；但黄土高原 89 个站点的数据表明，1957—2009 年，黄土高原 MAP 呈现增加趋势（Wan et al.，2015）。春季和秋季 MAP 呈减少趋势，而冬季呈增加趋势（Zhang et al.，2012）。这些研究结果的争议性进一步表明，时间跨度及数据集的选择在分析降水量变化趋势中起着至关重要的作用。

14.2.1.2　降水频次

降水频次是降水的重要方面，也是影响灾害管理及减缓的重要因素。但由于受到数据可用性的限制，当前少有研究分析全球范围的降水频次时空变异，仅有部分国家及区域开展类似分析（Maeda et al.，2013）。例如，过去的几十年里，在德国的很多地区，强降水频次不断增加（Hattermann et al.，2013），美国强降水事件频次也有上升趋势（Kunkel，2003），使得这些地区洪灾和洪水危险的程度进一步加剧。

我国开展降水频次变化的研究相对较多，基于542 个站点逐日降水资料的分析发现，1960—2003 年降水日数呈现大范围的减少趋势，各种类型降水日数变化最明显的是小雨日数（闵屾和钱永甫，2008）。我国 632 个站点的逐日降水记录显示，强降水事件（$\geqslant 50\ \mathrm{mm \cdot d^{-1}}$）的发生频次在 1960—2013 年显著升高，而中小型降水事件频次显著降低，并伴随着干旱天数的增加和微量降水天数的减少，表明干旱和洪涝的风险增高（Ma et al.，2015）。

我国降水频次的改变也存在区域间差异。从 1960—1986 年到 1987—2013 年，长江中下游及东南沿海地区，50 $\mathrm{mm \cdot d^{-1}}$ 以上的强降水事件发生频次在增加，但降水量在 0.1～10 $\mathrm{mm \cdot d^{-1}}$ 的降水事件发生频次在减少；而西北地区所有类型的降水发生频次均有所增加；西南、华北和东北地区所有类型的降水发

生频次则呈现减少趋势（Ma et al.，2015）。但是也有研究认为，西南部四川盆地局部地区暴雨日数增多，导致部分地区洪涝、地质灾害频发（周长艳等，2011）。有关云南强降水事件变化的研究表明，近 50 年来，强降水事件表现出增加的趋势（陶云等，2009），且发现云南年降水量、年暴雨次数、年大雨次数与滑坡泥石流灾害发生次数有着很好的对应关系（王学峰等，2010；刘丽等，2011）。

14.2.1.3　降水强度

降水的改变不仅表现在降水总量和频次上，降水强度也有明显变化，尤其表现在极端降水和极端干旱的出现频率上。IPCC 第五次评估报告指出，从 1951 年开始，全球极端降水量的强度及出现频次增加的区域要高于减少的区域，总体呈现增加的趋势，但这种趋势在区域间存在差异。在北美和欧洲地区，极端降水量的强度和出现频次均有增加趋势，南美也有类似的趋势，亚洲地区增加的区域也多于减少的区域，但非洲没有发现显著的变化趋势。同时，极端降水量的变化在季节间也存在明显不同。但极端干旱的变化趋势较为复杂，极端干旱发生频次增加的概率较低（Dirmeyer et al.，2012）。

基于模型模拟的结果认为，除了北极地区，全球极端降水强度的增加速度超过全球降水量的增加速度，特别是热带和亚热带地区（Kharin et al.，2007）。虽然气候模型的结果表明，极端降水事件越来越频繁，但观测数据的缺乏导致极端降水变化趋势还没得到证实。基于遥感的观测数据和气候模型得出，热带地区的极端降水与气温有着直接的关系，强降水在温暖年份增加，在相对寒冷的年份减少（Allan and Soden，2008）。在拉尼娜现象出现期间，澳大利亚东北部局地海表温度的升高使得极端降水量增加了25%（Evans and Boyer-Souchet，2012）。全球范围来说，年度日最大降水量在 1900—2009 年有显著增加趋势，并与气温升高存在正相关关系，变率为 5.9%·$\mathrm{K^{-1}}$～7.7%·$\mathrm{K^{-1}}$（Westra et al.，2013）。

我国区域的极端降水发生频次总体呈现增加趋势（王小玲和翟盘茂，2008；高涛和谢立安，2014；Chen et al.，2018b），但在空间上存在明显的差异，极端降水事件多发于 35°N 以南，特别是在长江中下游、江南地区以及高原东南部，且在这些地区极端降水事件持续时间也较长（王志福和钱永甫，2009），东北、西北东部、华北表现为减少趋势，其中东北和华北发生了突

变(杨金虎等,2008)。季节分布上,主要出现在夏季,以低持续性事件为主(王小玲和翟盘茂,2008)。年极端降水事件时间序列的多项式拟合曲线变化情况与夏季基本一致;而其他季节的变化则存在较大差异,表现出显著的季节性差异(陈海山等,2009)。

我国年际间的极端干旱时间也呈现一定的变化,总体呈现逐渐增加的趋势,并在 2000—2001 年出现极端干旱事件(Yan et al., 2016)。空间上,极端干旱在华北、东北、西北及西南出现的频率较高。

14.2.2　全球大气降水变化区域差异的影响因素

全球大气降水变化的区域差异是自然和人为因素共同作用的结果。影响全球大气降水变化的最主要因素是有效辐射驱动力(effective radiative forcing, ERF),同时,全球平均温度变化也影响了大气降水(Andrews and Forster, 2010)。低空大气的气温和比湿与下半年小雨降水频率的减少有着密切关系。气温的升高降低了我国整体小雨降水频率,而比湿变化的地域性差异决定了小雨降水频率变化的地域性差异(宋世凯,2017)。

植树造林可能对大气环流产生影响,改变降水的格局(Swann et al., 2012)。植被变化导致热带和亚热带地区显著的蒸散减少、大气变干和变暖;但在高纬度地区,植被变化的影响相对较小(Lawrence and Chase, 2010)。灌溉也会影响云量及降水(Puma and Cook, 2010)。有研究表明,美国中部大平原的灌溉使得中西部地区的夏季降水显著增加(Deangelis et al., 2010)。

由于土地覆被变化及其所导致的沙漠化,土壤尘埃持续增加。尘埃输入的增加使得北半球地表能量通量减少幅度较南半球大,导致热带辐射带南移,决定了大尺度区域降水的变化(董光荣和申建友,1990)。CO_2 浓度升高间接影响了植被驱动力,减少了植被蒸腾,导致局地大气变干和变暖。此外,对流层臭氧浓度的增加使得太阳活动周期发生变化,进而引起紫外辐射的改变,也会导致水循环异常及区域降水的改变(李慧芳,2016)。

14.3　生态系统碳、氮、水循环对水环境变化的响应与适应机制

全球变化科学研究中的水环境变化指全球及不同区域的降水量及其时空格局的变化,主要关注的是全球或一些重要区域的"湿变干"或"干变湿"趋势,以及降水强度、频率和极端降水事件等的演变规律、发生机制、资源环境效应和生态后果等问题。当变化剧烈而严重时,就会带来干旱或洪涝灾害;当这种变化缓慢而轻度时,对生态系统的影响表现为可利用淡水资源的"亏缺"或"盈余"。亏缺指自然降水量供给不能满足生命系统的水资源需求,盈余指自然降水量供给超过生命系统的水资源需求。气候变化导致的这种淡水资源的"盈余"或"亏缺"与农业生产的灌溉或排水的生态学意义相似,所以可以将全球降水变化的资源环境效应比喻为对生态系统的灌溉和排水效应(irrigation and drainage effect, IDE),但总体上都应遵循生态系统生态学的科学原理及相关规则。

水分既是控制生物、驱动生态系统碳、氮循环的环境条件,也是生物利用的自然资源。全球变化导致的降水量、降水频率和强度等变化都将会改变生态系统的水分条件及水资源的有效供给状态,深刻地影响植物生产、土壤养分及生态系统的碳、氮、水循环的多个生物物理和生物化学过程。全球降水格局变化会改变地球可利用淡水资源的时空分布,直接影响空气湿度、土壤水分条件以及人类和生物可利用的淡水资源供给状态,并间接影响相关的环境要素(如温度)等,对自然生物群落动态及生态系统结构和功能产生影响,改变生态系统碳、氮、水循环过程及其耦合关系。与此同时,受到全球变化影响的生态系统碳−氮−水耦合循环又将反馈作用于气候系统,并通过生物群落和生态系统演变适应水分环境的变化。生态系统碳−氮−水耦合循环对全球降水变化的响应与适应发生在从叶片到区域的不同尺度,正确预测全球变化及其生态后果需要在植物生理、生态系统及区域等尺度上理解陆地生态系统的碳、氮、水循环对全球气候变化的反馈作用,认知生态系统碳、氮、水循环及其关键过程对水环境变化的响应和适应机制。

14.3.1　全球降水变化与生态系统碳、氮、水循环互馈作用

14.3.1.1　全球降水变化与生态系统碳、氮、水循环互馈作用关系

全球降水变化是气候变化科学研究的重要方面,包括全球及区域的降水总量和时空格局变化等方面。除此之外,全球降水变化还直接或间接地改变局地的

气候因素(如空气湿度、饱和水汽压差和太阳辐射强度)及土壤条件(如土壤湿度),并引起水资源区域配置的再平衡,导致水资源的再分配。全球降水变化对气候因素及土壤条件的影响使得环境要素驱动的生态系统碳、氮、水循环过程及其耦合关系发生明显改变。生态系统碳、氮、水循环过程及其耦合关系对全球降水变化的响应改变了生物群落的组成、结构和动态,进一步影响生态系统碳、氮、水循环过程及其耦合关系,使之适应大气降水的改变。与此同时,受到全球变化影响的生态系统碳-氮-水耦合循环又将通过改变物质和能量的再分配反馈作用于气候系统,形成全球降水变化、生态系统碳-氮-水耦合循环及生态系统结构和功能三者之间复杂的互馈作用关系(图 14.1)。

降水变化直接影响气候因子及土壤水分状况,改变碳、氮、水循环过程及其耦合关系。全球降水变化导致空气湿度等的改变,引起饱和水汽压差、太阳辐射和空气温度等的相应变化。同时,全球降水变化也会直接影响土壤的水分状态,使土壤湿度发生改变。生态系统碳、氮、水循环过程及其耦合关系受到气温、辐射和土壤湿度等气候和土壤因素的驱动,气候因素和土壤水分状况的改变影响碳、氮、水循环的过程,如陆地生态系统初级生产、蒸腾作用、植物自养呼吸、水分运输、养分吸收、根系呼吸和地面径流等(于贵瑞等,2013)。同时,全球降水变化导致的气候和土壤因素改变影响陆地生态系统碳-氮-水耦合循环过程,如叶片冠层的能量和碳、水交换通量平衡状态,根系冠层的水分和氮吸收与利用,土壤微生物功能群网络的碳、氮利用与转化等。

受制于全球降水变化的陆地生态系统碳、氮、水循环过程及其耦合关系改变,会影响生态系统的生物组成、LAI 和生物多样性,改变生产速率、资源利用效率和不同生物的竞争力。相反,生态系统的碳、氮、水循环过程及其耦合关系不仅受制于气候及土壤等要素,还受到众多生物因素的限制,例如,LAI 增加可改变植被光合速率和蒸腾速率,土壤微生物群落组成改变会影响土壤呼吸及有机质的矿化等。与此同时,生态系统碳、氮、水循环过程及其耦合关系的改变也会反馈作用于大气降水的时空格局,使得地球系统的能量分配和大气温室气体浓度改变,进而引起全球气候系统的变化。

14.3.1.2 全球降水变化与生态系统碳、氮、水循环互馈作用机制

全球降水变化与生态系统碳、氮、水循环的互馈作用表现为两者的相互影响及反馈。全球降水变化对气候、土壤和生物因素的影响表现为直接效应和间接效应。直接效应凸显为空气湿度和土壤含水量等生态系统水分条件的改变。随着降水总量、频度及强度的变化,不仅空气湿度和土壤含水量随之变化,也伴随着大气饱和水汽压差、土壤水势及水分有效供给能力的改变,即所谓的"变干或变湿""干旱或洪涝"。间接效应则表现为生态系统水分条件变化诱发生物群落和气候要素的变化。第一,伴随全球降水变化的云量增加,到达地表的太阳总辐射减少,散射辐射比例增大。第二,到达地面太阳辐射的变化改变地表可用能量及其分配,改变空气和土壤温度时空特征。第三,全球降水变化导致空气湿度、饱和水汽压差、太阳辐射、气温、土壤含水量、土壤水势和土壤养分有效性等变化,进而影响生态系统碳、氮、水循环过程,改变生态系统结构、功能及其状态。

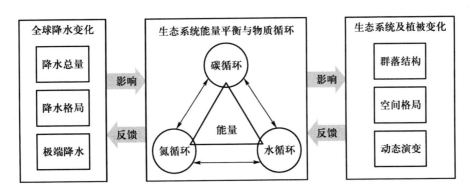

图 14.1 全球降水变化对生态系统碳、氮、水循环的影响及其反馈作用

灰色箭头表示始于降水变化的逐级影响作用或植被生态系统的逐级反馈作用,双向箭头表示三大物质循环之间的相互耦合关系。全球降水变化通过改变生态系统能量平衡和物质循环而作用于植被,而植被又会通过能量平衡和物质循环对降水变化进行反馈

全球降水变化影响生态系统碳循环及后者反馈的直接作用是生态系统生产力与碳排放平衡关系的调整。生态系统碳循环起始于植被利用光能形成总初级生产力(GPP)和净初级生产力(NPP),进而依据生物的异速生长规则分配蓄积于不同组织和器官,构造生物有机体,完成生长、发育和繁殖。相反,生物也遵循生活史规律而衰老、死亡和凋落,将有机物质归还到土壤环境之中,通过微生物分解形成 CO_2 归还到大气之中,由此形成了碳在生态系统的生物小循环过程。生态系统的自养呼吸和异养呼吸所释放的 CO_2 对大气 CO_2 浓度改变起着至关重要的作用,影响全球气候系统进而反馈于全球降水变化(Ciais et al., 2005; Chen et al., 2018a)。生态系统碳循环的各个环节都受到环境要素制约,其中水分的影响更是直接而强烈。例如,空气湿度增大导致饱和水汽压差降低,气孔导度增大,进而使得 GPP 增加。相反,干旱使得植物气孔关闭、光合速率下降,植物枯萎甚至凋落死亡等。

全球降水变化影响生态系统氮循环及后者的反馈作用也是通过大气降水变化引起的生物、气候和土壤环境要素改变而实现的。生态系统氮循环包括氮的固定(生物固氮、工业固氮、高能固氮)、生物体内有机氮的合成、氨化作用、硝化作用和反硝化作用等环节。氮的固定是将大气中的惰性氮(N_2)通过低等生物(主要是原核生物)、高能放电(闪电等)和工业催化(高温高压等)转化为植物可吸收利用的活性氮(NH_4^+、NO_3^- 等)的过程。低等生物固定的氮再被动植物吸收和利用的过程涉及植物对 NH_4^+ 和 NO_3^- 的吸收、植物体内含氮有机物(氨基酸、蛋白质等)的合成分解、动物对植物蛋白质的摄取、动物体内的氮代谢及蛋白质合成和动植物残体的微生物分解等。通过生物固氮、植物利用、动物摄取形成的有机氮最终成为死亡的动植物残体,经土壤微生物分解转化,以 NH_4^+ 或 NO_3^- 的形态释放归还到大气环境之中。土壤中的 NH_4^+ 在有氧条件下发生氧化反应(硝化作用)生成 NO_3^-,而 NO_3^- 在厌氧条件下发生还原反应(反硝化作用)生成 N_2O 及 N_2。大气降水变化改变土壤水分条件和 pH 值,影响大气氮沉降、生物固氮、植物氮吸收利用及土壤生物氮分解转化等过程,也直接影响土壤通气状态、土壤中氮的硝化作用及反硝化作用,进而反馈影响大气中 N_2O 浓度及全球气候变化。

大气降水本身就是地球系统水循环重要环节,降水和蒸散发是地球表层系统、各气候区域及类生态系统水分收支的两大通量,两者的平衡关系决定了系统水分的亏缺状态。在大气凝结核作用下,水汽以降雨或者降雪方式形成降水,降落到地面的水分以地表径流、渗漏、侧漏、蒸腾、蒸发等过程构成生态系统水循环系统。大气降水变化对生态系统水循环的直接影响表征为降水数量的增加或减少,进而通过水分再分配影响水资源分布及动态。大气降水变化对水循环的间接影响表现为改变空气湿度和土壤湿度等环境要素,影响蒸腾和蒸发强度。相反,大气降水变化导致的生态系统结构改变也将影响蒸腾和蒸发以及大气水汽含量,反馈作用于大气降水过程。第一,水汽是温室气体的重要组成部分,大气水汽含量的增加促进气候变暖,加快水循环速率,可能会增加极端气候事件的发生。例如,热带地区的季风强度和持续时间都与大气中水汽含量有关,当大气变暖、水汽增加时,季风降水总量也增加,并从热带地区向两极扩散,带动着很多地区的降水。第二,植被对降水变化具有短期响应和长期适应的能力,由此引起的水循环变化也将反馈作用于降水过程。例如,降水量增多引起植物 LAI 增大,增加生态系统的碳汇强度,抵消气候变化不利影响。

14.3.1.3 全球降水变化对碳、氮、水循环耦合关系的影响机制

全球降水变化与生态系统碳、氮、水循环的互馈机制尚不明确,很大程度上源于碳、氮、水循环之间复杂的耦合关系。揭示全球降水变化影响生态系统碳、氮、水循环耦合关系的机制,有助于充分认识碳、氮、水循环与全球降水变化的互馈关系。全球降水变化不仅分别影响生态系统的碳循环、氮循环和水循环,也对碳、氮、水循环的耦合关系产生影响。

生态系统碳、氮、水循环的耦合关系主要由以下几个方面的机制所决定。第一,受制于气孔这一水汽和 CO_2 扩散共同通道的制约,生态系统 GPP 与蒸腾(T_r)通量之间存在着紧密的耦合关系,表现为单位水分消耗的碳固定能力,即水分利用效率(WUE),具有较强的保守性。第二,受制于生态化学计量学理论约束,植物和微生物的碳、氮代谢活动呈现较为严格的生态化学计量的内稳性。植被光合作用形成的碳水化合物为植物和微生物的代谢活动提供了物质基础和能量。植物消耗部分光合产物,生成自身代谢活动所需要的化学能,完成营养物质(如 NO_3^- 和 NH_4^+ 等)的主动吸收,合成蛋白质固定在植物体内,在植物个体水平表现为生态化学计量平衡。同时,在微生物分解动植物残体过程中,微生物分解活动也遵循生态化

学计量平衡理论。第三,植物的养分吸收和运输过程的碳-氮-水耦合关系。植物消耗光合作用产物完成 NO_3^- 和 NH_4^+ 吸收,并使 NO_3^- 和 NH_4^+ 溶解在水中,再沿着导管运输到植物叶片等活跃器官。这都决定了碳、氮、水循环之间的耦合关系。

在生态系统尺度上表现为碳通量、水通量和氮沉降通量之间的耦合关系,并在动态过程和区域空间格局两个方面都有所呈现。全球降水变化直接影响空气湿度、土壤湿度和气孔开闭,进而影响气孔控制的碳-水耦合关系;同时还影响生态系统的植物组成、群落结构及土壤微生物群落结构,改变植物碳固定与氮营养吸收和利用的平衡关系。

14.3.2 气孔行为控制的生态系统水分利用效率保守性机制

气孔行为控制的 WUE 反映了碳、水通量间的相互关系,由于碳通量(GPP、RE、NEP 等)和水通量(ET)共同受气孔行为调控,具有相对稳定的保守性特征,因此,结合气孔的运动特征揭示 WUE 的保守性机制是认识碳-水耦合关系及其对全球降水变化的响应规律的理论基础之一。

14.3.2.1 生态系统的水分利用效率的保守性

生态系统的 WUE 是直接度量碳-水耦合关系的生态学参数,反映了碳、水循环间的相互关系。气孔行为限制的光合作用是植物有机物质固定的起点,也是影响碳、水循环间相互关系的最重要方面。

在植物光合作用过程中,固定 1 分子的 CO_2 大致需要消耗 1 分子的 H_2O,进而使得光合作用的 WUE 约为 0.67(碳的摩尔质量为 12 g · mol^{-1},H_2O 的摩尔质量为 18 g · mol^{-1},12/18 = 0.67)。

然而,植物根系吸收的水分并不是全部参与到植物光合的生物化学过程中。通常来说,根系吸收的水分大约 99% 被用于蒸腾,用来降低叶片表面温度,只有 1% 左右的水分参与植物叶片光合作用,这就使得气孔行为控制的叶片光合作用和蒸腾作用间的比例关系会产生变异。但是,叶片光合作用和蒸腾作用的气体扩散均是通过气孔通道控制,用气体扩散方程表达光合速率(A_n)和蒸腾速率(T_r):

$$A_n = g_c(c_a - c_i) = g_c c_a(1 - c_i/c_a) \quad (14.1)$$
$$T_r = g_w(e_i - e_a) \quad (14.2)$$

式中,g_c、g_w 分别表示气孔对 CO_2 和水汽的导度,单位为 m · s^{-1};c_a 和 c_i 分别表示大气和细胞内的 CO_2

浓度,单位为 mg CO_2 · m^{-3};e_i 和 e_a 分别表示叶肉细胞和大气的水汽浓度,单位为 g H_2O · m^{-3}。

由于气孔是 CO_2 和 H_2O 进出叶肉细胞的共同通道且 CO_2 比 H_2O 的摩尔质量高,g_c 与 g_w 间呈现固定的比例关系($g_c = 1.6g_w$)(Ghannoum et al., 2011)。同时,假设叶片温度与大气温度相等,$e_i - e_a$ 的数值可以用饱和水汽压差(VPD)来代替,这使得叶片 WUE 可以基于公式 14.1 和 14.2 表达为

$$WUE_l = A_n/T_r = \frac{c_a(1 - c_i/c_a)}{1.6VPD} \quad (14.3)$$

在长期的进化过程中,植物形成了气孔最优化理论,即植物叶片调节气孔开度,使单位水分消耗固定更多的有机物质,表现为光合作用增加值与蒸腾作用增加值的比例相对固定,呈现特定地点光合速率与气孔导度的比值是一个常数。这是因为,假设叶片温度与空气温度相等,鉴于 g_c 与 g_w 间的固定比例关系,g_c 可以通过 T_r 和 VPD 及固定常数(1.6)来求算,使得 A_n/g_c 仅为大气 CO_2 浓度(c_a)和细胞内外 CO_2 浓度比(c_i/c_a)的函数,进而提出内禀水分利用效率(intrinsic water use efficiency, $IWUE_l$)的概念:

$$IWUE_l = A_n/g_c = c_a(1 - c_i/c_a) \quad (14.4)$$

c_i/c_a 是一个受 VPD、气温和海拔高度等影响的参数(Diefendorf et al., 2010; Wang et al., 2017),但在同一类型生态系统中,VPD、气温和海拔等相对固定,使得该参数几乎为一常数(在 C_3 植物中约为 0.7,而在 C_4 植物中约为 0.4)。相对固定的 c_i/c_a 值及 VPD 使得 WUE_l 表现为一常数,反映为叶片的 A_n 与 T_r 间具有极显著的正相关关系,A_n 随着 T_r 的增大而成比例增大,呈现 WUE 的保守性。

基于叶片 WUE 保守性原理,将 GPP 和 ET 视为分别代表生态系统的光合速率和蒸腾速率的参数,则可以推测作为 GPP/ET 的生态系统的 WUE 也呈现出保守性的特征(Yu et al., 2008),即 GPP 随着 ET 的增大而线性增大。除了气孔控制的碳、水通量以外,生态系统的碳、水循环也存在着紧密的耦合关系,在土壤-植被、土壤-大气以及植物体内生化反应中存在着碳-水耦合的节点。同时,植物消耗光合作用所固定的产物进行自身代谢的比例(即碳利用效率)相对固定(Chen et al., 2018c; Collalti and Prentice, 2019; Zhang et al., 2009; Zhang et al., 2014),且大多数情况下(尤其在北方温带生态系统中)蒸腾的强度与蒸散强度呈现同步变化趋势,使得生态系统 WUE 的保守性不仅表现为 GPP 与 ET 之间的显著正相关关系,

而且表现为不同生态系统生产力（GPP、NPP、NEP）与蒸腾（T_r）或蒸散（ET）之间的正相关关系。

由于 WUE 的计算中所涉及的碳通量和水通量存在差异，例如碳通量可以选用 GPP、NPP、NEP 等，而水通量可以选用 ET、T_r、降水量等，所以不同研究所定义的 WUE 存在差异，但不同的 WUE 间存在着复杂的内在联系（胡中民等，2009；于贵瑞和王秋凤，2010）。还有学者利用净生物群系生产力（net biome productivity，NBP）、地上生物量（aboveground biomass，AB）和作物产量来估算生态系统的 WUE（VanLoocke et al.，2012）。由于 ET 数据的缺乏，WUE 还以降水量作为水分消耗量出现，即降水利用效率（Le Houérou，1984；Paruelo et al.，1999；Huxman et al.，2004；Hu et al.，2010；Yang et al.，2010；Zhang et al.，2013）。此外，也有学者将生产力（GPP、NEP）和 ET 的回归斜率作为 WUE，来比较不同生态系统间 WUE 的差异（Caviglia and Sadras，2001；Grunzweig et al.，2003；Steduto and Albrizio，2005；Emmerich，2007；Brümmer et al.，2012；Shurpali et al.，2013）。但应看到，只有当截距等于 0 时，斜率与基于比值得到的 WUE 才相等（Verón et al.，2005）。

Beer 等（2009）在 Wong 等（1979）提出的叶片水平 $IWUE_l$ 的基础上，假设冠层内外水汽压差用 VPD 来替代，同时忽略冠层边界层阻力，以 ET/VPD 替代冠层气孔导度，提出生态系统水平的内在水分利用效率（inherent water use efficiency，IWUE）的概念：

$$IWUE = \frac{GPP \times VPD}{ET} \tag{14.5}$$

总结现有生态系统水平 WUE 的定义可以发现，除了基于斜率方法计算的 WUE 和 IWUE，各种定义的 WUE 之间的差异仅是所用的生产力和水分消耗的不同而已。各种定义的 WUE 及其相互关系如表 14.1 所示。

表 14.1　各种定义的 WUE 及其相互关系

简写	生产力	水分消耗	与其他水分利用效率的关系	文献出处
WUE_{GE}	GPP	ET	$WUE_{GE} = WUE_{GT} \times T_r/ET$	Hu et al.，2008
WUE_{GT}	GPP	T_r	—	Yepez et al.，2007
WUE_{GP}	GPP	P	$WUE_{GP} = WUE_{GE} \times ET/P$	Pereira et al.，2007
WUE_{NE}	NPP	ET	$WUE_{NE} = WUE_{NT} \times T_r/ET$	Denmead et al.，2009
WUE_{NT}	NPP	T_r	$WUE_{NT} = WUE_{GT} \times NPP/GPP$	—
WUE_{NP}	NPP	P	$WUE_{NP} = WUE_{NE} \times ET/P$	—
WUE_{AE}	ANPP	ET	$WUE_{AE} = WUE_{AT} \times T_r/ET$	—
WUE_{AT}	ANPP	T_r	$WUE_{AT} = WUE_{GT} \times ANPP/GPP$	Brueck et al.，2010
WUE_{AP}	ANPP	P	$WUE_{AP} = WUE_{AE} \times ET/P$	Huxman et al.，2004
WUE_{EE}	NEP	ET	$WUE_{EE} = WUE_{ET} \times T_r/ET$	Baldocchi et al.，1985
WUE_{ET}	NEP	T_r	$WUE_{ET} = WUE_{GT} \times NEP/GPP$	—
WUE_{EP}	NEP	P	$WUE_{EP} = WUE_{EE} \times ET/P$	—
WUE_{BE}	NBP	ET	$WUE_{BE} = WUE_{BT} \times T_r/ET$	Tallec et al.，2013
WUE_{BT}	NBP	T_r	$WUE_{BT} = WUE_{GT} \times NBP/GPP$	—
WUE_{BP}	NBP	P	$WUE_{BP} = WUE_{BE} \times ET/P$	—
WUE_{YE}	Yield	ET	$WUE_{YE} = WUE_{YT} \times T_r/ET$	Tallec et al.，2013
WUE_{YT}	Yield	T_r	$WUE_{YT} = WUE_{GT} \times Yield/GPP$	—
WUE_{YP}	Yield	P	$WUE_{YP} = WUE_{YE} \times ET/P$	—

注：GPP、NPP、ANPP、NEP、NBP 和 Yield 分别表示生态系统的总初级生产力、净初级生产力、地上净初级生产力、净生态系统生产力、净生物群系生产力和作物产量；ET、T_r 和 P 分别表示生态系统蒸散、生态系统蒸腾和降水量。WUE，水分利用效率，下标的两个字母分别表示生产力和水分消耗。

从表中可以看出,所有定义的 WUE 均可以通过 WUE_{GE}(GPP/ET)乘以某一换算因子(如 NPP/GPP、ET/P 等)而得到,因而 WUE_{GE} 是分析其他定义的 WUE 的基础,而基于全球网络化的涡度相关观测可以获取长时间连续的 GPP 和 ET 数据(Baldocchi, 2008),为分析该定义下 WUE 的保守性和变异性提供了数据支撑,使得该定义下的 WUE 成为评价 WUE 最常用的定义。

除了生产力和水分消耗的不同而导致不同定义的 WUE 以外,针对单一定义下的 WUE(如 WUE_{GE}、WUE_{GT} 等),不同时间尺度的 WUE 也有不同的生理生态学意义。Yu 等(2008)给出了从半小时到年尺度的 WUE_{GE} 的定义及其生理生态学意义。年生态系统 WUE(WUE_{yr})是基于完整年份的年 GPP(GPP_{yr})和年 ET(ET_{yr})的比值计算而得,反映了特定年份生态系统碳同化与水分消耗之间的关系,其倒数反映了年尺度上单位碳同化的水成本。生长季生态系统 WUE(WUE_{gs})是基于生长季的累积 GPP(GPP_{gs})与生长季的累积 ET(ET_{gs})计算而得,反映了生长季的碳固定和水分消耗之间的关系。日生态系统 WUE(WUE_{dd})是一天中累积 GPP(GPP_{dd})和累积 ET(ET_{dd})的比值,反映了一天中碳固定和水分消耗之间的关系。白天生态系统 WUE(WUE_{dt})是白天累积 GPP(GPP_{dt})与白天累积 ET(ET_{dt})的比值,排除了夜间呼吸和蒸散对 WUE 的贡献,可以认为是植物光合与蒸腾所决定的参数,反映了植物生理过程对碳固定与水分消耗之间耦合关系的控制作用。最大生态系统 WUE(WUE_{dmax})是基于一天中 GPP 的最大值(GPP_{dmax})与其当时的 ET(ET_{dmax})计算而得,可以认为是一个生态系统的潜在 WUE,仅受到植物气孔行为和生理活动的控制。

14.3.2.2 水分利用效率保守性及变异的影响因素

植物 WUE 保守性机制的生物学基础是气孔运动、植物光合碳同化和蒸腾失水之间的权衡关系的调控。气孔开闭行为对水分环境变化非常敏感,植物叶片和根系水分含量的变化均能引起气孔开闭,解释其生理学机制的学说有水力信号控制理论和化学信号控制理论(于贵瑞和王秋凤,2010)。

水力信号控制理论认为,植物体内的维管组织从根到叶构成一个高效连续的导水系统,当植物的某一部位(例如根)的水分状况改变时,这一信号就会沿导水系统传递到气孔,通过气孔开闭调整蒸腾失水速率和根系吸水速率的相对平衡(Malone,1993)。当土壤水含量减少时,根系内外渗透压差减小,吸水速率降低,渗透压差随着连续的水流传递至叶片的保卫细胞,引起气孔关闭,降低蒸腾速率,减少植物失水。

化学信号控制理论认为,当植物受到土壤干旱胁迫时,根系会产生某种化学物质,随液流传输到叶片上的气孔复合体,从而关闭气孔。这种化学物质被认为是脱落酸(abscisic acid, ABA)(Takahashi et al., 2018)。ABA 可在植物根、叶等多个位点合成,通过多种转运子进行上行和下行的双向运输,当水环境发生变化时,植物便通过这种 ABA 信号网络系统进行信号传递(Kuromori et al., 2018)。由于 ABA 呈弱酸性,其在液流中常以质子化和去质子化的形态存在,质子化的 ABA 可通过细胞间隙移动,在 ABA 的运输过程中不易被其他细胞捕获,顺利到达气孔的保卫细胞。两种状态 ABA 的比例是由液流 pH 值调节的,正常情况下的液流随蒸腾拉力沿着木质部向上移动,pH 值逐渐升高,伴随着去质子化作用。当植物蒸腾速率升高时,液流在木质部停留的时间变短,液流 pH 值较正常水平低,去质子化过程不够充分,导致运输到气孔保卫细胞的质子化的 ABA 数量增大,引起气孔关闭(Jia and Davies, 2007;Kuromori et al., 2018)。此外还有细胞分裂素(cytokinin, CTK)和无机离子等其他化学信号物质参与气孔开闭运动调节(张岁岐等,2001;Davies et al., 2010;高春娟等,2012)。

WUE 不仅表现出保守性的特点,而且受到植物生物学特点和生存环境差异的影响,在不同区域或植被不同发育阶段又表现出一定的变异性。WUE 的变异性首先体现在 C_4、C_3 和 CAM 途径植物所特有的生物化学特征、叶片气孔形态、气孔开闭行为及其响应环境变化的生物学特性对 WUE 的影响上。植物的光合同化途径是决定植物 WUE 差异的主要因素,C_4 植物的 WUE 显著高于 C_3 植物,CAM 植物的 WUE 最大。C_4 途径中的磷酸烯醇式丙酮酸羧化酶(PEPC)与 CO_2 的亲和力是 C_3 途径 Rubisco 的 60 倍,C_4 植物可在胞间 CO_2 浓度很低($0 \sim 10$ mg $CO_2 \cdot m^{-3}$)的条件下同化固定 CO_2。因此,C_4 植物的 c_i/c_a(约为 0.4)远低于 C_3 植物(约为 0.7),C_4 植物的 WUE 远远高于 C_3 植物(Wong et al., 1979)。CAM 植物多生长在热带干旱地区,进化出了适应干旱和昼夜温差的气孔开闭行为,具有最高的 WUE(Eller and Ferrari, 2010)。此类植物在寒冷的夜间张开气孔吸收 CO_2,并将其羧化成酸性物质后储存在液泡中,且温度越低,CO_2 吸收越多。白天关闭气孔,在减少水分散失的前提下,将夜间固定的酸性物质进行脱羧,重新释放出 CO_2 参与卡尔文循环,并且温度越高脱羧越快。

除了植物光合途径的生物学特性以外,植物叶片和根系的形态与功能特征也是影响 WUE 的重要因素。就气孔形态来说,气孔越小,关闭越快,WUE 越高;气孔密度越小,WUE 越高;气孔呈叶片单面分布的植物的 WUE 较双面分布的植物高(王瑞云等,2014;Liu et al.,2017)。叶片表面的角质层、绒毛、蜡质等能够减少水分散失,提高 WUE。另外,叶片形状对 WUE 也有影响,针叶、鳞状叶、狭长叶的 WUE 高于阔叶(郑彩霞等,2006;白雪,2011)。因此,大多数干旱区植物叶片的气孔多分布于叶片下表皮并下陷,气孔密度较大,气孔尺寸和开度明显减小,这些特征有利于最大限度地提高 WUE(肖磊等,2016)。

对于根形态和分布来说,较大的根长、根重、根表面积、根体积、深根比例及均匀的根系空间分布等均能提高植物 WUE。在荒漠区,贫乏的降水和强烈的蒸发导致表层土壤水分匮乏,因此某些灌木发展出很深的根系摄取地下水来躲避干旱,即"地下水湿生植物"(phreatophyte),这种植物的 WUE 在干旱条件下较其他植物更稳定(Xu and Li,2006)。

大气水分是蒸腾的直接驱动力,在 VPD 从 0 逐渐增大的过程中,T_r 升高;但当 VPD 增大到一定程度时,植物关闭气孔,又导致 T_r 增长速率有所下降。总体来看,T_r 呈先快后慢的上升趋势。而光合速率一开始随 T_r 略有增大,但当气孔关闭时主要呈下降趋势,因此 WUE 总体呈显著下降趋势。土壤水对 WUE 也存在限制作用,在一定范围内,WUE 随土壤水分含量升高而升高。但是,土壤水分含量过低时植物光合作用受到限制,WUE 降低;而当土壤水分含量过高时,土壤蒸发量显著增加导致 WUE 降低,或土壤通气状况变差限制植物生产活动,也会导致 WUE 下降。因此,在不同生态系统中 WUE 的变异规律存在一定的水分阈值。由于大自然中环境因子常互相关联,CO_2、温度、营养等条件也会同时影响生态系统 WUE(于贵瑞和王秋凤,2010)。

此外,植被冠层覆盖度控制的 T_r/ET 值改变生态系统 WUE 的大小,影响蒸腾蒸发与光合作用的耦联、解耦及相互平衡关系。在植被茂密的生态系统中,生态系统蒸散主要由蒸腾所构成,使得将蒸散作为生态系统蒸腾作用的假设基本成立。然而,严格意义上来

说,ET 是由土壤蒸发(soil evaporation,E)、冠层截留蒸发(evaporation from the canopy interception,E_c)和生态系统蒸腾(ecosystem transpiration,T)组成(Wang and Dickinson,2012),植被冠层覆盖度控制着生态系统的 T_r/ET 值,这就使得 GPP/ET 定义下的 WUE 可以改写为

$$WUE = GPP/ET = GPP/T_r \times T_r/ET \qquad (14.6)$$

这里的 GPP/T_r 为植被蒸腾的水分利用效率(WUE_{T_r}),是蒸散消耗单位质量水所制造的干物质质量(单位为 $g \cdot kg^{-1}$),为蒸腾系数(TC)的倒数。T_r/ET 为蒸散总量(ET)中参与植被生命活动蒸腾(T_r)的比例,可以理解为生态水分利用率(WUR_E)。WUE_{T_r} 主要受植物生理生化等生物学特性影响,WUR_E 则主要受植被 LAI 和植被盖度所影响,植被 LAI 越大,WUR_E 也随之增大,即蒸散总量中被用于蒸腾的比例越大,用于直接的非生物过程的土壤蒸发比例($1 - WUR_E$)就越小(Hu et al.,2008)。

在植被生物特性和植被盖度的共同影响下,我国不同生态系统的 WUE 呈现明显不同的动态变化规律(图 14.2)。北方典型生态系统中,WUE 在年内呈现显著的单峰形变化规律;但在亚热带森林生态系统中,WUE 呈现年初和年末较高、年中较低的凹形变化趋势(Hu et al.,2008;Yu et al.,2008;Zhu et al.,2014)。不同生态系统 WUE 动态的差异主要是各类生态系统 WUE 变异的主导组分存在差异造成的,北方典型生态系统 WUE 的变异主要是由 WUR_E 的变

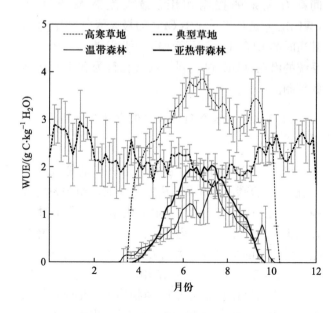

图 14.2　不同生态系统 WUE 的季节动态(Zhu et al.,2014)

化所引起(Hu et al., 2008; Zhu et al., 2014), 而亚热带森林生态系统的 WUE 的变异主要是由 WUE_{T_r} 所导致(Zhu et al., 2014)。

WUE 季节动态的差异使得 GPP 和 ET 之间的关系也存在差异。在北方典型生态系统中, WUE_E 的变化主导了 WUE 的季节动态, 使得 T_r 随着 ET 的增加而线性增大, GPP 与 T_r 之间的耦合关系导致 GPP 和 ET 对关键气候变量(如温度、辐射、VPD 等)的响应具有同步性, 使 GPP 与 ET 呈现显著的正相关关系, 表现出 GPP 与 ET 之间的耦合现象(Yu et al., 2008)。然而, 在湿润的生态系统(如亚热带生态系统)中, WUE_{T_r} 主导了 WUE 的季节动态, T_r 与 ET 的变化呈现不同步性, 进而使得 GPP 与 ET 对温度、辐射和 VPD 的响应呈现差异, 引起 GPP 和 ET 的解耦现象(Yu et al., 2008)。

WUE 不仅在同一生态系统的不同季节呈现动态变化, 而且在空间上呈现明显的变异性。在我国东部南北森林样带上, WUE 呈现从南向北逐渐增大的趋势, 随着年均降水量和年均气温的增加而线性降低(Yu et al., 2008); 而我国草地样带各个生态系统的 WUE 则随着 LAI 的增大而增大(Hu et al., 2008)。整合我国区域 35 个陆地生态系统的涡度相关观测数据, Zhu 等(2015)研究发现, 我国陆地生态系统的 WUE 还表现出随着海拔的升高而显著增大, 且 WUE 的空间格局由海拔和 LAI 共同决定, 海拔的差异导致生态系统生物属性的差异, 进而引起 WUE_{T_r} 的差异; 而 LAI 所反映的植被盖度的差异引起 WUE_E 的变化, 导致 WUE 发生改变。

14.3.2.3 植被气孔导度及其对环境变化的响应

气孔导度(或其倒数, 即气孔阻力)是衡量气孔开闭程度的一项指标, 与叶片最大羧化速率密切相关, 反映植物体内的代谢活性状态。研究气孔导度及其对环境变化的响应有助于揭示光合和蒸腾调控机制, 进而充分理解生态系统的碳、水循环过程。

(1)叶片对水汽和 CO_2 的气孔导度定义

植物根据自身代谢情况调节气孔的开度, 使植物在消耗较少的水分下固定更多的有机物质。植物气孔的开闭程度采用气孔导度来描述, 是单位时间通过单位气孔横断面积的水汽和 CO_2 的量, 是气孔阻力的倒数, 通常采用 $mmol \cdot m^{-2} \cdot s^{-1}$、$mg\ CO_2 \cdot m^{-2} \cdot s^{-1}$ 或者 $m \cdot s^{-1}$ 为单位。由于水汽和 CO_2 的摩尔质量存在差异, 且摩尔质量越小通过气孔的速率越快, 所以叶片对水汽的导度比对 CO_2 的导度要大。通常通过测定叶片的蒸腾速率并结合 VPD 等参数而获取气孔导度, 也是光合仪等常规生态学仪器中的重要输出参数。

(2)群落对水汽和 CO_2 的气孔导度定义

群落对水汽和 CO_2 的气孔导度反映了生态系统水平上气孔对水汽和 CO_2 交换的控制作用, 是叶片气孔导度在生态系统水平的体现, 又称为冠层导度, 是量化植物群落下垫面的物质和能量交换时使用的重要参数。通常将其定义为单位时间通过单位面积冠层的水汽和 CO_2 的数量, 是冠层阻力的倒数, 与叶片气孔导度采用相似的单位, 并且群落对水汽的气孔导度也小于其对 CO_2 的气孔导度。群落对水汽和 CO_2 的气孔导度可以有多种求算方法, 例如利用气体交换法测定叶片气孔导度并尺度上推到冠层, 或者利用模型模拟法、涡度相关法等。

(3)气孔导度对环境因素变化的响应

气孔导度是植物自身代谢状态的反映, 是平衡碳、水通量的重要体现, 对外界环境要素(如光照、温度、水分、CO_2 浓度等)均有明显的响应规律。

光是植物光合作用的能量来源, 是影响气孔导度的重要因素。通常来说, 光照增强启动了植物的光合作用, 且光合作用随着光照强度的增加而加强, 进而反映为光照增强使气孔导度增大。然而, 强光条件下, 植物光合作用会出现停滞, 表现出"午休"现象, 也使得气孔导度有所降低。故光照强度通常使气孔导度增大, 但当光照强度超过一定阈值时会使气孔导度有所降低。

温度影响植物体内酶的活性, 导致植物光合作用及蒸腾作用强度的改变, 也对气孔导度的大小产生影响。温度对气孔导度的影响与光照有所类似, 当温度升高时, 植物体内酶的活性增强, 使得光合作用加速, 提高气孔导度; 但过高温度会使蛋白质变性、植物体内酶活性失活, 降低气孔导度。

水分对气孔导度的影响体现在前馈式响应和后馈式响应两个方面。在前馈式响应中, 大气湿度可迅速影响气孔导度, 随着饱和水汽压差(VPD)的增大, 气孔导度呈先快后慢的减小趋势(图 14.3a)(McDowell and Allen, 2015); 而在后馈式响应中, 土壤水分在短时期内对气孔导度的影响程度较小, 但长期来看, 随着土壤水势的降低, 气孔导度呈指数型下降(图 14.3b)(Klein, 2014)。然而, 前馈式响应和后

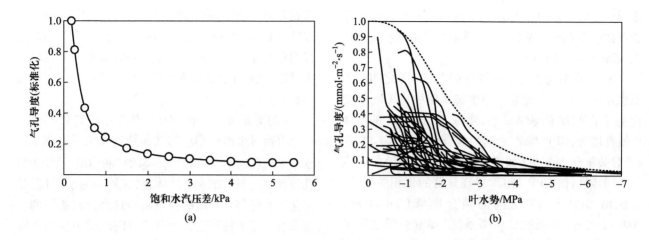

图 14.3 （a）气孔导度与饱和水汽压差的关系模型；（b）70 种木本植物气孔导度与叶水势关系
虚线为对应水势下的最大气孔导度生理界限。

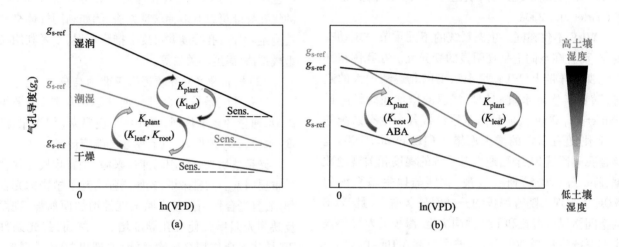

图 14.4 VPD 和土壤湿度对等水势植物（a）和非等水势植物（b）气孔敏感性的调控机制（Domec and Johnson，2012）
图（a）直线的斜率代表气孔关闭速率（即 Sens.），截距代表 VPD＝0 时的气孔导度 g_{s-ref}。

馈式响应可能同时对气孔行为进行调控（Domec and Johnson，2012）。

气孔对水分环境变化的响应存在物种差异。一些植物在干旱胁迫早期关闭气孔，减少蒸腾，维持叶水势，避免水力失效（hydraulic failure，HF）；但另一类植物的气孔对水分信号缺乏敏感性，干旱发生时气孔仍呈现一定的开度（Klein，2014）。对于等水势植物来说（图 14.4a），随着 VPD 增大，气孔导度（g_s）满足：

$$g_s = g_{s-ref}^{Sens. \times ln(VPD)} \qquad (14.7)$$

式中，g_{s-ref} 表示 VPD＝0 时的气孔导度；Sens.表示气孔关闭的速率，反映 g_s 对 VPD 的敏感性。等水势植物的 g_{s-ref} 与土壤水分呈正比，Sens.在不同土壤湿度下差异不大。对于非等水势植物（图 14.4b），g_{s-ref} 和 Sens.在土壤湿度很大时受叶片导水率限制而降低，即不关闭气孔，个体导水率（K_{plant}）主要受叶片导水率（K_{leaf}）影响；而当土壤水分限制时，气孔行为更接近等水势植物（关闭气孔），K_{plant} 主要受根系导水率（K_{root}）影响，内源 ABA 的产生被认为是导致气孔敏感性上升的原因。

作为光合反应的原料，CO_2 也对气孔导度产生影响。CO_2 浓度升高使得植物可以利用的原料增多，植物光合速率加快，反映为气孔导度的增大。然而，气孔既是 CO_2 进入叶肉细胞的通道，也是水汽散失的通道。当 CO_2 浓度升高过多时，气孔导度过大的同时会导致水分散失的增多，植物需要调节气孔开闭减少水分散失,表现为气孔导度的减小。但高浓度 CO_2 下气孔导度的下降幅度因植物种类和环境条件的不同而存在差异。

(4)气孔导度对环境要素变化的响应模型

在气孔导度对单一环境要素响应的基础上,众多学者提出了气孔导度对环境的综合响应模型。现有气孔导度对环境的响应模型可以归纳为三类。

第一类是 Jarvis 环境响应模型。这是一种经验统计模型,基于叶片气孔导度对环境变量的响应而获得。在 Jarvis 环境响应模型中,气孔导度对环境变化的响应可以视为气孔导度对光合有效辐射、气温、VPD、CO_2 浓度等响应函数的乘积。该模型形式简单灵活且可以考虑多个环境因子的综合作用(Jarvis,1976),但忽视了环境要素间的相互作用且模型中各参数的生态学意义并不明确。

第二类是基于气孔导度与光合速率等关系的半经验模型,如 Ball-Woodrow-Berry(BWB)模型等,其将气孔导度视为待定常数、净光合速率、相对湿度和叶片表面 CO_2 浓度的函数,在很大程度上描述了气孔的开闭机理,且从生态学的角度给出了气孔导度对相对湿度和 CO_2 浓度的响应规律,并反映了气孔运动与光合作用间的互馈关系,但忽视了其他环境要素(如光合有效辐射等)的作用。在 BWB 模型的基础上,后续又有学者进行改进开发了 Ball-Berry-Leuning(BBL)模型;Yu 等(2001)在 BBL 模型的基础上引入总光合速率的概念,对 BBL 模型做了进一步修正。Medlyn 等(2011)整合半经验模型与气孔最优化理论,提出了一个新的模型,将气孔导度视为待定参数、净光合速率、饱和水汽压差、叶片表面 CO_2 浓度的函数。该模型具有 BBL 模型相似的表达形式且充分考虑了气孔最优化理论,可以充分解释各种环境条件下的气孔行为(高冠龙等,2016)。

第三类是气孔的形态结构模型,整合气孔形态和气孔对环境要素的响应,将气孔导度视为气孔的最大值(g_{ref})与相关环境要素(如 VPD 等)限制作用的乘积(Katul et al.,2009;Oren et al.,1999)。

14.3.3 植物和微生物代谢过程对水分环境变化的响应

植物和微生物代谢过程包括光合、呼吸、营养吸收、生长和死亡等过程,这些代谢过程是生态系统碳-氮-水耦合循环的重要节点,也是碳、氮、水循环的重要方面,其完成及活性的维持都需要适宜的水分环境。水分环境的变化会促进、抑制或阻断这些代谢过程,植物和微生物会表现出生物生理或生态学的短期响应及长期适应。

14.3.3.1 光合和呼吸作用对水分环境变化的响应

光合作用对水环境改变的响应机制主要分为气孔限制和光合酶限制两个方面。气孔限制源于水环境改变导致气孔开闭程度发生变化,使得进入叶肉细胞的 CO_2 数量发生改变,影响植物光合作用的原料供给量,进而改变光合速率。一般情况下,大气干旱使得气孔开放程度降低,叶肉细胞 CO_2 供给不足,光合速率下降。光合酶限制本质上是因叶肉细胞光合性能的改变而引起的光合速率变化。水分亏缺通常导致光合关键酶 Rubisco 活性降低,即使在未发生气孔限制的情况下,叶肉细胞也无法固定底物 CO_2,光合速率下调(许大全,1997)。

光合作用响应水分环境变化具有物种特异性。大多数情况下,植物会在很大范围的水分梯度下都维持正常的生长(Cornwell et al.,2007),土壤水分有效性降低会导致光合速率下降(Grossiord et al.,2017),或在一定程度干旱条件下还会增强加光合能力。

光合产出和呼吸消耗决定植物的碳收支平衡,植物代谢中的碳动态遵循质量守恒定律:

$$光合+碳储存 = 呼吸消耗 + 生长消耗 \quad (14.8)$$

植物碳的吸收和消耗对水环境变化的响应速度可能不同,在不同的时间尺度下,光合、生长和呼吸的相互关系也会不断变化。

一般来说,生长活动(如生物量、株高、基径、叶面积等的增大)最易受到干旱影响,当干旱发生时,生长速率会最先降低甚至停止生长。当生长速率降低时,更多的碳水化合物被"节省"出来用以呼吸、代谢、防卫等,因此在干旱早期往往会出现碳储存峰值。当干旱延续,光合速率降低,呼吸速率由于底物和能量不足而降低;当低于其有效性阈值时,呼吸就会停止,导致植物死亡(图 14.5)(McDowell,2011)。

植物在干旱发生时倾向使碳同化速率呈最大化、碳消耗呈最小化的策略,这样才有更多的净碳收入以维持生命活动(McDowell et al.,2008)。随着干旱强度增加或时间推移,碳同化速率和碳消耗速率的相对关系会发生改变。碳动态变化大致分为三个阶段:①碳剩余(carbon surplus,CS)阶段,此时碳同化速率大于碳消耗速率,即净碳积累阶段,碳平衡基本不受

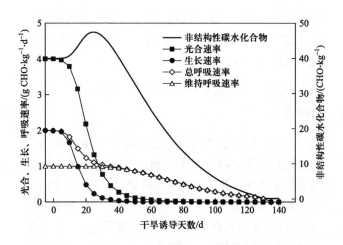

图 14.5　光合、生长、呼吸对干旱的响应模型

干旱影响;②碳限制(carbon limit,CL)阶段,碳同化速率开始下降,但尚可满足代谢所需,生长速率下降或生长停止,此阶段也是植物对碳分配的权衡阶段;③碳亏损(carbon deficit,CD)阶段,此时的碳同化速率小于碳消耗速率,植物进入负碳平衡,积累的碳水化合物不足以维持代谢活动,植物逐渐死亡。McDowell(2008)将这种由于光合和呼吸消耗响应差异导致的植物死亡过程称为植物的"碳饥饿"(carbon starvation,CS)死亡机制。

14.3.3.2　植物和微生物碳、氮代谢对水分环境变化的响应

水分条件通过影响植物根系对养分的吸收及叶片碳、氮同化速率而影响植物体内的碳、氮代谢。降水增加往往导致植物养分吸收速率增大,碳、氮同化速率增大,因此植物能够固定更多的有机物,并以凋落物的形式对土壤有机质进行返还。区域尺度或全球尺度的证据表明,植物生产力(Petrie et al.,2018)、叶氮含量(He et al.,2008)和凋落物氮含量(Kang et al.,2010)均与MAP呈正相关,而土壤C:N值与MAP呈负相关(Yu et al.,2017),这些响应特征表明,降水增多能够加速植物碳、氮代谢过程和生态系统碳、氮循环。

降水导致土壤产生干湿交替变化,对微生物活动产生激发效应。降水后微生物量和土壤呼吸迅速达到一个峰值,但是持续时间很短,即"Birch 效应"(Birch,1958)。在不同水分梯度下,土壤激发效应强度达到峰值的时间及激发效应衰减速度有所不同。土壤的激发效应可用函数描述(Liu et al.,2002):

$$Y = Y_0 + a \cdot t \cdot e^{-b \cdot t} \qquad (14.9)$$

式中,Y 表示土壤 CO_2 释放量或土壤湿度;Y_0 表示降水处理前的土壤 CO_2 释放量或土壤湿度;t 表示时间;系数 a 表示灌水后土壤激发效应达到峰值的速度;系数 b 表示到达峰值后的衰减速度。总体来看,土壤 CO_2 释放随土壤湿度增加呈上升趋势,二者关系满足(Liu et al.,2002):

$$R = 0.664 \times \frac{W - 25.0}{7.88 + (W - 25.0)} \qquad (14.10)$$

式中,R 表示土壤 CO_2 释放量;W 表示土壤湿度。

随着降水强度的增加,激发效应峰值、系数 a 和 b 均逐渐降低,表明降水变化对土壤呼吸的激发效应会因时因地而异(Liu et al.,2002)。在较干旱(干湿季交替中的旱季)的生态系统,小降水事件会强烈地激发土壤呼吸,且降水前土壤水分含量越低,降水后激发效应越强(Liu et al.,2002);而在较湿润(或者干湿交替中的湿季)的生态系统,降水增加导致的激发效应强度较小,甚至会抑制土壤呼吸(Kursar,1989)。另外,激发效应持续时间较短,且短期干旱后降水对土壤呼吸的激发效应不及长期干旱后降水所产生的激发效应强烈(苏慧敏等,2011)。降水对土壤呼吸的激发效应涉及对土壤通透性的改变。在土壤缺水时,土壤孔隙中充满空气,降水时水分取代空气的位置,将 CO_2 等气体排出,造成 CO_2 在短时间内激增。但由于土壤有机质含量有限,因此随着干湿交替循环次数的增多,CO_2 释放量逐渐减少(张梦瑶等,2017)。降水变化对土壤呼吸的影响机制还包括对可溶性有机质的调节、对微生物生物量及微生物活性的刺激、对微生物和植被根系生命活动的影响等(陈全胜等,2003)。

降水增加能够提高微生物的碳、氮矿化速率(图14.6)。碳矿化相关的微生物能快速、敏感地对降水变化做出响应,其代谢活性在干湿交替过程中对土壤可溶性有机碳的利用增加,且矿化速率随干湿交替间隔时间延长而升高(Mi et al.,2015;Mikha et al.,2005;张梦瑶等,2017)。土壤微生物氮含量和土壤氮矿化速率对小降水事件非常敏感,一般情况下会产生正激发效应(Birch,1958;Mikha et al.,2005)。在一定土壤含水量范围内,土壤硝化速率与含水量呈正相关。然而,过高的土壤含水量阻碍了微生物的氧气供给而导致硝化速率降低(Sitaula and Bakken,1993)。当降水格局改变时,硝化细菌比反硝化细菌有较强的抵抗能力(Chen et al.,2017)。此外,降水对土壤矿化速率的影响还取决于土壤理化性质、微生物类型等。

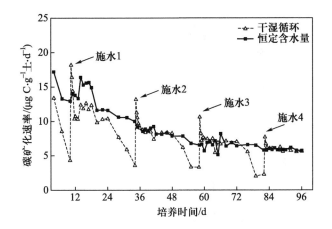

图 14.6　干湿循环对土壤碳矿化速率的影响
（Mikha et al.，2005）
相比于持续施水处理，周期性的干湿循环能够促进土壤碳的矿化。

14.3.4　植物根系水分和养分吸收和运输过程对水分环境变化的响应

植物根系的水分和养分吸收及在土壤-植物-大气系统的运输过程是生态系统碳、氮循环的重要组成部分，这些过程都必须以导管或筛管中的液态水流为载体，其本质是溶质流的运动，一切影响溶质流运动的生物和物理环境因素都会影响碳、氮、水在土壤-植物-大气系统的运动，其中影响最为直接而重要的因素是土壤含水量和大气饱和水汽压差。

14.3.4.1　植物根系水分和养分吸收对水分环境变化的响应

植物根系吸水机制包括被动吸水和主动吸水。被动吸水是叶片蒸腾产生的蒸腾拉力作用于土壤-植物-大气连续体引起的水分吸收。当水分环境发生改变时，叶片-土壤水势差变化，进而导致蒸腾拉力的改变，影响植物被动吸水速率。主动吸水是植物消耗自身能量、主动吸收土壤水分的过程，其吸水动力由根系渗透势（根压）主导。因此，根系细胞渗透势的维持（渗透调节）是植物忍耐水分亏缺的重要生理机制。

参与渗透调节的物质主要有从外界进入细胞的无机离子（如 K^+、Cl^-）以及细胞内合成的有机溶质。这些有机溶质主要为多元醇和偶极含氮化合物，如蔗糖、半乳糖甘油、山梨糖醇、赤藓醇、环烷丁醇、γ-氨基丁酸、谷氨酸、脯氨酸、苏氨酸、甘氨酸、丙氨酸和甜菜碱等。它们具有亲水性，在植物细胞生理干旱时结合

在酶的表面使其免受有毒离子的伤害。一定程度的干旱会诱导植物细胞合成和累积渗透调节物质，用以维持根系吸水能力，因此渗透调节能力是衡量物种抗旱性的重要指标（鲁松，2012）。

水分条件变化影响细胞渗透调节物质的积累和细胞膜，系统改变根系水分吸收。细胞渗透调节的结构基础是细胞膜，水分和养分的转移方向取决于膜内外的离子浓度差，而转移方式取决于膜蛋白质通道和酶的类型。干旱会造成植物细胞膜系统损伤，植物在干旱时形成过剩的自由基，引发膜脂过氧化，导致一系列活性氧（reactive oxygen species，ROS）对细胞产生氧化损伤，例如修饰氨基酸、使肽键断裂、形成蛋白交联聚合物、改变蛋白构象等。脂质氧化的终产物丙二醛（malondialdehyde，MDA）可与细胞膜蛋白结合而使之失活，且在体外影响呼吸链及其关键酶活性，具有细胞毒性。超氧化物歧化酶（superoxide dismutase，SOD）能催化 ROS 发生歧化反应产生无毒分子氧和 H_2O_2。再由过氧化物酶（peroxidase，POD）和过氧化氢酶（catalase，CAT）将 H_2O_2 分解为完全无害的水。因此，SOD、POD 和 CAT 组成了一条保护链，称为膜脂过氧化防御系统。一定程度的干旱可激发过氧化防御系统作用增强，但当干旱过于严重时，仍会造成细胞的不可逆损伤，使生物膜丧失通透性、膜蛋白失活、细胞器变性，阻碍根系吸水，甚至导致细胞死亡（鲁松，2012）。

另外，水是养分的载体，又是各种酶反应的溶剂，因此根系的水分吸收必然与养分吸收相耦合。同样地，在一定程度的干旱下，根系通过积累各类渗透调节物质、提高抗氧化酶活性、增加细胞膜相对透性和根系活力等方式，保证根系正常的养分吸收过程。

14.3.4.2　水分和养分运输对水分环境变化的响应

植物体内水分和养分的运输是两个独立的过程，但又彼此影响。水环境变化影响木质部导水率、韧皮部养分输送效率及养分分配策略。

根据内聚力学说，水分沿着土壤—植物根系—植物叶片—大气的方向进行传导，水流在植物导管中形成一条连续的水柱，且受到向上的蒸腾拉力和向下的重力的共同作用。叶片和土壤的水势差导致了植物体内形成蒸腾拉力，因此蒸腾速率（T_r）可以借鉴达西定律来描述：

$$T_r = K_1 \times (\Psi_s - \Psi_1 - hp_w g) \quad (14.11)$$

式中，K_1 表示土壤-植物-大气连续体的比叶导水率；

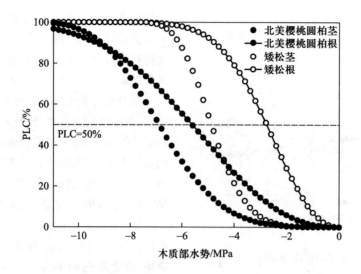

图14.7　北美樱桃圆柏和矮松根、茎脆弱曲线(McDowell et al., 2008)

Ψ_s 表示土壤水势；Ψ_1 表示叶水势；hp_wg 表示高为 h、密度为 p_w 的水柱的重力拉力。若 K_1 保持不变；T_r 会随着（$\Psi_s-\Psi_1$）成比例增大。干旱条件下，空气湿度或土壤水势变化引起水势差（$\Psi_s-\Psi_1$）增大、蒸腾速率升高，水柱"上拉下拽"的效应增强，严重时水柱断裂，气泡进入导管，聚集形成"栓塞"，阻碍水分运输，此时 K_1 开始减小。当蒸腾速率超过了其上限 K_1 趋近0，表示植物发生了水力失效（hydraulic failure，HF）（McDowell et al., 2002）。

衡量水分运输速率的指标主要有导水率（hydraulic conductivity，K）、导水损失率（percentage loss of conductivity，PLC）和 P_{50}。导水率即植物导管在一定驱动力（压力差）下的水流速度。PLC 是衡量木质部栓塞程度的参数，即最大导水率被"栓塞"降低的程度：

$$PLC = (1-K_{initial}/K_{max})\times100\% \quad (14.12)$$

式中，$K_{initial}$ 表示初始导水率；K_{max} 表示导管内栓塞去除后测量的最大导水率。

PLC 与木质部水势的关系曲线也称脆弱曲线（vulnerability curve，VC），VC 中 PLC＝50% 时的木质部水势即为 P_{50}，是表征水分运输响应干旱敏感性的重要指标，P_{50} 绝对值越大，则在干旱条件下越不易发生水力失效。2000—2002 年美国西南部发生了森林干旱死亡事件，其中两种 P_{50} 不同的松科植物死亡率相差甚大（图14.7）：北美樱桃圆柏（*Juniperus monosperma*）枝条 P_{50} 约为-6.9 MPa，而矮松（*Pinus edulis*）枝条 P_{50} 约为-5 Mpa，两个物种的水分运输对干旱的敏感性存在差异，因此导致了干旱下截然不同的死亡率（矮松为 95%，北美樱桃圆柏为 25%）（McDowell et al., 2008）。

植物地上、地下的水分运输对干旱的响应程度也不同。一般来说，根系较地上部分对干旱更敏感（McDowell et al., 2008）。在干旱条件下，直径小的根系先产生栓塞，可以使植株和干燥的土壤隔绝，并且诱导气孔关闭，缓解地上组织的缺水状况，即"脆弱分割"理论。由于直径较小的根系更新速度快，干旱过后可以通过再生或栓塞的"再填充"进行补偿（McDowell et al., 2002）。

植物叶片的光合产物沿韧皮部向下分配至各个器官，在非原生质体间的移动多是靠扩散作用或溶液的膨胀流，而通过原生质膜主要靠耗能的主动运输（Peel，1983）。光合产物从"源"到"汇"的迁移需要韧皮部装载、韧皮部传输和韧皮部卸载三个过程。干旱可以通过降低碳汇活性而阻碍光合产物的装载和卸载，或者通过增加液流黏度来降低韧皮部导度，导致韧皮部运输失效（Chaves et al., 2003；Hölttä et al., 2009）。干旱过程中韧皮部运输在干旱后期对植物的存活起着重要作用，其功能失效可导致碳水化合物无法被运输到正确的"汇"，因此大量储碳无法被植物利用，引发植物死亡。

水环境变化时，植物还通过调整养分向不同"汇"（生长、维持、储存、防卫、输出、繁殖等）的运输强度，以保证植物生理功能的维持，但这会以其他"汇"强度的降低作为代价，即各个汇之间形成竞争关系。例如，干旱导致碳同化速率的下降和碳分配特征改变，原本应该用于生长和结构建成的碳水化合物

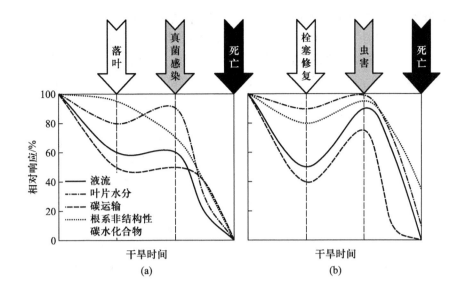

图 14.8 植物对干旱不同的响应行为与生物因素相互作用导致的两种干旱死亡过程机制(Klein,2015)
(a)落叶与真菌感染导致的植物死亡;(b)栓塞修复与虫害导致的植物死亡。不同曲线表示水、碳通量和组织含量随干旱延长的变化过程。白色箭头表示植物的响应行为,灰色箭头表示生物压力,黑色箭头表示发生死亡。

被优先用于维持呼吸和渗透调节,严重影响了韧皮部功能及碳水化合物运输效率(Hartmann et al., 2013)。

水分运输和养分运输是两个独立而又关联的过程,养分的运输需要以水为载体,而在细胞维持水势的过程中(例如气孔控制)又需要渗透物质和养分供能。因此,水分和养分运输对干旱的响应过程大致相似。然而,干旱条件下不同物种的水、碳运输的响应过程和调控机制有所不同。植物对干旱做出不同的响应行为,决定了体内水、碳(通量、储存)的相对变化,并与不同的生物压力(如病原微生物、害虫)相互作用,导致了不同的干旱死亡机制(图 14.8)(Klein,2015)。例如,植物在受到干旱胁迫时可能选择不同的行为,一些植物在干旱初期会脱落局部叶片,使剩余叶片的水分和养分运输强度得以恢复。但是随着干旱的延长,根系生长和功能的维持过度消耗自身养分,叶片脱落又导致对根系供能不足,此时脆弱的根系极易受到真菌感染而腐烂,这又使得水、碳运输强度和储存量继续降低,最终导致植物死亡(图 14.8a)。另一些植物可通过修复木质部栓塞而维持自身水、碳过程,尽管这样能够暂时维持根系养分水平,但也较易遭到虫害,导致植物死亡(图 14.8b)。

14.3.5 典型生态系统及区域碳、氮、水收支平衡的响应机制影响

典型森林和草地等生态系统、社会经济和地理区域及流域的碳、氮、水收支平衡是衡量区域和全球碳、氮、水循环及其对全球变化响应和适应的重要尺度,是冠层碳、水交换,植物和微生物代谢活动和根系对水分养分吸收运输的综合反映,也是探讨冠层-根系-生物间相互联系的重要方面。对典型生态系统碳、氮、水循环及区域格局的研究是区域自然资源管理和全球气候变化预测的重要任务。

14.3.5.1 典型生态系统碳平衡对水分条件的响应

生态系统碳平衡由光合碳输入和呼吸碳消耗过程共同决定。净生态系统碳交换(net ecosystem carbon exchange, NEE)是生态系统呼吸(RE)与生态系统 GPP 之差:

$$NEE = RE - GPP \qquad (14.13)$$

NEE 表征陆地生态系统对大气 CO_2 的吸收能力。当 NEE 为正值时,陆地生态系统为碳源;NEE 为负值时则为碳汇,且负值越小,陆地生态系统对大气 CO_2 的吸收能力越弱(Chapin et al., 2006)。降水是影响 NEE 的重要环境因素。一方面,降水变化导致大气 VPD 改变,气孔运动受到限制,植物光合速率变化,从而影响 GPP。另一方面,降水通过调控土壤湿度而影响 RE。当水环境变化导致 GPP 升高、RE 下降时,生态系统固碳能力提高;当水环境变化导致 GPP 下降、RE 升高时,生态系统固碳能力下降。

研究表明,2003 年欧洲热浪期间,高温诱导的干旱使 GPP 减少 30%,植物呼吸和异养呼吸并未由于高温而加速,导致 RE 与 GPP 同步下降,其结果是欧洲大陆成为一个异常的碳源(CO_2 释放速率为 0.5 Pg $C \cdot a^{-1}$),抵消了以往约 4 年的固碳量(Ciais et al.,2005)。亚马孙雨林面对短期和长期的干旱都有很高的脆弱性,但是卫星观测发现,2005 年的短期重度干旱反而促进了植物生长,使其更好地发挥碳汇功能,这可能是因为亚马孙地区植物生理在应对干旱方面具有较高的灵活性(Saleska et al.,2007)。

降水是决定半干旱区 RE 空间格局的首要控制因素。长期夏季干旱使土壤异养呼吸显著降低(相当于 35%～75% 的净碳交换量),进而增加森林土壤有机碳储量(Borken et al.,2006)。水分添加对土壤微生物量有促进作用,导致异养呼吸升高,且呼吸升高的程度随土壤含水量的增加而增大。但是,有些丛枝菌根真菌能够抑制植物根际碳的释放,其抑制效应随水分增加而增大,对干旱半干旱区碳截留具有重要作用(Mi et al.,2015)。

降水对 NEE 的作用机制在不同的气候区也有不同。在 VPD 较低的生态系统中,随着 VPD 的升高,NEE 吸收速率增大,更有利于生态系统碳积蓄;在中等 VPD 的生态系统中,NEE 吸收速率随 VPD 的升高继续增大,但增大程度开始减小,逐渐趋于饱和;而在 VPD 较高的生态系统中,NEE 吸收速率随 VPD 的升高开始降低,不利于生态系统的碳蓄积,主要是因为过高的 VPD 导致气孔阻力增大、光合作用受限、生产力下降(王婧等,2015)。在全球尺度上的增雨能够提高生态系统生产力和碳通量,促进生态系统的碳固定;减雨则表现出相反的效应,且植物生产力和生态系统碳通量对增雨的敏感性大于减雨(Wu et al.,2011)。

14.3.5.2 生态系统氮平衡对水分条件的响应与适应

生态系统氮平衡主要由氮输入量和输出量决定,即氮盈余为氮输入与氮输出之差。其中,氮输入过程主要包括氮沉降和生物固氮两方面,氮输出主要表现为温室气体排放。氮沉降、生物固氮和温室气体排放对水环境变化的响应方向及程度决定了生态系统氮循环的响应与适应。

大气氮沉降可分为干沉降(通过降尘)和湿沉降(通过降水)。降水增加有助于加速氮湿沉降,即降水增加和氮沉降增加有明显的同步性。水、氮增加共同

制约着植物对氮的吸收利用。由降水变化引起的生态系统氮输入增加将会导致土壤中不同团聚体间的微生物再分配,从而造成土壤有机质和其他营养限制,影响植物对氮营养的吸收利用(Wang et al.,2015)。

生物固氮是气态氮(N_2)向生态系统输入的主要途径之一,由植物和固氮菌共生体完成,水环境改变通过影响植物光合及微生物生长而调控固氮速率。固氮菌对土壤湿度要求较严格,在原本干旱的土壤中,微生物固氮活性随土壤含水量的增加而增加,并显示出强烈的季节动态,即在夏季干旱时固碳活性降低、脱氮速率增大,土壤有效氮损失增大(Pérez and Armesto,2017)。固氮植物的固氮速率随含水量的增加先升高后降低,在含水量为田间持水量的 130%～190% 时达到最大(袁国迪,2018)。当受到水分胁迫时,固氮酶活性和植物根瘤生长均受到抑制,因而固氮速率降低;而当土壤含水量过高时,土壤氧分压降低,固氮微生物活性受到抑制,反硝化过程加强,固氮速率降低(罗绪强等,2007)。

硝化和反硝化作用是土壤中 N_2O 产生的两个最主要过程,土壤含水量通过影响土壤通气状况及土壤微生物活性对硝化和反硝化作用进行调控,进而影响 N_2O 排放及生态系统氮平衡。水分添加一般促进 N_2O 排放,这归因于相关微生物群落结构的改变使得硝化、反硝化速率增大。上述结果在草地生态系统(Chen et al.,2013)、湿地生态系统(高居娟,2016)、森林生态系统(刘硕等,2013)和农田生态系统(齐玉春等,2014)中均已得到证实。也有研究表明,土壤水分低于饱和含水量时,N_2O 排放随土壤水增加而增强,且硝化作用是 N_2O 的基本来源;当土壤水分达到饱和时,硝化和反硝化作用共同进行,N_2O 达到最大排放;而当土壤水分高于饱和含水量时(无氧环境),N_2O 排放随土壤水增加而减弱,且反硝化细菌起主导作用(Kamp et al.,1998)。

14.3.5.3 区域尺度生态系统碳、氮循环对极端降水事件的适应

气候变化会改变区域生态系统生物地球化学循环,其机理涉及升温、CO_2 富集、降水增加、生长季延长和氮沉降增加等气候变化因素导致植被碳、氮、水循环的变化。区域尺度生态系统碳、氮循环是指特定区域(流域、生态区、国家、大陆或全球)的各种类型的生态系统(森林、草地、湿地、农田)的碳和氮的收支平衡、源–汇关系、计量关系及空间格局特征。降水变化(降水量、降水频次、降水强度、降水季节分布)

将改变各类生态系统的结构、功能与过程,进而影响区域尺度碳、氮循环及其空间格局(于贵瑞等,2011)。

碳、氮循环在区域尺度上随降水量呈现出明显的空间格局。在我国,植被碳储量随纬度升高而降低、土壤碳储量随纬度升高而升高,两者从东南到西北均呈逐渐降低的趋势,MAP 是影响碳储量空间格局的主要因素(Xu et al.,2018)。在中亚的草地生态系统,地上净初级生产力(aboveground net primary productivity,ANPP)呈现出明显的空间分布规律,其空间变异主要受到 MAP 的影响,夏季北极涛动和春末北大西洋涛动通过控制重要降水时期的降水量来影响各亚区的 ANPP(Jiao et al.,2017)。另外,我国的氮湿沉降也表现出一定的空间格局,高氮沉降区主要在华中、华南,而西北、东北、内蒙古、青海和西藏等地区的大气氮沉降量相对较小,降水也是调控氮湿沉降空间格局的关键因素之一(Zhu et al.,2016)。

气候变化导致极端气候事件发生的频率增加,对区域碳、氮循环产生深重的负面影响。极端降水事件包括极端强降水(导致洪涝)和极端小降水(极端干旱)。洪涝灾害影响区域碳、氮平衡的主要途径有:①洪涝引发土壤侵蚀,导致土壤碳、氮损失或位移;②过高的土壤含水量导致氧分压降低,不利于土壤微生物和植物根系生产活动;③潮湿环境易引发虫害和病原微生物灾害(Reichstein et al.,2013)。极端干旱事件会显著改变区域碳平衡,但其对碳平衡影响的方向性存在争议。亚马孙地区在经历了 20 年持续升温和频繁的极端降水事件后,碳汇强度被大大削弱,其原因一方面是植被生产力下降,另一方面是干旱持续期间植物死亡率升高(Gatti et al.,2014;Doughty et al.,2015)。然而,若极端干旱伴随着辐射的增加或 CO_2 的升高,就能促进植物生长,减缓生态系统碳吸收减少的速率,并加强生态系统在极端事件后的恢复能力,以至于抵消一部分极端干旱对生态系统碳平衡的负面效应(Saleska et al.,2007;Roy et al.,2016)。但是,若极端干旱发生频率过高,可能又会导致区域碳储量减少的程度抵消碳吸收的增加。

极端干旱对陆地碳循环的影响机制是通过一系列连通效应在不同尺度上对生态系统的碳平衡进行影响。首先,极端干旱对植物光合和呼吸生理产生直接影响,从而限制生态系统碳通量:在植物个体尺度上,极端干旱导致气孔关闭、蒸腾降低、导水能力丧失,因此影响植物生长;在生态系统和区域尺度上,植物水、碳代谢受阻使生态系统生产力下降,严重时发生大面积植物死亡。其次,

植物生存状况不佳使其易感染病原体或易受昆虫侵害,加之干旱和高温引发的火灾,都将加剧植被死亡,使得土壤养分输入及利用发生巨大变化,削弱碳汇强度(图14.9)(Reichstein et al.,2013)。若未来极端干旱继续发生,将严重影响区域碳平衡,并进一步对气候系统进行正反馈(Schlesinger et al.,2016)。

极端干旱还会导致不同生态系统的碳-氮耦合循环发生"解耦",引发环境氮供给和生物氮需求的不同步性,其结果是增加氮损失,影响区域养分平衡,形成新的生物地球化学循环模态(Asner et al.,1997)。例如,极端干旱导致美国中部平原草地土壤无机氮升高 5 倍,但是由于缺水引起的扩散限制,这部分无机氮不能被植物和微生物所利用,而恢复正常降水时这部分无机氮又成为 N_2O 排放源(Evans and Burke,2013)。也有研究表明,极端干旱作用下的生态系统 N_2O 源汇变化特征不明显,这与生态系统类型、土壤初始水分状况及土壤理化性质有关(李明峰等,2004)。

14.4　全球降水变化对陆地生态系统碳、氮、水循环耦合关系及过程的影响

从生理生态学的层次而言,生态系统碳、氮、水循环的耦合关系主要发生在气孔调节的冠层碳、水交换,根系冠层的水分及养分吸收和运输,植物及微生物的代谢活动三个方面。在碳、氮、水循环的三大耦合节点的影响下,生态系统及区域的碳、氮、水循环也呈现耦合关系。冠层碳-氮-水耦合主要发生在气孔调控的碳、水交换,叶肉细胞碳-氮同化的协同及相互限制等过程中。大气降水变化通过调控这些过程中的生物化学反应而对碳-氮-水耦合循环进行影响,最终体现在冠层通量和生产力的变化上。根系冠层的水分及养分吸收和运输涉及养分的释放、根系对水分和养分的吸收及水分和养分在植物体内的运输,大气降水变化对根系冠层水分和养分吸收运输的影响体现在土壤湿度的改变影响土壤 pH 值及养分状态,并使得根系对水分和养分的吸收能力发生变化。植物和微生物代谢活动中的碳-氮-水耦合表现为根际微生物及根系活动和植物自身代谢过程等,大气降水变化对植物和微生物代谢过程中碳、氮、水循环的影响主要表现在地下净初级生产力(belowground net primary productivity,BNPP)、土壤呼吸、自养呼吸以及土壤氮转化等方面。在以上三个节点的共同作用

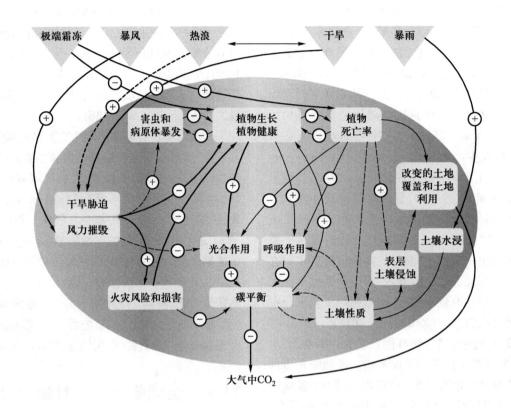

图 14.9　极端气候事件影响碳平衡过程及反馈（Reichstein et al., 2013）

实线表示直接效应；虚线表示间接效应；线条粗细表示效应大小；正、负号分别表示正、负反馈。

下，生态系统的碳-氮-水耦合主要发生在植物和微生物组成的生命系统与大气等无机环境相互作用的过程中，表现为碳、氮、水交换量与储量的变化，大气降水变化对其影响主要体现在生态系统碳-氮交换量、储量、温室气体排放等方面。鉴于降水变化影响水分养分吸收及运输的研究较为缺乏，本节将从冠层、生物代谢和生态系统三个层次总结降水变化（降水总量、降水格局）影响碳-氮-水耦合循环的研究进展。

14.4.1　降水变化对冠层碳-氮-水耦合循环过程的影响

大气降水变化通过调控光合和蒸腾过程中的生物化学反应影响碳-氮-水耦合循环，最终体现在冠层水、碳通量（T_r、GPP）及其相互关系的变化上。大气降水变化的不同模式（降水总量、降水格局等）对冠层水、碳通量及其相互关系的影响机制可能存在差异。

14.4.1.1　降水总量改变的影响

降水总量的改变一方面影响了空气及土壤湿度，另一方面导致相关的气候（如温度、辐射等）及生物

因素（如 LAI 等）改变，影响植被冠层的光合作用（即 GPP）及蒸腾作用强度。当前，已有大量研究揭示降水总量改变对植被冠层光合作用的影响，但蒸腾作用对降水总量变化的响应研究相对较少。然而，大多数系统中蒸散由蒸腾所组成，且蒸散的观测日益得到重视，因此蒸散对降水总量改变的响应也受到大量学者的关注，进而引起人们对降水如何影响冠层碳、水关系［即水分利用效率（GPP/ET）］产生普遍兴趣。

降水总量改变对 GPP 的影响因研究对象所处位置、降水总量改变发生及持续时间和改变方向等因素而有所不同。当前普遍认为，降水总量增加可以促进干旱区的 GPP，但会减少湿润区的 GPP；同样，降水总量减少也会抑制干旱区的 GPP，但促进湿润区的 GPP（Fu et al., 2009；Wen et al., 2010；Yan et al., 2013）。同时，即使同一地区，不同年份降水总量改变所引起的 GPP 变化也会有所差异。比如 2009—2010 年的春季极端干旱减少了我国西南地区的 GPP，但 2011 年夏季的极端干旱使该地区辐射增强、植被生长旺盛、GPP 增大（Song et al., 2019）。北美 2011 年的干旱使 GPP 迅速减少，但 2012 年的干旱使 GPP 增加（He et al., 2018）。苏格兰北部泥炭地的研究结果表明，

GPP 对干旱的响应具有极大的弹性,短期干旱没有对 GPP 产生影响,只有持续 30 天以上的长期干旱才显著降低了 GPP(Lees et al., 2019)。GPP 对降水增加和减少的响应存在异质性现象,即:降水总量增加时,GPP 会有所增大,但 GPP 增大的幅度与降水总量减少相同数量时 GPP 减少的幅度存在差异。青藏高原典型草地的研究结果表明,在降水减少时 GPP 的减少量大于降水增加时 GPP 的增加量(Liu et al., 2018)。此外,GPP 对降水总量改变的响应可能存在滞后性,有研究表明,前一年的降水总量影响后一年生长季的 GPP(Delgado-Balbuena et al., 2019; Xu et al., 2017)。

由于 GPP 和 T_r 间的紧密耦合关系且 ET 主要由 T_r 所组成,ET 对降水总量改变的响应与 GPP 较为类似,从而表现为降水减少普遍抑制了 ET(Fischer et al., 2012; Biederman et al., 2016),而降水增加使 ET 增大(St Clair et al., 2009; Helman et al., 2017)。

降水总量改变对 GPP 和 ET 的影响使得 WUE 也随之发生改变。降水总量改变使空气湿度改变,引起 VPD 的变化,直接影响 WUE,VPD 也被认为是影响 WUE 的直接因素。降水减少使相对湿度降低,VPD 增大,随之 WUE 呈现显著的增大趋势(Zhang et al., 2019c)。但降水总量改变对 WUE 的影响也会受到区域及时间的影响。例如半干旱区的研究表明,降水增多的年份,WUE 相对较高;而降水减少的年份,WUE 有所降低(Sun et al., 2018)。

14.4.1.2　降水格局改变的影响

相较于降水总量的改变,在较小的空间或时间尺度上,降水格局(如降水频率、降水强度等)也在发生变化,并强烈影响生态系统(彭琴等,2012)。根据预测,未来降水将向着频率降低、强度增大的方向变化,这将改变生物生存的水环境。一方面,低频的降水会延长旱季时间、增加干旱强度,从而显著改变植物光合、蒸腾、呼吸等过程;另一方面,降水强度增加使通过冠层拦截和蒸发损失后进入土壤的水分增加,在短时间内产生较大的地表径流,使得土壤养分淋溶损失增加,改变植物的养分吸收利用和土壤微生物活性(Maccracken et al., 2003)。在不同的生态系统中,低频强降水所产生的效应不同,这与生态系统初始土壤水分状况有关。土壤水分的适度增加能够提高植物 WUE,有助于提高生产力;若土壤水分过度增加则会导致土壤养分淋溶损失,且造成缺氧环境,不利于生

产力的提高。

基于以往研究,Knapp 等(2008)发展出一套"土壤水桶"理论来解释极端降水对不同生态系统的影响机制。在这个理论中,以降水总量不变为前提假设了 3 种降水模式:①正常环境的降水频率和强度;②降水频率不变而强降水进一步增大、小降水进一步减小的极端降水事件,即改变了降水强度分布;③强降水进一步增大、降水频率降低的极端降水事件,即延长了干旱持续时间。在 3 种降水模式下,不同生态系统土壤含水量的响应具有差异性(图 14.10)。与环境一致的降水模式下,中等湿润的生态系统基本不受胁迫,而干旱的生态系统受到干旱胁迫,湿润的生态系统受到缺氧胁迫。而在低频、高强的极端降水模式下,中等湿度的生态系统土壤水分的波动增加,且随降水频率的降低下降至胁迫临界值以下,导致其受到频繁、重度的干旱胁迫。相反,在极端干旱的生态系统,降水强度增加有助于"土壤水桶"的再度填充,使土壤水分升至胁迫临界值以上的时间增加;而在湿润的生态系统,降水频率的降低有利于减少生态系统受到缺氧胁迫的时间。不同生态系统土壤水分对极端降水的响应差异决定了参与碳、氮、水循环的植物、微生物的响应与适应(例如通量与生产力的改变),最终影响生态系统过程和功能。

降水强度的增加在以小型降水事件为特征的干旱生态系统中具有重要意义。一般情况下,干旱区表层土壤水的迅速蒸发导致生物 WUE 显著降低(Fischer and Turner, 1978)。若降水强度增大,水分入渗到更深的土壤层,从而使这种蒸发损失大大减少,生物 WUE 增加。而在土壤水分原本就很充足的湿润区,强降水事件会使地表径流增加,或使渗透到深层土或地下水的作用增强,其淋溶作用加速养分流失。

研究结果表明,降水格局改变对冠层水、碳通量及其相互关系的影响因降水强度和研究区域的不同而有明显区别。在美国干旱-半干旱区,随着降水强度增大,维管植物光合活性开始增强,维管植物的光合活性在较大降水或者一系列小降水下才会提高,且光合活性的持续时间是降水强度的增函数(Huxman et al., 2004)。在我国温带典型草地,GPP 对降水强度的响应呈现非线性变化规律,在设置的 0 mm、2 mm、5 mm、10 mm、20 mm、40 mm 降水强度的实验中,GPP 的最大值出现在 20 mm 的降水强度处理中(Hao et al., 2019)。我国 40% ~ 50% 的 GPP 极端

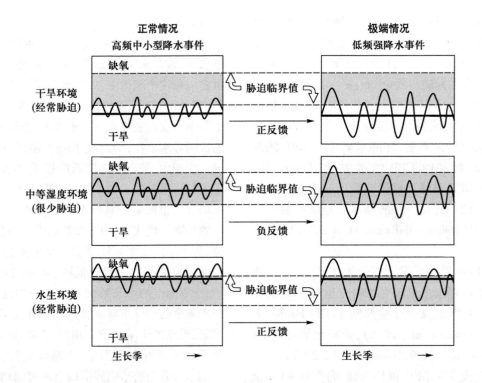

图 14.10　不同生态系统土壤水动态对极端降水响应的概念图（Knapp et al.，2008）

左列分别代表干旱、中等湿度以及水生环境在正常情况下的土壤水桶模型，右列代表三者在极端降水下的土壤水桶模型。土壤水桶中的灰色区域代表胁迫临界值，即水分过多而超出上边界时会发生缺氧胁迫、过少而超出下边界时会发生干旱胁迫。波浪线代表实际的土壤湿度波动。由图可知，在土壤湿度长期过高的环境中，低频强降水能够缓和本身就存在的缺氧胁迫；而在土壤水分长期受限的环境中，低频强降水加剧了干旱胁迫；而在中等湿度的环境中，极端降水对其影响不大。

低可以由降水量的极端减少来解释（Chen et al.，2019），降水频率降低使得干旱持续时间增长，导致 GPP 有所减少（Liu et al.，2018）。同时，不同强度的降水量变化对 GPP 的影响存在差异，在我国青藏高原典型草地的研究表明，只有极端减少的降水量（相当于 MAP 的 1/12）才会引起 GPP 的显著降低（Zhang et al.，2019b），北美大陆的 WUE 随着极端干旱的增加呈现增大的趋势（Ahmadi et al.，2019）。

14.4.2　降水变化对微生物和植物代谢过程碳–氮–水耦合循环的影响

大气降水是生态系统过程的重要驱动因子，它既是土壤水分的重要来源，可供植物生存利用，也是物质和能量运输的载体，促进地上有机残体向地下运输，并且转化成为土壤呼吸及微生物活动的底物（陈全胜等，2003）。大气降水变化对土壤微生物代谢活动的影响使得植物所需养分供应发生改变，进而影响植物代谢过程，改变植物光合产物的代谢及地上净初级生产力（ANPP）的形成。因此，大气降水变化影响微生物和植物代谢过程中的碳、氮、水循环，主要表现在降水总量和降水格局改变对 BNPP、ANPP、土壤呼吸等关键参数的影响。

14.4.2.1　降水总量改变的影响

（1）降水总量对地下净初级生产力的影响

目前，降水总量与 BNPP 关系研究的结论有较大的争议，主要有三种观点。第一种观点认为，降水总量与 BNPP 之间呈现明显的正相关关系。Wu 等（2011）通过 Meta 分析方法对陆地生态系统生产力与降水之间的关系进行了研究，结果表明，随降水总量增加，地下生物量（belowground biomass，BB）平均增加 11%，BNPP 平均增加 6%；当降水总量减少时，BB 和 BNPP 也有所减少，但是减少的趋势不如降水总量增加时显著。我国北方草地也在大尺度上呈现出 BNPP 与降水总量的线性正相关关系（Yang et al.，2010）。

第二种观点认为，降水总量与生产力之间是负相关关系，随着降水总量的减少，BNPP 反而增加。在我国东北样带草地生态系统 BB 和降水关系研究中，一定的范围内随着降水总量的减少,羊草的 BB 增加,进一步证明降水总量与 BB 之间的负相关(王仁忠,2001)。基于全球数据库对 12 个不同生态区草地进行研究发现,BNPP 也随着 MAP 的增加而降低(Hui and Jackson, 2010)。造成这种负相关的原因可能是植物水分需求和生存策略不同。在干旱季节或干旱区,植物长期缺水,就会将更多的物质和能量分配到地下,从而有利于根系在土壤中获取更多的地下水来维持自身的生存,同时有利于物质和能量在根部的储存。而湿润区植物不受水分限制,不需过多投资根系,因此 BNPP 变化趋势主要依赖于土壤水波动,土壤水分含量高,BB 则高,反之亦然(Yang et al., 2010)。

第三种观点认为,降水总量与 BNPP 之间可能不存在相关关系。Yang 等(2010)和 Wang 等(2010)等学者研究我国草原植被的根冠比发现,BNPP 并没有表现出与降水总量之间的显著相关。大尺度上根冠比与降水总量并未呈现出显著关系,可能与研究区气候复杂性有关,当研究区面积增大,其水热交互效应增强(Yang et al., 2010)。另外,随着降水总量变化,植物受到的胁迫程度不同,因此碳分配策略不同(彭琴等,2012)。

(2)降水总量对土壤呼吸的影响

土壤呼吸包括根系的自养呼吸和土壤微生物的异养呼吸。降水引起的土壤通量变化是决定生态系统碳源汇功能的重要因子。降水通过改变土壤含水量而对土壤氧分压及养分有效性进行控制,进而影响土壤中根系生长和土壤微生物活动,调控土壤的通量排放(Gupta and Singh, 1981)。在一定的范围内,降水总量的增加会促进土壤呼吸。在大尺度上,不同类型草地土壤呼吸与 MAP 呈二次函数关系(Wang and Fang, 2009)或线性关系(Zhou et al., 2009)。而在小尺度上,降水对土壤呼吸存在着激发效应,尤其在干旱区或者干湿交替生态系统中的旱季,降水事件发生后,CO_2 的释放量迅速升高 30 倍(Sponseller, 2007)。也有研究认为,降水对土壤呼吸不但不存在激发效应,反而会使其降低(Ryana, 2010),原因可能是雨水填充了土壤颗粒的间隙,阻碍了 CO_2 排放,或者是由于温度降低而抵消了降水的促进作用(彭琴等,2012)。土壤的初始含水量是影响土壤呼吸对水分响应的重要因素。在干旱地区,土壤初始含水量较低,水分成为制约植物生长和土壤微生物一系列活动的因素,因此土壤呼吸对降水的响应更为显著(Domec

and Gartner, 2003;Liu et al., 2009)。

根系自养呼吸对降水的响应较慢,一般需要几小时到几天的时间;而微生物对水分有着迅速而强烈的响应(激发效应),其呼吸速率在小降水后几小时内就可以迅速提高。因此,在降水早期,异养呼吸对土壤呼吸增加的贡献较大,而根系的自养呼吸在降水后期起着更重要的作用,且决定了土壤呼吸响应的持续时间(Chen et al., 2009)。但是,当降水总量大于一定的范围时,土壤含水量过高,将会导致土壤通透性变差,从而抑制土壤呼吸(鲍芳和周广胜,2010)。

(3)降水总量对地上生产力的影响

降水总量影响地下微生物过程和土壤水分状况,改变植被可以获取的养分数量,影响植物的代谢,进而改变植被 ANPP。现有研究普遍认为,降水总量对 ANPP 的影响与其对 GPP 的影响较为一致,即在干旱区,降水增加导致 ANPP 的增大;但在湿润区,降水减少有助于 ANPP 的增大。在我国草地生态系统中,ANPP 的稳定性受到降水总量改变的影响,在 MAP 小于 200 mm 时,ANPP 的年际变异随着 MAP 的增加而增大;但 MAP 超过 200 mm 时,ANPP 的年际变异有所减小,呈现较好的稳定性(Hu et al., 2018)。同时,相同数量的降水增加和减少引起的 ANPP 的响应存在正的异质性和负的异质性。所谓正的异质性是指同等幅度降水总量的增加(湿润年份)所导致的 ANPP 增加量高于同等降水总量减少引起的干旱带来的 ANPP 减少量。所谓负的异质性是指,同等幅度降水总量的增加(湿润年份)所导致的 ANPP 增加量低于同等降水总量减少引起的干旱带来的 ANPP 减少量(Wu et al., 2018)。此外,有研究表明,ANPP 对降水的响应也有一定的滞后性(Zhao et al., 2019)。

14.4.2.2 降水格局改变的影响

降水频率可以改变土壤干旱持续的时间,即影响土壤干湿交替的频率,最终影响根际土壤碳、氮、水循环。降水导致的土壤呼吸增量与降水前土壤干旱的时间呈正比(Fierer and Schimel, 2002)。当土壤含水量较低时,部分根系和土壤微生物由于缺水而死亡;而当降水导致土壤含水量增加时,死亡的根系和微生物为土壤呼吸提供了呼吸底物,水分增加使得这部分底物被充分利用。而当降水频率降低时,两次降水事件之间的时间间隔较长,导致植物新根生长量减少,即有机质底物减少,因此土壤呼吸减弱(彭琴等,2012)。研究结果表明,当降水间隔延长 50%,土壤呼吸会减弱 13%（Harper et al.，2005）。

在干湿条件下，碳和氮矿化可以增强（Fierer and Schimel，2002；Miller et al.，2005）。因此，降水频率降低会减弱上层土壤剖面中的微生物活动和生物地球化学循环，导致中等湿度和干旱生态系统中水和养分有效性的解耦（Seastedt and Knapp，1993；Knapp et al.，2002）。相反，在水生生态系统中，延长的干旱期可能会增加微生物活动，导致土壤呼吸（Jensen et al.，2003）和氮矿化（Emmett et al.，2004）加强。当然，厌氧条件下的微生物转化过程将同时被削弱（例如脱氮、甲烷生成等）。

降水不仅通过总量和频率影响土壤呼吸，还存在不同强度的作用。Davidson 等（2000）的研究结果表明，强降水事件对土壤呼吸有明显的抑制作用。而 Chen 等（2009）的草地模拟降水实验结果表明，强降水导致土壤呼吸增加。Holt 等（1990）对旱季降水的研究也表明，强降水事件对土壤呼吸有较强的促进作用。得出不同结论的原因可能是降水前土壤含水量水平不同。对干旱区来说，常年降水稀少使得土壤含水量较低、通透性好、土壤孔隙大，因此土壤易受降水影响，将孔隙中积累的 CO_2 排放出来（Anderson，1973）。

由于植物根系在土壤剖面中分布范围很广，降水需要渗透到植物可利用的不同深度才能同时增加根系和地上呼吸速率，因此降水量较大时，影响到根系自养呼吸的可能性较大（Chen et al.，2009）。当一次降水量大于 5 mm 时，降水才可以到达根系所在土层被根系利用，促进根系自养呼吸，但这种促进作用只能维持较短的时间；而大于 10 mm 的降水能维持相对较长时间的自养呼吸，显著提高自养呼吸速率；当降水小于 5 mm 时，由于降水无法抵达植物根系，因此只能促进土壤的异养呼吸，而且作用时间较短。因此，异养呼吸在小降水事件中对土壤呼吸起主导作用，而自养呼吸在大、中型降水事件中起主要作用（Chen et al.，2009）。

微生物介导的其他过程，包括碳和氮矿化、气态氮通量等，对于非常小的降水事件也可以快速响应（Austin et al.，2004）。由于大多数微生物活动在土壤表层，这种响应也发生在浅层土壤。然而，浅层土壤的潜在蒸发也很高，因此当土壤迅速干燥，微生物活动对小降水事件响应的持续时间也是短暂的（Belnap et al.，2004）。

降水格局改变是草地生态系统生产力变异的主要驱动因子。在美国大平原草原进行改变降水格局的模拟实验，即降低降水频率、增加降水强度（降水总量不变），结果发现，草地 ANPP 降低约 10%，原因是非优势种的生长被削弱（Fay et al.，2003）。也有研究表明，大多数干旱区和湿润区对低频、高强的降水格局不敏感甚至有所受益，但中等湿润度生态系统生产力可能被显著影响（Porporato et al.，2006）。同时，极端气候事件只有在 15.1% 的时间内引发了极端的生态响应。全球文献调研数据表明，极端气候事件和非极端气候事件下 ANPP 没有显著差异，只有降水量相当于常年降水总量 1/12 的极端干旱处理使 ANPP 减少。极端气候事件对 ANPP 的影响比预想的要弱（Zhang et al.，2019a）。在干旱区生态系统，由于降水投入低、蒸发需求高，离散的中、小型降水事件往往不足以将土壤水分增加到胁迫临界值以上，因而植物和微生物多为慢性应激。对于湿地生态系统，其土壤限制因素是缺氧而不是水分含量低，因此低频度的降水减少了土壤缺氧的天数、增加微生物有氧过程的速度，最终加速生态系统过程（Jensen et al.，2003；Emmett et al.，2004）。而在中等湿度的生态系统中，由于土壤表层含水量较低，低频的降水对 NPP 和有机体呼吸产生抑制，高强度的降水又会使土壤剖面中存在大量垂向水分运移，导致养分淋溶加剧，进一步降低生产力（Knapp et al.，2002；Harper et al.，2005）。

14.4.3　降水变化对生态系统碳–氮–水耦合循环过程的影响

陆地生态系统的碳–氮–水耦合循环主要体现在生命体与无机环境间、生命体与生命体间的相互作用，其结果表现为生态系统的净碳吸收、净碳交换、氮储量、温室气体通量等生态系统过程和功能。降水变化（总量变化、格局变化）将影响陆地生态系统的物质能量分布格局和源汇功能转换，对未来人类社会的发展造成深远影响。总体来看，降水量的减少限制了陆地生态系统的碳汇功能，抑制了生态系统温室气体排放，减少了生态系统蒸腾。降水格局甚至比降水所起的作用更为明显，极端干旱对 NEE 有很强的削减作用。目前降水格局变化对水、氮通量的影响研究还较少。另外，不同生态系统由于降水特征和生物适应性不同，降水变化对其碳、氮、水通量的影响也存在差异。

14.4.3.1　降水总量改变的影响

降水总量变化影响生态系统光合和呼吸作用，二者的平衡关系决定了植被生物量和生产力的变化趋势(Wu et al., 2011)。在不同类型的生态系统中,光合和呼吸对降水总量变化的响应方向和响应程度不同,将导致 ANPP 不同的变化趋势。总体来看,短期降水增加有助于提高干旱区生产力,但是持续的降水增加将导致各类型生态系统生产力下降。

在半干旱区生态系统中,降水增加对碳固定有利,降水减少使碳吸收速率降低,且光合对土壤水分的敏感性高于呼吸,因此降水对地上部分生物量和生产力的调控起主导作用(Chen et al., 2009)。对我国东北羊草样带的研究表明,由湿润到干旱,种群地上生物量逐渐降低,干燥系数和生长季前期降水总量是决定因子(王仁忠,2001)。我国北方温带草地和高山草地的地上生物量格局也呈现出响应降水总量增加的变化趋势,并且温带草地对降水的响应更为强烈,这是因为相比于降水,高山草地更加受温度限制(Yang et al., 2010)。总的来说,草地 ANPP 随 MAP 可呈线性、指数或对数增加(彭琴等,2012)。

然而,对西双版纳热带雨林不同季节(雾凉季、干热季、雨季、雨季末)的通量实测数据与涡度相关数据进行比较分析发现,林冠上方碳通量在干季多为负值,呈现碳汇效应;而在雨季多为正值,呈现弱碳源效应(宋清海,2006)。加拿大萨斯喀彻温省北部松林的研究表明,尽管 GPP 与土壤体积含水量呈线性正相关,RE 随土壤体积含水量增加呈指数增加,即呈现出呼吸对水分的响应远远大于光合,但是 NEE 对土壤体积含水量的变化并不敏感(Iwashita et al., 2006)。

在干旱半干旱地区,降水增加虽然会提高植物生产力和生态系统碳吸收,但是这种效应并不能持续。研究人员在内蒙古典型草原进行了十年的水分和氮添加控制实验,发现在单独增水处理的前六年,降水增加显著提高植物 NPP、土壤有效氮和叶片氮含量。但是在接下来的四年,没有观察到这种效应。然而在水、氮同时添加的处理中,植物生产力能够持续增加。原因可能是后期降水增加导致氮淋溶损失增多或反硝化作用加剧。因此,长期降水增加会导致干旱半干旱地区由水分限制转变为氮限制,即气候变化将诱导资源限制类型发生变化(Ren et al., 2017)。

降水总量变化是影响区域生态系统净碳吸收的重要因素,降水总量减少限制了陆地生态系统的碳汇功能。各国学者基于多种途径(如遥感产品、模型模拟、实测数据等)在中国(Yuan et al., 2014;Yuan et al., 2016)、亚马孙流域(Doughty et al., 2015)、澳大利亚

(Ma et al., 2016)等国家及地区均发现了类似的现象。但降水总量改变对典型生态系统净碳交换量的影响普遍与其自身的降水水平有关。在相对湿润的生态系统,降水减少不但没有影响生态系统 NEE(Adkinson and Humphreys, 2011;Grant et al., 2012;Xu et al., 2016),甚至有促进作用(Alberto et al., 2012);但在美国半干旱草地、中国北方灌丛、肯尼亚灌丛等水分限制的生态系统中,降水减少明显降低了生态系统的净 CO_2 交换量(Bachman et al., 2010;Otieno et al., 2010;Fischer et al., 2012;Helfter et al., 2015;Jia et al., 2016),而降水增加促进了地中海气候区和中国内蒙古等草地生态系统 NEE(Jongen et al., 2014;Wu et al., 2011),但 MAP 及夏季降水量均无法用来预测 NEE 的年际变异(Jia et al., 2016)。另外,不同菌根主导的生态系统,降水量对 NEE 年际变异的影响有差异,丛枝菌根主导的生态系统,其 NEE 的年际变异主要受降水量影响(Vargas et al., 2010)。

降水总量不仅影响生态系统的净 CO_2 交换量,还可能改变生态系统的 CH_4 通量。现有研究表明,降水增加没有促进半干旱生态系统及我国自然湿地 CH_4 的吸收(Chen et al., 2013),但促进了青藏高原 CH_4 的排放(Li et al., 2016)。

降水对氮通量的影响相对较小,现有研究主要集中于探讨降水对 N_2O 通量的影响。降水影响 N_2O 通量主要是通过湿度控制(Chen et al., 2013)、调节反硝化细菌种群比例和改变反硝化速率(Cantarel et al., 2012)等途径来实现。增加降水没有显著改变草地的 N_2O 通量,干旱促进了 N_2O 的排放(Cantarel et al., 2012)。但降水对 N_2O 通量的影响因气候区不同而有所差异,比如近期研究表明,降水增加促进了青藏高原草地 N_2O 通量的排放(Shi et al., 2012;Du et al., 2016)。

14.4.3.2 降水格局改变的影响

相比于降水总量,降水频率变化在生态系统对环境变化的响应与反馈中起着相同分量的作用(Medvigy et al., 2010;Ge et al., 2014),甚至比降水所起的作用更为明显(Jongen et al., 2014;Haverd et al., 2017)。

降水脉冲对生态系统净 CO_2 交换量的影响因生态系统类型及降水时间分布的不同而存在差异。现有研究普遍认为,降水脉冲促进了我国西北荒漠生态系统的碳吸收(Fa et al., 2015;Liu et al., 2016),抑制了草地的 NEE(Hussain et al., 2015),但我国东北退

化草地的 NEE 与生长季前期降水没有明显关系,仅与秋后降水有关(Feng and Liu, 2016),一天中降水改变没有明显影响热带雨林全年 NEE 的变化(Kumagai and Kume, 2012)。

当前少有研究探讨降水脉冲对水通量及氮通量的影响。仅有的少数研究结果表明,生长季前及生长季后的降水没有明显改变我国东北退化草地的蒸散发,但生长旺季的降水增加促进了蒸散发。而降水变异也是澳大利亚昆士兰亚热带草地 N_2O 排放的主要驱动力(Feng and Liu, 2016)。

降水强度是影响生态系统碳-氮-水耦合循环的重要因素,尤其是极端干旱对生态系统碳循环的影响已经成为当前研究的热点(Reichstein et al., 2013; Frank et al., 2015)。极端干旱对生态系统净 CO_2 交换量的影响是当前研究最多的一个方面,成熟的涡度相关技术和 2003 年欧洲热浪的发生为探讨极端干旱对 NEE 的影响提供了契机。研究结果表明,极端干旱导致地中海半干旱森林 NEE 减少了 45%(Costa-e-Silva et al., 2015),瑞士典型森林 NEE 也在此期间显著降低(Pannatier et al., 2012),进而导致欧洲陆地向大气净释放了 0.5 Pg 的碳,抵消了过去 4 年中累积的吸收量(Ciais et al., 2005)。但德国人工管理的草地在欧洲热浪中呈现碳吸收增加的现象(Hussain et al., 2011)。极端干旱同样导致我国半干旱草地(Li et al., 2016)和亚热带森林(Wen et al., 2010)等生态系统 NEE 的显著减少。同时,极端干旱还导致我国半干旱草地 CH_4 吸收量的增加及 N_2O 排放量的减少(Li et al., 2016),但使得德国人工草地(Hussain et al., 2011)及我国亚热带森林(Xie et al., 2016)的蒸散量减少。

目前少有研究揭示极端降水事件对碳、氮、水循环的影响,少数研究发现,极端降水事件使我国亚热带森林的 NEE 减小(Huang et al., 2014),也抑制了美国河滨森林 CH_4 的排放(Jacinthe, 2015)。

在美国干旱-半干旱区,降水强度还通过影响不同组分生物活性的持续时间来调控生态系统碳平衡:微生物呼吸对小降水事件响应强烈,但其活性持续时间似乎在中度降水时才达到最长;而维管植物的光合活性在较大降水或者一系列小降水下才会提高,且光合活性的持续时间是降水强度的增函数。在小降水事件下,微生物呼吸响应迅速,导致干旱区生态系统在雨后立即变成了一个碳源;但随着降水强度增大,维管植物光合活性开始增强,又会导致生态系统成为

一个碳汇。模型演示证明,净 CO_2 交换量对降水强度在干湿季节的分布十分敏感(Huxman et al., 2004)。

14.5 大气降水变化对生态系统的影响的多重效应

水是生命系统赖以生存的物质基础以及人类进行生产活动的重要资源。地球上的水在太阳辐射和地心引力等自然外引力作用下,通过气、液、固之间的形态转换,以蒸发、降水和径流等方式在大气、海洋和陆地进行周而复始的动态转移。在此过程中完成地球各圈层间的能量流动和地球生物化学物质迁移,维持地球生态环境的平衡和协调,对于地球演变和人类可持续发展意义重大。

自工业革命以来,人为过程不可避免地导致地球能量收支改变,已产生一系列危及社会经济可持续发展和人类健康的气候问题,引起了国际社会、政府部门和学术界的高度重视。政府间气候变化专门委员会(IPCC, 2013)的五次评估报告均在气候变化的基本事实上取得了高度共识。降水变化作为气候变化的重要方面,其总量及时空格局的改变必然对生命和非生命系统产生重要影响,不仅包括对地球各圈层间分布的影响,还包括对植被结构及生物多样性的影响。

14.5.1 降水变化对生物环境因子的影响

降水是陆地生态系统水分的重要来源,其变化通过影响生物生存的环境来改变生物的生存、生长、发育和繁殖。大气降水变化对生物环境因子的影响与大气降水变化的类型有关,不同类型、强度的降水变化往往导致生物环境因子向不同方向发生改变。一般来说,降水量的增加普遍伴随着辐射减少、温度降低、湿度增大、VPD 减小、土壤湿度增加及土壤养分有效性增强。温度降低和辐射减少会伴随植被光合能力的降低,但土壤湿度增加及土壤养分有效性的增强会促进植被的光合作用,这使得植被 LAI 的变化还没有明确结论。相同降水量下降水频次的改变使得降水的时间分布发生差异,降水频次减少意味着无降水日数增加和无效降水增多,以及极端事件(如极端降水、极端干旱)发生频率的增加。这些格局将伴随着气温升高、辐射增强和 VPD 增大,进而导致土壤水分及养分有效性急剧减小,限制植物生长,甚至导致植

物死亡。

14.5.2 降水变化对大气水和陆地水环境的影响

水汽是温室气体的重要组成部分之一，空气中水汽含量随气候变暖而增加，增加的水汽驱动更多的降水，加快水循环速率，影响大气环流。在热带地区，季风是由陆地和海洋之间的温度差所驱动，并带动着很多地区的降水。季风的强度和持续时间与大气中的水汽含量、气溶胶负荷、海陆温度差和土地利用等因素有关。大气变暖引起水汽和季风降水总量增加，并且向两极扩散。

气候变化使地面水文过程不断改变，对地面蒸发、径流等造成直接影响，导致水资源在空间上的重新分配。过去60年，全球半干旱区面积以每10年增加0.24×10⁶ km²的速率扩展，全球半干旱区面积较过去(1984—1962年)增大了8%(李玥，2015)。IPCC第五次评估报告预测，陆地干、湿地区水循环对变暖的响应不同，干旱区将更干旱，湿润区将更湿润。由于高温下陆面蒸散发加剧，北半球中纬度大部分陆地呈现出高温伴随干旱的主旋律。在保守的情景下，未来全球仍将增温2~4 ℃，并伴有显著的区域性干旱，极端高温、热浪和极端干旱发生的频率升高(Allen et al.，2010)。降水对径流的影响有一定的滞后效应，但当降水连续时，降水滞后效应不再明显，甚至出现地表径流与降水同步的现象，小型降水可能产生大的地表径流，从而加大流域在雨季发生洪灾的风险(段文军等，2015)。

14.5.3 降水变化对冰冻圈的影响

气候变化(升温和降水共同作用)导致冰川消融、冰冻圈退缩、海平面上升。过去20年来，全球范围内的冰川几乎都在持续退缩，北极海冰和北半球春季积雪范围缩小，格陵兰冰盖和南极冰盖的冰量一直在损失。这是另一个加剧液态水循环的原因。冰冻圈融化的冷水和淡水进入海洋后会改变大洋的温度和盐度，从而影响全球温、盐环流过程。区域尺度上，冰冻圈变化对高、中纬度靠其消融补给的流域具有重要影响。中亚内陆地区海洋水汽输送有限，冰川消融导致雪线上升，蒸发量增加，河流湖泊日渐干涸，水资源更为短缺，使原本脆弱的生态环境更为敏感。

14.5.4 降水变化对植被结构的影响

在影响生物环境因素的基础上，大气降水变化也

明显改变了植被的结构，尤其是在干旱地区(侯美亭等，2013)。1982—2012年，全球干旱区植被NDVI呈现增加趋势，降水是干旱区植被变化的主要影响因子，影响了干旱区及半干旱区的植被结构，但对亚湿润干旱区和极端干旱区影响较小。其中，中亚地区1994年以后年NDVI呈现明显下降趋势，这可能是过去30年间中亚地区降水累积量持续减少造成的(殷刚等，2017)。在我国，大部分地区的生物量变化均受到干旱的影响(孔冬冬等，2016)，但对不同植被区的影响因地形地貌、地理位置以及人类活动作用的差异性而有明显区别。秦岭-淮河以北地区，降水量是影响植被生长的限制性气候因子；但秦岭-淮河以南地区，NDVI与降水量的分布无显著性规律(刘少华等，2014；阿多等，2017)。2000—2009年我国区域增强型植被指数(enhanced vegetation index，EVI)呈现增加趋势，主要是由温度升高及春季降水量的增加所引起(赫英明等，2017)，夏季降水增多则明显促进夏季温带荒漠草原植被生长(神祥金等，2015)，西南地区年最大植被覆盖度与秋季降水的相关性最好(郑朝菊等，2017)。即使在同一区域，植被对降水的响应也存在一定差异。此外，植被对降水的响应往往具有一定的滞后特征，滞后的时间尺度与局地条件关系密切(侯美亭等，2013；张颖等，2017；张景华等，2015；张戈丽等，2001；何月等，2012)。

14.5.5 降水变化对生物多样性的影响

大气降水改变影响了空气湿度和土壤的水分状况，并对植物生长的小气候产生作用，导致生态系统的物种多样性发生改变。降水增加促进了青藏高原矮嵩草草甸群落的物种多样性和均匀性(王长庭等，2003)，藏北高原高寒草地样带上的原位观测数据也发现了类似的规律(武建双等，2012)。内蒙古科尔沁沙地多年长期观测结果则表明，物种丰富度对降水量变化的响应比较强烈，物种多样性指数与降水量呈正相关。在固定沙丘植被中，一年生物种丰富度对降水量变化的响应最强烈，其次为多年生草本植物，灌木类物种丰富度不受降水量变化的影响，在维持沙地物种多样性中具有重要意义(常学礼等，2000)。但在内蒙古针茅草原上，群落生物多样性随着降水的增加而降低，且对降水变化的响应受氮水平的制约(李文娇等，2015)。

降水改变不仅影响了植物群落的生物多样性，也对土壤微生物群落多样性产生影响。长白山地区降

水增加和减少均能提高土壤真菌的多样性(王楠楠等,2013),而北方典型温带草原土壤细菌多样性对降水的响应还受到氮水平的制约(杨山等,2015)。

参考文献

阿多,赵文吉,宫兆宁,等. 2017. 1981—2013华北平原气候时空变化及其对植被覆盖度的影响. 生态学报, 2:576-592.

白雪. 2011. 胡杨多态叶光合及水分生理的研究. 硕士学位论文. 北京:北京林业大学.

鲍芳,周广胜. 2010. 中国草原土壤呼吸作用研究进展. 植物生态学报, 34:713.

常学礼,赵爱芬,李胜功. 2000. 科尔沁沙地固定沙丘植被物种多样性对降水变化的响应. 植物生态学报, 2:147-151.

陈海山,范苏丹,张新华. 2009. 中国近50a极端降水事件变化特征的季节性差异. 大气科学学报, 32:744-751.

陈全胜,李凌浩,韩兴国,等. 2003. 水分对土壤呼吸的影响及机理. 生态学报, 23:972-978.

董光荣,申建友. 1990. 试论全球气候变化与沙漠化的关系. 第四纪研究, 10:91-98.

段文军,李海防,王金叶,等. 2015. 漓江上游典型森林植被对降水径流的调节作用. 生态学报, 3:663-669.

高春娟,夏晓剑,师恺,等. 2012. 植物气孔对全球环境变化的响应及其调控防御机制. 植物生理学报, 48:19-28.

高冠龙,张小由,常宗强,等. 2016. 植物气孔导度的环境响应模拟及其尺度扩展. 生态学报, 36:1491-1500.

高居娟. 2016. 水分对若尔盖湿地不同微生境土壤温室气体排放的影响. 硕士学位论文. 北京:北京林业大学.

高涛,谢立安. 2014. 近50年来中国极端降水趋势与物理成因研究综述. 地球科学进展, 29:577-589.

赫英明,刘向培,王汉杰. 2017. 基于EVI的中国最近10a植被覆盖变化特征分析. 气象科学, 37:51-59.

何月,樊高峰,张小伟,等. 2012. 浙江省植被NDVI动态及其对气候的响应. 生态学报, 14:4352-4362.

侯美亭,赵海燕,王筝,等. 2013. 基于卫星遥感的植被NDVI对气候变化响应的研究进展. 气候与环境研究, 3:353-364.

胡中民,于贵瑞,王秋凤,等. 2009. 生态系统水分利用效率研究进展. 生态学报, 29:1498-1507.

孔冬冬,张强,顾西辉,等. 2016. 植被对不同时间尺度干旱事件的响应特征及成因分析. 生态学报, 24:7908-7918.

李慧芳. 2016. 太阳黑子活动与我国不同区域气候变化相关关系研究. 硕士学位论文. 西安:陕西师范大学.

李明峰,董云社,齐玉春,等. 2004. 极端干旱对温带草地生态系统 CO_2、CH_4、N_2O 通量特征的影响. 资源科学, 26:89-95.

李文娇,刘红梅,赵建宁,等. 2015. 氮素和水分添加对贝加尔针茅草原植物多样性及生物量的影响. 生态学报, 19:6460-6469.

李玥. 2015. 全球半干旱气候变化的观测研究. 博士学位论文. 兰州:兰州大学.

刘丽,曹杰,何大明,等. 2011. 中国低纬高原汛期强降水事件的年代际变化及其成因研究. 大气科学, 35:435-443.

刘少华,严登华,史晓亮,等. 2014. 中国植被NDVI与气候因子的年际变化及相关性研究. 干旱区地理, 3:480-489.

刘硕,李玉娥,孙晓涵,等. 2013. 温度和土壤含水量对温带森林土壤温室气体排放的影响. 生态环境学报, 7:1093-1098.

鲁松. 2012. 干旱胁迫对植物生长及其生理的影响. 江苏林业科技, 39:51-54.

罗绪强,王世杰,刘秀明. 2007. 陆地生态系统植物的氮源及氮素吸收. 生态学杂志, 26:1094-1100.

闵屾,钱永甫. 2008. 中国极端降水事件的区域性和持续性研究. 水科学进展, 19:763-771.

彭琴,齐玉春,董云社,等. 2012. 干旱半干旱地区草地碳循环关键过程对降雨变化的响应. 地理科学进展, 31:1510-1518.

齐玉春,郭树芳,董云社,等. 2014. 灌溉对农田温室效应贡献及土壤碳储量影响研究进展. 中国农业科学, 47:1764-1773.

任国玉,柳艳菊,孙秀宝,等. 2016. 中国大陆降水时空变异规律——Ⅲ. 趋势变化原因. 水科学进展, 27:327-348.

神祥金,周道玮,李飞,等. 2015. 中国草原区植被变化及其对气候变化的响应. 地理科学, 5:622-629.

宋清海. 2006. 热带季节雨林植物 CO_2 交换及其与冠层 CO_2 通量比较研究. 硕士学位论文. 西双版纳:中国科学院西双版纳热带植物园.

宋世凯. 2017. 全球变暖背景下1960—2014年中国降水时空变化特征. 博士学位论文. 乌鲁木齐:新疆大学.

苏慧敏,李叙勇,欧阳扬. 2011. 土壤微生物量和土壤呼吸对降雨的响应. 生态环境学报, 20:1399-1402.

陶云,唐川,段旭. 2009. 云南滑坡泥石流灾害及其与降水特征的关系. 自然灾害学报, 18:180-186.

王婧,刘廷玺,雷慧闽,等. 2015. 科尔沁草甸生态系统净碳交换特征及其驱动因子. 草业学报, 24:10-19.

王楠楠,杨雪,李世兰,等. 2013. 降水变化驱动下红松阔叶林土壤真菌多样性的分布格局. 应用生态学报, 7:

1985-1990.

王仁忠. 2001. 中国东北样带（NECT）羊草种群数量特性变化及其与环境因子的直接梯度分析. 博士后出站工作报告. 北京：中国科学院植物研究所.

王瑞云，连帅，刘笑瑜. 2014. 气孔对环境因子的感知及趋势应答. 山西农业大学学报（自然科学版），34：481-487.

王小玲，翟盘茂. 2008. 1957—2004 年中国不同强度级别降水的变化趋势特征. 热带气象学报，24：459-466.

王学峰，郑小波，黄玮，等. 2010. 近 47 年云贵高原汛期强降水和极端降水变化特征. 长江流域资源和环境，19：1350-1355.

王长庭，王启基，沈振西，等. 2003. 高寒矮嵩草草甸群落植物多样性和初级生产力对模拟降水的响应. 西北植物学报，10：1713-1718.

王志福，钱永甫. 2009. 中国极端降水事件的频数和强度特征. 水科学进展，20：1-9.

武建双，李晓佳，沈振西，等. 2012. 藏北高寒草地样带物种多样性沿降水梯度的分布格局. 草业学报，3：17-25.

肖磊，陈宁美，陈悦，等. 2016. 内蒙古与北京地区胡杨异形叶表皮蜡质及气孔形态显微结构差异. 中央民族大学学报（自然科学版），25：85-91.

许大全. 1997. 光合作用气孔限制分析中的一些问题. 植物生理学报，4：241-244.

杨金虎，江志红，王鹏祥，等. 2008. 中国年极端降水事件的时空分布特征. 气候与环境研究，13：75-83.

杨山，李小彬，王汝振，等. 2015. 氮水添加对中国北方草原土壤细菌多样性和群落结构的影响. 应用生态学报，3：739-746.

殷刚，孟现勇，王浩，等. 2017. 1982—2012 年中亚地区植被时空变化特征及其与气候变化的相关分析. 生态学报，9：3149-3163.

于贵瑞，方华军，伏玉玲，等. 2011. 区域尺度陆地生态系统碳收支及其循环过程研究进展. 生态学报，31：5449-5459.

于贵瑞，高扬，王秋凤，等. 2013. 陆地生态系统碳氮水循环的关键耦合过程及其生物调控机制探讨. 中国生态农业学报，21：1-13.

于贵瑞，王秋凤. 2010. 植物光合、蒸腾与水分利用的生理生态学. 北京：科学出版社。

袁国迪. 2018. 哀牢山森林优势附生苔藓的水分变化及其对光合特性、生物固氮的影响. 硕士学位论文. 西双版纳：中国科学院西双版纳热带植物园.

张戈丽，徐兴良，周才平，等. 2001. 近 30 年来呼伦贝尔地区草地植被变化对气候变化的响应. 地理学报，1：47-58.

张景华，封志明，姜鲁光，等. 2015. 澜沧江流域植被 NDVI 与气候因子的相关性分析. 自然资源学报，9：1425-1435.

张梦瑶，高永恒，谢青琰. 2017. 干湿交替对土壤有机碳矿化影响的研究进展. 世界科技研究与发展，39：17-23.

张岁岐，李金虎，山仑. 2001. 干旱下植物气孔运动的调控. 西北植物学报，21：1263-1270.

张颖，章超斌，王钊，等. 2017. 三江源 1982—2012 年草地植被覆盖度动态及其对气候变化的响应. 草业科学，10：1977-1990.

郑彩霞，邱箭，姜春宁，等. 2006. 胡杨多形叶气孔特征及光合特性的比较. 林业科学，42：19-24.

郑朝菊，曾源，赵玉金，等. 2017. 近 15 年中国西南地区植被覆盖度动态变化. 国土资源遥感，3：128-136.

周长艳，岑思弦，李跃清，等. 2011. 四川省近 50 年降水的变化特征及影响. 地理学报，66：619-630.

Adkinson, AC, Humphreys ER. 2011. The response of carbon dioxide exchange to manipulations of *Sphagnum* water content in an ombrotrophic bog. *Ecohydrology*，4：733-743.

Ahmadi B，Ahmadalipour A，Tootle G，et al. 2019. Remote sensing of water use efficiency and terrestrial drought recovery across the contiguous United States. *Remote Sensing*，11：731.

Alberto MCR，Hirano T，Miyata A，et al. 2012. Influence of climate variability on seasonal and interannual variations of ecosystem CO_2 exchange in flooded and non-flooded rice fields in the Philippines. *Field Crops Research*，134：80-94.

Allan RP，Soden BJ. 2008. Atmospheric warming and the amplification of precipitation extremes. *Science*，321：1481-1484.

Allan RP，Soden BJ，John VO，et al. 2010. Current changes in tropical precipitation. *Environmental Research Letters*，5：302-307.

Allen CD，Macalady AK，Chenchouni H，et al. 2010. A global overview of drought and heat-induced tree mortality reveals emerging climate change risks for forests. *Forest Ecology and Management*，259：660-684.

Anderson JM. 1973. Carbon dioxide evolution from two temperate, deciduous woodland soils. *Journal of Applied Ecology*，10：361-378.

Andrews T，Forster PM. 2010. The transient response of global-mean precipitation to increasing carbon dioxide levels. *Environmental Research Letters*，5：025212.

Asner GP，Seastedt TR，Townsend AR. 1997. The decoupling of terrestrial carbon and nitrogen cycles. *BioScience*，47：226-234.

Austin AT，Yahdjian L，Stark JM，et al. 2004. Water pulses and biogeochemical cycles in arid and semiarid *ecosystems. Oecologia*, 141: 221-235.

Bachman S, Heisler-White JL, Pendall E, et al. 2010. Elevated carbon dioxide alters impacts of precipitation pulses on ecosystem photosynthesis and respiration in a semi-arid grassland. *Oecologia*, 162: 791-802.

Baldocchi D. 2008. Breathing of the terrestrial biosphere: Lessons learned from a global network of carbon dioxide flux measurement systems. *Australian Journal of Botany*, 56: 1-26.

Baldocchi D, Verma S, Rosenberg N. 1985. Water use efficiency in a soybean field: Influence of plant water stress. *Agricultural and Forest Meteorology*, 34: 53-65.

Beer C, Ciais P, Reichstein M, et al. 2009. Temporal and among-site variability of inherent water use efficiency at the ecosystem level. *Global Biogeochemical Cycles*, 23: 2018.

Belnap J, Phillips SL, Miller ME. 2004. Response of desert biological soil crusts to alterations in precipitation frequency. *Oecologia*, 141: 306-316.

Biederman JA, Scott RL, Goulden ML, et al. 2016. Terrestrial carbon balance in a drier world: The effects of water availability in southwestern North America. *Global Change Biology*, 22: 1867-1879.

Birch HF. 1958. The effect of soil drying on humus decomposition and nitrogen availability. *Plant and Soil*, 10: 9-31.

Borken W, Savage K, Davidson EA, et al. 2006. Effects of experimental drought on soil respiration and radiocarbon efflux from a temperate forest soil. *Global Change Biology*, 12: 177-193.

Brueck H, Erdle K, Gao YZ, et al. 2010. Effects of N and water supply on water use-efficiency of a semiarid grassland in Inner Mongolia. *Plant and Soil*, 328: 495-505.

Brümmer C, Black TA, Jassal RS, et al. 2012. How climate and vegetation type influence evapotranspiration and water use efficiency in Canadian forest, peatland and grassland ecosystems. *Agricultural and Forest Meteorology*, 153: 14-30.

Cantarel AAM, Bloor JMG, Pommier T, et al., 2012. Four years of experimental climate change modifies the microbial drivers of N_2O fluxes in an upland grassland ecosystem. *Global Change Biology*, 18: 2520-2531.

Caviglia OP, Sadras VO. 2001. Effect of nitrogen supply on crop conductance, water-and radiation-use efficiency of wheat. *Field Crops Research*, 69: 259-266.

Chapin FS, Woodwell GM, Randerson JT, et al. 2006. Reconciling carbon-cycle concepts, terminology, and methods. *Ecosystems*, 9: 1041-1050.

Chaves MM, Maroco JP, Pereira JS. 2003. Understanding plant responses to drought—from genes to the whole plant. *Functional Plant Biology*, 30: 239-264.

Chen H, Li D, Xiao K, et al. 2018a. Soil microbial processes and resource limitation in karst and non-karst forests. *Functional Ecology*, 32(5): 1400-1409.

Chen J, Nie Y, Liu W, et al. 2017. Ammonia-oxidizing archaea are more resistant than denitrifiers to seasonal precipitation changes in an acidic subtropical forest soil. *Frontiers in Microbiology*, 8: 1384.

Chen S, Lin G, Huang J, et al. 2009. Dependence of carbon sequestration on the differential responses of ecosystem photosynthesis and respiration to rain pulses in a semiarid steppe. *Global Change Biology*, 15: 2450-2461.

Chen W, Huang C, Wang L, et al. 2018b. Climate extremes and their impacts on interannual vegetation variabilities: A case study in Hubei Province of Central China. *Remote Sensing*, 10: doi: 10.3390/rs10030477.

Chen W, Zheng X, Chen Q, et al. 2013. Effects of increasing precipitation and nitrogen deposition on CH_4 and N_2O fluxes and ecosystem respiration in a degraded steppe in Inner Mongolia, China. *Geoderma*, 192: 335-340.

Chen W, Zhu D, Huang C, et al. 2019. Negative extreme events in gross primary productivity and their drivers in China during the past three decades. *Agricultural and Forest Meteorology*, 275: 47-58.

Chen Z, Yu GR, Wang QF. 2018c. Ecosystem carbon use efficiency in China: Variation and influence factors. *Ecological Indicators*, 90: 316-323.

Ciais P, Reichstein M, Viovy N, et al. 2005. Europe-wide reduction in primary productivity caused by the heat and drought in 2003. *Nature*, 437(7058): 529-533.

Collalti A, Prentice IC. 2019. Is NPP proportional to GPP? Waring's hypothesis 20 years on. *Tree Physiology*, 39: 1473-1483.

Cornwell WK, Bhaskar R, Sack L, et al. 2007. Adjustment of structure and function of Hawaiian *Metrosideros polymorpha* at high vs. low precipitation. *Functional Ecology*, 21: 1063-1071.

Costa-e-Silva F, Correia AC, Piayda A, et al. 2015. Effects of an extremely dry winter on net ecosystem carbon exchange and tree phenology at a cork oak woodland. *Agricultural and Forest Meteorology*, 204: 48-57.

Davidson EA, Verchot LV, Cattanio JH, et al. 2000. Effects of soil water content on soil respiration in forests and cattle pastures of Eastern Amazonia. *Biogeochemistry*, 48: 53-69.

Davies WJ, Wilkinson S, Loveys B. 2010. Stomatal control by

chemical signalling and the exploitation of this mechanism to increase water use efficiency in agriculture. *New Phytologist*, 153: 449-460.

Deangelis A, Dominguez F, Fan Y, et al. 2010. Evidence of enhanced precipitation due to irrigation over the Great Plains of the United States. *Journal of Geophysical Research Atmospheres*, 115: doi: 10. 1029/2010JD013892.

Delgado-Balbuena J, Arredondo JT, Loescher HW, et al. 2019. Seasonal precipitation legacy effects determine the carbon balance of a semiarid grassland. *Journal of Geophysical Research-Biogeosciences*, 124: 987-1000.

Denmead OT, MacDonald BCT, White I, et al. 2009. Evaporation and carbon dioxide exchange by sugarcane crops. *Sugar Cane International*, 27:231-236.

Diefendorf AF, Mueller KE, Wing SL, et al. 2010. Global patterns in leaf 13C discrimination and implications for studies of past and future climate. *Proceedings of the National Academy of Sciences*, 107: 5738-5743.

Dirmeyer, P, Cash B, Stan C, et al. 2012. Evidence for enhanced land-atmosphere feedback in a warming climate. *Journal of Hydrometeorology*, 13: 981-995.

Domec JC, Gartner BL. 2003. Relationship between growthrates and xylem hydraulic characteristics in young, mature and old-growth ponderosa pine trees. *Plant, Cell and Environment*, 26: 471-483.

Domec JC, Johnson DM. 2012. Does homeostasis or disturbance of homeostasis in minimum leaf water potential explain the isohydric versus anisohydric behavior of *Vitis vinifera* L. cultivars? *Tree Physiology*, 32:245.

Doughty CE, Metcalfe DB, Cabrera DG, et al. 2015. Drought impact on forest carbon dynamics and fluxes in Amazonia. *Nature*, 519: 78-82.

Du YG, Guo XW, Cao GM, et al. 2016. Increased nitrous oxide emissions resulting from nitrogen addition and increased precipitation in an Alpine meadow ecosystem. *Polish Journal of Environmental Studies*, 25: 447-451.

Eller BM, Ferrari S. 2010. Water use efficiency of two succulents with contrasting CO_2 fixation pathways. *Plant, Cell and Environment*, 20: 93-100.

Emmerich WE. 2007. Ecosystem water use efficiency in a semiarid shrubland and grassland community. *Rangeland Ecology and Management*, 60:464-470.

Emmett BA, Beier C, Estiarte M, et al. 2004. The response of soil processes to climate change: Results from manipulation studies of shrublands across an environmental gradient. *Ecosystems*, 7: 625-637.

Evans JP, Boyer-Souchet I. 2012. Local sea surface temperatures add to extreme precipitation in Northeast Australia during La Nina. *Geophysical Research Letters*, 39: L10803-L10805.

Evans SE, Burke IC. 2013. Carbon and nitrogen decoupling under an 11-year drought in the shortgrass steppe. *Ecosystems*, 16: 704-705.

Fa KY, Liu JB, Zhang YQ, et al. 2015. CO_2 absorption of sandy soil induced by rainfall pulses in a desert ecosystem. *Hydrological Processes*, 29: 2043-2051.

Fay PA, Carlisle JD, Knapp AK, et al. 2003. Productivity responses to altered rainfall patterns in a C_4-dominated grassland. *Oecologia*, 137: 245-251.

Feng J, Liu H. 2016. Response of evapotranspiration and CO_2 fluxes to discrete precipitation pulses over degraded grassland and cultivated corn surfaces in a semiarid area of Northeastern China. *Journal of Arid Environments*, 127: 137-147.

Fierer N, Schimel JP. 2002. Effects of drying-rewetting frequency on soil carbon and nitrogen transformations. *Soil Biology and Biochemistry*, 34: 777-787.

Fischer ML, Torn MS, Billesbash DP, et al. 2012. Carbon, water, and heat flux responses to experimental burning and drought in a tallgrass prairie. *Agricultural and Forest Meteorology*, 166-167: 169-174.

Fischer RA, Turner NC. 1978. Plant productivity in the arid and semiarid zones. *Annual Review of Plant Physiology*, 29: 277-317.

Frank D, Reichstein M, Bahn M, et al. 2015. Effects of climate extremes on the terrestrial carbon cycle: Concepts, processes and potential future impacts. *Global Change Biology*, 21: 2861-2880.

Fu Y, Zheng Z, Yu G, et al. 2009. Environmental influences on carbon dioxide fluxes over three grassland ecosystems in China. *Biogeosciences*, 6:2879-2893.

Gatti LV, Gloor M, Miller JB, et al. 2014. Drought sensitivity of Amazonian carbon balance revealed by atmospheric measurements. *Nature*, 506: 76-80.

Ge ZM, Kellomaki S, Zhou X, et al. 2014. The role of climatic variability in controlling carbon and water budgets in a boreal Scots pine forest during ten growing seasons. *Boreal Environment Research*, 19: 181-194.

Ghannoum O, Evans JR, Caemmerer SV. 2011. Nitrogen and water use efficiency of C_4 plants. In: Raghavendra AS, Sage RF. C_4 *Photosynthesis and Related* CO_2 *Concentrating Mechanisms*. Berlin: Springer-Verlag.

Grant RF, Baldocchi DD, Ma S. 2012. Ecological controls on net ecosystem productivity of a seasonally dry annual grassland under current and future climates: Modelling with ecosys. *Ag-*

ricultural and Forest Meteorology, 152: 189–200.

Grossiord C, Sevanto S, Adams HD, et al. 2017. Precipitation, not air temperature, drives functional responses of trees in semi-arid ecosystems. *Journal of Ecology*, 105: 163–175.

Grunzweig JM, Lin T, Rotenberg E, et al. 2003. Carbon sequestration in arid-land forest. *Global Change Biology*, 9: 791–799.

Gupta SR, Singh JS. 1981. Soil respiration in a tropical grassland. *Soil Biology and Biochemistry*, 13: 261–268.

Hao G, Hu Z, Guo Q, et al. 2019. Median to strong rainfall intensity favors carbon sink in a temperate grassland ecosystem in China. *Sustainability*, 11: 6376.

Harper CW, Blair JM, Fay PA, et al. 2005. Increased rainfall variability and reduced rainfall amount decreases soil CO_2 flux in a grassland ecosystem. *Global Change Biology*, 11: 322–334.

Hartmann H, Ziegler W, Kolle O, et al. 2013. Thirst beats hunger—declining hydration during drought prevents carbon starvation in Norway spruce saplings. *New Phytologist*, 200: 340–349.

Hattermann FF, Kundzewicz ZW, Huang SC, et al. 2013. Climatological drivers of changes in flood hazard in Germany. *Acta Geophysica*, 61: 463–477.

Haverd V, Ahlstrom A, Smith B, et al. 2017. Carbon cycle responses of semi-arid ecosystems to positive asymmetry in rainfall. *Global Change Biology*, 23: 793–800.

He JS, Wang L, Dan FBF, et al. 2008. Leaf nitrogen: Phosphorus stoichiometry across Chinese grassland biomes. *Oecologia*, 155: 301–310.

He W, Ju W, Schwaim CR, et al. 2018. Large-scale droughts responsible for dramatic reductions of terrestrial net carbon uptake over North America in 2011 and 2012. *Journal of Geophysical Research-Biogeosciences*, 123: 2053–2071.

Helfter C, Campbell C, Dinsmore KJ, et al. 2015. Drivers of long-term variability in CO_2 net ecosystem exchange in a temperate peatland. *Biogeosciences*, 12: 1799–1811.

Helman D, Osem Y, Yakir D, et al. 2017. Relationships between climate, topography, water use and productivity in two key Mediterranean forest types with different water-use strategies. *Agricultural and Forest Meteorology*, 232: 319–330.

Holt JA, Hodgen MJ, Lamb D. 1990. Soil respiration in the seasonally dry tropics near Townsville, North-Queensland. *Soil Research*, 28: 737–745.

Hölttä T, Mencuccini M, Nikinmaa E. 2009. Linking phloem function to structure: Analysis with a coupled xylem-phloem transport model. *Journal of Theoretical Biology*, 259:

325–337.

Hu Z, Guo Q, Li S, et al. 2018. Shifts in the dynamics of productivity signal ecosystem state transitions at the biome-scale. *Ecology Letters*, 21: 1457–1466.

Hu Z, Yu G, Fan J, et al. 2010. Precipitation-use efficiency along a 4500-km grassland transect. *Global Ecology and Biogeography*, 19: 842–851.

Hu ZM, Yu GR, Fu YL, et al. 2008. Effects of vegetation control on ecosystem water use efficiency within and among four grassland ecosystems in China. *Global Change Biology*, 14: 1609–1619.

Huang M, Ji JJ, Deng F, et al. 2014. Impacts of extreme precipitation on tree plantation carbon cycle. *Theoretical and Applied Climatology*, 115: 655–665.

Hui D, Jackson RB. 2010. Geographical and interannual variability in biomass partitioning in grassland ecosystems: A synthesis of field data. *New Phytologist*, 169: 85–93.

Hussain MZ, Gruenwald T, Tenhunen JD, et al. 2011. Summer drought influence on CO_2 and water fluxes of extensively managed grassland in Germany. *Agriculture Ecosystems and Environment*, 141: 67–76.

Hussain MZ, Saraswathi G, Lalrammawia C, et al. 2015. Leaf and ecosystem gas exchange responses of buffel grass-dominated grassland to summer precipitation. *Pedosphere*, 25: 112–123.

Huxman TE, Smith MD, Fay PA, et al. 2004. Convergence across biomes to a common rain-use efficiency. *Nature*, 429: 651.

IPCC. 2013. Climate Change 2013: the physical science basis. Contribution of Working Group I to the fifth assessment report of the Intergovernmental Panel on Climate Change. Cambridge and New York: Cambridge University Press.

Iwashita H, Saigusa N, Murayama S, et al. 2006. Effect of soil water content on carbon dioxide flux at a sparse-canopy forest in the Canadian boreal ecosystem. *Journal of Agricultural Meteorology*, 61: 131–141.

Jacinthe PA. 2015. Carbon dioxide and methane fluxes in variably-flooded riparian forests. *Geoderma*, 241–242: 41–50.

Jarvis PG. 1976. Interpretation of variations in leaf water potential and stomatal conductance found in canopies in field. *Philosophical Transactions of the Royal Society of London Series B-Biological Sciences*, 273: 593–610.

Jensen KD, Beier C, Michelsen A, et al. 2003. Effects of experimental drought on microbial processes in two temperate heathlands at contrasting water conditions. *Applied Soil Ecology*, 24: 165–176.

Jia W, Davies WJ. 2007. Modification of leaf apoplastic pH in relation to stomatal sensitivity to root-sourced abscisic acid signals. *Plant Physiology*, 143:68−77.

Jia X, Zha T, Gong J, et al. 2016. Carbon and water exchange over a temperate semi-arid shrubland during three years of contrasting precipitation and soil moisture patterns. *Agricultural and Forest Meteorology*, 228−229: 120−129.

Jiao C, Yu G, Ge J, et al. 2017. Analysis of spatial and temporal pattern of aboveground net primary production in the Eurasian steppe region from 1982 to 2013. *Ecology and Evolution*, 7: 5149−5162.

Jongen M, Unger S, Pereira JS, et al. 2014. Effects of precipitation variability on carbon and water fluxes in the understorey of a nitrogen-limited montado ecosystem. *Oecologia*, 176: 1199−1212.

Kamp T, Steindl H, Hantschet RE, et al. 1998. Nitrous oxide emissions from a fallow and wheat field as affected by increased soil temperature. *Biology and Fertility of Soils*, 27: 307−314.

Kang H, Xin Z, Berg B, et al. 2010. Global pattern of leaf litter nitrogen and phosphorus in woody plants. *Annals of Forest Science*, 67: 811.

Katul GG, Palmroth S, Oren R. 2009. Leaf stomatal responses to vapour pressure deficit under current and CO_2-enriched atmosphere explained by the economics of gas exchange. *Plant, Cell and Environment*, 32:968−979.

Kharin VV, Zwiers FW, Zhang XB, et al. 2007. Changes in temperature and precipitation extremes in the IPCC ensemble of global coupled model simulations. *Journal of Climate*, 20: 1419−1444.

Klein T. 2014. The variability of stomatal sensitivity to leaf water potential across tree species indicates a continuum between isohydric and anisohydric behaviours. *Functional Ecology*, 28:1313−1320.

Klein T. 2015. Drought-induced tree mortality: From discrete observations to comprehensive research. *Tree Physiology*, 35:225.

Knapp AK, Beier C, Briske DD, et al. 2008. Consequences of more extreme precipitation regimes for terrestrial ecosystems. *AIBS Bulletin*, 58: 811−821.

Knapp AK, Fay PA, Blair JM, et al. 2002. Rainfall variability, carbon cycling, and plant species diversity in a mesic grassland. *Science*, 298: 2202−2205.

Kumagai T, Kume T. 2012. Influences of diurnal rainfall cycle on CO_2 exchange over Bornean tropical rainforests. *Ecological Modelling*, 246: 91−98.

Kunkel KE. 2003. North American trends in extreme precipitation. *Natural Hazards*, 29:291−305.

Kuromori T, Seo M, Shinozaki K. 2018. ABA transport and plant water stress responses. *Trends in Plant Science*, 23: 513−522.

Kursar TA. 1989. Evaluation of soil respiration and soil CO_2, concentration in a lowland moist forest in Panama. *Plant and Soil*, 113: 21−29.

Lawrence PJ, Chase TN. 2010. Investigating the climate impacts of global land cover change in the community climate system model. *International Journal of Climatology*, 30: 2066−2087.

Le Houérou HN. 1984. Rain use efficiency: A unifying concept in arid land ecology. *Journal of Arid Environments*, 7: 213−247.

Lees KJ, Clark JM, Quaife T, et al. 2019. Changes in carbon flux and spectral reflectance of *Sphagnum* mosses as a result of simulated drought. *Ecohydrology*, 12: e2123.

Li T, Zhang Q, Chen Z, et al. 2016. Modeling CH_4 emissions from natural wetlands on the Tibetan Plateau over the past 60 years: Influence of climate change and wetland loss. *Atmosphere*, 7:90.

Liu C, He N, Zhang J, et al. 2017. Variation of stomatal traits from cold temperate to tropical forests and association with water use efficiency. *Functional Ecology*, 32:20−28.

Liu D, Li Y, Wang T, et al. 2018. Contrasting responses of grassland water and carbon exchanges to climate change between Tibetan Plateau and Inner Mongolia. *Agricultural and Forest Meteorology*, 249:163−175.

Liu R, Cieraad E, Li Y, et al. 2016. Precipitation pattern determines the inter-annual variation of herbaceous layer and carbon fluxes in a phreatophyte-dominated desert ecosystem. *Ecosystems*, 19: 601−614.

Liu WX, Zhang Z, Wan SQ. 2009. Predominant role of water in regulating soil and microbial respiration and their responses to climate change in a semiarid grassland. *Global Change Biology*, 15: 184−195.

Liu X, Wan S, Su B, et al. 2002. Response of soil CO_2 efflux to water manipulation in a tallgrass prairie ecosystem. *Plant and Soil*, 240: 213−223.

Liu X, Xu Z, Yu R. 2011. Trend of climate variability in China during the past decades. *Climatic Change*, 109: 503−516.

Ma S, Zhou T, Dai A, et al. 2015. Observed changes in the distributions of daily precipitation frequency and amount over China from 1960 to 2013. *Journal of Climate*, 28: 6960−6978.

Ma X, Huete A, Cleverly J, et al. 2016. Drought rapidly diminishes the large net CO_2 uptake in 2011 over semi-arid Australia. *Scientific Reports*, 6: 37747.

Maccracken MC, Barron EJ, Easterling DR, et al. 2003. Climate change scenarios for the US National Assessment. *Bulletin of the American Meteorological Society*, 84: 1711-1723.

Maeda EE, Torres JA, Carmona-Moreno C. 2013. Characterisation of global precipitation frequency through the L-moments approach. *Area*, 45: 98-108.

Malone M. 1993. Hydraulic signals. *Philosophical Transactions Biological Sciences*, 341: 33-39.

McDowell NG. 2011. Mechanisms linking drought, hydraulics, carbon metabolism, and vegetation mortality. *Plant Physiology*, 155: 1051-1059.

McDowell NG, Allen CD. 2015. Darcy's law predicts widespread forest mortality under climate warming. *Nature Climate Change*, 5: 669-672.

McDowell NG, Phillips N, Lunch C, et al. 2002. An investigation of hydraulic limitation and compensation in large, old Douglas-fir trees. *Tree Physiology*, 22: 763-774.

McDowell NG, Pockman WT, Allen CD, et al. 2008. Mechanisms of plant survival and mortality during drought: Why do some plants survive while others succumb to drought. *New Phytologist*, 178: 719-739.

Medlyn BE, Duursma RA, Eamus D, et al. 2011. Reconciling the optimal and empirical approaches to modelling stomatal conductance. *Global Change Biology*, 17: 2134-2144.

Medvigy D, Wofsy SC, Munger JW, et al. 2010. Responses of terrestrial ecosystems and carbon budgets to current and future environmental variability. *Proceedings of the National Academy of Sciences*, 107: 8275-8280.

Mi J, Li J, Chen D, et al. 2015. Predominant control of moisture on soil organic carbon mineralization across a broad range of arid and semiarid ecosystems on the Mongolia Plateau. *Landscape Ecology*, 30: 1683-1699.

Mikha MM, Rice CW, Milliken GA. 2005. Carbon and nitrogen mineralization as affected by drying and wetting cycles. *Soil Biology and Biochemistry*, 37: 339-347.

Miller AE, Schimel JP, Meixner T, et al. 2005. Episodic rewetting enhances carbon and nitrogen release from chaparral soils. *Soil Biology and Biochemistry*, 37: 2195-2204.

Norton U, Mosier AR, Morgan JA, et al. 2008. Moisture pulses, trace gas emissions and soil C and N in cheatgrass and native grass-dominated sagebrush-steppe in Wyoming, USA. *Soil Biology and Biochemistry*, 40: 1421-1431.

Oren R, Sperry JS, Katul GG, et al. 1999. Survey and synthesis of intra-and inter-specific variation in stomatal sensitivity to vapour pressure deficit. *Plant, Cell and Environment*, 22: 1515-1526.

Otieno DO, K' Otuto GO, Maina JN, et al. 2010. Responses of ecosystem carbon dioxide fluxes to soil moisture fluctuations in a moist Kenyan savanna. *Journal of Tropical Ecology*, 26: 605-618.

Pannatier EG, Dobbertin M, Heim A, et al. 2012. Response of carbon fluxes to the 2003 heat wave and drought in three mature forests in Switzerland. *Biogeochemistry*, 107: 295-317.

Paruelo JM, Lauenroth WK, Burke IC, et al. 1999. Grassland precipitation-use efficiency varies across a resource gradient. *Ecosystems*, 2: 64-68.

Peel AJ. 陆定志译. 1983. 植物体内的养分运输. 北京: 科学出版社.

Pereira JS, Mateus JA, Aires LM, et al. 2007. Net ecosystem carbon exchange in three contrasting Mediterranean ecosystems—the effect of drought. *Biogeosciences*, 4: 791-802.

Pérez CA, Armesto JJ. 2017. Coupling of microbial nitrogen transformations and climate in sclerophyll forest soils from the Mediterranean Region of central Chile. *Science of the Total Environment*, 625: 394-402.

Petrie MD, Peters DPC, Yao J, et al. 2018. Regional grassland productivity responses to precipitation during multiyear above- and below-average rainfall periods. *Global Change Biology*, 24: 1935.

Porporato A, Vico G, Fay PA. 2006. Superstatistics of hydroclimatic fluctuations and interannual ecosystem productivity. *Geophysical Research Letters*, 33: doi: 10.1029/2006 GL026412.

Puma MJ, Cook BI. 2010. Effects of irrigation on global climate during the 20th century. *Journal of Geophysical Research Atmospheres*, 115: D16120.

Reichstein M, Bahn M, Ciais P, et al. 2013. Climate extremes and the carbon cycle. *Nature*, 500: 287-295.

Ren H, Xu Z, Isbell F, et al. 2017. Exacerbated nitrogen limitation ends transient stimulation of grassland productivity by increased precipitation. *Ecological Monographs*, 87: 457-469.

Rowlings DW, Grace PR, Scheer C, et al. 2015. Rainfall variability drives interannual variation in N_2O emissions from a humid, subtropical pasture. *Science of the Total Environment*, 512: 8-18.

Roy J, Picon-Cochard C, Augusti A, et al. 2016. Elevated CO_2 maintains grassland net carbon uptake under a future heat and drought extreme. *Proceedings of the National Academy of Sciences*, 113: 6224-6229.

Ryana S. 2010. Precipitation pulses and soil CO_2 flux in a sonoran desert ecosystem. *Global Change Biology*, 13: 426-436.

Saleska SR, Didan K, Huete AR, et al. 2007. Amazon forests green-up during 2005 drought. *Science*, 318: 612.

Schlesinger WH, Dietze MC, Jackson RB, et al. 2016. Forest biogeochemistry in response to drought. *Global Change Biology*, 22: 2318-2328.

Seastedt TR, Knapp AK. 1993. Consequences of nonequilibrium resource availability across multiple time scales: The transient maxima hypothesis. *The American Naturalist*, 141: 621-633.

Shi FS, Chen H, Chen HF, et al. 2012. The combined effects of warming and drying suppress CO_2 and N_2O emission rates in an alpine meadow of the Eastern Tibetan Plateau. *Ecological Research*, 27: 725-733.

Shurpali NJ, Biasi C, Jokinen S, et al. 2013. Linking water vapor and CO_2 exchange from a perennial bioenergy crop on a drained organic soil in Eastern Finland. *Agricultural and Forest Meteorology*, 168: 47-58.

Sitaula BK, Bakken LR. 1993. Nitrous oxide release from spruce forest soil: Relationships with nitrification, methane uptake, temperature, moisture and fertilization. *Soil Biology and Biochemistry*, 25: 1415-1421.

Song L, Li Y, Ren Y, et al. 2019. Divergent vegetation responses to extreme spring and summer droughts in Southwestern China. *Agricultural and Forest Meteorology*, 279: 107703.

Sponseller RA. 2007. Precipitation pulses and soil CO_2 flux in a Sonoran Desert ecosystem. *Global Change Biology*, 13: 426-436.

St Clair SB, Sudderth EA, Fischer ML, et al. 2009. Soil drying and nitrogen availability modulate carbon and water exchange over a range of annual precipitation totals and grassland vegetation types. *Global Change Biology*, 15: 3018-3030.

Steduto P, Albrizio R. 2005. Resource use efficiency of field-grown sunflower, sorghum, wheat and chickpea II. Water use efficiency and comparison with radiation use efficiency. *Agricultural and Forest Meteorology*, 130: 269-281.

Sun FB, Roderick ML, Farquhar GD. 2012. Changes in the variability of global land precipitation. *Geophysical Research Letters*, 39: 19402.

Sun Q, Meyer WS, Marschner P. 2018. Direct and carry-over effects of summer rainfall on ecosystem carbon uptake and water use efficiency in a semi-arid woodland. *Agricultural and Forest Meteorology*, 263: 15-24.

Swann AL, Fung IY, Chiang JC. 2012. Mid-latitude afforestation shifts general circulation and tropical precipitation. *Proceedings of the National Academy of Sciences*, 109: 712-716.

Takahashi F, Suzuki T, Osakabe Y, et al. 2018. A small peptide modulates stomatal control via abscisic acid in long-distance signalling. *Nature*, 556: 235.

Tallec T, Béziat P, Jarosz N, et al. 2013. Crops' water use efficiencies in temperate climate: Comparison of stand, ecosystem and agronomical approaches. *Agricultural and Forest Meteorology*, 168: 69-81.

VanLoocke A, Twine TE, Zeri M, et al. 2012. A regional comparison of water use efficiency for miscanthus, switchgrass and maize. *Agricultural and Forest Meteorology*, 164: 82-95.

Vargas R, Baldocchi DD, Querejeta JL, et al. 2010. Ecosystem CO_2 fluxes of arbuscular and ectomycorrhizal dominated vegetation types are differentially influenced by precipitation and temperature. *New Phytologist*, 185: 226-236.

Verón SR, Oesterheld M, Paruelo JM. 2005. Production as a function of resource availability: Slopes and efficiencies are different. *Journal of Vegetation Science*, 16: 351-354.

Wan L, Zhang XP, Ma Q, et al. 2015. Spatiotemporal characteristics of precipitation and extreme events on the Loess Plateau of China between 1957 and 2009. *Hydrological Processes*, 28: 4971-4983.

Wang H, Prentice IC, Keenan TF, et al. 2017. Towards a universal model for carbon dioxide uptake by plants. *Nature Plants*, 3: 734-741.

Wang K, Dickinson RE. 2012. A review of global terrestrial evapotranspiration: Observation, modeling, climatology, and climatic variability. *Reviews of Geophysics*, 50: RG2005.

Wang L, Niu KC, Yang YH, et al. 2010. Patterns of above- and belowground biomass allocation in China's grasslands: Evidence from individual-level observations. *Science China Life Sciences*, 53: 851-857.

Wang RZ, Dorodnikov M, Yang S, et al. 2015. Responses of enzymatic activities within soil aggregates to 9-year nitrogen and water addition in a semi-arid grassland. *Soil Biology and Biochemistry*, 81: 159-167.

Wang W, Fang JY. 2009. Soil respiration and human effects on global grasslands. *Global and Planetary Change*, 67: 20-28.

Wen XF, Wang HM, Wang JL, et al. 2010. Ecosystem carbon exchanges of a subtropical evergreen coniferous plantation subjected to seasonal drought, 2003—2007. *Biogeosciences*, 7: 357-369.

Westra S, Alexander LV, Zwiers FW. 2013. Global increasing trends in annual maximum daily precipitation. *Journal of Climate*, 26: 3904-3918.

Wong SC, Cowan IR, Farquhar GD. 1979. Stomatal conductance correlates with photosynthetic capacity. *Nature*, 282: 424-426.

Wu DH, Ciais P, Viovy N, et al. 2018. Asymmetric responses

of primary productivity to altered precipitation simulated by ecosystem models across three long-term grassland sites. *Biogeosciences*, 15: 3421-3437.

Wu Z, Dijkstra P, Koch GW, et al. 2011. Responses of terrestrial ecosystems to temperature and precipitation change: A meta-analysis of experimental manipulation. *Global Change Biology*, 17: 927-942.

Xie Z, Wang L, Jia B, et al. 2016. Measuring and modeling the impact of a severe drought on terrestrial ecosystem CO_2 and water fluxes in a subtropical forest. *Journal of Geophysical Research-Biogeosciences*, 121: 2576-2587.

Xu H, Li Y. 2006. Water-use strategy of three central Asian desert shrubs and their responses to rain pulse events. *Plant and Soil*, 285: 5-17.

Xu L, Yu G, He N, et al. 2018. Carbon storage in China's terrestrial ecosystems: A synthesis. *Scientific Reports*, 8: 2806.

Xu MJ, Wang HM, Wen XF, et al. 2017. The full annual carbon balance of a subtropical coniferous plantation is highly sensitive to autumn precipitation. *Scientific Reports*, 7: 10025.

Xu W, Li X, Wei L, et al. 2016. Spatial patterns of soil and ecosystem respiration regulated by biological and environmental variables along a precipitation gradient in semi-arid grasslands in China. *Ecological Research*, 31: 505-513.

Yan H, Wang SQ, Wang JB, et al. 2016. Assessing spatiotemporal variation of drought in China and its impact on agriculture during 1982-2011 by using PDSI indices and agriculture drought survey data. *Journal of Geophysical Research-Atmospheres*, 121: 2283-2298.

Yan J, Zhang Y, Yu G, et al. 2013. Seasonal and inter-annual variations in net ecosystem exchange of two old-growth forests in Southern China. *Agricultural and Forest Meteorology*, 182-183:257-265.

Yang Y, Fang J, Ma W, et al. 2010. Large-scale pattern of biomass partitioning across China's grasslands. *Global Ecology and Biogeography*, 19: 268-277.

Yepez EA, Scott RL, Cable WL, et al. 2007. Intraseasonal variation in water and carbon dioxide flux components in a semiarid riparian woodland. *Ecosystems*, 10: 1100-1115.

Yu GR, Song X, Wang QF, et al. 2008. Water-use efficiency of forest ecosystems in Eastern China and its relations to climatic variables. *New Phytologist*, 177: 927-937.

Yu GR, Zhuang J, Yu ZL. 2001. An attempt to establish a synthetic model of photosynthesis-transpiration based on stomatal behavior for maize and soybean plants grown in field. *Journal of Plant Physiology*, 158:861-874.

Yu Z, Wang M, Huang Z, et al. 2017. Temporal changes in

soil C-N-P stoichiometry over the past 60 years across subtropical China. *Global Change Biology*, 24: 1308-1320.

Yuan W, Cai W, Chen Y, et al. 2016. Severe summer heatwave and drought strongly reduced carbon uptake in Southern China. *Scientific Reports*, 6: 18813.

Yuan W, Liu D, Dong W, et al. 2014. Multiyear precipitation reduction strongly decreases carbon uptake over Northern China. *Journal of Geophysical Research – Biogeosciences*, 119: 002608.

Zhang F, Quan Q, Ma F, et al. 2019a. When does extreme drought elicit extreme ecological responses? *Journal of Ecology*, 107:2553-2563.

Zhang F, Quan Q, Ma F, et al. 2019b. Differential responses of ecosystem carbon flux components to experimental precipitation gradient in an alpine meadow. *Functional Ecology*, 33:889-900.

Zhang Q, Ficklin DL, Manzoni S, et al. 2019c. Response of ecosystem intrinsic water use efficiency and gross primary productivity to rising vapor pressure deficit. *Environmental Research Letters*, 14: 074023.

Zhang Q, Sun P, Chen X, et al. 2012. Spatial-temporal precipitation changes (1956-2000) and their implications for agriculture in China. *Global and Planetary Change*, 82: 86-95.

Zhang X, Zwiers FW, Hegerl GC, et al. 2007. Detection of human influence on twentieth-century precipitation trends. *Nature*, 448: 461-465.

Zhang Y, Moran MS, Nearing MA, et al. 2013. Extreme precipitation patterns and reductions of terrestrial ecosystem production across biomes. *Journal of Geophysical Research – Biogeoscience*, 118(1): 148-157.

Zhang Y, Xu M, Chen H, et al. 2009. Global pattern of NPP to GPP ratio derived from MODIS data: Effects of ecosystem type, geographical location and climate. *Global Ecology and Biogeography*, 18: 280-290.

Zhang Y, Yu G, Yang J, et al. 2014. Climate-driven global changes in carbon use efficiency. *Global Ecology and Biogeography*, 23:144-155.

Zhao GS, Liu M, Shi PL, et al. 2019. Spatial-temporal variation of ANPP and rain-use efficiency along a precipitation gradient on Changtang Plateau, Tibet. *Remote Sensing*, 11: 325.

Zhou XH, Tallev M, Luo YQ. 2009. Biomass, litter, and soil respiration along a precipitation gradient in Southern Great Plains, USA. *Ecosystems*, 12: 1369-1380.

Zhu J, Wang Q, He N, et al. 2016. Imbalanced atmospheric nitrogen and phosphorus depositions in China: Implications for nutrient limitation. *Journal of Geophysical Research – Biogeo-*

sciences, 121: 1605-1616.

Zhu X, Yu G, Wang Q, et al. 2014. Seasonal dynamics of water use efficiency of typical forest and grassland ecosystems in China. *Journal of Forest Research*, 19: 70-76.

Zhu XJ, Yu GR, Wang QF, et al. 2015. Spatial variability of water use efficiency in China's terrestrial ecosystems. *Global and Planetary Change*, 129: 37-44.

第15章

全球大气 CO_2 浓度升高影响陆地生态系统碳-氮-水耦合循环的过程机制及多重效应

工业革命以来,全球大气 CO_2 浓度显著升高,且增长率呈现持续上升趋势。但 CO_2 浓度具有明显的时空变异,表现为北半球高于南半球。陆地生态系统在全球碳平衡中发挥着重要的作用,它的微小变化就能导致大气 CO_2 浓度的明显波动,因此大气 CO_2 浓度变化与陆地生态系统的相互作用关系是全球变化科学研究的重要内容。

观测事实表明,工业革命后大气 CO_2 浓度持续升高,并表现出明显的季节动态。北半球中高纬度区域是重要的碳汇区,我国的陆地生态系统碳汇具有鲜明的时空格局及特色的过程机制,主要碳汇功能区分布在东南和西南地区。全球大气 CO_2 浓度升高,会对生态系统碳循环、氮循环和水循环及其耦合过程产生影响,这种循环过程变化反过来也会影响大气 CO_2 浓度及全球变化趋势,使得两者之间具有强烈的正/负反馈互作关系。

CO_2 是植物进行光合作用的重要底物,大气 CO_2 浓度升高,将直接影响植物光合和呼吸的生理生态过程,会增强净光合作用,提高植被和生态系统生产力。CO_2 浓度升高还会影响气孔开闭,影响植物的蒸腾作用及水分利用效率,而且还会促使植物营养物质向地下根系系统分配,促进根系生长发育,增加根系分泌物、养分周转速率,促进微生物活动和土壤有机质的分解及植物对土壤氮的吸收,也会引起生态系统的氮磷养分限制,进而直接或间接地影响生态系统碳、氮、水循环过程。此外,全球大气 CO_2 浓度升高也会引起土壤和水体酸化,改变植物的形态和解剖结构,改变植物组成及物种间的协同关系,甚至会对农作物的品质产生影响。现有研究已在相关领域开展了大量工作,成果卓著,但也还有很多知识空缺限制了我们对陆地生态系统碳、氮、水循环及其耦合关系对全球变化的响应与适应过程机制的认识。

本章从植物生理生态学和地球化学循环的角度,总结和论述全球 CO_2 浓度升高影响陆地生态系统碳-氮-水耦合循环的过程机制及多重效应,从多方面探讨生态系统碳、氮、水循环及其耦合关系响应和适应全球 CO_2 浓度升高的特征及潜在机理。

本章执笔:于贵瑞,刘聪聪,陈智,张维康,张添佑,韩朗

15.1 引言

全球气候变化(global climate change)主要包括温室气体(CO_2、CH_4、N_2O 等)浓度升高、温度上升、氮磷沉降增加、降水格局变化等。生态系统不仅会对全球变化做出短期响应,也会产生适应性的变化。CO_2 浓度升高作为全球气候变化最重要因素,直接影响着植物生长发育、形态结构及生理生化机能,也会对根际土壤微生态系统产生重要影响,从而对陆地生态系统的碳循环、氮循环和水循环及其耦合过程产生直接或者间接的影响。

人类对化石燃料的过度使用以及大规模滥伐森林等造成的土地利用变化,导致大量 CO_2 等温室气体排放,大气 CO_2 浓度持续升高,到 21 世纪末大气 CO_2 浓度有可能将达到 750~1300 ppm。CO_2 浓度升高的直接环境效应是大气层大量吸收地表长波热辐射而导致全球气温升高,增强大气层的温室效应(greenhouse effect)。同时,CO_2 作为植物光合作用底物,其浓度升高会影响植物光合作用、生长发育及生物产量,表现为 CO_2 的施肥效应(fertilization effect)。

研究陆地生态系统碳、氮、水循环及其耦合过程对大气 CO_2 浓度升高的响应和适应是认识大气圈与生物圈相互作用的科学需要,同时也是认识地球能量平衡、水分平衡、养分循环以及生物多样性变化的基础。为了理解陆地植被及生态系统对大气 CO_2 浓度升高的响应机制,已经发展了多种技术,在多尺度上开展广泛的科学研究。在 CO_2 浓度及环境效应控制实验技术研究方面,从最初的小型封闭控制环境实验(controlled environment, CE)发展到开放式气室(open-top chamber, OTC)实验,再到更大规模的自由大气 CO_2 气体施肥装置(free-air CO_2 enrichment, FACE)。在生理和生态过程研究方面,从植物叶片水平的生理学研究拓展到植被冠层、根系冠层、群落及生态系统生态过程,甚至到全球生物圈的环境响应与适应研究。在研究内容方面,也从简单地关注植物光合作用、呼吸作用等单一生理过程,发展到关注植物个体及群落的有机物质和能量分配、运输及利用,也关注生态系统的食物网系统、各种有机和无机物质储存库之间的物质循环过程及机制。

本章在讨论全球大气 CO_2 浓度升高的观测事实、成因以及 CO_2 浓度的时空分布特征的基础上,重点论述 CO_2 浓度变化背景下的生态系统碳循环、氮循环和水循环的相关研究进展,分析评述陆地生态系统碳、氮、水循环及其耦合过程对全球气候 CO_2 浓度升高的响应与适应、相互作用关系的基础理论及研究进展,还阐述了 CO_2 浓度升高对陆地生态系统物种进化、植被演替、农作物品质等的多重效应。

15.2 全球大气 CO_2 浓度升高趋势及区域差异

15.2.1 全球大气 CO_2 浓度升高的事实

自地球诞生以来,全球大气的 CO_2、CH_4、N_2O 等温室气体浓度一直处于不断变化之中,在不同地质时期发生过多次周期性的波动(图 15.1),而自工业革命以来呈现出急剧攀升的变化趋势(图 15.2)。

15.2.1.1 CO_2、CH_4、N_2O 三种温室气体在不同地质历史时期的周期性波动

在过去漫长的地质历史中,古大气中的 CO_2、CH_4、N_2O 等温室气体浓度的变化为揭示地球演变机制和预测未来气候变化提供了强有力的证据。自 20 世纪 60 年代在 Byrd 站钻取透底冰芯以来,南极冰芯记录的研究不断取得新的突破。20 世纪末,记录延伸到了 42 万年前,展示了以 10 万年为周期的 4 个冰期-间冰期旋回,其记录的 CO_2 浓度成为古气候记录的经典(Petit et al., 1999)。2004 年,欧洲南极冰芯计划(European Project of Ice Cores in Antarctica, EPICA)Dome C(EDC)冰芯记录则将类似的记录延伸到了 80 万年(Augustin et al., 2004)。2010 年,Schilt 等整理了冰芯记录的 CO_2、CH_4、N_2O 温室气体含量在过去 80 万年的连续动态变化。研究发现,在过去冰期-间冰期交替过程中,CO_2 和 CH_4 含量的变化具有同步特征,N_2O 在轨道年尺度上也呈现出线性的变化(Schilt et al., 2010)。间冰期 CO_2、CH_4 和 N_2O 含量较高,而在冰期含量较低。

15.2.1.2 CO_2、CH_4、N_2O 三种温室气体在工业革命以来的变化趋势

自工业革命以来,随着社会经济和人口的不断增加,人类排放的温室气体在逐渐而快速地增多。2010 年,大气中 CO_2(389 ppm)、CH_4(1760 ppb)、N_2O(325 ppb)等温室气体的浓度超过了南极冰芯记录的 80 万

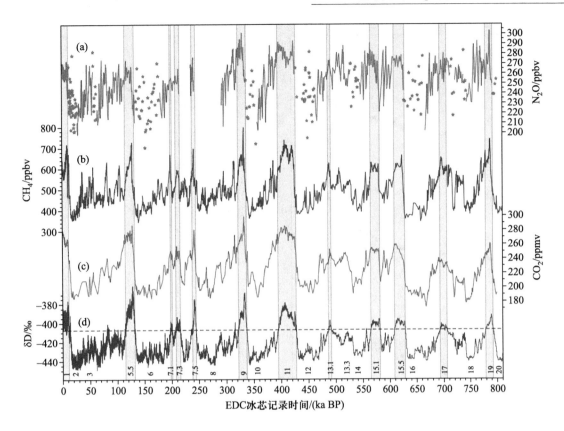

图 15. 1　南极冰芯重建的 CO$_2$、CH$_4$ 和 N$_2$O 温室气体浓度

（a）EDC 站点（75°60′S,123°210′E）的延伸的 N$_2$O 浓度（Flückiger et al., 2002；Stauffer et al., 2002；Spahni et al., 2005；Schilt et al., 2010）。（b）EDC 站点的 CH$_4$ 浓度（Monnin et al., 2001；Flückiger et al., 2002；Spahni et al., 2003；Spahni et al., 2005；Loulergue et al., 2007）。（c）Vostok 站点 2 万年到 39 万年的 CO$_2$ 浓度（Petit et al., 1999），39 万年后的数据为 EDC 站点的 CO$_2$ 浓度（Monnin et al., 2001, 2004；Siegenthaler et al., 2005；Lüthi et al., 2008）。（d）EDC 站点的 SD‰值（Jouzel et al., 2001, 2007）。

年以来的自然变化范围。自 1750 年以来，CO$_2$、CH$_4$ 和 N$_2$O 浓度分别增加了 40%、150% 和 20%。自 20 世纪 50 年代以来，CO$_2$、CH$_4$、N$_2$O 浓度开始大幅度增加。2002—2011 年是 CO$_2$ 浓度增加速率最快的 10 年，达到了 2.0±0.1 ppm·a^{-1}。虽然自 20 世纪 90 年代以来的第一个 10 年，CH$_4$ 浓度趋于相对稳定，但是自 2007 年以来又再次出现增加趋势。在过去的 30 年中，N$_2$O 浓度的增加速率相对稳定，为 0.73±0.03 ppb·a^{-1}。

15. 2. 2　全球大气 CO$_2$ 浓度升高的空间格局

全球规模的大气层垂直交换、混合及环流运动使得大气 CO$_2$ 浓度成为一个相对比较均匀的大气化学变量，但是因为不同区域的植被活动及人为碳排放的差异，近地面的大气 CO$_2$ 浓度也呈现出区域性分异。

王舒鹏等（2015）给出了 2010—2012 年近地面

CO$_2$ 浓度的年平均值全球分布。可以看出，北半球 CO$_2$ 浓度明显高于南半球，这是由于主要的陆地和人口分布在北半球，全球的生物质燃料排放和陆地生物圈排放也主要集中在北半球。同时可以看出，在 2010—2012 年，年 CO$_2$ 浓度呈现逐级递增趋势，分别为 388.6 ppm、390.6 ppm 和 392.3 ppm。高值区主要出现在东亚、俄罗斯、欧洲和美国等人口众多、经济发达地区。北半球 CO$_2$ 浓度平均比南半球高约 8 ppm。

受陆地植被光合作用变化影响，大气 CO$_2$ 浓度存在明显的季节性波动。在每年的夏季，CO$_2$ 浓度会因为强烈的植被光合碳固定而出现最低值。北半球的陆地生物圈面积较南半球大得多，其大气 CO$_2$ 浓度的季节变化较南半球更为明显（Meinshausen et al., 2017）。在北半球，冬季近地面 CO$_2$ 浓度最高（约 391.5 ppm），夏季最低（约 386.5 ppm），春季（约 389.8 ppm）高于秋季（约 388.4 ppm）。这是由于冬

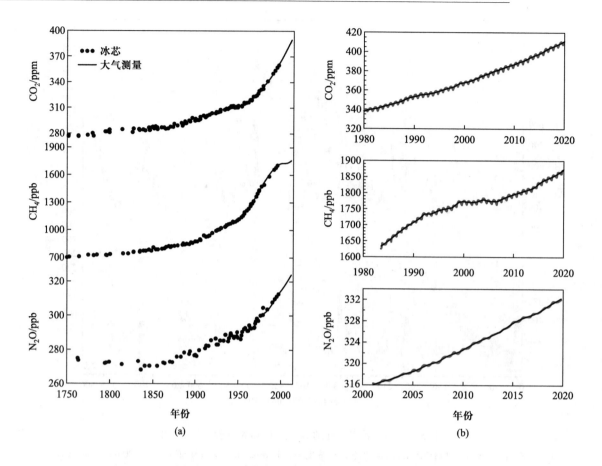

图 15.2　工业革命以来的全球温室气体浓度变化

（a）大气 CO_2 浓度、CH_4 浓度和 N_2O 浓度。数据为冰芯（点）和直接观测的大气温室气体浓度（线）。（b）全球平均的月平均值，黑线表示长期趋势线。数据为美国国家海洋和大气局地球系统研究实验室观测的温室气体浓度。[①]

季和春季北半球陆地生物圈以呼吸作用为主，且冬季为北半球高纬度地区的供暖季节，大量生物质燃料燃烧加剧了 CO_2 排放。北半球夏、秋季生物质燃料燃烧相应减少，且碳循环过程以陆地植被光合作用吸收 CO_2、释放 O_2 为主，CO_2 浓度降低。南半球与北半球季节相反，夏秋季陆地表面 CO_2 浓度高于冬春季。

15.2.3　全球的碳收支平衡及评估理论和方法

全球大气的 CO_2 浓度变化是地球系统碳收支平衡关系改变的结果。根据物质守恒原理，全球的年尺度碳收支平衡方程可以简化为

$$G_{ATM} = (E_{FF} + E_{LUE}) - (S_{OCEAN} + S_{LAND}) \tag{15.1}$$

式中，G_{ATM} 为大气中的碳储量，E_{FF} 为化石燃料燃烧和水泥生产排放量，E_{LUE} 为土地利用变化排放量，S_{OCEAN} 为海

洋生态系统净吸收量，S_{LAND} 为陆地生态系统净吸收量。其中的 $(E_{FF} + E_{LUE})$ 是人为活动导致的碳排放总量，$(S_{OCEAN} + S_{LAND})$ 是自然生态系统的碳固定总量，两者的差值是被储存于大气层的碳储量（G_{ATM}）。

全球尺度的碳计量多采用碳储量，单位采用 Gt C 或 Pg C，其年碳收支通量采用 Gt C·a⁻¹ 或 Pg C·a⁻¹；中小尺度（如区域、国家）的碳储量多采用 Gt C 或 Tg C，其年碳收支通量采用 Gt C·a⁻¹ 或 Tg C·a⁻¹；而在生态系统尺度的碳计量多采用碳密度（g C·m⁻²，kg C·hm⁻²，Tg C·hm⁻²）及碳通量（g C·m⁻²·a⁻¹，kg C·hm⁻²·a⁻¹，Tg C·hm⁻²·a⁻¹）。这里 1 Pg C = 1Gt C = 10^3 Tg C = 10^{15} g C；1 g C ≈ 3.664 g CO_2。

大气碳储量（G_{ATM}）及其在 t_2 至 t_1 期间的变化量（ΔG_{ATM}）可以根据全球大气本底站观测的 CO_2 浓度及变化求得，即

---

①　https://www.esrl.noaa.gov/gmd/ccgg/trends/global.html

$$G_{ATM} = 大气 CO_2 平均浓度(C) \times 2.120 \quad (15.2)$$

$$\Delta G_{ATM} = G_{ATM}(t_2) - G_{ATM}(t_1) \quad (15.3)$$

大气 CO_2 平均浓度(C)通常采用 ppm,按照 1 ppm = 2.120 Gt C 转换为碳质量单位。全球大气层的大气 CO_2 平均浓度(C)为全球大气监测网(Global Atmosphere Watch, GAW)各站观测值的平均值。目前全球大气监测网约有 31 个全球观测站点,400 多个区域观测站和约 100 个贡献站点,常用于全球 CO_2 浓度变化统计分析的有夏威夷莫纳罗亚站和南极站等。

基于方程(15.1),可以通过对平衡方程的各个收支通量做出科学评估,预测全球大气的碳储量及变化量;再依据方程(15.2)和(15.3),就可以预测大气 CO_2 浓度及浓度变化可能导致的辐射强迫和大气温度的潜在变化,也可以预测在特定的气候变化控制目标(升温 1.5℃ 或 2.0℃)下的 CO_2 浓度和储量阈值,进而计算出人类活动的温室气体排放空间,推演全球温室气体管控路径及全球分摊方案。由此可见,方程(15.1)中的各个收支项科学评估的确定性及精度极其重要,也是多年来科学界所面临的挑战。

化石燃料燃烧和水泥生产排放量(E_{FF})主要基于活动因子及转换系数来评估:

$$化石燃料燃烧排放量 = F(燃料质量/体积, 系数, 转换因子) \quad (15.4)$$

$$水泥生产排放量 = F(水泥) \quad (15.5)$$

化石燃料燃烧和水泥生产排放产生的 CO_2 排放量的计算主要依赖于能源消耗数据,全球尺度上的计算多使用由多个组织整理和存档的碳氢化合物燃料数据完成。常用的数据来源有二氧化碳信息分析中心(Carbon Dioxide Information Analysis Center, CDIAC)估算的排放量(Boden et al., 2013; Le Quéré et al., 2014)、《联合国气候变化框架公约》官方清单报告附件中的国家排放数据、《BP 世界能源统计年鉴》中的国家能源统计数据等(Friedlingstein et al., 2019)。CDIAC 估算的排放量可以追溯到 1751 年,而且覆盖各个国家的连续的化石燃料燃烧、水泥排放和天然气燃烧的排放数据(Andres et al., 1999, 2012; Le Quéré et al., 2014)。使用联合国提供的系数将燃料质量/体积转换为燃料能量含量,然后使用转换因子将其转换为 CO_2 排放量。该转换因子考虑了不同燃料类型(煤、石油、天然气)的碳含量和热含量之间的关系以及燃烧效率。水泥生产排放量可以基于美国地质调查局(van Oss, 2013)的水泥数

据估算。由于在水泥风化过程中,一部分 CaO 和 MgO 返回碳酸盐形式,但这通常很小,因此可以忽略(Le Quéré et al., 2014)。对化石燃料燃烧和水泥生产产生的 CO_2 排放量的估算是基于能源数据的间接估算,其不确定性主要来自能源统计的潜在偏差以及与每个国家使用的方法有关的系统误差(Friedlingstein et al., 2019)。

土地利用变化碳排放量(E_{LUE})是指森林砍伐、造林、伐木和森林退化,迁移农业以及木材采伐或放弃农业后森林再生的 CO_2 通量。采用的评估方法为簿记模型(bookkeeping model)、全球动态植被模型(dynamic global vegetation model, DGVM)等(Friedlingstein et al., 2019):

$$E_{LUE} = F(土地利用变化率, 土地利用变化导致的每公顷碳储量变化) \quad (15.6)$$

簿记模型往往涵盖更多的土地利用变化过程,因此土地利用变化的碳排放量通常可以通过簿记模型计算得到,如 Houghton 模型和 BLUE 模型等(Friedlingstein et al., 2019)。簿记模型方法可以追踪森林砍伐或其他土地利用变化前后植被和土壤中碳储量的变化,追踪森林砍伐过程中立即排放到大气中的 CO_2 以及后期不同土壤和植物碳库的分解,还可以追踪植被再生以及相关土壤碳库积累。但是簿记模型不包括生态系统对气候、大气 CO_2 和其他环境因素变化的瞬态响应,因此模型中的碳密度反映的是稳定环境条件的碳密度,随时间保持不变。簿记模型中通常包括木材收获和森林退化、迁移农业、作物收割、灌溉、施肥、放牧、割草等多个过程,使用的数据主要是联合国粮农组织的森林资源评估和统计数据、全球火灾排放数据库及遥感数据等。不同的簿记模型可能会有所差异,主要表现在土地覆盖数据集以及所包含的过程等的不同。基于簿记模型估算土地利用变化碳排放量的不确定性主要来源于系统边界上的常见偏差、常见和不确定的土地覆被变化数据和模型结构误差等(Friedlingstein et al., 2019)。

海洋生态系统的净吸收量(S_{OCEAN})是指海洋-大气界面的净碳交换量,其评估方法主要有基于观测数据评估或基于全球海洋生物地球化学模型评估(Denman et al., 2007; Friedlingstein et al., 2019)。基于观测数据的评估主要是依据观测的海洋 CO_2 分压(PCO_2)数据进行反演,或者基于区域的地表温度与 PCO_2 的关系,再结合遥感观测的地表温度变化和风速进行估算。Takahashi 等(2002)对 1956—2000 年

所有可用的海洋表面 PCO_2 测量值进行了归一化处理得出,年海洋净吸收量约 2.2 ± 0.5 Pg C · a^{-1}。基于模型的评估主要是基于 NCEP/NCAR 再分析数据的全球海洋生物地球化学模型（GOBM）。GOBM 包含影响海洋表层 CO_2 浓度并进而影响大气-海洋 CO_2 通量的物理、化学和生物过程,驱动数据为气象再分析和大气 CO_2 浓度数据。不同模型之间的海洋吸收量评估结果存在差异,主要是物理和生物地球化学过程导致的从表层海洋到深层的 CO_2 去除率差异（Denman et al., 2007；Friedlingstein et al., 2019）。

陆地生态系统的净吸收量（S_{LAND}）被认为是最为困难、在全球碳收支各项中最不确定的组分。所以在大多的全球碳收支评估中将其作为残差项来处理,即假定方程（15.1）的各项为可以准确评估的,则 S_{LAND} 为

$$S_{LAND} = (E_{FF} + E_{LUE}) - (G_{ATM} + S_{OCEAN}) \quad (15.7)$$

由此可见,采用这种评估方法评估得到的 S_{LAND} 不可能是一个真实而精确的科学数值,只能是一个混合了其他四个收支通量评估误差的平衡方程数值解。所以,如何实际测定和科学评估陆地生态系统净吸收量就成为长期困扰陆地生态系统碳收支研究的世纪性难题。

生态学家的工作是从生态系统碳储量的动态变化开始,定义生态系统碳储量的年际变化量为陆地生态系统与大气间的净交换量,即

$$S_{LAND} = \frac{S(t_2) - S(t_1)}{t_2 - t_1} \quad (15.8)$$

式中,$S(t_1)$ 和 $S(t_2)$ 分别为 t_1 和 t_2 时刻的全球陆地生态系统总碳储量,为植被地上生物量、地下生物量、凋落物和土壤有机质中的碳储量之和。基于该定义,可以采用传统的资源或生态清查的方法和数据及文献数据资源,沿着三种不同的技术途径统计评估全球总储量。

其一是直接估算全球的四个碳库,并求综合。全球生态系统碳储量的估算分为两步:第一步是从点尺度到区域尺度,第二步是从区域尺度到全球尺度。对于第一步,先估算不同区域内（如不同生态区等）地上生物量（SPA）、地下生物量（SPB）、凋落物（SL）、土壤有机碳（SOC）的碳密度,然后根据区域面积计算各个区域的碳储量。对于第二步,将各个区域 SPA、SPB、SL 和 SOC 加和,估算全球的碳储量:

$$S(t) = SPA + SPB + SL + SOC$$
$$= \sum_{i=1}^{n} (SPA_i \times S_i + SPB_i \times S_i + SL_i \times S_i + SOC_i \times S_i) \quad (15.9)$$

式中,i 为区域类型,n 为区域总数,S_i 为区域面积,SPA_i、SPB_i、SL_i 和 SOC_i 分别为各区域内地上生物量、地下生物量、凋落物和土壤有机碳的碳密度,SPA、SPB、SL 和 SOC 分别为全球地上生物量、地下生物量、凋落物和土壤有机碳的碳储量。SPA_i、SPB_i、SL_i 和 SOC_i 依据各种数据源开展全球统计获得,如依据资源清查数据、文献收集数据等。

其二是按土地覆被的生态类型加权统计,即分别估算森林、灌丛、草地、湿地、农田和荒漠的碳储量,再将各生态类型的碳储量加和,估算全球的碳储量。利用该方法估算碳储量也分为两步:第一步是从点尺度到区域尺度,第二步是从区域尺度到全球尺度。对于第一步,先估算各个生态区内不同生态系统的 SPA、SPB、SL 和 SOC 的碳密度,然后在此基础上计算各个生态区的碳储量。若生态区内某一生态系统的样点数少于 10 个,或生态区内某一生态系统的样点空间分布极不均匀（如样点集中分布在很小的区域,而大部分区域没有样点）,则主要通过结合相邻生态区中同一生态系统的样点来估算。这些相邻生态区必须与待估算生态区具有相似的气候环境（Xu et al., 2018）。对于第二步,将各个区域 SPA、SPB、SL 和 SOC 加和,估算全球的碳储量:

$$S(t) = \sum_{i=1}^{m} (森林 + 灌丛 + 草地 + 湿地 + 农田 + 荒漠)$$
$$S(t) = SPA + SPB + SL + SOC$$
$$= \sum_{i=1}^{m} \sum_{j=1}^{n} (SPA_{ij} \times S_{ij} + SPB_{ij} \times S_{ij} + SL_{ij} \times S_{ij} + SOC_{ij} \times S_{ij}) \quad (15.10)$$

式中,i 为生态区类型,j 为生态系统类型,m 为生态区的类型总数,n 为生态系统的类型总数,S_{ij} 为区域面积,SPA_{ij}、SPB_{ij}、SL_{ij} 和 SOC_{ij} 分别为第 i 类生态区第 j 类生态系统地上生物量、地下生物量、凋落物和土壤有机碳的碳密度,SPA、SPB、SL 和 SOC 分别为全球地上生物量、地下生物量、凋落物和土壤有机碳的碳储量。SPA_{ij}、SPB_{ij}、SL_{ij} 和 SOC_{ij} 依据各种数据源开展全球统计获得,如依据资源清查数据、文献收集数据等。

其三是基于地理网格生态系统类型的统计,即以地理网格为计算单元,分别计算各网格单元内的生态系统碳储量,然后加和估算全球的碳储量:

$$S(t) = \sum_{i=1}^{m} (森林 + 灌丛 + 草地 + 湿地 + 农田 + 荒漠)$$
$$S(t) = SPA + SPB + SL + SOC$$
$$= \sum_{i=1}^{m} \sum_{j=1}^{n} (SPA_{ij} + SPB_{ij} + SL_{ij} + SOC_{ij}) \quad (15.11)$$

式中,i 为网格类型,j 为生态系统类型,m 为网格总数,n 为生态系统的类型总数,SPA_{ij}、SPB_{ij}、SL_{ij} 和 SOC_{ij} 分别为第 i 网格第 j 类生态系统地上生物量、地下生物量、凋落物和土壤有机碳的碳储量,SPA、SPB、SL 和 SOC 分别为全球地上生物量、地下生物量、凋落物和土壤有机碳的碳储量。SPA_{ij}、SPB_{ij}、SL_{ij} 和 SOC_{ij} 依据各种数据源开展全球统计获得,如依据资源清查数据、文献收集数据等。

以上三种统计方法各有其独特的生物和生态地理学理论基础和数据优势,但是各自也都有其难以回避的缺陷,导致评估结果的不确定性。

与生态学家的思维不同,气象学家采用的是基于不同原理直接测定不同尺度和不同组分碳通量的思路,其中包括不同类型的光合、呼吸速率以及不同界面的碳交换速率直接测定。最近 20 余年中发展并逐渐成熟的是基于微气象学原理的涡度相关(EC)直接测定评估法和基于大气柱浓度的卫星观测反演方法。

基于涡度相关直接测定的碳交换通量进行区域及全球碳收支评估主要是根据站点获取的碳通量和气象要素观测数据,建立碳通量数据与其解释变量之间的关系,结合网格化的遥感和气候数据估算区域和全球的碳收支评估(Yu et al.,2010b;Zhu et al.,2014);或者采用数据学习算法(例如人工神经网络或回归树)估算全球的碳通量(Jung et al.,2009,2011;Beer et al.,2010)。

长期以来,不同尺度的陆地生态系统碳状态、碳交换通量及全球源汇功能的模型开发工作一直被学界所重视。常见的模型主要有关系统计模型、遥感评估模型、生态过程模型、统计-遥感-过程综合模型、全球碳同化系统等。这些模型主要利用气候、植被、土壤等的观测和遥感数据对碳通量及碳汇功能进行评估。

关系统计模型是最早用于估算和模拟生产力的方法,其原理是将气候要素数据或植被指数数据与地面观测的碳通量数据构建统计关系,用于估算陆地生态系统的碳交换通量及碳汇功能。具有模型简单、参数少且易获取的优点,但是关系统计模型的生理生态机制不明确,且多适用于区域研究。遥感评估模型主要依据植被指数或植被冠层吸收的光合有效辐射的利用效率来估算生产力(袁文平等,2014),模型结构比较简单且遥感数据易获取,因此可用来估算大尺度的碳汇功能。生态过程模型是以植物生理学和生物地理学为基础,模拟植被与外界的物质和能量交换过程及气候因子对植被分布的影响(王旭峰等,2009),包括

生物地球化学模型、生物地球物理模型、生物地理模型以及动态全球植被模型等。生态过程模型的机理清楚,集成生物物理、植被生理和生态过程,能够对植被冠层生理、碳循环等过程进行模拟。但模型复杂、参数多且不容易获取(袁文平等,2014)。全球碳同化系统利用多源遥感和 CO_2 浓度观测数据优化计算陆地生态系统碳通量,由遥感数据、生态系统模型、大气输送模型、同化模型和系统集成 5 部分组成,是精确监测全球不同地区陆地生态系统碳汇的有效技术手段,但目前,CO_2 浓度观测数据的稀疏性限制了当前全球碳同化系统的空间分辨率(居为民等,2019)。

15.2.4　全球碳收支平衡的变化及大气 CO_2 浓度升高

全球碳收支平衡关系的改变是导致大气 CO_2 浓度升高的直接原因。在不同的地质时期及不同年代,全球碳收支平衡方程的各变量在不断地变化,已有研究对 1960 年以来不同历史时期的全球碳收支平衡动态变化做了系统性评估(表 15.1)。1970—1979 年,全球碳收支状况为化石燃料燃烧和水泥生产排放 CO_2 为 4.7 Gt $C \cdot a^{-1}$,土地利用变化排放 CO_2 为 1.2 Gt $C \cdot a^{-1}$,海洋和陆地生态系统 CO_2 吸收量分别为 1.3 Gt $C \cdot a^{-1}$ 和 2.1 Gt $C \cdot a^{-1}$。

而自 20 世纪 60 年代以来,这种平衡关系不断地被人类活动所改变(表 15.1)。其中,化石燃料燃烧、水泥生产、土地利用变化等人类活动释放到大气中的 CO_2 在不断增加,这些增加的 CO_2 不能被海洋和陆地生态系统完全吸收固定,导致大气中 CO_2 的浓度不断增加(王春权等,2009)。据统计,2018 年的全球 CO_2 平均浓度为 407.38 ± 0.1 ppm(2011 年为 390.5 ppm),比工业革命前 100 年(1750—1860 年)的平均值(277 ppm)增加了 130.38 ppm。1750—2011 年,大气层累积增加了 2040 ± 310 Gt CO_2 储量。这些新增的大气碳储存的贡献者首先是化石燃料和水泥生产等工业活动碳排放,约为 1360 Gt CO_2(67%),其次是土地利用变化的净排放 680 Gt CO_2(33%)。

IPCC 预测,在 RCP 6.0 和 RCP 8.5 情景下,2030 年的大气 CO_2 浓度可能达到 450 ppm,2100 年的大气 CO_2 浓度达到 750~1300 ppm(IPCC,2013)。在未来的全球增温控制在 2℃ 或 1.5 ℃ 的目标下,IPCC 估算得出所对应的大气 CO_2 浓度临界取值分别为 450 ppm 或 430 ppm,相对应的大气层总碳储量分别为 956 Gt C 和 913 Gt C。

表 15.1　不同时段的全球碳收支平衡(Friedlingstein et al., 2019)

	平均值/$(Gt\ C \cdot a^{-1})$						
	1960—1969 年	1970—1979 年	1980—1989 年	1990—1999 年	2000—2009 年	2010—2018 年	2018 年
排放							
化石燃料燃烧和水泥生产排放的 $CO_2(E_{FF})$	3.0±0.2	4.7±0.2	5.5±0.3	6.3±0.3	7.8±0.4	9.5±0.5	10.0±0.5
土地利用变化排放的 $CO_2(E_{LUE})$	1.4±0.7	1.2±0.7	1.2±0.7	1.3±0.7	1.4±0.7	1.5±0.7	1.5±0.7
总排放 $(E_{FF}+E_{LUE})$	4.5±0.7	5.8±0.7	6.7±0.8	7.7±0.8	9.2±0.8	11.0±0.8	11.5±0.9
分配							
大气增加的 CO_2 含量(G_{ATM})	1.8±0.07	2.8±0.07	3.4±0.02	3.1±0.02	4.0±0.02	4.9±0.02	4.6±0.2
海洋生态系统吸收的 $CO_2(S_{OCEAN})$	1.0±0.6	1.3±0.5	1.7±0.6	2.0±0.6	2.2±0.6	2.5±0.6	2.5±0.6
陆地生态系统吸收的 $CO_2(S_{LAND})$	1.3±0.4	2.1±0.4	1.8±0.5	2.4±0.4	2.7±0.6	3.2±0.6	3.8±0.7
预算平衡							
$B_{IM}=E_{FF}+E_{LUE}-G_{ATM}-S_{OCEAN}-S_{LAND}$	0.5	-0.2	-0.2	0.3	0.3	0.4	0.3

15.3　我国大气 CO_2 浓度变化及陆地生态系统碳平衡

15.3.1　我国大气 CO_2 浓度变化及区域差异

基于我国大气中 CO_2 浓度长期监测资料分析我国大陆上空大气中 CO_2 本底浓度的变化趋势表明,1991—2000 年,我国大陆上空 CO_2 本底浓度呈现明显的增长趋势,其平均年增长值为 1.59 μL·L^{-1},平均年增长率为 0.44%(王庚辰等,2002)。在 2010—2012 年,我国区域近地面 CO_2 浓度年平均值呈现逐年增长趋势,2010 年为 392.15 ppm,2011 年为 393.82 ppm,2012 年为 395.36 ppm,平均每年增长约 1.6 ppm·a^{-1}。2010 年 3 月—2011 年 2 月,春季和冬季 CO_2 浓度(分别为 395.7 ppm 和 394.9 ppm)明显高于夏季和秋季(分别为 387.8 ppm 和 390.9 ppm)(王舒鹏等,2015)。这是由于冬季和春季为供暖季节,大量生物质燃料燃烧,并且植被呼吸作用大于光合作用也会排放 CO_2,导致陆地成为较大的碳排放源。而夏秋季,陆地表面植被的光合作用大于呼吸作用,陆地生态系统呈现为净的 CO_2 吸收,为重要的大气碳汇期。

对单站点进行的 CO_2 浓度变化分析显示,2007—2010 年,瓦里关站大气 CO_2 浓度从 384.0 ppm 增长到 390.2 ppm,并且呈现显著的线性增长趋势,年均增长为 2.1 ± 0.1 ppm;上甸子站大气 CO_2 浓度从 385.1 ppm 增长到 390.6 ppm,也呈现出年均增长为 1.8 ± 0.1 ppm 的线性增长趋势(图 15.3)(Liu et al., 2014c)。

CO_2 浓度的月平均值分析表明,月平均最大值出现在 4 月,为 396.6 ppm;最小值出现在 7 月,为

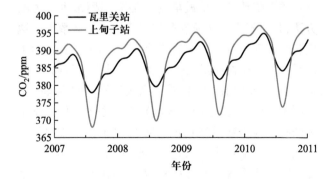

图 15.3　瓦里关站和上甸子站大气 CO_2 浓度变化
(Liu et al., 2014c)

387.1 ppm(王舒鹏等,2015)。

我国区域的 CO_2 浓度存在区间差异。春季 CO_2 浓度的高值区主要集中于东北、华北和长三角地区;夏季 CO_2 浓度的高值区主要集中于华北、长三角、珠三角和华中地区;秋季 CO_2 浓度的高值区分布在长三角和华中地区;冬季高值区主要集中于华北、东北和长三角地区(王舒鹏等,2015)。

15.3.2　我国陆地生态系统碳收支平衡

我国是全球最大的碳排放国之一,也是重要的碳吸收区域,其陆地生态系统的碳收支平衡受到科学界和国际社会的普遍关注。Piao 等(2010)利用 3 种相互独立的方法,即地面清查结合遥感数据、生物地球化学模型和大气反演模型,定量描述了我国在 20 世纪 80—90 年代的碳收支及其变化机理。利用上述 3 种方法分别得出的结果十分相近,估计出的我国区域碳汇在 0.19~0.24 Pg C·a^{-1},稍大于欧洲大陆的 0.14~0.21 Pg C·a^{-1},但小于美国的 0.3~0.58 Pg C·a^{-1}。在 80—90 年代,我国陆地生态系统吸收了同期化石燃料燃烧碳排放的 28%~37%,以森林生态系统碳汇最大,占 50%左右;其次为灌丛生态系统,占 30%左右(Piao et al.,2010)。

从空间分布来看,陆地生态系统碳汇主要分布在东南和西南地区,而土地利用变化导致了过去 20 年东北地区陆地碳储量呈减少趋势,青藏高原、华中以及华南地区也表现出一定的碳汇功能(Piao et al.,2010)。

15.3.3　我国陆地生态系统的碳源/汇功能及生态工程固碳效应评估

陆地生态系统的碳源/汇功能是生态系统植被碳吸收与呼吸碳释放的差值。量化生态系统生产力和呼吸的时空格局、建立经验和理论模型是评估区域碳源/汇功能的重要途径。

根据陆地碳交换通量的可测定性及生态学意义,建立一个 GPP-NPP-NEP-NBP-NRP-NRCB 级联结构的多尺度生态系统净碳收支评估框架及评估方法体系(图 15.4)。GPP 为总初级生产力,NPP 为净初级生产力,NEP 为净生态系统生产力,NBP 为净生物群系生产力,NRP 为生物-社会群区生产力,NRCB 为净区域碳收支。在重新审视生态系统生产力概念体系的基础上,将我国陆地区域假设为一个大尺度的生物-社会群区生态系统,采用不同时空尺度的多源数据整合分析方法,定量评估我国区域陆地生态系统生产力及其在各种生态过程中的分配和消耗量,进而分析评价我国区域陆地生态系统潜在的碳源/汇强度(Wang et al.,2015)。

$$GPP = f(MAT, MAP) \qquad (15.12)$$

$$NPP = GPP - R_a \qquad (15.13)$$

$$NEP = NPP - R_h = GPP - R_a - R_h \qquad (15.14)$$

$$NBP = NEP - FE_{RCCI} = NEP - FE_{RC} - FE_{CI} \qquad (15.15)$$

$$NRP = NBP - FE_{AD} \qquad (15.16)$$

$$NRCB = NRP - FE_{ND} \qquad (15.17)$$

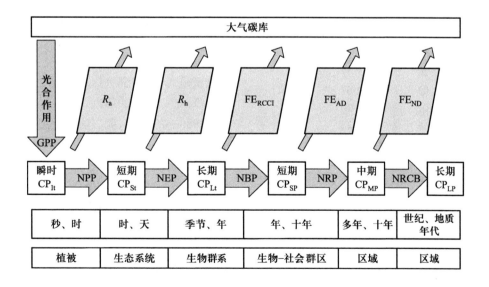

图 15.4　GPP-NPP-NEP-NBP-NRP-NRCB 级联结构的多尺度生态系统净碳收支评估方法体系(Wang et al.,2015) CP_{It},通过瞬时光合作用实现的碳固存;CP_{St},植物体内短期储存的碳;CP_{Lt},生物群系中长期储存的碳;CP_{Sp},区域生物-社会群区的短期碳存储;CP_{MP},区域陆地生态系统的中期碳存储;CP_{LP},区域陆地生态系统中长期碳存储。

式中，R_a 为生态系统自养呼吸，R_h 为生态系统异养呼吸，FE_{RCCI} 为还原性碳和生物群系呼吸通量，FE_{RC} 为生态系统的非 CO_2 形态（如 CO、CH_4、NMVOC 等）的还原性碳排放通量，FE_{CI} 为自然生物群系中的各种生物采食活动的碳排放通量，FE_{AD} 为人为干扰引起的碳排放通量，FE_{ND} 为自然干扰引起的碳排放通量。

基于生物地理学统计模式对我国陆地生态系统的碳交换通量及陆地碳汇强度时空格局的定量评价表明，2001—2010 年，我国区域陆地生态系统总初级生产力、净生态系统生产力和生态系统呼吸的年总量分别为 7.51 Pg C、1.91 Pg C 和 5.82 Pg C，分别占全球总量的 4.29% ~ 6.80%、9.10% ~ 12.73%、5.65% ~ 6.06%，与我国的陆地面积占全球陆地总面积的比例大致相当（Zhu et al., 2014）。

1995—2004 年，我国区域陆地生态系统土壤呼吸年总量为 3.84 Pg C，占全球总量的 3.92% ~ 4.78%。其中，常绿阔叶林的土壤呼吸速率为 698 ± 11 g C $\cdot$ m^{-2} $\cdot$ a^{-1}，显著高于草地（439 ± 7 g C $\cdot$ m^{-2} $\cdot$ a^{-1}）和农田生态系统（555 ± 12 g C $\cdot$ m^{-2} $\cdot$ a^{-1}）（Yu et al., 2010b）（表 15.2）。草地、农田和森林生态系统各占我国土壤呼吸总量的（19.25 ± 0.35）%、（22.17 ± 0.18）% 和（20.84 ± 0.13）%。

表 15.2 不同土地覆被类型的年均土壤呼吸值
（Yu et al., 2010b）

土地覆被类型	面积 /10^4 km^2	土壤呼吸年总量 /Pg C	CV /%	贡献率 /%	土壤呼吸速率 /(g C·m^{-2}·a^{-1})
常绿针叶林	36.61	0.20	2.08	5.17	542
常绿阔叶林	3.66	0.03	1.61	0.67	698
落叶针叶林	2.35	0.01	3.14	0.20	335
落叶阔叶林	10.16	0.06	2.53	1.44	546
混交林	21.63	0.10	2.24	2.48	440
林地	77.74	0.42	2.04	10.88	537
稀树草原	106.53	0.60	2.03	15.50	559
郁闭灌丛	10.22	0.04	2.25	0.94	353
稀疏灌丛	200.66	0.49	2.49	12.69	243
草地	168.51	0.74	1.97	19.25	439
农田	153.53	0.85	2.13	22.17	555
裸地	138.90	0.33	2.18	8.62	238
总和	930.50	3.84	1.92	100.0	

2001—2010 年，我国区域的总初级生产力、生态系统呼吸和净生态系统生产力的气候潜力值分别为 7.78 Pg C $\cdot$ a^{-1}、5.89 Pg C $\cdot$ a^{-1} 和 1.89 Pg C $\cdot$ a^{-1}。

这些有机碳在经过还原性碳排放及生物群系呼吸、火灾、土壤侵蚀、农林草碳移出的消耗，最后可以形成大约 0.966 Pg C $\cdot$ a^{-1} 的潜在碳汇总量（图 15.5）。但是，实际的总初级生产力要低于气候潜力值，据估算约为 5.50 ± 0.48 Pg C $\cdot$ a^{-1}。进而得到我国区域实际碳汇总量约为 0.41 ± 0.12 Pg C $\cdot$ a^{-1}（图 15.5）。人为干扰引起的碳排放可以达到净生态系统生产力的 42%，说明加强生态系统过程管理、减少人为活动引起的碳排放，是增加陆地碳吸收、减缓气候变化的重要措施之一（Wang et al., 2015）。

我国陆地碳吸收受气候变化影响。2000—2010 年，我国陆地净生态系统生产力（NEP）从 1982—2000 年的下降趋势（-5.95 Tg C $\cdot$ a^{-1}）转为上升趋势（14.22 Tg C $\cdot$ a^{-1}），这一转变主要归因于东亚夏季风增强，促进了温带季风区的碳吸收，同时增温趋缓降低了 3 个气候区（特别是亚热带-热带季风区）的净生态系统生产力下降趋势。与气候因子的贡献（56.3%）相比，大气 CO_2 浓度和大气氮沉降对净生态系统生产力趋势转折的贡献（8.6% 和 11.3%）相对较低（He et al., 2019）。

基于我国陆地生态系统碳储量综合调查的分析结果显示，森林、灌丛、草原和农田生态系统的总碳储量为 79.24 ± 2.42 Pg C，其中 82.9% 储存在土壤中（深度 1 m），16.5% 储存在生物量中，0.6% 储存在凋落物中。森林、灌丛、草原和农田生态系统的碳储量分别为 30.83 ± 1.57 Pg C、6.69 ± 0.32 Pg C、25.40 ± 1.49 Pg C 和 16.32 ± 0.41 Pg C。如果考虑到所有的陆地生态系统类型，则我国陆地生态系统的总碳储量为 89.27 ± 1.05 Pg C。在空间上，我国西南部地区的碳储量最大，而东部地区的碳储量最小（Fang et al., 2018；Tang et al., 2018）。

1980—2010 年，我国陆地生态系统碳储量变化速率约为 0.201 ± 0.061 Pg C $\cdot$ a^{-1}，与欧洲地区接近，但是低于美国（Xu et al., 2019）。其中植被和土壤的固碳速率分别为 0.100 Pg C $\cdot$ a^{-1} 和 0.101 Pg C $\cdot$ a^{-1}。其中，森林作为我国陆地固碳的主体，其 0~1 m 深度土壤固碳量约为 2.52 ± 0.77 Pg C；草地和农田土壤的碳储量增长有限，分别为 0.40 ± 0.78 Pg C 和 0.07 ± 0.31 Pg C；而湿地则是一个弱的碳源，土壤碳储量净减少 0.76 ± 0.29 Pg C（图 15.6）。在过去 30 年（1980—2010 年），我国北方草地植被地上和地下部分的碳密度均呈增长趋势，但土壤（0~20 cm）碳密度呈下降趋势，整个北方草地生态系统依然是一个弱碳

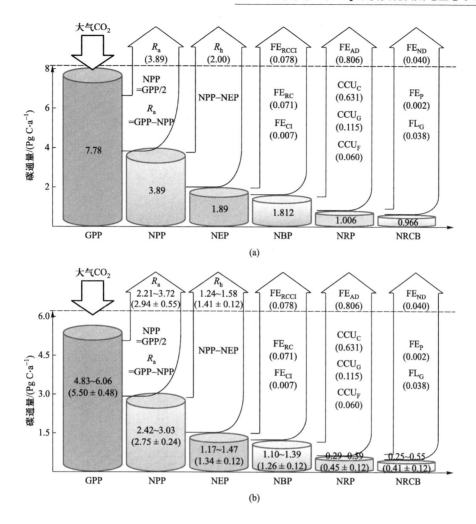

图 15.5　2001—2010 年我国陆地生态系统碳分配过程及其碳源/汇形成过程（Wang et al.，2015）

图（a）和（b）分别为基于不同数据集计算得到的结果，（a）为 Wang 等人的文献中所计算的结果，（b）为来自其他文献的计算结果，CCU 为农林产品利用的碳消耗，包括农业生产的农产品（粮食和纤维）利用的碳消耗（CCU$_C$）、畜牧业生产的草地放牧和动物饲养的碳消耗（CCU$_G$）、林业生产的林产品（木材、燃料、药材等）利用的碳消耗（CCU$_F$）；FE$_P$ 为森林和草地火灾等引起的物理过程碳排放；FL$_G$ 为地质过程引起的碳泄漏通量。

源（−14 Tg C）（Ma et al.，2017）。

土地利用/覆盖变化（land use and land cover change，LUCC）是影响陆地生态系统碳循环过程、引起区域碳收支变化的重要原因。近几十年，伴随着经济和人口的快速增长，我国土地覆被发生了巨大的变化，随之产生的碳收支变化也引起国内外学者的广泛关注。

过去 30 年间，我国 LUCC 的主要趋势为森林、灌木林面积持续增长，疏林地、耕地面积整体呈下降趋势；相应地，LUCC 导致的我国陆地碳库增长速率为 200~500 Tg C·a⁻¹（图 15.7）。其中，西南地区的陆地碳库增长速率最显著。但受数据源和评估方法的

影响，相关估算结果仍存在较大的不确定性。

造林、再造林及生态系统管理是公认的减缓气候变化的有效应对技术途径，也是全球 IPCC 关注土地利用、土地利用变化及森林（land use，land use change and forestry，LULUCF）的重要议题。我国的生态系统管理和植树造林发挥了重要碳汇作用。从 20 世纪 80 年代以来，我国森林植被碳储量表现出不断增加趋势（图 15.8）。虽然六次清查平均的森林碳密度基本处于相对稳定状态，约为 3.96 ± 0.14 kg C·m⁻²，但由于人工造林的不断增加，我国的森林面积不断增长，使得森林碳储量呈现持续增长趋势，证实我国生态建设与管理的固碳增汇作用及全球贡献（于贵瑞等，

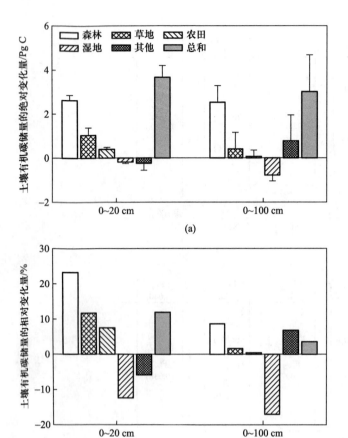

图 15.6 1980—2010 年不同生态系统土壤有机碳储量的
绝对变化(a)和相对变化(b)(Xu et al., 2019)

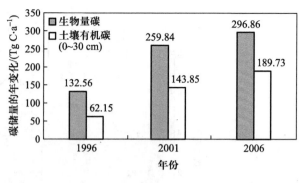

图 15.7 我国陆地碳储量的年变化

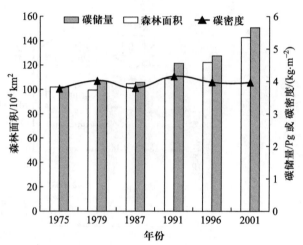

图 15.8 基于清查资料的我国森林面积、碳储量和碳密度
的变化(Yu et al., 2010a)

2013)。

为应对全球气候环境变化以及对退化自然生态系统的修复,我国政府从 1970 年代以来,实施了六项重大生态恢复工程,但这些工程的固碳成效并不十分清楚。中国科学院战略性先导科技专项项目"陆地生态系统固碳现状、速率、机制和潜力"(2011—2015)组织开展了六项重大生态恢复工程区域碳储量野外调查,同时收集整理文献资料,获取了有关区域内的森林、灌丛和草地生态系统植被生物量和土壤碳密度调查数据(Lu et al., 2018)。

以这些数据为基础,对 2001—2010 年六项重大生态恢复工程区域的固碳成效的评估发现,在 10 年中,我国生态恢复工程区域的总固碳速率为 132 Tg C·a^{-1},而这六大生态恢复工程区的总固碳量约占全国陆地的 56%(表 15.3)。其中,从行政区域来看,我国北方、东北、西北、西南、华南和东部的固碳量分别为 307.2 Tg C、328.1 Tg C、323.2 Tg C、463.9 Tg C、

65 Tg C 和 31.4 Tg C(图 15.9)。

15.3.4 我国陆地生态系统碳汇潜力及增汇措施

未来的陆地增汇潜力是制定陆地碳管理政策和措施的重要依据,也是预测和预估气候变化趋势的基础数据(图 15.10)。现有森林自然过程的固碳潜力有多大? 成熟的老龄林是否还具有固碳功能? 气候变化会对未来的碳汇功能产生怎样的影响? 这是亟须回答的三个科学问题。为了解决这些问题,于贵瑞等(2011)对生态系统固碳的基准水平、潜力水平、增汇潜力及增汇速率的相互关系做了系统性讨论(图 15.10),从生态系统生产力和碳蓄积动态过程的理论分析,建立明细的概念体系、评估方法和模型(于贵瑞等,2011;He et al., 2017)。

表 15.3 我国生态功能区的碳汇能力

国家生态修复工程	10 年生态系统碳汇			每年生态系统碳汇 /Tg C	项目引起的碳汇	
	生物量/Tg C	土壤/Tg C	总和/Tg C		10 年/Tg C	每年/Tg C
天然林保护工程	479.6±230.0	409.5±386.1	889.1±449.4	68.4±34.6	181.7	14.0
退牧还草工程	63.8±2.4	59.9±45.9	123.7±46.0	15.5±5.8	117.8±47.8	14.7±6.0
三北防护林第四期工程	100.4±18.2	23.8±42.0	124.3±45.8	12.4±4.6	119.7±49.0	12.0±4.9
京津风沙源工程	43.1±21.0	9.2±20.0	52.3±29.0	5.2±2.9	69.7±24.4	7.0±2.4
退耕还林工程	181.0±26.1	89.7±79.4	270.8±83.6	24.6±7.6	198.5	18.0
长江防护林二期工程	51.4±10.2	7.4±13.3	58.8±16.7	5.9±1.7	83.0±38.2	8.3±3.8
总和	919.3±233.4	599.5±399.8	1519±462.9	132.0±36.3	770.4±82.1	8.3±3.8

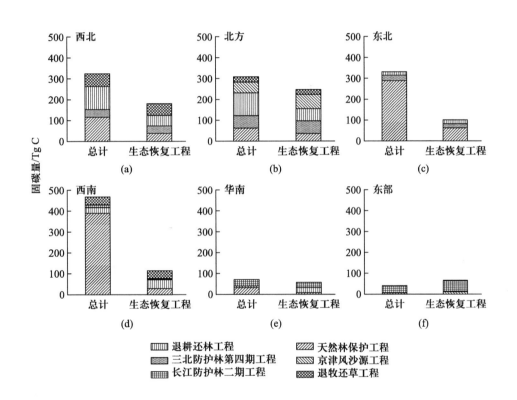

图 15.9 我国不同生态功能区的碳汇能力 (Lu et al., 2018)

(a) 西北:新疆、青海、甘肃、宁夏、陕西;(b) 北方:内蒙古、河北、北京、天津;(c) 东北:黑龙江、辽宁、吉林;(d) 西南:西藏、四川、贵州、重庆、云南;(e) 华南:河南、湖北、湖南、广西、广东、海南;(f) 东部:山东、江苏、浙江、安徽、江西、福建。

利用森林固碳模型(FCS-SS 模型)和中国陆地生态系统碳属性数据库的 3161 个森林样地实地调查数据分析表明,2010—2050 年,我国森林植被的固碳增量为 13.92 Pg C,固碳速率为 0.34 Pg C·a⁻¹。不同类型森林植被的固碳增量差异显著,其中,落叶阔叶林对碳增量的贡献率最高(37.8%),落叶针叶林的贡献率最低(2.7%)。在 2020 年左右,我国森林的固碳速率将达到最大值。植物固碳速率可抵消 6%~8%的碳排放速率(He et al., 2017)。

现有森林储存了陆地生态系统约 45%的有机碳,同时还在持续发挥着重要碳汇功能。Liu 等人通过收集整理全球成熟林数据集、我国森林资源清查数据、森林调查样地数据、气候空间数据等,在假定当前全球森林所处的生长环境和干扰程度基本不变的情景

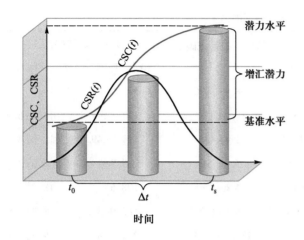

图 15.10 生态系统固碳的基准水平、潜力水平、增汇潜力及增汇速率的相互关系（于贵瑞等,2011）。CSC,固碳能力；CSR,固碳速率

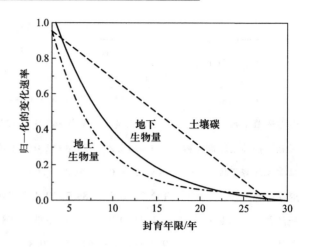

图 15.11 封育对草地生态系统碳库的影响(Hu et al.,2016)

下,采用成熟林地上生物量-气候关系模型、反距离插值法、薄板样条插值法,以老龄林生态系统碳密度为参考,评估得到全球森林地上生物量的碳容量约为 586.2 ± 49.3 Pg C,其地上生物量固碳潜力为 313.4 Pg C;我国现有森林生物量碳容量为 19.87 Pg C,固碳潜力为 13.86 Pg C(Liu et al.,2012,2014b)。

气候和林龄是影响森林植被生物量碳密度的重要因素。分析表明,全球成熟林的地上生物量最大值出现在年均温 8~10 ℃和年降水量 1000~2500 mm 区域内。就全球尺度来看,450~500 年林龄的森林地上生物量碳密度才会达到最大值,这个林龄可以作为全球尺度老龄林的参考林龄。该结果修订了传统认知中将 100~200 年作为全球尺度老龄林划分点的观点(Liu et al.,2014a)。

草地管理固碳效应一直是受争议的问题,Hu 等人利用文献调研数据和碳通量观测数据,系统分析了封育和降水对草地生态系统碳循环的影响。结果显示,土壤碳含量和植被生物量随封育年限的增长而升高;在草地封育 15 年之后,土壤碳含量和植被生物量均达到稳定状态。草地的地上和地下生物量增长速率随封育年限呈现指数降低,而土壤碳含量增长速率呈线性降低(图 15.11),表明相对植被碳密度而言,土壤碳含量对生物量输入的响应具有滞后效应(Hu et al.,2016)。年均降水量和土壤氮含量变化是影响封育草地土壤碳含量变化的主要因素,其中,在封育初期,年均降水量的影响作用更强;但在封育的中期和后期,土壤氮含量变化的影响效果更明显,这也暗示了在草地恢复后期加强土壤氮补给能够有效地提

高草地生态系统的固碳成效。

15.3.5 我国陆地和海洋碳收支平衡的综合评估

减缓和适应全球气候变化是《联合国气候变化框架公约》的根本目标,增汇减排的温室气体管理是被认定的应对气候变化的根本性技术途径。因此,世界各国的温室气体收支状态的国别研究是全球碳排放权分配及各国温室气体管理的基础性工作,可是要准确认定各国的陆地及海洋碳收支状态却十分困难。其原因不仅仅来自科学数据的不完整性和不确定性,更主要的原因来自区域尺度的碳收支各个分量的时空尺度、地理分异规律、统计方法的多样性和复杂性。针对这些难题,我国已经开展了多种技术途径的理论和方法学探索,在以下几个方面取得重要进展。

(1)定量评估我国区域陆地碳源/汇功能动态变化及增汇潜力。我国区域陆地生态系统类型多样,在全球陆地碳循环中发挥着重要作用。从 1980 年代到 21 世纪初,我国区域生态系统净初级生产力为 2.83±0.083 Pg C · a^{-1},陆地生态系统平均碳汇约为 0.20 Pg C · a^{-1};1981—2000 年,累积净生态系统生产力为 1.67 Pg C,相当于同期工业累积碳排放的 12.14%,并且 2011—2050 年,累积量可以达到 16.28 Pg C(表 15.4,图 15.12)(于贵瑞等,2013)。

(2)定量评估我国区域陆海交错带的蓝色碳库及碳汇潜力。蓝色碳汇被定义为利用海洋生物吸收大气中的 CO_2,并将其固定在海洋中的过程、活动及机制。Gao 等人在综合评述全球的蓝碳分布和固碳潜力的基

表 15.4　我国陆地生态系统不同时段的平均净生态系统生产力及历史累积量

研究时段	平均净生态系统生产力 /(Pg C · a⁻¹)	期间累积 /Pg C	历史累积 /Pg C	期间工业排放 /Pg C	期间累积占期间工业排放/%	历史累积占历史工业排放/%
1981—1990 年	0.099	0.99	0.99	5.35	18.50	18.50
1991—2000 年	0.068	0.68	1.67	8.41	8.09	12.14
2001—2010 年	0.461	4.61	6.28	12.38	37.24	24.02
2011—2020 年	0.459	4.59	10.87	—	—	—
2021—2030 年	0.410	4.10	14.97	—	—	—
2031—2040 年	0.367	3.67	18.64	—	—	—
2041—2050 年	0.392	3.92	22.56	—	—	—

注：表中数据为多模型模拟值的整合分析结果，具体计算请参见于贵瑞等(2013)。

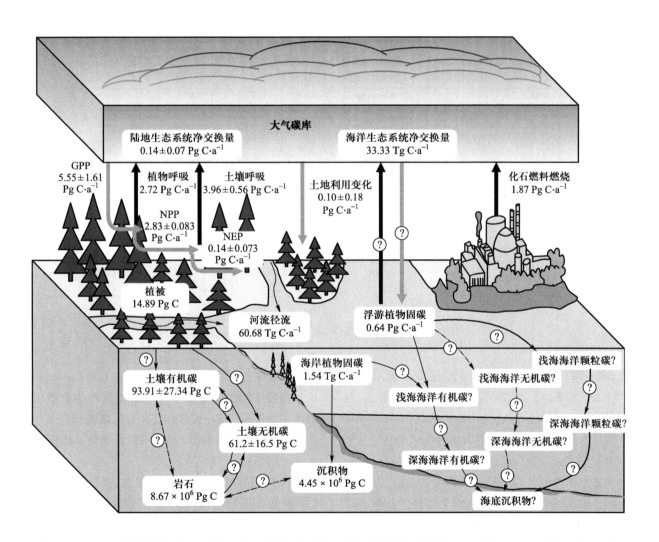

图 15.12　我国区域陆地和海洋生态系统的碳储量及碳库间交换通量的统计特征(于贵瑞等,2013)。问号表示未知量

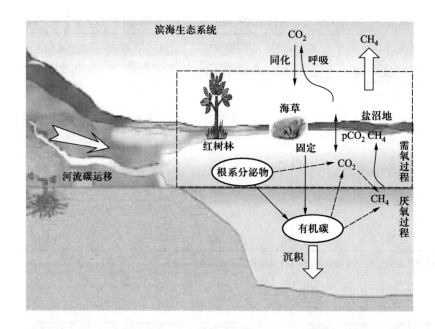

图 15.13 陆海交错带的红树林、盐沼地和海草碳固定过程示意图(Gao et al., 2016)

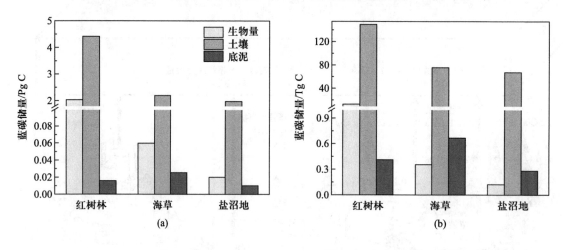

图 15.14 全球(a)和我国(b)蓝碳储量(Gao et al., 2016)

础上,提出我国陆海交错带的蓝色碳汇模式(图 15.13),并发现,全球蓝碳系统年固碳潜力为 86.59 Tg C·a^{-1},而我国蓝色碳汇潜力仅占 1.7%,其中红树林为 0.37 Tg C·a^{-1},盐沼地为 0.41 Tg C·a^{-1},海草为 0.69 Tg C·a^{-1};但近海人类活动增加使得我国陆海交错带年固碳率为 6.32~7.89 Tg C·a^{-1},占全球的比重达到 20.9%~23.7%,我国陆海交错带蓝色碳汇潜力巨大 (Gao et al., 2016)(图 15.14)。

(3)量化我国区域河流氮和磷输出对近海碳源/汇的影响。我国陆地生态系统通过河流向海洋年输送碳量为 64.35 Tg C,占全球河流碳输送量的 4.8%~8.1%,其中进入东海的碳通量以溶解性无机碳(DIC)

为主,年输送碳量达到 10.52 Tg C (Gao et al., 2017);我国陆源河流每年氮和磷排放将导致我国近海的年碳汇量为 21.67 Tg C,这为区域碳-氮-水评估以及碳-水交换通量研究提供了重要的科学依据(Gao et al., 2015)。

(4)定量评估陆地和海洋碳收支统计特征,编制国家尺度碳循环平衡模式图。采用多源数据整合技术途径分析得到,我国陆地生态系统 0~1 m 土壤有机碳和无机碳储量分别约为 93.91 Pg C 和 61.2 Pg C,陆地植被碳储量约为 14.89 Pg C(图 15.12),其中森林植被 7.81 Pg C、草地植被 2.07 Pg C、灌丛植被 3.34 Pg C、农田植被 0.95 Pg C、荒漠植被 0.48 Pg C、

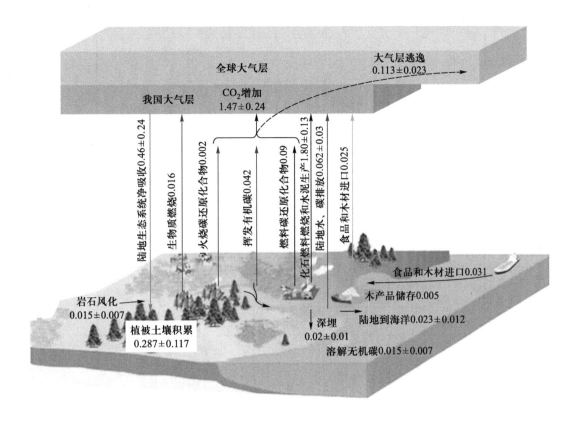

图 15.15　2006—2009 年我国陆地生态系统碳平衡（单位：Pg C·a^{-1}）（Jiang et al., 2016）
箭头的方向代表碳的流向，误差线代表 95% 置信区间。

湿地植被 0.24 Pg C。我国陆地生态系统总初级生产力（GPP）约为 5.55 Pg C·a^{-1}，净初级生产力（NPP）约为 2.83 Pg C·a^{-1}，土壤呼吸约为 3.96 Pg C·a^{-1}（图 15.12）。采伐、火灾与病虫鼠害所造成的碳排放约为 40.15 Tg C·a^{-1}，水蚀所造成的碳流失约为 74.61 Tg C·a^{-1}，风蚀所造成的有机碳流失约为 67.38 Tg C·a^{-1}（于贵瑞等，2013）。我国区域每年通过化石燃料燃烧排放的碳约为 1.87 Pg C，其中 1.59 Pg C 排放到大气中，约占化石燃料燃烧排放的 85%；陆地生态系统每年所吸收的碳约为 0.20 Pg C，其中土地利用变化每年所吸收的量约为 0.10 Pg C。我国海洋净吸收碳量为 0.03 Pg C，通过河流输入 0.075 Pg C，我国海洋碳汇量为 0.105 Pg C（于贵瑞等，2013）。

Jiang 等（2016）也采用类似的方法评估了 2006—2009 年我国区域的碳收支模式，结果表明，大气净碳通量为 1.47 ± 0.24 Pg C·a^{-1}，其中化石燃料燃烧和水泥生产排放通量为 1.80 ± 0.13 Pg C·a^{-1}，生物质燃烧释放 0.016 Pg C·a^{-1}，碳水化合物分解释放 0.021±0.004 Pg C·a^{-1}，食品和木材进口的碳通量为 0.025 Pg C·a^{-1}，内陆水、碳释放 0.062 ±

0.03 Pg C·a^{-1}，陆地生态系统净吸收 0.46 ± 0.24 Pg C·a^{-1}（图 15.15）（Jiang et al.，2016）。

15.4　大气 CO_2 浓度变化对生态系统碳、氮、水循环的影响

大气 CO_2 浓度升高对陆地生态系统碳、氮、水循环的影响及反馈作用，主要来自 CO_2 的施肥效应及温室气体的温室效应。其中，温室效应或温度升高对碳、氮、水循环的影响在第 13 章已经进行阐述，这里重点阐述 CO_2 的施肥效应及其对生态系统碳、氮、水循环的影响机理。

15.4.1　CO_2 浓度变化与生态系统碳、氮、水循环的互馈关系

CO_2 是植物进行光合作用的重要原材料，植物生长需要 CO_2 的供给，大气中的 CO_2 浓度下降，特别是在郁闭森林及设施栽培中的 CO_2 供给不足，是制约植物光合作用的重要因素。因此，大气 CO_2 不仅作为温

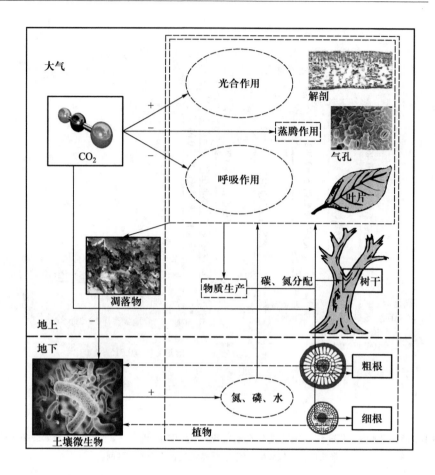

图 15.16　生态系统碳、氮、水循环对 CO_2 浓度变化的响应与适应的理论框架

实线,直接影响;虚线,间接影响;+,促进;-,抑制。

室气体导致气温变化,而且作为植物的营养成分对植物光合作用具有肥料作用,表现为大气中的 CO_2 浓度增加导致植物光合速率提高,即 CO_2 施肥效应。

一般而言,大气 CO_2 浓度升高,光合作用增强,植物对水分的需求增大,刺激叶片气孔关闭,导致蒸腾速率降低。植物光合能力提高,会促进光合有机物质更多分配于地下根系生长,从而引起根系冠层结构变化,影响根系的物质循环和能量流动。根系结构和功能变化,如根系周转、分泌物质增多等,又会影响土壤微生物的生命活动,深刻影响生态系统的碳、氮、水循环过程(图 15.16)。

CO_2 浓度升高,植物光合产物增多,导致输入根中的碳水化合物增多,从而刺激根系生长和活性,发达的根系会增加植物氮吸收,菌根真菌显著增加,从而促进氮循环的过程。当氮充足时,植物可合成较多的蛋白质,促进细胞的分裂和增长,植物叶面积增大。同时,叶绿素的重要组成部分也是含氮化合物,叶绿素蛋白及相关的光合作用酶系统蛋白的提高,

也会促进光合作用。这是氮循环对大气 CO_2 浓度升高的负反馈调节。一方面,CO_2 浓度升高,会显著影响土壤 N_2O 的排放,导致氮损失(Baggs et al., 2003),导致土壤 C∶N 值升高,抑制微生物的活性。另一方面,大气 CO_2 浓度的升高会导致植物器官 C∶N 值的升高,凋落物的 C∶N 值也随之发生变化,致使土壤有利于碳固定,这也是对大气 CO_2 浓度升高的负反馈调节。

可见,CO_2 浓度升高会影响生态系统碳、氮、水循环过程,同时生态系统也会通过碳、氮、水循环过程反馈作用于气候系统,影响大气 CO_2 浓度变化,这是由于 CO_2 浓度变化与生态系统碳、氮、水循环间的互馈关系加上碳、氮、水循环间的耦合作用。因此,需要我们深入理解 CO_2 浓度变化对生态系统的碳、氮、水循环及其耦合过程的影响及反馈机制。

15.4.2　CO_2 浓度变化对碳循环过程的影响

CO_2 是植物光合作用的主要原料。大气 CO_2 浓

度的升高通过影响植物的光合作用及物质生产、植物呼吸、土壤生物呼吸等影响生态系统的碳循环。彭静和丹利(2016)利用加拿大地球系统模式(CanESM2)对 1850—1989 年陆地生态系统碳通量趋势分析表明,在近 140 年间,当仅考虑 CO_2 浓度升高的影响时,陆地生态系统净初级生产力增加了 117.1 g C·m^{-2}·a^{-1},土壤呼吸增加了 98.4 g C·m^{-2}·a^{-1},净生态系统生产力增加了 18.7 g C·m^{-2}·a^{-1}。

15.4.2.1 植物光合作用的生物化学过程

自然界的植物光合作用需要经过叶绿体色素的光能吸收、光反应的能量转换以及暗反应的能量固定,完成太阳能到生物有机能的截获、转化和固持的利用过程,同时完成大气 CO_2 的同化和固定,生成有机物质。

植物群落将一年中投射到该土地上的光能转化成化学能的效率被称为光能利用效率(LUE,理论值一般为 6% ~ 8%),指植物光合作用所累积的有机物所含能量占照射在同一地面上的日光能量的比例。它由该土地上植物的多少、进行光合作用时间的长短及植物吸收利用光能的能力决定。植物群落将照射到植物上的光能转化为化学能的效率被称为光合作用效率(photosynthetic efficiency),指植物通过光合作用制造有机物所含有的能量与光合作用吸收的光能的比值,取决于植物叶片吸收光能的能力以及将吸收的光能转化为化学能的能力。单位面积的植物群落在单位时间内光合固定 CO_2 的数量称为群落光合速率(photosynthetic rate),也称为群落初级生产力。生态系统的植物群落光合速率或生产力是群落的叶面积总量和单位叶面积平均光合速率的乘积。因此生态系统的初级生产力取决于叶片的光合能力、群落的叶面积指数及群落结构等多种要素。植物叶片的光合能力不仅取决于物种和品种的光合途径(功能型)及相关生物特征影响,还受光、热、水、养分资源的限制,以及 CO_2 浓度、水分、温度、pH 值、污染物等环境条件的制约。

植物光合作用大致由三大环节构成,即①光能的吸收、传递和转换的原初的生物电化学反应;②电子传递和光合磷酸化的活化能(ATP 和 NADPH)形成过程;③活化能转变为稳定的化学能,同化 CO_2 形成糖类的碳同化过程。这三个生物物理化学过程需要一系列连锁型的生物电化学及生物化学过程联合才能完成。

自然界中高等植物光合作用的碳同化生物化学途径可被归纳为 C_3、C_4 和 CAM 三种基本模式,所对应的植物也被称为 C_3 植物、C_4 植物和 CAM 植物。植物叶片的实际光合速率受到 CO_2 同化的生物化学过程与气体扩散生物物理过程的共同控制,取决于生化过程的 CO_2 同化能力和气孔控制的 CO_2 供给能力。C_3 植物、C_4 植物和 CAM 植物的气孔行为与碳同化生物化学反应行为的巧妙配合,实现了植物对资源限制和环境条件的响应与适应,因此表现出截然不同的气孔行为与碳同化生物化学反应行为联动模式。

C_3 植物碳同化生物化学反应由卡尔文循环完成,这也是 C_4 和 CAM 植物必须具备的植物光合作用碳同化的基本途径。这个过程大致可分为 3 个阶段,即羧化阶段(Rubisco 参与)、还原阶段和更新阶段(即 RuBP 再生阶段)。C_3 植物气孔行为与碳同化生物化学反应行为的联动机制为:同化需求机制,同化需求驱动的 CO_2 扩散气孔开闭(被动、自然)。

C_4 植物碳同化生物化学反应是在 C_3 植物的卡尔文循环基础上增加一套固碳反应,使 CO_2 集中在 Rubisco 固碳的场所,提高了 Rubisco 的羧化效率,同时 PEPC 比 Rubisco 更有效地降低叶片内 CO_2 的浓度,使得植物能闭合更紧的气孔来吸收 CO_2,提高了光合作用的水分利用效率。C_4 途径包括羧化、转变、脱羧与还原、再生四个步骤。C_4 植物气孔行为与碳同化生物化学反应行为的联动机制为:干旱优化机制,优化水分利用的水汽扩散气孔调控机制及碳需求驱动气孔开闭。

CAM 途径是景天科植物(如景天、落地生根等)叶子具有的特殊的 CO_2 固定方式。夜晚气孔开放,吸进 CO_2,在 PEPC 作用下与 PEP 结合,形成草酰乙酸(OAA),进一步还原为苹果酸,积累于液泡中。白天气孔关闭,液泡中的苹果酸便运到胞质溶胶,在 NADP-苹果酸酶作用下氧化脱羧,放出 CO_2,参与卡尔文循环,形成淀粉等。丙糖磷酸通过糖酵解过程形成 PEP,再进一步循环。CAM 植物气孔行为与碳同化生物化学反应行为的联动机制为:避旱生存机制,躲避白天高温低湿导致大量蒸腾失水的气孔调控机制以及碳需求驱动气孔夜晚打开。

15.4.2.2 CO_2 浓度变化对植物光合作用及物质生产的影响

CO_2 不仅是植物光合作用底物,也是植物初级物质代谢过程产物,大气 CO_2 作为植物物质生产的原料

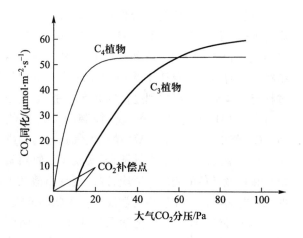
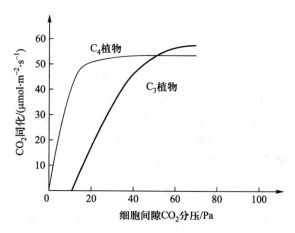

图 15.17　C_3 植物和 C_4 植物的光合速率与大气或细胞间隙 CO_2 浓度的关系曲线

之一,具有资源性质。可是从群落、区域及全球尺度来看,CO_2 的总量供给可能成为限制性的资源要素,但是从光合作用的生理生物过程尺度来看,CO_2 浓度既可以作为碳同化过程的环境条件,也可以作为生化反应的养分资源,影响植物光合作用速率。实际的叶片光合速率取决于 CO_2 同化能力和供给能力,它既受 CO_2 同化的生物化学过程控制,也受气孔控制的气体扩散生物物理过程控制,我们将这种 CO_2 浓度影响叶片光合作用的生理学原理称为"CO_2 同化的生物化学过程与气体扩散生物物理过程的共同控制",即:

光合速率=min{生物化学过程决定的 CO_2 同化能力,

气体扩散生物物理过程决定的 CO_2 供给能力}

(15.18)

关于环境条件对气孔开闭行为及气孔的气体扩散阻力(或导度)的影响,我们已在第 4 章的第 4.3 节中论述,这里主要讨论作为碳同化过程的环境条件及生化反应的养分资源的 CO_2 的浓度变化影响植物光合作用速率的生物学机制问题。

C_3 植物和 C_4 植物的光合速率(A)与大气 CO_2 浓度(C_a)及细胞间隙 CO_2 浓度(C_i)的关系的经典曲线如图 15.17 所示,尽管两者的曲线形态有所不同,但是都可以用经典米氏方程(Michaelis-Menten kinetics)(Michaelis 线形态有所不同)描述,这种光合作用速率与胞间 CO_2 浓度关系曲线(A-C_i 曲线)或者与大气 CO_2 浓度的关系曲线(A-C_a 曲线)都可以称为植物叶片净光合速率对 CO_2 浓度变化的响应曲线,无论 C_3 植物还是 C_4 植物都可以利用这种响应曲线来分析 CO_2 浓度变化对光合作用的影响。

米氏方程的一般表达为

$$V_0 = \frac{V_{\max} \cdot [S]}{K_m + [S]}$$

(15.19)

式中,K_m 为米氏常数,$V_{\max}$ 为酶被底物饱和时的反应速度,$[S]$ 为底物浓度。进而可以推得叶片光合作用速率(A)与细胞间隙 CO_2 浓度(C_i)或大气 CO_2 浓度(C_a)的关系曲线为

$$A = \frac{\eta C P_{\max}}{\eta C + P_{\max}} - R_d$$

(15.20)

式中,C 为大气或细胞间隙 CO_2 浓度,η 为表征光合作用最大羧化速率的表观初始羧化效率,$P_{\max}$ 为一定光强下的潜在最大光合速率,R_d 为暗呼吸速率。

考虑光合作用同化力形成和碳同化这两个基本生化过程时(Farquhar et al., 1980):

$$A = \min(A_c, A_j)$$

(15.21)

当光合作用受 Rubisco 活性限制时,净光合速率(A_c)为

$$A_c = \frac{C_i - \Gamma_*}{C_i + K_c \left(1 + \dfrac{O}{K_o}\right)} V_{\text{cmax}} - R_d$$

(15.22)

式中,V_{cmax} 为没有 RuBP 再生速率限制的最大羧化速率,K_c 和 K_o 分别为羧化和氧化的米氏常数,O 为胞间氧气浓度,Γ_* 为无暗呼吸时的 CO_2 补偿点。

当光合作用受 RuBP 再生速率限制时,净光合速率(A_j)为

$$A_j = \frac{C_i - \Gamma_*}{4C_i + 8\Gamma_*} J - R_d$$

(15.23)

式中,J 为光合电子传递速率,主要由有效光辐射和植物特性决定。其与最大电子传递速率的关系常用

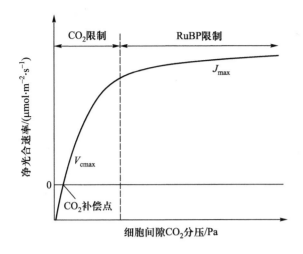

图 15.18　CO_2－光合曲线模式图

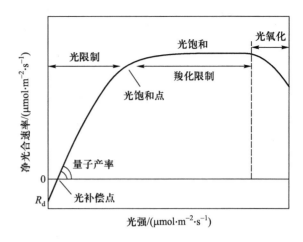

图 15.19　光合速率对光照强度的响应曲线模式图

经验公式进行描述（von Caemmerer，2013）：

$$J=\frac{I_2+J_{max}-\sqrt{(I_2+J_{max})^2-4\theta I_2 J_{max}}}{2\theta} \quad (15.24)$$

式中，J_{max} 是 CO_2 饱和时的最大电子传递速率，也是 RuBP 最大再生速率，θ 为非直角双曲线函数曲线曲率，I_2 为光系统Ⅱ（PSⅡ）吸收的有效光辐射（图 15.18）。

由图 15.18 可见，光合作用速率对 CO_2 浓度变化的响应包含以下两个阶段：

（1）CO_2 限制阶段。在 CO_2 浓度低于饱和点的中低 CO_2 浓度阶段，植物光合作用的生物化学同化能力大于气体扩散碳供给能力。实际光合速率主要受气体扩散的供给能力限制，其光合速率取决于气孔导度。也就是说，在曲线的初始线性响应阶段，光合作用不受所需底物 RuBP 限制，而是受气孔导度决定的 CO_2 浓度限制。这时的羧化效率（活化的 Rubisco 的量）决定了 dA/dC_i 的斜率，这部分的 $A-C_i$ 关系可以用起始斜率或者羧化效率表示，当 C_i 接近 0 时，$dA/dC_i=V_c$，V_c 是 RuBP 羧化速率。

（2）RuBP 限制阶段。在 CO_2 浓度超过饱和点的高 CO_2 浓度阶段，光合作用的生物化学同化能力小于气体扩散 CO_2 的供给能力，实际光合作用的响应曲线拐向较慢的增长渐进曲线饱和状态。在这一阶段的实际光合作用速率主要受 Rubisco 活性决定的生物化学同化能力限制，即实际光合速率取决于 RuBP 羧化速率。

我们进一步讨论光合作用与多种环境因素变化的综合影响，可以一般性表达光合作用速率对多环境的综合响应关系为

$$A=F(光照强度，氮供给，磷供给，CO_2 浓度，水分条件) \quad (15.25)$$

假定光照强度以外的因子不是限制因子时，方程（15.25）可简化为单一的光合作用速率对光照强度的响应曲线（$A-L$ 曲线），其通常的表达函数（Ye，2007）为

$$A=\alpha\frac{L-\beta L}{L+\gamma L}L-R_d \quad (15.26)$$

式中，L 为光照强度，α 为光响应曲线的初始斜率（也称为初始量子效率），β 为修正系数，γ 为初始量子效率与植物最大光合速率之比，即 $\gamma=\alpha/P_{max}$（P_{max} 是植物的最大光合速率）。

图 15.19 表示实际光合速率对光照强度响应的阶段性特征，展示了光合作用速率对光照强度增加的响应模式，通常用方程（15.26）来表达。该函数的基本特征是在低光照时，光合作用速率几乎是光强的线性函数，其斜率为量子产率，该值在所有 C_3 植物中几乎是恒定的，即光合作用的光利用率约 6%。随着光照强度的增加，光合作用会渐近光饱和状态，当受到过强的光照时则会产生所谓的光抑制。

可见，在光合作用不受 CO_2 供给能力限制条件下，生物化学同化能力（RuBP 羧化速率）是受光化学、氮供给和磷供给三个因素制约的环境响应函数，即

实际光合速率＝生物化学同化能力

$$=\min\{光化学，氮供给，磷供给\} \quad (15.27)$$

综合光合作用响应环境变化的生理生态学特性，

可以绘制出植物生物化学同化能力（RuBP 羧化速率）对资源环境综合限制的生态学机制模式图（图 15.20）。

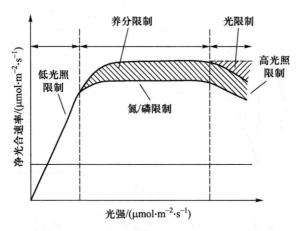

图 15.20　环境控制光合作用的机制模式图

环境条件对生物化学同化能力（RuBP 羧化速率）存在的三种潜在限制机制如下。

第一种为弱光下的光限制机制。光照较弱时，辐射能提供的光量子不足或叶绿素中的捕光色素不足等会限制光反应的电子传递，形成 ATP 和 NADPH 的能力弱，光合作用 RuBP 的供应受到限制。进而限制光合作用速率。随着光照强度的增加，光化学反应形成 ATP 和 NADPH 的能力逐渐增强，光合作用速率逐步呈现出光饱和现象，光辐射强度转变为非限制性因素。但是在极端高强的光条件下，光合酶和光合色素可能被光氧化，也会导致光合作用能力受限制（图 15.19）。

第二种是在光照充足时的氮限制机制。光合速率不受光辐射强度限制、甚至趋于光饱和的条件下，植物的氮营养供给就会成为限制性因子，供给光合作用酶的氮不足会使叶绿体内的 ATP、NADPH 生成和羧化作用受到限制，最后制约光合速率。氮会通过影响光合暗反应和光反应的蛋白直接影响光合速率。与光合相关的氮大致可以分成两类，一种是以 Rubisco 为主的可溶性蛋白，以及卡尔文循环的叶绿体酶、线粒体和过氧化物酶体的光呼吸酶、碳酸酐酶等叶片可溶性蛋白；另一类是位于叶绿体类囊体膜上的蛋白，例如色素蛋白复合体。光照充足的情况下，叶片的氮含量与光合能力呈正相关，这种关系已被许多实验所证实并为大多数学者所接受，是植物固有的生理生态特性且适合于大多数种类（Evans，1989），其最直接的原因是卡尔文循环和类囊体所含的蛋白质占据叶蛋白质的绝大部分，叶片的氮比例的增加也会相应增加 Rubisco 的含量，从而提高 CO₂ 的同化速率。

第三种是光照充足时的磷限制机制。在很多情况下，除了氮限制外，磷供给水平也会成为光合作用的限制因素。由于磷供给不足，供给合成 RuBP 的磷酸盐或磷酸糖不能满足需要，就会限制 RuBP 的供应水平，进而限制光合速率。

15.4.2.3　其他因素对光合速率的影响

在饱和 CO₂ 浓度下，光合作用中光合产物（磷酸丙糖）的利用速度也会限制光合速率，称为 TPU 限制（triose phosphate utilization limitation）。在碳反应中，叶绿体内生成的磷酸丙糖（TP）在叶绿体膜上的磷酸丙糖/无机磷转运蛋白的作用下与细胞质内的无机磷酸（Pᵢ）交换，再在细胞质内合成蔗糖并释放 Pᵢ。Sharkey（1985）发现在一定条件下，叶绿体内 TP 的转运速率会小于其生成速率，同时 Pᵢ 的转运速率也会小于叶绿体内 Pᵢ 的消耗速率。叶绿体内 TP 的积累和 Pᵢ 的不足会限制光合作用，即 TPU 限制（Sharkey，1985）。

不同植物 CO₂ 饱和点和补偿点不同，是影响光合作用速率的生理因素。C₃ 植物和 C₄ 植物的 CO₂ 饱和点与补偿点有较大的区别，一般 C₄ 植物的 CO₂ 饱和点和补偿点比 C₃ 植物低（图 15.17）。研究表明，在一定光照强度下（1000 μmol·m⁻²·s⁻¹）对木荷、马尾松、大豆、玉米、水稻的 CO₂ 浓度响应曲线拟合，在 CO₂ 浓度较低的起始阶段，C₄ 植物玉米的表观初始羧化速率远大于 C₃ 植物，表明 C₄ 植物可以更有效地利用低浓度的 CO₂；而在高 CO₂ 浓度下，玉米光合速率随 CO₂ 浓度增加而增大的趋势不如 C₃ 植物大豆、水稻、木荷、马尾松明显，并且其最大光合速率也较大豆、木荷、马尾松的低，因此在 CO₂ 浓度升高时，C₄ 植物在光合能力上的优势可能会减弱。

不同植物酶和 CO₂ 的结合能力或亲和力不同也是影响光合作用的重要因素。同 C₃ 途径中的酶与 CO₂ 的亲和力相比，C₄ 途径中的 PEPC 与 CO₂ 的亲和力约高 60 倍。PEPC 对 CO₂ 具有很强的亲和力，可以把大气中浓度很低的 CO₂ 固定下来，并且使 C₄ 集中到维管束鞘细胞内的叶绿体中，供维管束鞘细胞内叶绿体中的 C₃ 途径利用。同 C₃ 植物相比，C₄ 植物大大提高了固定 CO₂ 的能力。在干旱的条件下，绿色植物的气孔关闭，C₄ 植物依然能够利用叶片内细胞间隙

中含量很低的 CO_2 进行光合作用,而 C_3 植物则不能,这成为 C_4 植物比 C_3 植物具有较强光合作用的重要原因之一。

光合产物的反馈机制也会影响植被光合作用速率。生长在高浓度 CO_2 的环境下,植物的碳库会发生变化。当光合能力超过碳库对光合产物的利用能力时,碳水化合物就会积累在叶片(源)之中。大量实验表明,高浓度 CO_2 环境下生长的植物有更多的碳水化合物积累在叶片中。长期处在高浓度 CO_2 环境下,光合速率的降低可能是过多同化物积累所造成的,这种现象叫作光合产物的反馈抑制。如果植物的运输部位或者储藏部位的生长因某种限制因子而受到阻碍时,高浓度 CO_2 环境下形成的碳水化合物因不能及时运输或者转移而使光合作用受阻。

此外,实验发现,短期大气 CO_2 浓度升高会提高植被光合作用,但在长期的高 CO_2 浓度条件下,植物的光合作用则会适应性调整。其可能的机制包括:①长期处在高 CO_2 浓度下的植物会感知叶肉细胞蔗糖浓度,再通过一种未知的传导途径影响 Rubisco 小亚基和 Rubisco 激酶,使光合作用下降,被称为糖感知机制(sugar-sensing mechanism)。②高 CO_2 浓度会加速叶绿体内淀粉合成,增加叶绿体中的淀粉含量,导致叶绿体结构的改变甚至被破坏,进而使光合电子的传递速率下降(孙加伟等,2009)。③高 CO_2 浓度可以使 Rubisco、抗氧化酶、谷氨酰胺合成酶等活性下降,叶片含氮磷量、游离氨基酸、可溶性蛋白等降低,影响光合电子传递(周玉梅等,2002;王亮等,2008;常晓娜,2010;谢立勇等,2006)。

15.4.2.4 CO_2 浓度变化对植物呼吸的影响

早在 19 世纪,就有人开始研究 CO_2 浓度与呼吸作用的关系。植物呼吸作用是体内有机物在细胞内经过一系列的氧化分解,最终生成 CO_2、水或其他产物,并且释放出能量的生物化学过程。1869 年 Margin 发现呼吸作用随 CO_2 浓度升高而降低,以后 Kidd、Wildman 和 Beaurnmont 都证实了这一点(Amthor,1991)。Reuben 和 Gale 发现,在 950 $\mu mol \cdot mol^{-1}$ CO_2 下,苜蓿暗呼吸下降 10%,根部呼吸速率下降程度大于茎部。Bounce 在番茄及大豆的实验中观察到同样的现象;两年后他还发现,若以干物质计算,几种树木幼苗的呼吸作用随 CO_2 浓度的升高而降低(Baker et al.,1992)。这一方面是因为 CO_2 浓度升高造成保卫细胞收缩,气孔关闭,使细胞内氧分压降低,呼吸作用

随之降低;另一方面,因呼吸作用的产物 CO_2 分压增加,使得呼吸作用受到抑制(Baker et al.,1992),被称为反馈抑制效应。但是,并非所有植物的呼吸作用都会随 CO_2 浓度升高而降低。在 C_3 植物小麦的实验中已观察到这种暗呼吸适应现象,认为高 CO_2 浓度抑制线粒体中呼吸链的关键酶(如细胞色素 C 氧化酶)的活性是其原因。在对 CO_2 浓度升高与植物呼吸作用的效应方面,不同的计算基质预测的结果不同。如按照叶面积计算,呼吸值随 CO_2 加倍将提高 16%,而按照生物量计算则减少 14%。这大概与对 CO_2 浓度升高影响植物呼吸作用的机制了解不全有关。

植物光呼吸对 CO_2 浓度上升的响应也符合米氏方程。与 O_2 相比,虽然 Rubisco 对 CO_2 有更高的亲和力,但胞间 CO_2 浓度较低。对于 C_3 植物,CO_2 与 Rubisco(羧化)反应的 K_m 为 6.3 μM。胞间 CO_2 浓度为 190 $\mu mol \cdot mol^{-1}$ 时,O_2 与 Rubsico 氧化反应的 K_m 为 196~810 μM,胞间 O_2 浓度为 263 μM。大气 CO_2 浓度上升降低光呼吸与光合作用的比率(Ehleringer,2005)。

关于大气 CO_2 浓度增加对暗呼吸的影响存在两种截然不同的观点:一种认为,暗呼吸随着 CO_2 浓度的升高而减弱;另一种则认为,暗呼吸随着 CO_2 浓度升高而增强。第一种观点认为,可能是胞间 CO_2 浓度升高、暗呼吸固定 CO_2 加强等直接原因造成的。第二种观点认为,可能是高 CO_2 浓度下,光合增强,碳水化合物含量增加,呼吸作用的底物增加,呼吸增强;同时,高浓度 CO_2 刺激其他呼吸途径和生长的加快,需要更多的 ATP 和 NADPH 等间接原因引起的。

FACE 实验结果表明,CO_2 浓度升高会提高糖代谢、三羧酸循环、线粒体电子传递等过程相关酶基因的转录丰度,使大豆叶片暗呼吸上升(Leakey et al.,2009)。CO_2 浓度上升通常导致气孔导度下降(Maherali et al.,2002),气孔保卫细胞的响应可能有一系列调控机制:质膜苹果酸盐调节细胞溶质 pH 值及苹果酸水平、胞质 Ca^{2+} 水平、叶绿素和玉米黄质水平或质膜阴离子通道(Assmann and Shimazaki,1999)。

15.4.2.5 CO_2 浓度变化对土壤生物呼吸的影响

土壤是温室气体的源或汇,其碳源/汇强度变化与大气 CO_2 浓度密切相关,大气 CO_2 浓度上升会增强植被光合作用,也可能增强土壤微生物活性与呼吸速率。有研究表明,高浓度 CO_2 能促进植物对氮的吸收,使土壤无机氮含量减少(尹飞虎等,2011),也有研

究表明,土壤中高浓度 CO_2 能与水长期作用使土壤 pH 值降低(Celia et al.,2002)。

土壤呼吸包括植物根系呼吸,根系分泌物、根和叶片等凋落物的生物分解呼吸,及土壤有机质降解的微生物呼吸。罗艳(2003)通过对大量实验研究结果进行综合分析证实,由于植物种类和土壤状况不同,CO_2 浓度升高对微生物呼吸速率影响差异很大,但在绝大多数情况下都会加快土壤微生物呼吸速率。CO_2 浓度升高导致根系生物量增加,根系周转速率加快,促进土壤微生物的活跃性,加速土壤有机质的分解释放无机氮,促进植物对土壤 NH_4^+ 和 NO_3^- 的吸收,从而有利于植物光合系统构建。例如 Zhao 和 Liu(2009)研究发现,CO_2 浓度升高促进了三江平原湿地小叶章根系生物量的增加,根际分泌物、黏液以及通过根系进入土壤的其他化合物也随之增加,为微生物提供丰富的能量来源。

Cheng 和 Gershenson(2007)通过总结文献资料提出,可能有两种潜在机理导致 CO_2 浓度升高增强土壤呼吸速率:其一是 CO_2 升高增加根系碳分泌,提高碳周转率,导致根际呼吸增加;其二是 CO_2 浓度升高增强植物与微生物之间的相互作用,导致单位根长的根际微生物活性升高。研究表明,CO_2 浓度升高后,土壤中不稳定碳含量增加(Lin et al.,2001),根际的微生物群落组成发生变化,真菌生长受到促进(Lipson et al.,2005)。

值得注意的是,高浓度 CO_2 可能对普通微生物有毒害作用。Schulz 等(2012)研究表明,增加 CO_2 浓度降低了细胞生长率,当压力大于 1000 kPa 时,24 h 内活细胞数量明显下降。Hayashik 等(2013)研究表明,提高 CO_2 分压对硝化过程的氨氧化活性具有抑制作用,但微生物氨氧化酶基因则不受影响。

15.4.3　CO_2 浓度变化对水循环过程的影响

大气 CO_2 浓度升高对生态系统水循环的影响主要体现在影响气孔导度、蒸腾作用、土壤水分、地表径流等方面。

15.4.3.1　CO_2 浓度变化对气孔导度和蒸腾作用的影响

蒸腾作用直接驱动水分在 SPAC 系统中的运移,是生态系统水循环的动力。在 CO_2 浓度升高条件下,蒸腾速率降低(王建林等,2008)。这是因为大气 CO_2 浓度升高,可导致胞间 CO_2 浓度增加,为保持胞间 CO_2

分压始终低于大气 CO_2 分压,植物通过调节气孔开闭程度来降低胞间 CO_2 浓度。气孔对胞间 CO_2 浓度很敏感,胞间 CO_2 浓度升高常伴随着气孔的关闭及气孔导度的降低。这种变化是植物自身对环境的机理性反馈。实验表明,CO_2 浓度升高条件下,气孔导度会下降(Curtis and Wang,1998;Wand et al.,1999;Medlyn et al.,2001;Ainsworth et al.,2002;Ort et al.,2006;Ainsworth and Rogers,2007),但气孔导度对 CO_2 浓度升高的响应具有很大的可变性。例如,FACE 实验表明,CO_2 浓度升高,气孔导度下降 16% ~ 23%(Ainsworth and Rogers,2007),在长期研究中也并未发现气孔导度对 CO_2 的适应,因此,在长期 CO_2 浓度升高的条件下,气孔导度保持下降。气孔导度的下降会伴随蒸腾速率的降低。虽然气孔导度的下降很可能会增加叶片温度,从而增加蒸腾的驱动力,但有研究表明,除水分利用效率较低的棉花和高粱之外,根据物种和测量位置的差异,CO_2 浓度升高,蒸腾会持续降低(Leakey et al.,2009)。在草被冠层的研究中发现,CO_2 浓度倍增使冠层的光合速率显著提高,而蒸散在高、低水的处理下分别下降 18% 和 8%,这个结果表明,大气 CO_2 浓度的升高导致草原水分散失减少(陈景玲,1995)。

此外,碳、水循环过程也会受到 CO_2 浓度变化的间接影响,例如 CO_2 浓度的持续升高最终可能会导致群落冠层结构的变化(赵平等,2001),从而引起林冠对降水截留的显著变化,这种变化在森林生态系统中尤为明显。长期 CO_2 浓度升高诱导的叶片和冠层结构的变化会影响大气边界层,进而影响蒸腾和降水截留等过程。

15.4.3.2　CO_2 浓度变化对土壤水分的影响

CO_2 浓度升高导致蒸腾降低对水文循环的另一显著影响是增加土壤含水量,在一系列植物中,包括高粱(Conley et al.,2001)、棉花(Hunsaker et al.,1994)、小麦(Hunsaker et al.,1996,2000)、松林(Ellsworth,1999)、草种(Kammann et al.,2005)和玉米(Leakey et al.,2006),都观察到这一现象。对于干旱的生态系统,由于气孔导度降低导致蒸腾下降,CO_2 浓度的升高会显著提高土壤水分含量,进而提高植物对水分和养分的吸收(Dijkstra et al.,2010)。另外,升高的 CO_2 浓度不会直接刺激 C_4 植物的碳吸收,但可以改善 C_4 植物的水分关系,从而通过延迟和缓解干旱胁迫而间接提高光合作用,促进植被生长和产量提升(Leakey et al.,2009)。模型模拟也表明,内陆径流的增加是蒸散减少的直接结果(Betts et al., 2007),并部分通过各种 FACE 站点的蒸散测量结果得到了验证。

15.4.4 CO_2 浓度变化对氮循环过程的影响

CO_2 浓度升高通过影响地下生产力分配、氮源选择、根系形态、根系周转、土壤微生物活性、土壤硝化/反硝化过程等影响氮循环。

15.4.4.1 CO_2 浓度变化对植物氮吸收的影响

CO_2 浓度升高会促进光合产物向根系分配(Hungate et al., 1997),导致地下生物量的显著增加,根系周转速率加快,土壤微生物活性增强,土壤有机质分解加速,释放无机氮,进而促进植物根系对铵盐和硝酸盐的吸收。同时,大气 CO_2 浓度的升高会促使气孔关闭,弱的蒸腾作用会降低植物对氮的吸收速率。

CO_2 浓度升高后,植物将提高输入到根部的碳量以满足其生长对营养物质需求的增加。Zak 等 (1993)的研究表明,地下部生物量在 CO_2 浓度升高的情况下,显著增加,在缺氮的情况下,植物分配其生物量的 50%~70% 到根。根系随着 CO_2 浓度改变也会在数量和形态上发生一定的变化,有助于植物在环境胁迫下摄取更多的养分和水分,从而更好地适应高浓度 CO_2 环境,例如增加 CO_2 浓度会导致植物根系和表面积增加,从而增加和加快根的穿透(Chaudhuri et al., 1990)和扩张(Idso and Kimball, 1992)。

多项实验结果都表明,随着 CO_2 浓度的升高,流入地下部的光合产物的增加使根周转率增加 (Matamala and Schlesinger, 2010; Pritchard et al., 2010)。同时,由于 CO_2 浓度升高促进土壤有机碳的输入,为土壤微生物提供更多的可降解底物,促进微生物活性,因而增强微生物呼吸作用。例如 Phillips 等(2002)发现,CO_2 浓度升高,根际微生物增加 29%。微生物活性和数量的增加将会进一步促进土壤有机质分解,释放无机氮等养分,对植物的养分吸收、硝化、反硝化作用产生一定的影响。

植物在大气 CO_2 浓度升高的条件下,可能会倾向于吸收硝态氮或铵态氮,但不同植物的响应又不相同,例如樟子松会增加对硝态氮的吸收,对铵态氮的吸收变化不明显(苏文玲,2008)。Niklaus 等(2001)在瑞士西北部营养贫乏的草原发现,硝态氮浓度随 CO_2 浓度升高有所降低。而 Muller(2009)在不考虑植物氮吸收的情况下,进行了连续 6 年 [15]N 标记的实验室模拟研究,结果表明,伴随着 CO_2 浓度的不断升

高,土壤氮的氨化作用转化的铵盐增加,这样一个转化的优势在于铵盐对于氮流失的反应较小,这可以在 CO_2 浓度不断升高的情况下增加草地生态系统对氮的保留与有效利用。此外有研究表明,高浓度 CO_2 处理能引起菌根最初侵染增加,菌丝大量增殖,植物根系与固氮微生物共生加强,固氮活性大大提高 (O'Neill et al., 1987; 丁莉和白克智,1997)。

15.4.4.2 CO_2 浓度变化对土壤氮排放的影响

CO_2 浓度升高会显著影响土壤 N_2O 的排放,例如 Barnard 等(2004)通过对欧洲温带草原的研究发现,CO_2 浓度升高会显著降低土壤硝化酶和反硝化酶活性,进而减少土壤 N_2O 气体排放,其中硝化酶比反硝化酶更容易受到 CO_2 浓度升高的影响。Baggs 等(2003)利用 FACE 实验在瑞士黑麦草草地研究了 N_2O 的产气途径,结果发现,在外界 CO_2 浓度超过 $600\ \mu L \cdot L^{-1}$ 时,反硝化过程占主导地位;而 CO_2 浓度为 $360\ \mu L \cdot L^{-1}$ 时,硝化过程占主导地位。增加地下部分的碳分配会促进土壤反硝化活性,进而增加 N_2O 通量。而且值得一提的是,随着 CO_2 浓度升高,N_2 : N_2O 值也升高,由此说明,之前只是测定 N_2O 产生量会大大低估反硝化作用的氮损失。

15.4.5 CO_2 浓度变化对碳-氮-水耦合循环过程的影响

自然界中,生态系统碳循环、氮循环、水循环是相互联动、不可分割的耦合体系,大气 CO_2 浓度上升不仅影响碳循环、氮循环、水循环单个过程,其在养分吸收、生态系统氮利用效率、生态系统水分利用效率等方面对生态系统碳-氮-水耦合循环存在影响(图 15.21)。

有研究认为,大气 CO_2 浓度升高不仅直接增强森林的光合能力,也相应促进森林对养分,特别是对氮的吸收。Drake 等(2011)的 FACE 实验表明,CO_2 浓度升高显著增加了森林的氮吸收量,提高氮利用效率。Zerihun 等(2000)也指出,随着 CO_2 浓度的升高,光合作用中氮的利用效率提高了近 50%。氮利用效率(NUE)是深入理解生态系统碳、氮循环耦合的重要指标,在一个天然的生态系统中,除大气氮沉降外,生态系统的氮是保持稳定的,但生态系统固定的 CO_2 持续增多,最终表现为生态系统 NUE 的提高。

水分利用效率(WUE)是深入理解生态系统水、碳循环间耦合关系的重要指标。生态系统 WUE 可以用来揭示生态系统水、碳循环相互作用关系,从而预测全球变化

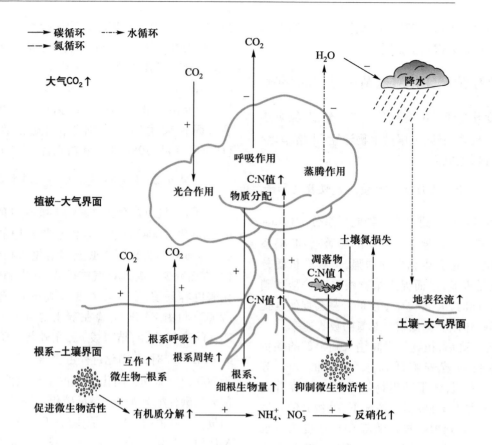

图 15.21　CO_2 浓度升高对碳、氮、水循环的影响（+代表促进，-代表抑制，↑代表升高）

对生态系统功能的影响。至今已有大量有关 CO_2 浓度升高对生态系统 WUE 影响的报道，绝大多数研究结果表明，CO_2 浓度升高会提高植物或生态系统的 WUE，其机制包括直接作用和间接作用两个方面。CO_2 浓度升高一方面促使植物的光合作用增强，另一方面会使气孔导度降低，蒸腾相对减弱，从而使生态系统 WUE 升高（Hui et al.，2001）。随着 CO_2 浓度升高引起冠层光合作用的提高，会有更多的 CO_2 和水分被固定下来，在叶片冠层尺度上，生态系统的碳和水交换之间存在明显的耦合关系，表现为植物累积的碳同化量与累积的蒸散量具有明显的线性正相关关系（Ehleringer et al.，1997）。

15.5　大气 CO_2 浓度升高对生态系统影响的多重效应

CO_2 浓度升高不仅会对生态系统碳-氮-水耦合循环产生深刻的影响，对生态系统其他方面的影响也不容忽略。CO_2 浓度升高会对生态系统的土壤和水

体产生重要的影响，而且由于不同物种或者不同类型植物对 CO_2 浓度变化的响应不同，群落内各物种的协同进化关系、植物的物候节律等也会发生重大改变，以及影响农作物的品质。

15.5.1　CO_2 浓度变化对土壤和水体的影响

CO_2 浓度升高会直接或间接地影响土壤的理化性质。采用人工模拟 CO_2 泄漏地表的实验表明（裴宇等，2016），CO_2 入侵使土壤总有机碳升高，总氮下降，铵态氮与硝态氮也同比下降，磷、钾、水溶性盐总体减少，土壤 pH 值上升。不仅如此，CO_2 浓度的变化通过影响植物和微生物还能间接影响土壤粒级分布（马红亮等，2006）和土壤中铜和镉的形态分布（王骁，2010）。CO_2 浓度升高也会直接或间接影响淡水环境水化学条件。通过构建微宇宙水环境模拟系统发现（胡正雪等，2014），CO_2 浓度升高导致水体 pH 值下降，可溶态锌、镁浓度升高；除此之外，CO_2 浓度升高还加剧砷污染水体的生态风险（孙曙光等，2013）。大气 CO_2 浓度升高也会引起海洋的酸化，人类活动释放的 CO_2 超过 1/3

被海洋吸收,使表层海水的氢离子浓度近 200 年间增加了三成,pH 值下降了 0.1。

15.5.2　CO_2 浓度变化对物种协同进化关系的影响

大气 CO_2 倍增的背景条件下,由于植物间竞争关系被改变,对 CO_2 更加敏感的种类会逐渐成为系统的优势成分,对群落动态产生影响。对亚热带不同林地植物的研究表明,CO_2 浓度持续升高使阳生性的植物占据群落的时间更长,而不太有利于中生性和耐阴性植物种类的生长和发展,群落向顶极阶段演替的时间会更长(彭少麟,2003)。CO_2 浓度能影响物种间的共生关系。CO_2 浓度升高条件下,菌根共生体将会发生变化,例如大气 CO_2 浓度升高条件下,黄桦树菌根的侵染率显著增加,并且根系被侵染的密度和程度随大气 CO_2 浓度升高而显著增加(Berntson et al.,1997)。CO_2 浓度也能对植物-昆虫-天敌的捕食关系产生影响。CO_2 浓度升高不但影响植物的生长发育,而且改变植物体内化学成分的组成与含量(戈峰和陈法军,2006),从而间接地影响到植食性昆虫,进而通过食物链影响到以之为食的天敌。大气 CO_2 浓度升高还影响植食性害虫的寄主选择行为,例如利用嗅觉仪研究麦长管蚜的寄主选择行为发现,该害虫有趋向于选择高 CO_2 环境中生长的小麦的现象(Awmack et al.,1996)。

15.5.3　CO_2 浓度变化对植物形态及解剖学的影响

在高浓度 CO_2 环境下,植物的形态结构以及解剖结构会发生一定变化,如根系变粗、中柱鞘变厚、栓皮层变宽等。植物在高 CO_2 浓度下受切割刺激后产生更多的根系,而且根系增长、鲜重增加,一些植物(如大豆、桦树等)根茎比成倍地增加(Pettersson and Mcdonald,1992)。根系随 CO_2 浓度改变在数量和形态上的改变,有助于植物在环境胁迫下摄取更多的养分和水分,从而更好地适应高浓度 CO_2 环境。植物花的发育对 CO_2 的变化也很敏感,在高浓度 CO_2 条件下,大部分温室植物的开花增多,花的干重增加,坐花率同比提高,落花率减少。在高 CO_2 浓度环境下,叶片淀粉粒积累,类囊体薄膜发生变异,一些植物叶绿体基粒垛及基粒类囊体薄膜增多,甚至出现膨胀和破裂,而淀粉粒的积累可能增加 CO_2 在叶片中的扩散阻力。

国内外对高 CO_2 浓度下植物叶片形态及结构的影响研究较多,其中,小麦、大麦、水稻等禾本科植物的叶片厚度有不同程度的增加,表皮细胞密度下降(杨松涛等,1997)。有学者应用光学显微镜和扫描电镜观察不同 CO_2 浓度条件下大豆叶片形态和解剖特征,结果表明,叶片外部形态没有显著变化,而叶片气孔密度随 CO_2 浓度升高呈下降趋势,还发现叶肉中增加了一层

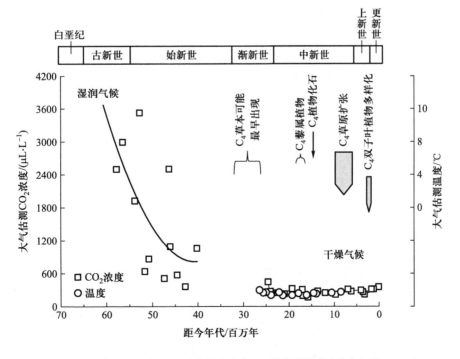

图 15.22　古近纪以来 CO_2 浓度的变化与 C_4 植物的演替(龚春梅等, 2009)

栅栏组织,使叶片明显增厚,这是由于 CO_2 浓度升高促进了细胞分裂和表面角质蜡层的产生(林金星和胡玉熹,1996)。在对 C_3 禾本科作物小麦、多年生黑麦草和水稻,C_4 禾本科类高粱,C_3 豆科植物白三叶草,C_3 作物马铃薯以及棉花和葡萄的 FACE 实验研究中也得到了相同的结论(廖轶等,2002)。

15.5.4 CO₂ 浓度变化对植被群落 C₃/C₄ 植物演变的影响

4000 万年前,大气 CO_2 浓度急剧降低(龚春梅等2009),之后 C_4 植物频繁出现(图 15.22)。有人认为,C_4 途径是大气 CO_2 浓度降低后植物所采用的光合作用方式。由于 C_4 植物维管束鞘细胞中苹果酸的脱羧反应是一种浓缩 CO_2 的机制,维管束鞘细胞中具有相对高的 CO_2 浓度,同时促进 Rubisco 催化的羧化反应,降低光呼吸,形成 CO_2 再固定,这种防止 CO_2 底物由光呼吸导致丢失的特性,有助于获得较高的产量。

C_4 植物固定 CO_2 的底物为 HCO_3^-,PEPC 与 HCO_3^- 的亲和力远比 Rubisco 与 HCO_3^- 的亲和力高,其细胞壁上软木脂层的存在也会降低 CO_2 透性,这些都促成了 C_4 光合途径的发生和发展。实验证明,C_4 植物的 PEPC 的活性比 C_3 植物的强 60 倍,因此,C_4 植物光合速率比 C_3 植物快许多,尤其是在 CO_2 浓度低的环境下,相差更是悬殊。由于 C_4 植物能利用低浓度的 CO_2,当外界干旱导致气孔关闭时,C_4 植物就能利用细胞间隙含量低的 CO_2 继续生长,所以在干旱环境中 C_4 植物比 C_3 植物生长得更好。

由于上述机制,C_4 植物更适应高温和低浓度 CO_2 环境,而 C_3 植物则更喜欢低温和高浓度 CO_2 环境。据估计,C_4 植物占全球陆地初级生产量的 25% ~ 30%,热带作物也都以玉米(*Zea mays*)和高粱(*Sorghum bicolor*)等 C_4 植物为主。随着大气 CO_2 浓度升高,与 C_4 植物相比,C_3 植物在群落竞争中的优势将进一步凸显出来。以 C_4 植物为优势种的群落更容易被 C_3 植物入侵(Johnson et al.,1993),致使群落的组成及比例发生变化,从而改变群落的生物多样性。

15.5.5 CO₂ 浓度变化对植被物候的影响

CO_2 浓度的升高可能会对植物的物候产生一定的影响。目前,CO_2 浓度变化对植被物候的影响主要是通过短期的人工控制实验来探究的。CO_2 浓度升高会改变植物芽期,如春季芽的展开延迟(Roberntz,

1999),秋季植物枯萎推后(Gao,1999);CO_2 浓度升高也会改变植物的花期,如禾本科植物花期的推迟,非禾本科草本植物花期的提前(Cleland et al.,2006);CO_2 浓度升高也会改变植物的生长季,如羊草生长季的延长(Gao,1999)和甘松茅(*Nardus stricta*)枯萎季的提前(Cook et al.,2010)。目前关于植物物候对 CO_2 浓度升高响应的研究仍非常有限,植物物候对 CO_2 浓度升高的响应机制存在一定程度的不确定性,未来需要加大这方面的研究。

15.5.6 CO₂ 浓度变化对农作物品质的影响

农产品的品质不仅取决于遗传基因,而且受生长环境条件的影响。大量研究表明,CO_2 浓度升高会引起农作物生长发育和产量的变化,而且这种变化对农产品的品质也产生重要影响(柴如山等,2011)。研究表明,CO_2 浓度升高导致水稻蛋白质含量下降,外观品质也有所变劣,加工过程中易破碎,微量元素含量显著下降;在番茄果实发育过程中施用 CO_2 可使果实中柠檬酸、苹果酸和草酸含量下降,葡萄糖、果糖和维生素 C 含量增加,而且果实的红色加深;CO_2 浓度升高使土豆块茎畸形现象加重,但绿化现象减轻;CO_2 浓度升高条件下,蔬菜类农产品的品质有一定程度的改善,如土豆、番茄、芹菜、生菜、油麦菜和青菜中的硝酸盐含量下降,这对人体健康有积极意义。

参考文献

柴如山, 牛耀芳, 朱丽青, 等. 2011. 大气 CO_2 浓度升高对农产品品质影响的研究进展. 应用生态学报, 22: 2765-2775.

常晓娜. 2010. 高 CO_2 环境下转 Bt 水稻的氮素代谢生理及其抗虫性研究. 硕士学位论文. 南京: 南京农业大学.

陈景玲. 1995. 二氧化碳倍增对草被冠层的光合与蒸散的影响. 气象科技, (3): 58-61.

丁莉, 白克智. 1997. 大气 CO_2 增加对根瘤和菌根活动的影响. 湖北民族学院学报: 自然科学版, 15: 6-9.

戈峰, 陈法军. 2006. 大气 CO_2 浓度增加对昆虫的影响. 生态学报, 26: 935-944.

龚春梅, 宁蓬勃, 王根轩, 等. 2009. C_3 和 C_4 植物光合途径的适应性变化和进化. 植物生态学报, 33: 206-221.

胡正雪, 尹颖, 艾弗逊, 等. 2014. 大气 CO_2 和 O_3 浓度升高对淡水环境水化学条件的影响. 农业环境科学学报, 33: 2213-2220.

居为民, 田向军, 江飞, 等. 2019. 基于多源卫星遥感的高分辨率全球碳同化系统研究进展. 中国基础科学, 21: 24-27.

廖轶, 陈根云, 张海波, 等. 2002. 水稻叶片光合作用对开放式空气 CO_2 浓度增高(FACE)的响应与适应. 应用生态学报, 13: 1205-1209.

林金星, 胡玉熹. 1996. 大豆叶片结构对 CO_2 浓度升高的反应. 植物学报, 38: 31-34.

罗艳. 2003. 土壤微生物对大气 CO_2 浓度升高的响应. 生态环境学报, 12: 108-111.

马红亮, 朱建国, 谢祖彬, 等. 2006. 大气 CO_2 浓度升高对土壤中不同粒级碳的影响. 亚热带资源与环境学报, 1: 33-40.

裴宇, 赵晓红, 邓红章, 等. 2016. 高浓度二氧化碳入侵对土壤理化性质的影响. 当代化工, 45: 682-686.

彭静, 丹利. 2016. 百年尺度地球系统模式模拟的陆地生态系统碳通量对 CO_2 浓度升高和气候变化的响应. 生态学报, 36: 6939-6950.

彭少麟. 2003. 热带亚热带恢复生态学研究与实践. 北京: 科学出版社.

苏文玲. 2008. CO_2 浓度升高对樟子松落叶松氮素吸收特性和生长的影响. 硕士学位论文. 哈尔滨: 东北林业大学.

孙加伟, 赵天宏, 付宇, 等. 2009. CO_2 浓度升高对玉米叶片光合生理特性的影响. 玉米科学, 17: 81-85.

孙曙光, 尹颖, 郭红岩. 2013. 大气 CO_2 浓度升高对砷污染水体生态风险的影响. 南京大学学报(自然科学), 49: 387-393.

王春权, 孟宪民, 张晓光, 等. 2009. 陆地生态系统碳收支/碳平衡研究进展. 资源开发与市场, 25: 165-171.

王庚辰, 孔琴心, 任丽新, 等. 2002. 中国大陆上空 CO_2 的本底浓度及其变化. 科学通报, 47: 780-783.

王建林, 于贵瑞, 房全孝, 等. 2008. 不同植物叶片水分利用效率对光和 CO_2 的响应与模拟. 生态学报, 28: 525-533.

王亮, 朱建国, 朱春梧, 等. 2008. 高浓度 CO_2 条件下水稻叶片氮含量下降与氮代谢关键酶活性的关系. 中国水稻科学, 22: 499-506.

王舒鹏, 张兴赢, 王维和, 等. 2015. 基于 GOSAT L4B 数据的全球和中国区域近地面 CO_2 含量变化分析. 科技导报, 33: 63-68.

王骁. 2010. CO_2 浓度升高对土壤中铜和镉形态分布的影响. 中国资源综合利用, 28: 20-22.

王旭峰, 马明国, 姚辉. 2009. 动态全球植被模型的研究进展. 遥感技术与应用, 2: 134-139.

谢立勇, 林而达, 孙芳, 等. 2006. 全生育期二氧化碳与温度处理对水稻生理性状的影响初报. 中国农业大学学报, 11: 17-21.

杨松涛, 李彦舫, 胡玉熹, 等. 1997. CO_2 浓度倍增对10种禾本科植物叶片形态结构的影响. 植物学报, 39: 859-866.

尹飞虎, 李晓兰, 董云社, 等. 2011. 干旱半干旱区 CO_2 浓度升高对生态系统的影响及碳氮耦合研究进展. 地球科学进展, 26: 235-244.

于贵瑞, 何念鹏, 王秋凤, 等. 2013. 中国陆地生态系统碳收支及碳汇功能——理论基础与综合评估. 北京: 科学出版社.

于贵瑞, 王秋凤, 刘迎春, 等. 2011. 区域尺度陆地生态系统固碳速率和增汇潜力概念框架及其定量认证科学基础. 地理科学进展, 30(7): 771-787.

袁文平, 蔡文文, 刘丹, 等. 2014. 陆地生态系统植被生产力遥感模型研究进展. 地球科学进展, 29: 541-550.

赵平, 彭少麟, 曾小平. 2001. 全球变化背景下大气 CO_2 浓度升高与森林群落结构和功能的变化. 广西植物, 21: 287-294.

周玉梅, 韩士杰, 张军辉, 等. 2002. CO_2 浓度升高对长白山三种树木幼苗叶碳水化合物和氮含量的影响. 应用生态学报, 13: 663-666.

Ainsworth EA, Davey PA, Bernacchi CJ, et al. 2002. A meta-analysis of elevated CO_2 effects on soybean (*Glycine max*) physiology, growth and yield. *Global Change Biology*, 8: 695-709.

Ainsworth EA, Rogers A. 2007. The response of photosynthesis and stomatal conductance to rising CO_2: Mechanisms and environmental interactions. *Plant Cell and Environment*, 30: 258-270.

Amthor JS. 1991. Respiration in a future, higher CO_2 world. *Plant Cell and Environment*, 4: 13-20.

Andres RJ, Boden TA, Bréon FM, et al. 2012. A synthesis of carbon dioxide emissions from fossil-fuel combustion. *Biogeosciences*, 9: 1845-1871.

Andres RJ, Fielding DJ, Marland G, et al. 1999. Carbon dioxide emissions from fossilfuel use, 1751—1950. *Tellus*, 51: 759-765.

Assmann SM, Shimazaki K. 1999. The multisensory guard cell: Stomatal responses to blue light and abscisic acid. *Plant Physiology*, 119(3): 809-816.

Augustin L, Barbante C, Barnes PR, et al. 2004. Eight glacial cycles from an Antarctic ice core. *Nature*, 429: 623-628.

Awmack CS, Harrington R, Leather SR, et al. 1996. The impacts of elevated CO_2 on aphid-plant interactions. *Aspects of Applied Biology*, 45: 317-322.

Baggs EM, Richter M, Cadisch G, et al. 2003. Denitrification in grass swards is increased under elevated atmospheric CO_2. *Soil Biology and Biochemistry*, 35: 729-732.

Baker JT, Laugel F, Boote KJ, et al. 1992. Effects of dayti

carbon dioxide concentration on dark respiration in rice. *Plant Cell and Environment*, 15: 231-239.

Barnard R, Barthes L, Roux XL, et al. 2004. Dynamics of nitrifying activities, denitrifying activities and nitrogen in grassland mesocosms as altered by elevated CO_2. *New Phytologist*, 162: 365-376.

Beer C, Reichstein M, Tomelleri E, et al. 2010. Terrestrial gross carbon dioxide uptake: Global distribution and covariation with climate. *Science*, 329: 834-838.

Berntson GM, Wayne PM, Bazzaz FA. 1997. Below-ground architectural and mycorrhizal responses to elevated CO_2 in *Betula alleghaniensis* populations. *Functional Ecology*, 11: 684-695.

Betts RA, Boucher O, Collins M, et al. 2007. Projected increase in continental runoff due to plant responses to increasing carbon dioxide. *Nature*, 448: 1037-1041.

Boden TA, Marland G, Andres RJ. 2013. Global, Regional, and National Fossil-Fuel CO_2 Emissions. Oak Ridge National Laboratory, US Department of Energy, Oak Ridge, Tenn., USA.

Celia MA, Peters CA, Bachu S. 2002. Geologic Storage of CO_2: Leakage Pathways and Environmental Risks. AGUSM, GC32A-03.

Chaudhuri UN, Kirkham MB, Kanemasu ET. 1990. Root growth of winter wheat under elevated carbon dioxide and drought. *Crop Science*, 30: 853-857.

Cheng W, Gershenson A. 2007. Carbon fluxes in the rhizosphere. In: Cardon ZG, Whitbeck JL. *The Rhizosphere: An Ecological Perspective*. London: Academic Press, 31-56.

Cleland EE, Chiariello NR, Loarie SR, et al. 2006. Diverse responses of phenology to global changes in a grassland ecosystem. *Proceedings of the National Academy of Sciences of the United States of America*, 103: 13740-13744.

Conley MM, Kimball BA, Brooks TJ, et al. 2001. CO_2 enrichment increases water use efficiency in sorghum. *New Phytologist*, 151: 407-412.

Cook AC, Tissue DT, Roberts SW, et al. 2010. Effects of long-term elevated CO_2 from natural CO_2 springs on *Nardus stricta*: Photosynthesis, biochemistry, growth and phenology. *Plant Cell and Environment*, 21: 417-425.

Curtis PS, Wang X. 1998. A meta-analysis of elevated CO_2 effects on woody plant mass, form, and physiology. *Oecologia*, 113: 299-313.

Denman KL, Brasseur G, Chidthaisong A, et al. 2007. Couplings between changes in the climate system and biogeochemistry. In: Solomon S, Qin D, Manning M, et al. *Climate Change 2007: The Physical Science Basis*. Contribution of Working Group I to the Fourth Assessment Report of the Intergovernmental Panel on Climate Change. Cambridge: Cambridge, University Press, 499-587.

Dijkstra FA, Blumenthal D, Morgan JA, et al. 2010. Elevated CO_2 effects on semi-arid grassland plants in relation to water availability and competition. *Functional Ecology*, 24: 1152-1161.

Drake JE, Galletbudynek A, Hofmockel KS, et al. 2011. Increases in the flux of carbon belowground stimulate nitrogen uptake and sustain the long-term enhancement of forest productivity under elevated CO_2. *Ecology Letters*, 14: 349-357.

Ehleringer JR. 2005. The influence of atmospheric CO_2, temperature, and water on the abundance of C_3/C_4 taxa. In: Baldwin I, Caldwell MM, Heldmaier G, et al. *A History of Atmospheric CO_2 and Its Effects on Plants, Animals, and Ecosystems*. New York: Springer, 214-231.

Ehleringer JR, Cerling TE, Helliker BR. 1997. C_4 photosynthesis, atmospheric CO_2, and climate. *Oecologia*, 12: 285-299.

Ellsworth DS. 1999. CO_2 enrichment in a maturing pine forest: Are CO_2 exchange and water status in the canopy affected? *Plant Cell and Environment*, 22: 461-472.

Evans JR. 1989. Photosynthesis and nitrogen relationships in leaves of C_3 plants. *Oecologia*, 78: 9-19.

Fang J, Yu G, Liu L, et al. 2018. Climate change, human impacts, and carbon sequestration in China. *Proceedings of the National Academy of Sciences of the United States of America*, 115(16): 4015-4020.

Farquhar GD, von Caemmerer S, Berry JA. 1980. A biochemical model of photosynthetic CO_2 assimilation in leaves of C_3 species. *Planta*, 149: 78-90.

Flückiger J, Monnin E, Stauffer B, et al. 2002. High-resolution Holocene N_2O ice core record and its relationship with CH_4 and CO_2. *Global Biogeochemical Cycles*, 16: 1010.

Friedlingstein P, Jones M, O'Sullivan M, et al. 2019. Global carbon budget 2019. *Earth System Science Data*, 11(4): 1783-1838.

Gao LH. 1999. Effects of doubled CO_2 concentration on the phenology and growth of *Leymus chinensis*. *Chinese Journal of Environmental Science*, 20: 25-29.

Gao Y, He N, Yu G, et al. 2015. Impact of external nitrogen and phosphorus input between 2006 and 2010 on carbon cycle in China seas. *Regional Environmental Change*, 15(4): 631-641.

Gao Y, Yang T, Wang Y, et al. 2017. Fate of river-transported carbon in China: Implications for carbon cycling in coastal ecosystems. *Ecosystem Health and Sustainability*, 3(3): e01265.

Gao Y, Yu G, Yang T, et al. 2016. New insight into global blue carbon estimation under human activity in land-sea interaction area: A case study of China. *Earth-Science Reviews*, 159: 36-46.

Hayashik M, Kita J, Watanabe Y, et al. 2013. Effects of elevated pCO_2 on the nitrification activity of microorganisms in marine sediment. *Energy Procedia*, 37: 3424-3431.

He H, Wang S, Zhang L, et al. 2019. Altered trends in carbon uptake in China's terrestrial ecosystems under the enhanced summer monsoon and warming hiatus. *National Science Review*, 6(3): 505-514.

He N, Wen D, Zhu J, et al. 2017. Vegetation carbon sequestration in Chinese forests from 2010 to 2050. *Global Change Biology*, 23(4): 1575-1584.

Hu Z, Li S, Guo Q, et al. 2016. A synthesis of the effect of grazing exclusion on carbon dynamics in grasslands in China. *Global Change Biology*, 22(4): 1385-1393.

Hui D, Luo Y, Cheng W, et al. 2001. Canopy radiation and water use efficiencies as affected by elevated CO_2. *Global Change Biology*, 7: 75-91.

Hungate BA, Holland EA, Jackson RB, et al. 1997. The fate of carbon in grasslands under carbon dioxide enrichment. *Nature*, 388: 576-579.

Hunsaker DJ, Hendrey GR, Kimball BA, et al. 1994. Cotton evapotranspiration under field conditions with CO_2 enrichment and variable soil moisture regimes. *Agricultural and Forest Meteorology*, 70: 247-258.

Hunsaker DJ, Kimball BA, Pinter PJ, et al. 1996. Carbon dioxide enrichment and irrigation effects on wheat evapotranspiration and water use efficiency. *Transactions of the ASAE*, 39: 1345-1355.

Hunsaker DJ, Kimball BA, Pinter PJ, et al. 2000. CO_2 enrichment and soil nitrogen effects on wheat evapotranspiration and water use efficiency. *Agricultural and Forest Meteorology*, 104: 85-105.

Idso SB, Kimball BA. 1992. Seasonal fine-root biomass development of sour orange trees grown in atmospheres of ambient and elevated CO_2 concentration. *Plant Cell and Environment*, 15: 337-341.

IPCC. 2013. Climate Change 2013: The Physical Science Basis. Contribution of Working Group I to the Fifth Assessment Report of the Intergovernmental Panel on Climate Change. Cambridge and New York: Cambridge University Press.

Jiang F, Chen JM, Zhou L, et al. 2016. A comprehensive estimate of recent carbon sinks in China using both top-down and bottom-up approaches. *Scientific Reports*, 6: 22130.

Johnson HB, Polley HW, Mayeux HS. 1993. Increasing CO_2 and plant-plant interactions: Effects on natural vegetation. *Vegetatio*, 104(1): 157-170.

Jouzel J, Masson V, Cattani O, et al. 2001. A new 27kyr high resolution East Antarctil climate record. *Geophysical Research Letters*, 28: 3199-3202.

Jouzel J, Masson V, Cattani O, et al. 2007. Orbital and millennial Antarctic climate variability over past 800000 years. *Science*, 317: 793-796

Jung M, Reichstein M, Bondeau A. 2009. Towards global empirical upscaling of FLUXNET eddy covariance observations: Validation of a model tree ensemble approach using a biosphere model. *Biogeosciences*, 6: 2001-2013.

Jung M, Reichstein M, Margolis HA, et al. 2011. Global patterns of land-atmosphere fluxes of carbon dioxide, latent heat, and sensible heat derived from eddy covariance, satellite, and meteorological observations. *Journal of Geophysical Research: Biogeosciences*, 116(G3): G00J07.

Kammann C, Grünhage L, Grüters U, et al. 2005. Response of above-ground grassland biomass and soil moisture to moderate long-term CO_2 enrichment. *Basic and Applied Ecology*, 6: 351-365.

Leakey ADB, Ainsworth EA, Bernacchi CJ, et al. 2009. Elevated CO_2 effects on plant carbon, nitrogen, and water relations: Six important lessons from FACE. *Journal of Experimental Botany*, 60: 2859-2876.

Leakey ADB, Uribelarrea M, Ainsworth EA, et al. 2006. Photosynthesis, productivity, and yield of maize are not affected by open-air elevation of CO_2 concentration in the absence of drought. *Plant Physiology*, 140: 779-790.

Le Quéré C, Peters GP, Andres RJ, et al. 2014. Global carbon budget 2013. *Earth System Science Data Discussions*, 6: 235-263.

Lin G, Rygiewicz PT, Ehleringer JR, et al. 2001. Time-dependent responses of soil CO_2 efflux components to elevated atmospheric CO_2 and temperature in experimental forest mesocosms. *Plant and Soil*, 229: 259-270.

Lipson DA, Wilson RF, Oechel WC. 2005. Effects of elevated atmospheric CO_2 on soil microbial biomass, activity, and diversity in a chaparral ecosystem. *Applied and Environmental Microbiology*, 71: 8573-8580.

Liu L, Zhou L, Vaughn BH, et al. 2014c. Background variations of atmospheric CO_2 and carbon-stable isotopes at Waliguan and Shangdianzi stations in China. *Journal of Geophysical Research*, 119: 5602-5612.

Liu YC, Yu GR, Wang QF, et al. 2012. Huge carbon sequestration potential in global forests. *Journal of Resources and Ecolo* gy, 3(3): 193-201.

Liu Y, Yu G, Wang Q, et al. 2014a. How temperature, precipitation and stand age control the biomass carbon density of global mature forests. *Global Ecology and Biogeography*, 23 (3): 323-333.

Liu YC, Yu GR, Wang QF, et al. 2014b. Carbon carry capacity and carbon sequestration potential in China based on an integrated analysis of mature forest biomass. *Science China Life Sciences*, 57(12): 1218-1229.

Loulergue L, Parrenin F, Blunier T, et al. 2007. New constraints on the gas age-ice age difference along the EPICA ice cores, 0-50 kyr. *Climate of the Past*, 3: 527-540.

Lu F, Hu H, Sun W, et al. 2018. Effects of national ecological restoration projects on carbon sequestration in China from 2001 to 2010. *Proceedings of the National Academy of Sciences of the United States of America*, 115(16): 4039-4044.

Lüthi D, Le Floch M, Bereiter B, et al. 2008. Highresolution carbon dioxide concentration record 650000-800000 years before present. *Nature*, 453: 379-382.

Ma A, He N, Xu L, et al. 2017. Grassland restoration in northern China is far from complete: Evidence from carbon variation in the last three decades. *Ecosphere*, 8 (4): e01750.

Maherali H, Reid CD, Polley HW, et al. 2002. Stomatal acclimation over a subambient to elevated CO_2 gradient in a C_3/C_4 grassland. *Plant, Cell and Environment*, 25: 557-566.

Matamala R, Schlesinger WH. 2010. Effects of elevated atmospheric CO_2 on fine root production and activity in an intact temperate forest ecosystem. *Global Change Biology*, 6: 967-979.

Medlyn BE, Barton CVM, Broadmeadow MSJ, et al. 2001. Stomatal conductance of forest species after long-term exposure to elevated CO_2 concentration: A synthesis. *New Phytologist*, 149: 247-264.

Meinshausen M, Vogel E, Nauels A, et al. 2017. Historical greenhouse gas concentrations for climate modelling (CMIP6). *Geoscientific Model Development*, 10: 2057-2116.

Monnin E, Indermuhle A, Dallenbach A, et al. 2001. Atmospheric CO_2 concentrations over the last glacial termination. *Science*, 291: 112-114.

Monnin E, Steig E, Siegenthaler U, et al. 2004. Evidence for substantial accumulation rate variability in Antarctica during the Holocene, through synchronization of CO_2 in the Taylor Dome, Dome C and DML ice cores. *Earth and Planetary Science Letters*, 224: 45-54.

Muller C, Rutting T, Abbasi MK, et al. 2009. Effect of elevated CO_2 on soil N dynamics in a temperate grassland soil. *Soil Biology and Biochemistry*, 41: 1996-2001.

Niklaus PA, Kandeler E, Leadley PW, et al. 2001. A link between plant diversity, elevated CO_2 and soil nitrate. *Oecologia*, 127: 540-548.

O'Neill EG, Luxmoore RJ, Norby RJ. 1987. Increases in mycorrhizal colonization and seedling growth in *Pinusechinata* and *Quercusalba* in an enriched CO_2 atmosphere. *Canadian Journal of Forest Research*, 17: 878-883.

Ort DR, Ainsworth EA, Aldea M, et al. 2006. SoyFACE: The effects and interactions of elevated CO_2 and O_3 on soybean. In: Nösberger J, Long SP, Norby RJ, et al., *Managed ecosystems and CO_2*. Berlin: Springer, 71-86.

Petit JR, Jouzel J, Raynaud D, et al. 1999. Climate and atmospheric history of the past 420000 years from the Vostok ice core, Antarctica. *Nature*, 399(6735): 429.

Pettersson R, Mcdonald AJS. 1992. Effects of elevated carbon dioxide concentration on photosynthesis and growth of small birch plants (*Betula pendula* Roth.) at optimal nutrition. *Plant Cell and Environment*, 15: 911-919.

Phillips RL, Zak DR, Holmes WE, et al. 2002. Microbial community composition and function beneath temperate trees exposed to elevated atmospheric carbon dioxide and ozone. *Oecologia*, 131: 236-244.

Piao S, Fang J, Ciais P, et al. 2010. The carbon balance of terrestrial ecosystems in China. *Nature*, 458: 1009-1013.

Pritchard SG, Rogers HH, Prior SA, et al. 2010. Elevated CO_2 and plant structure: A review. *Global Change Biology*, 5: 807-837.

Roberntz P. 1999. Effects of long-term CO_2 enrichment and nutrient availability in Norway spruce. I. Phenology and morphology of branches. *Trees*, 13(4): 188-198.

Schilt A, Baumgartner M, Blunier T, et al. 2010. Glacial-interglacial and millennial-scale variations in the atmospheric nitrous oxide concentration during the last 800000 years. *Quaternary Science Reviews*, 29(1-2): 182-192.

Schulz A, Vogt C, Richnow H. 2012. Effects of high CO_2 concentrations on ecophysiologically different microorganisms. *Environmental Pollution*, 169: 27-34.

Sharkey TD. 1985. Photosynthesis in intact leaves of C_3 plants: Physics, physiology and rate limitations. *The Botanical Review*, 51: 53-105.

Siegenthaler U, Stocker T, Monnin E, et al. 2005. Stable carbon cycle-climate relationship during the late Pleistocene. *Science*, 310: 1313-1317.

Spahni R, Chappellaz J, Stocker T, et al. 2005. Atmospheric methane and nitrous oxide of the late Pleistocene from

Antarctic ice cores. *Science*, 310: 1317-1321.

Spahni R, Schwander J, Flückiger J, et al. 2003. The attenuation of fast atmospheric CH_4 variations recorded in polar ice cores. *Geophysical Research Letters*, 30: 1571.

Stauffer B, Flückiger J, Monnin E, et al. 2002. Atmospheric CO_2, CH_4 and N_2O records over the past 60000 years based on the comparison of different polar ice cores. *Annals of Glaciology*, 35: 202-208.

Takahashi T, Sutherland SC, Sweeney C, et al. 2002. Global sea-air CO_2 flux based on climatological surface ocean pCO_2, and seasonal biological and temperature effects. *Deep Sea Research Part II Topical Studies in Oceanography*, 49(9-10): 1601-1622.

Tang X, Zhao X, Bai Y, et al. 2018. Carbon pools in China's terrestrial ecosystems: New estimates based on an intensive field survey. *Proceedings of the National Academy of Sciences*, 115(16): 4021-4026.

van Oss HG. 2013. Cement. *US Geological Survey*.

von Caemmerer S. 2013. Steady-state models of photosynthesis. *Plant, Cell and Environment*, 36: 1617-1630.

Wand SJE, Midgley GYF, Jones MH, et al. 1999. Responses of wild C_4 and C_3 grass (Poaceae) species to elevated atmospheric CO_2 concentration: A meta-analytic test of current theories and perceptions. *Global Change Biology*, 5: 723-741.

Wang Q, Zheng H, Zhu X, et al. 2015. Primary estimation of Chinese terrestrial carbon sequestration during 2001—2010. *Science Bulletin*, 60(6): 577-590.

Xu L, Yu G, He N, et al. 2018. Carbon storage in China's terrestrial ecosystems: A synthesis. *Scientific Reports*, 8: 1-13.

Xu L, Yu G, He N. 2019. Increased soil organic carbon storage in Chinese terrestrial ecosystems from the 1980s to the 2010s. *Journal of Geographical Sciences*, 29(1): 49-66.

Ye ZP. 2007. A new model for relationship between light intensity and the rate of photosynthesis in *Oryza sativa*. *Photosynthetica*, 45: 637-640.

Yu GR, Li XR, Wang QF, et al. 2010a. Carbon storage and its spatial pattern of terrestrial ecosystem in China. *Journal of Resources and Ecology*, 1: 97-109.

Yu G, Zheng Z, Wang Q, et al. 2010b. Spatiotemporal pattern of soil respiration of terrestrial ecosystems in China: The development of a geostatistical model and its simulation. *Environmental Science and Technology*, 44(16): 6074-6080.

Zak DR, Pregitzer KS, Curtis PS, et al. 1993. Elevated atmospheric CO_2 and feedback between carbon and nitrogen cycles. *Plant and Soil*, 151: 105-117.

Zerihun A, Gutschick VP, Bassirirad H. 2000. Compensatory roles of nitrogen uptake and photosynthetic N-use efficiency in determining plant growth response to elevated CO_2: Evaluation using a functional balance model. *Annals of Botany*, 86: 723-730.

Zhao G, Liu J. 2009. Effects of elevated CO_2 concentration on biomass and active organic carbon of freshwater marsh after two growing seasons in Sanjiang Plain, Northeast of China. *Journal of Environmental Sciences*, 21: 1393-1399.

Zhu XJ, Yu GR, He HL, et al. 2014. Geographical statistical assessments of carbon fluxes in terrestrial ecosystems of China: Results from upscaling network observations. *Global and Planetary Change*, 118: 52-61.

第16章

大气氮沉降影响生态系统碳-氮耦合循环的过程机制及多重效应

　　大气氮沉降是全球环境变化的重要因子之一。近几十年来,急剧增加的人类活动产生并排放了大量的活性氮,显著地改变了全球氮循环,导致全球尺度的大气氮沉降通量整体呈现增加趋势,但不同地区氮沉降量、频度、强度及氮沉降组分存在差异。氮沉降通量、区域格局及其影响因素的研究是近年来生态学、环境地理学以及大气科学等学科的研究热点,量化氮沉降通量并剖析其区域格局对于评估氮沉降的资源、环境和生态效应具有重要的意义。

　　近几十年来,全球尺度大气氮沉降量整体呈现增加趋势,但是欧洲和北美地区的氮沉降水平已有所降低,其他地区的还在持续增加,尤其是南亚地区。最新的研究发现,我国的氮沉降通量已经由以往的"快速攀升"转变为"趋于稳定",显现出我国环境治理的成效。大气氮沉降增加影响土壤碳循环、温室气体排放、土壤有机质分解、植物生长,大气氮沉降对生态系统碳、氮循环影响具有级联效应,可以直接增加土壤氮养分供给、促进植物生长发育,但也会导致土壤酸化、抑制土壤微生物酶活性、降低生物多样性。但是,对大气氮沉降的资源环境和生态效应的认知还存在众多不确定性。大气氮沉降网络化观测技术、经验遥感模型和大气反演模型等方法的成熟和数据积累,将为大气氮沉降通量时空格局评估、资源环境效应生态学研究以及生态系统碳-氮-水耦合循环模式开发提供科学数据支撑。

　　本章在我国及全球尺度上综述大气氮沉降变化趋势与区域差异,分析化石燃料燃烧、农牧业生产及农田氮肥使用对大气氮沉降的直接影响。进而从植物生理生态学和地球生物化学循环的角度,以植被冠层、根系冠层、土壤及生态系统为对象,论述生态系统碳、氮、水循环对大气氮沉降的响应过程,探讨大气氮沉降对生物环境、植被结构、生物多样性等方面的多重影响,初步构建了碳、氮、水循环过程对大气氮沉降响应与适应研究的理论框架。

本章执笔:于贵瑞,张心昱,朱剑兴,贾彦龙,于海丽

16.1 引言

自然界的含氮物质分为非活性氮和活性氮。非活性氮（nonreactive N）通常指 N_2，N_2 分子中两个氮原子通过 N–N 三键连接，键能很大，化学性质异常稳定。活性氮（reactive N）包括地球大气圈和生物圈中所有具有生物、光化学及辐射活性的含氮化合物，例如无机态的 NH_3、NH_4^+、HNO_3、NO_x、NO_3^- 等和有机态的尿素、胺类、蛋白质、核酸等（Galloway et al.，2003）。这些活性氮和非活性氮通过生物固氮、氨化作用、硝化作用、反硝化作用等在大气、陆地、海洋等界面之间相互传递，构成全球氮循环，其中由大气向地球表面传递的为大气氮沉降。大气氮沉降（atmospheric N deposition）具体是指大气气态和颗粒态含氮物质沉降到地表的过程，通过降水发生的为湿沉降，在没有降水时通过重力、湍流等作用发生的是干沉降（Seinfeld and Pandis，2006）。

自然状态下，通过大气氮沉降进入生态系统的氮是很少的，通常为 $0.5\ kg\ N \cdot hm^{-2} \cdot a^{-1}$ 或更少（Dentener et al.，2006）。然而，自工业革命以来，由于人类对化石燃料、农田施肥、畜牧养殖的需求和使用快速增加，NO_x、NH_3 等活性氮排放量急剧增长，进而使得大气氮沉降量也急剧增加。研究表明，全球陆地生态系统的氮沉降已由工业革命前的 $17.4\ Tg\ N \cdot a^{-1}$（Galloway et al.，2004）增加到了目前的 $70\ Tg\ N \cdot a^{-1}$（Fowler et al.，2013），而目前最新估计的全球陆地生态系统自然生物固氮的总量约为 $58\ Tg\ N \cdot a^{-1}$（Vitousek et al.，2013）。如果这些全球性的氮收支评估在可允许的误差范围内，目前陆地生态系统的氮沉降甚至已经超过了自然生物固氮的水平。

大气氮沉降作为进入自然生态系统的外源性氮输入，适量的氮沉降更多表现出活性氮的资源属性，例如大气氮沉降增加粮食产量、刺激森林和草地的生长（Reay et al.，2008；Thomas et al.，2010；Fleischer et al.，2013），尤其是在氮缺乏的地区，对生态系统结构和功能为正效应。然而，过量的氮沉降，即超过生态系统氮饱和阈值，则表现出活性氮的污染属性，例如引起土壤和水体的酸化（Vitousek et al.，1997），降低土壤的缓冲能力（Bowman et al.，2008），减少生物多样性（Stevens et al.，2004；Bobbink et al.，2010）及威胁人类健康（Richter et al.，2005）等，对生态系统结构和功能为负效应。在过去的数十年中，科学家围绕氮沉降及其资源环境和生态效应的科学研究取得重要进展，但是仍然缺乏系统性的理论认知和经验总结。

本章的主要目的是总结大气氮沉降及其生态效应研究领域的最新研究成果，论述氮沉降对陆地生态系统碳-氮-水耦合关系和循环过程的影响，重点阐述全球大气氮沉降的变化、区域差异及其成因，大气氮沉降对生态系统碳-氮-水耦合循环过程和生态环境的影响及生态学机制，希望为制定区域碳、氮管理和环境治理提供理论依据。

16.2 全球大气氮沉降变化趋势及区域差异

16.2.1 全球大气氮沉降的事实与成因

自工业革命以来，特别是 1913 年，Haber-Bosch 合成法发明后，人们开始通过化学方法将大气中的 N_2 转化为氮肥，极大地促进了农作物生产力，使得人类能够获得充足的食物，世界人口开始暴发式增长（Galloway and Cowling，2002）。人口增长又使得对粮食和动物类蛋白数量的需求增加，促使农业含氮化肥使用及畜牧生产的氮投入快速增加，同时化石燃料燃烧以及汽车尾气导致氮氧化物排放数量也越来越多。农业生产、牲畜养殖、工业化石燃料的大量使用等人类活动极大程度地改造/改变了地球固有的物质循环和能量流动过程，其中氮排放和氮沉降的过程即受到了这些人类活动的深刻影响。

全球人为活动的活性氮产生和排放量在近 100 年中快速增加（图 16.1），已由 1990 年的约 $16\ Tg\ N \cdot a^{-1}$ 上升到 2010 年的 $180\ Tg\ N \cdot a^{-1}$，其中化石燃料燃烧释放的 NO_x 为 $37.8\ Tg\ N \cdot a^{-1}$，农作物生物固氮和工业固氮（氮肥）量为 $141\ Tg\ N \cdot a^{-1}$（Battye et al.，2017），已远超全球陆地生态系统自然生物固氮的总量 $58\ Tg\ N \cdot a^{-1}$（Vitousek et al.，2013）。化石燃料燃烧释放的 NO_x 直接进入大气中，而固氮农作物和工业制造的氮肥中的活性氮，经生态系统的 NH_3 挥发、土壤分解、动物排泄物分解等作用大部分以 NH_3 的形式释放到大气中。从全球来看，1860 年自然的活性氮排放量为 $23.8\ Tg\ N \cdot a^{-1}$，而人为活性氮排放量在 1860 年和 1993 年分别为 $9.9\ Tg\ N \cdot a^{-1}$ 和 $83.4\ Tg\ N \cdot a^{-1}$，预估在 2050 年则会达到 $179.8\ Tg\ N \cdot a^{-1}$

（Galloway et al.，2004）。自然和人为活动排放到大气中的活性氮（主要为 NH_3 和 NO_x）经过一系列的化学转化过程和大气物理传输过程，最终以各种含氮化合物的形态通过干、湿沉降返回到陆地和海洋表面（Dentener and Crutzen，1994）。

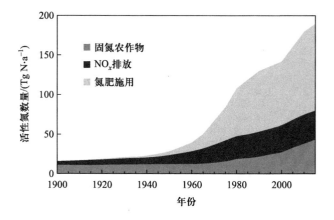

图 16.1　全球人类活动的活性氮产生及排放动态
（Battye et al.，2017）

如何量化站点-区域-全球尺度的大气氮沉降通量是人们长期关注的热点问题，而站点观测、联网研究和模型模拟是解决这一问题的有效途径。目前，全球主要国家和地区的大气氮沉降观测网络有欧洲监测和评价项目（EMEP）、美国清洁大气状态和趋势监测网络（CASTNET）、非洲沉降和大气化学国际观测网络（IN-DAAF）、东亚酸沉降监测网（EANET）、中国农业大学氮沉降观测网络（NNDMN）、中国陆地生态系统大气湿沉降观测网络（ChinaWD）。这些氮沉降观测网络为有效开展站点-区域尺度氮沉降通量和全球的大气氮沉降量评估提供了有效数据。例如，Holland 等（2005）基于美国 237 个站点和欧洲 115 个站点的大气氮沉降观测数据，通过空间插值法评估了美国和欧洲的氮沉降水平。大气化学模型模拟可以在全球尺度进行氮沉降的评估和预测，并与站点观测数据相互验证。Galloway 等（2004）通过模型模拟得出全球的大气氮沉降在 1860 年为 31.6 Tg N·a^{-1}，在 1993 年已达到 100 Tg N·a^{-1}，预计到 2050 年，大气氮沉降量将增加到 200 Tg N·a^{-1}；并显示，北美、西欧和东亚（包括中国）已经成为世界三大氮沉降集中分布区。Vet 等（2014）通过 21 个模型评估了 2001 年全球的氮沉降空间格局，并区分了干、湿沉降及铵态氮、硝态氮沉降等不同种类氮沉降的通量。

通过站点观测、联网研究和模型模拟的方法，人

们已经确认了全球大气氮沉降增加的事实，也证实人类活性氮排放增加是全球大气氮沉降快速增加的直接原因。然而，纵观人类社会经济、人为氮排放及大气氮沉降的演变过程，可以认为大气氮沉降增加的起因是"人类需求—科技进步—产业调整—人口增长—人类需求"正反馈环的作用。当前，氮沉降急剧增加的负面效应（如引起土壤酸化、降低土壤缓冲能力、减少生物多样性等）已经显现出来，这也正是这种正反馈导致的生态后果。我们必须采取有力措施打破原来的正反馈环，减少人为氮排放和大气氮沉降，使地球系统的活性氮重新回归其资源属性，维持生态系统的健康和可持续发展。

16.2.2　全球大气氮沉降变化的区域差异

由于全球不同国家和地区社会、经济的不均衡发展，全球不同地区的氮沉降通量也存在着明显的空间格局特征，北美、西欧和东亚是世界三个大气氮沉降集中分布区，而其他地区的氮沉降通量相对较低，这主要是 2000 年左右的评估结果（Dentener et al.，2006）。目前，最新的一项模型模拟的研究表明，全球大气氮沉降不仅存在明显的空间格局特征，而且该特征也在发生动态变化（Ackerman et al.，2019）。该研究评估了 1980 年至今四个年代全球氮沉降的空间格局及动态变化，整体来看，北美、西欧、东亚、南亚是氮沉降的集中区，但是西欧的氮沉降从 1980 年代至今是明显的降低趋势，北美变化不大，而东亚的中国和南亚的印度则从 1980 年代一直增加、如今成为氮沉降最严重的地区。

贾彦龙（2016）基于全球各大氮沉降观测网络和文献收集的站点实测数据，评估了 1980—2015 年全球 12 个大洲或地区的大气氮湿沉降的年代际变化。根据该研究站点实测数据的统计结果也发现，北美、西欧和东亚三个大气氮沉降区的原有格局可能在转变（图 16.2）。虽然东亚依然是全球氮湿沉降最高的地区，但在近期已经开始出现下降的趋势，西欧和北美的湿沉降则在近 30 年持续下降，而南亚地区已经成为第二大沉降区，而且其湿沉降还在呈现增加趋势。除了这几个地区之外，非洲和南美洲等地区的湿沉降也呈现增加趋势。由此可见，模型模拟和站点实测数据统计结果均表明，全球的氮沉降格局正在发生变化，这种新的变化可能对全球氮管理和生态系统产生影响。

近年来，全球氮沉降格局的变化不仅体现在全球尺度的分析，针对全球不同区域的氮沉降年际变化的细致分析也支持相关结论。Du（2016）基于美国氮沉

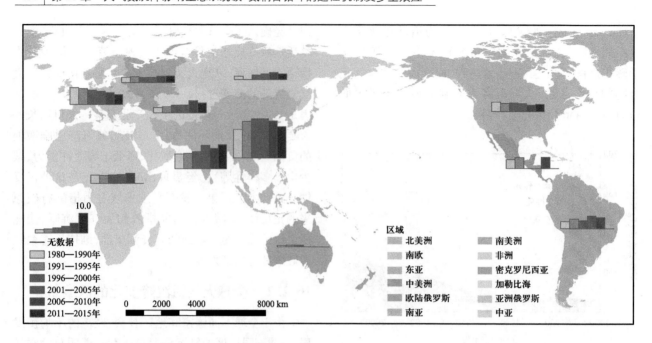

图 16.2 全球大气氮湿沉降的年代际变化(单位:kg N·hm⁻²·a⁻¹)(贾彦龙,2016)(参见书末彩插)

将全球氮湿沉降的站点观测数据分为 1980—1990 年、1991—1995 年、1996—2000 年、2001—2005 年、2006—2010 年、2011—2015 年 6 个时期,将全球(南极洲除外)分为 12 个大洲或地区,分别统计了各时期 NH_4^+、NO_3^- 和可溶性无机氮(DIN)的平均值。

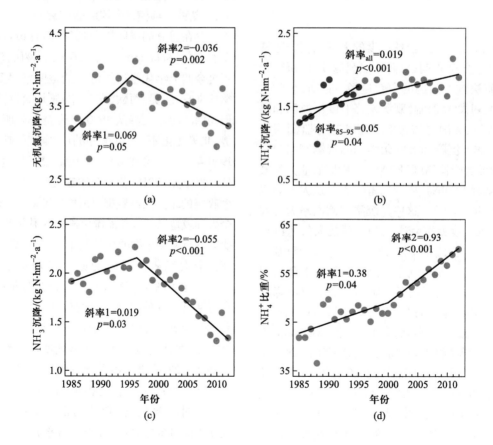

图 16.3 1985—2012 年美国大气氮湿沉降的动态变化(Du,2016)

(a)总无机氮湿沉降;(b)NH_4^+ 湿沉降;(c)NO_3^- 湿沉降;(d)NH_4^+ 沉降在湿沉降中所占比例。

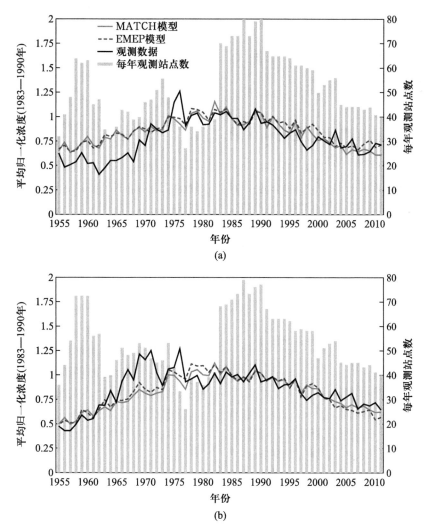

图16.4 1955—2011年西欧大气 NH_4^+(a)和 NO_3^-(b)湿沉降的变化趋势(Engardt et al., 2017)

降观测网络的实测数据研究表明,美国地区的无机氮湿沉降在1985—1995年呈现上升趋势(增加速率为0.069 kg N·hm^{-2}·a^{-1}),而在1996—2012年则呈现显著下降趋势(降低速率为0.036 kg N·hm^{-2}·a^{-1})(图16.3a)。美国无机氮湿沉降的降低主要是 NO_3^- 湿沉降驱动的结果,因为 NH_4^+ 湿沉降在1985—2012年还保持了持续的增加趋势(增加速率为0.019 kg N·hm^{-2}·a^{-1})(图16.3b),NO_3^- 湿沉降则在1996年后显著下降(降低速率为0.055 kg N·hm^{-2}·a^{-1})(图16.3c)。

大气氮湿沉降的降低也同样发生在西欧国家。Engardt等(2017)根据 MATCH 模型、EMEP 模型和 EMEP 的实测数据表明,从1955年到2011年,西欧的无机氮湿沉降呈现先升高后降低的趋势(图16.4)。其中,NH_4^+ 湿沉降在1980年后开始逐步下降,到2010年已恢复到接近1950年代中期的水平。在1969—1976年出现了 NO_3^- 湿沉降的峰值,之后逐渐降低,2010年其值稍高于1955年。可见,西欧与美国的大气氮沉降经过峰值后,已先后开始下降,原因主要是对 NH_3 和 NO_x 排放的控制。

此外,全球的大气氮沉降在沉降形态上也存在着区域差异。贾彦龙(2016)基于全球各氮沉降观测网络和文献收集的站点实测数据分析表明,2005—2014年全球12个大洲或地区的湿沉降基本都是以 NH_4^+ 为主,NH_4^+/NO_3^- 值的变化范围为1.0~8.0,全球均值约为2.3。其中,南美洲和中美洲是 NH_4^+/NO_3^- 值最大的区域,分别达到8.0和5.0;其他地区的 NH_4^+/NO_3^- 值在1.0~2.0。而且,同一地区的氮沉降 NH_4^+/NO_3^- 值也在发生变化。例如,在美国,Li等(2016)基于美国氮沉降网络观测数据发现,美国大部分地区的氮沉降已由1980年代以 NO_3^- 为主导转变为目前的以 NH_4^+ 为主导。

16.3 我国的大气氮沉降研究进展及变化趋势和区域差异

16.3.1 我国的大气氮沉降动态变化和区域格局研究的重要进展

我国是世界上最大的发展中国家,由于快速的农业、工业和城市发展,我国区域的人为源活性氮排放在改革开放后迅速增加(Liu et al., 2011),这促进了人们对我国区域大气氮沉降研究的关注。纵观我国氮沉降科学研究的历史,可以看出其呈现以下明显的变化特点,并在我国不同区域的沉降组分、空间格局及动态变化研究方面取得了重要进展。

16.3.1.1 大气氮沉降观测站点不断增加,从单站点观测发展到联网观测

我国大气氮沉降的观测研究始于 1980 年代,虽然没有形成长期的观测研究网络,但是临时的单站点观测研究逐渐开展。2000 年,东亚酸沉降网(EANET)在我国开展了观测工作,在重庆、西安、厦门和珠海 4 个城市设置了 9 个站点,进行湿沉降和污染物状况的长期监测。2005 年,中国农业大学开始建立覆盖全国的氮沉降观测网络(NNDMN),到目前发展成为包括 40 余个站点的大气干/湿氮沉降观测网络(Liu et al., 2013a;Xu et al., 2015)。2007 年,依托中国科学院生态系统研究网络综合中心,建立了中国东部南北样带(NSTEC),利用离子交换树脂法对样带上的 8 个典型森林生态系统进行林内、林外大气湿沉降的连续、同步观测(Sheng et al., 2013),2013 年又依托中国生态系统研究网络(CERN),建立了中国陆地生态系统大气湿沉降观测网络(ChinaWD),覆盖了我国 8 个生态区、20 多个省(区、市)的 54 个典型生态系统,涵盖森林、草地、农田、湖泊、荒漠、喀斯特、湿地、城市等主要生态系统类型,开展湿沉降的多组分观测,并连续观测至今(朱剑兴,2018)。

基于氮沉降网络的观测数据,我国在国家尺度的氮沉降评估方面也取得了重要进展。Xu 等(2015)基于 NNDMN 43 个站点 2010—2014 年的观测数据,量化了我国不同类型大气无机氮干、湿(混合)沉降水平及区域差异。研究发现,我国国家尺度总无机氮沉降的范围是 2.9~83.3 kg N · hm^{-2} · a^{-1},其中华北地区

最高,其次是东南地区、西南地区、东北地区、西北地区和青藏高原;全国平均干沉降通量和湿(混合)沉降通量分别为 20.6 kg N · hm^{-2} · a^{-1} 和 19.3 kg N · hm^{-2} · a^{-1},还原态氮是干沉降和湿(混合)沉降的主要成分。Zhu 等(2015)基于 ChinaWD 41 个站点 2013 年的观测数据,利用地理空间插值法评估了我国陆地生态系统湿沉降不同组分的空间格局。研究发现,我国 NH$_4^+$、NO$_3^-$、总可溶性氮、总氮的平均氮沉降通量分别为 7.25 kg N · hm^{-2} · a^{-1}、5.93 kg N · hm^{-2} · a^{-1}、13.69 kg N · hm^{-2} · a^{-1}、18.02 kg N · hm^{-2} · a^{-1};空间格局的结果显示,华中、华南地区的氮沉降最高,向西南、西北、东北方向逐渐降低。以上两项结果评估的全国氮沉降均值差别较大,其主要原因是两者采用的从站点到国家尺度的转换方法不同,Xu 等(2015)采用的是观测站点简单算术平均法,Zhu 等(2015)采用基于观测站点的空间插值法。由于我国区域经济发展的不平衡,东南部发达地区氮沉降高、观测站点多,而广袤的西北部经济不发达地区氮沉降低、观测站点少,因此,采用考虑氮沉降空间分布不均衡的空间插值法或模型法评估的大尺度结果更可靠(He et al., 2015;贾彦龙等,2019)。

16.3.1.2 观测组分不断丰富,从单组分观测发展到多组分综合观测

大气氮沉降包括干、湿沉降两种沉降途径,每种途径又有多种氮化物种类。其中,湿沉降的种类主要有 NH$_4^+$、NO$_3^-$ 和可溶性有机氮(DON),干沉降主要包括气态的 NO$_2$、NH$_3$、HNO$_3$ 和颗粒态的 NH$_4^+$、NO$_3^-$ 及有机氮。大气氮湿沉降种类少、观测方法简单(主要为雨量筒法),是我国早期氮沉降研究的主要组分(李生秀等,1993;贾钧彦等,2009);而干沉降种类多、组分复杂,观测技术难。近年来,干沉降的观测从无到有、从单组分到多组分、从单站点到多站点,特别是进入 2000 年以来,氮沉降多组分观测能力得到明显提升。例如,Pan 等(2012)利用自动雨量器、扩散采样器等方法观测了我国华北地区 10 个站点的干、湿沉降多种组分(表 16.1)发现,华北地区 2007—2010 年平均总氮沉降通量为 60.6 kg N · hm^{-2} · a^{-1},其中约 40% 通过湿沉降到达地表,60% 为干沉降。Xu 等(2015)基于 NNDMN 43 个站点监测了大气氮干、湿沉降的多种组分,研究发现,不同地区干和湿(混合)沉降占总沉降的比例存在较大的区域差异。

表 16.1　我国华北地区不同途径和种类的氮沉降在总氮沉降中的贡献(Pan et al., 2012)

位置	站点	总氮沉降 /(kg N · hm^{-2} · a^{-1})	湿沉降	干沉降		还原态氮	氧化态氮
				颗粒态	气态		
城市	北京	59.2(5.7)b	47.1%	9.5%	43.4%	72.1%	27.9%
	天津	52.2(5.6)b	34.7%	9.9%	55.4%	78.4%	21.6%
工业区	保定	58.3(2.8)b	39.6%	11.5%	48.9%	79.0%	21.0%
	塘沽	100.4(14.4)a	28.1%	5.4%	66.5%	86.7%	13.3%
	唐山	59.9(3.7)b	36.0%	11.1%	52.9%	77.9%	22.1%
郊区	阳坊	42.4(7.0)c	48.8%	11.9%	39.3%	70.6%	29.4%
	沧州	58.8(6.0)b	38.3%	11.0%	50.7%	82.1%	17.9%
农业区	栾城	75.5(6.1)a	29.3%	9.4%	61.3%	87.5%	12.5%
	禹城	70.7(12.0)b	35.1%	9.2%	55.7%	86.7%	13.3%
农村	兴隆	28.5(3.5)c	57.0%	14.8%	28.2%	72.2%	27.8%
10 个站点	平均	60.6(19.6)	39.4%	10.4%	50.2%	79.3%	20.7%

注:括号内为标准误;总氮沉降一列的字母表示不同站点间的差异显著性($p<0.05$)。

16.3.1.3　数据分析不断深入,从简单的空间格局评估发展到时空格局变化分析

大气氮沉降的区域时空格局评估历来是氮沉降研究的核心工作。第一个基于我国实测数据评估的国家尺度氮沉降空间格局的研究是 2007 年,Lü 和 Tian(2007)利用历史的降水化学数据和文献收集数据,通过空间插值法评估了我国大气氮湿沉降的空间格局,发现我国平均湿沉降通量为 9.88 kg N · hm^{-2} · a^{-1},华中和华南地区是高氮沉降区。然而,受限于我国氮沉降观测起步较晚,观测站点少且不均匀的情况,该研究的空间格局还只是一个长期平均状态,尚未刻画出空间格局的动态变化。随着我国氮沉降观测站点的增多,Jia 等(2014)基于文献收集的 280 个站点的观测数据,通过地统计方法刻画了我国无机氮湿沉降的空间格局及年代际变化。研究表明,我国无机氮湿沉降的全国均值由 1990 年代的 11.11 kg N · hm^{-2} · a^{-1} 上升到 2000 年代的 13.87 kg N · hm^{-2} · a^{-1},增加了近 25%,并揭示了氮肥施用、能源消耗和降水是氮沉降空间格局形成的主要影响因子。2014 年,Lü 和 Tian(2014)更进一步,结合站点尺度的观测数据和大气化学传输模型,得到了 1961—2008 年我国每年的混合氮沉降空间格局数据,并分析了近半个世纪我国氮沉降变化的空间格局。研究发现,我国东南地区是氮沉降增加最快的地区,也已成为氮富集区,其他地区氮沉降增速较缓。

16.3.1.4　从简单统计评估发展到多方法综合应用,区域数据集的整合共享

随着我国对大气氮沉降研究的深入和科学技术的进步,我国的氮沉降研究方法也从最初的地面零散站点观测,发展到目前的联网观测、模型模拟、整合分析、遥感观测应用等多方法的综合评估阶段。Zhao 等(2009)基于 CMAQ V4.4 模型预测了 2005、2010、2020 年我国氮沉降的空间格局;Zhao 等(2017)基于 GEOS-Chem 模型模拟了 2008—2012 年我国不同途径(干、湿沉降)和种类(铵态氮、硝态氮)氮沉降的空间格局。迄今有多个氮沉降研究小组基于网络观测及文献收集法开展数据整合分析的工作(Lü and Tian, 2007; Liu et al., 2013a; Jia et al., 2014),其中以 Liu 等(2013a)发表于 Nature 的文章最具有代表性,该研究发现了 1980—2010 年我国混合氮沉降持续增加的趋势(图 16.5),为提高我国公众对氮沉降的认识和促进氮沉降评估及生态效应研究起到了重要作用。

近年来,NO$_2$ 和 NH$_3$ 遥感柱浓度数据先后释放,其具有空间分辨率高、覆盖区域广、时间连续性的特点,如何利用该数据评估大气氮沉降的时空格局成为目前的热点问题。Jia 等(2016)基于 NO$_2$ 遥感柱浓度数据和地面观测数据,评估了 2005—2014 年我国及全球大气硝态氮干沉降的时空格局;Liu 等(2017a, 2017b)结合 NO$_2$ 遥感柱浓度数据和大气化学传输模

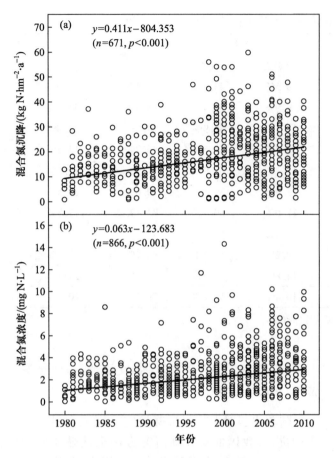

图 16.5 1980—2010 年我国混合氮沉降变化趋势
(Liu et al., 2013a)

型,先后评估了我国颗粒态硝态氮干沉降和硝态氮混合氮沉降的空间格局。多方法、多数据源的综合应用和相互验证,为更加准确地评估我国氮沉降的时空格局和未来预测提供了强有力的支撑。

我国区域的大气氮沉降数据集整合及资源共享取得重要进展。EMEP、CASTNET、EANET 在数据公开共享方面起步较早,而我国氮沉降观测起步晚、数据资源整编及资源共享相对滞后。Zhu 等(2015)基于 ChinaWD 的观测数据的研究论文发表在 *Science of the Total Environment*,该网络 2013 年首批基于 43 个站点的湿沉降观测数据随文刊出,拉开了我国国家尺度的氮沉降数据共享的帷幕;2019 年 1 月,“中国区域陆地生态系统碳氮水通量及其辅助参数观测专题”在《中国科学数据》上刊出,其中包括《1996—2015 年中国大气无机氮湿沉降时空格局数据集》(贾彦龙等,2019)和《2013 年中国典型生态系统大气氮、磷、酸沉降数据集》(朱剑兴等,2019),该数据集同时可在国家生态科学数据中心共享下载。2019 年 5 月,NNDMN32 个站点 2010—2015 年的干、湿(混合)沉

降的数据在 *Scientific Data* 公开发表(Xu et al., 2019)。这些国家尺度的氮沉降数据开放共享,将对我国氮沉降的生态效应研究和氮管理政策制定提供有力支撑。

16.3.2 我国大气氮沉降时空格局及转型变化新趋势

16.3.2.1 我国大气氮沉降动态格局的转型变化新趋势

关于我国氮沉降动态变化和空间格局已开展了较多研究,但是因为缺乏涵盖全国范围的长时间序列全组分氮沉降科学数据,一直难以给出我国区域大气氮沉降总量及各组分相对贡献的时间和空间格局的整体性科学认知,限制了人们对氮沉降时空变异影响因子及驱动机制的理解。针对该科学难题,Yu 等(2019)以 CERN 大气湿沉降观测平台观测研究数据为基础,整合了 NNDMN 和中国气象局国家酸监测网的观测数据及文献检索数据,进而研制开发了以 GOME、SCIAMACHY、OMI 卫星观测的 NO_2 柱浓度数据和 IASI 卫星观测的 NH_3 柱浓度数据为基础的大气干沉降遥感反演模型,首次构建了 1980—2015 年的“中国区域大气干沉降和湿沉降全组分动态变化数据集”,分析了大气总氮沉降及各组分(干沉降、湿沉降、干湿比和铵硝比)的动态变化和空间格局,发现了我国氮沉降的转型变化新趋势。

Yu 等(2019)的研究评估了我国氮沉降 2011—2015 年的状态,包括不同途径和形态氮沉降的平均通量、总氮沉降量(表 16.2)和空间格局(图 16.6)。研究发现,2011—2015 年我国区域平均氮沉降通量为 20.4 ± 2.6 kg N·hm^{-2}·a^{-1},其中干沉降、湿沉降通量分别为 10.3 ± 1.5 kg N·hm^{-2}·a^{-1}、10.1 ± 1.2 kg N·hm^{-2}·a^{-1},干、湿沉降达到基本相当的水平。而总氮沉降中的铵硝比为 1.7 ± 0.1,表明我国氮沉降目前是以铵态氮沉降为主,干沉降、湿沉降中亦是如此(表 16.2)。从全国的空间格局上来看,不同形态、不同途径的氮沉降呈现出明显的地理分异规律(图 16.6)。NH_x 湿沉降的高值区出现在华北、华东和华中地区,NO_y 湿沉降与 NH_x 湿沉降空间格局类似,但超过 10 kg N·hm^{-2}·a^{-1} 高值区的区域较少。而 NH_x 和 NO_y 干沉降的高值区出现在华北地区,呈现从华北地区向其他地区逐渐降低的趋势。总氮沉降的空间格局则与 NH_x、NO_y 的空间格局类似。

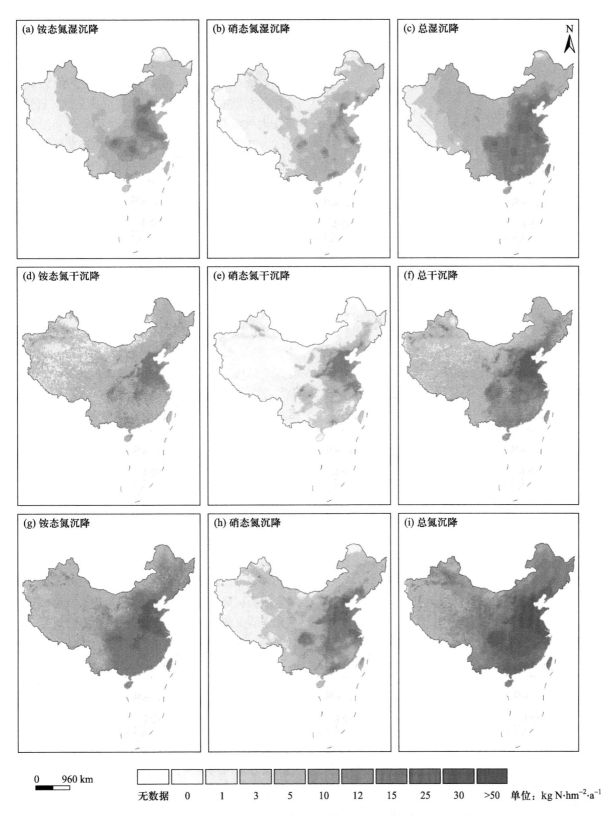

图 16.6　2011—2015 年我国大气氮沉降的空间格局(参见书末彩插)

湿沉降的空间格局是基于站点观测数据的空间插值法得到,干沉降的空间格局来自遥感统计模型。

表 16.2　我国 31 个省(区、市)2011—2015 年干、湿和总氮沉降

	形态	干沉降	湿沉降	总氮沉降
氮沉降通量 /(kg N·hm⁻²·a⁻¹)①	NH_x	7.1 ± 0.6	5.9 ± 0.7	12.9 ± 1.3
	NO_y	3.2 ± 1.0	4.2 ± 0.5	7.5 ± 1.4
	$NH_x + NO_y$	10.3 ± 1.5	10.1 ± 1.2	20.4 ± 2.6
总氮沉降量 /(Tg N·a⁻¹)②	NH_x	6.8 ± 0.6	5.7 ± 0.5	12.4 ± 1.2
	NO_y	3.1 ± 1.0	4.1 ± 0.2	7.2 ± 1.3
	$NH_x + NO_y$	9.9 ± 1.6	9.7 ± 1.3	19.6 ± 2.5
氮沉降铵硝比	NH_x/NO_y	2.2 ± 0.2	1.4 ± 0.1	1.7 ± 0.1
氮沉降干湿比	干/湿	—	—	1.0 ± 0.1

注:①NH_x 和 NO_y 湿沉降由基于站点观测数据的空间插值法得到,干沉降由遥感经验模型计算得到。氮沉降通量为平均值±标准误,由我国 31 个省(区、市)氮沉降通量加权平均计算(香港、澳门和台湾数据暂缺)。②总氮沉降量由通量的均值乘以面积计算得到。

进而,Yu 等(2019)对我国区域大气干沉降和湿沉降全组分动态变化开展了系统研究,发现我国大气氮沉降转型变化具有三个重要特征。其一是近年来虽然我国区域的 NO_3^- 氮沉降还在持续增加,但是 NH_4^+ 湿沉降显著降低,致使全国氮沉降总量已由以往的快速增长转型为趋稳状态(图 16.7);其二是大气干沉降增加导致干湿沉降比的变化,由以往的以湿沉降为主逐步转型为湿沉降与干沉降并重(图 16.8);其三是大气沉降中的铵硝比减小,硝态氮沉降贡献在持续增加,铵态氮沉降的贡献则降低,逐渐由以往的以铵态氮沉降为主的氮沉降模式转换为铵态氮和硝态氮沉降贡献并重的新模式(图 16.8)。

在对我国区域大气氮沉降及其组分变化的整体特征分析基础上,进一步的研究还发现,这些转型变化也存在区域分异规律。在总氮沉降通量上,华北、华东地区在近 20 年仍呈现增加的趋势,而西北、东北、华中、华南、西南地区则基本在 2000—2005 年呈现趋稳、甚至下降的趋势;在氮沉降组分上,近 20 年我国七大地区铵硝比值每年平均以 0.086 的速度显著下降,不同地区下降的速率不同,最大的下降区域出现在西北、华中和西南地区,这三个地区每年的平均下降速率均超过 0.11。

此外,大气氮沉降同时伴生酸性物质、磷及重金属等污染物,这些物质也同样对生态系统具有重要影响,准确评估大气酸沉降、磷沉降及金属沉降是探讨其生态效应的重要依据。研究表明,我国是全球酸沉降最严重区域之一。基于 CERN 和野外长期定位研究站的联网监测平台的观测数据,得到我国 43 个自然生态系统降水的 pH 值、SO_4^{2-} 和 NO_3^- 含量,分析其空间分布格局及主要影响因素。研究发现,我国自然生态系统 2009—2014 年的降水 pH 值均值为 6.2,高于以往文献中常用的 5.46,说明以往文献对自然生态系统大气沉降的 pH 值明显低估(Yu et al., 2016)。Yu 等(2017)还基于已发表的 1240 篇文献中的雨水 pH 值、氨态氮、硝态氮、硫酸根数据,进一步揭示了我国 1980—2010 年代降水酸沉降时空动态变化,证实大气沉降导致生态系统(水和土)酸化的区域差异明显。我国陆地生态系统 1990 年代和 2010 年代两期总体降水 pH 值均值分别为 4.86 和 4.84,降水酸沉降的严重区域由重庆地区向东南沿海转移;总体而言,原酸沉降严重区域的情况得到缓解,但中度酸沉降区域面积增大(Yu et al., 2017)。

传统认知中,岩石风化是自然生态系统磷的唯一来源,然而,已有的研究结果已经证明,大气磷沉降已经成为陆地生态系统重要外源输入。基于 ChinaWD 实测数据的首个国家尺度磷沉降监测与评估结果表明,我国雨水磷沉降的年均速率为 0.21 kg P·hm⁻²·a⁻¹,是陆地生态系统磷元素的重要来源。而且,大气湿沉降中的氮磷比为 65∶1,远高于土壤(5∶1)和植被(13∶1),据此推测,大气沉降的高氮磷比可能会引起氮磷输入不平衡,从而强化生态系统的磷限制效应,对生态系统生产力产生重要影响(Zhu et al., 2016a)。Zhu 等(2016b)基于 2013—2014 年测定的我国 31 个典型陆地生态系统降水中的铅(Pb)、镉(Cd)、铬(Cr)元素的含量,探讨了我国陆地生态系统三种主要的有毒重金属的沉降通量、区域空间分布特征及可能的影响因素。研究结果表明,通过雨水向我国陆地生态系统输入的可溶性 Pb、Cd 和 Cr 的平均通量分别为 1.90±1.54 mg·m⁻²·a⁻¹、0.28±0.25 mg·m⁻²·a⁻¹ 和 0.96±0.48 mg·m⁻²·a⁻¹,不同站点之间沉降通量变异较大。区域尺度上,三种重金属的湿沉降通量在西南、华中、华南、华北地区较大,在西北、东北、内蒙古、青藏高原地区较低。这些有毒重金属的输入对自然生态系统影响的潜在风险值得关注。

16.3.2.2　我国大气氮沉降时空格局变化的影响因素

人类活动造成的活性氮排放增加是全球大气氮沉降快速增加的直接原因。据估计,1990 年代早期

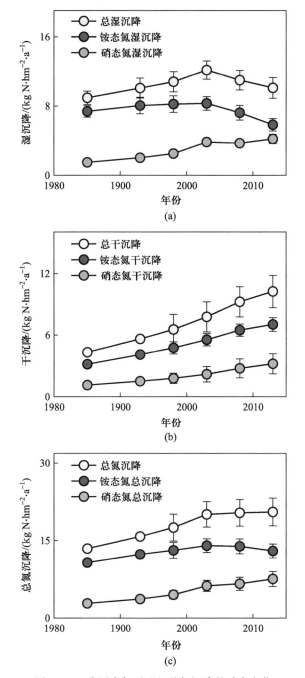

图 16.7 我国大气干、湿、总氮沉降的动态变化

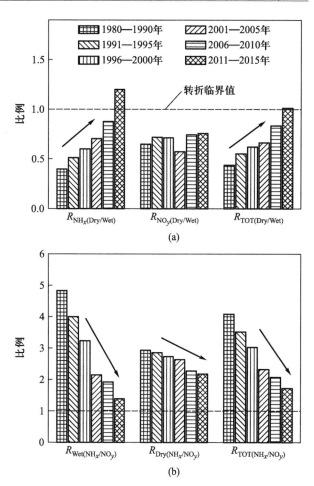

图 16.8 我国大气氮沉降干湿比(Dry/Wet)和铵硝比(NH$_x$/NO$_y$)的动态变化。(a)NH$_x$、NO$_y$ 和总沉降中的干湿比变化;(b)湿沉降、干沉降和总沉降中的铵硝比变化

的全球大约 90% 的人为 NO$_x$ 排放来自煤(~70%)和石油(~ 20%)的使用(Galloway et al., 2004);2005年,农业活动的牲畜饲养和氮肥施用贡献了 80% ~ 90%的人为 NH$_3$ 排放(Bouwman et al., 1997;Behera et al., 2013)。因此,工业生产和农业活动是活性氮排放的主要来源,从而间接反映并决定了大气氮沉降通量水平,是影响氮沉降变化和区域差异的主要因素(Jia et al., 2014)。但是,社会经济发展如何调控产业结构及环境政策,进而影响工业生产和农业活动,

再进一步影响活性氮排放,从而决定氮沉降的变化和区域差异,整个过程并不清楚。我国是全球最大的发展中国家,跨越多个气候带,覆盖各种生态系统,具有独立的工业和农业体系,同时社会经济发展存在区域差异,是研究大气氮沉降时空格局及其形成机制的天然实验室。基于 1980—2015 年我国区域大气干沉降和湿沉降全组分动态变化的研究发现,我国社会经济发展驱动的氮肥施用、畜牧养殖及能源消耗的空间格局及动态变化是我国氮沉降 30 年时空格局及转型变化的潜在机制(Yu et al., 2019)。

研究首先确定了农业活动(氮肥施用、畜牧养殖)、工业活动(能源消耗)与活性氮排放的定量关系,然后确定了活性氮排放与氮沉降的定量关系,最终确定了农业活动、工业活动与氮沉降时空格局变化的定量关系[方程(16.1)—(16.3)]。同时,结构方程模型的结果也表明,氮肥施用量、畜牧养殖量和能源消耗量能够共同解释 96% ~ 99%的活性氮排放时

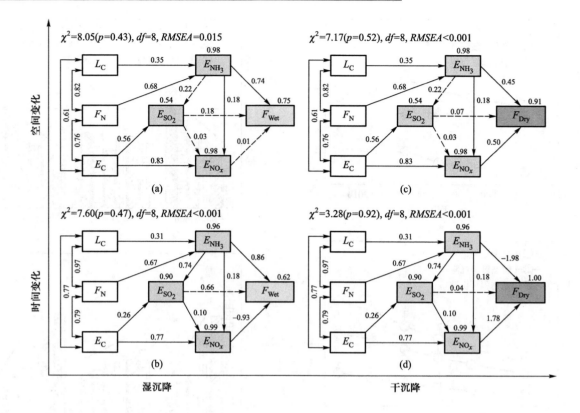

图 16.9 大气氮沉降时空格局影响因素的结构方程模型（Yu et al.，2019）

（a）湿沉降空间格局模型；（b）湿沉降时间动态模型；（c）干沉降空间格局模型；（d）干沉降时间动态模型。

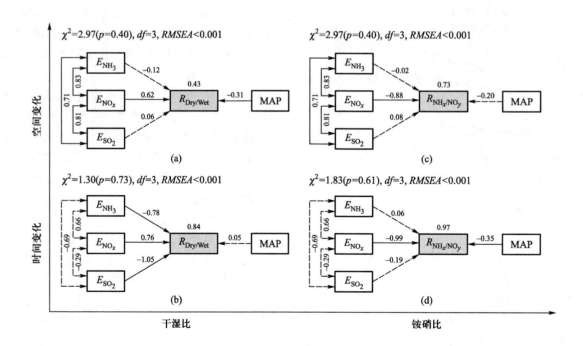

图 16.10 大气氮沉降干湿比、铵硝比时空格局影响因素的结构方程模型（Yu et al.，2019）

（a）干湿比空间格局模型；（b）干湿比时间动态模型；（c）铵硝比空间格局模型；（d）铵硝比时间动态模型。

空格局变异,共同解释 62%~99% 的氮沉降时空格局变异(图16.9);而年均降水量、SO_2 排放量和活性氮排放量能够共同解释 73%~97% 的氮沉降铵硝比时空格局变异,共同解释 43%~84% 的氮沉降干湿比时空格局变异(图16.10)。

$$F_{\text{Wet}(i)} = F_{\max} \times [1 - \exp(a \times (b \times F_N + c \times L_C + d \times E_C))] + e \quad (16.1)$$

$$F_{\text{Dry}(i)} = a \times (b \times F_N + c \times L_C + d \times E_C) + e \quad (16.2)$$

$$R_{(\text{NH}_x/\text{NO}_y)} = a \times [(b \times F_N + c \times L_C)/(d \times E_C)] + e \quad (16.3)$$

式中,$F_{\text{Wet}(i)}$ 为湿沉降通量,包括 NH_x 湿沉降和 NO_y 湿沉降;$F_{\max}$ 为湿沉降的最大值;F_N 为氮肥施用量;L_C 为畜牧养殖量;E_C 为能源消耗量;$F_{\text{Dry}(i)}$ 为干沉降通量,包括 NH_x 干沉降和 NO_y 干沉降;$R_{(\text{NH}_x/\text{NO}_y)}$ 为氮沉降的铵硝比;a 为常数;b、c、d 分别为氮肥施用、畜牧养殖和能源消耗的排放因子;e 为自然源的氮排放量。上述方程适用于氮沉降的时间动态和空间格局变异,差别在于具体参数不同,可参见 Yu 等(2019)。

自 20 世纪 70 年代后期改革开放以来,我国农业生产和畜牧养殖业快速发展,导致 NH_3 排放大量增加,最终导致 NH_x 氮沉降和总氮沉降急剧增加(图 16.11)。到了 1990 年代中期,新的农业政策的实施限

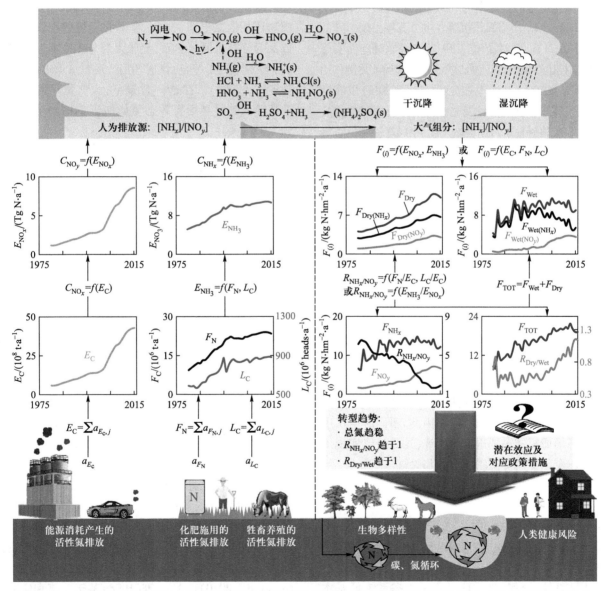

图 16.11　社会经济结构转型与环境控制措施共同驱动了我国大气氮沉降时空动态及其转型。NO_x 主要指氮氧化物
(如 NO、NO_2),NO_y 指氧化态氮(参见书末彩插)

制了农业的活性氮排放,例如,原农业部"减少氮肥施用,提高氮素利用效率""全国测土配方施肥项目规划"政策的实施使氮肥的施用减少。而且,2015 年,原农业部制定《到 2020 年化肥使用量零增长行动方案》,该方案进一步控制氮肥的使用,从而减少氮排放源。随着 NH$_3$ 排放被控制,其排放量在近年来已趋于稳定,这进一步导致了 NH$_x$ 氮沉降的稳定甚至下降(图 16.11)。

我国的工业化和城市化程度在 1980 年代是很低的。但是,在 2000 年以后,随着快速的城市化进程,工业发展和车辆数量快速增加,导致能源消耗量及随之而来的 NO$_x$ 排放量急剧增加。这进一步导致了氮沉降总量的增加和铵硝比的降低。而在 2010 年后,随着环境保护、能源改革、减排措施的实施,NO$_x$ 排放量近年开始稳定甚至已开始下降,NO$_y$ 干沉降、湿沉降在过去五年出现下降的趋势(图 16.11)。同时,研究发现,为了控制酸雨而实施的 SO$_2$ 调控也在氮沉降干湿比的变化中起到了关键作用(Yu et al., 2019)。整合上述分析,Yu 等(2019)以我国为案例,发现了社会经济发展驱动我国氮沉降时空格局变化的机制,很好地解释了区域尺度、年尺度上的氮沉降时空格局变化的内在原因。

但是,这里需要注意的是,不同时空尺度氮沉降变异机制可能不同。例如,在较小的空间尺度上,大气传输过程、局部地区的气象条件以及沉降方式(干沉降和湿沉降)也会造成氮沉降的空间分布差异,特别是一个地方的氮沉降受到相邻区域的氮排放及政策调控的影响很大(Holland et al., 2005;Yu et al., 2016);而在更大尺度上,大气氮沉降的区域差异会受到全球和地区经济贸易的影响。近期的一项研究通过模型法计算了 188 个国家的氮足迹后发现,全球约 1/4 的氮排放来自出口商品货物的生产,而这些商品的净进口国(进口大于出口)几乎全部是发达国家,而生产这些出口商品并造成相应污染的国家一般是发展中国家(Oita et al., 2016)。因此,不同时空尺度的氮沉降形成机制需要进一步研究,这是最终实现地区-区域-全球氮沉降减缓的前提和关键。

16.4　生态系统碳、氮、水循环响应和适应大气氮沉降的生态学基础

生态系统碳、氮、水循环过程是生态系统最基本的物质循环与能量交换过程,三者是具有耦合关系的循环过程。在全球大气氮沉降增加的背景下,生态系统的碳-氮-水耦合循环关键过程如何响应与适应大气氮沉降、如何影响森林等自然生态系统的碳汇功能等科学问题受到了广泛关注。

16.4.1　大气氮沉降对生态系统碳-氮-水耦合循环影响产生的生态效应

16.4.1.1　大气氮沉降的肥料效应

氮是植物需求量最大的矿质营养元素,同时也是植物个体甚至自然生态系统最常见的限制因子。氮既是构成植物结构的重要物质,也是生理代谢活动的重要物质。为了获取植物生长所需要的氮,一些植物与固氮微生物进化形成共生固氮等机制,但是大部分植物还是依靠根系吸收土壤中的无机铵态氮和硝态氮及部分有机氮。然而,全球大部分生态系统是缺氮的,特别是温带的森林生态系统(LeBauer and Treseder, 2008)。在这一背景下,大气氮沉降向生态系统输入的可利用有效态氮如何影响植物生产力受到人们的关注。

当自然环境氮营养不足,限制生态系统生产力时,氮沉降通过增加土壤可利用氮的水平,促进植物生产力的提高,即氮沉降的"肥料效应"或"施肥效应"。LeBauer 和 Treseder(2008)基于 126 个氮添加控制实验的整合分析结果表明,在氮添加情况下,森林生态系统的地上净初级生产力平均提高了 29%。在氮添加处理下,植物地上碳库、植物地下碳库和土壤总碳库分别增加了 25.65%、15.93% 和 5.82%,地上净初级生产力和凋落物量则分别增加了 52.38% 和 14.67%(Yue et al., 2016)。同时,基于植物个体水平的整合分析结果也表明,在氮添加处理下的植物生物量增加了 53.6%(Xia and Wan, 2008)。可见,在大多数生态系统中,氮添加促进植物的生长,提高生产力,说明氮沉降具有肥料效应的潜力,体现了氮沉降的正效应。

然而,氮沉降的肥料效应可能是短期的,在氮丰富的环境或者随着氮输入增加而产生的氮富集环境中,氮沉降的肥料效应会逐渐降低、消失甚至导致植物生产力下降。研究表明,长期的氮添加对植物生长及其净初级生产力的促进效应随着时间增长而逐渐减弱,表现为短期的促进效应(Högberg et al., 2006; Niu et al., 2010)。Aber 等(1998)基于监测和实验的结果发现,植物氮吸收在最初阶段通常会随着氮添加量的增加而增加,之后植物对氮的需求达到饱和状

态,植物的氮吸收不再增加。一项在美国东南部进行的长期控制实验的结果也表明,氮添加在初始阶段提高了树木叶片氮含量的20%,但在实验处理的后期,叶片氮含量维持不变(Lovett and Goodale,2011)。欧洲的NITREX研究也发现,当对氮沉降高的森林做去氮处理以后,其净初级生产力增加了50%(Boxman et al.,1998;李德军等,2003),这说明,过量的氮输入抑制植物生长。

16.4.1.2 大气氮沉降影响碳-氮-水耦合的级联效应

人们关注的另一个氮沉降的效应是级联效应。氮沉降向生态系统输入的氮参与到生物地球化学循环后,会对生态系统过程产生一系列影响,包括土壤养分平衡、植物生长、温室气体平衡、生物多样性等。我们认为氮沉降的级联效应包括两个方面,一方面是输入生态系统的氮通过碳、氮、水循环的耦合作用对生态系统的碳、氮、水过程产生一系列影响,并产生一定的生态后果;另一方面,氮沉降与大气CO_2浓度升高、全球变暖、降水格局变化等其他全球变化驱动因子耦合,进而对生态系统产生系列影响,并产生更加复杂的后果。

在氮沉降影响生态系统碳-氮-水耦合循环过程的级联效应方面,目前研究较多也较为深入。卢蒙(2009)基于266篇文献数据整合分析了氮添加对生态系统碳、氮循环的影响,发现氮沉降整体上增加了植物与土壤的碳库和氮库、土壤呼吸、氮矿化、硝化和反硝化作用,但是降低了微生物碳和微生物氮。需要注意的是,氮添加对具体生态系统碳、氮循环的影响(促进、无影响、抑制)要根据氮添加的种类、频率、方式、时间和生态系统类型而定。氮添加影响碳-氮-水耦合作用的级联效应也是研究的热点。例如,大气氮沉降可提高生态系统的土壤养分供应能力,促进光合作用,刺激植物生长,提高生态系统初级生产力,增加凋落物产量。地上群落生物量增加,进而提高植被冠层郁闭度,促进植物蒸腾,降低土壤水分蒸发(图16.12)(Bobbink and Lamers,2002)。这些氮添加实验均表明,氮沉降对生态系统碳-氮-水耦合循环具有潜在影响,但是氮沉降的级联效应是多途径的,还需要深入探索,特别是其对地下过程的影响还不够明确。

在氮沉降耦合其他全球变化驱动因子影响生态系统的级联效应方面,研究发现,氮沉降增加与CO_2浓度升高对促进植物生长存在协同效应,氮沉降的增加缓解了CO_2浓度升高促进的植物生长对氮的需求,

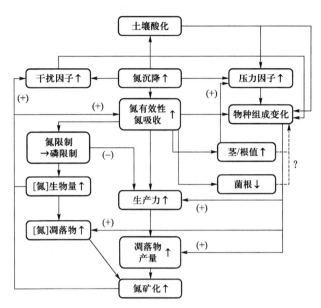

图16.12 氮沉降对陆地生态系统的主要影响
(Bobbink and Lamers,2002)

使二者的叠加效果超过了人们的预期(Lloyd,1999)。而且,人们还关注了氮沉降增加与CO_2浓度升高对土壤碳稳定性(龙凤玲等,2014)、土壤呼吸(邓琦等,2009)、生物量分配格局(段洪浪等,2009)的影响。氮沉降增加与全球变暖叠加的级联效应也备受关注,例如二者对叶性状(周晓慧等,2019)、土壤养分(元晓春等,2018)、群落物种组成(宗宁等,2016)等的影响。除了双因素实验外,一些包括氮添加在内的三因素实验也陆续开展,以期更加真实地模拟全球变化的自然过程,明确全球变化驱动因子的生态效应。

无论是氮沉降的肥料效应,还是影响生态系统碳-氮-水耦合循环的级联效应,都是氮沉降对生态系统影响的结果,而氮沉降影响生态系统碳-氮-水耦合循环的过程,进而导致其肥料效应或级联效应的增加、降低甚至消失的机理目前还不是很清楚。第16.4.2—16.4.4节将从植物生理学、生态系统生态学、土壤碳循环的角度探讨生态系统碳、氮、水循环响应和适应大气氮沉降的生态学基础,从而为人们关心的氮沉降生态效应找到可能的答案。

16.4.2 大气氮沉降影响生态系统碳、氮、水循环的植物生理学基础

16.4.2.1 植物氮的获取

氮是生物过程必需的基本元素,是蛋白质、氨基酸、

核酸等的基本组成元素之一。大气 78% 为 N_2，但是大多数植物不能直接从大气中固氮，被固定在土壤有机质中的氮也不能被植物直接吸收利用，植物从外界环境获得氮主要通过三种途径：其一是通过根系吸收土壤中的铵态氮、硝态氮或低分子有机氮；其二是部分固氮植物通过根瘤菌将 N_2 转化为铵态氮供自身利用；其三是通过植物叶片的气孔从空气中获取气态氮或颗粒态氮。其中，根系吸收是植物获取氮最重要的途径。

植物根系通过质流、扩散和截获三种方式吸收氮。质流使水流中的有效氮朝着根系方向移动，扩散使有效氮沿着浓度梯度由高向低移动，而截获则是根系利用未被使用的有效氮。养分吸收主要依靠根毛进行，有些根系会通过形成菌根加强氮吸收。现有的植物中有 80% 以上物种与真菌形成菌根，菌根真菌的生长依赖于从宿主植物中获取的光合产物，菌根的外延菌丝扩大了植物根系的吸收面积。常见的两类菌根真菌为外生菌根（EM）真菌和丛枝菌根（AM）真菌。外生菌根真菌对植物的氮获取起到重要作用，大约有 2% 的植物物种与外生菌根真菌共生，主要为木本植物。丛枝菌根真菌又叫内生菌根真菌，大约 80% 的维管植物有丛枝菌根真菌，丛枝菌根真菌可以提高对养分的获取，特别是磷养分的获取。

植物根系对土壤铵态氮、硝态氮的吸收具有选择性，吸收能力与物种有关，适应酸性（如马铃薯）或低氧化还原势（如水稻）的物种偏好铵态氮，反之偏好硝态氮（如玉米、多数蔬菜）。植物对硝态氮和铵态氮的吸收能力也受到土壤溶液中氮的形态和土壤 pH 值的影响，低 pH 值有利于硝态氮吸收，高 pH 值有利于铵态氮吸收。其次，硝态氮在土壤中活动性高，容易淋溶损失，植物吸收硝态氮，导致根际 pH 值上升；相反根系吸收铵态氮，会导致根际 pH 值下降。植物吸收的不同形态氮都将转化成氨基，最终被用于合成氨基酸和蛋白质。因此，植物直接吸收 NH_4^+ 要比吸收 NO_3^- 更加节省能量，但是吸收过量的 NH_4^+ 又会对某些植物的细胞产生毒害作用。

植物根系也能够通过氨基酸转运载体获取土壤有机氮。目前，很多研究已经证实，植物根系表面存在的氨基酸转运载体分属两大转运系统，分别负责中性和酸性氨基酸的转运以及碱性氨基酸的转运（徐兴良等，2011）。近年来，随着分子生物技术的发展，一些氨基酸转运载体被证实能够在根系中表达。有些研究发现，植物根系能够向土壤分泌氨基酸，而且微生物产物和 CO_2 富集均能促进根系向土壤分泌氨基

酸。这意味着氨基酸态氮对植物氮营养的贡献是不能被忽视的组分。植物根系对氨基酸的吸收是主动的生物过程，需要消耗能量，而根系向土壤分泌氨基酸则是被动的扩散过程。

16.4.2.2　植物氮的转化与运输

植物根系吸收的 NH_4^+、NO_3^- 及低分子有机氮，在植物体内经过运输、合成、转化及再循环等各种生理活动过程，这些过程与蛋白质代谢共同构成生命活动基本过程。NH_4^+ 和 NO_3^- 是植物通过根吸收的主要无机氮，但是二者在植物体内的转化运输过程有很大差异（布坎南等，2004）。由于 NH_4^+ 在植物细胞的积累会对细胞产生毒害作用，所以大部分的 NH_4^+ 在植物的根里就已转化、合成为氨基酸等有机物供根系利用，运输到其他器官的相对较少。而 NO_3^- 则可方便地通过导管随水分在木质部内运输，输送到植物的其他器官，但是 NO_3^- 在被利用前必须被还原为铵盐，然后再进一步转化为氨基酸。例如，NO_3^- 到达叶片的细胞质中，首先在硝酸还原酶作用下还原成 NO_2^-，然后 NO_2^- 在质体中被亚硝酸还原酶还原成 NH_4^+，形成的 NH_4^+ 在谷氨酰胺合成酶和谷氨酸合成酶的作用下形成氨基酸，其中谷氨酰胺合成酶是 NH_4^+ 同化过程的关键酶。此外，谷氨酸脱氢酶和天冬酰胺合成酶也是同化 NH_4^+ 的两个重要酶。在叶片细胞中，氮参与下的光合作用生成大量的有机物，这些有机物再通过筛管的运输作用分配给其他器官，包括根系。这样，通过导管和筛管的运输作用，可以将根系吸收的氮输送到植物各器官进行转化、合成和利用。

16.4.2.3　植物体内的氮分配与利用

如果说氮在植物体内的转化和运输是植物代谢功能的体现，那么氮如何在植物体内分配与利用则反映的是植物适应环境的策略问题。例如，当土壤水分缺乏时，植物会增加根系的氮分配，以增强根系对养分和水分的竞争能力（高凯敏等，2015）；当土壤养分丰富时，植物会增加地上部分的氮分配，以获取更多的光照促进植物的生长（平晓燕等，2010）；当土壤氮缺乏时，植物还会加强对植物体内氮的再循环利用，例如将老叶贮存的 NO_3^- 运到幼嫩器官或在老叶凋落前回收转移到其他部位（Fan et al.，2009；彭正萍，2019）；当植物生长在弱光环境下时，植物会最优化与羧化反应相关的可溶性蛋白和电子传递相关的类囊体膜蛋白之间的氮分配，因而通常更多的氮会被用于

类囊体膜蛋白的合成和分配到光合酶中(Evans, 1989)。可见,植物在水分、碳(能量)的参与下进行氮的获取、转化及运输,而环境因子改变则会改变植物氮分配与利用的策略,其实质是改变植物体内的碳、氮、水循环过程。

大气氮沉降是当代全球变化的驱动因子之一,它会改变土壤氮供应水平,进而影响植物氮的吸收、转化、运输和分配过程,并触发耦合的碳-水过程,最终影响植物的生产力(图16.13)。在养分贫瘠的环境下,氮沉降输入能够增强土壤养分供应能力,促进植物养分吸收,从而刺激植物生长。但是,氮输入量达到一定的临界值,植物将进入奢侈吸收的状态,持续的养分供应并不会显著提高植物产量,甚至植物养分浓度过高时,反而会对植物产生毒害作用(图16.13)。例如,在氮沉降严重的南方红壤中,土壤酸性过强时,Al、Fe、Mn 等金属阳离子的溶解度增大,不断在土壤中累积,当超过一定含量时,可引起植物中毒。

16.4.3　大气氮沉降影响生态系统碳、氮、水循环的生态系统生态学基础

16.4.3.1　植物生长的氮需求与土壤氮营养供应的关系

氮是构成蛋白质的主要成分,对植物茎叶的生长和果实的发育有重要作用,是与植物产量最密切相关的营养元素。氮肥是以氮营养元素为主要成分的化肥,包括碳酸氢铵、尿素、硫酸铵等,增施氮肥能促进蛋白质和叶绿素的形成,使叶色深绿,叶面积增大,促进碳的同化,有利于产量增加,品质改善。氮是叶绿素的成分,与光合作用有密切关系,还是某些植物激素(如生长素)、维生素(如 B1、B2 等)的成分,它们对生命活动起重要的调节作用。因此植物体和土壤中的氮的多寡及存在形态会直接影响植物的生命活动和生态系统的碳、氮循环。

物质循环、能量流动以及信息传递是生态系统的基本过程和功能。氮沉降作为外源性营养元素输入生态系统,必然会影响并改变自然生态系统的碳、氮等营养物质循环过程,进而对生态系统的结构和功能产生影响。自然生态系统的碳循环和氮循环是耦合关联的两个生物化学过程,两者各自既有相对独立的生物环境驱动机制,也通过植物和微生物生长的氮需求与土壤有机质矿化的氮供给之间的平衡关系维持机制联系成为一个联动的生物化学过程系统。自然生态系统的植物氮需求、微生物氮需求与土壤有效氮供给三者会维持相对稳定的平衡关系,制约着植物生物量的碳、氮蓄积和土壤有机质碳、氮储存的动态平衡。

目前快速增加的大气氮沉降正在不同程度地打破自然生态系统碳、氮循环生物化学过程系统中各种组分之间的平衡关系。大气氮沉降的氮形态主要是 NH_4^+ 和 NO_3^-,两者都是有效态氮,植物和微生物可直接吸收和利用,氮沉降的直接作用就是增加土壤中有效氮(NH_4^+ 和 NO_3^-)含量水平,使得植物的氮营养获取更为直接和容易。因此我们可以直观地假设,大气氮沉降相当于在天然地给森林、草地和湿地等生态系统施加有效态的无机氮肥,这种施肥作用必将改变植物氮需求、微生物氮需求与土壤有效氮供给的平衡状态及生物化学过程,调整植物氮蓄积与土壤氮储存的平衡及动态过程。

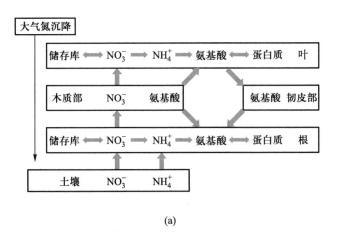

(a)

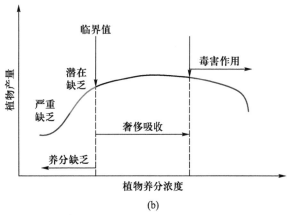

(b)

图 16.13　植物体内的氮循环模式(a)和植物生长与植物养分供应关系(b)

近几十年,在基于生态系统生态学的思维研究生态系统碳、氮、水循环对大气氮沉降响应和适应机制,探讨氮沉降的资源、环境和生态效应等方面开展大量研究,取得一些重要进展,加深对植物生长氮需求与土壤氮营养供应平衡关系的理解,提出许多较有学术影响的土壤氮饱和理论、生态化学计量内稳性原理等。

16.4.3.2 生态系统的土壤氮饱和理论

生态系统的土壤氮饱和是一个相对的概念,Gundersen(1992)将森林生态系统的土壤氮盈亏状态划分为氮受限、氮饱和及氮过剩三个等级。1998 年,Aber 等(1998)将温带森林生态系统对大气氮沉降输入增加响应过程分为四个阶段(图 16.14)。初期阶段(0 阶段),在很低的大气氮沉降通量情况下,生态系统处于氮缺乏状态,大气沉降的氮都会被植物和土壤所固持和利用,几乎没有生态系统的氮淋失和排放。第 1 阶段,随着氮沉降通量的增加,会大幅度增加生态系统生产力,此时大部分的氮沉降可以被保存在生态系统的植被和土壤中。第 2 阶段,当氮沉降进一步增加时,氮沉降促进生态系统生产力的作用减小,随之可产生如矿化和硝化速率升高、NO_3^- 淋溶量增加甚至植物生长受损等负面反馈。第 3 阶段,随着氮沉降通量的再增加,土壤的硝化速率和 NO_3^- 淋溶量持续增加,优势种植物生产力开始下降,甚至生态系统功能出现衰退现象(图 16.14)。

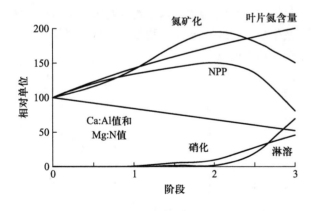

图 16.14　氮饱和理论的概念模型图(Aber et al., 1998)

生态系统的基岩状况和环境条件共同决定生态系统的氮水平。生态系统本身所含氮的丰富程度,主要通过系统内部各组成部分(氮库)的氮浓度和氮通量来表示,在一个自然稳定的生态系统内部,生态系

统各组分的氮含量通常保持稳定。一定量的外源氮刺激会改变生态系统的碳-氮-水耦合循环,但是健康的生态系统可以通过系统内部调节来维系生态系统平衡,从而使外源氮不会对生态系统造成严重影响。外源氮输入量超过一定阈值以后,生态系统的碳-氮-水耦合循环会发生改变,引起生态系统结构和功能的变化,这个阈值被称为大气氮沉降的临界阈值。

研究表明,全球约有 11% 的自然生态系统所承受的氮沉降通量超过了其临界阈值(Dentener et al., 2006)。当大气氮沉降通量达到临界阈值之后,氮沉降增加会导致氮从植物的老组织(枝叶等)向新生组织的再分配量下降,群落枯落物中的氮含量增加,土壤凋落物层 C∶N 值下降,增加土壤微生物对有机物的矿化速率(Erisman and Vries,2000),逐渐使生态系统从氮受限阶段过渡到氮过剩阶段。当生态系统达到氮饱和之后,生态系统仍然会对外界的氮输入产生响应,例如植物仍可以吸收和累积一定量的沉降氮。但是,生态系统的优势群落会逐渐向嗜氮类型转变(Bobbink et al., 1998),最终引起物种组成改变和生态系统演替。

16.4.3.3 生态化学计量内稳性原理

生态化学计量内稳性原理(参见第 9 章)的核心思想是利比希最小因子定律,即在生物体生长过程中其体内元素组成的平衡至关重要,在稳定状态下的任何特定因子的存在量低于该种生物的最小需要量时,该因子便会成为决定该物种生存或分布的限制性因子(Sinclair and Park,1993)。根据生态化学计量内稳性原理,在生物有机体的环境(包括有机体的食物)化学元素组成发生变化的情况下,生物则具有维持身体化学元素组成相对稳定的能力,同时有机体也可以通过负反馈作用使自身元素组成与环境中供给的养分元素保持相对稳定的状态(Sterner and Elser,2002)。

大气氮和磷沉降已成为陆地生态系统可利用性氮和磷的重要来源,氮磷沉降量及氮磷沉降比的变化将改变陆地生态系统的氮和磷养分有效性,植物体内的氮磷比也将由于植物对养分的适应性而进行调整(Güsewell,2004)。同时,植物体内氮磷比的变化又将通过直接(植物体的生理反应)或间接(食草动物及分解作用对养分的重新反馈)作用进一步影响陆地生态系统的结构与功能(Güsewell,2005;Velde et al., 2014;Vinebrooke et al., 2014)。

一些氮添加实验也证实,氮添加(富集)往往会使得植被和土壤的 C∶N 值降低(Yang et al., 2011)。根据化学计量内稳性假设,大气氮沉降输入如果长时间维持在特定的水平,那么该生态系统植被及土壤微生物的化学计量比也将达到新的平衡。长期的大气氮沉降输入还能够影响并且改变养分有效性,而养分有效性是决定陆地生态系统碳分配模式的关键变量(Fernández-Martínez et al., 2014)。而且特定生态系统的初级生产力受到其本身固有的氮磷营养量的共同限制,取决于环境中的可利用氮和磷浓度的比例(Bergstrom,2010;Harpole et al., 2011)。因此,大气氮沉降对生态系统生产力的肥料效应可能会因外源磷输入而得到放大(Elser et al., 2007;Harpole et al., 2011)。

16.4.4　大气氮沉降影响生态系统土壤碳循环的生物地球化学机理

16.4.4.1　大气氮沉降对土壤有机碳循环的影响机理

大气氮沉降输入提高土壤氮可利用性,直接改变土壤微生物群落的数量和组成,抑制根系和凋落物分解的速率和程度(Sun et al., 2015),进而增加或降低土壤有机质(SOM)储量和稳定性(Eisenlord et al., 2013)。而且大气氮沉降输入会提高植被生产力,改变凋落物产量和生化属性(Van Diepen et al., 2015),通过底物可利用性来调节土壤微生物群落的结构和功能(Peschel et al., 2015),间接影响SOM的累积速率(图16.15)。

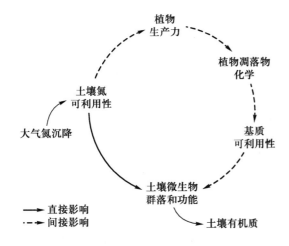

图16.15　氮沉降对陆地生态系统植物和微生物群落的影响(程淑兰等,2018)

土壤有机碳(SOC)库对增氮的响应取决于生态系统类型(Waldrop et al., 2004)、土壤深度(Salomé et

al., 2010)、SOC组成(Cusack et al., 2011)、施氮类型和剂量(Fang et al., 2014)等要素。就植物-土壤-微生物群落系统而言,氮富集会自上而下改变SOC的周转过程与稳定性,理论上会产生四种影响:第一,外源性氮输入会改变植物新合成碳的再分配,根际沉积碳的数量和质量变化会影响活跃微生物群落组成(Currey et al., 2011)。第二,氮有效性增加会抑制微生物胞外酶活性,降低微生物群落获取碳源的能力,提高其碳利用效率(Spohn et al., 2016)。第三,土壤氮富集会改变微生物群落之间的交互作用和竞争关系,进而改变分解微生物群落的组成(Freedman et al., 2015)。第四,生态系统氮富集会降低凋落物的分解速率和程度,增加类木质素化合物的氧化程度和稳定性,进而促进SOM的积累(Entwistle et al., 2013)。然而,上述四种影响还缺乏系统的实验验证,其内在的微生物分子生态学机理未得到很好的解释,也没有融入当前主流的生物地球化学模型之中(Zak et al., 2011)。

16.4.4.2　大气氮沉降对土壤CH_4吸收和N_2O排放耦合作用的影响机理

在好氧条件下,自养氨氧化菌(氨氧化细菌或氨氧化古菌)发生硝化作用的第一阶段氨氧化作用,其在氨单加氧酶(ammonia monooxygenase, AMO)和羟胺氧化还原酶(hydroxylamine oxidoreductase, HAO)的催化下将NH_3依次氧化为羟胺(NH_2OH)和NO_2^-,其中羟胺会发生化学分解而释放出N_2O;某些异养硝化菌也可以通过提供NO_3^-进行好氧反硝化作用产生N_2O(Richardson et al., 1998;朱永官等,2014)。与此同时,在好氧条件下,甲烷氧化细菌可通过甲烷单氧酶(mathane monooxygenase, MMO)利用土壤中的O_2催化CH_4(包括土壤自身产生的和从大气中扩散进入土壤的)形成CO_2,然后释放到大气中(Hütsch,2001)。因此,水分非饱和的土壤通常是大气N_2O的排放源和CH_4的吸收汇。

由于NH_4^+和CH_4的正四面体分子结构相似、分子量相近,且AMO和MMO两种酶的结构也类似,因此氨氧化菌和甲烷氧化细菌都能氧化NH_3和CH_4(Mandernack et al., 2000),这也使得二者具有竞争关系且将好氧条件下的N_2O排放和CH_4吸收紧紧联系起来(Acton and Baggs, 2011),这也是N_2O排放和CH_4吸收耦合作用的基础。研究发现,土壤-大气界面N_2O和CH_4净交换通量之间存在着协同(Maljanen et al., 2006)、消长(Kim et al., 2012)和随机(Lam et al., 2011) 三种可能的关系, 具体取决于环境条件、土壤类型和氮有效性(Acton and Baggs, 2011)。大气氮沉降改变了土壤氮有效性, 因此对 N_2O 排放和 CH_4 吸收及二者的耦合关系产生重要影响。

氮添加对土壤 CH_4 吸收具有不同的影响, 表现出抑制、刺激和无影响三种情形(Acton and Baggs, 2011)。不过, 一项基于109项研究、313个观测实验的整合分析结果表明, 氮添加降低了38%的陆地生态系统 CH_4 吸收(Liu and Greaver, 2009)。因此, 整体上来说, 氮沉降会抑制土壤的 CH_4 作用。关于氮添加抑制甲烷氧化细菌、降低土壤 CH_4 吸收的机制主要有(Acton and Baggs, 2011): ① NH_4^+ 与 CH_4 竞争甲烷单氧酶。在氮添加后, 土壤中高浓度的 NH_4^+ 可以把 CH_4 从甲烷单氧酶结合点上驱赶下来, 从而降低 CH_4 氧化量, 而且 CH_4 是甲烷氧化细菌唯一的碳源和能源, 降低 CH_4 氧化量将降低甚至抑制甲烷氧化细菌的生长(Hütsch, 2001)。② NO_2^- 或羟胺毒性。硝化作用、反硝化作用中产生的 NO_2^- 和羟胺对甲烷氧化细菌有毒性, 从而抑制甲烷氧化细菌的生长和 CH_4 氧化, 较少土壤 CH_4 吸收。③增加渗透压引起的微生物生理性缺水。多项研究表明, 氮添加强烈抑制森林和草地土壤 CH_4 吸收, 其原因可能是氮添加过程中附加的盐离子(如 Cl^-、SO_4^{2-}、K^+ 等)增加了土壤水的渗透压, 造成甲烷氧化细菌生理性缺水, 从而降低其活性(Whalen and Reeburgh, 2000; Borken and Brumme, 2009)。

氮添加对土壤 N_2O 排放的影响具有比较一致的结论, 土壤氮有效性的提高增强硝化作用和反硝化作用的强度, 促进 N_2O 的产生和排放。虽然氮添加倾向于促进土壤 N_2O 排放, 但是多个土壤的氮周转过程会产生 N_2O, 哪个过程起支配作用可能取决于土壤水分、温度和无机氮含量(方华军等, 2014)。在中度湿润、温暖及 NH_4^+ 富集的土壤中, 硝化作用是 N_2O 产生的主要过程(Morishita et al., 2011)。相反, 在水分饱和、寒冷及 NO_3^- 富集的土壤条件下, 反硝化是 N_2O 产生的主要过程(Zhang et al., 2008a)。而且, 氮添加导致的硝化和反硝化作用增强会引起 NO_2^- 和羟胺浓度增加, NO_2^- 和羟胺对甲烷氧化细菌的毒性作用会导致土壤 CH_4 吸收较少, 土壤 N_2O 排放和 CH_4 吸收过程进一步耦合。因为 N_2O 和 CH_4 的温室效应远强于 CO_2, 因此氮添加导致的 N_2O 排放增加和 CH_4 吸收减少具有增强气候变暖的潜力。然而, 过去有关土壤 N_2O 排放和 CH_4 吸收对氮添加的响应研究多是独立进行的, 没有同步分析氮添加对土壤 CH_4 氧化、硝化

和反硝化过程的影响, 还难以准确地揭示水分非饱和土壤的 CH_4 吸收和 N_2O 排放之间耦合作用及其氮添加的影响, 稳定性碳氮同位素示踪技术可能为解决该问题提供新的契机。

16.4.4.3 大气氮沉降增加对土壤 CO_2、CH_4 和 N_2O 排放通量的影响

土壤是全球陆地生态系统最大的碳库, 其 CO_2、CH_4、N_2O 等温室气体的排放通量备受关注。大气氮沉降改变土壤氮的可利用性, 改变硝化细菌、反硝化细菌、甲烷氧化细菌、甲烷产生菌等不同微生物功能群落对养分的利用竞争关系及一系列的氧化-还原化学反应, 继而影响土壤 CO_2、CH_4 和 N_2O 的排放通量, 并通过生态系统碳-氮-水耦合循环形成互馈关系(图16.16)。

氮添加对土壤呼吸释放 CO_2 的影响具有不同的研究结果, 表现出抑制、刺激和无影响三种不同情形。Janssens 等(2010)基于整合分析的研究表明, 氮添加总体上会降低森林土壤总呼吸、异养呼吸以及根系呼吸, 植被生产力越高的区域, 模拟氮沉降的氮添加对土壤呼吸和异养呼吸的抑制作用越大; 氮添加抑制土壤呼吸的主要途径是降低腐生微生物和植物根际呼吸。在全球尺度上, 针对不同生态系统的土壤呼吸, 总体而言氮输入抑制土壤微生物的生长, 微生物碳储量降低6.4%, 但是促进土壤呼吸作用, 土壤呼吸增加5.3%(卢蒙, 2009)。因此, 氮沉降对土壤呼吸的影响受到生态系统类型、土壤氮状况、微生物群落类型等因素的重要影响。

与土壤 CO_2、N_2O 排放不同, 土壤与大气界面的 CH_4 净交换量是土壤 CH_4 吸收与排放过程平衡的结果。在厌氧条件下, 土壤有机质在土壤腐生菌群落作用下降解为低分子有机酸, 然后在甲烷产生菌作用下产生并排放 CH_4; 而在好氧的土壤条件下, 甲烷氧化细菌则利用土壤中的 O_2 催化 CH_4 产生 CO_2(图16.16)。氮添加倾向于降低土壤 CH_4 吸收, 而且研究表明, 氮添加会刺激土壤 CH_4 排放。Liu 和 Greaver(2009)基于109项研究、313个观测实验的整合分析结果表明, 氮添加增加了97%的陆地生态系统 CH_4 排放。水稻田作为陆地生态系统 CH_4 排放的主要来源, 多项研究也发现, 施用有机肥会强烈促进水稻田 CH_4 的产生与排放(张玉铭等, 2011)。

土壤 N_2O 总排放来自土壤氮循环中的多个过程, 包括氨氧化作用、反硝化作用、硝化作用、微生物的反硝化作用和硝酸盐异化还原成铵作用(朱永官

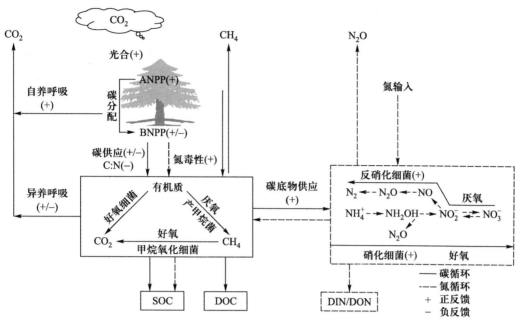

图 16.16　大气氮沉降增加与土壤 CO_2、CH_4 和 N_2O 排放的互馈关系及生物化学机制(修改自 Liu and Greaver,2009)

ANPP 为地上净初级生产力,BNPP 为地下净初级生产力。

等,2014)。氮肥有效性是影响土壤 N_2O 排放最重要的因素之一,氮添加通过提高土壤氮可利用性从而增加硝化和反硝化作用,最终增加土壤 N_2O 的产生与排放。虽然土壤 N_2O 排放的增加程度会受到氮添加量、肥料类型、施肥时间等因素影响,但是总的来说,氮添加会平均增加不同生态系统 216% 的 N_2O 排放(Liu and Greaver,2009)。

综上所述,氮添加对土壤呼吸释放 CO_2 的影响正负效应均存在,倾向于降低土壤 CH_4 吸收,增加土壤 CH_4 排放和 N_2O 排放。考虑到 CH_4 和 N_2O 温室效应分别是 CO_2 的 25 倍和 298 倍,因此此在目前全球大气氮沉降急剧增加的情况下,氮沉降有可能正在通过土壤碳、氮循环的反馈作用加剧全球变暖的趋势,这将是一个很大的挑战,而未来也需要加强这种基于生态系统碳、氮、水循环的全球变化驱动因子之间的耦合效应的研究。

16.5 大气氮沉降对生态系统碳-氮-水耦合循环关系及循环过程的影响

16.5.1 大气氮沉降对植被冠层碳-氮-水耦合循环关系及循环过程的影响

植被冠层是植物光合作用、呼吸作用、冠层氮吸收、蒸腾作用等生理生化过程进行的重要场所,系统地认识大气氮沉降对冠层的碳、氮、水循环过程的影响具有重要的意义。大气氮沉降输入对于植被冠层的影响可能受生态系统类型(如森林、草地)、大气氮沉降总量、沉降类型、沉降频率、沉降强度以及特定生态系统的氮饱和阈值等因素的综合影响。

16.5.1.1 大气氮沉降总量改变的影响

氮添加促进植被冠层的生物量(对草本而言,即地上生物量),提高氮浓度,降低 C∶N 值。在植物个体水平上,Xia 和 Wan(2008)基于 304 篇氮添加文献,分析了 456 种陆生植物对氮添加的响应,结果表明,氮添加使得植物生物量和氮浓度分别增加了 53.6% 和 28.5%。但是在植物器官水平上,叶片的生物量增加的幅度最小(14.7%),显著低于枝和干部分;然而叶片的氮浓度增加了 29.2%,是所有植物器官中增加最多的。这表明,尽管许多植物对氮添加的普遍响应是正效应,但是这种正效应在不同器官是存在差异的。相比于植物的枝和干等部分,叶片是植物生长最为活跃的器官,具有较快的周转速率和较小的 C∶N 值(Sterner and Elser,2002)。

长期的氮添加(富集)往往使得植被和土壤的 C∶N 值降低(Yang et al.,2011),植物叶片的 C∶N 值降低更为明显。这表明,当供给氮充足时,更多的氮被投入用于叶片的氨基酸和蛋白质合成,从而提高植物的初级生产力,这也可以在枝和干部分的碳累积特征中得到体现(Xia and Wan, 2008)。Chen 等(2015)通过文献收集了我国区域 33 个站点的氮添加实验,结果发现,氮添加显著增加了地上植物碳库,净光合速率增加 5.2%,NPP 增加 10.3%。

蒸散发包括土壤蒸发和植物蒸腾。氮添加可能改变土壤蒸发和植物蒸腾的比例,从而影响蒸散发(Niu et al., 2008;Tian et al., 2016)。氮添加增加群落生物量,提高植被冠层郁闭度,从而增加植物蒸腾,降低土壤水分蒸发(Niu et al., 2009)。有研究表明,氮添加可以显著提高基于生物量的降水利用效率(生物量/降水量)(Bai et al., 2008)。Tian 等(2016)在内蒙古草地为期 12 年的氮添加实验表明,生态系统碳通量组分(总初级生产力、生态系统呼吸、净生态系统生产力)都对氮添加表现出非线性响应过程,但是蒸散发和氮添加无显著关系。结合碳水通量对氮添加的响应过程,生态系统水分利用效率(ecosystem water use efficiency,EWUE)和氮添加也具有显著的非线性响应关系,这表明,该系统 EWUE 对氮添加的响应主要是受碳循环过程决定,而不是水循环过程。

16.5.1.2　大气氮沉降组分改变的影响

干、湿沉降中的氮进入生态系统的途径有所不同。气态、颗粒态干沉降中的氮能够通过叶片的气孔进入植物冠层,而湿沉降中的氮主要进入土壤(Rennenberg and Gessler,1999;Sievering et al., 2007)。研究发现,通过不同途径进入生态系统的氮对生态系统碳、氮循环的影响不同。Nair 等(2016)研究发现,冠层氮输入的 60%储存在植物地上器官(叶片、树干和树枝),而土壤氮输入只有 21%的氮储存在植物地上器官。而且,也有研究发现,植物冠层吸收的氮会被运输到根系,从而减少根系的氮吸收(Rennenberg and Gessler,1999)。考虑到植物的碳氮比显著高于土壤,通过冠层进入生态系统的氮具有更大的固氮潜力。在对植物群落组成的影响上,Sheppard 等(2011)研究发现,相比湿沉降,干沉降增加对植物群落改变得更剧烈。目前,我国氮沉降的干湿沉降比逐渐升高(已达到相当的水平)(Yu et al., 2019),这种干湿沉降比的变化对我国生态系统碳和氮循环、温室气体排放、群落组成的影响将是未来研究的重点。

植物对不同形态的氮具有选择性吸收的特性,有些植物偏好利用铵态氮,而有些植物偏好利用硝态氮(Song et al., 2015)。一方面,具有一定铵硝比的大气氮沉降向生态系统的持续输入,会改变原来土壤的铵态氮和硝态氮供应情况,而使那些偏好某种形态氮且生态位保守的物种处于竞争不利的地位(Ashton et al., 2010),导致植物群落组成发生变化,改变植物冠层结构,从而影响冠层的碳、氮、水循环过程。另一方面,输入土壤的铵态氮和硝态氮都可能导致土壤酸化,铵态氮的硝化作用和硝态氮的淋溶损失是两者导致土壤酸化的主要机制。研究表明,铵态氮的硝化作用引起的土壤酸化可能更强(Du et al., 2015)。因此,大气氮沉降铵硝比的变化会对土壤酸化过程产生影响,从而引起对土壤 pH 值具有不同适应性的植物组成的变化。在目前我国氮沉降铵硝比逐渐降低的情形下,如何通过影响植物对氮形态的偏好利用和土壤酸化从而影响植物组成变化,进而对植物冠层碳、氮、水循环过程产生影响,值得关注。

16.5.1.3　大气氮沉降频度改变的影响

全球气候变化导致极端天气事件频发(如极端高温、极端干旱、极端降水等),直接或间接地影响大气氮沉降的沉降频度。这种大气氮沉降频度的改变可能决定氮输入对陆地生态系统结构与功能影响的程度,例如对生产力、氮循环以及物种多样性等的影响(Zhang et al., 2014;Zhang et al., 2015)。然而,目前的氮添加试验大多是在生长季内多次添加或按月施撒(Aber and Magill, 2004;Magill et al., 2004;Bai et al., 2010)。显然,这种施肥方式不能实际表现出大气氮沉降作为一种高频事件的动态过程,而且传统单一的施肥方式可能会高估氮沉降对陆地生态系统的影响(Zhang et al., 2014;Zhang et al., 2015)。

目前,关于大气氮沉降频度改变对陆地生态系统碳–氮–水耦合循环影响的研究仍较少(Aber and Magill,2004;Magill et al., 2004)。2008 年,中国科学院内蒙古草原生态系统定位研究站(简称"内蒙古草原站")设置了模拟氮沉降试验平台,是国内较大的同时关注氮沉降梯度和频率改变对草地生态系统结构和功能影响的研究试验平台(Zhang et al., 2014;Zhang et al., 2016)。试验设置了 9 个氮添加梯度(0、1、2、3、5、10、15、20、50 g N·m^{-2}·a^{-1})和 2 种模拟氮沉降频度(一年 2 次和每月 1 次)。基于该模拟试验,Zhang 等(2015)发现,不论是群落还是个体水平,地上净初级生产力(ANPP)对两种不同频度的氮添加响应是一致的,即两种频度的氮添加都增加群落水平

ANPP,而对个体水平的 ANPP 则都存在促进、降低及中性三种现象。他们的研究表明,在年总氮输入量一致时,小剂量的多次添加(如氮沉降)和大量的少次添加(如农业施肥)对 ANPP 的作用也是一致的。Han 等(2014)基于该试验的研究发现,不同氮添加频率对物种和群落水平生态化学计量特征的影响不一致。物种水平 C∶N∶P 值更易受到低频率氮添加的影响,而群落水平的植物 C∶N∶P 值暂时并未受到不同氮添加频率的影响。即氮添加对物种 C∶N∶P 值既存在脉冲效应,也存在氮累积效应,而群落 C∶N∶P 值则主要受到氮累积效应的影响。

16.5.1.4　大气氮沉降强度改变的影响

大气氮沉降强度是描述单次氮沉降过程的氮沉降通量,以湿沉降为例,就是单次降水过程中氮的湿沉降通量。野外的氮添加试验往往是以固定的剂量按月施撒氮肥(或在生长季多次施肥),因此,这里的剂量一定程度地表现出氮沉降强度的概念。

氮添加对植物生产力或是氮含量的影响往往受剂量水平(如低氮 vs.高氮)的影响,二者存在非线性的响应关系,即存在一定的临界拐点,当氮添加的剂量大于一定阈值后,净初级生产力可能不再增加,甚至可能降低(Aber et al., 1989)。特定生态系统的氮饱和阈值受生态系统类型、土壤、气候、氮沉降水平等因素的影响(Bai et al., 2008)。例如,在内蒙古温带典型草原生态系统的氮添加试验表明,该地区地上生产力对氮添加的响应饱和临界值大约是 10.5 g N· $m^{-2} \cdot a^{-1}$(Bai et al., 2010)。氮添加缓解土壤中的氮限制,促进植物的生长,但当氮添加量达到一定程度后,植物群落结构和土壤理化性质都会发生改变,植物生长也会受到其他资源的限制,这些均会影响地上净初级生产力的进一步增加(Stevens et al., 2015)。

不同植物的叶片氮含量对氮添加梯度的响应不同,也就是说,即使是在同一生态系统的植物对氮添加梯度的响应也存在物种特性(Liu et al., 2013b)。Liu 等(2013b)在青藏高原高寒草地的氮添加试验也进一步表明,随着氮添加梯度从 10 kg N· $hm^{-2} \cdot a^{-1}$ 增加到 160 kg N· $hm^{-2} \cdot a^{-1}$,氮利用效率从 12.3 kg C· kg^{-1}N 降低到 1.6 kg C· kg^{-1} N。Han 等(2014)在内蒙古草原站的氮添加试验表明,在物种水平上,氮添加没有改变植物组织的碳浓度,随着氮添加浓度的增加,植物氮、磷浓度和植物碳、氮、磷库显著增加,同时也显著降低了植物 C∶N 和 C∶P 值;而在群落水平上,随氮添加浓度的增加,群落的氮、磷浓度增加,C∶N 和 C∶P 值降低。

Tian 等(2016)在内蒙古草地为期 12 年的氮添加试验表明,生态系统净碳交换和总生态系统生产力都对氮添加表现出明显的饱和阈值,且这个阈值在不同的年份有所差异,2010 年氮饱和阈值为 5.25 g N· $m^{-2} \cdot a^{-1}$,而 2011 年氮饱和阈值为 10.5 g N· $m^{-2} \cdot a^{-1}$。造成氮饱和阈值年份差异的原因可能是两个年份生长季不同的降水量。同时,生态系统水分利用效率也同生态系统净碳交换展现出一致的阈值和饱和响应格局,这表明低水平的氮添加更可能促进生态系统水分利用效率,主要是由于生物量增加,植被冠层增加,以及一些高水分利用效率的物种优势度增加(Bai et al., 2008)。

16.5.2　大气氮沉降对根际-土壤微生物群落及酶活性的影响

土壤是植物-土壤-微生物三者相互作用的场所,也是各种养分、水分和有益或有害物质进入根系参与食物链物质循环的门户;根际是物质和能量转化最活跃的区域之一,也是森林生态系统生物地球化学循环的关键区域(Philippot et al., 2013)。氮沉降对土壤微生物及酶活性的影响是近年来的研究前沿及热点领域,认知氮沉降对土壤微生物及酶活性的影响对于揭示大气氮沉降对生态系统碳、氮、水循环的生物调控机制具有重要的意义。

16.5.2.1　大气氮沉降对植物根系发育及根冠层结构和构型的影响

植物根系,特别是细根,通过生长、死亡和分解影响生态系统的碳平衡和氮循环。同样,氮沉降也会影响生态系统植物根系的生长、发育和周转。而细根作为植物吸收水分和养分的主要器官,是植物对土壤养分有效性变化最为敏感的功能器官。

已有的研究表明,氮沉降能够刺激细根的生长。在施肥和灌水的处理下,植物根系生物量高,生长快,密度大。但是也有相反的研究结果表明,高水平的氮沉降反而抑制细根的生长。这些矛盾的结论,可能归因于不同地区和不同类型植物对氮亏缺和需求程度的差异。Hendrick 和 Pregitzer(1993)提出有效养分对细根生长的两个相反的假设:①植物细根的生长随土壤养分限制减少而降低,且根系的周转速率不受养分有效性的影响;②细根生长对土壤养分有效性并不敏感,其周转速率随养分有效性的增加而增加。

还有研究表明,氮沉降对植物根系的影响不光表现在根系的生产量,也表现在根系的寿命。对林地的研究表明,随着氮沉降量的增加,栎树等树种的细根寿命会变短,但是糖槭等树种的细根寿命变长。这些矛盾的结果引起国内外学者的一些假设,例如一部分学者认为,在有效养分比较充足的区域,根系中的氮浓度较高,会导致根系呼吸增大,如果植物对根的碳投入不能满足其呼吸消耗,就可能导致根系特别是细根寿命变短(Black et al., 1998),以使其周转加速;而贫瘠土壤则有利于延长细根的寿命。Burton 等(2000)认为,土壤有效氮增加能够在较长时间内为根系的生长提供其所需养分,只要有足够的碳维持根系的呼吸,就可使根系的寿命延长。

植物根系对氮沉降的适应性反应常常表现在根冠构型变化。植物根的构型是指根系在土壤中的空间分布,主要表现在根长、根重和吸收面积等指标。根系在土壤中的生长具有可塑性,根系构型可以随外界条件改变而变化。通过全根砂培和分根砂培的培养方法,研究了不同氮沉降水平对水稻侧根长、根表面积、根直径以及体积的影响,结果表明,当对全部根系进行供氮时,侧根的根长显著增加,而且在局部供应氮时,氮沉降对根系总表面积也有促进作用。水稻根的构型对氮沉降的量具有适应性反应。当供氮量适当时,侧根长、根表面积、根体积的增加归因于生物量的增加;而在供氮量多时,侧根长、根表面积、根体积的增加既有生物量增加的作用,又有比根长、比表面积的直接贡献(史正军和樊小林,2002)。

16.5.2.2 大气氮沉降对根际及土壤微生物群落结构的影响

土壤微生物作为分解者,其多样性是影响陆地生态系统功能过程的关键因素。已有研究表明,土壤碳库存量和化学质量与微生物活性显著相关,且不同类群的微生物对不同类型有机质分解的贡献存在差异(Strickland et al., 2009)。由于不同微生物对土壤养分的利用差异很大,氮添加也可能打破微生物群落结构的稳定性,进而减缓土壤有机碳的释放(Meier and Bowman,2008),增加土壤碳固持(Ramirez et al., 2012)。

Cusack 等(2011)在热带土壤中研究发现,氮沉降可能增加细菌的量,从而导致水解酶活性增加,加

快不稳定碳的分解;也可能增加真菌量,导致氧化酶活性升高,加快复杂碳的降解。Waldrop 和 Firestone(2006)发现,在橡树林土壤中,革兰氏阳性菌与真菌对难分解 SOM 的矿化贡献较大,而革兰氏阴性菌对外源添加的易分解的 SOM 矿化贡献较大。由于受研究手段的限制,这些研究均是将微生物种群结构与其功能分开研究,对于哪些微生物主导 SOM 分解生态功能、其功能如何对环境变化做出响应等问题还缺乏深入的理解,没有从微生物功能上对微生物种群结构做出针对性的研究。随着分子生物学技术的发展,通过测定酶功能基因及种群结构,可以揭示酶来源及其微生物多样性,揭示环境因子改变对微生物功能及种群结构的影响机制(Cañizares et al., 2012;Nannipieri et al., 2012)。

目前关于 SOM 分解微生物及其功能基因方面还缺乏深入认识。在北美阔叶林生态系统中,研究氮沉降增加碳储量的原因时发现,氮沉降抑制多酚氧化酶功能基因丰度,增加真菌中担子菌比例,降低子囊菌比例(Edwards et al., 2011),基因丰度和种群多样性改变同时影响碳循环;而 Kellner 等(2010)强调,真菌中担子菌和子囊菌种群多样性影响碳周转,而木质素、纤维素、几丁质酶功能基因丰度影响不明显。在亚热带杉木人工林中,氮沉降对氨氧化细菌、氨氧化古菌功能基因丰度影响不显著,但是显著增加了反硝化功能基因丰度,从而使得土壤微生物反硝化潜力明显增强(Tang et al., 2016)。土壤氮循环微生物种群响应氮沉降从而影响土壤碳分解,是由于微生物种群结构的改变,还是酶功能基因丰度的改变?该问题目前还没有明确的答案。利用酶功能基因组学、转录组学技术,可以紧密结合微生物种群多样性与功能,为解析微生物分解 SOM 功能提供新的依据。

根际的激发效应也与土壤氮的有效性有关(Dijkstra et al., 2013;Sullivan and Hart,2013)。由于根系和微生物对根际可利用氮的获取,根际通常成为碳过剩而氮受限强烈的区域(Kuzyakov,2002)。当土壤氮受限时,植物将较多的光合产物投资到地下(Phillips et al., 2011),根际微生物利用根际沉积物获取碳和能量,增加微生物数量和活性,促进微生物胞外酶的分泌(Burns et al., 2013),分解有机质,释放可利用氮,产生正的根际激发效应;当土壤氮富集时,微生物对养分的需求减少,根际微生物偏好利用根系分泌物(Kuzyakov et al., 2000;Kuzyakov and Cheng,2004),减少胞外酶的分泌,而植物也减少向地下的碳分配,导

致根际微生物数量减少和活性降低,抑制有机质分解,产生负的根际激发效应(Blagodatskaya and Kuzyakov,2008;Dijkstra et al., 2013)。土壤的养分含量决定根际激发效应的方向和强度(Kuzyakov et al., 2000),其中氮和磷是影响植物和微生物生长最重要的两个大量元素。土壤中可利用性氮含量直接影响微生物活性及根系与微生物对养分的竞争。虽然有研究认为,土壤中较高的氮有效性可以引起较强的根际激发效应(Azam et al., 1993),但更多的研究认为,土壤的低氮有效性更能促进正的根际激发效应的发生(Dijkstra et al., 2013),而高的氮输入会抑制激发效应的发生(Nottingham et al., 2012)。

16.5.2.3 大气氮沉降对土壤酶活性的影响

土壤微生物酶活性是表征 SOM 中碳、氮、磷分解的敏感指标(Burns et al., 2013)。土壤微生物种群结构和酶活性的改变将会改变 SOM 的分解及蓄积(Carney et al., 2007),是影响 SOM 分解对气候变化响应不确定性的主要因子(Davidson and Janssens, 2006;Creamer et al., 2015)。

森林生态系统通过改变土壤酶的活性影响着 SOM 中重要物质的分解速率,并且与土壤内部的物质与能量循环及全球碳循环和全球变化密切相关(Nielsen et al., 2011)。微生物酶活性高低可以反映微生物对土壤中不同有机物分解的强度大小。森林土壤水解酶可以分解 SOM 中的简单组分(如纤维素、氨基化合物、磷脂);而氧化还原酶可以降解 SOM 中的复杂组分(如木质素)(Cusack et al., 2011)。对我

国东部南北样带的研究表明,土壤微生物通过调节其碳、氮、磷水解酶活性的比例,适应不同森林生态系统养分的差异,例如在南方,土壤磷酸酶与其他碳、氮水解酶的计量比较高,从而应对南方磷的缺乏(Xu et al., 2017)。

氮沉降对在不同森林生态系统土壤 SOM 分解中起关键作用的几种酶活性的影响不同。北方阔叶林研究显示,长期氮沉降降低土壤纤维素水解酶和木质素氧化还原酶活性,促进土壤中有机碳的积累(DeForest et al., 2004);或者增加脲酶活性,促进 SOM 分解(Saiya-Cork et al., 2002)。Ma 等(2014)在我国北方落叶松研究发现,在 C∶N 值高的土壤中,氮沉降抑制多酚氧化酶活性,在 C∶N 值低的土壤中则增加多酚氧化酶活性。Marklein 和 Houlton(2012)通过 Meta 分析认为,氮沉降有利于提高陆地生态系统土壤磷酸酶活性,从而减缓系统受磷的限制。在千烟洲马尾松人工林中,铵态氮和硝态氮添加均抑制土壤碳、氮水解酶活性(Zhang et al., 2017),而在我国东部森林的 3 个长期氮添加试验中,氮添加增加了土壤磷水解酶活性(Zhang et al., 2018)(图 16.17)。

氮沉降为植物和微生物提供有效氮,导致其氮需求降低,土壤酸化、土壤微生物量降低,土壤碳、氮水解酶活性受到抑制;氮沉降会导致植物和微生物磷需求增加,真菌生物量、磷酸酶分泌量增加,更多有机磷分解为有效磷。

土壤水解酶动力学参数潜在最大酶活性(V_{max})与半饱和常数(K_m)的温度敏感性可以反映分解 SOM 的微生物酶活性对季节、气候变暖的响应(Stone et

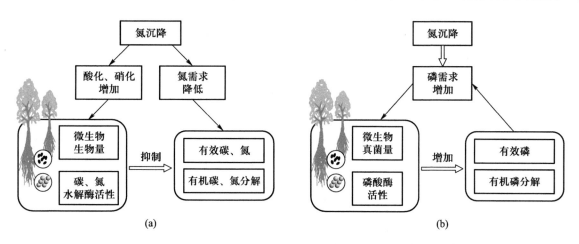

(a)　　　　　　　　　　(b)

图 16.17　氮添加对土壤碳、氮、磷水解酶活性影响概念图

氮添加主要通过降低土壤微生物的氮需求或增加微生物的磷需求,从而调控土壤微生物分解有机碳、氮、磷的活性。微生物氮需求降低会抑制有机碳的分解,而磷需求增加会促进有机磷的分解。

al.,2012;Stone and Plante,2014)。近年来,一些学者开始关注土壤酶促反应动力学特征值对大气氮沉降的响应。Stone 等(2012)在北美地区温带阔叶林证明,氮沉降将增加土壤有效氮含量,可能增加微生物对能量的需求,增加碳水解酶 V_{max},降低其 K_m,促进 SOM 分解。V_{max} 和 K_m 随温度升高而增加,K_m 的增加削弱了温度升高导致的 SOM 分解酶活性的增强(Stone et al.,2012)。German 等(2012)发现,不同区域土壤水解酶动力学参数温度敏感性显著不同,在预测全球气候变化对碳循环的影响时,应考虑 V_{max} 与 K_m 的温度敏感性。

通过文献数据整合分析发现,氮添加有利于提高陆地生态系统土壤磷酸酶活性的 V_{max},从而减缓生态系统的磷限制(Marklein and Houlton,2012)。土壤磷酸酶的 V_{max} 和 K_m 是有机磷矿化的重要参数(Hui et al.,2013)。在我国东部森林氮添加试验中发现,氮添加增加了温带、亚热带森林土壤酸性磷酸酶活性,酶与底物的结合程度降低,因此氮添加对磷酸酶催化效率(V_{max}/K_m)没有明显影响(Zhang et al.,2018)。随着原位酶谱技术被应用于原位定量、根际土壤酶活性二维空间分布特征可视化,Razavi 等(2016)发现,豆科根际磷酸酶活性分布相对均匀,而禾本科根系磷酸酶活性热点区域分布在根尖。Ma 等(2018)发现,较细的根系周围土壤磷酸酶活性较高、根际范围较大,而较粗的根系周围土壤磷酸酶活性较低、根际范围较小;与具有短而稀疏根毛的根系相比,具有较长且浓密根毛的根系周围土壤酶活性较高、根际范围较大。

在全球大气氮沉降背景下,氮沉降所引起的养分有效性变化、磷元素的限制和土壤酸化可能会影响土壤氮循环微生物群落结构和大小,进而影响微生物的活性和所驱动的养分循环过程。以我国东部长白山温带和鼎湖山亚热带森林土壤为对象的研究结果显示,土壤硝化、反硝化、固氮和有机氮矿化微生物群落

结构在温带和亚热带森林土壤中差异显著,并在生态系统水平影响氮循环微生物的活性。亚热带森林在外源氮、磷添加的影响下,氮循环微生物活性变化的最佳指示因子是土壤磷的有效性。外源磷添加通过缓解亚热带森林土壤氮循环微生物磷的限制,从而在生理水平提高氮循环微生物的潜在活性。而温带森林外源氮、磷添加影响下,土壤硝化潜势、反硝化潜势、自由固氮微生物潜在活性和有机氮分解酶活性变化的最佳解释变量分别是土壤硝化作用底物 NH_4^+ 的含量、土壤 pH 值、固氮基因丰度和土壤的氮磷比(Tang et al.,2019a,2019b)。在微生物活性水平,外源磷添加以不同的机制促进了温带和亚热带森林土壤的氮循环过程(图 16.18)。由于亚热带森林长期受大气氮沉降影响,土壤养分呈现富氮缺磷的状况。在外源磷添加实验中,氮循环微生物因生理水平磷限制得到缓解而提高土壤氮循环各过程的酶活性,促进氮循环。即使在大气氮沉降水平低的温带森林,外源磷添加也以不同的机制促进了氮循环各个过程的微生物活性(图 16.18)。

16.5.3 大气氮沉降对生态系统碳-氮-水耦合循环关系及循环过程的影响

16.5.3.1 大气氮沉降总量改变对生态系统碳-氮-水耦合循环关系及循环过程的影响

单独氮添加对陆地生态系统的碳存储普遍存在增加的趋势,包括植物地上碳库、植物地下碳库、土壤总碳库,即氮添加促进陆地生态系统的碳固定(Chen et al.,2015;Yue et al.,2016)。同时,氮沉降也能影响陆地生态系统碳-氮耦合循环过程,从而调节土壤温室气体的排放。Zhang 等(2014)在我国内蒙古半干旱草原的研究表明,NH_3 排放的增加与外源氮添加紧密相关,而且在全年氮添加相同的情况下,每月氮添加造成的 NH_3 排放大于每年 2 次氮添加的结果。

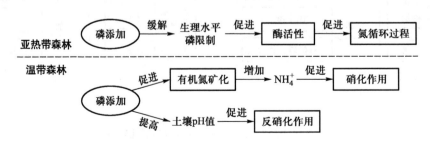

图 16.18　在微生物活性水平,外源磷添加促进温带和亚热带森林土壤氮循环微生物潜在活性的机制框架图

此外,土壤-大气界面 CH_4 和 N_2O 净交换通量之间存在协同(Maljanen et al., 2006)、消长(Kim et al., 2012)和随机(Lam et al., 2011)的关系,其中氮添加很大程度上影响了它们之间的耦合和解耦过程(Acton and Baggs, 2011)。基于文献收集的结果表明,氮添加降低了很多生态系统的土壤微生物生物量,相应地减少了土壤的 CO_2 排放(Treseder, 2008),增加了 CH_4 的排放(Liu and Greaver, 2009)。

生态系统氮饱和是一个连续过程,取决于生态系统类型及接收到的大气氮沉降总量(Gundersen et al., 1998)。在长期受强氮沉降影响地区,生态系统氮循环水平较高,较少的氮输入就能很快达到生态系统的响应阈值,但是大气氮沉降通量较低的一些生态系统,往往氮循环水平较低,在较多的氮输入情况下也可能不会迅速进入氮饱和状态(Fenn, 1998)。一般认为,当无机氮沉降小于 25 kg N·hm^{-2}·a^{-1} 时,大部分氮被保留在生态系统中;当超过该值时,造成氮饱和。也有实验证明,氮沉降在 10~25 kg N·hm^{-2}·a^{-1} 时,森林生态系统的氮输出就会出现强烈反应(De Vries et al., 2006),增加森林对寒冷、霜冻、病害等胁迫的敏感性(肖辉林, 2000),影响整个生态系统的碳、氮、水循环。而且,生态系统的氮饱和状态存在记忆效应,生态系统达到氮饱和之后,需较长的时间才能恢复到正常状态,如 Mosier 对美国中部大草原的观测表明,氮施肥停止 12~13 年后,生态系统仍未恢复到原状(Mosier, 1996)。

16.5.3.2　大气氮沉降强度和频度改变对生态系统碳-氮-水耦合循环关系及循环过程的影响

氮沉降强度和频度是决定其对陆地生态系统影响的重要因素。但是目前国内外已经开展的模拟氮沉降的研究主要以一次或者生长季多次外源氮添加为主要手段,少有全年或者将生长季和冬季结合的模拟氮沉降实验。而除了受到氮沉降总量影响外,大气氮沉降强度和频度改变也会对生态系统碳、氮、水循环过程产生影响。

大气氮沉降强度和频度改变会对土壤理化性质产生影响。基于内蒙古温带典型草原一个四年的氮沉降模拟平台,研究了不同氮沉降强度和频度对不同土层土壤 pH 值及碳、氮、磷含量的影响。结果表明,随着施氮强度的增加,土壤 pH 值及全磷含量逐渐降低,但土壤有效氮和有效磷的含量呈增加趋势,可溶性有机碳含量无明显变化规律(周纪东等, 2016)。

大气氮沉降强度会对植被光合速率产生影响。将日本柳杉和日本赤松的 1 年生幼苗置于不同氮处理水平的土壤中进行为期两个生长季的试验(Nakaji et al., 2001;Nakaji et al., 2002),结果发现,日本柳杉幼苗的净光合速率随氮输入量的增加而提高,而在最高氮处理(340 kg N·hm^{-2}·a^{-1})水平下生长的日本赤松的净光合速率在第一个生长季的中期就开始下降。氮沉降对植物光合作用的影响主要是改变叶片中与光合作用有关的酶的浓度和活性。

不同强度的氮沉降或添加会影响 CH_4、N_2O 和 CO_2 的排放以及它们之间的耦合循环。Butterbach-Bahl 等(2002)研究表明,高氮沉降促进欧洲赤松林土壤 N_2O 排放,而低、中剂量氮沉降的影响不显著;中氮处理的 CH_4 吸收是高氮处理的 2~5 倍。Jassal 等(2011)研究表明,冬季施氮显著降低花旗松林土壤 CH_4 吸收,土壤 N_2O 由弱吸收转变为显著排放,施氮对 CH_4 吸收的抑制作用要低于对 N_2O 排放的促进作用。氮肥添加显著增加了我国南方常绿阔叶林和针叶林中 N_2O 的排放,并且随着施氮水平增加而显著提高(Zhang et al., 2008a);而氮肥添加尤其是高氮(150 kg N·hm^{-2}·a^{-1})添加显著降低了常绿阔叶林中 CH_4 的吸收,施氮没有影响针叶林中 CH_4 的排放(Zhang et al., 2008b)。北美和欧洲的实验结果都表明,氮输入可以降低土壤呼吸(Bowden et al., 2004),但在鼎湖山亚热带季风森林的研究发现,低施氮量对土壤呼吸略有促进,在中、高施氮水平下土壤呼吸有明显降低(Mo et al., 2007)。森林和草地土壤 CO_2 排放对外源性氮输入的响应有促进(Cleveland and Townsend, 2006)、抑制(Mo et al., 2008)和无显著影响(Micks et al., 2004)三种结论,与生态系统类型、初始有效氮状态、施氮类型与剂量以及持续时间等多个因素有关,取决于生态系统"氮饱和"的发育阶段。在时间序列上,森林和草地土壤 CO_2 排放对增氮的响应呈现非线性(促进→不变→抑制)。

16.6　大气氮沉降对生态系统影响的多重效应

大气氮沉降对生态系统的影响是多方面的,除了上述对生态系统碳、氮、水循环的影响,还对生物因子和环境因子等具有多重影响效应。大气氮沉降能够影响生态系统植被和土壤微生物的群落结构及生物多样性,具有改变优势种的潜在能力。此外,过量的氮沉降会增加生态系统土壤氮饱和的风险,酸化土壤,造成碱基离子的淋溶损失,危害土壤和水体环境健康。

16.6.1 大气氮沉降对生物因子的影响

大气氮沉降对生物因子的影响主要表现在改变陆地生态系统植物和微生物的生物量和多样性。外源氮输入能够促进植物生长,增加生态系统生产力(Mack et al., 2004),影响植物物种的多样性(Stevens et al., 2004)和凋落物的量及品质(Erickson et al., 2001),影响土壤微生物的群落结构和数量(赵超等, 2015)。植被群落的不同物种对氮沉降的响应不同。例如,美国佛蒙特州的长期施肥实验发现,衰退的、氮循环慢的针叶林可能会被生长快速、氮循环快的落叶阔叶林取代(Fenn, 1998)。在森林生态系统中,林下植被也存在同样的问题。在瑞典中部一处欧洲赤松林进行不同水平的氮添加的研究表明,经过 8 年的氮肥添加处理后,林下的植物层发生了变化,20 年后,先前的林下层植物种类消失(Thimonier et al., 1994)。不同物种对氮沉降的响应是有差异的,并非所有物种都受益于氮沉降。因此,受益的物种其生长更有利,而有些物种因其自身的保守性不能适应新的环境而逐渐被淘汰,群落物种对氮沉降响应的差异造成了植被三维结构上的变化。

氮添加能够改变生态系统的优势种,显著地减少生态系统的生物多样性(Vitousek et al., 1997)。Verhoeven 等(2011)在爱尔兰一个中等营养水平湿地进行的 4 年铵态氮(NH_4^+-N)和硝态氮(NO_3^--N)添加实验表明,NO_3^--N 对于植被并没有不利的影响,然而,NH_4^+-N 通过减少苔藓植物的生物多样性降低了其生物量;同时,NH_4^+-N 虽然增加了维管束植物的生物量,但也可能伴随着湿地优势物种的改变。NH_4^+-N 对某些植物细胞产生的毒害作用可能是其降低生态系统生物多样性的内在机理(Paulissen et al., 2004;Verhoeven et al., 2011)。高水平的氮沉降输入可能改变生态系统固有的物种多样性和生产力水平间的驼峰曲线关系,而其中 NH_4^+-N 的毒害作用也值得关注(Kronzucker et al., 2001;Gilliam, 2006)。此外,Stevens 等(2004)在英国跨越 68 个酸性草原、覆盖从低到高氮沉降水平($5 \sim 35$ kg N·hm^{-2}·a^{-1})的研究表明,长期的氮沉降会显著降低植物多样性;而且具有中度氮沉降水平的中欧(17 kg N·hm^{-2}·a^{-1})的物种多样性比最低氮沉降水平地区减少 23%。

16.6.2 大气氮沉降对环境因子的影响

大气氮沉降会导致土壤中有效氮养分增加和土壤酸化等变化。土壤的养分有效性在氮沉降的背景下发生了显著的变化,全球土壤无机氮含量在氮添加处理下增加了 114%,其中土壤铵态氮含量增加了 47%,土壤硝态氮含量增加了 429%(Lu et al., 2011)。长期且较高水平的大气氮沉降输入可能加剧土壤酸化,降低土壤的 pH 值(Vitousek et al., 1997;Lu et al., 2014;Tian and Niu,2015)。Tian 和 Niu(2015)通过文献数据的集成分析结果表明,氮添加显著降低了全球土壤 pH 值,草地土壤 pH 值下降最大,北方森林则没有下降,土壤 pH 值的变化与生态系统类型、氮添加的剂量、氮的添加形态和施肥持续时间有关。大气氮沉降中的 NH_4^+-N 和 NO_3^--N 组分都可能导致土壤酸化,但两者的作用机理是不同的。NH_4^+-N 的硝化作用和 NO_3^--N 的淋溶损失是土壤酸化的主要机制。以 NH_4^+-N 形态的大气氮沉降输入,随着土壤中 NH_4^+-N 的积累,硝化作用加大,从而会产生更多的 H^+,导致土壤酸化的作用更强。NH_4^+ 能够置换出被土壤吸附的阳离子(如 H^+、Ca^{2+}、Mg^{2+}),释放 H^+,并且加速盐基离子的淋失。而过量的 NO_3^--N 还容易导致淋溶作用增强,并且伴随着 Ca^{2+} 和 Mg^{2+} 等盐基离子流失,活化土壤中的 Al^{3+},从而酸化土壤(Bowman et al., 2008;Tian and Niu,2015)。

在长白山森林模拟氮沉降的研究发现,在表层土壤中,三年的氮添加仅增加了土壤中易分解的有机碳,而不是总有机碳。外源氮添加处理下土壤中总有机碳和易分解的有机碳组分含量变化符合高斯模型。当氮添加强度在 $60 \sim 120$ kg N·hm^{-2}·a^{-1} 范围内,土壤粗和细颗粒有机碳含量都显著增加。在目前大气氮沉降水平下,据估计,长白山温带森林氮沉降的临界值在 $8 \sim 100$ kg N·hm^{-2}·a^{-1}(Cheng et al., 2018)。

大气氮沉降会导致水体酸化和富营养化。大气氮沉降会直接输入湖泊和河流等水域生态系统,改变水体的营养元素含量,降低水质,引起水体酸化和富营养化等一系列的环境问题(Vitousek et al., 1997)。陆地生态系统土壤能够保持的氮有限,持续高水平的氮输入可能使得土壤氮达到饱和状态(Aber et al., 1989;Liu et al., 2011;Zhao et al., 2017)。当土壤达到氮饱和后,过量的氮主要通过淋溶的方式从土壤进入水体环境或者通过反硝化过程转化成氮氧化物进入大气(Fang et al., 2009；Fang et al., 2011)。并且由于 NO_3^--N 具有更强的移动性,淋溶损失的主要成分也通常是 NO_3^--N(Kuzyakov and Xu,2013)。大气氮沉降中,NO_3^--N 通过淋溶进入地表水和地下水,同时还会导致盐基离子(如 Ca^{2+}、Mg^{2+})和致酸离子(如 H^+ 和 Al^{3+})等营养元素的淋失。生态系统可能因此失去氮汇的功能,向地下水淋溶硝酸盐或向大气排放氮氧化物等温室气体(Aber et al., 1989)。

参考文献

布坎南 BB, 格鲁依森姆 W, 琼斯 RL. 翟礼嘉, 顾红雅, 白书农, 等译. 2004. 植物生物化学与分子生物学. 北京: 科学出版社.

程淑兰, 方华军, 徐梦, 等. 2018. 氮沉降增加情景下植物-土壤-微生物交互对自然生态系统土壤有机碳的调控研究进展. 生态学报, 38(23): 8285-8295.

邓琦, 周国逸, 刘菊秀, 等. 2009. CO_2 浓度倍增、高氮沉降和高降雨对南亚热带人工模拟森林生态系统土壤呼吸的影响. 植物生态学报, 33(6): 1023-1033.

段洪浪, 刘菊秀, 邓琦, 等. 2009. CO_2 浓度升高与氮沉降对南亚热带森林生态系统植物生物量积累及分配格局的影响. 植物生态学报, 33(3): 570-579.

方华军, 程淑兰, 于贵瑞, 等. 2014. 大气氮沉降对森林土壤甲烷吸收和氧化亚氮排放的影响及其微生物学机制. 生态学报, 34(17): 4799-4806.

高凯敏, 刘锦春, 梁千慧, 等. 2015. 6 种草本植物对干旱胁迫和 CO_2 浓度升高交互作用的生长响应. 生态学报, 35(18): 6110-6119.

贾钧彦, 张颖, 蔡晓布, 等. 2009. 藏东南大气氮湿沉降动态变化. 生态学报, 19(4): 1907-1913.

贾彦龙. 2016. 中国及全球大气氮沉降的时空格局研究. 博士学位论文. 北京: 中国科学院大学.

贾彦龙, 王秋凤, 朱剑兴, 等. 2019. 1996—2015 年中国大气无机氮湿沉降时空格局数据集. 中国科学数据, 4(1): 4-13.

李德军, 莫江明, 方运霆, 等. 2003. 氮沉降对森林植物的影响. 生态学报, 23: 1891-1900.

李生秀, 寸待贵, 高亚军, 等. 1993. 黄土旱塬降水向土壤输入的氮素. 干旱地区农业研究, 11: 83-92.

龙凤玲, 李义勇, 方熊, 等. 2014. 大气 CO_2 浓度上升和氮添加对南亚热带模拟森林生态系统土壤碳稳定性的影响. 植物生态学报, 38(10): 1053-1063.

卢蒙. 2009. 氮输入对生态系统碳、氮循环的影响: 整合分析. 博士学位论文. 上海: 复旦大学.

彭正萍. 2019. 植物氮素吸收、转运和分配调控机制研究. 河北农业大学学报, 42(3): 1-5.

平晓燕, 周广胜, 孙敬松. 2010. 植物光合产物分配及其影响因子研究进展. 植物生态学报, 34(1): 100-111.

史正军, 樊小林. 2002. 水稻根系生长及根构型对氮素供应的适应性变化. 西北农林科技大学学报, 30: 1-6.

肖辉林. 2000. 大气 N 沉降的增加对森林营养和胁迫敏感性的影响. 农业环境保护, 19(6): 378-379.

徐兴良, 白洁冰, 欧阳华. 2011. 植物吸收土壤有机氮的研究进展. 自然资源学报, 26: 715-723.

元晓春, 杨景清, 王铮, 等. 2018. 增温和施氮对亚热带杉木人工林土壤溶液养分的影响. 生态学报, 38(7): 2323-2332.

张玉铭, 胡春胜, 张佳宝, 等. 2011. 农田土壤主要温室气体(CO_2、CH_4、N_2O)的源/汇强度及其温室效应研究进展. 中国生态农业学报, 19(4): 966-975.

赵超, 彭赛, 阮宏华, 等. 2015. 氮沉降对土壤微生物影响的研究进展. 南京林业大学学报(自然科学版), 03: 149-155.

周纪东, 史荣久, 赵峰, 等. 2016. 施氮频率和强度对内蒙古温带草原土壤 pH 及碳、氮、磷含量的影响. 应用生态学报, 27(08): 2467-2476.

周晓慧, 彭培好, 李景吉. 2019. 模拟气候变暖和氮沉降对两种来源加拿大一枝黄花叶性状和性状谱的影响. 生态学报, 39(5): 1605-1615.

朱剑兴. 2018. 中国区域陆地生态系统大气氮湿沉降及其生态效应研究. 博士学位论文. 北京: 中国科学院大学.

朱剑兴, 王秋凤, 于海丽, 等. 2019. 2013 年中国典型生态系统大气氮、磷、酸沉降数据集. 中国科学数据, 4(1): 78-85.

朱永官, 王晓辉, 杨晓茹, 等. 2014. 农田土壤 N_2O 产生的关键微生物过程及减排措施. 环境科学, 35(2): 792-800.

宗宁, 柴曦, 石培礼, 等. 2016. 藏北高寒草甸群落结构与物种组成对增温与施氮的响应. 应用生态学报, 27(12): 3739-3748.

Aber JD, Magill AH. 2004. Chronic nitrogen additions at the Harvard Forest (USA): The first 15 years of a nitrogen saturation experiment. *Forest Ecology and Management*, 196: 1-5.

Aber JD, McDowell W, Nadelhoffer K, et al. 1998. Nitrogen saturation in temperate forest ecosystems: Hypotheses revisited. *BioScience*, 48(11): 921-934.

Aber JD, Nadelhoffer KJ, Steudler P, et al. 1989. Nitrogen saturation in northern forest ecosystems. *BioScience*, 39: 378-286.

Ackerman D, Millet DB, Chen X. 2019. Global estimates of inorganic nitrogen deposition across four decades. *Global Biogeochemical Cycles*, 33: 100-107.

Acton SD, Baggs EM. 2011. Interactions between N application rate, CH_4 oxidation and N_2O production in soil. *Biogeochemistry*, 103: 15-26.

Ashton IW, Miller AE, Bowman WD, et al. 2010. Niche complementarity due to plasticity in resource use: Plant partitioning of chemical N forms. *Ecology*, 91: 3252-3260.

Azam F, Simmons FW, Mulvaney RL. 1993. Mineralization of N from plant residues and its interaction with native soil N. *Soil Biology and Biochemistry*, 25: 1787-1792.

Bai YF, Wu JG, Clark CM, et al. 2010. Tradeoffs and thresholds in the effects of nitrogen addition on biodiversity and ecosystem functioning: Evidence from Inner Mongolia Grasslands. *Global Change Biology*, 16: 358-372.

Bai YF, Wu JG, Xing Q, et al. 2008. Primary production and rain use efficiency across a precipitation gradient on the Mongolia plateau. *Ecology*, 89: 2140-2153.

Battye W, Aneja VP, Schlesinger WH. 2017. Is nitrogen the next carbon? *Earth's Future*, 5: 894-904.

Behera SN, Sharma M, Aneja VP, et al. 2013. Ammonia in the atmosphere: A review on emission sources, atmospheric chemistry and deposition on terrestrial bodies. *Environmental Science and Pollution Research*, 20: 8092-8131.

Bergstrom AK. 2010. The use of TN:TP and DIN:TP ratios as indicators for phytoplankton nutrient limitation in oligotrophic lakes affected by N deposition. *Aquatic Sciences*, 72 (3): 277-281.

Black KE, Harbron CG, Franklin M, et al. 1998. Differences in root longevity of some tree species. *Tree Physiology*, 18: 259-264.

Blagodatskaya EV, Kuzyakov Y. 2008. Mechanisms of real and apparent priming effects and their dependence on soil microbial biomass and community structure: Critical review. *Biology and Fertility of Soils*, 45: 115-131.

Bobbink R, Hicks K, Galloway J, et al. 2010. Global assessment of nitrogen deposition effects on terrestrial plant diversity: A synthesis. *Ecological Applications*, 20: 30-59.

Bobbink R, Hornung M, Roelofs JGM. 1998. The effects of airborne nitrogen pollutants on species diversity in natural and semi-natural European vegetation. *Journal of Ecology*, 86: 717-738.

Bobbink R, Lamers LPM. 2002. Effects of increased nitrogen deposition. *Environmental Pollution*, 12: 201-203.

Borken W, Brumme R. 2009. Methane uptake by temperate forest soils. In: Brumme R, Khanna PK. *Functioning and Management of European Beech Ecosystems. Ecological Studies*.

Berlin Heidelberg: Springer, 369-385.

Bouwman AF, Lee DS, Asman W, et al. 1997. A global high-resolution emission inventory for ammonia. *Global Biogeochemical Cycles*, 11: 561-587.

Bowden RD, Davidson E, Savage K, et al. 2004. Chronic nitrogen additions reduce total soil respiration and microbial respiration in temperate forest soils at the Harvard Forest. *Forest Ecology and Management*, 196: 43-56.

Bowman WD, Cleveland CC, Halada L, et al. 2008. Negative impact of nitrogen deposition on soil buffering capacity. *Nature Geoscience*, 1: 767-770.

Boxman AW, Blanck K, Brandrud TE, et al. 1998. Vegetation and soil biota response to experimentally-changed nitrogen inputs in coniferous forest ecosystems of the NITREX project. *Forest Ecology and Management*, 101: 65-79.

Burns RG, De Forest JL, Marxsen J, et al. 2013. Soil enzymes in a changing environment: Current knowledge and future directions. *Soil Biology and Biochemistry*, 58: 216-234.

Burton AJ, Pregitzer KS, Hendrick RL. 2000. Relationships between fine root dynamics and nitrogen availability in Michigan northern hardwood forests. *Oecologia*, 125: 389-399.

Butterbach-Bahl K, Breuer L, Gasche R, et al. 2002. Exchange of trace gases between soils and the atmosphere in Scots pine forest ecosystems of the northeastern German lowlands: 1. Fluxes of N_2O, NO/NO_2 and CH_4 at forest sites with different N deposition. *Forest Ecology and Management*, 167: 123-134.

Cañizares R, Moreno B, Benitez E. 2012. Biochemical characterization with detection and expression of bacterial β-glucosidase encoding genes of a Mediterranean soil under different long-term management practices. *Biology and Fertility of Soils*, 48(6): 651-663.

Carney KM, Hungate BA, Drake BG, et al. 2007. Altered soil microbial community at elevated CO_2 leads to loss of soil carbon. *Proceedings of the National Academy of Sciences*, 104 (12): 4990-4995.

Chen H, Li DJ, Gurmesa GA, et al. 2015. Effects of nitrogen deposition on carbon cycle in terrestrial ecosystems of China: A meta-analysis. *Environmental Pollution*, 206: 352-360.

Cheng S, Fang H, Yu G. 2018. Threshold responses of soil organic carbon concentration and composition to multi-level nitrogen addition in a temperate needle-broadleaved forest. *Biogeochemistry*, 137: 219-233.

Cleveland CC, Townsend AR. 2006. Nutrient additions to a tropical rain forest drive substantial soil carbon dioxide losses to the atmosphere. *Proceedings of the National Academy of Sciences*, 103: 10316-10321.

Creamer CA, de Menezes AB, Krull ES, et al. 2015. Microbial

community structure mediates response of soil C decomposition to litter addition and warming. *Soil Biology and Biochemistry*, 80: 175-188.

Currey PM, Johnson D, Dawson LA, et al. 2011. Five years of simulated atmospheric nitrogen deposition have only subtle effects on the fate of newly synthesized carbon in *Calluna vulgaris* and *Eriophorum vaginatum*. *Soil Biology and Biochemistry*, 43: 495-502.

Cusack DF, Silver WL, Torn MS, et al. 2011. Changes in microbial community characteristics and soil organic matter with nitrogen additions in two tropical forests. *Ecology*, 92(3): 621-632.

Davidson EA, Janssens IA. 2006. Temperature sensitivity of soil carbon decomposition and feedbacks to climate change. *Nature*, 440(7081): 165-173.

De Vries W, Reinds GJ, Gundersen P, et al. 2006. The impact of nitrogen deposition on carbon sequestration in European forests and forest soils. *Global Change Biology*, 12: 1151-1173.

DeForest JL, Zak DR, Pregitzer KS, et al. 2004. Atmospheric nitrate deposition and the microbial degradation of cellobiose and vanillin in a northern hardwood forest. *Soil Biology and Biochemistry*, 36: 965-971.

Dentener F, Crutzen P. 1994. A three-dimensional model of the global ammonia cycle. *Journal of Atmospheric Chemistry*, 19: 331-369.

Dentener F, Drevet J, Lamarque J, et al. 2006. Nitrogen and sulfur deposition on regional and global scales: A multi-model evaluation. *Global Biogeochemical Cycles*, 20: GB4003.

Dijkstra FA, Carrillo Y, Pendall E, et al. 2013. Rhizosphere priming: A nutrient perspective. *Frontiers in Microbiology*, 39: 600-606.

Du EZ. 2016. Rise and fall of nitrogen deposition in the United States. *Proceedings of the National Academy of Sciences*, 113: E3594-E3595.

Du EZ, de Vries W, Liu X, et al. 2015. Spatial boundary of urban "acid islands" in southern China. *Scientific Reports*, 5, 12625.

Edwards IP, Zak DR, Kellner H, et al. 2011. Simulated atmospheric N deposition alters fungal community composition and suppresses ligninolytic gene expression in a northern hardwood forest. *PLoS One*, 6(6): e20421.

Eisenlord SD, Freedman Z, Zak DR, et al. 2013. Microbial mechanisms mediating increased soil C storage under elevated atmospheric N deposition. *Applied and Environmental Microbiology*, 79(4): 1191-1199.

Elser JJ, Bracken ES, Cleland EE, et al. 2007. Global analysis of nitrogen and phosphorus limitation of primary producers in freshwater, marine and terrestrial ecosystems. *Ecology Letters*, 10(12): 1135-1142.

Engardt M, Simpson D, Schwikowski M, et al. 2017. Deposition of sulphur and nitrogen in Europe 1900—2050. Model calculations and comparison to historical observations. *Tellus B*, 69: 1328945.

Entwistle EM, Zak DR, Edwards IP. 2013. Long-term experimengtal nitrogen deposition alters the composition of the active fungal community in the forest floor. *Soil Science Society of America Journal*, 77(5): 1648-1658.

Erickson H, Keller M, Davidson EA. 2001. Nitrogen oxide fluxes and nitrogen cycling during postagricultural succession and forest fertilization in the humid tropics. *Ecosystems*, 4: 67-84.

Erisman JW, Vries W. 2000. Nitrogen deposition and effects on European forests. *Environmental Reviews*, 8: 65-93.

Evans JR. 1989. Photosynthesis and nitrogen relationships in leaves of C_3 plants. *Oecologia*, 78: 9-19.

Fan SC, Lin CS, Hsu PK, et al. 2009. The *Arabidopsis* nitrate transporter NRT1.7, expressed in phloem, is responsible for source to sink remobilization of nitrate. *The Plant Cell*, 21: 2750-2761.

Fang HJ, Cheng SL, Yu GR, et al. 2014. Nitrogen deposition impacts on the amount and stability of soil organic matter in an alpine meadow ecosystem depend on the form and rate of applied nitrogen. *European Journal of Soil Science*, 65(4): 510-519.

Fang YT, Gundersen P, Mo JM, et al. 2009. Nitrogen leaching in response to increased nitrogen inputs in subtropical monsoon forests in southern China. *Forest Ecology and Management*, 257: 332-342.

Fang YT, Gundersen P, Vogt RD, et al. 2011. Atmospheric deposition and leaching of nitrogen in Chinese forest ecosystems. *Journal of Forest Research*, 16: 341-350.

Fenn ME. 1998. Nitrogen excess in North American ecosystems: Predisposing factors, ecosystem responses and management strategies. *Ecological Applications*, 8: 706-733.

Fernández-Martínez M, Vicca S, Janssens I, et al. 2014. Nutrient availability as the key regulator of global forest carbon balance. *Nature Climate Change*, 4(6): 471-476.

Fleischer K, Rebel KT, van der Molen MK, et al. 2013. The contribution of nitrogen deposition to the photosynthetic capacity of forests. *Global Biogeochemical Cycles*, 27(1): 187-199.

Fowler D, Coyle M, Skiba U, et al. 2013. The global nitrogen cycle in the twenty-first century. *Philosophical Transactions of the Royal Society of London Series B, Biological Sciences*,

368: 20130164.

Freedman ZB, Romanowicz KJ, Upchurch RA, et al. 2015. Differential responses of total and active soil microbial communities to long-term experimental N deposition. *Soil Biology and Biochemistry*, 90, 275-282.

Galloway JN, Aber JD, Erisman JW, et al. 2003. The nitrogen cascade. *BioScience*, 53(4): 341-356.

Galloway JN, Cowling EB. 2002. Reactive nitrogen and the world: 200 Years of change. *AMBIO: A Journal of the Human Environment*, 31:64-71.

Galloway JN, Dentener FJ, Capone DG, et al. 2004. Nitrogen cycles: Past, present, and future. *Biogeochemistry*, 70: 153-226.

German DP, Marcelo KRB, Stone MM, et al. 2012. The Michaelis-Menten kinetics of soil extracellular enzymes in response to temperature: A cross-latitudinal study. *Global Change Biology*, 18: 1468-1479.

Gilliam FS. 2006. Response of the herbaceous layer of forest ecosystems to excess nitrogen deposition. *Journal of Ecology*, 94: 1176-1191.

Gundersen P. 1992. Mass balance approaches for establishing critical loads for nitrogen in terrestrial ecosystems. Critical Loads for Nitrogen—a workshop report. *Nordic Council of Ministes*, 55-110.

Gundersen P, Emmett BA, Kjønaas OJ, et al. 1998. Impact of nitrogen deposition on nitrogen cycling in forests: A synthesis of NITREX data. *Forest Ecology and Management*, 101 (1-3): 37-55.

Güsewell S. 2004. N:P ratios in terrestrial plants: Variation and functional significance. *New Phytologist*, 164(2): 243-266.

Güsewell S. 2005. Responses of wetland graminoids to the relative supply of nitrogen and phosphorus. *Plant Ecology*, 176 (1): 35-55.

Han X, Sistla SA, Zhang YH, et al. 2014. Hierarchical responses of plant stoichiometry to nitrogen deposition and mowing in a temperate steppe. *Plant and Soil*, 382(1-2): 175-187.

Harpole WS, Ngai JT, Cleland EE, et al. 2011. Nutrient co-limitation of primary producer communities. *Ecology Letters*, 14 (9): 852-862.

He NP, Zhu JX, Wang QF. 2015. Uncertainty and perspectives in studies of atmospheric nitrogen deposition in China: A response to Liu et al. (2015). *Science of The Total Environment*, 520: 302-304.

Hendrick RL, Pregitzer KS. 1993. The dynamics of fine root length, biomass, and nitrogen content in two northern hardwood ecosystems. *Canadian Journal of Forest Research*,

23: 2507-2520.

Högberg P, Fan HB, Quist M, et al. 2006. Tree growth and soil acidification in response to 30 years of experimental nitrogen loading on boreal forest. *Global Change Biology*, 12: 489-499.

Holland EA, Braswell BH, Sulzman J, et al. 2005. Nitrogen deposition onto the United States and Western Europe: Synthesis of observations and models. *Ecological Applications*, 15: 38-57.

Hui D, Mayes MA, Wang G. 2013. Kinetic parameters of phosphatase: A quantitative synthesis. *Soil Biology and Biochemistry*, 65: 105-113.

Hütsch BW. 2001. Methane oxidation in non-flooded soils as affected by crop production—invited paper. *European Journal of Agronomy*, 14(4): 237-260.

Janssens IA, Dieleman W, Luyssaert S, et al. 2010. Reduction of forest soil respiration in response to nitrogen deposition. *Nature Geoscience*, 3(5): 315-322.

Jassal RS, Black TA, Roy R, et al. 2011. Effect of nitrogen fertilization on soil CH_4 and N_2O fluxes, and soil and bole respiration. *Geoderma*, 162(1/2): 182-186.

Jia YL, Yu GR, Gao YN, et al. 2016. Global inorganic nitrogen dry deposition inferred from ground- and space-based measurements. *Scientific Reports*, 6: 19810.

Jia YL, Yu GR, He NP, et al. 2014. Spatial and decadal variations in inorganic nitrogen wet deposition in China induced by human activity. *Scientific Reports*, 4: 3763.

Kellner H, Zak DR, Vandenbol M. 2010. Fungi unearthed: Transcripts encoding lignocellulolytic and chitinolytic enzymes in forest soil. *PloS One*, 5: e10971.

Kim YS, Imori M, Watanabe M, et al. 2012. Simulated nitrogen inputs influence methane and nitrous oxide fluxes from a young larch plantation in northern Japan. *Atmospheric Environment*, 46: 36-44.

Kronzucker HJ, Britto DT, Davenport RJ, et al. 2001. Ammonium toxicity and the real cost of transport. *Trends in Plant Science*, 6: 335-337.

Kuzyakov Y. 2002. Review: Factors affecting rhizosphere priming effects. *Journal of Plant Nutrition and Soil Science*, 165: 382-396.

Kuzyakov Y, Cheng W. 2004. Photosynthesis controls of CO_2 efflux from maize rhizosphere. *Plant and Soil*, 263: 85-99.

Kuzyakov Y, Friedel JK, Stahr K. 2000. Review of mechanisms and quantification of priming effects. *Soil Biology and Biochemistry*, 32: 1485-1498.

Kuzyakov Y, Xu XL. 2013. Competition between roots and microorganisms for nitrogen: Mechanisms and ecological relevance. *New Phytologist*, 198: 656-669.

Lam SK, Lin E, Norton R, et al. 2011. The effect of increased atmospheric carbon dioxide concentration on emissions of nitrous oxide, carbon dioxide and methane from a wheat field in a semiarid environment in northern China. *Soil Biology and Biochemistry*, 43(2) : 458-461.

LeBauer DS, Treseder KK. 2008. Nitrogen limitation of net primary productivity in terrestrial ecosystems is globally distributed. *Ecology*, 89: 371-379.

Li Y, Schichtel BA, Walker JT, et al. 2016. Increasing importance of deposition of reduced nitrogen in the United States. *Proceedings of the National Academy of Sciences*, 113(21): 5874-5879.

Liu L, Zhang XY, Xu W, et al. 2017b. Estimation of monthly bulk nitrate deposition in China based on satellite NO_2 measurement by the Ozone Monitoring Instrument. *Remote Sensing of Environment*, 199: 93-106.

Liu L, Zhang XY, Zhang Y, et al. 2017a. Dry particulate nitrate deposition in China. *Environmental Science and Technology*, 51: 5572-5581.

Liu LL, Greaver TL. 2009. A review of nitrogen enrichment effects on three biogenic GHGs: The CO_2 sink may be largely offset by stimulated N_2O and CH_4 emission. *Ecology Letters*, 12: 1103-1117.

Liu XJ, Duan L, Mo JM, et al. 2011. Nitrogen deposition and its ecological impact in China: An overview. *Environmental Pollution*, 159: 2251-2264.

Liu XJ, Zhang Y, Han WX, et al. 2013a. Enhanced nitrogen deposition over China. *Nature*, 494: 459-462.

Liu YW, Xu RI, Xu XL, et al. 2013b. Plant and soil responses of an alpine steppe on the Tibetan Plateau to multi-level nitrogen addition. *Plant and Soil*, 373: 515-529.

Lloyd J. 1999. The CO_2 dependence of photosynthesis, plant growth responses to elevated CO_2 concentrations and their interaction with soil nutrient status. II. Temperate and boreal forest productivity and the combined effects of increasing CO_2 concentrations and increased nitrogen deposition at a global scale. *Functional Ecology*, 13: 439-459.

Lovett GM, Goodale CL. 2011. A new conceptual model of nitrogen saturation based on experimental nitrogen addition to an Oak forest. *Ecosystems*, 14: 615-631.

Lü CQ, Tian HQ. 2007. Spatial and temporal patterns of nitrogen deposition in China: Synthesis of observational data. *Journal of Geophysical Research*, 112: D22S05.

Lü CQ, Tian HQ. 2014. Half-century nitrogen deposition increase across China: A gridded time-series data set for regional environmental assessments. *Atmospheric Environment*,

97: 68-74.

Lu M, Yang YH, Luo YQ, et al. 2011. Responses of ecosystem nitrogen cycle to nitrogen addition: A meta-analysis. *New Phytologist*, 189: 1040-1050.

Lu XK, Mao QG, Gilliam FS, et al. 2014. Nitrogen deposition contributes to soil acidification in tropical ecosystems. *Global Change Biology*, 20: 3790-3801.

Ma X, Zarebanadkouki M, Kuzyakov Y, et al. 2018. Spatial patterns of enzyme activities in the rhizosphere: Effects of root hairs and root radius. *Soil Biology and Biochemistry*, 118: 69-78.

Ma YC, Zhu B, Sun ZZ, et al. 2014. The effects of simulated nitrogen deposition on extracellular enzyme activities of litter and soil among different-aged stands of larch. *Journal of Plant Ecology*, 7(3): 240-249.

Mack MC, Schuur EAG, Bret-Harte MS, et al. 2004. Ecosystem carbon storage in arctic tundra reduced by long-term nutrient fertilization. *Nature*, 431: 440-443.

Magill AH, Aber JD, Currie WS, et al. 2004. Ecosystem response to 15 years of chronic nitrogen additions at the Harvard Forest LTER, Massachusetts, USA. *Forest Ecology and Management*, 196: 7-28.

Maljanen M, Jokinen H, Saari A, et al. 2006. Methane and nitrous oxide fluxes, and carbon dioxide production in boreal forest soil fertilized with wood ash and nitrogen. *Soil Use and Management*, 22(2): 151-157.

Mandernack KW, Kinney CA, Coleman D, et al. 2000. The biogeochemical controls of N_2O production and emission in landfill cover soils: The role of methanotrophs in the nitrogen cycle. *Environmental Microbiology*, 2(3): 298-309.

Marklein AR, Houlton BZ. 2012. Nitrogen inputs accelerate phosphorus cycling rates across a wide variety of terrestrial ecosystems. *New Phytologist*, 193(3): 696-704.

Meier CL, Bowman WD. 2008. Links between plant litter chemistry, species diversity, and below-ground ecosystem function. *Proceedings of the National Academy of Sciences*, 105(50): 19780-19785.

Micks P, Aber JD, Boone RD, et al. 2004. Short-term soil respiration and nitrogen immobilization response to nitrogen applications in control and nitrogen-enriched temperate forests. *Forest Ecology and Management*, 196(1): 57-70.

Mo J, Zhang W, Zhu W, et al. 2008. Nitrogen addition reduces soil respiration in a mature tropical forest in southern China. *Global Change Biology*, 14(2): 403-412.

Mo JM, Zhang W, Zhu WX, et al. 2007. Response of soil respiration to simulated N deposition in a disturbed and a rehabilitated tropical forest in southern China. *Plant and Soil*, 296:

125-135.

Morishita T, Aizawa S, Yoshinaga S, et al. 2011. Seasonal change in N_2O flux from forest soils in a forest catchment in Japan. *Journal of Forest Research*, 16(5): 386-393.

Mosier AR. 1996. CH_4 and N_2O fluxes in the Colorado shortgrass steppe: Impact of landscape and nitrogen addition. *Global Biogeochemical Cycles*, 10(3): 387-399.

Nair RK, Perks MP, Weatherall A, et al. 2016. Does canopy nitrogen uptake enhance carbon sequestration by trees? *Global Change Biology*, 22: 875-888.

Nakaji T, Fukami M, Dokiya Y, et al. 2001. Effects of high nitrogen load on growth, photosynthesis and nutrient status of *Cryptomeria japonica* and *Pinus densiflora* seedlings. *Trees*, 8: 453-461.

Nakaji T, Takenaga S, Kuroha M, et al. 2002. Photosynthetic response of *Pinus densiflora* seedings to high nitrogen load. *Environmental Sciences*, 9: 269-282.

Nannipieri P, Giagnoni L, Renella G, et al. 2012. Soil enzymology: Classical and molecular approaches. *Biology and Fertility of Soils*, 48(7): 743-762.

Nielsen U, Ayres E, Wall D, et al. 2011. Soil biodiversity and carbon cycling: A review and synthesis of studies examining diversity-function relationships. *European Journal of Soil Science*, 62(1): 105-116.

Niu SL, Wu MY, Han Y, et al. 2008. Water-mediated responses of ecosystem carbon fluxes to climatic change in a temperate steppe. *New Phytologist*, 177: 209-219.

Niu SL, Wu MY, Han Y, et al. 2010. Nitrogen effects on net ecosystem carbon exchange in a temperate steppe. *Global Change Biology*, 16: 144-155.

Niu SL, Yang HJ, Zhang Z, et al. 2009. Non-additive effects of water and nitrogen addition on ecosystem carbon exchange in a temperate steppe. *Ecosystems*, 12: 915-926.

Nottingham AT, Turner BL, Chamberlain PM, et al. 2012. Priming and microbial nutrient limitation in lowland tropical forest soils of contrasting fertility. *Biogeochemistry*, 111: 219-237.

Oita A, Malik A, Kanemoto K, et al. 2016. Substantial nitrogen pollution embedded in international trade. *Nature Geoscience*, 9: 111-115.

Pan YP, Wang YS, Tang GQ, et al. 2012. Wet and dry deposition of atmospheric nitrogen at ten sites in Northern China. *Atmospheric Chemistry and Physics*, 12: 6515-6535.

Paulissen MPCP, van der Ven, Dees PJM, et al. 2004. Differential effects of nitrate and ammonium on three fen bryophyte species in relation to pollutant nitrogen input. *New Phytologist*, 164: 451-458.

Peschel AR, Zak DR, Cline LC, et al. 2015. Elk, sagebrush, and saprotrophs: Indirect top-down control on microbial community composition and function. *Ecology*, 96 (9): 2383-2393.

Philippot L, Raaijmakers JM, Lemanceau P, et al. 2013. Going back to the roots: The microbial ecology of the rhizosphere. *Nature Reviews Microbiology*, 11(11): 789-799.

Phillips RP, Finzi AC, Bernhardt ES. 2011. Enhanced root exudation induces microbial feedbacks to N cycling in a pine forest under long-term CO_2 fumigation. *Ecology Letters*, 14: 187-194.

Ramirez KS, Craine JM, Fierer N. 2012. Consistent effects of nitrogen amendments on soil microbial communities and processes across biomes. *Global Change Biology*, 18 (6): 1918-1927.

Razavi BS, Zarebanadkouki M, Blagodatskaya E, et al. 2016. Rhizosphere shape of lentil and maize: Spatial distribution of enzyme activities. *Soil Biology and Biochemistry*, 96: 229-237.

Reay DS, Dentener F, Smith P, et al. 2008. Global nitrogen deposition and carbon sinks. *Nature Geoscience*, 1: 430-437.

Rennenberg H, Gessler A. 1999. Consequences of N deposition to forest ecosystems—recent results and future research needs. *Water Air Soil Pollution*, 116: 47-64.

Richardson DJ, Wehrfritz JM, Keech A, et al. 1998. The diversity of redox proteins involved in bacterial heterotrophic nitrification and aerobic denitrification. *Biochemical Society Transactions*, 26(3): 401-408.

Richter A, Burrows JP, Nuss H, et al. 2005. Increase in tropospheric nitrogen dioxide over China observed from space. *Nature*, 437: 129-132.

Saiya-Cork K, Sinsabaugh R, Zak D. 2002. The effects of long term nitrogen deposition on extracellular enzyme activity in an *Acer saccharum* forest soil. *Soil Biology and Biochemistry*, 34 (9): 1309-1315.

Salomé C, Nunan N, Pouteau V, et al. 2010. Carbon dynamics in topsoil and in subsoil may be controlled by different regulatory mechanisms. *Global Change Biology*, 16(1): 416-426.

Seinfeld JH, Pandis SN. 2006. *Atmospheric Chemistry and Physics: From Air Pollution to Climate Change*. 2nd Edn. Hoboken: John Wiley & Sons.

Sheng WP, Yu GR, Jiang CM, et al. 2013. Monitoring nitrogen deposition in typical forest ecosystems along a large transect in China. *Environmental Monitoring and Assessment*, 185: 833-844.

Sheppard LJ, Leith ID, Mizunuma T, et al. 2011. Dry deposition of ammonia gas drives species change faster than wet deposition of ammonium ions: Evidence from a longterm field manipulation. *Global Change Biology*, 17: 3589−3607.

Sievering H, Tomaszewski T, Torizzo J. 2007. Canopy uptake of atmospheric N deposition at a conifer forest: Part I—canopy N budget, photosynthetic efficiency and net ecosystem exchange. *Tellus B*, 59: 483−492.

Sinclair TR, Park WI. 1993. Inadequacy of the Liebig limiting-factor paradigm for explaining varying crop yields. *Agronomy Journal*, 85: 742−746.

Song MH, Zheng LL, Suding KN, et al. 2015. Plasticity in nitrogen form uptake and preference in response to long-term nitrogen fertilization. *Plant and Soil*, 394: 215−224.

Spohn M, Pötsch EM, Eichorst SA, et al. 2016. Soil microbial carbon use efficiency and biomass turnover in a long-term fertilization experiment in a temperate grassland. *Soil Biology and Biochemistry*, 97: 168−175.

Sterner RW, Elser JJ. 2002. *Ecological Stoichiometry: The Biology of Elements from Molecules to the Biosphere*. Princeton: Princeton University Press.

Stevens CJ, Dise NB, Mountford JO, et al. 2004. Impact of nitrogen deposition on the species richness of grasslands. *Science*, 303: 1876−1879.

Stevens CJ, Lind EM, Hautier Y, et al. 2015. Anthropogenic nitrogen deposition predicts local grassland primary production worldwide. *Ecology*, 96: 1459−1465.

Stone MM, Plante AF. 2014. Changes in phosphatase kinetics with soil depth across a variable tropical landscape. *Soil Biology and Biochemistry*, 71: 61−67.

Stone MM, Weiss MS, Goodale CL, et al. 2012. Temperature sensitivity of soil enzyme kinetics under N-fertilization in two temperate forests. *Global Change Biology*, 18 (3): 1173−1184.

Strickland MS, Lauber C, Fierer N, et al. 2009. Testing the functional significance of microbial community composition. *Ecology*, 90(2): 441−451.

Sullivan BW, Hart SC. 2013. Evaluation of mechanisms controlling the priming of soil carbon along a substrate age gradient. *Soil Biology and Biochemistry*, 58: 293−301.

Sun T, Dong LL, Mao ZJ. 2015. Simulated atmospheric nitrogen deposition alters decomposition of ephemeral roots. *Ecosystems*, 18(7): 1240−1252.

Tang YQ, Yu GR, Zhang XY, et al. 2019a. Environmental variables better explain changes in potential nitrification and denitrification activities than microbial properties in fertilized forest soils. *Science of the Total Environment*, 647: 653−662.

Tang YQ, Yu GR, Zhang XY, et al. 2019b. Different strategies for regulating free-living N_2 fixation in nutrient-amended sub-

tropical and temperate forest soils. *Applied Soil Ecology*, 136: 21−29.

Tang YQ, Zhang XY, Li DD, et al. 2016. Impacts of nitrogen and phosphorus additions on the abundance and community structure of ammonia oxidizers and denitrifying bacteria in Chinese fir plantations. *Soil Biology and Biochemistry*, 103: 284−293.

Thimonier A, Dupouey JL, Bost F, et al. 1994. Simultaneous eutrophication and acidification of a forest in North-East France. *New Phytologist*, 126: 533−539.

Thomas RQ, Canham CD, Weathers KC, et al. 2010. Increased tree carbon storage in response to nitrogen deposition in the US. *Nature Geoscience*, 3: 13−17.

Tian DS, Niu SL. 2015. A global analysis of soil acidification caused by nitrogen addition. *Environmental Research Letters*, 10: 024019.

Tian DS, Niu SL, Pan QM, et al. 2016. Nonlinear responses of ecosystem carbon fluxes and water-use efficiency to nitrogen addition in Inner Mongolia grassland. *Functional Ecology*, 30: 490−499.

Treseder KK. 2008. Nitrogen additions and microbial biomass: A meta-analysis of ecosystem studies. *Ecology Letter*, 11: 1111−1120.

Van Diepen LTA, Frey SD, Sthultz CM, et al. 2015. Changes in litter quality caused by simulated nitrogen deposition reinforce the N-induced suppression of litter decay. *Ecosphere*, 6(10): 1−16.

Velde M, Folberth C, Balkovič J, et al. 2014. African crop yield reductions due to increasingly unbalanced nitrogen and phosphorus consumption. *Global Change Biology*, 20 (4): 1278−1288.

Verhoeven JTA, Beltman B, Dorland E, et al. 2011. Differential effects of ammonium and nitrate deposition on fen phanerogams and bryophytes. *Applied Vegetation Science*, 14: 149−157.

Vet R, Artz RS, Carou S, et al. 2014. A global assessment of precipitation chemistry and deposition of sulfur, nitrogen, sea salt, base cations, organic acids, acidity and pH, and phosphorus. *Atmospheric Environment*, 93: 3−100.

Vinebrooke RD, Maclennan MM, Bartrons M, et al. 2014. Missing effects of anthropogenic nutrient deposition on sentinel alpine ecosystems. *Global Change Biology*, 20 (7): 2173−2182.

Vitousek PM, Aber JD, Howarth RW, et al. 1997. Human alteration of the global nitrogen cycle: Sources and consequences. *Ecological Applications*, 7: 737−750.

Vitousek PM, Menge DN, Reed SC, et al. 2013. Biological nitrogen fixation: Rates, patterns and ecological controls in terrestrial ecosystems. *Philosophical Transactions of the Royal Society of London Series B, Biological sciences*, 368: 20130119.

Waldrop M, Firestone M. 2006. Response of microbial community composition and function to soil climate change. *Microbial Ecology*, 52(4): 716−724.

Waldrop MP, Zak DR, Sinsabaugh RL, et al. 2004. Nitrogen deposition modifies soil carbon storage through changes in microbial enzymatic activity. *Ecological Applications*, 14(4): 1172−1177.

Whalen SC, Reeburgh WS. 2000. Methane oxidation, production, and emission at contrasting sites in a boreal bog. *Geomicrobiology Journal*, 17(3): 237−251.

Xia JY, Wan SQ. 2008. Global response patterns of terrestrial plant species to nitrogen addition. *New Phytologist*, 179: 428−439.

Xu W, Luo XS, Pan YP, et al. 2015. Quantifying atmospheric nitrogen deposition through a nationwide monitoring network across China. *Atmospheric Chemistry and Physics*, 15: 12345−12360.

Xu W, Zhang L, Liu XJ. 2019. A database of atmospheric nitrogen concentration and deposition from the nationwide monitoring network in China. *Scientific Data*, 6: 51.

Xu ZW, Yu GR, Zhang XY, et al. 2017. Soil enzyme activity and stoichiometry in forest ecosystems along the North-South Transect in eastern China (NSTEC). *Soil Biology and Biochemistry*, 104: 152−163.

Yang YH, Luo YQ, Lu M, et al. 2011. Terrestrial C:N stoichiometry in response to elevated CO_2 and N addition: A synthesis of two meta-analyses. *Plant and Soil*, 343: 393−400.

Yu GR, Jia YL, He NP, et al. 2019. Stabilization of atmospheric nitrogen deposition in China over the past decade. *Nature Geoscience*, 12: 424−429.

Yu H, He N, Wang Q, et al. 2016. Wet acid deposition in Chinese natural and agricultural ecosystems: Evidence from national-scale monitoring. *Journal of Geophysical Research Atmospheres*, 121: 10995−11005.

Yu H, He N, Wang Q, et al. 2017. Development of atmospheric acid deposition in China from the 1990s to the 2010s. *Environmental Pollution*, 231: 182−190.

Yue K, Peng Y, Peng CH, et al. 2016. Stimulation of terrestrial ecosystem carbon storage by nitrogen addition: A meta-analysis. *Scientific Reports*, 6: 19895.

Zak DR, Pregitzer KS, Burton AJ, et al. 2011. Microbial responses to a changing environment: Implications for the future functioning of terrestrial ecosystems. *Fungal Ecology*, 4(6):

386−395.

Zhang C, Zhang XY, Zou HT, et al. 2017. Contrasting effects of ammonium and nitrate additions on the biomass of soil microbial communities and enzyme activities in a slash pine plantation in subtropical China. *Biogeosciences*, 14: 4815−4827.

Zhang W, Mo JM, Yu GR, et al. 2008a. Emissions of nitrous oxide from three tropical forests in Southern China in response to simulated nitrogen deposition. *Plant and Soil*, 306: 221−236.

Zhang W, Mo J, Zhou G, et al. 2008b. Methane uptake responses to nitrogen deposition in three tropical forests in southern China. *Journal of Geophysical Research*, 113: D11116.

Zhang XY, Yang Y, Zhang C, et al. 2018. Contrasting responses of phosphatase kinetic parameters to nitrogen and phosphorus additions in forest soils. *Functional Ecology*, 32: 106−116.

Zhang YH, Feng JC, Isbell F, et al. 2015. Productivity depends more on the rate than the frequency of N addition in a temperate grassland. *Scientific Reports*, 5: 12558.

Zhang YH, Han X, He NP, et al. 2014. Increase in ammonia volatilization from soil in response to N deposition in Inner Mongolia grasslands. *Atmospheric Environment*, 84: 156−162.

Zhang YH, Stevens CJ, Lü XT, et al. 2016. Fewer new species colonize at low frequency N addition in a temperate grassland. *Functional Ecology*, 30: 1247−1256.

Zhao Y, Duan L, Xing J, et al. 2009. Soil acidification in China: Is controlling SO_2 emissions enough? *Environmental Science and Technology*, 43: 8021−8026.

Zhao YH, Zhang L, Chen YF, et al. 2017. Atmospheric nitrogen deposition to China: A model analysis on nitrogen budget and critical load exceedance. *Atmospheric Environment*, 153: 32−40.

Zhu J, He N, Wang Q, et al. 2015. The composition, spatial patterns, and influencing factors of atmospheric wet nitrogen deposition in Chinese terrestrial ecosystems. *Science of the Total Environment*, 511: 777−785.

Zhu J, Wang Q, He N, et al. 2016a. Imbalanced atmospheric nitrogen and phosphorus depositions in China: Implications for nutrient limitation. *Journal of Geophysical Research—Biogeoscience*, 121: 1605−1616.

Zhu J, Wang Q, Yu H, et al. 2016b. Heavy metal deposition through rainfall in Chinese natural terrestrial ecosystems: Evidences from national-scale network monitoring. *Chemosphere*, 164: 128−133.

索　引

中文	英文	英文缩写	单位	页码
A				
氨单加氧酶	ammonia monooxygenase	AMO		465
暗呼吸作用	dark respiration			363
B				
白灰土	podsol			92
胞质泵动学说	cytoplasmic pumping theory			143
饱和水汽压差	vapor pressure deficit	VPD	hPa	262,381
保守性	conservation			62,258
暴露途径	exposure pathway			326
北大西洋涛动	North Atlantic Oscillation	NAO		365
贝格曼定律	Bergman's rule			339
本征	intrinsic			70
比叶重	leaf mass per area	LMA		274
闭合流域	enclosed watershed			214
避冻策略	freeze-avoiding strategy			360
变异	variation			184
变异性	variability			30
表观可塑性	apparent plasticity			339
表型可塑性	phenotypic plasticity			338
丙二醛	malondialdehyde	MDA		389
玻尔兹曼-阿伦尼乌斯温度动力学定律	Boltzmann-Arrhenius temperature kinetics			290
玻尔兹曼因子	Boltzmann factor			284
不定性	contingency			30
簿记模型	bookkeeping model			417
C				
残积矿床	residual deposit			92
产业经济经营生态学	industrial economy management ecology			20
产业经营生态学	industrial management ecology			20
长波辐射	long wave radiation			87

续表

中文	英文	英文缩写	单位	页码
地学	geoscience			15
地域分异规律	rule of territorial differentiation			252
第四纪	Quaternary Period			43
第四纪生态学	Quaternary ecology			16
顶极-格局假说	climax-pattern hypothesis			5
顶极群落	climax community			5,196
东亚酸沉降监测网	Acid Deposition Monitoring Network in East Asia	EANET		449
动态变化	dynamic variation			22
动物生理学	animal physiology			3
冻害	freeze injury			359
短波辐射	short wave radiation			87
短期的生物响应	short-term biological response			335
短期气候波动	short-term climate fluctuation			331
对称/非对称响应	symmetrical/asymmetrical response			344
对流	convection			94
对流传热	convection heat transfer			88
多层封闭型冠层	multiple-layer and closed canopy	MLCC		129
多层疏松型冠层	multiple-layer and sparse or clumping canopy	MLS/CC		130
多胚生殖	polyembryony			340
多元顶极理论	polyclimax theory			196
E				
厄尔尼诺	El Niño			331
厄尔尼诺-南方涛动	El Niño-Southern Oscillation	ENSO		365
二氧化碳信息分析中心	Carbon Dioxide Information Analysis Center	CDIAC		417
F				
Fick 定律	Fick's law			125
发育过程	development process			181
非闭合流域	non-enclosed watershed			214
非活性氮	nonreactive N			448
非结构碳	non-structural carbon			341
非洲沉降和大气化学国际观测网络	International Network to study Deposition and Atmospheric Chemistry in Africa	INDAAF		449
分解代谢	catabolism			8
分解者	decomposer			10

中文	英文	英文缩写	单位	页码
流域或区域水（文）循环	watershed or regional hydrologic cycle			215
流域生态水文学	watershed eco-hydrology			214
流域生态系统	watershed ecological system			214
流域生态学	watershed ecology			214
流域水文学	watershed hydrology			214
陆地生态学	terrestrial ecology			16
逻辑系统	logic system			186
络合	complexation			102
铝土矿	bauxite			92
M				
马斯洛需求层次理论	Maslow's hierarchy of needs			303
脉冲效应	pulse effect			343
美国清洁大气状态和趋势监测网络	U.S. Environmental Protection Agency Clean Air Status and Trends Network	CASTNET		449
美国全球变化研究计划	U.S. Global Change Research Program	USGCRP		33
美洲通量观测研究网络	AmeriFlux			35
米氏方程	Michaelis−Menten kinetics			432
描述生物地理学	discriptive biogeography			250
木桶效应	buckets effect			346
木质部	xylem			142
木质素	lignin			120
N				
n 维超级体	n-dimensional hypervolume			197,345
耐冻策略	freeze-tolerant strategy			360
南方涛动	southern oscillation			331
内禀水分利用效率	intrinsic water use efficiency	$IWUE_1$	$g\ C \cdot hPa \cdot (kg\ H_2O)^{-1}$	381
内外生菌根	ectendomycorrhiza			136
内稳性	homeostasis			62,258
内在水分利用效率	inherent water use efficiency	IWUE	$g\ C \cdot hPa \cdot (kg\ H_2O)^{-1}$	382
能量金字塔	energy pyramid			86
逆向演替	regressive succession			195
年均降水量	mean annual precipitation	MAP	mm	254,376
年平均气温	mean annual temperature	MAT	℃	260
年平均生物温度	mean annual biotemperature	MAB	℃	254
年实际蒸散	annual actual evapotranspiration	AET	$mm \cdot a^{-1}$	260

续表

续表

中文	英文	英文缩写	单位	页码
生态系统脆弱性	ecosystem vulnerability			52
生态系统氮利用效率	ecosystem nitrogen use efficiency	NUE_{eco}	$kg\ C \cdot kg^{-1}N$	263
生态系统服务	ecosystem service			187
生态系统功能	ecosystem function			49,298
生态系统呼吸	ecosystem respiration	RE	$g\ C \cdot m^{-2} \cdot a^{-1}$	258,307
生态系统结构	ecosystem structure			186,298
生态系统能量转换	ecosystem energy transformation			87
生态系统生态学	ecosystem ecology			2
生态系统水分利用效率	ecosystem water use efficiency	EWUE	$g\ C \cdot (kg\ H_2O)^{-1}$	468
生态系统水循环	ecosystem water cycle			215
生态系统稳定性	ecosystem stability			52
生态系统响应	ecosystem response			334
生态系统演替	ecosystem succession			184
生态系统组分	ecosystem component			186
生态学	ecology			2
生态学代谢理论	metabolic theory of ecology	MTE		282
生态学过程	ecological process			2,180
生态学机制	ecological mechanism			9
生态学权衡	ecological tradeoff			23
生态学系统	ecological system			7
生态学现象	ecological phenomenon			2,180
生态学指标	ecological indicator			181
生物代谢速率	metabolic rate			283
生物地理化学生态位	biogeochemical niche			274
生物地理群落	biogeocoenosis			6
生物地理群落单元	biogeocoenosis unit			13
生物地理学	biogeography			3,250
生物地球化学	biogeochemistry			16
生物地球化学循环	bioseochemical cycle			97,213
生物多样性	biodiversity			330
生物多样性保护生态学	biodiversity conservation ecology			20
生物多样性和生态系统服务政府间科学政策平台	The Intergovernmental Science-Policy Platform on Biodiversity and Ecosystem Services	IPBES		6
生物多样性与生态系统功能	biodiversity and ecosystem functioning	BEF		32

续表

续表

续表

中文	英文	英文缩写	单位	页码
Z				
杂草	ruderal			152
栽培生物地理学	cultivation biogeography			16
增强型植被指数	enhanced vegetation index	EVI		401
真实可塑性	true plasticity			339
蒸发	evaporation			96
蒸散	evapotranspiration	ET	mm	382
蒸腾	transpiration			92,96
整合生态学	integrative ecology			12
正/负反馈	positive/negative feedback			334,345
正/负激发效应	positive/negative priming effect			343
正向演替	positive succession			195
政治生态学	political ecology			17
支持服务	support service			187
直接太阳辐射	direct solar radiation			87
植被氮利用效率	plant nitrogenuse efficiency	NUE_{plant}	$kg\ C \cdot (kg\ N)^{-1}$	263
植被地带性	vegetation zonality			254
植物功能性状	plant functional trait	PFT		181,301
植物生理学	plant physiology			3
质量比假说	mass ratio hypothesis			306
质量性状	qualitative trait			182
质外体途径	apoplastic pathway			137
滞后效应	hysteresis effect			343
中国草地样带	Chinese Grassland Transect	CGT		69
中国东北样带	Northeast China Transect	NECT		69
中国东部南北样带	North-South Transect of Eastern China	NSTEC		69,313,452
中国陆地生态系统大气湿沉降观测网络	Wet Deposition Monitoring Network in China	ChinaWD		449
中国陆地生态系统通量观测研究网络	Chinese Flux Observation and Research Network	ChinaFLUX		33,35,73
中国农业大学氮沉降观测网络	Nationwide Nitrogen Deposition Monitoring Network	NNDMN		449
中国森林生态系统研究网络	Chinese Forest Ecosystem Research Network	CFERN		35
中国生态系统研究网络	Chinese Ecosystem Research Network	CERN		35,452
中世纪暖期	Medieval Warm Period	MWP		355

续表

中文	英文	英文缩写	单位	页码
种间异速律	interspecific allometry			305
砖红土	laterites			92
资源比率理论	resource ratio theory			346
资源供给强度	resource supply intensity			47,202
资源供给速率	resource supply rate			47
资源互补	resource complementarity			197
资源环境管理生态学	resource and environment management ecology			20
资源环境科学	resource and environment science			17
资源环境效应	resource and environmental effect			188
资源净利用效率	net utilization efficiency			202
资源利用率	resource utilization rate	RUR		48,202
资源利用效率	resource utilization efficiency	RUE		48,202
资源毛利用效率	gross utilization efficiency	GUE		202
资源平衡假说	resource balance hypothesis			346
资源生态学	resource ecology			17
资源限制理论	resource constraint theory			346
资源需求量	resource demand quantity			47
资源要素	resource element			45
资源有效供给水平	effective supply level of resource			202
资源有效性	resource availability			202
资源自然禀赋	natural endowment of resource			47,202
自相似分形分配网络模型	self-similar fractal branching network model			283
自养生物	autotroph			10,46
自由大气 CO_2 气体施肥装置	free-air CO_2 enrichment	FACE		414
总初级生产力	gross primary productivity	GPP	$g\ C \cdot m^{-2} \cdot a^{-1}$	127,258,306
总辐射	global radiation			88
组织生态学	organizational ecology			17
最后分布单位	ultimate distributional unit			197
最优分配理论	optimal allocation theory			301

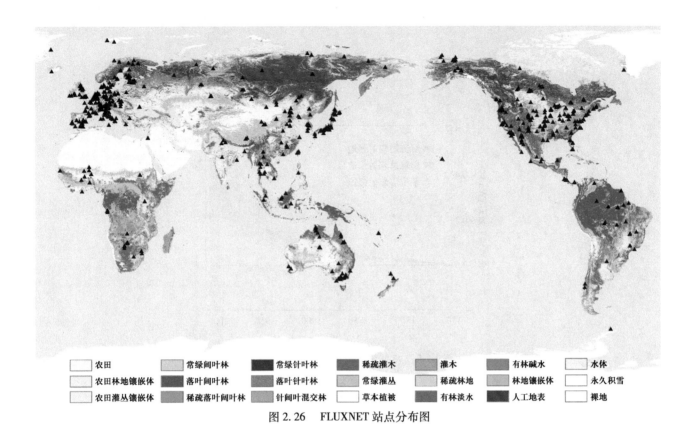

图 2.26　FLUXNET 站点分布图

图例：农田　常绿阔叶林　常绿针叶林　稀疏灌木　灌木　有林碱水　水体　农田林地镶嵌体　落叶阔叶林　落叶针叶林　常绿灌丛　稀疏林地　林地镶嵌体　永久积雪　农田灌丛镶嵌体　稀疏落叶阔叶林　针阔叶混交林　草本植被　有林淡水　人工地表　裸地

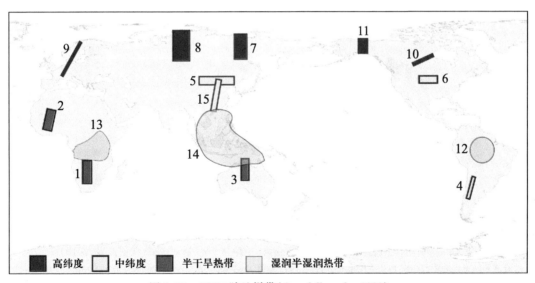

图例：高纬度　中纬度　半干旱热带　湿润半湿润热带

图 2.27　IGBP 陆地样带（Canadell et al.，2002）

1,卡拉哈里样带;2,萨瓦纳长期样带;3,北澳大利亚热带样带;4,阿根廷样带;5,中国东北样带;6,北美洲中纬样带;7,西伯利亚远东样带;8,西西伯利亚样带;9,欧洲样带;10,北美洲北部森林案例样带;11,阿拉斯加纬向梯度样带;12,亚马孙样带;13,姆博林地样带;14,亚洲东南样带;15,中国东部南北样带。

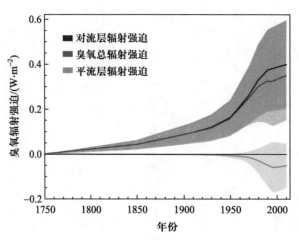

图 12.5 　臭氧辐射强迫变化(IPCC,2013)

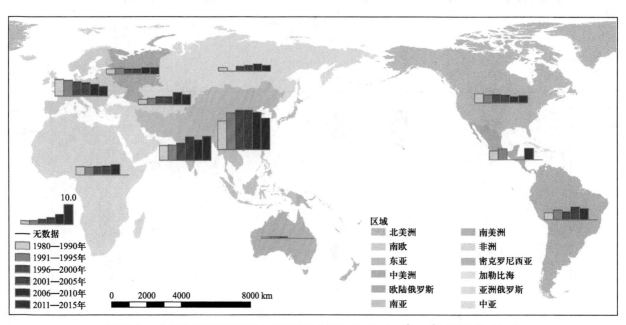

图 16.2 　全球大气氮湿沉降的年代际变化(单位:kg N·hm⁻²·a⁻¹)(贾彦龙,2016)

将全球氮湿沉降的站点观测数据分为 1980—1990 年、1991—1995 年、1996—2000 年、2001—2005 年、2006—2010 年、2011—2015 年 6 个时期,将全球(南极洲除外)分为 12 个大洲或地区,分别统计了各时期 NH_4^+、NO_3^- 和可溶性无机氮(DIN)的平均值。

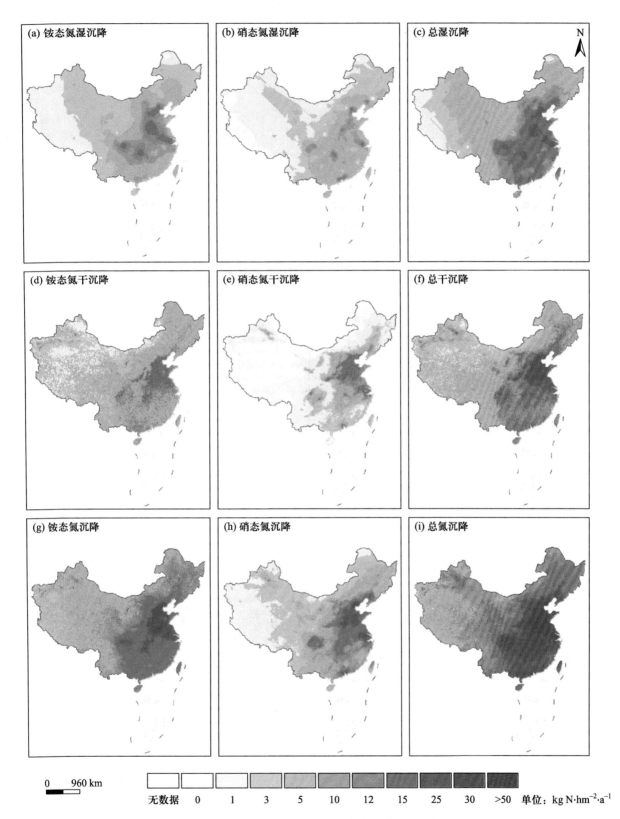

图 16.6   2011—2015 年我国大气氮沉降的空间格局

湿沉降的空间格局是基于站点观测数据的空间插值法得到，干沉降的空间格局来自遥感统计模型。

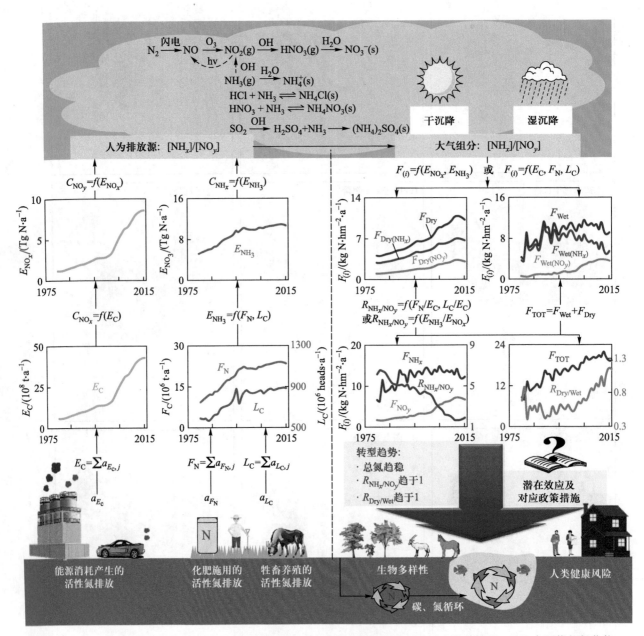

图 16.11　社会经济结构转型与环境控制措施共同驱动了我国大气氮沉降时空动态及其转型。NO_x 主要指氮氧化物
（如 NO、NO_2），NO_y 指氧化态氮